U0311517

国务院芦山地震灾后恢复重建总体规划评估专项(资源环境承载能力评价)
中国科学院知识创新工程重要方向项目(KACX1-YW-1001)
中国科学院地理科学与资源研究所所长基金项目(芦山地震灾区资源环境承载能力评价)

芦山地震灾后恢复重建

资源环境承载能力评价

樊 杰 等 著

科 学 出 版 社
北 京

内容简介

“资源环境承载能力评价”是芦山地震灾后恢复重建规划编制和重建工作开展的重要基础和依据。通过地震地质条件适宜性、次生地质灾害易发性、工程和水文地质条件、用地条件适宜性、水资源适宜性、生态环境、人口与居民点分布格局、基础设施支撑能力、旅游资源开发适宜性等指标的综合分析，划分“灾害避让区、生态保护区、农业发展区和人口集聚区”4种重建分区类型，确定灾区可承载人口总规模，划定适宜人口居住和城乡居民点建设范围，提出“整体可承载，县内可安置，局地需调整；双防并重，安全第一；就地重建为主，异地搬迁为辅；发展绿色经济，优化产业布局；科学区划，重建家园”的总体判断。

本书可供受灾地区和支援灾区重建的各级政府部门，以及关心和参与灾区重建的专业人士参考，也可供区域规划、城市规划等相关部门的工作人员、专业研究人员和相关专业学生参考。

图书在版编目(CIP)数据

芦山地震灾后恢复重建：资源环境承载能力评价／樊杰等著.
—北京：科学出版社，2014.3

ISBN 978-7-03-039960-1

Ⅰ.芦… Ⅱ.樊… Ⅲ.①地震灾害-灾区-重建-自然资源-承载能力-环境生态-评价-芦山县 Ⅳ.X372.714

中国版本图书馆CIP数据核字（2014）第038621号

责任编辑：李 敏 吕彩霞／责任校对：刘小梅 桂伟利
责任印制：钱玉芬／封面设计：王 浩

科学出版社 出版
北京东黄城根北街16号
邮政编码：100717
http://www.sciencep.com

中国科学院印刷厂 印刷
科学出版社发行 各地新华书店经销

*

2014年3月第 一 版 开本：889×1194 1/16
2014年3月第一次印刷 印张：37 1/2 插页：40
字数：1 400 000

定价：180.00元

（如有印装质量问题，我社负责调换〈科印〉）

习近平总书记在芦山灾区主持召开抗震救灾工作会议上的讲话(节选)

2013年5月21日

要及时把工作重点转移到恢复重建上来。恢复重建是一项复杂的系统工程，要科学规划，精心组织实施。特别要按时完成灾害损失、灾害范围评估，搞好资源环境承载能力评价；按照以人为本、尊重自然、统筹兼顾、立足当前、着眼长远的要求，科学编制好规划；……

《芦山地震灾后恢复重建工作方案》(节选)

2013年4月24日

为有力有序有效推进芦山地震灾后恢复重建工作，借鉴汶川玉树地震灾后恢复重建中行之有效的做法和经验，结合路上地震灾区的特点，特拟定本方案。

……

三. 工作任务和分工

（一）专项评估

深入进行现场调查研究，科学论证，做好专项评估，为规划编制工作打好基础。

1. 灾害范围和灾害损失评估。对芦山地震的灾害范围提出评估报告，明确划分标准， 区分严重受灾地区和一般灾区，为确定规划范围提供依据。对城乡住房、基础设施、公共服务设施、农业、生态、土地、工商企业等灾害损失进行全面、系统的评估。由民政部、地震局牵头，有关部门、四川省人民政府参加，5月20日前完成。

2. 住房及建筑物受损鉴定。组织对房屋及建筑受损程度进行鉴定，确定有关建筑抗震设防标准及技术规范，为灾后恢复重建提供依据。由住房城乡建设部牵头，有关部门参与，5月20日前完成。

3. 资源环境承载能力评价。根据对水土资源、生态重要性、生态系统脆弱性、自然灾害危险性、环境容量、经济发展水平等的综合评价，确定可承载的人口总规模，提出适宜人口居住和城乡居民点建设的范围以及产业发展导向。由中科院牵头，有关部门参与，5月20日前完成。

《芦山地震灾后恢复重建总体规划》(节选)

国务院文件

国发〔2013〕26 号

国务院关于印发芦山地震灾后恢复重建总体规划的通知

各省、自治区、直辖市人民政府，国务院各部委、各直属机构：

现将《芦山地震灾后恢复重建总体规划》印发给你们，请认真贯彻执行。

芦山地震灾后恢复重建关系到灾区群众的切身利益和灾区的长远发展，必须全面贯彻党的十八大精神，以邓小平理论、“三个代表”重要思想、科学发展观为指导，坚持以人为本、尊重自然、统筹兼顾、立足当前、着眼长远的基本要求，突出绿色发展、可持续发展理念，创新体制机制，发扬自力更生、艰苦奋斗精神，重建美好家园。四川省和国务院有关部门要充分认识恢复……

生态文明进步。自然生态系统得到修复，防灾减灾能力不断增强，人居环境进一步改善，资源节约型、环境友好型社会建设取得明显成效，生态文明建设示范作用充分发挥。

《芦山地震灾后恢复重建总体规划》(节选)

同步奔康致富。城乡面貌发生显著变化，基础设施保障能力不断加强，人民生活水平和质量得到明显提高，以恢复重建作为新的起点，与全国同步实现全面建成小康社会宏伟目标。

第三章　空间布局

根据资源环境承载能力综合评价[①]，按照主体功能区规划，科学进行重建分区，优化城乡布局，节约集约利用土地，为重建选址提供依据。

第一节　重建分区

人口集聚区。主要集中在雅安市雨城区、名山区和荥经县的平坝、浅丘地区，以及其他条件相对较好的地区。充分利用该区域用地条件良好、资源环境承载能力较强的优势，承担城镇布局、人口集聚和产业发展的主要功能。

农业发展区。主要分布在东部山前平坝、中部低山丘陵和河谷地带，以及西部高山峡谷区，包括耕地、园地和农村居民点建设用地。充分发挥地理气候优势，重点发展生态有机农业、设施农业和乡村休闲观光农业。

生态保护区。主要分布在北部、西部和南部地区的夹金山、邛崃山、二郎山、大相岭、小相岭，包括世界自然遗产、自然保护区、风景名胜区、森林公园、地质公园等。严格控制人为因素对自然生态和自然遗产原真性、完整性的干扰，实施生态修复，提高水源涵养、水土保持、生物多样性等生态功能，适度发展生态旅游和林下经济。

① 中国科学院组织专家开展灾区资源环境承载能力综合评价，形成《芦山地震灾后恢复重建资源环境承载能力评价报告》。

《芦山地震灾后恢复重建总体规划》(节选)

灾害避让区。主要包括地震断裂活动带引发的难以治理的滑坡、崩塌、泥石流等次生地质灾害易发多发地区及泄洪通道，不宜恢复重建居民住房和永久性设施，位于区域内的住户应实施避让搬迁。

专栏2　重建分区		
	面积（平方公里）	比重（%）
人口集聚区	100	0.93
农业发展区	1209	11.29
生态保护区	9135	85.33
灾害避让区	262	2.45
合　　计	10706	100.00

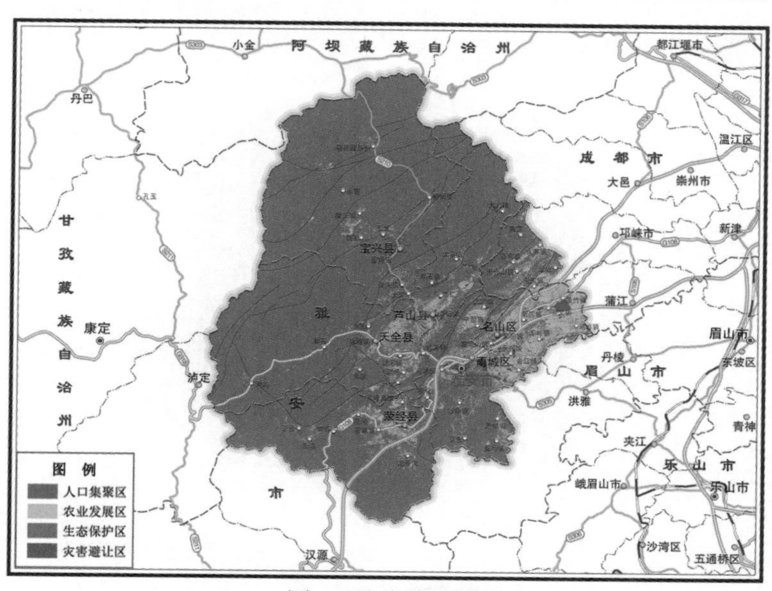

图2　重建分区图

芦山地震灾后恢复重建
《资源环境承载能力评价》项目组

牵头单位

中国科学院

参加单位

国土资源部、中国地震局、四川省人民政府

中国科学院项目组承担单位

中国科学院地理科学与资源研究所
中国科学院成都山地灾害与环境研究所
中国科学院地质与地球物理研究所
中国科学院遥感与数字地球研究所
中国科学院生态环境研究中心

项目领导小组

组长

丁仲礼　　中国科学院院士、研究员　　中国科学院副院长

项目组

组长

樊　杰　　研究员　　中国科学院地理科学与资源研究所
　　　　　　　　　　中国科学院可持续发展研究中心主任

成员

兰恒星　　研究员　　中国科学院地理科学与资源研究所
陈　田　　研究员　　中国科学院地理科学与资源研究所
徐　勇　　研究员　　中国科学院地理科学与资源研究所

刘盛和	研究员	中国科学院地理科学与资源研究所
李丽娟	研究员	中国科学院地理科学与资源研究所
金凤君	研究员	中国科学院地理科学与资源研究所
张文忠	研究员	中国科学院地理科学与资源研究所
王英杰	研究员	中国科学院地理科学与资源研究所
王传胜	副研究员	中国科学院地理科学与资源研究所
钟林生	副研究员	中国科学院地理科学与资源研究所
孙　威	副研究员	中国科学院地理科学与资源研究所
王姣娥	副研究员	中国科学院地理科学与资源研究所
马　丽	副研究员	中国科学院地理科学与资源研究所
冯险峰	副研究员	中国科学院地理科学与资源研究所
成夕芳	高级工程师	中国科学院地理科学与资源研究所
朱　澈	高级工程师	中国科学院地理科学与资源研究所
汤　青	助理研究员	中国科学院地理科学与资源研究所
李九一	助理研究员	中国科学院地理科学与资源研究所
邓　羽	助理研究员	中国科学院地理科学与资源研究所
王志强	助理研究员	中国科学院地理科学与资源研究所
张　岸	助理研究员	中国科学院地理科学与资源研究所
余卓渊	助理研究员	中国科学院地理科学与资源研究所
严　虹	助理研究员	中国科学院地理科学与资源研究所
崔　璟	工程师	中国科学院地理科学与资源研究所
刘洪江	博士后	中国科学院地理科学与资源研究所
马仁锋	博士后	中国科学院地理科学与资源研究所
周　侃	博士研究生	中国科学院地理科学与资源研究所
刘艳华	博士研究生	中国科学院地理科学与资源研究所
孙晓一	博士研究生	中国科学院地理科学与资源研究所
蒋子龙	博士研究生	中国科学院地理科学与资源研究所
闫　梅	博士研究生	中国科学院地理科学与资源研究所
王　强	博士研究生	中国科学院地理科学与资源研究所
洪　辉	博士研究生	中国科学院地理科学与资源研究所
杨志华	博士研究生	中国科学院地理科学与资源研究所
李郎平	博士研究生	中国科学院地理科学与资源研究所
孟云闪	博士研究生	中国科学院地理科学与资源研究所
伍宇明	博士研究生	中国科学院地理科学与资源研究所
孙贵艳	博士研究生	中国科学院地理科学与资源研究所
赵美风	博士研究生	中国科学院地理科学与资源研究所
戚　伟	博士研究生	中国科学院地理科学与资源研究所
季　珏	博士研究生	中国科学院地理科学与资源研究所
王　婧	博士研究生	中国科学院地理科学与资源研究所
李晓娟	博士研究生	中国科学院地理科学与资源研究所
李　萍	博士研究生	中国科学院地理科学与资源研究所

焦敬娟	博士研究生	中国科学院地理科学与资源研究所
陈　娱	博士研究生	中国科学院地理科学与资源研究所
李佳洺	博士研究生	中国科学院地理科学与资源研究所
朱珊珊	硕士研究生	中国科学院地理科学与资源研究所
陈　行	硕士研究生	中国科学院地理科学与资源研究所
李秋秋	硕士研究生	中国科学院地理科学与资源研究所
文安邦	研究员	中国科学院成都山地灾害与环境研究所
刘邵权	研究员	中国科学院成都山地灾害与环境研究所
孔纪名	研究员	中国科学院成都山地灾害与环境研究所
范建容	研究员	中国科学院成都山地灾害与环境研究所
邓　伟	研究员	中国科学院成都山地灾害与环境研究所
熊东红	研究员	中国科学院成都山地灾害与环境研究所
陶和平	研究员	中国科学院成都山地灾害与环境研究所
彭　立	助理研究员	中国科学院成都山地灾害与环境研究所
刘斌涛	助理研究员	中国科学院成都山地灾害与环境研究所
范继辉	副研究员	中国科学院成都山地灾害与环境研究所
王海明	助理研究员	中国科学院成都山地灾害与环境研究所
刘　颖	研究实习员	中国科学院成都山地灾害与环境研究所
崔　云	副研究员	中国科学院成都山地灾害与环境研究所
孔　博	助理研究员	中国科学院成都山地灾害与环境研究所
李秀珍	副研究员	中国科学院成都山地灾害与环境研究所
田述军	助理研究员	中国科学院成都山地灾害与环境研究所
钟　卫	助理研究员	中国科学院成都山地灾害与环境研究所
陈国阶*	研究员	中国科学院成都山地灾害与环境研究所
崔　鹏*	研究员	中国科学院成都山地灾害与环境研究所
王世新	研究员	中国科学院遥感与数字地球研究所
周　艺	研究员	中国科学院遥感与数字地球研究所
王福涛	助理研究员	中国科学院遥感与数字地球研究所
王丽涛	副研究员	中国科学院遥感与数字地球研究所
刘文亮	助理研究员	中国科学院遥感与数字地球研究所
阎福礼	副研究员	中国科学院遥感与数字地球研究所
韩　昱	博士研究生	中国科学院遥感与数字地球研究所
李文俊	博士研究生	中国科学院遥感与数字地球研究所
祁生文	研究员	中国科学院地质与地球物理研究所
李星星	博士研究生	中国科学院地质与地球物理研究所

* 陈国阶、崔鹏两位专家为项目专家顾问。

邹　宇	硕士研究生	中国科学院地质与地球物理研究所
徐卫华	副研究员	中国科学院生态环境研究中心
马俊改	博士后	中国科学院生态环境研究中心

项目秘书

周　侃	博士研究生	中国科学院地理科学与资源研究所

目　录

第一部分　文　本

第二部分 表 册

第三部分　图　集

第一部分
文　本

阿坝
广元
绵阳
南充
德阳
甘孜
成都
遂宁
2013.4.20
Ms 7.0
资阳
眉山
雅安
内江
自贡
乐山
宜宾
凉山
泸州

第一章　综合评价

“资源环境承载能力评价”是芦山地震灾后恢复重建规划工作的基础。按照《芦山地震灾后恢复重建工作方案》，“资源环境承载能力评价”的工作任务是：根据对水土资源、生态重要性、生态系统脆弱性、自然灾害危险性、环境容量、经济发展水平等的综合评价，确定可承载的人口总规模，提出适宜人口居住和城乡居民点建设的范围以及产业发展导向。

第一节　评价地域范围

按照民政部、国家发展和改革委员会、财政部、国土资源部、中国地震局《四川芦山“4·20”强烈地震灾害评估报告》确定的灾区范围作为评价地域范围，共21个县（市、区）。其中，极重灾区为芦山县，重灾区为雅安市雨城区、天全县、名山区、荥经县、宝兴县5个县（区）和邛崃市的6个乡镇，一般灾区有14个县（市、区）和邛崃市的18个乡镇（表1-1）。

表1-1　评价地域范围基本情况一览表

受灾类型	行政区单元		面积（平方公里）	人口（万人）	GDP（亿元）	人口密度（人/平方公里）	农民人均年收入（元）
	县（市、区）数	乡（镇、街道）数					
极重灾区	1	9	1260	12	22	96	6719
重灾区	5+1*	93	9446	107	281	113	7914
一般灾区	14+1*	281	32015	459	1054	143	7417
总计	21	383	42721	578	1357	135	7411

*邛崃市6个乡镇属重灾区，18个乡镇属一般灾区。

评价地域范围内山地面积比重大，但浅山区的谷坝和山前丘陵、平原地带具有相对较强的资源环境承载能力，且灾区地理位置近临成都平原，在重建中调整优化人口和经济布局有一定的余地。

灾区人口密度不大，随受灾程度增加人口密度表现为减少的态势，这有利于就近协调人口分布和资源环境承载能力的关系。

灾区经济发展水平整体不高，地方重建能力较弱。但农民人均年收入的区域差距不大，为调整居住地分布、实现避险防灾创造了条件。

第二节　核心结论

1. 整体可承载，县内可安置，局地需调整

芦山地震灾区地处青藏高原与四川盆地过渡地带，生态重要性高，生态环境相对脆弱。“4·20”强烈地震发生后，避让地质灾害风险的压力显著增大，灾区资源环境承载能力有所下降。但尚未给整个灾区造成人口超载的状况，灾区全域范围内资源环境条件总体上仍具备承载全部受灾人口的能力。

灾区21个县（市、区）均具备在本县区内各自解决灾民安置的资源环境承载条件，市区和乡镇政府

所在地建设用地条件较优。在极重灾县和重灾县内，名山区承载能力最大，有潜在作为今后本区重点推进工业化和城镇化的备选条件。

在极重灾县和重灾县（市、区）中，如有避让地质灾害风险的需要，可以进行部分乡镇、部分村落和散居住户的调整。对承载能力不足的个别乡镇政府所在地可适当缩小人口规模。

2. 双防并重，安全第一

根据灾区地质地理条件，特别是短期内发生了汶川、芦山两次地震，以及本区暴雨多发的气象特点，地震灾后恢复重建要注意“双防并重”，即把防范地震地质灾害同防治次生地质灾害放在同等重要的位置。

按照“把最安全的土地用于人口居住”的思路，突出安全第一的原则，在重建选址和确定重建范围时，坚持防灾避险优先。为此，宽敞坝区和谷地、山前平原等农田集中分布的区域，以及现状集约化程度较低的工业园区用地，可考虑用地结构调整，把部分耕地和粗放工业用地作为人口永久安置地。

3. 就地重建为主，异地搬迁为辅

通过乡镇范围内的就地微调，可解决大部分安全避让人口的安置问题。极重和重灾区 102 个乡镇中，本乡镇内部可解决避让人口安置问题的占 90% 以上。绝大多数乡镇政府所在地依然是人口集聚的相对适宜地，各乡镇应就近解决避让问题，重点引导受灾害威胁的散居住户和小型村落向乡镇政府所在地适度集中。

通过对极重和重灾区乡镇政府所在地进行精细评价，66 个乡镇政府所在地可就地原规模重建，多数应进行必要的布局调整，避让灾害风险。32 个位于河谷坝区或山前丘陵与平原区、具有较大的资源环境承载能力的乡镇政府所在地和城区，可部分解决县内灾民合理安置问题。宝兴县政府所在地穆坪镇由于避让次生地质灾害的需要，应较大幅度的缩小人口规模。

4. 发展绿色经济，优化产业布局

强化森林管护和生物多样性保护，加大退耕还林工程规模，提升生态系统服务功能和自然景观资源品质，打造美丽芦山灾后重建新面貌。

着力建设灾区生态旅游产业和现代生态农业，提升水能矿产资源开发对当地经济收益的贡献度，培育和壮大具有较高技术含量和制造业水平的产业。

以成雅新城（飞地园区）为龙头重点培育高新技术和现代制造业，以雅安城区为依托提升加工制造业和服务业水平，做优浅山区农副产品、生物资源和矿产资源加工业，合理开发深山区水能资源和矿产资源。结合人口城镇布局，打造灾区重建的生态文化旅游网络体系和农副产品种养—加工—销售体系。

5. 科学区划，重建家园

根据防灾避险安全性、生态保护重要性、人口和经济发展适宜性，本报告将评价区划分为四种类型，即灾害避让区、生态保护区、农业发展区和人口集聚区（表 1-2）。

表 1-2　重建分区方案统计

重建类型区	极重灾区		重灾区		一般灾区		合计	
	面积（平方公里）	比重（%）	面积（平方公里）	比重（%）	面积（平方公里）	比重（%）	面积（平方公里）	比重（%）
灾害避让区	44	3.5	218	2.3	362	1.1	624	1.5
生态保护区	1100	87.3	8035	85.1	26508	82.9	35643	83.4
农业发展区	110	8.7	1099	11.6	4940	15.4	6149	14.4
人口集聚区	6	0.5	94	1.0	205	0.6	305	0.7
总计	1260	100	9446	100	32015	100	42721	100

第三节　技术路线和方法

以地质灾害为主控因子，以水土条件、生态环境、工程和水文地质为重要因子，以产业经济、城镇发展、基础设施为辅助因子，以灾损分析为参考因子，采用21个灾区县、2区4县6乡镇极重和重灾区，以及极重和重灾区中集中居住和产业用地（乡镇所在地、城市建成区和产业园区）三个不同精度，进行单项指标和综合指标评价（表1-3，图1-1）。

表1-3　资源环境承载能力评价内容表

<table>
<tr><th>重建类型区</th><th>功能板块</th><th>开发强度</th><th>人口容量变动情况</th><th>产业导向</th><th>关键评价内容</th><th>评价精度</th><th>备注</th></tr>
<tr><td rowspan="3">灾害避让区</td><td>断裂避让带</td><td rowspan="3">极弱</td><td rowspan="3">逐渐清零</td><td rowspan="3">绿色开敞空间、使用率低的公共设施</td><td>地震断层和活动断层</td><td rowspan="3">全域评价、极重和重灾区的人口集聚区精细评价</td><td rowspan="3">结合重建和长期发展，逐步解决安全避让问题</td></tr>
<tr><td>崩塌滑坡避让区</td><td rowspan="2">次生地质灾害类型的易发程度、发展变化趋势和影响范围</td></tr>
<tr><td>泥石流避让区</td></tr>
<tr><td rowspan="3">生态保护区</td><td>自然保护区</td><td rowspan="3">弱</td><td rowspan="3">略有减少</td><td rowspan="2">生态旅游</td><td>法定保护区</td><td rowspan="3">全域评价，结合旅游资源评价</td><td rowspan="3">与生态旅游业布局协调，核心保护区禁止人类活动干扰</td></tr>
<tr><td>退耕还林区</td><td>25°以上坡耕地</td></tr>
<tr><td>林地等</td><td>林业和林下生态经济</td><td>土地利用</td></tr>
<tr><td rowspan="2">农业发展区</td><td>农业</td><td rowspan="2">中</td><td rowspan="2">基本不变</td><td>生态农业</td><td>耕地、园地建设条件</td><td rowspan="2">全域评价</td><td rowspan="2">综合发展农业乡村体验观光休闲业</td></tr>
<tr><td>乡村居民点</td><td>新农村</td><td>乡村建设用地条件</td></tr>
<tr><td rowspan="3">人口集聚区</td><td>适度扩建</td><td rowspan="3">强</td><td>增加</td><td>特色加工业和行政中心功能、具有技术含量和加工深度的产业</td><td rowspan="3">水土条件、工程地质、产业支撑、人口分布、地理区位、基础设施</td><td rowspan="3">全域评价，人口集聚区精细评价，包括：用地条件加密评价、避灾加密现状遥感影像、灾损辅助分析</td><td rowspan="3">极重和重灾区精细评价，迁入和迁出地综合分析，重建类型与规模等级结构统筹考虑</td></tr>
<tr><td>原有重建</td><td>不变</td><td>基本服务功能</td></tr>
<tr><td>适度缩减</td><td>减少</td><td>特色旅游和服务功能</td></tr>
</table>

第四节　资源环境基础评价

1. 地震地质条件适宜性评价

（1）目标

地震地质条件适宜性评价的目标是揭示芦山地震烈度分布特征，评估区内地质构造背景和活动断层特征，结合历史地震事件等因素对灾区重建工作的地震地质条件适宜性进行评价，应用于灾后恢复重建资源环境承载力评价的地震地质条件适宜性评估。

（2）方法

根据芦山地震灾区的地震烈度分布特征、主要活动断层活动特性和同震地表破裂带的特征，结合各断裂带所发生的历史地震震级大小和大地震复发的周期，以及断裂带避让范围等因素的综合评估，进行芦山地震地质条件适宜性综合评价。

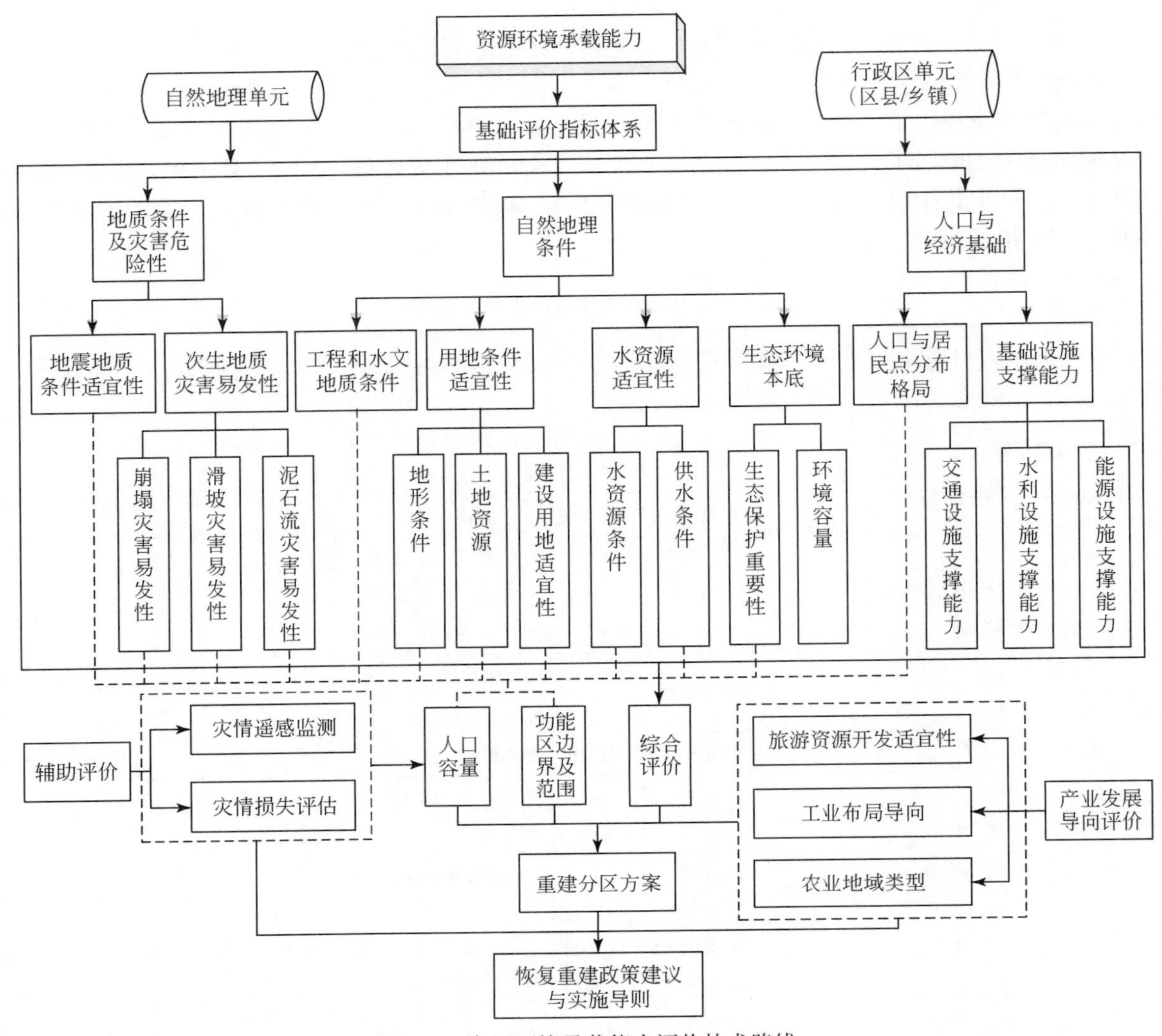

图 1-1　资源环境承载能力评价技术路线

（3）结果

地震灾区灾后重建的地震地质条件适宜性划分为良好、中、较差、差 4 级（表 1-4）。地震地质条件适宜区总体分布特征主要受地震烈度和断裂带的共同制约，地震烈度和断裂密度越高，地震地质适宜性越差，地震烈度和断裂密度越低，地震地质条件适宜性越好。

表 1-4　地震地质条件适宜性评价结果统计

适宜性	差	较差	中	良好	合计
面积（平方公里）	3548.00	12481.13	13538.04	12895.47	42462.60
比重（%）	8.36	29.39	31.88	30.37	100

1）地震地质条件适宜性差区域分布。地震地质适宜性差是指其地质条件不适宜震后重建选址，位于Ⅸ度地震烈度内和断层两侧禁止居民地建设的区域，主要分布于震中附近的芦山县北部、宝兴县东南部等地。

2）地震地质适宜性较差区域分布。地震地质适宜性较差是指受地震影响较大、断层带两侧一定范围内的区域，该区域需要经过工程治理才能够作为建设用地，位于Ⅷ～Ⅸ度地震烈度区内，主要分布于芦山县、宝兴县东南部、天全县、荥经县北部等地。

3）地震地质条件适宜性中等区域分布。地震地质中适宜性是指受地震影响一般，基本不受断层影响的区域，该区域内的无地质灾害危险的大部分位置可以选择作为建设用地，主要位于Ⅵ～Ⅶ度地震烈度区内。

4）地震地质条件适宜性良好区域分布。地震地质良好适宜性是指基本不受地震和断层影响，无地质灾害危险的位置可以作为建设用地，主要位于地震烈度Ⅵ度区之外。

评价结果表明：芦山地震灾区由于地震震级较小，地震地质适宜性条件差的区域小于10%，地震地质条件适宜性总体良好。

（4）建议

加强地震灾区人口密集地区的活动断层监测，设立活动断层的“避让带”、“禁建带”；严格执行建筑抗震设计规范，增强建筑抗震能力；芦山地震极重灾区和重灾区原则上可以原地重建，但局部应严格避让活动断层，建议进行详细的地震地质勘查，确定主要活动断层的准确位置，有效进行避让。

2. 次生地质灾害评价

（1）目标

次生地质灾害评价的目标是揭示灾区地震诱发滑坡、崩塌、泥石流等次生地质灾害发育分布特征，评估次生地质灾害易发度和危害性，划分次生地质灾害避让区，服务于灾后恢复重建规划选址和资源环境承载力评价。

（2）方法

次生地质灾害易发性评价分区：在次生地质灾害排查数据的基础上，综合分析灾区地质灾害的发育发生规律及分布特征，选取地震震情、地层岩性、地质构造、地形地貌、气象水文等影响次生地质灾害的关键评价因子，结合地质灾害历史记录以及本次地震触发的地质灾害记录等实例数据，对震区次生地质灾害的区域易发度分单项分别进行评价并验证，在此基础上进行地震诱发次生地质灾害综合易发性（危险性）分区。

次生地质灾害影响范围评估及避让区划定：分析次生地质灾害的影响范围与强度，评价次生地质灾害风险，确定次生地质灾害避让区和避让分级。根据次生地质灾害易发性评价分级结果，结合确定性稳定分析，识别出次生地质灾害的源区。利用灾区已有地质灾害实例，分析各项地质灾害的发生、运动规律，统计灾害体的影响距离和强度。同时利用确定性动力模型，估算滑坡、崩塌和泥石流等灾害的影响范围和强度。进一步考虑人口和财产等承险体的数量和空间分布，定量评价次生地质灾害的风险，确定灾后重建规划避让区边界，并进行避让分级。结合灾区的实际情况，对高风险重点居民区进行避让边界的精细分级评价。

根据易发性评价、风险及避让分析，以及重点居民区精细评价的结果，为地震灾区灾后重建过程中次生地质灾害的防范与治理提供建议与对策。

（3）结果

1）次生地质灾害易发性分区：评价区次生地质灾害易发性（危险性）分为1～5级，其中第5级是最高级。其分布特征为：

震后次生地质灾害高发区集中在震中附近，与烈度和断层走向基本一致，分布相对集中。主要分布于Ⅷ～Ⅸ度烈度区内的芦山县、宝兴县，呈NNE—SSW走向，与烈度和断层走向基本一致。

震后次生地质灾害极重度危险区主要分布在以震中为中心约100平方公里、NW向展布的区域内，即芦山县北部等地；重度危险区为极重度危险区的外围区域，主要分布于芦山县、宝兴县南部，以及天全县、荥经县部分区域等地。

滑坡崩塌灾害主要分布于与龙门山断裂带平行的5个高危带，在其区域内的乡镇、县城及与之相交的公路成为重点被威胁对象。震后泥石流主要分布于青衣江及其支流，受泥石流严重威胁的主要有15个乡镇，主要分布于宝兴县、芦山县、天全县、雨城区等地。

2）次生地质灾害避让分区：将评价区次生地质灾害避让区分为3级，其中第3级是最高级。其分布特征为：

高度避让区（严格避让区）：灾害危害严重而且威胁到住户生命安全，风险极大，灾害隐患区难以采用工程等治理手段进行消除，一般需要进行搬迁避让。高度避让区面积为58.82平方公里，占区域总面积的0.56%。其中极重灾区芦山县的严格避让区面积为20.64平方公里，占高度避让区的1/3，主要分布在受地震影响严重的芦山县和宝兴县境内。

中度避让区（建议避让区）：灾害危害较严重而且威胁到住户生命安全，风险大，灾害隐患区可以通过工程措施与非工程措施相结合的方法实行有效治理，受影响的居民区需要做好监测预警和工程治理工作。中度避让区面积为119.14平方公里，占区域总面积的1.13%，主要分布在芦山县、宝兴县、天全县北部等地。

低度避让区（相对安全区）：灾害危害较轻，一般不会对住户生命安全造成威胁，可以作为灾后重建选址的主要区域。但这些区域在汛期的强降雨作用下仍然可能发生滑坡、泥石流等地质灾害，需要进一步健全群测、群防网络，积极开展降雨诱发滑坡、泥石流灾害的预报和预警工作。低度避让区面积为10401.48平方公里，占区域总面积的98.32%，分布在受地震影响低、地质地貌良好、地质灾害频率低的区域。

评价结果表明：受芦山地震影响，极重和重灾区次生地质灾害威胁严重，在汛期受降雨等影响有发生大规模、突发性地质灾害的风险，并会波及震前次生灾害发育的一般灾区。

（4）建议

芦山震区次生地质灾害隐蔽性强，灾后恢复重建的次生地质灾害防治工作可有效借鉴汶川经验，但不能照搬，需因地制宜制定灾区重建次生地质灾害综合避让防治规划。评价区的次生地质灾害点多面广，具有突发性、夜发性、难以预测等特点，在区域性暴雨作用下可能发生群发性地质灾害，需要提前做好震区地质灾害预警、防范工作以及汛期突发性地质灾害的临灾预案，加强重建期生命线工程的次生地质灾害监测好地质灾害的监测、预警工作。受地震影响，未来3年内的5~10月，在陡坡、软硬岩组和碳酸盐组发育、烈度Ⅵ度以上区内地区，尤其是河谷深切区将是地质灾害的高发区，需提前有重点、分步骤做好地质灾害防御工作，严防汛期发生突发性大型滑坡、泥石流。需科学选址积极避让，避免重大次生地质灾害隐患，合理规划灾后恢复重建的各类工程建设布局，密切重视灾后恢复重建工程活动对次生灾害加剧的影响。加强次生地质灾害综合防治，疏导、预防为主，防治结合，确保灾后恢复重建安全实施，建立群测群防网络及监测预警系统，实行灾后恢复重建主动防灾减灾。圈定重点防治区和防治重点，进行综合治理，做好突发性次生地质灾害预案。重视震后一般灾区地质灾害防治工作。川西大渡河、岷江、雅砻江深切割山区是地质灾害高发区及易发区，受本次地震的影响，原有地质灾害发生风险有加大趋势，如泸定县、甘洛县、石棉县等，需要关注这些地区的震后地质灾害防治及排查工作。

3. 用地条件评价

（1）目标

用地条件评价的目标是针对灾区灾后恢复重建对人口集聚和城镇建设的用地需求，通过对地形条件和土地资源的综合评价，揭示灾区适宜建设用地的数量、等级及空间分异特征，为灾后恢复重建选址和确定人口集聚规模提供依据。

（2）方法

用地条件评价采用1：50000数字地形图和国土资源部第二次土地利用调查矢量数据，选取适宜建设用地面积和适宜建设用地面积占土地总面积的比重（简称适建指数）为评价指标，通过将地形高程、坡度分级图（精度为30米×30米）与土地利用现状图叠加，以耕地（含设施农业用地）、园地、林地、已有建设用地、草地和未利用地为用地条件评价基础地类，按照地形高程小于2500米和地形坡度小于15°遴选适宜建设用地，并将其按地形坡度小于5°、5°~8°、8°~15°划分为适宜、较适宜和条件适宜3个等级类型。用地条件等级类型采用自然单元表达形式，适建指数采用行政单元表达形式。

（3）结果

灾区适宜建设用地面积为8435.06平方公里，其中，适宜类面积为2412.45平方公里，占28.60%，集中分布于包括大邑县、邛崃市、东坡区、夹江县在内的山前平原区；较适宜类面积为1995.44平方公里，占23.66%，相对集中分布于山前平原区，名山、雨城和丹棱等区县有成片分布，芦山、天全、荥经和汉源等县也有零星分布；条件适宜类面积为4027.17平方公里，占47.74%，空间分布较为零散。灾区的适建指数为19.72%，空间分异与适宜建设用地等级类型的分布格局大体一致。极重灾区芦山县适建指数为17%，其中思延乡和芦阳镇适建指数较高，分别达60.9%和36.7%；重灾区宝兴县适建指数仅为4%，除灵关镇和明礼乡为16%以外，其他大都低于10%；名山区和雨城区适宜建设用地面积较大，适建指数分别高达75.7%和41.5%。

（4）建议

用地条件评价结果表明，灾区西部高山峡谷区用地条件十分有限，应逐步引导人口外迁；中部山地丘陵区局部河谷及平坝地可适度集聚人口和城镇建设；东部山前平原区用地条件良好，适合大规模的人口集聚和城镇拓展。另外，芦山县城可以适度扩展建设用地规模；宝兴县城应缩减规模，灵关镇可以满足恢复重建的用地需求；名山区、雨城区用地条件良好，能满足扩大建设用地规模的需求。

表1-5　用地条件评价结果统计

灾区类型	土地总面积（平方公里）	适宜建设用地总面积（平方公里）	适宜类		较适宜类		条件适宜类		适建指数（%）
			面积（平方公里）	比重（%）	面积（平方公里）	比重（%）	面积（平方公里）	比重（%）	
极重灾区	1190.8	202.2	31.8	15.75	39.4	19.47	130.9	64.78	16.97
重灾区	9382.5	1876.2	428.2	22.83	389.7	20.77	1058.2	56.40	19.99
一般灾区	32194.2	6356.7	1952.4	30.71	1566.3	24.64	2838.0	44.65	19.74
总计	42767.5	8435.1	2412.4	28.60	1995.4	23.66	4027.1	47.74	19.72

4. 水资源适宜性评价

（1）目标

水资源适宜性评价的目标是分析水资源条件支撑灾区重建及未来社会经济发展的能力，阐释水资源丰富程度、供用水条件的区域差异性，为人口容量测算与集中居民点选址提供科学依据。

（2）方法

水资源适宜性评价具体在两个层面上开展工作：第一，在县域尺度上，以水资源数量条件为核心，统筹考虑本地水资源与过境（调水）水资源，共选择了人均水资源量、水资源开发利用率、剩余可利用水资源量、过境（调水）水资源量、流域水资源开发潜力、输水便利性6个指标，评价县级行政单元水资源支撑能力。第二，在乡镇尺度上，以供用水便利性因素为核心，综合考虑水资源丰富程度与工程基础条件，选择了人均水资源量、过境水资源量、蓄水工程、渠系建设、供水条件5个指标，评估乡镇发展的水资源适宜性。其中，供水条件评价以90米栅格尺度进行，评价结果可供集中居民点与产业园区选址使用。

（3）结果

灾区水资源支撑能力较强，区内人均水资源量是全国平均水平的4.5倍，尚有较大开发利用潜力。岷江干流与青衣江下游部分县区水资源开发利用程度较高，但都有干线河流过境或建有引水、调水工程，能够满足未来社会经济发展的用水需求，即水资源数量基本不构成灾区重建的限制因素。

灾区供用水条件具有明显的区域差异性，东北部平原区普遍具有较优越的供用水条件，山区则只有狭窄的河谷地带用水较为便利。各乡镇水资源条件基本丰富，水利工程设施基础条件则呈现与供水条件相似的空间特征。综合三方面因素，将水资源适宜性分为5个等级，其中对各乡镇水资源适宜性进行了分级，适宜性“较好”与“好”的乡镇共160个，主要集中在平原区、青衣江河谷地带与大渡河水系汉源段。

（4）建议

灾区水资源的主要问题是山区供用水条件较差，在山区城镇规模扩张时，应注重水资源条件论证，选择供用水条件较好的区域。

5. 生态环境评价

（1）目标

生态环境评价的目的是识别灾区生态系统的重要性和敏感性区域，圈定灾后重建的退耕还林区域，评估灾区主要环境要素的容量及超载情况，为资源环境承载能力评价的生态保护区划分提供主要依据，为灾后恢复重建提供生态环境保护的政策建议。

（2）方法

参照环境保护部2003年制定的《生态功能区划暂行规程》，通过地震灾区生态系统服务功能和主要生态问题的分析，选取生物多样性保护重要性、水源涵养重要性、土壤侵蚀敏感性作为本次生态保护重要性评价的主要指标，以震后植被破坏程度作为重要的参考指标。评价以灾区DEM数据（30米精度）、国土资源部第二次全国土地调查数据、自然保护区空间分布矢量数据、中国科学院生态环境研究中心完成的《全国生态功能区划》与灾区相关的成果数据，以及四川省提供的珍稀物种调查资料等作为基础数据，利用GIS技术和专家知识库，建立评价技术准则，首先形成自然单元的评价结果，并以此作为生态保护区划分的主要依据。最后，以自然单元评价结果为依据，综合判定行政单元生态保护重要性等级，核算生态保护区和退耕地面积。行政单元精度在极重和重灾区为行政村单元，一般灾区为乡镇单元。

环境评估采用《全国主体功能区划技术规程》中对环境容量评价的指标、算法和标准。其中，大气环境容量评价以二氧化硫承载指数为主要指标，水环境容量以化学需氧量承载指数为主要指标。通过两项指标的单项评价得出环境容量综合承载指数作为环境条件评价分级依据，等级划分按超载程度分为5级：极超载、重度超载、中度超载、轻度超载、无超载。评价单元极重和重灾区为乡镇行政区单元，一般灾区为县级行政区单元。

（3）结果

灾区21个县（市、区）有64.5%的土地面积为生态保护极重要或重要区域（表1-6），面积为27622平方公里，主要分布在邛崃山系南部、大小相岭、夹金山—贡嘎山一线，以及康定西部雅砻江流域；成都平原周边为生态保护不重要区域，面积不到灾区总面积的10%。在极重灾区和重灾区，有71.1%的土地面积为生态保护极重要与重要区域，面积为7536平方公里。生物多样性保护极重要和重要区域主要分布在雅安市和甘孜藏族自治州（简称甘孜州）、凉山彝族自治州（简称凉山州）交界的区域，同生态保护极重要和重要区域相吻合；生物多样性保护不重要区域主要分布在青衣江以东。水源涵养极重要和重要区域主要分布在青衣江流域及大渡河其他支流的源头区、雅安等主要城市水源地；不重要区域分布在青衣江以东和康定县西部高山草甸分布区。土壤侵蚀极敏感和重度敏感区域主要分布在雅安北部、西部边缘，康定大雪山两侧及汉源、甘洛等大渡河下游支流两侧；不敏感区域主要分布在成都平原边缘及评价区域中部植被盖度较好的区域。震后植被显性破坏程度较小，中度影响区域主要分布在芦山南部地震烈度Ⅷ级以上区域，其余均为轻微影响和无影响区域。

灾区退耕地面积为5.3万公顷，共涉及350个乡镇（街道、茶场）。极重和重灾区退耕地面积为9808公顷，占（灾区）退耕总面积的18.5%。

灾区环境条件整体较好。（灾区）大气环境容量没有中度以上超载级别，极重和重灾区乡镇的大气环境容量没有轻度以上超载级别。水环境容量极超载和重度超载县（市、区）主要分布在成都平原周边区域，极重和重灾区位于青衣江干流及支流天全河交汇的大坪乡和始阳镇为重度超载区。

表 1-6　生态保护重要性评价结果统计

指标	等级	极重和重灾区		一般灾区		全部灾区	
		面积（平方公里）	比重（%）	面积（平方公里）	比重（%）	面积（平方公里）	比重（%）
生物多样性重要性	极重要	2418.04	22.86	7475.63	23.21	9893.67	23.12
	重要	2298.42	21.73	6511.08	20.22	8809.50	20.59
	中等重要	1946.93	18.41	7182.68	22.30	9129.61	21.34
	不重要	3912.49	36.99	11039.46	34.27	14951.95	34.95
水源涵养重要性	极重要	2840.30	26.85	8767.91	27.22	11608.21	27.13
	重要	3841.48	36.32	4120.75	12.79	7962.23	18.61
	中等重要	2400.26	22.69	11497.64	35.69	13897.89	32.48
	不重要	1495.52	14.14	7827.87	24.30	9323.39	21.79
土壤侵蚀敏感性	极敏感	1518.41	14.36	4762.74	14.78	6281.15	14.68
	重度敏感	534.96	5.06	2112.57	6.56	2647.53	6.19
	中度敏感	926.56	8.76	3757.46	11.66	4684.02	10.95
	轻度敏感	2498.13	23.62	8033.23	24.94	10531.36	24.61
	不敏感	5099.49	48.21	13548.17	42.06	18647.66	43.58
震后植被破坏程度	中等影响	1615.18	15.27	11.08	0.03	1626.27	3.80
	轻微影响	7822.62	73.95	9236.15	28.67	17058.79	39.86
	无影响	1139.76	10.78	22966.95	71.29	24106.67	56.33
生态保护重要性	极重要	4056.77	38.35	12959.33	40.23	17015.91	39.76
	重要	3478.80	32.89	7126.19	22.12	10606.12	24.79
	中等重要	2487.43	23.52	8631.15	26.79	11118.22	25.98
	不重要	554.56	5.24	3497.50	10.86	4051.48	9.47

评价结果表明，灾区生态保护的重要性高，整体生态系统敏感，地震对生态系统的潜在威胁和破坏性较大，灾后重建中生态保护和生态建设任务非常重要。灾区环境条件整体较好，大气环境容量超载地区极少，水环境容量超载地区多与主要河流沿岸城镇和人口分布集中区域相吻合。

（4）建议

灾后重建中应严格执行各类保护区保护管理条例，严禁在保护区核心区进行任何生产建设活动；在保护区实验区，可按照各类保护区规划，适度发展生态旅游业等。保护重要水源地，划出严格保护范围，禁止对水质有影响的各类工程建设。土壤侵蚀的敏感地区和震后植被破坏地区，要扩大水土保持林地的面积，加快水土流失治理，尽快修复土地生态。

加强灾后重建水、气环境质量的监测，针对未来的人口集聚区域，重建时应注重污染防治措施的积极实施。针对灾区可承载污染物容量有限的特点，灾后重建应同时制订严格的环境保护规划。加强矿区、农业面源污染的评估，制定应对矿区及农业污染的治理对策。要密切重视河流、水库、地下水的水环境保护，防止急于开发产生新的环境问题。

6. 人口和居民点分布评价

（1）目标

人口分布评价的目标是分析灾区人口与居民点的规模、结构及分布特征，测算人口集聚区（包括城区、产业园区、镇区和乡政府驻地）的避让区及适宜扩展区的范围与规模，提出人口集聚区的重建类型、规模等级及规划建设应注意的问题。

（2）方法

选择灾区分乡镇的户籍人口规模、常住人口规模、人口密度、城镇人口及城镇化水平、少数民族所占比重、非农业人口及所占比重、外出人口及所占比重、外来人口及所占比重8项指标，根据四川省统计局所提供的灾区2010年全国第六次人口普查分区县、分乡镇、分村数据及2012年灾区分乡镇人口统计数据，四川省公安厅提供的灾区2012年户籍人口统计数据，四川省社会保障厅提供的灾区分区县、分乡镇劳务输出统计数据，以及国土资源部提供的灾区土地利用现状数据，采用GIS空间分析技术和自然断裂点分类方法，按极重灾区和重灾区到行政村、一般灾区到乡镇两个层次的空间精度，对各灾区县的人口与居民点的规模结构及分布特征进行了分析和评价。

根据人地对应的原则，选择分行政村现状人均用地水平以及不同等级城镇规划人均用地标准，并根据次生灾害专项评价结果和建设用地适宜性专项评价的结果，初步测算人口集聚区的避灾区及适宜扩展区的范围与规模，并参考各人口集聚区的产业支撑能力、基础设施支撑能力和灾前城镇规划，提出人口集聚区的重建类型与规模等级方案。

（3）结果

灾区人口分布呈现东多西少、东密西疏的空间差异。灾区21个县（市、区）的户籍总人口为578万人，户籍人口密度为135人/平方公里。邛崃、名山、雨城等东北部区域人口分布最为密集，人口密度大多超过400人/平方公里；汉源、石棉、金河口等南部区域，人口呈疏密交错分布；宝兴、天全、荥经及以西的广大西部区域，人口分布最为稀疏，人口密度大多小于50人/平方公里。

灾区人口集聚区的重建类型划分为扩大规模重建、缩减规模重建和原规模重建三种类型。扩大规模重建类型主要包括雅安城区、成雅新城、芦阳镇、严道镇、城厢镇、灵关镇、始阳镇等32个，可新增约46.3平方公里城镇建设用地和45万~50万人。缩减规模重建类型包括穆坪镇等4个，需避让位处避灾区的现状城乡建设用地0.7平方公里，避让搬迁人口7000人左右。原规模重建类型包括太平镇、碧峰峡镇等66个（表1-7）。

表1-7　极重灾区、重灾区不同类型人口集聚区规模统计

类型	个数（个）	现状规模		增减		重建规模	
		用地（平方公里）	人口（人）	用地（平方公里）	人口（人）	用地（平方公里）	人口（人）
扩大规模	32*	43.5	324000	46.3	488000	89.8	812000
缩减规模	4	1.2	12000	-0.7	-7000	0.5	5000
原规模	66	9.3	75900	0.4	3000	9.7	78900
总计	102	54.0	411900	46.0	484000	100.0	895900

*成雅新城涉及3个乡镇。

（4）建议

坚持安全至上的原则，将次生灾害风险最小、环境最安全的区域与土地留作城乡居住用地。坚持就近分散安置为主，按村内跨组、乡镇内跨村、县内跨乡镇、成雅新城和雅安城区的顺序安置需避灾搬迁的人口。制订适度的鼓励政策和优惠措施，鼓励需避灾搬迁人口、零散居住人口和长期外出务工人口，向县内的扩大规模重建类城镇集聚，促进本地城镇化发展。适度增加成雅新城和雅安城区的建设用地指标，推进异地城镇化发展。

7. 基础设施支撑能力评价

（1）目标

基础设施支撑能力评价目标在于刻画灾区基础设施布局和供给的空间差异，以期勾画人口或经济发展可能承载的区位和大致的空间范围，为灾区重建提供科学支撑。

（2）方法

以交通设施评价为核心构建评价模型，并适度考虑水利设施和能源设施。其中，交通设施包括不同技术等级的公路和铁路站点及机场，并利用地形和坡度因子进行修正。水利设施包括自然河流、水库及主要灌渠等。能源设施包括煤炭资源、水能资源、电站及110千伏以上输电设施。利用1∶50000的交通网络、电网、水系及DEM（30米精度）等GIS数据，采用100米×100米的栅格数据进行空间分析，获得单项和集成评价结果。

（3）结果

基础设施支撑能力共分为5级：①突出支撑区域，共62个乡镇，位于成都平原的西侧，属于岷江和青衣江流域，海拔较低，地势平坦，交通基础设施条件较好，具体包括大邑县、邛崃市和蒲江县的东部，东坡区、夹江县和峨眉山市的县级行政中心及周围乡镇，雨城区市区及草坝镇。②优势支撑区域，共65个乡镇，主要分布在优势支撑区域的外围，且向中部延伸，包括蒲江县、名山区、丹棱县、洪雅县和夹江县的交界地区以及东坡区的外围乡镇等。③中等支撑区域，共140个乡镇，位于中部偏东的区域，包括邛崃市的西部、芦山县的南部和天全县的东部、雨城区和名山区的外围地区、洪雅县、峨眉山市的大部分地区及大渡河沿线乡镇。④弱势支撑区域，共87个乡镇，位于灾区的中部地区，包括高海拔的河谷地带（如大渡河河谷地区）和低海拔的偏远地区。⑤缺乏支撑区域，共29个乡镇，位于川西青藏高原过渡带，如康定县，自然条件恶劣、区位偏远、海拔较高，交通、能源和供水等基础设施均较差（表1-8）。

根据评价结果，灾区基础设施支撑能力形成明显的空间差异，并同自然地理要素相吻合，呈现出由平原逐渐向山地及高原地区依次递减的趋势，交通主干线与河流谷地叠合地带的基础设施支撑能力相对较高，适合较大规模的人口集聚和经济发展。

表1-8　基础设施支撑能力评价结果统计

分级		乡（镇、街道）	
级别	阈值	数量（个）	比重（%）
突出支撑区域	$0.6<F(x)$	62	16.19
优势支撑区域	$0.5<F(x)\leq 0.6$	65	16.97
中等支撑区域	$0.3<F(x)\leq 0.5$	140	36.55
弱势支撑区域	$0.2<F(x)\leq 0.3$	87	22.72
缺乏支撑区域	$F(x)<0.2$	29	7.57

注：$F(x)$表示基础设施支撑能力，计算方法详见第199～205页。

（4）建议

全面排查可能对交通干线产生破坏的各种次生灾害，恢复对外联系通道，保障灾区重建工作的顺利推进。近期，对交通网络进行升级改造，提高县城之间、县城与其所辖乡镇的道路等级，新建雅马（雅安—马尔康）、雅康（雅安—康定）一级公路，加强公路工程保护措施。远期，针对生态旅游规划线路的设计，规划好相应的基础服务设施。完善区内电网建设，合理开发和管理小水电。

第五节　产业发展导向评价

1. 旅游资源开发适宜性评价

（1）目标

旅游资源开发适宜性评价的目标是通过分析旅游资源的赋存状况与背景条件，揭示灾区不同地域旅游业开发的适宜程度与方向，用于灾区旅游资源开发与保护、旅游规划和项目建设等方面。

（2）方法与结果

以旅游资源质量等级评价为基础，选择旅游资源优越度、旅游资源聚集度、资源转化产品难易度、经济区位、旅游区位、交通可进入性、旅游设施、服务设施、生态重要性与敏感性等指标，采用熵技术支持下的层次分析法计算指标的权重，采用模糊隶属度函数模型计算指标的隶属度值，进而采用加权平均法计算旅游资源开发适宜性指数，然后根据适宜性指数将地震灾区按乡镇评价分为极适宜、很适宜、较适宜、一般适宜、不太适宜5个级别。

灾区拥有各类各级旅游资源单体289处，包括夹金山大熊猫栖息地、峨眉山、大渡河大峡谷、贡嘎山等4处五级旅游资源，以及29处四级旅游资源和57处三级旅游资源（表1-9）。灾区21个县（市、区）383个乡镇中，旅游发展极适宜区有58个乡镇，很适宜区有45个乡镇，较适宜区有139个乡镇，一般适宜区有81个乡镇，不太适宜区有60个乡镇。

结果表明，灾区旅游资源类型丰富，数量较多，品位较高，特色鲜明，组合度好，而且在较适宜等级以上开发旅游资源的乡镇达到总数的63.1%，总体上是一个较适宜发展旅游业的区域。

（3）发展导向

应把旅游业定位为灾区恢复重建的先导产业、带动经济欠发达地区发展的富民产业、区域社会经济发展的战略性支柱产业。要以建成国际旅游目的地为总体目标，重点打造中国大熊猫国家公园、峨眉山世界遗产地、贡嘎山风景名胜区三大世界级品牌景区，建设一批特色旅游旅游城镇，完善旅游基础与服务设施，加强市场促销，推进旅游与工农业、文化、信息产业融合发展。

表1-9 旅游资源质量等级评价结果统计

名称	五级旅游资源	四级旅游资源	三级旅游资源	发展方向
芦山县	—	大雪峰大熊猫栖息地、芦山地震遗迹	围塔漏斗、樊敏碑阙及石刻、平襄楼、大川河	芦山地震遗迹旅游
雨城区	—	碧峰峡、高颐阙及石刻	中国保护大熊猫研究中心雅安碧峰峡基地、周公山森林、白马寺、上里古镇	大熊猫主题旅游辐射地、雅安旅游集散地
天全县	—	二郎山森林	喇叭河、天全河、紫石乡生态民俗村、红灵山	森林生态观光旅游
名山区	—	蒙顶山	百丈湖、名山万亩观光茶园	城市休闲度假旅游
荥经县	—	龙苍沟森林、大相岭、牛背山	严道古城、何君尊楗阁刻石	森林观光探险旅游
宝兴县	夹金山大熊猫栖息地	蜂桶寨、东拉山	硗碛藏寨	大熊猫主题观光科考旅游
邛崃市	—	天台山、平乐古镇	临邛古城	城市休闲度假旅游、川藏国际旅游线的起点
汉源县	—	—	九襄农果种植地、清溪古城	以农果种植基地为依托的农业休闲旅游
蒲江县	—	—	石象湖、光明乡樱桃山、朝阳湖	城市生态度假旅游
丹棱县	—	梅湾村	大雅堂、老峨山、九龙山	乡村休闲旅游
洪雅县	—	瓦屋山森林	柳江古镇、槽渔滩、七里坪、青衣江洪雅段、玉屏山	生态体验、休闲度假旅游
金口河区	大渡河峡谷	大瓦山湿地	大瓦山	大峡谷观光探险旅游

续表

名称	五级旅游资源	四级旅游资源	三级旅游资源	发展方向
大邑县	—	西岭雪山	刘氏庄园、花水湾温泉、安仁古镇、新场古镇、鹤鸣山、黑水河	低海拔雪山休闲观光、道教文化体验旅游
石棉县	—	—	田湾河、栗子坪、公益海森林、安顺古镇	红色旅游
泸定县	贡嘎山	铁索泸定桥、燕子沟、雅家埂、海螺沟冰川森林	—	高山生态观光探险旅游
夹江县	—	—	千佛岩、手工造纸博物馆、夹江画纸（大千书画纸）、双杨府君阙、天福观光茶园	观光休闲旅游
峨眉山市	峨眉山	峨眉河	大庙飞来殿、大佛禅院	以峨眉山为主体的观光旅游，带动休闲度假旅游
甘洛县	—	—	三坪草甸	彝族文化体验旅游
东坡区	—	三苏祠	白塔山大旺寺、报恩寺与报本寺、广济乡鸭池沟桃花村	以东坡故里为依托的文化体验旅游
峨边县	—	黑竹沟森林	—	森林生态旅游
康定县	—	木格措、跑马山、莫溪沟、雅拉雪山、荷花海森林	金汤孔玉、康定二道桥温泉、塔公草原—塔公寺	民族风情体验、生态观光旅游
总计	4	29	57	—

2. 工业布局导向评价

（1）目标

工业布局导向评价的目标是充分发挥灾区不同地域的比较优势，分类提出工业发展的方向和关键措施，促进工业可持续发展，优化工业布局。

（2）方法与结果

依据灾区工业化水平、资源禀赋、交通区位等条件，在保持类型区内部产业一致性和行政区界完整性的前提下，结合工业发展的现状和趋势，采用专家综合判别和定量分析相结合的方法，将灾区按县级行政单元划分为四个类型区，即资源型产业重点发展区、特色产业综合发展区、现代制造业发展区、高技术产业发展区，提出分区工业发展导向（表1-10）。

（3）发展导向

资源型产业重点发展区主要位于西部、北部和南部的深山区，重点发展水电、煤炭等能源产业，以电—矿—冶、煤/气—矿—化等循环经济产业链为目标，在康泸工业集中发展区等重点园区适度发展锂、硅、钛、镍等矿产资源加工业。特色产业综合发展区主要位于浅山区和丘陵地区，以服务区域性中心城市的消费市场为重点，通过培育三九药业、蒙顶茶叶等龙头企业，大力发展茶叶、林竹、中草药等特色农副产品加工业，在产业集中发展区适度发展水泥建材、铜铝铅锌等金属冶金、磷化工等资源粗加工和就近加工的产业。现代制造业发展区主要位于山前平原和成都平原的边缘地区，通过为中心城市提供产业配套，大力发展冶金、化工、建材等具有一定高附加值的现代制造业。高技术产业发展区主要位于成都市周边地区，依托区位优势，积极承接成都等发达地区产业转移和辐射，重点发展电子信息、生物医药、机械制造、新材料等具有高技术含量的产业。

表 1-10　四大工业功能区基本情况统计

类型区	乡（镇、街道）		面积		人口		GDP		工业增加值	
	数量（个）	比重（%）	数量（平方公里）	比重（%）	数量（万人）	比重（%）	数量（亿元）	比重（%）	数量（亿元）	比重（%）
资源型产业重点发展区	125	32.63	23176.00	54.16	88.9	15.39	222.64	16.41	124.89	18.87
特色产业综合发展区	89	23.16	11044.55	25.81	101.0	17.49	183.09	13.49	93.28	14.10
现代制造业发展区	111	28.95	6055.03	14.15	247.5	42.85	610.03	44.95	276.79	41.83
高技术产业发展区	58	15.26	2516.15	5.88	140.2	24.27	341.22	25.15	166.81	25.21

3. 农业地域类型划分

（1）目标

农业地域类型划分的目的在于充分发挥灾区不同地域农业自然资源和生产条件的优势，按类型区提出农业发展的方向、模式和关键措施，因地制宜，扬长避短，促进农业良性发展。

（2）方法与结果

依据灾区农业自然条件的相似性、生产特点和发展方向的一致性以及基本保持行政区界完整性的原则，以农业区划为基础，结合农业发展现状与趋势，采用要素图形叠加与资料分析相结合的方法，将灾区按乡镇单元划分为 4 个一级区和 9 个二级区。一级区为山前平原农业—养殖—园艺区（含 3 个二级区）、盆周低山丘陵特色农业区（含 3 个二级区）、川西南山地林业—牧业—农业区（含两个二级区）和川西北高山峡谷林业—牧业区（含 1 个二级区）。

（3）发展导向

山前平原农业—养殖—园艺区应重点发展中高档粮食、果蔬、花卉、中药材种植，积极发展良种产业和外销出口创汇农业，打造国家现代农业示范区、西部特色优势农业产业集中发展区、西部农产品加工中心，率先实现农业现代化。盆周低山丘陵特色农业区应大力推广林粮结合等山区耕作模式，重点发展名优茶叶、道地中药材、秋淡季蔬菜等特色农产品，积极培育木竹原料林、特色干果、木本药材等产业，建设肉羊、肉牛、特色家禽优势产区。川西南山地林业—牧业—农业区可重点发展特色水果、蔬菜、优质粮食以及特色畜牧业。川西北高山峡谷林业—牧业区重点发展具有高原特色的畜禽业，大力开发风味独特的绿色畜产品，加快发展特色农产品、优质水果、高原野生药材等。

第六节　重 建 分 区

人口集聚区。主要集中在雅安市雨城区、名山区和荥经县的平坝、浅丘地区，以及其他条件相对较好的地区。充分利用该区域用地条件良好、资源环境承载能力较强的优势，承担城镇布局、人口集聚和产业发展的主要功能。

农业发展区。主要分布在东部山前平坝、中部低山丘陵和河谷地带，以及西部高山峡谷区，包括耕地、园地和农村居民点建设用地，充分发挥地理气候优势，重点发展生态有机农业、设施农业和乡村休闲观光农业。

生态保护区。主要分布在北部、西部和南部地区的夹金山、邛崃山、二郎山、大相岭，包括自然保护区、世界自然遗产、森林公园、地质公园、风景名胜区等，严格控制人为因素对自然生态和自然遗产原真性、完整性的干扰，实行生态修复，提高水源涵养、水土保持、生物多样性等生态功能，适度发展生态旅游和林下经济。

灾害避让区。主要包括地震断裂活动带和滑坡、崩塌、泥石流等次生地质灾害易发多发地区，不宜恢复重建居民住房和永久性设施，位于区域内的住户应实施避让搬迁（图 1-2）。

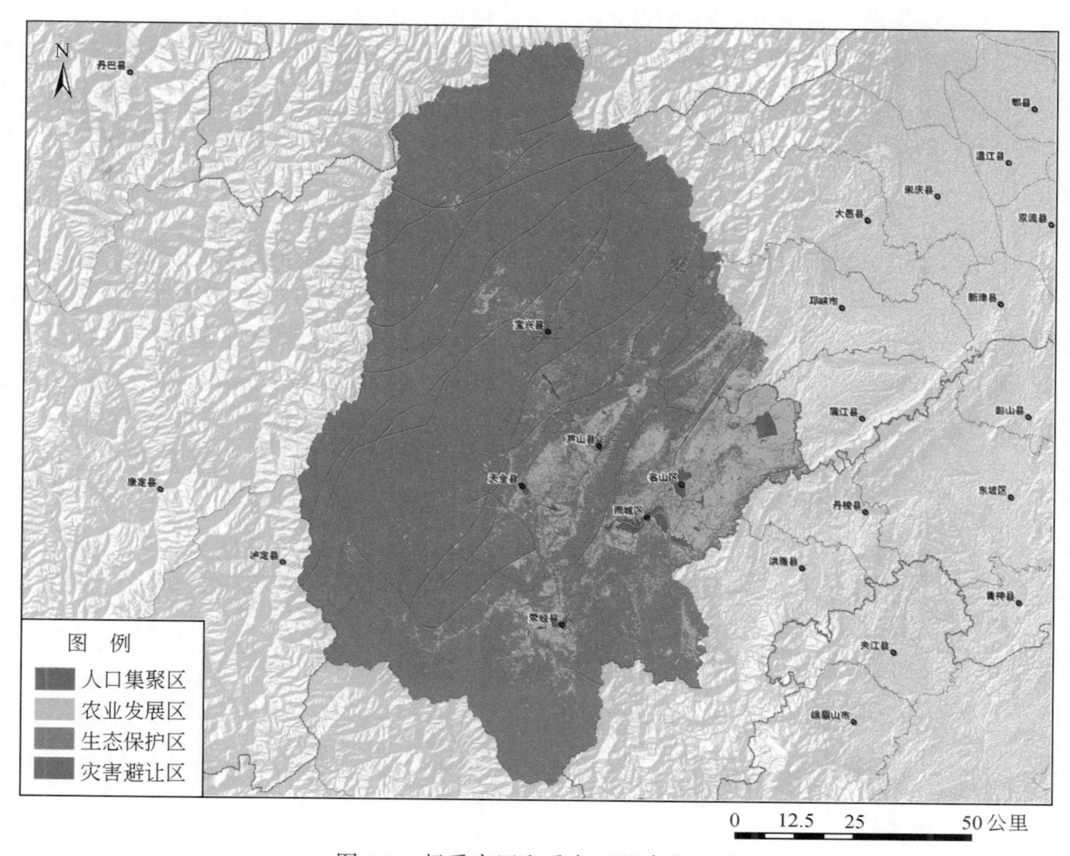

图 1-2 极重灾区和重灾区重建分区图

第七节 政 策 建 议

1）要把“避险”贯穿到重建规划、重建工作、长远发展的始终。灾区山高、坡陡、谷深，地形条件复杂；地震烈度大，灾区地质条件进一步恶化；降雨叠加，次生地质灾害风险加剧。重建必须以次生灾害排查工作为前提，在进行专项规划时必须开展进一步的地质灾害评价工作，依据地震灾害、次生地质灾害风险分析和资源环境综合承载力评价开展重建规划，安全至上，合理选址，留足避让空间。重视地质灾害抗灾设防工作，做到防灾设计有人审、工程材料有保证、施工质量有监察，严把重建选址地质灾害安全关。加快重大基础设施、生命线工程优化设计和示范工程建设，确保工程的长期安全。加强防御重大次生地质灾害的软硬件建设，变被动监测防护为主动监测防护，变灾后救援为灾前预防，进一步提高灾害的监测预测预警能力，增强重建区的重大次生地质灾害的抵御能力和应急处置能力。

2）加大产业扶持力度，培育本土生态经济和异地现代产业，打造可持续的救灾致富新模式。把产业扶持作为灾后恢复重建的重要抓手。一方面，着眼本土生态经济发展，立足生态和文化资源优势，把文化生态旅游产业逐步打造为灾区富民的经济支柱。发展以高端休闲度假和观光体验游，打造国家公园，形成川西原生态旅游休闲度假基地；挖掘特色文化资源，推进历史文化旅游业和创意产业发展。同时着力实现特色、绿色农业的规模化生产经营，依托优质茶产业基地、优良的林竹资源优势，做大茶产业和林竹产业；在受灾相对较轻的地区，加快扶植中草药种植业和深加工产业的发展，通过“绿色利润”还民，提高农民收入。通过退耕还林和发展林下经济、结合旅游业开发，促进农村生产方式转变。另一方面，利用异地园区建设机遇，探索与国企联手、与发达地区企业联手的赈灾路径，通过招商引资、开辟具有较高技术含量和加工深度的产业发展，优化灾区产业结构。

3）适度引导人口集聚，采用就地城镇化和异地城镇化两个途径，提高城镇化水平。以灾民自愿、政府引导的方式，合理引导受灾严重、发展潜力较弱的乡村人口适度向城镇集聚，合理引导规模较小的居民点向中心城镇集聚。创造条件提高雅安市名山区对灾区人口的吸纳和承接能力。为了加大人口转移力度和能力，在灾民集中安置和人口转移过程中，探索缩小宅基地后，通过省内土地置换升值，将部分收益发还给农民的方式。同时，合理削减灾区基本农田规模和耕地保有量，切实做到把最安全的土地留给人居住的重建理念。

4）以提升灾区资源环境承载能力和增强当地造血功能为宗旨，积极创新灾后重建的体制机制。立足灾区优势产业，以建立资源产业和生态经济的扶持政策和长效机制作为中央政府有关部门援建的突破口，提高资源开发和生态建设对当地经济的贡献率。灾区拥有丰富的矿产资源和水能资源，且已形成了一定的开发基础。建议合理调整矿产资源有偿使用收入中央和地方的分配比例关系，适当提高资源税、资源费，完善计征方式，提高资源开发收益向地方倾斜的比例；允许水电移民以征地补偿费和安置费用入股、对当地实施优惠电价、建立移民发展基金、改革水电价格形成机制等方式，提高水电开发对当地经济的带动作用。在《全国主体功能区规划》中，芦山县作为极重灾区县尚未纳入国家级生态保护区，建议借此次机会予以调整，享受相应政策。可将灾区作为探索生态补偿新机制试点区域，建立水资源和矿产资源开发合理可行的生态成本及生态补偿核算标准与实施的试验示范，在重建中尝试将资源开发生态补偿责任与当地灾后生态重建工作挂钩。

第二章 基本情况

第一节 区域概况

2013年4月20日8点02分四川雅安市芦山县发生7.0级强震，地震最大烈度为Ⅸ度，等震线长轴呈北东走向分布，Ⅵ度及以上区域总面积为18783.8平方公里（表2-1），截至5月6日，共造成196人死亡，21人失踪，11470人受伤。地震共造成四川省21个县（市、区）受灾，其中，地震烈度Ⅸ度分布的雅安市芦山县为极重灾区；雅安市雨城区、名山区、荥经县、天全县和宝兴县5个县（区），以及成都市邛崃市的高何镇、天台山镇、夹关镇、南宝乡、火井镇和道佐乡6个乡镇为重灾区；一般灾区则包括雅安市汉源县、石棉县，成都市大邑县、蒲江县，乐山市金口河区、夹江县、峨眉山市、峨边彝族自治县，眉山市东坡区、丹棱县、洪雅县，甘孜藏族自治州泸定县、康定县，凉山彝族自治州甘洛县共14个县（市、区）以及邛崃市其他乡镇。

表2-1 芦山地震影响区范围

烈度	影响面积（平方公里）	比例（%）
Ⅸ	208.4	1.1
Ⅷ	1416.0	7.5
Ⅶ	4025.8	21.4
Ⅵ	13133.5	69.9
合计	18783.7	100

一、自然地理条件

1. 自然地理基本情况

芦山地震发生于龙门山断裂带西南端，此断裂带西南起于天全县夹金山东侧，向北东延伸与大巴山断裂相接，全长约500km、宽约70km，为逆冲断层，分为东（前山断裂）、中（中央断裂）、西（后山断裂）三支。区内及附近还有大量活动断裂带展布，如石棉断裂带、金坪断裂带、天全—荥经断裂带、安宁河断裂带等。灾区地处成都平原与青藏高原过渡地带，也是四川盆地与川西高原、山地的交界地带。根据地貌类型差异，可将灾区划分为高山峡谷区、盆缘山区和平原丘陵区三个类型区（表2-2）。灾区土地资源利用结构在三类区域具有显著差异，平原丘陵区以耕地和林地为主，二者占土地利用总面积的比例分别为30.2%、38.6%；盆缘山区和高山峡谷区林地分布面积最广，其比例均在70%以上，而耕地分布十分有限，两类型区耕地比例分别为7.6%和3.9%。灾区东部和中部为亚热带湿润季风气候，西部为独特的高原型大陆性季风气候。由于区域地势的梯度变化，区内气候差别较大，立体气候显著，植被丰富且种类全，生态类型多样，森林、湿地、草原、江河等生态系统均有分布，森林覆盖率为47.2%，森林蓄积量为1.95亿立方米。在河流水系方面，灾区河流属岷江水系，其主要河流有大渡河、青衣江及岷江干流，以大相岭为天然分水岭，北部为青衣江水系，南部主要为大渡河水系。

表 2-2 芦山地震灾区地貌类型分区

项 目	高山峡谷区	盆缘山区	平原丘陵区
涉及县市	金口河区、峨边彝族自治县、汉源县、石棉县、泸定县、康定县、甘洛县	芦山县、洪雅县、雨城区、名山区、荥经县、天全县、宝兴县	大邑县、蒲江县、邛崃市、夹江县、峨眉山市、东坡区、丹棱县
基本特征	海拔多在 3000 ~ 5500 米，相对高差为 1500 ~ 3000 米	盆地与西部高原的过渡地带，海拔为 1000 ~ 3000 米，相对高差为 500 ~ 1500 米	海拔多在 1000 米以下，相对高差 50 ~ 500 米

2. 自然地理特征分析

（1）山高谷深，地形条件复杂

灾区地势自西北向东南倾斜，地表崎岖，山地多，平坝地少。全境跨东部四川盆地与西部高原高山两个一级地貌区，成都平原、川西北丘状高原山地、川西南山地、川西北高山高原等 4 个二级地貌区，成都平原、峨眉山中山、凉山山原、西昌盐源宽谷盆地中山、龙门山山地、贡嘎山极高山等 6 个三级地貌区。北、西、南三面地势高，东部和中部地势低，海拔在 516 ~ 5793 米，相对高差达 5277 米，山地面积占灾区总面积的 90% 以上。山地的各种类型俱全，以中山、低山为主，分别占灾区总面积的 67%、16%。平坝主要分布在青衣江和大渡河流域两侧的一、二级阶地及河漫滩地带，其面积约占灾区总面积的 6%。据坡度分析，区内平均坡度为 20° ~ 25°，其中 10°以下区域占灾区总面积的 20. 6%，10° ~ 20°区域比例为 21. 9%，20° ~ 40°区域比例为 49. 8%，大于 40°的区域比例达 7. 72%。

（2）雨量充沛，气候区域差异明显

灾区常受东南太平洋季风、西南印度洋季风和西北方向的寒冷空气交替活动影响，气候呈湿润温和、降水充沛、南北差异明显的特征。灾区年平均气温为 14. 1 ~ 17. 9℃，年均日照为 791. 3 ~ 1477. 9 小时，年均无霜期为 280 ~ 320 天，多年平均大雨、暴雨日数分别为 9. 7 天、3. 2 天。重灾区雅安市平均年降水量为 1663. 7 毫米，年降水日数多在 200 天以上，其中 5 ~ 9 月的降水量占全年的 78%。而 7 ~ 8 月是雅安降水最为集中的时段，8 月降水最多可达 450. 6 毫米，7 月次之，为 361. 2 毫米，7 ~ 8 月降水量将近全年降水量的一半（49%）。灾区的气候南北差异大，立体变化剧烈，以大相岭为界，南部为干热河谷气候区，北部为湿润季风气候区；随着海拔的升高，气候垂直变化系列依次为亚热带—山地暖温带—山地亚寒带—山地寒带。

（3）水能丰富，土壤垂直地带性显著

灾区内流域面积在 30 平方公里以上的河流达 131 条，其中流域面积在 1000 平方公里以上的河流有 11 条，境内多年平均地面径流总量为 182.9×10^8 立方米，目前全区已利用水资源量为 5.39×10^8 立方米，仅占水资源总量的 2. 95%。据调查，灾区水能资源理论蕴藏量为 4900×10^4 千瓦，占四川省总量的 34%，是全省水能资源最丰富的地区之一。第二次土壤普查结果显示，全区共有 16 个土类，28 个亚类，55 个土属，其中山地土壤类型尤为丰富，并表现出明显的土壤垂直地带性。以大相岭为界，北部 6 县（市、区）的土壤垂直带谱是黄壤—黄棕壤—暗棕壤—棕色针叶林土—亚高山草甸土等；南部大渡河流域的汉源、石棉两县，土壤垂直带谱为红壤—黄棕壤—棕壤—暗棕壤—棕色针叶林土—亚高山草甸土等。灾区耕地土壤主要为紫色土、水稻土、黄壤和黑色石灰土，土壤养分含量较高、质地偏黏，土壤的阳离子交换量偏低，加之由于受地形、气候影响，中低产耕地占耕地总面积比重较高。

（4）物种多样，生态系统服务功能突出

灾区大部位于川滇森林及生物多样性生态功能区、大小凉山水土保持和生物多样性生态功能区，是重要珍稀生物的栖息地，是全省重要的涵养水源、保持水土、维系生态平衡的主要区域，也是国家乃至世界生物多样性保护重要区域。区内植物垂直分布带完整，森林资源丰富，植被覆盖率高达 47. 2%，是长江上游重要的水源涵养区。区内各级自然保护区 12 处、森林公园 13 处。其中，四川蜂桶寨自然保护区、四川贡嘎山自然保护区、黑竹沟自然保护区为国家级自然保护区，西岭、瓦屋山、夹金山、二郎山等9处为国家森林公园。区内共有木本植物101科、1000多个种，草本植物共有105科781种，拥有珙桐、连香树、叶光蕨、扇蕨、岷江柏木等数十种国家保护珍稀濒危植物；动物资源中，野生动物共有334种，栖息着大熊猫、小熊猫、金丝猴、白唇鹿、羚羊、黑颈鹤等近百种珍稀野生保护动物。

二、社会经济状况

1. 社会经济基本情况

第六次人口普查统计显示，灾区21个县（市、区）2010年末总人口为549.82万人，其中重灾区雅安市域人口为150.73万，占灾区总人口的27.41%。2011年灾区地区生产总值为1356.98亿元，占四川省地区生产总值的6.5%，人均GDP略低于全省平均水平（20458元），表明灾区经济发展总体水平在四川全省处于中游水平。灾区县域经济发展水平的空间分布与地形结构较为吻合，呈现出东北向平原区—西南向山区递减的梯度变化分布特征。灾区城镇居民收入差异不大，各县城镇居民人均可支配收入均在2万元左右，极重灾区芦山县以17959元位列21个县（市、区）倒数第5位（图2-1）。农民收入水平呈平原向山区递减，峨边县、甘洛县、泸定县、康定县、金口河区、汉源县等西部各县均位列末位，最低的峨边县仅3607元，仅是排在首位的大邑县的1/3、全省平均水平的1/2。

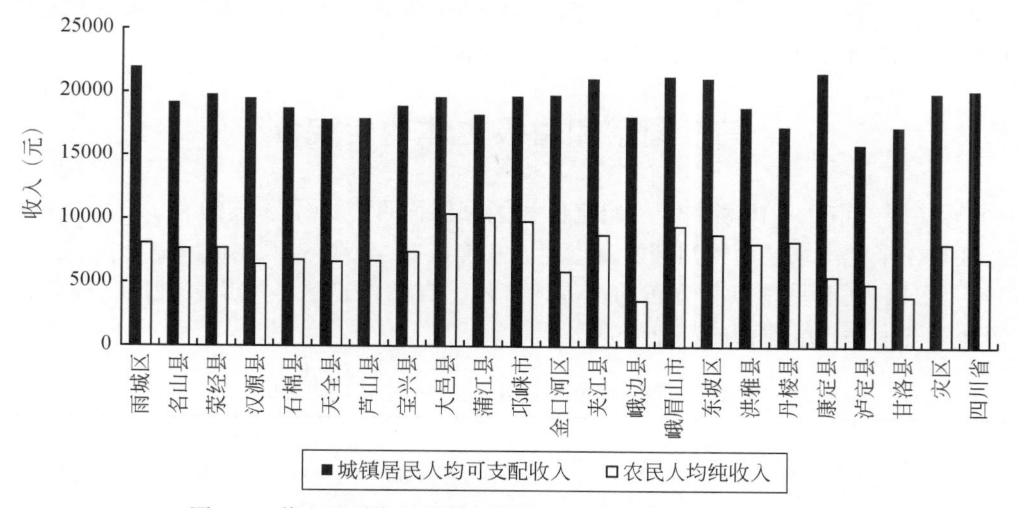

图2-1　芦山地震灾区县域与灾区、四川省城乡居民收入情况

2. 社会经济特征分析

（1）人口分布不均，人口变动态势显著

从各区县的空间分布来看，灾区人口分布极不均衡。人口密集区主要分布在灾区东北部，在平原丘陵区村镇分布密集，人口密度为447.5人/平方公里；盆缘山区的人口密度为113.7人/平方公里；而在高山峡谷区人口分布相对分散，仅44.4人/平方公里。东坡区、邛崃市和大邑县位列常住人口总量的前三位，分别为82.19万、61.28万、50.22万人，合计占灾区总人口的35.23%。在雅安市域范围内，雨城区以35.36万人列首位；宝兴县人口最少，仅5.6万人。与2000年相比，灾区各区县的人口变动态势显著，11个县（区）呈人口负增长，洪雅县、汉源县、丹棱县、邛崃市、芦山县以及夹江县的降幅均在1万人以上，降幅最大的洪雅县常住人口减少了3.08万人；东坡区和雨城区的人口增长量最大，增量均在2万人以上。另外，灾区人口的城镇化水平整体偏低，2010年城镇化率为39.36%，低于全国城镇化水平（49.68%），而汉源县、名山区、甘洛县、夹江县、峨边彝族自治县以及宝兴县的城镇化率尚不足30%。

（2）经济特色鲜明，产业综合竞争力有待提升

目前，灾区工业发展以机械制造、医药化工、建材、水电、矿产开发及加工、农副产品加工为主。其中，机械制造、医药、化工、食品加工、电子信息等主要分布于东部平原丘陵区，盆缘山区和高山峡谷区主要分布有水电、建材、电冶等行业。产业梯度充分表现在经济密度指标上，平原丘陵区的经济密度达到1340万元/平方公里，盆缘山区和高山峡谷区仅有307万元/平方公里和102万元/平方公里。从整体来看，灾区产业仍然以资源初加工为主，对资源的依赖性较强，技术密集型产业相对不足，企业构成以小型企业为主、大型企业缺失，缺乏具有竞争性、战略性的支柱产业和龙头企业。在现有产业发展的基础上，未来需要进一步提升化工、医药、机械、铝业和农产品加工等产业，弥补产业集群和规模经济不足，调整产业结构，延伸产业链条。

（3）旅游资源富集，基础设施支撑不足

灾区具有丰富的自然和文化旅游资源，是世界自然遗产四川大熊猫栖息地的核心区域，有峨眉山-乐山大佛世界自然和文化双遗产，国家级风景名胜区4处、省级风景名胜区9处，全国重点文物保护单位19处、省级文物保护单位9处，国家AAAAA级风景区2处、国家AAAA级风景区2处，历史文化名镇、名村12个，以及一批红色旅游景点。2012年灾区相关市（州）国内游客达2.07亿人次，入境游客192.86万人次，实现旅游总收入1640.57亿元。从交通基础设施支撑条件来看，2011年灾区21个县（市、区）公路总里程为20080公里，仅有京昆高速、成乐高速、乐雅高速过境，成昆铁路穿眉山、夹江、峨眉山、峨边、甘洛总里程250公里，公路铁路覆盖率较低，且与特色旅游资源有一定错位，特别是宝兴县、凉山州、甘孜州各县（区）交通基础设施条件较差。

三、国家和省级主体功能定位

灾区21个县（区、市）中国家主体功能定位为国家层面重点开发区域的有11个，国家层面限制开发农产品主产区有3个，国家层面限制开发重点生态功能区有4个，省级层面限制开发重点生态功能区有3个（表2-3）。此外，还有呈现点状分布的世界遗产地、自然保护区、风景名胜区、森林公园、地质公园、饮用水源地等国家和省级层面的禁止开发区。

表2-3　芦山地震灾区国家和省级主体功能定位

地市	区县	国家和省级主体功能定位
雅安市	芦山县	国家层面农产品主产区、国家层面点状开发城镇
	雨城区	国家层面重点开发区域
	天全县	国家层面重点生态功能区
	名山区	国家层面重点开发区域
	荥经县	国家层面重点开发区域
	宝兴县	国家层面重点生态功能区
	汉源县	国家层面农产品主产区、国家层面点状开发城镇
	石棉县	国家层面点状开发城镇、省级层面重点生态功能区
成都市	蒲江县	国家层面重点开发区域
	大邑县	国家层面重点开发区域
	邛崃市	国家层面重点开发区域
乐山市	金口河区	国家层面重点开发区域
	夹江县	国家层面重点开发区域
	峨眉山市	国家层面重点开发区域
	峨边彝族自治县	国家层面点状开发城镇、省级层面重点生态功能区

续表

地市	区县	国家和省级主体功能定位
眉山市	丹棱县	国家层面重点开发区域
	洪雅县	国家层面农产品主产区、国家层面点状开发城镇
	东坡区	国家层面重点开发区域
甘孜州	泸定县	国家层面重点生态功能区
	康定县	国家层面重点生态功能区
凉山州	甘洛县	省级层面重点生态功能区、省级层面点状开发城镇

第二节　灾情概述①

一、受灾人口

依据灾害范围评估结果和四川省2013年5月6日上报数据，核定芦山地震导致四川省受灾人口21383628人，其中极重灾区芦山县受灾人口133281人（含常住人口和非常住人口），重灾区雨城区、天全县、名山区、宝兴县、荥经县及邛崃市6个重灾乡镇受灾人口为964600人，一般灾区受灾人口为759693人，影响区为326054人。在因灾死亡人口中，极重灾区（芦山县）120人，重灾区57人，一般灾区9人，影响区10人；因灾伤病人口13019人，其中极重灾区（芦山县）6118人，重灾区5874人，一般灾区701人，影响区326人；紧急转移安置8452266人，其中极重灾区（芦山县）133281人，重灾区504523人，一般灾区194703人，影响区9759人，上述伤亡人口均按遇难和受伤地点统计。

二、灾情特点

芦山地震灾情具有以下3个方面的特点：

1. 人员死亡率相对较低，房屋破坏率高

芦山地震共造成196人死亡（无失踪人口），芦山县死亡率为10.0人/万人，重灾区5县（区）死亡率平均为0.54人/万人。与汶川地震相比，芦山地震人员死亡率相对较低。然而，房屋倒塌和严重损坏总体情况依然严重，虽然部分灾区县在汶川地震被列入重灾区，新建房屋的抗震设防水平有所提高，但除部分重建的学校和医院设防达到抗震VIII烈度水平处，整体设防水平有限，从而使芦山地震极重灾区倒塌及严重损坏房屋率为8465间/万人，重灾区倒塌及严重损坏房屋率平均达到3890间/万人，分别达到了汶川地震极重灾区、重灾区倒塌房屋率的相当水平。

2. 灾害涉及面广，潜在危险性高

芦山地震灾区21个县（市、区）全部属于汶川地震受灾区，其中5个县为汶川地震重用叠加、引发大范围的地质灾害，对灾区造成了重大影响。芦山地震灾害除造成严重人员伤亡和财产损失外，还导致各类基础设施、公共服务系统严重毁损。极重灾区、重灾区部分县城和乡镇供水、电力、通信设施中断，学校、医院、政府机关等设施设备损坏；地震与频繁的强余震引发多处山体滑坡灾区群众生活一度受到极大影响。灾区地貌类型多样、地形相对起伏大、地质构造复杂，生态环境恶劣，由于地震导致山体松

① 本节资料与数据主要来源于国家减灾委员会专家委员会和民政部国家减灾中心发布的《四川芦山“4·20”强烈地震灾害评估报告》。

动、土质变松，且汛期震区可能频发暴雨洪涝，部门地质隐患点存在较高滑移危险。5月份，灾区逐步进入雨季，强降雨引发滑坡、泥石流等次生灾害的可能性较大。

3. 灾区经济社会欠发达，恢复重建难度大

近60%的受灾县为山区和老区县，经济条件差，自救能力相对较弱。21个受灾县（市、区）2011年实现地区生产总值不足全省的7%，2011年实现地方公共财政收入103.2亿元，仅占全省的9.6%；乡村人口比例高达62%，农业比重较大。重灾区交通条件较差、道路等级偏低，大型救援设备和救灾与恢复重建物资调运、周转困难，大大增加了救灾和恢复重建难度。

三、灾损情况

依据地方上报数据、实地调查情况、遥感监测评估结果和相关部门的审核意见，芦山地震造成的房屋、居民家庭财产、基础设施、产业、公共服务系统、资源环境等毁损主要集中在极重灾区、重灾区和一般灾区。

1. 房屋建筑破坏

房屋建筑破坏包括农村居民住宅用房、城镇居民住宅用房和非住宅用房的破坏。其中，非住宅用房包括基础设施系统、产业、公共服务系统等用于各类生产、经营和办公等的房屋。从各烈度区房屋建筑破坏情况来看（图2-2），IX烈度区房屋建筑的破坏程度极大，区内几乎难以找到基本完好的房屋建筑，受到毁坏和严重破坏的砖木房屋高达81.9%，砖混结构和框架结构受严重破坏及以上程度的比例分别达到63.54%和26.7%。建筑结构类型比较结果显示，框架结构的抗震能力较强，砖混结构次之，框架结构的基本完好比例在VIII烈度区为66.7%，在VII度和VI度烈度区则均为100%。

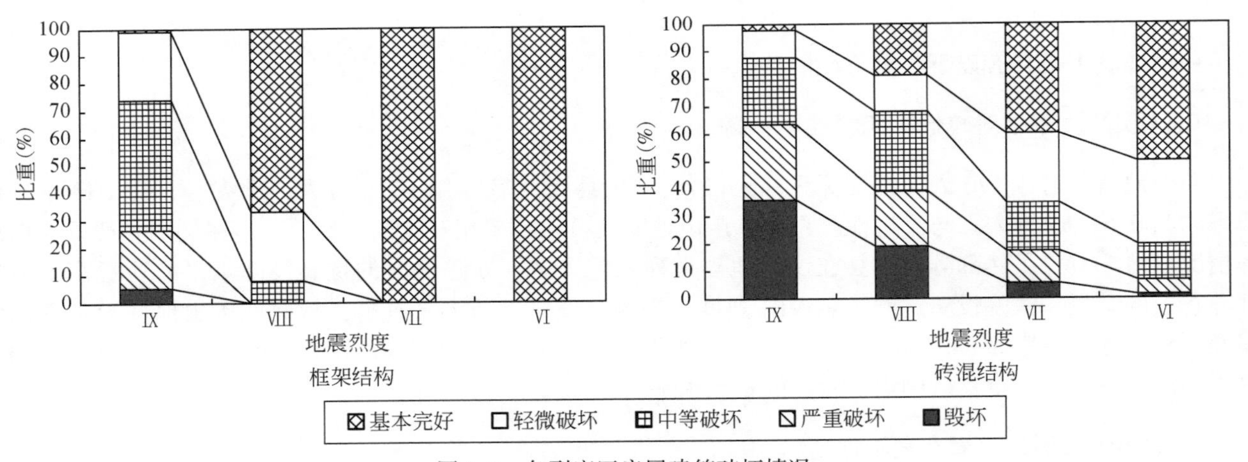

图2-2　各烈度区房屋建筑破坏情况

芦山地震农村居民住宅用房影响数量较大。农村居民住宅用房倒损共计348665户、1438908间。其中，毁坏住宅用房12165户、49291间，严重破坏住宅用房138166户、381697间，中等与轻微破坏住宅用房198334户、1007920间。倒塌和严重损坏房屋中，钢混结构占1.9%，砖混结构占23.2%，砖木和土木等其他结构占74.9%。城镇居民住宅用房倒损共计174437户、21542416平方米。其中，倒塌住宅用房7026户、819876平方米，严重破坏住宅用房30387户、3970057平方米，中等与轻微破坏住宅用房137024户、16752483平方米。倒塌和严重损坏的房屋中，钢混结构占1.4%，砖混结构占77.1%，砖木和土木等其他结构占21.5%。非住宅用房倒损共计6265171平方米。其中，毁坏为716658平方米，严重

破坏为1281772平方米，中等与轻微破坏为4266742平方米。

从各县区倒塌及严重损坏房屋分布来看，雨城区由于地震烈度较强、人口密集、建筑密度相对较高，倒塌及严重损坏房屋数量较大，总间数达到140735间（图2-3）。极重灾区芦山县倒塌及严重损坏率最高（8465间/万人），天全县、雨城区、荥经县和宝兴县损坏率均在3000间/万人以上，分别为6364间/万人、4322间/万人、4144间/万人和3446间/万人。

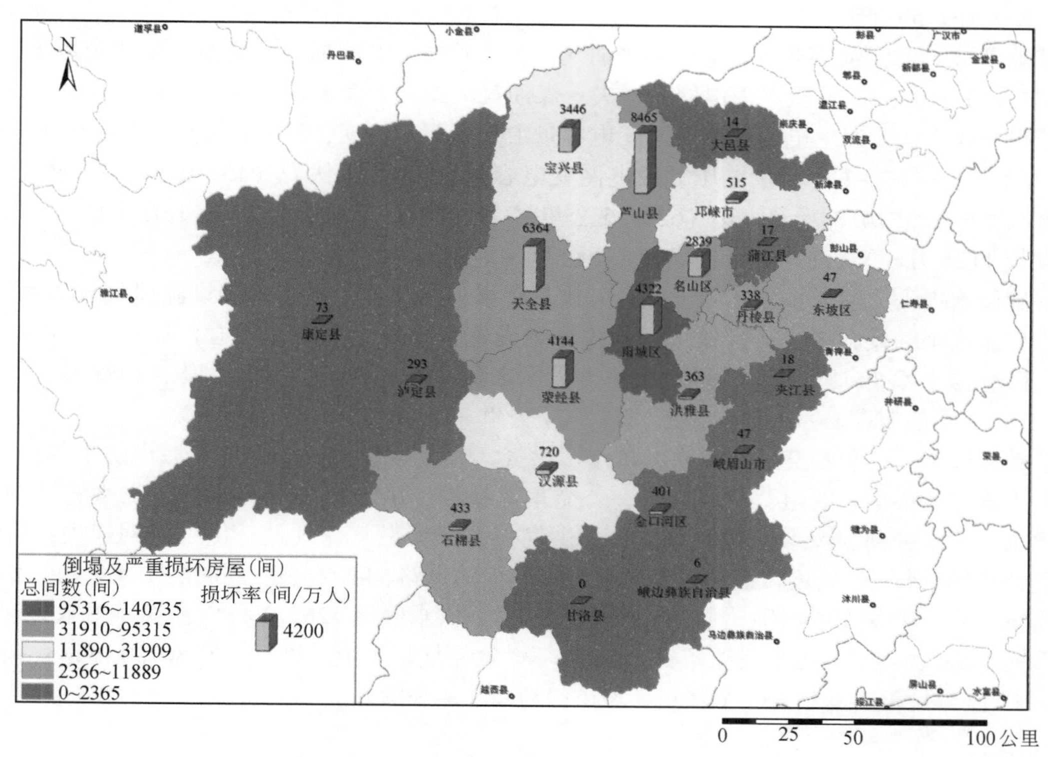

图2-3 芦山地震房屋损失情况分布图

2. 基础设施损失

基础设施损失包括交通、能源、水利和市政设施的损失。灾区具体损失情况如下：

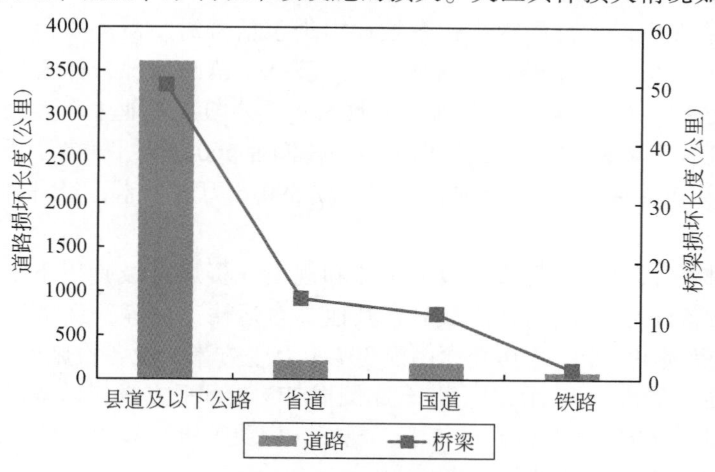

图2-4 主要交通基础设施损失情况

交通基础设施损失，包括公路、铁路、水运损失。其中，公路损失分为国道、省道、县道及以下公路、客/货运站损失，桥梁、隧道、涵洞损失包含在各级公路损失中；铁路损失分为普通铁路、客/货运站损失，普通铁路损失分为铁路、桥梁、隧道、供电线路、通信线路等损失；水运损失主要为码头损失。核定结果显示，县道及以下公路的损失量最大，道路损坏长度达3603.9公里（图2-4），桥梁损坏50.1公里，涵洞损坏34.6公里，隧道损坏0.6公里。此外，损坏国道184.0公里、其中桥梁11.2公里、涵洞3.2公里、隧道2.5公里；损坏省道210.9公里，其中桥梁13.8公里、涵洞3.2公里、隧道3.1公里；损坏公路客运站86个；损坏普通铁路73.04公里，其中桥梁1.6公里、隧道11.8公里；损坏铁路客货运站9个；损坏水运码头59个。

能源基础设施损失，包括电网、电厂、煤油气损失。其中，电网损失分为500千伏及以上、220千伏及以上、66～110千伏、66千伏以下电网等损失；煤油气损失分为煤矿、气井、气管等损失。核定结果表明，灾区受损500千伏及以上电压等级电网变电容量150.0万千伏安，220千伏及以上电压等级电网变电容量45.0万千伏安，66～110千伏电压等级电网变电容量54.3万千伏安（153.0公里），66千伏及以下电压等级电网变电容量14.8万千伏安（6239.5公里）。受损电厂装机容量1309.1万千瓦。受损煤矿116个（年产规模1125万吨），气井9个，气管8.1公里。

水利基础设施损失，包括水利基础设施、人饮工程损失。其中，水利基础设施损失分为水库、堤防、大型和中小型灌区水利设施损失；人饮工程损失分为设施、设备、水渠（管道）等损失。根据水利部意见，核定灾区受损水库89座，堤防395.0公里，灌区水利设施4675台（套），渠道1388.0公里，人饮工程设施8587个、设备786个，水渠（管道）4729.4公里。

市政基础设施损失，包括交通、供水、排水、供气、垃圾处理、城市绿地和城市防洪等损失。其中，交通损失分为道路、桥梁、隧道、交通枢纽、公交车等损失；供水损失分为水厂、供水管网损失；排水损失分为雨水、污水管网、污水处理厂等损失；供气损失分为燃气储气站、供气管网损失；垃圾处理损失分为垃圾处理场（厂）、垃圾转运站损失。核定灾区损坏道路544.0公里、桥梁31.4公里、隧道0.3公里、交通枢纽1个、公交车64辆；损坏自来水厂55个、供水管网1263.2公里；损坏雨水管网695.6公里、污水管网1891.0公里、污水处理厂26个；损坏燃气储气站7个、供气管网807.0公里；损坏垃圾处理场（厂）11座、垃圾转运站688个；损坏城市绿地308.4公顷。

3. 产业损失

产业损失包括农业、工业和服务业损失。其中，产业涉及房屋（不含厂房、仓库）的损失在非住宅用房损失中核算。

农业损失方面，包括种植业、畜牧业、渔业、林业、农林牧渔服务业以及农业机械损失。其中，种植业损失包括农作物、农业生产大棚等损失；畜牧业损失包括畜禽、畜禽圈舍、饲草等损失；渔业损失包括水产品、养殖设施等损失；林业损失包括林木、经济林、苗圃良种、林区基础设施等损失。核定灾区农作物受灾109.5千公顷，成灾34.7千公顷，绝收5.9千公顷，农业生产大棚受损1.8千公顷；死亡牲畜2.8万头（只），死亡家禽84.4万只，倒塌损毁畜禽圈舍560.1万平方米，受损饲草3.5万吨；渔业受灾面积761.3公顷；林业受灾65.9千公顷，林木受损590.5万立方米，经济林受损7.9千公顷，苗圃良种受灾330.0公顷。

工业损失方面，包括规模（资质等级）以上工业和规模（资质等级）以下工业损失。其中，两项损失均分为厂房/仓库、设备设施、原材料/产成品、其他（含运输工具等）经济损失。核定灾区规模（资质等级）以上工业企业受损497个，厂房仓库倒损307.1万平方米，设备设施受损13111台（套）；规模（资质等级）以下工业企业受损1634个，厂房/仓库倒损275.7万平方米，设备设施受损17972台（套）。核定工业直接经济损失共计694384.5万元。其中，规模（资质等级）以上工业损失474128.8万元，规模（资质等级）以下工业损失220255.7万元。

服务业损失方面，包括批发与零售业、住宿和餐饮业、房地产业、金融业、文化及相关产业、环境治理业、旅游业、粮食流通业、其他服务业损失等。具体来看，批发与零售业网点受损17565个，设备设施受损34748台（套）；住宿和餐饮业网点受损6714个，设备设施受损39347台（套）；房地产业网点受损 100 个，设备设施受损 143 台（套）；金融业网点受损 323 个，设备设施受损 6478 台（套）；文化及相关产业网点受损 495 个，设备设施受损 14533 台（套）；环境治理业网点受损 5802 个，设备设施受损 6117 台（套）；其他服务业网点受损 10534 个，设备设施受损 39453 台（套）。

4. 公共服务系统损失

公共服务系统损失包括教育、医疗卫生、文化遗产、社会保障、社会福利、社会管理等系统的损失等。其中，教育系统损失包括高等教育、中等教育、初等教育、学前教育、特殊教育等损失。按照教育部门校核的各类学校损坏数量，核定灾区各类学校损坏 734 个。其中，初等教育学校损坏量最大，达 451 个，占损坏总数的 61%（图 2-5）；中等教育学校次之，损坏 193 个。其他类型方面，高等教育学校损坏 2 个，学前教育学校损坏 36 个，特殊教育学校损坏 4 个，其他教育学校损坏 48 个。

医院、基层医疗卫生机构、专业公共卫生机构、其他医疗卫生机构、县级及以上计划生育服务机构、乡镇计划生育服务站、食品药品监督管理机构等损失纳入医疗卫生系统损失中。按照卫生计生部门统计，灾区受损各类医疗卫生机构 1049 个。其中，医院受损 61 个，基层医疗卫生机构受损 755 个，专业公共卫生机构受损 44 个，其他医疗卫生机构受损 5 个，县级及以上计划生育服务机构受损 18 个，乡镇计划生育服务站受损 1472 个，食品药品监督管理机构受损 24 个。基层医疗卫生机构受损占医疗卫生系统的 72%，为受损量最大的医疗机构类型（图 2-5）。

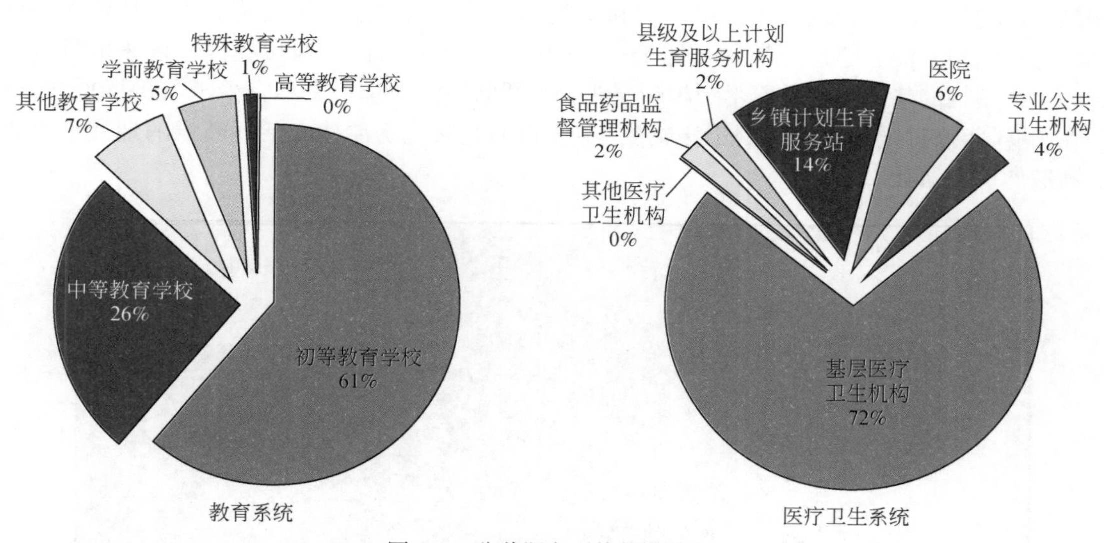

图 2-5　公共服务系统损失情况

文化遗产损失包括物质文化遗产和非物质文化遗产，其中物质文化遗产包括不可移动文物、可移动文物，历史文化名城、名镇、名村、传统村落。根据文化与文物部门意见，确定了灾区受损重点文化保护单位（全国、省级、市县级）259 处，新发现不可移动文物 7 处；受损珍贵文物 94 件（套），一般文化 255 件（套）；受损历史文化名城（含历史街区）2 处，名镇 8 处，中国传统村落 3 处；受损非物质文化遗产 64 处。

5. 资源环境毁损

依据评估核定的实物量毁损数据，以及林业局和环境保护部的核定意见，核定受损国家级自然保护区 3 个，受损地方级自然保护区 14 个，受损国家级森林公园 9 个，受损地方级森林公园 4 个，受损国家级风景名胜区 4 个，受损省级风景名胜区 9 个，受损耕地面积 2332. 1 公顷，受损林地面积 65914. 3 公顷（其中大熊猫栖息地面积 16556. 3 公顷），受损草地面积 2099. 4 公顷，受损非煤矿山资源 439 处。

第三章　地震地质条件适宜性评价

第一节　概　述

对地震灾区灾后恢复重建的地震地质条件进行适宜性评价是保证震后安全建设的基础，通常考虑地震灾区的地震烈度、断层的活动性特征，同时考虑灾区内主要的活动断裂带发生历史地震震级大小及其地震复发周期。大中型城市和工程建设考虑活动断层带两侧禁建带原则，一般民用建筑建设考虑地震断裂带避让带，从而进行综合性评估。根据中华人民共和国国家标准《建筑抗震设计规范》（GB50011－2010）规定，对于在活动断裂带上进行工程建设活动，应避开主断裂带，避让距离如表3-1所示。甲类建筑属于重大建筑工程和地震时可能发生严重次生灾害的建筑，乙类建筑属于地震时使用功能不能中断或需要尽快恢复的建筑，丙类建筑属于除甲、乙和丁类以外的一般建筑，丁类建筑属于抗震次要建筑。在避让距离的范围内确有需要建造分散的、低于三层的丙、丁类建筑时，应按提高一度采取抗震措施，并提高基础和上部结构的整体性，且不得跨越断层线，与活断层的安全距离不宜少于100~400米。国际上，美国加州在1994年修订《地震断层划定法案》，主要目的是防止房屋建在活动断层的地表形迹之上，规定在地震断层两侧各避让15米。

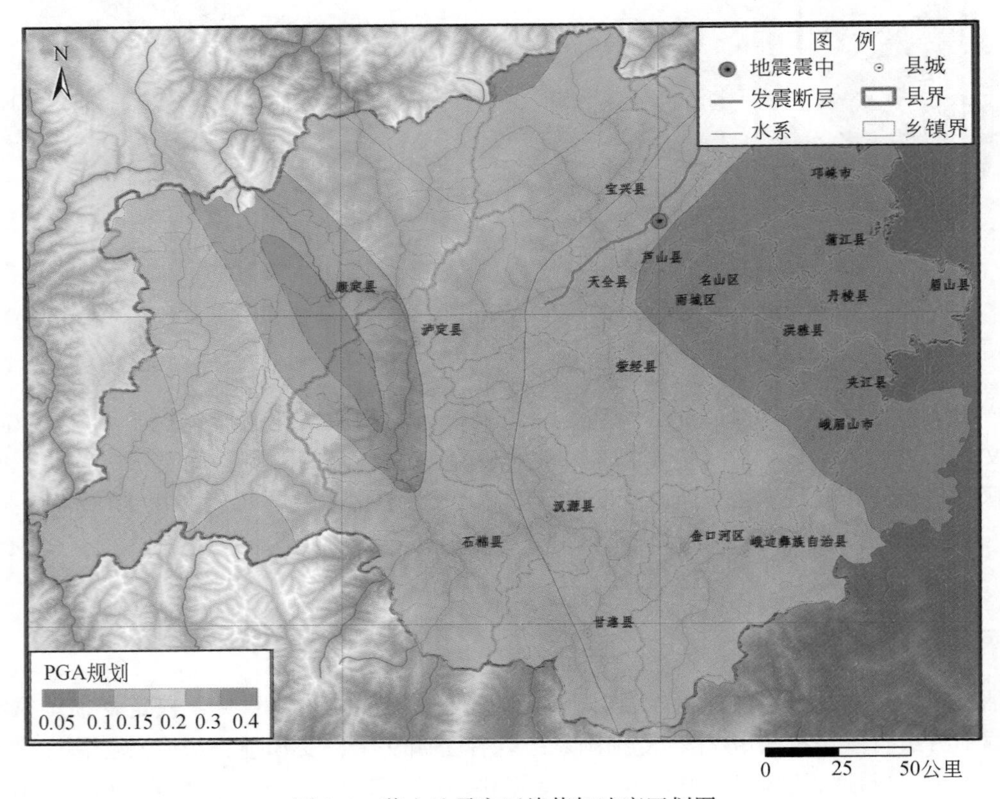

图3-1　芦山地震灾区峰值加速度区划图

表 3-1　发震断裂的最小避让距离

地震烈度	建筑抗震设防类别			
	甲	乙	丙	丁
Ⅷ	专门研究	200 米	100 米	—
Ⅸ	专门研究	400 米	200 米	—

2009 年 5 月 1 日起施行的《中华人民共和国防震减灾法》第六章（地震灾后过渡性安置和恢复重建）第六十七条规定“地震灾后恢复重建规划应当根据地质条件和地震活动断层分布以及资源环境承载能力，重点对城镇和乡村的布局、基础设施和公共服务设施的建设、防灾减灾和生态环境以及自然资源和历史文化遗产保护等做出安排”。其中尤其强调“地震灾害损失调查评估获得的地质、勘察、测绘、土地、气象、水文、环境等基础资料和经国务院地震工作主管部门复核的地震动参数区划图（图 3-1），应当作为编制地震灾后恢复重建规划的依据”。

本评估根据上述条例的规定，针对芦山地震所影响到的 21 个县（市、区），对其灾后重建的地震地质条件适宜性进行综合评价。

第二节　指标项（或要素）计算方法

1. 地震烈度计算方法

浅源地震震中区地震烈度的计算公式为

$$I = (M - 1.5)/0.58$$

式中，I 为震中地震烈度；M 为地震震级。

芦山地震属浅源性地震，适用本公式，此次地震震级 M 为 7.0 级，震中地震烈度为

$$I = (7.0 - 1.5)/0.58 = 9.48$$

对整个地震灾区的地震烈度等级进行分级，目前主要以《中国地震烈度表》（GB/T 17742−1999）作为划分标准，采用 12 等级的地震烈度划分。标准规定了地震烈度从Ⅰ度到Ⅻ度的地面上人的感觉、房屋震害程度、其他震害现象、水平向地面峰值加速度、峰值速度的评定指标和使用说明。

2. 断层活动性评价要素

评价断层的活动性主要根据断层在晚第四纪（10 万年前）以来的活动速率。沿活动断裂带发育的地质体和构造地貌特征，随着时间的推移，断层活动的持续，构造错断的距离会不断地加大，经受断层错动的时间长短不同，其错距的大小与地质体和构造地貌特征发育的年代表现为明显的函数关系。断裂的平均活动速率 V 由下面的公式求得。

$$V = \Delta D/\Delta t$$

式中，ΔD 为累积位移量；Δt 为活动时间。

3. 避让带宽度以及禁建带确定方法与原则

基于不同类型的地震断裂产生的地表破裂带宽度的统计，建议地震断层两侧各 15 米，共计宽度为 30 米的范围作为避让带。同时，一些地震多发的国家和地区，如美国、日本和中国台湾，已经立法在活动断裂带两侧 200 米范围内禁止大型工程的建设，即活动断裂带两侧 200 米范围为大中型工程或城市的禁建带。此次芦山地震盆地内震中附近不存在相应的地表大断裂等特点，震后地表破裂不明显，推断本次芦山地震发震断裂应为盆地内的隐伏断裂。针对本次地震特点以及国家标准，将断裂带避让带设为断层带两侧各 100 米的缓冲区。

第三节 评价结果

1. 芦山地震发震构造

芦山7.0级地震是一次发生在青藏高原中东部巴彦喀拉块体东向逃逸东端与华南块体西北端四川盆地强烈挤压碰撞带内部以典型的逆断层型地震，震中位于龙门山断裂带、鲜水河断裂带和安宁河及小江断裂带所构成的“Y”字形断裂复合部的龙门山断裂带西南端，发震断裂为龙门山前山断裂的江油—都江堰断裂，地震震中位于芦山县龙门乡马边沟（北纬30°18′，东经102°57′）。

余震主要集中在双石—大川断裂两侧呈NE向线性分布，震源深度优势分布在地下10～20公里。横跨余震NE向密集带的NW向剖面图显示，余震在20～15公里范围内出现一个缓倾角密集带，与震源机制解给出的35°左右的发震断层一致。芦山地震地表破裂带不明显，仅在双石—大川断裂沿线的双石镇两河村，以及龙门乡青龙村盆地区发现地震地表破裂带存在的迹象，延伸长度2～3公里，最大缩短量为8厘米，逆断层性质，块体运动方向为由西北向东南推挤。由于本次地震没有产生明显的地震地表破裂带，初步判定属典型的盲逆断层型地震，与世界其他逆断层型地震一样，其发震断层尚未出露地表，隐伏在地下。地震区域附近曾于1327年在天全附近发生6.0级地震，1941年6月12日在宝兴与康定间发生6.0级地震，1970年2月24日在大邑发生6.2级地震。

据国家地震局公布的主震及余震目录，截至2013年4月23日6时，芦山共记录到余震3244次，其中3.0级以上余震100次，包括5.0～5.9级4次，4.0～4.9级21次，3.0～3.9级75次；截至2010年5月3日12时，3.0级以上余震记录16次，其中6.0～6.9级地震1次，5.0～5.9级地震0次，4.0～4.9级地震4次，3.0～3.9级余震10次。主震及余震的空间分布如图3-2所示。

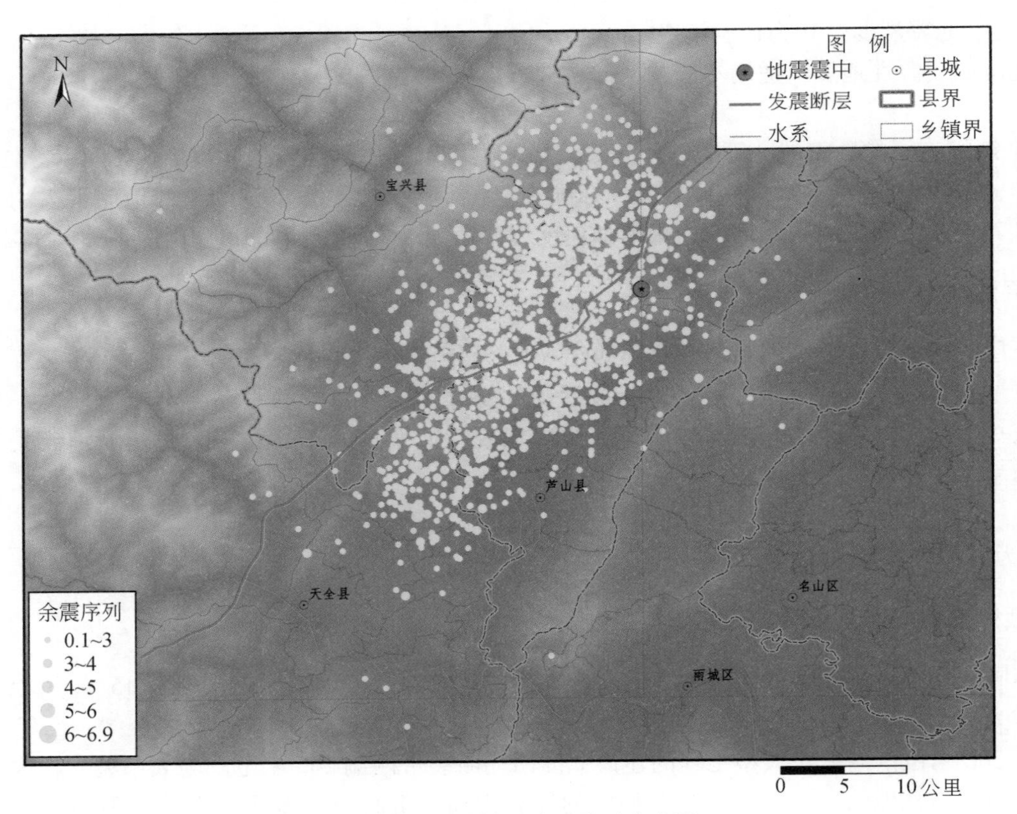

图3-2 芦山地震震中及余震分布图

2. 主要活动断层分布及特征

芦山地震灾后重建区位于康滇南北构造带、龙门山推覆构造带和四川盆地三者的结合部位北东侧，地跨龙门山推覆构造带南端和四川盆地两个构造单元，是龙门山前带与前陆盆地的交接地区。区域构造上位于青藏滇缅印尼巨型“Y”形构造和新华夏系川西构造带的交接、归并部位，并受到华夏系龙门山构造带南端余尾的影响，地质构造复杂，褶皱、断裂较为发育。褶皱构造为区内地质构造的主体，断裂构造在区内比较发育。受龙门山北东向构造带的影响，区内构造表现为北东向构造。经多次构造变动，地质构造复杂，形成了不同特征的构造体系。龙门山构造带和鲜水河构造带是本区的重要构造带断裂系。鲜水河断裂是活动性非常强的深大断裂，主要位于震区的西部，距本次地震震中较远（图3-3）。

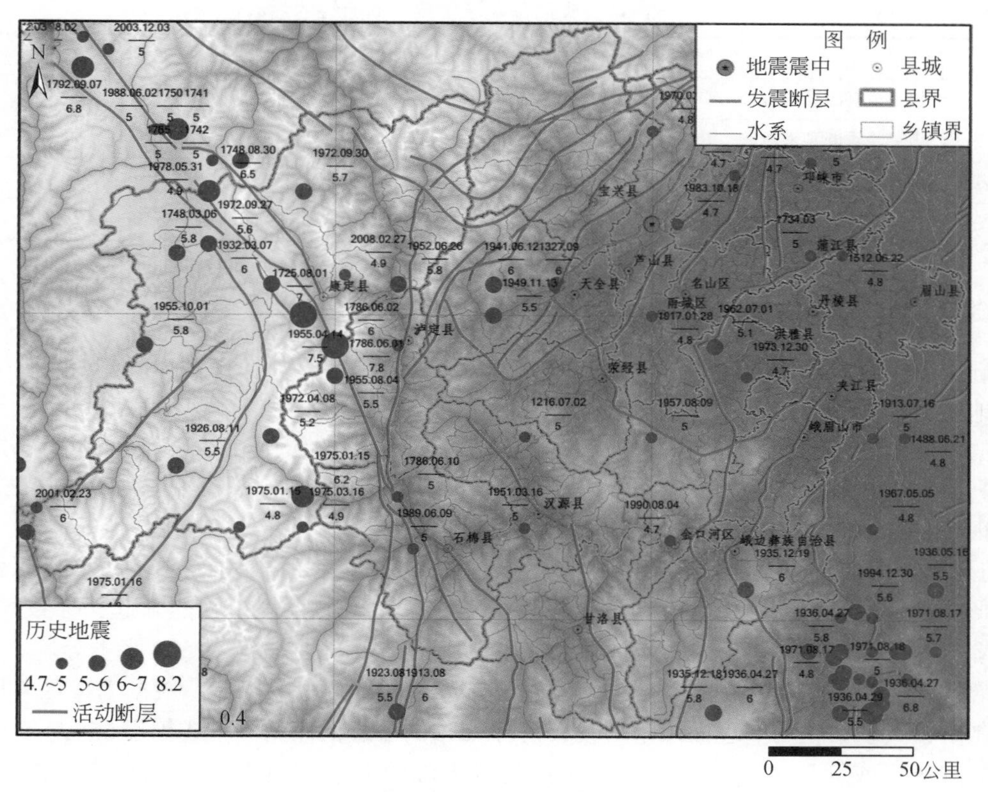

图3-3　芦山地震灾后重建区历史地震分布图

芦山地震的发震断裂属于龙门山构造带。龙门山构造带是发展历史最漫长，构造极为复杂的构造带。龙门山构造带的后山断裂在灾区的极重灾区和重灾区穿过，由赶羊沟断裂（茂汶断裂）、五龙断裂、盐井断裂（映秀断裂）、大川—双石断裂（二王庙断裂）及宝兴复背斜组成。总体呈40°～50°方向展布，另外还有一系列北东走向的次级压扭性断层和褶皱组成，以及与之伴生的北西向、南北向的张扭性断裂，北北东向的扭性断裂。元古界黄水河群、盐井群至侏罗系均卷入该构造中，晋宁—澄江期岩浆岩组成宝兴复背斜的核部。

芦山地震重灾区涉及的主要活动断层的活动性如表3-2所示，其主要特征如下：

耿达—陇东断裂，又称后山断裂南段，南起泸定以东，向北经陇东、红路，至耿达，总体走向40°～50°，倾向NW，全长170公里左右。在区内为赶羊沟断裂（茂汶断裂）。断层走向北东45°，倾向NW，倾角60°～70°，主要切割奥陶系与泥盆系地层，破碎带宽约50米。

盐井—五龙断裂，北起映秀镇南侧三江附近，向南经九里岗、盐井、五龙、明礼、庙子岗，至泸定以东，总体走向40°，倾向NW，雅安市内长约130公里，全长170公里。重建区内主要分为两段。其中五龙断裂断于宝兴背斜北西翼，与宝兴背斜轴大致平行，走向北东45°，倾向NW，倾角60°~70°，呈舒缓波状，切割宝兴杂岩及前震旦系至三叠系，断裂两盘挤压破碎强烈，破碎带宽达百余米。盐井断裂（映秀断裂）断层走向北东43°，呈波状弯曲，倾向NW，倾角一般60°~70°，主要切割志留系至三叠系地层，破碎带宽约20米，与五龙断裂共同形成了一个强烈挤压带。

大川—双石断裂，分布在天全至都江堰之间，北起大邑双河一带，向南经西岭，在芦山大川小河村北一带延入雅安，经大川、太平、双石，直至天全SW一带，走向N43°E，倾向NW，倾角45°~65°不等，雅安市境内长约85公里。断裂在评价区切割了古生代部分地层、三叠系及白垩系等地层。

大邑断裂，是龙门山山前断裂南段组成部分，分布在成都盆地的西北部，走向40°~60°，性质为逆断层，大部分呈隐伏状态。

表3-2 芦山地震灾后重建区主要活动断裂的活动性

断层名称	逆冲速率（毫米/年）	走滑速率（毫米/年）	破裂带宽度（米）	风险性
耿达—陇东断裂（汶川—茂县断裂南段）	0.3~0.8	0.8~1.2	50	较高
盐井—五龙断裂（北川—映秀断裂南段）	0.4~1.2	0.8~1.3	100	较高
大川—双石（江油—灌县断裂南段）	0.3	0.7~1.5	—	高
鲜水河断裂	—	12~14（北西段）	数百米	高

3. 新构造运动与地震

灾区西部位于青藏高原地震区的鲜水河地震带、安宁河地震带及龙门山地震带交汇部位。其中，鲜水河地震带地震活动最强烈。

在漫长的地质历史时期中，各构造带所经受的历次构造运动的作用和影响程度有很大差异。喜山运动伴随青藏高原的强烈隆起和向SEE方向的水平推挤，加剧了区内各断裂带及其被分割的断块的新活动性，主要表现在：

1）构造运动呈大面积间歇性急速抬升特征。喜山运动第一幕之后，大致中新世时期，区域范围内仍经剥蚀夷平形成统一的剥夷准平原。上新世以来，伴随青藏高原的大规模强烈隆起，导致区内剥夷准平原大面积间歇急速抬升和进一步解体，自西北而东南总的抬升幅度达3500~1500米不等。

2）区域现今应力场基本上继承了喜山运动晚期构造应力场的总体特征。根据工作区外围24次中强地震震源机制解，大多数错动节理面倾角均较大，有75%的节理面倾角大于或等于65°，有1/3的节理面倾角近于直立（大于或等于80°）；主压应力轴的优势方位为NW—NWW向，主张应力轴的优势方向为NE—NEE向，多数主压应力轴和主张应力轴的仰角小于或等于15°。综合区域断裂活动性质、现代地壳应力测量和震源机制解，表明工作区及其外围地区，处于以水平运动为主的现代构造应力场中，主压应力轴优势方向为NW—NWW向。

3）“Y”形区域地质构造格局，断块之间活动性不均一性。区内SN向、NW向和NE向等断裂构造发育，它们将区域范围内分割成若干断块，并形成“Y”字形区域构造框架。喜山运动以来各断块迅速抬升，但其抬升的强度和幅度各异。总的趋势是西北部强东南部弱，区域地貌明显表现为阶梯式下降的特点，显示出鲜明的分区性。形成西部强烈隆起区、中部隆起区和东部弱升区的现代地质地貌格局。

4）区域内新构造运动较强烈，其主要特征表现在：①强烈的上升运动，沿青衣江及其支流发育有三级阶地，Ⅰ级阶地为堆积阶地，Ⅱ~Ⅲ级皆属基座阶地，一般阶地堆积物较薄，阶地相对高差比较大，以Ⅲ级阶地为例，高出河水面达280米，从而可以看出，晚近期地壳强烈上升。②盆地到高原过渡带，在过渡带的山区则形成高山峡谷，相对高差悬殊较大，东西地形极不相称，说明晚近期构造活动的差异性。而高原地形起伏不大，其堆积物厚度一般不超过10米，表明高原仍处于平缓的抬升。③晚近期断裂的活动性，鲜水河断裂、龙门山断裂，近代仍在继续掀升，而且活动也较频繁，由于断裂的活动导致历史上和现代地震的多次发生（图3-3、表3-3）。

表3-3　芦山地震灾后重建区历史地震记录

发震时间	震级	发震乡镇	所在县（区）	所在州（市）
1786.06.01	7.8	炉城镇	康定县	甘孜藏族自治州
1955.04.14	7.5	炉城镇	康定县	甘孜藏族自治州
1725.08.01	7	炉城镇	康定县	甘孜藏族自治州
1748.08.30	6.5	塔公乡	康定县	甘孜藏族自治州
1975.01.15	6.2	贡嘎山乡	康定县	甘孜藏族自治州
1970.02.24	6.2	西岭镇	大邑县	成都市
1941.06.12	6	紫石乡	天全县	雅安市
1935.12.19	6	新林镇	峨边彝族自治县	乐山市
1932.03.07	6	瓦泽乡	康定县	甘孜藏族自治州
1786.06.02	6	炉城镇	康定县	甘孜藏族自治州
1327.09	6	小河乡	天全县	雅安市
1952.06.26	5.8	时济乡	康定县	甘孜藏族自治州
1748.03.06	5.8	新都桥镇	康定县	甘孜藏族自治州
1972.09.30	5.7	孔玉乡	康定县	甘孜藏族自治州
1972.09.27	5.6	瓦泽乡	康定县	甘孜藏族自治州
1955.08.04	5.5	新兴乡	泸定县	甘孜藏族自治州
1949.11.13	5.5	紫石乡	天全县	雅安市
1926.08.11	5.5	贡嘎山乡	康定县	甘孜藏族自治州
1972.04.08	5.2	贡嘎山乡	康定县	甘孜藏族自治州
1962.07.01	5.1	汉王乡	洪雅县	眉山市
1989.06.09	5	蟹螺藏族乡	石棉县	雅安市
1957.08.09	5	瓦屋山镇	洪雅县	眉山市
1951.03.16	5	晒经乡	汉源县	雅安市
1900.08	5	王泗镇	大邑县	成都市
1786.06.10	5	新民藏族彝族乡	石棉县	雅安市
1734.03	5	鹤山镇	蒲江县	成都市
1216.07.02	5	建黎乡	汉源县	雅安市
2008.02.27	4.9	炉城镇	康定县	甘孜藏族自治州
1978.05.31	4.9	塔公乡	康定县	甘孜藏族自治州
1975.03.16	4.9	贡嘎山乡	康定县	甘孜藏族自治州
1975.01.15	4.8	贡嘎山乡	康定县	甘孜藏族自治州
1970.03.15	4.8	蜂桶寨乡	宝兴县	雅安市
1917.01.28	4.8	北郊镇	雨城区	雅安市
1805.09.27	4.8	田坝乡	泸定县	甘孜藏族自治州
1512.06.22	4.8	盘鳌乡	东坡区	眉山市
1990.08.04	4.7	永和镇	金口河区	乐山市
1990.01.15	4.7	西岭镇	大邑县	成都市
1988.04.25	4.7	水口镇	邛崃市	成都市
1983.10.18	4.7	高何镇	邛崃市	成都市
1983.03.19	4.7	金星乡	大邑县	成都市
1973.12.30	4.7	东岳镇	洪雅县	眉山市
1970.03.05	4.7	鹤鸣乡	大邑县	成都市

5）断裂活动呈明显差异性，龙门山断裂活动性明显增强。区内各主干断裂及边界断裂的新构造活动迹象在地貌、地壳形变、地震活动、断裂位错和水热活动等方面均有不同程度的反映，并表现出差异性的特点。这种差异性主要表现在断裂活动的强度、幅度和活动形式及活动时限等方面。资料表明，区内断裂以北西向鲜水河断裂、磨西断裂的活动性为最强，活动性质为左旋走滑型，属全新世活动断裂；北东向龙门山断裂带（南西段）活动性次之，活动性质为挤压逆冲型，最新活动时代为晚更新世，但最近活动性明显增强，龙门山中央断裂发生8.0级汶川地震，前山断裂又发生本次芦山地震。

区内名山区以东区域构造以褶皱为主，断裂不发育，无孕震断裂，地震活动性较弱，历史上无5级以上地震发生，主要为4级以下小震活跃，偶有4~5级地震发生。据《中国地震烈度区划图》，区内地震基本烈度为Ⅶ度。

区内中部芦山和宝兴等重灾区地震设防基本烈度为Ⅶ~Ⅷ度，地震动峰值加速度为0.15g~0.20g，地震动反应谱特征周期为0.35~0.40秒。西部地震设防基本烈度为Ⅶ度，部分地区达Ⅷ度。

4. 芦山地震烈度分布特征

芦山地震发生后，根据地震台站记录到的峰值水平加速度（peak ground acceleration）和峰值水平速度（peak ground velocity）、主震震级、震中位置，利用地震学原理对台站之间没有数据的区域进行插值处理得到等值线图。据台站越近，数据越准确。由于峰值水平加速度和峰值水平速度随距离变化很大，插值得到的等值线只是粗略的，细节区域的准确性可能较低。故必须对地震灾区地表变形、地表破坏程度、地表破裂带的空间分布特征等因素进行综合评价，编制地震灾区地震烈度图（图3-4）。各县受不同烈度影响区域面积见图3-5，可以看出，Ⅸ度区全部分布在芦山县境内。

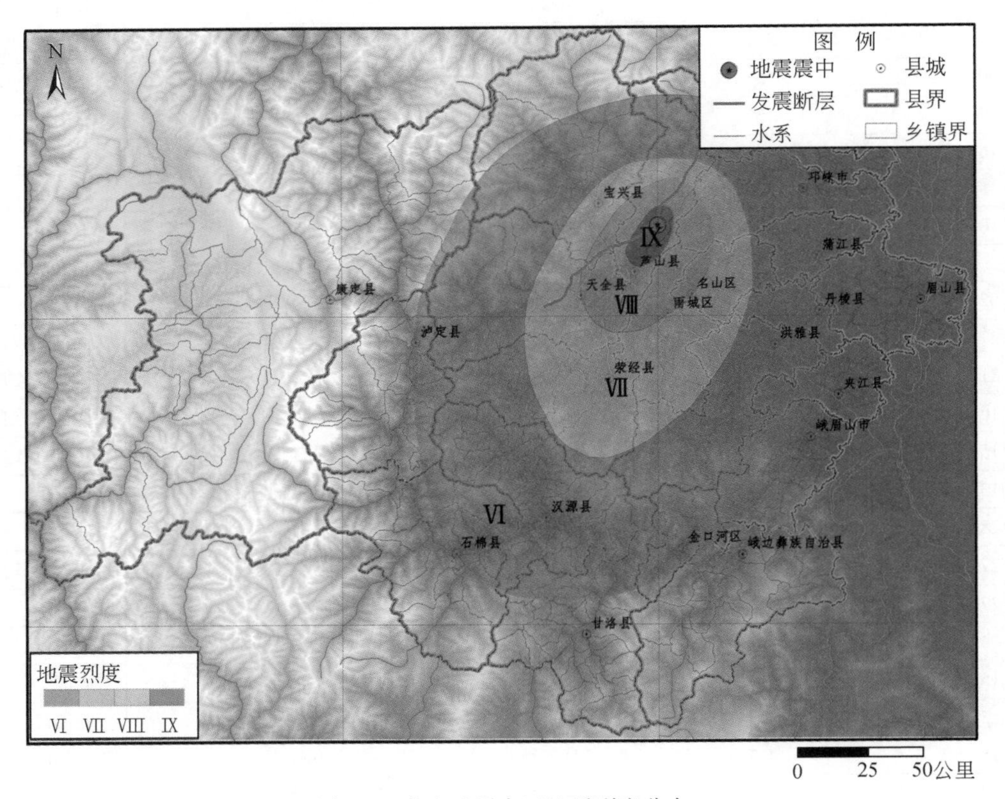

图3-4 芦山地震灾区地震烈度分布

计算结果显示，此次地震的最大烈度为Ⅸ度，等震线长轴呈NE走向分布，Ⅵ度及以上区域总面积为18682平方公里。其中，Ⅸ度区为东北自芦山县太平镇、宝盛乡以北，西南至芦阳镇向阳村，长半轴为

11.5 公里，短半轴为 5.5 公里，面积为 208 平方公里；Ⅷ度区为东北自芦山县宝盛乡漆树坪村，西南至天全县兴业乡，西北自宝兴县灵关镇，东南至名山城区，长半轴为 29 公里，短半轴为 17.5 公里，面积为 1418 平方公里；Ⅶ度区为东北自芦山县大川镇，西南至荥经县龙苍沟镇岗上村，西北自天全县紫石乡，东南至洪雅县汉王乡，长半轴为 56 公里，短半轴为 33 公里，面积为 4029 平方公里；Ⅵ度区为东北自大邑县新场镇李家山村，西南至甘洛县两河乡，西北自泸定县岚安乡，东南至丹棱县杨场镇，长半轴为 95 公里，短半轴为 64 公里，面积为 13027 平方公里。

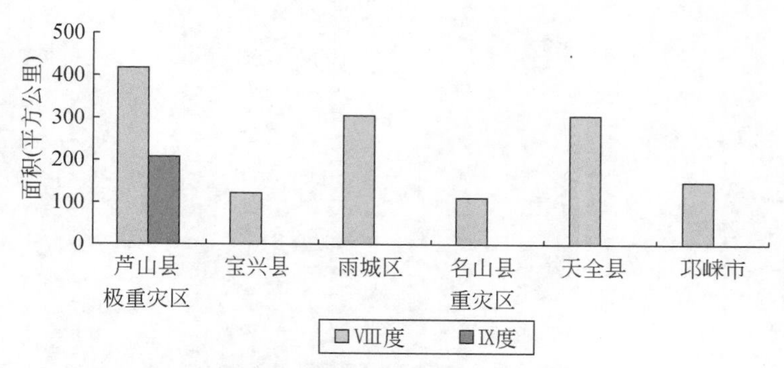

图 3-5　芦山地震灾区地震Ⅷ度和Ⅸ度烈度影响面积分布

5. 基于指标对重建条件的适宜性评价

根据芦山地震灾区的地震烈度分布特征、主要活动断层带活动特性和同震地表破裂带的特征，结合各断裂带所发生的历史地震震级大小和大地震复发的周期，以及参照地震灾区灾后重建中城市建设和重大工程项目建设中活动断层避让带（30 米）和禁建带（200 米）宽度等因素的综合评估，编制芦山地震地质条件适宜性综合评价。将地震灾区灾后重建的地震地质条件适宜性划分为 4 级：良好，中，较差，差。地震地质条件适宜区总体分布特征主要受地震烈度和断裂带的共同制约，地震烈度和断裂密度越高，地震地质适宜性越差，地震烈度和断裂密度越低，地震地质适宜性越好。各级适宜区所占面积见表 3-4 及图 3-6。

表 3-4　芦山地震灾区地震地质条件适宜性评价结果汇总

适宜性	差	较差	中	良好	总计
面积（平方公里）	3548.00	12481.13	13538.04	12895.47	42462.60
比例（%）	8.36	29.39	31.88	30.37	100

原则上地处地震断裂带地震烈度达Ⅸ度的地区，尤其是同时处于地震断层带的地区，属于生态重建的区域；Ⅷ度烈度区以及断裂带穿越的乡镇，属于适度重建区；烈度为Ⅵ ~ Ⅶ度，而且没有大的活动断裂穿越的地区，属于适宜重建区；烈度为Ⅵ度以下，而且没有较大活动断裂穿越的地区，属于较适宜重建区；烈度为Ⅵ度以下，而且没有活动断裂穿越的地区，属于最适宜重建区。

（1）地震地质条件适宜性差区域分布

地震地质条件适宜性差是指其地质条件不适宜震后重建选址，位于Ⅸ度烈度区和断层两侧禁止居民地建设的区域。区域面积为 3548 平方公里，占区域总面积的 8.36%，分布于芦山县的太平镇、宝盛乡、龙门乡、大川镇，宝兴县的灵关镇，天全县的思经乡、小河乡、老场乡，邛崃市的天台山镇、高何镇等区域。

（2）地震地质条件适宜性较差区域分布

地震地质条件适宜性较差是指受地震影响较大、断层带两侧一定范围内的区域，该区域需要经过工程治理才能够作为建设用地，位于Ⅷ ~ Ⅸ度区内。区域面积为 12481.13 平方公里，占区域总面积的 29.39%，分布于芦山县的大川镇，宝兴县的陇东镇、蜂桶寨乡、永富乡，天全县的紫石乡、小河乡、两路乡，荥经县的苍沟乡，洪雅县的瓦屋山镇、高庙镇等区域。

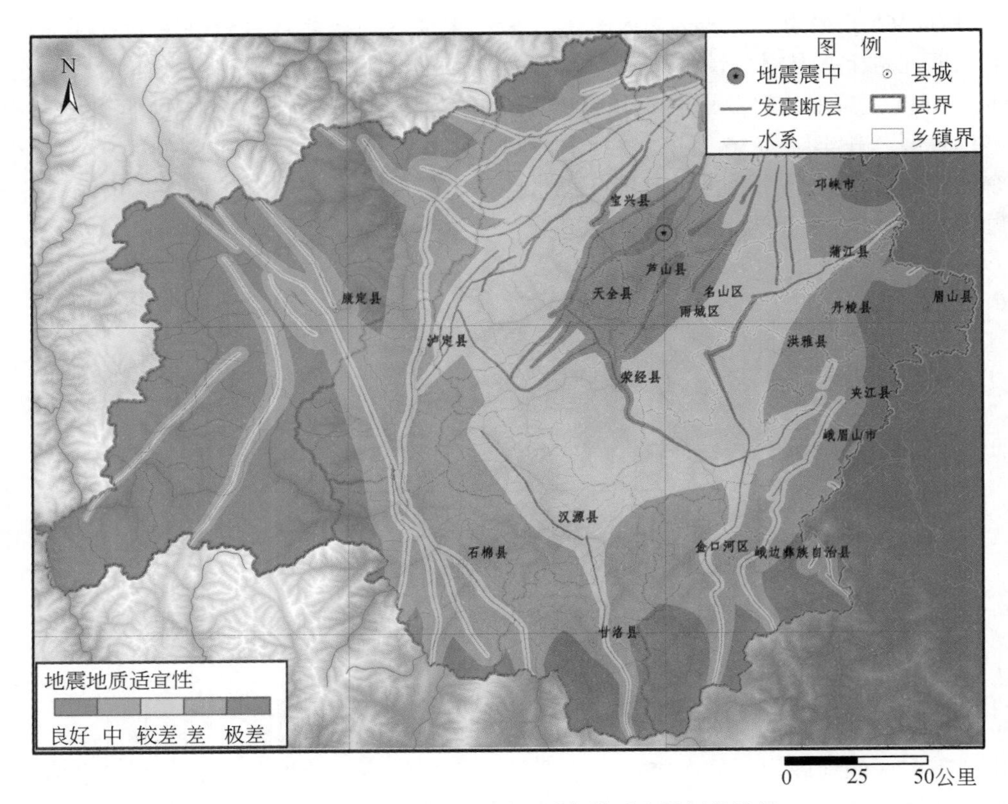

图 3-6　芦山地震灾区地震地质条件适宜性评价结果

(3) 地震地质条件适宜性中区域分布

地震地质条件适宜性中是指受地震影响一般，基本不受断层影响的区域，该区域内的无地质灾害危险的大部分位置可以选择作为建设用地，主要位于Ⅵ～Ⅶ度区内。区域总面积为 13538.04 平方公里，占区域总面积的 31.88%。

(4) 地震地质条件适宜性良好区域分布

地震地质条件适宜性良好是指基本不受地震和断层影响，无地质灾害危险的位置可以作为建设用地，主要位于地震烈度Ⅵ度区之外。区域总面积为 12895.47 平方公里，占区域总面积的 30.37%。

第四节　结论与建议

1. 加强地震灾区人口密集地区的活动断层监测，设立活动断层的避让带、禁建带

此次地震发生于隐伏构造带上，说明隐伏构造也具有发生大地震的可能，存在着发生破坏性地震的潜在风险。开展地震灾区人口密集地区的活动断层探测与地震危害性评估工作，评估活动断层未来发生破坏性地震的可能性和潜在危害性，对城市新建重要工程设施、生命线工程、易产生次生灾害工程的选址，科学合理地制定城市规划和确定工程抗震设防要求，预防和减轻地震灾害具有重要意义。因此，建议加强地震灾区人口密集地区的活动断层的活动性探测和大地震复发周期研究。

地震断层或地震地表破裂带上的建筑物和生命线工程无法用抗震设计手段来减灾，采取“避让”地震断层带是减灾的首要对策。因此，建议借鉴美国、日本、中国台湾等国家和地区震后重建的经验，地震断层两侧各 15 米范围内，不得兴建包括学校、医院、警察局、消防救灾等公共建筑及大型公众营业场所。同时，由于大地震发生时，活动断层不同部位地表破裂发生的位置和破裂宽度有很大差异，建议在

活动断裂带两侧各100米范围内，禁建大型工程设施。

2. 严格执行建筑抗震设计规范，增强建筑抗震能力

对照我国现行的《建筑抗震设计规范》（GB50011-2001），地震灾区部分地区实际地震烈度比地震区划图中的地震设防烈度大一些，如震中芦山县，此次地震后，震中附近烈度达到Ⅸ度，宝兴、天全、名山、雨城等地震烈度普遍为Ⅷ度。川西房屋大部分为木框架抗震，本次地震房屋垮塌率相对较低，而采用砖混结构的房屋抗震性能反而较低。

建议此次震后重建时，沿活动断裂带建筑要严格执行抗震设计规范，尤其要提高学校、医院、公安消防等公共基础设施的建筑抗震能力。当地各级政府要进一步加强对基础设施、公共建筑、中小学校、统建住宅和其他限额以上工程的抗震设防管理，严格要求按现行工程建设标准进行抗震设计和施工；要将乡村建筑纳入国家规范体系，适当提高建筑结构的抗震性能目标和结构整体抗震水平，加大规范执行力度的监督检查。

3. 芦山地震极重灾区和重灾区原则上可以原地重建，但局部应严格避让活动断层，并加强应急避难场所的建设

沿活动断层两侧次生地质灾害发育，需要有效避让防范。建议进行详细的地震地质勘查，确定主要活动断层的准确位置，有效进行避让。

第四章　次生地质灾害评价

芦山地震震中位于龙门山断裂带、鲜水河断裂带和安宁河及小江断裂带所构成的“Y”形断裂复合部的龙门山断裂带西南端，地震波反演结果表明本次地震发震断裂为龙门山前山断裂江油—都江堰断裂逆冲运动结果。此次地震强度大、震源浅、破坏力强、波及面广，造成了巨大的人员伤亡和经济损失。该次地震使区域地质环境条件遭到了破坏和改变，使得山体斜坡发生变形破坏乃至产生失稳滑动，引发滑坡、崩塌、不稳定斜坡、泥石流等次生地质灾害，对区内地质灾害的发生、发育影响严重而广泛，给当地人民的生命财产、生产、生活等造成破坏和构成威胁。

地震次生地质灾害危险性评价是针对地震引起的地质灾害危险性进行评价，重点对地震诱发新的地质灾害点以及对已有地质灾害点遭受地震影响较大的地区进行评价。灾区内雨季是地质灾害发生的高发期，地震的叠加影响使得灾区内发生地质灾害风险加大，开展震后地质灾害危险性评估对于科学指导灾后恢复重建具有重要意义。

第一节　芦山地震灾区地质灾害发育背景

1. 灾区地质灾害发育自然条件

（1）地质构造与地形地貌

灾区内构造受三条深切割主控断裂影响，NE 向龙门山断裂带、NW 向鲜水河断裂带与 SN 向安宁河、小江断裂带，三条断裂带在石棉附近交汇，形成一个“Y”形的大构造。近几年，中国大地震均发生在“Y”形断裂上，2008 年 5 月 12 日汶川 Ms（面波震级）8.0 级地震发生在龙门山后山断裂带上，2010 年玉树 Ms7.0 级地震则发生在鲜水河断裂带上，芦山地震仍发生在龙门山断裂带上（图 4-1）。龙门山断裂带由两条 NE 向平行的断裂带组成，分为前山断裂和后山断裂，即北川—映秀断裂带和江油—灌县断裂带。其中，北川—映秀断裂带为逆冲推覆断裂带，系龙门山中央主断裂带，北起广元，南达泸定，北延入陕西，总体走向 NE，倾向 NW，与南段的箐河断裂相交；江油—灌县断裂带也属逆冲推覆断裂带，系龙门山推覆带的前锋断裂带，走向 NE，展布于广元、江油、灌县至天全西南一线，北伸入陕西，四川境内的长约 400 公里。

龙门山断裂带为活动性断裂带，历史上曾经多次发生 7.0 级以上大地震。近百年来，龙门山断裂带发生了 4 次 Ms7.0 级以上大地震，分别为 1933 年叠溪 Ms7.5 级地震、1976 年松潘-平武 Ms7.2 级地震、2008 年汶川 Ms8.0 级地震及本次芦山 Ms7.0 级地震。鲜水河断裂带也是一条活动断裂构造带，分别于 1725 年、1786 年、1955 年在康定县炉城镇发生 7.8 级、7.0 级和 7.5 级地震，2010 年玉树地震则发生在鲜水河断裂带西北段。此外，研究区曾于 1327 年在天全附近发生 6.0 级地震；1941 年 6 月 12 日在宝兴与康定间发生 6.0 级地震；1949 年 11 月 13 日，雅安石棉、甘孜泸定交界发生 5.5 级地震；1951 年 3 月 16 日雅安石棉发生 5.0 级地震；1957 年 8 月 9 日，雅安汉源县、荥经县交界发生 5.0 级地震；1970 年 2 月 24 日在雅安芦山县与成都大邑县交界发生 6.2 级地震。频繁的地震活动说明本区新构造的活跃性。

地貌上，该区域位于青藏高原向四川盆地急剧过渡地带，地形高差大，区内地貌总体西高东低，最高峰位于泸定县境内的贡嘎山主峰，海拔 7556 米；最低点为夹江境内的青衣江出口，海拔 379 米，二者直线距离为 156 公里。坡度较陡，主要为坡度在 25°以上的陡坡，面积占全区总面积的 56%，地形陡峻；坡度小于 8°的平坝区面积占全区总面积的 16%。

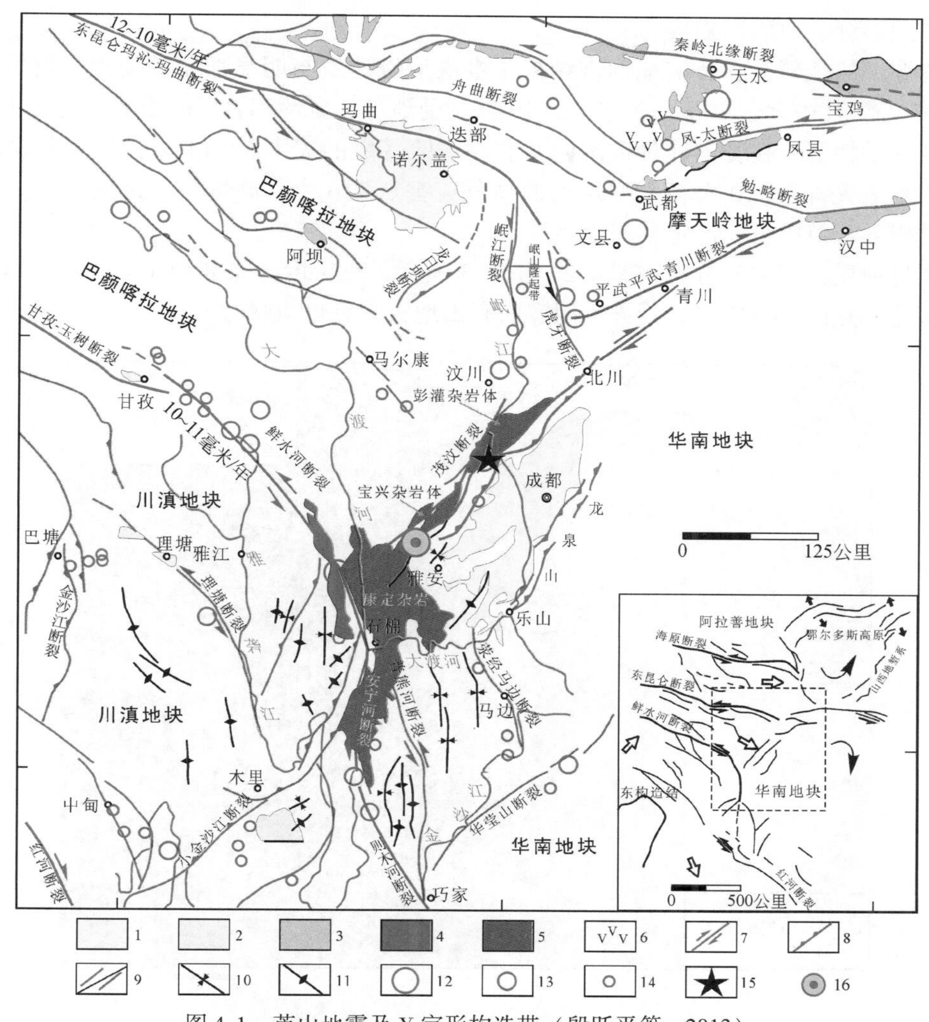

图4-1　芦山地震及Y字形构造带（殷跃平等，2013）

注：1. 中–晚更新世；2. 晚上新世–早更新世；3. 新近系；4. 晚新生代侵入岩；5. 前寒武纪杂岩；6. 晚新生代火山岩；7. 走滑断裂；8. 逆冲断裂；9. 晚更新世以来活动断裂和早–中更新世活动断裂；10. 向斜；11. 背斜；12. Ms≥8.0级地震；13. 8.0>Ms≥7.0级地震；14. 7.0>Ms≥6.0级地震；15. 汶川地震震中；16. 芦山地震震中。

（2）气象水文与土壤植被

区内降水多，时空分布不均，雨季、汛期降雨量大。区内降雨充沛，多年平均降雨雨量线在雅安形成1700毫米的降雨中心，康定附近仅为800毫米；夏季6~8月雅安附近降雨量约900毫米，康定为400毫米。降雨强度大，容易诱发次生地质灾害。区内主要有三大长江支流，自东向西分别为岷江、大渡河和雅砻江，岷江和大渡河在乐山交汇。宝兴、天全、洪雅以东区域为岷江流域，康定东部、泸定、石棉、汉源、甘洛、金口河、峨眉山属于大渡河流域，康定西部为雅砻江流域。区内东部区域主要是四川盆地紫色土，西部区域为黄壤。岷江流域植被覆盖度高，其以西为干热河谷和高原草甸。

2. 灾区震前与震后地质灾害发育情况

（1）灾区地质灾害发育总体情况

由于受灾区域地理环境复杂，山区广布，平原狭小，地形地貌、地层岩性、地质构造多变，新构造运动活跃，加之暴雨、地震以及人类工程、经济活动日益频繁的影响，该地区已成为山地灾害最为发育的地区之一，并且震前不同地区所发生的山地灾害类型多样、特征各异，具有点多面广、成灾迅速、危害严重、暴发频繁、监测预报难度大等特点。该区域山地灾害的主要类型为崩塌、滑坡、泥石流、不稳定斜坡，其次是地裂缝、地面塌陷等。

根据国土资源部的最新遥感及实地调查结果，本次地震诱发与明显加剧的崩塌、滑坡、泥石流和不稳定斜坡共1218处，其中大于100万立方米的19处。受地震、岩性和岩层的影响，次生山地灾害具有一定的空间分布及活动特征。在受灾评价范围内共有高危险等级的灾害点514个，其中大规模的灾害点88个，中等规模的高危灾害点210个，小型规模的高危灾害点216个。高危险等级灾害点主要分布在石棉县、荥经县、甘洛县、芦山县、泸定县和宝兴县。

灾区不同类型地质灾害空间分布如图4-2、图4-3所示，点密度分布如图4-4所示。据芦山震区范围内各县地质灾害隐患点的普查资料，受灾区域震前有山地灾害点近4000处。

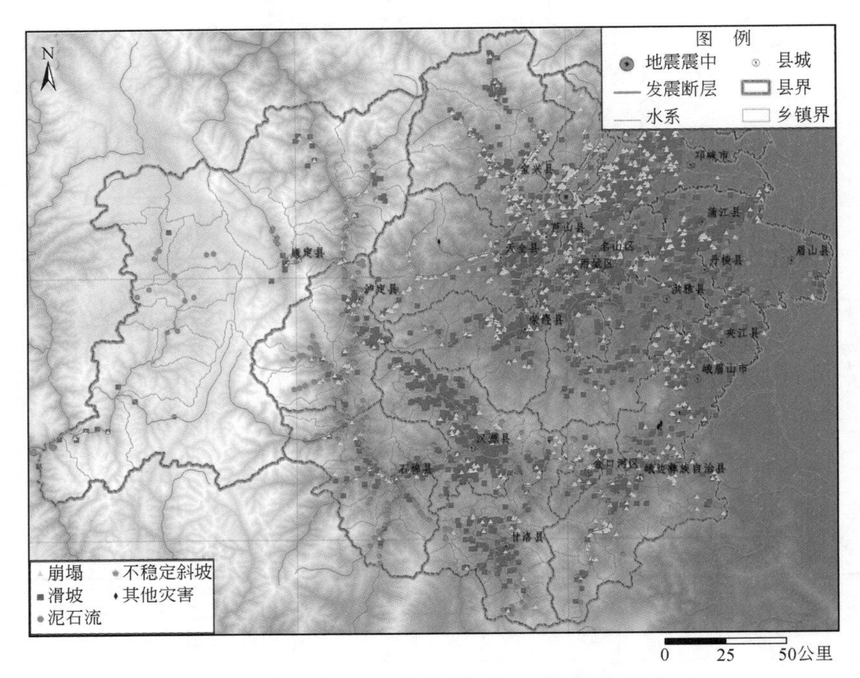

图4-2　芦山地震灾区不同类型地质灾害空间分布

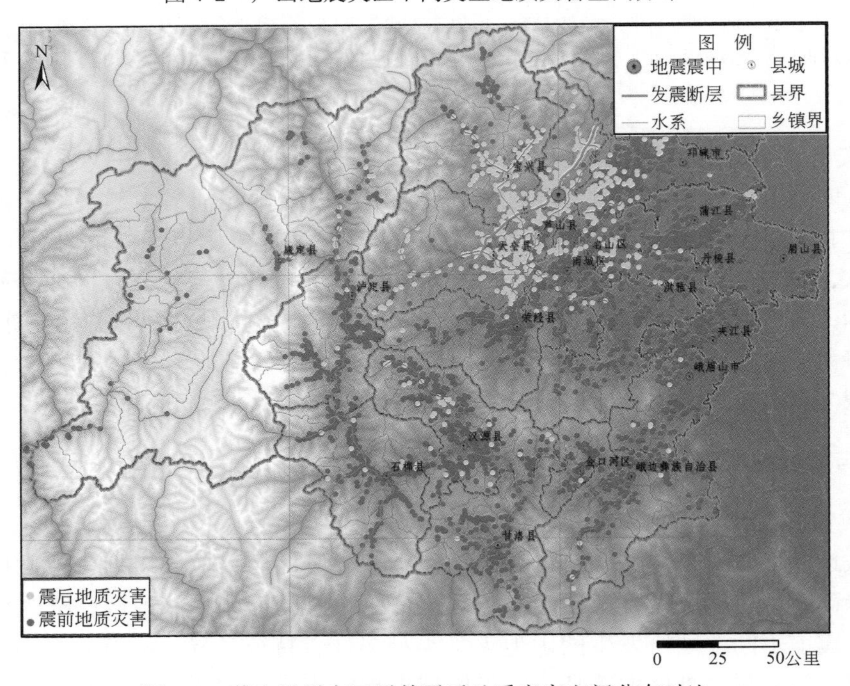

图4-3　芦山地震灾区震前震后地质灾害空间分布对比

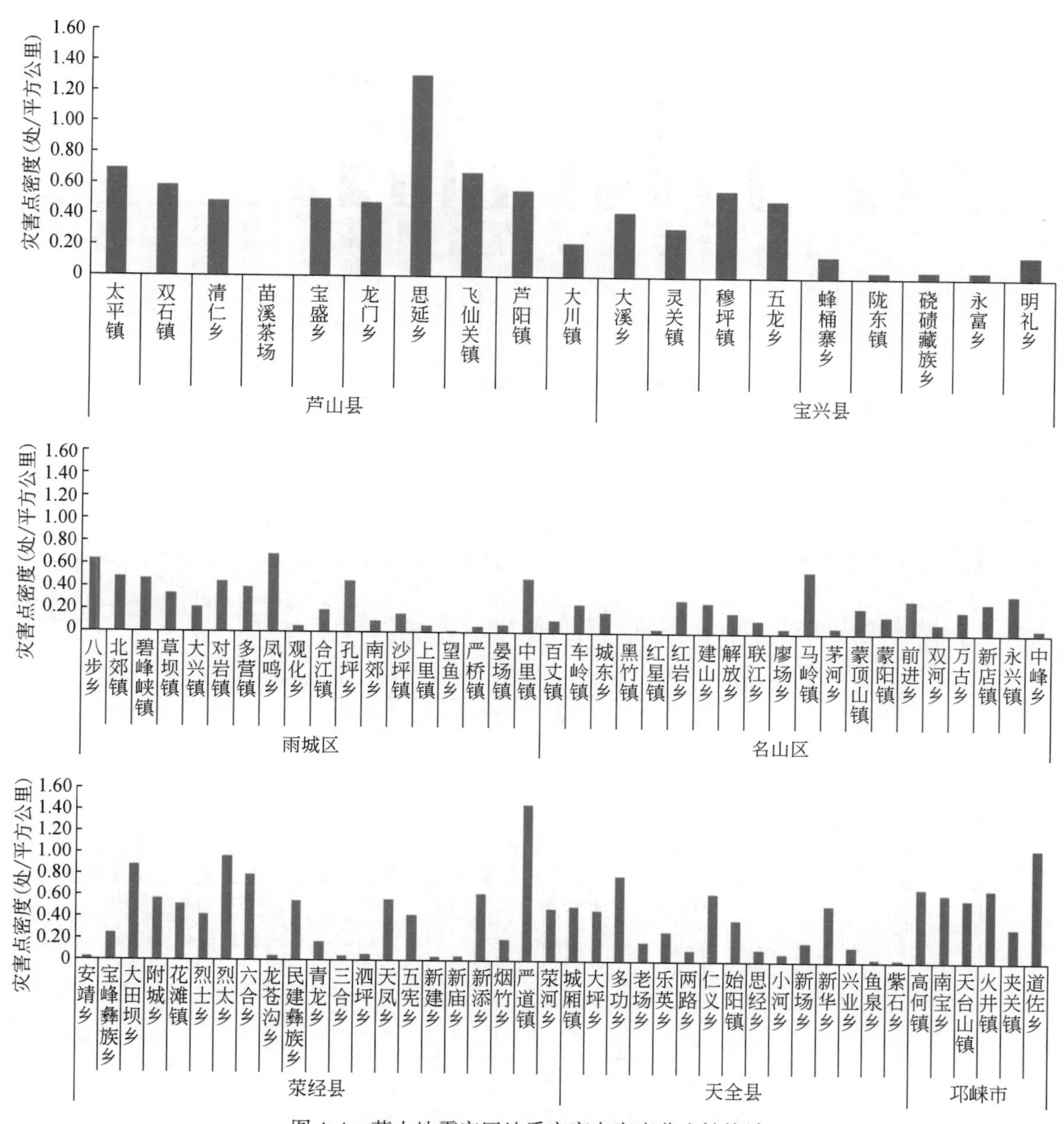

图 4-4　芦山地震灾区地质灾害点密度分乡镇统计

（2）灾区震前震后地质灾害发育情况对比

根据震后灾区隐患点排查资料，地震之后受灾地区共有地质灾害隐患点 5128 处，其中崩塌、滑坡、泥石流与不稳定斜坡共 5082 处，其他地陷与地裂缝等隐患点 46 处。主要的四类地质灾害隐患点在震前已有 3864 处（表 4-1），震后新增 1218 处（表 4-2）。灾害类型在震前以滑坡为主，震前已有的灾害点中滑坡有 2179 处，占震前灾害点总数的 56.4%，主要分布在汉源县、大邑县、邛崃市、雨城区与蒲江县；崩塌共 610 处，占震前灾害点总数的 15.8%，在受灾区域分布较为平均；泥石流有 562 处，占震前灾害点总数的 14.5%，主要分布在石棉县和泸定县；不稳定斜坡共 513 处，占震前灾害点总数的 13.3%，分布较为平均（图 4-5）。

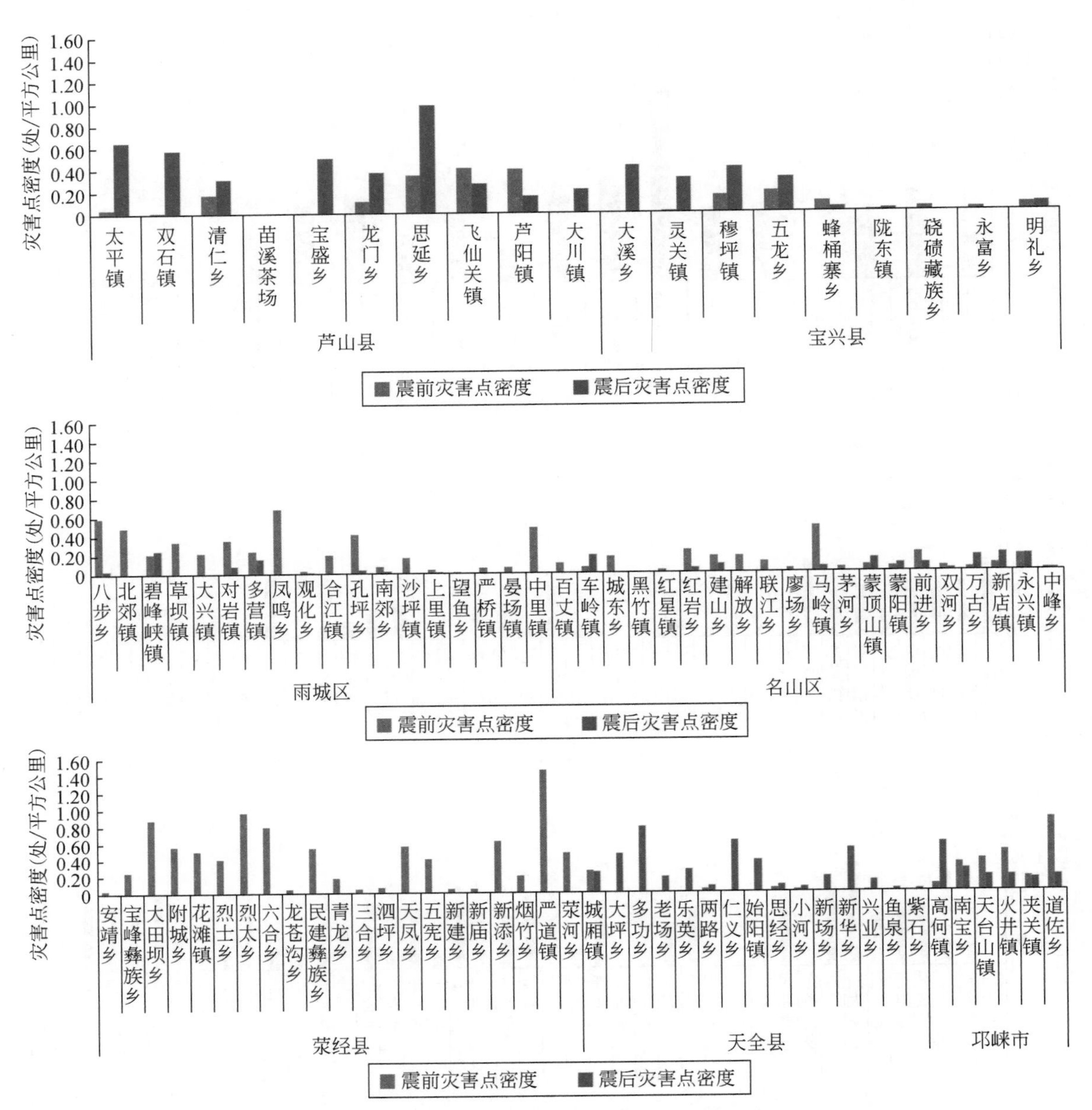

图4-5 灾区震前震后灾害点密度分乡镇统计

表4-1 灾区分县（市、区）震前地质灾害分布

名称	崩塌			滑坡			泥石流			不稳定斜坡		
	数量（个）	威胁人口（个）	威胁财产（万元）	数量（个）	威胁人口（个）	威胁财产（万元）	数量（个）	威胁人口（个）	威胁财产（万元）	数量（个）	威胁人口（个）	威胁财产（万元）
芦山县	7	105	383	52	2823	8251	1	80	500	18	856	2544
雨城区	50	1358	7203	195	13109	28080	5	3348	2364	36	1262	5816
天全县	9	506	830	15	471	1890	8	879	1790	10	485	1050
名山区	6	1115	2070	68	3264	16712	0	—	—	1	20	45
荥经县	32	4113	12500	113	18306	51698	17	4111	9269	92	15130	42119
宝兴县	32	1131	7898	78	3777	24401	28	2852	21534	25	1525	9363

续表

名称	崩塌			滑坡			泥石流			不稳定斜坡		
	数量（个）	威胁人口（个）	威胁财产（万元）	数量（个）	威胁人口（个）	威胁财产（万元）	数量（个）	威胁人口（个）	威胁财产（万元）	数量（个）	威胁人口（个）	威胁财产（万元）
邛崃市	68	750	3804	242	2502	13719	2	99	680	50	347	1780
汉源县	35	1431	6587	334	18212	42152	43	4255	9724	4	203	395
蒲江县	27	130	875	198	4225	3670	0	—	—	0	—	—
丹棱县	6	59	967	69	2407	14831	0	—	—	7	156	1881
洪雅县	8	107	1910	84	1587	7325	2	55	250	16	597	2425
金河口区	22	888	3600	32	1067	3248	10	460	1186	9	185	1160
大邑县	99	1012	3379	204	2168	6593	15	200	828	37	429	1398
石棉县	18	158	1063	42	1408	3844	168	22675	147954	28	1674	15638
泸定县	31	836	3237	48	2501	4241	145	14746	36871	55	4203	6733
夹江县	25	424	1820	82	1344	3400	0	—	—	30	359	1620
峨边彝族自治县	60	4437	11235	75	5366	7565	13	488	2368	30	2559	2695
甘洛县	19	2398	2732	80	8528	12365	44	5267	24854	13	2099	5580
东坡区	12	903	760	60	2055	7825	0	—	—	27	3292	7215
峨眉山市	27	535	2530	75	2548	15094	4	123	755	2	42	415
康定县	17	9795	33055	33	3268	38615	57	7652	58900	23	5492	22470

表 4-2 受灾区域震前震后地质灾害分布对比

县名	崩塌（处）		滑坡（处）		泥石流（处）		不稳定斜坡（处）		灾害点（处）	
	震前	震后	震前	震后	震前	震后	震前	震后	震前	震后
芦山县	7	194	52	121	1	17	18	100	78	432
雨城区	50	4	195	7	5	0	36	21	286	32
天全县	9	61	15	90	8	6	10	46	42	203
名山区	6	18	68	24	0	0	1	4	75	46
荥经县	32	0	113	0	17	0	92	0	254	0
宝兴县	32	112	78	74	28	11	25	54	163	251
邛崃市	68	53	242	66	2	2	50	36	362	157
汉源县	35	12	334	17	43	0	4	0	416	29
蒲江县	27	0	198	0	0	0	0	0	225	0
丹棱县	6	8	69	3	0	0	7	1	82	12
洪雅县	8	1	84	2	2	0	16	0	110	3
金河口	22	0	32	0	10	0	9	0	73	0
峨边县	60	4	75	2	13	0	30	0	178	6
大邑县	99	4	204	7	15	0	37	0	355	11
石棉县	18	0	42	13	168	0	28	3	256	16

续表

县名	崩塌（处）		滑坡（处）		泥石流（处）		不稳定斜坡（处）		灾害点（处）	
	震前	震后	震前	震后	震前	震后	震前	震后	震前	震后
泸定县	31	1	48	1	145	1	55	0	279	3
夹江县	25	0	82	0	0	0	30	0	137	0
峨眉山	27	2	75	2	4	0	2	0	108	4
甘洛县	19	0	80	1	44	0	13	0	156	1
东坡区	12	0	60	0	0	0	27	0	99	0
康定县	17	10	33	2	57	0	23	0	130	12
共计	610	484	2179	432	562	37	513	265	3864	1218

震后新增灾害点以崩塌、滑坡与将发育成崩塌的不稳定斜坡为主。其中新增崩塌484处，占新增灾害点总数的39.7%，主要分布在宝兴县、芦山县、天全县与邛崃市；新增滑坡432处，占新增灾害点总数的35.5%，主要分布在芦山县、宝兴县、天全县、邛崃市；新增泥石流37处，占新增灾害点总数的3%，主要分布在芦山县和宝兴县；新增不稳定斜坡265处，占新增灾害点总数的21.8%，主要分布在芦山县、宝兴县、天全县、雨城区、邛崃市（图4-6）。

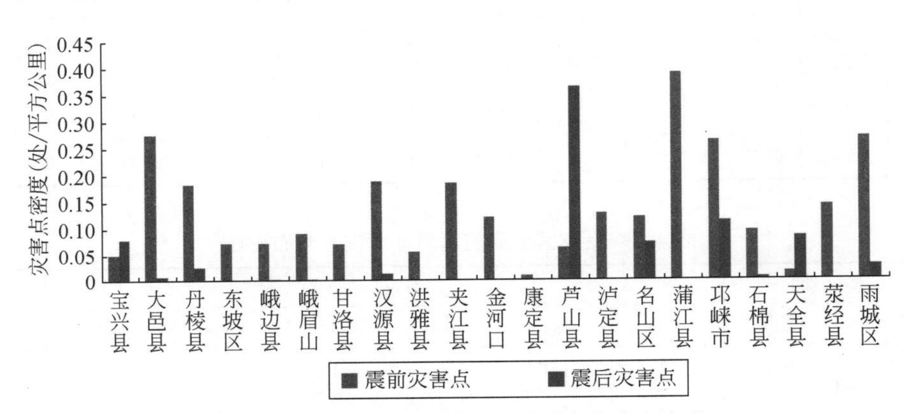

图4-6　分县区统计震前和地震诱发灾害点密度

震前地质灾害点主要分布在汉源县、邛崃县、大邑县、雨城区、泸定县、石棉县、荥经县、蒲江县。除泸定县灾害类型以泥石流为主外，其余县（市、区）的地质灾害均以滑坡为主，这些地区分布的主要是泥岩、粉砂岩、板岩、片麻岩、千枚岩。泥岩和粉砂岩易风化，坡残积松散堆积物厚度大，容易产生堆积层滑坡和不稳定斜坡。震后诱发地质灾害与震前地质灾害分布有明显的差异，集中在以震中芦山县为中心的周边县（市、区），主要分布在芦山县、天全县、宝兴县、邛崃市、名山区和雨城区。地震诱发的地质灾害主要以危岩崩塌和将发展成崩塌的不稳定斜坡为主。这里山高谷深，是中高山峡谷地区，工程岩组为坚硬或较坚硬岩组，极易发生崩塌或者产生不稳定斜坡。

震前灾害点密度较大的地区为滑坡灾害为主的蒲江县、大邑县、雨城区、邛崃市、汉源县、丹棱县；震后灾害点主要集中在极重灾区，即位于震中的芦山县，重灾区宝兴县、名山区、天全县、邛崃市与雨城区由地震诱发灾害也较为明显。

在极重灾区芦山县，与其他县（市、区）相比震前地质灾害发育不是特别严重，而震后诱发的地质灾害则有35.5%集中在这里。震前在位于重灾区的4县（市、区）中，由于邛崃市、荥经县、名山区、雨城区与宝兴县均有较多的滑坡灾害点分布，占整个灾区范围内震前滑坡灾害点总数的25.1%，所以震前灾害点分布也较为明显。而此次受地震的影响，诱发的地质灾害占整个震后总灾害点数目的53.3%。

一般灾区震前地质灾害明显发育，但此次受地震的影响不是特别明显。

由数据可以发现，震前灾害点密度最大的乡镇主要位于荥经县、邛崃市、雨城区。其中，密度最大的3个乡镇分别为荥经县的严道镇、烈太乡与大田坝乡。地震诱发的地震灾害在评价区的分布与震前有明显的不同。震后诱发灾害点密度最大的区域主要位于芦山县、天全县、宝兴县、邛崃市等县（市、区）。其中地震诱发地质灾害点密度最大的几个乡镇分别为芦山县的思延乡、天全县的多功乡、芦山县的太平镇、天全县的仁义乡与邛崃市的高何镇。

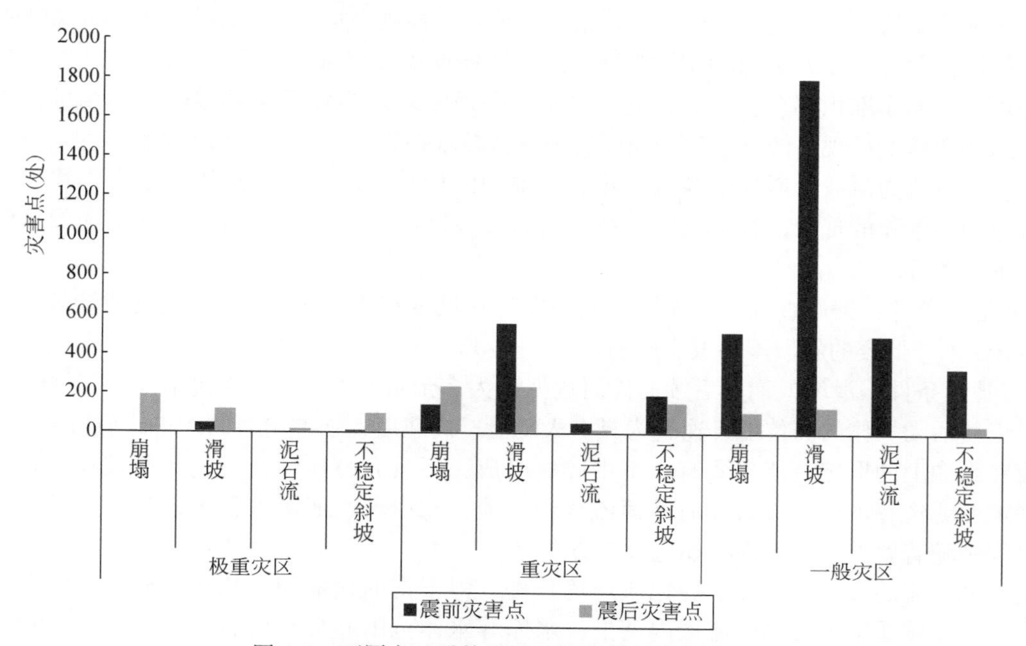

图4-7　不同灾区震前震后四种类别地质灾害统计

数据显示，震后灾害点分布密度最高的乡镇主要位于荥经县、芦山县、邛崃市和天全县。其中灾害点密度最高的乡镇主要有荥经县的严道镇，芦山县的思延乡，邛崃市的佐道乡，荥经县的烈太乡、大田坝乡与六合乡，天全县的多功乡，芦山县的太平镇。荥经县与邛崃市震前的地质灾害发育就较为明显，而芦山和天全县在震后增加的地质灾害点使得位于两县的一些乡镇灾害点密度增加明显。

3. 地震触发地质灾害遥感解译

利用高分辨率的航空遥感影像对由地震引发的崩塌、滑坡、碎屑流等地质灾害进行解译与分析。无人机影像覆盖区域为：震中附近4个乡镇，宝兴县城，雅安至芦山长约20公里的道路。地质灾害作为一种特殊的不良地质现象，无论是滑坡、崩塌、泥石流等灾害个体，还是由它们组合形成的灾害群体，在遥感影像呈现的形态、色调、阴影、纹理结构等均与周围背景存在一定的区别。可以通过与多种非遥感信息资料相结合，运用地学相关规律，进行目视解译。

（1）地质灾害遥感解译理论

遥感技术在地质灾害领域应用与其他领域不同，很难仅凭遥感图像的色调、色彩、纹理和阴影等特征准确地识别地质灾害体；遥感专业技术人员也不能只通过分类、模式识别等图像处理方法自动识别地质灾害体。因此，需要工作者在掌握基本地质灾害的地学知识、一定的遥感技术方法和综合分析能力的基础上，构建解译基础，通过人机交互的方式，以目视识别与空间分析的方法识别滑坡、崩塌、碎屑流和泥石流等地质灾害，获取灾害信息参数，了解灾害特征。

解译基础即为用于识别地质灾害体，能定位、定量获取灾害体及其发育环境的信息，由多层图像、图形构成的组合。它将调查区所有的遥感与非遥感信息源整合成一个数字的、精确几何校正、相关信息在同一个地理坐标控制下配准的数据集合，以实现定位、定量的精细遥感解译及时空分析。

灾害体特征。在构建的解译基础上，确定调查区具备灾害体发育的基本地质条件及触发因素的前提下，通过灾害体的不同形态特征进行识别。

滑坡。滑坡后壁、滑坡体、滑坡面、滑坡带、滑坡床与滑坡边界是所有滑坡都具备的基本要素，就遥感图像解译而言，不能直接看到滑坡的地下部分，只有滑坡体、滑坡后壁和滑坡边界三项地形要素。在确定区域具备滑坡发育的基本地质条件下，有后壁及滑坡堆积两个要素才能被确定为滑坡。在影像上，滑坡整体常表现为圈椅、双沟同源、椭圆、长条、矩形、不规则多边形等显示滑坡特殊地貌的平面形态。

崩塌。崩塌一般发生在大于30°的陡峭斜坡，大规模崩塌常常发生在峡谷区。其过程包括坠落与倾倒，一般崩塌壁与崩塌堆积都有明显的反应。崩塌后壁通常表现为强反射的浅色，崩塌堆积表现为松散的堆状。在遥感图像上呈现出的形态为：崩塌后壁通常较堆积物长，且堆积物不完整，呈碎块石堆积。

碎屑流。碎屑流为滑坡、崩塌或者斜坡碎裂石堆积的后续运动，土石碎屑在重力作用下呈流态在坡面或者沟谷流动并堆积的现象，其主要发生在高山峡谷及陡峭的斜坡。利用高分辨率图像可解译具体的坡面和沟谷地形条件。

1）坡面地形条件：据调查统计，碎屑流大多发生在坡度在30°以上至近于直立的陡坡，且坡高大于或等于50～100米。低矮的斜坡不易发生碎屑流。

2）沟谷地形条件：滑坡或崩塌后续的碎屑流活动大多形成在高落差、纵坡降较大（陡）、狭窄且较长的沟谷，以使活动块体的高位能迅速转为具有大动能、高速度、强冲击力的沟谷碎屑流。

碎屑流在影像上的形态特征主要有：①由碎屑组成，不具有整体性，与岩石斜坡有明显区别；②碎屑呈流态在坡面或沟谷堆积，成为碎屑坡面流或沟谷流，与滑坡、崩塌堆积形态有明显的区别；③碎屑流在流动过程中随着斜坡地形或沟谷拐弯改变方向。

泥石流。泥石流的形成须有必要的地质环境条件，即丰富的松散固体物质、充分的水源和陡峭的地形。沟谷泥石流区域遥感主要解译流域内湖泊、水库等水体范围和分布位置，位于流域内物源区以上的水体对泥石流的发生和规模有重要意义。

（2）地震诱发地质灾害遥感解译结果

通过对覆盖灾区的无人机影像解译，震中附近4乡镇已发生的崩塌、碎屑流和滑坡灾害点有323处，其中崩塌207处，碎屑流69处，滑坡47处（表4-3）。G318及S210公路附近共发生灾害10处，其中碎屑流4处，滑坡6处。

表4-3　芦山县4乡镇震后诱发灾害遥感解译结果

乡镇	崩塌灾害点（处）	碎屑流灾害点（处）	滑坡灾害点（处）
宝盛乡	82	31	12
龙门乡	64	20	24
太平镇	53	12	9
双石镇	8	6	2

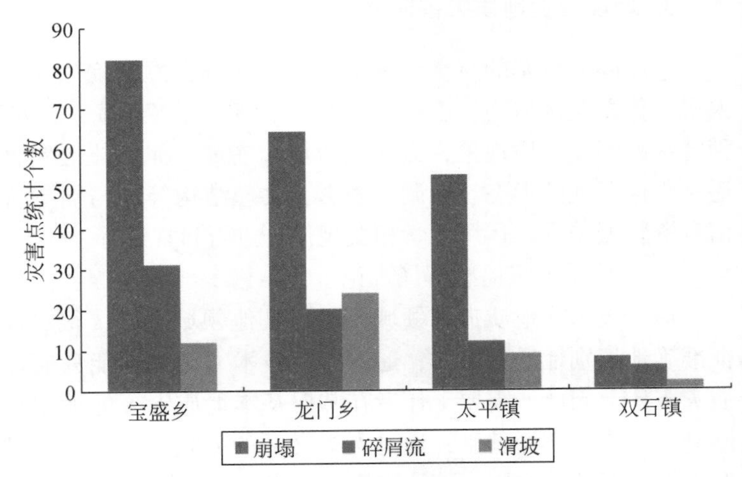

图4-8　芦山县4乡镇震后诱发灾害地震灾害点分布统计

通过解译灾害点量测得到的距离可以看出，芦山县震中附近 4 乡镇由地震诱发的崩塌、滑坡、碎屑流等 3 类地质灾害点 90% 以上的运营距离在小于 250 米的范围内（图 4-9）。

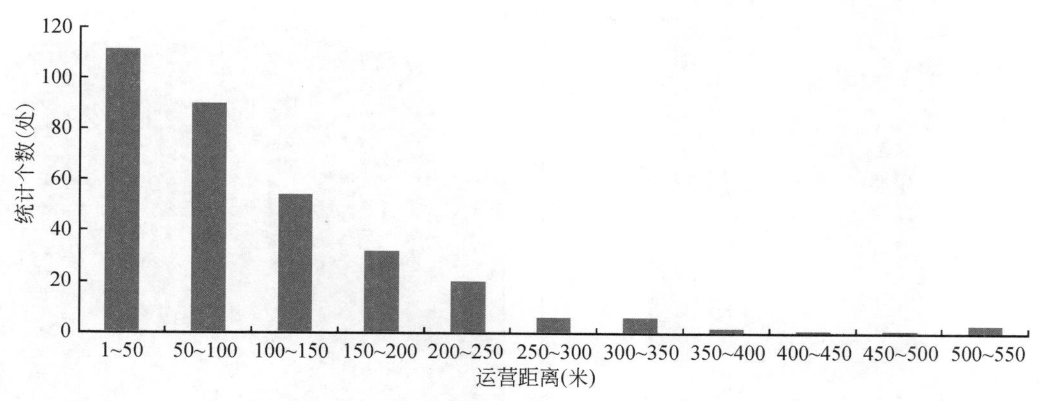

图 4-9　震后诱发芦山县 4 乡镇灾害点运营距离分布

图 4-10 ~ 图 4-14 是无人机影像覆盖区灾害点分布与居民点相对位置对比图。

图 4-10　双石镇遥感解译地质灾害分布

图 4-11　龙门乡遥感解译地质灾害分布

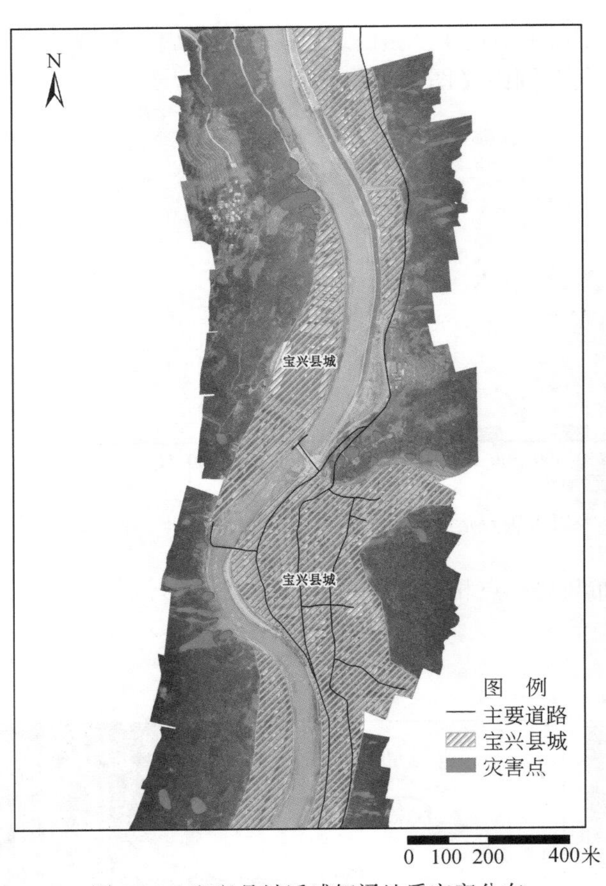

图 4-12 宝兴县城遥感解译地质灾害分布

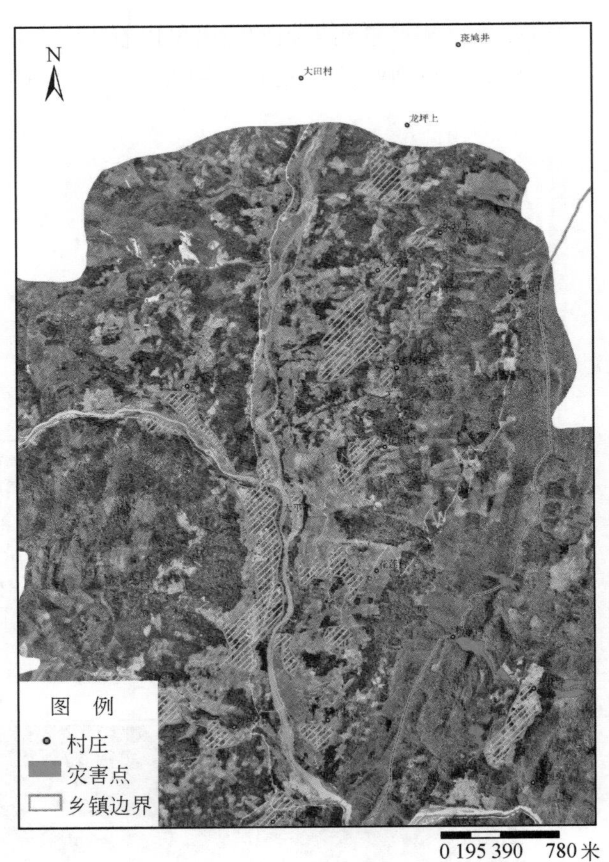

图 4-13 太平镇遥感解译地质灾害分布

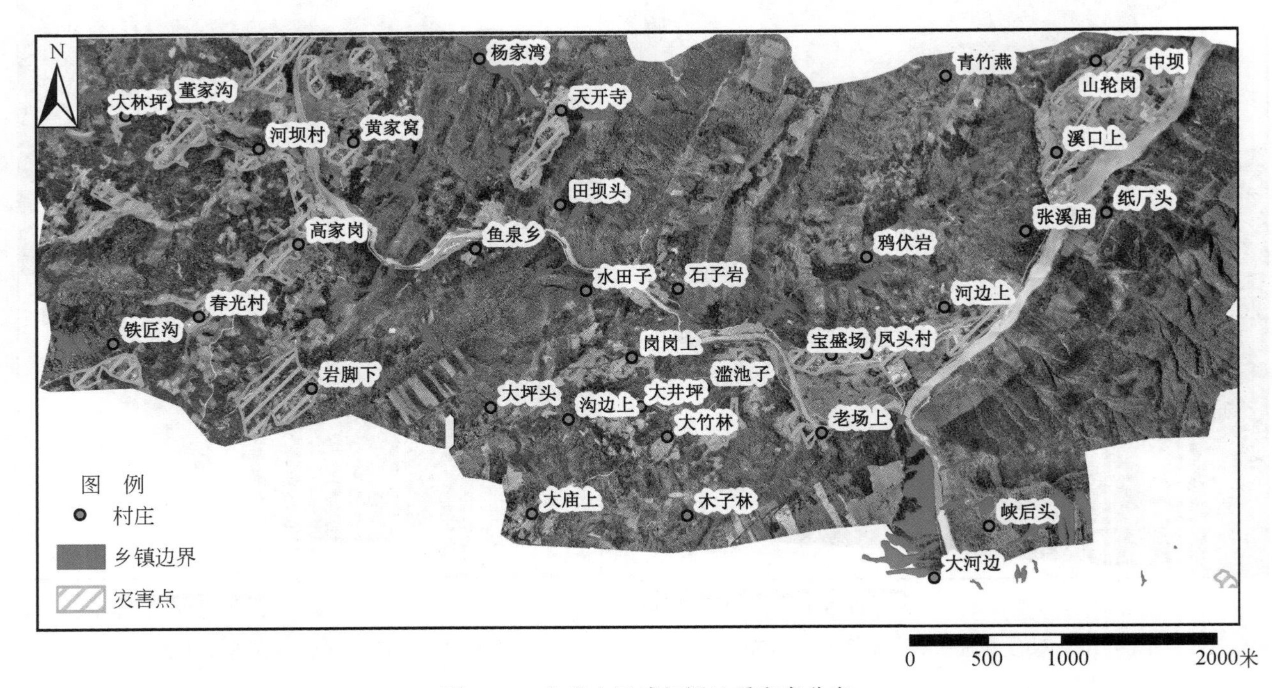

图 4-14 宝盛乡遥感解译地质灾害分布

第二节 地震诱发次生地质灾害危险性评价方案

1. 工作思路

次生地质灾害主要指滑坡、崩塌、泥石流三种类型。震区次生地质灾害危险性评价主要需要开展两个方面的工作：一是单项次生地质灾害的危险性评价，二是全部灾种的综合危险性评价。先开展单项评价，在单项评价的基础之上再进行综合评价。并且，各单项次生地质灾害危险性的评价，还需要根据实际情况在不同的时空尺度上分别进行。

（1）单项次生地质灾害区域易发性评价

在较大空间尺度上进行次生地质灾害的区域易发性评价。综合分析灾区滑坡、崩塌和泥石流等地质灾害的发育发生规律，考虑影响控制次生地质灾害的地质构造、地形地貌和水文气象、土壤植被等自然条件，以及降雨和地震等触发条件，选取关键评价因子。结合地质灾害历史记录以及本次地震触发的地质灾害记录等实例数据，利用专家经验、统计模型和确定性稳定分析等方法，对震区单项次生地质灾害的区域易发性进行评价并验证。并充分考虑次生地质灾害触发因素的变化趋势，对不同降雨强度下震区次生地质灾害的易发性进行评价。针对震区实际情况，对次生地质灾害易发性进行分级和分区，识别出各项次生地质灾害的高易发区，为下一步次生地质灾害风险评价及重建规划避让边界划定做基础。

（2）单项次生地质灾害风险与避让分析

在中间尺度上分析次生地质灾害的影响范围与强度，评价次生地质灾害风险，确定次生地质灾害避让区和避让分级。根据次生地质灾害易发性评价分级结果，结合确定性稳定分析，识别出次生地质灾害的源区。利用灾区已有地质灾害实例，分析各项地质灾害的发生运动规律，统计灾害体的影响距离和强度。另一方面，同时利用确定性动力模型，估算滑坡、崩塌和泥石流等灾害的影响距离和强度。综合源区、距离、强度等信息，得到次生地质灾害的影响范围和强度。进一步考虑人口和财产等承险体的数量和空间分布，定量评价次生地质灾害的风险。根据风险定量评价的结果，确定灾后重建规划避让区边界。结合灾区的实际情况，对风险和避让边界进行分级，进而确定各单项次生地质灾害的严格避让区、有条件利用区、相对安全区等边界。确定性分析过程中，充分考虑灾区降雨的时空变化趋势，估算出不同降雨条件下灾区次生地质灾害的影响范围和强度，进而分析不同降雨情境下灾区次生地质灾害的风险和避让分级。

（3）高风险重点居民区单项次生地质灾害精细评价

对有条件的重点居民区进行次生地质灾害危险性的精细评价。根据以上得出的次生地质灾害风险定量评价结果，对人口与经济数量大、且受次生地质灾害影响范围大、影响强度高的高风险重点居民区进行次生地质灾害危险性的精细评价。广泛收集高风险重点居民区的高精度数据，如高精度 DEM、人口与基础设施等财产数量与空间分布资料、降雨资料、岩土力学参数等。利用确定性力学模型对潜在滑坡、崩塌和泥石流等次生地质灾害进行过程模拟，更精确地确定重点居民区次生地质灾害的影响范围和强度，进行避让边界的精细分级。并且，在力学模拟中重点考虑工程治理措施，评估其治理效果。同样，充分考虑降雨时空变化趋势，在未来不同降雨情境下进行精细评价。

（4）次生地质灾害危险性多灾种综合评价

次生地质灾害往往具有群发性的特点，不同灾害也往往互为因果关系，例如，崩塌形成的松散堆积体是滑坡的危险体；崩塌和滑坡形成的松散堆积体都为泥石流提供了物质来源。因此，次生地质灾害的高危险性区域通常是受到多种灾害类型共同威胁的结果。在以上单项次生地质灾害风险定量分析的基础之上。全面考虑各灾种的共同作用，进行次生地质灾害风险的多灾种综合评价。对多灾种综合风险进行分级，确定次生地质灾害多灾种综合避让区及其分级。同样，对数据精细详实的有条件的居民区，进行次生地质灾害危险性多灾种的综合精细评价，确定综合精细避让边界，提出综合工程治理措施。

(5) 总结及建议对策

最后，总结易发性评价、风险及避让分析、重点居民区精细评价以及多灾种综合评价的结果。为地震灾区灾后重建过程中次生地质灾害的防范与治理提供建议与对策。

2. 技术路线

根据以上工作思路，形成了芦山地震灾区次生地质灾害危险性评价的技术路线（图4-15）。

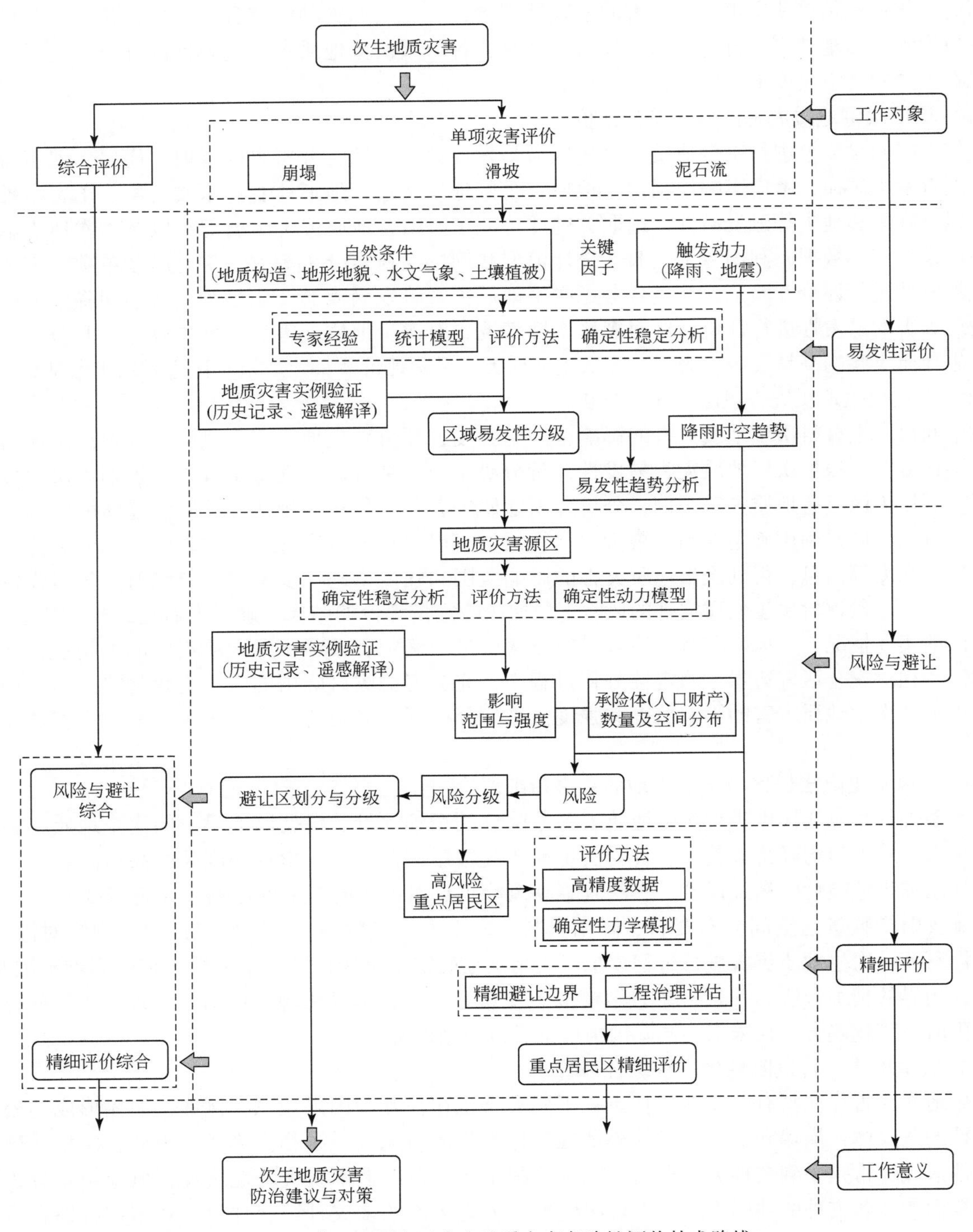

图4-15 芦山地震灾区次生地质灾害危险性评价技术路线

第三节　地震诱发次生地质灾害危险性区划

（一）地震诱发次生地质灾害危险性区划方法

1. 地震诱发次生地质灾害易发性评价方法

震后次生地质灾害的易发性主要是地质灾害自然属性特征的体现，它与孕灾环境的各项因子密切相关，这些致灾因子包括地质岩性、地质构造、地形地貌、土地覆盖类型、植被覆盖度，地震引起的岩体松动等。

震后地质灾害易发性评价的基本思路是：首先，根据地震灾区的实际情况确定地质灾害易发性评价的指标体系；然后，对致灾因子的敏感性进行分析，结合层次分析法和专家打分法确定每种因子的归一化指数和权重；最后，采用因子加权叠加方法得到震后地质灾害的易发程度分布，用于表示震后地质灾害在统计意义上的发生可能性（概率）。

地质灾害危险性是指一定时间内某空间区域在自然或人为引发因素的作用下，发生地质灾害的可能性大小及其可能造成的危害程度。在地质灾害易发性的基础上叠加后期降雨等外部触发因子，可以获得不同降雨条件下的地质灾害危险性。

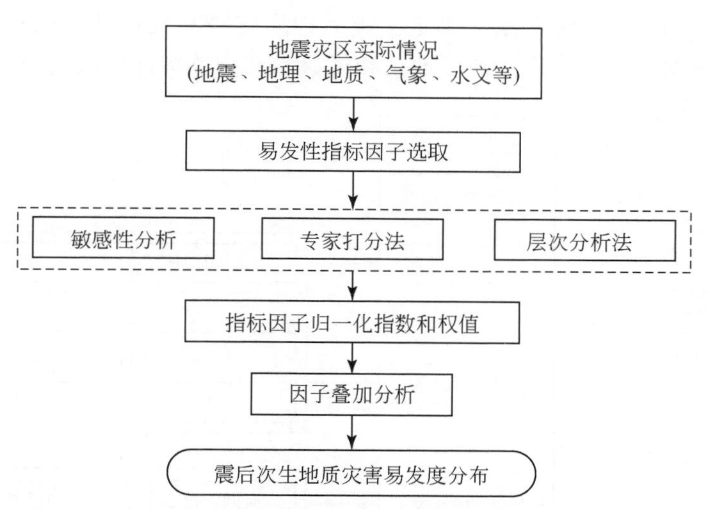

图 4-16　震后次生地质灾害易发性评价技术路线图

（1）敏感性分析方法

为了合理确定每个指标因子的分级权重系数，需要对每个指标因子进行地质灾害敏感性分析。在许多文献里通常采用专家打分分级的方式进行处理，但专家打分方法具有一定的随意性，不同区域内的次生灾害发育具有巨大的差异性，采用敏感性分析是解决因子分级的一个合理方法，由于敏感性体现了特定因子对于次生地质灾害的贡献，因此由敏感性得分进行因子分级是较科学合理的方法。

因子敏感性分析采用敏感性系数（sensitivity coefficient，SC）来定量描述不同因子组对次生地质灾害的敏感性，敏感性系数计算公式如下：

$$\mathrm{SC}_i = \ln(H_i/D)$$

式中，SC_i 表示因子第 i 分级的敏感性；H_i 表示地质灾害在因子第 i 分级中的分布面积比率或出现的频率；D 表示地质灾害面积占研究区总面积的比率。SC_i 的值为正，其值越大，表示敏感性越高，越容易导致地质灾害发生；值为负，表示不敏感程度，值越小，越不敏感，地质灾害发生率越低；值为零时，表示敏感性与区域整体水平相似，敏感性中等，称之为现势区，不能定性为灾害易发区。在具体计算时，采用公式：

$$SC_i = \ln(H_i/D) = \ln[(A_{in}/A_i)/(A_n/A)]$$

式中，A_{in}表示因子第 i 分级中的地质灾害面积；A_i 表示因子第 i 分级的总面积；A_n 表示地质灾害总面积；A 表示研究区总面积。

（2）层次分析法

层次分析法（AHP）是一种定性和定量相结合的决策分析方法，它是一种将决策者对复杂系统的决策思维过程模型化、数量化的过程。运用这种方法，决策者通过将复杂问题分解为若干层次和若干因素，在各因素之间进行简单的比较和计算，就可以得出不同方案重要性程度的权重，为最佳方案的选择提供依据。采用层次决策分析法确定各个指标因子对地质灾害的贡献权值。

（3）因子加权叠加方法

因子加权叠加一般采用加权平均的方式进行表达，公式如下：

$$W = \sum_{i=1}^{n} \theta_i \times Q_i \qquad (i = 1, 2, 3, \cdots, n)$$

式中，W 表示危险性指数；θ_i 表示各因子的权重；Q_i 表示各因子的分级指数。

各个地质灾害指标因子按照层次分析法获得的权值进行因子权值叠加，获得震后次生地质灾害易发度分布。

2. 地震诱发次生地质灾害易发性评价因子与指标体系

根据芦山地震重灾区的地质灾害背景，确定了震后地质灾害易发性评价的指标体系，包含5大类指标：地震烈度、灾害点密度、地质构造、地形地貌和气象水文，各指标依次划分下级子因子（图4-17）。

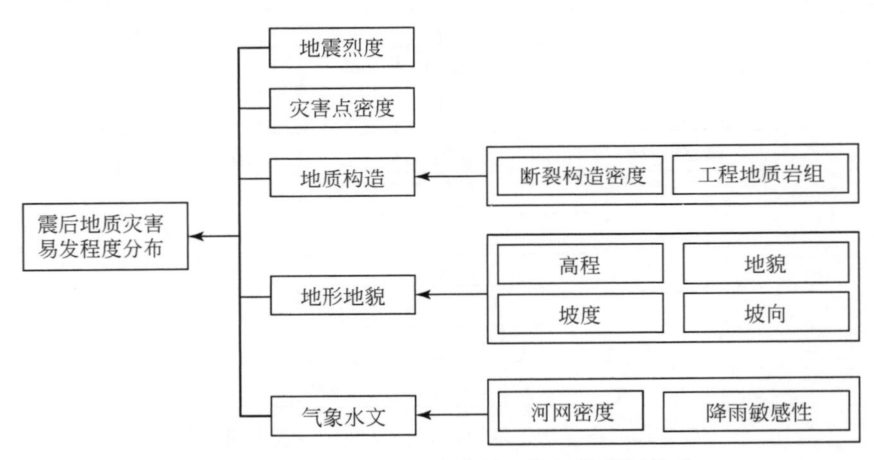

图4-17 震后次生地质灾害易发性评价指标体系

（1）地震烈度

芦山地震的最大烈度为Ⅸ度，等震线长轴呈 NE 走向分布，Ⅵ度及以上区域总面积为18682平方公里。Ⅸ度区为东北自芦山县太平镇、宝盛乡以北，西南至芦阳镇向阳村，长半轴为11.5公里，短半轴为5.5公里，面积为208平方公里。Ⅷ度区为东北自芦山县宝盛乡漆树坪村，西南至天全县兴业乡，西北自宝兴县灵关镇，东南至名山城区，长半轴为29公里，短半轴为17.5公里，面积为1418平方公里。Ⅶ度区为东北自芦山县大川镇，西南至荥经县龙苍沟镇岗上村，西北自天全县紫石乡，东南至洪雅县汉王乡，长半轴为56公里，短半轴为33公里，面积为4029平方公里。Ⅵ度区为东北自大邑县新场镇李家山村，西南至甘洛县两河乡，西北自泸定县岚安乡，东南至丹棱县杨场镇，长半轴为95公里，短半轴为64公里，面积为13027平方公里。

地震次生地质灾害的发生频率与地震烈度等级具有空间指数递减规律，对历史地震烈度和地质灾害的关系研究表明，Ⅴ度及以下烈度区发生地质灾害数量极少，地震触发原有地质灾害或者新地质灾害的最小烈度一般为Ⅵ度（李忠生，2003）。按照国家地震局公布的地震烈度图进行因子等级的划分，共划分为5级，最小因子等级定为烈度小于VS度，最大因子等级定为烈度大于VIIIS度，采用地质灾害的因子敏感性方法确定因子等级的归一化权重。

（2）灾害点密度

地质灾害点密度分布直接反映了研究区的地质灾害分布规律，宝兴、芦山等地震重灾区地形地貌复杂，地质灾害频发，震前主要以降雨型滑坡为主，崩塌、泥石流和不稳定斜坡次之。同震次生地质灾害主要是此次地震直接或间接触发的，很好地反映了地震对震后地质灾害发生频率、空间分布特征的影响。

根据地震灾区历史地质灾害和同震地质灾害数据，计算区域内的地质灾害点密度（地质灾害点数量/平方公里）分布，并划分因子等级为5级，最大因子等级定为地质灾害点密度大于3处/平方公里，最小因子等级定为地质灾害点密度为0处/平方公里，采用地质灾害的因子敏感性方法确定因子等级的归一化权重。

（3）地质构造

地质构造既控制地形地貌，又可控制岩层的岩体结构及其组合特征，对地质灾害的发育起综合控制影响作用。其中，褶皱控制地形地貌；断裂改变岩体结构，破碎带导致岩层破碎、节理发育，风化作用强烈，松散物质储量丰富，为崩塌、滑坡、泥石流的发育提供了大量的物质来源；各类地质构造结构面（如层面、断层面、节理面、片理面和地层的不整合面等）降低岩土体的工程性质，控制滑动面的空间位置和滑坡的周界，控制斜坡地下水的分布和运动规律；斜坡的内部结构，包括不同土层的相互组合情况，岩石中断层、裂隙的特征及其与斜坡方位的相互关系等，与滑坡发生的难易程度有密切的关系。

1）构造断裂密度。地震灾区内构造断裂较为发育，地质环境复杂。采用构造断裂密度来反映构造断裂的发育程度和对地质灾害的影响程度，构造断裂密度越高，其对地质灾害的影响越大。根据研究区内构造断裂的发育程度、活动方式、活动速率等指标，把构造断裂分为3个等级；然后依据断裂等级计算构造断裂密度（公里/100平方公里），并划分因子等级为5级，最大因子等级定为构造断裂密度大于35公里/100平方公里，最小因子等级定为构造断裂密度小于5公里/100平方公里，采用地质灾害的因子敏感性方法确定因子等级的归一化权重。

2）工程地质岩组。岩土体是滑坡、崩塌、泥石流等地质灾害产生的物质基础，地层岩性特征影响着滑坡和崩塌的类型、分布规模及活动方式。工程地质岩组主要指岩层的工程力学特性，根据《工程地质手册》把岩石定性的分为5类：硬岩、较硬岩、较软岩、软岩和极软岩，但对于地质灾害而言，通常软硬相间岩组更容易发生灾害，采用地质灾害的敏感性分析方法确定因子等级的归一化权重。

基本打分顺序为单一岩性高于硬岩夹硬岩再高于软硬相间岩石，分值越高越易产生灾害。极软岩夹极软岩9分，极软岩夹较软岩8分，极软岩夹硬岩7分，较软岩夹较软岩7.5分，较软岩夹较硬岩7分，较软岩夹硬岩6.5分，单一极软岩8分，单一较软岩7分，硬硬相间岩石5.5分，单一较硬岩5分，单一硬岩3分，单一极硬岩1分。

（4）地形地貌

地质灾害的发生与地形地貌的关系十分密切，是地质灾害形成的主控因素之一。从地貌形态来看，地震重灾区（如宝兴县）以高山、中山为主要地貌单元，但地质灾害主要发育于河谷区，高山区偶有滑坡、泥石流和崩塌分布。泥石流分布往往可跨多个地貌单元，其堆积区一般位于峡谷区，物源区高出堆积区有时可达数百米，位于中山、高山区，流通区为二者的连接纽带；滑坡、崩塌、不稳定斜坡主要分布于河谷沿线，原因是河谷区是人类居住及构筑物主要分布区，一般人类工程经济活动强烈，松散堆积体多，且谷底地应力大，岩体破碎。这种分布情况与地貌分区上的地质灾害分布特征相同，也说明了地质灾害的发育分布与不合理人类工程活动的影响作用密切相关。

1）高程。灾区内高程变化明显，最高高程7556米，最低高程379米，总体上西部区域较高，东部区域较低。据统计，地质灾害分布与高程具有一定的相关关系，地震重灾区宝兴县滑坡主要发育在800～2500米高程段，占滑坡总数的87.3%。这与该高程段第四系地层大量分布和人类居住及工程活动密不可分；崩塌也主要发育高程在1500～2500米，占崩塌总数的96.1%；不稳定斜坡主要分布在800～2500米，占不稳定斜坡总数的93.4%；泥石流（堆积扇）发育高程虽然与滑坡、崩塌相同，也主要处于800～2500米，占泥石流总数的93.5%。高程因子划分为5个等级，然后采用地质灾害的敏感性分析方法确定因子等级的归一化权重。

2）坡度。坡度影响地质灾害启动的动力条件，但是高坡度不利于坡积物、堆积物等地质灾害物源的累积，其地质灾害发生频率相对偏低。据大量研究，地质灾害发生的优势坡度为30°～50°。根据汶川地震后地质灾害分布与坡度关系的比较研究，大地震后的地质灾害优势坡度会有一定程度的升高。坡度因子划分为5个等级，采用地质灾害的敏感性分析方法确定因子等级的归一化权重。

3）坡向。坡向影响热量和降雨分布，进而影响土地覆被和植被覆盖。根据汶川地震地质灾害分布与坡度关系的对比研究，其地质灾害的优势方向为SE向，这主要是SW-NE走向的龙门山断裂带逆冲运动的影响。此次地震的发震断层位于龙门山断裂带南端，也为逆冲断层运动，与汶川地震有类似之处。因此，参考汶川地震的地质灾害坡向分布，把坡向因子分为5个等级，采用地质灾害的因子敏感性方法确定因子等级的归一化权重。

4）地貌。评价区位于青藏高原到四川盆地的过渡地带，地貌类型多种多样，主要地貌类型为中起伏高山、中起伏中山、河谷，评价区东北部地势较缓。起伏中山、河谷地貌非常有利于地质灾害的形成。

（5）气象水文

1）河网密度。河流对岸坡的侵蚀能够造成相应的斜坡稳定性改变。距离这些线性地物距离不同，它们对斜坡稳定性的影响也不相同。根据研究区内河流大小，将其分为3个等级，采用地震灾区平均每百平方公里内的水系长度来计算河网密度，研究区东北部具有较高的河网密度。河网密度因子分为5个等级，采用地质灾害的敏感性分析方法确定因子等级的归一化权重。

2）降雨。降雨是地质灾害的主要诱发因素。降雨不仅增加土体自重，增大下滑推力，还转变为地下水，产生渗透力、空隙压力，软化、润滑滑动面，对松散土体斜坡的稳定性极为不利。作为长尺度的地质环境，年降雨量的高低对地质灾害的发育也有着一定的控制作用。采用多年平均降雨量与触发地质灾害降雨阈值的比值来表征降雨敏感性，比值越大说明地质灾害降雨敏感性越大，比值越小说明地质灾害降雨敏感性越小。降雨敏感性因子分为5个等级，采用地质灾害的敏感性分析方法确定因子等级的归一化权重。

3. 地震诱发次生地质灾害岩性关键因子分析

地层岩性因素利于地质灾害发育度综合考虑两个一级指标岩土体强度和结构完整性。此外还适当考虑当地地层利于地质灾害发育的敏感性因子，包括岩性组合和地层风化因素，分别融于岩土体强度和结构完整性中进行考虑。

就岩土体强度而言，一般说来，岩土体强度越大，山体越稳定，承受外界因素破坏能力越大，能为地质灾害发育提供的地表松散物质越少；相反，松软的岩石如半成岩、第四系沉积等本身就能直接为地质灾害的发育提供松散物质源，发生地质灾害可能性越大，岩土体的坚硬程度依据《中华人民共和国工程岩土体分级国家标准》（GB50218-94），将地质岩体分为5种类型，其中硬质岩2类，软质岩3类（表4-4）。

表4-4　地质岩土体分类

名称		定性坚定	代表性岩石	抗压强度	打分
硬质岩	坚硬岩	锤击声清脆，有回弹，震手，难击碎；浸水后，大多无吸水反应	未风化～微风化的花岗岩、正长岩、闪长岩、辉绿岩、玄武岩、安山岩、片麻岩、石英片岩、硅质板岩、石英岩、硅质胶结的砾岩、石英砂岩、硅质石灰岩等	>60兆帕	1～2
	较坚硬岩	锤击声清脆，有轻微回弹，稍震手，较难击碎；浸水后，有轻微吸水反应	弱风化的坚硬岩；未风化～微风化的；熔结凝灰岩、大理岩、板岩、白云岩、石灰岩、钙质胶结的砂岩等	30～60兆帕	3～4

续表

名称		定性坚定	代表性岩石	抗压强度	打分
软质岩	较软岩	锤击声不清脆，无回弹，较易击碎；浸水后，指甲可刻出印痕	强风化的坚硬岩；弱风化的较硬岩；未风化～微风化的凝灰岩、千枚岩、砂质泥岩、泥灰岩、泥质砂岩、粉砂岩、页岩等	15～30 兆帕	5～6
	软岩	锤击声哑，无回弹，有凹痕，易击碎；浸水后，手可掰开	弱风化的坚硬岩；弱风化～强风化的较坚硬岩；弱风化的较软岩；未风化的泥岩等	5～15 兆帕	7～8
	极软岩	锤击声哑，无回弹，有较深凹痕，手可捏碎；浸水后，可捏成团	全风化的各种岩石；各种半成岩	<5 兆帕	9～10

此外，岩土体的强度除了与本身岩体的强度相关外，岩石的软硬组合也是一个重要因素，单一岩性的岩石比组合类型的岩石强度大，硬岩交替的岩石又比软硬交替的岩石组合强度大。此外岩土体强度还与特定的岩性和岩性组合有关，自然岩石一般只有一定的厚度，当切开岩体剖面时可以发现岩石体多为多种岩石种类间的互层，软硬相间、软软相间、硬硬相间的组合对地质灾害的影响是不一样的。在此利用了汶川地震区地质灾害的相关研究结果。汶川震区与芦山震区同属于龙门山断裂带，芦山地震震中与“5. 12”汶川地震震中空间直线距离 103 公里左右，地质结构及地貌形态上具有一定的相似性。汶川震区的统计结果表明板岩夹千枚岩极利于地质灾害的发育；其次为板岩夹石灰岩和砂岩，砂岩粉砂岩夹泥岩、板岩，变质泥岩夹砂岩，泥岩、砂岩夹粉砂岩，页岩夹灰岩、泥灰岩；再次为砂岩页岩夹灰岩、非固结沉积、碳酸盐岩碎屑岩、板岩千枚岩（图 4-18）。

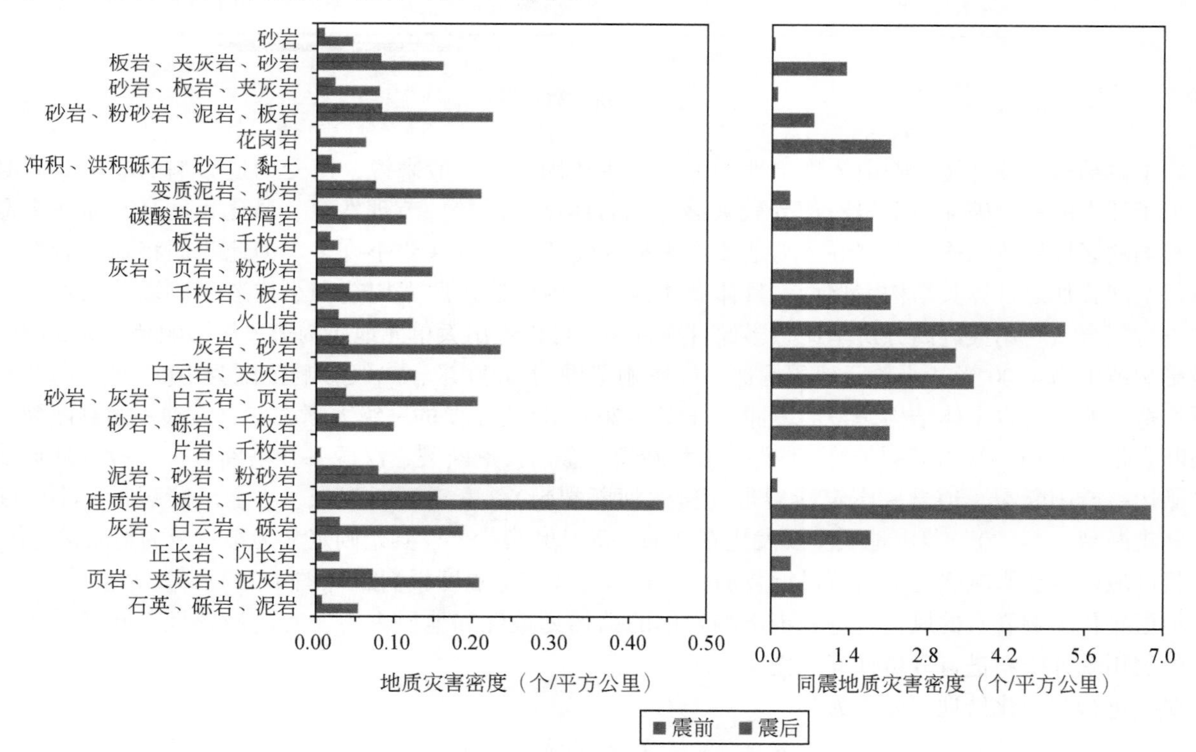

图 4-18 汶川地震灾区岩土体类型与地质灾害的关系

因此，在对于灾区岩石类型进行赋值时充分考虑这些因素。基本打分顺序为单一岩性高于硬岩夹硬岩高于软硬相间岩石。具体打分为极软岩夹极软岩 9 分，极软岩夹较软岩 8 分，极软岩夹硬岩 7 分，较软岩夹较软岩 7. 5 分，较软岩夹较硬岩 7 分，较软岩夹硬岩 6. 5 分，单一极软岩 8 分，单一较软岩 7 分，硬硬相间岩石 5. 5 分，单一较硬岩 5 分，单一硬岩 3 分，单一极硬岩 1 分。针对不同种类的岩体，具体实施时依据以往工作经验进行。

采用表4-4为标准并参考图4-18，对灾区规划区范围内的21个县（市、区）岩石类型进行划分，评价区内岩性分值分布如图4-19。

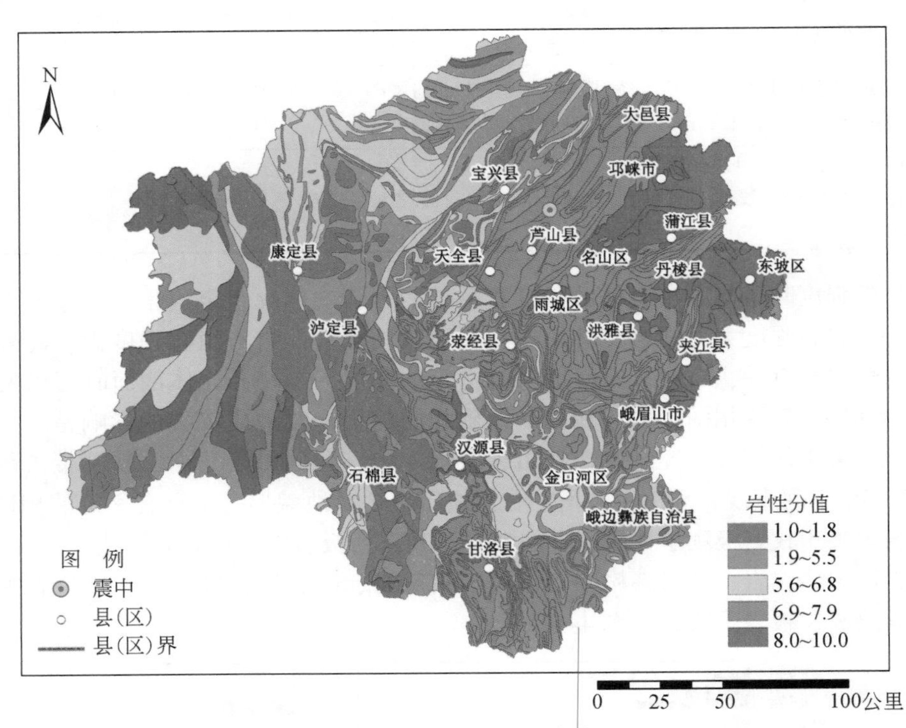

图4-19　评价区岩性分值

岩土体结构完整性是影响山体稳定性的另一个主要因素，一般来说，遭受构造影响的断层及褶皱轴部，由于外力的影响破坏使得岩石遭受较大破坏，岩体结构破碎、节理发育、风化程度高，而在未遭受构造影响的区域岩体结构一般完好，为地质灾害提供物质的可能性要小许多。为此我们将地层岩性与构造进行空间叠加以计算其结构完整性，具体做法是将区内构造按照大构造和小构造生成缓冲区然后与岩土体进行复合，利用灾区高分辨率遥感影像目视解译。可以看出大单元地质构造一级影响范围为3000米，二级影响范围为4000米，小单元地质构造一级影响范围为2000米，二级影响范围为3000米，由此构造地质构造影响区内岩土体结构完整性缓冲区（图4-20）。区内主要的一级大断裂有：江油—灌县断裂、龙门山断裂带（北川—映秀断裂带）、泥曲—玉科断裂、金汤弧形断裂、汉源—甘洛断裂、甘孜—理塘断裂带、峨边—金阳断裂、道孚—康定断裂带（鲜水河断裂带）、安宁河断裂带、小金河断裂带、小江断裂带、陈支断裂。“4.20”芦山地震主要发生在江油—灌县断裂带上。其余则定义为小一级的地质构造体。

将区域内构造影响强度与岩石进行叠加，得到岩土体构造强度影响图（图4-21）。

地层年代影响岩石的风化，进一步影响岩体的结构完整性和地质灾害发育的敏感性，同样采用相邻地区的汶川统计资料进行分析计算（图4-22）。

对其进行归一化处理，公式为

$$R_i = (X_i - X_{\min})/(X_{\max} - X_{\min})$$

式中，R_i为归一化系数；$X_{\max}$为最大值；$X_{\min}$为最小值。

构造与岩体年代共同构成岩土体结构完整性一级指标，考虑二者的影响，构造所占比重更大，分别取值权重0.7和0.3进行计算，得到岩土体结构完整性。

两个一级指标岩土体强度与岩土体结构完整性合成后得到地层岩性得分（图4-23），分别考虑二者关系，予以权重0.5和0.5。

最后得到总分值，岩土体总分值介于0.53～5.4。

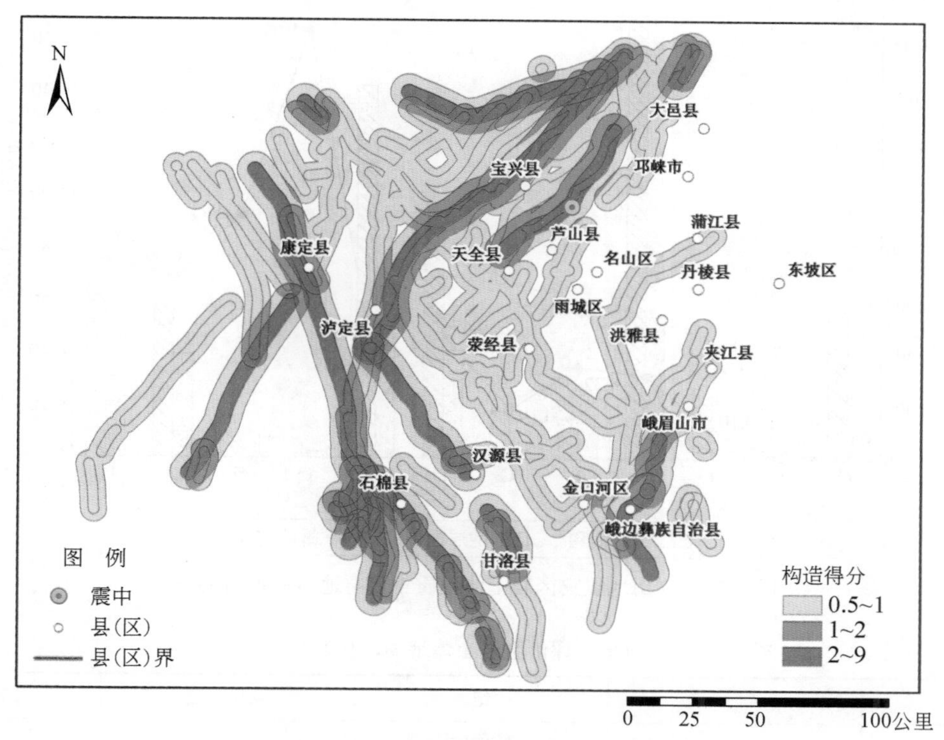

图4-20　评价区区域构造缓冲区分析

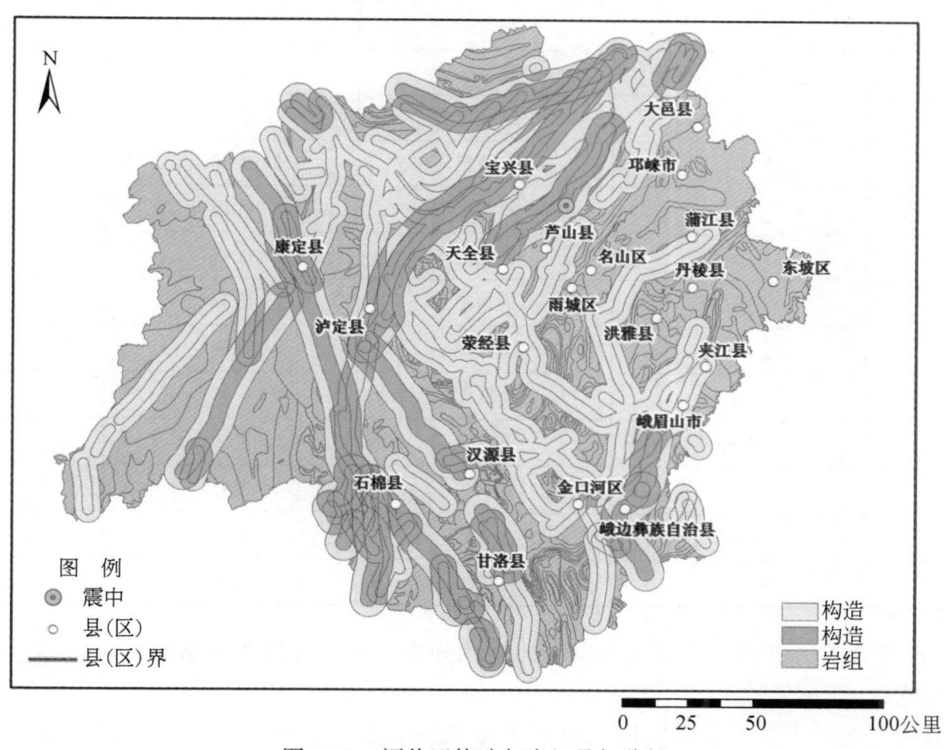

图4-21　评价区构造与岩组叠加分析

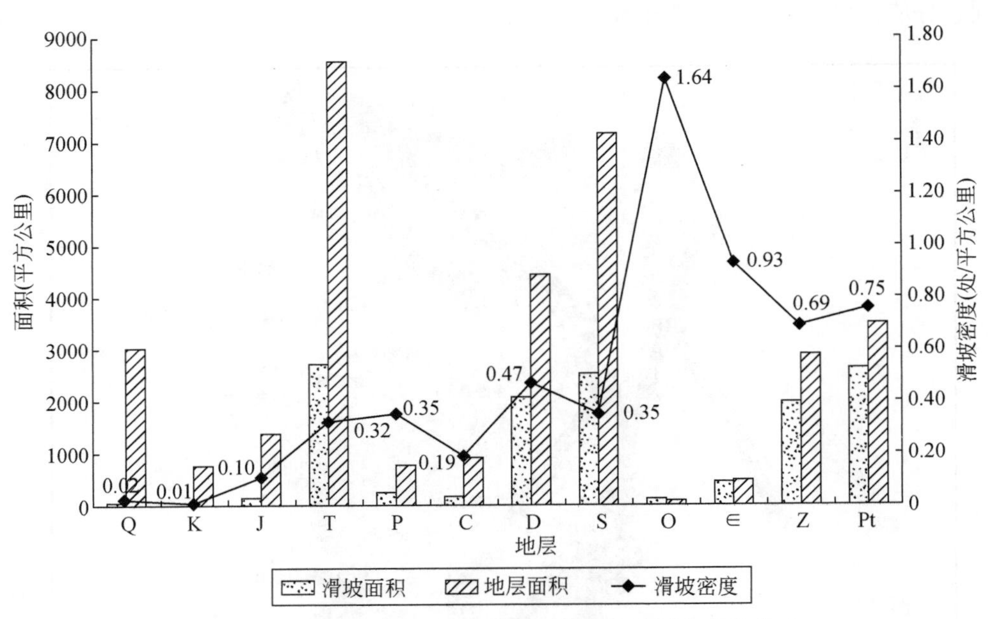

图 4-22　汶川地震灾区岩土体地质年代与地质灾害的关系

表 4-5　评价区岩土体地质年代赋分

编号	符号	纪	风化打分	归一化系数
1	Q	第四纪	0.02	0.01
2	R，N，E	第三纪	0.015	0.01
3	K	白垩纪	0.01	0.01
4	J	侏罗纪	0.10	0.06
5	T	三叠纪	0.32	0.19
6	P	二叠纪	0.35	0.21
7	C	石炭纪	0.19	0.12
8	D	泥盆纪	0.47	0.29
9	S	志留纪	0.35	0.21
10	O	奥陶纪	1.64	1.00
11	∈	寒武纪	0.93	0.57
12	Z/Sn	震旦纪	0.69	0.42
13	Pt	元古代	0.75	0.46
14	Ar	太古代	0.78	0.48
15	侵入岩	—	0.001	0

根据 Jenks 自然分类法将利于地质灾害发育的岩性分为 5 类，分别为极敏感、较敏感、中度敏感、低度敏感和微度敏感。

根据总分值利于地质灾害发育分别按照极利于地质灾害发育、较利于地质灾害发育、中度利于地质灾害发育、低度利于地质灾害发育和极低度利于地质灾害发育进行分级，分别赋予分值 5、4、3、2、1。可以看出灾区大部分地方为较利于地质灾害发育。最后得到评估区内各岩性地质灾害分值（表 4-6）。

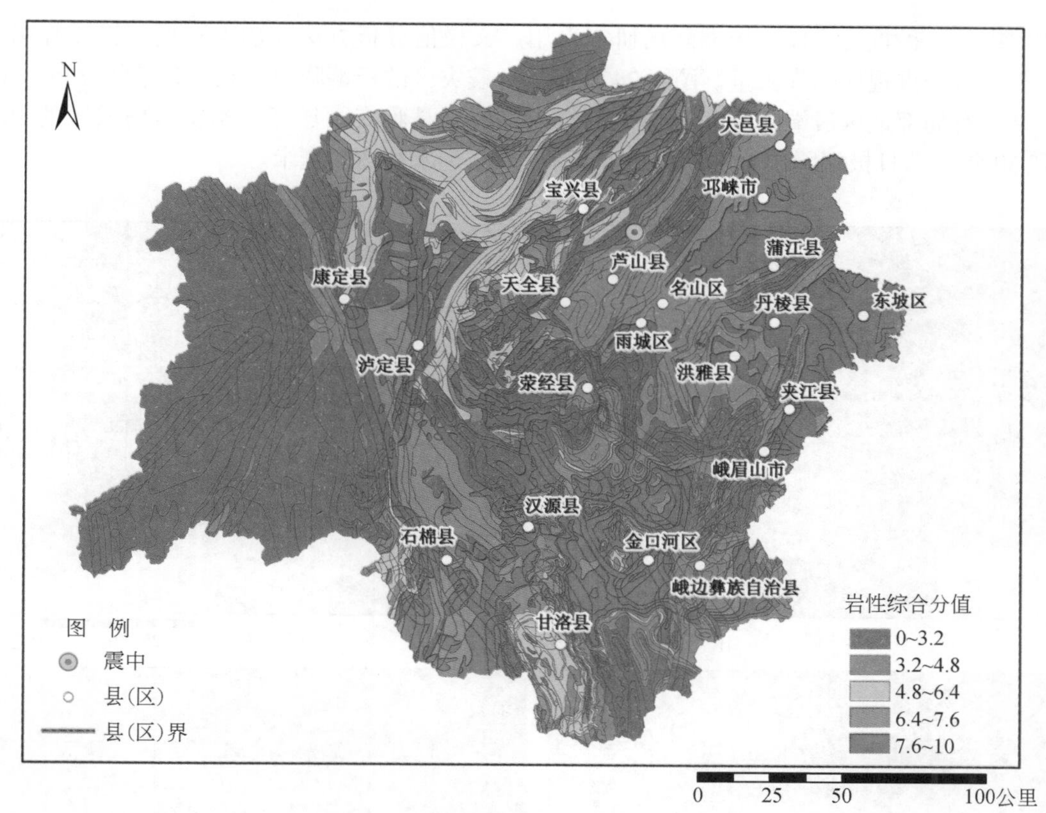

图 4-23　评价区岩性综合评价分值

表 4-6　评价区岩性赋分结果

编号	分值	利于地质灾害发育度分值	描述
1	≥4.4	5	极利于地质灾害发育
2	3.43 ~ 4.39	4	较利于地质灾害发育
3	2.47 ~ 3.42	3	中度利于地质灾害发育
4	1.50 ~ 2.46	2	低度利于地质灾害发育
5	0 ~ 1.50	1	极低度利于地质灾害发育

4. 地震诱发次生地质灾害降雨关键因子分析

（1）降雨分析

芦山地震灾区降雨量非常充沛，特别雅安是整个四川的暴雨中心，有雨城、天漏之名。灾区的强降雨过程主要发生在 5 ~ 10 月份，有些地区发生强降雨能够延迟到 11 月，最强降雨的月份是 7 月和 8 月。以灾区内降雨站点的历史数据作为基础，通过克里格插值得出年均降雨的空间分布，结果表明雨城区、名山区、丹棱县、夹江县、洪雅县、芦山县、天全县和邛崃市是雨量较多的区域。相关资料和文献分析表明地震灾区的降雨特征是夜雨多，历时短，强度大。以雅安为例，年平均下雨天数达到 213 天，年降雨量大于 10 毫米的天数为 40 天，大于 50 毫米的天数为 6 天。

地震灾区降雨分析采用灾区内及其周边地区降雨站点多年（1951 ~ 2010 年）数据进行研究（21 个县站点和 48 个辅助县站点）。整个地区平均降雨量达到 1300 毫米，地震灾区年均降雨量在 560 ~ 1568 毫米。灾区北部、西部、南部地势较高，东部为盆地，该地理格局造成降雨分布呈条带状分布。

（2）极端降雨分析

相关文献表明，极端降雨是芦山地震灾区发生地质灾害的主要诱因，研究极端降雨分布问题是研究该地区地质灾害的一种重要手段。极端降雨研究采用广义极值分析方法（GEV）模拟极端降雨的概率分布。从中推算出各个重现期的降雨量。图 4-24 显示，地震灾区的极端降雨大致呈条带状分布，东南部高，西北部低，并具有局部地区极端降雨变异性大的特点，特别是雅安雨城区。雅安市雨城区的 10 年一遇、20 年一遇和 50 年一遇日极端降雨分别达到 201 毫米、230 毫米和 268 毫米。

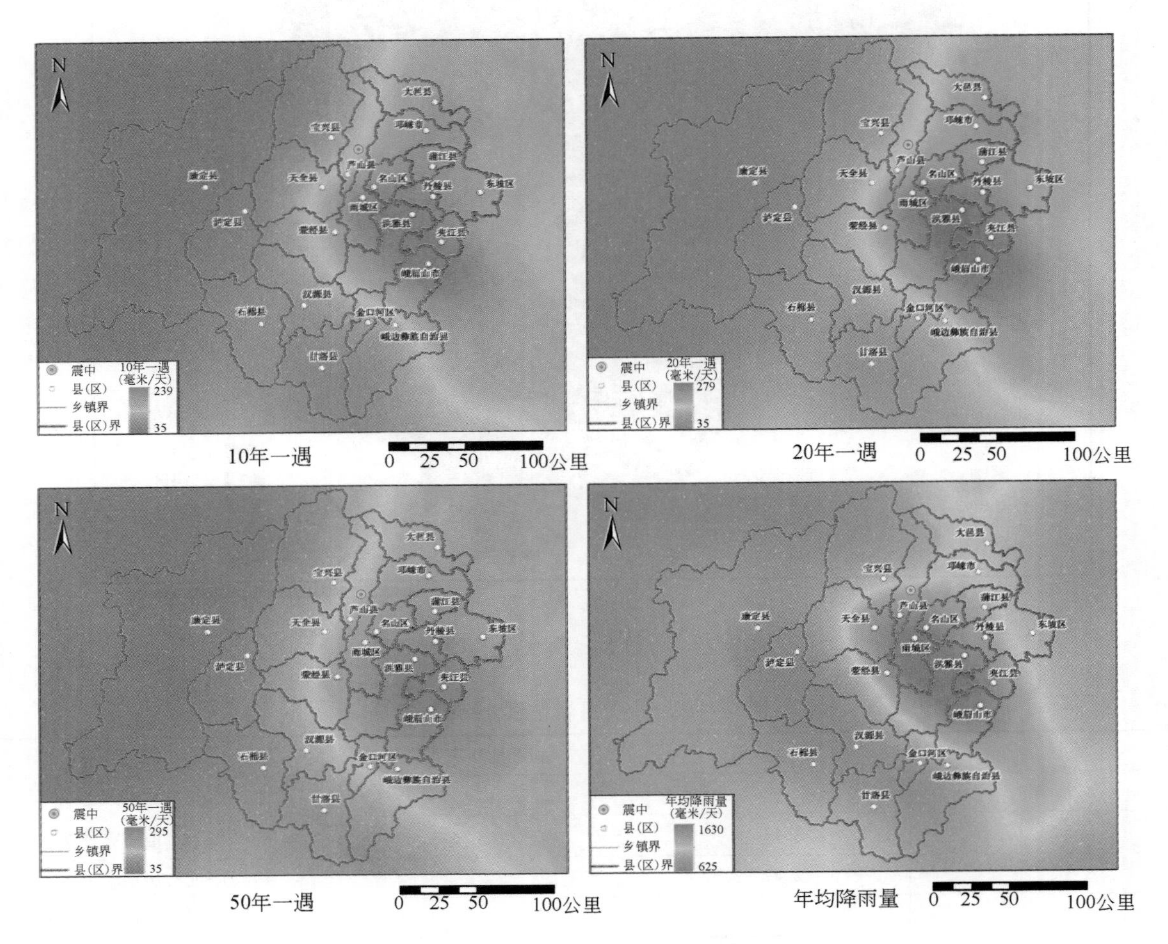

图 4-24　灾害地区极端降雨和年均降雨情况

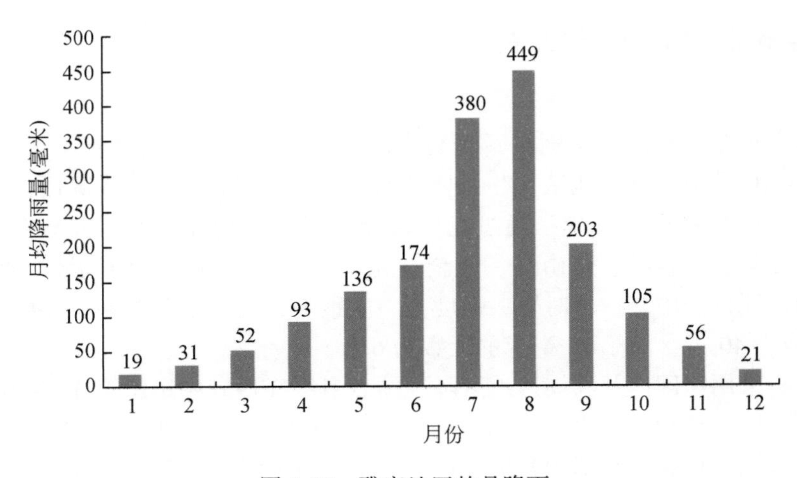

图 4-25　雅安地区的月降雨

(3) 降雨和灾害之间的关系

地震灾害区主要以短时的强降雨为主，瞬时雨量较大。雅安曾在1979年11月2日深夜遭受泥石流灾害，造成重大的财产损失。其发生灾害的日雨量为124.9毫米，所有雨量主要集中在3个小时内完成。

灾害点和降雨阈值的空间分布，跟当地降雨模式、地质和地理条件有着密切联系。根据当地灾害发生时的降雨阈值进行相关统计分析，离灾害发生时间越近的降雨，对地质灾害发生的影响越大。因此采用灾害综合降雨量对灾区内降雨阈值进行研究，其计算公式为

$$R_{有效} = R_0 + kR_1 + k^2R_2 + \cdots + k^nR_n$$

式中，$R_{有效}$为灾害的有效综合雨量；k为降雨有效性的衰减因子，本书中，k取0.8。由于地质灾害发生15天前的影响为0.035<0.05，所以认为15天之前的降雨对地质灾害的几乎没有影响。计算各个地区的平均综合降雨量作为地质灾害前期的综合降雨阈值。

$$T_j = \frac{1}{n_j}\sum_{i=1}^{n_j} R_{有效}^{i,j}$$

式中，j表示第j个地区；i表示第j地区的第i次滑坡；n_j表示第j个地区的滑坡总数；$R_{有效}^{i,j}$表示第j个地区的第i次滑坡的有效降雨。因此，该地区的阈值为T_j。

灾区地质灾害触发雨量阈值空间部分如图4-26所示。其分布特点是东北部阈值较高，宝兴、芦山等地的降雨阈值较低。

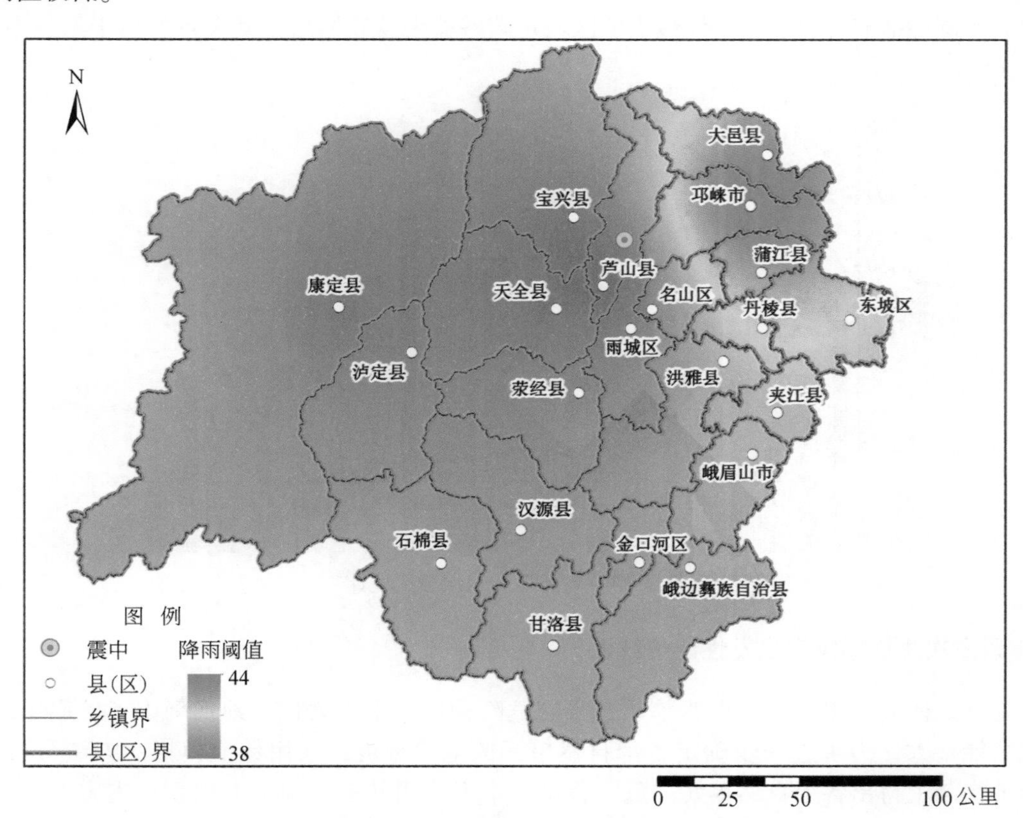

图4-26 芦山地震灾区地质灾害触发降雨阈值空间分布

各个地区降雨模式、地质和地理条件不同，灾区各个县内阈值和降雨模式有着很大差别。根据相关文献，在地震的影响下各个地方的阈值应该变小，有些泥石流沟的降雨阈值甚至达到了震前的1/3。应该针对这些地方加以防范。

（二）地震诱发次生崩塌灾害易发性评价

1. 地震诱发次生崩塌灾害特征及因子敏感性分析

崩塌是芦山地震诱发的地质灾害数量最多的类型之一，其特点是分布广，具有突然性，容易对交通，房屋造成严重的破坏，威胁当地村民的生命财产安全。现场勘察数据表明震后崩塌多发生在地震活动断层周围，特别是Ⅷ度烈度圈内，以芦山、宝兴、天全最为严重。据不完全统计（图4-27），芦山县的震后崩塌达到194起，宝兴县为112起，天全县为61起，占到地震后诱发崩塌的75%。震后主要的危险地段为芦山县北部地区的大川镇、中部地区的太平镇和双石乡，宝兴县的宝兴河、东河、西河两岸谷坡，穆坪—灵关段、硗碛—蜂桶寨段等高陡山坡地段。

地震诱发的崩塌大致呈以下特点：

1）震后崩塌灾害的发育敏感性随着坡度的增加而增加，崩塌发生的斜坡坡度一般为60°以上，以坡度大于70°的斜坡最多。特别是高山峡谷地段，坡高一般在20米以上。

2）震区内的崩塌以岩质崩塌为主，规模主要为中型和小型，可进一步划分为3大类：倾倒式、滑移式、坠落式。

3）崩塌主要发生在裂隙发育的块状、层状岩体和软硬互层的岩体中，物质组成为砂砾岩、石英岩、泥岩、千枚岩和碳酸盐岩等岩层。岩性最敏感区域是碳酸盐夹软硬岩层。其大致发生于第三系、白垩系、侏罗系地层上。

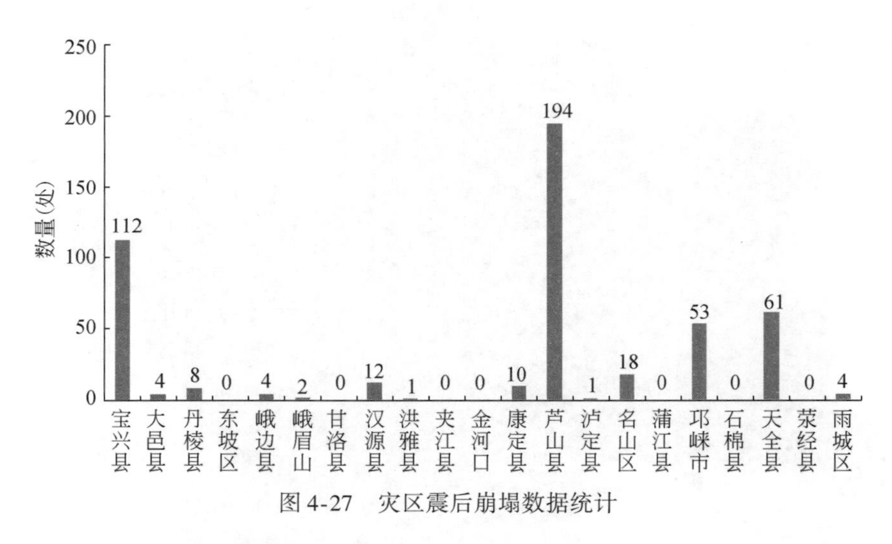

图4-27　灾区震后崩塌数据统计

2. 地震诱发次生崩塌灾害易发性评价结果

崩塌危险性是研究崩塌对各个自然单元造成的危险程度。由于岩性，地形等因素，崩塌影响范围可能很小，也可能很大，为了进一步确定各个自然单元的危险程度，采用数值模拟的方法分析各个单元，从运动力学的机制上得出各个自然单元的危险程度。本书采用基于Newmark模型、灾害调查数据和一些历史易发点作为灾害源点信息并结合模拟的方法来评价地震崩塌危险性。

Newmark位移图显示不同自然单元的地表位移值，如图4-28，表明其地表位移以宝兴县附近的山区为中心，大致呈带状分布，逐渐向周围递减。地震源点周边处于较危险地段，容易发生地震诱发的地质灾害。其次是沿大渡河两岸容易发生地震次生灾害，主要因为两侧山体处于极不稳的状态。

通过上述方法选取的灾害源点进行崩塌模拟。崩塌过程模拟比较复杂，模拟时需要更加精细的DEM作为支撑，包括高精度的DEM，各个岩性区块的摩擦角，正向反弹系数和切向反弹系数等一些力学参数。本次崩塌滑坡过程模拟采用5米的DEM数据，参照地质图和无人解译的崩塌特征对各个岩性区块进行参数设置。

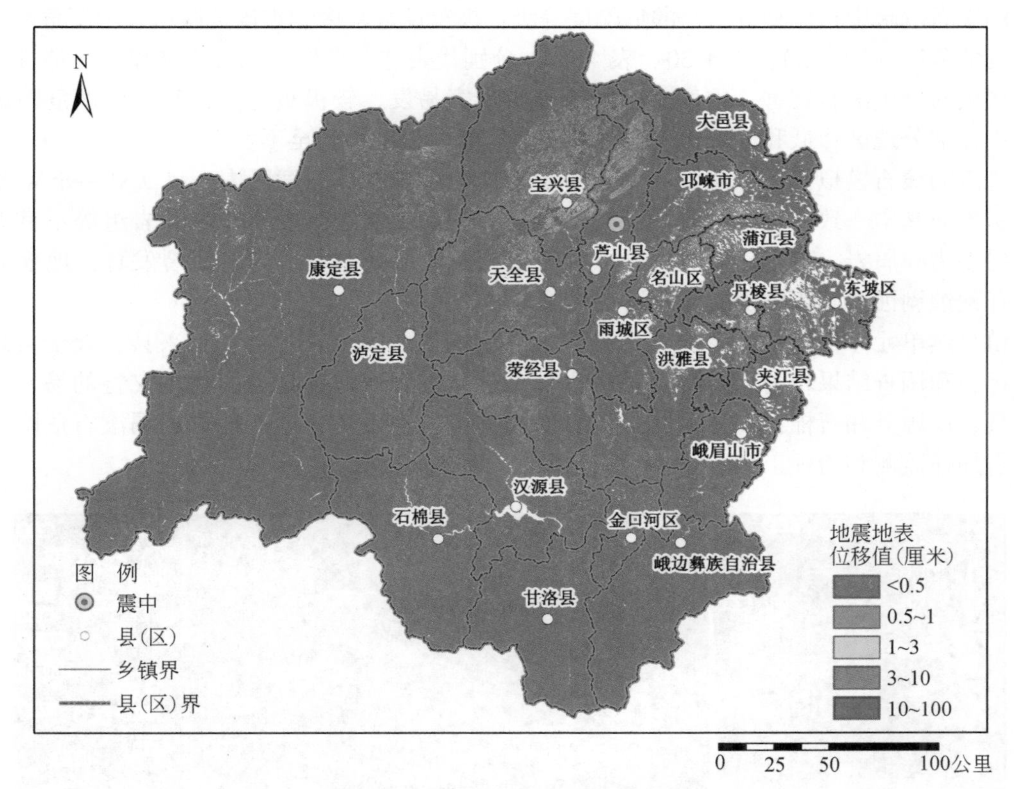

图4-28 灾区内的Newmark位移图

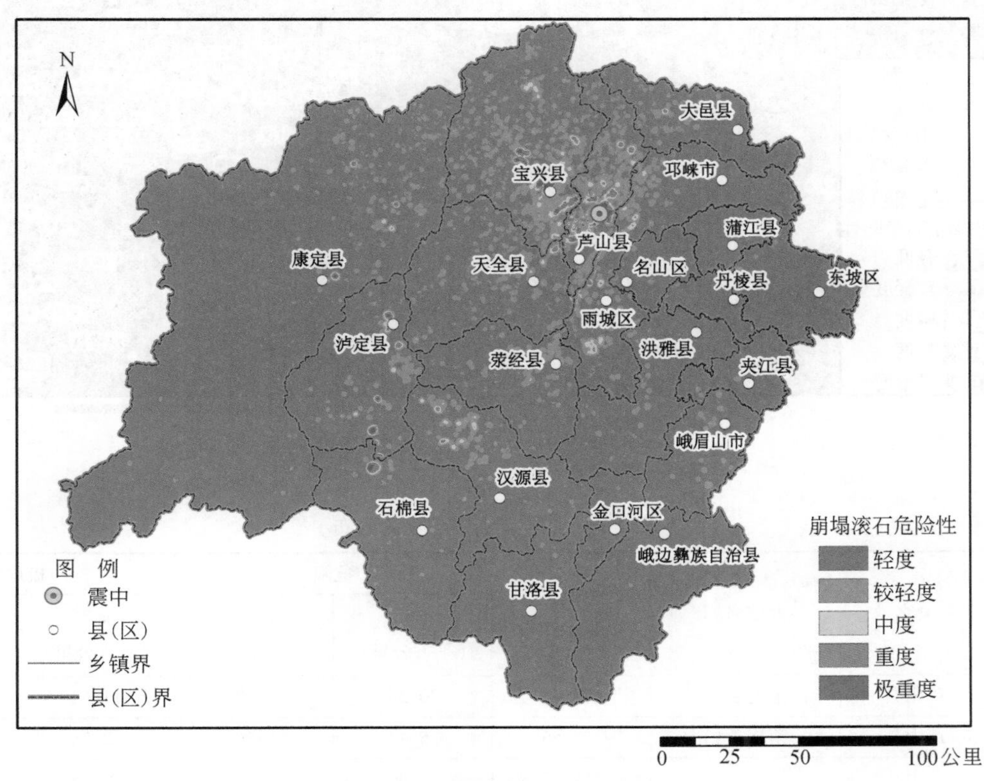

图4-29 灾区崩塌滚石危险性图

根据崩塌滚石危险度指标划分5个的危险度等级：极重度危险区、重度危险区、中度危险区、较轻度危险区和轻度危险区（图4-29、图4-30、表4-7），分别代表这个自然单元发生崩塌的可能性。极重危险区表明该地区极易发生滚石灾害；重度危险区为滚石灾害易发，较极重危险区轻；中度危险区表明灾害发生主要集中在部分地区；低和极低代表灾害的发生可能性很小，甚至不发生。

利用灾害点的滚石模拟显示，危险主要分布于雅安地震Ⅷ～Ⅸ烈度区内，呈NNE—SSW走向，与烈度走向和断层走向基本一致。该区具有高陡边坡，河谷深切、断裂带发育、软弱岩组等不良地质条件组合，区内岩层多为碎屑岩、砂岩、碳酸盐岩、角闪岩等，地形高差大、构造断裂发育，地貌为侵蚀剥蚀中起伏中山和侵蚀剥蚀大起伏中山，容易发生崩塌自然灾害。

根据乡镇自然单元评价结果，得到容易受到滚石影响的乡镇。芦山县、宝兴县、天全县是地震诱发崩塌的重灾区，和调查结果较吻合，特别是宝盛乡、五龙乡和穆坪镇是震后崩塌灾害的易发区。对于一般区，泸定县、汉源县和石棉县部分地区是震后崩塌灾害的易发区，这些地方崩塌滚石危险性极高，对于上述地区需加强监测和治理工作。

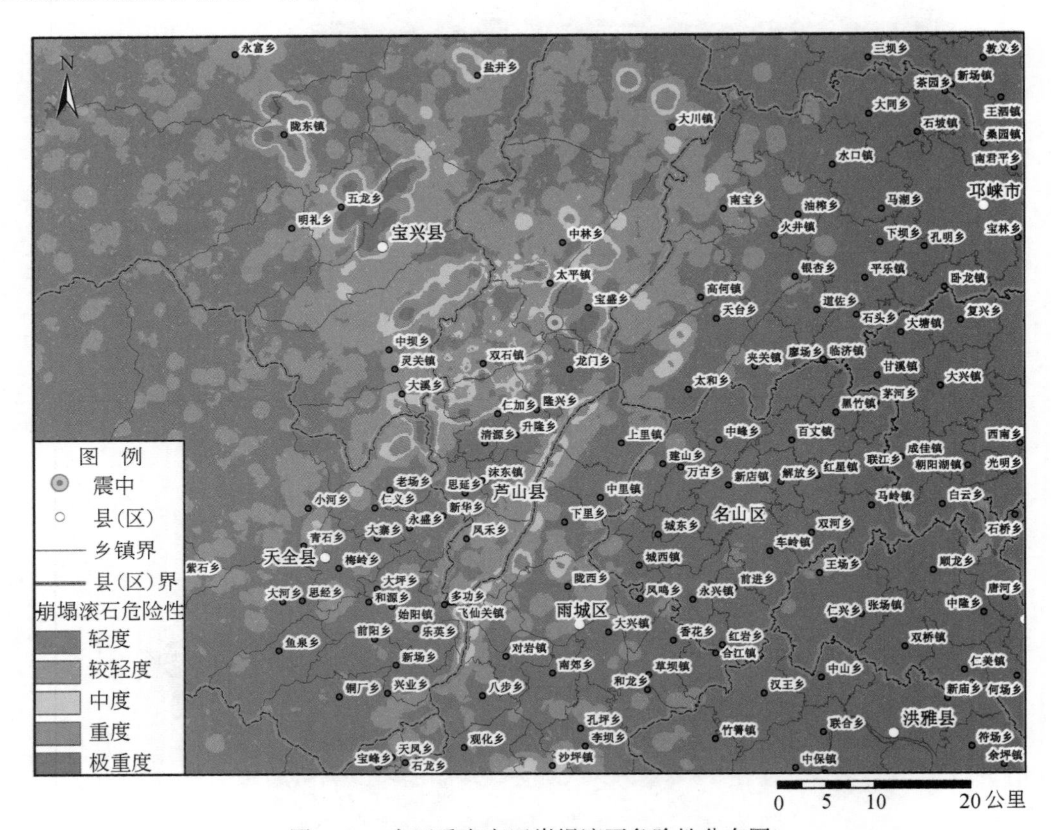

图4-30 灾区重点灾区崩塌滚石危险性分布图

表4-7 灾区崩塌威胁乡镇分布

灾区类型	县名	乡镇名称	总面积（平方公里）	危险		极危险	
				面积（平方公里）	比重（%）	面积（平方公里）	比重（%）
极重灾区	芦山县	宝盛乡	116.47	20.29	0.17	11.62	0.10
极重灾区	芦山县	苗溪茶场	27.56	5.47	0.20	2.56	0.09
极重灾区	芦山县	清仁乡	51.50	13.99	0.27	2.15	0.04
极重灾区	芦山县	太平镇	192.40	7.84	0.04	0.97	0.01

续表

灾区类型	县名	乡镇名称	总面积（平方公里）	危险		极危险	
				面积（平方公里）	比重（%）	面积（平方公里）	比重（%）
极重灾区	芦山县	龙门乡	83.96	3.32	0.04	0.86	0.01
重灾区	宝兴县	穆坪镇	164.16	13.41	0.08	15.92	0.10
重灾区	宝兴县	五龙乡	73.73	12.73	0.17	10.81	0.15
重灾区	天全县	老场乡	79.81	5.96	0.07	3.09	0.04
重灾区	宝兴县	陇东镇	493.26	18.00	0.04	2.85	0.01
重灾区	宝兴县	灵关镇	235.78	18.61	0.08	2.82	0.01
重灾区	宝兴县	永富乡	663.14	2.03	0.00	0.95	0.00
重灾区	雨城区	多营镇	25.22	3.95	0.16	0.38	0.02
重灾区	天全县	多功乡	20.32	1.34	0.07	0.02	0.00
一般灾区	泸定县	得妥乡	217.97	10.08	0.05	3.55	0.02
一般灾区	石棉县	田湾彝族乡	148.63	10.39	0.07	3.14	0.02
一般灾区	泸定县	泸桥镇	149.56	10.73	0.07	1.07	0.01
一般灾区	泸定县	德威乡	69.65	2.79	0.04	0.98	0.01
一般灾区	康定县	炉城镇	816.77	3.76	0.00	0.66	0.00
一般灾区	石棉县	挖角彝族藏族乡	185.96	0.29	0.00	0.03	0.00
一般灾区	泸定县	冷碛镇	78.52	3.38	0.04	0.02	0.00

（三）地震诱发次生滑坡灾害易发性评价

区内滑坡以土质和松散层滑坡为主，推移式和牵引式滑坡均有发育，以推移式为主。滑坡规模以厚度小于10米的中小型浅层滑坡为主，但受地震影响，大型滑坡发育但分布较分散，多发育于松散堆积层中。松散堆积层物理力学性质与母岩关系密切。巨厚层或块状花岗岩、变质砂岩等岩体多形成崩积、崩坡积体，板岩、千枚岩、片岩等变质岩多形成崩坡积、残坡积体，这些堆积体在风化、流水等作用下其颗粒完整性和结构进一步遭受破坏。千枚岩、片岩、炭质板岩、灰岩等易风化成黏性土，抗剪强度低。而广泛分布的板岩、片岩等变质岩层面光滑，自身在条件具备时（比如顺向坡）可发生滑动，同时也不利于坡面松散堆积物的稳定。软硬相间岩体、松散堆积物中的软弱夹层也不利于斜坡的稳定。松散堆积物在其缓慢的形成过程中自动调节处于平衡状态，当坡形改变、坡面加载、降雨、地下水长期作用或地震等外部因素打破其平衡态时则易发生滑坡。

1. 地震诱发次生滑坡灾害特征及因子敏感性分析

根据震后国土资源部地质灾害野外排查，灾区内分布滑坡灾害点2611处，主要分布于大渡河流域干流及一级支流两岸。受鲜水河断裂带、龙门山断裂带、安宁河断裂带以及小江断裂带的影响强烈，采用因子敏感性分析方法分析滑坡灾害的易发因素。滑坡数据资料采用震后4月21日至5月3日的13个不同单位的野外灾害排查数据；地质数据为国家1∶50万地质图；DEM数据采用国家1∶5万DLG等高线生成的DEM，等高距为20米，栅格分辨率20米。此外重点调查区数据采用无人机遥感数据，解译出滑坡滑动和危害面状数据。因此存在两类灾害数据，一是大区域的点状数据，二是重点区的面状数据。对于点状数据的敏感性分析法，根据震后各因子敏感性分析结果，利用AHP分析方法得到权重，进行危险性评价。

（1）地震诱发次生滑坡灾害岩性敏感性

岩性敏感性综合考虑两个一级指标，即岩土体强度和结构完整性。对不同的岩组进行1～10的级别进行打分，1代表抗剪强度高，不易破坏，如侵入岩；10代表抗剪强度极低，如水体。依照划分分值进行敏感性分析。分析结果表明，对滑坡敏感性最高的是7~8和5~6的岩组（表4-8）。

表4-8 灾区滑坡灾害岩性敏感性

岩性打分	代表岩性	滑坡个数	滑坡分值	面积（平方公里）	敏感性
(1, 2]	花岗岩、侵入岩、蛇绿岩	55	118	5553.5	0.39
(2, 3]	玄武岩	0	0	0	0.00
(3, 4]	凝灰岩、混合片麻岩、大理岩	59	92	2761.6	0.61
(4, 5]	凝灰岩、火山碎屑岩、石英砂岩、碳酸盐	83	121	4473.7	0.49
(5, 6]	碳酸盐夹板岩、砂岩夹板岩	73	150	1789.8	1.53
(6, 7]	页岩夹砂岩碳酸盐、砂板岩	221	404	9061.8	0.81
(7, 8]	泥岩粉砂岩夹碳酸盐	1850	2335	12836.7	3.32
(8, 9]	板岩夹千枚岩、粉砂岩夹黏土	270	320	6356.7	0.92
(9, 10]	近代河流洪冲积、泥土、水	0	0	4791.2	0.00
总计	—	2611	3540	47625	—

（2）地震诱发次生滑坡灾害地质年代敏感性

按照表4-9进行地层分类，分析后可以看出，最为敏感的地层是侏罗纪，其次是白垩纪，第三纪和志留纪敏感性一般，其他年代地层不敏感。

表4-9 灾区滑坡灾害地质年代敏感性

编号	符号	纪	滑坡个数	滑坡分值	滑坡所在地层面积（平方公里）	该地层总面积（平方公里）	敏感性
1	Q	第四纪	265	311	1341.0	4030.9	0.93
2	R, N, E	第三纪	174	203	729.9	2218.4	1.11
3	K	白垩纪	583	671	2968.5	3076.6	2.64
4	J	侏罗纪	722	871	2456.0	3224.9	3.27
5	T	三叠纪	351	520	4178.0	11320.0	0.56
6	P	二叠纪	104	172	770.9	3789.8	0.55
7	C	石炭纪	5	12	77.0	557.9	0.26
8	D	泥盆纪	81	204	912.1	2590.2	0.95
9	S	志留纪	38	70	149.9	839.8	1.01
10	O	奥陶纪	38	88	224.3	1344.7	0.79
11	∈	寒武纪	22	33	314.2	955.3	0.42
12	Z/Sn	震旦纪	154	231	1963.0	5690.2	0.49
13	Pt	元古代	74	154	910.5	3232.4	0.58
14	Ar	太古代	0	0	0	0	0
15	侵入岩	—	0	0	0	13.2	0
总计	—	—	2611	3540	16995.3	42884.3	—

（3）地震诱发次生滑坡灾害坡度敏感性

震后主要滑坡易发性与坡度有关，呈指数上升，坡度越大，敏感性上升越快（表4-10）。

表 4-10　评价区滑坡灾害坡度敏感性

编号	坡度分级	震前滑坡个数	震后滑坡排查个数	滑坡总分	各段面积（平方公里）	震前敏感性	震后敏感性
1	0～8	12	25	25	6710.3	0.72	0.81
2	8～12	11	88	91	2069.3	2.13	2.31
3	12～15	5	128	137	1910.0	1.05	2.24
4	15～25	22	434	495	7931.7	1.11	2.00
5	25～35	31	670	823	10432.5	1.19	0.81
6	>35	26	1266	1969	13738.3	0.76	0.28
—	总计	107	2611	3540	42792.1	—	—

（4）地震诱发次生滑坡灾害降雨敏感性

降雨采用年内降雨变差系数进行分析，年内降雨变差是反映各月降雨变化的一个指标，反映雨季可能发生灾害的可能性大小。敏感性分析结果显示灾害分布主要集中于降雨变差率 16.5%～18.0% 的地区（表 4-11）。

表 4-11　评价区滑坡灾害降雨敏感性分析表

编号	降雨变差分级（%）	震后滑坡排查个数	滑坡总分	各段面积（平方公里）	震后敏感性
1	11.4～14.8	299	499	11657.4	0.52
2	14.8～16.5	889	1306	18376.0	0.86
3	16.5～18.0	1200	1450	9636.7	1.82
4	18.0～20.7	223	285	3111.9	1.11
—	总计	2611	3540	42782.0	—

2. 地震诱发次生滑坡灾害易发性评价结果

滑坡危险性评价选择了岩性、地层、坡度及降雨变差以及地震强度进行危险性评价（图 4-31），根据震后各因子敏感性分析结果进行分值分段，利用 AHP 分析方法得到各因子的权重，进行危险性评价。地震强度采用 Arias 强度进行评价，应用实践表明，在进行崩滑滑坡等区域性评价时，Arias 强度比烈度作为评估因子的结果更为好，震后灾害应急快速评估更有效，Arias 的计算采用公式：

$$I_a = \frac{\pi}{2g}\int_0^{T_d} [a(t)]^2 \mathrm{d}t$$

进行计算，$a(t)$ 是强震仪记录分量加速度时间序列；T_d 是强震记录仪的持续时间；t 是秒为单位的时间；g 为重力加速度。经过计算，芦山地震在灾区内的 Arias 强度最大值为 7.64，最小值为 0，将其归一化至 0～5，采用其分布值作为计算值。

表 4-12　评价区滑坡危险性评价分级

因子	岩性	地层	坡度	降雨变差	地震强度
权重	0.2	0.15	0.25	0.1	0.3
5	(7,8]	J,K	>65°	16.5～18.0	最大值 7.64，最小值 0，归一化为 0～5
4	(5,6]	R,N,E,S,D,Q	55°～65°	18.0～20.7	
3	(6,7]，(8,9]	O,Pt	35°～55°	14.8～16.5	
2	(3,4]，(4,5]	T,P,Z,∈	25°～35°	<14.8	
1	(1,2]，(2,3]，(9,10]	C,Ar,侵入岩	<25°	—	

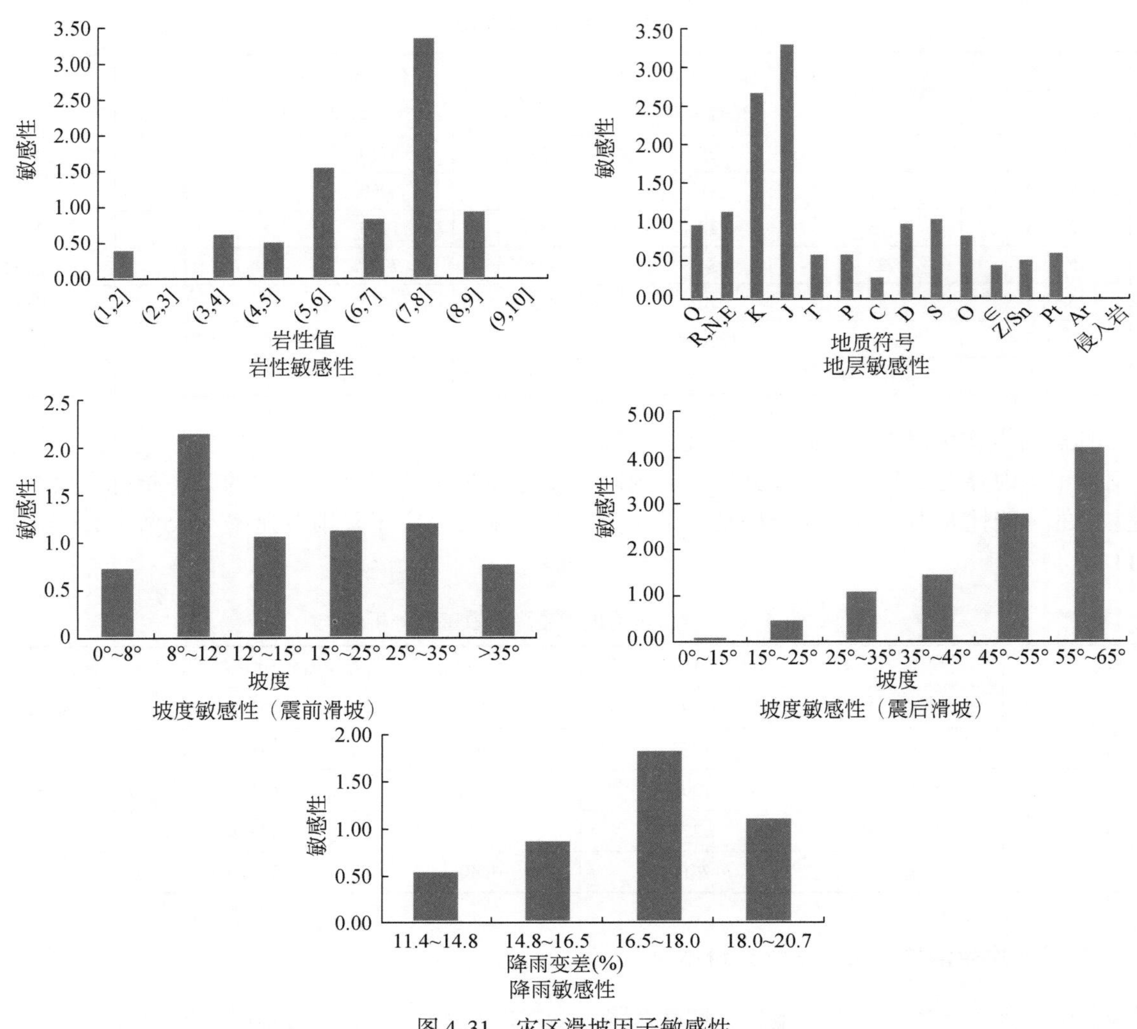

图 4-31　灾区滑坡因子敏感性

在 GIS 下进行空间叠加，得到震后滑坡危险性评价图。评价因子介于 0. 83 ~ 4. 43。得到评价区震后滑坡危险度分布图（图 4-32）。

各级别的分布如表所示，极度危险的区域占 0. 65%，共计 278. 4 平方公里，主要分布在芦山县与宝兴县之间的震中山区，是目前急需实施监控的地区（表 4-13）。

表 4-13　评价区滑坡危险度分布

分级	面积（平方公里）	比例（%）	主要分布区域
极危险	278. 4	0. 65	宝盛乡、鱼泉乡、大溪乡南端、五龙乡、双石镇南、宝兴县城
危险	6995. 5	16. 41	宝兴县、名山区、天全县、荥经县、芦山县、名山
中度危险	10713. 4	25. 14	蒲江、邛崃、大邑、甘洛、洪雅、雨城区
低危险	20190. 5	47. 37	眉山、丹棱、夹江、峨眉、汉源、金口河区
安全区	4443. 4	10. 43	康定、泸定、石棉
总计	42621. 2	100. 0	—

3. 降雨型滑坡区域稳定性确定性模型评价

降雨条件下的滑坡稳定性模型是基于特定的简化物理学模型对地质灾害发生的可能性进行评价，对

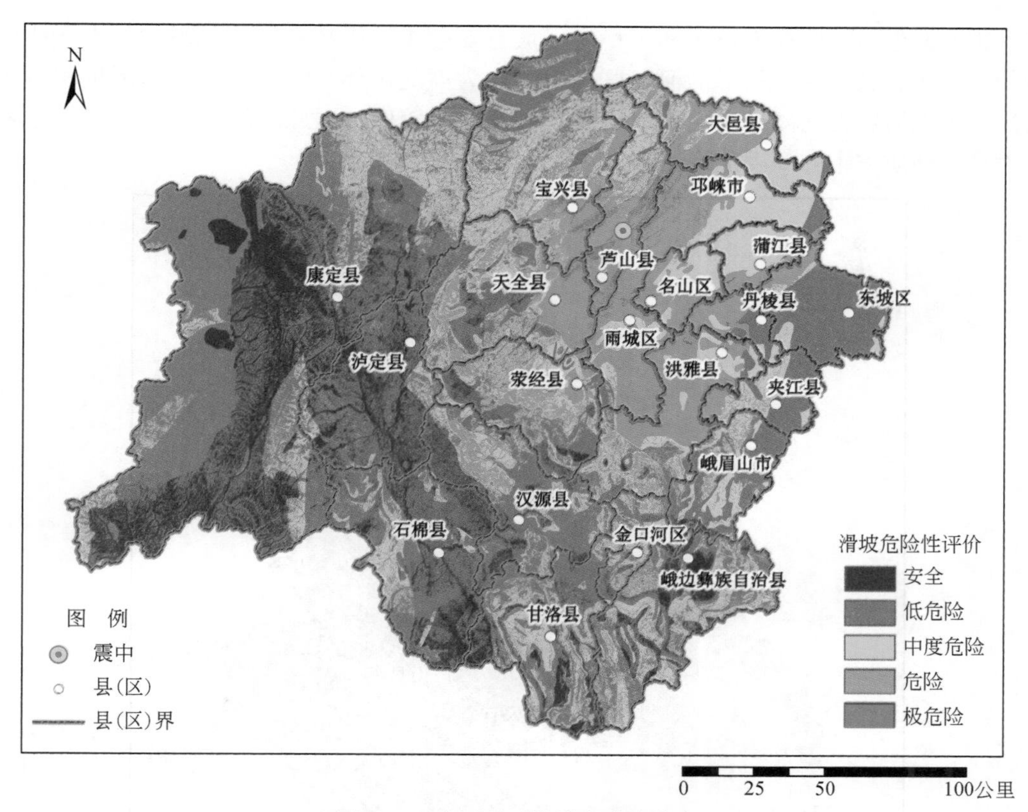

图 4-32　灾区震后滑坡危险度分布

于滑坡，则是指斜坡的稳定性评价。我们采用 Stability Index Mapping（简称 SINMAP）模型进行芦山地震灾区的详细评价区域（4 县 2 区 6 乡镇）斜坡稳定性的评价。SINMAP 模型充分考虑了降雨对斜坡稳定性的影响，将无限斜坡稳定性模型和分布式水文模型进行了有效集成，根据无限斜坡稳定性模型，斜坡的稳定性系数由下式给出：

$$\mathrm{FS}=\frac{\text{抗滑力}}{\text{滑动力}}=\frac{C'+[\gamma_s(h-h_w)+(\gamma_s-\gamma_w)h_w]\cos\theta\tan\varphi}{\gamma_s h\sin\theta}$$

式中，C'为粘聚系数；γ_s 为滑坡体容重；γ_w 为水重；φ 为摩擦角；h 为土壤厚度；h_w 为地下水高度。

据芦山地震重建规划详细灾区的地质、地形和降雨背景，划分了 5 个地质单元，见图 4-33。取 $\gamma_s=2.0\times10^3$ 千克/立方米，$\gamma_w=1.0\times10^3$ 千克/立方米，岩土体厚度 h 取 3 ~4 米，最终的计算参数见表 4-14，模拟计算研究区在 10 年一遇极值降雨条件下的斜坡稳定性。

表 4-14　芦山地震灾区地质单元参数

地质单元	$T/Q_{\min}$	$T/Q_{\max}$	$C'_{\min}$	$C'_{\max}$	$\varphi_{\min}$	$\varphi_{\max}$
1 区	5500	6500	0.14	0.36	36	52
2 区	4500	5500	0.12	0.34	34	50
3 区	3500	4500	0.10	0.32	32	48
4 区	3000	4000	0.06	0.27	29	44
5 区	2500	3500	0.05	0.25	27	42

注：T 为土壤导水系数，Q 为小时降雨量。

（1）滑坡稳定性总体分布

强降雨造成浅层滑坡体的饱和度急剧增加（图 4-34），强度（粘聚力等）降低，抗滑力下降，引起斜坡不稳定，加大了发生滑坡灾害的危险性。虽然灾区东南部降雨量较大，但是其坡度较小，地形平缓，不利于滑坡灾害的发生，因此极不稳定和不稳定滑坡分布较少。中部和中西部坡度较大，地形陡峭，河谷发育，例如，宝兴县城坐落于狭窄的河谷区，两侧均为高陡山体，虽然本区的降雨量相对较小，但是其地形因素决定了地质灾害的高易发性，地质灾害触发阈值较低，因此广泛分布着极不稳定和不稳定滑坡，预示着滑坡等地质灾害的高度危险性（表4-15，图4-35～图4-36）。

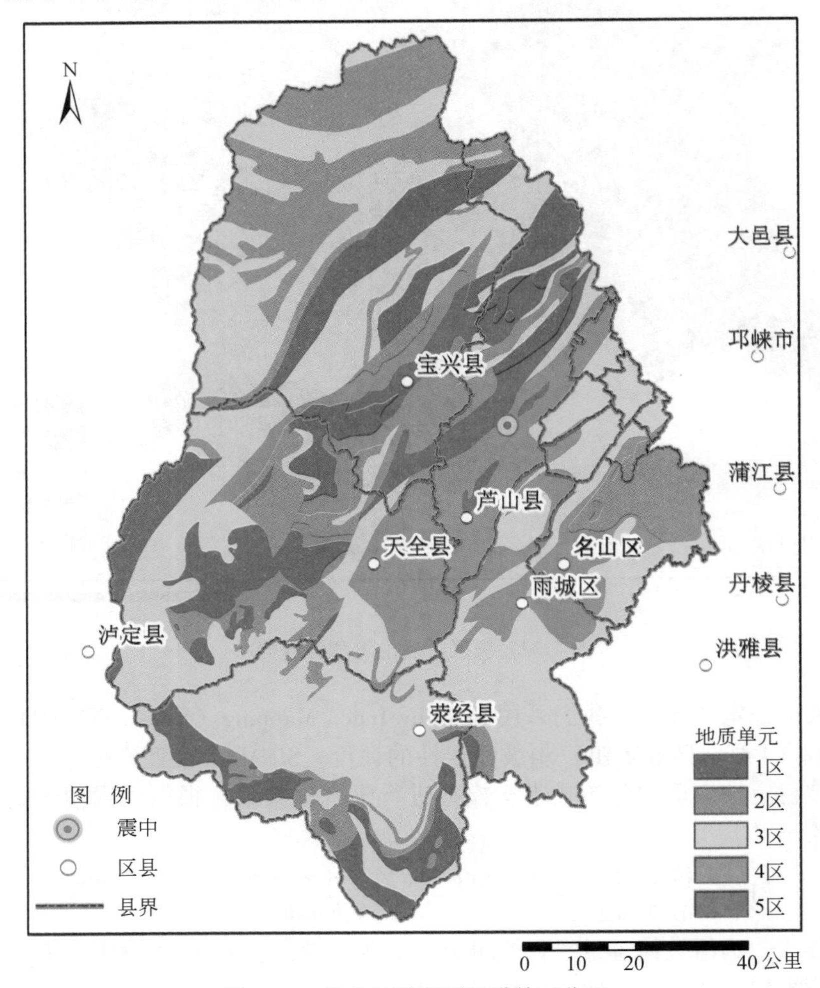

图4-33 芦山地震灾区地质单元分区

（2）地震影响

地震对芦山灾区的地质条件产生了不利影响，地震引起山体松动，造成了大量的松散堆积体，这些松散物质堆积在山坡上成为地质灾害发生的物质来源。震后，地质灾害的降雨触发阈值降低约10%～30%，在同等降雨条件下，震后地质灾害发生频率高于震前（表4-15）。因此，在震后一段时间内，地震灾区的地质灾害防治指标应高于震前，严防灾难性地质灾害，降低生命财产损失。

表4-15 芦山地震灾区降雨型滑坡稳定性分析表

滑坡稳定性	面积（平方公里）	比重（%）
极不稳定	117	1
不稳定	588	6
潜在不稳定	2805	27
基本稳定	1949	19
稳定	1272	12
极稳定	3602	35
合计	10333	100

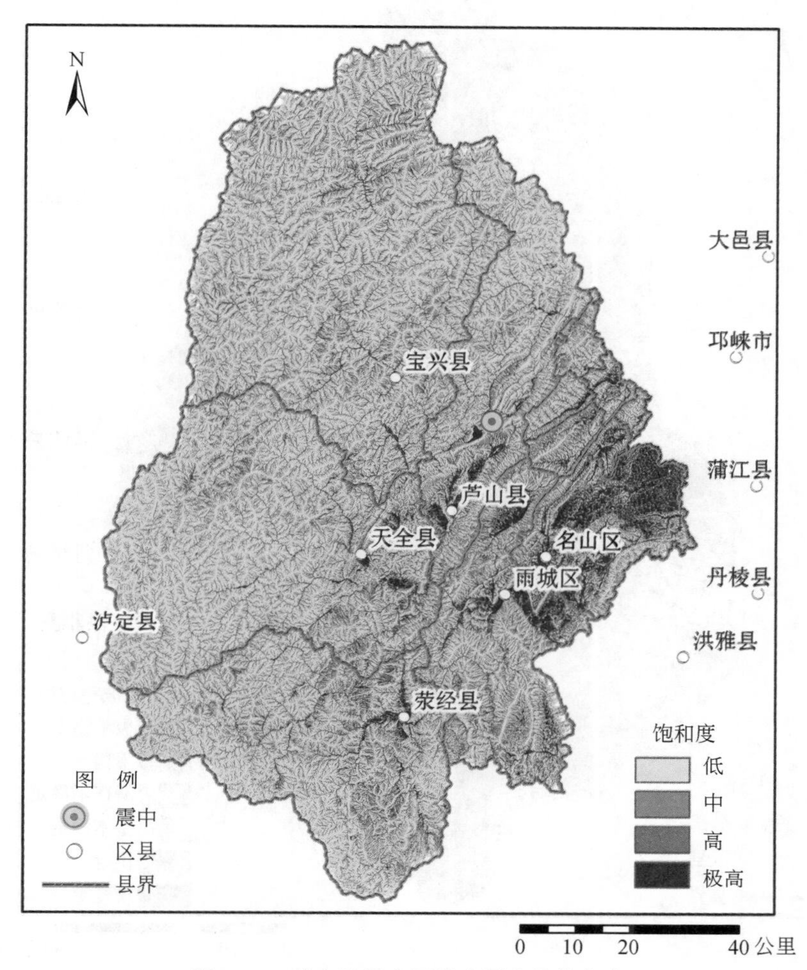

图4-34　芦山地震灾区岩土层入渗饱和度

（四）地震诱发次生泥石流灾害易发性评价

震后灾区易发泥石流，类型以沟谷型泥石流为主，但此次地震造成了大量的坡面泥石流。灾区内震前也发育中型和巨型泥石流，主要分布在泸定、甘洛等西南地区。芦山县和宝兴县等受地震严重影响的区域的泥石流多属沟谷型泥石流，物源区、流通区、堆积区一般较明显。物源区往往面积较大，多属高山、极高山地貌，沟谷相对较宽、缓，谷坡较陡，散物储量丰富，物质来源主要是第四系的松散堆积物、结构破碎的较硬的花岗岩、闪长岩等，多冰川（水）堆积、残坡积、崩坡积松散堆积物；流通区可长达数公里，部分泥石流流通区很短，且部分泥石流形成、流通区界线不明显，沟床较陡，主要为峡谷地貌，沟道狭窄，两岸多为陡崖；堆积区一般位于支流与主流交汇处，峡谷出口，地形较开阔。泥石流3区所处的地貌及地貌过渡增加了泥石流运动的动能，同时也增加了泥石流运动和演化的复杂性。易发泥石流的区域往往有大量滑坡、崩塌分布，固体松散物质储量丰富；沟域滑坡等重力侵蚀严重，多深层滑坡和大型塌岸，表层土松动，斜坡以易风化岩层为主；人类工程活动强烈，泥石流沟口多为人口聚集区。

总体上，泥石流的形成所需的3个条件；大量的松散固体物质、有利的地形地貌和丰富的水源，在区内许多地方均满足。区内泥石流的影响将是持续的，在暴雨等条件的影响下，局部会呈恶化的趋势，特别是发育在青衣江、大渡河等主要河流沿岸的泥石流沟。

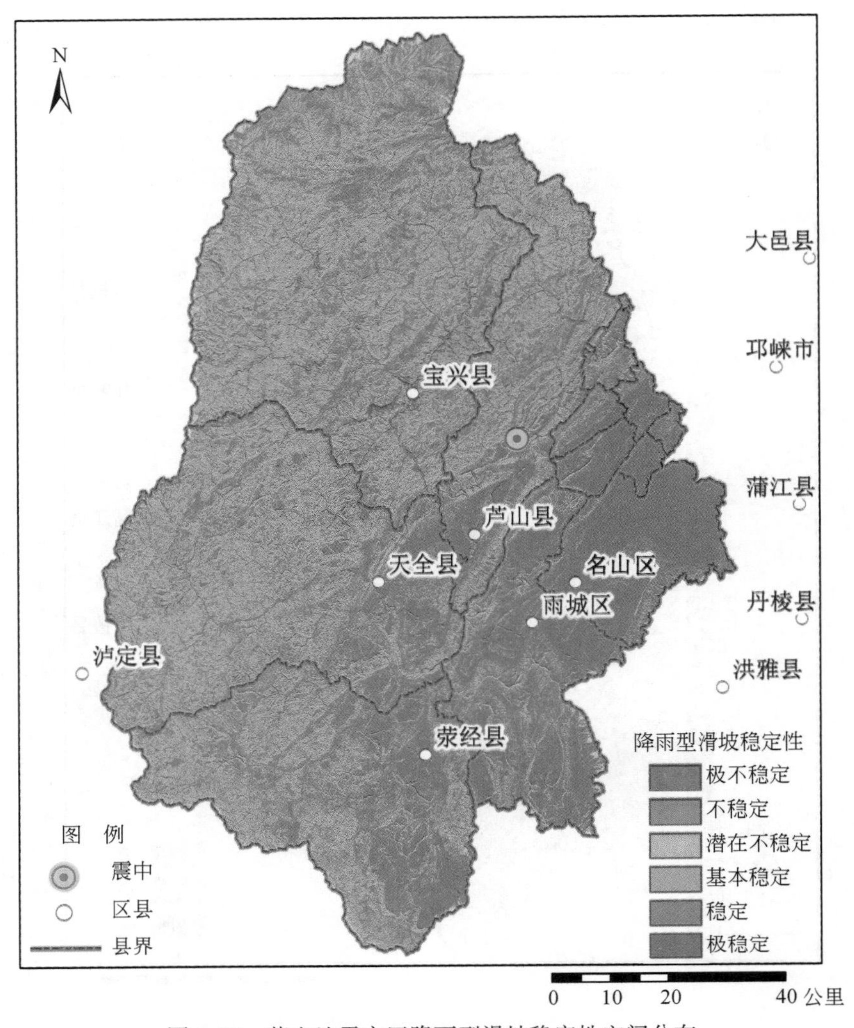

图 4-35 芦山地震灾区降雨型滑坡稳定性空间分布

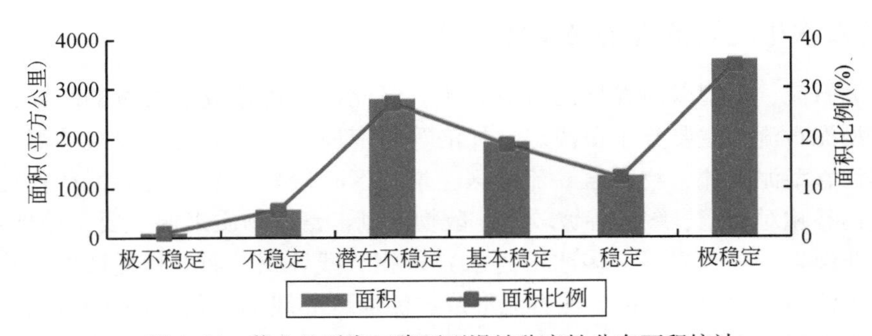

图 4-36 芦山地震灾区降雨型滑坡稳定性分布面积统计

1. 地震诱发次生泥石流灾害特征及因子敏感性分析

灾区 21 县（市、区）震前共分布有泥石流沟 562 条，主要分布于大渡河流域干流及一级支流两岸。其中大渡河流域共发育泥石流沟 458 条，岷江流域发育泥石流沟为 116 条，雅砻江流域为 25 条。泥石流主要分布于汉源、甘洛、康定，本次地震主震区内的天全、雅安、芦山则为次一级的分布，受鲜水河断裂带、龙门山断裂带、安宁河断裂带以及小江断裂带的影响强烈。从表 4-16 可以看出，区内震前泥石流主要分布于石棉、泸定，芦山地震主震区内的天全、雅安、芦山则为次一级的分布。历史上，芦山震区即为泥石流高发地区，泥石流发育受鲜水河断裂带、龙门山断裂带、安宁河断裂带以及小江断裂带的影响。

从表4-16可以看出，区内震前泥石流主要分布于汉源、甘洛、康定，本次地震主震区内的天全、雅安、芦山则为次一级的分布。由于评估区震前原本就是泥石流高发地区，本次地震与“5·12”汶川地震叠加影响，加剧了本区泥石流防治的难度，在近期主要以避让泥石流为主，震后新建场所应充分考虑泥石流山地灾害，尽量避开高度危险区。

表4-16　震前各县泥石流沟分布一览表

县名	泥石流	
	震前（处）	震后（处）
宝兴县	28	11
大邑县	15	0
丹棱县	0	0
东坡区	0	0
峨边县	13	0
峨眉山	4	0
甘洛县	44	0
汉源县	43	0
洪雅县	2	0
夹江县	0	0
金河口	10	0
康定县	57	0
芦山县	1	17
泸定县	145	1
名山区	0	0
蒲江县	0	0
邛崃市	2	2
石棉县	168	0
天全县	8	6
荥经县	17	0
雨城区	5	0
共计	562	37

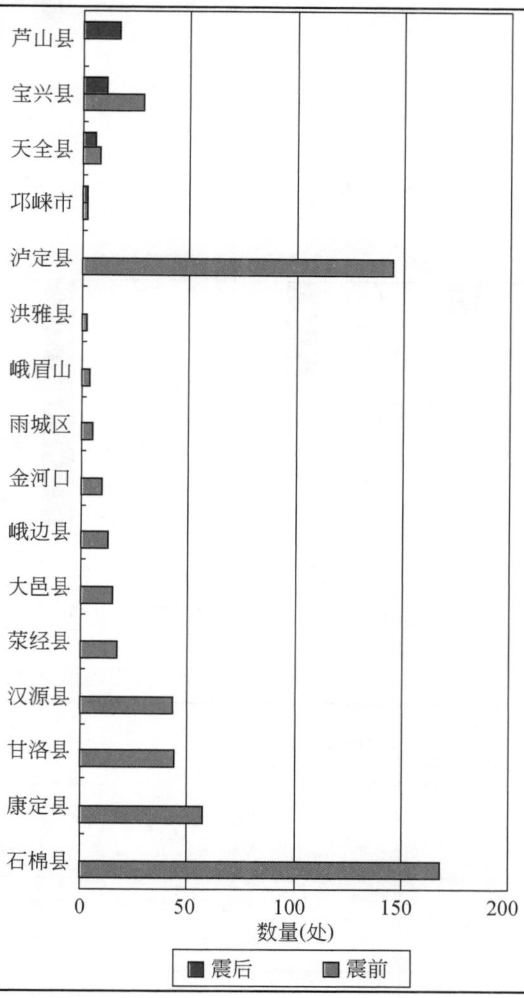

坡度敏感性分析结果表明，泥石流在35°~55°最为敏感，其次为25°~35°，0°~8°最不敏感，其次为8°~15°和大于65°，15°~25°和55°~65°为次一级不敏感。高差敏感性分析结果表明，最敏感为600~1000米，其次1000~1500米，其余不敏感（图4-37）。权衡结果认为坡度更为合理有效，因为灾区地势限制，样本有限，不一定适合高差2000米以上的整个地区。

2. 地震诱发次生泥石流灾害易发性评价结果

根据泥石流易发性评价指标结果，灾区泥石流危险性分成5个等级（表4-17、图4-38）。极高危险区面积为50.7平方公里，主要分布于15个乡镇内，包括雅安市宝兴县的穆坪镇、大溪乡、五龙乡、灵关镇，芦山县的双石镇、飞仙关镇、苗溪茶场、清仁乡、芦阳镇、宝盛乡、龙门乡，天全县的老场乡、多功乡、大坪乡，雨城区的多营镇、碧峰峡镇。

高度危险区面积为1030.4平方公里，主要分布于15个乡镇内，包括芦山县的太平镇、思延乡，天全县的大坪乡、乐英乡、新华乡、仁义乡、新场乡、始阳镇，宝兴县的蜂桶寨乡、明礼乡，雨城区的上里镇、八步乡、孔坪乡、北郊镇，邛崃市南宝乡。

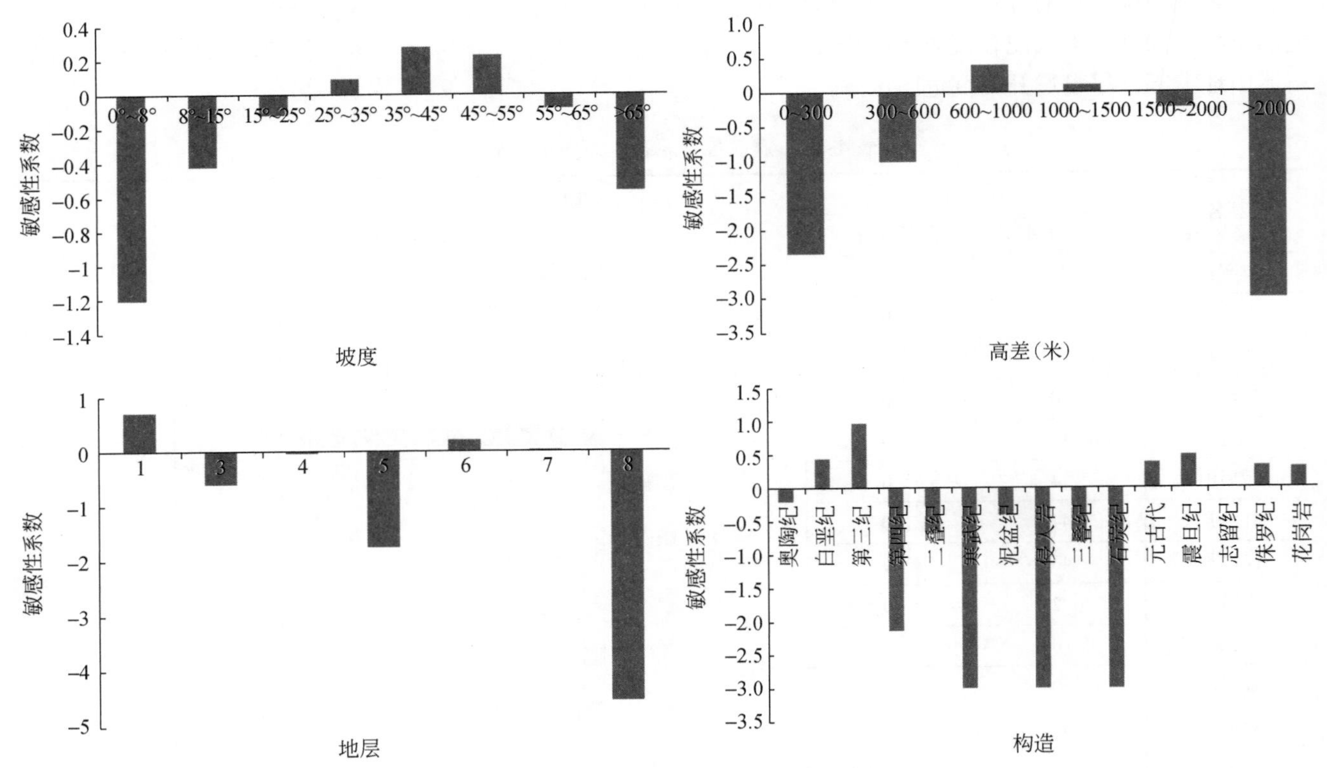

图4-37　灾区泥石流灾害因子敏感性分析

表4-17　芦山地震灾区泥石流易发性评价结果

级别	面积（平方公里）	比例（%）	主要分布乡镇
极高危险	50.7	0.1	穆坪镇、双石镇、苗溪茶场、大溪乡、飞仙关镇、五龙乡、清仁乡、芦阳镇、灵关镇、老场乡、多营镇、宝盛乡、碧峰峡镇、多功乡、龙门乡
高危险	1030.4	2.4	大坪乡、太平镇、乐英乡、新华乡、上里镇、仁义乡、思延乡、新场乡、始阳镇、八步乡、蜂桶寨乡、明礼乡、孔坪乡、北郊镇、南宝乡
中度危险	10543.0	24.8	高何镇、小河乡、中里镇、沙坪镇、烟竹乡、城厢镇、红岩乡、蒙顶山镇、大川镇、观化乡、新添乡、南郊乡、严桥镇、思经乡、建山乡、城东乡、兴业乡、双河乡、鱼泉乡、前进乡、天台山镇、对岩镇、新建乡、附城乡、青龙乡、大兴镇、蒙阳镇、望鱼乡、车岭镇、火井镇、晏场镇、五宪乡、烈太乡、严道镇、凤鸣乡、陇东镇、合江镇、天凤乡、大田坝乡
低危险	23387.5	55.0	花滩镇、安靖乡、紫石乡、六合乡、永兴镇、宝峰彝族乡、荥河乡、泗坪乡、烈士乡、马岭镇、道佐乡、新庙乡、民建彝族乡、永富乡、三合乡、龙苍沟乡、两路乡、草坝镇、夹关镇
极低危险	7501.0	17.7	硗碛藏族乡、新店镇、中峰乡、解放乡、万古乡、百丈镇、红星镇、联江乡、廖场乡、黑竹镇、茅河乡

受到地震影响，尤其是地震诱发大量崩塌滑坡灾害，为泥石流提供大量潜在的松散物质源，次生泥石流灾害的核心危险区主要位于震中附近（图4-39）。特别是宝兴县城附近穆坪镇及五龙乡，以及灵关

(大溪)—双石—太平（宝盛）一线。宝兴县城东侧和芦山县城南部历史上曾有多次泥石流发生记录，分别威胁着宝兴县城和S210省道，应特别引起重视。地震在历史上不曾发生过泥石流的地方导致大量松散物质，如宝兴县城西部，对这些不曾有泥石流记录的潜在威胁也应特别注意。另外，雅安市雨城区西部曾爆发过泥石流的沟谷在震后可能再次活跃，威胁雅安市区。对这些重点居民区应采用泥石流过程模拟，

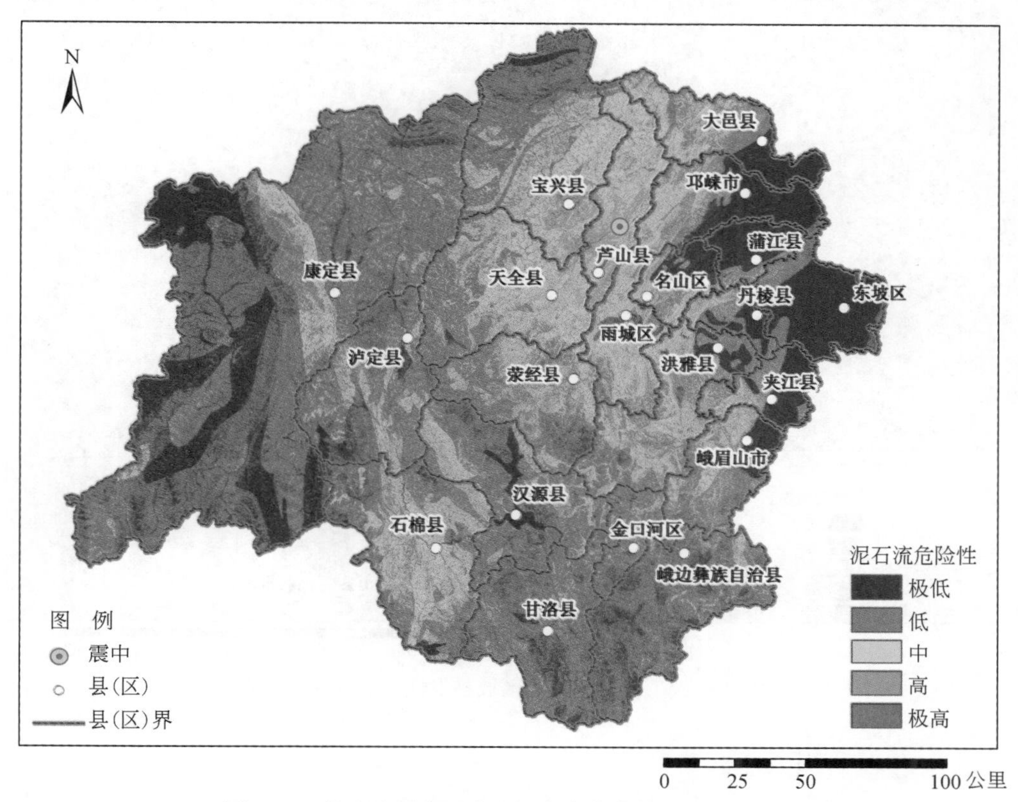

图4-38 芦山地震灾区次生泥石流灾害易发性评价结果

进行泥石流危险性避让的精细评价。

（五）地震诱发次生地质灾害危险性综合区划

1. 地震诱发次生地质灾害因子敏感性与权重综合分析

（1）地震烈度

地震次生地质灾害具有较高的烈度敏感性，烈度越高，地质灾害敏感性越大，最大地质灾害敏感性为地震Ⅸ度烈度区。

（2）灾害点密度

地质灾害点密度为单位面积内的地质灾害数量，可以直接反映区域内的地质灾害频率和危险性，是一个地质灾害易发性评价的重要指标（图4-41）。

（3）构造断裂密度

地震次生地质灾害具有两极分化的构造断裂敏感性，构造断裂密度小于35公里/平方公里时，没有明显的敏感性，但是当构造断裂密度大于35公里/平方公里时，具有较大的敏感性（图4-42、图4-43）。

（4）高程

地震次生地质灾害具有较高的高程敏感性，500～1500米高程区间具有较高的地质灾害敏感性，1500～2000米高程的地质灾害频率与总体地质灾害频率基本一致，高程大于2000米时，地质灾害敏感性

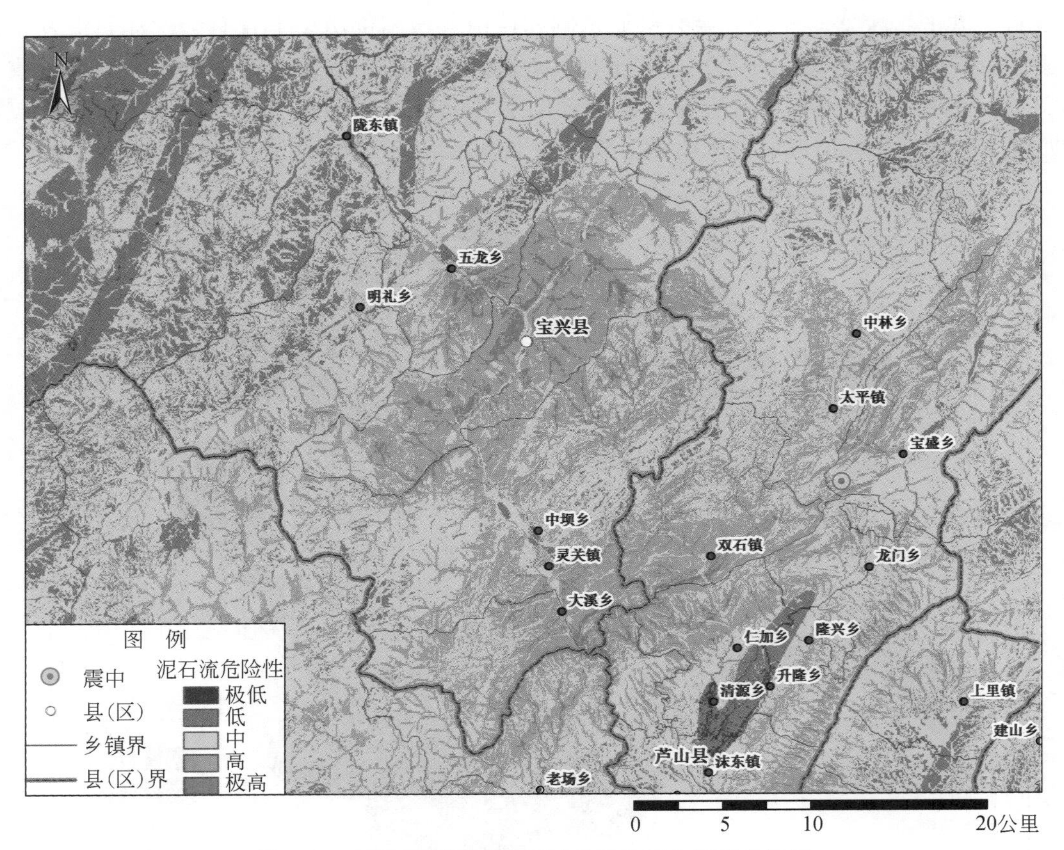

图 4-39 次生泥石流灾害区域易发性核心区评价结果

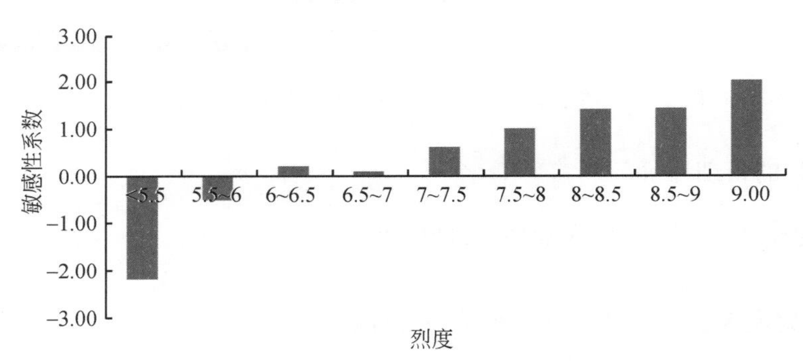

图 4-40 芦山地震次生地质灾害的烈度敏感性

逐渐降低（图 4-44）。

（5）坡度

由于获得的地质灾害数据主要来自于野外实地调查，主要是对基础设施、人类生命安全具有直接威胁性的崩塌、滑坡等，其采样点为崩塌、滑坡堆积体，因此地质灾害的优势坡度偏低（图 4-45）。

（6）坡向

地震次生地质灾害具有较高的坡向敏感性，发震断层为 NE–SW 走向的逆冲断裂带，在 SE 向斜坡触发了较多的次生地质灾害（图 4-46）。

（7）河网密度

地震次生地质灾害对河流密度具有一定的敏感性，河流密度在 60～120 公里/100 平方公里具有较大的地质灾害敏感性；在 120～200 公里/100 平方公里具有低于平均值的地质灾害敏感性，这部分区域主要

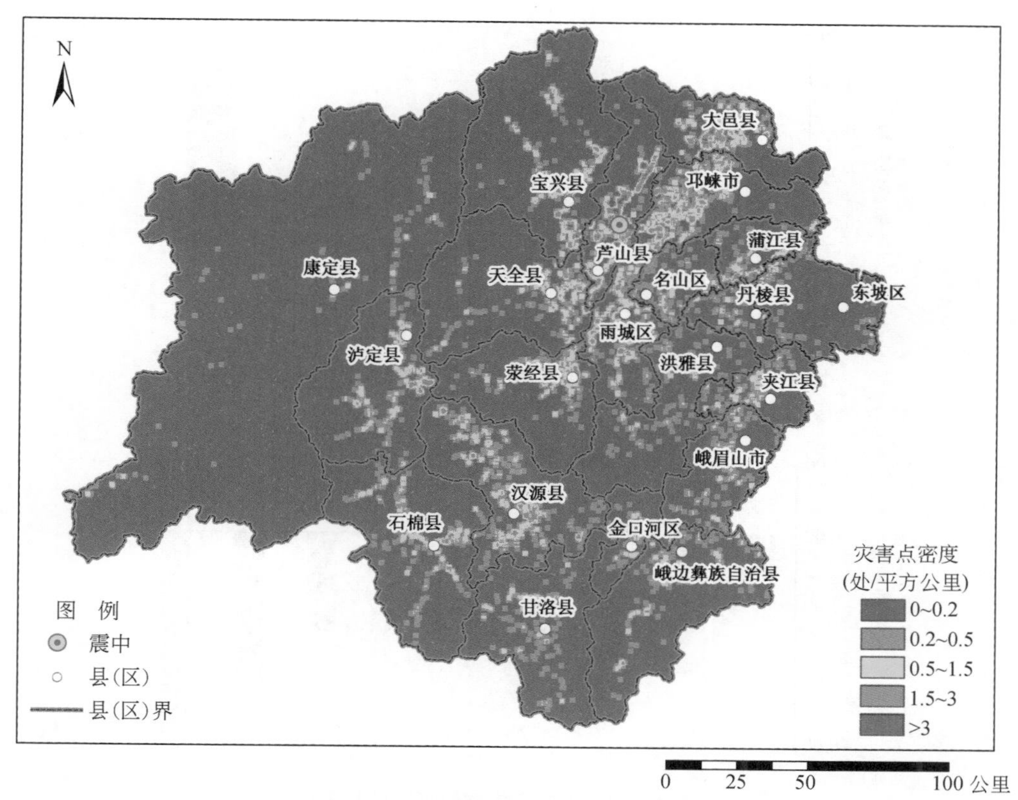

图 4-41　芦山地震灾区地质灾害点密度

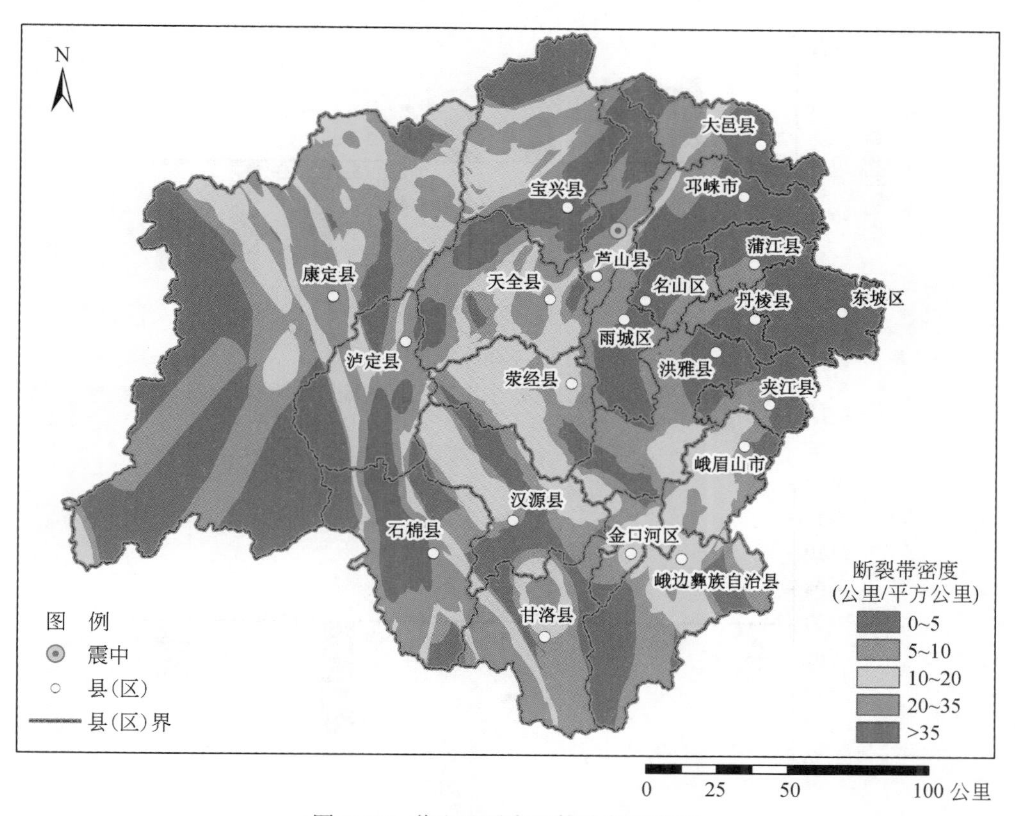

图 4-42　芦山地震灾区构造断裂密度

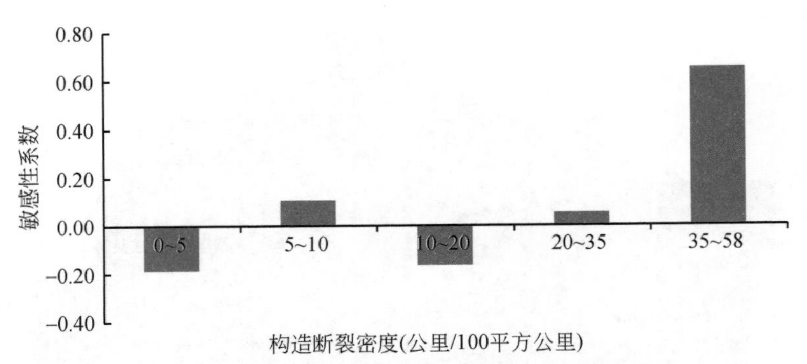

图 4-43 芦山地震灾区次生地质灾害的构造断裂密度敏感性

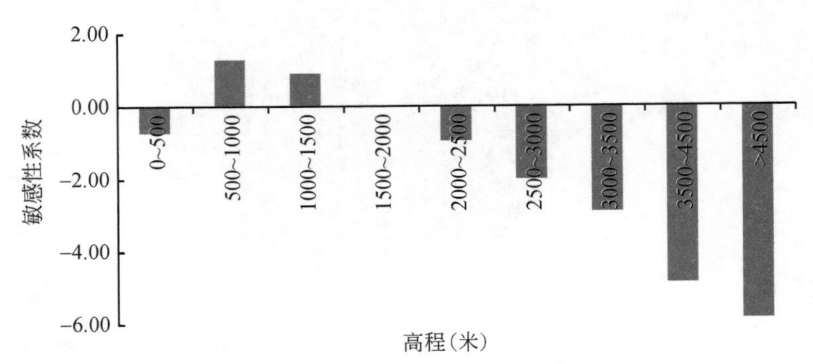

图 4-44 芦山地震灾区次生地质灾害的高程敏感性

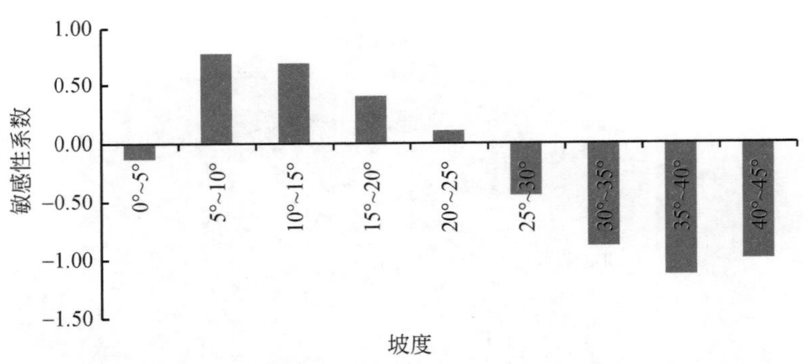

图 4-45 芦山地震灾区次生地质灾害的坡度敏感性

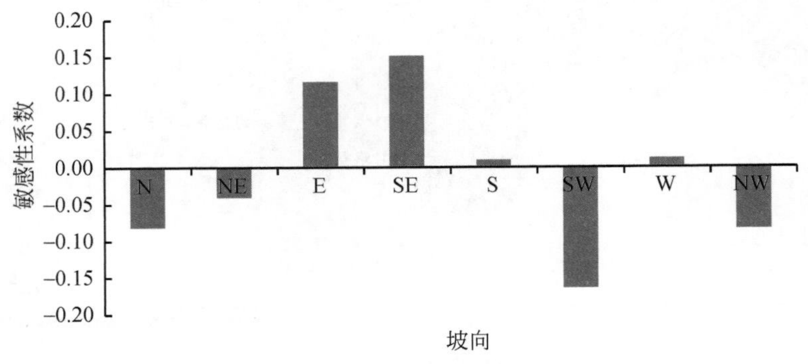

图 4-46 芦山地震灾区次生地质灾害的坡向敏感性

分布于研究区的东北部，这里地势平缓，河网密度大，地质灾害较轻（图4-47、图4-48）。

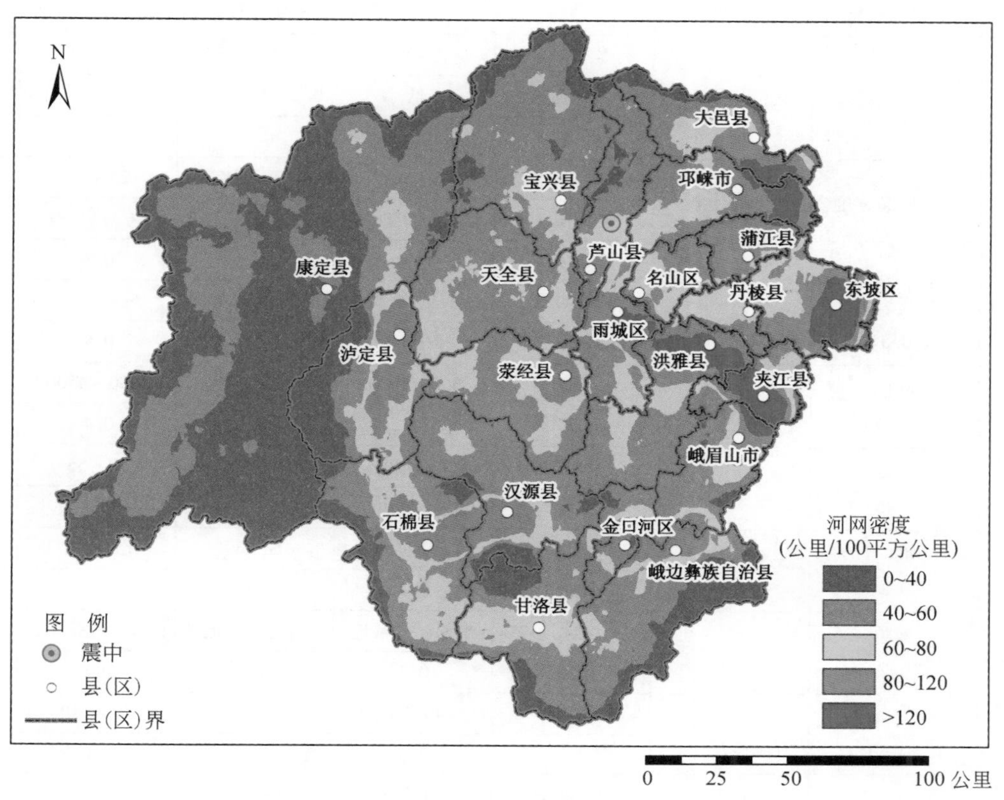

图4-47　芦山地震灾区河网密度

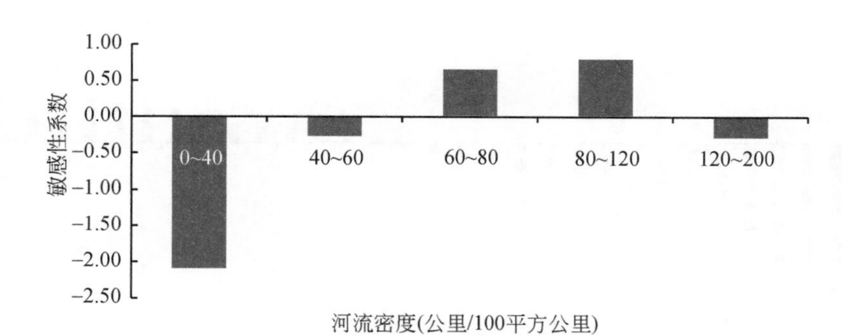

图4-48　芦山地震灾区次生地质灾害的河网密度敏感性

（8）地貌

地震次生地质灾害对地貌类型具有较高的敏感性。其中，小起伏中山、河谷等地貌具有较大的地质灾害敏感性，冰川覆盖的大起伏高山、低海拔平原地貌具有较小的地质灾害敏感性（图4-49）。

表4-18　震后次生地质灾害危险性指标因子及权重

分类	因子及权重	单位	分级及权重				
地震烈度（0.15）		度	<5.5	5.5～6.5	6.5～7.5	7.5～8.5	≥8.5
			0.2	0.4	0.6	0.8	1

续表

分类	因子及权重	单位	分级及权重				
灾害点密度（0.1）		处/平方公里	0	0～0.5	0.5～1.5	1.5～3	>3
			极低	低	中	高	极高
			0.2	0.4	0.6	0.8	1
地质（0.2）	构造断裂密度（0.5）	公里/100平方公里	0～5	5～10	10～20	20～35	≥35
			极低	低	中	高	极高
			0.2	0.4	0.6	0.8	1
	地质岩组（0.5）	—	1.0～1.8	1.9～5.5	5.6～6.8	6.9～7.9	7.9～10
			0.2	0.4	0.6	0.8	1
地形地貌（0.4）	高程（0.15）	米	<500	500～1500	1500～3000	3000～4500	>4500
			0.6	1	0.8	0.4	0.2
	坡度（0.45）	度	0～10	10～20	20～40	40～55	>55
			0.2	0.4	0.8	1	0.6
	坡向（0.2）	—	N，SW，NW	NE	S，W	E	SE
			0.2	0.4	0.6	0.8	1
	地貌（0.2）	—	冰川	平原，低台地	台地，河流	丘陵，起伏低山	河谷，起伏中山
			0.2	0.4	0.6	0.8	1
气象水文（0.15）	河网密度（0.6）	公里/100平方公里	0～40	40～60	60～80	80～120	>120
			0.2	0.8	1	0.6	0.4
	降雨敏感性（0.4）	多年平均降雨/阈值	<20	20～25	25～30	30～35	>35
			0.2	0.4	0.6	0.8	1.0

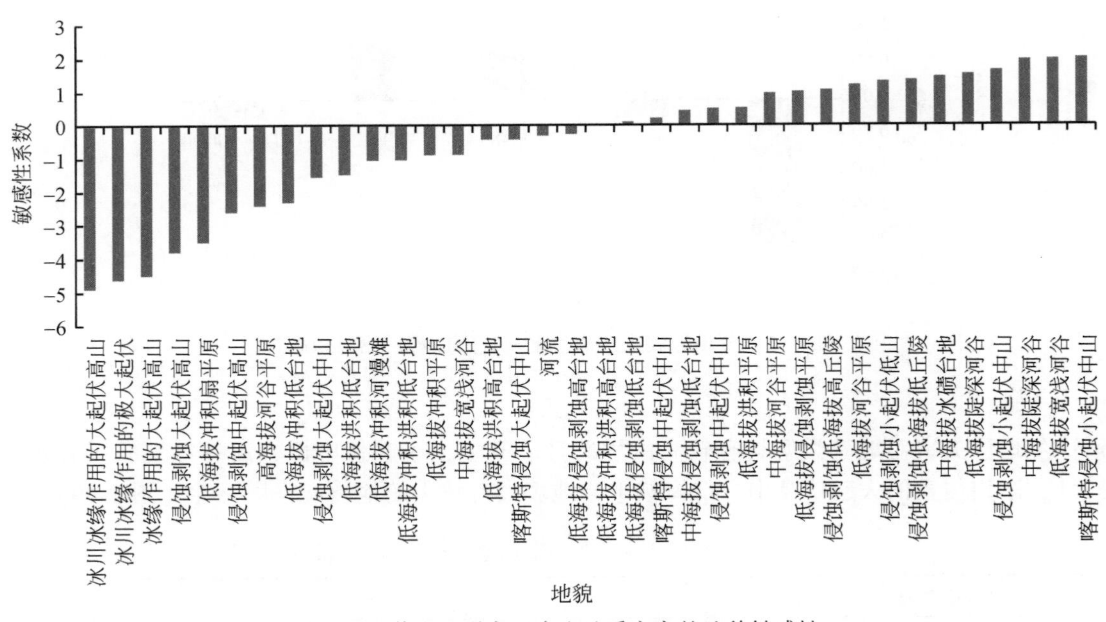

图 4-49 芦山地震灾区次生地质灾害的地貌敏感性

2. 地震诱发次生地质灾害危险性综合区划结果

芦山地震灾区内危险性指标代表该区域发生次生地质灾害的可能与强度，自然评价单元反映的是次生地质灾害的自然发生发育及危险程度（图 4-50）。在因子敏感性分析的基础上，获得因子权重，然后通过因子叠加得到地震灾区次生地质灾害危险性综合分布，根据危险性指标划分为 5 个等级：极重度危险区、重度危险区、中度危险区、较轻度危险区和轻度危险区。

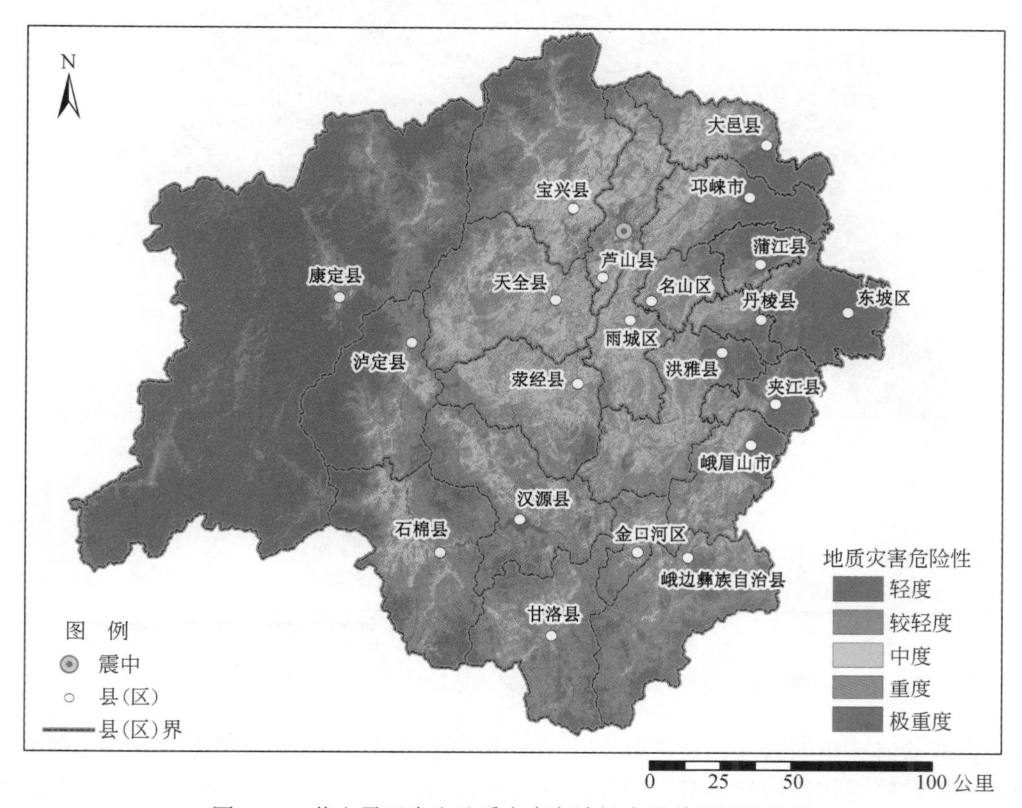

图 4-50　芦山震区次生地质灾害危险性自然单元评价结果

根据自然单元评价结果，并且主要以乡政府所在地的次生地质灾害为主进行评分，结合全镇次生灾害平均危险性分布，得到以乡镇为单元的综合评价结果，其危险度指标代表该区域发生次生地质灾害的可能和强度，以及所产生的危害程度（表 4-19 ~ 表 4-20、图 4-51）。

表 4-19　芦山震区次生地质灾害危险性自然单元分区结果

分区级别	面积（万平方公里）	面积比例（%）
极重度危险区	0.01	0.2
重度危险区	0.083	1.9
中度危险区	0.618	14.5
较轻度危险区	1.760	41.2
轻度危险区	1.799	42.1
合计	4.269	100

（1）极重度危险区

主要分布于芦山县的双石镇、太平镇、大川镇、龙门乡、宝盛乡，宝兴县的穆坪镇、灵关镇等 7 个乡镇。自然单元极重度危险区总面积为 0.01 万平方公里，占区域总面积的 0.2%，极重度危险区乡镇总面积为 0.14 万平方公里。

极重度危险区主要分布于芦山地震Ⅷ ~ Ⅸ度烈度区内，呈 NNE-SSW 走向，与烈度走向和断层走向基本一致。该区具有高陡边坡，河谷深切、断裂带发育、软弱岩组等不良地质条件组合，区内岩层多为碎

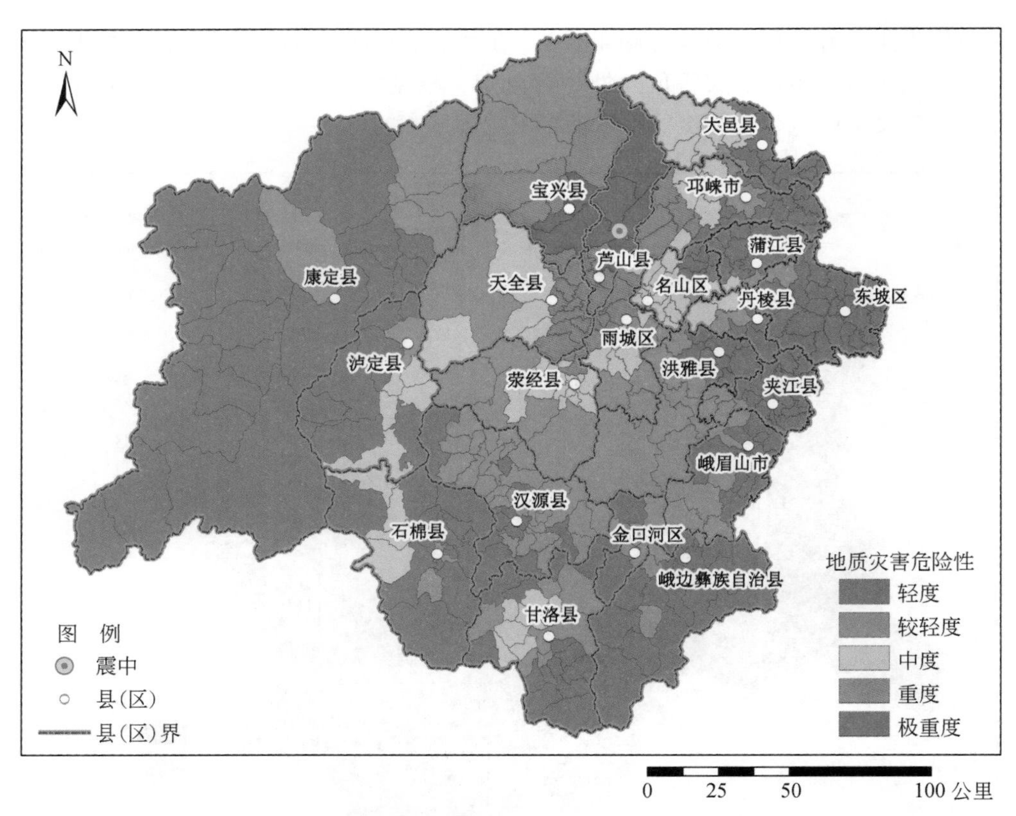

图 4-51　芦山震区次生地质灾害危险性乡镇单元评价结果

屑岩、砂岩、碳酸盐岩、角闪岩等，地形高差大、构造断裂发育，地貌为侵蚀剥蚀中起伏中山和侵蚀剥蚀大起伏中山，松散碎屑物质储量丰富，极易形成崩塌、滑坡、泥石流等地质灾害。历史地质灾害频发，已造成灾难性的后果。受芦山地震影响，灾区内产生了大量的山体土体崩塌、滑坡等地震次生地质灾害，危害城镇、交通、通信等基础设施。

受本次地震的严重影响，震后地质灾害发生的临界雨量大大降低，地质灾害在雨季的发展趋势有加剧的趋向，尤其是崩塌-滑坡转化为泥石流灾害的概率会增加。泥石流活动类型以土质黏性泥石流为主，滑坡主要是浅、中层土体滑坡，在暴雨激发作用下，滑坡体下滑堵断河道进一步诱发规模较大的泥石流灾害。

该区地质灾害危险性极高，破坏能力极强，耕地稀少，土地、资源环境承载能力低，不宜进行规模性灾后建设。

（2）重度危险区

主要分布于 33 个乡镇。自然单元重度危险区总面积为 0.083 万平方公里，占区域总面积的 1.9%，重度危险区乡镇总面积为 0.249 万平方公里。

重度危险区主要分布于芦山地震Ⅶ～Ⅸ度烈度区内，呈 NNE-SSW 走向，与烈度区走向基本一致。该区构造断裂发育，地形高差较大。南部岩层多为泥岩、砂岩、泥砂岩等，北部岩层多为千枚岩、板岩和灰岩等。地貌为侵蚀剥蚀小起伏低山、侵蚀剥蚀小起伏中山和低海拔河谷等，松散碎屑物质储量较为丰富，易形成崩塌、滑坡、泥石流等地质灾害。

区内历史地质灾害频繁，受芦山地震影响，区内产生了大量的中小型山体土体崩塌、滑坡等地震次生地质灾害，危害城镇、交通、通信等基础设施。震后地质灾害在雨季也有活动变强的趋向，部分崩塌-滑坡灾害转化为泥石流灾害，泥石流活动类型以土质粘性泥石流为主，滑坡主要是浅层土体滑坡。灾害的影响范围较大，强度较强，具有较大程度的破坏能力。本区次生灾害危险性较大，土地、资源环境承载能力较低，不适宜进行适度的灾后建设。但也存在少数不连续的、呈孤岛状分布的、危险度较低或较安全的小地块，在对这些地块进行安全论证或进行次生地质灾害整治保证其安全后，可以建设人口密度在其资源环境承载能力内的农牧区或乡政府驻地。

（3）中度危险区

主要分布于68个乡镇。自然单元中度危险区总面积为0.618万平方公里，占区域总面积的14.5%，中度危险区乡镇总面积为0.497万平方公里。

表4-20　芦山震区次生地质灾害危险性乡镇单元分区结果

等级	面积（万平方公里）	主要分布乡镇	乡镇数（个）
极重度	0.14	芦山县：双石镇，太平镇，大川镇，龙门乡，宝盛乡； 宝兴县：穆坪镇，灵关镇	7
重度	0.249	雨城区：北郊镇，对岩镇，中里镇，多营镇，碧峰峡镇，八步乡； 荥经县：天凤乡，新添乡； 天全县：城厢镇，始阳镇，大坪乡，乐英乡，多功乡，仁义乡，老场乡，新华乡，新场乡，兴业乡； 邛崃市：火井镇，高何镇，天台山镇，道佐乡，南宝乡； 芦山县：芦阳镇，飞仙关镇，思延乡，清仁乡，苗溪茶场； 宝兴县：陇东镇，蜂桶寨乡，明礼乡，五龙乡，大溪乡	33
中度	0.497	雨城区：沙坪镇，上里镇，南郊乡，观化乡，孔坪乡，凤鸣乡； 荥经县：严道镇，花滩镇，六合乡，烈太乡，民建彝族乡，烈士乡，荥河乡，泗坪乡，大田坝乡，宝峰彝族乡，附城乡，五宪乡，烟竹乡，青龙乡； 天全县：小河乡，思经乡，鱼泉乡，两路乡； 邛崃市：平乐镇，夹关镇，水口镇，油榨乡，大同乡； 蒲江县：白云乡； 名山区：蒙阳镇，车岭镇，永兴镇，马岭镇，新店镇，蒙顶山镇，城东乡，前进乡，中峰乡，万古乡，红岩乡，建山乡； 泸定县：冷碛镇，兴隆镇，杵坭乡，德威乡，得妥乡； 丹棱县：张场镇，顺龙乡； 大邑县：悦来镇，出江镇，花水湾镇，西岭镇，斜源镇，雾山乡，鹤鸣乡； 甘洛县：田坝镇，玉田镇，前进乡，胜利乡，茶乡，团结乡，则拉乡，苏雄乡； 石棉县：先锋藏族乡，蟹螺藏族乡，新民藏族彝族乡，田湾彝族乡	68
较轻度	1.159	宝兴县：硗碛藏族乡，永富乡； 雨城区：草坝镇，合江镇，大兴镇，严桥镇，晏场镇，望鱼乡； 荥经县：安靖乡，新建乡，新庙乡，三合乡，龙苍沟乡； 天全县：紫石乡； 石棉县：擦罗彝族乡，棉城街道办事处； 邛崃市：临邛镇，茶园乡； 蒲江县：光明乡，长秋乡； 名山区：双河乡； 泸定县：泸桥镇； 金口河区：永和镇，金河镇，和平彝族乡； 夹江县：华头镇，龙沱乡，歇马乡，麻柳乡； 洪雅县：花溪镇，槽渔滩镇，东岳镇，柳江镇，高庙镇，瓦屋山镇，汉王乡，桃源乡； 汉源县：九襄镇，乌斯河镇，宜东镇，富庄镇，清溪镇，皇木镇，唐家乡，河西乡，大岭乡，前域乡，后域乡，大堰乡，两河乡，富乡乡，梨园乡，双溪乡，西溪乡，建黎乡，富泉乡，万工乡，安乐乡，万里乡，马烈乡，白岩乡，桂贤乡，晒经乡，料林乡，片马彝族乡，永利彝族乡； 峨眉山市：高桥镇，龙池镇，大为镇，龙门乡，川主乡，普兴乡； 峨边彝族自治县：共和乡，宜坪乡，杨村乡，金岩乡； 东坡区：盘鳌乡； 丹棱县：双桥镇，石桥乡； 大邑县：新场镇； 甘洛县：新市坝镇，海棠镇，里克乡，嘎日乡，阿兹觉乡，沙岱乡； 康定县：捧塔乡，金汤乡，雅拉乡，三合乡	90
轻度	2.236	其他	184

中度危险区主要分布于芦山地震Ⅶ～Ⅷ烈度区内，呈 NNE-SSW 走向，与烈度走向基本一致。岩层以砂岩、粉砂岩和泥岩为主，地貌以侵蚀剥蚀中起伏中山和侵蚀剥蚀小起伏低山为主。西部和西北部海拔较高，断裂带发育程度高，北川—映秀断裂带南段从宝兴县北部穿过，高差较大，降雨量较小。东部和东南部海拔较低，高差较小，但是降雨量大，仍然具有一定的地质灾害危险性。

地震对该区影响程度中等，区内次生灾害危险性中等，主要以小型崩塌、滑坡为主。次生地质灾害趋势较震前略微增加，但增加不强。土地、资源环境承载能力一般，在进行大规模灾后建设时，仍需要对潜在可能发生的次生地质灾害进行论证。

（4）较轻度危险区

主要分布于90个乡镇。自然单元较轻度危险区总面积为1.76万平方公里，占区域总面积的41.2%，较轻度危险乡镇总面积为1.159万平方公里。

较轻度危险区分布于芦山地震Ⅵ～Ⅶ度烈度内，呈 NNE-SSW 走向，与烈度走向基本一致。岩层以砂岩、砾岩、泥岩和页岩为主，地貌以低海拔冲积洪积台地、侵蚀剥蚀大起伏中山为主。西部、西北部海拔较高，断裂带发育程度高，如金汤弧形断裂、道孚—康定断裂，高差较大，降雨量较小。东部和东南部海拔较低，高差较小。东部地区降雨量相对较大。

受地震影响较低，破坏性不大。次生地质灾害以小型崩塌、滑坡为主，危害能力弱，与震前基本一致。土地、资源环境承载能力较好，可以选择适宜的位置进行灾后建设活动。

（5）轻度危险区

主要分布于184个乡镇。自然单元轻度危险区总面积为1.799万平方公里，占区域总面积的42.1%，较轻度危险区乡镇总面积为2.236万平方公里。

轻度危险区主要分布于小于或等于地震Ⅵ度烈度区域内，受地震影响甚轻，震后次生地质灾害很少发育，地质灾害规模小，危害也小，次生地质灾害发展趋势基本不受本次地震影响。岩层以砂岩、板岩、花岗岩等岩石为主。虽然本区受地震影响小，但是区内广泛分布冰川冰缘作用的高山地貌，影响今后的建设活动。区内东部、东北部的土地、资源环境承载能力很好，可以大规模进行有序的灾后建设活动。

第四节　地震诱发次生地质灾害影响范围及避让区划定

正确划定次生地质灾害的危害影响范围，对指导灾后重建区选址，确定次生灾害避让区域，制定防灾重点和预案，具有重要作用，也是确定地质灾害灾情、险情和危害程度的依据。危险区的大小，取决于地质灾害的规模和危害方式。不同种类地质灾害危险区的划定，应依据其形成的地质环境条件、规模、引发因素、危害作用方式来综合分析判定。

崩塌区避险区划分及分级。崩塌灾害危害区的划定主要根据崩塌的特点来分析，一般来说处于崩塌影响范围内的都属于危险区，主要为崩塌体下方崩落最远距离内的斜坡或平坝。通过分析崩塌体的运移路径和规模强度，划分崩塌危害区，确定区内的影响对象。在此基础上，划定崩塌安全避让边界并分级，并据此确定崩塌影响区的避险搬迁对象。

滑坡避险区划分及分级。滑坡灾害危害区的划定主要根据滑坡的特点来分析，一般来说处于滑动影响范围内的都属于危险区，主要包括直接两个部分，滑坡体上和滑坡滑动方向上，以及滑坡后缘上方一定影响范围和影响强度内。另外，考虑到灾害链的问题，还包括山区峡谷因为滑坡堵江回淹和溃决的冲毁地段。在此基础上划分滑坡安全避让边界并分级，并据此滑坡影响区需要避险搬迁对象。

泥石流避险区划分及分级。泥石流灾害危害区的划分主要根据泥石流的运动特征、沟道特征和规模等综合划分，在泥石流的流通区，为泥石流的流通通道，冲击力强，破坏性大，属于高危险区；在泥石流的堆积区，根据流深、流速等定量指标确定影响规模和范围，并依据堆积地貌的长度、宽度、最大幅角进行估算后划定安全避让边界并分级，并据此来确定泥石流影响区避险搬迁对象。因为泥石流堆积扇是山区中相对平缓的地区，也是人类居住和耕作活动的主要场所，对泥石流的堆积区处的安全避让区划分尤为重要。

（一）地震诱发次生崩塌灾害避让精细评价

1. 地震诱发次生崩塌灾害避让精细评价方法

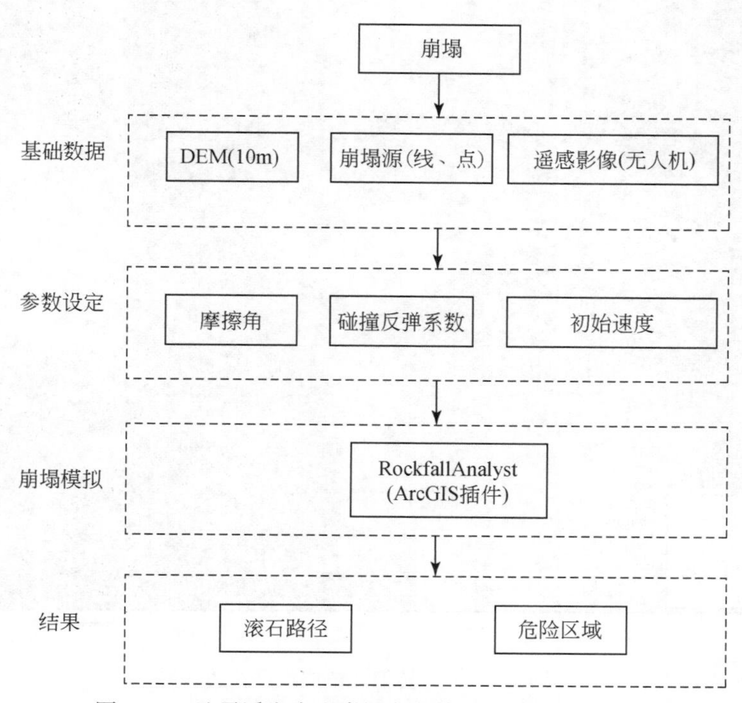

图 4-52 地震诱发次生崩塌灾害精细评价技术路线图

结合高精度 DEM 和地质情况对乡镇周边可能发生的灾害源点进行运动力学模拟。本次崩塌模拟采用 10 米 DEM，考虑到不同县镇周边的岩性和地质条件不同，无人机解译的灾害点特征进行力学参数设定，然后进行大规模模拟，最后以崩塌的密集程度来确定灾害的危险区域。

2. 重点居民区地震诱发次生崩塌灾害避让精细评价

（1）宝兴县穆坪镇

宝兴县穆坪镇模拟结果显示（图 4-53、图 4-54），老县城受到的崩塌和滑坡产生的滚石影响较大，宝兴县城穆坪镇两河口街 72 号的房子，由于地震的影响被滚石砸中，滚石的轨迹显示这栋房子正处于滚石下来的路径上。芦山地震造成该地区的山体松动，容易诱发地质灾害，特别是降雨后，山上的滚石对村镇造成威胁。应该对这些处于危险避让区的居民点采取紧急避让措施。

（2）芦山县宝盛乡

芦山县宝盛乡由于地震山后面形成多处高位滑坡，虽然现在没有威胁到下面的乡镇，但是一旦暴雨来临，这些滑坡可能会形成泥石流和滚石威胁到下面的乡镇（图 4-55）。对于这些乡镇，应采取紧急避险等措施。

（3）宝兴县灵关镇和大溪乡

与宝盛乡和穆坪镇相比，宝兴县灵关镇和大溪乡的危险等级相对较低，只有部分处于危险避让区的范围内，该地带相对安全（图 4-56）。岩性等情况比较稳定，崩塌和滑坡仅有少数地方存在。应对这些灾害点进行勘察和监测，并对一些极重危险点采取搬迁、避让等措施。

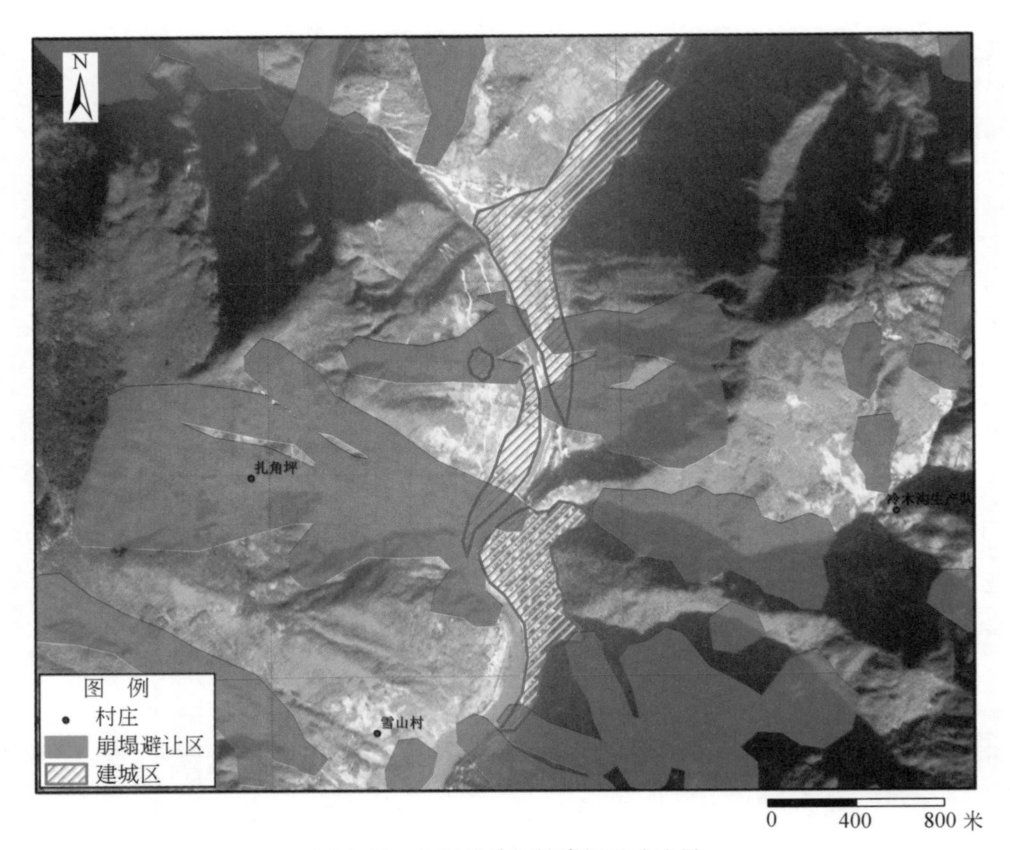

图 4-53 宝兴县穆坪镇崩塌避让边界

图 4-54 宝兴县穆坪镇崩塌模拟实例与崩塌灾害实例对比

图 4-55　芦山县宝盛乡崩塌避让边界

图 4-56　宝兴县灵关镇与大溪乡崩塌避让边界

（二）地震诱发次生泥石流灾害避让精细评价

1. 地震诱发次生泥石流避让精细评价方法

（1）泥石流过程模型

利用 FLO-2D① 程序进行泥石流过程模拟。FLO-2D 的基本假设有：静水压力分布；差分计算间隔内为稳恒流；满足稳恒流阻滞方程；同一网格点具有单一的高程和曼宁系数；网格点内渠道断面及粗糙度为均值。其主要的应用限制有：定床模型，无法模拟刷深现象；浅水波假设，无法模拟水跃与波浪。

（2）泥石流过程模拟参数

泥石流过程的复杂性，使得对其模拟需要更为精确的数据支持，包括高精度 DEM、降雨过程线以及其他一些力学参数等。本次泥石流模拟采用 5 米分辨率的 DEM。对于较大型的泥石流沟，为了提高计算效率，采用 10 米或 20 米的格网。其他参数为：土石密度 $\rho_s=2.73$ 克/立方厘米；层流阻滞系数 $K=2285$（稀疏植被）；曼宁系数 $n=0.1$（稀疏植被）；流变参数 $\tau_y=0.811e^{13.72C_v}$，$\eta=0.00462e^{11.24C_v}$（台湾实验资料）。根据历史资料得出泥石流沟流域面积与泥石流方量之间关系式（林伯融，2007），进而据此估算未来情境下未知泥石流事件的方量。假设固体物质体积浓度为 60%，泥石流爆发两个小时，得出泥石流事件的流量过程线。

2. 重点居民区地震诱发次生泥石流避让精细评价

（1）宝兴县穆坪镇及灵关镇

宝兴河流域泥石流的类型分为稀性、过渡性和黏性 3 种。稀性泥石流主要出现在大水沟、灯笼沟、硗碛各沟及冷木沟等（邓荣贵和张惮元，1995）。冷木沟位于宝兴县城西侧，对县城构成巨大威胁。流域内的 3 类泥石流有明显差异，稀性泥石流物质中块径大于 0.5 厘米的粗颗粒物质占 70% 以上；稀性泥石流物质多为较坚硬的灰岩、玄武岩、千枚岩、泥灰岩、白云岩、断层破碎带及坡残积的混合物。另外，稀性泥石流发育的沟谷，往往汇水量大而不集中，沟谷坡降小。

宝兴县城面临严重的泥石流威胁（表 4-21、图 4-57、图 4-58）。隐患主要存在于：县城东边的两条沟（冷木沟、教场沟）、县城西边的两条沟（打水沟、无名沟）、县城西北侧两条坡面泥石流沟（干晏沟、无名沟），以及县城主城区南边三条沟（管家沟、关沟、观言沟）。历史上，冷木沟、教场沟、观言沟等都发生过泥石流灾害。

表 4-21 宝兴县城附近泥石流沟情况

泥石流沟	流域面积（平方米）	高差（米）	爆发时间	估计方量（立方米）
冷木沟	9392200	2025	1966 年、1972 年、1975 年、1977 年	281766
教场沟	3800800	1555	不详	114024
打水沟	950630	1370	不详	28518.9
无名沟 1	560600	1255	无记录	16818
干晏沟	148420	800	近期 2013 年 4 月 20 日	4452.6
无名沟 2	154860	750	无记录	4645.8
管家沟	355330	1010	近期 2013 年 4 月 20 日	10659.9
关沟	2560800	1585	不详	76824
观言沟	1098000	1410	1997 年 8 月 14 日	32940

① FLO-2D 是 O'KBrien（1988）提出的洪水与泥石流模拟软件，利用非牛顿流体模型与中央有限差分数值方法求解运动控制方程。

“4·20”芦山地震诱发大量滑坡、崩塌体，成为泥石流的物质来源。考虑到震区即将进入汛期，并且另据报道震区2013年的降雨将是近几年的一个峰值。因此，宝兴县震后的泥石流评价防治工作十分重要。评价工作采用过程模型对宝兴县城附近的9条泥石流沟进行了模型，勾画出泥石流危险性区域，确定泥石流避让边界。

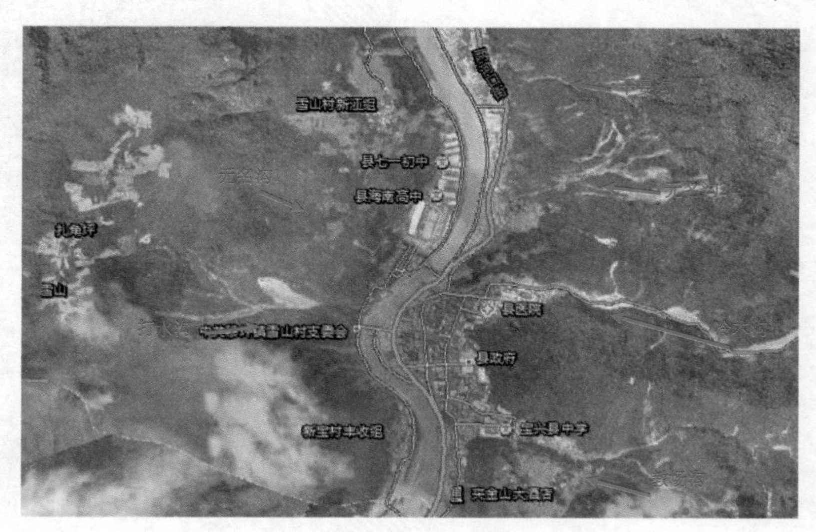

图4-57　宝兴县城主城区泥石流隐患

图4-58　宝兴县城主城区南泥石流隐患

模拟结果表明（图4-59、图4-60），宝兴县城受泥石流灾害的巨大威胁。冷木沟泥石流不但威胁到沟口建城区，冲出沟口后，还可威胁到对岸。造成渡江后，进一步威胁到下游地区。教场沟泥石流威胁到宝兴县多家机关和教育单位。新宝村部分建城区受到两条坡面泥石流沟的威胁。宝兴河西岸建城区则受到雪山村两条泥石流的威胁。管家沟、关沟、观言沟等也有可能造成破坏，威胁影响范围内的建筑和道路等。应采取避让或工程治理措施，减少人员伤亡和财产损失风险。特别是县城宝兴河西岸的打水沟，芦山地震诱发了大型滑坡，且在工程治理上并未得到如冷木沟和教场沟等的重视程度，应在泥石流监测预警和避让治理上引起重视。

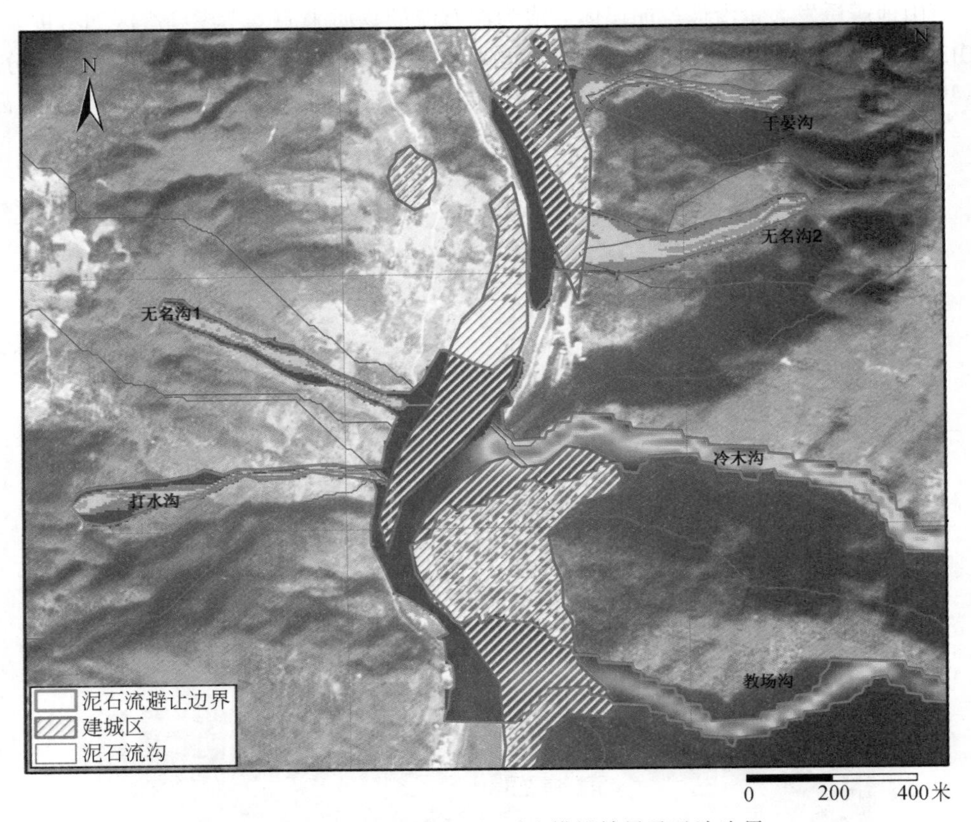

图 4-59　宝兴县城主城区泥石流模拟结果及避让边界

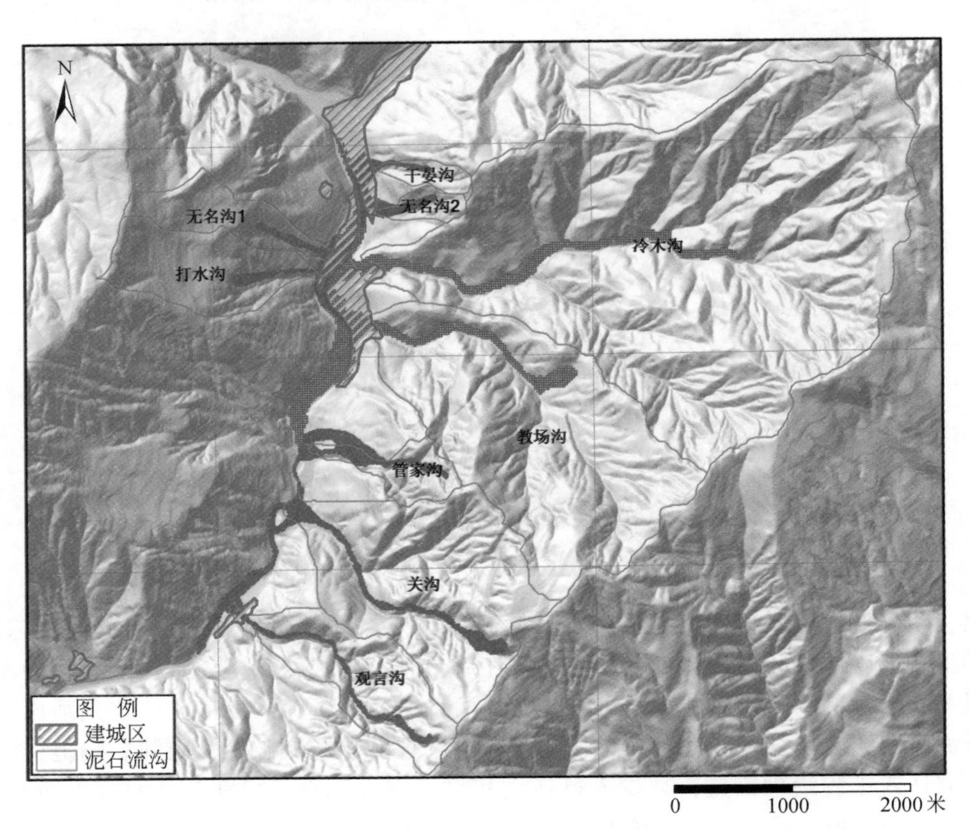

图 4-60　宝兴县城泥石流模拟结果

相比之下，灵关镇受到的泥石流威胁较宝兴县城小。芦山地震在灵关镇南部诱发了若干滑坡灾害，构成潜在的坡面泥石流危险（图4-61）。模拟结果表明，灵关镇南部若干石材公司及进镇S210省道及两侧房屋需要特别注意泥石流的防范（图4-62）。

图4-61　宝兴县灵关镇泥石流隐患

图4-62　宝兴县灵关镇泥石流模拟结果及避让边界

（2）雅安市雨城区

雅安素有“天漏”之称，是区域降雨十分集中的地方。雅安市雨城区气候类型属于亚热带湿润季风气候，总体特点为温暖潮湿、气候温和、雨量充沛、降雨集中。多年平均降雨量为1749.8毫米，最大降雨量为1966年的2367.2毫米，最小降雨量为1974年的1204.2毫米，两者相差近1倍。全年降雨量集中于5～10月，达1456.7毫米，占全年降雨量的84%；尤其7～8月降雨集中，达820.5毫米，占全年降雨量的47%。降雨量大于10毫米的天数为43.7天，大于25毫米的天数为17天，大于50毫米的天数为6.7天。

区内泥石流分布较广泛，大都伴随暴雨产生，其物源大多在河流沟谷上游的山沿地带，粒径一般在30厘米以下；中游边岸被冲刷后，30~100厘米乃至更大的块石一直被洪水挟带至下游。河口往往成为自然停淤区，使冲积扇逐年扩延抬升，甚至封闭出口。泥石流流域面积在1.8~3平方公里，沟谷长度在2.9~4.3公里，泥石流形成频率0.5~2次/年，皆为稀性泥石流，属以沟谷型为主，泥石流现状危害均不大，属潜在危害大，特别是在暴雨作用下。

据统计，降雨量大于20毫米/小时或大于8毫米/10分钟易发生泥石流，特别是在1979年11月2日深夜，全市出现百年一遇冬季大暴雨、冰雹，在雅安市城区附近的陆王沟和干溪沟爆发灾害性泥石流，损失惨重。造成受灾337户，当场死亡164人，重伤20余人，轻伤40余人，冲毁房屋374间，冲毁耕地840余亩，损失粮食45万斤，死亡牲畜398头，冲毁公路桥涵20处。泥石流破坏交通水利、交通线路、阻断川藏公路，堵塞青衣江，造成涌高2.74米，直接威胁着雅安城（图4-63、表4-22）。

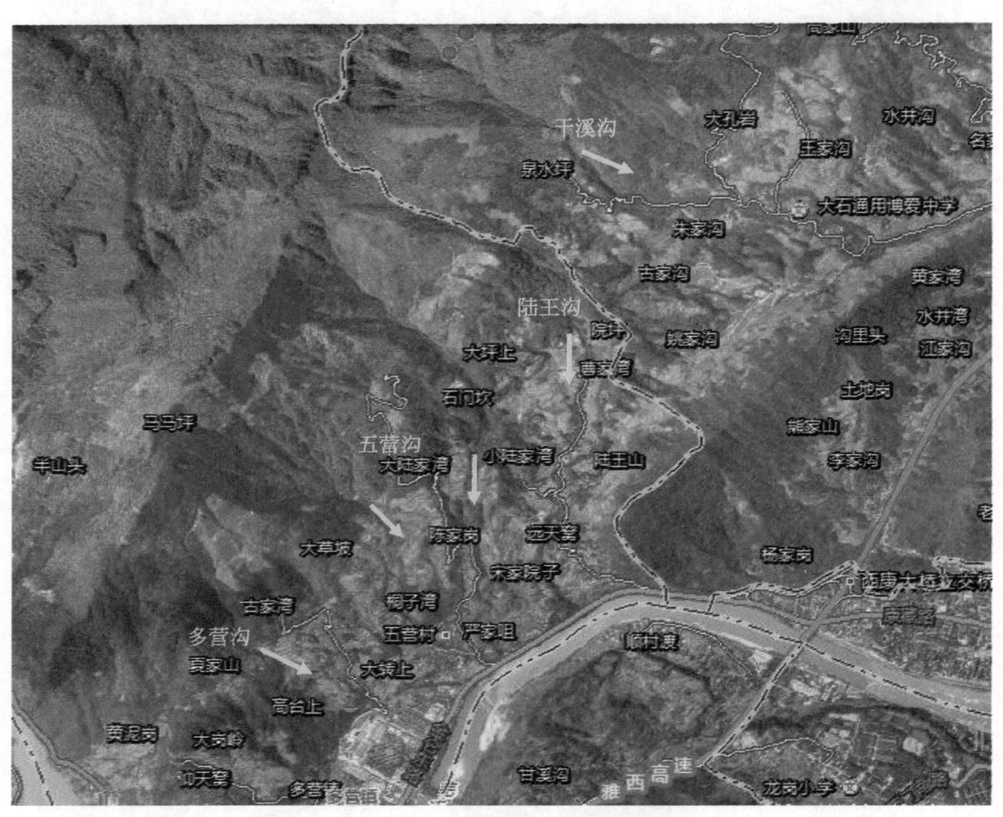

图4-63 雅安市雨城区泥石流隐患

表4-22 雅安市雨城区和建成区附近泥石流沟情况

泥石流沟	流域面积（平方米）	高差（米）	爆发时间	估计方量（立方米）
干溪沟	1503463	955	1979年11月2日	45104
陆王沟	1248247	1075	1979年11月2日	37447
五营沟	1330319	710	1979年11月2日	39910
多营沟	1033044	580	无记录	30991

同样，雅安从5月进入汛期，雨城区面临潜的泥石流威胁。本次评价对雨城区西侧干溪沟、陆王沟、五营沟及多营沟进行了模拟。

模拟结果表明（图4-64），雅安市雨城区主城区受到泥石流的威胁较小。但是，泥石流堆积堵塞青衣江后，可对下游的主城区造成威胁。泥石流路径上的几个村居民点，如大石村、陆王村、五营村等，仍然受到泥石流的威胁。另外，多营镇城镇向东扩展占用了泥石流通道，应特别引起重视，在城市发展过程中注意泥石流的避让和疏导等措施。

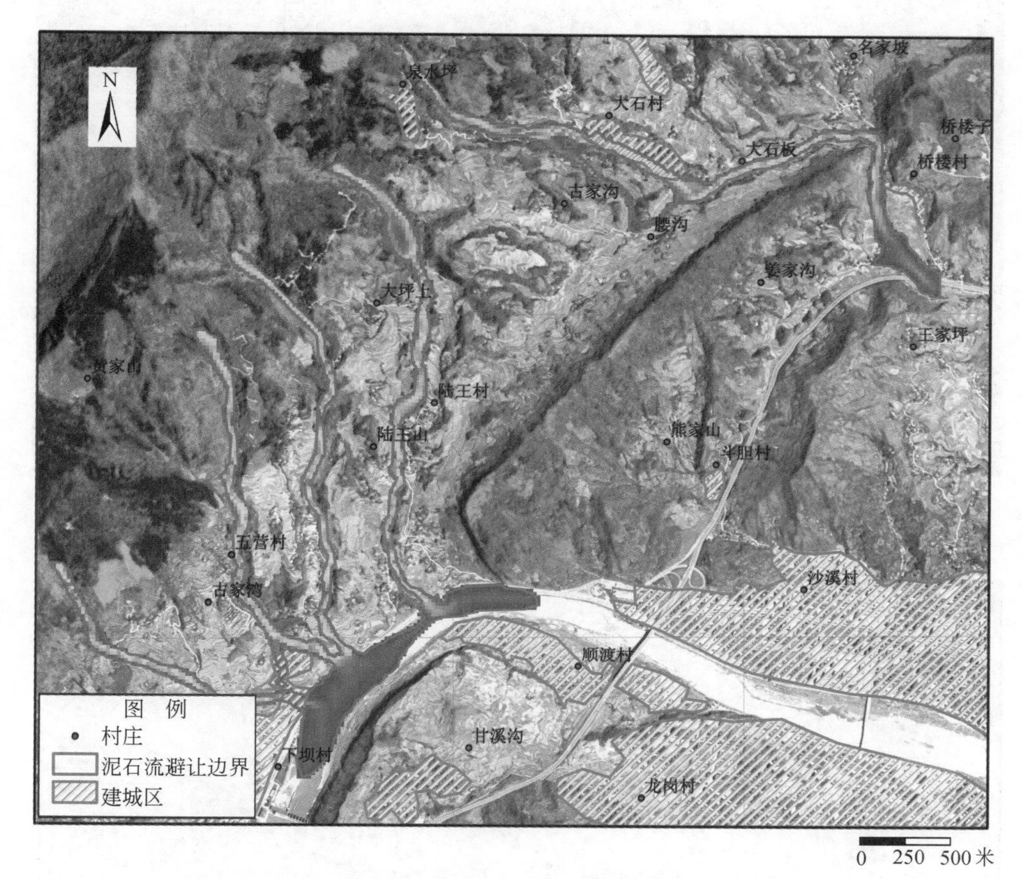

图4-64　雅安市雨城区泥石流模拟结果及避让边界

（3）芦山县城芦阳镇

芦山县城的泥石流威胁主要存在于芦山县城东部山区，芦山县城西部地势较为平坦，受到大型泥石流的威胁较小。历史上，杨家沟曾有泥石流爆发的记录（表4-23）。本次地震中，头溪沟和胡家沟诱发了崩塌、滑坡、不稳定斜坡等灾害体，成为泥石流的潜在物质源（图4-65）。本次评价对芦山县城东部的头溪沟、大湾沟、胡家沟及刘家沟进行了模拟。

表4-23　芦阳镇附近泥石流沟情况

泥石流沟	流域面积（平方米）	高差（米）	爆发时间	估计方量（立方米）
头溪沟	8595350	1015	无记录	257861
大湾沟	2059600	260	无记录	61788
胡家沟	3039900	1140	无记录	91197
杨家沟	3004200	1060	不详	90126

模拟结果表明（图4-66），芦山县城主体受泥石流威胁不大。但是，芦山县城最南端的若干厂区受到泥石流的潜在威胁。胡家沟、杨家沟沟口以及沟内部的村居民点也要注意泥石流的避让和防治工作。另外，泥石流还威胁到S210进芦山县的通道。

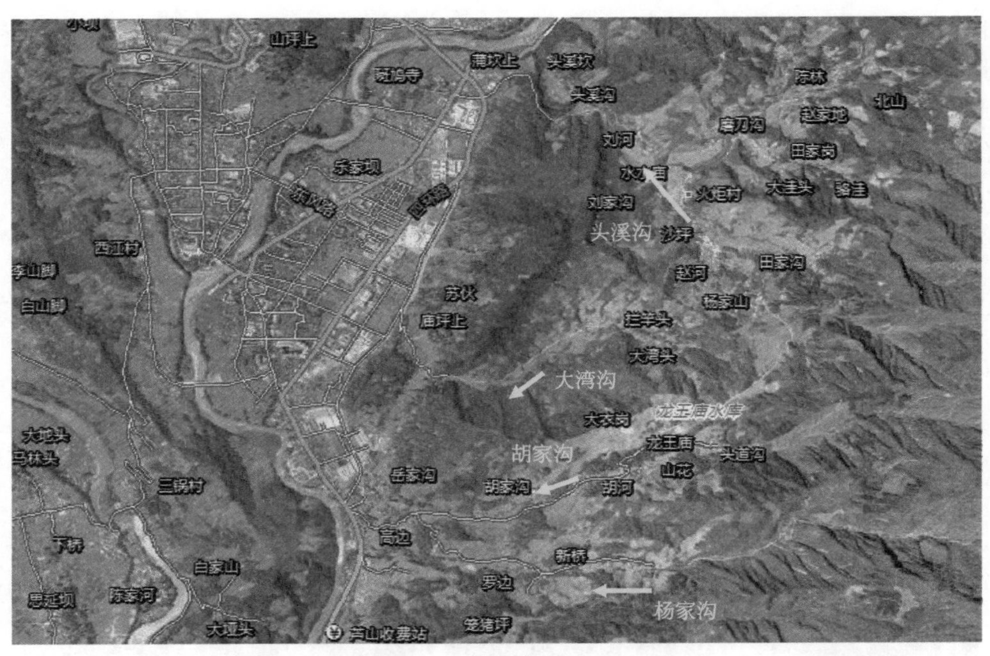

图 4-65　芦山县城芦阳镇泥石流隐患

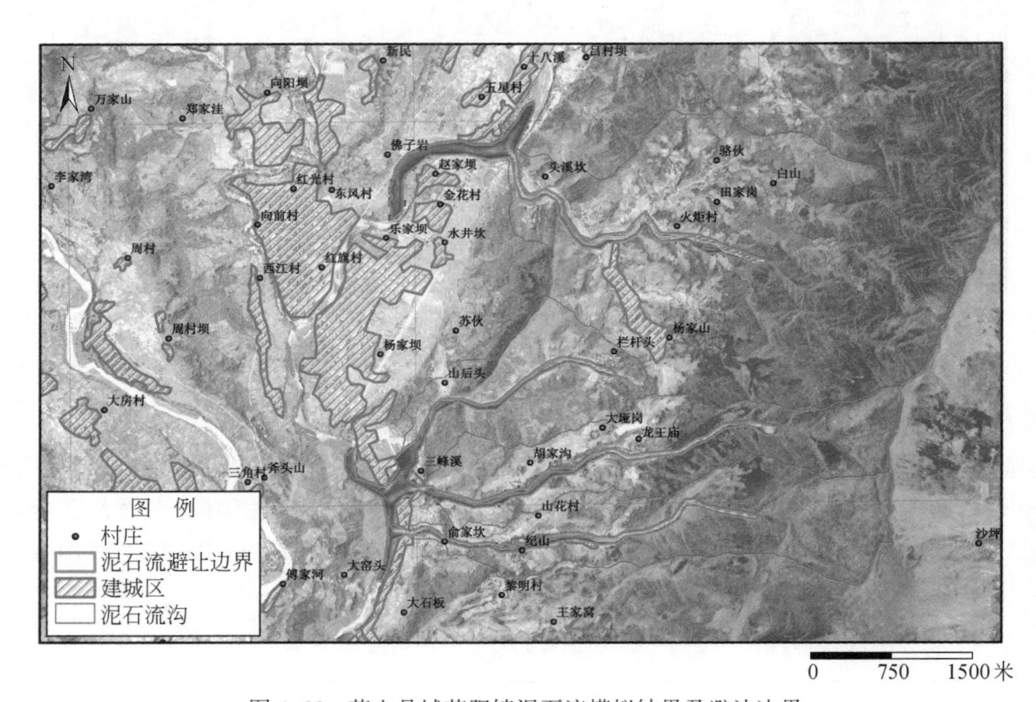

图 4-66　芦山县城芦阳镇泥石流模拟结果及避让边界

（三）地震诱发次生地质灾害综合避让区划分

1. 地震诱发次生地质灾害综合避让分析

根据灾区内崩塌、滑坡和泥石流等定量分析结果，结合野外排查的地质灾害隐患点的数据和报告，结合崩塌、滑坡和泥石流的分区结果，考虑崩塌滑坡的位置、影响范围半径、活动强度等因素，同时对泥石流的速度、能量和降雨强度等信息进行计算分析，在此基础上划分次生地质灾害的避让区，得到评价区极重灾区和重灾区（4 县 2 区 6 乡镇）在灾后重建过程中的次生地质灾害安全避让边界（表 4-24）。次生地质灾害避让区划分为 3 个等级：高度避让区（严格避让区）、中度避让区（建议避让区）和低度避让区（相对安全区）。总体上，避让区受地质灾害易发度制约，地质灾害危险性越高的区域，其避让面积越大。同时虽然地震灾区的地质灾害类型以崩塌、滑坡为主，但是泥石流的影响范围相对较大，因此也是避让区划分的重要因素。评价区各避让区的分布如图 4-67、图 4-68 所示。

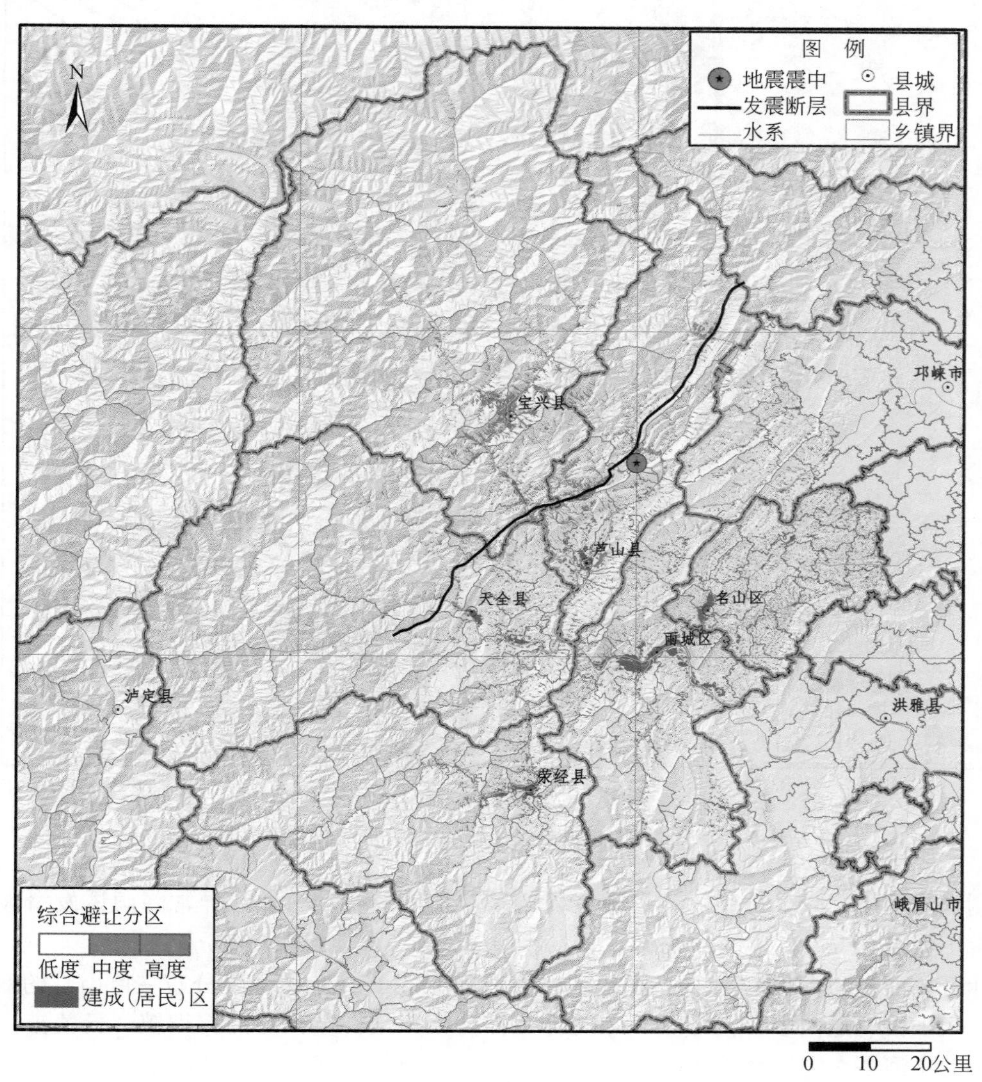

图 4-67 重点评价区次生地质灾害综合避让区分布

（1）高度避让区（严格避让区）

灾害危害严重而且威胁到住户生命安全，风险极大，灾害隐患区难以采用工程等治理手段进行消除，一般需要进行搬迁避让。

高度避让区总面积为 58.82 平方公里，占区域总面积的 0.56%。其中，极重灾区芦山县的严格避让区面积为 20.64 平方公里，占高度避让区的 1/3 强。主要分布在芦山县的芦阳镇、双石镇、宝盛乡、太平镇、大川镇、清仁乡，宝兴县的穆坪镇、灵关镇、五龙乡等区域。

（2）中度避让区（建议避让区）

灾害危害较严重而且威胁到住户生命安全，风险大，灾害隐患区可以通过工程措施与非工程措施相结合的方法实行有效治理，受影响的居民区需要做好监测预警和工程治理工作，加强地质灾害调查评价，

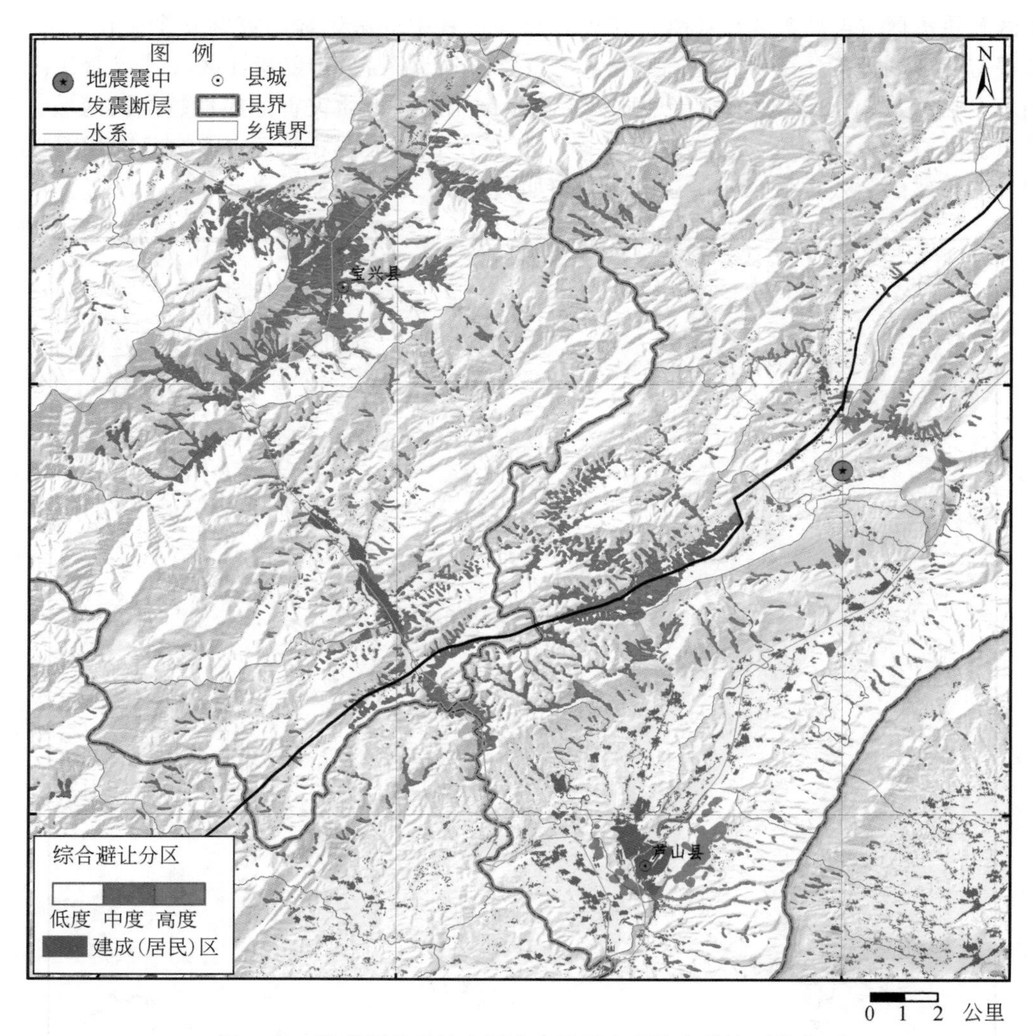

图 4-68　重点评价区核心区次生地质灾害综合避让区分布

健全建实群测群防网络，减少筑路、采矿等工程活动对山坡的扰动，加强异常降雨诱发滑坡、泥石流灾害的预报预警工作。

中度避让区总面积为 119.14 平方公里，占区域总面积的 1.13%，主要分布在芦山县的双石镇、清仁乡、宝盛乡、太平镇、龙门乡、苗溪茶场、飞仙关镇、大川镇，宝兴县的穆坪镇、灵关镇、五龙乡、大溪乡，天全县的小河乡、老场乡等区域。

（3）低度避让区（相对安全区）

灾害危害较轻，一般不会对住户生命安全造成威胁，可以作为灾后重建选址的主要区域。但这些区域在汛期的强降雨作用下仍然可能发生滑坡、泥石流等地质灾害，需要进一步健全群测群防网络，积极开展降雨诱发滑坡、泥石流灾害的预报预警工作，预防在暴雨等极端情况下造成的次生灾害加剧，产生进一步的人员伤亡。

低度避让区总面积为 10401.48 平方公里，占区域总面积的 98.32%，分布在受地震影响低、地质地貌良好、地质灾害频率低的区域。

表4-24 芦山地震灾区震后重建避让区分析结果表

灾区类型	名称	乡镇	总面积（平方公里）	高度避让区		中度避让区		低度避让区		综合评价	
				面积（平方公里）	比重（%）	面积（平方公里）	比重（%）	面积（平方公里）	比重（%）	得分	等级
极重灾区	芦山县	芦阳镇	37.80	4.44	11.76	0.97	2.56	32.39	85.68	1.522	高
		双石镇	78.03	3.48	4.46	12.31	15.77	62.24	79.77	1.494	高
		清仁乡	51.49	1.53	2.97	5.23	10.16	44.73	86.86	1.322	高
		苗溪茶场	27.56	0.56	2.04	2.58	9.36	24.42	88.60	1.269	高
		宝盛乡	116.44	2.28	1.95	5.19	4.46	108.98	93.59	1.167	高
		思延乡	23.63	0.57	2.43	0.22	0.94	22.83	96.63	1.116	中
		飞仙关镇	52.12	0.35	0.66	2.21	4.25	49.57	95.09	1.111	中
		太平镇	192.36	2.70	1.40	4.96	2.58	184.71	96.02	1.108	中
		龙门乡	92.23	0.52	0.56	3.34	3.62	88.37	95.81	1.095	中
		大川镇	519.60	4.20	0.81	2.21	0.43	513.19	98.77	1.041	中
合计			1191.26	20.63	1.73	39.22	3.29	1131.43	94.98	—	—
重灾区	雨城区	多营镇	25.22	1.04	4.14	1.18	4.66	23.00	91.20	1.259	高
		八步乡	43.95	0.48	1.09	1.32	2.99	42.15	95.92	1.103	中
		对岩镇	36.06	0.45	1.25	0.60	1.65	35.01	97.10	1.083	中
		北郊镇	64.04	0.90	1.40	0.63	0.98	62.52	97.62	1.076	中
		孔坪乡	76.57	0.93	1.22	0.53	0.69	75.11	98.09	1.063	中
		碧峰峡镇	64.15	0.33	0.52	1.11	1.73	62.70	97.75	1.055	中
		雨城区市区	11.85	0.09	0.77	0.05	0.45	11.71	98.78	1.040	中
		凤鸣乡	23.38	0.17	0.74	0.10	0.43	23.10	98.83	1.038	低
		沙坪镇	48.76	0.24	0.50	0.44	0.91	48.07	98.60	1.038	低
		大兴镇	58.49	0.19	0.32	0.50	0.86	57.80	98.82	1.030	低
		合江镇	25.14	0.05	0.21	0.22	0.89	24.86	98.90	1.026	低
		草坝镇	43.76	0.22	0.50	0.12	0.28	43.42	99.22	1.026	低
		南郊乡	40.37	0.15	0.37	0.18	0.45	40.04	99.17	1.024	低
		上里镇	67.65	0.06	0.09	0.58	0.86	67.02	99.06	1.021	低
		晏场镇	101.04	0.07	0.07	0.87	0.86	100.10	99.06	1.020	低
		望鱼乡	140.74	0.35	0.25	0.48	0.34	139.92	99.41	1.017	低
		观化乡	62.84	0.09	0.14	0.31	0.49	62.44	99.37	1.015	低
		中里镇	37.45	0.12	0.31	0.05	0.14	37.28	99.54	1.015	低
		严桥镇	91.17	0.03	0.04	0.29	0.32	90.85	99.64	1.008	低
	天全县	多功乡	20.34	0.24	1.17	0.59	2.89	19.51	95.94	1.105	中
		老场乡	79.81	0.39	0.49	2.87	3.59	76.56	95.92	1.091	中
		乐英乡	25.78	0.04	0.15	0.75	2.90	25.00	96.95	1.064	中
		新场乡	62.88	0.15	0.23	1.26	2.01	61.47	97.76	1.049	中
		城厢镇	45.95	0.45	0.99	0.22	0.47	45.28	98.54	1.049	中
		兴业乡	107.53	0.23	0.21	1.63	1.51	105.67	98.27	1.039	低
		新华乡	32.59	0.24	0.74	0.13	0.38	32.23	98.88	1.037	低
		小河乡	494.75	1.09	0.22	6.43	1.30	487.23	98.48	1.035	低

续表

灾区类型	名称	乡镇	总面积（平方公里）	高度避让区		中度避让区		低度避让区		综合评价	
				面积（平方公里）	比重（%）	面积（平方公里）	比重（%）	面积（平方公里）	比重（%）	得分	等级
重灾区	天全县	仁义乡	40.38	0.20	0.49	0.29	0.71	39.89	98.80	1.034	低
		大坪乡	19.25	0.08	0.42	0.12	0.64	19.04	98.94	1.030	低
		始阳镇	38.98	0.15	0.37	0.19	0.49	38.64	99.14	1.025	低
		思经乡	136.69	0.14	0.10	0.31	0.22	136.25	99.68	1.008	低
		两路乡	320.80	0.38	0.12	0.21	0.07	320.21	99.82	1.006	低
		鱼泉乡	65.44	0.00	0.00	0.17	0.27	65.26	99.73	1.005	低
		紫石乡	900.47	0.43	0.05	1.28	0.14	898.75	99.81	1.005	低
	名山区	红岩乡	20.70	0.07	0.35	0.26	1.27	20.37	98.38	1.039	低
		前进乡	33.68	0.03	0.09	0.35	1.04	33.30	98.88	1.024	低
		蒙顶山镇	26.65	0.08	0.32	0.08	0.29	26.48	99.39	1.019	低
		马岭镇	36.45	0.05	0.13	0.14	0.37	36.27	99.50	1.013	低
		建山乡	33.85	0.07	0.20	0.06	0.19	33.72	99.61	1.012	低
		车岭镇	47.63	0.06	0.12	0.14	0.28	47.43	99.59	1.011	低
		永兴镇	34.21	0.02	0.06	0.09	0.27	34.09	99.66	1.008	低
		蒙阳镇	32.45	0.04	0.12	0.03	0.08	32.38	99.80	1.007	低
		新店镇	47.10	0.03	0.05	0.07	0.14	47.01	99.80	1.005	低
		解放乡	22.43	0.01	0.03	0.03	0.14	22.40	99.83	1.004	低
		城东乡	22.54	0.00	0.00	0.04	0.18	22.50	99.82	1.004	低
		万古乡	24.61	0.00	0.02	0.03	0.12	24.58	99.86	1.003	低
		双河乡	32.96	0.02	0.05	0.02	0.06	32.92	99.90	1.003	低
		中峰乡	44.48	0.01	0.02	0.03	0.07	44.44	99.90	1.002	低
		百丈镇	36.99	0.01	0.03	0.02	0.05	36.96	99.92	1.002	低
		廖场乡	24.53	0.01	0.03	0.01	0.02	24.52	99.95	1.001	低
		联江乡	26.08	0.00	0.00	0.02	0.06	26.07	99.94	1.001	低
		茅河乡	19.29	0.00	0.00	0.01	0.04	19.28	99.96	1.001	低
		红星镇	27.73	0.00	0.00	0.01	0.03	27.72	99.97	1.001	低
		黑竹镇	23.78	0.00	0.00	0.00	0.00	23.78	100.00	1.000	低
	荥经县	严道镇	14.40	0.34	2.37	0.18	1.25	13.88	96.38	1.120	中
		烈太乡	15.55	0.37	2.39	0.17	1.07	15.02	96.55	1.117	中
		新添乡	51.96	0.85	1.64	0.62	1.19	50.49	97.17	1.089	中
		天凤乡	12.41	0.22	1.78	0.06	0.50	12.13	97.72	1.081	中
		花滩镇	58.73	0.89	1.52	0.28	0.47	57.56	98.01	1.070	中
		大田坝乡	9.06	0.12	1.31	0.06	0.71	8.88	97.98	1.067	中
		荥河乡	29.38	0.34	1.16	0.15	0.51	28.89	98.33	1.056	中
		烈士乡	21.66	0.22	1.00	0.11	0.49	21.33	98.51	1.050	中
		附城乡	14.11	0.09	0.63	0.10	0.74	13.91	98.63	1.040	中
		六合乡	18.90	0.14	0.76	0.06	0.30	18.70	98.94	1.036	低

续表

灾区类型	名称	乡镇	总面积（平方公里）	高度避让区		中度避让区		低度避让区		综合评价	
				面积（平方公里）	比重（%）	面积（平方公里）	比重（%）	面积（平方公里）	比重（%）	得分	等级
重灾区	荥经县	民建彝族乡	20.08	0.10	0.52	0.12	0.59	19.85	98.88	1.033	低
		五宪乡	21.63	0.13	0.60	0.08	0.35	21.43	99.05	1.031	低
		烟竹乡	40.90	0.16	0.38	0.16	0.39	40.58	99.23	1.023	低
		宝峰彝族乡	12.29	0.05	0.43	0.02	0.13	12.22	99.43	1.020	低
		青龙乡	53.07	0.13	0.25	0.07	0.14	52.86	99.62	1.013	低
		安靖乡	145.17	0.21	0.14	0.09	0.06	144.87	99.79	1.007	低
		泗坪乡	107.83	0.10	0.09	0.06	0.06	107.67	99.85	1.005	低
		三合乡	317.57	0.31	0.10	0.12	0.04	317.13	99.86	1.005	低
		龙苍沟乡	458.73	0.29	0.06	0.30	0.07	458.14	99.87	1.004	低
		新庙乡	162.05	0.13	0.08	0.05	0.03	161.87	99.89	1.004	低
		新建乡	192.03	0.09	0.05	0.10	0.05	191.83	99.90	1.003	低
	宝兴县	穆坪镇	164.19	9.86	6.01	22.37	13.63	131.95	80.37	1.513	高
		五龙乡	73.74	1.71	2.32	6.05	8.21	65.98	89.47	1.257	高
		大溪乡	51.97	0.34	0.66	3.07	5.91	48.55	93.43	1.145	高
		灵关镇	235.82	3.02	1.28	10.20	4.32	222.60	94.40	1.138	高
		明礼乡	118.72	0.26	0.22	0.95	0.80	117.51	98.98	1.025	低
		蜂桶寨乡	365.41	0.84	0.23	1.58	0.43	362.99	99.34	1.018	低
		陇东镇	493.48	0.54	0.11	0.80	0.16	492.14	99.73	1.008	低
		永富乡	663.42	0.47	0.07	0.57	0.09	662.37	99.84	1.005	低
		硗碛藏族乡	948.46	0.64	0.07	0.65	0.07	947.17	99.86	1.004	低
	邛崃市	天台山镇	109.23	1.76	1.61	0.82	0.75	106.66	97.64	1.079	中
		南宝乡	87.14	1.05	1.20	1.05	1.20	85.04	97.59	1.072	中
		火井镇	65.54	0.74	1.13	0.44	0.68	64.36	98.19	1.059	中
		道佐乡	32.30	0.31	0.95	0.22	0.67	31.78	98.38	1.051	中
		高何镇	81.40	0.65	0.80	0.65	0.80	80.10	98.39	1.048	中
		夹关镇	47.45	0.05	0.11	0.10	0.20	47.31	99.69	1.008	低
合计			9388.16	38.18	0.41	79.92	0.85	9270.07	98.74	—	—

2. 重点居民区地震诱发次生地质灾害综合避让分析

（1）高危重点区

穆坪镇地处峡谷地段，基本上全镇处于危险避让区（图4-69），受到崩塌、滑坡和泥石流等危险。通过崩塌和泥石流的计算表明，崩塌的最远距离可达到1公里以上。穆坪镇西山上有两个大型的泥石流沟，且松散物质多，一旦爆发，后果不堪设想。其次由于受到地震影响，造成高位远程滑坡风险增加，危险性大。建议该镇缩减人口规模，对镇后面的泥石流沟以疏为主，保留足够的避让范围。

由于地形，双石镇周围灾害较多，易发生崩塌、滑坡和泥石流等地质灾害（图4-70）。建议该镇缩减人口规模，对镇后面的泥石流沟以疏为主，保留足够的避让范围。

宝盛乡北边的山由于地震产生多处小型滑坡，松散堆积体的体积大大增加（图4-71）。这些高位滑坡，如果遇到降雨，极易形成泥石流等地质灾害，严重威胁山下的宝盛乡。

（2）较危险重点区

大川镇的西部容易发生崩塌、滑坡等地质灾害（图4-72）。其西部需要进行相关避让措施，东部处于相对安全的地方。

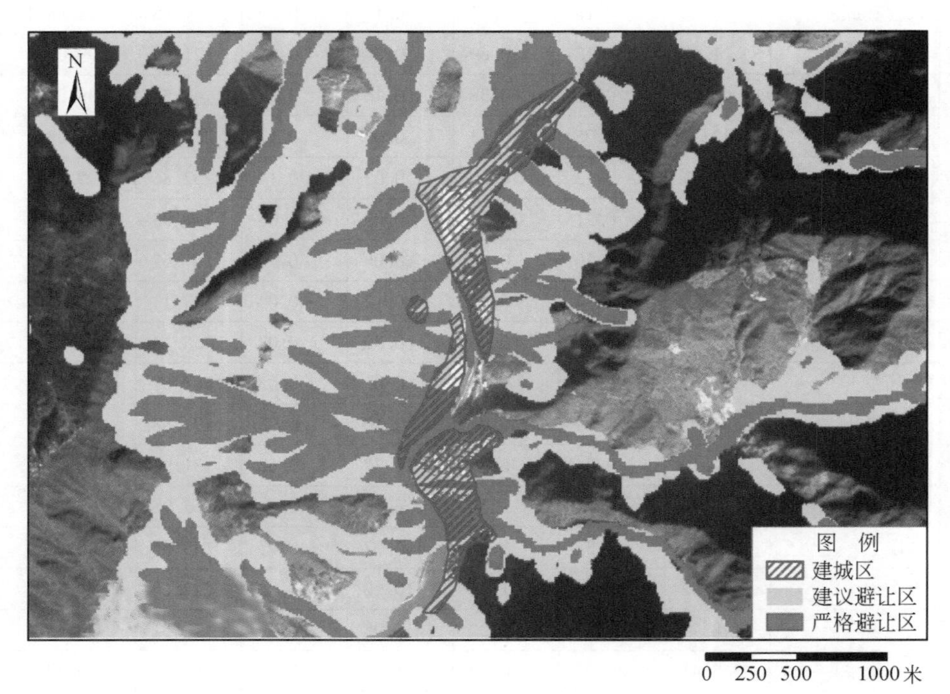

图4-69 穆坪镇次生地质灾害综合避让区

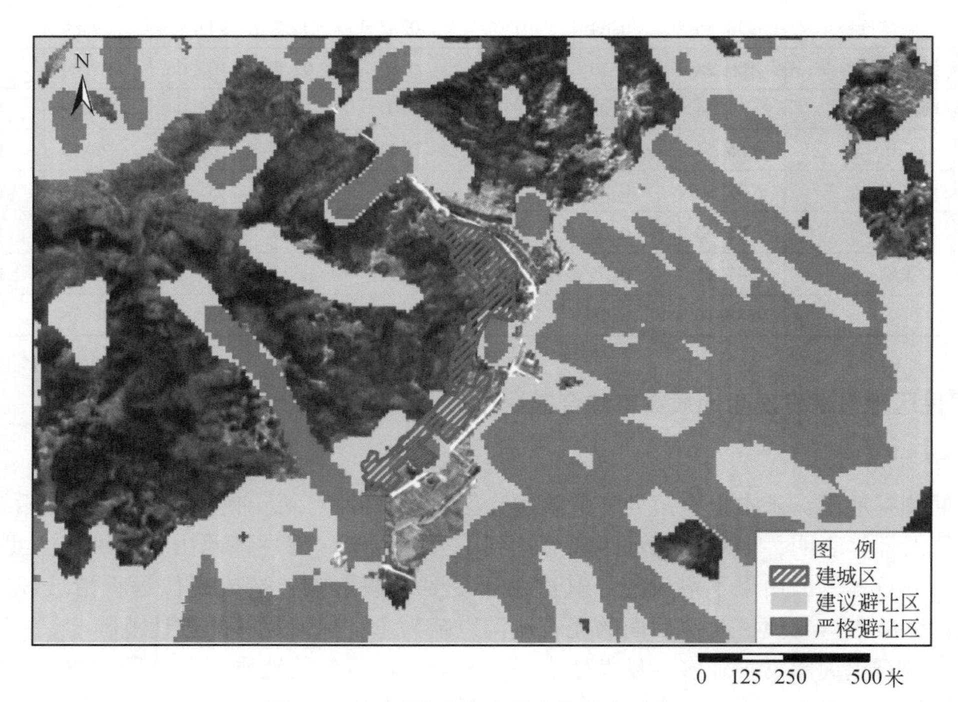

图4-70 双石镇次生地质灾害综合避让区

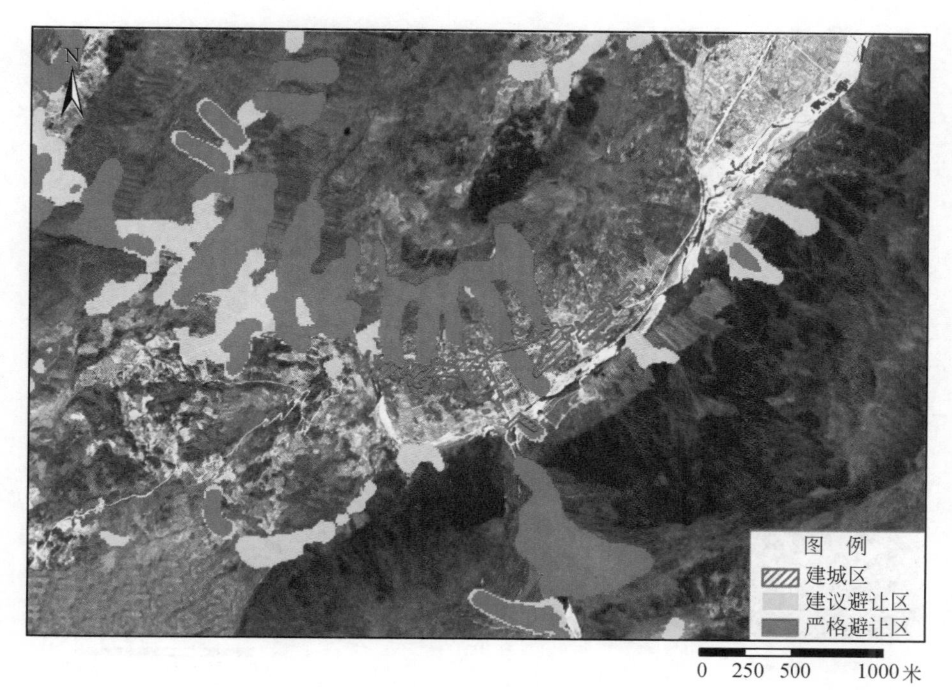

图 4-71 宝盛乡次生地质灾害综合避让区

（3）较安全的重点区

灵关镇与大溪乡总体来说处于相对安全的区域，大致发生在灵关镇两侧，只有很少的区域需要进行避让（图 4-73），灾害发生的可能性较穆坪镇小。可以适当增加相应的居民用地。

芦阳镇的南部为需要避让区，可能发生泥石流和崩塌等地质灾害，其北部相对较安全。思延乡位于芦阳镇的西南部，地处地势较为平缓的地区，地质灾害几乎没有，适合重建（图 4-74）。

龙门乡周围岩性稳定，工程地质条件较好，地势平缓，易发灾害点较少（图 4-75）。乡政府所在地的避让范围基本上较少，适合原地重建。

成雅新城地处成都平原，灾害较少，其新城内部发生灾害较少（图 4-76）。适合外迁人口居住。

总体来看，需要避让的乡镇范围较少，大部分地区处于较安全的地区，只有少数乡镇需要对地质灾害进行相关的地质灾害防治措施。

3. 地震诱发次生地质灾害防范避让与工程治理建议

（1）次生地质灾害防范避让建议

加强雨季前对危险地质灾害点区内进行风险排查，雨季期间加强泥石流、滑坡和崩塌的监测预警工作，指派专人负责群测群防工作的开展，震后至雨季期间对重点灾害点实施 24 小时有人值守监测。尤其是宝兴县的穆坪镇山后，芦山县的双石镇、大川镇、宝盛乡山后，S210 省道思延乡到大溪乡段，G318 国道飞仙关段，这些地区极易发生崩塌、滑坡和泥石流等地质灾害，其次危害雅安市区和芦山县城南部的泥石流沟等需暴雨期间进行监测。

对于受地质灾害威胁较大的重点城镇，建议以避让措施为主，工程治理措施为辅。在全面核查以前所确定灾害点基础上，调查新增灾害点，重新划定地质灾害危险区。结合灾后重建规划及农户搬迁意愿，对受威胁农户情况进行详细登记、造册，对其中适宜搬迁安置的农户做好避险搬迁安置点选址及安置点适宜性评价工作，提出避险搬迁安置建议。例如，宝兴县城积水面积大，相对高差大，坡度陡，容易发生崩塌、滑坡、泥石流等地质灾害，这些地方需要及时避让。同时，灾害危险区内建筑密度高，人口密集，建议改变危险区内的用地性质，减少学校、医院和机关等人口密集的功能单元，改为城市公共绿地、

图 4-72　大川镇次生地质灾害综合避让区

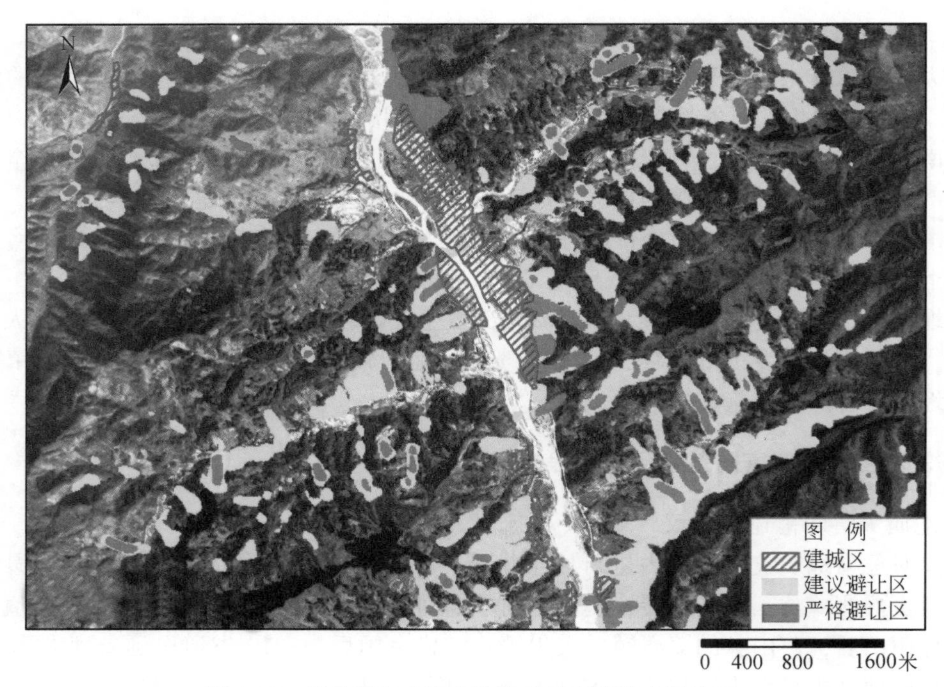

图 4-73　灵关镇与大溪乡次生地质灾害综合避让区

仓储用地等人口密集度较少的单元。避让高危险区，减少风险。分散一部分功能和人口到威胁较小的乡镇，如芦山县芦阳镇、宝兴县灵关镇等。同时，积极采取工程治理措施减少灾害发生的风险。对于崩塌、滑坡和泥石流易发路段，进行监测和防治工程。如果地质灾害特别严重，如 S210 省道思延乡到大溪乡段，建议多采用棚洞、隧道等工程，进行灾害避让。

（2）次生灾害工程治理措施建议

根据灾区内崩塌、滑坡和泥石流的特征，进行工程技术方案比选，因地制宜采取多种治理工程结合

图 4-74　芦阳镇与思延乡次生地质灾害综合避让区

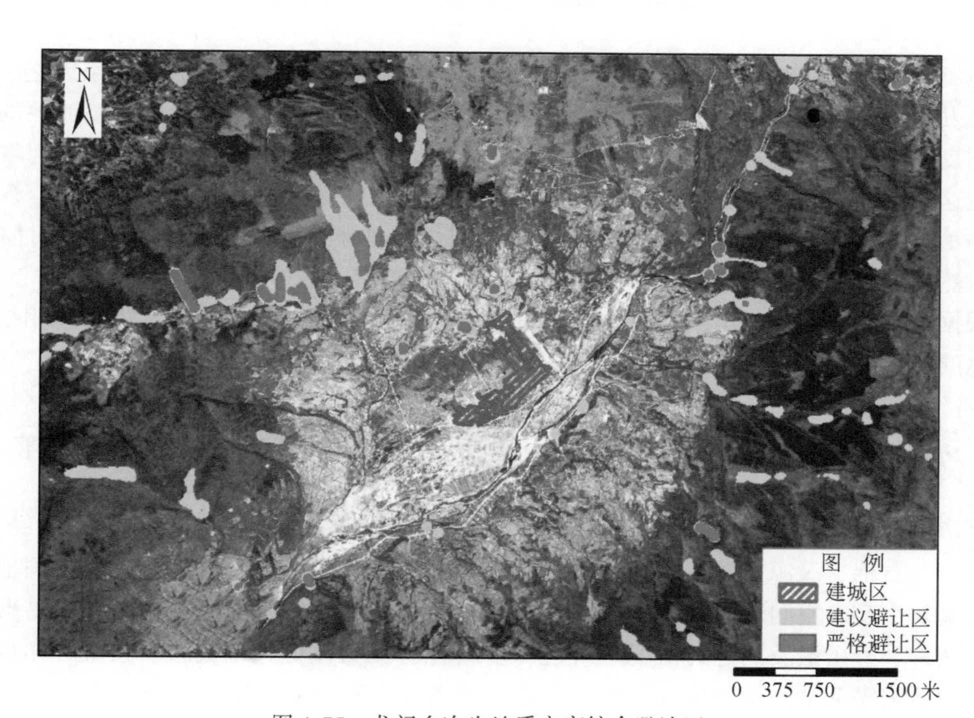

图 4-75　龙门乡次生地质灾害综合避让区

的措施。崩塌应对节理裂隙发育、坡面较破碎的边坡地段宜采取挂网喷砼和锚固工程，高切坡危岩体需进行工程爆破，并清理松散堆积物质，从而达到防治目的。滑坡应修砌排水设施和抗滑桩，填塞裂缝，减少降雨、灌溉等水体渗入。泥石流应以拦挡工程措施为主，稳固坡体松散物质，采用排水、护坡、拦挡等措施，使大量松散固体物质稳住在原地，减少补给泥石流的松散物质量。下游泥石流堆积区以排导工程措施为主，对泥石流淤积严重的河床进行清淤疏通，使其排洪冲沙通畅。

另外，不合理的人类工程活动使得坡地森林生态系统遭到破坏而导致地表失去植被保护、坡面松散

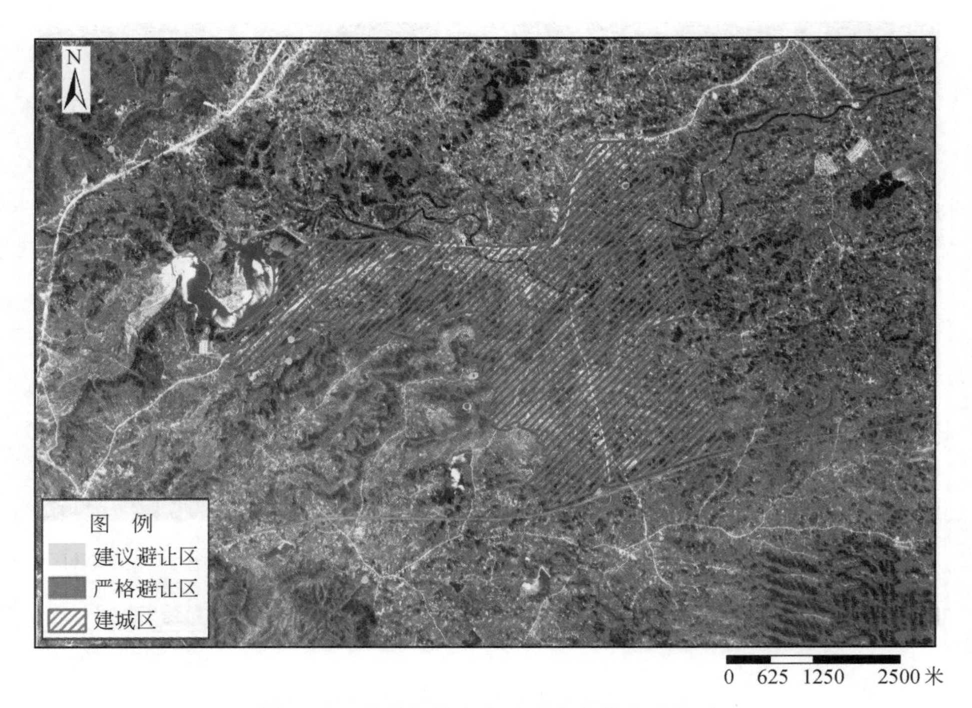

图4-76　成雅新城次生地质灾害综合避让区

物质增多，地质环境退化和地表固土能力差及涵水能力减弱是引发地质灾害的重要原因之一。因此，要使地质灾害的发生频度较低、规模小、危害较轻，必须要采取治标又治本的措施，使坡地的森林植被生态系统恢复到良好状态，逐步恢复森林生态系统，改善坡地生态地质环境，使整个环境向着良性循环方向转化。要达这一目的，必须以生物措施为主。开展天然林保护、植树造林，退耕还林，恢复斜坡中下部地带的森林植被，利用植物根系的固土作用，改善斜坡立地条件，尤其应重视对深根性树木的种植，维护边坡的自然稳定性。具体措施可采取营造水土保持林、护岸固坡林、护坡草灌等。

总之，根据地质灾害勘察工作，对危险点进行因地制宜的处理方式，并以生物工程相结合，建设一个合理、绿色的防治工程。

第五节　地震诱发次生地质灾害危险性趋势分析

芦山地震影响范围较大，VI度烈度范围内主要分布有芦山县、宝兴县、天全县、荥经县、雅安市、名山区、邛崃市、石棉、汉源等地。地震对次生地质灾害的发生发展具有较大影响，中国地质灾害空间分布与历史地震发生震中空间分布具有较好的一致性，因为在地震作用下松动的山体极易形成滑坡崩塌灾害，在动力条件、降雨激发满足的情况下可进一步转化为泥石流等大型灾害。在某种角度上说，也可以认为当前的地质灾害活动是历史地震影响的结果。芦山地震对地质灾害的影响可以分为近期影响和长期影响，其趋势也就可以分为近期发展趋势和长期发展趋势。

1. 近期地震次生地质灾害发展趋势

（1）震后原有地质灾害危险性加剧趋势

芦山地震后，对地震前原有的地质灾害隐患点进行核查发现：地震对原有地质灾害隐患点大多产生了影响，部分隐患点规模增大、变形特征增强、稳定性降低等现象，加剧了地质灾害的破坏和危险性。滑坡隐患点不同程度地出现了后缘裂缝和局部滑塌现象。崩塌部分已经成灾，其余全部出现了后缘开裂和崩塌掉块现象，不稳定性和危险性明显加剧。潜在不稳定斜坡部分已经演变为滑坡，其余坡体后缘出现轻微裂缝，在暴雨等极端条件下，有进一步失稳的趋势，大部分灾害点预测趋势为不稳定。

（2）地震诱发新的地质灾害的发育特征及危险性趋势

本区近期受汶川地震和芦山地震两次强震的影响，造成震区山体松动，地质条件进一步恶化，大量松散物质产生使得灾害体抗剪强度大大降低，极易触发次生地质灾害。芦山地震后，次生地质灾害频发，特别是极重灾区芦山县和重灾区的宝兴县等地区。次生地质灾害点多面广，而且具有不确定性。很多斜坡都成了潜在不稳定斜坡，在降雨或地震的情况下，多数隐患点都可能成灾。尤其是部分山区场镇周边的山体都产生了巨大的裂缝，对场镇安全造成了严重的威胁，如宝兴县城周围山体均不同程度的产生了崩塌，直接威胁到县城的安全；斜坡上居住的农户周边地质环境也产生了较大的变化，公路及河流两侧的隐患点不计其数，危害性很大。同时，断裂带产生了大量的松散堆积体，随着降雨的爆发，势必会产生泥石流，除直接危害人民的生命财产安全外，还有产生堵江的可能，危害也非常大。

（3）震后次生地质灾害控制因素变化趋势

山体由于受地震动峰值加速度影响，会出现山体破碎、岩土体强度与结构发生相应改变，为地质灾害后期发育提供物质来源。由于不同的岩土体类型、地层年代、距发震断层距离、坡度、坡向等对地震的破坏响应是不一致的，导致地质灾害的发展趋势会出现差异。根据敏感性分析结果，地质灾害的发生与 VI 度以上烈度空间范围有较大的正相关，同时其发生与岩性具有极大关系，碳酸盐组、板岩和千枚岩组在地震时容易发生崩塌滑坡；坡度与地质灾害的敏感性关系表现为指数上升趋势，与坡向关系表现为 E、SE 向敏感，同时地震对山体破坏具有山体放大效应，因此，近期内在降雨激发作用下，在满足上述条件的一些地区会表现出地质灾害发生加大的趋势。经过前述敏感性分析和计算结果，满足上述条件的区域主要分布于宝兴县五龙乡、宝兴县城、双石镇、鱼泉乡、宝盛乡、龙门乡、多功乡、飞仙关镇等区域，地震次生地质灾害的分布主要集中分布在与龙门山断裂带平行的山区，尤其是河谷与龙门山相交相切的地区，是今后次生地质灾害发展的活跃区。

（4）震后次生地质灾害分布时间特征

时间上，地质灾害的发生与降雨激发条件有很大关系。雅安是整个区域的暴雨中心，是有名的雨城，有“天漏”之称，年平均下雨天数可达到 213 天。雨季对该区域地质灾害影响极大，灾区强降雨主要发生在 5 ~ 10 月（占全年降水的 84%），有些地区发生强降雨能够延迟到 11 月，最强降雨的月份是 7 月和 8 月（48%）。雨城区、名山区、丹棱县、夹江县、洪雅县、芦山县、天全县和邛崃市是雨量较多的区域。降雨特征是夜雨多、历时短、强度大。因此，震后当年 5 ~ 10 月，是地质灾害的高发期，多以夜发型为主，同时群发性地质灾害的可能性也较大。

2. 长期地震次生地质灾害发展趋势

（1）未来三年将是次生地质灾害高度活跃期

从地貌演化角度看，地震形成的山体物质松动及后续的滑坡、崩塌、泥石流等是一种自然地貌演化过程，若对人类经济社会造成危害和影响则形成灾害。根据历史地震文献资料的统计分析，当震级大于 6 级、地震烈度大于Ⅶ度时，地震次生地质灾害不仅活动强烈、数量多，而且规模大。地震持续时间和振动次数对后期次生地质灾害活动程度也有重要影响，地震震动持续时间越长、振动次数越多，次生地质灾害越强烈。据中国国家地震局公布的主震及余震目录，芦山发震时间至 2013 年 4 月 23 日记录到 4. 0 ~ 4. 9 级地震 4 次，无 5. 0 级以上余震，此次地震对地质灾害发生发展影响的主要是主震，余震影响相对较小。从临近地区看，松潘—平武于 1976 年发生 7. 2 级地震，震后地质灾害持续时间约 10 ~ 15 年。由于本地区地质结构、地貌条件等均松潘平武地区接近，参考松平地震，结合本次地震特点，可以预测震后 8 ~ 10 年，尤其是震后最初 3 年，Ⅵ度烈度区内的山区将是未来地质灾害的高发地区。

（2）降雨和地震叠加影响，大型滑坡、泥石流风险持续

受汶川和芦山多次强烈地震的影响，区内地质条件进一步恶化，山体岩土体结构松动，灾害体抗剪

强度大大降低，崩塌滑坡频发易形成大量松散物质。受本次地震的影响，区内次生地质灾害发生的临界雨量降低，汛期次生地质灾害有明显加剧的趋势，尤其是崩塌-滑坡转化为泥石流灾害的概率增加，存在大型滑坡和泥石流灾害的风险。

同时需要注意在受地震影响较轻的泸定县、石棉县、甘洛县等构造活动剧烈区在汛期的地质灾害问题。这些区域位于鲜水河断裂、龙门山断裂、安宁河活动大断裂交叉的区域，构造活动剧烈、大震频发，造成岩体结构破碎，历史上大型地质灾害频发。这些区域虽然受本次地震影响较小，但在汛期时发生大型崩塌、滑坡泥石流的危险性仍然很大。

（3）重建期人类工程活动扰动下影响地质灾害的长期稳定性

考虑汛期等影响因素条件下，在重建期，由于人类工程活动的扰动导致卸荷等作用，在暴雨等因素共同作用下，斜坡的变形往往加剧，不稳定的趋势增大。随着重建进程以及人类工程活动的逐渐加强，地质灾害发生渐趋频繁，其产生的损失也逐渐升级，影响范围逐步扩大，次生地质灾害具有突发性、群发性及不可预见性等趋势。

第六节 结论与建议

（一）主要结论

综合分析影响地质灾害发育的地震烈度、距发震断裂带距离、灾害密度、区域构造、地层岩组岩性、地形地貌、降雨阈值等关键影响因子，通过单因子和综合评价区内次生地质灾害易发程度及影响范围进行了评价，并对极重和重灾区的进行了精细评价，得到芦山地震次生地质灾害危险性评价结论如下：

1. 地震诱发次生地质灾害发育及分布特征

（1）受地震影响，次生地质灾害频率强度增大，对灾后重建区危害加剧

受地震影响，次生地质灾害规模和数量显著增加。在评价区范围内的排查地质灾害点5128个，其中震前3905个，震后1223个。震后灾害点增加31%。震区的主要新增次生地质灾害类型为崩塌，震后较震前增加79%；其次为不稳定斜坡，增长47%；滑坡增加19%；泥石流增加7%。同时地震对大多原有地质灾害隐患点都产生了影响，部分隐患点出现规模增大、变形特征增强、稳定性降低等现象，在降雨等条件下，有进一步失稳的趋势，加剧了地质灾害的破坏和危险性。

地震灾区的乡（镇）多依山傍水而建。地震后，周围的山体都产生了不同程度的开裂，沟内松散物质增多，沟岸斜坡的稳定性降低。一旦遭遇强降雨，爆发大规模滑坡泥石流的可能性大，严重威胁灾后重建区的安全。

（2）地震诱发次生地质灾害分布特征：点多面广，时空分布不均，突发性强

芦山震区次生地质灾害点在重建区几乎所有的乡镇均有分布，但分布数量和密度不均。威胁人员和财产量多面广。区内地质灾害在平面上的分布主要受地形地貌、岩性构造、降水、人类活动和植被发育情况等显著影响。山地灾害类型多样、特征各异，点多面广，地质灾害分布不均，存在明显的区域差异性，并具有成灾迅速、危害严重、暴发频繁、监测预报难度大等特点。

（3）次生地质灾害地震诱发次生地质灾害发育分布控制因素特征明显

评价区地层岩性变化大、岩体工程地质特性空间变化复杂，导致地质灾害空间分布具有显著区域差异性；地质灾害受地形地貌和构造明显控制，呈现沿构造线和峡谷地貌密集展布的特征；地质灾害发生频率与降雨条件变化特征一致；次生地质灾害发育、分布与人类活动密切相关。

2. 地震诱发次生地质灾害危险性分区及发展趋势

（1）次生地质灾害高发区集中在震中附近，与烈度及断层走向基本一致，分布相对集中

震后次生地质灾害主要分布于Ⅷ~Ⅸ度烈度区内的芦山、宝兴，呈 NNE-SSW 走向，与烈度走向和断层走向基本一致。

芦山地震次生地质灾害极重度危险区主要分布在以芦山县城为中心约100平方公里、NW向展布的区域内，涉及7个乡镇，为宝兴县的穆坪镇及灵关镇，芦山县的双石镇、太平镇、大川镇、龙门乡、宝盛乡；重度危险区为极重度危险区的外围区域，主要有宝兴县的陇东镇、蜂桶寨乡、明礼乡、五龙乡、大溪乡，芦山县的芦阳镇、飞仙关镇、思延乡、清仁乡、苗溪茶场，邛崃市的火井镇、高何镇、天台山镇、道佐乡、南宝乡，雨城区的北郊镇、对岩镇、中里镇、多营镇、碧峰峡镇、八步乡，荥经县的天凤乡、新添乡，天全县的城厢镇、始阳镇、大坪乡、乐英乡、多功乡、仁义乡、老场乡、新华乡、新场乡、兴业乡。

滑坡崩塌灾害主要分布于与龙门山断裂带平行的5个高危带，在其区域内的乡镇、县城及与之相交的公路成为重点危害对象。受滑坡崩塌严重威胁的乡镇主要有：芦山县的双石镇、太平镇、宝盛乡、清仁乡、苗溪茶场、思延乡、龙门乡、芦阳镇、飞仙关镇和大川镇，宝兴县的穆坪镇、大溪乡、五龙乡、灵关镇、陇东镇、盐井乡，雨城区的多营镇、北郊镇、八步乡、对岩镇、碧峰峡镇、中里镇，荥经县的大田坝乡、烈太乡、严道镇、新添乡、天凤乡，天全县的多功乡、老场乡、城厢镇、新华乡等。主要交通路段有：芦山至灵关镇灵关河峡谷段，宝兴县城至五龙乡河谷地段，雅安市区至飞仙关镇峡谷地带，陇西乡至下关乡峡谷地带，龙门乡至宝盛乡及鱼泉乡沿线，双石镇至灵关镇峡谷段等。

震后泥石流主要分布于青衣江及其支流，受泥石流严重威胁的主要有15个乡镇，包括雅安市宝兴县的穆坪镇、大溪乡、五龙乡、灵关镇，芦山县的双石镇、飞仙关镇、苗溪茶场、清仁乡、芦阳镇、宝盛乡、龙门乡，天全县的老场乡、多功乡、大坪乡，雨城区的多营镇、碧峰峡镇。

（2）未来3年内的5~10月，在陡坡、软硬岩组、碳酸盐组发育、Ⅵ度以上烈度地区，尤其是河谷深切区将是地质灾害的高发区和高发期，需提前有重点、分步骤做好地质灾害防御工作

根据敏感性分析结果，地质灾害的发生与Ⅵ度烈度以上空间范围有较大的正相关，同时其发生与岩性具有极大关系，碳酸盐组、板岩、千枚岩组在地震时容易发生崩塌滑坡；地质灾害的敏感性与坡度的关系表现为呈指数上升趋势，与坡向关系表现为E、SE向敏感，同时地震对山体破坏具有山体放大效应，因此近期内在降雨激发作用下，在满足上述条件的一些地区会表现出地质灾害发生加大的趋势。经过前述敏感性分析和计算结果，满足上述条件的区域主要分布于宝兴县五龙乡、宝兴县城、双石镇、鱼泉乡、宝盛乡、龙门乡、多功乡、飞仙关镇等区域，地震次生地质灾害主要集中分布在与龙门山断裂带平行的山区，尤其是河谷与龙门山相交相切的地区，是今后次生地质灾害发展的活跃区。

时间上，地质灾害的发生与降雨激发条件有很大关系，雅安是整个区域的暴雨中心，是有名的雨城，有“天漏”之称，平均下雨天数可达到213天。雨季对该区域地质灾害影响极大，灾区强降雨主要发生在5~10月（占84%），有些地区发生强降雨能够延迟到11月，最强降雨的月份是7月和8月（48%）。雨城区、名山区、丹棱县、夹江县、洪雅县、芦山县、天全县和邛崃市是雨量较多的区域。降雨特征是夜雨多，历时短，强度大。因此震后当年5~10月，是地质灾害的高发期，多以夜发型为主，同时群发性地质灾害的可能性也较大。

芦山震后8~10年，尤其是震后最初3年，VI度烈度区内的山区将是未来地质灾害的高发地区。

（3）次生地质灾害重点防治区宝兴县城建立于老泥石流堆积扇上，直接受到4条泥石流沟的威胁，震后发生泥石流风险加大，尤其是冷木沟和教场沟，灾后重建需要为泥石流划出流通及堆积通道

（4）汛期存在大型滑坡、泥石流风险大，并影响一般灾区

由于多次受强烈地震的影响，区内地质条件进一步恶化，山体岩土体结构松动，灾害体抗剪强度大大降低，崩塌、滑坡频发易形成大量松散物质。次生地质灾害发生的临界雨量降低，汛期次生地质灾害有明显加剧的趋势，尤其是崩塌-滑坡转化为泥石流灾害的概率增加，存在大型滑坡和泥石流灾害的风险。

同时需要注意在受地震影响较轻的泸定县、石棉县、甘洛县等构造活动剧烈区在汛期的地质灾害问题。这些区域位于鲜水河断裂、龙门山断裂、安宁河活动大断裂交叉的区域，构造活动剧烈、大震频发，

造成岩体结构破碎，历史上大型地质灾害频发。这些区域虽然受本次地震影响较小，但在汛期时发生大型崩塌、滑坡、泥石流的危险性仍然很大。

（二）对策及建议

（1）加强地质灾害监测和预防

地震后，山体普遍松动，评估区在区域性大暴雨作用下可能发生群发性、突发性和夜发性地质灾害，需做好地质灾害的监测、预警和预防工作，尤其是群策群防，提前做好临灾预案，可有效借鉴汶川灾害监测预防工作中的一些经验。

（2）灾区重建次生地质灾害避让防治需因地制宜，不能照搬汶川经验

重建期间进行次生地质灾害防治时不能完全照搬汶川的经验，需要针对本区的实际情况进行科学的论证和防治。芦山地震灾区次生地质灾害隐患隐蔽性强，表现出与汶川震区不同的特征。由于此次地震的震级较小，虽然从表面看滑坡等次生地质灾害并不很严重，但此次地震造成山体岩土体具有震而不垮、松而不跨、悬而未掉的特点，同时由于植被较好，次生地质灾害的隐蔽性较强。需要根据本区的实际情况，制定适宜本区灾后重建次生地质灾害的科学防治避让措施。

（3）重视灾后恢复重建科学选址，积极避让重大次生地质灾害隐患，合理规划灾后恢复重建的各类工程建设布局，密切重视灾后恢复重建人类工程活动对次生灾害加剧的影响

（4）加强重建期的次生地质灾害风险评估，主动防治避让高危次生地质灾害

受地震影响，震区斜坡岩土体结构松动，对降雨、人类活动等外界诱因更为敏感。本区次生地质灾害类型虽有崩塌、滑坡、泥石流及复合型滑坡等多种类型，但以滑坡崩塌为主，尤其崩塌危石灾害突出，具有前兆识别难困难、发生突然、速度快等特点。灾害排查评估、预测较困难，重建期间需要加强次生地质灾害的风险评估工作，圈定高危区域，集中重点防范和局部积极避让相结合。避让次生地质灾害高危区域，远离陡峭沟谷、强风化和构造破碎等不稳定斜坡区域，加强高危区内次生灾害监测预警和防范避让。

（5）加强次生地质灾害综合防治

疏导预防为主，防治结合，确保灾后恢复重建安全实施，建立群测群防网络及监测预警系统，实行灾后恢复重建主动防灾减灾。圈定重点防治区和防治重点，进行综合治理，做好突发性次生地质灾害预案。

（6）重建期内进一步做好高位灾害隐患点的排查

虽然在灾区进行了详细的灾害隐患点的排查工作，但大部分集中于房前屋后，道路两旁等区域。在震区存在较多的高位滑坡崩塌体，在降雨等影响下容易发生高位快速滑坡和泥石流灾害。需要结合遥感等技术手段，进一步做好风险较大的高位隐患点的详细排查工作，特别是大型的高位泥石流和大型震裂山体的排查。

（7）重建期内重点严防汛期特大型和大型滑坡-碎屑流

灾区由于经历了汶川地震和芦山地震两次地震的影响，山顶的地震加速度放大效应导致斜坡岩土结构松动，形成了大量的高位滑坡崩塌体，动力侵蚀作用非常明显，存在大型滑坡-碎屑流的风险，如宝兴县城的冷木沟在震前即发生过较大泥石流。震后两侧山体在汛期发生大型的泥石流的可能性较大，需要做好工程地质不良区、变形破坏区灾害排查和密切防范。汛期应密切监控宝兴县城附近的冷木沟、教场沟、干宴沟泥石流对宝兴县城的危害；密切关注芦山县城南部龙池沟等对县城南部和S210省道的威胁；对于危害县城、乡镇及重大基础设施的沟谷要予以工程治理。加强雨季前区内泥石流灾害风险排查，尤其是危害雅安市区附近的五玉沟、干溪沟、封家沟、宋家沟的危险性进一步排查工作。

此外要关注潜在地质灾害点，由于历史上未发生过地质灾害但震后具有发生的可能性，一旦发生，成灾尤为严重，应加强泥石流风险较高的宝兴县城北部水塘上、科洛村、大马村附近4条潜在沟谷型泥石流的排查以及灵关镇附近潜在泥石流沟谷排查工作。

（8）重点做好汛期夜间地质灾害预防，加强灾害监测预警

目前灾区雨季将临，是地质灾害高发期，夜发性、突发性强，应提前做好震区汛期地质灾害预警、预防工作，加强重建期生命线工程的次生地质灾害监测。

（9）加强震后一般灾区地质灾害防治工作

加强地震一般灾区的地质灾害防治，川西大渡河、岷江、雅砻江深切割山区是地质高发区及易发区，受本次地震的影响，原有地质灾害发生风险有加大趋势，如泸定、甘洛、石棉等，需要关注这些地区的地质灾害震后防治及排查工作。

第五章　工程和水文地质条件评价

第一节　研究背景

对芦山地震灾区主要居民点（县区、乡镇所在地）开展工程地质和水文地质评价，为灾后恢复重建、城镇规划与选址提供参考依据。具体研究内容如下：①对芦山地震灾区基础资料进行分析，包括地形地貌的分析、地层岩性的工程岩组划分、地下水性质的分析以及地震地质资料的分析；②利用震后航空航天遥感图像进行解译，判读地震次生灾害的分布；③在芦山地震区基础资料以及震后资料分析的基础上，筛选出影响本区工程地质与水文地质条件的主要因素，提出适宜的指标体系；④建立适用于本区综合工程地质分区指标的分级标准；⑤选择适宜的方法进行本区的综合工程地质分区，并进行分级评价；⑥对分区结果进行分析，指出各工程地质分区的主要工程地质问题；⑦指出不适宜灾后重建的地段，提出适宜重建地段的建议。

在研究过程中，充分搜集、分析研究以往成果资料，采取遥感信息与常规资料紧密结合、综合分析的工作方法，开展芦山地震灾区的工程地质与水文地质综合分区评价。充分分析研究区地形地貌、基础地质、芦山地震烈度分布（国家地震局最新研究成果）等成果，应用遥感手段进一步揭示地质构造特征，运用多学科理论和技术方法，综合分析区域工程地质环境条件。在定性分析的基础上，采用层次分析和模糊数学的方法，以 GIS 为主要手段进行芦山地震灾区工程地质与水文地质综合分区评价。

第二节　综合工程地质分区评价方法体系与算法

1. 评价指标的选取

芦山地震灾区山高、坡陡、谷深，地形条件复杂，震区地处青藏高原东部边缘的龙门山断裂带，地形自西北向东南倾斜，大部分地区被河流切割成山地。

气候类型为亚热带季风性湿润气候，南北差异大，年均气温在 14.1 ~ 17.9℃，年降雨量大于 1000 毫米。

众所周知，影响工程地质与水文地质条件的因素主要包括地形地貌、地层岩性、活动构造、物理地质现象、水文地质条件等。本次芦山地震灾区工程地质条件和水文地质条件综合评价，主要针对灾区各县（市、区）乡镇所在地的工程地质和水文地质条件进行评价。根据前人研究成果和本次工作的应急特点，科学分析后，选取了如下评价指标：地形地貌类型、工程岩组特性、岩组水文地质性质和地震烈度。地貌类型综合考虑坡度、地形起伏、绝对高程以及相对高差，对斜坡稳定性有着重要影响，因而影响综合工程地质条件；工程岩组特性反映岩石的坚硬程度，对地基稳定性有重要影响；岩组水文地质性质反映水文特点和区域特征；地震烈度反映地震在地面造成的实际影响，表明地面运动的强度和地表破坏程度，反映构造活动地壳稳定性的重要影响。

由于综合工程地质分区、分级是非常模糊的，影响综合工程地质条件的因素又十分复杂，而作为划分分区、分级的各指标界线也是不很清晰，单纯考虑某个因素，势必不能作出切近实际的评价。因此，各种因素的影响很难用经典数学模型加以度量，也很难将复杂的影响因素综合成一个元素进行评价，可见，综合工程地质分区是一个系统问题。因此，我们充分结合专家思想，采用层次分析和模糊评判（AHP-FUZZY）的方法进行综合工程地质分区评价（图5-1）。

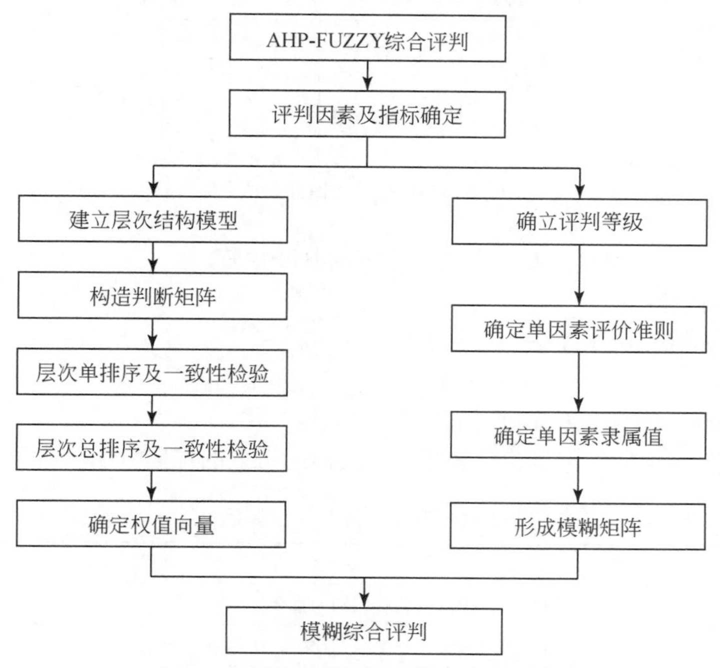

图5-1　综合工程地质分区评价流程图

2. 影响因素层次分析及其权重分配

如前所述，考虑到芦山地震灾区的特点，本次选用的工程地质与水文地质综合评价指标为：地形地貌类型、地震烈度、岩组工程特性、岩组水文地质性质。虽然各影响因素对区域稳定性的重要程度难以直接进行评价并加以定量化，但是两两因素之间的相对重要性可以通过比较来确定的。为此，我们利用了层次分析法来确定权重。

（1）层次分析结构模型的建立

层次分析法是通过两两因素的对比，逐层比较多种关联因素，最后确定诸因素整体关系的一种办法。该方法是由A. L. Saaty在20世纪70年代中期首先提出的，1982年首次引入我国使用，取得了一系列成果。该方法是系统工程中经常使用的一种简便方法，它适用于处理多因素、多层次、多目标的复杂系统和难于完全用定量的方法来分析与决策的复杂系统工程问题，它可以将人们的主观判断用数量形式加以表达和处理，使主观判断尽可能与客观实际情况相符。

进行层次分析法的关键是建立层次结构分析模型，因为只有在搞清了问题的背景和条件、要达到的目的、涉及的因素和要解决的问题的途径与方案等以后，才能正确地确定判断矩阵，然后进行计算，最后得到满意的结果。层次分析结构模型实际上是系统问题被概化后的各概念间的逻辑结构关系，根据前面分析的结果，建立层次结构分析模型如下：

层次结构模型共分两层：上一层——工程地质分区为目标层（R）；下一层——影响因素为指标层（V）。各层之间的连线反映了因素之间的逻辑关系（图5-2）。

（2）判断矩阵的建立

判断矩阵表示针对上一层某因素，本层次各因素的相对重要性比较。其方法如下：

设某层有n个因素$X=\{x_1, x_2, x_3, \cdots, x_n\}$，要比较它们对上一层某因素的影响，确定它们在上一层某因素中的比重。每次取两个因素x_i和x_j进行比较，用a_{ij}表示它们对上一层某因素的影响程度之比，全

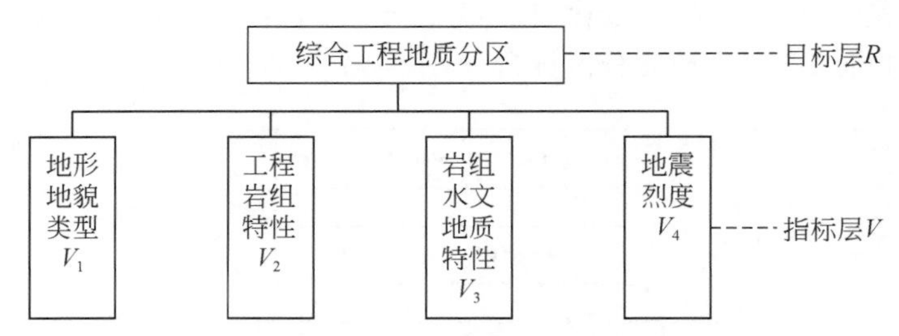

图 5-2　工程地质与水文地质综合评价指标

部比较结果用矩阵 $\boldsymbol{A} = (a_{ij})_{n\times n}$ 表示，$\boldsymbol{A}$ 称为成对比较的判断矩阵。

若矩阵 $\boldsymbol{A} = (a_{ij})_{n\times n}$ 满足：

$$a_{ij} > 0,\ a_{ij} = 1/a_{ji},\ i \neq j,\ i = 1,\ 2,\ \cdots,\ n,\ j = 1,\ 2,\ \cdots,\ n$$

$$a_{ii} = 1,\ i = 1,\ 2,\ \cdots,\ n$$

则称 $\boldsymbol{A}$ 为正互反矩阵，成对比较判断矩阵是正互反矩阵。

为使各因素的相对重要性加以定量化，采用 A. L. Saaty 引入的标度方法。其含义如表 5-1 所示。

表 5-1　判断矩阵标度及其涵义

标度	涵义
1	两个因素相比，具有相同的重要性
3	两个因素相比，一个因素比另一个因素稍微重要
5	两个因素相比，一个因素比另一个因素明显重要
7	两个因素相比，一个因素比另一个因素强烈重要
9	两个因素相比，一个因素比另一个因素极端重要
倒数	因素 x_i 与因素 x_j 相比得 a_{ij}，则 x_j 相比 x_i 判断为 $a_{ji} = 1/a_{ij}$
2，4，6，8	表示上述相邻判断的中值

有了这些标度后，我们对指标层各因素相对重要性给出判断，就可以用这些标度值表示出来写成判断矩阵。经过多次试算，得出如下一些判断矩阵。

相对于“综合工程地质分区”总目标，考虑指标层 V 之间的相对重要性比较，构成表 5-2。

表 5-2　指标层 V 下各指标相对重要性比较

V_{1i}/V_{1j}	V_{11}	V_{12}	V_{13}	V_{14}
V_{11}	1	5	3	3
V_{12}	0.2	1	0.5	0.5
V_{13}	0.3333	2	1	1
V_{14}	0.3333	2	1	1

则指标层 V 对目标层 R 的判断矩阵为

$$\boldsymbol{A}_{R-V} = (a_{ij})_{4\times4} = \begin{pmatrix} 1 & 5 & 3 & 3 \\ 0.2 & 1 & 0.5 & 0.5 \\ 0.3333 & 2 & 1 & 1 \\ 0.3333 & 2 & 1 & 1 \end{pmatrix}$$

（3）层次单排序及一致性检验

解出判断矩阵的最大特征根 λ_{max} 及其对应的特征向量 $\boldsymbol{W}$，将 $\boldsymbol{W}$ 归一化后，即可得同一层次中相应元素对于上一层次中的某个因素相对重要性的排序权值，此过程称为层次单排序。

求解判断矩阵 $\boldsymbol{A}$ 的最大特征根 λ_{max} 及其对应的特征向量 $\boldsymbol{W}$ 问题 $\boldsymbol{AW}=\lambda_{max}\boldsymbol{W}$，可采用层次分析法计算中的方根法，其步骤如下：

1）计算判断矩阵每行元素的乘积 M_i：

$$M_i = \prod_{j=1}^{m} a_{ij}, \quad i=j=1, 2, 3, \cdots, m$$

2）计算 M_i 的 m 次方根 w_i：

$$w_i = \sqrt[m]{M_i}$$

3）对特征向量 $W=(w_1, w_2, \cdots, w_m)^T$ 进行归一化，即

$$w'_i = \frac{w_i}{\sum_{i=1}^{m} w_i}$$

则 $W'=(w'_1, w'_2, \cdots, w'_m)^T$ 即为所求的权重向量。

4）计算判断矩阵的最大特征根 λ_{max}：

$$\lambda_{max} = \sum_{i=1}^{m} \frac{(AW')_i}{mw'_i}$$

为保证其可信度，需要对判断矩阵进行一致性检验，亦即要计算一致性指标：

$$\mathrm{CI} = \frac{\lambda_{max} - m}{m - 1}$$

式中，λ_{max} 为判断矩阵的最大特征根；m 为判断矩阵的元素个数。

为了度量不同判断矩阵是否具有满意的一致性，还需引入判断矩阵的平均随机一致性指标 RI，对于 1～9 阶判断矩阵，RI 值见表 5-3。

表 5-3　1～9 阶判断矩阵对应 RI 值

阶数	1	2	3	4	5	6	7	8	9
RI	0.00	0.00	0.58	0.90	1.12	1.24	1.32	1.41	1.45

当阶数大于 2 时，判断矩阵的一致性指标 CI 与同阶平均随机一致性指标 RI 之比称为随机一致性比率，记为 CR。

$$\mathrm{CR} = \frac{\mathrm{CI}}{\mathrm{RI}}$$

只有当 $\mathrm{CR}<0.1$ 时，认为判断矩阵具有满意的一致性，单排序才认为合理，否则需要调整判断矩阵的取值。上述各判断矩阵的取值均是多次调整后的结果。

通过层次分析，最终得到各因素的总排序权值向量 $\boldsymbol{R}$：

$$\boldsymbol{R} = (0.53181, 0.097097, 0.185541, 0.185541)$$

从这一权向量，我们可以看出，各评价指标对综合工程地质分区的影响程度是不同的，其中地形地貌类型占得比重较大，这主要是由于地形地貌包含了地形坡度、地形起伏、地形高差及地形高程 4 个要素，对于本区工程地质条件具有举足轻重的影响；其次为岩组水文地质特性和场地地震烈度，前者反映了场地水源地条件，后者反映了场地地震稳定条件；工程岩组特性所占权重最小，主要对于本区灾后重建来讲，地基的承载能力并不是一个重要的因素。因此这一排序结果是比较符合实际的，其权值分配是合理的。

3. 模糊评判方法与评价标准

综合工程地质分区评价是一项很复杂很模糊的工作，涉及的因素很多，各因素之间又相互制约相互

牵连，同时各因素对工程地质与水文地质分区的标准外延不清晰，这类问题用经典的数学模型难以定量描述，模糊数学理论则是解决此类模糊问题的有效手段。为使区域稳定性系统中的每个因素都能够真实有效的参与评价，首先确定参与评价的因素，并将这些因素划分为不同的层次，这在上面已经完成。采用层次分析技术和模糊综合评判方法，进行逐级评判，得出最终综合工程地质分区的最终结果。

（1）评价方法

模糊综合评判就是根据已给出的评判标准及评价因素的数值，首先进行单因素评价，形成单因素模糊矩阵 $\boldsymbol{A}$，再利用层次分析法确定每个因素对评价目标贡献大小——权重向量 $\boldsymbol{R}$，经模糊合成，得到对系统总体评价的评语集 B，O 为模糊运算符即 ROA $=B$，其中 $B=(B_1, B_2, \cdots, B_i, \cdots)$，$B_i$ 为评价对象对第 i 区等级的隶属度。本书采用下述模糊算法：

设 $O=M(\cdot, \odot)$ 为加权平均型，$\odot$表示求和运算。

设模糊矩阵：

$$\boldsymbol{A}=(a_{ij})_{n\times m}=\begin{pmatrix} a_{11} & a_{12} & \cdots & a_{1m} \\ a_{21} & a_{22} & \cdots & a_{2m} \\ \vdots & \vdots & & \vdots \\ a_{n1} & a_{n2} & \cdots & a_{nm} \end{pmatrix}$$

权重向量 $\boldsymbol{R}$ 为

$$\boldsymbol{R}=(r_i)_{1\times n}=(r_1, r_2, \cdots, r_n)$$

则评语集 B 为

$$B=ROA=(b_1, b_2, \cdots, b_m)$$

式中，$b_j=\sum_{i=1}^{n} r_i a_{ij}$，$j=1, 2, \cdots, m$。

（2）单因素评价准则

在前人研究资料的基础上，结合本区的实际特点以及项目组关于专项评价的总要求，作者对芦山灾区进行5级综合工程地质分区评价：I——工程地质条件良好区（分值为5）；II——工程地质条件较好区（分值为4）；III——工程地质条件中等区（分值为3）；IV——工程地质条件较差区（分值为2）；V——工程地质条件极差区（分值为1）。

相应地，评价因素的指标界限一般也按其质量状况按5级划分，指标界限是经过空间相关分析，借鉴前人在这方面所做的工作，结合专家经验所确定的。这些指标分级的全体就构成了表5-4所示的芦山地震灾区综合工程地质分区评价单因素评价指标的划分方案。需要说明的是工程岩组特性分级根据的是岩组的坚硬程度，依靠单轴抗压强度（UCS）来判定。参考工程勘察规范（中华人民共和国国家标准GB 50007-1999），UCS为60兆帕以上的岩石为硬岩，30～60兆帕的岩石为较硬岩，15～30兆帕的岩石为较软岩，5～15兆帕的岩石为软岩，5兆帕以下的岩石为极软岩，含第四系松散岩土体。依据综合工程地质图图例及色标（中华人民共和国国家标准GB12328-90）中烈度与区域地壳稳定性的对应关系，将地震烈度与综合工程地质评价的等级划分相对应。

表5-4 指标项及其分级标准

因素	综合工程地质评价分级				
	良好	较好	中等	较差	极差
地形地貌类型	平原、河流	台地、低丘陵	高丘陵、低山、河谷、小起伏中山	大起伏中山、中起伏中山、低起伏高山、中起伏高山	大起伏高山、极高山

续表

因素	综合工程地质评价分级				
	良好	较好	中等	较差	极差
工程岩组特性	坚硬岩	较硬岩	较软岩	软岩	极软岩（含未成岩）
岩组水文地质性质	孔隙水	裂隙、岩溶水	岩溶水	裂隙水	隔水层
地震烈度	VI 度以下	VI 度	VII 度	VIII 度	IX 度及以上

（3）单因素隶属值的确定

模糊关系运算中的隶属度是指分类指标从属于某种类别的程度大小，一般是以隶属函数来刻画。隶属函数的确定是一项非常复杂的工作，目前尚无一套完整的而且具有普遍意义的确定办法。人们往往是根据具体研究对象采取一定的统计推断得到，多数情形是以正态函数代替隶属函数，使用起来很不方便，而且物理意义不很明显。

在总结前人确定隶属度成功经验和失败教训的基础上，结合芦山灾区的实际情况，采用剖分面积元的办法来确定因素的隶属度，即

$$a_{ik}=\begin{cases}0 & \text{表示第 } i \text{ 因素在某单元中第 } k \text{ 等级中所占面积为 } 0\\ \dfrac{S_k}{S} & \text{表示第 } i \text{ 因素在某单元中第 } k \text{ 等级中所占面积为 } S_k\\ 1 & \text{表示第 } i \text{ 因素在某单元中第 } k \text{ 等级中所占面积为 } S\end{cases}$$

式中，a_{ik}为第 i 个因素在某个单元对第 k 等级的隶属度（$k=1，2，3，4；i=1，2，3，\cdots，7$）。这种方法确定的隶属度，非常直观，易于计算，而且也很符合实际情况，是一种可行的方法。

（4）模糊综合评判过程

按照模糊综合评判的基本要求，整个评价过程如下：

1）将工作区 1∶5 万地理底图进行网格剖分，共 162946 个评价单元。

2）按表 5-4 的分级标准，绘制各因素的分区图。

3）逐一量测各网格中各指标归属于上述区域稳定等级的面积值，并计算其隶属度的大小。

4）模糊综合评判：按单元序号分别将每单元在目标层 R 下的隶属度值组成的关系矩阵 $\boldsymbol{A}$ 和利用上述层次分析求出的权向量 $\boldsymbol{R}$ 进行 $ROA=B$ 的模糊合成，即得到评价值：

$$B=ROA=(r_{11},\ r_{12},\ r_{13},\ r_{14},\ r_{15},\ r_{16},\ r_{17})\begin{pmatrix}a_{11} & a_{12} & a_{13} & a_{14}\\ a_{21} & a_{22} & a_{23} & a_{24}\\ a_{31} & a_{32} & a_{33} & a_{34}\\ a_{41} & a_{42} & a_{43} & a_{44}\\ a_{51} & a_{52} & a_{53} & a_{54}\\ a_{61} & a_{62} & a_{63} & a_{64}\\ a_{71} & a_{72} & a_{73} & a_{74}\end{pmatrix}$$

$$=(b_1,\ b_2,\ b_3,\ b_4)=(b_j)_{\max}$$

式中，b_j为该评价单元隶属于区域稳定各等级的隶属度；b_1代表综合工程地质良好区；b_2代表综合工程地质较好区；b_3代表综合工程地质条件较差区；b_4代表综合工程地质差区。然后采用最大隶属度原则，就可以得到该评价单元的综合工程地质评价结果。

5）将所有网格进行综合工程地质评价，最后就得到了总评价结果图。

第三节 芦山地震灾区单因素指标分析

1. 灾区地形地貌类型分析

芦山地震灾区山高、坡陡、谷深，地形条件复杂，震区地处青藏高原东部边缘的龙门山断裂带，地形自西北向东南倾斜，大部分地区被河流切割成山地。灾区地形地貌类型主要有平原、台地、低丘陵、高丘陵、低山、小起伏中山、中起伏中山、大起伏中山、低起伏高山、中起伏高山、大起伏高山、大起伏极高山、极大起伏高山、极大起伏极高山、河流及河谷等16种类型。

根据表5-4划分标准，利用GIS制作了灾区的地形地貌类型分级分布图（图5-3）。从图上可以看出，本区地貌类型主要以3、4级为主（图5-4），1、2、5级地貌类型分布零星。

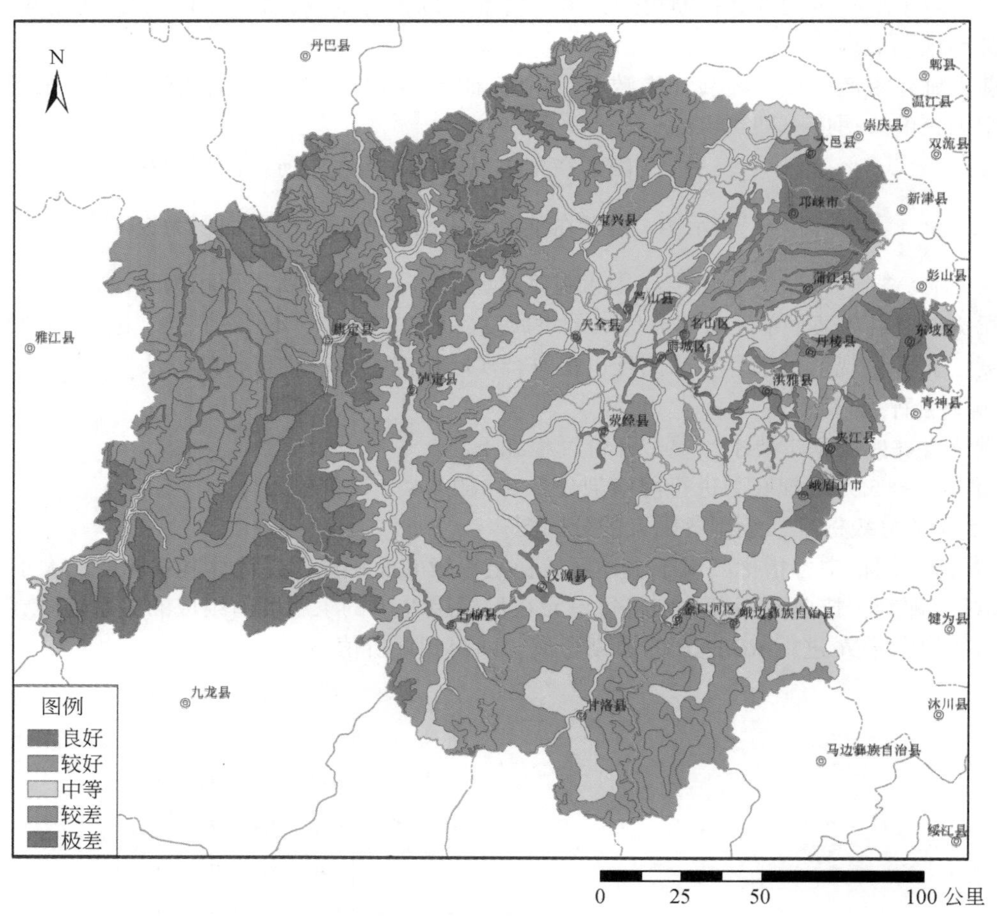

图5-3 芦山地震灾区地形地貌类型分级分布图

2. 灾区岩组工程特性分析

本次岩组划分以岩石坚硬程度为参考，凡是含有泥岩、页岩、千枚岩、蛇绿岩、黏土岩等软岩的岩组均划分为软岩岩组，花岗岩、闪长岩等划分为硬岩岩组，白云岩、石灰岩、砂板岩划分为较硬岩岩组，第四系及单轴抗压强度小于5兆帕的岩石均划做极软岩（含未成岩）岩组（表5-5）。

划分结果灾区地层132套，其中坚硬岩岩组含地层45套，较硬岩岩组含地层25套，较软岩岩组含地层2套，软岩岩组57套，极软岩（含未成岩）岩组含地层3套。其中极软岩、坚硬岩和较硬岩岩组所占

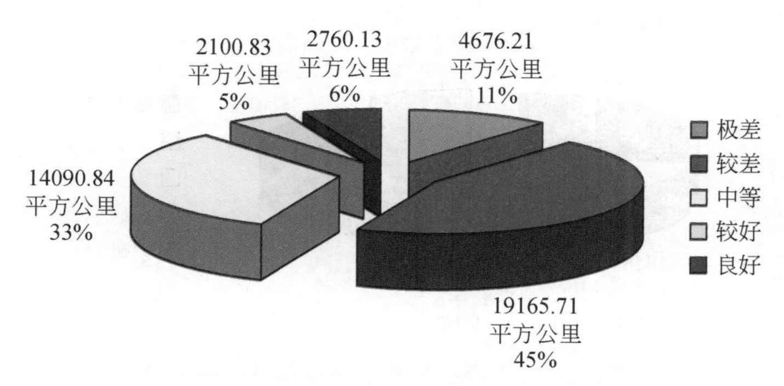

图 5-4　芦山地震灾区不同地貌类型分布面积及比例

面积最大，三者累计面积比例超过 90. 42% 。空间分布上，岩性的分布与构造线方向一致，呈 SW—NE 向条带状展布（图 5-5 ~ 图 5-6）。

表 5-5　工程岩组划分标准

坚硬程度类别	坚硬岩	较硬岩	较软岩	软岩	极软岩（含未成岩）
饱和单轴抗压强度标准值 f_{rk}（兆帕）	$f_{rk}>60$	$60\geqslant f_{rk}>30$	$30\geqslant f_{rk}>15$	$15\geqslant f_{rk}>5$	$f_{rk}\leqslant 5$

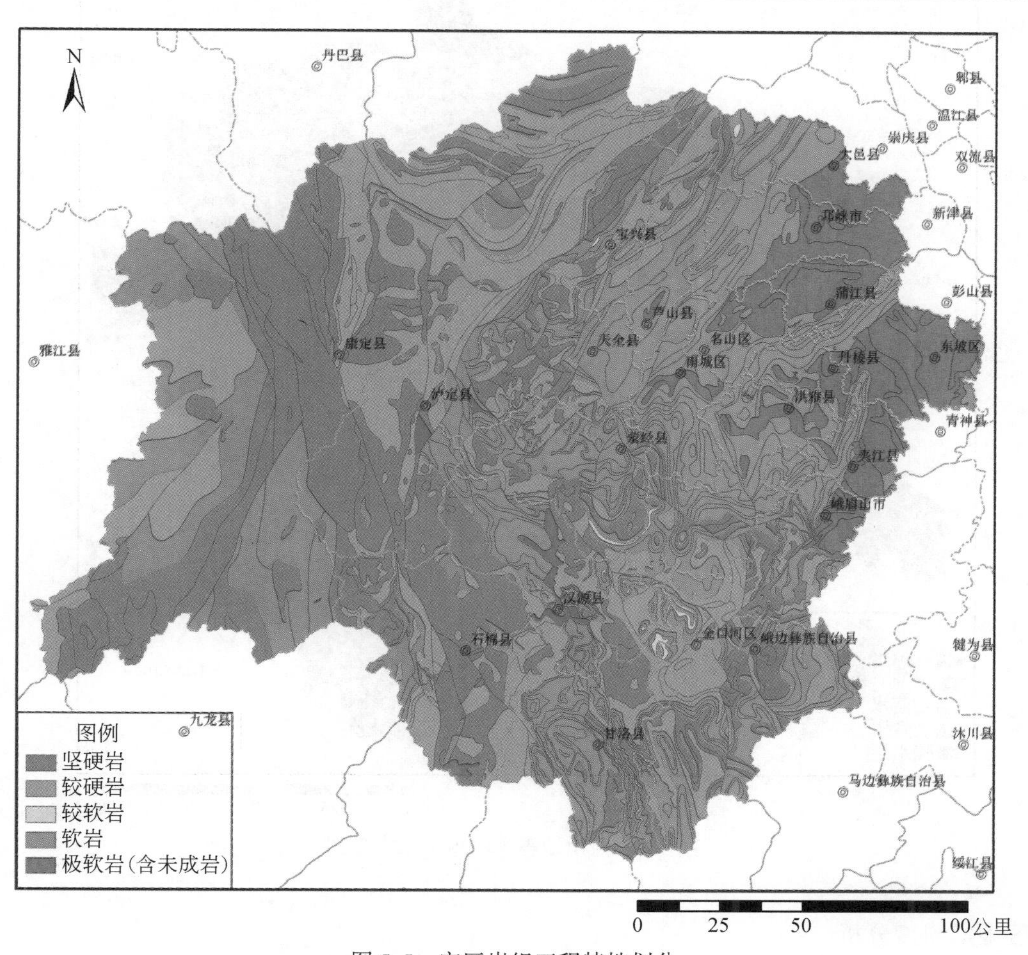

图 5-5　灾区岩组工程特性划分

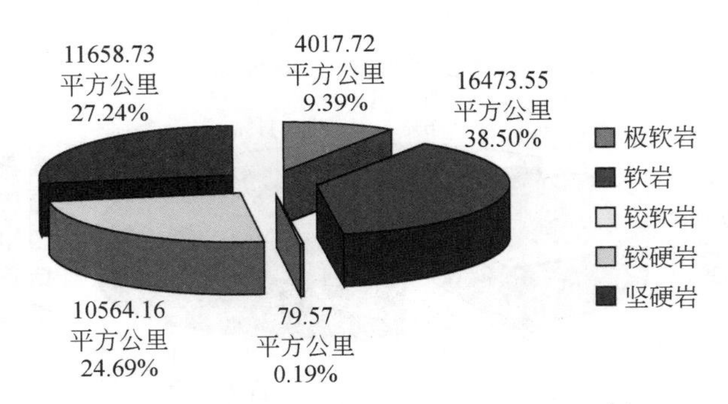

图 5-6　芦山地震灾区工程岩组面积及比例

3. 灾区岩组水文地质特性分析

根据地层岩性的特点推断该地层的地下水类型及赋水的性能，把该区的地层划分为孔隙水介质、裂隙岩溶水介质、岩溶水介质、裂隙水介质以及隔水地层。全区 132 套地层岩性中孔隙水介质含 3 套地层，裂隙岩溶水介质含 16 套地层，岩溶水介质含 30 套地层，裂隙水介质 52 套地层，隔水层有 31 套地层。统计发现，隔水层在灾区分布最广，约占灾区总面积的 30.38%；其次为裂隙水，约占灾区总面积的 28.61%（图 5-7 ~ 图 5-8）。

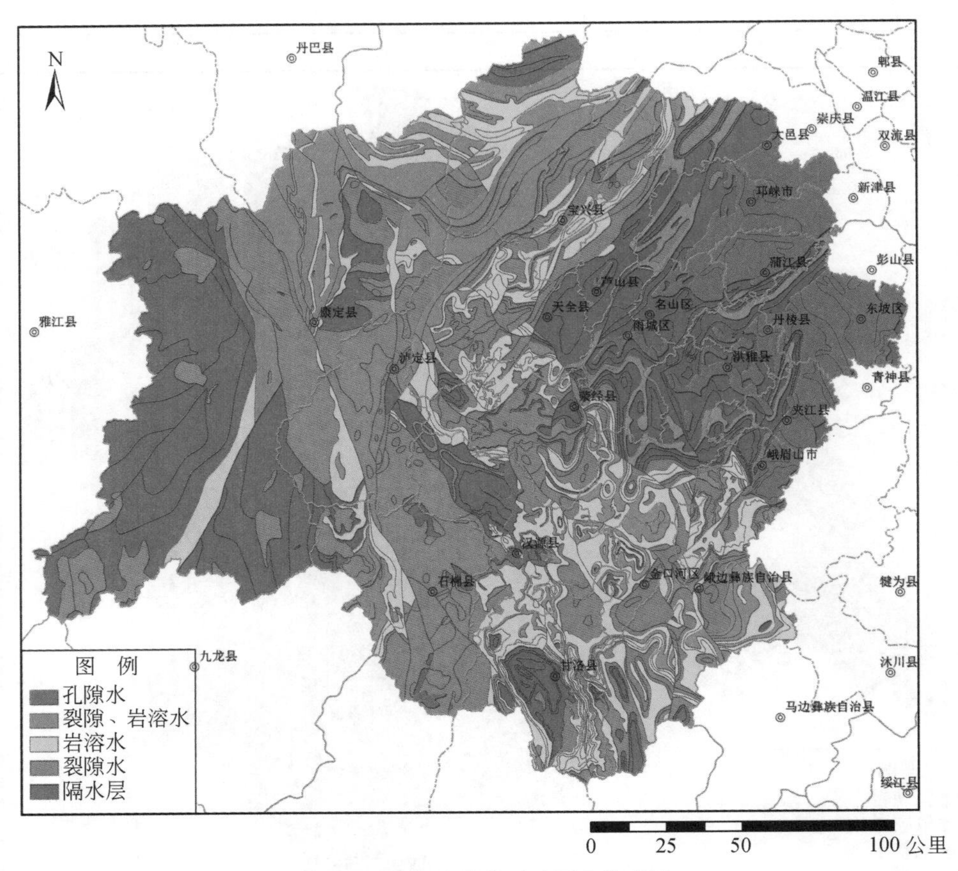

图 5-7　芦山地震灾区地下水类型图

4. 灾区地震烈度分析

根据综合工程地质图图例及色标（中华人民共和国国家标准 GB12328-90），应用综合工程地质分区 5

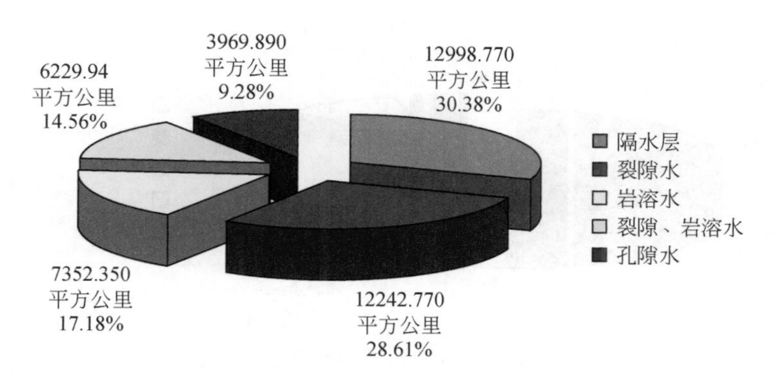

图 5-8　岩组水文地质性质面积及比例

级划分方案，相应地把灾区地震烈度划分为 5 级，即 IX 度及以上地区、VIII 度区、VII 度区、VI 度及以下地区（图 5-9 ~ 图 5-10）。

分析发现，灾区地震烈度 IX 度及以上地区所占面积很小，仅占灾区面积的 0. 49%；地震烈度为 VIII 度的地区所占面积百分比 3. 30%；地震烈度为 VII 度地区所占面积百分比为 30. 61%；地震烈度为 VI 度及以下地区所占面积最大，占灾区面积的 86. 83% 以上。

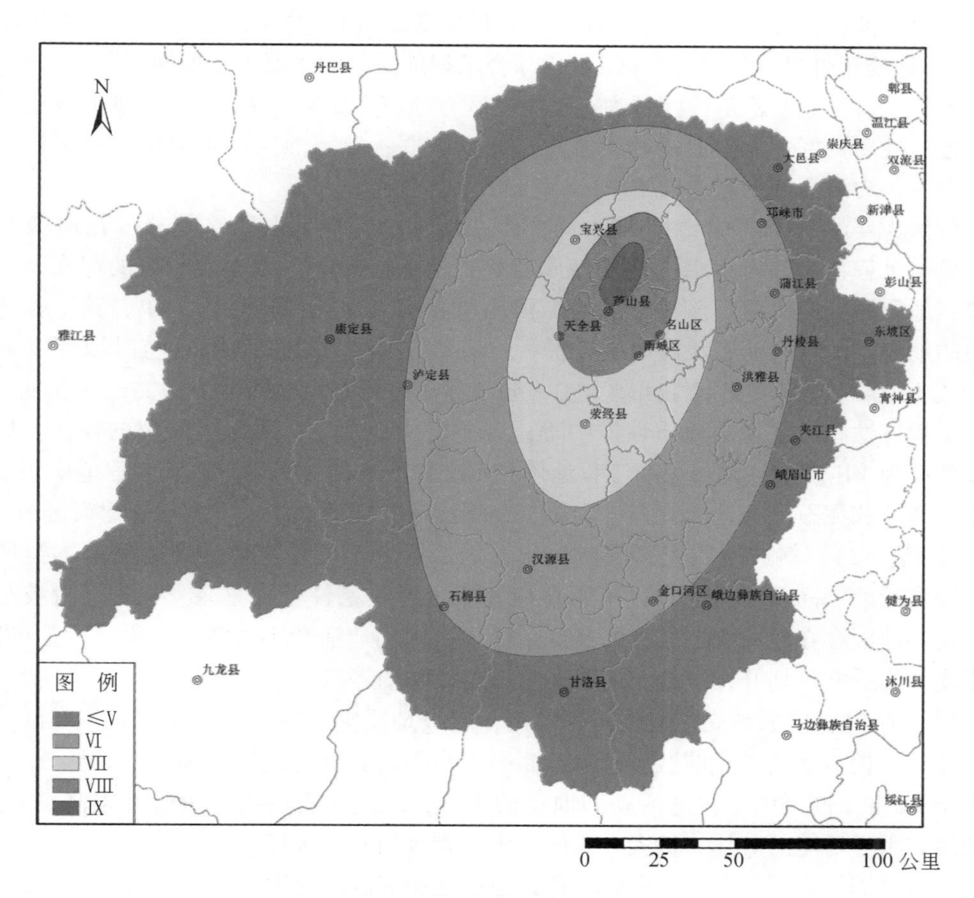

图 5-9　芦山地震灾区烈度图

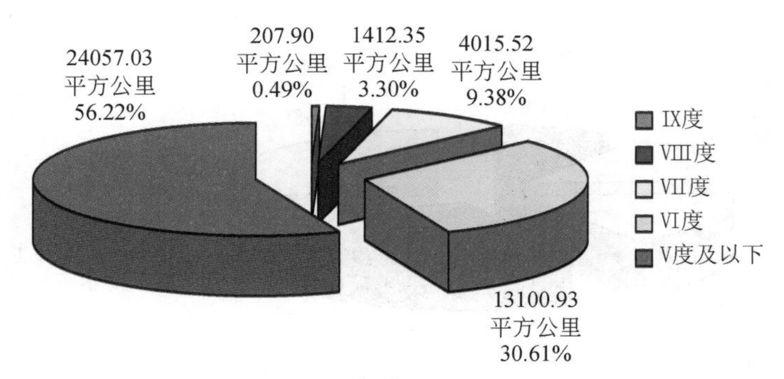

图 5-10　震区烈度面积分布及百分比

第四节　芦山地震灾区综合工程地质分区评价

1. 基于自然单元的评价

根据前面的分析，将芦山地震灾区共划分了 5 类区，分别为综合工程地质条件良好区（I 类区）、综合工程地质条件较好区（II 类区）、综合工程地质条件中等区（III 类区）综合工程地质条件较差区（IV 类区）、综合工程地质条件极差区（V 类区）。各综合工程地质区的主要工程地质问题如下所述。

I 类区（分值为5）：地基稳定性问题为主。本类区在地貌上属高海拔平原区，坡度平缓；岩组工程特性和岩组水文地质性质良好；无构造活动或者构造活动较弱；地震烈度小于Ⅵ度。其工程地质问题主要以地基稳定性为主，为适宜规划建设的区域。

II 类区（分值为 4）：斜坡稳定性问题，局部存在地基稳定性问题。这类分区在地貌上属高海拔台地—丘陵区；岩组工程特性和岩组水文地质性质较好；构造活动弱，无深大断裂的存在，但局部可能有小型断裂发育；地震烈度为Ⅵ度。该类分区的工程地质和水文地质条件较为简单，其工程地质问题主要表现为小规模的崩塌、滑坡和泥石流等地质灾害；局部有小型活动断裂，为较适宜规划建设的区域。

III 类区（分值为 3）：斜坡稳定性问题为主，局部存在地壳稳定性问题。这类分区在地貌上属高海拔中山区；岩组工程特性和岩组水文地质性质中等；有一定构造活动，无深大断裂的存在，局部有小型断裂发育；地震烈度为 VII 度。该类分区的工程地质和水文地质条件较为复杂，其工程地质问题主要表现为大规模的崩塌、滑坡和泥石流等地质灾害；局部有小型活动断裂活动，为适度规划建设区域。

IV 类区（分值为 2）：斜坡地质灾害问题突出，局部区域地壳稳定性问题为辅。本类区地貌上属中山—高山区，坡度较陡、高差相对较大，工程地质和水文地质条件较为复杂，崩塌、滑坡和泥石流等地质灾害突出，这类地区存在地质灾害发育的良好条件。区内构造活动不太强烈，没有大型的断裂带发育，地震烈度为Ⅷ度，为适度规划开发区域，但要注意抗震设防的等级。

V 类区（分值为 1）：区域地壳稳定性问题突出，斜坡地质灾害问题相对次之。本类区为工程地质和水文地质条件复杂、构造活动强烈的区域，包括断裂发育带及其邻近地区。地震活动频繁，地震震级高，烈度大于或等于 IX 度。同时由于构造活动和地震的影响，地质灾害的潜在危险性很高，一旦发生地震，引发的次生地质灾害对环境的破坏力极大。该区为不适宜规划开发区域。

利用层次分析模糊综合评判方法，得到了芦山地震地震灾区综合工程地质分区评价图（图 5-11）。灾区综合工程地质条件以工程地质条件中等区（Ⅲ类区）为主，面积为 27128. 83 平方公里，占全区总面积 63. 39%；其次为综合工程地质条件较好区（Ⅱ类区），面积为 11701. 77 平方公里，占全国面积的 27. 34%；地质条件良好区（Ⅰ类区）和较差区（Ⅳ类区）面积分别为 2941. 97 平方公里和 1021. 27 平方公里，分别约占全区总面积的 6. 87% 和 2. 39%，见图 5-12。

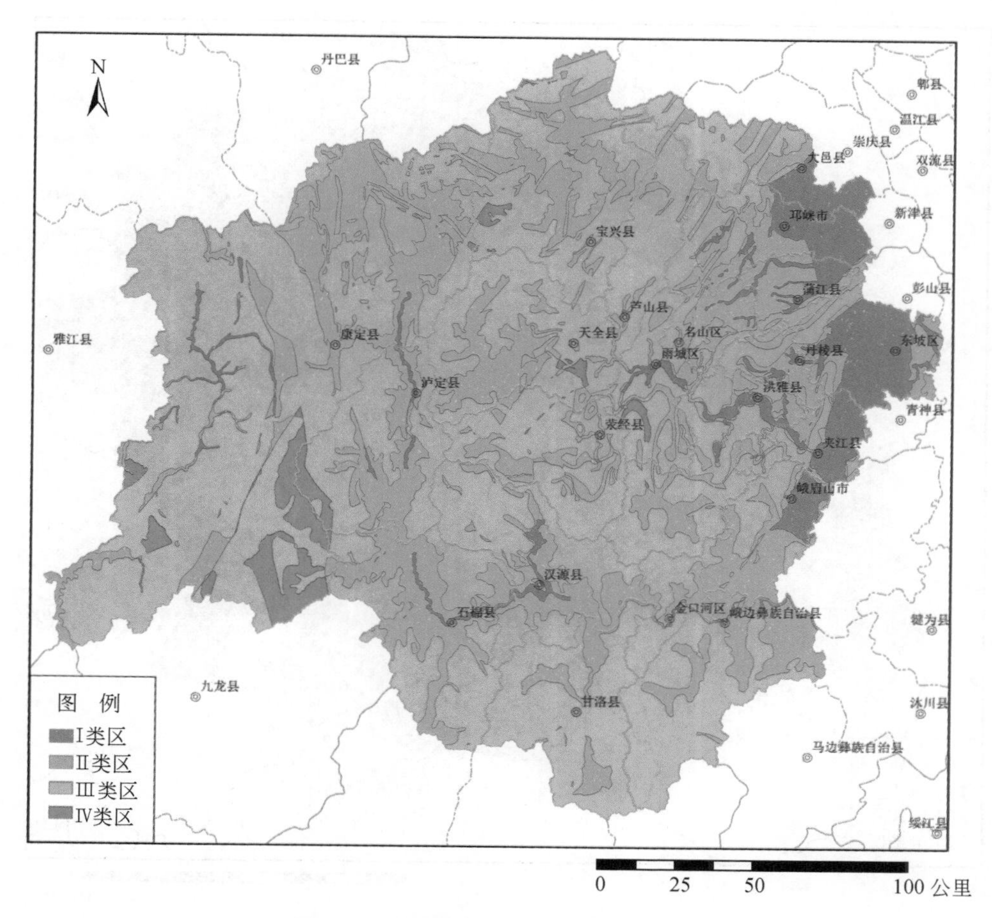

图 5-11　灾区综合工程地质分区评价图

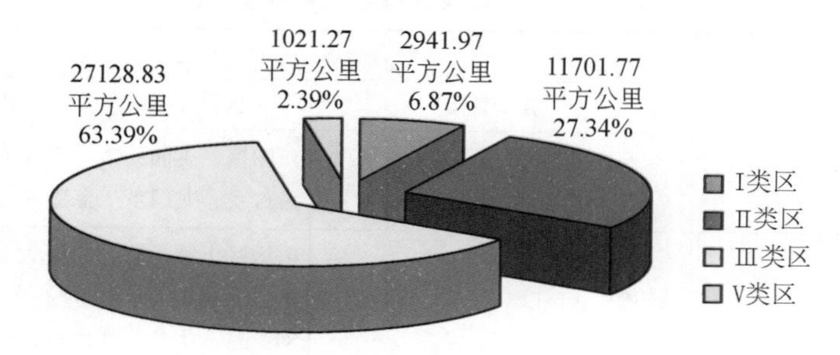

图 5-12　各综合工程地质分区面积及百分比

2. 基于乡镇单元的评价

采用最大隶属度原则，对地震灾区每个乡镇开展评价，以综合工程地质条件分区面积最大的分区作为该乡镇的综合工程地质分区结果。各乡镇的综合工程地质分区结果见图 5-13 及表 5-6。可见，灾区各乡镇的综合工程地质条件一般，其中工程地质条件中等的（III 类区）有 228 个乡（镇），面积为 33323. 68 平方公里；工程地质条件较好的（II 类区）有 98 个乡（镇），面积为 7048. 58 平方公里；地质条件良好（I 类区）的乡（镇）有 57 个，面积为 2419. 48 平方公里。

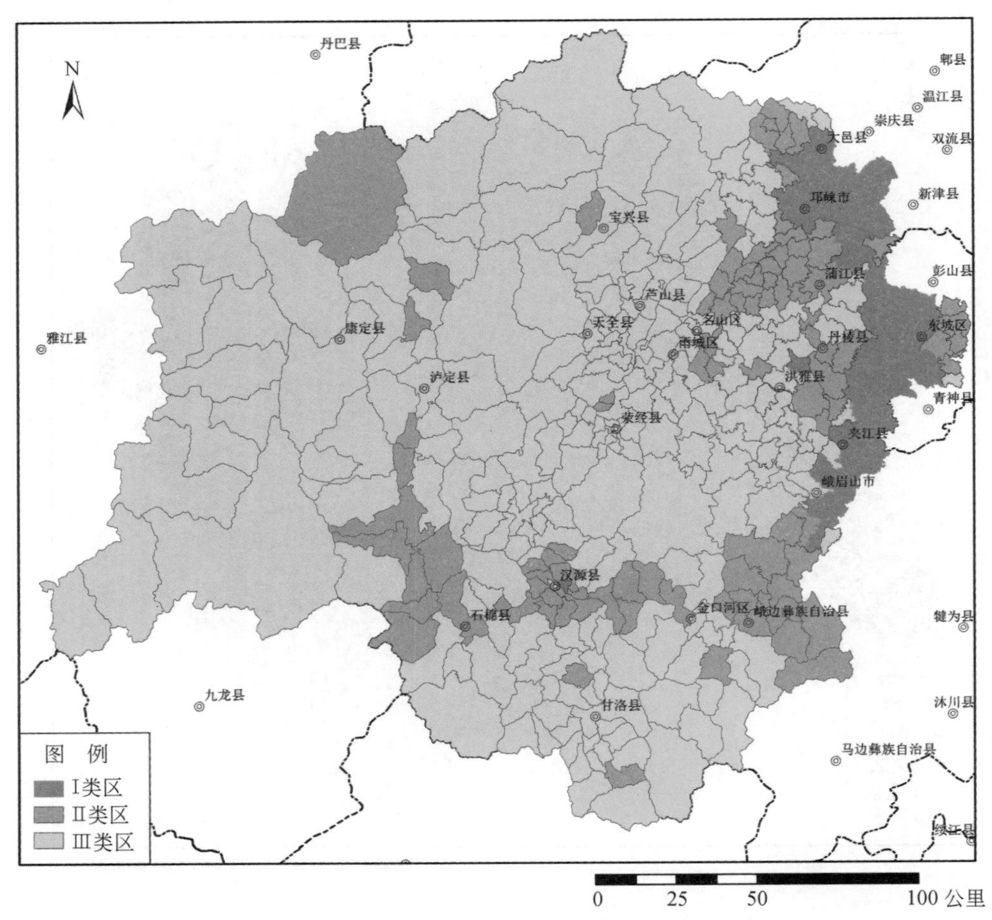

图 5-13　灾区各乡镇综合工程地质分区评价

表 5-6　芦山地震灾区综合工程地质分区

区县	综合分区		
	I 类区	II 类区	III 类区
芦山县	—	—	芦阳镇、飞仙关镇、双石镇、太平镇、大川镇、思延乡、清仁乡、龙门乡、宝盛乡、苗溪茶场
雨城区	—	草坝镇、合江镇	雨城区市区、北郊镇、大兴镇、对岩镇、沙坪镇、中里镇、上里镇、严桥镇、晏场镇、多营镇、碧峰峡镇、南郊乡、八步乡、观化乡、孔坪乡、凤鸣乡、望鱼乡
天全县	—	—	城厢镇、始阳镇、小河乡、思经乡、鱼泉乡、紫石乡、两路乡、大坪乡、乐英乡、多功乡、仁义乡、老场乡、新华乡、新场乡、兴业乡
名山区	—	百丈镇、永兴镇、新店镇、黑竹镇、红星镇、中峰乡、联江乡、廖场乡、万古乡、解放乡、茅河乡	蒙阳镇、车岭镇、马岭镇、蒙顶山镇、城东乡、前进乡、红岩乡、双河乡、建山乡
荥经县	—	天凤乡、宝峰彝族乡	严道镇、花滩镇、六合乡、烈太乡、安靖乡、民建彝族乡、烈士乡、荥河乡、新建乡、泗坪乡、新庙乡、三合乡、大田坝乡、新添乡、附城乡、五宪乡、烟竹乡、青龙乡、龙苍沟乡

续表

区县	综合分区		
	I 类区	II 类区	III 类区
宝兴县	—	五龙乡	穆坪镇、灵关镇、陇东镇、蜂桶寨乡、硗碛藏族乡、永富乡、明礼乡、大溪乡
邛崃市	临邛镇、羊安镇、牟礼镇、桑园镇、固驿镇、冉义镇、高埂镇、前进镇	夹关镇、火井镇、回龙镇、临济镇、卧龙镇、宝林镇、茶园乡、孔明乡	平乐镇、水口镇、高何镇、天台山镇、道佐乡、油榨乡、南宝乡、大同乡
汉源县	富林镇	乌斯河镇、大皇木镇、唐家乡、富春乡、河西乡、市荣乡、富泉乡、万工乡、白岩乡、青富乡、桂贤乡、晒经乡、料林乡、小堡藏族彝、永利彝族乡、顺河彝族乡	汉源城区、九襄镇、宜东镇、富庄镇、清溪镇、大田乡、大岭乡、前域乡、后域乡、大堰乡、两河乡、富乡乡、梨园乡、三交乡、双溪乡、西溪乡、建黎乡、安乐乡、万里乡、马烈乡、河南乡、片马彝族乡、坭美彝族乡
蒲江县	寿安镇	鹤山镇、大塘镇、朝阳湖镇、西来镇、大兴镇、甘溪镇、成佳镇、复兴乡、	光明乡、白云乡
丹棱县	仁美镇	丹棱镇、杨场镇、石桥乡	双桥镇、张场镇、顺龙乡
洪雅县	—	余坪镇、中山乡	止戈镇、三宝镇、花溪镇、洪川镇、槽渔滩镇、中保镇、东岳镇、柳江镇、高庙镇、瓦屋山镇、将军乡、汉王乡、桃源乡
金口河区	—	永和镇、吉星乡	金河镇、和平彝族乡、共安彝族乡、永胜乡
大邑县	晋原镇、王泗镇、新场镇、安仁镇、董场镇、韩场镇、三岔镇、上安镇、苏家镇、沙渠镇、蔡场镇	悦来镇、斜源镇、雾山乡、鹤鸣乡	出江镇、花水湾镇、西岭镇、青霞镇、金星乡
石棉县	—	新棉镇、先锋藏族乡、蟹螺藏族乡、宰羊乡、新民藏族彝族乡、挖角彝族藏族乡、田湾彝族乡	安顺彝族乡、永和乡、回隆彝族乡、擦罗彝族乡、栗子坪彝族乡、美罗乡、迎政乡、丰乐乡、草科藏族乡
泸定县	—	杵坭乡、德威乡、得妥乡	岚安乡、烹坝乡、泸桥镇、冷碛镇、田坝乡、兴隆镇、国有林场、新兴乡、磨西镇、加郡乡
夹江县	漹城镇、黄土镇、甘江镇、三洞镇、吴场镇、甘霖镇、新场镇、顺河乡、土门乡、青州乡、梧凤乡	中兴镇、迎江乡	界牌镇、木城镇、华头镇、马村乡、龙沱乡、南安乡、歇马乡、麻柳乡
峨眉山市	九里镇、符溪镇、峨山镇、双福镇、桂花桥镇、胜利镇、新平乡	高桥镇、罗目镇、龙池镇、大为镇、龙门乡、沙溪乡	绥山镇、乐都镇、川主乡、普兴乡、黄湾乡
甘洛县	—	吉米镇、胜利乡	新市坝镇、田坝镇、海棠镇、斯觉镇、普昌镇、玉田镇、前进乡、新茶乡、两河乡、里克乡、尼尔觉乡、拉莫乡、波波乡、阿嘎乡、阿尔乡、石海乡、团结乡、嘎日乡、则拉乡、坪坝乡、蓼坪乡、阿兹觉乡、乌史大桥乡、黑马乡、沙岱乡、苏雄乡

续表

区县	综合分区		
	I 类区	II 类区	III 类区
东坡区	永青乡、通惠街道办事处、大石桥街道办事处、苏祠街道办事处、白马镇、象耳镇、太和镇、悦兴镇、尚义镇、多悦镇、秦家镇、崇仁镇、思濛镇、修文镇、松江镇、永寿镇、复兴乡	崇礼镇、富牛镇、三苏乡、土地乡、复盛乡、金花乡、彭山县飞地	长秋乡、万胜镇、广济乡、盘鳌乡、柳圣乡
峨边县	—	沙坪镇、大堡镇、毛坪镇、五渡镇、杨河乡、共和乡、新场乡、平等乡	新林镇、黑竹沟镇、红花乡、宜坪乡、杨村乡、白杨乡、觉莫乡、万坪乡、哈曲乡、金岩乡、勒乌乡
康定县	—	孔玉乡、麦崩乡、时济乡	捧塔乡、金汤乡、塔公乡、雅拉乡、舍联乡、三合乡、瓦泽乡、新都桥镇、前溪乡、姑咱镇、炉城镇、呷巴乡、甲根坝乡、朋布西乡、贡嘎山乡、沙德乡、普沙绒乡、吉居乡

本次综合工程地质分区评价，本着由大到小、由面到点的原则，逐级细化。区域工程地质划分工作，从大尺度上将评价区划分为5类区，既是对地震灾区工程地质与水文地质条件的总体评价，又是乡镇进行逐级细化评价的基础和前提。

第六章 用地条件评价

第一节 地形条件评价

地形是评价灾后重建区资源环境承载能力的一个基础性和综合性条件，由地形高程、坡度、坡向以及表述宏观或区域尺度地形特点的地势、高差、沟谷密度、地形破碎度、地面粗糙度等要素构成，具体可通过地形高程和地形坡度两个指标得到反映。地形条件是区域经济社会发展空间格局形成与演变的控制性因素，尤其是对于芦山地震灾后重建区人口密度较小、经济基础比较薄弱、自我发展能力不足的地区，其基础性控制作用更加凸显。在进行地形条件评价时应尽可能多地考虑与灾区重建有密切关系的人口承载能力及产业和城镇发展条件等因素。一般来说，高程低、坡度小、面积大、集中连片的区域更适合于作为城镇居民点、工业建设用地和耕地。

（一）指标算法依据及技术流程

根据地形条件评价目的和地形高程、坡度指标的属性特点，在确定灾区地形高程和坡度分级阈值时，需要综合考虑地质条件，崩塌、滑坡、泥石流成灾条件，植被和农业地带性分布规律，当地多雨的气候特点，以及城镇、农村居民点和工业建设对地形的要求等多种因素。

1. 地形高程分级标准及依据

（1）分级标准

灾后重建区地形高程的分级标准按海拔小于 800 米、800～1200 米、1200～1600 米、1600～2000 米、2000～2500 米、2500～3000 米和大于 3000 米划分为 7 个级别。

（2）分级依据

800 米：成都平原海拔高程一般为 450～750 米，故选 800 米作为一个分级阈值。

1200 米：川西北地区易发生滑坡、泥石流的高程一般都在 1200 米以上。

1600 米：作为地形高程分级的次级阈值。

2000 米：森林分布集中于 2000～4000 米地带；大于或等于 10℃的年活动积温 3000℃等值线在康定附近，高程为 2100 米。综合考虑，选 2000 米作为一个重要的高程阈值。

2500 米：作为地形高程分级的次级阈值。

3000 米：为川西地貌类型山原区的海拔分布最低线；为种植业与畜牧业的分界线，高程 3000 米以上适合于发展畜牧业。

2. 地形坡度分级标准及依据

（1）分级标准

灾后重建区地形坡度的分级标准按小于 3°、3°～5°、5°～8°、8°～10°、10°～15°、15°～20°、20°～25°、25°～30°和大于 30°划分为 9 个级别。

（2）分级依据

5°：地形坡度 5°以下地区，水土流失基本与平地一样，适宜城镇建设。地势平坦，有利于节约用地，而且对城镇道路和管网的布局基本上没有限制。

8°：地形坡度5°～8°地区较适宜城镇建设。地形有一定坡度，需采用台地与平地结合的混合式竖向设计，增加一定的土石方和防护工程量；对道路和管网布局构成少量限制，但容易营造有特色的城镇景观。

15°：地形坡度15°是水土流失的一个相对质变点，15°以上地区水土流失急剧增大。地形坡度8°～15°属于城镇建设中等适宜地区。当地形坡度大于8°，居住区地面连接形式宜选用台地式，台地之间需用挡土墙或护坡连接，土石方和防护工程量较大。对道路和管网布局构成较大限制。当居住区内道路坡度大于8°时，应辅以梯步解决竖向交通，并在梯步旁附设推行自行车的坡道。建设成本的增加比较显著，生活有一定不便。

25°：地震灾区25°～35°的斜坡多有形成泥石流的物质分布，30°～50°地区易发生滑坡现象。地形坡度在25°以上时无法集中安排城市建设用地，也不适于工业仓储用地的交通组织和生产工艺流程组织。可安排少量居住用地，但纵向交通组织和管网布局均具有很大局限性。通常道路坡度很陡，需要设专门的步道，以及采用迂回式道路，建设成本显著上升，安全性下降，生活十分不便。

3°、10°、20°、30°：作为地形坡度分级的次级阈值。

3. 指标计算技术流程

（1）基础图件

需要的图件包括：数字地形图和行政区划图。数字地形图来源于四川省测绘局，比例尺为1∶5万，栅格单元为30米×30米。灾区行政区划图包括行政村界图和乡镇界线图，来源于国土资源部第二次土地利用调查数据。

（2）图件加工

以数字地形图为底图，按大于3000米、3000～2500米、2500～2000米、2000～1600米、1600～1200米、1200～800米、小于800米提取生成地形高程分级图；以数字地形图为底图，按地形坡度小于3°、3°～5°、5°～8°、8°～10°、10°～15°、15°～20°、20°～25°、25°～30°和大于30°提取生成地形坡度分级图。根据四川省乡镇界线调整更新情况将乡镇和村级行政区划图调整更新至2012年。

（3）图形匹配与叠加

以数字地形图为基准图，将更新后的乡镇行政区划图与之匹配。将地形高程分级图、地形坡度分级图和更新后的乡镇和村级行政区划图叠加在一起，生成一幅复合图，供数据提取和空间分析之用。

（4）数据提取与空间分析

以叠加复合图为基础，极重灾区和重灾区以村为单元，一般灾区以乡镇为单元，按地形高程分级、地形坡度分级以及二者的不同组合，分别提取计算出灾区分村和分乡镇地形高程和坡度分级数据。

（二）评价结果分析

1. 地形总体特征

芦山地震灾区21个县（市、区）地处青藏高原与四川盆地过渡地带，位于龙门山断裂带南段。灾区地势自西向东倾斜，最大高程达7500米，位于康定县和泸定县交界处，而最低处仅为500米左右，位于东坡区和夹江县境内。地貌类型从西向东呈现出明显的高山峡谷区、山地丘陵区、山前平原区3种类型。高山峡谷区主要分布在西部地区，包括康定、泸定、天全、宝兴、石棉等县，海拔一般在3000米以上，河流切割较深。山地丘陵区主要分布在芦山县、雨城区、荥经县、汉源县、金口河区、甘洛县、峨边县境内，海拔起伏较大，一般在2000～4000米，地形呈现出明显的起伏，山地和丘陵交错，是崩塌、滑坡和泥石流高发区，在河流干流沿岸及其两侧支流下游河谷地带零星分布有一些相对平坦的坝地。山前平原区位于成都平原西缘，包括名山区、丹棱县、东坡区、邛崃市、夹江县等县（市、区），海拔多在

500～1000 米，地形开阔平坦，地质次生灾害风险较小。

2. 地形高程空间分异特征

根据 1∶5 万数字地形图生成的地形高程分级分布图（图 6-1）和数据提取结果（表 6-1），芦山地震灾区的地形条件在地形高程分异方面具有以下显著特点：

1）从地形高程分级数据看，土地在各高程分级带的分布具有明显差异，在地域分布上也呈现出显著的地带性规律。海拔在 3000 米以上地区的面积为 14917.7 平方公里，占灾区总面积的 34.88%，主要分布在西部的高山峡谷区，中部山地丘陵区也有少量分布；海拔在 800 米以下地区的面积为 6969.5 平方公里，占 16.32%，主要分布在东部的山前平原区；海拔在 800～1200 米、1200～1600 米、1600～2000 米、2000～2500 米、2500～3000 米高程分级带的面积分别为 3533.1 平方公里、3953.8 平方公里、4051.7 平方公里、5182.7 平方公里和 4148.4 平方公里，所占比例分别为 8.26%、9.24%、9.47%、12.12% 和 9.70%，主要集中在中部山地丘陵区，另外高山峡谷区和山前平原区也有少量分布。

表 6-1　芦山地震灾区地形高程分异情况

灾区类型	土地总面积（平方公里）	<800 米		800～1200 米		1200～1600 米		1600～2000 米	
		面积（平方公里）	比重（%）	面积（平方公里）	比重（%）	面积（平方公里）	比重（%）	面积（平方公里）	比重（%）
极重灾区	1190.8	98.8	8.30	191.3	16.06	320.3	26.90	199.7	16.77
重灾区	9382.5	1137.3	12.12	1397.3	14.89	1367.0	14.57	1183.1	12.61
一般灾区	32194.2	5743.4	17.84	1944.5	6.04	2266.5	7.04	2668.9	8.29
合计	42767.5	6969.5	16.32	3533.1	8.26	3953.8	9.24	4051.7	9.47

灾区类型	2000～2500 米		2500～3000 米		>3000 米	
	面积（平方公里）	比重（%）	面积（平方公里）	比重（%）	面积（平方公里）	比重（%）
极重灾区	145.4	12.21	110.7	9.30	124.5	10.45
重灾区	1396.1	14.88	1153.1	12.29	1748.1	18.63
一般灾区	3641.2	11.31	2884.6	8.96	13045.1	40.52
合计	5182.7	12.12	4148.4	9.70	14917.7	34.88

2）极重灾区和重灾区涵盖高山峡谷区、山地丘陵区、山前平原区 3 种地貌类型，地形起伏程度自西向东呈现出明显的地带性规律。从高程分带数据统计结果看，各高程带面积相对较均衡。极重灾区芦山县海拔在 3000 米以上面积为 124.5 平方公里，占全县总面积为 10.45%，主要分布在境内西北地区；海拔在 800 米以下的面积为 98.8 平方公里，仅占 8.30%，主要分布在芦山县城芦阳镇、思延乡等河谷地带；海拔在 800～1200 米、1200～1600 米、1600～2000 米、2000～2500 米、2500～3000 米高程分级带的面积分别为 191.3 平方公里、320.3 平方公里、199.7 平方公里、145.4 平方公里和 110.7 平方公里，所占比例分别为 16.06%、26.9%、16.77%、12.12% 和 9.30%。重灾区海拔在 3000 米以上面积为 1748.1 平方公里，占重灾区土地总面积为 18.63%，主要分布在宝兴县、天全县以及荥经县；海拔在 800 米以下的面积为 1137.3 平方公里，占 12.12%，主要分布在名山区、雨城区和邛崃市的 6 个乡镇；海拔 800～1200 米、1200～1600 米、1600～2000 米、2000～2500 米、2500～3000 米高程分级带的面积分别为 1397.3 平方公里、1367.0 平方公里、1183.1 平方公里、1396.1 平方公里和 1153.1 平方公里，面积所占比例分别为 14.89%、14.57%、12.61%、14.88% 和 12.29%。

3. 地形坡度空间分异特征

根据 1∶5 万数字地形图生成的地形坡度分级分布（图 6-2）和数据提取结果（表 6-2），芦山地震灾

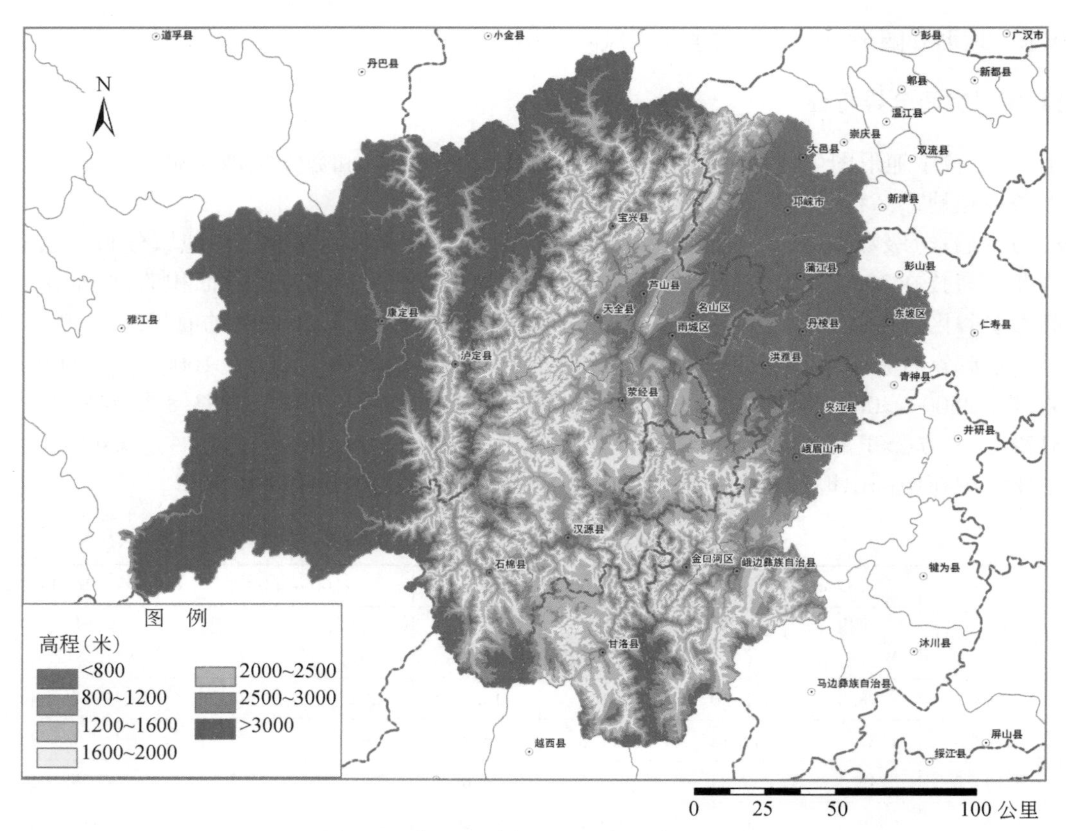

图6-1 芦山地震灾区地形高程分级分布

后重建区的地形条件在地形坡度分异方面具有以下显著特点。

1）从地形坡度分级数据看，土地在各坡度分级带的分布具有明显差异，总体情况是高坡度面积比重较大，低坡度面积比重较小。坡度大于25°的面积为21207.6平方公里，占灾区总面积达49.59%，主要分布在西部的高山峡谷区，中部山地丘陵区也有少量分布；坡度在15°~25°的面积为9622.7平方公里，占比重为22.50%，主要分布在高山峡谷区和山地丘陵区；坡度在8°~15°和5°~8°的面积分别为6249.9平方公里、2679.7平方公里，占比重分别为14.61%和6.27%；坡度在5°以下的面积仅为3007.6平方公里，占比重仅为7.03%，主要分布在山前平原区。

表6-2 芦山地震灾区地形坡度分异情况

灾区类型	土地总面积（平方公里）	<5°		5°~8°		8°~15°		15°~25°		>25°	
		面积（平方公里）	比重（%）	面积（平方公里）	比重（%）	面积（平方公里）	比重（%）	面积（平方公里）	比重（%）	面积（平方公里）	比重（%）
极重灾区	1190.8	35.9	3.02	43.9	3.69	147.36	12.37	294.1	24.69	669.5	56.23
重灾区	9382.5	475.5	5.07	448.0	4.77	1293.6	13.79	2289.1	24.40	4876.3	51.97
一般灾区	32194.2	2496.2	7.75	2187.8	6.80	4809.0	14.94	7039.5	21.87	15661.7	48.65
合计	42767.5	3007.6	7.03	2679.7	6.27	6249.9	14.61	9622.7	22.50	21207.6	49.59

2）极重灾区和重灾区涵盖高山峡谷区、山地丘陵区、山前平原区3种地貌类型，地形坡度空间分异特征和整个灾区基本一致，呈现出明显的高坡度面积比例较大，低坡度面积比例较小的特征。极重灾区芦山县坡度大于25°地区的面积为669.5平方公里，占全县总面积达56.23%，广泛分布于县域境内各乡镇；坡度在15°~25°地区的面积为294.1平方公里，占比重为24.69%，空间分布与前者一致；坡度在8°~15°和5°~8°地区的面积分别为147.36平方公里、43.9平方公里，占比重分别为12.37%和3.69%；

坡度在5°以下地区的面积仅为35.9平方公里，占比重仅为3.02%，主要分布在芦山县城芦阳镇、思延乡等河谷地带。重灾区坡度大于25°地区的面积为4876.3平方公里，占重灾区土地总面积达51.97%，广泛分布于重灾区各县境内；坡度在15°～25°地区的面积为2289.1平方公里，占比重为24.40%，空间分布与前者一致；坡度在8°～15°和5°～8°的面积分别为1293.6平方公里、448.0平方公里，占比重分别为13.79%和4.77%；坡度在5°以下的面积仅为475.5平方公里，占比重仅为5.07%，主要分布在名山区、雨城区和邛崃市的6个乡镇等地势平缓地区。

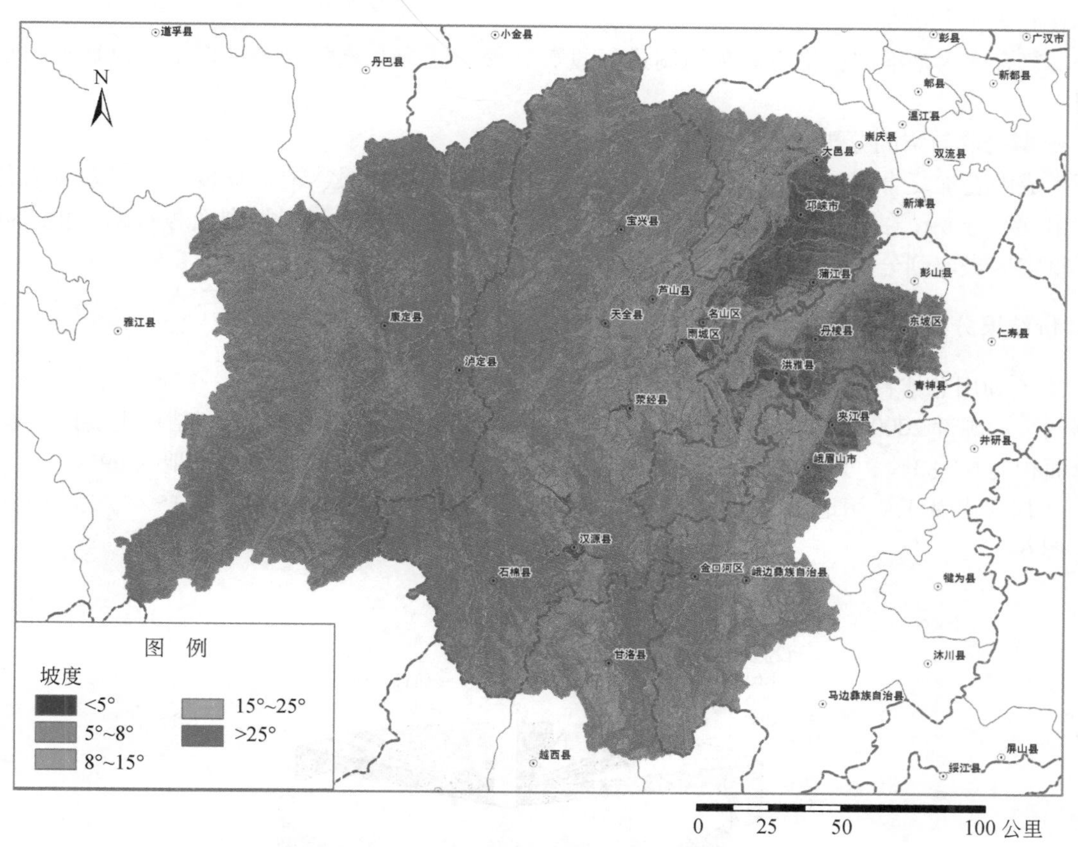

图6-2　芦山地震灾区地形坡度分级分布

（三）评价结论

地形条件评价结果表明，灾区西部高山峡谷区因海拔高、地形坡度大，绝大部分地区不适合规模性人口聚居；中部山地丘陵区地形起伏相对较大，部分河谷地带具有小规模人口集聚、工业和城镇建设条件；东部山前平原区因海拔较低、地形平坦开阔，具备大规模人口集聚和工业化、城镇化发展的地形条件。

极重灾区与重灾区涵盖高山峡谷区、山地丘陵区、山前平原区3种地貌类型，从地形条件适宜性角度看，芦山县、宝兴县不具备大规模人口集聚的条件；而名山区地形平坦开阔，具有较好的非农产业发展和城镇建设的用地条件。

第二节　土地资源评价

土地资源是评估灾区资源环境承载能力的关键因素，而土地利用是人类经济社会活动作用于土地资源的综合反映，体现了人类适应、利用和改造土地资源自然属性的人—地相互作用进程。因此，评价土地资源可通过评价土地利用类型的数量、结构及空间分布特征得到表征。针对灾区灾后重建对土地的人类居住和生产用地的特殊需求，土地利用评价的重点主要是位于高山峡谷区的、地形条件相对较好的适宜建设用地。

1. 评价技术流程

（1）基础图件及数据

需要的图件包括：地形高程分级图、地形坡度分级图与灾区21个县（市、区）行政区划图和重灾区村级行政界线图的叠加复合图，以及土地利用现状图。叠加复合图可利用地形条件评价的成果，土地利用图来源于国土资源部第二次土地利用调查数据。

（2）图形匹配与叠加

以叠加复合图为基准图，将土地利用图进行投影转换、匹配和叠加到基准图上，供数据提取和空间分析之用。

（3）数据提取与空间分析

以新生成的叠加复合图为基础，以乡镇为单元，按地形高程分级、地形坡度分级以及两者的不同组合，计算出灾区分乡镇在不同地形高程和坡度分级条件下的各类土地利用类型面积数据，供空间分析评价之用。重灾区提取到分行政村数据。

2. 评价结果分析

（1）土地利用总体特征

根据国土资源部2009年第二次土地利用调查数据，地震灾区的土地利用类型结构主要以林地为主体，占区域总面积的67.83%，其他各类用地的情况为耕地10.91%、园地3.32%、草地6.69%、交通运输用地0.21%、居民点及工矿用地2.55%、水域及水利设施用地1.61%、未利用地6.15%、冰川及永久积雪0.73%（图6-3）。

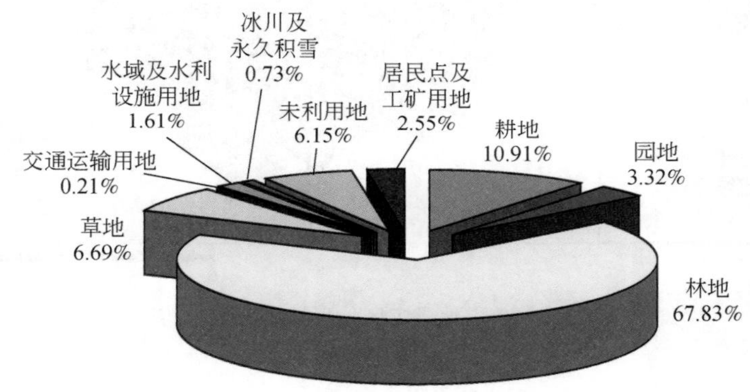

图6-3　芦山地震灾区震前土地利用构成

牧草地主要集中分布于西部高山峡谷区；耕地主要集中分布于东部山前平原区，高程2000米以下的耕地占耕地总面积比例达95.20%，地形坡度25°以下的耕地占耕地总面积的86.71%。建设用地的空间分布趋势与耕地基本一致，分布在海拔2000米以下的建设用地占建设用地总面积的95.07%（图6-4，表6-3）。

表6-3　芦山地震灾区土地利用类型面积及比重

灾区类型	土地总面积（平方公里）	耕地		林地		草地		水域		建设用地	
		面积（平方公里）	比重（%）	面积（平方公里）	比重（%）	面积（平方公里）	比重（%）	面积（平方公里）	比重（%）	面积（平方公里）	比重（%）
极重灾区	1190.8	106.2	8.92	1033.0	86.75	5.6	0.47	15.7	1.32	19.5	1.63
重灾区	9382.5	797.4	8.50	7175.9	76.48	548.2	5.84	104.0	1.11	207.5	2.21
一般灾区	32194.2	3763.4	11.69	20802.0	64.61	2308.2	7.17	567.5	1.76	952.1	2.96
合计	42767.5	4667.1	10.91	29010.9	67.83	2862.0	6.69	687.2	1.61	1179.1	2.76

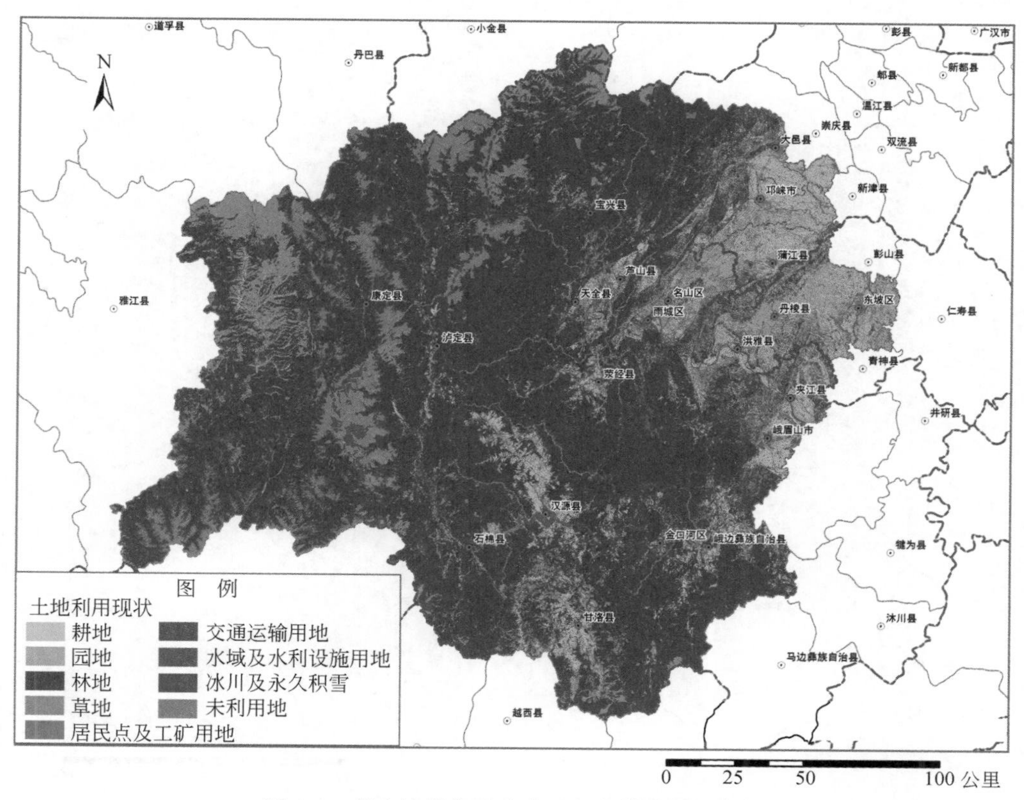

图 6-4　芦山地震灾后重建区土地利用类型分布

（2）耕地资源及其空间分布特征

根据国土资源部第二次土地利用调查数据，灾区耕地总面积为 4667.1 平方公里，占灾区土地总面积的 10.91%。从各县耕地资源数量来看，东坡区、邛崃市、汉源县、大邑县和洪雅县等县（市、区）耕地资源相对较多，在 300 平方公里以上，这 5 县耕地面积之和为 2125.62 平方公里，占灾区耕地总面积的 45.54%。从所占本县总面积的比重来看，康定县、宝兴县、石棉县、泸定县等 4 县耕地占全县总面积比重均在 5% 以下。极重灾区芦山县耕地所占比重为 8.92%，重灾区宝兴县、天全县、荥经县、雨城区、名山区耕地所占比重分别为 1.81%、6.50%、6.63%、17.35%、31.67%。

根据耕地的地形高程和坡度分级数据，地形高程对耕地资源的分布影响显著。分布在高程 2000 米以下的耕地占到灾区耕地总面积的 95.20%，高程 3000 米以下的耕地占到 98.64%，高程在 3000 米以上的耕地仅占 1.36%。坡度对地震灾区的耕地资源影响表现为各坡度带下耕地资源分布相对较均衡，坡度在 25°以上的坡耕地占耕地总面积的比例为 13.30%，坡度在 5°以下耕地所占耕地总面积比例为 25.49%（表 6-4、图 6-5）。

表 6-4　芦山地震灾区耕地的地形高程及坡度分异情况

<table>
<tr><td>地形高程（米）</td><td><800</td><td>800 ~ 1200</td><td>1200 ~ 2000</td><td>2000 ~ 3000</td><td>>3000</td><td>耕地总面积（平方公里）</td></tr>
<tr><td>耕地比例（%）</td><td>62.47</td><td>16.52</td><td>16.21</td><td>3.44</td><td>1.36</td><td rowspan="3">4667.1</td></tr>
<tr><td>地形坡度</td><td><5°</td><td>5° ~ 8°</td><td>8° ~ 15°</td><td>15° ~ 25°</td><td>>25°</td></tr>
<tr><td>耕地比例（%）</td><td>25.49</td><td>18.08</td><td>25.15</td><td>17.99</td><td>13.30</td></tr>
</table>

（3）建设用地及其空间分布特征

建设用地包括城市、建制镇、村庄、采矿用地、风景名胜及特殊用地以及交通运输用地等类型。地震灾区建设用地面积为 1179.1 平方公里，占灾区总面积的 2.76%，也就是全区国土开发强度为 2.76%，

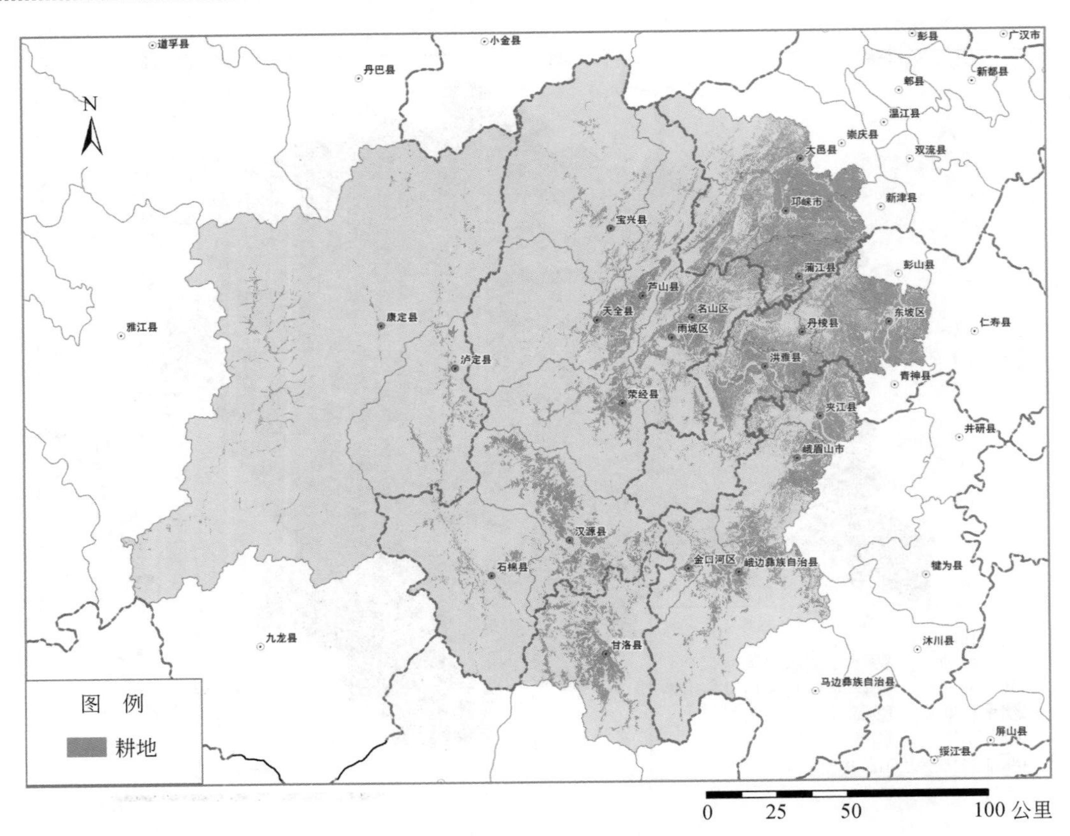

图 6-5　芦山地震灾区耕地分布

显著低于全国平均水平。

从建设用地数量上看，位于山前平原区的东坡区、邛崃市、大邑县、峨眉山市、夹江县、蒲江县、洪雅县 7 县（市、区）面积较大，该 7 县（市、区）建设用地面积之和为 746.43 平方公里，占灾区建设用地总面积的 63.31%。从所占本县总面积比重来看，灾区建设用地所占比重呈现出东部山前平原区较高，中部山地丘陵区次之，西部高山峡谷区最低。极重灾区芦山县建设用地比重仅为 1.64%，重灾区宝兴县、天全县、荥经县、雨城区、名山区建设用地比重分别为 0.63%、1.06%、1.43%、5.43%、10.31%。根据建设用地的地形高程和坡度分级数据，坡度在 5°以下的建设用地总面积为 383.56 平方公里，占灾区总建设用地面积的 32.53%；坡度 25°以下的占 91.47%。地形高程在 3000 米以下的占到 98.21%，其中高程在 800 米以下的建设用地占比达到 74.92%；高程在 3000 米以上的仅占灾区总建设用地的 1.79%，地形高程对建设用地的空间分布起到了决定性作用（表 6-5、图 6-6）。

表 6-5　芦山地震灾区建设用地的地形高程及坡度分异情况

地形高程（米）	<800	800～1200	1200～2000	2000～3000	>3000	建设用地总面积（平方公里）
比例（%）	74.92	11.83	8.32	3.14	1.79	1179.1
地形坡度	<5°	5°～8°	8°～15°	15°～25°	>25°	
比例（%）	32.53	21.44	24.96	12.54	8.54	

（4）林地资源及其空间分布特征

地震灾区林地面积为 29010.9 平方公里，占灾区土地总面积的 67.83%，是灾区占比最大的土地利用类型。从林地数量上看，位于西部高山峡谷区的康定县、宝兴县、石棉县、峨边彝族自治县、天全县、荥经县、汉源县等县面积较大，该 7 县林地面积之和为 19674.21 平方公里，占灾区林地总面积的

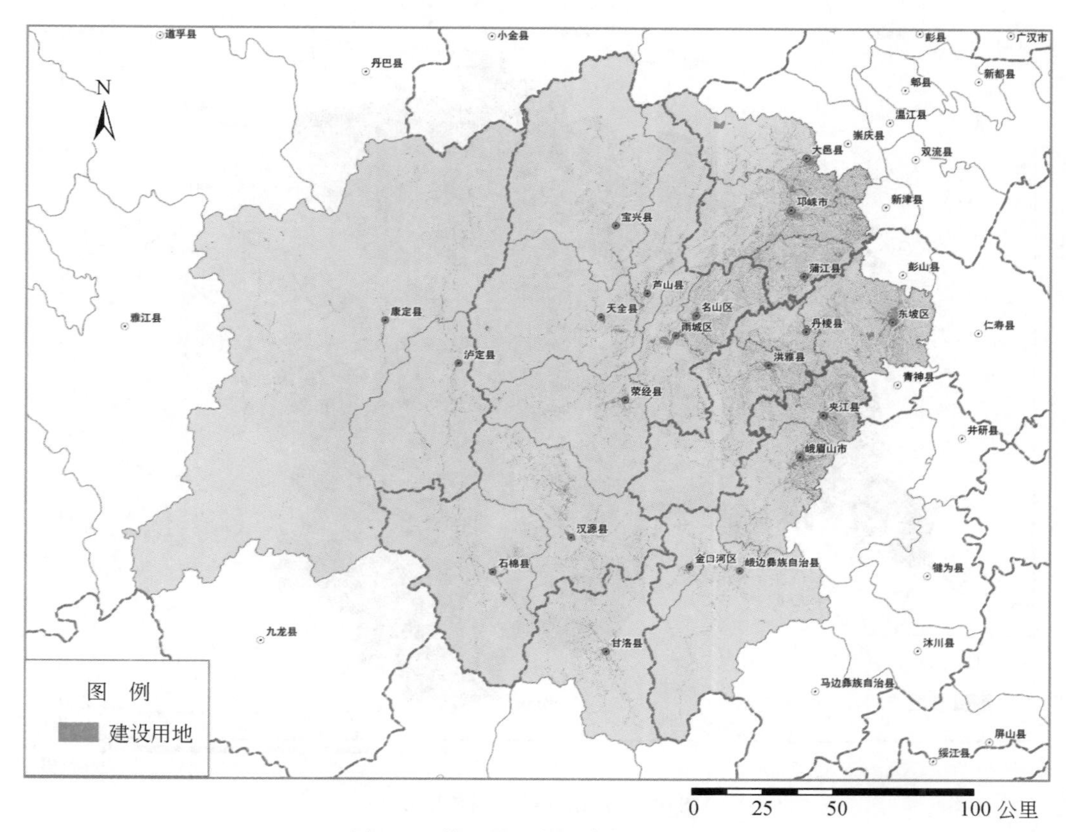

图 6-6　芦山地震灾区建设用地分布

67.82%。从所占本县总面积比重来看，灾区林地所占比重呈现出西部高山峡谷区较高，中部山地丘陵区次之，东部山前平原区最低。极重灾区芦山县林地占全县土地总面积比重为 86.75%，重灾区宝兴县、天全县、荥经县、雨城区、名山区林地比重分别为 77.23%、83.11%、88.99%、70.44%、25.82%。根据林地的地形高程和坡度分级数据，坡度在 5°以下的林地面积为 745.58 平方公里，仅占地震灾区林地总面积的 2.57%；坡度在 25°以上林地面积占 58.39%。地形高程在 3000 米以下的林地占灾区林地总面积 66.22%，高程在 3000 米以上的仅占 33.78%（图 6-7，表 6-6）。

表 6-6　芦山地震灾区林地的地形高程及坡度分异情况

地形高程（米）	<800	800～1200	1200～2000	2000～3000	>3000	林地总面积（平方公里）
比例（%）	6.08	7.78	22.77	29.60	33.78	29010.9
地形坡度	<5°	5°～8°	8°～15°	15°～25°	>25°	
比例（%）	2.57	3.40	11.94	23.69	58.39	

（5）草地资源及其空间分布特征

地震区草地面积为 2862.0 平方公里，占灾区土地总面积的 6.69%。从草地数量上看，位于西部高山峡谷区的康定县、宝兴县、甘洛县、石棉县、泸定县等县面积较大，均在 100 平方公里以上，特别是康定县草地面积达到 1327.87 平方公里，占灾区草地总面积的 46.40%。这 5 县草地面积之和为 2609.91 平方公里，占灾区草地总面积的 91.19%。从所占本县总面积比重来看，灾区草地所占比重呈现出西部高山峡谷区较高，中部山地丘陵区次之，东部山前平原区最低。极重灾区芦山县草地占全县土地总面积比重为 0.47%，重灾区宝兴县、天全县、荥经县、雨城区、名山区草地比重分别为 15.98%、1.47%、0.74%、0.19%、0.02%。根据草地的地形高程和坡度分级数据，坡度在 5°以下的草地总面积为 122.21 平方公里，仅占灾区

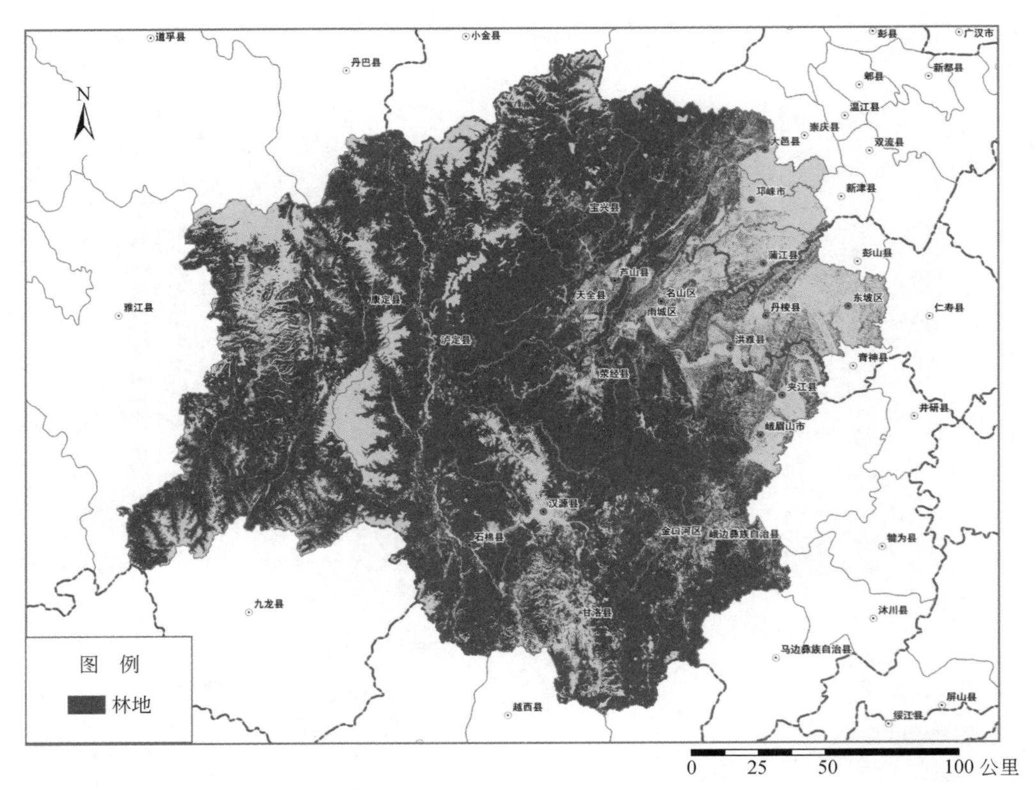

图 6-7　芦山地震灾区林地分布

草地总面积的 4.27%；而坡度在 25°以上的草地占 47.21%。地形高程在 3000 米以下的草地仅占灾区草地总面积的 25.96%，3000 米以上的草地占灾区草地总面积的 74.04%（图 6-8，表 6-7）。

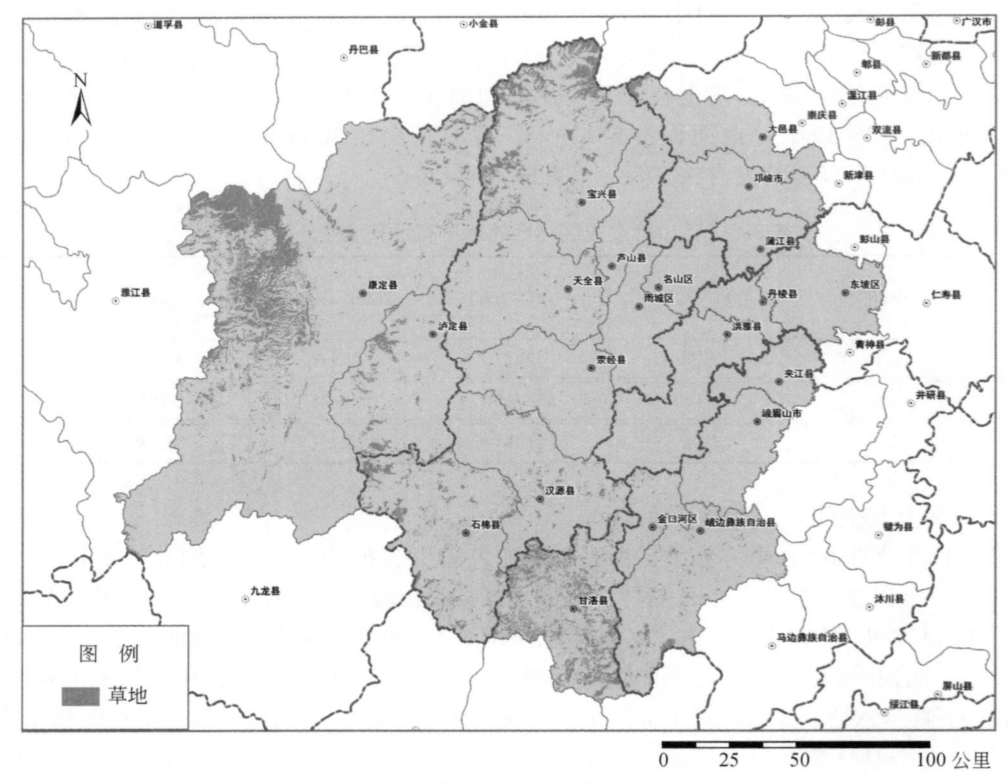

图 6-8　芦山地震灾区草地分布

表6-7　芦山地震灾区草地的地形高程及坡度分异情况

地形高程（米）	<800	800~1200	1200~2000	2000~3000	>3000	草地总面积（平方公里）
比例（%）	0.44	1.95	8.65	14.92	74.04	2862.0
地形坡度	<5°	5°~8°	8°~15°	15°~25°	>25°	
比例（%）	4.27	5.48	16.73	26.31	47.21	

3. 评价结论

土地资源评价结果表明，灾区西部高山峡谷区整体上应以保护现有林地和草地资源为主，并逐步缩小人类活动的地域范围和适当减轻人类活动对自然环境的影响，重点是保护生态环境；中部山地丘陵区局部河谷地带可进行适度的人口、非农产业和城镇集聚；东部山前平原区土地资源条件较好，适合大规模的人口集聚和城镇建设。

极重灾区与重灾区涵盖高山峡谷区、山地丘陵区、山前平原区3种地貌类型。从土地资源评价角度看，芦山县、宝兴县不具备大规模人口集聚的土地资源条件；而名山区土地资源丰富，具有较好的非农产业发展和城镇建设的用地条件。

第三节　用地条件评价

用地条件是评估灾区资源环境承载能力的关键因素，是灾后重建选址和确定人口集聚区规模的重要基础。评价用地条件可通过评价适宜建设用地的数量、结构及空间分布特征得到表征。针对灾后恢复重建对土地的人类居住和生产用地的特殊需求，用地条件评价的重点包括自然单元的用地条件适宜性等级、极重灾区和重灾区以行政村为单元以及一般灾区以乡镇为单元的用地条件适宜性评价。

1. 评价技术流程

（1）基础图件及数据

需要的基础图件包括：地形高程分级图、地形坡度分级图与一般灾区乡镇行政区划图和重灾区村级行政界线图的叠加复合图，以及土地利用现状图。叠加复合图可利用地形条件评价的成果，土地利用图来源于国土资源部第二次土地利用调查数据。

（2）图形匹配与叠加

以叠加复合图为基准图，将土地利用图进行投影转换、匹配和叠加到基准图上，供数据提取和空间分析之用。

（3）数据提取与空间分析

以新生成的叠加复合图为基础，以乡镇为单元，按地形高程分级、地形坡度分级以及两者的不同组合，计算出灾区分乡镇在不同地形高程和坡度分级条件下的各类土地利用类型面积数据，供空间分析评价之用。重灾区提取到分行政村数据。

（4）指标计算技术流程

将地形高程小于2500米、地形坡度小于15°的耕地（含设施农业用地）、园地、林地、草地、已有建设用地、未利用地提取出来作为用地条件评价的自然图斑，并将矢量数据转换为栅格数据，按坡度为小于5°、5°~8°、8°~15°分别将栅格数据分级，确定为适宜、较适宜、条件适宜3个等级，并制作一张灾区自然图斑的用地条件评价图。根据提取数据，极重灾区和重灾区以行政村为单元，一般灾区以乡镇为单元进行统计，并根据适建指数（适宜建设用地占土地总面积的比例）进行分级，得出行政单元的建设用地条件评价结果。

2. 评价结果分析

（1）用地条件总体特征

根据评价结果（图6-9、表6-8），灾区的适宜建设用地总面积为8435.06平方公里，占灾区土地总面积的19.72%。其中适宜建设用地面积为2412.45平方公里，占28.60%；较适宜建设用地面积为1995.44平方公里，占23.66%；条件适宜建设用地面积为4027.17平方公里，占47.74%。从空间分布来看，适宜建设用地整体上呈现出东部山前平原区最多，中部山地丘陵区次之，西部高山峡谷区非常稀少。极重灾区芦山县适宜建设用地总面积为202.19平方公里，占全县土地总面积仅为16.97%，且其中适宜类建设用地面积为31.84平方公里，仅占适宜建设用地总面积的15.75%。宝兴县、天全县、荥经县、雨城区、名山区适宜建设用地面积分别为124.72平方公里、312.50平方公里、353.04平方公里、440.92平方公里、468.33平方公里，占全县土地总面积的比例分别为4.01%、13.07%、19.87%、41.49%、75.73%。其中，芦山县和宝兴县适宜建设用地面积非常少，仅分布于河谷间的狭长地带，且大部分已经开发建设，用地条件非常有限。而名山区适宜建设用地面积为468.33平方公里，占全县土地总面积的75.73%，可作为人口集聚和城镇建设的土地面积较大，用地条件良好。

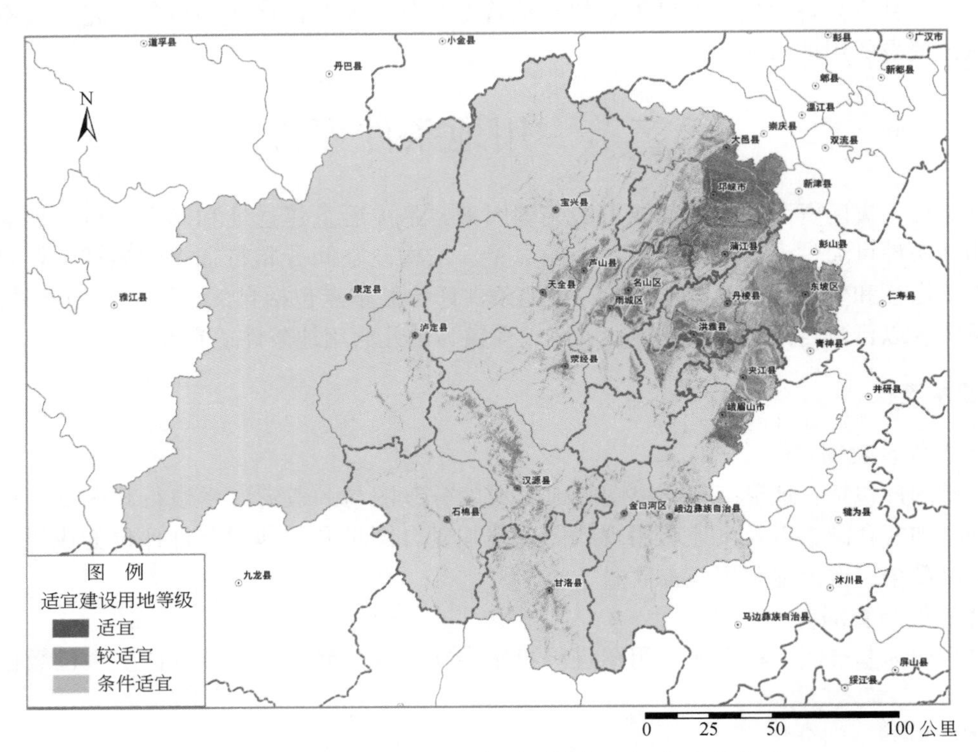

图6-9 芦山地震灾区建设用地条件评价图（按自然单元）

表6-8 芦山地震灾区适宜建设用地结果统计

灾区类型	土地总面积（平方公里）	适宜建设用地总面积（平方公里）	适宜类		较适宜类		条件适宜类		适建指数（%）
			面积（平方公里）	比重（%）	面积（平方公里）	比重（%）	面积（平方公里）	比重（%）	
极重灾区	1190.8	202.2	31.8	15.75	39.4	19.47	130.9	64.78	16.97
重灾区	9382.5	1876.2	428.2	22.83	389.7	20.77	1058.2	56.40	19.99
一般灾区	32194.2	6356.7	1952.4	30.71	1566.3	24.64	2838.0	44.65	19.74
合计	42767.5	8435.1	2412.5	28.60	1995.4	23.66	4027.2	47.74	19.72

注：①各类适宜建设用地比重是指占适宜建设用地总面积的比重；②适建指数是指适宜建设用地总面积占土地总面积的比重。

（2）行政单元用地条件空间特征

从按行政单元的用地条件评价结果来看（图6-10），适建指数（适宜建设用地面积占土地总面积的比重）小于20%的县市区有11个，包括极重灾区芦山县，重灾区宝兴县、荥经县、天全县，以及一般灾区的金口河区、峨边彝族自治县、汉源县、石棉县、康定县、泸定县和甘洛县。这些县区绝大部分都位于西部高山峡谷区，还有部分位于中部山地丘陵区，土地总面积为32251.46平方公里，占灾区总面积的75.40%。而适建指数大于60%的县（市、区）有6个，包括重灾区的名山区、一般灾区的蒲江县、邛崃市、东坡区、夹江县、丹棱县。这6个县（市、区）均位于东部山前平原区，适宜建设用地之和为3812.35平方公里，占全区适宜建设用地总面积的45.19%。极重灾区和重灾区县市区中只有名山区适建指数较高，为75.73%，适宜建设用地面积为468.33平方公里。

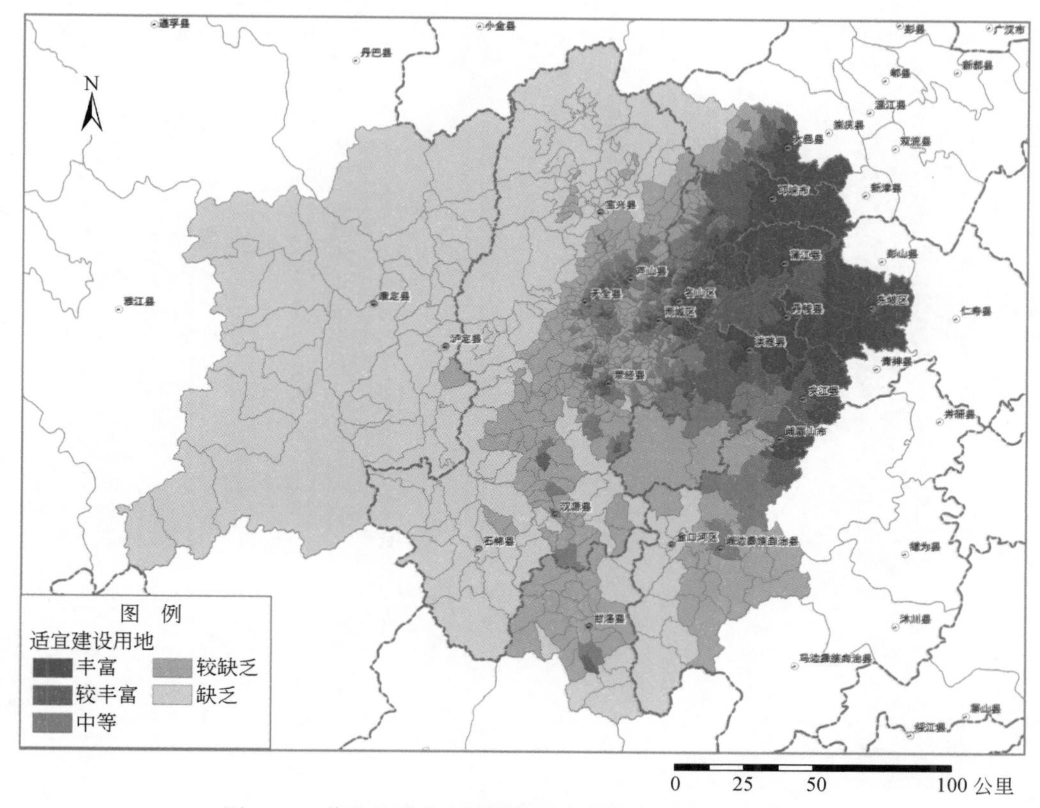

图6-10　芦山地震灾区建设用地条件评价（按行政单元）

根据评价结果，灾区适宜建设用地丰富和较丰富类主要分布在东部山前平原区，包括东坡区、大邑县、邛崃市、蒲江县、夹江县、丹棱县、洪雅县的大部分乡镇，另外名山区和雨城区也有部分地区（以行政村为单元计算）属于丰富类和较丰富类。一般类也主要集中分布在东部山前平原区的各县市区。而较缺乏类和缺乏类则涵盖了西部高山峡谷区和中部山地丘陵区的绝大部分地区，康定县、泸定县、石棉县绝大部分乡镇都属于缺乏类，适建指数在10%以下。极重灾区芦山县北部绝大部分地区属于缺乏和较缺乏类，芦山县城所在地芦阳镇城北社区和城南社区属于较丰富类，另外芦阳镇西侧思延乡草坪村属于丰富类，具有一定的城镇建设扩展空间。宝兴县除灵关镇社区属于丰富类，上坝村属于较丰富类，中坝村属于中等类以外，其余地区均属于缺乏类或者较缺乏类地区，用地条件非常有限。名山区绝大部分地区都属于丰富类和较丰富类，另外还有部分地区属于一般类和较缺乏类，用地条件较好，适宜大规模的人口集聚和城镇建设。

3. 评价结论

用地条件评价结果表明，灾区西部高山峡谷区因海拔高、地形坡度大、土地资源稀缺导致用地条件十分有限，适宜建设用地面积很小，绝大部分地区不适合规模性人口聚居；中部山地丘陵区地形起伏相对较大，部分河谷地带具有小规模人口集聚、工业和城镇建设的用地条件；东部山前平原区因海拔较低、地形平坦开阔、土地资源丰富，具备大规模人口集聚和工业化、城镇化发展的用地条件。

极重灾区芦山县北部大部分山区适宜建设用地面积有限，县城所在地芦阳镇及西侧思延乡具有扩展一定规模城镇建设空间的用地条件；重灾区宝兴县除灵关镇具有少量规模的适宜建设用地以外，其他地区用地条件十分有限，不具备灾后恢复重建人口集聚和城镇建设的用地条件；名山区适宜建设用地面积较大，土地资源丰富，具备大规模人口集聚和工业化、城镇化发展的用地条件。

第七章　水资源适宜性评价

第一节　河 流 水 系

芦山地震灾区地处长江流域上游，主要位于岷江流域范围内，另有康定县部分区域属于雅砻江流域。岷江流域内，主要包括大渡河流域、青衣江流域以及部分岷江干流段（图7-1）。

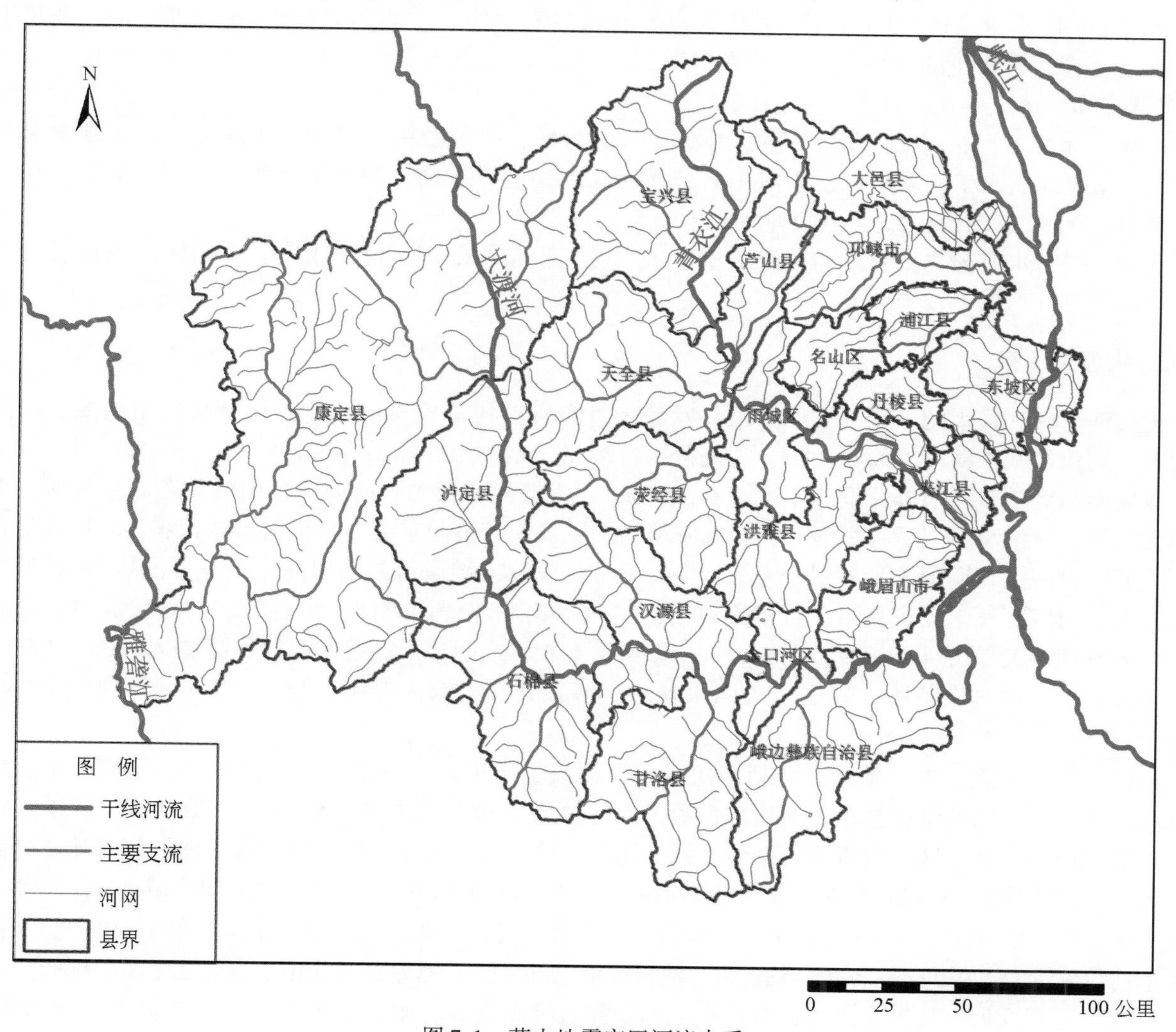

图7-1　芦山地震灾区河流水系

1. 青衣江水系

青衣江又名雅河，以宝兴河为正源，发源于宝兴、小金、汶川三县交界处巴朗山蜀西营向阳坪。流经宝兴在飞仙关处与天全河、荥经河汇合后，始称青衣江，经雅安、洪雅、夹江于乐山汇入大渡河。青衣江在飞仙关以上为上游，飞仙关以下为中下游，总计干流长289公里，落差2844米，流域面积为1.29万平方公里，河口多年平均流量为534立方米/秒，折合年径流量168亿立方米。

青衣江流域是本次地震受灾最重的地区。除下游少部分地区外，流域全部位于灾区范围内，包括宝兴县、天全县、芦山县、荥经县、雨城区、洪雅县、夹江县全部，名山区西南部和丹棱县、大邑县的少部分地区。

青衣江流域地形大致以炳灵、荥经、天全、灵关、大川一线为界，分东西两大片。东面约占流域面积的40%，属低山丘陵区，地势平缓，海拔高程为600~1100米，河谷呈U形，有宽阔的漫滩和阶地。西面多为高山峡谷，占流域面积的60%，人口稀疏，耕地较少，森林广布，覆盖良好，海拔高程一般在1000米以上，河谷多呈V形，漫滩阶地极少。

青衣江流域属亚热带湿润气候区，具有春早气温多变化，夏无酷热雨集中，秋多绵雨湿度大，冬无严寒霜雪少的特点。流域内大部分处于暴雨区，雨量丰沛，但区域差异较大，由东南向西北递减，东部雅安多年平均降水量高达1800毫米，其中荥经麓池达2400毫米，而北部宝兴仅790毫米。降水多集中在7~9月，占全年降水量的60%左右，而春灌期3~5月降水量仅占全年的17%。流域多年平均径流量为171亿立方米，多集中在6月下旬~9月中旬。

目前，青衣江上游开发以发电为主，灌溉、防洪为辅；中下游则以灌溉、防洪为主，兼顾发电和水源保护。玉溪河引水工程取水口位于芦山县玉溪河（芦山河）上游，属跨流域灌溉工程，灌溉邛崃、蒲江、名山、芦山四市县高台地和丘陵地86.65万亩。

青衣江流域水资源丰富，不存在资源型缺水。受工程条件限制，位于山区、半山区的农村居民点用水困难。

2. 大渡河水系

大渡河是岷江最大的支流，古称沫水，发源于青海省玉树藏族自治州境内巴颜喀拉山南麓，向南入四川省分别流经阿坝藏族羌族自治州、甘孜藏族自治州、雅安市、凉山彝族自治州、乐山市，长1155公里，流域面积为7.7万平方公里（不含青衣江流域）。大渡河有两源，西源麻尔柯河和东源多柯河，汇合后称大金川，接纳小金川后称大渡河，在雅安境内安顺场附近折向东流，在乐山市纳青衣江与岷江汇合。

大渡河以泸定和铜街子为界划分为上、中、下游三段。上游段可尔因以北，蜿蜒于海拔3600米的丘状高原上，河谷宽浅，支流众多；可尔因以南穿行大雪山和邛崃山之间，河谷深切，谷坡陡峻，水流湍急。中游段穿行大雪山、小相岭、夹金山、二郎山、大相岭之间，山高谷深，岭谷高差达1000~2000米，支流较多。下游段过大凉山、峨眉山入四川盆地，河谷开阔，水流滞缓，分汊较多，多阶地、河漫滩、沙洲。

灾区主要位于流域中游地区，包括泸定县、汉源县、石棉县、甘洛县、金河口区、峨眉山市、峨边彝族自治县全部，以及康定县东北部地区，约占流域总面积的25%左右。约70%的流域面积位于灾区上游，过境水资源丰富。区内河流下切剧烈，河谷深狭，落差大，水流湍急，沿河仅汉源段河谷比较开阔。

大渡河径流补给上游地区以融雪水、地下水为主，中下游地区以降水为主。大渡河流域多年平均年降水量约960毫米，其中灾区各县是中国著名的暴雨中心，水量大，汛期长。径流主要集中在6~10月，全流域多年平均径流量为479.2亿立方米，约占岷江流域径流量的50%，水量超过乐山汇合处之上游的岷江。

流域人口密度低，人均水资源占有量高，如计算过境水资源，则更为丰富，不存在资源型缺水问题。与青衣江流域类似，缺水问题集中在供水条件较差的区域。

3. 岷江干流水系

岷江发源于松潘县境内岷山南麓的小蛙沟，流经茂县、汶川到都江堰市出峡，分内外两江到江口复合，经乐山接纳大渡河和青衣江，到宜宾汇入长江（金沙江）。岷江干流全长753公里，流域面积为13.5

万平方公里，水量丰富，年均径流量为953亿立方米，是长江水量最大的支流。宜宾岷江口是长江干流的起点，古代经常误以为是长江正源。

都江堰以上为岷江上游，主要支流有黑水河、杂谷脑河等，以漂木、水力发电为主。都江堰市至乐山段为中游，流经成都平原地区，与沱江水系及众多人工河网一起组成都江堰灌区。乐山以下为下游，以航运为主，主要支流有马边河、越溪河等。

都江堰枢纽将岷江分为右岸沙黑河总干渠、左岸内江总干渠和岷江干流。岷江干流从都江堰到新津河段长70余公里，主要是岷江的排洪河道。渠道顺应西北高、东南低的地势倾斜，形成自流灌溉体系，灌溉成都平原及川中丘陵区一千余万亩农田，包括成都、德阳、绵阳、遂宁、乐山、眉山和资阳7个市的37个县（区）、643个乡镇，8800个村，幅员面积21700平方公里，总人口1830万人，耕地1330万亩。

灾区位于岷江干流的中游段，包括邛崃市、蒲江县、东坡区全部，名山区东北部以及大邑县、丹棱县大部分地区。其中，东坡区与大邑县、邛崃市东部平原区属于都江堰灌区。此外，邛崃市有岷江支流大南河，名山区、蒲江县有岷江支流蒲江过境，丹棱县、大邑县山区河流流量较小。

岷江干流区各县水资源利用状况差异较大。都江堰灌区水资源利用率较高，用水量约占都江堰来水的70%，缺水问题突出，近年来水资源短缺问题频发，水生态、水环境恶化。大南河、蒲河灌区水资源相对丰富，缺水问题并不突出。山区虽然水资源数量丰富，但用水条件相对较差，人畜饮水存在困难。

4. 雅砻江水系

雅砻江是金沙江的支流，古称若水、泸水，发源于青海省巴颜喀拉山南麓，东南流入四川省西北部，在甘孜以下称雅砻江，沿大雪山西侧经新龙、雅江等县至云南边界攀枝花市注入金沙江。干流长1187公里，流域面积12.8万平方公里，多年平均年径流量610亿立方米。

康定县西部位于雅砻江流域，属力丘河流域。力丘河是雅砻江左岸支流，河长174公里，流域面积为5920平方公里，多年平均径流量为47亿立方米，自然落差1880米。区内海拔较高，人口稀少，水资源利用率低。

第二节　水资源与水资源利用

1. 水资源概况

灾区气象站点稀少，属于国家网络的台站仅有康定站、雅安站、峨眉山站、汉源站4个。本书又选取了周边都江堰、成都、乐山、越西、九龙、稻城、理塘、小金、道孚、资阳、雷波11个站点，进行降水量空间插值。各站降水量采用1951~2011年共61年多年平均值，其中有12个气象站部分年份缺测，有数据的年份从36~61年不等，采用其平均值。年降水量最大的是峨眉山站和雅安站，分别为1786.7毫米和1716.2毫米；降水量最少的是道孚、稻城、小金，分别为596.7毫米、621.6毫米和642.4毫米。

采用反距离权重法进行空间插值，得到灾区降水量空间分布，如图7-2所示。地震灾区年降水量为695~1787毫米，其中雅安、峨眉山一带是区域暴雨中心，降水极为丰沛。由于本书采用气象站点较少，插值中也没有考虑海拔、坡度、坡向等因素对降水空间分布的影响，插值精度相对较低，故只供区域水资源条件分析使用，不统计各县级行政单元降水量。

灾区各县级行政单元水资源概况如表7-1所示，21个县（市、区）多年平均水资源总量为408.0亿立方米，折合径流深954.7毫米，约为全国平均水平的3.5倍。灾区合计人均水资源量为10142立方米，约为全国平均水平的4.5倍，其中大部分县（市、区）人均水资源量在3000立方米以上，属于水资源丰富地区。灾区亩均水资源量也较高，为10462立方米，大部分县级行政单元灌溉用水充足。

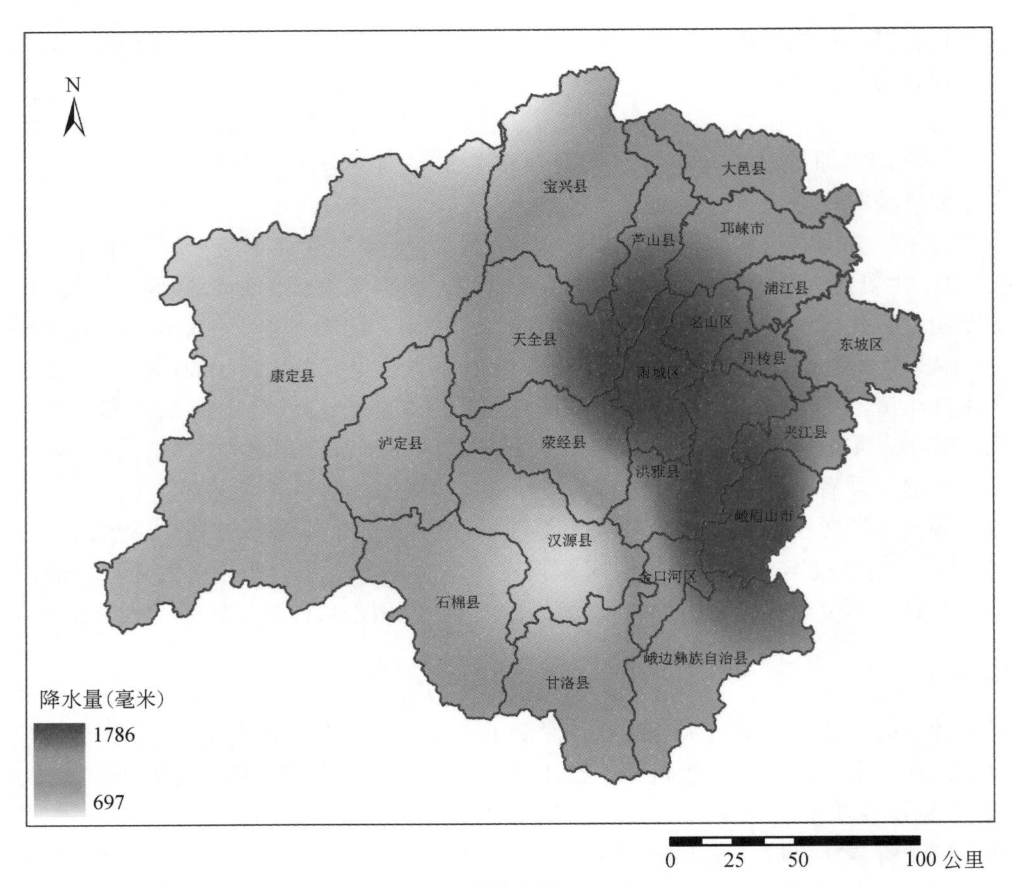

图 7-2　地震灾区降水分布图

表 7-1　地震灾区水资源概况

名称	径流深（毫米）	水资源量（亿立方米）	人均水资源量（立方米）	亩均水资源量（立方米）
芦山县	1074. 1	14. 7	16461	23025
雨城区	1485. 2	15. 5	8550	16033
天全县	1410	33. 3	26410	34576
名山区	1111. 1	6. 8	2854	5011
荥经县	1475	25. 9	23321	27458
宝兴县	962. 6	29. 2	62159	78094
邛崃市	672. 7	8. 6	2086	1644
汉源县	608. 8	13. 7	4624	5250
蒲江县	698. 5	4. 0	2117	1672
丹棱县	969. 2	4. 4	3415	2849
洪雅县	1475. 9	28. 9	11360	14902
金口河区	1076. 2	6. 4	16936	17141
大邑县	814. 7	11. 5	3686	3563
石棉县	1044. 3	27. 6	33229	52714
泸定县	884. 3	19. 1	28575	26117
夹江县	537. 4	4. 0	1445	1912
峨眉山市	1083. 6	12. 7	5068	6155

续表

名称	径流深（毫米）	水资源量（亿立方米）	人均水资源量（立方米）	亩均水资源量（立方米）
甘洛县	1128.9	24.3	12275	11663
东坡区	536.3	7.2	1369	1097
峨边彝族自治县	1089.3	26.1	21219	27751
康定县	736.2	84.1	116800	60026
合计	954.7	408.0	10142	10462

注：水资源数据为多年平均水平，人口、耕地面积为2011年数据

灾区各县（市、区）人均水资源占有量情况如图7-3所示。从人均水资源占有量指标看，灾区水资源状况整体较好，大多数行政区超过3000立方米，属于水资源丰富地区。东北部平原区人口相对集中，人均水资源相对较少，低于3000立方米。其中，东坡、夹江两地低于1700立方米的缺水线，属中度缺水地区；邛崃、蒲江、名山人均水资源量在1700～3000立方米，属轻度缺水地区。

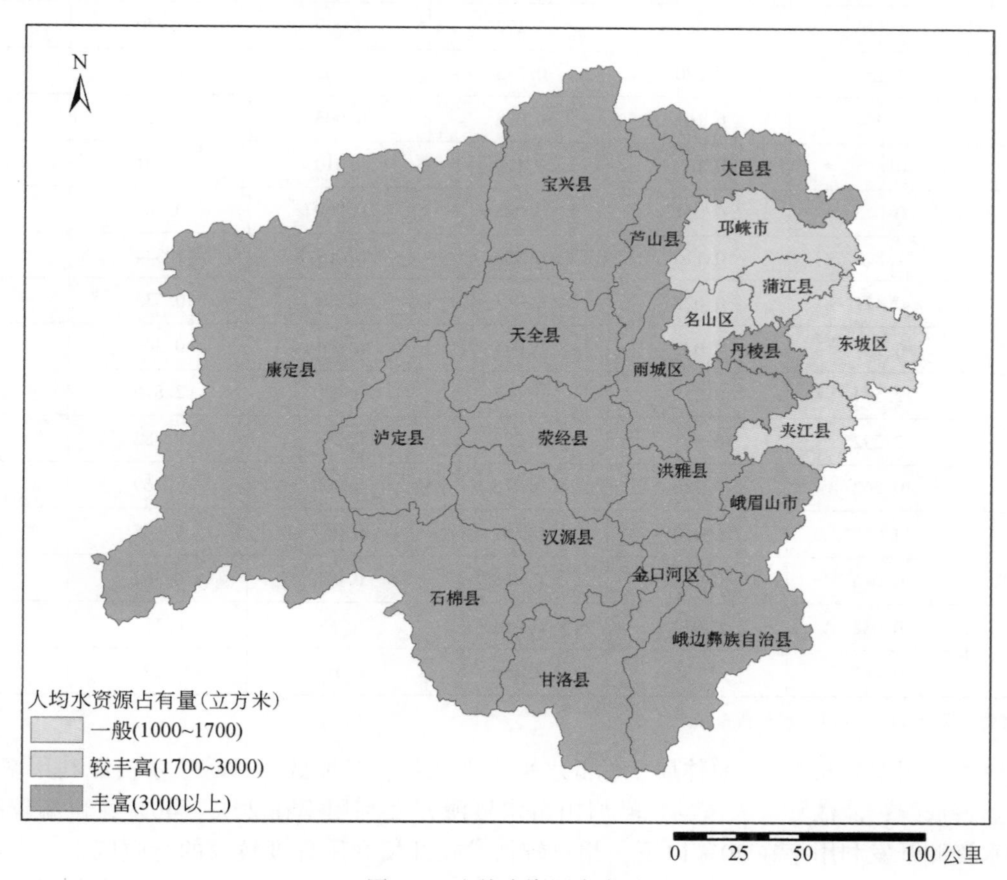

图7-3　人均水资源占有量

2. 水资源利用状况

地震灾区县级行政单元2011年用水情况如表7-2所示。21个县（市、区）用水总量为25.87亿立方米，其中农业用水量为20.44亿立方米，占总用水量的79.0%；工业用水量为1.78亿立方米，占总用水量的6.9%；生活用水量为3.46亿立方米，占总用水量的13.4%；生态用水量为0.20亿立方米，占总用水量的0.7%。灾区用水以农业用水为主，大部分县（市、区）农业用水比例在70%以上。农业用水比

例偏低的金口河、峨边、康定、宝兴、荥经、丹棱等县（市、区），多位于山区，灌溉农业不发达，农业用水量与用水总量均不高，水资源开发利用率多在10%以下（图7-4）。

表7-2 地震灾区2011年水资源利用概况

名称	农业用水（亿立方米）	工业用水（亿立方米）	生活用水（亿立方米）	生态用水（亿立方米）	用水总量（亿立方米）	开发利用率（%）
芦山县	0.189	0.028	0.051	0.005	0.274	1.9
雨城区	1.231	0.146	0.196	0.003	1.576	10.2
天全县	0.328	0.044	0.098	0.001	0.472	1.4
名山区	0.749	0.069	0.117	0.022	0.958	14.0
荥经县	0.174	0.037	0.086	0.009	0.306	1.2
宝兴县	0.037	0.003	0.036	0.000	0.075	0.3
邛崃市	3.438	0.206	0.572	0.015	4.231	49.0
汉源县	1.116	0.065	0.279	0.000	1.460	10.7
蒲江县	1.158	0.070	0.255	0.002	1.485	36.7
丹棱县	0.294	0.102	0.078	0.003	0.478	10.9
洪雅县	0.865	0.108	0.119	0.010	1.101	3.8
金口河区	0.013	0.051	0.023	0.000	0.087	1.4
大邑县	1.872	0.116	0.350	0.005	2.344	20.3
石棉县	0.421	0.025	0.085	0.001	0.533	1.9
泸定县	0.237	0.020	0.045	0.001	0.303	1.6
夹江县	2.583	0.055	0.177	0.000	2.815	70.3
峨眉山市	2.292	0.165	0.282	0.044	2.782	21.9
甘洛县	0.262	0.029	0.078	0.000	0.369	1.5
东坡区	3.025	0.410	0.401	0.069	3.905	54.3
峨边彝族自治县	0.076	0.023	0.063	0.000	0.162	0.6
康定县	0.082	0.012	0.064	0.000	0.158	0.2
合计	20.443	1.783	3.455	0.193	25.874	6.3

注：用水量数据为2011年四川省水利普查结果。

灾区水资源利用率为6.3%，总体属于偏低水平。夹江县、东坡区、邛崃市水资源利用率超过40%，开发程度已达警戒线；蒲江县、大邑县、峨眉山市水资源开发利用率在20%～40%，也属较高水平；其他行政区的水资源开发利用率在20%以下，相对较低。在开发利用程度较高的行政区中，夹江县、东坡区有青衣江、岷江过境，大邑县、邛崃市、蒲江县、峨眉山市位于都江堰、玉溪河等灌区，均有过境水资源可供利用，用水矛盾得以缓解。

灾区各县（市、区）用水指标如表7-3所示。灾区人均用水量为643立方米，高于四川省与全国平均水平；万元GDP用水量、亩均实灌用水量、人均生活用水量也高于四川省与全国平均水平，用水效率相对较低。

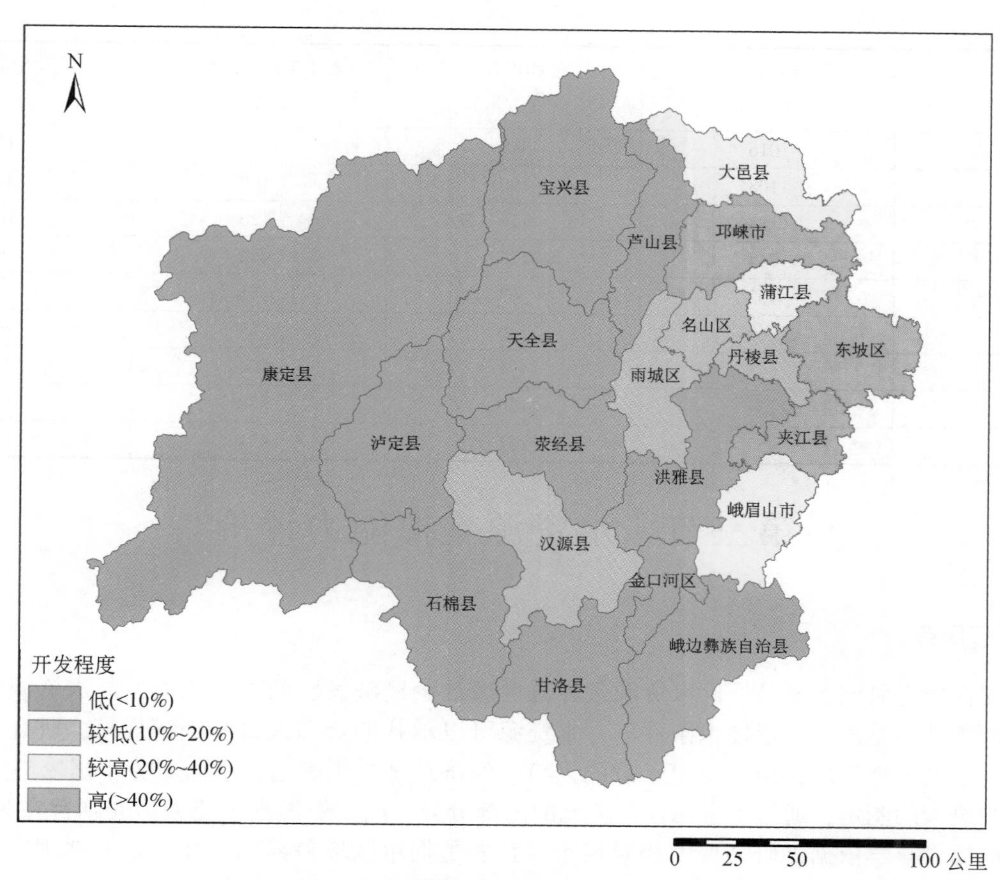

图 7-4 地震灾区水资源开发利用程度

表 7-3 地震灾区 2011 年用水指标

名称	人均用水量（立方米）	万元 GDP 用水量（立方米）	农田亩均实灌用水（立方米）	人均生活用水量（升/天）
芦山县	308	122	297	158
雨城区	871	157	1275	297
天全县	374	141	341	213
名山区	401	224	550	135
荥经县	276	71	185	212
宝兴县	160	42	98	208
邛崃市	1022	328	654	378
汉源县	493	352	428	258
蒲江县	778	216	479	366
丹棱县	373	149	192	167
洪雅县	433	162	447	128
金口河区	229	36	34	168
大邑县	749	206	578	307
石棉县	642	111	806	280
泸定县	452	264	324	185

续表

名称	人均用水量（立方米）	万元 GDP 用水量（立方米）	农田亩均实灌用水（立方米）	人均生活用水量（升/天）
夹江县	1016	319	1234	175
峨眉山市	1108	190	1109	308
甘洛县	187	118	126	108
东坡区	744	170	462	209
峨边彝族自治县	132	63	81	139
康定县	219	40	58	244
灾区合计	643	191	524	235
四川省	284	136	378	128
全国	450	151	421	157

第三节　水资源支撑能力评价

1. 目标与任务

水资源支撑能力研究主要是评价水资源条件对区域社会经济发展的支撑能力，与水资源承载力有所不同。水资源承载力是研究一定技术条件下，水资源可以承载的合理人口与经济规模，研究尺度多为国家或者相对独立的地理区域，结论以可承载的人口、经济总规模来表达，进而服务于国家（大区域）尺度宏观政策与决策的制定，通常不考虑评价单元的内部分异。而水资源支撑能力研究则旨在为区域人口、产业布局导向提供科学依据，研究尺度相对较小，且着重揭示区域差异性。在特定的地理空间，人口与产业发展的影响因素和作用机制更为复杂，以水资源条件限定人口、经济规模更为困难且意义不大，一般是通过划分适宜性等级来描述水资源对区域发展的支撑能力。

芦山地震灾区水资源相对丰富，开发利用率总体处于较低水平。同时，该区域不属于人口、产业重点布局区域，进一步的水资源需求较小，水资源并非区域发展的限制性因素。因此，本书不进行灾区总体的水资源承载力评价，而着重分析各县级行政单元水资源支撑能力的差异性，为灾区重建提供科学依据。本书以县级行政区（县、市、区）为评价单元，统筹本地水资源与过境水资源，综合考虑水资源利用现状与未来需求，评价水资源条件对未来人口集聚、经济发展的支撑能力。

地震灾区各行政区水资源供需矛盾并不突出，水资源支撑能力评价的核心是满足未来新增水资源需求的能力。灾区各县（市、区）农业用水的新增需求集中在新规划的灌区，水源为青衣江、大渡河等干线河流，水量充沛。因此，各县（市、区）因灌溉农业发展导致的农业用水增加基本不会对区域水资源状况产生影响，水资源问题的核心是对新增城镇、产业园区的工业用水、生活用水的供应能力。

2. 本地支撑能力

根据国内城镇化发展用水经验，0.2 亿～0.5 亿立方米水资源可以支撑 10 万人左右规模的城镇及有关产业的用水需求，基本能够满足灾区各县（市、区）的发展需要。基于这一判断，制定支撑能力评级指标打分标准如表 7-4 所示。

表 7-4　本地水资源支撑能力指标项打分标准

评价指标	丰富程度	开发潜力	供给能力
评价内容	人均水资源量（立方米）	水资源开发利用率（%）	剩余可利用水资源量（亿立方米）
1	<500	>40	<0

续表

评价指标	丰富程度	开发潜力	供给能力
评价内容	人均水资源量（立方米）	水资源开发利用率（%）	剩余可利用水资源量（亿立方米）
2	500～1000	20～40	0～0.2
3	1000～1700	10～20	0.2～0.5
4	1700～3000	5～10	0.5～1
5	>3000	<5	>1

表7-4为不考虑过境水资源、跨境引调水工程的水资源支撑能力打分标准，其中，“丰富程度”、“开发潜力”指标分别采用人均水资源量、水资源开发利用率进行评价；“供给能力”按剩余可利用水资源量的大小进行评价，剩余可利用水资源量为可利用水资源量（多年平均水资源量的40%）与水资源开发利用量的差值。按表7-4评价标准，计算各县级行政单元单项指标并进行打分。取“开发潜力”指标权重为0.6，其他两项指标为0.2，计算综合指标，并进行支撑能力分级，如表7-5所示。

表7-5 地震灾区水资源支撑能力（不考虑过境水资源）

县级行政单元	丰富程度	利用程度	开发潜力	综合指标	支撑能力
芦山县	5	5	5	5.0	高
雨城区	5	3	5	4.6	高
天全县	5	5	5	5.0	高
名山区	4	3	5	4.4	高
荥经县	5	5	5	5.0	高
宝兴县	5	5	5	5.0	高
邛崃市	4	1	1	1.6	低
汉源县	5	3	5	4.6	高
蒲江县	4	2	2	2.4	较低
丹棱县	5	3	5	4.6	高
洪雅县	5	5	5	5.0	高
金口河区	5	5	5	5.0	高
大邑县	5	2	5	4.4	高
石棉县	5	5	5	5.0	高
泸定县	5	5	5	5.0	高
夹江县	3	1	1	1.4	低
峨眉山市	5	2	5	4.4	高
甘洛县	5	5	5	5.0	高
东坡区	3	1	1	1.4	低
峨边彝族自治县	5	5	5	5.0	高
康定县	5	5	5	5.0	高

在不考虑过境水资源的情况下，邛崃市、蒲江县、夹江县、东坡区水资源支撑能力较低，其他县（市、区）水资源支撑能力良好。上述4县（市、区）位于河流中下游，均有较方便利用过境水资源的能力，其水资源支撑能力应更多参考所在流域的水资源丰富程度，而并非只考虑本地水资源状况。因此，需要进一步探讨流域水资源对这些县区的影响，综合评价水资源支撑能力。

3. 综合支撑能力

21个县级行政单元中，有17个县（市、区）本地水资源条件十分丰富，能够满足社会经济发展需要。因此，只探讨流域水资源对邛崃市、蒲江县、夹江县、东坡区4个县（市、区）的影响。共选取了

“过境（调水）水量”、“流域开发潜力”、“输水便利性”3个指标，对4个县区的流域水资源利用条件进行评价。其中，“过境（调水）水量”指标评价过境河流流量、调水工程供水能力满足新增用水需求（参考0.5亿立方米）的能力；“流域开发潜力”评价外来水所在流域综合开发利用情况；“输水便利性”则主要考虑外来水供应的便利程度、供水成本与风险性。

由于涉及县（市、区）较少，不再制定打分标准，采用专家决策的方法，打分情况如表7-6所示。其中，前两个指标权重取0.4，“输水便利性”取0.2，计算流域综合支撑指标。从评价结果看，这些县区均有较优越的流域水资源利用条件。

这4个县区均位于河流中下游，有河流过境或有都江堰、玉溪河灌区供水工程，利用过境水资源的条件较好，其水资源支撑能力应更多参考所在流域的水资源丰富程度。因此，取“流域水资源利用条件”的权重为0.8，“本地水资源支撑指标”的权重为0.2，计算综合支撑指标，并进行支撑能力分级，如表7-6所示。

表7-6 考虑过境水资源利用的水资源支撑能力

评价指标	邛崃市	蒲江县	夹江县	东坡区
过境（调水）水量	5	4	5	5
流域开发潜力	4	5	5	2
输水便利性	4	3	5	5
流域水资源利用条件	4.4	4.2	5	3.8
综合支撑指标	3.8	3.8	4.3	3.3
支撑能力	较高	较高	高	较高

4个县级行政单元均有较强的水资源支撑能力。综合表7-5与表7-6评价结果，灾区21个县（市、区）水资源支撑能力较强，人口密度较高的邛崃市、蒲江县、东坡区为“较高”水平，其他县（市、区）为“高”，如图7-5所示。

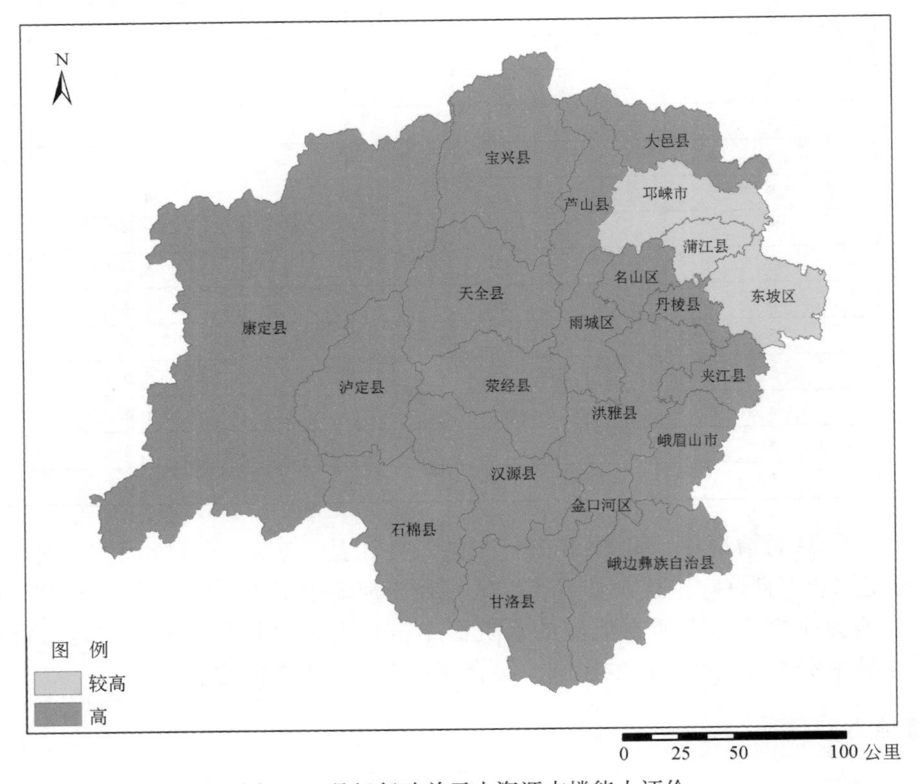

图7-5 县级行政单元水资源支撑能力评价

第四节 重建水资源适宜性评价

1. 评价内容与方法

上一节以水资源数量条件为核心，对各县级行政单元的水资源支撑能力进行了评价。从评价结果看，各县区均具有较好的水资源支撑能力。但灾区重建承载能力评价需要在乡镇、行政村等更小的尺度进行，重建选址更是需要定位到空间上，县级单元的评价结果并不能满足这样的精度要求；同时，在更有针对性的评价中，除水资源数量外，还应考虑工程基础以及用水条件等方面的问题。因此，本书在县级单元评价结果的基础上，以乡镇单元为尺度，进一步探讨灾区重建水资源适宜性。共选取3个一级指标、5个二级指标，具体如表7-7所示。

表7-7 水资源适宜性评价指标与方法

一级指标	二级指标	二级指标打分方法	一级指标评价
资源条件	人均水资源量	按本地人均水资源丰富程度划分为5级，分级阈值同表7-4。打分5为最好，1为最差，下同	取二级指标的最大值
	过境水资源	有5级以上河流过境或境内有输水干渠的，为5分；有输水支渠，或有较大支流过境的，为4分；其余为0分	
工程基础	蓄水工程	水库为10分，塘坝为1分，统计各乡镇总分。按照阈值10、20、50、100，划分为5级	加权计算总分，蓄水工程、渠系建设权重分别为0.4、0.6
	渠系建设	按境内渠道长度评价，1公里为1分。共分为5级，阈值分别为10、20、50、100	
用水条件	供水成本	在栅格尺度评价基础上（栅格尺度评价详见文本），统计乡镇域均值。按照阈值1.2、1.5、2、3.5，分为5级	
水资源适宜性	资源条件、工程基础、用水条件权重分别取0.2、0.2、0.6，计算总分并分级		

2. 资源条件与工程基础

按表7-7标准，评价各乡镇资源条件，并进行分级，如图7-6所示。由图可见，灾区各乡镇资源条件较好，都在“一般”水平以上。383个乡镇单元中，297个为“丰富”，84个为“较丰富”，2个为“一般”。两个资源条件“一般”的乡镇分别为夹江县的中兴镇和蒲江县的长秋乡，这两个乡镇人口相对集中，人均水资源占有量少，同时过境水资源有限，资源条件受到制约。资源条件“较丰富”的乡镇主要集中在灾区东北部平原区，该区域人均水资源较少，主要依靠过境河流与渠系供水。

按照表7-7标准，评价各乡镇“蓄水工程”与“渠系建设”指标，按照权重设计计算一级指标，并进行分级，如图7-7所示。由图可见，灾区各乡镇工程基础整体较差，在“较好”、“好”水平的仅17个，“一般”的为43个，其他223个均为“差”与“较差”。“工程基础”与“资源条件”两个指标基本呈相反状态，工程基础较好的乡镇主要分布在东北部平原区，而水资源丰富的广大山区，工程基础普遍较差。

3. 用水条件评价

灾区地形条件复杂，山高水低，用水条件较差。特别是城镇、产业园区发展需要稳定可靠的水源，应注重供水条件的论证，而供水条件的核心是供水成本。对于人口较少的居民点，取水较为分散，集中供水的难度较大，不做评价。本书主要评价城镇发展用水条件，按0.1万~10万人的城镇人口规模，年

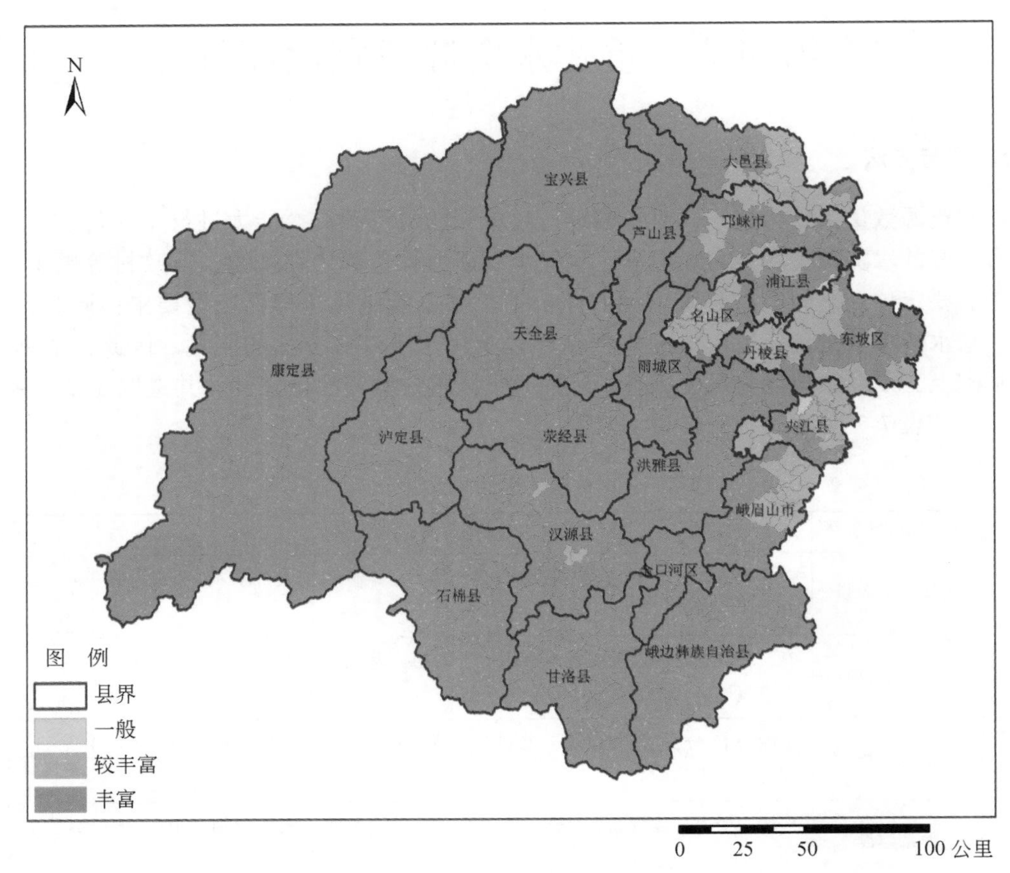

图 7-6　水资源条件评价图

用水量在 50 万 ~5000 万立方米。根据有关经验，该规模供水体系建设，管道建设与维护成本约 0.02 ~ 0.04 元/(立方米·公里·年)，取 0.03 元/(立方米·公里·年)；提水成本为 0.002 ~0.004 元/(立方米·米)，取 0.003 元/(立方米·米)。按照这两项供水成本低于 0.2 元、0.2 ~0.4 元、0.4 ~0.6 元、0.6 ~1.0 元、1.0 元以上进行分级，得出地震灾区供水条件图，如图 7-8 所示。

灾区东北部平原区基本具有较为便利的供水条件；在广大山区，只有狭窄的河谷地带供水条件较好，特别是大渡河流域只有汉源县附近河谷较为宽阔。需要说明的是，该评价主要针对的是城镇发展的供水条件，且只考虑了流量较大的河流，供水成本的计算也较为粗略。山区大部分地区供水条件较差，因此，在新城镇、产业园区选址以及原有城镇大规模扩建时，应特别注重供水条件的论证。

按供水条件从差到好分别赋予 1 ~5 的分值，统计各乡镇的平均得分，并按照阈值 1.2、1.5、2.0、3.5 进行分级，如图 7-9 所示。

4. 综合评价

计算各单项指标与综合指标，以综合指标评价结果为基础，按照阈值 2.0、2.8、3.6、4.2，对各乡镇水资源适宜性进行分级，从差到好划分为水资源适宜性“差”、“较差”、“一般”、“较好” 和 “好” 5 级。按照评价结果，各乡镇水资源适宜性分级如图 7-10 所示。383 个乡镇单元中，水资源适宜性“差”的有 4 个，“较差” 的有 59 个，“一般” 的有 160 个，主要分布在西北部山区；“较好” 的 100 个，“好” 的有 60 个，主要分布在东北部平原区。在山区各县区中，所属乡镇水资源适宜性普遍较差，只有芦山、天全、雨城、汉源等县区有较宽阔的河谷，沿河各乡镇水资源适宜性较好，这是符合灾区实际自然地理特征的。因此，认为该评价结果可以较好的代表地震灾区水资源适宜性状况，作为重建规划的科学依据。

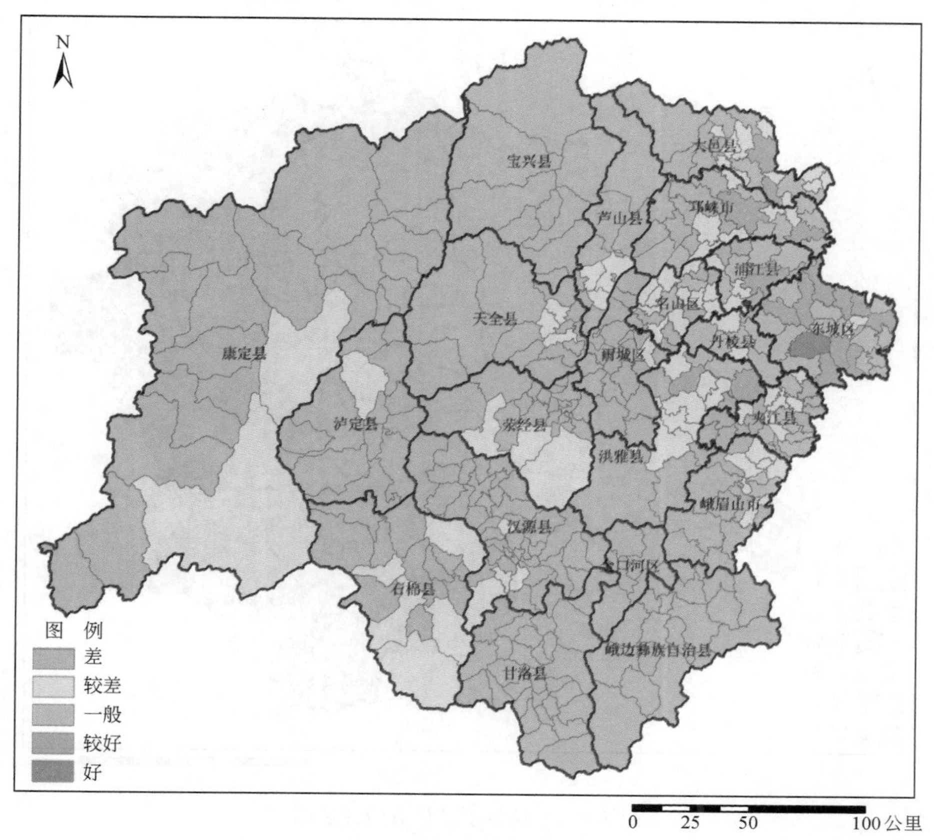

图7-7 工程基础评价图

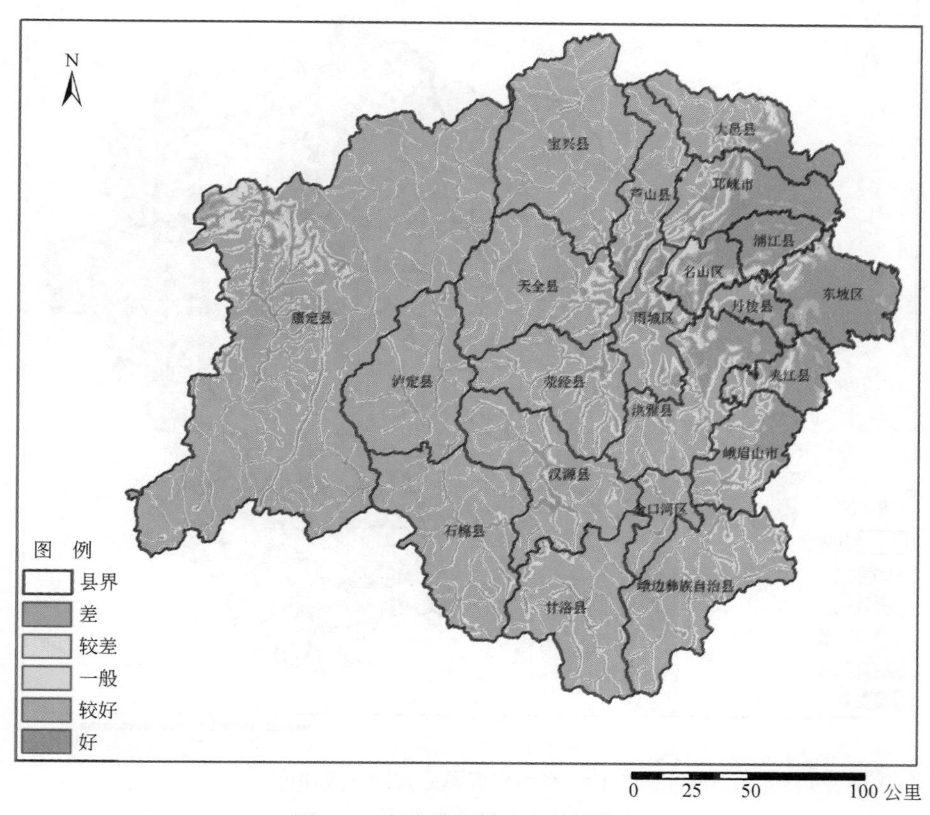

图7-8 自然单元供水条件评价图

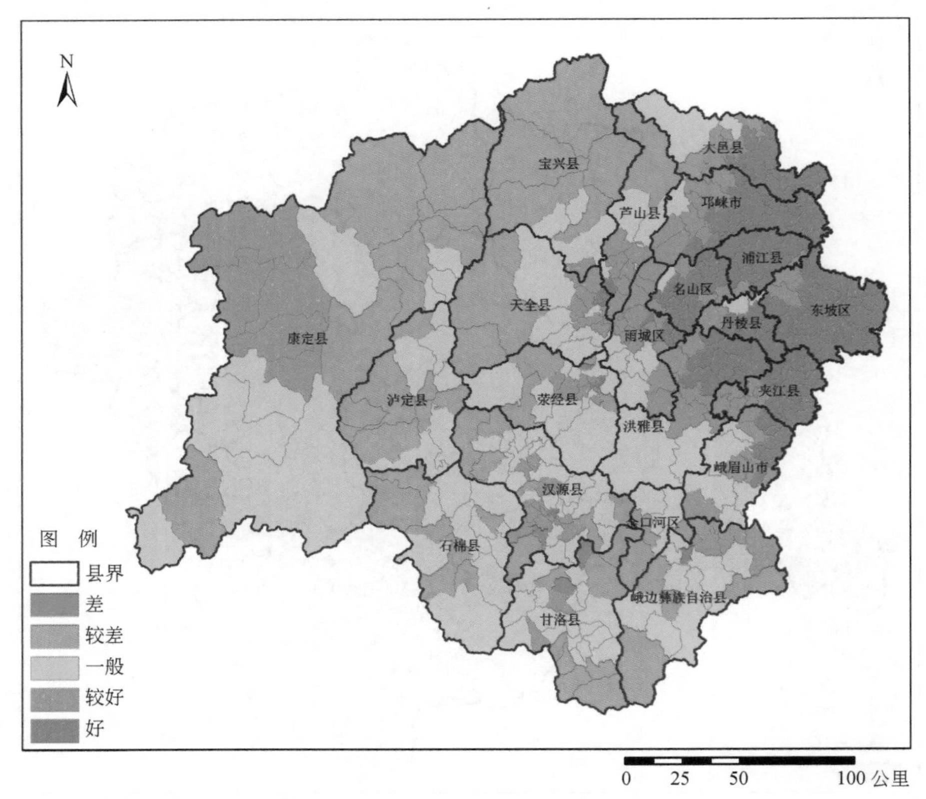

图 7-9 乡镇供水条件分级评价图

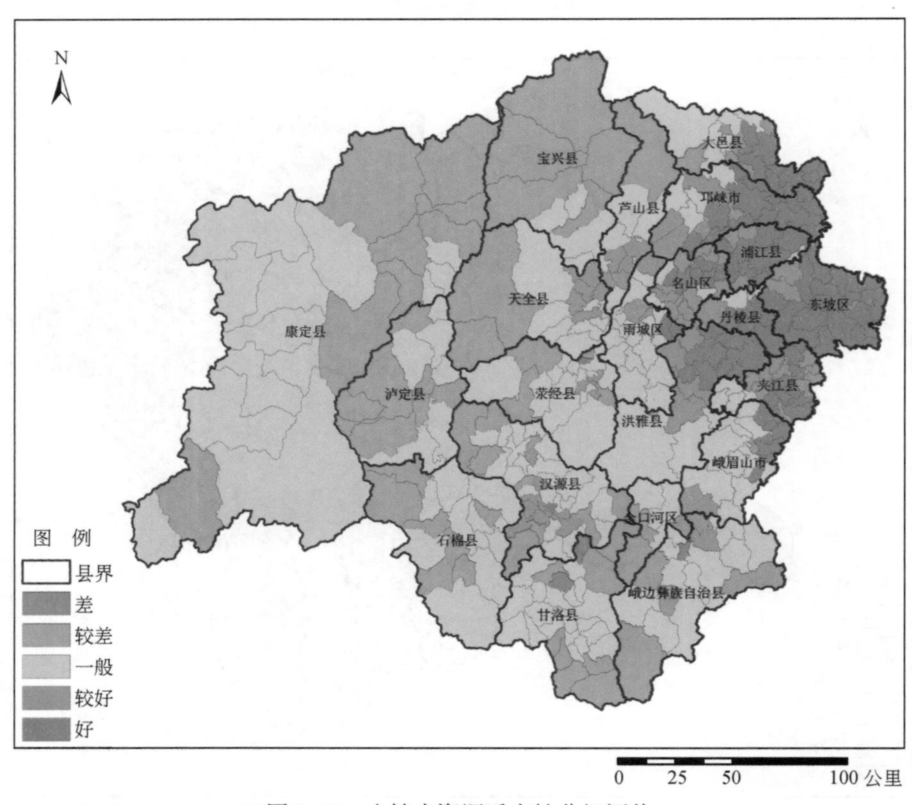

图 7-10 乡镇水资源适宜性分级评价

第五节 结论与建议

芦山地震灾区21县（市、区）主要位于岷江流域，分属青衣江流域、大渡河流域和岷江干流中游段，另有康定县西南部属雅砻江支流力丘河流域。青衣江、大渡河、力丘河流域多为山区，人口密度较低；岷江干流区地势平坦，灌溉农业发达，人口分布较为集中。

地震灾区降水充沛，水资源丰富，人均水资源量高达10142立方米，是全国平均水平的4.5倍。灾区水资源开发利用率仅6.3%，尚有较大开发利用潜力。从分县情况看，东坡区、蒲江县、邛崃市、夹江县水资源利用率偏高，但这些县区有青衣江、岷江过境或建有引水、调水工程，均有较便利的用水条件，总体水资源支撑能力较好，能够满足未来社会经济发展的用水需求，水资源数量基本不构成灾区重建的限制因素。

灾区用水的主要制约因素是引用水条件，本书基于供水成本进行了初步分析。从评价结果看，平原区供水条件相对较好；山区由于存在山高水低的现象，基本只有狭窄的河谷地带具有较好的用水条件，目前山区县城、主要城镇（如灵关镇等）也多分布在这些区域。在山区城镇规模扩张时，应注重水资源条件论证，选择供水条件相对较好的区域。

第八章　生态环境评价

生态保护重要性评价目的是为灾区恢复重建中的生态保护与建设提供依据，并划分灾后重建的生态保护区。评价包括三部分内容：一是生态保护重要性评价，是划分生态保护区的主要依据；二是环境容量评价，用于判断灾区环境容量的超载区域；三是确定生态保护区域。

第一节　生态保护重要性评价

生态保护重要性评价作为确定生态保护区的主要依据，由生态重要性评价和生态敏感性评价两部分组成。生态重要性主要是指生态系统服务功能重要性，一般包括生物多样性保护重要性、水源涵养重要性等；生态敏感性是指生态系统对区域中各种自然和人类活动的敏感程度，反映的是区域生态系统在遇到干扰时，发生生态环境问题的难易程度和可能性的大小，一般以土壤侵蚀敏感性为重要指标。

1. 评价指标选取依据

地震灾区是我国生物多样性最丰富的地区之一，邛崃山系是生物多样性保护的关键区域，是珙桐、大熊猫、扭角羚等特有珍稀濒危物种的主要栖息地；从西北向东南，随着高程的降低，植被区系从寒温性针叶林过渡到山地常绿阔叶林，东部四川盆地边缘农业和林业复合生态系统。同时，灾区山高谷深坡陡，又是水土流失、地质灾害的隐患地区；沿青衣江两岸，特别是上游地区，生态系统比较脆弱。

该地区也是具有重要生态服务功能的地区，是我国重点生态功能区，邛崃山系、大小相岭山系是我国生物多样性保护的关键区域，是我国大熊猫、川金丝猴等珍稀濒危物种的主要栖息地。该区还是大渡河与青衣江的重要水源区，关系到下游区域的用水安全。根据《四川省生态功能区划》，震区评价区域21个县（区、市）地跨5个生态功能区，分别是邛崃山南段生物多样性保护与水源涵养生态功能区、贡嘎山冰川与生物多样性保护生态功能区、峨眉山—大风顶生物多样性保护与水源涵养生态功能区、汉源—甘洛矿产业-农林业与土壤保持生态功能区、成都平原南部都市-农业生态功能区。主要生态服务功能是生物多样性保护、土壤保持、水源涵养和农林产品提供，主要生态问题是土壤侵蚀。

因此，根据评价区生态系统服务功能和主要生态问题，本次评价确立生态多样性保护重要性、水源涵养重要性和土壤侵蚀敏感性作为生态保护重要性评价的主要指标，支撑震区资源环境承载能力综合评估。另外，考虑到地震灾害对生态系统的影响，补充震后植被破坏程度评价，作为灾后生态保护区划分及规划的参考指标。

2. 指标项的计算方法

指标评价标准主要参照原国家环境保护总局2003年制定的《生态功能区划暂行规程》（简称《规程》），并根据评价区的特点，制定评价指标体系与评价方法。

（1）生物多样性保护重要性

生物多样性保护重要性的识别包括研究区国家重点保护物种生境集中分布区、自然保护区等各种类型保护地的评估（表8-1）。评价结果包括自然单元和乡镇级行政单元，综合评价结果以物种重要性等级作为权重，评估对象区域的重要性等级。

表 8-1　自然保护区重要性评价标准

准则	重要性
特有濒危动植物集中分布区，自然保护区的核心区和缓冲区	极重要
其他一级保护物种集中分布区，自然保护区实验区，各级森林公园，湿地公园	重要
其他保护野生动植物种分布区	中等重要
其他地区	不重要

（2）水源涵养重要性

水源涵养重要性在于整个区域对于评价地区水资源的依赖程度，随所处流域级别等存在差异。评价区主要位于青衣江流域，为大渡河支流。根据主要县市水源地、青衣江及大渡河其他支流的上游源区、所在区域的地表覆盖类型等因素综合评估水源涵养重要性，评价标准见表 8-2。

表 8-2　水源涵养重要性评价表

流域级别	生态系统类型	重要性
雅安市及各县水源地、青衣江源头	森林、湿地、草原、草甸	极重要
青衣江、大渡河支流源头，其他水源地	森林、湿地、草原、草甸	重要
其他的山区植被分布区域	森林、湿地、草原、草甸	中等重要
农业植被、无植被分布区	耕地、裸地、建设用地	不重要

（3）土壤侵蚀敏感性

土壤侵蚀敏感性评价是为了识别容易形成水土流失的区域并进行评价分级，根据《规程》，土壤侵蚀敏感性主要考虑降雨侵蚀力（*R* 值）、地形起伏度、植被覆盖、土壤质地 4 项指标（表 8-3）。

评价根据专家知识建立推理规则，利用 GIS 技术进行综合评价，形成自然单元结果，再按照乡镇行政区域归纳分级。

表 8-3　土壤侵蚀敏感性影响的分级

指标	不敏感	轻度敏感	中度敏感	重度敏感	极敏感
R 值	<25	27～100	100～400	400～600	>600
土壤质地	石砾、沙	粗砂土、细砂土、黏土	面砂土、壤土	砂壤土、粉黏土、壤黏土	砂粉土、粉土
地形起伏度（米）	0～20	20～50	51～100	101～300	>300
植被	水体、草本沼泽、稻田	阔叶林、针叶林、草甸、灌丛和萌生矮林	稀疏灌木草原、一年两熟粮作、一年水旱两熟	一年一熟粮作	无植被
分级赋值	1	3	5	7	9
分级标准（几何平均值）	1.0～2.0	2.1～4.0	4.1～6.0	6.1～8.0	>8.0

（4）震后植被破坏程度

评价地震对自然植被和土壤的影响程度，主要根据被评价的自然与行政单元所处地震烈度区来划分，按照国家地震烈度标准，参考地震前后卫星遥感图像对比，及中国地震局震灾应急救援司发布的芦山地震断层地表破裂带和地质灾害调查报告与照片，判断植被土壤的受损范围与程度（表 8-4），此项评价指标用于综合评价生态重要性的参考。

表 8-4　震后自然植被的破坏程度

地震烈度区	受损程度
VIII ~ IX 度	中等影响
VI ~ VII 度	轻微影响
VI 度以下	无影响

3. 评价结果及分析

(1) 生物多样性保护重要性评价

根据调查，评价区域含各级自然保护区 16 个，面积 6100 平方公里（表 8-5），主要分布在邛崃山、夹金山、贡嘎山、大相岭、小相岭和马鞍山山区（图 8-1，表 8-6 ~ 表 8-7），行政范围跨 11 个区县、41 个乡镇。极重和重灾区 3 县 2 区 6 乡镇中包含 7 个自然保护区，另外，评价区还有国家级和省级森林公园 12 个，面积为 3265.6 平方公里。

表 8-5　评价区自然保护区、森林公园和湿地公园统计[①]

类别	编号	名称	级别	主要分布区域	面积（平方公里）
自然保护区	1	四川蜂桶寨自然保护区	国家级	宝兴县	390.39
	2	四川贡嘎山自然保护区[②]	国家级	石棉县、康定县	3008.314
	3	黑竹沟自然保护区	国家级	峨边自治县	296.43
	4	四川喇叭河自然保护区	省级	天全县	234.373
	5	四川瓦屋山自然保护区	省级	洪雅县	364.901
	6	四川黑水河自然保护区	省级	大邑县	317.9
	7	四川栗子坪自然保护区[③]	省级	石棉县	478.85
	8	四川马鞍山自然保护区	省级	甘洛县	279.81
	9	四川金汤孔玉自然保护区	省级	康定县	269.086
	10	四川羊子岭自然保护区	市级	雨城区	23.826
	11	大相岭自然保护区[③]	市级	荥经县	283.595
	12	四川八月林自然保护区[③]	县级	金口河区	102.345
	13	天全河自然保护区	省级	天全县	36.19
	14	周公河自然保护区	省级	雨城区	4.19
	15	宝兴河自然保护区	市级	宝兴县	5.28
	16	四川朝阳湖白鹭自然保护区	县级	蒲江县	5
自然保护区面积合计					6100.48
森林公园	1	天台山国家森林公园	国家级	邛崃市	13.28
	2	西岭国家森林公园	国家级	大邑县	486.5
	3	黑竹沟国家森林公园	国家级	峨边县	281.54
	4	瓦屋山国家森林公园	国家级	洪雅县	658.698
	5	龙苍沟国家森林公园	国家级	荥经县	2
	6	夹金山国家森林公园	国家级	宝兴县、小金县	3.8
	7	二郎山国家森林公园	国家级	天全县	77.7693
	8	荷花海国家森林公园	国家级	康定县	883.321
	9	海螺沟国家森林公园	国家级	泸定县	575.17
	10	四川省砦子城森林公园	省级	东坡区	13.33
	11	四川省九龙山森林公园	省级	丹棱县	54.168
	12	四川省周公山森林公园	省级	雨城区	185.98
	13	四川省二郎山森林公园	省级	泸定县	30

续表

类别	编号	名称	级别	主要分布区域	面积（平方公里）
森林公园面积合计					3265.5563
湿地公园	1	四川大瓦山国家湿地公园	国家级	金口河区	28.122
	2	四川汉源湖省级湿地公园	省级	汉源县	84
湿地公园合计					112.122

注：①数据来自四川省林业厅、环保厅；②贡嘎山自然保护区不包括泸定和九龙 2 县；③数据来自各保护区规划。

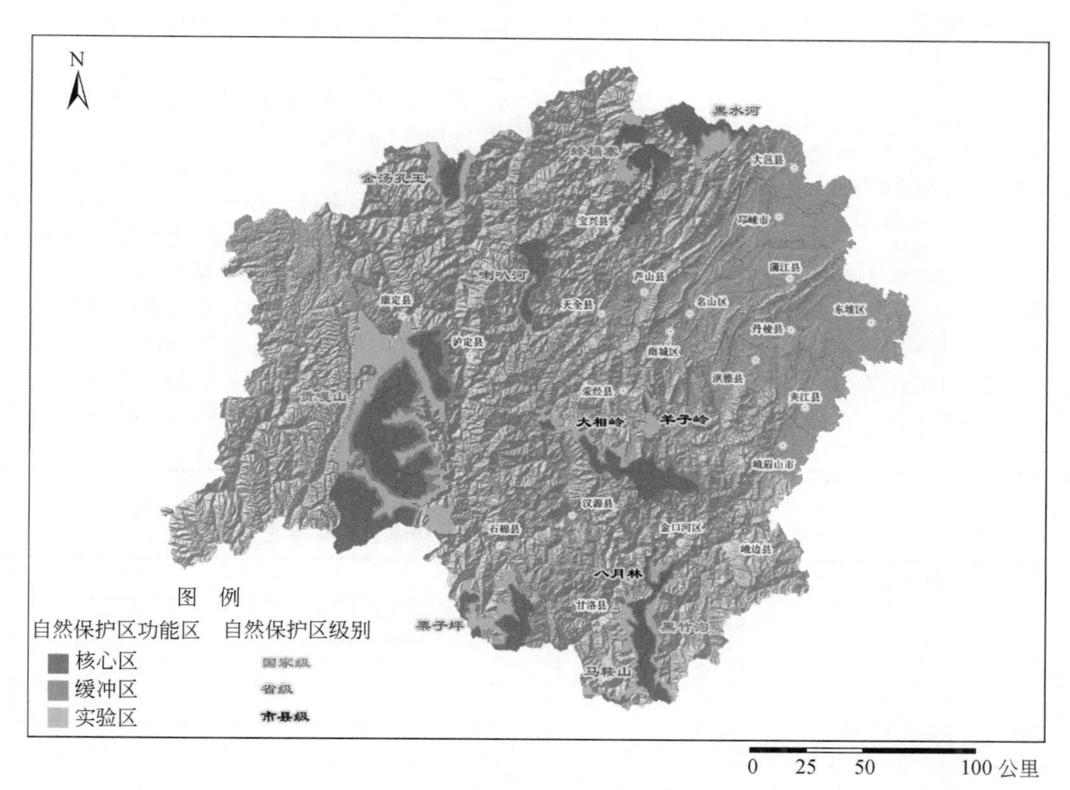

图 8-1　部分自然保护区分布图

表 8-6　部分自然保护区的重要物种

保护区	一级保护物种	二级保护物种
蜂桶寨	水杉、红豆杉、珙桐、独叶草、川金丝猴、大熊猫、云豹、豹、林麝、白唇鹿、扭角羚、胡兀鹫、四川雉鹑、绿尾虹雉	麦吊云杉、岷江柏木、水青树、连香树、星叶草、光叶珙桐、香果树、猕猴、藏酋猴、小熊猫、黑熊、马熊、豺、黄喉貂、水獭、大灵猫、金猫、猞猁、马麝、水鹿、白臀鹿、鬣羚、斑羚、岩羊、盘羊、鸢、雀鹰、秃鹫、灰背隼、红隼、藏马鸡、白腹锦鸡、红腹角雉、红腹锦鸡、血雉、雪鹑、勺鸡、灰鹤、领角鸮、林雕鸮、灰林鸮、纵纹腹小鸮、长尾林鸮、斑头鸺鹠、领鸺鹠、大鲵
贡嘎山	高寒水韭、玉龙蕨、独叶草、川金丝猴、大熊猫、云豹、豹、雪豹、林麝、白唇鹿、扭角羚、绿尾虹雉、黑颈鹤	岷江柏木、水青树、连香树、四川红杉、梓叶槭、扇蕨、金荞麦、猕猴、小熊猫、黑熊、金猫、马麝、水鹿、白臀鹿、毛冠鹿、岩羊、盘羊、秃鹫、藏马鸡、藏雪鸡、红腹角雉、血雉

续表

保护区	一级保护物种	二级保护物种
黑竹沟	红豆杉、南方红豆杉、珙桐、大熊猫、豹、林麝、扭角羚、四川山鹧鸪	麦吊云杉、连香树、四川红杉、黄檗、川黄檗、猕猴、藏酋猴、小熊猫、黑熊、豺、水獭、大灵猫、金猫、水鹿、鬣羚、斑羚、岩羊、鸢、雀鹰、黑冠鹃隼、白腹锦鸡、红腹角雉、血雉、黑尾苦恶鸟、领角鸮、林雕鸮、灰林鸮、长耳鸮、斑头鸺鹠、小灵猫、穿山甲、斑林狸
喇叭河	红豆杉、南方红豆杉、独叶草、珙桐、川金丝猴、大熊猫、林麝、扭角羚、白尾海雕、四川雉鹑、绿尾虹雉、斑尾榛鸡、黑颈鹤	水青树、连香树、黄檗、凹叶厚朴、猕猴、藏酋猴、小熊猫、黑熊、豺、黄喉貂、水獭、大灵猫、小灵猫、斑林狸、金猫、猞猁、水鹿、毛冠鹿、鬣羚、斑羚、岩羊、鸢、雀鹰、白腹锦鸡、红腹角雉、血雉、勺鸡、灰林鸮、领鸺鹠
瓦屋山	水杉、独叶草、珙桐、银杏、桫椤、川金丝猴、大熊猫、豹、林麝、扭角羚、金雕、四川雉鹑、绿尾虹雉	麦吊云杉、水青树、连香树、峨眉黄连、光叶珙桐、香果树、凹叶厚朴、峨眉含笑、猕猴、小熊猫、黑熊、豺、黄喉貂、水獭、大灵猫、小灵猫、金猫、猞猁、马麝、毛冠鹿、斑羚、岩羊、鸢、雀鹰、藏马鸡、红腹角雉、红腹锦鸡、血雉、雪鹑、勺鸡、灰鹤、领角鸮、灰林鸮、纵纹腹小鸮
栗子坪	红豆杉、大熊猫、云豹、豹、林麝、扭角羚、胡兀鹫、四川雉鹑、绿尾虹雉、斑尾榛鸡	水青树、连香树、香果树、凹叶厚朴、猕猴、藏酋猴、小熊猫、黑熊、豺、黄喉貂、大灵猫、小灵猫、斑林狸、金猫、鬣羚、斑羚、雀鹰、红隼、白腹锦鸡、红腹角雉、血雉、灰林鸮、长耳鸮、斑头鸺鹠、高山兀鹫
金汤孔玉	红豆杉、川金丝猴、豹、雪豹、林麝、扭角羚、金雕	岷江柏木、水青树、猕猴、藏酋猴、小熊猫、黑熊、马熊、豺、水獭、金猫、猞猁、兔狲、马麝、水鹿、白臀鹿、毛冠鹿、鬣羚、斑羚、岩羊、黑鸢、秃鹫、灰背隼、红隼、藏雪鸡、白腹锦鸡、红腹角雉、血雉、勺鸡、领角鸮、灰林鸮、斑头鸺鹠

表 8-7 评价区域重要指示物种保护级别及种群特征

序号	物种名称	学名	级别	种群特征
1	水杉	*Metasequoia glyptostroboides*	I	稀有
2	红豆杉	*Taxus chinensis* (Pilger) Rehd.	I	稀有
3	南方红豆杉	*Taxus chinenwsis* var. *mairei*	I	稀有
4	独叶草	*Kingdonia uniflora*	I	稀有
5	珙桐	*Davidia involucrata*	I	特有
6	高寒水韭	*Isoetes hypsophila*	I	濒危
7	玉龙蕨	*Sorolepidium glaciale*	I	稀有
8	银杏	*Ginkgo biloba*	I	稀有
9	桫椤	*Cyathea spinulosa*	I	渐危
10	麦吊云杉	*Picea brachytyla*	II	稀有
11	岷江柏木	*Cupressus chengiana*	II	渐危
12	水青树	*Tetracentron sinense*	II	稀有
13	连香树	*Cercidiphyllum japonicum*	II	稀有
14	峨眉黄连	*Coptis omeiensis*	II	濒危
15	星叶草	*Circaeaster agrestis*	II	—
16	光叶珙桐	*Davidia involuclata* Baill. var. *vilmoriniana*	II	濒危
17	香果树	*Emmenopterys henryi*	II	—
18	四川红杉	*Larix mastersiana*	II	濒危
19	黄檗	*Phellodendron amurense*	II	渐危
20	川黄檗	*Phellodendron chinense*	II	—

续表

序号	物种名称	学名	级别	种群特征
21	梓叶槭	*Acer catalpifolium* Rehd	Ⅱ	濒危
22	巴山榧	*Torreya* spp.	Ⅱ	特有
23	凹叶厚朴	*Magnolia officinalis* subsp. *biloba*	Ⅱ	稀有
24	峨眉含笑	*Magnolia sinensis*	Ⅱ	濒危
25	扇蕨	*Neocheiropteris palmatopedata*	Ⅱ	稀有
26	金荞麦	*Fagophyrum dibotrys*	Ⅱ	—
27	大熊猫	*Ailuropoda melanoleuca*	Ⅰ	濒危
28	川金丝猴	*Rhinopithecus roxellanae*	Ⅰ	濒危
29	云豹	*Neojelis nebulosa*	Ⅰ	濒危
30	豹	*Panthera pardus*	Ⅰ	濒危
31	雪豹	*Panthera uncial*	Ⅰ	濒危
32	林麝	*Moschus berezovskii*	Ⅰ	濒危
33	马鹿	*Cervus elaphus* subsp. *macneilli*	Ⅰ	—
34	白唇鹿	*Cervus alblrostris*	Ⅰ	濒危
35	扭角羚	*Budorcas taxicolor*	Ⅰ	濒危
36	金雕	*Aquila chrysaeto*	Ⅰ	—
37	胡兀鹫	*Gypaetus barbatus*	Ⅰ	—
38	白尾海雕	*Haliaeetus albicilla*	Ⅰ	濒危
39	四川山鹧鸪	*Arborophila rufipectus*（Boulton）	Ⅰ	濒危
40	四川雉鹑	*Tetraophasis szechenyii*	Ⅰ	濒危
41	绿尾虹雉	*Lophophorus lhuysii*	Ⅰ	濒危
42	斑尾榛鸡	*Bonasia sewerzowi secunda*	Ⅰ	濒危
43	黑颈鹤	*Grum nigricollis*	Ⅰ	濒危
44	猕猴	*Macaca mulatta*	Ⅱ	易危
45	藏酋猴	*Macaca speciiosa thibetana*	Ⅱ	易危
46	小熊猫	*Ailurus fulgens styani*	Ⅱ	易危
47	黑熊	*Selenarctos thibetanus*	Ⅱ	易危
48	马熊	*Ursus pruinosus*	Ⅱ	—
49	豺	*Cuon alpinus*	Ⅱ	易危
50	黄喉貂	*Martes flavigula*	Ⅱ	濒危
51	水獭	*Lutra chinensis*	Ⅱ	易危
52	大灵猫	*Viverra zibeiha ashtoni*	Ⅱ	易危
53	小灵猫	*Viverricula indica*	Ⅱ	—
54	斑林狸	*Prion pardicolor*	Ⅱ	—
55	金猫	*Feils temmincki tristis*	Ⅱ	易危
56	猞猁	*Felis lynx*	Ⅱ	濒危
57	兔狲	*Otocolobus manul*	Ⅱ	近危
58	马麝	*Moschus sifanicus*	Ⅱ	濒危
59	水鹿	*Cervus unicolor*	Ⅱ	—

续表

序号	物种名称	学名	级别	种群特征
60	白臀鹿	*Cervus macneilli*	Ⅱ	濒危
61	毛冠鹿	*Elaphodus cephalophus*	Ⅱ	—
62	鬣羚	*Capricornis sumatraensis*	Ⅱ	易危
63	斑羚	*Naemorhedus goral*	Ⅱ	易危
64	岩羊	*Pseudois nayaur*	Ⅱ	易危
65	盘羊	*Ovis ammom*	Ⅱ	—
66	鸢	*Milvus korschun*	Ⅱ	易危
67	黑鸢	*Milivus migrans*	Ⅱ	—
68	雀鹰	*Accipiter nisus*	Ⅱ	稀有
69	秃鹫	*Aegypius monachus*	Ⅱ	—
70	灰背隼	*Falco columbarius*	Ⅱ	—
71	红隼	*Falco tinnunculus*	Ⅱ	—
72	黑冠鹃隼	*Aviceda leuphotes*	Ⅱ	易危
73	藏马鸡	*Crossoptilon harmani*	Ⅱ	濒危
74	藏雪鸡	*Tetraogallus tibetanus*	Ⅱ	渐危
75	白腹锦鸡	*Chrysolophus amherstiae*	Ⅱ	易危
76	红腹角雉	*Tragopan temminchii*	Ⅱ	易危
77	红腹锦鸡	*Chrysolophus pictus*	Ⅱ	易危
78	血雉	*Ithaginis cruentus*	Ⅱ	易危
79	黑尾苦恶鸟	*Amaurornis bicolor*	Ⅱ	稀有
80	雪鹑	*Lerwa lerwa*	Ⅱ	—
81	勺鸡	*Pucrasia macrolopha*	Ⅱ	易危
82	灰鹤	*Grus grus*	Ⅱ	—
83	领角鸮	*Otus bakkamoena*	Ⅱ	—
84	林雕鸮	*Bubo nipalensis*	Ⅱ	稀有
85	灰林鸮	*Strix aluco*	Ⅱ	稀有
86	长耳鸮	*Asio otus*	Ⅱ	—
87	纵纹腹小鸮	*Athene noctua*	Ⅱ	—
88	长尾林鸮	*Strix uralensis*	Ⅱ	—
89	斑头鸺鹠	*Glaucidium cuculoides*	Ⅱ	—
90	领鸺鹠	*Glaucidium brodiei*	Ⅱ	稀有
91	大鲵	*Andrias davidianus*	Ⅱ	濒危
92	穿山甲	*Manis pentadactyla*	Ⅱ	易危

注：种群特征依据《中国濒危动物红皮书》，同时参照《世界濒危动物红皮书》确定。

评价结果表明，地震灾区生物多样性保护极重要区面积为9893.67平方公里，占研究区总面积的23.12%，重要区面积为8809.50平方公里，占研究区总面积的20.59%。极重要区与重要区主要分布在邛崃山、夹金山—贡嘎山、大相岭、小相岭一带。在极重和重灾区，生物多样性保护极重要区与重要区面积分别为2418.04平方公里、2298.42平方公里，占评价区域总面积的22.86%、21.73%，主要分布在研究区的北部、西部与西南部。

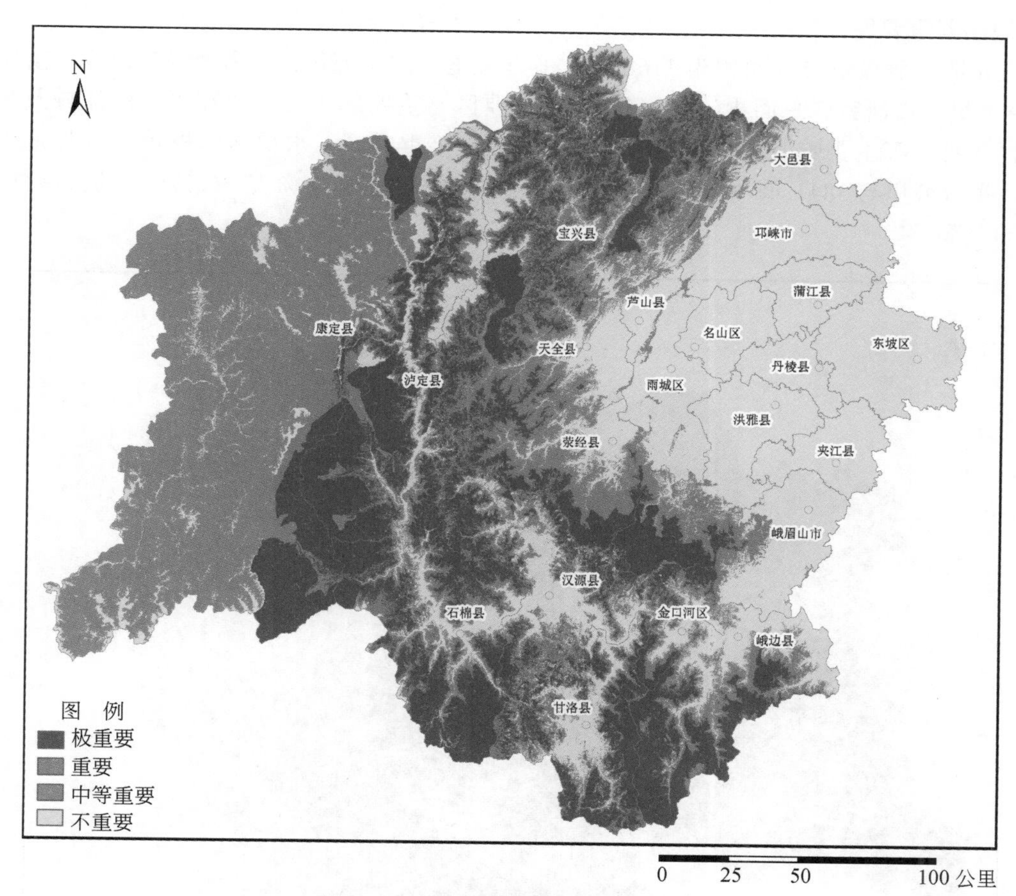

图 8-2 生物多样性保护重要性评价

表 8-8 生物多样性保护重要性评价结果

灾区	级别	面积（平方公里）	面积比例（%）
极重和重灾区	极重要	2418.04	22.86
	重要	2298.42	21.73
	中等重要	1946.93	18.41
	不重要	3912.49	36.99
	小计	10577.55	100.00
一般灾区	极重要	7475.63	23.21
	重要	6511.08	20.22
	中等重要	7182.68	22.30
	不重要	11039.46	34.27
	小计	32214.18	100.00
全部灾区	极重要	9893.67	23.12
	重要	8809.5	20.59
	中等重要	9129.61	21.34
	不重要	14951.95	34.95
	小计	42791.73	100.00

（2）水源涵养重要性评价

地震灾区水源涵养极重要区面积为11608.21平方公里，占研究区总面积的27.13%；重要区面积为7962.23平方公里，占研究区总面积的19.61%。极重要区与重要区主要分布在青衣江流域及大渡河其他支流的源头区，雅安等主要城市水源地。在地震重灾区与极重灾区，水源涵养极重要区与重要区面积分别为2840.30平方公里与3841.48平方公里，占研究区总面积的26.85%与36.32%，极重要区主要分布在研究区域的北部。

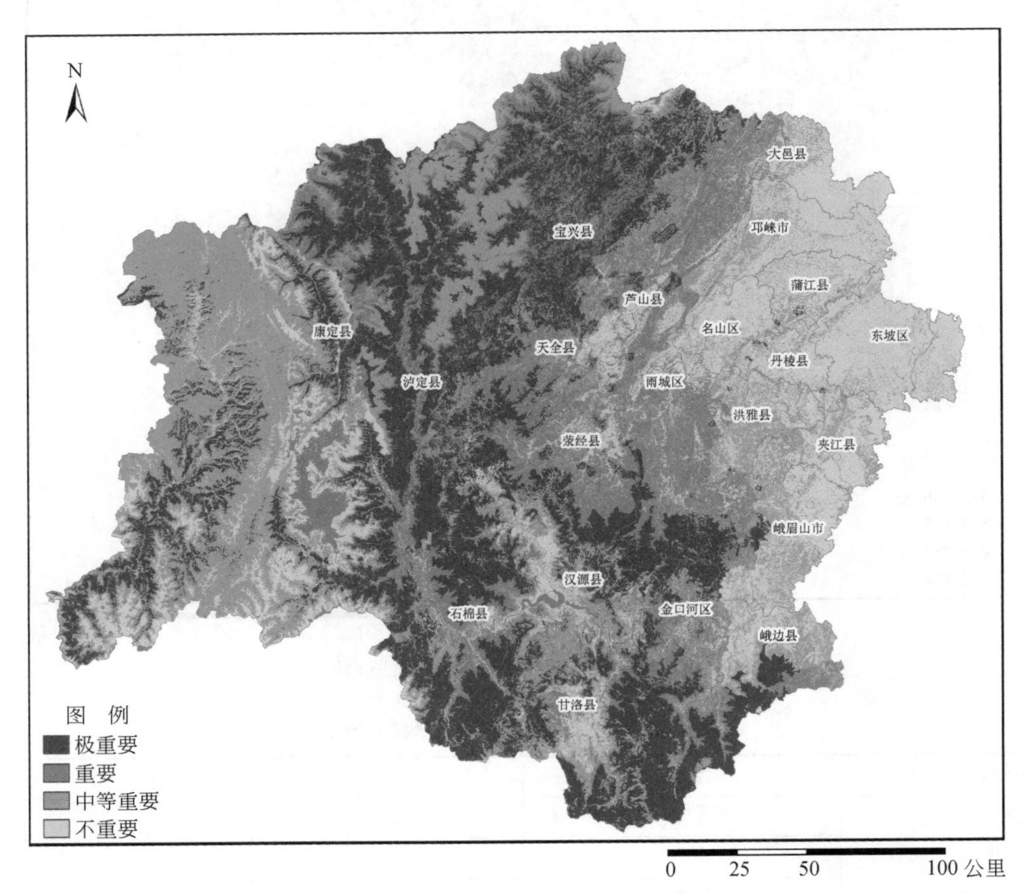

图8-3 水源涵养重要性评价图

表8-9 水源涵养重要性评价结果

灾区	级别	面积（平方公里）	面积比例（%）
极重和重灾区	极重要	2840.30	26.85
	重要	3841.48	36.32
	中等重要	2400.26	22.69
	不重要	1495.52	14.14
	合计	10577.55	100.00
一般灾区	极重要	8767.91	27.22
	重要	4120.75	12.79
	中等重要	11497.64	35.69
	不重要	7827.87	24.30
	合计	32214.18	100.00

续表

灾区	级别	面积（平方公里）	面积比例（%）
全部灾区	极重要	11608.21	27.13
	重要	7962.23	18.61
	中等重要	13897.89	32.48
	不重要	9323.39	21.79
	合计	42791.73	100.00

（3）土壤侵蚀敏感性评价

评价结果表明，地震灾区土壤侵蚀极敏感区域面积为 6281.15 平方公里，占研究区总面积的 14.68%；重度敏感区面积为 2647.53 平方公里，占研究区总面积的 6.19%。极敏感与重度敏感区主要分布雅安北部、西部边缘，康定大雪山两侧及汉源、甘洛等地大渡河下游支流两侧。在地震极重灾与重灾区，土壤侵蚀极敏感区与敏感区面积分别为 1518.41 平方公里与 534.96 平公方里，占研究区总面积的 14.36% 与 5.06%，主要分布在灾区北部、天全县东部等地。

表 8-10　土壤侵蚀敏感性评价结果

灾区	等级	面积（平方公里）	面积比例（%）
极重和重灾区	极敏感	1518.41	14.36
	重度敏感	534.96	5.06
	中度敏感	926.56	8.76
	轻度敏感	2498.13	23.62
	不敏感	5099.49	48.21
	合计	10577.55	100.00
一般灾区	极敏感	4762.74	14.78
	重度敏感	2112.57	6.56
	中度敏感	3757.46	11.66
	轻度敏感	8033.23	24.94
	不敏感	13548.17	42.06
	合计	32214.18	100.00
全部灾区	极敏感	6281.15	14.68
	重度敏感	2647.53	6.19
	中度敏感	4684.02	10.95
	轻度敏感	10531.36	24.61
	不敏感	18647.66	43.58
	合计	42791.73	100.00

（4）震后植被破坏程度评价

根据中国科学院遥感与数字地球研究所对芦山地震重灾区的监测结果，在烈度等级最高（IX 级与 VIII 级）的芦山县城及周边区域，地震及次生灾害造成农田损毁约 1.9 公顷，林地损坏约 33.1 公顷；在烈度等级为 VII 级的宝兴县城周边区域，农田、林地损毁较轻，其中农田损毁约 1.75 公顷，林地损坏 11.79 公顷（图 8-5）。因此，地震灾区的植被破坏程度整体较轻。

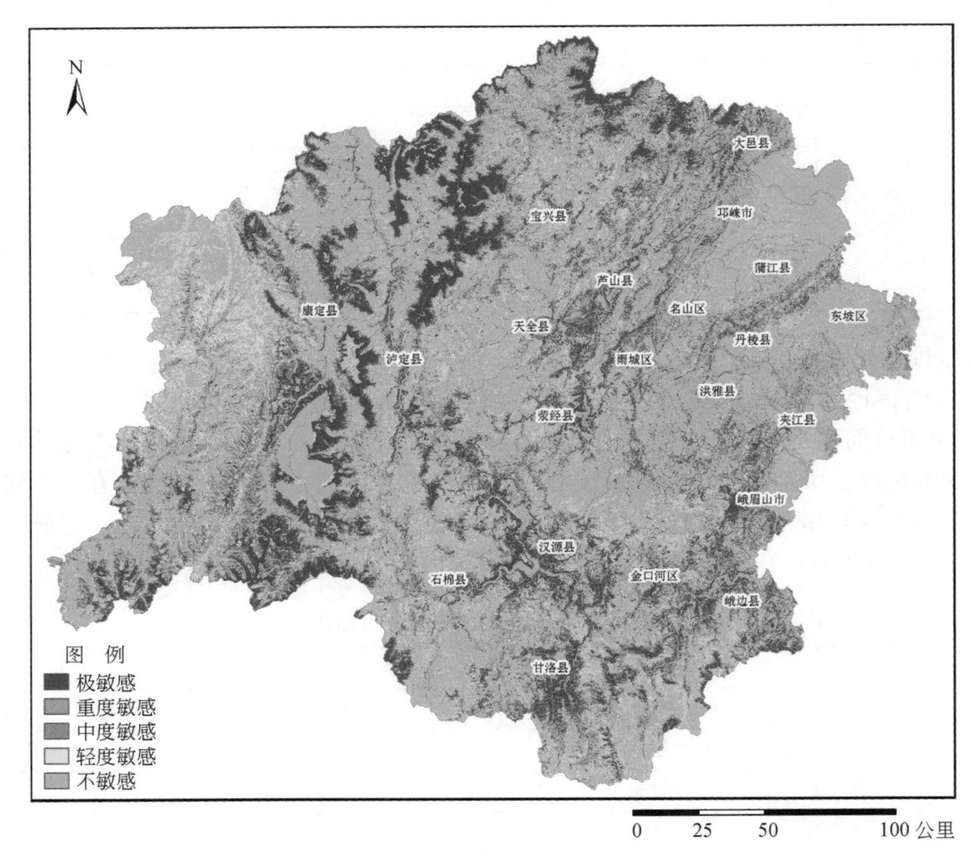

图 8-4 土壤侵蚀敏感性评价

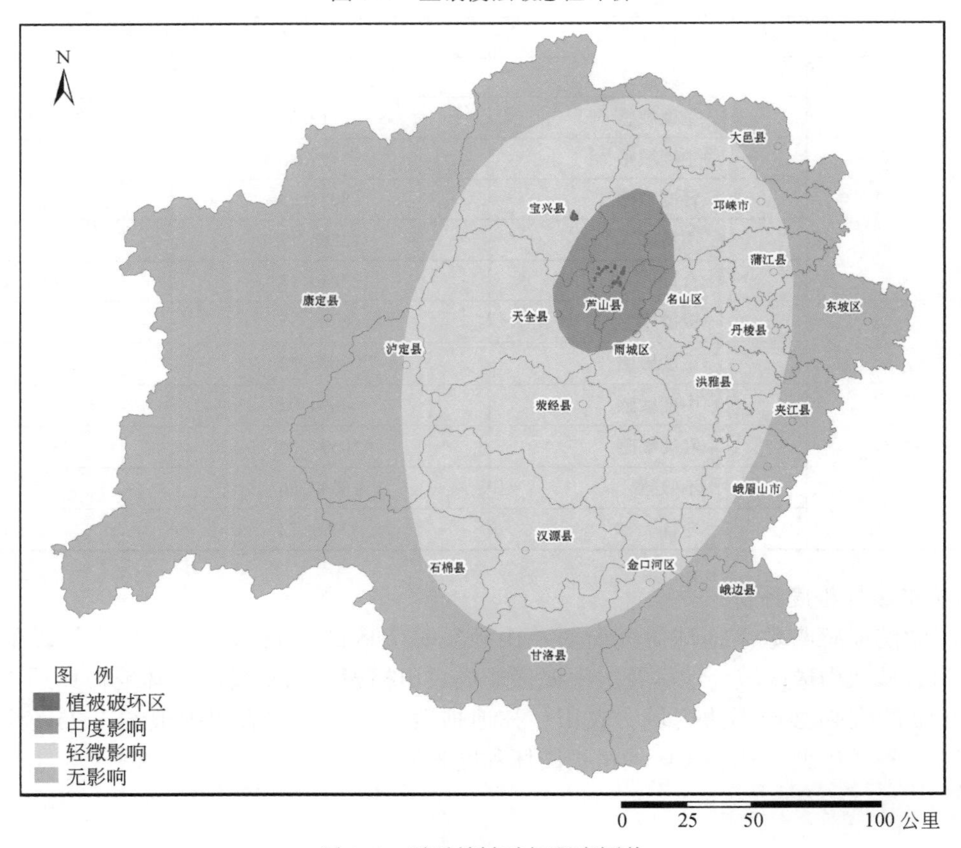

图 8-5 震后植被破坏程度评价

根据地震烈度等级，将震区植被的破坏程度分为中等、轻微与无影响三个级别，IX 级与 VIII 级区域内植被为影响等级为中等，区内有森林 679.96 平方公里，草地 2.33 平方公里，VI 级与 VII 级区域内植被影响等级为轻微，区内有森林 8988.91 平方公里，草地 430.12 平方公里，其余区域为无影响。

在中等影响范围内，生物多样性保护、水源涵养、土壤保持极重要区的面积分别为 27.48、82.57 与 286.93 平方公里，分别占各类极重要区总面积的 0.71%、0.28% 与 4.57%（表 8-11），对该区域主要生态功能的影响不大。

表 8-11　震后植被破坏程度评价结果

灾区	等级	面积（平方公里）	面积比例（%）
极重和重灾区	中等影响	1615.18	15.27
	轻微影响	7822.62	73.95
	无影响	1139.76	10.78
	小计	10577.55	100.00
一般灾区	中等影响	11.08	0.03
	轻微影响	9236.15	28.67
	无影响	22966.95	71.29
	小计	32214.18	100.00
全部灾区	中等影响	1626.27	3.80
	轻微影响	17058.79	39.86
	无影响	24106.67	56.33
	小计	42791.73	100.00

（5）生态保护重要性评价

评价结果表明，在整个地震灾区，约有 1.70 万平方公里的区域属于生态极敏感区或者生态系统服务功能极重要区，为生态保护极重要区域，占整个研究区域面积的 39.75%；约有 1.06 万平方公里的区域属于生态保护重要地区，占整个研究区域的 24.77%。生态保护极重要与重要区分布在邛崃山系南部、大小相岭、凉山山系北部等区域（图 8-6）。在地震极重与重灾区，生态保护极重要与重要区域的面积分别为 4052.07 平方公里与 3475.65 平方公里，二者总面积达 7527.72 平方公里，占地震极重灾区与重灾区面积的 71.17%（表 8-12）。

表 8-12　生态保护重要性评价结果

灾区	等级	面积（平方公里）	面积比例（%）
极重灾区	极重要	345.05	28.96
	重要	457.90	38.43
	中等重要	363.81	30.54
	不重要	24.67	2.07
	小计	1191.42	100
重灾区	极重要	3711.72	39.54
	重要	3020.90	32.18
	中等重要	2123.62	22.63
	不重要	529.89	5.65
	小计	9386.13	100.00

续表

灾区	等级	面积（平方公里）	面积比例（%）
一般灾区	极重要	12959. 33	40. 23
	重要	7126. 19	22. 12
	中等重要	8631. 15	26. 79
	不重要	3497. 50	10. 86
	小计	32214. 18	100. 00
全部灾区	极重要	17015. 91	39. 76
	重要	10606. 12	24. 79
	中等重要	11118. 22	25. 98
	不重要	4051. 48	9. 47
	小计	42791. 73	100. 00

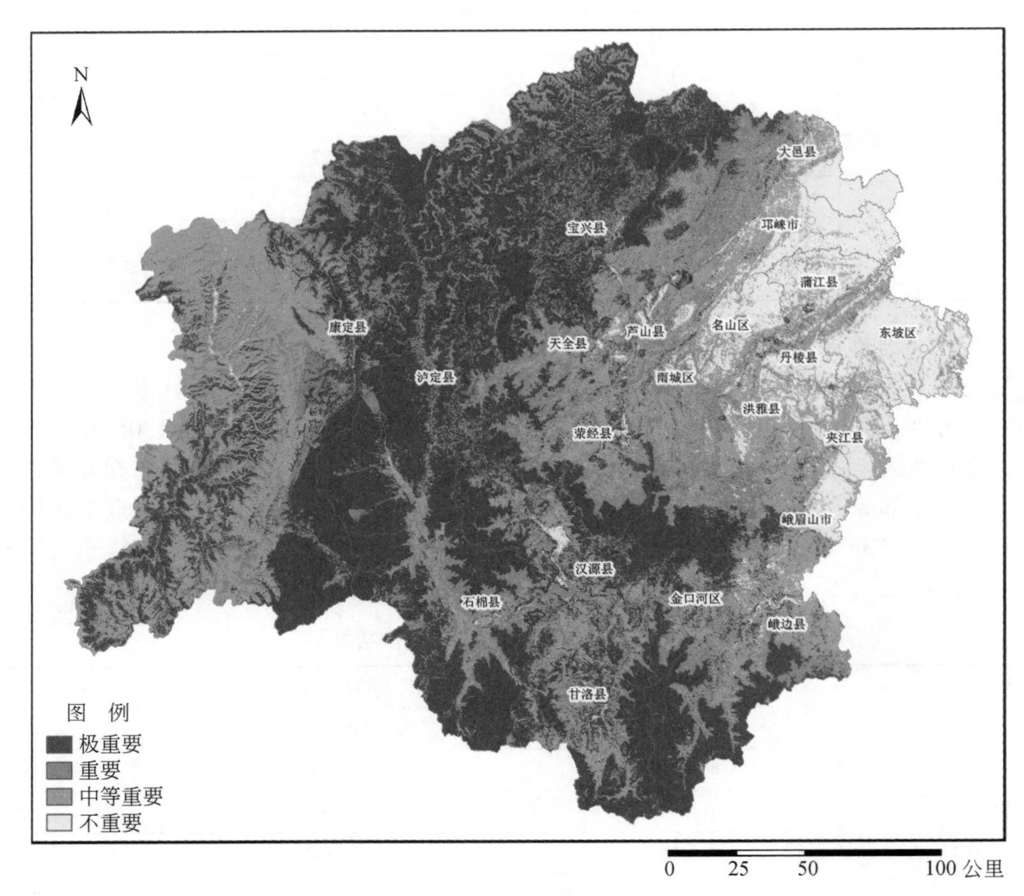

图 8-6 生态保护重要性评价

第二节 环境容量评价

环境容量是评估灾区主要环境要素的容量及超载情况，包括大气环境容量和水环境容量。

1. 评价指标

灾区21个县（市、区）基本分布于四川盆地西部山区，生态环境状况良好。根据四川省环境保护厅提供的数据，灾区震前环境质量优良，21县（市、区）中，近5年连续有13个县生态环境状况评级结果为优，其余8县为良。震后对重灾区监测的结果显示，大气环境质量状况整体正常，空气质量优；水环境质量整体正常，虽部分指标存在波动，但与地震前相比无明显变化。

根据灾区总体环境质量特征，选择大气环境容量和水环境容量作为环境条件评价的主要指标，其中大气环境容量以SO_2为主要特征污染物，水环境容量以COD主要特征污染物。考虑到大气容量在该区域差异性不明显，且不是重要限制性因素，故只作为参考指标。固体（含采矿造成的）废物污染容量的探讨不具有整个灾后重建区的普遍意义，及噪声容量在该区域的探讨不是制约因素等原因，故在本次评价中列入指标单独评价。

2. 指标项计算方法及计算流程

指标项计算参照全国主体功能区规划《省级主体功能区规划技术规程》。

$$[\text{环境容量}] = \max\{[\text{大气环境容量}(SO_2),\ \text{水环境容量}(COD)]\}$$

（1）大气环境容量

大气环境容量，指在一个特定区域内、一定的气象条件、一定的自然边界条件及一定的排放源结构条件下，在满足该区域大气环境质量目标前提下，所允许的区域大气污染物的最大排放量。对于局地性区域来说，大气环境容量是大气传输、扩散和排放方式的具体体现。本书采用的A值法是以大气质量标准为控制目标，在大气污染物扩散稀释规律的基础上，使用控制区排放总量允许限值计算大气环境容量。计算公式为

$$[\text{大气环境容量}(SO_2)] = A \cdot (C_{ki} - C_0) \cdot S_i / \sqrt{S}$$

式中，A为地理区域总量控制系数（10^4平方公里，灾区为2.94）；C_{ki}为国家或者地方关于大气环境质量标准中所规定的和第i功能区类别一致的相应的年日平均浓度（毫克/立方米）；C_0为背景浓度（毫克/立方米）；S_i为第i功能区面积（平方公里）；S为总量控制总面积（平方公里），为现状建成区面积。

（2）水环境容量

水环境容量是满足一定的水环境质量标准要求的最大允许污染负荷量。它包括稀释容量和自净容量。影响水环境承载能力的因子有：由水量和流动特性确定的水体自净稀释能力、水环境质量目标、水体污染物背景浓度（现状水质）和污染源的类型和位置。本次评价以COD作为主要的污染物。计算公式为

$$[\text{水环境容量}(COD)] = Q(C_i - C_{i0}) + k_i C_i$$

式中，Q代表区域的水资源量；C_i代表环境介质中污染物的允许浓度（即某种环境标准值）；C_{i0}代表环境介质中某种污染物的原始浓度；k为污染物降解系数，根据一般河道水质降解系数参考指，设定COD的降解系数为0.2升/天。

依据地表水水域环境功能和保护目标，水质功能区划由高到低划分为五类水域：Ⅰ类水域主要适用于源头水、国家级自然保护区和省级自然保护区；Ⅱ类水域主要适用于集中式生活饮用水地表水源地一级保护区、珍稀水生生物栖息地、鱼虾类产卵场、仔稚幼鱼的索饵场；Ⅲ类水域主要适用于集中式生活饮用水地表水源地二级保护区、鱼虾类越冬场、洄游通道、水产养殖区等渔业水域及游泳区；Ⅳ类水域主要适用于一般工业用水区及人体非直接接触的娱乐用水区；Ⅴ类水域主要适用于农业用水区及一般景观要求水域。

本书将水域环境功能区划分配至乡镇域上的原则：遵守《四川省地表水环境功能区划》（川府发［1992］5号）的原则规定；优先保护饮用水水源地和国家自然保护区水域；同一区域兼有多类功能的，按最高功能划分类别；划分各水域功能，一般不得低于现状功能等；上游地区水域功能划分，要满足下

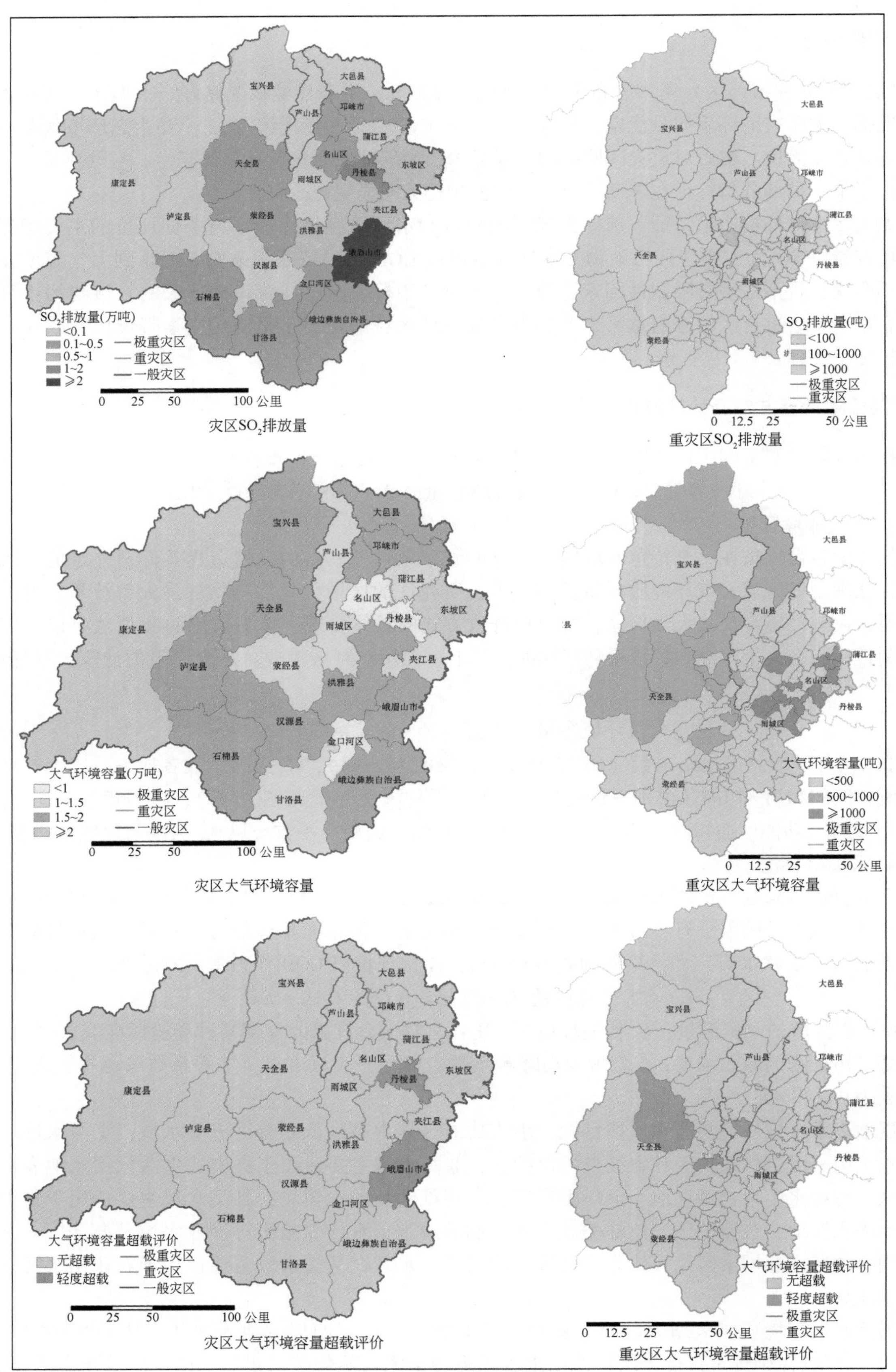

图 8-7　大气环境容量评价

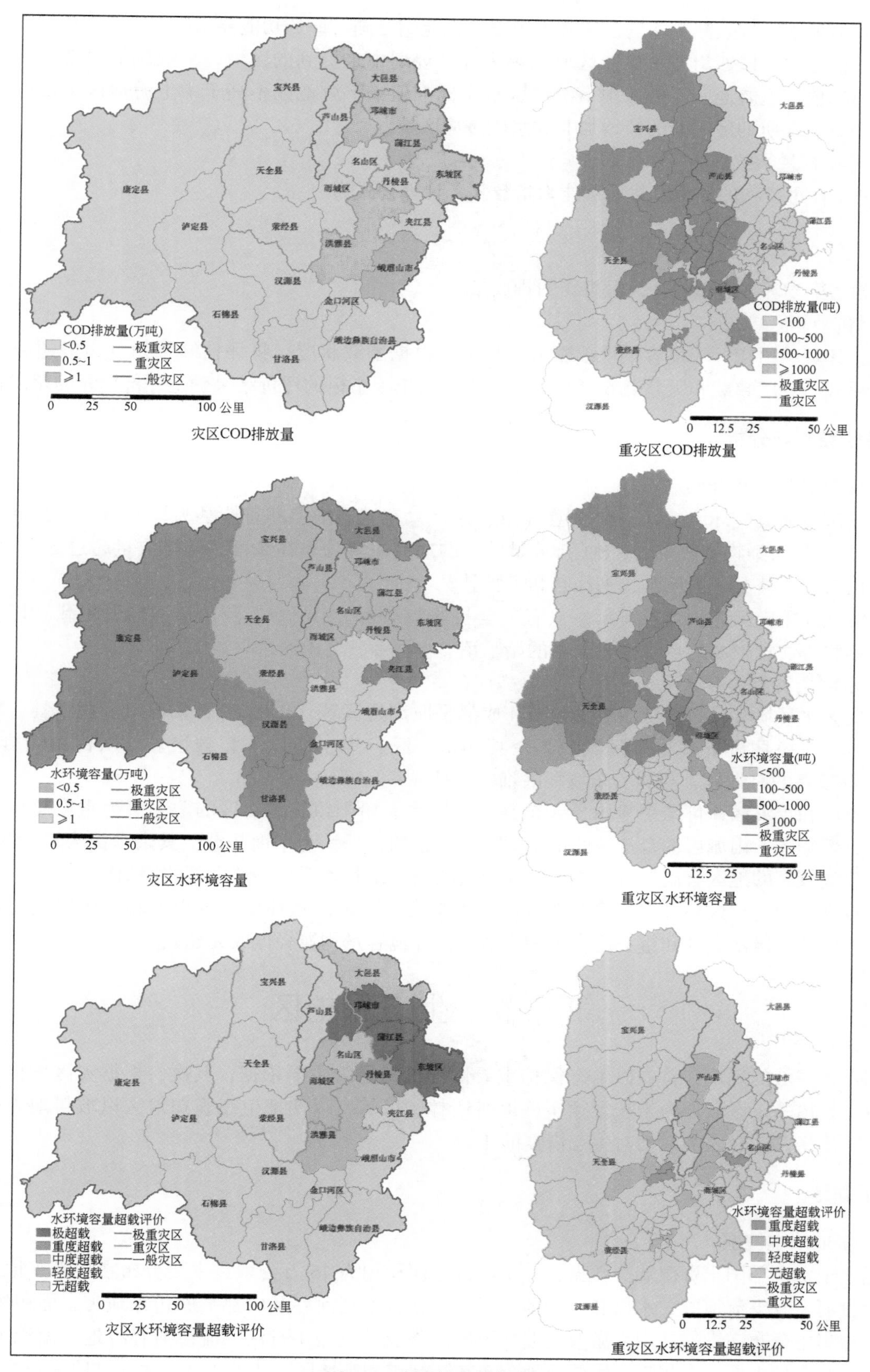
COD排放量(万吨)
<0.5
0.5~1
≥1
极重灾区
重灾区
一般灾区
0 25 50 100 公里
灾区COD排放量
COD排放量(吨)
<100
100~500
500~1000
≥1000
极重灾区
重灾区
0 12.5 25 50 公里
重灾区COD排放量
水环境容量(万吨)
<0.5
0.5~1
≥1
极重灾区
重灾区
一般灾区
0 25 50 100 公里
灾区水环境容量
水环境容量(吨)
<500
100~500
500~1000
≥1000
极重灾区
重灾区
0 12.5 25 50 公里
重灾区水环境容量
水环境容量超载评价
极超载
重度超载
中度超载
轻度超载
无超载
极重灾区
重灾区
一般灾区
0 25 50 100 公里
灾区水环境容量超载评价
水环境容量超载评价
重度超载
中度超载
轻度超载
无超载
极重灾区
重灾区
0 12.5 25 50 公里
重灾区水环境容量超载评价

图 8-8 水环境容量评价

游地区的功能要求；进入湖、库的河流和人工干渠，应满足湖、库的功能要求等。

实际赋值方法。以四川省水功能区域成果为准，规划中未提到的区域，采取以下原则：取当地河流水质治理目标值；上游地区不低于中下游地区水质标准值；下游地区不高于中上游地区水质标准值；由Ⅰ类水质到Ⅲ类水质的区域间酌情增加Ⅱ类水质缓冲区域。

（3）环境容量承载能力

对于第 i 种污染物的环境容量承载能力指数 a_i，计算公式为

$$a_i = \frac{P_i - G_i}{G_i}$$

式中，G 为污染物环境容量；P 为污染物的排放量。

（4）计算流程

首先，计算单项指标环境容量承载能力；其次，根据承载状况，将评估结果划分为极超载、重度超载、中度超载、轻度超载和无超载 5 个级别；最后，按单项指标的评价结果确定评价单元的超载状况。

3. 评价结果与分析

（1）大气环境容量超载状况

地震灾区整体大气环境较好，21 个县（市、区）只有峨眉山市和丹棱县为轻度超载，其余地区无超载（图 8-7）。从污染物排放来看，SO_2 排放量较高的地区主要分布在东部，年排放量超过 5000 吨的地区包括峨眉山市、丹棱县、东坡区、夹江县和洪雅县。

极重灾区和重灾区评价结果显示，只有天全县的始阳镇、小河乡、芦阳镇为轻度超载，其余乡镇无超载；污染物排放量较高的乡镇是天全县的始阳镇、小河乡，名山区永兴镇。

（2）水环境容量超载状况

地震灾区水环境容量超载区域主要分布在成都平原周边区域（图 8-8），邛崃市、蒲江县、东坡区为极超载区域，丹棱县为重度超载区域，其余县（市、区）为中度以下超载区域。从污染物排放来看，COD 排放量较高的有大邑、邛崃、东坡和洪雅 4 个县（市、区）。

极重灾区和重灾区评价结果显示，天全县的大坪乡、始阳镇，名山区的蒙阳镇为重度超载；芦山县的清仁乡、新华乡，雨城区的合江镇、中里镇，名山区的红星镇为中度超载，其余乡镇为轻度或无超载；污染物排放量较高的地区有雨城区的城区，天全县的始阳镇和紫石乡，芦山县的芦阳镇。

总体看来，地震灾区环境容量整体较好，尤其是大气环境。水环境重度以上超载区域主要分布在成都平原周边区域，极重灾区和重灾区除个别乡镇外，环境容量均属轻微或无超载。

第三节 生态保护区

生态保护区域的确定，首先以生态保护重要性评价结果为主要依据；其次，根据灾区坡耕地比重较大的特点，划出一定区域作为未来继续实施退耕还林的区域，以便把生态脆弱地区以坡耕地为主要生计的人们释放出来，减轻人类活动对生态恢复的压力。

1. 退耕地

（1）耕地基本情况

根据国土资源部国土资源调查数据，评价区耕地面积约为 46 万公顷，主要分布在成都平原边缘及青衣江、大渡河及其支流河谷。水田和水浇地主要分布在青衣江河谷及成都平原边缘地带，面积约为 26 万公顷；旱地集中分布在青衣江中上游及大渡河下游河谷及其支流牛日河、流沙河谷谷地，面积为 20 多万公顷。从行政区域上看，有将近 1/4 的耕地分布在邛崃市和东坡区（表 8-13），两地耕地面积均超过 5 万公顷；耕地面积在 1 万公顷以下的区县有宝兴、金口河、石棉、泸定和康定。水田和水浇地主要分布在邛

峡市东部、蒲江县、东坡区、大邑县东部、洪雅县东部、夹江县和峨眉山市东南部等地。旱地主要分布在芦山、天全、雨城、名山4县（区）交界地带，荥经县东部、峨边县东北部、大邑县南部、汉源县和甘洛县；超过1/3的面积分布在汉源县、甘洛县和峨边县，3县旱地面积均超过2万公顷，东坡区和峨眉山市也都超过1万公顷；其余地区均沿河流谷地、谷坡零星分布（图8-9）。

表8-13　地震灾区21县（市、区）耕地面积统计

区县市	水田（公顷）	水浇地（公顷）	旱地（公顷）	耕地面积合计（公顷）	占土地面积比重（%）
芦山县	3288.96	0.00	7335.53	10624.49	8.92
雨城区	8759.53	0.00	9642.23	18401.76	17.31
天全县	5811.19	0.00	9690.01	15501.2	6.48
名山区	12897.31	37.96	6594.34	19529.61	31.58
荥经县	4299.45	0.00	7469.48	11768.93	6.62
宝兴县	381.28	0.00	5220.90	5602.18	1.80
邛崃市	32287.41	13596.89	5402.63	51286.93	37.24
汉源县	8237.34	0.00	29388.68	37626.02	16.99
蒲江县	9145.50	17475.62	829.80	27450.92	47.29
丹棱县	8869.68	2.43	3286.09	12158.2	27.05
洪雅县	21778.46	2.69	8280.52	30061.67	15.84
金口河区	89.74	0.00	4675.26	4765	7.96
大邑县	23621.62	1969.38	8252.37	33843.37	26.35
石棉县	1759.06	0.00	5341.56	7100.62	2.65
泸定县	740.58	1313.41	4691.50	6745.49	3.12
夹江县	16345.86	3.91	8283.12	24632.89	33.12
峨眉山市	14254.51	175.13	13077.14	27506.78	23.28
甘洛县	2314.96	0.00	26955.23	29270.19	13.60
东坡区	45626.03	120.75	13002.08	58748.86	43.95
峨边自治县	1530.77	0.00	20995.92	22526.69	9.46
康定县	0.87	0.43	8977.14	8978.44	0.77
合计	222040.11	34698.62	207391.55	464130.28	10.85

（2）退耕地分布

退耕地主要针对分布于坡度25°以上的旱地，通过坡度数据和旱地数据的叠加分析，划定评价区退耕还林区面积为5.3万公顷，共涉及350个乡镇（街道、茶场）。表8-14和图8-10显示，退耕地最多的是汉源县，超过1万公顷，占全部灾区退耕地面积的1/5；其次是峨边县和甘洛县，均超过全部灾区退耕地面积的15%。3县均分布在大渡河流域，合计超过全部地震灾区退耕面积的1/2，涉及辖区内85个乡镇（街道）。

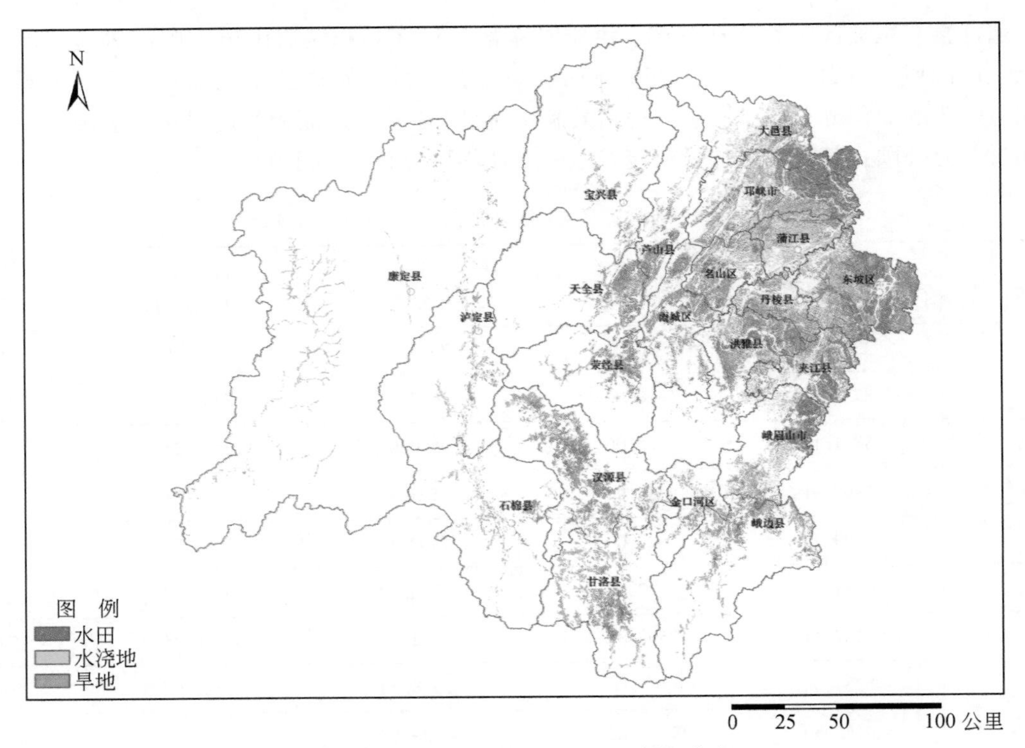

图 8-9　灾区 21 个县（市、区）耕地分布

表 8-14　灾区 21 个县（市、区）退耕面积分布统计

灾区	区县市	面积（公顷）	比重（%）	涉及乡镇个数
极重灾区	芦山县	1648.13	3.11	9 个乡镇，1 个茶场
	小计	1648.13	3.11	10
重灾区	雨城区	1093.37	2.06	18 个乡镇，雨城区辖 5 村
	天全县	1944.19	3.67	15
	名山区	327.07	0.62	15
	荥经县	1920.91	3.63	21
	宝兴县	2451.00	4.63	9
	邛崃市	424.11	0.80	6
	小计	8160.64	15.40	85
一般灾区	邛崃市	217.27	0.41	10
	汉源县	10884.67	20.55	40 个乡镇，汉源城区辖村
	蒲江县	35.96	0.07	8
	丹棱县	159.41	0.30	7
	洪雅县	507.16	0.96	15
	金口河区	2483.31	4.69	6
	大邑县	1368.14	2.58	12
	石棉县	3125.47	5.90	16
	泸定县	2141.47	4.04	12

续表

灾区	区县市	面积（公顷）	比重（%）	涉及乡镇个数
一般灾区	夹江县	472.32	0.89	22
	峨眉山市	2820.29	5.32	16
	甘洛县	8348.89	15.76	28
	东坡区	142.64	0.27	20个乡镇，2个街道，1个飞地
	峨边自治县	8380.16	15.82	19
	康定县	2082.40	3.93	21
	小计	43169.56	81.49	255
合计		52978.33	100.00	350

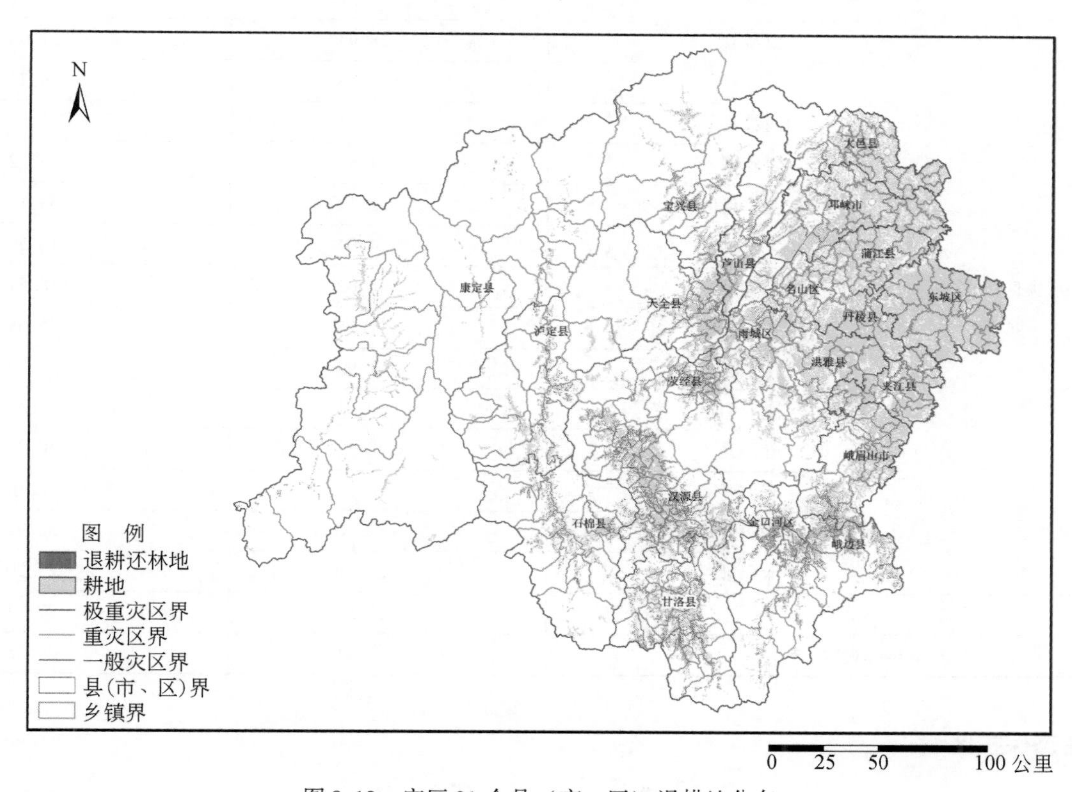

图8-10 灾区21个县（市、区）退耕地分布

极重灾区和重灾区3县2区6乡镇中，退耕地面积为9800多公顷，占21个县（市、区）退耕总面积的18.5%，占极重灾区和重灾区耕地面积的1/10余，占旱地面积的1/5余。6区县中，宝兴县现有耕地条件较差，退耕地面积最多，达2450公顷，占该县耕地面积比重达43.8%；其次是天全和荥经2县，退耕地面积分别接近2000公顷，比重分别超过各自县域旱地面积的1/5和1/4。此外，作为极重灾区的芦山县，退耕地面积为1648公顷，占该县旱地面积的22.5%。

一般灾区退耕地面积比重占该区耕地面积的11.6%，比重最高的是金口河区与石棉县，有一半以上的旱地需要退耕；汉源、泸定、甘洛、峨边4县也有超过接近或超过1/3的旱地需要退耕。

表8-15 灾区各县（市、区）退耕地面积占耕地面积的比重

区域		占耕地面积比重（%）	占旱地面积比重（%）
极重灾区	芦山县	15.51	22.47
重灾区	雨城区	5.94	11.34
	天全县	12.54	20.06
	名山区	1.67	4.96
	荥经县	16.32	25.72
	宝兴县	43.75	46.95
	邛崃市	4.81	18.42
极重和重灾区小计		10.87	20.33
一般灾区	邛崃市	0.51	7.01
	汉源县	28.93	37.04
	蒲江县	0.13	4.33
	丹棱县	1.31	4.85
	洪雅县	1.69	6.12
	金口河区	52.12	53.12
	大邑县	4.04	16.58
	石棉县	44.02	58.51
	泸定县	31.75	45.65
	夹江县	1.92	5.70
	峨眉山市	10.25	21.57
	甘洛县	28.52	30.97
	东坡区	0.24	1.10
	峨边彝族自治县	37.20	39.91
	康定县	23.19	23.20
小计		11.55	27.13
全部灾区		11.41	25.55

2. 生态保护区

生态保护区包括生态保护区（生态保护重要性评价区域的重要区域）和退耕地，不包括分布在该区域中的城乡居民点建设用地和农业发展用地，面积为9020.8平方公里，占区域总面积的85.28%，其中退耕地面积为98.08平方公里。极重灾区生态保护区面积为1039.39平方公里，占芦山县行政区域面积的87.24%；重灾区生态保护区面积为7981.42平方公里，占重灾区面积的85.03%；一般灾区生态建设重点区面积为26674.21平方公里，占该区面积82.80%。极重和重灾区有11个乡镇生态保护区占行政区域面积的比重超过95%，为芦山县的大川镇，天全县的小河乡、紫石乡、两路乡和泗坪乡，荥经县的新庙乡、三合乡和龙苍沟镇，宝兴县的蜂桶寨乡、硗碛藏族乡和永富乡，主要分布在自然保护区等生态保护极重要区域。

表8-16 评价区域生态保护区面积统计

区域		面积（平方公里）	占行政区域面积（%）	退耕地面积（平方公里）	占行政区面积（%）	行政区面积（平方公里）
极重灾区	芦山县	1039.39	87.24	16.48	1.38	1191.42

续表

区域		面积（平方公里）	占行政区域面积（%）	退耕地面积（平方公里）	占行政区面积（%）	行政区面积（平方公里）
重灾区	雨城区	777.66	73.17	10.93	1.03	1062.79
	天全县	2170.25	90.79	19.44	0.81	2390.48
	名山区	175.00	28.30	3.27	0.53	618.39
	荥经县	1620.68	91.21	19.21	1.08	1776.89
	宝兴县	2941.54	94.45	24.51	0.79	3114.35
	邛崃市	296.28	70.01	4.24	1.00	423.22
极重和重灾区小计		9020.8	85.28	98.08	0.87	10577.54
一般灾区	邛崃市	306.10	32.09	2.17	0.23	954.01
	汉源县	1812.65	81.84	108.85	4.91	2214.87
	蒲江县	111.37	19.19	0.36	0.06	580.43
	丹棱县	176.77	39.33	1.59	0.35	449.49
	洪雅县	1454.61	76.63	5.07	0.27	1898.16
	金口河区	560.04	93.60	24.83	4.15	598.32
	大邑县	790.53	61.56	13.68	1.07	1284.19
	石棉县	2545.85	95.04	31.25	1.17	2678.69
	泸定县	2056.56	95.01	21.41	0.99	2164.56
	夹江县	334.43	44.97	4.72	0.64	743.66
	峨眉山市	757.85	64.13	28.20	2.39	1181.66
	甘洛县	1876.32	87.18	83.49	3.88	2152.15
	东坡区	319.12	23.87	1.43	0.11	1336.85
	峨边自治县	2192.35	92.03	83.80	3.52	2382.23
	康定县	11379.66	98.14	20.82	0.18	11594.91
一般灾区小计		26674.21	82.80	431.70	1.34	32214.18
总计		35695.01	83.42	529.78	1.24	42791.73

第四节　结论与建议

灾区整体生态环境良好，根据生态保护重要性区域面积较大的特点，灾后生态建设要严格保护重点生态区域森林、湿地生态系统，禁止人类活动干扰。

生物多样性保护的极重要和重要地区，是自然保护区、森林公园、国家湿地公园、重要物种保护区的分布区域，在灾后重建中应严格执行各类保护区保护管理条例，严禁在保护区核心区进行任何生产建设活动，在保护区实验区，可按照各类保护区规划，适度开展生态旅游等活动。

水源涵养的重要地区，要按照《中华人民共和国水法》、《中华人民共和国水土保持法》等相关法律法规，保护重要水源地，划出严格保护范围，禁止对水质有影响的各类工程建设。

土壤侵蚀的敏感地区和震后植被破坏地区，一方面积极实施退耕还林，扩大水土保持林的面积，稳步提高土壤保持功能，另一方面在灾后重建中，加快极敏感和重度敏感地区的水土流失治理，尽快修复土地生态。

灾区整体环境状况优良，应加以保护，特别对生态保护不重要的地区，要密切重视河流、水库、地下水的水环境保护，防止急于开发引起环境问题。

应高度重视生态保护区中的自然保护区、生物多样性保护和水源地保护涵养重要区域的保护，重视土壤侵蚀敏感区、震后植被修复区和退耕地分布区域生态修复。应以自然保护区和森林公园保护为重点，加强生物多样性保护，控制海拔 1500~1200 米以下浅山地区的森林采伐速度，加大坡耕地退耕的力度，25°以上坡地原则上全部退耕，利用当地优越的气候条件和植物资源，推进生态旅游以及生态效益和经济效益双收的林业经济发展。

第九章　人口和居民点分布评价

第一节　灾区人口分布特征

（一）概述

灾区震前所在21个县（市、区）的户籍总人口为578.36万人，其中非农业人口177.81万人；外出务工人员较多，合计123.24万人，占户籍总人口的21.31%（表9-1）。其中洪雅县、东坡区、金口河区、丹棱县外出务工人员比例较高，均占户籍总人口的30%以上；康定县、石棉县、蒲江县、泸定县相对较低，占户籍总人口的不到10%。第六次人口普查显示，灾区所在的21个县（市、区）的常住总人口为549.82万人，人口城镇化率达35.40%。其中雨城区、峨眉山市的人口城镇化水平较高，均超过50%；汉源县、甘洛县的相对较低，均低于20%。外来人口合计27.53万人，主要集中在康定县、泸定县、雨城区、金口河区等地区，以本省其他县（市、区）流入为主。少数民族人口为40.66万人，占灾区户籍总人口的7.07%，其中甘洛县、康定县少数民族人口较高，分别占户籍总人口的76.72%、61.48%。

表9-1　灾区人口统计汇总表（2012年）

地区	户籍总人口（万人）	户籍人口密度（人/平方公里）	非农业总人口（万人）	外出务工人口（万人）	外出务工人口比重（%）	人口城镇化水平（%）	外来人口比重（%）	少数民族人口比重（%）
灾区全部	578.36	135.16	177.81	123.24	21.31	35.40	5.01	7.07
重灾区和极重灾区	119.24	112.74	33.50	19.99	16.77	38.05	—	—
雨城区	34.71	326.66	16.60	3.60	10.37	58.76	8.53	0.86
名山区	27.83	450.11	3.71	5.10	18.33	20.33	2.24	0.67
荥经县	15.20	85.57	4.34	2.86	18.78	39.35	5.20	1.91
天全县	15.44	64.60	3.00	3.55	22.96	39.49	4.20	0.65
芦山县	12.09	101.46	3.10	2.48	20.51	37.15	2.94	0.44
宝兴县	5.87	18.86	1.25	0.91	15.54	27.90	2.98	16.27
邛崃6乡镇	8.10	191.38	1.49	—	—	—	—	—

注：人口城镇化水平、外来人口比重、少数民族人口比重采用第六次人口普查数据。

重灾区和极重灾区所在的2区4县6乡镇震前的户籍总人口为119.24万人，其中非农业人口为33.50万人。外出务工人员20万人，占户籍总人口的16.77%，其中天全县、芦山县外出务工人员比例较高，雨城区最小。第六次人口普查显示，重灾区常住总人口为112.58万人，人口城镇化水平为38.05%。外来人口主要集中在雨城区。

（二）灾区分乡镇街道人口分布特征

1. 人口规模与密度

（1）户籍人口规模

灾区震前所在21个县（市、区）户籍总人口合计为578.36万人，平均每个乡镇（街道办事处）的户籍人口规模为1.51万人。相对于2000年，灾区所在21个县（市、区）户籍总人口整体变化不大，年均增长0.43%。甘洛县、泸定县年均增长率相对较大，均超过1%；而洪雅县、汉源县相对较小，其中汉源县的户籍人口表现为负增长。根据四川省公安局、四川省统计局等提供的数据，按照各乡镇（街道）的人口规模，将灾后重建区分为0~5000人、5001~10000人、10001~20000人、20001~50000人、50001~200000人共五个等级进行分区（图9-1）。

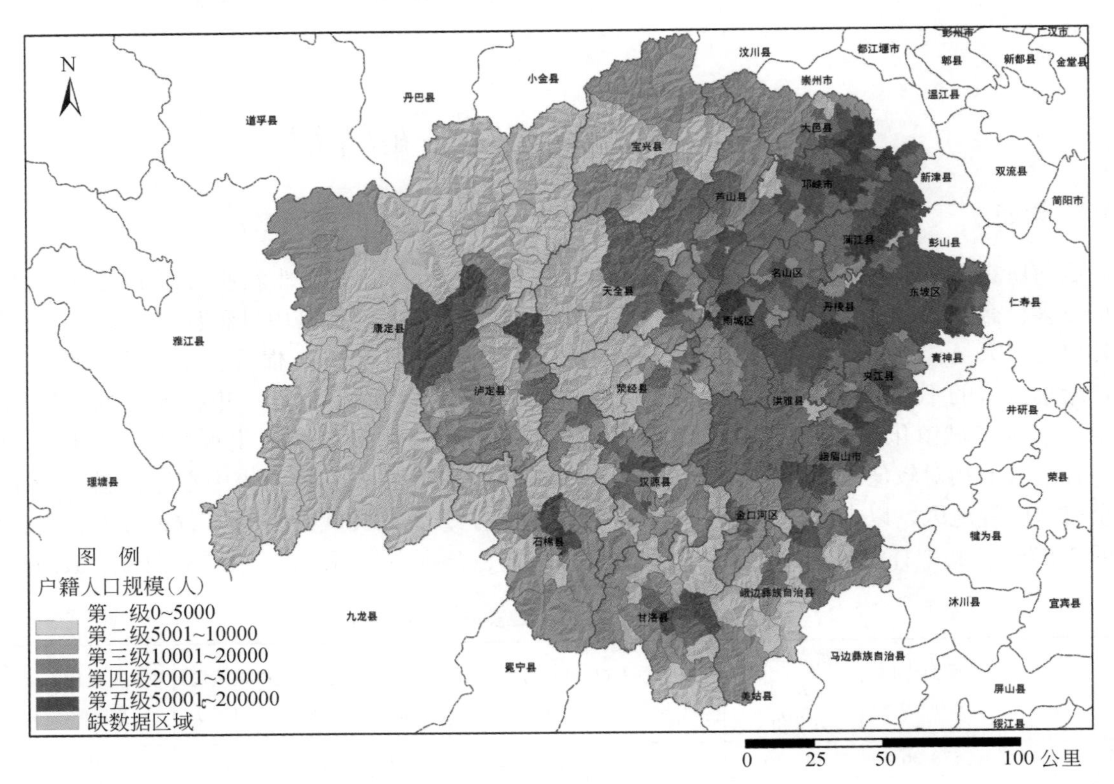

图9-1 灾区户籍人口规模及分布

人口规模第一级。0~5000人的乡镇（街道办事处）有85个，占灾区户籍总人口的5.18%，占灾区总面积的41.24%。主要分布在康定县、宝兴县、天全县、荥经县、泸定县、石棉县、汉源县、甘洛县、峨边彝族自治县等地。

人口规模第二级。5001~10000人的乡镇（街道办事处）有106个，占灾区户籍总人口的13.09%，占灾区总面积的27.92%。主要分布在石棉县、汉源县、甘洛县、荥经县、芦山县、宝兴县、峨边彝族自治县、康定县、雨城区、金口河区等地。

人口规模第三级。10001~20000人的乡镇（街道办事处）有106个，占灾区户籍总人口的25.82%，占灾区总面积的16.66%。主要分布在洪雅县、夹江县、邛崃市、峨边彝族自治县、雨城区、名山区、芦山县、天全县、汉源县、蒲江县等地。

人口规模第四级。20001~50000人的乡镇（街道办事处）有67个，占灾区户籍总人口的34.91%，占灾区总面积的11.88%。主要分布在东坡区、丹棱县、洪雅县、峨眉山市、夹江县、名山区等地。

人口规模第五级。50001~200000人的乡镇（街道办事处）有19个，占灾区户籍总人口的20.99%，占灾区总面积的2.30%。主要分布在大邑县、邛崃市、蒲江县、雨城区、洪雅县、东坡区、夹江县、峨眉山市等地。

（2）户籍人口密度

灾区震前所在21个县（市、区）户籍人口密度为135人/平方公里。21个县（市、区）中，东坡区、邛崃市、夹江县、蒲江县、名山区的户籍人口密度较大，均超过400人/平方公里；康定县、宝兴县人口规模较小，均低于20人/平方公里。人口密度在空间上呈现出东高西低的特征，与地形地貌等自然地理背景一致。根据四川省公安局、四川省统计局等提供的数据，按照各乡镇户籍人口密度计算结果，将灾后重建区分为高密度区、较高密度区、中等密度区、较低密度区、低密度区共5个等级（图9-2）。

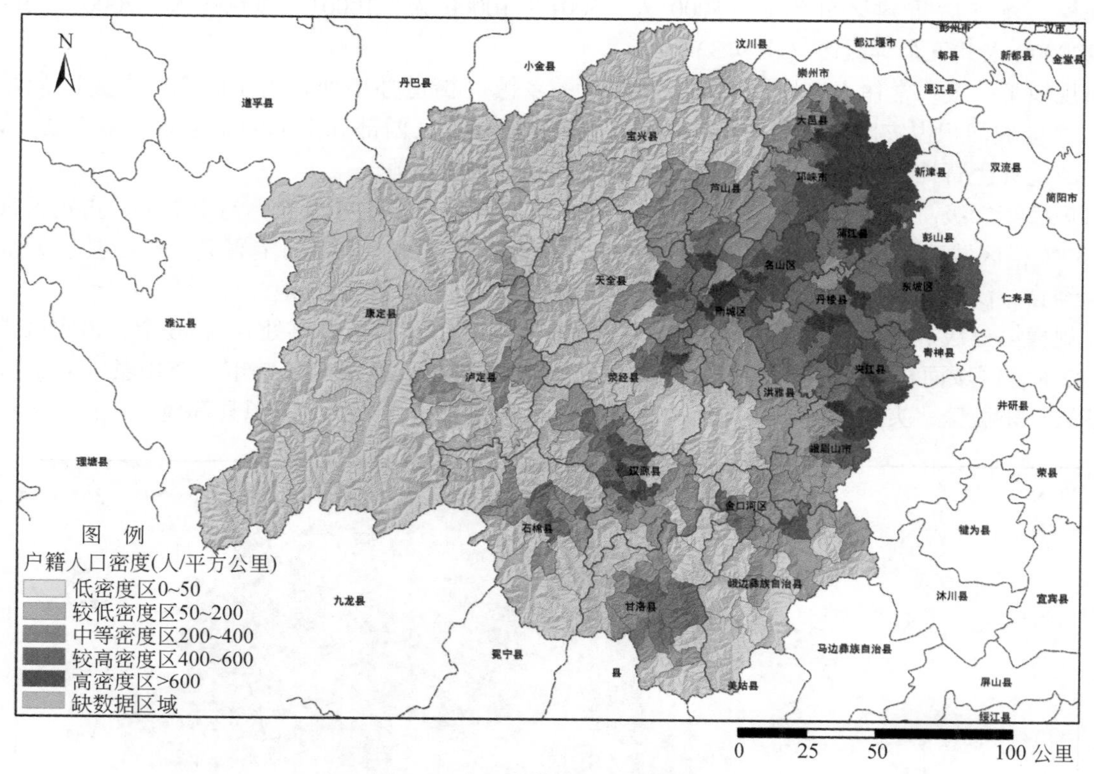

图9-2　灾区户籍人口密度及分布

人口低密度区。人口密度为0～50人/平方公里的乡镇（街道办事处）有78个，区域户籍人口占灾区户籍总人口的6.62%，区域面积占灾区总面积的61.41%。主要分布在康定县、宝兴县、天全县、荥经县、泸定县、石棉县、峨边彝族自治县等地。

人口较低密度区。人口密度为50～200人/平方公里的乡镇（街道办事处）有93个，区域户籍人口占灾区户籍总人口的13.32%，区域面积占灾区总面积的17.49%。主要分布在泸定县、宝兴县、芦山县、汉源县、石棉县、峨边彝族自治县、洪雅县、雨城区、峨眉山市等地。

人口中密度区。人口密度为200～400人/平方公里的乡镇（街道办事处）有99个，区域户籍人口占灾区户籍总人口的21.85%，区域面积占灾区总面积的10.39%。主要分布在大邑县、邛崃市、芦山县、蒲江县、丹棱县、洪雅县、汉源县、石棉县、甘洛县、金口河区等地。

人口较高密度区。人口密度为400～600人/平方公里的乡镇（街道办事处）有58个，区域户籍人口占灾区户籍总人口的20.04%，区域面积占灾区总面积的5.69%。主要分布在名山区、东坡区、夹江县、峨眉山市、汉源县、邛崃市等地。

人口高密度区。人口密度为600人/平方公里的乡镇（街道办事处）有55个，区域户籍人口占灾区户籍总人口的38.17%，区域面积占灾区总面积的5.03%。主要分布在大邑县、邛崃市、蒲江县、东坡区、夹江县、峨眉山市、雨城区等地。

（3）常住人口规模

根据第六次人口普查数据，灾区震前所在21个县（市、区）常住总人口合计为549.82万人，平均每个乡镇（街道办事处）的常住人口规模为1.44万人。21个县（市、区）中，东坡区、邛崃市、大邑县的常住人口规模较大，均超过50万人；金口河区、宝兴县、泸定县的人口规模较小，均低于10万人。

相对于2000年，灾区所在21个县（市、区）常住总人口表现为负增长，年均增长-0.02%。康定县、甘洛县年均增长率相对较大，均超过1%；丹棱县、芦山县、洪雅县、金口河区、汉源县、天全县等常住人口减少显著，年均增长率均在-0.5%以下。根据第六次人口普查数据，按照各乡镇（街道办事处）的常住人口规模，将灾后重建区分为0～5000人、5001～10000人、10001～20000人、20001～50000人、50001～200000人共五个等级区（图9-3）。

人口规模第一级。常住人口规模为0～5000人的乡镇（街道办事处）有108个，占灾区常住总人口的6.69%，区域面积占灾区总面积的46.50%。主要分布在灾区西部和南部的康定县、宝兴县、天全县、荥经县、泸定县、石棉县、汉源县、甘洛县、峨边彝族自治县等地。

人口规模第二级。常住人口规模为5001～10000人的乡镇（街道办事处）有107个，占灾区常住总人口的14.39%，区域面积占灾区总面积的27.00%。主要分布在灾区中部的宝兴县、芦山县、天全县、雨城区、荥经县、汉源县、石棉县、金口河区、泸定县以及康定县的北侧等地。

人口规模第三级。常住人口规模为10001～20000人的乡镇（街道办事处）有96个，占灾区常住总人口的25.82%，区域面积占灾区总面积的14.17%。主要分布在大邑县、邛崃市、芦山县、名山区、洪雅县、丹棱县、东坡区、夹江县、峨眉山市、金口河区、峨边彝族自治县、汉源县等地。

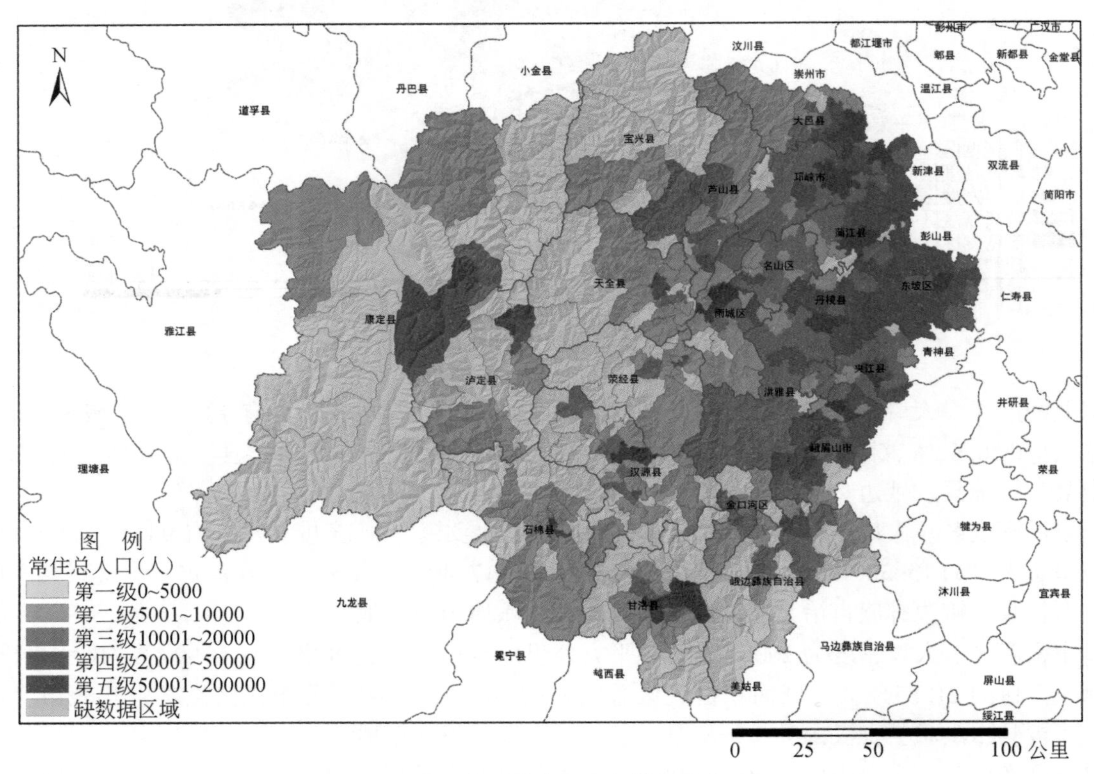

图9-3　灾区常住人口规模及分布

人口规模第四级。常住人口规模为20001～50000人的乡镇（街道办事处）有53个，占灾区常住总人口的34.91%，占灾区总面积的9.76%。主要分布在东坡区、邛崃市、大邑县、丹棱县、夹江县、峨眉山市等地。

人口规模第五级。常住人口规模为50001～200000人的乡镇（街道办事处）有19个，占灾区常住总人口的20.99%，占灾区总面积的2.57%。主要分布在大邑县、邛崃市、蒲江县、雨城区、洪雅县、东坡区、夹江县、峨眉山市、甘洛县等地。

（4）常住人口密度

根据第六次人口普查数据，灾区震前所在21个县（市、区）常住人口密度为129.04人/平方公里。21个县（市、区）中，东坡区、夹江县、邛崃市、名山区、蒲江县的常住人口密度较大，均超过400人/

平方公里；康定县、宝兴县人口规模较小，均低于20人/平方公里。根据第六次人口普查数据，按照各乡镇常住人口密度计算结果，将灾后重建区分为高密度区、较高密度区、中等密度区、较低密度区、低密度区共五个等级区（图9-4）。

人口低密度区。常住人口密度为0～50人/平方公里的乡镇（街道办事处）有89个，占灾区常住总人口的6.37%，占灾区总面积的61.17%。主要分布在康定县、宝兴县、天全县、荥经县、泸定县、石棉县、洪雅县、峨边彝族自治县等地。

人口较低密度区。常住人口密度为50～200人/平方公里的乡镇（街道办事处）有109个，占灾区常住总人口的16.17%，占灾区总面积的20.45%。主要分布在泸定县、宝兴县、芦山县、汉源县、石棉县、峨边彝族自治县、洪雅县、雨城区、峨眉山市等地。

人口中密度区。常住人口密度为200～400人/平方公里的乡镇（街道办事处）有93个，占灾区常住总人口的21.80%，占灾区总面积的9.54%。主要分布在大邑县、邛崃市、芦山县、蒲江县、丹棱县、洪雅县、汉源县、石棉县、甘洛县、金口河区等地。

人口较高密度区。常住人口密度为400～600人/平方公里的乡镇（街道办事处）有44个，占灾区常住总人口的15.18%，占灾区总面积的4.13%。主要分布在名山区、东坡区、夹江县、峨眉山市、汉源县、邛崃市等地。

人口高密度区。常住人口密度大于600人/平方公里的乡镇（街道办事处）有48个，占灾区常住总人口的40.46%，占灾区总面积的4.71%。主要分布在大邑县、邛崃市、蒲江县、东坡区、夹江县、峨眉山市、雨城区等地。

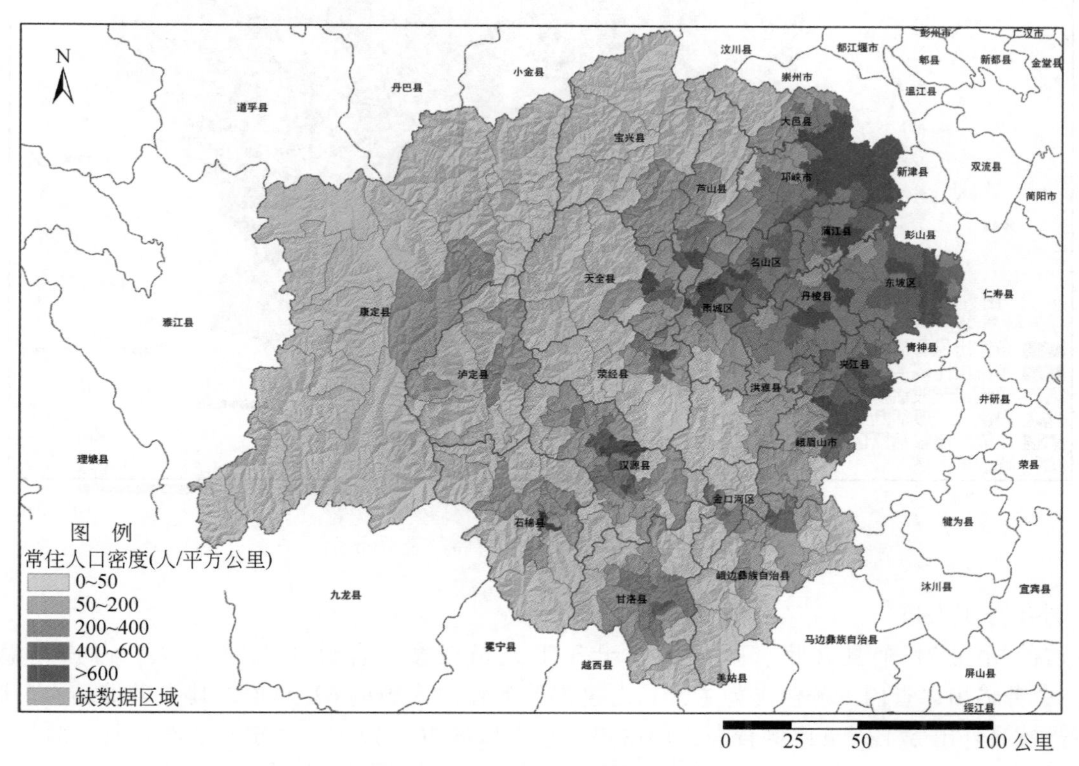

图9-4　灾区常住人口密度及分布

2. 人口迁移与流动

(1) 人口净迁移

采用常住人口与户籍人口的差值核算净迁移人口，采用净迁移人口与常住人口的比值核算净迁移率。根据第六次人口普查数据，灾区震前所在21个县（市、区）净迁移人口为-25.25万人，净迁移率为

-4.6%，人口流出特征显著。按照各乡镇净迁移率的计算结果，将灾后重建区分为净流出显著活跃区、净流出比较活跃区、净流出一般活跃区、净流入一般活跃区、净流入比较活跃区共五个等级区（图9-5）。

净流出显著活跃区。净迁移率为-100%～-50%。主要包括荥经县的宝峰彝族乡、雨城区的沙坪镇、甘洛县的坪坝镇、波波乡和两河乡等地。

净流出比较活跃区。净迁移率为-50%～-21%。主要分布在大邑县、邛崃市、雨城区、天全县、丹棱县、洪雅县、东坡区、峨眉山市、金口河区、甘洛县等地。

净流出一般活跃区。净迁移率为-20%～0%。主要分布在康定县、泸定县、宝兴县、芦山县、名山区、邛崃市、蒲江县、荥经县、洪雅县、汉源县、石棉县、东坡区、峨眉山市、峨边彝族自治县等地。

净流入一般活跃区。净迁移率为0%～15%。主要分布在康定县、邛崃市、名山区、夹江县、峨眉山市、汉源县、峨边彝族自治县等地。

净流入比较活跃区。净迁移率为15%～100%。主要分布在康定县、天全县、荥经县、石棉县、峨眉山市、雨城区、东坡区、大邑县、甘洛县等地。

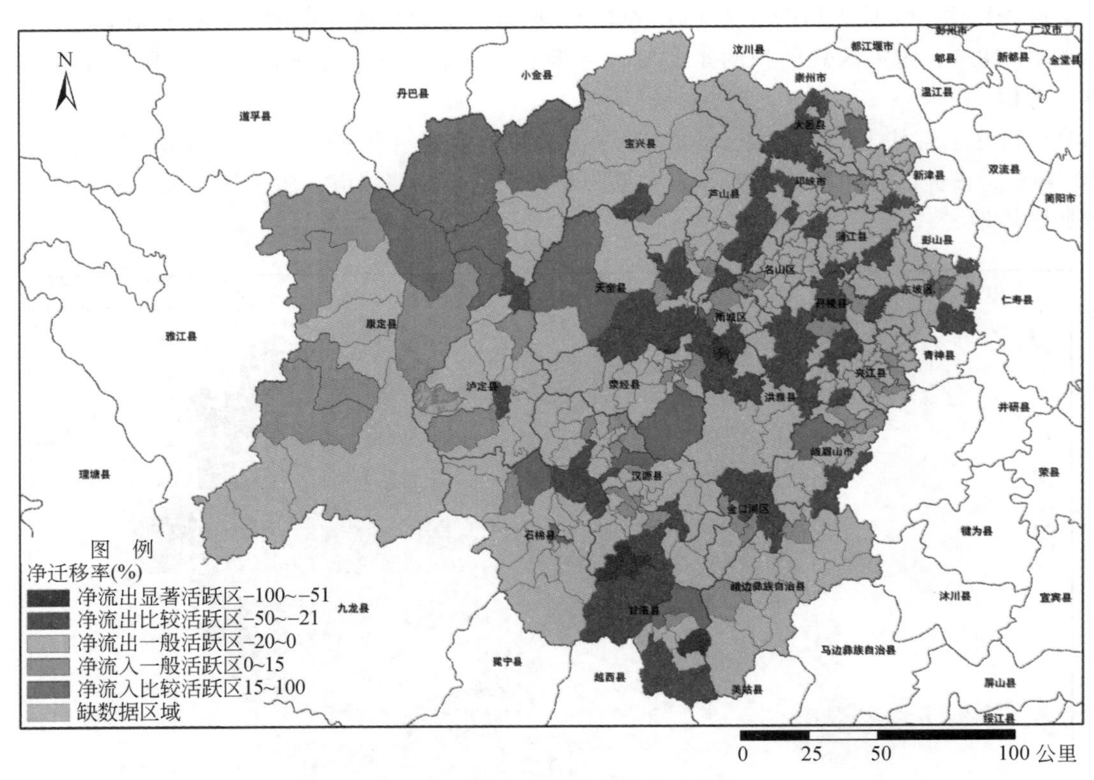

图9-5　灾区人口净迁移特征及分布

（2）外出务工人口

灾区震前所在21个县（市、区）的外出务工人员较多，合计123.24万人，占户籍总人口的21.31%。劳务输出以省内劳务输出为主，其占全部劳务输出人数的67.34%。其中洪雅县、东坡区、金口河区、丹棱县外出务工人员比例较高，均占户籍总人口的30%以上；康定县、石棉县、蒲江县、泸定县相对较低，占户籍总人口的不到10%。根据民政、统计等部门提供的数据，按照外出务工人员与户籍人口的比重，将灾后重建区分为高外出务工活跃区、较高外出务工活跃区、中等外出务工活跃区、较低外出务工活跃区、低外出务工活跃区共五个等级区（图9-6）。

高外出务工活跃区。外出务工人口占户籍人口比率为40%～100%。主要分布在宝兴县的老场乡、丹棱县的顺龙乡和仁美乡、荥经县的民建彝族乡、洪雅县北部等地。

较高外出务工活跃区。外出务工人口占户籍人口比率为30%～40%。主要分布在东坡区、洪雅县、金

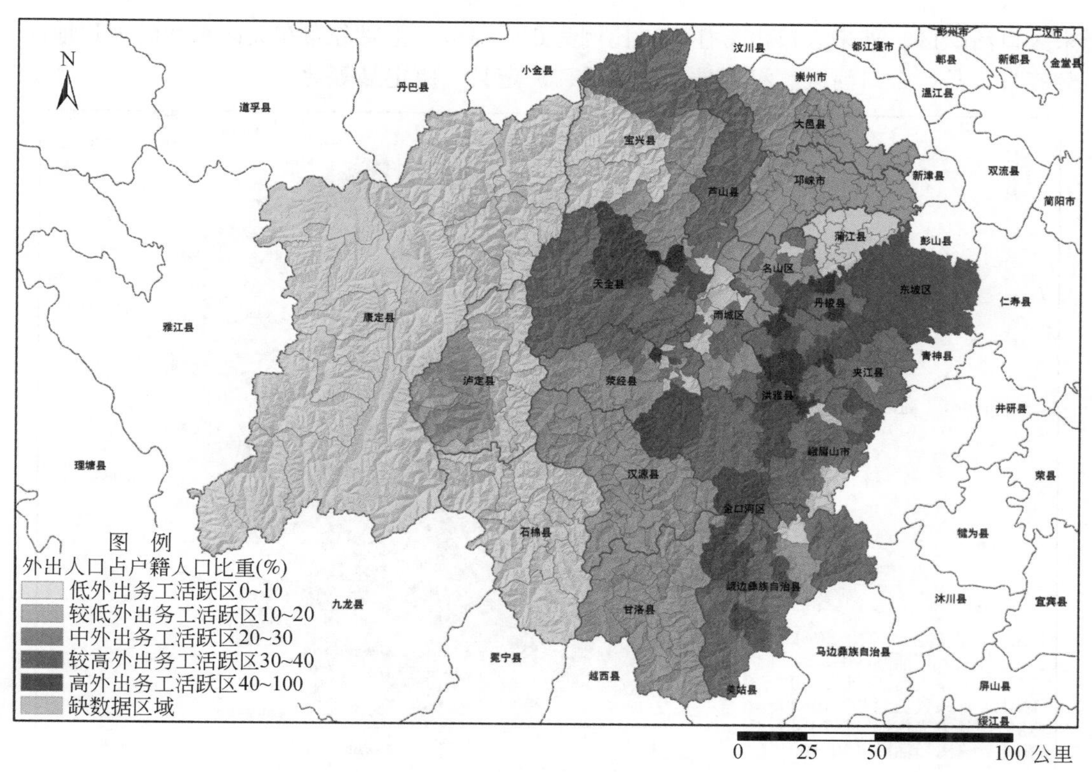

图 9-6 灾区外出人口比重及分布

口河区、峨眉山市、峨边彝族自治县、天全县等地。

中等外出务工活跃区。外出务工人口占户籍人口比率为 20% ~ 30% 。主要分布在宝兴县、芦山县、天全县、雨城区、名山区、丹棱县、夹江县、洪雅县、峨眉山市、峨边彝族自治县等地。

较低外出务工活跃区。外出务工人口占户籍人口比率为 10% ~ 20% 。主要分布在大邑县、邛崃市、名山区、雨城区、汉源县、甘罗县、宝兴县等地。

低外出务工活跃区。外出务工人口占户籍人口比率为 0% ~ 10% 。主要分布在康定县、泸定县、石棉县、蒲江县、雨城区、峨眉山市等地。

（3）外来人口

根据第六次人口普查数据，灾区震前所在 21 个县（市、区）外来总人口为 27. 52 万人，其中本省其他县市外来人口比例较大，占外来总人口的 82. 29% ；外省迁入的外来人口比例较小，占 17. 70% 。在规模上，东坡区、大邑县、峨眉山市、雨城区外来人口规模较大，均在 3 万人以上；宝兴县、丹棱县、芦山县外来人口规模较小，均在 4000 人以下。在占常住人口的比例上，康定县外来人口比例最大，超过 20% ；其次是泸定县、雨城区、金口河区；其他区县外来人口比重较小。按照外来人口与常住人口的比例，将灾后重建区分为高外来人口活跃区、较高外来人口活跃区、中等外来人口活跃区、较低外来人口活跃区、低外来人口活跃区共五个等级区。

高外来人口活跃区。外来人口占常住人口比例为 40% ~ 100% 。主要分布在康定县北部。

较高外来人口活跃区。外来人口占常住人口比例为 20% ~ 40% 。主要分布在康定县、天全县、荥经县、峨眉山市、金口河区、石棉县、甘洛县等地。

中等外来人口活跃区。外来人口占常住人口比例为 10% ~ 20% 。主要分布在泸定县、天全县、荥经县、石棉县、汉源县、金口河区、雨城区、名山区、峨边彝族自治县、东坡区、蒲江县、邛崃市等地。

较低外来人口活跃区。外来人口占常住人口比例为 5% ~ 10% 。主要分布在灾区西部和南部的大片山区，在东部的大邑县、蒲江县、东坡区、夹江县、峨眉山市等地也有分布。

低外来人口活跃区。外来人口占常住人口比例为0%～5%。主要分布在灾区东北的大片地区，以及南部的峨边彝族自治县、金口河区、汉源县、甘罗县、泸定县、康定县等地。

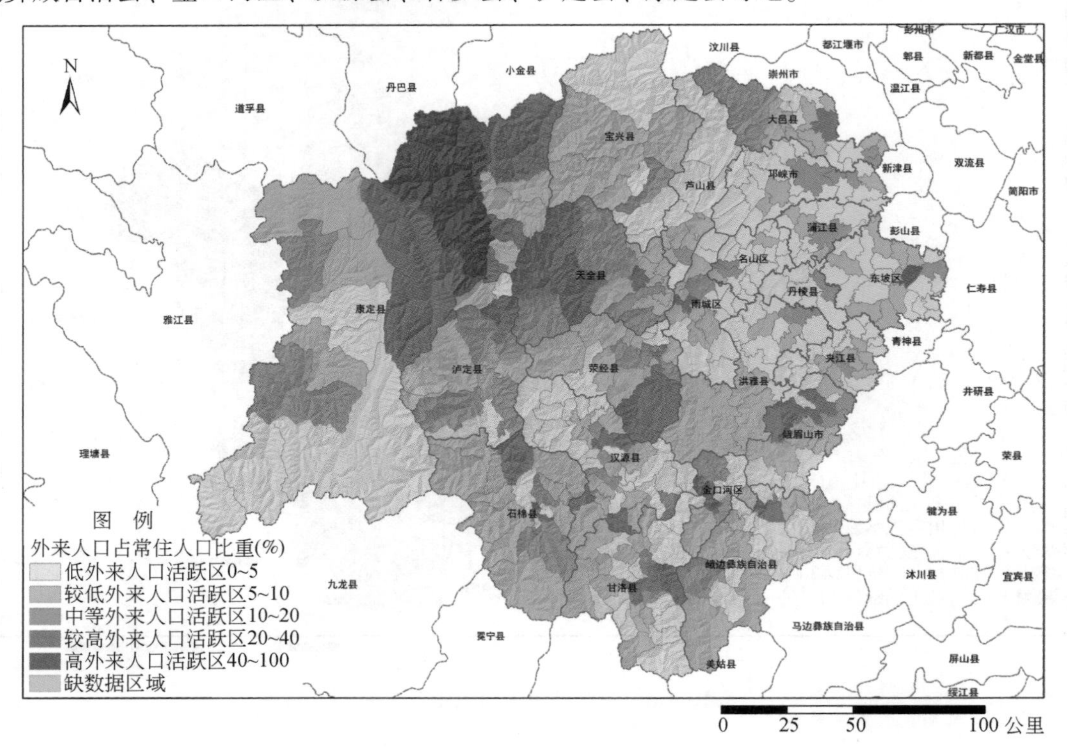

图9-7　灾区外来人口比重及分布

3. 人口城镇化与从业

（1）人口城镇化水平

根据第六次人口普查数据，灾区21个县（市、区）城镇化水平为35.40%。按照各乡镇城镇化水平计算结果，将灾区分为高城镇化地区、较高城镇化地区、中城镇化地区和低城镇化地区（图9-8）。

高城镇化地区。人口城镇化水平为70%～100%的乡镇（街道办事处）有26个，占灾区总面积的4.80%。主要分布在雨城区、名山区、大邑县、邛崃市、东坡区、峨眉山市、夹江县、金口河区、康定县、天全县、宝兴县等地。

较高城镇化地区。人口城镇化水平为40%～70%的乡镇（街道办事处）有28个，占灾区总面积的7.15%。主要分布在东坡区、丹棱县、峨眉山市、芦山县、天全县、荥经县、甘洛县、石棉县、康定县等地。

中城镇化地区。人口城镇化水平为20%～40%的乡镇（街道办事处）有58个，占灾区总面积的13.83%。主要分布在东坡区、峨眉山市、洪雅县、丹棱县、雨城区、邛崃市、大邑县、宝兴县、汉源县、甘洛新、泸定县等地。

较低城镇化地区。人口城镇化水平为5%～20%的乡镇（街道办事处）有41个，占灾区总面积的8.20%。主要分布在名山区、东坡区、邛崃市、大邑县、洪雅县、峨边彝族自治县、夹江县、甘洛县、金口河区等地。

低城镇化地区。人口城镇化水平为0%～5%的乡镇（街道办事处）有230个，占灾区总面积的66.01%。主要分布在康定县、泸定县、宝兴县、天全县、荥经县、汉源县、石棉县、甘洛县、峨边彝族自治县、邛崃市、名山区、蒲江县、夹江县等地。

（2）非农业人口比重

灾区21个县（市、区）非农业人口为177.81万人，灾区所在的各区县非农业人口占户籍总人口比

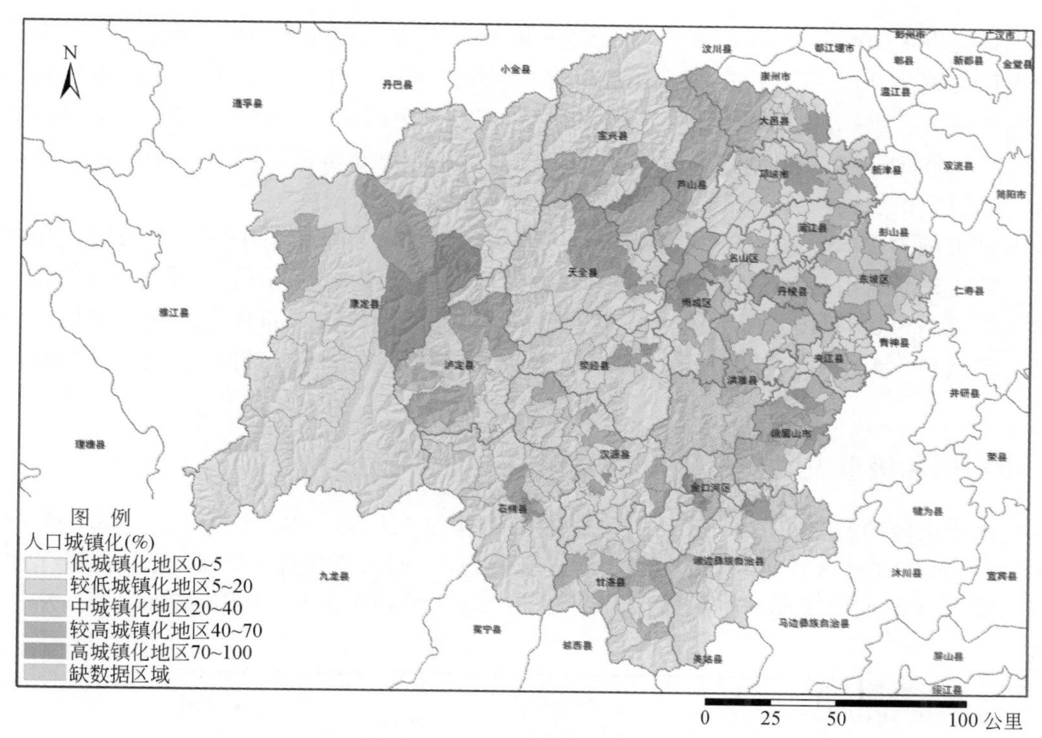

图 9-8　灾区城镇化水平及分布

例差异较大，雨城区、峨眉山市较高，分别达到 47. 8% 、43. 0% ；最低的是甘洛县，非农业人口比重为 7. 4% 。根据四川省公安局、四川省统计局等部门提供的数据，灾区 21 个县（市、区）非农业人口比重为 30. 74% ，按照各乡镇非农业人口比重计算结果，将灾区分为 5 个等级区。

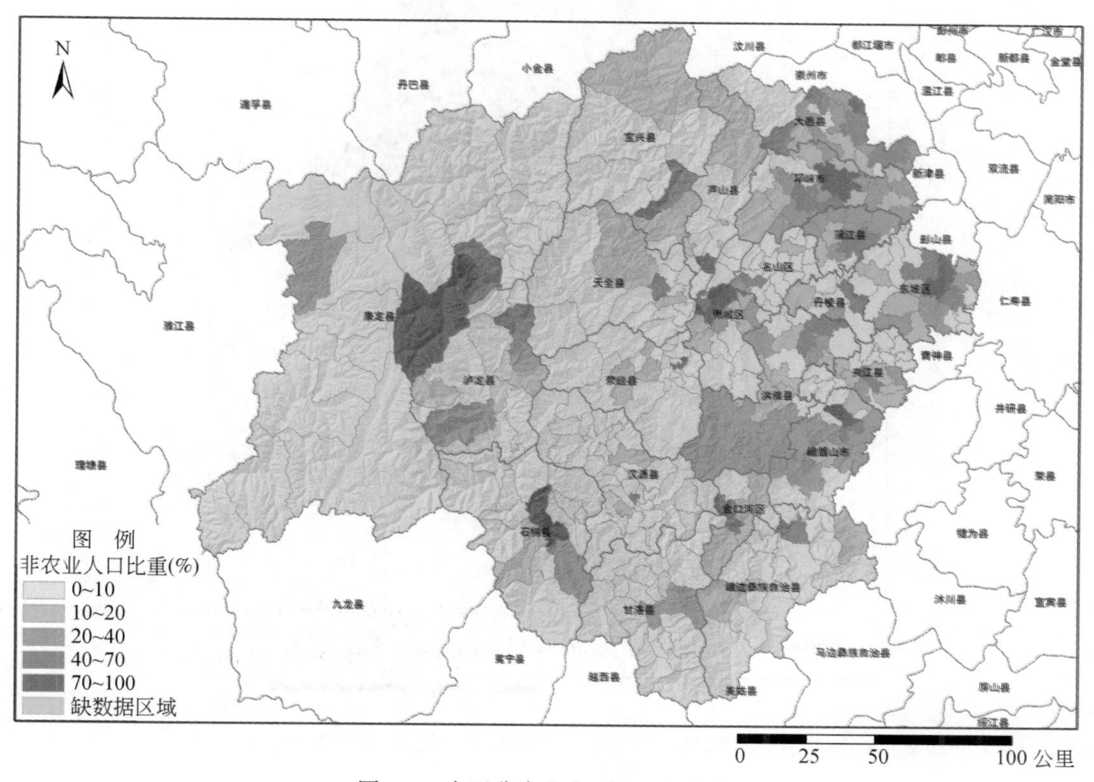

图 9-9　灾区非农业人口比重及分布

非农业人口比例为70%～100%的乡镇（街道办事处）。主要分布在雨城区、康定县、石棉县等。

非农业人口比例为40%～70%的乡镇（街道办事处）。主要分布在大邑县、邛崃市、蒲江县、东坡区、名山区、雨城区、洪雅县、峨眉山市、夹江县、康定县、宝兴县、泸定县等地，呈点状散布。

非农业人口比例为20%～40%的乡镇（街道办事处）。主要分布在大邑县、邛崃市、蒲江县、东坡区、洪雅县、峨眉山市、夹江县、甘罗县、石棉县、泸定县等地。

非农业人口比例为10%～20%的乡镇（街道办事处）。主要分布在名山区、东坡区、邛崃市、大邑县、洪雅县、峨边彝族自治县、夹江县、甘洛县、金口河区、宝兴县、芦山县、天全县、汉源县等地。

非农业人口比例为0%～10%的乡镇（街道办事处）。主要分布在西部和南部的大片地区，涉及康定县、泸定县、宝兴县、天全县、芦山县、汉源县、石棉县、甘洛县、峨边彝族自治县、雨城区、名山区、丹棱县等地。

（三）重灾区和极重灾区分村社人口分布格局

重灾区和极重灾区所在的2区4县6乡镇震前的户籍总人口为119.24万人，共824个行政村（社区），平均1个行政村（社区）1450人。根据四川省公安局、四川省统计局等部门提供的数据，按照各村委会（社区居委会）的人口规模，将灾区分为0～500人、501～1000人、1001～2000人、大于2001人共四个等级区。

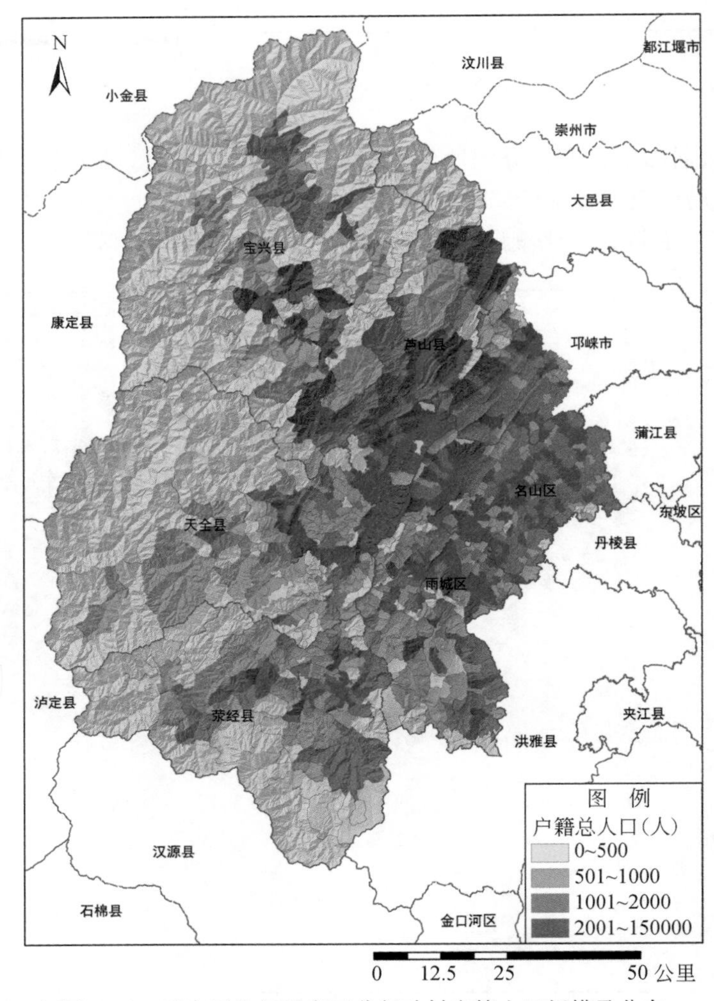

图9-10　重灾区和极重灾区分行政村户籍人口规模及分布

人口规模第一级。人口规模为0～500人的村委会（社区居委会）有87个，占村委会（社区委员会）总人口的2.54%，占村委会（社区委员会）总面积的13.17%。主要分布在宝兴县硗碛藏族乡、永富乡，天全县紫石乡、两路乡，荥经县新建乡、三合乡、龙苍沟镇等地。

人口规模第二级。人口规模为501～1000人的村委会（社区居委会）有272个，占村委会（社区委员会）总人口的17.55%，占村委会（社区委员会）总面积的31.88%。主要分布在雨城区孔坪乡、观化乡、望鱼乡，名山区蒙阳镇，天全县思经乡、鱼泉乡，芦山县大川镇、太平镇，邛崃市南宝乡等地。

人口规模第三级。人口规模为1001～2000人的村委会（社区居委会）有326个，占村委会（社区委员会）总人口的38.30%，占村委会（社区委员会）总面积的30.88%。主要分布在雨城区晏场镇、严桥镇、草坝镇、碧峰峡镇，名山区百丈镇、车岭镇、新店镇、蒙顶山镇、前进乡，芦山县清仁乡，宝兴县灵关镇，荥经县泗坪乡、青龙乡，天全县城厢镇、新场乡，邛崃市火井镇等地。

人口规模第四级。人口规模大于2001人的村委会（社区居委会）有139个，占村委会（社区委员会）总人口的41.61%，占村委会（社区委员会）总面积的24.07%。主要分布在雨城区河北街道、东城街道、西城街道、青江街道，名山区蒙阳镇、廖场乡，荥经县严道镇，天全县始阳镇，邛崃市高何镇，芦山县芦阳镇、龙门乡等。

第二节　灾区居民点分布特征

1. 灾区城镇体系与分布

灾区共15个县（含1个民族自治县）、2个市、4个区，下辖8个街道办事处、162个镇、213个乡。在城镇行政体系的基础上，确定2个城区（雨城区、东坡区）、162个镇（含部分县、市、区驻地）、213个乡等377个基础评价单元。根据四川省国土部门提供的第二次土地利用调查数据，结合遥感影像，提取雨城区、东坡区的城市土地利用斑块、162个建制镇镇区土地利用板块、213个乡的乡驻地土地利用斑块。根据四川省统计局、四川省公安局等部门提供的数据，确定各城区、镇区、乡驻地的人口。

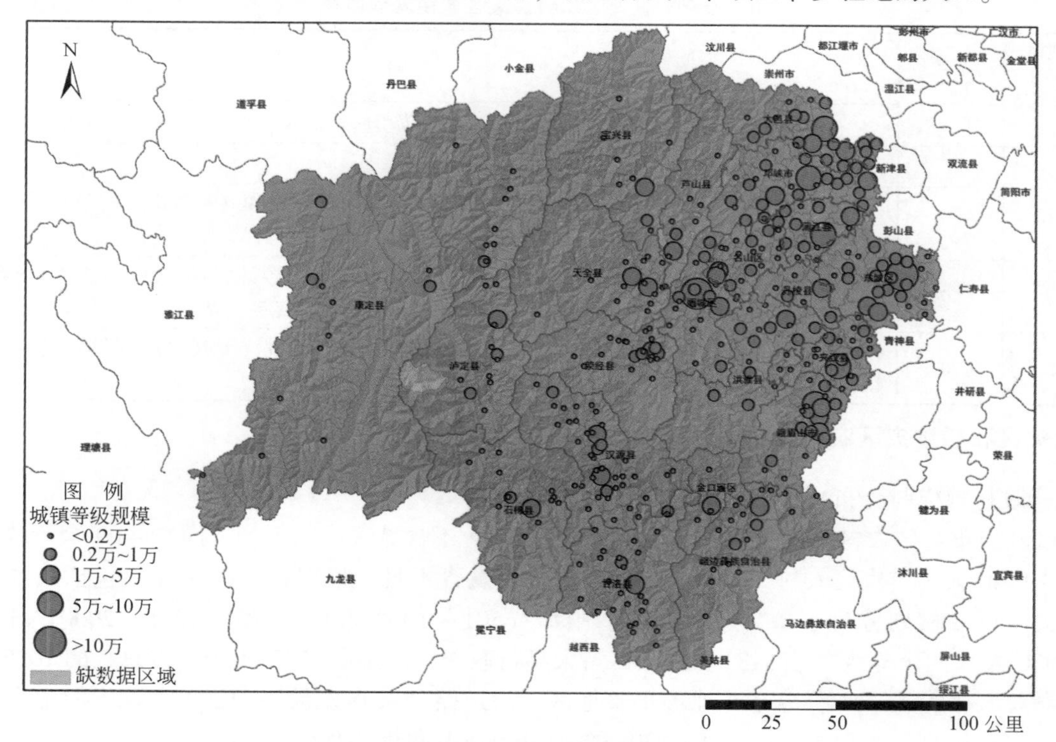

图9-11　灾区城镇规模体系图

2012 年，各城区、镇区、乡驻地的总人口为 189.15 万人，占灾区户籍总人口的 32.7%。按照人口规模，将灾区的城镇分为大于 10 万人、5 万 ~10 万人、1 万 ~5 万人、0.2 万 ~1 万人、小于 0.2 万人共 5 个等级。

大于 10 万人的城镇。有 2 个，主要包括雨城区和东坡区两个城区，是两个具有街道办事处行政建制的城区。

5 万 ~10 万人的城镇。有 5 个，主要包括邛崃市的临邛镇、大邑县的晋元镇、夹江县的漹城镇、蒲江县的鹤山镇、峨眉山市的遂山镇的。这 5 个城镇都是处于灾区东部，并且是各自县市的驻地。

1 万 ~5 万人的城镇。有 27 个，主要成点状分布在灾区中东部，并且大部分是相应县（市、区）的驻地。

0.2 万 ~1 万人的城镇。有 100 个，主要密集分布在灾区东北部以及自峨边彝族自治县至康定县的“东南—西北”轴上，绝大部分为建制镇。

小于 0.2 万人的城镇。有 243 个，主要密集分布在灾区的中西部，绝大部分为乡驻地集镇。

2. 重灾区和极重灾区城镇体系与分布

重灾区和极重灾区内有 1 个城市（雨城区）、38 个建制镇，60 个乡镇驻地集镇。2012 年，各城区、镇区、乡驻地的总人口为 41.14 万人，占灾区户籍总人口的 34.5%。同样，按照人口规模，将重灾区和极重灾区的城镇分为大于 10 万人、5 万 ~10 万人、1 万 ~5 万人、0.2 万 ~1 万人、小于 0.2 万人共 5 个等级区。

大于 10 万人的城镇。有 1 个，为雨城区。

5 万 ~10 万人的城镇。有 0 个。

1 万 ~5 万人。有 8 个，主要包括雨城区的草坝镇、名山区的蒙阳镇和蒙顶山镇、荥经县的严道镇、天全县的城厢镇和始阳镇、芦山县的芦阳镇、宝兴县的穆坪镇，基本上都是各县（市、区）的驻地。

0.2 万 ~1 万人。有 20 个，主要密集分布城市、县城的周边，以及重灾区和极重灾区的东部。

小于 0.2 万人。有 70 个，主要包括大部分的乡政府集镇。

表 9-2　重灾区和极重灾区城镇规模体系

镇区人口规模（万人）	个数	名称
大于 10	1	雅安市区
5 ~ 10	0	—
1 ~ 5	8	城厢镇（天全县）、蒙阳镇（名山区）、蒙顶山镇（名山区）、芦阳镇（芦山县）、严道镇（荥经县）、穆坪镇（宝兴县）、草坝镇、始阳镇
0.2 ~ 1	20	高何镇、火井镇、夹关镇、北郊镇、大兴镇、中里镇、上里镇、晏场镇、多营镇、百丈镇、车岭镇、永兴镇、黑竹镇、花滩镇、灵关镇、道佐乡、六合乡、大田坝乡、青龙乡、清仁乡
小于 0.2	70	天台山镇、合江镇、对岩镇、沙坪镇、严桥镇、碧峰峡镇、马岭镇、新店镇、红星镇、飞仙关镇、双石镇、太平镇、大川镇、陇东镇、龙苍沟镇；其他 55 个乡

3. 重灾区和极重灾区农村居民点分布

（1）行政村规模与分布

重灾区和极重灾区农村人口为 69.4 万人（含乡驻地，不含城区、镇区，下同）、609 个行政村，平均 1 个行政村 1140 人。重灾区农村人口较为分散，中心村发育不足。根据各行政村（不包括镇区）的人口规模，将灾区行政村划分为小型（<500 人）、中型（501 ~1000 人）、大型（1001 ~2000 人）、特大型（2001 ~3000 人）四个等级（表 9-3）。重灾区特大型行政村，即中心村有 64 个，占总数的 10.5%，人口占灾区户籍总人口的 23.7%，分布在地形平整地区，沿道路“夹道发展”；1000 人以下的中小型行政村有 314 个，占总数的 50% 以上，人口仅占 30.4%，分布在坡度较大及高山地区。

表9-3 重灾区和极重灾区行政村（不含城区镇区）统计表

行政村类型	数量		人口		空间分布
	个数（个）	比例（%）	人口（万人）	人口所占比例（%）	
特大型（>2000 人）	64	10.5	16.4	23.7	地形平整地区，沿道路“夹道发展”
大型（1001～2000 人）	231	37.9	31.8	45.9	坡度较小的地区，小型丘陵与平地交界处
中型（501～1000 人）	241	39.6	18.5	26.6	坡度较大地区
小型（<500 人）	73	12.0	2.6	3.8	陡坡、高山地区
合计	609	100	69.4	100	—

（2）自然村规模与分布

重灾区和极重灾区范围内农村居民点人口规模小，村落数量多。目前大部分的农村居民点都是自然形成的、以村民小组为单位的自然村落，以行政村为单元的大聚落较少。从村庄土地利用斑块上看，大型斑块（大于5万平方米）65个，仅占村庄斑块总数的0.14%；小型斑块（小于1000平方米）达24135个，占50%以上。

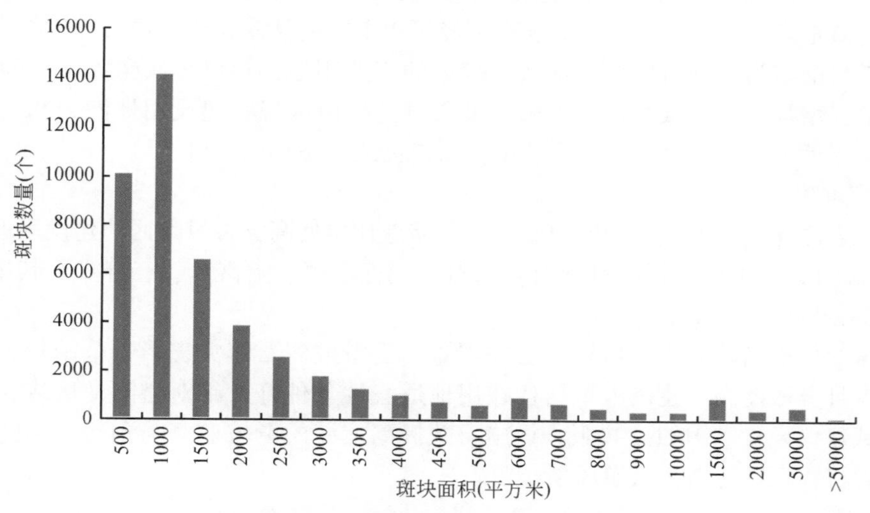

图9-12 重灾区和极重灾区自然村土地利用斑块规模数量及分布

第三节 重灾区和极重灾区城镇重建类型与人口容量

1. 类型划分

根据对重灾区和极重灾区城镇和乡驻地集镇的灾害危险程度、用地条件、产业支撑能力等因素的综合分析，可以将其划分为扩大规模重建、缩减规模重建和原规模重建三种类型。其中原规模重建再细分为原地重建、就地调整、布局调整三种类型。

1）扩大规模重建类型是指资源环境承载能力较强、灾害风险较少、建设用地条件较好、扩展空间较大的城（集镇）镇，并形成可集中安置芦山、宝兴、荥经等极重灾区和重灾区人口的承载能力。

2）缩减规模重建类型是指资源环境承载能力低、灾害风险大、建设用地严重匮乏的城（集镇）镇。

3）原规模重建类型是指资源环境承载能力适中、有一定灾害风险、但通过工程技术措施可以有效防治的城（集镇）镇，原规模重建又可进一步细化为原地重建、就地调整和布局调整等3个亚类。

根据上述划分原则，对重灾区和极重灾区的102个城镇建成区、乡驻地等人口集聚区的进行城镇重建类型划分，并确定相应的人口容量。

2. 划分结果与人口容量

（1）扩大规模重建

重灾区和极重灾区扩大规模重建的城镇共32个，可新增用地44.46平方公里、新增人口48.81万人（表9-4）。其中，1个分布在极重灾区，31个分布在重灾区（表9-5）。主要包括的城镇为：雅安城区（含草坝镇、大兴镇、合江镇、城东乡、蒙顶山镇、蒙阳镇、永兴镇、凤鸣乡、南郊乡、多营镇、北郊镇）、成雅新城（含百丈镇、黑竹镇、红星镇）、中里镇、严道镇、城厢镇、始阳镇、火井镇、天台山镇、车岭镇、灵关镇、解放乡、联江乡、廖场乡、茅河乡、万古乡、芦阳镇。

其中，雅安城区是灾区推进工业化和城镇化、集聚人口与经济的重要区域，规划建设成为人口规模达50万人的中等城市。中里镇、车岭镇、解放乡、联江乡、廖场乡、茅河乡、万古乡等人口集聚区的用地条件较好，具有进一步扩大人口承载规模的潜力，但其产业支撑与基础设施支撑能力要低于雅安城区和成雅新城，在本次重建规划未增加规模。成雅新城位于名山区成雅高速红星出口处，涉及百丈镇、黑竹镇、红星镇等三个镇的范围，可新增用地20多平方公里、新增人口15万人。在名山区按照产城一体化建设模式，建设约10万人或10～15平方公里的成雅新城，作为灾区县异地重建基地，通过优先招工、免费培训等方式，有效地安置芦山、宝兴、天全和荥经等4个重灾县需异地安置人口。灵关镇适宜性用地不多，北部河谷地带目前多为大理石厂等用地效率较低的工业用地，建议将次生灾害风险较低的工业用地改造作为居住用地，增加人口承载容量。芦阳镇可通过挖掘镇区现状建设用地潜力和向思延乡扩展等方式，新增城镇建设用地1平方公里，可安置芦山县须避灾或生态移民人口。

（2）缩减规模重建

重灾区和极重灾区缩减规模重建的城镇共4个，需退让位处高灾害风险区的建设用地0.68平方公里，避让搬迁人口0.68万人。主要包括的城镇有：双石镇、穆坪镇、永富乡、三合乡。其中，1个分布在极重灾区，3个分布在重灾区（表9-5）。

其中以穆坪镇的规模缩减为主。穆坪镇受灾严重，受滑坡泥石流灾害影响范围较大，适宜建设的人口集聚区面积很少且分散度高。建议人口居住在用地适宜性条件好及绝对避险的区域，在滑坡等次生灾害可能发生的区域建议设置常用的公共服务设施，并提高上游的滑坡监测与预警，加强上游灾害的防护与整治。建议努力将穆坪镇打造为旅游风情小镇。

（3）原规模重建

重灾区和极重灾区原规模重建的城镇共66个，新增建设用地和人口均不超过原有规模的5%，其中，7个分布在极重灾区，59个分布在重灾区（表9-5）。另外，原规模重建城镇又可细分为原地重建和就地调整两种亚类。

原地重建。重灾区和极重灾区原地重建的城镇共47个。主要包括的城镇有：碧峰峡镇、对岩镇、沙坪镇、上里镇、严桥镇、晏场镇、高何镇、夹关镇、花滩镇、马岭镇、新店镇、陇东镇、望鱼乡、八步乡、观化乡、孔坪乡、安靖乡、宝峰彝族乡、附城乡、烈太乡、六合乡、天凤乡、五宪乡、新建乡、烟竹乡、荥河乡、大坪乡、老场乡、乐英乡、两路乡、仁义乡、思经乡、小河乡、新场乡、新华乡、兴业乡、鱼泉乡、紫石乡、道佐乡、南宝乡、红岩乡、前进乡、双河乡、中峰乡、思延乡、明礼乡、五龙乡。

就地调整。重灾区和极重灾区就地调整的城镇共10个。主要包括的城镇有：龙苍沟镇、飞仙关镇、民建彝族乡、青龙乡、泗坪乡、新庙乡、多功乡、建山乡、蜂桶寨乡、硗碛藏族乡。

布局调整。重灾区和极重灾区布局调整的城镇共9个。主要包括的城镇有：大川镇、宝盛乡、清仁乡、大田坝乡、烈士乡、新添乡、龙门乡、太平镇、大溪乡。其中，太平镇临近河漫滩，如果在河漫滩布局建设，必须严格按照防洪标准修筑堤坝，按照相关技术规范要求确定堤坝的防范等级。

表 9-4　极重灾区和重灾区人口集聚区的人口和用地统计

重建类型	城镇个数（个）	现状规模		增减		重建规模	
		用地（平方公里）	人口（人）	用地（平方公里）	人口（人）	用地（平方公里）	人口（人）
扩大规模重建	32	43.54	32.4	44.46	48.81	87.78	81.04
缩减规模重建	4	1.2	1.2	-0.68	-0.68	0.52	0.51
原规模重建	66	9.59	7.59	0.41	0.33	9.74	7.75
总计	102	54.33	41.19	44.19	48.46	98.04	89.3

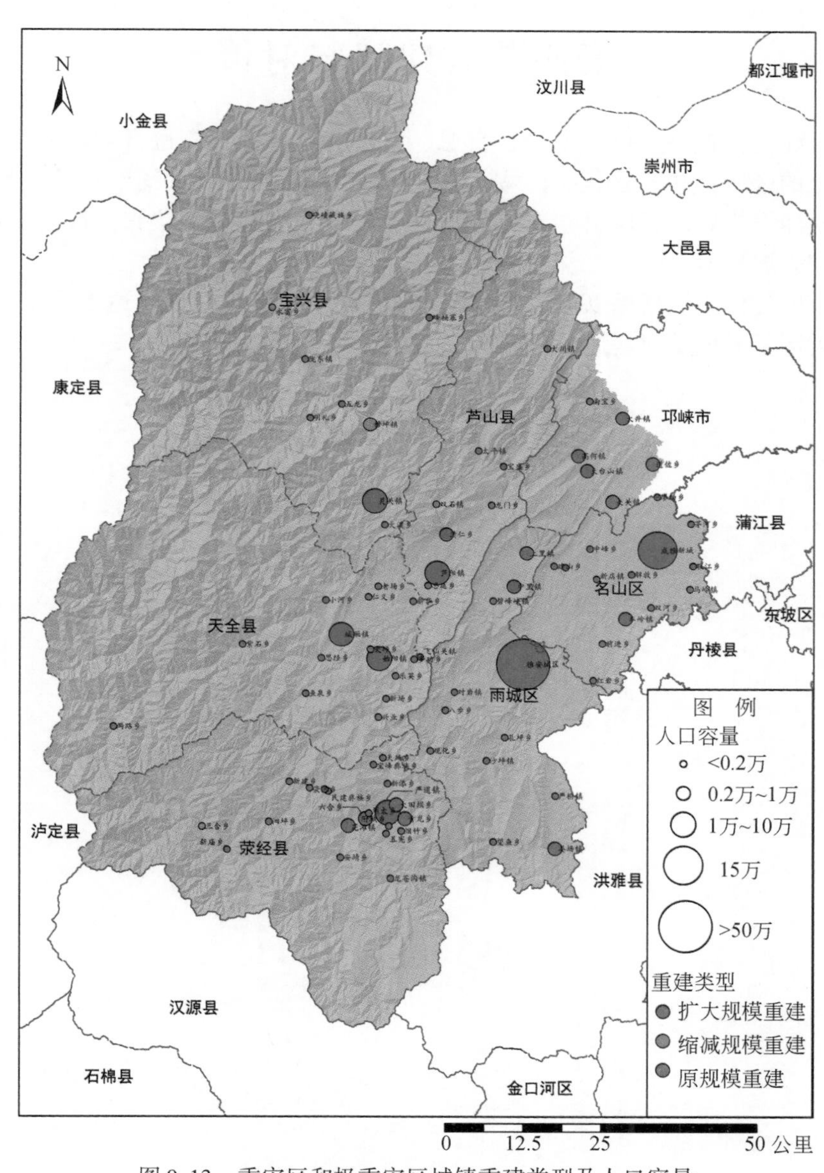

图 9-13　重灾区和极重灾区城镇重建类型及人口容量

表9-5 极重灾区和重灾区人口集聚区的类型划分和人口容量

类型	极重灾区			重灾区			合计		
	个数（个）	用地（平方公里）	人口（人）	个数（个）	用地（平方公里）	人口（人）	个数（个）	用地（平方公里）	人口（人）
扩大规模重建	1	3.86	2.37	31	83.92	78.67	32	87.78	81.04
缩减规模重建	1	0.07	0.1	3	0.45	0.41	4	0.52	0.51
原规模重建	7	1.5	1.13	59	8.24	6.62	66	9.74	7.75
总计	9	5.43	3.6	93	92.61	85.7	102	98.04	89.3

第四节 建议与对策

城乡居民点的重建与安置要坚持“安全、自愿、就近”原则，首先进行灾害风险评价和用地条件评价，选址在环境安全的区域，并充分尊重农民意愿和当地生活习俗，尽量就近安置，不搞大规模外迁。

重新修订新农村建设规划，积极引导农村人口适度向中心村和城镇集聚，改善农村的教育、医疗等基本公共服务设施和人居环境。

适度增加雅安市的建设用地指标以推进异地城镇化，支持建设规划规模达10万人或10~15平方公里的成雅新城，作为灾区县异地重建基地。

第十章　基础设施支撑能力评价

第一节　基础设施现状及灾后影响

1. 交通基础设施

芦山地震灾区位于四川省中部偏西方向，为四川盆地与青藏高原过渡地带。雅安市中心距离成都市区 137 公里，国道 108 线（川滇公路西线）、成雅—雅西高速公路、成温邛高速公路、成乐高速公路和成昆铁路自东北向西南穿过研究区域的东中部地区，国道 318 线（川藏公路）则东西横跨整个研究区域，唯一的机场——康定机场（4C）位于折多山斯木措，距离康定县城 38 公里，为世界第二高海拔机场（4290 米），目前已开通康定—成都—昆明航线。具体而言，灾区的交通基础设施具有以下特征：

1）综合交通发展相对滞后，路网等级较低，服务能力差。灾区的交通基础设施以公路为主，拥有公路总里程约 21479. 9 公里。由于该区域尤其是中西部地区以山地为主，地质环境条件复杂，基础设施建设成本高，道路等级较低，甚至部分国道如 G318 雅安—康定段仍为三级公路。按道路等级分，灾区拥有高速公路 475. 4 公里，一级公路 253. 6 公里，二级公路 1566. 2 公里，三级公路 1304. 6 公里，四级公路 15084. 8 公里，等外公路 2795. 3 公里（表 10-1）。其中，二级以上高等级公路仅 2295. 2 公里，占总公路里程的 10. 69%，低于全国的平均水平 11. 54%。在极重灾区和重灾区六区县，其公路网络等级结构也不容乐观。二级以上公路里程为 412. 3 公里，占公路总里程的 10. 61%，与灾区整体水平相当，但较全国平均水平仍显不足。

表 10-1　芦山地震灾区的公路规模和等级情况

公路等级	研究区域		极重灾区和重灾区		全国		四川省	
	规模（公里）	比重（%）	规模（公里）	比重（%）	规模（公里）	比重（%）	规模（公里）	比重（%）
高速公路	475. 4	2. 21	124. 0	3. 19	84946	2. 07	3009	1. 06
一级公路	253. 6	1. 18	28. 7	0. 74	68119	1. 66	2834	1. 00
二级公路	1566. 2	7. 29	259. 6	6. 68	320536	7. 81	13140	4. 64
三级公路	1304. 6	6. 07	203. 6	5. 24	393613	9. 59	11664	4. 12
四级公路	15084. 8	70. 23	2755. 9	70. 93	2586377	62. 98	190300	67. 18
等外公路	2795. 3	13. 01	513. 8	13. 22	652796	15. 90	62321	22. 00
合计	21479. 9	100	3885. 52	100	4106387	100	283268	100

注：重灾区未包括邛崃市六乡镇。

2）自然地理条件很大程度上决定了交通布局，芦山地震对灾区交通设施造成了一定的影响。灾区地处四川盆地向青藏高原的过渡带，高程变化大，地质构造复杂，地质灾害地段多。由于地形的限制，灾区内大部分地区的道路多利用河谷布线，弯道多、坡度陡、线形差，大部分道路狭窄，道路等级较低，养护滞后。同样，由于灾区海拔地形条件复杂，道路建设困难，其道路等级相对较低。如从雨城区至康定县的 318 国道仅为三级公路技术标准，双向两车道，养护不足，导致公路通行能力低。此次地震灾害对灾区交通道路造成了一定的影响，一方面是直接造成道路损毁严重，影响车辆通行；另一方面是由于地震引起的次生灾害如山体崩塌，对道路进行掩埋中断，从而造成干线拥堵。如 318 国道、210 省道、211 省道等通往重灾区的交通干线都曾一度中断。

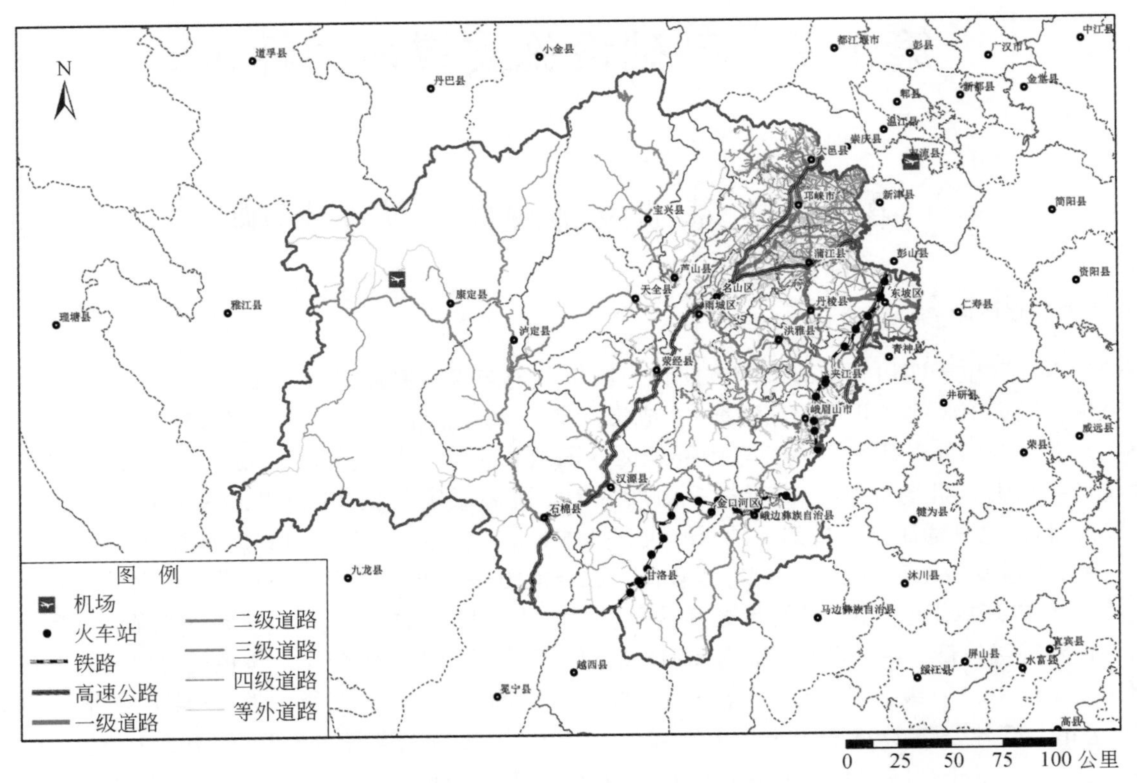

图 10-1 芦山地震灾区交通基础设施现状图

3）部分灾区对外通道较为单一，边远地区通达深度不够，阻碍了灾后救援与重建工作的实施。灾区对外的交通通道主要通过高速公路和国道、铁路及机场实现，整体较为综合。其中，公路对外通道主要包括京昆高速公路（成昆段）、成温邛高速公路、成乐高速公路以及 318 国道和 108 国道，主要连接西南地区的区域性中心成都市，此次灾后救援中更是运送救灾物资的重要通道。但对部分重灾区而言，其对外通道较为单一，严重影响了灾后救援工作的实施。如芦山县和宝兴县，其只能通过省道 210 与对外取得联系，而天全县则仅能通过国道 318 对外联系。与此同时，在边远的山区，其通达能力仍非常差。如在康定县，其 2008 年仍有近一半的建制村不通公路，通水泥（沥青）路的建制村仅占 28.51%。农村公路总量不足，通达深度低，各乡镇之间的连通度低，严重制约了当地的社会经济发展。

2. 水利基础设施

水利基础设施主要指自然河流和水库、水渠等。灾区水系发达，河网密度大，流域面积广。自然河流包括 2 ~ 6 级，其中二级河流主要为岷江和雅砻江，其中岷江主要流经大邑县，而雅砻江流经康定县的边缘；三级河流包括大渡河，流经康定县、泸定县、石棉县、汉源县、金口河区和峨边彝族自治县；四级河流包括青衣江，主要流经宝兴县、芦山县、天全县、雨城区、洪雅县和夹江县；五级河流包括西河、大南河、金汤河（上鱼河）、安顺河、力丘河、流沙河、南桠河、牛日河、蒲江、色物绒沟、天全河、田湾沟（田湾小河）、瓦斯沟（雅拉河）、荥经河、玉溪河（大川河）、周公河（雅安河）等河流，以上河流均为常年性河流。此外，还拥有六级河流和主要灌渠若干条。

芦山地震灾区的大中型水库共有 21 座，包括大（Ⅰ）型水库 1 座——雅安市汉源县的瀑布沟水库，

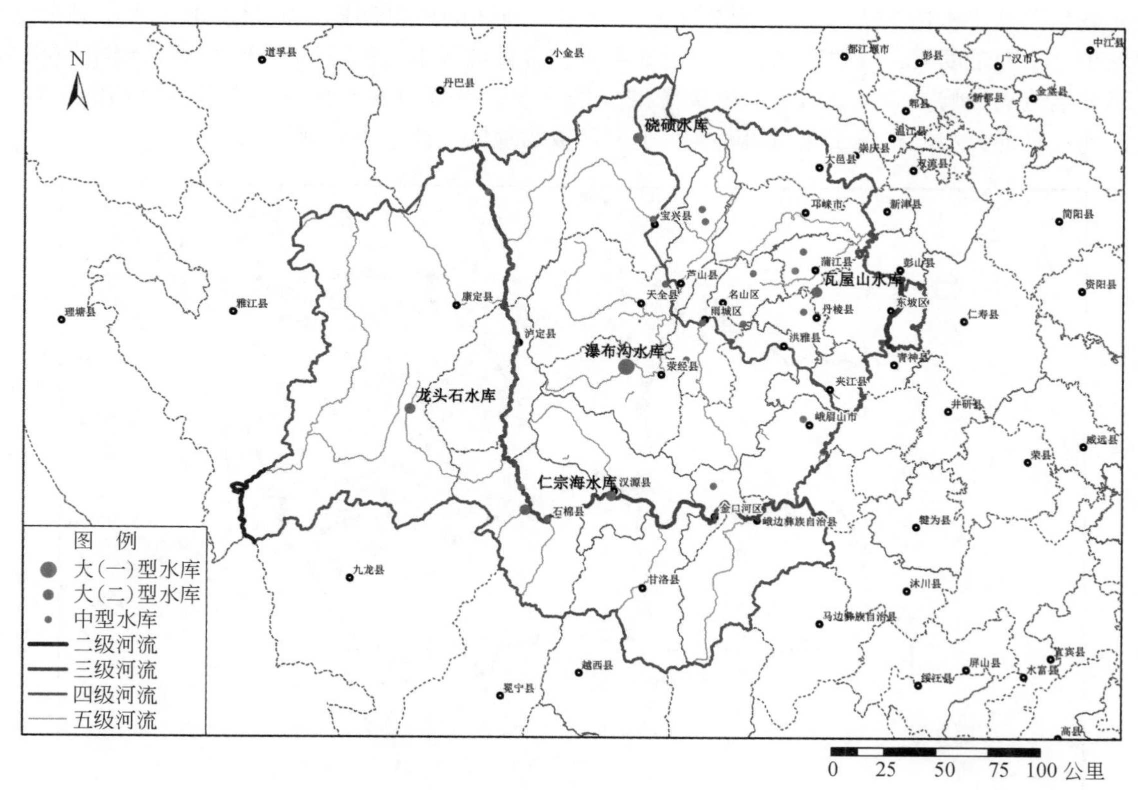

图 10-2　芦山地震灾区河流水系和水库分布图

位于大渡河流域，库容在10亿立方米以上；大（Ⅱ）型4座，包括石棉县先锋镇安全村的龙头石水库和石棉县的仁宗海水库（大渡河流域），宝兴县硗碛乡的硗碛水库（岷江流域），洪雅县瓦屋山镇的瓦屋山水库（青衣江流域），库容量均在1亿~10亿立方米；中型水库16座，库容量在0.1亿~1亿立方米，主要位于灾区的东中部人口相对较为稠密的地区（图10-2）。此外，还拥有小型水库200多座，主要位于东坡区、丹棱县、夹江县、名山区、洪雅县和蒲江县等。

此次芦山地震没有对灾区的水库造成大的破坏，但也有34座水库受损，主要分布在雅安、成都、眉山、乐山、凉山等市州。其中，坝顶或坝坡裂缝20座，泄洪道、放水设施受损4座，闸房、管理房等建筑物受损7座，在库区内有少量小型滑坡，有的水库同时出现多种险情。此外，1989处供水工程不同程度受损，近30.3万人正常供水受到影响，宝盛乡玉溪河段曾形成堰塞湖，但现已无重大险情。

3. 能源基础设施

灾区位于四川省中西部，垂直地带性差异大，水能资源丰富。其中大渡河穿境而过，是全国十四大水电基地之一。大渡河水电基地规划开发大渡河干流独松至铜街子长约750公里的河段，落差约1900米，规划有22个梯级，总装机容量2340万千瓦，年发电量1053.1亿千瓦时。到2010年年底，已建成电力装机644万千瓦，其中位于灾区内的水电站有龙头石70万千瓦、瀑布沟360万千瓦、深溪沟33万千瓦、龚嘴73万千瓦、泸定46万千瓦（图10-3）。雅安水电基地主要是由青衣江及其支流上的水电站构成。总体而言，雅安境内水能理论蕴藏量为1601.3万千瓦，可开发容量1382.9万千瓦，占到四川全省的8.7%。截至2011年年底，雅安市发电装机容量达1010万千瓦，占全省总装机容量4624万千瓦的21.8%，占全省水电装机3236万千瓦的31.2%，位列全省第一位。2011年，全市发电量完成372亿千瓦时，占全省总发电量的20%，占全省水电站总发电量的30%；其中境内大中型电站直接输送至省网及地方电网余电上省网的电量高达308亿千瓦时，占82.8%。目前，灾区内的能源基础设施分布较为集中，区内水电资源的开发尤其是大批小水电的开发，弥补了许多地处偏远地区的用电问题，但是，由于水电站分布分散，且规模较小，上网难度大，辐射范围很小。近5年来，雅安地区水电资源过度开发，部分水电站开发已对当地生态环境造成影响。而且，由于水电资源的分散开发，投资力度不统一，许多水电站的工程质量措施不能保证，且部分水电站位于龙门山断裂带上，已成为地区安全的重要威胁。

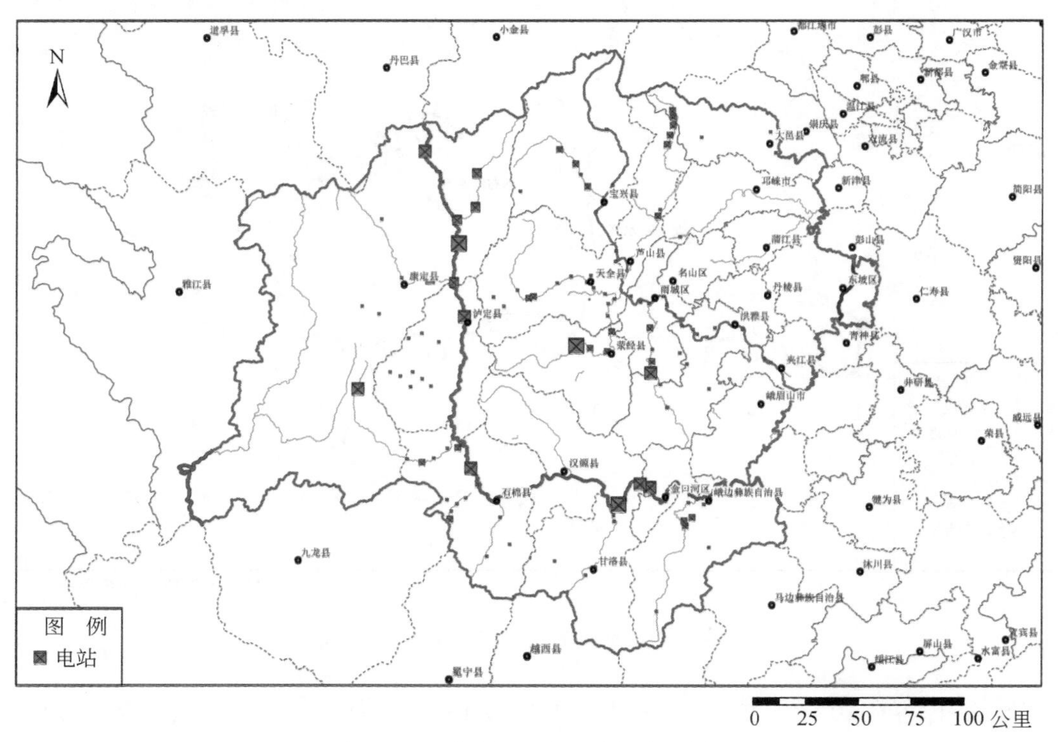

图10-3　芦山地震灾区电站分布图

在电网建设方面，目前灾区已建成500千伏、220千伏、110千伏、35千伏等级的国家和地方电网。其中，国家电网包括500千伏、220千伏两级，500千伏变电站有6座（图10-4）。雅安市内的雅安变电站主要接收甘孜州康定县部分水电容量，并与正在建设的康定500千伏电站连接；石棉变电站主要汇集在石棉地区和甘孜州泸定县及九龙河梯级电站的水电容量，然后将其用500千伏线路送至雅安变电站，由该站通过500千伏输电线路至雅安东北部的成都蜀州与国家电网联网。220千伏电网分为南、北两部分，南部为位于雅安市南部石棉县的新棉变电站，分别至雅安东南部的乐山市和南部的凉山州与国家电网联网，北部则以跷碛电站、小关子电站在内的骨干电站以220千伏线路分别至雅安东北部的成都市和西部的甘孜州与国家电网联网。总体而言，目前灾区内500千伏、220千伏骨干电网已经基本成型，但主要110千伏及以下电网覆盖率低，还有部分乡镇不通电的局面。

此外，灾区还有部分煤炭资源，主要分布在龙门山断裂带沿线的荥经县、雅安雨城区、天全县、芦山县、汉源县和石棉县，共有煤炭资源储量（含预测资源量）38106万吨。雅安煤炭生产企业规模普遍偏小，2011年全市共有煤矿117个。其中，生产矿井的17家，试生产矿井6家，生产能力250万吨。所生产的原煤主要为无烟煤、烟煤，煤质为低-中灰、低硫、中-高发热量，可作为民用、发电、化工、炼钢以及建材等用煤。雅安市自用煤150万~200万吨/年，其余主要销往周边的德阳、资阳、眉山、甘孜等市州。雅安煤矿资源状况差、煤层薄、赋存条件差，导致全市矿井数量多、规模小，客观上增加了规模开采的难度和风险。由于煤炭资源主要位于断裂带地区，因此地震灾害对煤矿地面房屋和设施破坏严重。虽然地震发生后，煤矿井下无人员伤亡，地面有1人受伤，但已导致所有煤炭企业停止作业。

在电力方面，地震发生后，导致灾区内一座500千伏变电站部分受损，500千伏雅安变3条220千伏出线停运；2座220千伏变电站全部停电；13条220千伏线路跳闸停运，宝兴电网、芦山电网、天全电网

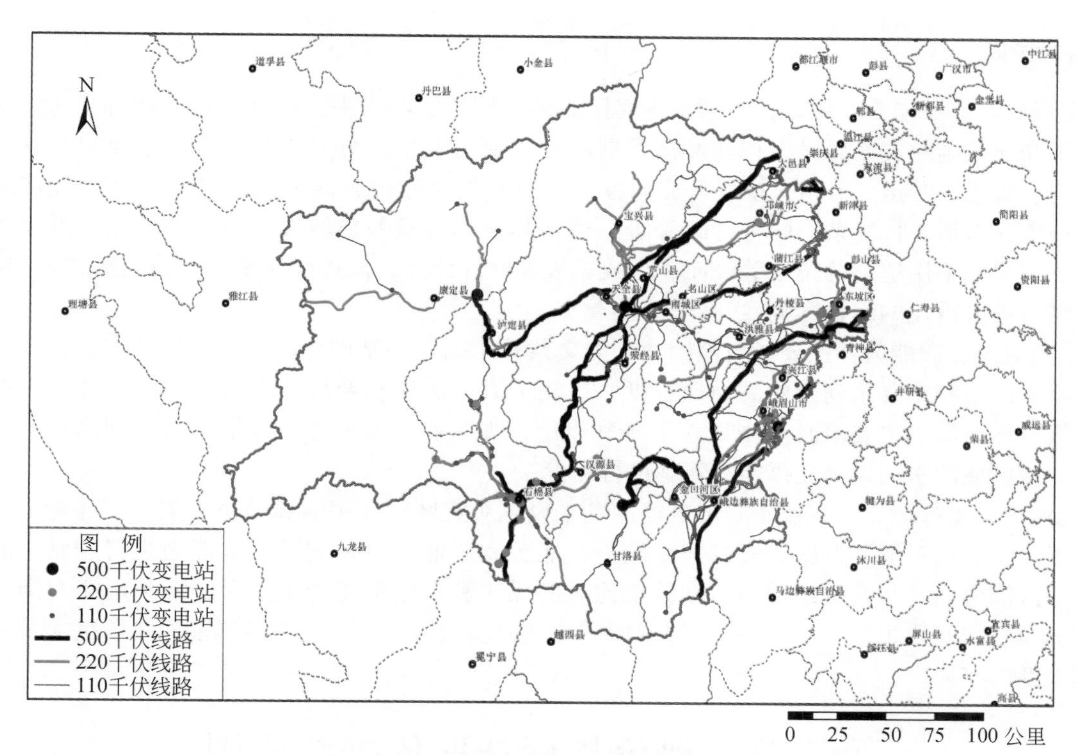

图 10-4 芦山地震灾区变电站和电网分布图

垮网停电。受地震影响，灾区有5座水电厂解列，雅电集团有12座水电站受损，3座（丁村坝公司）恢复运行（其他9座电站分别为芦山5座、宝兴3座、荥经1座）。华电、国电、龟都府电站、中广核脚基坪电站均有不同程度损伤，但都能运行发电，而瀑布沟、深溪沟等大型在运水电站虽震感强烈，但生产、建设秩序正常。

在燃气方面，雅安市城区及各县城均已使用天然气和液化石油气。其中，雅安市区天然气气源主要由位于境内的莲花山气田通过长输气管道至设在市区的天然气门站，经调压后通过中压配气管网供市区用气，该气田现已达到40万立方米/日的产气能力，并且通过长输气管道至邛崃与四川西部输气管网联网。其余各县除名山区、芦山县、天全县、荥经县气源是由雅安通过长输气管道提供外，均是使用液化天然气（LNG）或液化石油气（LPG），系通过槽车运输至设在各县城的气化站（含配气站），再通过中压配气管网供城区居民生活和部分公建及餐饮业用气。地震发生后，天全县除房屋垮塌严重部分老城区供气管道无法供气外，其余均可供气。芦山县长输供气管线已通至县城，但因全城供气管道基本断裂损坏，大部分地区无法供气。荥经县已恢复全城供气。宝兴县则由于水电损失严重，停供液化石油气。

第二节 评价指标内涵

1. 指标内涵

基础设施支撑能力是为了评估芦山地震灾区的基础设施优劣和支撑能力水平高低而设计的评价指标，具体由交通设施支撑能力、水利设施支撑能力和能源设施支撑能力三个基础指标项构成。通过该指标，评价灾区的交通设施、水利设施和能源设施的发展状态、供给能力、保障水平和空间差异，并考察这三种基础设施支撑水平同既有社会经济活动的空间耦合关系，勾画人口或经济发展的可能承载的区位和大致的空间范围，以此为芦山地震灾区的重建提供科学支撑。

2. 指标构成

1）交通设施支撑能力：主要指交通设施对区域通达性的影响水平，以区域是否拥有交通设施进行刻画，反映了交通设施对灾区居民出行和经济发展的支撑能力及空间分异。交通设施主要包括铁路、高速公路、国道、省道、县道、乡道、机场等交通方式。但各类交通设施的分析须结合其技术经济属性。由于研究区域所在地形条件复杂，同一行政等级的道路其技术等级差异较大，为更准确地刻画交通设施的支撑能力，本研究采用道路的技术等级而非行政等级来进行计算。该指标反映交通设施的技术-经济特征与空间网络对灾区重建的综合影响。

2）水利设施支撑能力：主要指自然因素和人文条件相结合的基础设施，主要反映灾后重建区各地距离主要稳定水源地和主要水利设施的便捷程度，反映了人类居住和经济发展的供水适宜性。水利设施主要包括各级自然河流、主要灌溉网络和人工水利设施，如水库、水坝等。并根据河流和水库的等级、供水差异来对该区域的水利设施支撑能力管理进行评价。

3）能源设施支撑能力：主要指重要的能源基础设施对灾区社会生活和经济发展的支撑能力和影响水平，主要以不同乡镇对能源设施的资源禀赋能力、能源利用能力以及实际获取能力进行刻画。能源资源主要以在地区能源生产与消费结构中占据重要比重的煤炭和水电资源为主。而能源利用能力则主要体现为电站的分布（包括火电站和水电站）；能源的实际获取能力则主要体现为地区能源供应的主要载体——电力输配设施的布局。

第三节　评价指标选取依据与原则

1. 评价指标选取依据

（1）基础设施是识别灾区建设适宜性的重要指标

任何区域内的不同空间区位都不是单一且均质化的，而是具有不同的空间属性和建设适宜性。其中，基础设施（包括交通、水利、能源等设施）对区域内不同空间板块具有不同的影响机制和作用能力，由此赋予各空间板块不同的空间属性，决定了各空间区位的发展潜力和发展机遇及可能的规模。居民点选址、人口布局与容量规模的设置，以及可能的产业布局，必须关注不同空间区位的发展潜力与机遇。因此，基础设施成为优势区域进行空间识别的重要参考指标，这需要深入识别基础设施支撑能力的空间分异能力。

（2）基础设施是灾区重建发展的重要支撑保障

经过长期建设和发展，灾区各县市已形成了具有一定规模总量的基础设施及网络布局，支撑与保障灾区的经济发展和社会进步。基础设施是社会系统运行和经济发展的长期积累结果，也是未来经济社会优化调整和布局的重要支撑。基础设施包括交通、水利和能源等，对区域内的居民出行、产业布局及经济运行具有主要的支撑和保障能力，其空间分布是非常不平衡的，灾区内各乡镇具有不同的基础设施类型、构成和技术等级，由此决定了各乡镇社会经济发展具有不同的基础设施支撑能力，而且这影响了各乡镇灾后重建的能力及效率，也成为各乡镇建设适宜性和发展容量的重要影响因素。

2. 评价指标选取原则

（1）震前为主，兼顾潜力

本研究的目标是为震后地区重建寻找最佳区位，相关评价具有特殊性。本研究主要是依据地震灾区已有的基础设施体系，分析其支撑能力和优势程度的空间格局与差异，由此为未来重建地区的选择提供依据。因此，支撑能力的评价要以震前基础设施的能力评价为主，反映震前灾区不同乡镇发展的适宜程度。同时，进一步结合未来基础设施建设的潜力，如地震灾区内的能源资源开发潜力、水利资源供给潜力，并兼顾地区交通网络规划和电网规划设想。

（2）以震区为主，兼顾邻近区域

由于基础设施建设具有公益性，邻近地区的大型基础设施布局对研究区域的支撑能力也有较大影响，研究区域外围流经的较大的河流水系和铁路、高速公路和邻近地区的机场布局，在研究中均需考虑，而不能仅仅局限于研究区域内部的基础设施。如成都双流机场对大邑县、邛崃市、蒲江县和东坡区乃至雨城区的影响，途径沙湾县的成昆铁路对峨边彝族自治县和峨眉山市邻近乡镇的影响，以及邻近乐山市的高速公路对邻近乡镇的影响，在研究中均应该加以考虑。

（3）强调主导，主次结合

基础设施是支撑城镇建设、居民点布局及产业发展的基本部分，但不同类型的基础设施对地区发展的保障和支撑能力不同，其本身也具有不同的建设成本和难易程度。一般而言，交通设施如高速公路、国省道、县乡道等是满足居民出行和经济运行的基本设施，对培育区域增长能力具有战略意义，对灾区发展的影响尤为显著，而能源、水利和通信等基础设施是保证社会经济运行的重要保障，对灾区发展的影响度相对较低。结合区域发展特性，其基础设施支撑能力评价以交通设施为核心，适度考虑水利设施和能源设施的支撑能力。其中，考虑到当地地形条件复杂，同样行政级别的道路其技术等级相差甚远，因此交通设施主要以分析铁路、机场、高速公路、一级公路、二级公路、三级公路、四级公路和等外公路为基础，其中铁路以设有铁路站的点状数据为依据。在水利设施方面，由于供水管道受自然河流和水库的影响较大，其布局多与河流平行或作为河流的小型支流为市民提供供水，对整体格局影响不大，因此在研究中仅考虑自然河流和水库两个因素。在能源设施方面，由于研究区域是我国重要的水电生产基地，电力的生产与输出对于四川省电网乃至全国电网有着重要的影响。因此，区内电力资源的分布以及输电设施的分布是能源设施支撑能力评价的主要因素。而在电路设施方面，区内 110 千伏等级以上（主要包括 500 千伏、220 千伏、110 千伏）电网的分布格局决定了地区对能源基础设施的利用与获取能力。而 110 千伏以下电网（如 35 千伏、11 千伏线路）则可以根据地区电力生产与消费需求而随情架设，对整体格局影响不大。因此，在能源的利用与获取能力评价上主要考虑了 110 千伏以上电网线路与输配电站的分布。

第四节　评价指标体系与计算模型

1. 评价指标体系

根据本研究指标选取的依据与原则，根据多次筛选，系统综合，形成由指标项、指标类、指标组成的三级评价指标体系。其中，灾区基础设施支撑能力的评价指标体系分为 3 个指标项，即交通设施指标项 B1、水利基础设施 B2 和能源设施指标项 B3。指标项又形成 8 个指标类，并进一步分为 22 个指标，不同的评价指标项反映了不同基础设施对人口和经济发展的作用机制与作用程度，并根据距离的远近设置各指标的距离权重。

（1）交通设施指标项

该指标项分为铁路支撑能力指标类 C1、公路支撑能力指标类 C2 和机场支撑能力 C3 指标类。考虑到铁路对社会经济发展的影响主要与火车站相关，因此铁路支撑能力指标类 C1 下设的指标为火车站 D1。公路支撑能力指标类 C2 包括高速公路 D2、一级公路 D3、二级公路 D4、三级公路 D5、四级公路 D6 及等外公路 D7 六个指标；机场支撑能力指标类 C3 主要包括距离机场的指标 D8。由于灾区离成都双流机场较近，因此选定了康定机场和成都机场。最后，利用地形和坡度对交通设施支撑能力进行修正。本研究中，交通设施指标项的权重为 0.6。

（2）水利设施指标项

根据目前可获得的数据，本研究主要考虑自然河流等级、主要灌渠及水库对灾区重建适宜性的影响。

根据灾区的河流分布和等级情况，主要包括二级河流、三级河流、四级河流、五级河流、六级河流和主要灌渠。水库则主要考虑大型、中型和小型库容的水库。因此，水利设施支撑能力指标项B2按照类型分为自然河流C5和水库C6两个指标类，其中自然河流C5又分为二级河流D9、三级河流D10、四级河流D11、五级河流D12、六级河流及主要灌渠D13五个指标；水库C6则按照库容分为大（Ⅰ）型水库D14、大（Ⅱ）型水库D15、中型水库D16、小型水库D17四个指标。本研究中，水利设施指标项的权重为0.2。

（3）能源基础设施指标项

根据地区能源资源禀赋与开发利用情况，能源对地区灾后重建的支撑能力主要从资源禀赋（C6）、电源设施（C7）和电路设施（C8）3个指标类。资源禀赋主要是从煤炭资源（D18）和水能资源（D19）两个方面考虑；电源（D20）则主要考虑了火电站和水电站的区位与装机容量；电路设施则主要考虑了变电设施（D21）和输电电路（D22）。

表10-2　芦山地震灾区基础设施支撑能力指标体系

指标体系	指标项及权重	指标类及权重	指标	权重
基础设施支撑能力评价指标体系	交通设施支撑能力B1（0.6）	铁路支撑能力C1（0.3）	火车站D1	从车站点距离衰减赋值0～1
		公路支撑能力C2（0.3）	高速公路D2	距离衰减赋值0～1
			一级公路D3	距离衰减赋值0～0.8
			二级公路D4	距离衰减赋值0～0.7
			三级公路D5	距离衰减赋值0～0.6
			四级公路D6	距离衰减赋值0～0.4
			等外公路D7	距离衰减赋值0～0.2
		机场支撑能力C3（0.4）	距离机场D8	距离衰减赋值0～1
	水利设施支撑能力B2（0.2）	自然河流C4（0.6）	二级河流D9	距离衰减赋值0～1
			三级河流D10	距离衰减赋值0～0.9
			四级河流D11	距离衰减赋值0～0.8
			五级河流D12	距离衰减赋值0～0.6
			六级河流及主要灌渠D13	距离衰减赋值0～0.3
			大（Ⅰ）型水库D14	距离衰减赋值0～1
		水库C5（0.4）	大（Ⅱ）型水库D15	距离衰减赋值0～0.8
			中型水库D16	距离衰减赋值0～0.6
			小型水库D17	距离衰减赋值0～0.4
	能源设施支撑能力C1（0.2）	资源禀赋C6（0.2）	煤炭资源D18（0.4）	从资源点距离衰减赋值0～1
			水能资源D19（0.6）	水利资源点距离衰减赋值0～1
		电源设施C7（0.3）	电站D20	距离衰减赋值0～1
		电路设施C8（0.5）	变电站枢纽D21（0.6）	550千伏线路距离衰减（0.5） 220千伏线路距离衰减（0.3） 110千伏线路距离衰减（0.2）
			输电设施D22（0.4）	550千伏线路距离衰减（0.2） 220千伏线路距离衰减（0.3） 110千伏线路距离衰减（0.5）

2. 计算模型

为获得精细化的表达，本研究采用100米×100米的栅格数据对灾区基础设施的支撑能力进行空间评价，一共获得537万多个栅格数据。不同基础设施评价采用的方法略有不同。

（1）交通设施评价方法

交通设施主要采用公路、铁路和机场，其中公路又包括高速公路、一级公路、二级公路、三级公路、四级公路和等外公路。相关数据源于1：5万GIS测绘图、30米DEM图及2013年出版的《中国高速公路及城乡公路网地图集》《中国分省公路丛书-四川省》。具体计算步骤如下：

第一步，将区内的主要的公路交通线路、机场、火车站点、等数据进行数字化，获得其空间属性数据。

第二步，对研究范围进行100米×100米栅格化，再确定各栅格到上述交通设施线路及站点的距离。再根据距离衰减原则以及不同道路等级的衰减系数（表10-3），获得研究区内各栅格 i 不同交通基础设施的支撑能力得分 l_i。总体原则为，距离各交通线路和站点越远的地区，交通设施支撑能力越弱的原则；反之亦然。

第三步，对各栅格的公路交通、机场交通、铁路交通分别赋予权重 f_i，从而得出其交通的总体通达性水平，称之为物理交通可达性（图10-5）。考虑到研究区域地形条件复杂，机场对其经济发展和对外联系具有重要意义，因此机场赋值权重为0.4，铁路和公路的权重各为0.3（表10-4）。

表10-3　公路交通物理通达性测算标准

距离（公里）	机场	火车站	高速公路	一级公路	二级公路	三级公路	四级公路	等外公路
$d \le 0.1$	1	1	1	0.8	0.7	0.6	0.4	0.2
$0.1 < d \le 0.5$	0.95	0.95	0.95	0.75	0.65	0.55	0.38	0.18
$0.5 < d \le 1$	0.9	0.9	0.9	0.7	0.6	0.5	0.35	0.16
$1 < d \le 1.5$	0.85	0.85	0.85	0.65	0.55	0.45	0.3	0.14
$1.5 < d \le 2$	0.8	0.8	0.8	0.6	0.5	0.4	0.25	0.12
$2 < d \le 3$	0.75	0.75	0.75	0.55	0.45	0.35	0.2	0.1
$3 < d \le 5$	0.7	0.7	0.7	0.5	0.4	0.3	0.15	0.05
$5 < d \le 10$	0.65	0.65	0.65	0.45	0.35	0.25	0.1	0.01
$10 < d \le 15$	0.6	0.6	0.6	0.4	0.3	0.2	0.05	0
$15 < d \le 20$	0.55	0.55	0.5	0.35	0.25	0.15	0.01	0
$20 < d \le 25$	0.5	0.5	0.4	0.3	0.2	0.1	0	0
$25 < d \le 30$	0.45	0.4	0.3	0.2	0.1	0.05	0	0
$30 < d \le 40$	0.4	0.3	0.2	0.1	0.05	0	0	0
$40 < d \le 50$	0.3	0.2	0.1	0.05	0	0	0	0
$50 < d \le 60$	0.2	0.1	0.05	0	0	0	0	0
$60 < d \le 80$	0.1	0.05	0	0	0	0	0	0
$80 < d \le 100$	0.05	0	0	0	0	0	0	0

表10-4　各交通方式权重赋值标准

交通方式	权重赋值
公路	0.3
机场	0.4
铁路	0.3

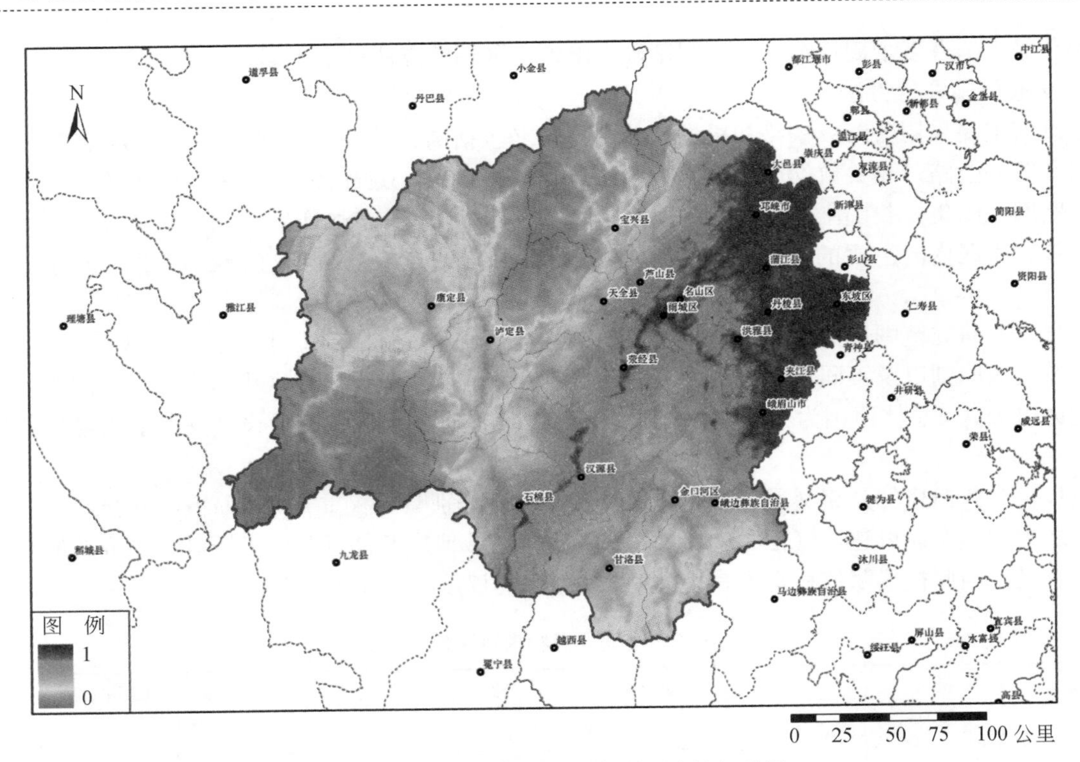

图 10-5　芦山地震灾区物理交通可达性权重图

表 10-5　地形高程坡度权重赋值标准

高程区段（米）	距离赋值	坡度区段	权重赋值
400 以下	1.0	0°～5°	1
400～500	0.95	5°～10°	0.8
500～600	0.9	10°～15°	0.6
600～700	0.85	15°～25°	0.4
700～800	0.8	25°～35°	0.2
800～900	0.75	35°～45°	0.1
900～1000	0.7	45°～90°	0.05
1000～1500	0.6	—	—
1500～2000	0.5	—	—
2000～2500	0.4	—	—
2500～3000	0.3	—	—
3000～3500	0.2	—	—
3500～4000	0.1	—	—
4000 以上	0.05	—	—

第四步，对于交通通达性的影响和变型，地形高程和坡度是重要影响因素，需要综合地形和坡度而凝练地理影响参数 m。研究中根据地形高程 h 和坡度 g 的差异（表 10-5），对其进行格网化并根据其差异赋予权重以确定每个格网 i 的高程属性 h_i 和 g_i，并进行集成，以确定每个格网的地理影响参数 m_i，如图 10-6 和图 10-7。算法如下：

$$m_i = \sqrt{h_i \times g_i}$$

第五步，集成交通支撑能力指标。对每个格网 i 的实际通达性 a_i 进行计算，即为物理交通通达性×交通方式权重×高程与坡度权重，具体公式如（10-2）所示；然后，对各格网的通达性进行标准化处理，使其介于 0～1。

$$A(x) = l_i \times f_i \times m_i \tag{10-2}$$

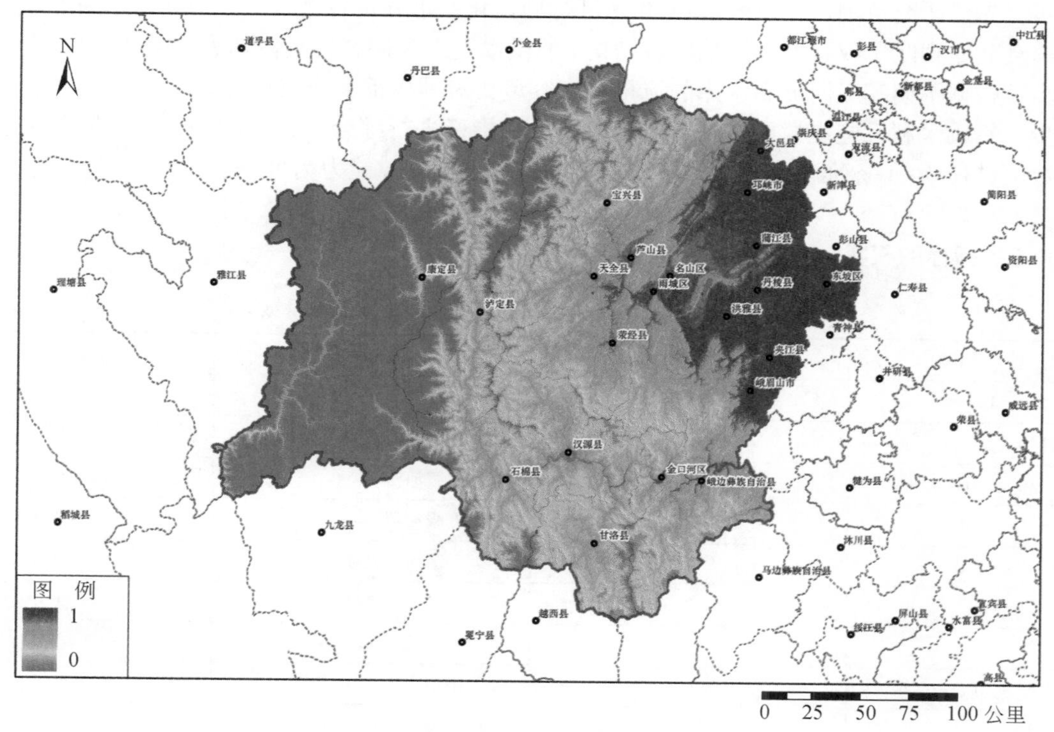

图 10-6 芦山地震灾区高程因子权重图

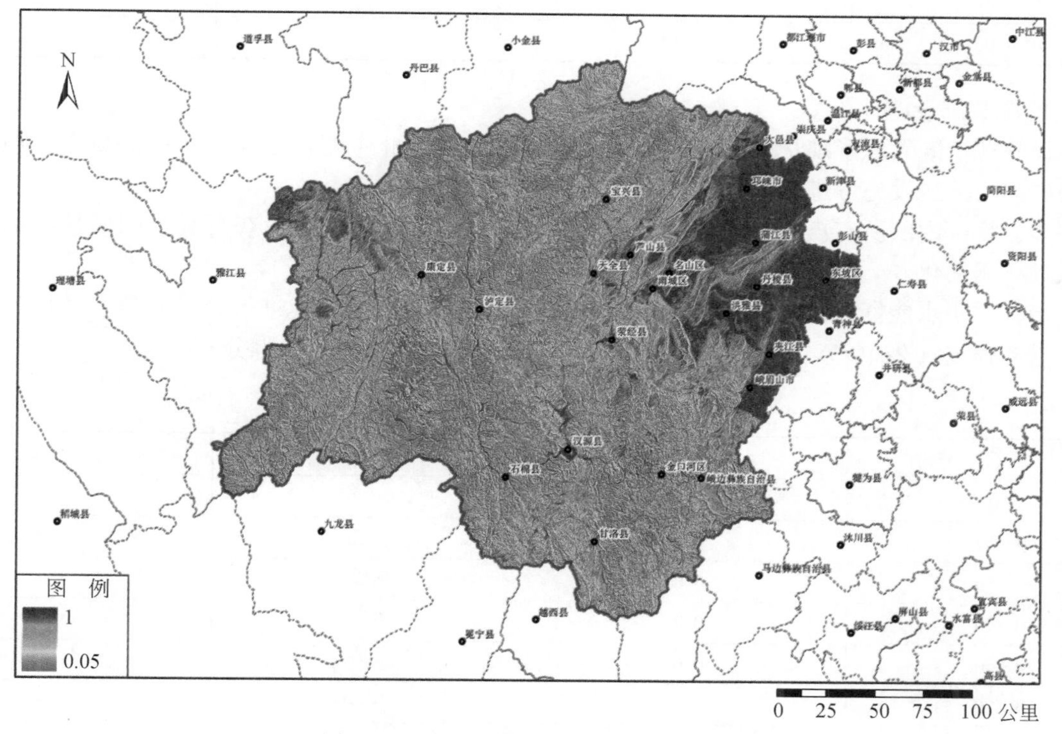

图 10-7 芦山地震灾区坡度因子权重图

(2) 水利设施评价方法

水利设施评价对象包括自然河流和水库，其中自然河流主要包括 2 ~ 6 级的河流，水库包括大型、中型和小型水库。具体评价步骤如下：

第一步，先对研究范围进行 100 米×100 米进行栅格化，再确定各栅格到主要河流水系和水库的距离，并根据距离衰减原则赋予权重，以此确定各栅格 i 的供水支撑条件 S_i，具体如表 10-6 所示。

第二步，根据不同等级河流和水库的流量和库容量，对其权重赋予权重 q_i。

第三步，集成水利设施支撑能力，即对距离权重和指标进行综合。在过程中，为消除数据量纲影响，对各指标数值进行 0～1 标准化处理。假设各栅格的水利设施支撑能力为 $W(x)$，则

$$W(x) = s_b \times q_i$$

式中，s_b是各级指标的权重；q_i是各指标的距离衰减系数。

表 10-6　自然河流和水库权重赋值和距离衰减系数

距离区段（公里）	距离衰减系数	水系和水库	权重赋值
0～1	1	二级河流	1.0
1.0～3.0	0.95	三级河流	0.9
3.0～5.0	0.9	四级河流	0.8
5.0～10.0	0.8	五级河流	0.6
10.0～15.0	0.7	六级河流及主要灌渠	0.3
15～20	0.6	大（Ⅰ）型水库	1.0
20～25	0.5	大（Ⅱ）型水库	0.8
25～30	0.4	中型水库	0.6
30～40	0.3	小型水库	0.4
40～50	0.2	—	—
50～70	0.1	—	—
70～100	0.05	—	—

（3）能源基础设施评价

能源设施评价既考虑了现状，又考虑了未来发展潜力。因此主要包括对灾区内的煤炭资源、水能资源、电站、电力输送设施等进行评价。具体步骤如下：

第一步，将区内的所有煤炭资源、电站、电力输送设施数据数字化，获得其空间属性数据；同时将研究区域进行栅格化。

第二步，对于水能资源，则是在计算每段河流坡度的基础上，对其进行分级赋值，并以河流的等级作为其水量的权重（表 10-7），计算出每个河流经过区段栅格的水能资源得分。

表 10-7　水能资源的坡度与等级赋值

坡度（度）	权重	河流等级	权重
>60	1	二级	1
60～50	0.9	三级	0.8
40～50	0.8	四级	0.6
30～40	0.7	五级	0.4
20～30	0.6	—	—
10～20	0.5	—	—
0～10	0.4	—	—

第三步，根据距离衰减原则，距离能源资源、能源生产与供应设施越远的地区，能源资源支撑能力越弱的原则，以能源资源和设施为核心，根据不同的距离衰减系数（表 10-8），进行缓冲区计算，获得研

究区内栅格单元不同能源基础设施要素的得分（图 10-8 ~ 图 10-10）。

表 10-8　煤炭资源、水能资源、电站的距离衰减系数

距离区段（公里）	距离衰减系数	距离区段（公里）	距离衰减系数
0 ~ 1	1	20 ~ 25	0.5
1.0 ~ 3.0	0.95	25 ~ 30	0.4
3.0 ~ 5.0	0.9	30 ~ 40	0.3
5.0 ~ 10.0	0.8	40 ~ 50	0.2
10.0 ~ 15.0	0.7	50 ~ 70	0.1
15 ~ 20	0.6	70 ~ 100	0.05

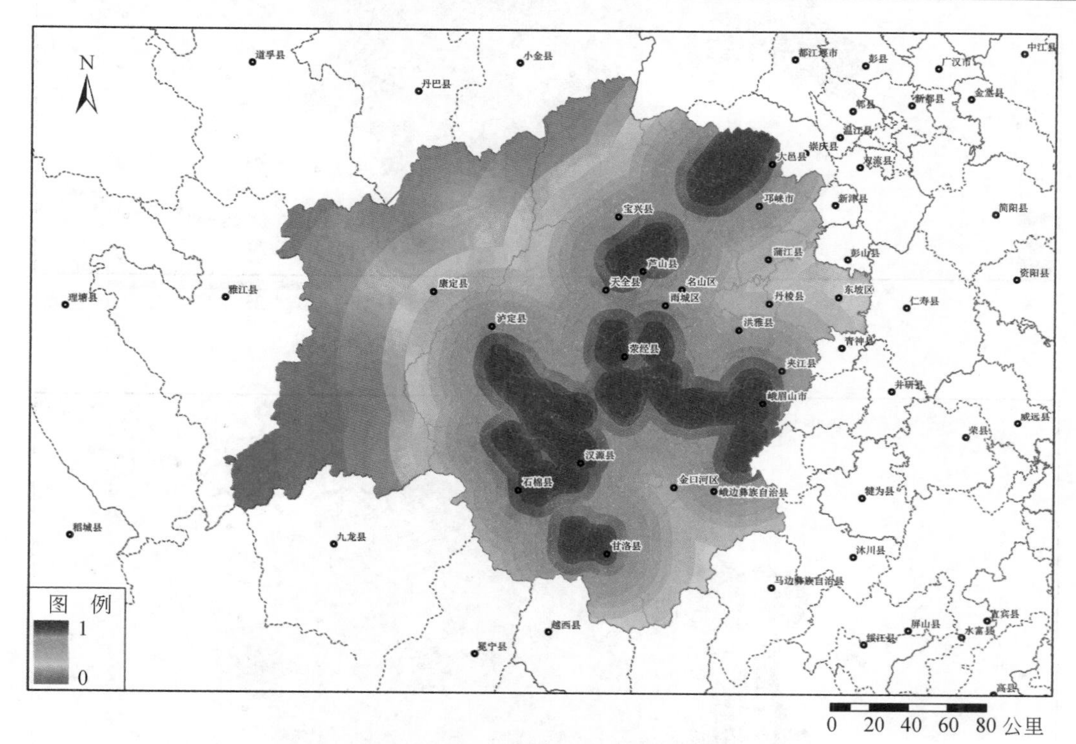

图 10-8　芦山地震灾区能源资源评价图

第四步，根据表 10-3 能源资源、电源设施、电路设施的权重，对不同指标得分进行综合，获得每个空间单元能源支撑能力的综合评价得分。在指标综合过程中，为消除数据量纲的影响，对每个分类指标的数据进行 0 ~ 1 标准化处理。假设各栅格 i 的能源设施支撑能力函数为 $E(x)$，则：

$$E(x) = \sum (w_b e_i)$$

式中，w_b 等是各级指标的权重；e_i 是各指标的距离衰减数值。

（4）基础设施支撑能力集成方法

基础设施支撑能力主要为集成交通、水利和能源设施支撑能力。公式为：

$$F(x) = a_i A(x) + w_i W(x) + e_i E(x)$$

式中，$F(x)$ 为基础设施支撑能力；$A(x)$ 为利用地形因子修正后的交通设施支撑能力，$W(x)$ 为水利设施支撑能力，$E(x)$ 为能源设施支撑能力，a_i，w_i，e_i 分别为交通、水利和能源三种设施的权重，根据其对区域社会经济发展的重要性，权重分别为 0.6、0.2 和 0.2。

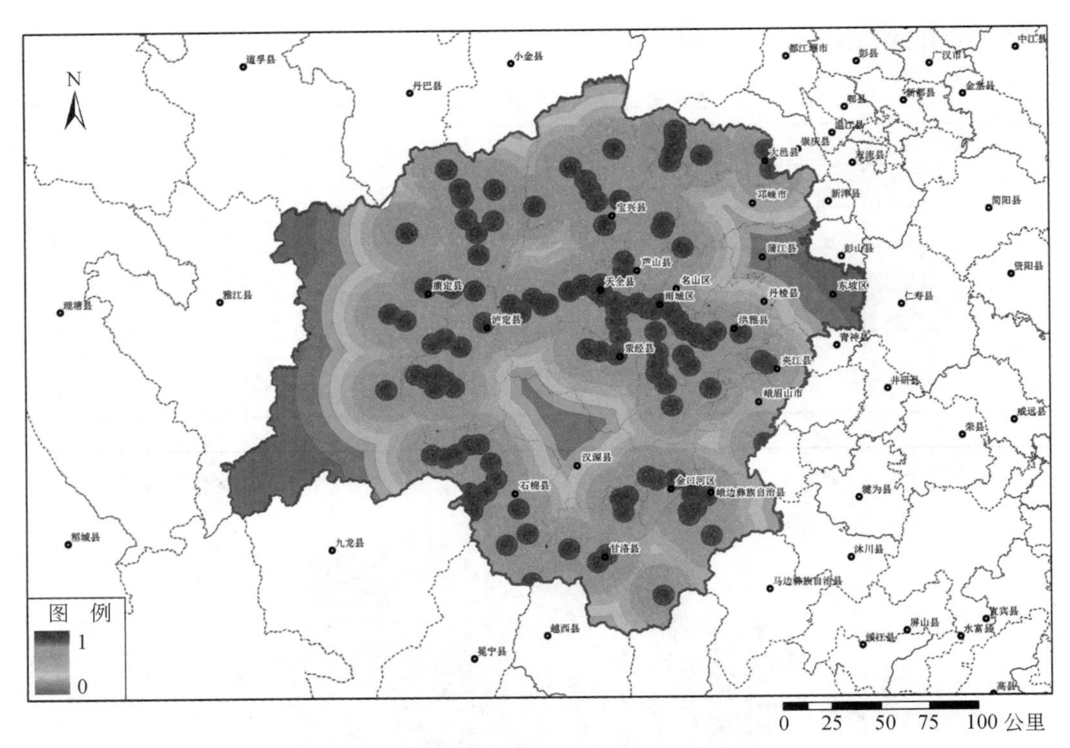

图 10-9　芦山地震灾区电力生产支撑能力评价图

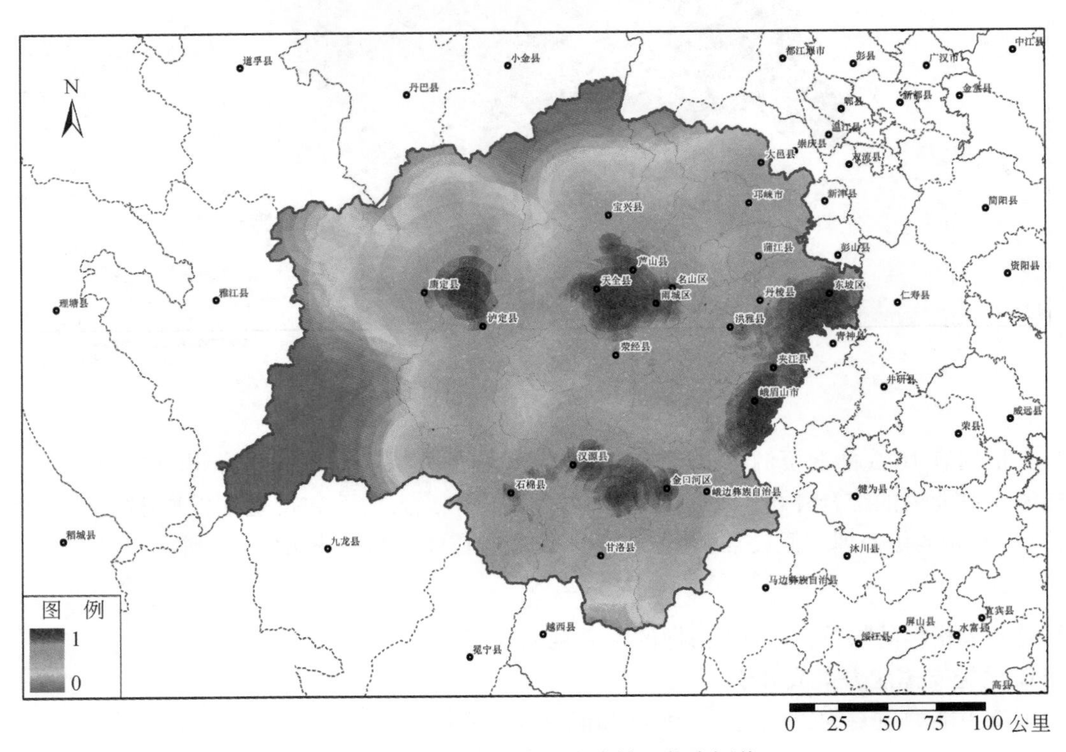

图 10-10　芦山地震灾区电力输配能力评价

第五节　灾区基础设施支撑能力分析

根据对交通、水利和能源基础设施支撑能力的基本概念界定和梳理模型，可以获得各栅格的交通、水利、能源设施支撑能力及最终的集成结果。由于灾区适宜性评价各专题的最终评价单元为乡镇，本研究以乡镇面状图为边界，计算其中所有栅格数据的平均值，以此来反映各乡镇的基础设施支撑能力。而对于重灾区，为获得更精细化的评价和为灾后重建提供较为准确的范围，则以分析栅格数据为主。

1. 交通设施支撑能力分析

按照交通设施支撑能力的计算模型和方法，获得灾区以栅格为单元的交通设施支撑能力评价图（图10-11）。再按照上述方法，获得研究区383个乡镇级行政单元的交通设施支撑能力及其构成（图10-12和图10-13），发现其平均值为0.362，最小值为0.007，位于康定县普沙绒乡，最大值为0.894，位于东坡区象耳镇，整体呈偏正态分布，大部分乡镇的交通支撑能力位于0.5以下。总体而言，灾区的交通基础设施支撑能力总体偏弱，且空间分布差异较大。在未考虑高程和坡度等的情况下，其物理交通支撑能力较高的区域主要分布在成都平原西侧及成雅—雅西高速两侧，而叠加之后主要集中在成都平原的西侧，该区域水土条件均较好，交通设施发达，地形平坦，适合人口集聚发展并布局城市。最后，根据灾区交通设施能力在乡镇的分布概率，以0.1、0.3、0.5、0.7为阈值，将其分为以下5级（表10-9），并得出空间分布图。

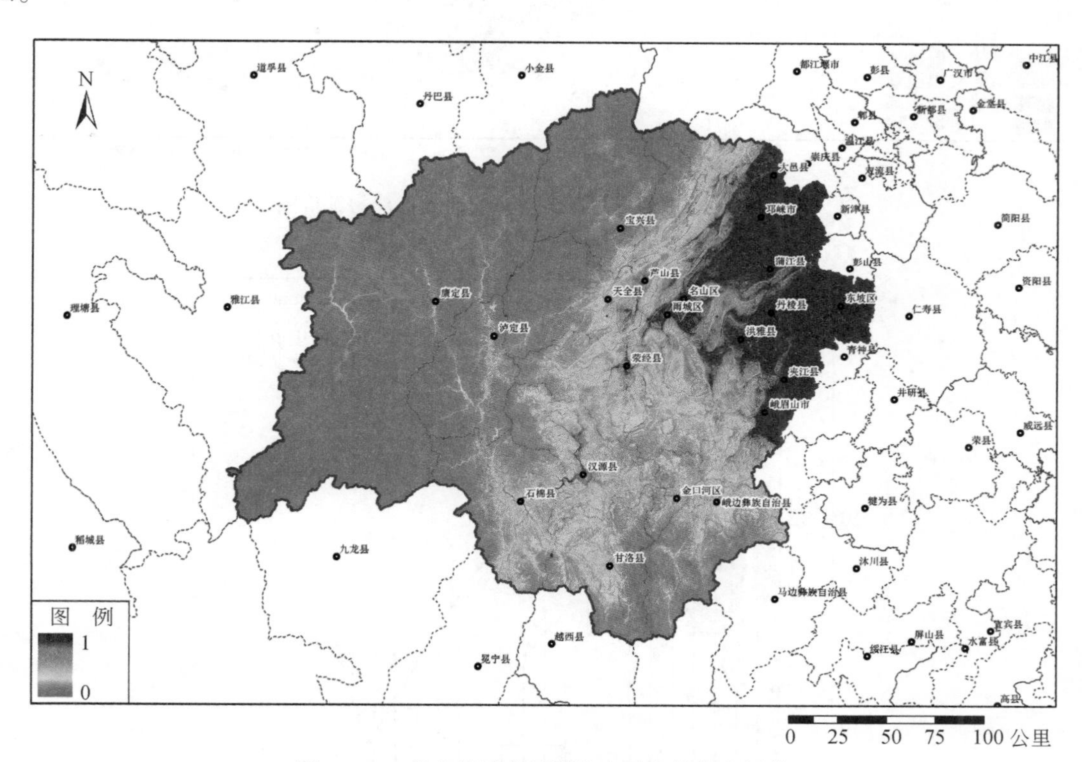

图10-11　芦山地震灾区栅格交通支撑能力评价

1）突出支撑区域。指交通设施支撑能力高于0.7的乡镇，共有51个，占灾区乡镇总量的13.32%，是交通支撑能力最突出的区域。在空间上整体呈连续带状分布，主要位于邛崃市、东坡区以及大邑县、蒲江县、夹江县和峨眉山市东部的少部分乡镇，该区域的高速公路、一级公路和二级公路分布相对较为密集，且可享受到成都双流机场的服务，因此其交通支撑能力相对较高。

2）优势支撑区域。指交通设施支撑能力介于0.5~0.7的乡镇，共有72个，占灾区的18.80%，是交通支撑优势较为显著的区域。主要分布在突出支撑区域的西部，主要包括蒲江县、丹棱县、夹江县、名山区、洪雅县的东北部分以及雨城区市区。

3）中等支撑区域。指交通支撑能力介于0.3~0.5的乡镇，共有72个，占灾区的18.80%，是交通支撑能力处于灾区平均水平的区域。这些地区主要沿着交通优势支撑区域的外围分布，主要沿108国道分

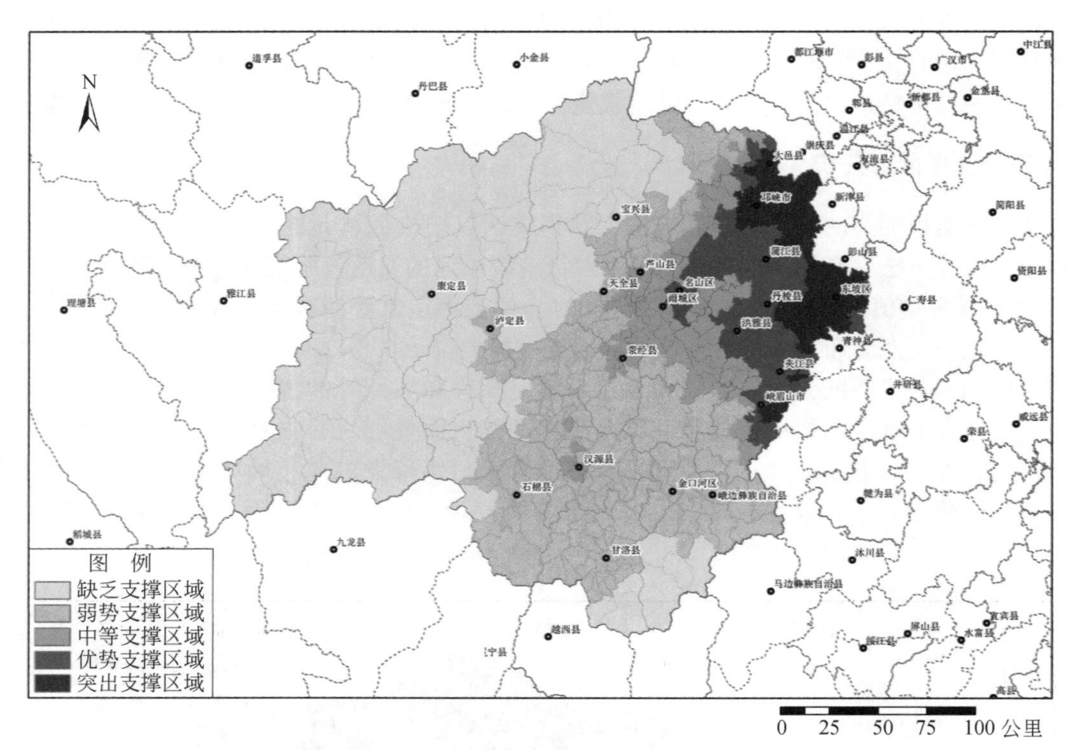

图 10-12　芦山地震灾区各乡镇交通支撑能力评价图

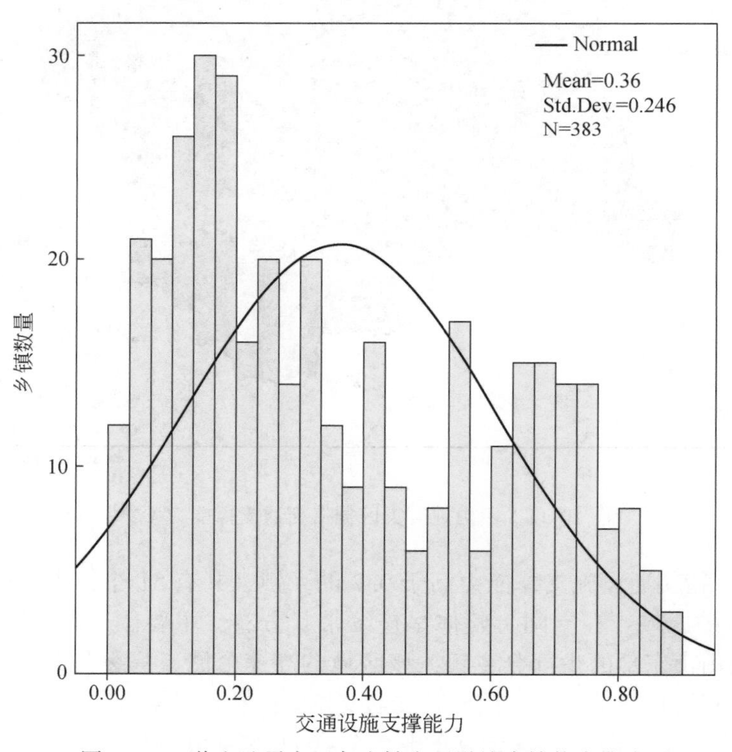

图 10-13　芦山地震灾区各乡镇交通设施支撑能力构成

布，主要包括雨城区和洪雅县的大部分地区以及大邑县、邛崃市、名山区的部分乡镇，此外，芦山县的南部、天全县的东部和荥经县的北部地区以及汉源县县城所在地及周围乡镇。

4）弱势支撑区域。指交通设施支撑能力介于0.1～0.3的格网，共有135个，占灾区乡镇的35.25%。该类区域虽然有一定的交通设施布局，但支撑能力较低，并主要分布在该区域的南部。具体包括汉源县、石棉县、荥经县、甘洛县、金口河区、峨边彝族自治县、洪雅县和峨眉山市的南部以及泸定县、天全县、宝兴县和芦山县的部分乡镇。

5）缺乏支撑区域。指交通设施支撑能力小于0.1的乡镇，共有53个，占灾区乡镇的13.84%。这类区域主要位于地形复杂，自然条件恶劣又区位偏远的地区，交通基础设施落后，不适合人类居住和经济发展。主要布局在西部高原高山区，大部分地区具有高海拔（3000米以上）、坡度陡（15度以上）的特征，具体包括康定县、宝兴县、天全县和泸定县的西部以及甘洛县和峨边彝族自治县的南部。

表10-9　基于栅格单元分析的灾区交通基础设施支撑能力统计

分级		乡镇统计	
级别	阈值	乡镇数量（个）	比重（%）
突出支撑区域	$0.7<F(x)\leqslant 1.0$	51	13.32
优势支撑区域	$0.5<F(x)\leqslant 0.7$	72	18.80
中等支撑区域	$0.3<F(x)\leqslant 0.5$	72	18.80
弱势支撑区域	$0.1<F(x)\leqslant 0.3$	135	35.25
缺乏支撑区域	$F(x)\leqslant 0.1$	53	13.84

2. 水利设施支撑能力分析

灾区383个乡镇的水利基础设施支撑能力平均值为0.390，最小值为0.085，位于大邑县的雾山乡，最大值为0.852，位于夹江县的甘江镇，整体呈正态分布。由于研究区河流水系较多，河网密布，供水条件较好大部分区域具有较好的水利设施条件（图10-14和图10-15），统计上呈正态分布特征（图10-16），能较好地保证人类居住和经济发展用水。但水利设施支撑能力的空间差异也较大，且总体分布特征与交通设施支撑能力迥异，支撑能力较好的地区主要沿主要河流布局。根据各乡镇在水利设施优势度各区段上的发生频率，以0.15、0.3、0.4和0.5为阈值，将其分为5级（表10-10）。

1）突出支撑区域。指水利设施支撑能力达到0.5以上的乡镇，共有82个，约占灾区乡镇总量的21.41%，是水利优势最为突出的区域，并在空间上呈点状布局模式。这些乡镇主要位于大渡河沿线主要县级行政中心所在地及周围的乡镇，包括石棉县、汉源县、金口河区和峨边彝族自治县，以及青衣江沿线主要县级行政中心所在地及周围的乡镇，包括宝兴县、芦山县、雨城区、夹江县、峨眉山市，这些地区既有的河流资源，又是人工水库的主要聚集地，水利设施发达，生活、生产用水条件完善，能有效地保障人们的生活和生产用水。

2）优势支撑区域。水利设施的支撑能力为0.4～0.5的乡镇，共有98个，约占灾区乡镇总量的25.59%，是水利设施条件较好的地区。这些乡镇主要分布在大渡河、岷江和青衣江的外围地区及各支流沿线地区的乡镇，水资源较好，适宜于人口的居住和经济发展。从行政所属地分析，则主要位于蒲江县、丹棱县、名山区。此外，天全县、峨眉山市、汉源县、金口河区和峨边彝族自治县、东坡区的部分地区也位于此类区域。

3）中等水利支撑区域。水利设施支撑能力为0.3～0.4的乡镇，共有105个，约占灾区乡镇总量的27.42%，具有一定的水利支撑条件，主要集中分布在大渡河、青衣江和岷江的支流地区，并整体位于优势支撑地区的外围。主要分布在邛崃市、东坡区、洪雅县、荥经县、泸定县，以及汉源县、芦山县和峨边彝族自治县的部分地区。

4）弱势支撑区域。水利设施支撑能力为0.15～0.3的乡镇，共78个，占灾区乡镇总量的14.10%，是水利设施支撑能力相对较差的地区。主要分布在康定县、甘洛县、峨边彝族自治县、天全县、洪雅县以及邛崃市和大邑县的西部。

5）缺乏支撑区域。水利设施支撑能力低于 0.15 的乡镇，共 20 个占灾区乡镇总量的 11.49% 。该区域所占面积较少，主要位于大邑县、康定县以及甘洛县的南部。

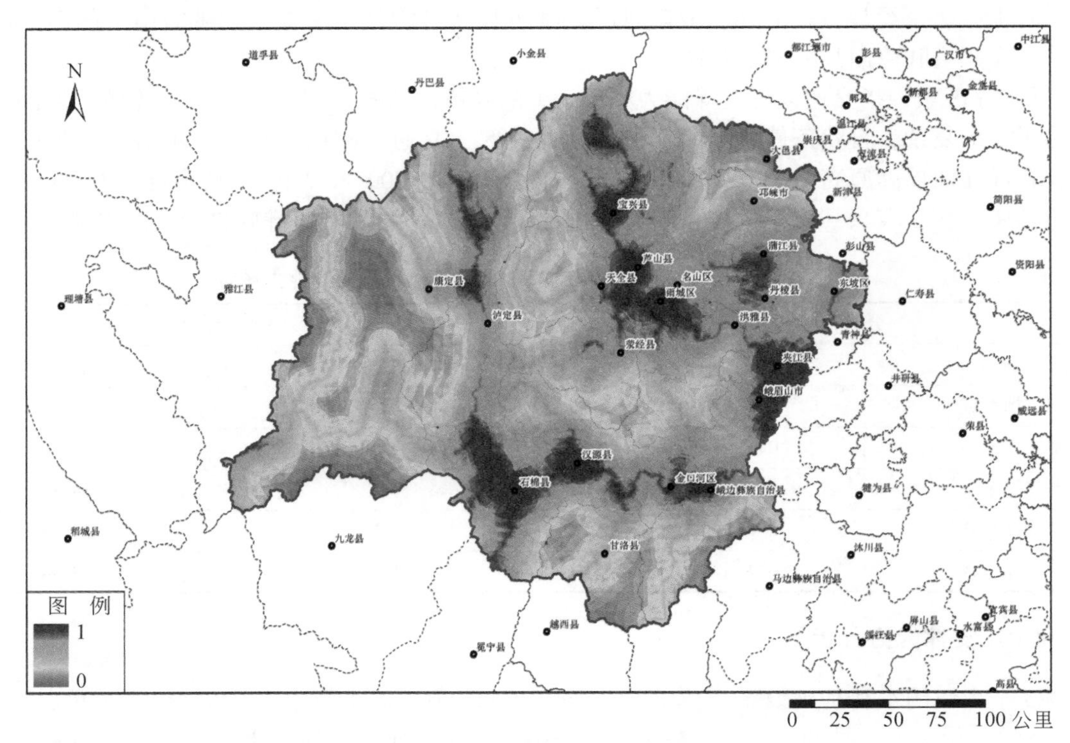

图 10-14　芦山地震灾区栅格水利支撑能力评价

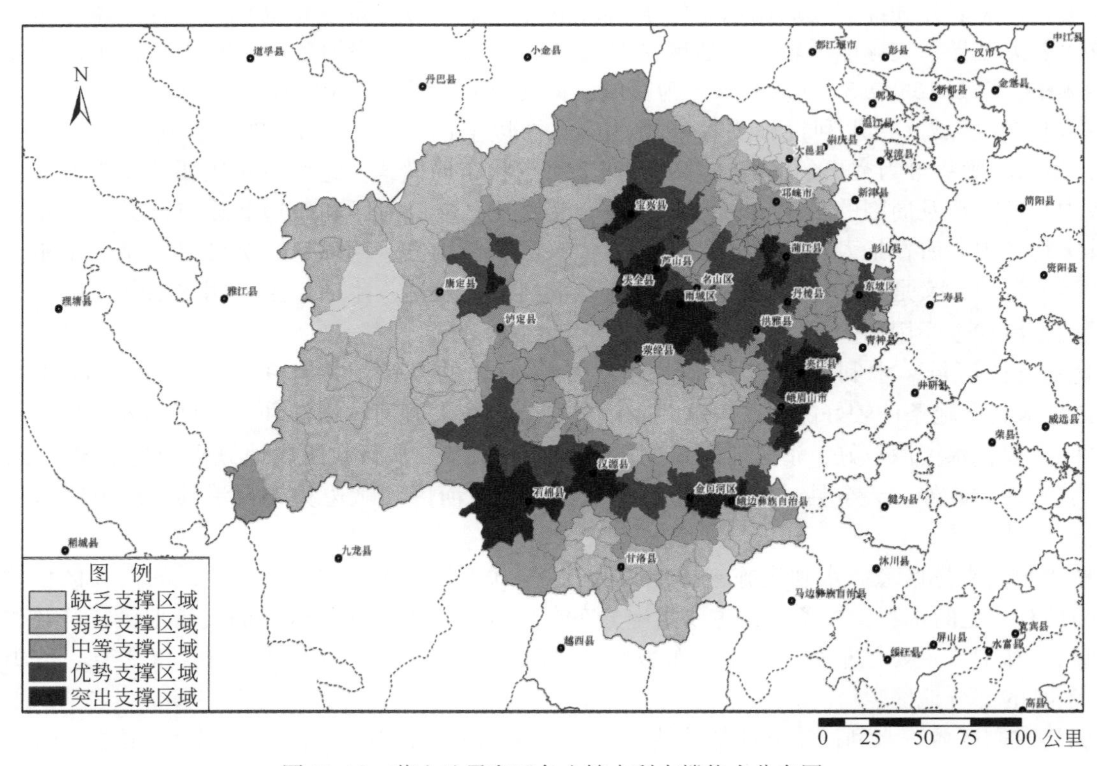

图 10-15　芦山地震灾区各乡镇水利支撑能力分布图

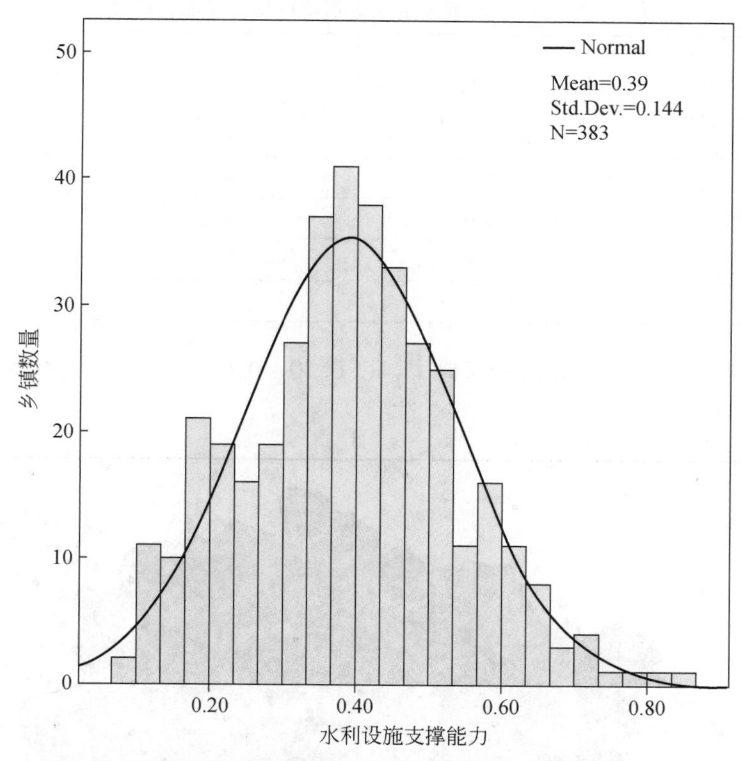

图 10-16 芦山地震灾区各乡镇水利设施支撑能力构成

表 10-10 灾区水利设施支撑能力统计

分级		乡镇数量	
级别	阈值	数量	比重（%）
突出支撑区域	$0.5<F(x)\leq 1$	82	21.41
优势支撑区域	$0.4<F(x)\leq 0.5$	98	25.59
中等支撑区域	$0.3<F(x)\leq 0.4$	105	27.42
弱势支撑区域	$0.15<F(x)\leq 0.3$	78	14.10
缺乏支撑区域	$F(x)<0.15$	20	11.49

3. 能源设施支撑能力分析

对灾区 383 个乡镇级行政单元的能源设施支撑能力进行计算，发现其平均值为 0.59。最小值为 0.03，位于康定县的吉居乡，最大值为 0.83，位于天全县始阳镇。总体而言，该地区能源基础设施保障条件较好，能较好地保证地区人类居住和经济发展电力需求（图 10-17）。但同时也发现，灾区的能源基础设施支撑能力空间差异较大，并呈现出高度的空间集聚正态分布态势。大部分地区的能源支撑能力得分居于 0.5～0.7，表明这些地区的能源支撑能力居于中等水平（表 10-11）。其中能源支撑能力较高的区域集中在三大片区，一个片区是以雅安市为中心的青衣江沿线片区，主要依托青衣江的水利资源保障地区用电，第二个片区是大渡河沿线乡镇，主要依托大渡河梯级水电站开发获取能源支撑，主要包括泸定、石棉等县城所在乡镇；第三个片区是位于夹江到金河口的四川南部大渡河瀑布沟水电外输 500 千伏通道沿线地区。其余地区受地形限制，对能源站点与输送线路的获取能力较低，属于支撑能力较弱的分布态势。

表 10-11　芦山地震灾区能源基础设施支撑能力统计

分级		乡镇数量	
级别	阈值	数量	比重（%）
突出支撑区域	$1>F(x)>0.70$	60	15.67
优势支撑区域	$0.60<F(x)\leqslant 0.70$	142	37.08
中等支撑区域	$0.50<F(x)\leqslant 0.60$	100	26.11
弱势支撑区域	$0.40<F(x)\leqslant 0.50$	61	15.93
缺乏支撑区域	$F(x)\leqslant 0.4$	20	5.22

根据灾区各乡镇能源基础设施能力的分布概率，以 0.70、0.60、0.50 和 0.40 为阈值，将其分为以下 5 级（表 10-11，图 10-18，图 10-19）。

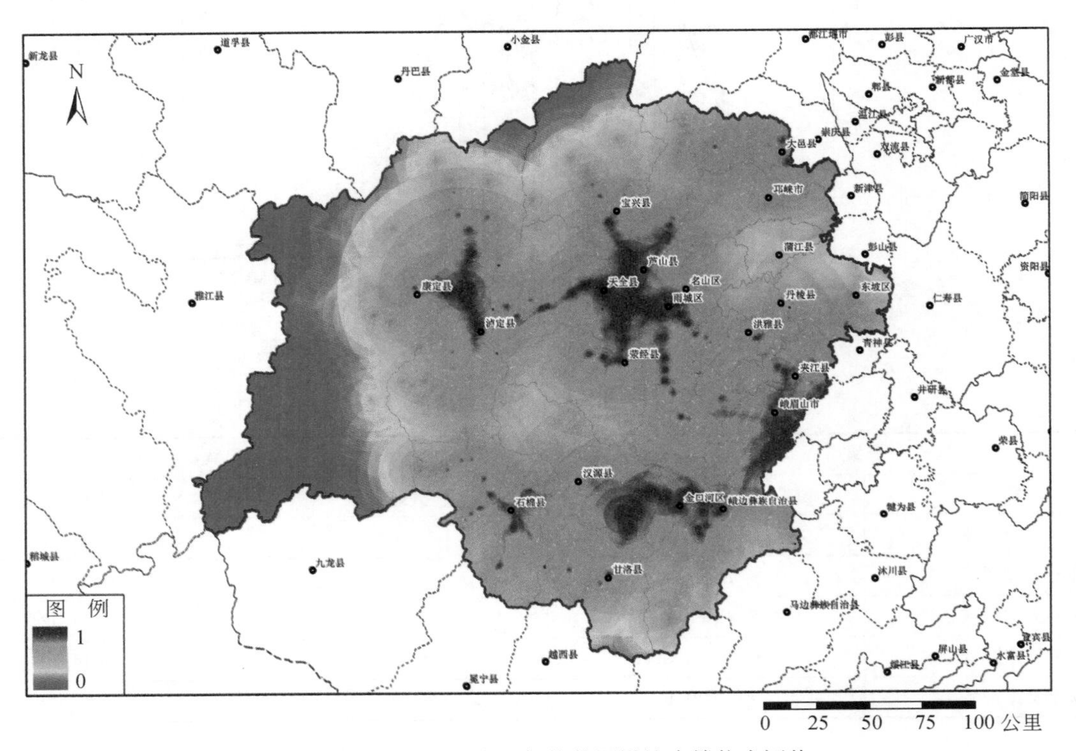

图 10-17　芦山地震灾区栅格能源设施支撑能力评价

1）突出支撑区域。指能源设施支撑能力高于 0.70 的乡镇，共有 60 个，占到乡镇总数的 15.67%，是能源支撑能力最突出的区域。该区域主要分布在雅安市雨城区、天全县青衣江沿线乡镇以及南部甘洛县、汉源县、金口河区、峨边彝族自治县沿大渡河的主要乡镇。这些乡镇是目前研究区域电力资源开发（主要是水电资源）和输变电设施较好的区域，均已通过 500 千伏线路与四川省电网连接，且是地区骨干电网与四川省电网连接的重要节点，220 千伏线路、110 千伏线路及其输变电设施的覆盖密度较高，是获取能源支撑保障最为便捷的核心区域。

2）优势支撑区域。指能源设施支撑能力介于 0.60 ~ 0.70 的乡镇，共有 142 个，占到乡镇总数的 37.08%，是能源支撑优势较为显著的区域。这类区域也主要集聚分布在三类区域，即紧连成都平原的大邑县的部分乡镇；青衣江及其主要支流沿线地区，尤其是青衣江与岷江交汇处；大渡河上游的泸定县城附近城镇以及中游流经石棉、汉源、甘洛等县的沿线乡镇。该类型区域是该地区水能资源最为丰富，以及水电站分布比较集中的地区，电力输变电设施依托附近所在城镇发展较好，能源支撑能力相对较高。

3）中等支撑区域。指能源支撑能力介于 0.5 ~ 0.6 的乡镇，共有 100 个，占到乡镇总数的 26.11%。

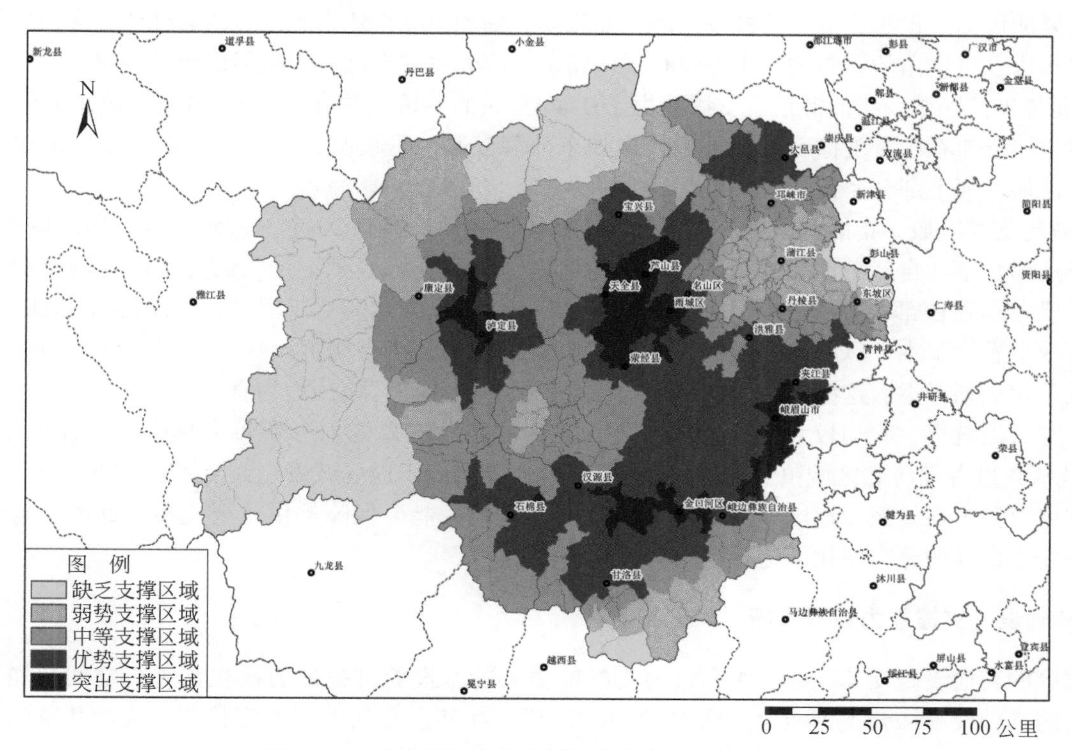

图 10-18　芦山地震灾区能源基础设施支撑能力评价

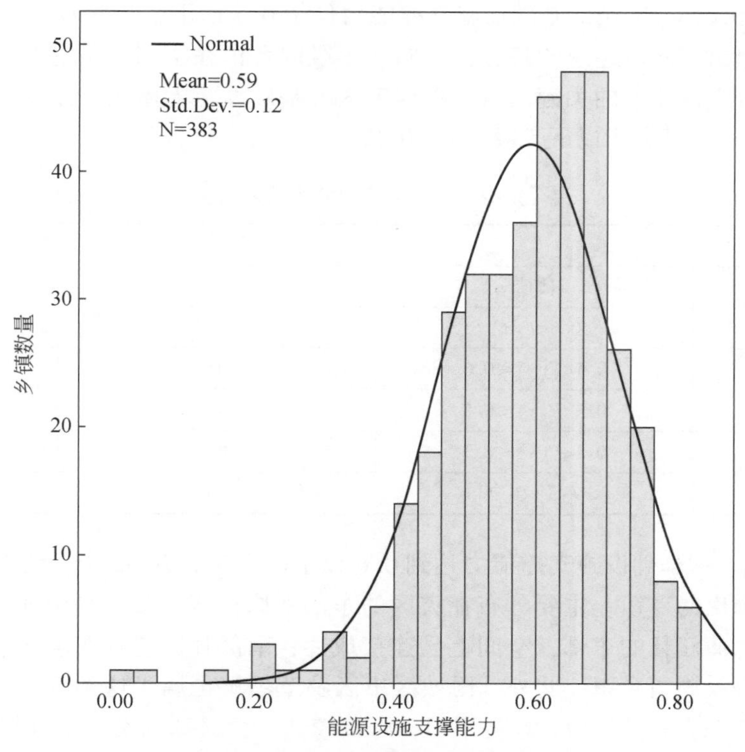

图 10-19　芦山地震灾区各乡镇能源设施支撑能力构成

这类城镇是能源支撑能力处于灾区平均水平的区域，在空间上分布也较为集中，主要分布在优势支撑区域的外围，多是区内高等级河流的支流流经区域，有一定的水电设施或资源，但设施能力水平较低，或者位于重要能源输配走廊或节点的外围区域，如雅安—蜀州500千伏走廊经过的邛崃市、名山区的部分乡镇以及瀑布沟水电输出的瀑布沟—东坡500千伏输电走廊经过的夹江县、峨眉山市等乡镇。

4）弱势支撑区域。指能源设施支撑能力于0.4～0.5的乡镇，共有61个，占到乡镇总数的15.93%。该类区域主要分布在中等支撑区域的外围，比如东部蒲江县、丹棱县、东坡区境内城镇以及中部汉源县大渡河支流流沙河上部分乡镇。

5）缺乏支撑区域。指能源设施支撑能力小于0.4的乡镇，共有20个，占到灾区乡镇总数的5.22%。主要位于地形复杂，自然条件恶劣又区位偏远的地区，能源资源禀赋不足，输配电设施难以服务到达的地区，主要布局在西部高原高山区，大部分地区具有高海拔（4000米以上）、坡度陡（25°以上）的特征。从行政上看，基本上以康定县西部山区的主要乡镇以及甘洛县南部山区、宝兴县北部山区部分偏远乡镇。从重建规划考虑，这些区域宜采取外迁，减少人口对生态环境压力为宜。

从研究可以看出，除却较大的地形限制外，灾区的能源支撑能力分布较为集中。综合得分在0.5～0.70的城镇数量占到研究区城镇总数的63.19%。这主要归因于地区城镇主要沿河谷分布，而河流经过之地多是水电资源丰富地区。地区丰沛的水电资源开发对地区能源保障提供重要支撑。此外，输电走廊以及相关输变电设施的分布强化了这种空间集聚性。

4. 基础设施支撑能力集成分析

将灾区的交通设施支撑能力、水利设施支撑能力和能源设施支撑能力按权重进行空间叠加，从而获得各栅格的基础设施综合支撑能力（图10-20）。同样，在其上叠加乡镇的面状图，统计其范围内栅格的平均值，作为该乡镇的基础设施支撑能力进行分析（图10-21）。383个乡镇的基础设置支撑能力平均值为0.413，最小值为0.066，位于康定县的普沙绒乡，最大值为0.730，位于夹江县的甘江镇。总体而言，其整体呈偏正态分布，且大部分乡镇的基础设施支撑能力位于0.5以下，相对较差（图10-22）。从空间上看，其支撑能力呈现出由东向西递减的趋势，且同一等级的乡镇在空间上呈连续分布状态，交通设施支撑能力成为影响其综合支撑能力的关键因素。根据灾区的基础设施支撑能力在乡镇的分布概率，以0.2、0.3、0.5、0.6为阈值，将其分为以下5级（表10-12）。

表10-12　灾区基础设施支撑能力统计

分级		乡镇数量	
级别	阈值	数量	比重（%）
突出支撑区域	$0.6<F(x)$	62	16.19
优势支撑区域	$0.5<F(x)\leqslant 0.6$	65	16.97
中等支撑区域	$0.3<F(x)\leqslant 0.5$	140	36.55
弱势支撑区域	$0.2<F(x)\leqslant 0.3$	87	22.72
缺乏支撑区域	$F(x)<0.2$	29	7.57

1）突出支撑区域。指基础设施支撑能力达到0.6以上的乡镇，共62个，约占乡镇总量的16.19%，是基础设施支撑能力突出的乡镇。主要分布在灾区的东部平原地区，整体呈南北走向。其中，北边片区包括大邑县、邛崃市、蒲江县的东部，空间上已连接成片；南部片区包括东坡区、丹棱县、夹江县和峨眉山市的县级行政中心及周边乡镇；此外，雨城区市区及草坝镇也属于这类区域。这类地区位于成都平原的西侧，且属于岷江和青衣江流域，地势平坦，海拔较低，交通基础设施条件较好，成雅—雅西高速、成乐高速以及成昆铁路途径此地，适合较大规模的人口集聚和城市布局。

2）优势支撑区域。指基础设施支撑能力为0.5～0.6的乡镇，共有65个，约占灾区乡镇总量的16.97%，是基础设施支撑条件较好的地区。这些乡镇在空间上主要分布在优势支撑区域的外围，且向中部延伸。主要包括蒲江县、名山区，丹棱县、洪雅县和夹江县的交界地区以及东坡区的外围乡镇，此外，雨城区市区周围的乡镇一级峨眉山市突出支撑区域外围的4个乡镇，也属于此类区域。这些区域在交通基础设施上处于中上水平，是四川从平原进入山区的重要交通门户，也是西南地区水电外输的重要连接节点，适合适当规模的人口集聚和小城镇建设。

3）中等支撑区域。指基础设施支撑能力为0.3～0.5的乡镇，共有140个，约占灾区乡镇总量的36.55%，是基础设施支撑能力处于平均水平的区域。主要分布在中部偏东的区域，具体可以分为南北两个片区，北片区包括邛崃市的西部、芦山县和天全县的南部、雨城区和名山区的外围地区、洪雅县、峨眉山市的大部分地区，这些地区的交通基础设施条件较好，离成雅—雅西高速、108和308国道距离较近，但能源和水利设施条件一般；南部片区主要包括石棉县、汉源县、金口河区和峨边彝族自治县的部分乡镇，空间上沿大渡河沿线布局，这些区域的交通设施支撑能力相对较差，但能源和水利设施条件建好。总体而言，基础设施支撑能力一般的地区，在未来建设中应合理控制人口规模，注重保护生态环境，根据当地资源适当发展产业。

4）弱势支撑区域。指基础设施支撑能力为0.2～0.3的乡镇，共87个，占灾区乡镇总量的22.72%，是基础设施支撑能力相对较差的地区。主要分布在灾区的中部地区，具体包括大邑县的西部、芦山县的北部、宝兴县的中部、天全县的中部和荥经县、泸定县和甘洛县的大部分地区，以及石棉县、汉源县、金口河区和峨边彝族自治县的外围地区。这类乡镇部分集中布局在高海拔的河谷地区（如大渡河河谷地区）和低海拔的偏远地区，属于交通设施支撑能力很差、能源和水利设施支撑能力一般的地区，其基础设施支撑能力较低，对人们居住和经济发展的适宜性较低，未来应合理控制这些地区的人口规模，减少对资源环境的承载压力，严格限制污染型企业布局。

5）缺乏支撑区域。指基础设施支撑能力低于0.2的乡镇，共29个，占灾区乡镇总量的7.57%。主要分布在康定县，宝兴县、天全县、甘洛县和峨边彝族自治县的边缘地区以及泸定县大渡河干流河谷以外的三个乡镇也属于此类。这部分地区自然条件恶劣，主要位于区位边远、海拔较高的地区，重点分布在川西青藏高原过渡带，交通、能源和供水等基础设施均较差，不适合人类居住和经济发展。从重建规划考虑，这些区域应严格控制人口规模，根据灾损情况选择适宜地点，适当将承载过多的人口进行外迁，减少人类对生态环境的压力为宜。

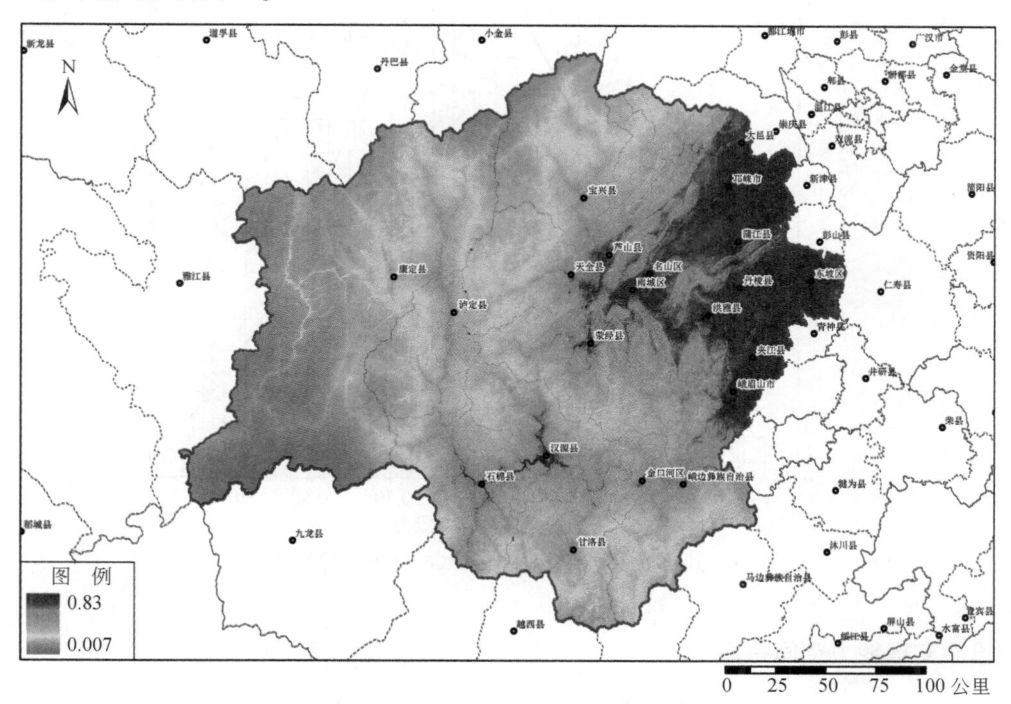

图10-20　芦山地震灾区栅格基础设施支撑能力综合评价

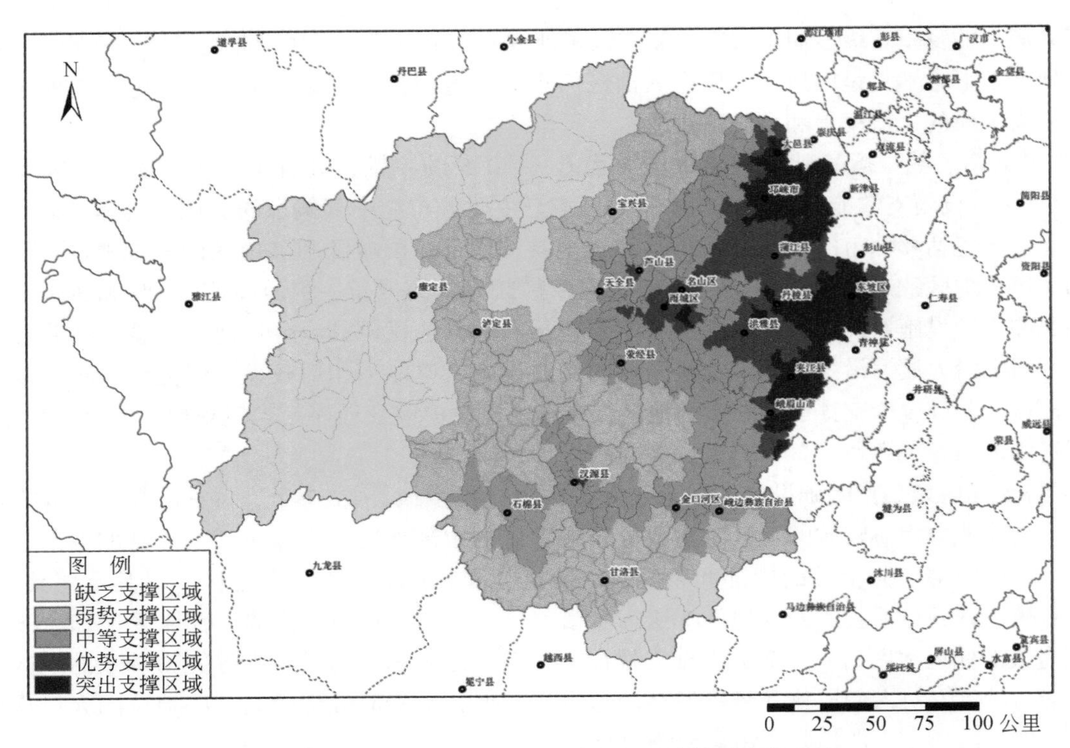

图 10-21　芦山地震灾区各乡镇基础设施支撑能力分布图

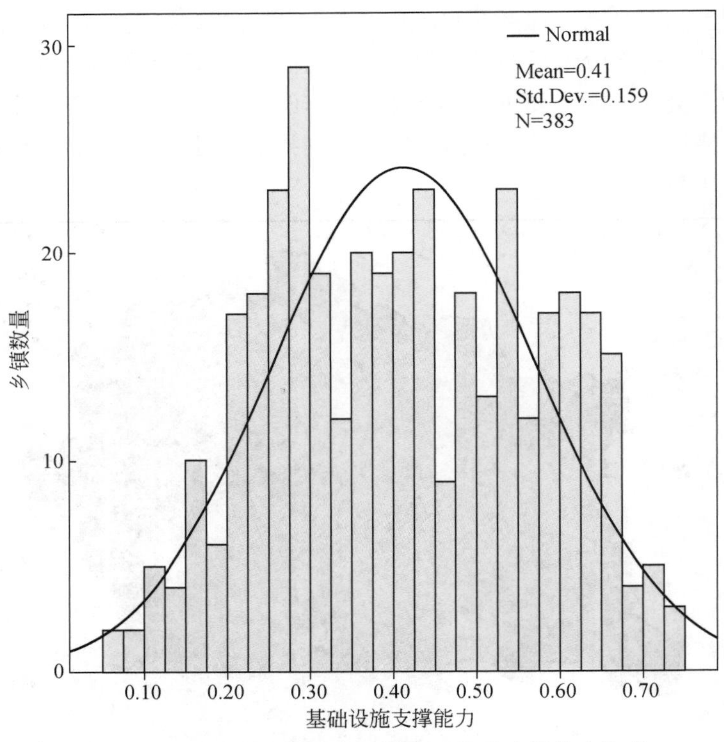

图 10-22　芦山地震灾区各乡镇基础设施支撑能力构成

5. 基础设施支撑能力空间特征

将芦山地震灾区的基础设施支撑能力叠合该区域的自然地貌图包括高程和坡度、交通路网分布、水系分布及电网图分析，发现以下特征：

第一，灾区各乡镇的基础设施支撑能力形成明显的空间差异，并同自然地理环境要素相吻合。基础设施支撑能力较好的区域主要集中在规划区的东部偏北方向，并大致呈现由平原逐渐向山地及高原地区依次递减的趋势。其中，平原地区因交通基础设施建设的成本较低，有着较为完善的基础设施网络，对发展经济和居住人口有着较高的支撑能力；山区仅有少数乡镇有着较高的交通基础设施支撑能力，而多数乡镇的交通基础设施支撑能力非常低，这是由于山区包括高山峡谷区、山原区、高原区、川西山地因地形地貌复杂，交通基础设施建设的成本及其昂贵，仅能保证关键性和命脉性的基础设施建设，由此决定了这些地区的基础设施比较少，对人口居住和经济发展的支撑能力很弱。

第二，城镇密集区的基础设施支撑能力较高，并成面状分布特征。这主要指成都平原西侧区域，该地区属于岷江和青衣江流域，地势平坦，海拔较低，交通基础设施条件较好，且受益于成都都市圈的影响，因此周边乡镇的基础设施相对完善，如邛崃市大邑县、蒲江县的东部及东坡区、夹江县、眉山市的部分乡镇，均属于基础设施支撑较好的区域，对区域发展具有较高的支撑能力，适宜于人口居住和经济发展。

第三，中西部地区基础设施支撑能力的轴向分布特征明显，国省道交通干线与河流谷地叠合地带的基础设施支撑能力较高。在山区地区（包括高山峡谷地区、山原地区和高原地区），受地形地貌和建设成本的影响，自然河流流经的山前平原地区和山地河谷地区也往往是基础设施建设的优先选址地，由此呈现明显的基础设施轴线集聚地带。而在基础设施轴线与河流谷底的叠合地带，如成雅—雅西高速、108 和 318 国道、各省级干线公路与岷江、大渡河、青衣江及其支流的交汇地区，往往有着较高的基础设施支撑能力，这种格局同地形地貌格局、交通网络、水流网络形成较好的空间耦合，并保障了人类居住的两个基本条件即出行与供水，较适宜于经济发展和人口居住，乃至城镇建设。

第六节　重灾区基础设施支撑能力分析

芦山地震灾区的极重灾区包括芦山县，重灾区包括雨城区、名山区、荥经县、天全县、宝兴县、邛崃县 6 乡镇，合计 100 个乡镇。由于极重灾区和重灾区是此次受地震灾害损害较大的地方，也是灾区就地重建和异地安置的重点区域。基于此，为了为灾区的人口迁移和经济发展以及城镇建设选址提供科学依据，依托对栅格数据进行分析，通过对灾区的自我比较原则，进一步在各县（市、区）勾勒基础设施支撑能力突出和优势的地区，对重建规划选址具有重要意义。

第一，极重灾区和重灾区的整体基础设施支撑能力属于一般，基本处于全区的平均水平。若以乡镇为评价单元，则极重灾区和重灾区基础设施支撑能力的平均水平为 0. 408，略低于研究区域的平均水平。与全区域相比，重灾区乡镇的基础设施支撑能力大部分处于一般支撑水平，其占总量的 58% 。其中，突出和优势支撑区域的比例为 21% ，远低于全区 33. 16% 的水平；而缺乏支撑和弱势支撑的乡镇比重 21% 也低于全区平均水平（30. 29% ）。若以栅格单元进行评价（表 10-13），则研究区域仅约 8. 28% 的面积属于突出支撑和优势支撑区域，一半以上的地区处于弱势支撑和缺乏支撑地区，约 29% 的面积属于中等支撑地区。

第二，在极重灾区和重灾区，基础设施支撑能力较高的区域主要布局在名山区、雨城区以及天全县、芦山县、邛崃市和荥经县的市区或县城所在地及周边地区，此外，沿青衣江河谷及主要交通道路呈带状分布。从行政单元考虑，属于基础设施支撑优势的区域仅包括 2 个，即雨城区市区和雨城区草坝镇。若以栅格单位计算（表 10-14），则基础设施支撑较好的区域主要布局在：名山区 481 平方公里，雨城区 354 平方公里，天全县 104 平方公里，芦山县 83 平方公里，邛崃市刘乡镇 72 平方公里，荥经县 55 平方公里。而宝兴县全县范围没有基础设施处于优势的地区。

表 10-13 重灾区基础设施支撑能力统计

分级		格网统计		
级别	阈值	栅格数量	面积（平方公里）	比重（%）
突出支撑区域	$0.6<F(x)$	20688	206.88	1.46
优势支撑区域	$0.5<F(x)\leqslant 0.6$	96817	968.17	6.82
中等支撑区域	$0.3<F(x)\leqslant 0.5$	411435	4114.35	28.97
弱势支撑区域	$0.2<F(x)\leqslant 0.3$	467155	4671.55	32.89
缺乏支撑区域	$F(x)<0.2$	424133	4241.33	29.86

表 10-14 重灾区各区县的突出支撑区域和优势支撑区域

名称	突出支撑区域		优势支撑区域		合计	
	面积（平方公里）	比重（%）	面积（平方公里）	比重（%）	面积（平方公里）	比重（%）
芦山县	6.56	0.41	76.79	4.78	83.35	5.19
名山区	22.84	2.78	458.59	55.74	481.43	58.52
雨城区	157.32	11.14	197.01	13.95	354.33	25.08
宝兴县	0.00	0.00	0.00	0.00	0.00	0.00
天全县	14.32	0.45	89.68	2.80	104.00	3.25
荥经县	0.69	0.05	54.48	3.99	55.17	4.04
邛崃市六乡镇	0.00	0.00	71.64	12.57	71.64	12.57

注：由于利用 GIS 栅格数据统计其面积，部分位于行政边界所在地的栅格数据在统计中未被纳入其中，因此与实际面积有出入。

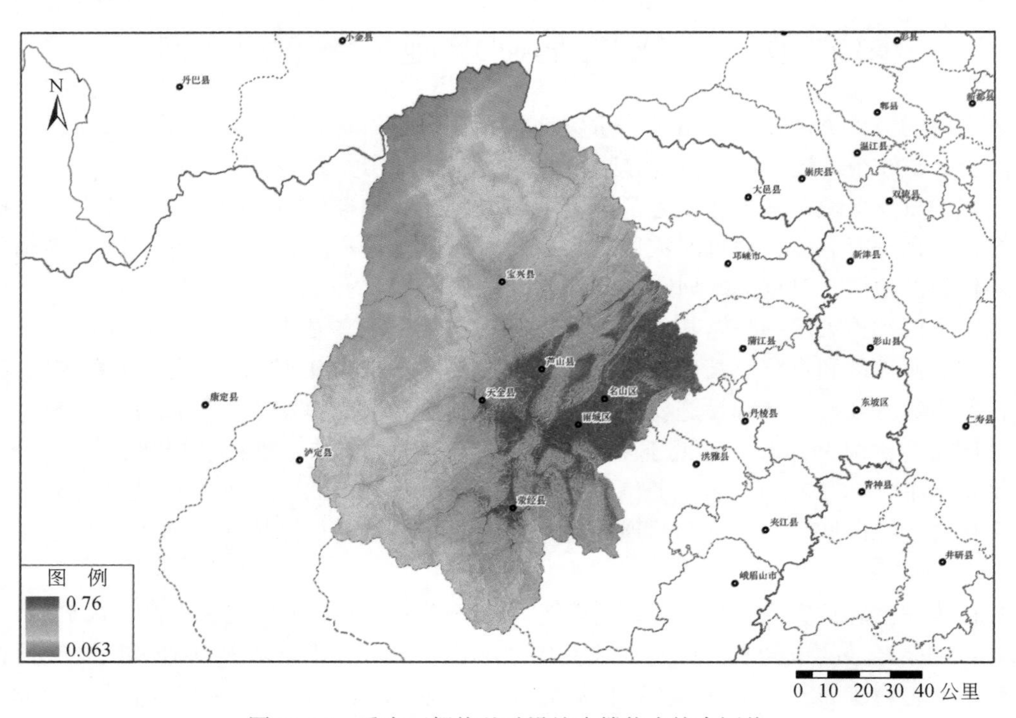

图 10-23 重灾区栅格基础设施支撑能力综合评价

第三，在宝兴县、芦山县、天全县和荥经县的绝大部分面积内，仅有少数空间的基础设施支撑能力较高，且适宜于人口居住和城镇建设及产业布局，但多数空间不适宜于城镇建设，尤其是宝兴县。既有基础设施支撑能力较高的区域主要围绕现有县城、乡镇政府驻地而形成，这表明已有的居民点布局与城镇建设已选址于各乡镇内最好的区位。其中，宝兴县的硗碛藏族乡、永富乡、陇东镇和天全县的紫石乡的基础设施支撑能力缺乏，适宜于人类居住和城镇建设的空间极少，且海拔较高，耕地少，可结合灾损程度对其进行合理的人口搬迁。

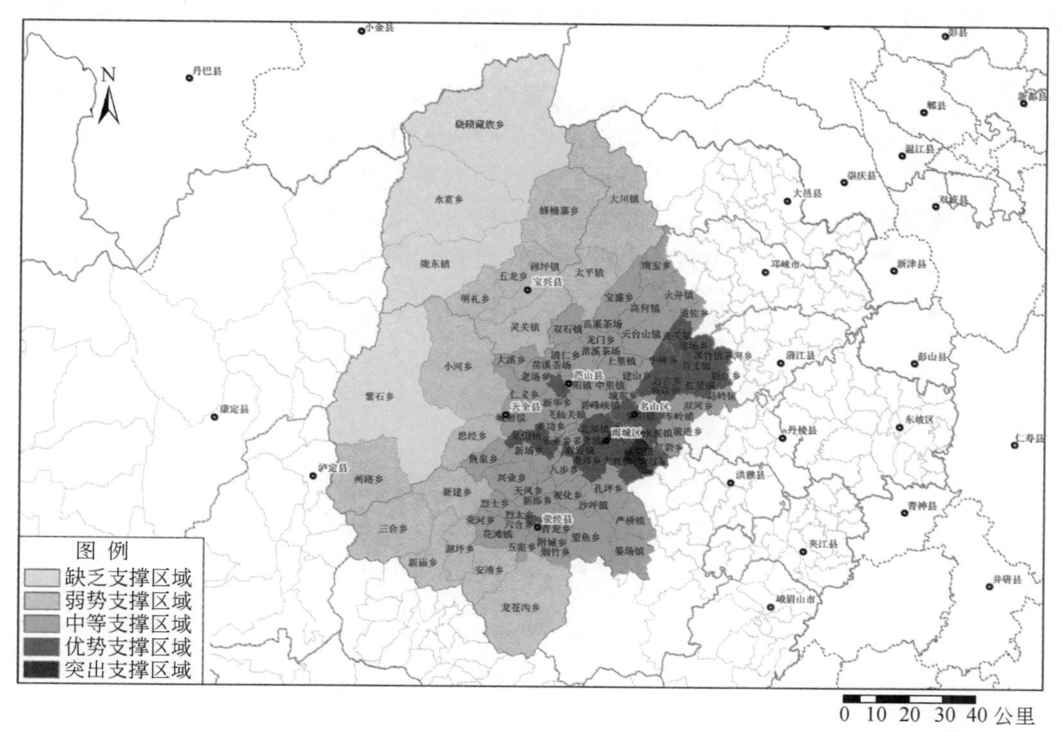

图 10-24　重灾区各乡镇基础设施支撑能力评价图

第七节　结论与建议

此次雅安地震及其诱发的次生灾害给基础设施尤其是道路交通造成了一定的损失，尤其是宝兴县和芦山县，其对外通道单一，目前生命保障线省道 S210 仍时时受地震次生灾害的影响而中断。因此，基于对地震灾区基础设施支撑能力的评价与分析，对目前灾区的重建工作和未来重建规划提出以下建议。

1）建议在灾后重建工作中，首要任务是全面排查可能对交通干线产生破坏的各种次生灾害，全面恢复对外联系通道，保障灾区重建工作的顺利推进。并依托主干公路，形成集交通、电力能源、供水等为一体的生命救援通道。此次地震产生的地质危岩体，特别是一些峡谷地带山体地质危岩，对交通和水电设施的威胁很大。因此，尽快恢复地震灾区重要交通干线的畅通，包括成昆高速公路、318 国道、108 国道、210 省道等，全面排查可能对交通干线产生破坏的各种次生灾害，尤其是对外联系通道的恢复，实现命脉性通道的运营，保障灾区重建工作的顺利推进。同时，及时对水库和水电站进行排险，防止次生灾害的发生。

2）近期，完善交通路网建设，并结合灾后重建对地震灾区的交通设施网络进行升级改造。建议新修建雅马（雅安—马尔康）、雅康（雅安—康定）一级公路，并保障道路的全天候畅通。重点提高既有国省道的技术等级，强化各地级市与所辖县城的联系干道，适当扩大县道的覆盖范围，尤其是提高县城与其所辖各乡镇的道路等级。提高农村公路的通达性，并加强公路工程保护措施。结合汶川、玉树等灾后重建的经验，针对生态旅游规划线路的设计，规划好相应的基础服务设施。

3）远期，依托当地的基础设施网络现状及规划，合理引导居民和城市布局，优化城镇空间结构。在基础设施支撑能力较好的地区如东坡区、大邑县、蒲江县和夹江县，尽快恢复基础设施网络体系，并考虑扩大城镇和居民点的建设规模，形成相对集中地人口居住区和产业经济区，乃至具有一定规模的城镇和城市。基础设施支撑能力缺乏的地区尤其是位于高原及高山峡谷地区的居民点，如康定县、宝兴县、甘洛县的部分乡镇，应合理规划其人口规模，并结合灾损情况，适当考虑将居民向基础设施保障能力较高的地区进行迁移。结合汶川、玉树等灾后重建的经验，针对生态旅游规划线路的设计，规划好相应的基础服务设施。

4）完善区内电网建设，因地制宜科学合理开发管理小水电。建议积极推进110千伏及其以下低压电网建设，加强县乡的电网连接，提高供电可靠性，加快解决无电地区和农村地区用电问题，加强水电站的排查管理工作。对于一些规模较小、设备陈旧、与建设方案不合理、环境破坏严重的小水电，适时清理拆除；对生态环境保护考虑不够但具有继续利用价值的小水电，增加环境保护设施、促进流域生态恢复。合理新建小水电工程，加强小水电规划、前期工作管理，严格核准前置性条件和核准程序，并严格控制国家电网覆盖范围内新建小水电。

第十一章　旅游资源开发适宜性评价

第一节　发展旅游业的必要性分析

1. 芦山震区旅游业产业地位所决定

《四川省“十二五”旅游业发展规划》（2011）中，确定了向旅游强省迈进的目标。在《雅安市旅游发展总体规划》（2006）中，旅游被定位为雅安国民经济的重要支柱产业、第三产业的主导产业、重要的可持续发展产业。芦山地震灾区还是四川省生态旅游的核心区，新业态的重要区域（自驾游、休闲度假），最有潜力的休闲度假区，国际旅游目的地培育区。

2. 地震灾后脆弱的国土空间适宜发展旅游

在《全国主体功能区划》中，芦山震区21个县（市、区）大部分属于限制开发区和禁止开发区。其中，天全县、宝兴县、康定县、泸定县4县是国家重点生态功能区。同时，还有大量的自然保护区、森林公园、风景名胜区、地质公园、世界遗产地等分布在震区多县内，成为禁止开发区域。此类区域不适宜工业开发，而发展旅游，建设精品旅游区可以充分保护自然保护区、历史文化古迹以及震后形成的有保存价值的新景观，利于当地环境的保护，促进生态环境建设。

3. 消除贫困提高当地居民生活水平的需要

旅游业关联度高，拉动效应大。优先发展旅游业可以较快的推动灾后经济社会的恢复发展，扩大就业和增加灾区人民收入，使经济社会呈现良性局面。芦山地震灾区21县（市、区）的经济水平普遍不高，居民生活不够富裕；作为灾区所在地主体的雅安市，在四川全省地市的经济排位仅为18位，处于靠后的位置，贫困度较高；凉山彝族自治州的甘洛县还是国家级贫困县。要充分发挥旅游业的“扶贫”作用和区域协同效应，带动经济欠发达地区发展，促进区域协调发展，让当地人民从中获益。

4. 国内外灾后重建成功经验启示

重大灾害发生后，在诸多产业百废待兴之时，优先恢复发展旅游业，是国内外的经验，在多个国家和地区被采用。泰国在东南亚海啸之后、美国在“9・11”事件之后、中国香港在“非典”之后、中国云南在丽江地震之后、中国台湾在“9・21”地震之后以及中国四川汶川与青海玉树地震之后，借地震给当地带来的极高关注度与知名度，在采取有效措施恢复游客信心的基础上，都把旅游作为优势产业统筹规划，优先予以恢复和振兴，也都对灾后整体恢复产生了明显拉动作用。芦山地震灾区旅游资源丰富，理应借鉴国内外经验，发挥旅游业在重建中的重要作用。

第二节　旅游业发展现状与损失评估

1. 旅游业发展现状

芦山地震6个受灾市（州）和21个县（市、区）震前旅游业发展总体情况良好。2012年，成都、乐山、眉山、雅安、甘孜、凉山6个市（州）国内游客总数达到20698.49万人次，占四川省总人数的47.6%，旅游总收入达到1640.57亿元，占全省旅游总收入的50%。6个受灾市（州）目前正处于旅游业发展的上升期，自2008年以来旅游收入与旅游人次持续增长，且增幅显著。其中21个受灾县（市、区）2012年旅游收入达336.41亿元，占全省旅游总收入的10.26%。

受灾区高品质旅游景区多，特色鲜明。涉及世界遗产、各类国家级及省级风景名胜区、森林公园、自然保护区、A级景区、地质公园、文物保护单位等，其中有世界级品牌1处，国家级旅游品牌76处，省级旅游品牌138处，详情见表11-1。

表11-1　芦山地震灾区主要旅游景区类型

类别	数量	类别	数量
世界文化和自然双遗产（峨眉山-乐山大佛）	1	4A级旅游景区	16
国家级森林公园	8	3A级旅游景区	10
非物质文化遗产	8	2A级旅游景区	8
全国重点文物保护单位	17	省级自然与文化遗产	1
国家级自然保护区	3	省级风景名胜区	9
国家级地质公园	2	省级重点文物保护单位	114
国家级风景名胜区	3	省级自然保护区	9
国家级湿地公园	1	省级森林公园	4
5A级景区（峨眉山）	1	省级地质公园	1

注：乐山大佛景区不在此次灾区评价范围内。

2. 旅游损失评估

灾区旅游资源、旅游基础设施、旅游接待设施、公共服务设施、办公设施等有一定程度损毁，部分国家文物保护单位、部分景区遭受了破坏。

1）部分旅游资源遭到不同程度的破坏。较为严重的是蒙顶山、碧峰峡、上里古镇、熊猫古城、喇叭河和龙门洞等，例如，蒙顶山上2000多年历史的甘露井被砸毁，始建于明代的阴阳石麒麟及后面的石牌坊整体倒塌，损毁严重，建于宋朝的“禅惠之庐”寺庙夷为平地，玉女峰塑像倒塌断裂；碧峰峡的地质景观遭受到较为严重的损害，大熊猫受到惊吓。

2）不少的旅游接待服务设施遭到损坏，使得旅游的发展受到了更大的间接损失，不利于当地旅游的快速恢复。特别是芦山县城的旅游接待设施及管理用房蒙受巨大损失，基本失去接待能力。另外，不少农家乐设施出现损毁。

3）旅游交通设施遭受较大破坏。地震损毁公路2986公里，桥梁327座。受损最严重的是芦山县，已造成飞仙关—县城（芦阳镇）—大川镇旅游交通主干线，大川镇大南路（大川镇至大川河核心景区南天门旅游公路）、蜂大路（宝兴蜂桶寨至大川镇旅游公路）、芦山大川至大邑、邛崃旅游公路、县城至灵鹫山旅游公路，县城—龙门洞—围塔漏斗—红色文化旧址群旅游环线公路严重损毁。另外，丹棱县老峨山景区内公路4公里、游步道6.2公里受损，大雅花涧景区内水泥路、石板路路基有10公里受损，有裂纹、裂缝；泸定县海螺沟路基损毁1505立方米、路面受损1095平方米、边坡塌方35400立方米，安保设施损毁390米，损坏大板岩隧道1座30米。受地震影响，旅游交通道路沿线仍时常发生地质灾害。地震对公路道段及站房等交通设施造成了损害。

4）其他旅游设施，如游客中心、卫生设施、安全及防护设施、标识系统、旅游行政部门、企事业单位办公用房及设施设备等也受到地震的波及，造成了损失。

第三节 旅游资源数量与开发评价

1. 旅游资源数量与等级

依据国家标准《旅游资源分类、调查与评价》（GB/T 18972-2003），对地震灾区旅游资源进行筛选、整理并分类，共提取289处旅游资源单体，并评定五级4处，占总资源数量的1.38%；四级29处，占总资源数量的10.03%；三级57处，占总资源数量的19.72%；以及普通级199处，占总资源数量的68.86%（表11-2）。从资源数量的空间分布看（图11-1），东坡区资源数量最多，达41处，其次为雅安市雨城区，分布23处资源。从优良级资源分布看，雨城区最多，拥有6处优良级资源，其次为康定县、泸定县、夹江县、大邑县、石棉县、芦山县、洪雅县，都拥有5处优良级旅游资源，这些县优良级资源集聚度高，具有形成旅游集聚效应的潜力。4处5级旅游资源分别位于峨眉山市（峨眉山）、康定县（贡嘎山）、金口河区（大渡河峡谷核心景区）、夹金山（宝兴县），是旅游资源质量的最优区。

总体而言，芦山地震灾区旅游资源数量众多，类型丰富，组合度好，既拥有峨眉山、夹金山、贡嘎山等自然生态旅游资源，又拥有铁索泸定桥为代表的红色旅游资源，康定跑马山为代表的少数民族文化资源，鹤鸣山为代表的道教文化资源，以及数目众多的承载当地历史积淀的古镇，如平乐古镇、安顺古镇、安仁古镇等。这些资源空间分布相对均衡，地震灾区各个县（市、区）都拥有代表性景观，地域特色鲜明，为旅游产品开发的多样性奠定了基础，有利于增强地震灾区旅游发展的吸引力。

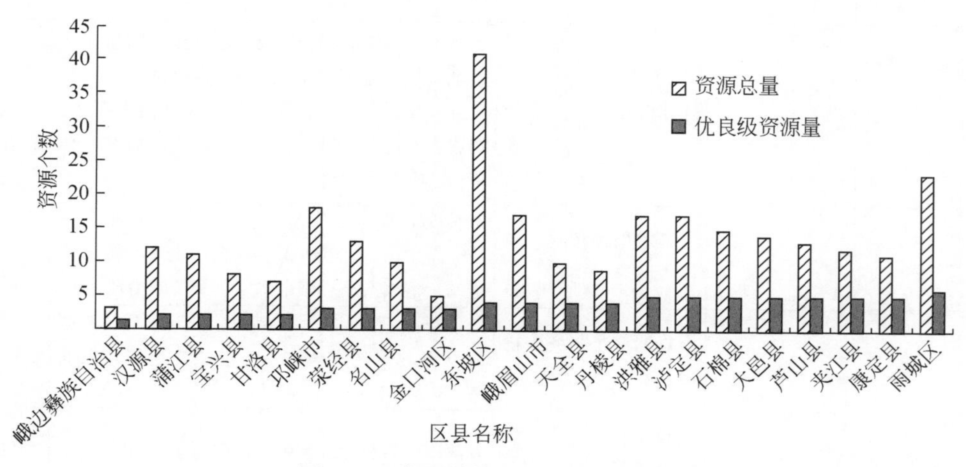

图11-1 资源单体空间分布结构图

表11-2 芦山地震灾区旅游资源质量等级评价表

名称		5级旅游资源	4级旅游资源	3级旅游资源	普通级旅游资源	发展方向
极重灾区	芦山县	—	大雪峰大熊猫栖息地、芦山地震遗迹	围塔漏斗、樊敏碑阙及石刻、平襄楼、大川河	青龙寺大殿、茶马古道（飞仙关）、南丝绸之路（青龙关）、龙门洞、八月彩楼会、根雕一条街、汉姜侯祠、芦山县博物馆	芦山地震遗迹旅游

续表

名称		5级旅游资源	4级旅游资源	3级旅游资源	普通级旅游资源	发展方向
重灾区	雨城区	—	碧峰峡、高颐阙及石刻	中国保护大熊猫研究中心雅安碧峰峡基地、周公山森林、白马寺、上里古镇	相思谷红豆树、周公山温泉、天河风景区、望鱼海子、后经瀑布、金凤寺、白马泉、音乐石梯、雅安县苏维埃政府旧址、周公庙及石刻、雅安双节孝石牌坊、陈氏家谱石坊、望鱼古镇、大兴水库（雨城湖）、龙井桃花山、凤鸣桂花村、海子山	大熊猫主题旅游辐射地、雅安旅游集散地
	天全县	—	二郎山森林	喇叭河、天全河、紫石乡生态民俗村、红灵山	红军长征文化博物馆	森林生态观光旅游
	名山区	—	蒙顶山	百丈湖、名山万亩观光茶园	百丈关红军博物馆、桂花岛、双龙峡、清漪湖、茶马司、蒙山村、黑竹森林	城市休闲度假旅游
	荥经县	—	龙苍沟森林、大相岭、牛背山	严道古城、何君尊楗阁刻石	花滩峡谷、云峰寺古桢楠群、云峰寺、颛顼帝故里园、开善寺正殿、姜家大院、砂器一条街、马耳山、泥巴山、彝族乡田坝村	森林观光探险旅游
	宝兴县	夹金山大熊猫栖息地	蜂桶寨、东拉山	硗碛藏寨	邓池沟大熊猫模式标本命名地、邓池沟天主教堂、红军翻越夹金山纪念馆、石雕一条街、硗碛水电站	大熊猫主题观光科考旅游
	邛崃市	—	天台山、平乐古镇	临邛古城	竹溪湖、洄澜塔、红军长征纪念馆、隋唐瓦窑遗址（十方堂为其中之一）、古火井遗址、花置寺摩崖造像、川南第一桥、高何南宋石塔、川南古蜀道、九里泮、兴福寺、银杏竹海、金华山、严君平故里	城市休闲度假旅游、川藏国际旅游线的起点
一般灾区	汉源县	—	—	九襄农果种植地、清溪古城	富林文化遗址、佛静山、龙佛寺、九襄石牌坊、轿顶山、九襄古街、瀑布沟电站和深溪沟电站、清溪文庙、瀑电水库、寨子园冶铜遗址	以农果种植基地为依托的农业休闲旅游
	蒲江县	—	—	石象湖、光明乡樱桃山、朝阳湖	成佳茶乡、朝阳湖、长滩湖、白云鹭鸶、成都战役纪念馆、西来古镇、古盐井遗址、飞仙阁、大溪谷	城市生态度假旅游
	丹棱县	—	梅湾村	大雅堂、老峨山、九龙山	龙鹄山、竹林寺、黄金峡、梅湾湖、丹棱白塔	乡村休闲旅游
	洪雅县	—	瓦屋山森林	柳江古镇、槽渔滩、七里坪、青衣江洪雅段、玉屏山	八面山、高庙古镇、桃源温泉、白沙河、汉王湖、罗坝古镇、止戈古镇、三宝古镇、隐蒙山、严道故城	生态体验、休闲度假旅游
	金口河区	大渡河峡谷	大瓦山湿地	大瓦山	情人溜索、铁道兵博物馆	大峡谷观光探险旅游
	大邑县	—	西岭雪山	刘氏庄园、花水湾温泉、安仁古镇、新场古镇、鹤鸣山、黑水河	雾中山、建川博物馆聚落、高堂寺、赵云墓、黑水河、药师岩摩崖石刻、白岩寺、烟霞湖	低海拔雪山休闲观光、道教文化体验旅游
	石棉县	—	—	田湾河、栗子坪、公益海森林、安顺古镇	月亮湖、孟获城、孟获城高山草甸、大岗山水库、瀑布沟水库、龙头石水库、草科温泉、安顺场红军强渡大渡河遗址、红军强渡大渡河纪念馆	红色旅游

续表

名称		5级旅游资源	4级旅游资源	3级旅游资源	普通级旅游资源	发展方向
一般灾区	泸定县	贡嘎山	铁索泸定桥、燕子沟、雅家埂、海螺沟冰川森林	—	红军长征遗迹、娘娘山、岚安古寨、兴巴五普、化林坪茶马古道、化林古镇、飞夺泸定桥纪念馆、沈村海子、杵坭红樱桃	高山生态观光探险旅游
	夹江县	—	—	千佛岩、手工造纸博物馆、夹江画纸（大千书画纸）、双杨府君阙、天福观光茶园	金像寺摩岩造像、陶瓷工艺、碧云山、修文村茶产业、马村水库、凤山村桃花园、汉代棉花坡汉墓群、清代沈奇宗墓园石刻	观光休闲旅游
	峨眉山市	峨眉山	峨眉河	大庙飞来殿、大佛禅院	峨秀湖、竹叶青生态茗园、罗目古镇、天颐温泉小镇、峨眉象城、中华药博园、黄湾武术小镇、川主农耕小镇、仙芝竹尖茶叶基地、观音岩水库、张沟四季坪、龙池胡四溪沟、川主翠竹山谷	以峨眉山为主体的观光旅游，带动休闲度假旅游
	甘洛县	—	—	三坪草甸	甘洛土司衙门遗址、甘洛吉日波山、清溪道、埃岱温泉山庄、龙门沟	彝族文化体验旅游
	东坡区	—	三苏祠	白塔山大旺寺、报恩寺与报本寺、广济乡鸭池沟桃花村	蟆颐观、苏坟山、寨子城森林公园、望月湖、三苏湖、连鳌山、桂花湖、罗平古镇、连鳌山、极乐寺、天逸湖、远景楼、元宝村月亮湾万亩樱花、东坡湖广场、经书楼、烈士陵园、法宝寺摩岩造像、弥陀寺、李祠堂石刻、晋凤农民协会会址、修文观音堂、华严寺、核桃堰水库、东坡读书院、华藏寺、大佛森林公园、杨水碾水库、工农水库、黄莲埂水库、李善桥水库、白鹤林、三苏乡三苏故址、唐代古寺院、东坡外滩、诗书城公园、三苏酒、周山坡生态园	以东坡故里为依托的文化体验旅游
	峨边彝族自治县	—	黑竹沟森林	—	黑竹沟温泉、马鞍山	森林生态旅游
	康定县	—	木格措、跑马山、莫溪沟、雅拉雪山、荷花海森林	金汤孔玉、康定二道桥温泉、塔公草原－塔公寺	贡嘎寺、泉华滩、新都桥镇、七色海、莲花湖	民族风情体验、生态观光旅游
合计		4	29	57	199	—

2. 评价指标体系

根据指标选择的科学性以及数据的可获性、可度量性和可比性原则，构建以旅游资源赋存、旅游区位状况、旅游产业基础和旅游环境背景四大因素的旅游资源开发适宜性评价指标体系。具体而言，旅游资源赋存由旅游资源优越度指数、旅游资源聚集度指数和转化产品难易度指数三个指标组成；旅游区位状况由旅游区位条件、经济区位条件和交通可进入性三个指标组成；旅游产业基础由旅游设施和基础设施两个指标组成；旅游环境背景由评价单元生态重要性和生态敏感性两个指标组成，见图11-2。

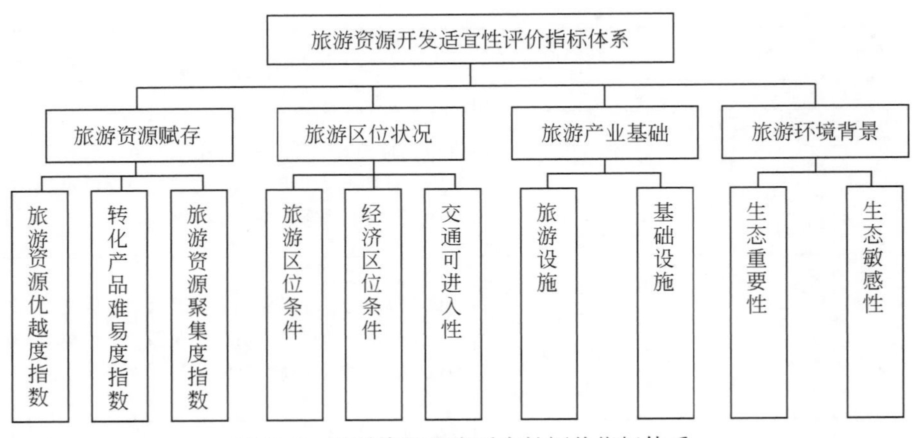

图 11-2 旅游资源开发适宜性评价指标体系

3. 指标测算方法与数据来源

根据 10 项评价指标，采用熵技术支持下的层次分析法计算 10 项指标对旅游资源开发适宜性的重要性权重，采用模糊隶属度函数模型计算 10 项指标的隶属度值，根据权系数和模糊隶属度函数值，采用加权平均法计算旅游资源开发适宜性评价指数，然后根据适宜性程度将地震灾区分为极适宜、很适宜、较适宜、一般、不太适宜 5 个级别进行评价，以此作为旅游资源开发适宜评价的依据。具体方法如下：

（1）采用熵技术支持下的层次分析法计算 10 项指标权重系数

熵技术支持下的层次分析法具有较强的逻辑性、实用性和系统性，能够定性与定量相结合地对复杂系统进行评价，其基本原理是将要识别的复杂问题分解成若干层次，由专家和决策者对所列的指标两两进行比较重要程度，构造判断矩阵，通过求解判断矩阵的最大特征值和它们所对应的特征向量，得到每一层次的指标相对于上一层目标的权重值（层次单排序，必须通过一致性检验），而一旦确定了低层指标对较高层次指标的权重后，可以根据递阶赋权定律确定最低层指标相对于最高层指标的权重（即层次总排序，必须通过一致性检验）。虽然层次分析法识别问题的系统性强，可靠性相对较高，但当采用专家咨询方式时，容易产生循环而不满足传递性公理，导致标度把握不准和丢失部分信息等问题出现，因此，采用熵技术队层次分析法确定的权系数进行修正，其计算公式为

$$\alpha_j = \frac{\nu_j p_j}{\sum_{j=1}^{n} \nu_j p_j}$$

$$\nu_j = \frac{d_j}{\sum_{j=1}^{n} d_j}$$

$$d_j = 1 - \lambda_j$$

$$\lambda_j = -(\ln n)^{-1} \sum_{i=1}^{n} r_{ij} \ln r_{ij}$$

式中，α_j 为采用熵技术支持下的层次分析法求出的指标权重值；p_j 为采用层次分析法求出的指标权重；ν_j 为指标的信息权重；λ_j 为指标输出的熵值；r_{ij} 为采用层次分析法构造的判断矩阵经归一化处理后的标准矩阵值。按照上述公式计算的各指标赋权结果信息量最大，可信度提高。

（2）采用模糊隶属度函数模型计算各指标的隶属度函数值

为了解决 10 项指标的量纲不同而难以汇总的问题，对各指标进行了消除量纲的计算。考虑到指标体系中既有正向指标，又有逆向指标，指标间的“好”与“坏”在很大程度上都具有模糊性，因此，采用模糊隶属度函数法，对各指标的“价值”进行量化。对正向指标，采用半升梯形模糊隶属度函数模

型，即

$$\Phi(e_{ij})=\frac{e_{ij}-m_{ij}}{M_{ij}-m_{ij}}=\begin{cases}1 & e_{ij}\geqslant M_{ij}\\ \dfrac{e_{ij}-m_{ij}}{M_{ij}-m_{ij}} & m_{ij}<e_{ij}<M_{ij}\\ 0 & e_{ij}\leqslant m_{ij}\end{cases}$$

对逆向指标，采用半降梯形隶属度函数模型，即

$$\Phi(e_{ij})=\frac{M_{ij}-e_{ij}}{M_{ij}-m_{ij}}=\begin{cases}1 & e_{ij}\leqslant m_{ij}\\ \dfrac{M_{ij}-e_{ij}}{M_{ij}-m_{ij}} & m_{ij}<e_{ij}<M_{ij}\\ 0 & e_{ij}\geqslant M_{ij}\end{cases}$$

式中，e_{ij}为评价指标的具体属性值，i代表区域个数，j代表第i区域指标个数；M_{ij}、m_{ij}分别代表第i区域第j个指标属性值的最大值与最小值；$\Phi(e_{ij})$代表第i区域j指标的隶属度，其值介于0～1，其值越大，表明该项指标的实际数值接近最大值M_{ij}的程度越大，隶属度值与其相应权数的乘积越大，该指标数值对总目标的贡献就越大；隶属度值与1之间的差，即为该项指标与最大指标间的差距。

（3）采用加权平均法计算旅游资源开发适宜性评价指数

利用各指标的熵化权系数和隶属度值，采用加权平均法分别计算地震灾区21个县（市、区）旅游资源开发适宜性评价指数，基本公式如下：

$$F_i=\sum_{j=1}^{m}\omega_j\times\Phi(e_{ij})$$

式中，F_i为i乡镇旅游资源开发适宜性评价指数；ω_j为j指标相对最高层目标的熵化权系数；$\Phi(e_{ij})$代表i乡镇j指标的隶属度函数值；m代表指标体系里具体指标的个数。

4. 指标测算方法

1）采用上述综合评价模型中采用熵技术支持下的层次分析法，邀请实地考察过芦山地震灾区的相关背景专家，科学评价各指标权重，结果见表11-3。

表11-3　旅游资源开发适宜性评价指标体系

目标层	因素层及权重	指标评价层及权重	适宜性评价等级				
			4.1～5.0	3.1～4.0	2.1～3.0	1.1～2.0	0.1～1.0
旅游资源开发适宜性评价指标体系A（1.0000）	旅游资源价值B_1（0.4486）	旅游资源优越度指数C_1（0.5850）	五级	四级	三级	二级	一级
		旅游资源聚集度指数C_2（0.2241）	很高	较高	高	一般	很低
		旅游资源转化产品难度C_3（0.2009）	很易	较易	容易	较难	很难
	旅游区位状况B_2（0.2364）	经济区位条件C_4（0.2461）	很好	较好	好	一般	很差
		旅游区位条件C_5（0.3218）	很好	较好	好	一般	很差
		交通可进入性C_6（0.4321）	很好	较好	好	一般	很差
	旅游产业基础B_3（0.1293）	旅游设施C_7（0.4236）	很好	较好	好	一般	很差
		基础设施C_8（0.5764）	很好	较好	好	一般	很差
	旅游环境背景B_4（0.1857）	评价单元生态重要性C_9（0.6518）	不重要	较不重要	一般	较重要	很重要
		评价单元生态敏感性C_{10}（0.3482）	低	中-低	中	中-高	高

2）各指标的测算方法。

旅游资源优越度指数：依据国家标准《旅游资源分类、调查与评价（GB/T 18972-2003）》中对旅游资源的质量等级评定方法，对评价单元内的旅游资源点单体进行评价，共分为五个等级，即五级（得分值域≥90 分）、四级（75 分≤得分值域<90 分）、三级（60 分≤得分值域<75 分）、二级（45 分≤得分值域<60 分）、一级（30 分≤得分值域<45 分）。

旅游资源聚集度指数：每个乡镇单元的旅游资源单体数量与其乡镇单元的面积比值。

旅游资源转化产品难易度：根据专家经验与市场需求，判断每个乡镇单元的旅游资源是否容易开发为旅游产品。

经济区位条件：根据区域社会经济发展格局，从支撑旅游业发展的社会经济水平来衡量。

旅游区位条件：根据区域旅游发展格局，考虑与周边旅游地的配置关系，确定评价单元的旅游区位条件。

交通可进入性：按照机场、国道、省道、县道等因素判断评价单元的交通条件。

旅游设施：主要指为旅游发展而建设的旅游住宿接待、餐饮、景区、标识解说系统等设施。

基础设施：评价单元内可为旅游发展提供相关服务的基础设施，如交通设施。

生态重要性：评价单元内主要旅游资源所处保护功能区的位置，分为核心区、缓冲区、实验区、非保护区四种类型，评价单元所在区域的重要物种数量与保护级别以及水源涵养的重要性。

区域生态敏感性：评价单元内主要旅游资源所处区域的生态敏感程度。

3）采用模糊隶属度函数模型计算旅游资源开发适宜性评价中的 10 项指标的隶属度函数值，采用加权平均法计算旅游资源开发适宜性评价指数。各指标的评价等级均按照 5 个等级进行评定，如表 11-3 所示。

旅游资源基础数据，主要来源于灾区各市县旅游发展规划中对旅游资源调查分析与评价。旅游区位状况的主要资料来自 2007 年《中国高速公路及城乡公路地图全集》和《中国铁路地图集》。旅游产业基础的评价主要依据各乡镇所建立的相关旅游基础设施，如接待设施、景区建设等。旅游环境背景的评价资料由当地提供。

5. 结果分析

按照地震灾区 21 县 382 个乡镇的旅游资源开发适宜性评价结果，将芦山地震灾区的旅游资源开发适宜性分为极适宜区、很适宜区、较适宜区、一般适宜区、不太适宜区（表 11-4）。

表 11-4 芦山地震灾区旅游资源开发适宜性结果汇总表

适宜等级	乡镇数量与比例	乡镇名称	开发导向
旅游发展极适宜区	共有 58 个乡镇，占乡镇总数的 15.46%	三宝镇、安顺彝族乡、栗子坪彝族乡、槽渔滩镇、柳江镇、金汤乡、芦阳镇、孔玉乡、青州乡、城厢镇、始阳镇、乐英乡、田湾彝族乡、花溪镇、濛城镇、塔公乡、通惠街道办事处、上里镇、严道镇、花水湾镇、鹤鸣乡、天台山镇、安仁镇、平乐镇、南郊乡、多功乡、烈太乡、清溪镇、九襄镇、宝盛乡、陇东镇、安靖乡、三合乡、泸桥镇、普沙绒乡、呷巴乡、瓦屋山镇、新兴乡、国有林场、龙苍沟乡、绥山镇、黑竹沟镇、蜂桶寨乡、紫石乡、炉城镇、北郊镇、西岭镇、建黎乡、贡嘎山乡、永胜乡、桂花桥镇、雅拉乡、磨西镇、碧峰峡镇、永利彝族乡、罗目镇、乌史大桥乡、硗碛藏族乡	芦山地震灾区的区域旅游集散中心和旅游城镇
旅游发展很适宜区	共有 45 个乡镇，占乡镇总数的 11.78%	大坪乡、新华乡、晒经乡、大田坝乡、白岩乡、棉城街道办事处、河西乡、大岭乡、市荣乡、富泉乡、青富乡、符溪镇、龙门乡、富林镇、料林乡、天凤乡、六合乡、杨场镇、富庄镇、龙池镇、小堡藏族彝族乡、乌斯河镇、新都桥镇、中峰乡、百丈镇、川主乡、富春乡、金花乡、胜利镇、峨山镇、临邛镇、穆坪镇、光明乡、甘江镇、丹棱镇、永寿镇、广济乡、朝阳湖镇、白云乡、木城镇、双石镇、大川镇、高庙镇、新场镇、蒙顶山镇	芦山地震灾区重要的旅游发展支撑区域之一

续表

适宜等级	乡镇数量与比例	乡镇名称	开发导向
旅游发展较适宜区	共有138个乡镇，占乡镇总数的36.39%	清仁乡、两路乡、鱼泉乡、斜源镇、新庙乡、后域乡、三交乡、马烈乡、坭美彝族乡、梨园乡、河南乡、止戈镇、中保镇、草科藏族乡、片马彝族乡、两河乡、大田乡、泗坪乡、富乡乡、宜东镇、飞仙关镇、荥河乡、苗溪茶场、大堰乡、金河镇、阿兹觉乡、中山乡、蓼坪乡、姑咱镇、朋布西乡、万坪乡、觉莫乡、宜坪乡、勒乌乡、五渡镇、海棠镇、黑马乡、洪川镇、麦崩乡、余坪镇、甲根坝乡、时济乡、大树镇、新场乡、大溪乡、兴隆镇、烹坝乡、德威乡、草坝镇、大兴镇、八步乡、岚安乡、孔坪乡、田坝乡、上安镇、蔡场镇、出江镇、老场乡、思经乡、新场乡、新建乡、永和乡、前域乡、悦来镇、兴业乡、蟹螺藏族乡、万里乡、唐家乡、先锋藏族乡、新民藏族彝族乡、丰乐乡、顺河彝族乡、民建彝族乡、新添乡、大为镇、桃源乡、烈士乡、万工乡、吉星乡、阿尔乡、普昌镇、新棉镇、白杨乡、杨村乡、将军乡、石海乡、毛坪镇、则拉乡、五宪乡、附城乡、回隆彝族乡、冷碛镇、杵坭乡、西溪乡、共安彝族乡、瓦泽乡、前溪乡、对岩镇、晏场镇、五龙乡、凤鸣乡、沙坪镇、仁义乡、烟竹乡、双溪乡、美罗乡、迎政乡、青龙乡、桂贤乡、双福镇、黄湾乡、高桥镇、苏家镇、乐都镇、宰羊乡、安乐乡、宝峰彝族乡、新平乡、沙溪乡、玉田镇、和平彝族乡、花滩镇、九里镇、红花乡、皇木镇、挖角彝族藏族乡、张场镇、普兴乡、共和乡、擦罗彝族乡、小河乡、苏雄乡、永和镇、金岩乡、多营镇、观化乡、哈曲乡	扬长避短，根据自身的旅游开发条件，开发差异化的旅游产品
旅游发展一般适宜区	共有81个乡镇，占乡镇总数的21.2%	太平镇、马岭镇、车岭镇、黄土镇、界牌镇、三洞镇、歇马乡、象耳镇、复兴乡、大石桥街道办事处、高埂镇、土门乡、羊安镇、宝林镇、冉义镇、夹关镇、茶园乡、彭山县飞地、龙门乡、道佐乡、王泗镇、雾山乡、韩场镇、汉王乡、吴场镇、迎江乡、马村乡、麻柳乡、永青乡、顺河乡、华头镇、中兴镇、固驿镇、前进镇、晋原镇、沙渠镇、东岳镇、金星乡、里克乡、波波乡、团结乡、沙岱乡、坪坝乡、拉莫乡、尼尔觉乡、斯觉镇、嘎日乡、吉米镇、新市坝镇、吉居乡、舍联乡、田坝镇、三合乡、捧塔乡、阿嘎乡、沙坪镇、平等乡、胜利乡、沙德乡、新林镇、大堡镇、两河乡、永富乡、灵关镇、杨河乡、新茶乡、明礼乡、加郡乡、得妥乡、前进乡、严桥镇、望鱼乡、合江镇、甘霖镇、中里镇、梧凤乡、南安乡、思延乡、青霞镇、三岔镇、董场镇	作为旅游发展的后备区域与带动区域
旅游发展不太适宜区	共有60个乡镇，占乡镇总数的15.97%	解放乡、新店镇、黑竹镇、红岩乡、万古乡、建山乡、茅河乡、大兴镇、大塘镇、多悦镇、白马镇、崇礼镇、富牛镇、尚义镇、柳圣乡、盘鳌乡、土地乡、蒙阳镇、城东乡、西来镇、双桥镇、甘溪镇、复兴乡、廖场乡、秦家镇、复盛乡、苏祠街道办事处、寿安镇、石桥乡、成佳镇、鹤山镇、崇仁镇、思濛镇、松江镇、太和镇、修文镇、悦兴镇、火井镇、水口镇、南宝乡、回龙镇、牟礼镇、红星镇、永兴镇、联江乡、双河乡、前进乡、顺龙乡、仁美镇、长秋乡、新场镇、万胜镇、三苏乡、高何镇、桑园镇、临济镇、大同乡、油榨乡、卧龙镇、孔明乡、龙沱乡	目前不太适宜发展旅游业

1）旅游发展极适宜区。该区共有58个乡镇，包括罗目镇、硗碛藏乡、雅拉乡、贡嘎山乡、磨西镇、碧峰峡镇、上里镇、槽渔滩镇等，占灾区乡镇总数的15.46%。这些乡镇是芦山地震灾区最适宜开发旅游业的地区，适宜建作为芦山地震灾区的区域旅游集散中心和旅游城镇。

2）旅游发展很适宜区。该区共有45个乡镇，包括蒙顶山镇、高庙镇、广济乡、临邛镇、乌斯河镇、大坪乡、新华乡等，占灾区乡镇总数的11.78%。这些乡镇在旅游资源赋存、旅游区位、旅游产业基础、旅游环境背景方面的条件相对优越，是很适宜开发旅游业的地区，可建设成芦山地震灾区重要的旅游发展支撑区域之一。

3）旅游发展较适宜区。该区共有138个乡镇，包括田坝乡、海棠镇、飞仙关镇、永和镇、清仁乡、两路乡、鱼泉乡、斜源镇等，占灾区乡镇总数的36.39%。这些乡镇在旅游资源赋存、旅游区位、旅游产业基础、旅游环境背景方面的优势和弱势并存，是芦山地震灾区适度开发旅游业的地区，应扬长避短，根据自身的旅游开发条件，开发差异化的旅游产品。

4）旅游发展一般适宜区。该区共有81个乡镇，包括太平镇、马岭镇、车岭镇、黄土镇、界牌镇、三洞镇等，占灾区乡镇总数的 21.2%。这些乡镇在旅游资源赋存、旅游区位、旅游产业基础、旅游环境背景方面不具有相对优势，可作为旅游发展的后备区域和带动区域。

5）旅游发展不太适宜区。该区共有 60 个乡镇，包括解放乡、新店镇、黑竹镇、红岩乡、万古乡、建山乡、茅河乡、大兴镇、大塘镇等，占灾区乡镇总数的 15.97%。这些乡镇在旅游资源赋存、旅游区位、旅游产业基础、旅游环境背景方面均处于弱势，目前不太适宜发展旅游业。

第四节　未来旅游业布局前景

基于对芦山地震灾区旅游资源开发适宜性评价与分析，对地震灾区未来旅游业布局应依据评价结果，选择适宜性较好的乡镇优先开发旅游资源。总体开发时序为：①旅游发展极适宜区，②旅游发展很适宜区，③旅游发展较适宜区，④旅游发展一般适宜区。结合四川省旅游业发展规划，确定地震灾区旅游业将按“133416”的布局发展。

1 座特色旅游目的城市，即雅安市雨城区，处于地震灾区交通干线交汇地带，是未来雅安市最重要的旅游集散地，应注重整体旅游城市风貌打造，完善基础设施和旅游配套设施建设，提升旅游服务质量。

3 处世界品牌景区，包括中国大熊猫国家公园（大熊猫主题公园，有夹金山景区、碧峰峡景区、蜂桶寨国家级自然保护区、穆坪镇熊猫古城、大雪峰景区、西岭雪山景区），峨眉山世界遗产地（以峨眉山为核心，辐射周边峨眉河、大庙飞来殿、大佛禅院等景区），贡嘎山风景名胜区（包含海螺沟冰川公园、燕子沟、雅家梗、木格措景区、跑马山景区、莫溪沟景区）。

3 条旅游廊道，包括大熊猫生态旅游廊道（以省道 210 和国道 93 为一条发展轴线，途径宝兴县、芦山县、雅安市、洪雅县、夹江县、峨眉山市），中国茶马古道旅游廊道（以省道 318 为轴线，途径邛崃市、名山区、天全县、泸定县、康定县），西南丝绸之路旅游廊道（以贯穿重灾区的京昆高速为一条发展轴线，沿途经过大邑县、邛崃市、名山区、雨城区、荥经县、汉源县、石棉县）。要加强维护旅游廊道沿线交通；注重沿线旅游城镇建设形成节点；完善沿线旅游景区与主干道的连接，增强可进入性。

4 个旅游板块，包括环贡嘎山、夹金山、峨眉山、大渡河 4 个旅游板块。

环贡嘎山旅游板块：包括康定县、泸定县和天全县，以贡嘎山、海螺沟冰川森林、木格措、雅拉雪山等旅游资源为依托，以生态旅游探险、观光为主题，建设具有世界级品质的旅游景区。完成交通基础设施建设，提高区域可进入性。完善旅游配套设施，建设新都桥镇、磨西镇等特色旅游镇。

夹金山旅游板块：包括邛崃市、蒲江县、大邑县、雨城区、名山区、芦山县、宝兴县。夹金山旅游板块涵盖夹金山、蜂桶寨、西岭雪山、大雪峰等大熊猫栖息地，打造以大熊猫参观、科考、摄影等主题旅游产品，突出建设大熊猫栖息地的世界级品牌，并注重与四川省旅游西环线（大熊猫线）的联合开发。

峨眉山旅游板块：以名山区—洪雅县—夹江县—峨眉山市的高速路（G93）为主线向周围辐射的旅游板块，空间上包括东坡区、洪雅县、丹棱县、夹江县、峨眉山市，特色旅游资源为峨眉山景区、洪雅县青衣江段休闲区、夹江县千佛岩景区、天福观光茶园等。加强休闲度假配套设施建设，拓展商务、会展、体育、现代娱乐等的休闲度假产品，着重强调人性化、个性化和休闲性。

大渡河旅游板块：涵盖甘洛县、金口河区、峨边彝族自治县、荥经县、汉源县、石棉县，以贯穿板块的大渡河峡谷为主体，打造峡谷观光、探险旅游产品，同时辅助以休闲度假旅游产品。

16 个特色旅游名镇，共有 4 种类型，包括历史文化型（雅安市雨城区上里镇、洪雅县柳江镇、大邑县安仁镇、邛崃市平乐镇、石棉县安顺彝族乡），民族风情型（泸定县磨西镇、宝兴县硗碛镇、康定县新都桥镇），生态休闲型（洪雅县槽渔滩镇、大邑县花水湾镇、汉源县九襄镇），旅游集散型（峨边县黑竹沟镇、宝兴县穆坪镇、名山区蒙顶山镇、芦山县芦阳镇、峨眉山市绥山镇）。

第五节 结论与建议

芦山震区旅游业发展要以建成国际旅游目的地为总体目标，重点打造中国大熊猫国家公园、峨眉山世界遗产地、贡嘎山风景名胜区三大世界级品牌景区，构建大熊猫生态、中国茶马古道、西南丝绸之路三条旅游廊道，建设雅安市特色旅游目的地城市和一批特色旅游名镇，完善旅游基础与服务设施，加强旅游资源与产品的促销，推进旅游与工农业、文化、信息产业融合发展，为建设美丽四川、平安四川做出贡献。

1）明确旅游业在芦山地震灾区的战略地位。将旅游业作为地震灾后重建的主导产业，区域社会经济发展的战略性支柱产业，带动经济欠发达地区发展的富民产业。

2）实施重振旅游工程。加强重点旅游区和精品旅游线建设，恢复重建重要景区景点、民族特色旅游城镇和村落，争取成为旅游业恢复重建的试验区。积极发展生态旅游、乡村旅游、文化旅游等系列旅游产品。

3）建设旅游兼容性基础设施。震区在道路、电力通信、给排水等基础设施重建过程中应该充分考虑满足旅游发展的需求。增加建设抗震性强的旅游基础设施，通过完善的防震措施、防灾通道、紧急避难所等增加游客安全感，减小旅游中发生意外的风险。建设旅游安全应急救援系统。

4）强化城镇风貌特色。完善城镇旅游服务功能，建设一批具有鲜明地域文化特征、功能完善、布局合理的国际生态旅游目的地城市和特色旅游名镇。

5）加强旅游资源的修复与保护。积极组织人力编制科学方案，采用适宜的生态修复技术和文物修缮技术，对自然旅游资源及其原生环境进行生态修复与保护，积极维护与抢救历史文化遗产遗迹。

6）加强旅游市场宣传。及时通报旅游安全保障状况，恢复中外游客信心。借地震给当地带来的极高关注度与知名度，加强旅游资源与产品的市场促销。

第十二章　工业布局导向评价

第一节　灾前工业发展与区域格局

1. 灾前经济发展水平评价与格局

灾区21个县（市、区）位于成都平原西南部，属于成渝经济区的边缘地区。2011年21个县（市、区）GDP为1356.98亿元，占四川省GDP的6.5%，人均GDP为25418元，略低于全省平均水平。重灾区和极重灾区多数县（市、区）经济规模偏小，是四川省发展较为落后的地区。

（1）经济发展水平

GDP。灾区灾前GDP分布格局是东部高、西部低，城市经济规模偏小（表12-1）。东部平原地区地势平坦，临近成都平原中心地区，是经济活动的集中区域，但也仅东坡区、峨眉山市、邛崃市三个城市经济规模超过四川省的平均水平。中部河谷地带相对高差较大，适宜人类经济活动的区域仅限于部分河谷地区，可利用土地资源不足，不利于工业大规模发展。西部高山地区的土地资源虽然丰富，但人口较少，各县（市、区）经济总量普遍偏低。

表12-1　灾区灾前GDP区域分级

区域级别	GDP（亿元）	名　称
高区域	>100	东坡区、峨眉山市、邛崃市、大邑县、雨城区
较高区域	50~100	夹江县、蒲江县、洪雅县
较低区域	30~50	石棉县、荥经县、名山区、汉源县、康定县、天全县、丹棱县、甘洛县
低区域	<30	峨边县、金口河区、芦山县、宝兴县、泸定县

财政收入。2011年仅东部财政收入最高的5个县（市、区）达到四川省平均水平（5.93亿），大部分县（市、区）财政吃紧，入不敷出。东部少数县（市、区）经济发展水平较高，财政收入相对较多，但即使这些地区，也难以保证财政收支平衡，如东坡区已经连续多年是整个区域财政赤字最大的区域。中西部地区处于四川盆地边缘，距离成都等经济发达地区较远，且以山地为主，交通不便，地方财政收入有限，主要依靠国家和省级的财政转移支付。尤其需要注意的是，中部雅安各县（市、区）几乎是灾区财政收入最低的地区，而这些县（市、区）恰恰是本次受灾最严重的地区，是需要中央政府未来重点支持的地区（表12-2）。

表12-2　灾区灾前地方财政收入区域分级

区域级别	地方财政收入（万元）	名　称
高区域	>100000	金口河区、峨眉山市
较高区域	60000~100000	东坡区、大邑县、邛崃市
较低区域	30000~60000	康定县、洪雅县、石棉县、汉源县、夹江县、蒲江县
低区域	<30000	峨边县、甘洛县、泸定县、荥经县、雨城区、丹棱县、名山区、天全县、宝兴县、芦山县

人均 GDP。GDP 反映地区的经济总量，而人均 GDP 是地区每个人的平均产出，常用来衡量一个地区的发展水平。整体来看，灾区人均 GDP 较低，高值地区没有集中连片分布，人均 GDP 与工业化水平相关性较大。2011 年灾区人均 GDP 高于全国平均水平（35181 元/人）的仅金口河区和石棉县，有 12 个县（市、区）低于四川省平均水平（26133 元/人），表明灾区整体经济较为落后，多数地区在四川省属于欠发达地区，依靠自身力量恢复重建难度较大。人均 GDP 最高的 4 个县（市、区）中除峨眉山市人口较多外，其他 3 个都属于灾区人口最少的县（区），经济总量也较小，因此对整个地区的带动作用有限（表 12-3）。

表 12-3 灾区灾前人均 GDP 区域分级

区域级别	人均 GDP（元）	名 称
高区域	>30000	金口河区、石棉县、峨眉山市、宝兴县
较高区域	25000 ~ 30000	康定县、荥经县、蒲江县、雨城区、东坡区、夹江县
较低区域	20000 ~ 25000	天全县、大邑县、洪雅县、丹棱县、邛崃市、芦山县
低区域	<20000	峨边县、名山区、甘洛县、泸定县、汉源县

（2）经济增长潜力

GDP 增速。GDP 增速呈连续的条带状格局，增长较快的是大渡河和青衣江沿岸地区。2006 ~ 2011 年 GDP 年均增速为 18.32%，低于四川省平均水平（19.32%），发展最快的地区主要是 2003 年以来大幅度开发水电资源的泸定县和石棉县，以及位于经济发达地区周边、经济基础较薄弱的地区，如丹棱县、名山区等。原先经济基础较好的地区经济增长速度都不快。东坡区是少数经济总量大且发展速度较快的地区，将成为未来区域的中心（表 12-4）。

表 12-4 灾区灾前 GDP 增速区域分级

区域级别	GDP 增速（%）	名 称
快速发展区域	>20	泸定县、丹棱县、东坡区、金口河区、名山区、石棉县
中速发展区域	17 ~ 20	雨城区、峨眉山市、蒲江县、芦山县、宝兴县、荥经县、夹江县、汉源县、洪雅县
低速发展区域	<17	天全县、康定县、甘洛县、大邑县、邛崃市、峨边县

经济活跃度。经济活跃度选择民营经济增加值占 GDP 的比重作为评价指标。灾区民营经济整体比较发达，有 14 个县（市、区）高于四川省平均水平（54.05%），呈现中部高、东部次之、西部最低的梯度分布格局。民营经济发达的地区是整体经济实力相对较弱的区域，政府财政收入不高，重建过程中在坚持政府主导的基础上，要充分发挥民营经济的优势，一定程度上可以减轻政府的压力。雨城区、峨眉山市、石棉县等民营经济不发达的地区，恰好是整体经济实力较强的地区，可以充分发挥自身主动性。一些中西部地区整体经济实力和民营经济都较弱，如峨边县、泸定县等，但这些地区均非本次地震的主要受灾区域（表 12-5）。

表 12-5 灾区灾前民营经济比重区域分级

区域级别	民营经济比重（%）	名 称
高区域	<64	荥经县、甘洛县、宝兴县、夹江县、天全县
较高区域	60 ~ 64	芦山县、邛崃市、洪雅县、大邑县、丹棱县
较低区域	54 ~ 60	东坡区、名山区、金口河区、蒲江县
低区域	>54	汉源县、峨边县、峨眉山市、石棉县、雨城区、康定县、泸定县

吸引外资能力。即实际利用外资水平，一定程度上表征地区经济对外开放程度，选择 2006 ~ 2011 年的实际利用外资总额作为评价指标。外商投资主要集中在东部地区，中西部地区很少。实际利用外资较

多的地区主要集中在东部少数城市，东坡区和蒲江县实际利用外资总额 62628 万美元，占灾区的 55% 以上。中部吸引外资的能力是最差的，金口河区和荥经县几乎没有外商投资。实际利用外资格局与经济总量相似，与经济增速差异较大，说明外商倾向于投资经济发达地区，落后地区的发展仍需依靠国内资金（表 12-6）。

表 12-6　灾区灾前实际利用外资区域分级

区域级别	实际利用外资（万美元）	名称
高区域	<10000	东坡区、蒲江县
较高区域	5000 ~ 10000	大邑县、邛崃市、峨眉山市、雨城区
较低区域	1000 ~ 5000	夹江县、康定县、名山区、天全县、石棉县、泸定县、汉源县、洪雅县
低区域	>1000	芦山县、峨边县、宝兴县、丹棱县、甘洛县
无外商投资	0	金口河区、荥经县

（3）经济发展水平的总体评价

利用表 12-7 中的指标体系，对各项指标标准化值赋权叠加，对灾区 21 个县（市、区）进行经济发展水平的总体评价。

表 12-7　灾区灾前总体发展水平评价指标体系

评价内容		指标（权重）
y 灾前总体发展水平评价	y_1 灾前经济发展水平评价	x_1 GDP（0.4）
		x_2 公共财政收入（0.3）
		x_3 人均 GDP（0.3）
	y_2 灾前经济增长潜力评价	x_4 GDP 增速（0.4）
		x_5 民营经济比重（0.3）
		x_6 吸引外资能力（0.3）

21 个县（市、区）经济发展水平和增长潜力较大的区域主要位于东部发展条件较好的平原地区，是灾区未来的主要发展区，包括东坡区、邛崃市、雨城区等；次要发展区主要是震前经济基础较好，但是增长潜力有限的区域，主要是大渡河沿线水电及矿产资源丰富的区域；潜力发展区主要位于平原与山区过渡的浅山区，具有一定的发展潜力，近年来增长速度较快的区域，具备成为未来重要的经济增长区的发展条件；中西部一些县（市、区）震前经济发展水平不高，增长潜力较小，在注重生态保护的前提下要积极发展对自然生态影响较小的绿色经济（表 12-8）。

表 12-8　灾区灾前经济发展总体水平评价

区域类型	名称
主要发展区	东坡区、邛崃市、夹江县、洪雅县、大邑县、雨城区、峨眉山市、蒲江县
次要发展区	石棉县、金口河区、康定县
潜力发展区	名山区、丹棱县、天全县、宝兴县
缓慢发展区	荥经县、甘洛县、峨边县、汉源县、芦山县、泸定县

2. 工业发展水平评价与格局

（1）工业增加值

震前灾区 21 个县（市、区）工业增加值 661.8 亿元，占四川省总量的 6.98%。2011 年灾区工业增加值较高的东部县（市、区）工业增加值 455.3 亿元，占灾区的 68.8%。灾区工业增加值最高的是东坡区和峨眉山市，两个市（区）的工业增加值达 204.7 亿元，占灾区的 30.9%，也是灾区少数工业增加值高于四川省平均水平的城市。

表 12-9　灾区灾前工业增加值区域分级

区域级别	工业增加值（万元）	名称
高区域	<500000	东坡区、峨眉山市
较高区域	300000～500000	邛崃市、夹江县、雨城区、洪雅县、大邑县、石棉县
较低区域	150000～300000	蒲江县、荥经县、金口河区、天全县、名山区、甘洛县、峨边县
低区域	>150000	丹棱县、汉源县、芦山县、康定县、宝兴县、泸定县

（2）第二产业从业人员

震前灾区 21 个县（市、区）第二产业从业人员 87.2 万人，占四川省的 6.92%。灾区第二产业从业人员分布格局整体呈现东部高、西部低的格局（表 12-10）。东北部工业发展较好的平原地区最高，中部和东部一些工业和人口集聚的山前及河谷地区次之，多数县（市、区）第二产业从业人口在 1 万～3 万人，泸定县第二产业从业人员数量最少，仅 3600 人。震前灾区第二产业从业人员超过 10 万人的县（市、区）有大邑县、东坡区、邛崃市，达到四川省平均水平（7 万人），从业人员共计 36.8 万人，占地区的 42.3%，东坡区和邛崃市也是工业增加值最高的地区。

第二产业从业人员分布格局与工业增加值分布格局基本一致，但也存在一定差异，反映出不同类型工业对就业的吸纳能力不同。第二产业就业主要集中在东北部平原地区，该地区以加工制造业为主，而以水电等资源型工业为主的石棉县、峨眉山市等地区，虽然工业增加值较高，但第二产业从业人员较少。

表 12-10　灾区灾前第二产业从业人员区域分级

区域级别	第二产业从业人员（万人）	名称
高区域	>7	大邑县、东坡区、邛崃市
较高区域	3～7	夹江县、蒲江县、峨眉山市、雨城区、汉源县、荥经县
较低区域	1～3	洪雅县、名山区、丹棱县、天全县、芦山县、石棉县、峨边县、甘洛县、宝兴县
低区域	<1	康定县、金口河区、泸定县

（3）工业增加值年均增长率

2006～2011 年，灾区工业增加值年均增长 24.89%，与全省年均水平（24.68%）持平，高于全国平均水平（15.60%）。工业增加值年均增长率呈现中部高，东部和西部低的格局，大体与 GDP 增长速度空间格局一致，但其增速远高于 GDP（表 12-11）。增长率超过 30% 的快速发展地区包括汉源县、泸定县、名山区、丹棱县，这 4 个县的工业经济总量较小，但周边地区工业经济较发达；增速较快的地区也多为工业基础较弱的县，如宝兴县、芦山县等；东部工业发展较好的县（市、区），如峨眉山市、东坡区等，增长速度相对较慢，属于较低速发展地区；低速发展区域不仅有大邑县、邛崃市等工业比较发达的东部地区，也有峨边县、康定县、甘洛县 3 个工业落后的地区。总体来看，工业基础较弱的地区既有发挥后发优势快速增长的，也有发展最慢的，处于两个极端。工业增加值增长率的差异在很大程度上反映出水电开发对当地工业发展的巨大影响。

与 GDP 增长率对比，差别较大的有东坡区、金口河区、汉源县，前两个区 GDP 增速相对较高，表明建筑、服务业相对其他地区发展较快，而汉源县农业比重较大，虽然近年来工业快速发展但对经济整体带动作用并不明显。

表 12-11 灾区灾前工业增加值增速区域分级

区域级别	工业增加值年均增长率（%）	名称
高速发展区域	>30	汉源县、泸定县、名山区、丹棱县
较高速发展区域	25～30	石棉县、蒲江县、洪雅县、宝兴县、芦山县、雨城区、荥经县
较低速发展区域	20～25	东坡区、天全县、峨眉山市、金口河区、夹江县
低速发展区域	<20	大邑县、邛崃市、峨边县、康定县、甘洛县

（4）工业发展水平的总体评价

利用表 12-12 中的指标体系，对各项指标标准化值赋权叠加，对灾区 21 个县（市、区）工业发展水平进行总体评价。

表 12-12 灾区灾前工业发展水平评价指标体系

评价内容	指标（权重）
Y 灾前工业发展水平评价	x_1 工业增加值（0.4）
	x_2 工业增加值增速（0.3）
	x_3 第二产业从业人员（0.3）

21 个县（市、区）工业发展水平呈现明显的梯度分异特征。由平原向浅山区、高山峡谷地区延伸，海拔由低到高，工业发展水平依次递减，分为 3 个工业发展板块（表 12-13）。

重点工业发展板块：包括东坡区、峨眉山市、邛崃市、雨城区。4 个市（区）位于东南部平原，邻近四川省经济中心，交通和区位条件优越，适宜发展用地较多，工业发展水平最高，4 个市（区）工业增加值占灾区的 45%，成为灾区工业经济的中心（表 12-13）。

表 12-13 灾区灾前重点工业发展板块

名称	工业增加值（万元）	工业增加值增速（%）	第二产业从业人员（万人）	名称	工业增加值（万元）	工业增加值增速（%）	第二产业从业人员（万人）
东坡区	1201407	23.75	11.60	邛崃市	481111	19.41	11.25
峨眉山市	845772	22.58	5.80	雨城区	443253	25.11	4.30

中等工业发展板块：包括荥经县、名山区、天全县、大邑县等 10 个县（区），多数县（区）位于中部平原向山区过渡地带，适宜工业发展的用地较少，对外交通不畅，如荥经县、天全县等。一些平原地区的县（区）第一产业和第三产业也很发达，但近年来工业发展较慢，如大邑县（表 12-14）。

表 12-14 灾区灾前中等工业发展板块

名称	工业增加值（万元）	工业增加值增速（%）	第二产业从业人员（万人）	名称	工业增加值（万元）	工业增加值增速（%）	第二产业从业人员（万人）
夹江县	475531	20.43	6.9	天全县	184459	23.05	2.38
洪雅县	384282	28.19	2.9	荥经县	246718	24.98	3.6
大邑县	378191	19.61	13.99	名山区	172006	32.45	2.75
石棉县	343325	29.0	1.51	丹棱县	144068	31.14	2.5
蒲江县	294682	28.7	5.97	汉源县	132574	38.83	4.18
金口河区	185999	20.88	0.9	—	—	—	—

边缘工业发展板块：包括芦山县、宝兴县等 6 个县，这些县处于西南部山区，工业只能布局在少数山间谷地，可利用建设用地有限，工业发展较慢（表 12-15）。

表 12-15 灾区灾前边缘工业发展板块

名称	工业增加值（万元）	工业增加值增速（%）	第二产业从业人员（万人）	名称	工业增加值（万元）	工业增加值增速（%）	第二产业从业人员（万人）
甘洛县	169295	15.44	1.29	峨边县	152279	16.72	1.3
芦山县	125952	25.83	1.73	宝兴县	105547	26.59	1.02
康定县	114971	16.19	0.93	泸定县	36280	33.81	0.36

3. 重点工业发展现状与格局

震前灾区依托青衣江、大渡河、金沙江、岷江大力发展水电产业，并结合丰富的矿产资源发展冶金、建材、化工等高耗能产业和铅锌、铁、煤等矿产资源采掘业，在平原及河谷地带有条件的地区发展机械、电子、纺织等制造业和有机农产品、茶叶、白酒等农副产品加工业（表 12-16）。

表 12-16 灾区灾前各县（市、区）重点工业门类

名称	主要工业门类
芦山县	水电、纺织、新材料（电极箔、电容器等）
雨城区	汽车零部件加工、农产品加工、能源和化工工业
天全县	水电、建材（水泥）、电冶（铁合金）、煤炭、化工
名山区	茶叶产业、汽车零部件加工、化工
荥经县	煤炭、水电、冶金、石材加工、水泥建材、水晶宝石
宝兴县	石材、水电、精细碳酸钙、中药材与茶叶加工
邛崃市	特色食品饮料产业、现代生物医药产业和精细化工产业
汉源县	水电、有色金属、食品加工、化工（磷化工）、矿产（铅锌、磷矿、石膏等）
蒲江县	食品、生物制药、制造业及都市工业（包装、印刷、服装等）
丹棱县	齿轮机械、陶瓷建材、芒硝化工、农副产品加工
洪雅县	水电、机械制造、建材化工、生态食品加工工业
金口河区	水电、冶金、化工、矿产、纺织等
大邑县	机械加工（铸件）、家用电力器具制造、食品加工
石棉县	水电为龙头，锌、硅、黄磷、电石等载能产业和电极箔、重钙等新材料
泸定县	建材（水泥）、水电、中藏药、锂冶炼等
夹江县	水电、建筑陶瓷、民用核工业和饲料加工业、纸业、农副产品加工业等
峨眉山市	水泥建材、铝材加工、光伏产业、农产品加工
甘洛县	水电、煤炭、有色金属（铅锌矿、铜矿）、铁矿、磷矿等
东坡区	食品加工、机械电子、生物医药
峨边彝族自治县	水电、冶金建材、化工、农副产品加工
康定县	水电、矿业（甲基卡锂辉矿、硅）、建材（水泥）、冶炼（铅、锌、铜矿等）

依托当地丰富的水力资源和国家鼓励发展水电的产业政策，形成了青衣江（宝兴县、芦山县、天全县、洪雅县、夹江县）、大渡河（石棉县、汉源县、金口河区）、青衣江—大渡河（雨城区、名山区、荥经县）、大渡河（泸定县）、大渡河—金沙江（甘洛县）、岷江—大渡河（康定县）水电工业密集区。

以电力工业为基础，利用丰富的铅锌、铜、铁、大理石、煤炭等矿产资源，大力发展冶金、建材等资源型工业，形成了以荥经县、汉源县、名山区、石棉县、金口河区、甘洛县和泸定县等为主的冶金工业布局；以荥经县、汉源县、天全县、宝兴县、丹棱县、洪雅县、夹江县、泸定县、康定县、雨城区等

为主的建材工业（石材、建筑陶瓷、水泥等）；形成了荥经县、天全县、甘洛县等为主的区域性煤炭生产基地。

以成都为中心，大邑县、东坡区、雨城区、夹江县等县（区）积极发展机械、电子、食品加工、医药等产业，形成了加工制造业产业布局。

以平原和河谷地区的粮油、果蔬、畜牧和山区的茶叶、林竹、中草药等特色农业资源为依托，形成了名山区、丹棱县、汉源县、大邑县、蒲江县、邛崃县、泸定县、崇州市、芦山县等农副产品加工、食品饮料、生物医药产业布局。

（1）水电工业

灾区水力资源主要分布在西部和南部大渡河沿岸区域。2012 年，灾区装机容量超过 25 万千瓦的大型水电站有 11 个（其中 4 个是超过 100 万千瓦的特大型电站），总装机容量达到 1552 万千瓦，占灾区总装机容量的 60% 以上。这些电站全部位于大渡河干流上，作为国家“十二五”规划建设的 13 个大型水电基地之一的大渡河水电基地的干流梯级电站（表 12-17）。

表 12-17　灾区水电站数量和规模

名称	特大型水电站	大型水电站	中型水电站	小型水电站	备注
雨城区			9	34	4 个特大型水电站分别为瀑布沟水电站（360 万千瓦）、大岗山水电站（260 万千瓦）、长河坝水电站（260 万千瓦）、猴子岩水电站（170 万千瓦）；7 个大型水电站分别为泸定水电站（90 万千瓦）、黄金坪水电站（85 万千瓦）、龚咀水电站（73 万千瓦）、枕头坝水电站（72 万千瓦）、龙头石水电站（70 万千瓦）、深溪沟水电站（66 万千瓦）、沙坪二级水电站（34.5 万千瓦）
名山区				24	
宝兴县			24	47	
邛崃市			1	14	
荥经县			3	172	
荥经县（拟建）			3		
洪雅县			7	159	
大邑县				54	
康定县	2	1	19	9	
康定县（拟建）			19	12	
峨眉山市				31	
夹江县			2	5	
金口河区		1	1	46	
峨边县		2	19	88	
甘洛县			8	79	
甘洛县（拟建）			3	33	
丹棱县				1	
石棉县	1	1	15	240	
泸定县		1	2	13	
泸定县（拟建）			2	3	
芦山县			3		
汉源县	1	1		70	
天全县			16	181	
总计	4	7	156	1305	

注：小型水电站装机容量为 1.2 万千瓦以下，中型水电站装机容量为 1.2 万～25 万千瓦，大型水电站装机容量大于 25 万千瓦，特大型水电站装机容量 100 万千瓦以上。

（2）矿产资源行业

灾区矿产资源开发集中在中西部的山区和浅山区，包括非金属矿（大理石、花岗岩、碳酸钙、芒硝、硅、黄磷、石膏、页岩矿等）、金属矿（铅锌矿、铜矿、铁矿）、煤炭等的开发和初加工（表12-18）。

表12-18 灾区灾前主要资源型工业行业分布

名称	石材加工	水泥	建筑陶瓷	矿冶	煤炭采掘	芒硝化工	磷化工
芦山县	■				■		
荥经县	■	■		■	■		
汉源县				■			■
石棉县							■
天全县				■	■		
宝兴县	■						
丹棱县			■			■	
洪雅县		■			■	■	
夹江县			■		■		
峨眉山市		■			■		
峨边县		■		■			
甘洛县				■	■		■
泸定县		■		■			

注：色块表示资源型产业在该县具有一定的工业基础和实力。

以大理石、花岗岩为原材料的石材加工业主要集中在宝兴县、芦山县、荥经县等，石材加工业对宝兴、芦山两县的经济贡献高达40%，成为县域工业的支柱产业。

以碳酸钙为原材料的水泥工业主要集中在荥经县、东坡区、洪雅县、峨眉山市、峨边县和康定县等。

以页岩等为原材料的建筑陶瓷工业主要集中在丹棱县、夹江县、东坡区等。

以铅锌矿、铜矿、铁矿为原材料发展冶金工业主要集中在荥经县、汉源县、天全县、金河区、峨边县、甘洛县、康定县等。

以芒硝为原材料的化工业主要集中在丹棱县、洪雅县及东坡区。

煤炭采掘业主要布局在芦山县、天全县、雨城区、荥经县、峨眉山市、夹江县、洪雅县和甘洛县，共有煤矿156个，生产（设计）能力为1542万吨/年。其中，生产矿井32个，生产能力为306万吨/年。在建整合技改矿井124个，设计生产能力为1236万吨/年。

（3）轻工业

灾区轻工业主要包括机械、食品饮料、纺织、医药、农副产品加工业，主要分布在东北部平原地区和中部山间河谷地带，包括大邑县、邛崃市、蒲江县、雨城区、名山区、芦山县、宝兴县、汉源县、东坡区。

大邑县、邛崃市、蒲江县依托靠近成都的区位优势，主要发展铸件、家用电器、精细化工、生物医药、白酒、印刷包装等附加值较高的产业和都市型产业。

东坡区为乐山市的市辖区，经济发展水平较高，主要发展电子、机械等高技术产业和泡菜等特色农副产品加工业。

雅安市的雨城区、名山区以及芦山县和宝兴县的部分乡镇由于交通区位条件较好，主要承接发达地区的产业转移，发展汽车零部件制造、纺织服装、乳制品加工、茶叶、医药等产业。汉源县由于有大片的河谷平原，农业较为发达，农副产品加工业发展较好。

4. 工业园区发展现状与格局

根据园区重要程度，灾区的数十个工业园区分为重点发展园区和各地市主要园区两类。

（1）重点发展园区

根据四川省人民政府发布的《四川省培育成长型特色产业园区名单的通知》和《关于调整四川省培育成长型特色产业园区名单的通知》，灾区的雅安工业园区、峨眉山市工业集中区、夹江经济开发区、眉山铝硅产业园区、眉山金象化工产业园区是四川省重点扶持的工业园。这些园区主要分布在灾区的东部，以机械加工、精细化工、电子信息、新材料等高附加值、技术密集型产业为主（表12-19）。

表12-19 灾区灾前重点发展园区

地级市	县级区域	园区名称	规划面积（平方公里）	主要产业
乐山市	峨眉山市	峨眉山市工业集中区	38	电子信息、铝精深加工、农副产品加工
雅安市	雨城区、名山区	雅安工业园区	8.23	光伏产业、机械加工
乐山市	夹江县	夹江经济开发区	8	陶瓷、水能机械、核工业民品制造、化工、包装
眉山市	东坡区	眉山铝硅产业园区	11.6	电解铝及铝深加工
眉山市	东坡区	眉山金象化工产业园区	20	天然气化工、新能源、新材料

（2）各地市（自治州）其他主要园区

灾区其他主要工业园区均为地市（自治州）工业集聚区。园区的产业发展主要依托当地优势资源，主要分为冶金、水泥建材、石材、化工、铅锌矿、煤炭等高耗能的资源型产业和茶叶、药材等低能耗的农副产品加工业两类，只有少数园区发展了电子信息、机械、家具等轻工业（表12-20）。

表12-20 灾区灾前资源加工类园区

县（市、区）	产业园名称	规划面积(平方公里)	主要产业
金口河区	金口河区工业集中区（解放片区和三角石片）	0.8	工业硅、铁合金下游产品精深加工；农产品加工产业；铁合金、工业硅、钛白粉
洪雅县	洪雅建材产业园区	10.00	建材
	洪雅机械化工园区	20.00	化工、机械制造
丹棱县	丹棱县钾钠化工产业园区	4	以元明粉生产和深加工为主的芒硝化工产业
荥经县	荥经县工业集中区	13.16	煤炭、冶金、化工、建材、水晶宝石加工
汉源县	汉源县工业集中区（万里工业区）	7.2	有色金属冶炼、电解化工等
石棉县	石棉工业园（竹马工业集中区、小水工业集中区）	13.74	铬、锌等有色金属冶炼，磷化工、化成箔等
天全县	天全县工业集中区	15.25	水电电冶、水泥建材等
宝兴县	宝兴县灵关工业集中区	2	石材、碳酸钙产品、药材加工
丹棱县	丹棱陶瓷建材产业园区	5	陶瓷建材
甘洛县	甘洛县工业集中区	9.63	铅锌采掘与洗选、工业硅、碳化硅和石墨电极
康定县	康泸工业集中发展区	10.92	冶金、藏药、工业硅、水泥建材

以高能耗资源型工业为主的集聚区包括芦山县工业集中区、金口河工业集中区等13个园区，涉及芦山县、金口河区、甘洛县等11个县（区），这些县（区）主要分布在山区以及山区与平原的过渡地带，这些园区的产业由于产业链较短，对当地产业的带动作用不强，而且与其他地区产业关联性较差，难以形成区域分工体系。

以茶叶、药材、食品加工等产业为主的县（市、区）主要是成都各县（市）、雅安的雨城区以及甘孜藏族自治州的泸定县，大部分处于平原地区或河谷地区，其中雅安市农业高科技生态园区为四川省仅保留的两个农业科技园区之一（表12-21）。

表12-21 灾区灾前农产品加工类园区

县（市、区）	产业园名称	规划面积（平方公里）	主要产业
雨城区	雅安市农业高科技生态园区	3	藏茶、名优茶、生物制药、乳制品加工、高效养殖业和其他农副产品加工
蒲江县	蒲江县工业集中发展区	6	以生物提取、休闲食品、保健食品为重点的食品医药产业
邛崃市	邛崃市工业集中发展区（邛崃工业园区、中国名酒工业园）	21	生物医药、酒类制造、食品饮料产业
东坡区	四川眉山经济开发区东区	20.7	泡菜食品、机械电子、医药化工
洪雅县	洪雅生态食品加工产业园区	1.70	农产品加工
汉源县	汉源县工业集中区（甘溪坝工业区）	6.8	食品加工、农产品加工、药材加工等
泸定县	康-泸产业集中区	10.92	农产品加工、藏药、冶金、水泥建材、工业硅和多晶硅

以轻工制造业为主的园区有3个，分别是雨城区的草坝工业集中区、芦山县工业集中发展区、丹棱机械产业园区，这些园区位于平原，邻近成都，与成都产业联系紧密（表12-22）。

表12-22 灾区灾前轻工制造类类园区

县（市、区）	产业园名称	规划面积(平方公里)	主要产业
大邑县	大邑县工业集中发展区	10.6	机械制造（板材、钢材、铸件、矿山机械）、家用电力器具制造、建材等
雨城区	草坝工业集中区	6.78	新材料加工、林产品加工、机械加工等
芦山县	芦山县工业集中区	7.1	纺织、电极箔
丹棱县	丹棱机械产业园区	6.0	机械制造、建材

总体来看，资源型产业需要消耗大量能源，主要分布在中西部拥有充足水电资源的大渡河、青衣江等沿岸区域，各产业园区之间没有形成明显的分工合作关系，呈现散点布局；以食品饮料、农副产品加工、药材加工为主的园区主要分布在东部平原地区和河谷地区，呈现片状布局；电子、机械、纺织等轻工制造业主要以成都为核心，向平原地区和山前过渡地带的县（市、区）扩散，呈现同心圆状布局。

(3) 重灾区和极重灾区工业园区分布与格局

重灾区和极重灾区主要涉及雅安工业园区、雅安市农业高科技生态园区等6个工业园区（表12-23）。

名山区和雨城区的雅安工业园、草坝工业集中区、雅安市农业高科技生态园区主要是集中发展的模式，布局较为紧凑，以食品、建材、服装、医药、机械加工等产业为主。

芦山县、宝兴县、荥经县、天全县的4个工业集中区布局较为分散，呈现“一区多园”的模式，工业园区散布在多个乡镇，以冶金、建材、煤炭等高耗能产业为主。

表12-23 灾区重灾区和极重灾区主要园区概况

园区	工业总产值（亿元）	利税（万元）	就业人数（人）	备注
雅安工业园区（总）	42.1	10900	3788	核心区位于名山区，扩展区包括永兴片区和草坝片区
草坝工业集中区	30	30000	5000	位于雨城区涉及草坝镇新时、幸福、河岗、草坝、均田、栗子、金沙、水津、林口等9个村

续表

园区	工业总产值（亿元）	利税（万元）	就业人数（人）	备注
雅安市农业高科技生态园区	4.5	—	272	—
芦山县工业集中区	22.56	15600	5200	“一园四片加独立工矿点”空间格局：包括飞仙、芦阳、清仁、苗溪4个小区和大川—双石—太平（中林）独立工矿点
宝兴县灵关工业集中区	10.4	—	1875	包括大渔溪工业组团和灵关工业组团，灵关组团下辖5个分区
荥经县工业集中区	34.82	—	4080	“一区五园”空间格局：包括严道-大田坝特色产业园、六合-烈太建材及新材料产业园、新添-熊家山光伏产业和化工工业园、花滩-安靖载能产业园、附城-五宪-烟竹轻纺及一般工业园
天全县工业集中区	19.7	6872	3275	“一区、三园、多组团”的空间格局，包括始阳工业园、大坪工业园、小河工业园3个园区，共下辖7个组团

第二节 灾后重建工业基础条件评价与产业选择

通过工业发展水平评价可以发现，灾区依托资源优势，初步形成了具有特色的资源密集型产业体系，形成了一批具有全国和全省知名度的产品，如名山贡茶、宝兴石材、峨眉山金属栅栏件、东坡象牌硝等。同时，灾区位于成渝经济区的边缘，靠近中心城市，具有承接大都市区产业梯度转移的区位优势。在全国主体功能区规划和四川省主体功能区规划中，金口河、邛崃、名山、荥经、丹棱、夹江、东坡等县（市、区）属于国家级和四川省级重点开发地区，其加速发展符合国家和四川省国土空间开发的战略要求。未来产业重建必须坚持双轮驱动，因地制宜，既要立足当地资源优势发展特色优势产业，又要加强区域合作承接发达地区产业转移，走科技含量高、经济效益好、资源消耗低、环境污染少、人力资源得到充分发挥的新型工业化道路。

1. 工业基础条件评价

普查和统计资料显示，灾区能源资源（水电、煤炭、天然气）、矿产资源（金属矿产与非金属矿产）、生物资源（茶叶、果蔬、林竹、中药草）丰富，资源组合优势明显，具有依托水电资源优势发展高载能工业，依托矿产资源优势发展冶金、机械、化工、建材等具有一定技术含量和加工度的现代制造业，服务大城市和城乡消费市场的特色农副产品加工业的产业基础和发展潜力。

（1）水力资源丰富，但水电工业重建面临挑战

灾区水电开发涉及6个地市（州）、19个县（市、区），水能资源理论蕴藏量4000万千瓦以上，已开发量2256万千瓦。仅以这次地震的重灾区雅安市为例，水能资源理论蕴藏量就达1601万千瓦，经济可开发量1322万千瓦，约占四川省水能经济可开发量的10%和全国水能经济可开发量的2.5%（表12-24）。就单个城市来看，装机容量最大的是康定县，约650万千瓦，加上拟建电站，未来总装机容量将达693万千瓦。

表 12-24 灾区水力资源分布

流域	县（市、区）	水力资源
大渡河	石棉县	水能资源理论蕴藏量680万千瓦，可开发量达594万千瓦，占雅安市水能可开发量的45.7%。截至2011年年末，全县已开发272.9万千瓦
	汉源县	水能资源理论蕴藏量750万千瓦以上，已开发利用3万多千瓦。国家重点在建项目瀑布沟巨型电站（装机360万千瓦）、深溪沟电站（装机70万千瓦）
	金口河区	境内大渡河流域可开发水电资源量150万千瓦，已经建成小水电72座，总装机容量15万千瓦。2007年开始建设枕头坝电站、沙坪电站，两电站装机170万千瓦
	甘洛县	水能资源理论蕴藏量95.29万千瓦，可开发量45万千瓦，2010年总装机容量22.89万千瓦
	泸定县	2010年全县建成水电装机21.21万千瓦，在建电站装机340.76万千瓦
大渡河 青衣江	雨城区	水能资源理论蕴藏量53.30万千瓦，其中可开发量48.80万千瓦，现已开发总装机容量10.85万千瓦
	名山区	水能理论蕴藏量33560千瓦，可开发量21080千瓦，目前已开发19173千瓦，占可开发量的91%
	荥经县	水力资源理论储量为64万千瓦，可开发利用的达39万千瓦。目前总装机容量近10万千瓦
青衣江	天全县	水能资源理论蕴藏量114.02万千瓦，可开发量49.4万千瓦，2012年全县水电总装机达43.1万千瓦。在建电站12个，装机容量22.6万千瓦；拟建电站1个，装机容量21万千瓦
青衣江	芦山县	水能资源理论蕴藏量达57万千瓦，可开发44万千瓦，2012年年末已经建成的电站装机容量29万千瓦、在建的华能飞仙关电站10万千瓦。
青衣江	宝兴县	水能资源理论蕴藏量140多万千瓦。截至2012年年末，已建成水电站46座，装机95万千瓦；在建电站14座，装机23万千瓦；拟建电站6座，装机11万千瓦
青衣江	洪雅县	水能资源理论蕴藏量达100万千瓦，可开发90万千瓦。已建成水电站160余座，装机容量93万千瓦
青衣江	夹江县	总装机容量20.4万千瓦
岷江—大渡河水系 金沙江—雅砻江水系	康定县	水能资源理论蕴藏量1800万千瓦，可开发利用1080万千瓦。2010年年末建成电站装机达119.23万千瓦，在建电站装机容量558.6万千瓦，拟建电站装机容量155.1万千瓦

水电行业已经成为西部县区的支柱产业。例如，2010年石棉县水电产业实现产值32.43亿元，增加值18.99亿元，上缴税金3.83亿元，占国税和地税总收入的56.7%。洪雅县每年的水电收入占洪雅县工业总产值的35%左右，占全县工业税收的60%以上。

灾区水电站数量众多，但以小型水电站为主。已建和在建的水电站有1472座，装机容量在1.2万千瓦以下的小型水电站有1300多座，占总量的88.65%。其中，装机容量小于1兆瓦的559座。多数东部县（市、区）以1兆瓦以下的水电站为主，例如，大邑县、邛崃市、雨城区、名山区1兆瓦以下的水电站分别占其电站总数的76%、87%、61%、88%，洪雅县小电站多达108座，是灾区21个县（市、区）中最多的。

水利工程的开发建设易带来次生地质灾害，也是造成流域生态安全、经济安全和社会安全的隐患。灾区特殊的地质与地貌特征和脆弱的生态环境与水力开发产生的巨大收益之间存在冲突和矛盾。此外，当地水电开发还普遍存在小水电发展无序、自供区安全问题突出，一些县区水电开发过度、电网设施不完善和容灾能力差等问题，亟需规范和治理。因此，未来水电工业的重建与新建项目应在全面进行水文工程地质评估、地质灾害、生态环境影响评估和社会影响分析的基础上，慎重开展。

（2）能源资源、矿产资源与城镇工业园区的空间匹配度较好，有利于推进水能/煤炭—电—冶/化—

建循环经济产业链的建设与能源工业的重建

雅安市的芦山县、荥经县、汉源县、峨眉山市具有丰富的煤炭资源，要改变灾前煤炭矿点分散、技术水平低、汽车运输的落后生产形式，集约化、高起点建设煤炭联合企业，大力推进煤矸石、煤层气、共伴生资源的综合利用，形成推进当地煤—电—化—冶—建产业链的全面建设（表12-25）。

表12-25　灾区主要煤炭资源分布

名称	煤炭资源
雨城区	无烟煤保有储量208万吨，另有地质储量1621.8万吨
芦山县	煤炭储量7300万吨
荥经县	炼焦用煤B+C级290万吨、D级325万吨；非炼焦煤B+C级储量67.1万吨，D级储量166.3万吨；无烟煤B+C级储量456万吨，D级4742万吨
汉源县	地质储量为487.7万吨
天全县	境内探明具有较大储量的矿产资源主要有煤炭、石灰石、硅石、芒硝、硫铁矿、花岗石等
洪雅县	白煤储量538万吨
峨眉山市	煤增加资源储量1742万吨
峨边县	无烟煤储量丰富
甘洛县	煤矿年产量20万吨

雅安市具有丰富的天然气资源，已经开发的莲花1-1气田已达到40万立方米/日的产气能力。未来产业重建要注意依托天然气资源，优化区域能源结构，大力发展天然气化工。以煤炭产业链和天然气产业链为重点，系统推进灾区能源工业重建。

丰富的金属矿产资源与水电资源具有良好的空间组合特征，有利于通过煤—电—冶、水—电—冶产业链，重建灾区新型冶金工业（表12-26）。

表12-26　灾区金属矿产资源分布

名称	金属矿产资源
芦山县	铝土矿14储量8000多万吨，富矿占三分之一
荥经县	内生热液型铁矿C1+C2级储量181万吨，D级储量28万吨；沉积铁矿B+C储量30.4万吨，D级储量121.8万吨；铅锌矿B+C级储量铅9812吨、锌40149吨，D级储量铅944吨、锌9038吨、银15.72吨
汉源县	铅锌矿，铅锌金属储量为36.2万吨；锰矿，地质储量为186.0万吨；钴、镍矿，金属储量为1.12万吨；菱镁矿地质储量为438.0万吨
石棉县	碲铋矿矿区平均品位（碲+铋）1%～4%，探明矿石量3.29万吨，是目前世界上唯一的特富独立碲矿床
天全县	铝土矿探明储2595.2万吨
洪雅县	铁矿储量73万吨；铅锌矿储量87.5万吨
金口河区	铅锌、铜锰矿储量丰富
峨边县	铜、铅锌矿等储量丰富
甘洛县	铜、铅、锌、金、银等矿目前年产量200万吨
康定县	目前已探明的矿产资源有金、银、铅等，潜在价值为1000亿元以上
泸定县	基本探明储量为铅锌22万吨、锰35万吨、铁218万吨、银25万吨

丰富的磷矿资源，是建设电—磷—化循环经济产业链的保障。以循环经济为指导，高起点重建日洛、汉源、石棉磷矿资源开采基地，建设汉源磷化工中心，建设“零排放”循环经济工业园区。同时坚决取缔小磷矿、小磷肥、小磷化工企业，保障工业重建与生态重建的协调发展（表12-27）。

表 12-27 灾区磷矿资源分布

名称	磷矿资源
汉源县	磷矿地质储量 3.25 亿吨
金口河区	老汞山磷矿 3000 多万吨
峨边县	磷矿储量丰富
甘洛县	磷矿、硫铁矿、碘和含钾岩石储量丰富

（3）灾后的生态重建与丰富的生物资源，为食品、饮料、医药、轻工等产业重建提供了广阔的发展空间

灾区拥有丰富的生物资源与农产品资源（表 12-28）。生物资源种类繁多，特别是西部和南北山区工业少，生态环境优良。同时，灾区具有丰富的农业、林业、畜牧、水产、中草药等资源，通过现代高科技转化，为灾后食品、饮料、医药、轻工产品的大发展提供了良好的资源基础。

通过环境友好型产业的开发建设，形成灾区重建后的生物资源开发→产业发展→现代生物高科技应用→生态保护→生物资源优化的良性循环。

表 12-28 灾区中草药资源分布

名称	中草药资源
石棉县	盛产天麻、贝母、虫草等十多种名贵药材
宝兴县	重要的中药材产地，品种达 1000 多个，主要有川贝、虫草、云木香、大黄、羌活、银花和牛膝、当归、白术及以黄柏、杜仲、厚朴等
邛崃市	邛崃种植中药材历史悠久，品种繁多，药材公司常年收购的就有 250 多种
洪雅县	中草药种类达 2000 余种，常用的有 280 余种，其中杜仲、黄连、厚朴、红豆杉、薯蓣等规模较大
夹江县	歇马乡种植的石斛品种主要有叠鞘石斛、金钗石斛、马鞭石斛和铁皮石斛等，共种植了 4500 亩，年产鲜草 14.9 万公斤，占全省产量一半以上
峨眉山市	峨眉山中药材享誉全国，峨眉白蜡产量占全国的 1/2
甘洛县	境内生长着具有很大药用价值的天麻、党参、虫草、贝母等名贵药材
泸定县	蕴藏量较大，中药材中占重要比重的药用植物达 700 多种，约占全州已知种类的 30%，常年收购的药用植物有 50 多种，年收购量在 30 万～40 万公斤。药用生物主要有冬虫夏草、贝母（年产量 2000～3000 公斤）、天麻（年产量 5000 公斤以上）、大黄（年平均产量 10000 公斤）、薯蓣（年平均产量 60 万公斤）、虫娄（年平均产量 10 万公斤以上）、杜仲、当归、党参、独活、首乌等
康定县	盛产着冬虫夏草、鹿茸、贝母、天麻、麝香等名贵中药材

（4）丰富的非金属矿产资源为灾后重建提供了保障

灾区丰富的水泥用石灰石、页岩、白云石、粘土矿、大理石、花岗岩等，以及丰富的水能资源，将为灾区建材工业发展奠定良好的资源组合条件。地震造成灾区数以亿计的财产损失，也为灾后重建中的建材工业提供了长期发展的市场空间（表 12-29）。

表 12-29 灾区非金属矿产资源分布

名称	建材类非金属资源
芦山县	已探明黑色、绿色花岗石和汉白王大理石矿储量达 10 亿立方米以上
荥经县	花岗岩资源储量在 40 亿立方米以上，可开发利用约 10 亿立方米； 第三系泥炭，B+C 级储量 27 万吨； 石灰石 B+C 级储量 608 万吨，D 级储量 438 万吨； 第四系牛轭湖沉积陶土地质储量 18 万吨

续表

名称	建材类非金属资源
汉源县	石灰石矿、花岗岩、黏土矿、建材用页岩、建筑用砂石等储量丰富
石棉县	大理石预测储量2亿立方米以上；硅石目前探明储量为284万吨； 岩浆岩（花岗岩为主）极为发育，面积达1806平方公里；石棉矿储量丰富，但长棉储量仅占总储量的14%
天全县	耐火粘土探明储量712.6万吨
宝兴县	大理石资源矿带长30多公里，矿带分布有大、中、小型矿区22处，现已探明和控制大理石储量1338万立方米，基础资源量1122万立方米，推断和预测资源量1868万立方米
东坡区	页岩矿储量丰富；石膏储量达3亿吨
丹棱县	页岩资源丰富，是瓷砖企业的理想原料基地
洪雅县	石灰石储量1亿吨
夹江县	优质页岩储量4亿立方米的，红坯、白坯原料储量大，品位好
峨眉山市	石灰岩增加资源储量10421万吨，页岩增加资源储量2320万吨，石英岩增加资源储量1457万吨，石膏增加资源储量1118万吨
金口河区	白沙槽硅石矿储量为1400万吨，区内主广泛分布有优质白云石矿（含氧化镁19%～21%）和石灰岩矿
峨边县	石灰石、白云石、黏土等储量丰富
甘洛县	水泥用石灰石、石膏、叶蜡石储量丰富
康定县	石棉、石膏、水晶、大理石、云母等储量丰富
泸定县	探明储量为：硅石5000万吨、石灰石2500万吨、石膏15万吨、花岗石19亿立方米

灾前各县（区、市）都具有较好的建材工业发展水平，部分未遭破坏的建材工业企业可以迅速投入到灾区重建工作中。结合灾后基础设施建设与灾区就业和工业恢复，建设新型建材企业和基地也是灾区重建的重要方面。

（5）独特的区位优势为承接发达城市产业转移和建立面向大都市经济区的农副产品供应基地提供了发展机遇

临近成都的区位优势，有助于发展面向大都市消费市场的都市型工业和农副产品生产加工配送基地。同时，也有利于通过承接产业转移，高起点建设一批技术密集型的高加工度产业，实现工业的跨越式发展，逐步摆脱对资源型产业的依赖，实现产业转型发展。

2. 确定分区发展引导的依据

确定工业发展分区的依据，主要是基于各县（市、区）在自然资源禀赋、地形特征、与中心城市的距离、人力资源状况、工业发展水平等方面的基本特征和比较优势，作出的以下分析和判断。

1）山区，受龙门山、鲜水河、安宁河等断裂带分布的影响，在这次地震中灾损严重，特别是一些小型水利设施和发电设施在地震中受到比较大的破坏，短期内恢复重建的难度较大。受大山阻隔和地形影响，以及经济发展水平和工业基础薄弱等制约，山区交通、水利、教育、医疗等基础设施和公共服务设施水平相对较低，投资环境和人力资源状况相对落后。受交通运输距离和运费的影响，在山区投资工业的经济效益不高，单位投资回报率相对于平原地区和靠近大城市的周边地区相对较低。但山区自然资源丰富，特别是水电理论蕴藏量和经济可开发量高、金属和非金属矿产资源有较大赋存，两者在空间上具有较好的组合特征，有利于发展清洁能源工业。在利用廉价水电的基础上，具有就近发展电—冶—化—建等资源依赖型产业的比较优势。

2）河谷和丘陵地区，具有丰富的生物资源和矿产资源，自然条件相对较好，但不具有大规模推进工业化的建设用地条件。靠近成都、雅安、眉山、乐山等省会城市和区域中心城市，具有广阔的消费市场。依托粮油、果蔬、畜牧、茶叶、林竹、中草药等生物资源和农业资源，具有发展农副产品加工、食品饮料、生物医药等特色工业的基础。

3）山前和平原地区，机械制造、能源化工、水泥建材、生物医药、纺织服装等具有一定发展基础，该地区人力资源相对密集，建设用地条件相对较好，又靠近成都等主要消费市场和成绵乐产业经济区，具有产业集聚发展的有力条件，通过建立现代产业集群，加强产业间的分工协作，既可以打造具有一定加工度和技术含量的现代产业体系，又可以逐步摆脱对资源型产业的依赖，避免后期因资源枯竭而被迫转型造成的困境，从而有利于走出一条资源节约、环境友好、产城互动的新型工业化和城镇化道路。

4）成都市周边地区，具有临近大都市的区位优势。大都市往往在资金、技术、人才、信息、市场等方面具有比较优势，占据了工业产业链的研发、营销等核心增值环节。位于大城市周边的地区，可以凭借区位优势，一方面通过承接产业梯度转移，加速产业技术更新和设备折旧，实现产业结构优化升级。另一方面，可以通过吸引大城市的人才和技术，结合自身的产业优势和特点，培育一批具有高技术含量的产业，为成都相关产业和重大项目配套（表12-30）。

表12-30　灾区各县（区、市）灾前优势工业部门

名称	石材	建材	机械	冶金	煤炭	化工	农产品加工	水电
芦山县	√				√			
雨城区			√		√	√	√	
天全县				√	√			
名山区			√			√	√	
荥经县	√	√		√	√			
宝兴县	√						√	√
邛崃市						√	√	
汉源县				√		√		√
蒲江县							√	
丹棱县		√	√			√	√	
洪雅县		√	√		√	√	√	
金口河区				√				
大邑县			√				√	
石棉县						√		√
泸定县		√		√			√	√
夹江县		√			√		√	
峨眉山市		√			√		√	
甘洛县				√	√	√		√
东坡区		√	√			√	√	
峨边彝族自治县		√		√			√	√
康定县		√						√

通过以上的分析和判断，灾区未来的工业发展可以划分为4个功能区（表12-31）。

1）资源型产业重点发展区。主要位于灾区的西部、北部和南部的山区，包括康定县、泸定县、石棉县、荥经县、甘洛县、峨边彝族自治县、金口河区7个县（区），重点发展水电、煤炭等能源产业以及适度发展矿产资源开采和加工业。

2）特色产业综合发展区。主要位于灾区的河谷和低山丘陵地区，主要包括芦山县、宝兴县、洪雅县、天全县、汉源县5个县，重点发展茶叶、林竹、中草药等特色农副产品加工业以及适度发展矿产资源就近加工和粗加工业。

3）现代制造业发展区。主要位于山前平原和平原地区，主要包括峨眉山市、大邑县、邛崃市、雨城区、夹江县、丹棱县6个县（市、区），重点发展冶金、化工、建材等具有一定高附加值的现代制造业。

4）高技术产业发展区。主要位于成都市周边的平原地区，主要包括东坡区、名山区、蒲江区3个县（区），以成雅新城建设为龙头，重点发展电子信息、机械制造、生物医药等具有高技术含量的产业。

表 12-31　四大工业功能区的基本情况统计（2011 年）

名称	乡镇（街道）		面积		户籍人口		GDP		工业增加值	
	数量（个）	比例（%）	数量（km^2）	比例（%）	数量（人）	比例（%）	数量（亿元）	比例（%）	数量（亿元）	比例（%）
高技术产业发展区	58	15.26	2516.15	5.88	140.2	24.27	341.22	25.15	166.81	25.21
现代制造业发展区	111	28.95	6055.03	14.15	247.5	42.85	610.03	44.95	276.79	41.83
特色产业综合发展区	89	23.16	11044.55	25.81	101.0	17.49	183.09	13.49	93.28	14.10
资源型产业重点发展区	125	32.63	23176.00	54.16	88.9	15.39	222.64	16.41	124.89	18.87

3. 不同工业分区的发展导向

工业分区的产业发展导向要体现因地制宜、突出特色、集约高效、共同发展的原则。因地制宜就是要充分考虑各功能区的资源禀赋、交通区位、工业基础、发展潜力、环境容量等条件，从实际出发并结合对产业发展趋势的判断，明确各功能区的产业定位。突出特色就是要坚持功能区之间产业错位发展，体现产业发展的梯度差，避免由于恶性竞争导致的资源不合理配置。集约高效就是引导产业向园区集中，通过集中建设供水、供电、供气等基础设施和公共服务设施，实现资源的节约集约利用。共同发展就是要加强不同功能区之间的产业横向一体化和纵向一体化联系，实现规模经济效益和集聚经济效益，提高产业竞争力。通过建立资源输出地区与资源深加工地区的利益补偿机资和财政转移支付制度等形式，实现不同产业功能区之间互利共赢、协调发展的目标。

（1）资源型产业重点发展区

以电—矿—冶、煤/气—矿—化、电—冶—建等具有当地特色的循环经济产业链和产业集聚区为重点，加强资源型产业重点发展区的产业重建。在重建过程中，实现水电资源的优化配置，加强电冶结合的特色高载能产业发展。优化区域产业结构，促进区域资源环境与经济社会可持续发展。

大力发展水电产业。水电是清洁能源和可再生能源，也是当地蕴藏量大、分布广、成本低的优势资源，属于国家重点鼓励发展的产业。水电开发的重点应向大渡河流域的水电资源富集区集中，以建设大中型水电站为主，严格控制小水电建设，提高资源利用效益。在灾区的东部平原地区，受私人投资的利益驱使，已经出现一些县（市、区）水电开发过度的现象，如名山区可开发量为2.1万千瓦，目前总装机容量已经超过2.2万千瓦，超过了合理的开发强度；洪雅县水电开发也超过可开发利用资源量的90%以上。同时，水电开发建设要注意规避次生地质灾害隐患点，防止和减少因灾受损程度。

适度发展冶金工业。依托当地丰富的水电资源和矿产资源的组合优势，以工业集中发展区为载体，按照“低碳、循环、生态、高效”的发展理念，适度发展冶金工业，力争建设一批大型电冶结合的特色载能产业基地。如在康定县和泸定县的康泸工业集中发展区积极推进融达锂业冶炼基地、大西洋硅业基地建设；在峨边彝族自治县工业集中发展区适度发展以铁合金、镍铁、工业硅、电石、稀土、钛业、单晶硅等为主体的高载能产业。

合理发展化工产业。依托丰富的盐卤、天然气、磷矿资源，合理发展盐卤化工、天然气化工、磷化工产业。依托龙头企业，合理发展磷酸、磷酸盐工业以及有机磷化物工业，建设医用级、食用级磷酸生产线，推进磷产业下游产品开发。

此外，还可以在环境容量允许的前提下，适度发展石材、水泥等建材产业，适度提高产业结构层次和技术装备水平，减少对生态环境的影响和破坏。

（2）特色产业综合发展区

该地区以山地和丘陵为主，限制开发的生态保护地区面积较大，从重建适宜性评价的结果看，不适宜大规模推进工业化和高强度开发。未来工业重建的重点是立足当地自然资源优势，以服务雅安、眉山、乐山等区域性中心城市的消费市场为重点，大力发展农副产品加工业、纺织服装业等劳动密集型产业，提高产业吸纳就业的能力，实现以工带农，走工业化与城镇化互动发展的新型工业化道路。同时，依托临近消费市场和资源市场的区位优势，适度发展一些资源就近加工型产业。

大力发展农副产品加工业。依托粮油、果蔬、茶叶、林竹、畜产品等资源优势，大力发展农副产品加工业，努力培育三九药业、金安纸业、蒙顶茶业等销售收入超过十亿元的农产品加工企业，大力打造荥经茶叶、天全牛膝、二郎山森林蔬菜、道泉茶叶等生态产品，建成有机和绿色农产品加工产业基地。

适度发展矿产资源就近加工业。依托靠近能源和矿产资源的区位优势，可以在峨眉山市和金河口区，以及洪雅县、天全县、荥经县的平原地区和产业集中发展区适度发展一些水泥建材、铜铝铅锌等金属冶金、磷化工等资源粗加工和就近加工的产业。产业发展必须注意节能减排，减少工业发展对生态环境造成的破坏。

（3）现代制造业发展区

该地区位于成都平原的边缘地带，建设用地条件适宜，同时又靠近眉山、乐山、雅安等区域性中心城市。通过为中心城市提供产业配套，大力发展现代制造业，逐步摆脱对资源型产业的依赖，是未来产业重建的重点。同时，也有利于促进区县经济的特色化发展，打造具有竞争优势的产业集群。

培育都市型产业。按照《成渝经济区区域规划》的产业定位，未来眉山市将重点发展机车制造、冶金建材、精细化工等产业，乐山市将重点发展清洁能源、新材料、冶金建材等工业。围绕上述城市的产业功能定位，灾区内的县（市、区）应该积极发展配套加工产业，超前谋划一批重大产业项目，提高产业分工协作水平，建立现代产业集群。如丹棱县可以在产业重建中围绕眉山市重点发展的机车制造产业，鼓励发展以汽车关键零部件、通用精密传动件、化工机械配件、出口传动件为产品平台的通用设备制造业。

积极发展化工产业。依托当地丰富的磷、硝、盐卤、天然气等资源，大力发展盐碱化工和精细化工产业，重点突破技术成熟、建设条件较好、具有比较优势的天然气深加工和盐碱深加工产品。如雨城区在产业重建中可以大力发展以芒硝为原料的碱化工产业，通过引进有实力的企业和集团，发展天然气精细化工产业。丹棱县可以选择钾钠化工产业，重点发展硫化钠、洗衣粉、洗涤剂等元明粉深度加工项目，拉长产业链条，提高产品附加值。

大力发展新材料产业。新材料产业属于战略性新兴产业，也是灾区具有发展优势的产业。如夹江县在产业重建中，可以围绕乐山市国家硅材料开发与副产物利用产业化基地建设，配套发展多晶硅、锂电池、动力电池等项目，积极培育稀土应用新材料、非动力核民用医药新材料、新型红外材料为细分的新材料产业集群。

（4）高技术产业发展区

按照“统一规划、统一投资、统一建设、统一开发、统一招商、统一管理”的原则，加快成雅工业园区建设。以建设融入成渝经济区的重要产业基地为目标，积极承接成都等发达地区的产业转移和辐射，重点发展电子信息、机械制造等产业，为成都市相关产业及重大项目提供配套。按照“产城一体”的发展理念，将成雅工业园区打造成四川省区域合作、“产城一体”示范区，成都经济区西部产业聚集能力强、生态协调发展的工业化新城。

引进电子信息产业。依托地价、环境、资源、区位等优势，以成雅工业园区为载体，加强电子信息产业配套加工能力建设，积极承接成都电子信息产业向外转移和服务外包等业务，瞄准计算机、电子元器件、视听产品、集成电路、新型显示器件、通信设备制造等产业链增值环节，重点在新型锂离子电池、薄膜太阳能电池、新型印刷电路板等领域率先取得突破，提高电子信息产业在成渝经济区产业分工中的地位。

发展生物医药产业。以丰富的生物资源和农副产品资源为依托，着力引进国内外知名大型企业，积极发展生物制药、天然产物提取、保健品和化妆品原料为主的生物医药产业，加快产品研发与创新，打造中国西部天然产物提取加工中心。

培育精密制造产业。承接成都等发达地区产业转移，加强与青羊区、龙泉驿区、名山区等的区域合作，引进电子电器加工、精密机械、新型建材等科技型企业，培育发展精密机械和机电等高端轻工制造产业。

壮大新材料产业。以多晶硅、单晶硅、光伏产业为重点，加快名山区地永旺二期、中雅科技二期、九晶电子等重大项目建设，延伸新材料产业链，壮大产业规模。

第三节　结论与建议

从对灾区工业发展水平和发展条件的分析评价中，提出以下重建规划建议。

1. 以成雅新城建设为龙头，打造灾区的产业高地

成雅新城是地震重灾区雅安市融入成渝经济区、接受成都产业梯度转移和辐射带动的窗口和平台，也是加速灾区恢复重建，特别是产业重建的重要载体。要真正实现把成雅新城打造成为四川省区域合作、“产城一体”的示范区，以及成都经济区西部产业聚集能力强、工业与生态协调发展的工业化新城的目标，一是必须加大政策支持力度，在异地合作建产业园区的税收分成政策、投资政策、人才政策等方面先行先试，建立制度创新的高地。二是要做大做强做实主导产业，严格产业准入门槛，坚决把资源依赖型、高能耗型、高污染型产业阻隔在园区之外。真正引进能够体现当地优势、与成都等发达地区实现分工合作的现代企业，提高产业技术水平和产品附加值，建立现代产业发展的高地。三是坚持产城互动，以新型工业化推动新型城镇化，吸引来自灾区西部、北部、南部等限制开发的生态地区转移出来的人口，缩小区域发展差距，促进区域协调发展。四是严格控制新城用地规模，规划建设用地总规模不宜过大(50 平方公里)，切实体现土地资源节约集约利用的原则，走资源节约、经济高效和生态宜居的新型城镇化道路。

2. 灾区大部分位于成渝经济区的边缘，要通过加大产业承接能力建设和共建产业园区等形式，提升工业发展层次和水平

在《成渝经济区区域规划》中，灾区大部分位于成渝经济区的边缘，在产业发展定位上属于成绵乐发展带，这一地区将重点发展装备制造、电子信息、生物医药、商贸物流和特色农业。在未来产业重建中，灾区要充分发挥临近成都的区位优势，通过“政府协商、市场运作、优势互补、利益共享”的原则，鼓励其与灾区共建产业园区，促进当地产业转型升级。一是鼓励中国铝业集团公司、中国五矿集团公司、国电大渡河流域水电开发有限公司、四川煤炭产业集团有限公司等中央企业和川属企业与灾区的开发区共建园区，加快当地铝土矿、铜铁铅锌等金属矿、花岗石和大理石等优势资源开发，延长产业链，提高当地产品加工和配套生产能力，带动地方经济发展。二是鼓励成都高新技术产业开发区、绵阳高新技术产业开发区等国家级经济技术开发区和高新技术产业开发区到灾区设立分园，享受国家级开发区的优惠政策。三是鼓励成渝经济区内的发达城市的区县政府到灾区共建产业园区，依托发达地区在科技、信息、人才、资金等方面的优势，通过股份合作经营、异地生产和统一经营、股份合作和委托招商相结合等模式，提高发达地区对灾区的支持力度，促进区域一体化发展。

3. 坚持以工带农，妥善处理好企业、基地、农户三者之间的关系，真正实现富区与富民相结合

公司+基地+农户是推进新型工业化和农业现代化的有效形式，但在灾区普遍存在三者利益联结机制不紧密的现象。如在雅安市茶叶、林竹纸、中药材、畜禽、果蔬等轻工业发展中，受到龙头企业数量与经营规模的限制，企业原料基地建设中农户利益得不到充分保障，农户积极性不高，部分农户受利益驱使往往择市而售的现象比较突出。特别是当前加工企业的林纸一体化、中草药制剂饮品一体化缓慢的情况下，企业自身风险较高且出现违约的情形下，加工企业与农户利益机制随时面临瓦解的风险。在重建中，一是要加大培育龙头企业的力度，政府要在资金、技术、市场、人才、信息等方面提供更加优惠的政策，帮助企业建立自主品牌，扩大国内外市场的知名度和占有率。二是要围绕特色产业发展，大力培育产品设计、市场营销等生产性服务业，建立前、后向关联的现代产业链分工体系，打造当地特色产业集群，实现以工带农、以城带乡、工农互动发展的良好局面。三是要明确企业与农户的各自责任与义务，加快企业和个人信用服务市场体系建设，加大违约惩罚力度，完善市场契约关系，提高抵御市场风险的能力。

4. 水电与矿产资源开发要通过税收分成等形式，增加地方留成比例，促进地方经济发展和农户生计资产改善

由于水能资源和矿产资源属于国家所有，开发主体以国有企业为主，税收多上交省级和中央财政，对地方政府的留成比例低，资源开发没有同步带动地方经济发展。从灾后恢复重建和扶持落后地区发展出发，提出以下建议：一是合理调整矿产资源有偿使用收入中央和地方的分配比例关系，适当提高资源税、资源费，完善计征方式，提高资源开发收益向地方倾斜的比例。二是允许水电移民以征地补偿费和安置费用入股、对当地实施优惠电价、建立移民发展基金、改革水电价格形成机制等方式，提高水电开发对当地经济的带动作用，切实改善当地农户的生计资产状况。三是探索建立资源输出地区与资源深加工地区的利益补偿机制，将资源深加工地区获得的部分增值收益以资源补偿或地方财政转移支付的方式返还给资源输出地区，在促进资源优化配置和保护生态环境的同时，提高对资源富集的欠发达地区的扶持力度。

第十三章 农业地域类型划分

芦山地震灾区位于多个地级市交界的位置，农业资源丰富，发展条件复杂多样，目前缺乏统一视角的农业地域类型划分。因此，为了充分开发利用当地的自然和经济资源，因地制宜，扬长避短，促进农业良性发展，需要分析各地的农业生产条件，进行分乡镇的农业地域类型划分。通过农业地域类型划分，摸清农业生产的条件、特点和问题，分区研究并提出针对性的农业发展方向、农林牧的合理布局与关键性措施。对灾区分区规划，分类指导，合理布局，分级实施，避免农业生产的盲目性。

第一节 地域类型划分依据

灾区的农业是由多部门和多种作物生产构成的一个大系统，因自然和经济因素的交互影响，表现出强烈的地域性。农业区域的形成，不仅是由于生物对环境的适生要求，而且是历经不同的社会经济发展阶段长期劳动地域分工的结果，因此农业空间分布仍然是有其规律可循的。灾区各个区县及内部各乡镇发展什么样的农业、怎样安排农业各部门和各种作物、采取何种发展模式和生产组织方式，是农业地域类型划分要回答的问题。进行农业地域类型划分主要按照以下依据和原则：

1）农业发展自然条件的类似性。农业生产是光、热、水、土等条件制约下的动植物自然再生产和人类劳动干预调节下的经济再生产的交织过程，这种过程与特定的地域条件结合，形成具有相对稳定的农业专业化特征、集约化程度与部门结构的地域生产综合体，即农业地域类型（邓静中，1960）。气候、土壤、植被等相互作用而形成农业地域分异规律，在相当大小的地域内，诸多的自然因素中，地貌因素是较能体现各因素的变异规律。因此，在考虑自然因素的综合作用来进行农业划区时，地貌因素应该是最基本的因素。

2）农业生产基本特点与发展方向的一致性。综合评价农业资源和农业生产条件，按照区间差异最大化，区内共性最大化的原则，力求同一个地域类型区内有突出的共同性。从长远着眼、从当前入手、远近结合，充分掌握各地区农业的区域差异和区域特点，指出一定时期内农业发展的方向和途径，因地制宜地指导与规划农业生产。

3）立足原有区划基础，结合地区农业发展现状与趋势。灾后当地的农业资源状况和承载能力在一定程度上有所下降，原有的农业区划方案也需要进行细化和局部调整。按照《四川省农业资源与区划》（1986）中的分区类型，以及规划区各个县区农业发展“十二五”规划、农业产业化规划，根据不同区域内农业生产上存在的问题和潜力，以及生产发展的方向与途径，因地制宜地对规划区农业发展地域类型进行划分。

4）保持行政区界一定的完整性。农业地带和农业区是随着农业生产布局结构的变化而变动的，两个地带或区之间的界线实际上呈现过渡带的性质，客观形成的农业地带或农业区，很少与行政区相吻合。根据规划区的具体情况，实施两级农业区划分，在进行一级区划分时保持县级行政区域的完整性，进行二级区划分时打破县级行政区域，保持乡镇的完整性。

第二节 地域类型划分方案

1. 划分方法

依据规划区农业的自然条件、经济条件和农业现状结构的类似性和差异性，根据区间差异最大化、区内共性最大化、基本保持区划的连续完整性的原则，结合各地区的农业资源区划、农业发展规划，充分利用各地区的自然条件和社会经济条件，按照综合评价农业资源和农业生产条件——划分农业区地域类型区——分区研究并提出合理布局方案的步骤，采用调查研究与资料分析相结合的方法，将灾区综合地划分为若干个农业地域类型区。

将灾区范围内的21个县（区、市）、383个乡镇按两级农业地域类型进行分区。其中一级分区以区县为基本单元，参考上一级农业区划划分；二级分区主要按照一级区划内部农业的主要地域分异规律，根据农业生产条件、特点、今后发展方向的重大差异，以及灾后资源环境承载能力的变化来划分。最后将规划区以乡镇为基本单元，划分为4个一级类型区，9个二级类型区，形成农业生产的合理地区分工和专业化格局。

2. 分区方案

以县（区、市）为基本单元，将灾区15个县（含1个民族自治县）、2个市、4个区划分为山前平原农业、养殖、园艺区，盆周低山丘陵特色农业区，川西南山地林业、牧业、农业区，川西北高山峡谷林业、牧业区4个一级农业地域类型区分。其中极重灾区和重灾区的4县、2区、6乡镇主要分布在盆周低山丘陵特色农业区（表13-1）。

表 13-1 灾区农业地域类型一级分区

农业分区类型	所含县（市、区）
Ⅰ 山前平原农业、养殖、园艺区	重灾区：名山区、邛崃市6乡镇（何镇、天台山镇、夹关镇、南宝乡、火井镇、道佐乡） 一般灾区：大邑县、蒲江县、东坡区、丹棱县、夹江县、邛崃市6乡镇外的其他乡镇
Ⅱ 盆周低山丘陵特色农业区	极重灾区：芦山县 重灾区：雨城区、天全县、荥经县、宝兴县 一般灾区：洪雅县、金口河区、峨眉山市、峨边县
Ⅲ 川西南山地林业、牧业、农业区	一般灾区：汉源县、石棉县、泸定县、甘洛县
Ⅳ 川西北高山峡谷林业、牧业区	一般灾区：康定县

在一级地域类型区的基础上，以乡镇为基本单元进行农业地域二级类型区划分，将规划区的8个街道办事处、162个镇、213个乡划分为9个类型，分别是：Ⅰ-1低山林牧、茶、药、土特产区；Ⅰ-2浅丘茶、林、桑、牧、杂粮区；Ⅰ-3平坝名优茶叶、粮油、果蔬区；Ⅱ-1山区中药材、林竹、果树区；Ⅱ-2山-丘过渡优质茶叶、林竹、药材区；Ⅱ-3浅丘优质茶叶、特色粮油、蔬菜区；Ⅲ-1牛羊畜牧、药材、林业区；Ⅲ-2特色果蔬菜、优质粮食区；Ⅳ康定林业、牧业、特色农业区。

各类型的空间分布如图13-1、表13-2所示。

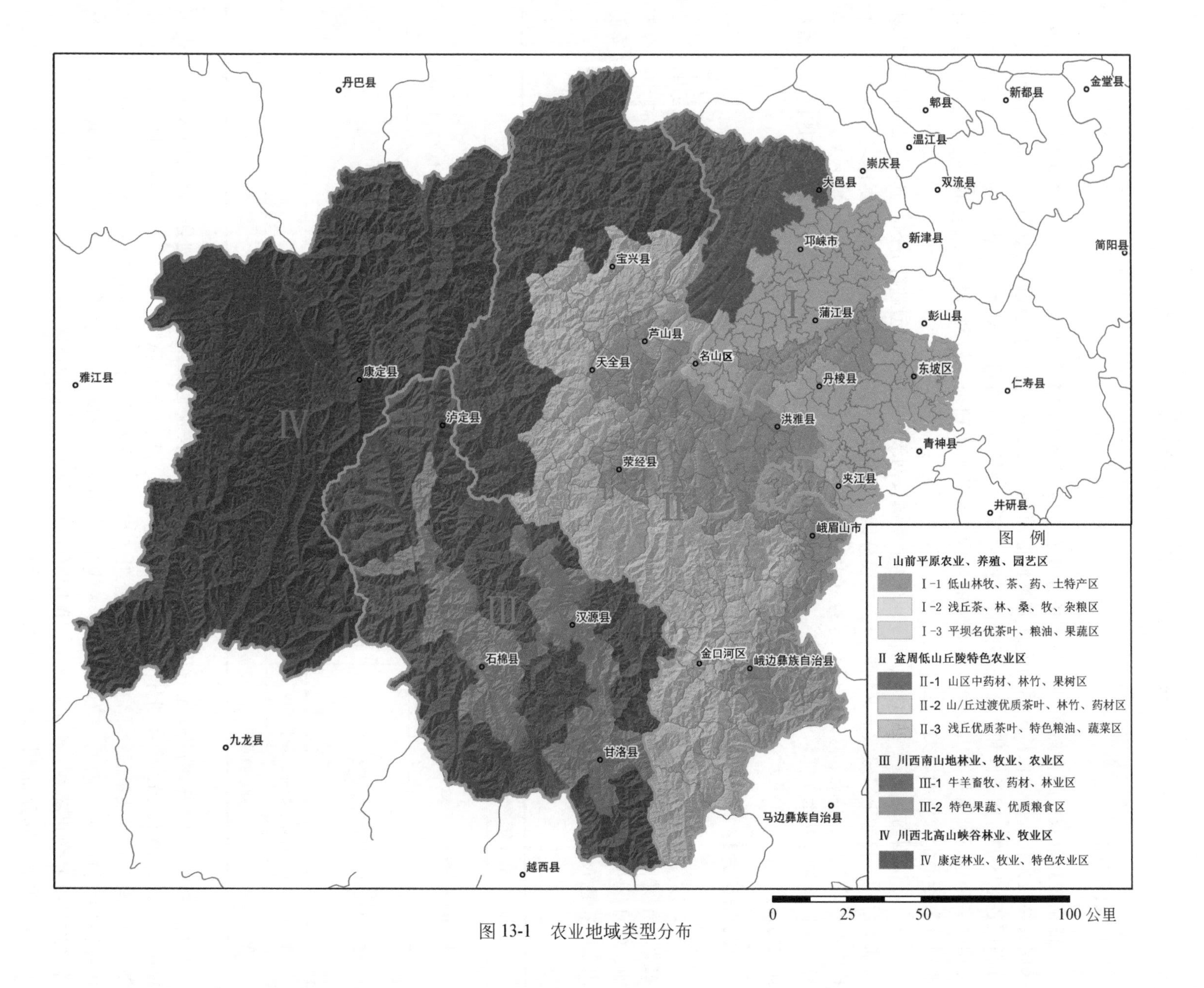

图 13-1　农业地域类型分布

表 13-2　灾区农业地域类型二级分区

一级区	二级区	涵盖范围（乡镇）
Ⅰ山前平原农业、养殖、园艺区	Ⅰ-1 低山林牧、茶、药、土特产区	大邑县（西岭镇、晋原镇、新场镇、悦来镇、出江镇、花水湾镇、斜源镇、青霞镇、雾山乡、金星乡、鹤鸣乡），邛崃市（夹关镇、火井镇、水口镇、高何镇、天台山镇、茶园乡、道佐乡、油榨乡、南宝乡、大同乡、孔明乡）
	Ⅰ-2 浅丘茶、林、桑、牧、杂粮区	名山区（马岭镇、双河乡），丹棱县（张场镇、顺龙乡、石桥乡），东坡区（秦家镇、盘鳌乡、多悦镇、万胜镇），夹江县（歇马乡、麻柳乡、南安乡、龙沱乡、木城镇、界牌镇），蒲江县（白云乡、光明乡、长秋乡）
	Ⅰ-3 平坝名优茶、粮油、果蔬区	大邑县（王泗镇、安仁镇、董场镇、韩场镇、三岔镇、上安镇、苏家镇、沙渠镇、蔡场镇），蒲江县（西来镇、寿安镇、鹤山镇、甘溪镇、复兴乡、大兴镇、大塘镇、成佳镇、朝阳湖镇），邛崃市（临邛镇、羊安镇、牟礼镇、桑园镇、平乐镇、固驿镇、冉义镇、回龙镇、高埂镇、前进镇、临济镇、卧龙镇、宝林镇），东坡区（苏祠街道、通惠街道、象耳镇、白马镇、大石桥街道、太和镇、悦兴镇、松江镇、思濛镇、崇仁镇、广济乡、尚义镇、崇礼镇、复盛乡、永寿镇、复兴乡、金花乡、柳圣乡、三苏乡、富牛镇、土地乡、修文镇），名山区（蒙阳镇、永兴镇、车岭镇、新店镇、百丈镇、蒙顶山镇、黑竹镇、红星镇、城东乡、前进乡、万古乡、中峰乡、廖场乡、联江乡、红岩乡、建山乡、解放乡、矛河乡），丹棱县（丹棱镇、双桥镇、仁美镇、杨场镇），夹江县（漹城镇、甘江镇、黄土镇、三洞镇、中兴镇、吴场镇、甘霖镇、新场镇、顺河乡、梧凤乡、永青乡、马村乡、土门乡、迎江乡）
Ⅱ盆周低山丘陵特色农业区	Ⅱ-1 山区中药材、林竹、果树区	宝兴县（陇东镇、明礼乡、五龙乡、永富乡、硗碛藏族乡、蜂桶寨乡），荥经县（三合乡），天全县（紫石乡、两路乡），芦山县（大川镇）
	Ⅱ-2 山–丘过渡优质茶叶、林竹、药材区	荥经县（花滩镇、烈士乡、荥河乡、新建乡、泗坪乡、新添乡、安靖乡、新庙乡、龙苍沟乡），天全县（小河乡、新场乡、兴业乡、鱼泉乡、思经乡），芦山县（双石镇、芦阳镇、太平镇、龙门乡、宝盛乡），宝兴县（灵关镇、穆坪镇、大溪乡），洪雅县（高庙镇、瓦屋山镇），金口河区（永和镇、共安彝族乡、金河镇、和平彝族乡、吉星乡、永胜乡），峨边县（沙大堡镇、白杨乡、红花乡、杨村乡、金岩乡、共和乡、新场乡、黑竹沟镇、万坪乡、觉莫乡、哈曲乡、勒乌乡），峨眉山市（高桥镇、大为镇、龙门乡、黄湾乡）
	Ⅱ-3 浅丘优质茶叶、特色粮油、蔬菜区	雨城区（东城、西城、河北、姚桥镇、草坝镇、合江镇、大兴镇、对岩镇、中里镇、多营镇、碧峰峡镇、北郊乡、南郊乡、孔坪乡、凤鸣乡、沙坪镇、严桥镇、晏场镇、八步乡、观化乡、望鱼乡），荥经县（烟竹乡、青龙乡、严道镇、六合乡、烈太乡、民建乡、大田坝乡、天凤乡、宝峰乡、附城乡、五宪乡），天全县（城厢镇、始阳镇、大坪乡、乐英乡、仁义乡、老场乡、新华乡、多功乡），芦山县（思延乡、清仁乡、飞仙关镇、苗溪茶场），洪雅县（柳江镇、花溪镇、桃源乡、洪川镇、中山乡、三宝镇、将军乡、止戈镇、余坪镇、中保镇、槽渔滩镇、汉王乡、东岳镇），峨边县（沙坪镇、新林镇、毛坪镇、红花乡、杨河乡、平等乡、五渡镇、宜坪乡），峨眉山市（沙溪乡、普兴乡、川主乡、九里镇、罗目镇、乐都镇、龙池镇、绥山镇、符溪镇、双福镇、桂花桥镇、峨山镇、胜利镇、新平乡）
Ⅲ川西南山地林业、牧业、农业区	Ⅲ-1 牛羊畜牧、药材、林业区	汉源县（宜东镇、乌斯河镇、皇木镇、万里乡、马烈乡、青富乡、富春乡、后域乡、两河乡、富乡乡、三交乡、河南乡、晒经乡、料林乡、坭美彝族乡、永利彝族乡、顺河彝族乡），石棉县（栗子坪乡、迎政乡、丰乐乡、安顺乡、蟹螺乡、草科乡），泸定县（泸桥镇、冷碛镇、磨西镇、兴隆镇、田坝乡、烹坝乡、岚安乡、杵坭乡、加郡乡、德威乡、新兴乡、加郡乡），甘洛县（吉米镇、海棠镇、新茶乡、两河乡、尼尔觉乡、拉莫乡、波波乡、阿嘎乡、阿尔乡、嘎日乡、坪坝乡、蓼坪乡、阿兹觉乡、乌史大桥乡、则拉乡）
	Ⅲ-2 特色果蔬、优质粮食区	汉源县（富林镇、九襄镇、清溪镇、富庄镇、大树镇、市荣乡、富泉乡、万工乡、安乐乡、白岩乡、大田乡、唐家乡、河西乡、大岭乡、前域乡、大堰乡、黎园乡、双溪乡、西溪乡、建黎乡、桂贤乡、片马彝族乡），石棉县（新棉镇、回隆镇、擦罗乡、宰羊乡、美罗乡、先锋乡、挖角乡、田湾乡、新民乡、永和乡、小堡藏族彝族乡），甘洛县（新市坝镇、田坝镇、斯觉镇、普昌镇、玉田镇、前进乡、胜利乡、里克乡、石海乡、团结乡、苏雄乡、沙岱乡、黑马乡），泸定县（得妥乡、杵坭乡、德威乡）

续表

一级区	二级区	涵盖范围（乡镇）
Ⅳ川西北高山峡谷林业、牧业区	Ⅳ康定林业、牧业、特色农业区	康定县（炉城镇、姑咱镇、新都桥镇、雅拉乡、榆林乡、时济乡、舍联乡、前溪乡、麦崩乡、金汤乡、三合乡、捧塔乡、孔玉乡、瓦泽乡、呷巴乡、甲根坝乡、朋布西乡、普沙绒乡、贡嘎山乡、吉居乡、沙德乡、塔公乡）

第三节 不同类型区农业发展条件及方向

根据不同农业地域类型区的农业生产条件、特点和今后发展方向的重大差异，以及灾后资源环境承载能力的变化，研究并提出各级农业地域类型区农业生产的发展方向定位、农林牧的合理布局和关键性措施。

1. 山前平原农业、养殖、园艺区

该区应重点发展中高档优质稻、专用小麦、菜用型马铃薯、“双低”油菜、优质蔬菜、食用菌、水果、花卉、道地中药材。大力发展优质肉猪生产，推广具有地方优势的黑山羊、成都麻羊等良种羊及杂交羊和大恒肉鸡、金利肉鸭等品种，积极发展优质小家禽，加快发展大城市郊区奶业。大力培育工业原料林、珍贵用材林和高档苗木花卉。集中发展四川泡菜、肉类、蔬菜、水果、中药材、木竹等农产品加工产业和贮运配送产业。积极发展生态旅游业、设施农业和文化创意农业、生物技术农业，加快发展良种产业和外销出口创汇农业。打造国家现代农业示范区、西部特色优势农业产业集中发展区、西部农产品加工中心、西部农产品物流中心和西部现代农业科技创新转化中心，率先在全省实现农业现代化。

Ⅰ-1 低山林牧、茶、药、土特产区：本区域为龙门山南段延伸山系及低山边缘深丘，地势起伏较大，山峦重叠，沟壑纵横。应以发展养殖业为特色，建立畜牧业的农业生产链条，推广成都麻羊等牧业良种；发展林、茶、药材及多种土特产也是发展的重要方向。

Ⅰ-2 浅丘茶、林、桑、牧、杂粮区：浅丘区气候近似平坝区，灌溉条件略逊平坝。重点发展茶、林、桑、牧、苗木花卉等，积极发展高粱、大豆、绿豆等优质专用小杂粮，加快适度规模生猪生产发展，建设肉羊、家禽、兔、奶牛、肉牛优势区域。

Ⅰ-3 平坝名优茶叶、粮油、果蔬区：区域内大地形平坦、开阔，略有起伏。土壤肥沃，宜种性广，灌溉便利，劳力集中，重点发展城市郊区农业，是城市粮食、蔬菜、水果、花卉等的重要保障基地。大力发展优质水稻、饲用玉米、优质专用小麦和菜用型马铃薯等粮食作物生产，发展“双低”油菜、优质柑桔、优质安全蔬菜；重点发展名优茶叶、优质蚕桑、道地中药材等经济作物。名山区大力打造名优绿茶系列“蒙顶山茶”和黑茶系列“雅安藏茶”两大品牌，提高茶叶生产和综合效益。

2. 盆周低山丘陵特色农业区

该区应大力发展特色农业，推广林粮结合等山区耕作模式，重点发展名优茶叶、加工与菜用马铃薯及优质种薯、道地中药材、特色及秋淡季蔬菜等特色农产品生产基地建设；大力培育木竹原料林、特色干果、木本药材等产业；适度发展生猪规模生产，建设肉羊、肉牛、特色家禽优势产区。

Ⅱ-1 山区中药材、林竹、果树区：突出中药材特色产品优势，着力打造西部中药材产业基地。建设重楼野生抚育基地、厚朴种植基地、中药材组织培养实验室、加工销售基地等项目，推进以川牛膝为主的中药材种植生产示范区和中药材良种繁育基地建设，大力发展林竹、水果、畜牧产业。

Ⅱ-2 山-丘过渡优质茶叶、林竹、畜禽、药材、果蔬区：发挥特色生态农业优势，全面开展无公害农产品基地、有机茶基地、纸浆竹基地、水果基地建设，加快发展特色生态农业。大力发展牛羊、家禽、毛兔等畜禽养殖，培育中药材、桑蚕产业发展。加快龙头企业建设，增强辐射带动功能。

Ⅱ-3 浅丘优质茶叶、特色粮油、蔬菜区：重点发展优质茶叶，优质果蔬和特色农产品。抓好茶叶生产基地建设，努力打造“蒙顶山茶”、“雅安藏茶”、“峨眉山茶”品牌；发展城郊农业、优质粮油和商品蔬菜。

3. 川西南山地林业、牧业、农业区

该区可重点发展特色水果、蔬菜、优质粮食以及特色畜牧业，重点发展以晚熟芒果、早市枇杷、优质石榴、优质苹果、酿酒葡萄、早熟鲜食脐橙等为主的特色水果业、蚕桑业，以早市蔬菜为主的蔬菜业、花卉业，以优质水稻、加工专用马铃薯、荞麦为主的优质粮食生产和优质烟叶种植，率先在全省推出进入国际市场的品牌。大力发展建昌黑山羊、凉山细毛羊、生猪、家禽等特色畜牧生产。积极发展特色干果、木本药材、麻风树、林下种植养殖、林产加工业。

Ⅲ-1 牛羊畜牧、药材、林业区：以经济林业为主导，扩大种植规模；综合发展牛羊、生猪、家禽等特色畜牧养殖生产；积极发展特色干果、木本药材、林下种植养殖、林产加工业等。

Ⅲ-2 特色果蔬菜、优质粮食区：重点发展石棉黄果柑、苹果、汉源梨等为代表的特色水果；以魔芋为代表为主的蔬菜业、花卉业；以优质水稻、加工专用马铃薯、荞麦为主的优质粮食生产和优质烟叶；继续培育“汉源花椒”调味品产业，打造优质品牌。

4. 川西北高山峡谷林业、牧业区

即康定林业、牧业、特色农业区，该区重点发展牦牛、藏羊、藏猪、藏鸡等具有高原特色的畜禽生产基地，积极开发风味独特的绿色畜产品。加快发展当地少数民族特需的青稞、荞麦等作物，提高单产水平。加快发展甜樱桃、优质苹果、梨、酿酒葡萄等特色水果，及秋淡蔬菜、食用菌、道地药材，搞好高原野生药材的人工种植。

第四节　农业发展模式

灾区目前主要发展了农民专业合作组织、农业与科技相结合等生产组织方式，订单农业、联合农业也起步发展。

1. 农民专业合作经济组织

农民专业合作经济组织是灾区主要的农业生产组织模式，如农民专业协会、农民专业合作组织、农民股份专业合作社等合作组织，采用“公司+专合组织+农户”的方式。具有代表性的有：

青江、青元村水果专业协会，经营模式为：农户–村级合作社（村支部牵头组建）–市场/企业。

名山区吉茗源茶叶合作社，是以优质茶苗扦插、销售、茶叶加工等为主的农民专业合作经济组织，依托名山区丰富的茶叶资源和气候优势，把农户与市场、企业有效地联结起来，把茶叶的生产、加工、销售、分配各环节有机结合起来，降低了市场交易成本，推进了农业产业化发展。

达兴香菇专业合作社，依托雅安市中基实业公司，走“公司+基地+专合组织+农户”的发展模式，销售完全由公司负责。合作社还从河北省请来专家负责香菇的培育和种养，为香菇提供了一个健康的环境，在香菇的整个生产过程中不用农药，保证生产“绿色食品”。

2. 农业与科技结合

四川农业大学对四川省的农业发展提供了有力的科技支撑，如其与雅安市合作，有组织、成建制地推进成果转化和科技助农，被称为“雅安模式”，为全国生态文明建设积累经验提供示范。如雨城区大兴镇的油茶，就是四川雅安国家农业科技园区与成都合作、与四川农业大学市校合作重要成果之一的生物科技茶油研发生产项目，帮助农民把“茶果子”变成钱。

3. 订单农业、联合农业

灾区目前订单农业规模较小，但潜力较大，群众乐于接受。目前采取订单方式的产业主要集中在茶叶、竹笋方面，方式是厂家回购。如雅安市雨城区设施农业正处于联合的初级阶段，属于产前地域联合，群众通过自发结合或由村委班子通过统一选址、统一建设、农户出资的方式，建设设施大棚，形成了以村为单位的初步规模化，取得了初步成效。

灾区农业发展目前仍然存在许多不足和制约因素，表现在：①农业基础薄弱，抵御自然灾害、市场风险的能力有限，保持耕地数量、提高耕地质量的压力较大，交通、水利等基础设施相对滞后，农业科技创新不足。②农业产业化程度不高，加工率低，产业链短，农产品基地规模化、集约化层次低，农业龙头企业规模小、品牌影响力弱，农民专业合作组织分散、弱小，与现代农业的要求还有不小差距。以雅安市为例，全市农产品加工产值仅为20亿元左右，约占农业总产值的46%，而发达国家的农产品加工业产值是农业产值的3倍以上，全国的比例也在80%左右。农产品加工率（粗加工及以上）为40%，比全省平均水平低了20个百分点。由于加工转化程度低，产业链短，综合利用落后，附加价值不高。③影响农业发展的许多深层次矛盾和障碍并没有消除，农业投入仍然不足，农业整体上仍处于弱势地位，农业面临的资源、环境制约越来越大，推进农业可持续发展任务艰巨。应通过推进特色优势产业基地建设、引进培育龙头企业、大力发展农民合作经济组织、加大政策扶持力度等措施，推进和保障灾区特色农业的健康、合理、有序发展。

第十四章　灾损遥感监测

第一节　概　述

芦山地震发生后，中国科学院遥感与数字地球研究所（简称遥感地球所）第一时间启动应急响应预案，启动遥感抗震救灾工作。2013 年 4 月 20 日 9 时 50 分，航空遥感飞机 B-4101 携带光学传感器从四川绵阳机场起飞，开始执行雅安地区地震灾情遥感监测任务。至 20 日下午第一架次返航，获取地震灾区芦山、宝兴、邛崃等县市约 5000 平方公里，0.6 米分辨率航空遥感数据约 256GB。之后，又连续飞行 3 架次，以震中为中心辐射 50 公里，获取原始数据 247GB 的航空遥感数据，生成快视影像图 130GB，实现了对重点灾区的有效覆盖（图 14-1）。

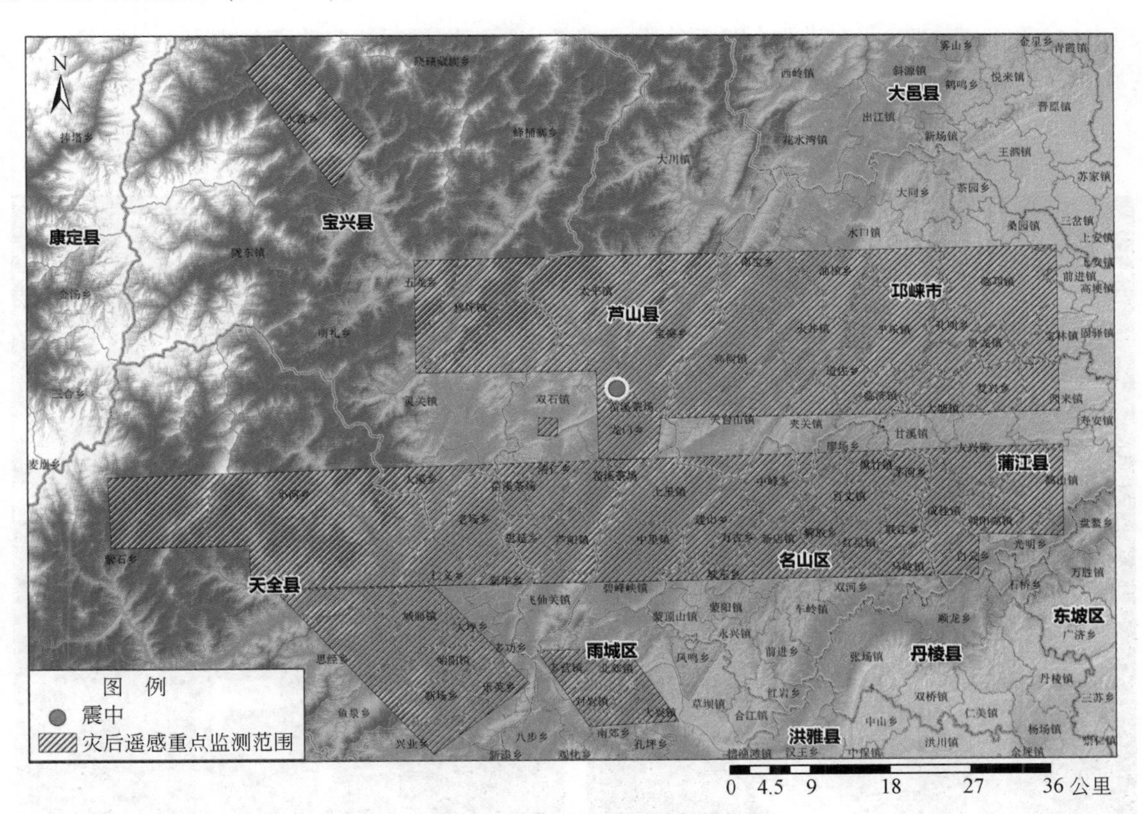

图 14-1　芦山地震遥感重点监测范围

为了让航空遥感数据发挥更大的作用，以全面支持抗震救灾工作，遥感地球所对获取的航空遥感数据进行了连夜处理，于 2013 年 4 月 21 日上午 8 时面向国内抗震救灾相关部门、单位进行数据共享。截至 25 日零点，航空数据以多种形式共分发给国务院应急办公室、中国地震局、民政部、交通运输部、国土资源部、总参谋部、国家安全部、国家测绘地理信息局、国家气象局、水利部、环境保护部、教育部、文化部等 13 个部委 25 家单位，以及四川省政府和地震局，数据量逾 4200GB。利用震后航空遥感数据制作图像 52 幅，冲印照片 120 平方米，分别报送国家地震救援队、四川省抗震救灾指挥部、国务院应急办公室、中国科学院及其他部委。

此外，从四川传回第一批航空遥感数据后，遥感地球所科研人员迅速开展了地震影响人口及范围应急评估，震区房屋建筑损毁、基础设施破坏、次生灾害分布、农田和林地受损等遥感监测评价，以上信息均以最快的时间报至有关决策部门，为灾区的抢险救援提供了宝贵而有力的数据与信息支持，得到了中央领导的肯定，也为灾区灾后重建规划资源环境承载能力评价等工作打下了坚实的基础。

第二节　房屋建筑受损遥感监测

1. 房屋总体受损情况

研究人员利用获取到的高分辨率灾前卫星图像和灾后高分辨率航空遥感图像，重点对芦山县、宝兴县和邛崃市区等区域分别开展了房屋建筑损毁遥感监测分析。

总体而言，监测区内房屋建筑一般破坏和严重受损的现象普遍存在，房屋建筑倒塌多集中在一些老城区和部分人口稀疏的山区，受损情况严重、主体结构垮塌的建筑物多系农村自建房或老旧民居。

2. 芦山县房屋建筑损毁遥感监测

根据2013年4月20日上午获取的灾后高分辨率航空遥感图像对比灾前高分辨率卫星图像，开展了芦山县县城和太平镇区域的房屋受损情况遥感监测（图14-2～图14-4）。

图14-2　芦山县县城房屋损毁航空遥感监测结果

图14-3　芦山县县城房屋损毁航空遥感监测（局部放大）

图 14-4　芦山县太平镇房屋损毁航空遥感监测结果

本监测区范围内建筑物受损监测分析结果如下：

1）房屋倒塌现象较少，完全倒塌房屋比率不足 1%，多为老旧民房和简易工棚，未见框架结构楼房倒塌。

2）芦山县老城区房屋建筑物受损相对比较严重，损毁（严重受损和一般破坏）率达到 35% 左右，损毁房屋主要表现为局部坍塌和屋顶塌陷。

3. 宝兴县房屋建筑损毁遥感监测

利用 2013 年 4 月 20 日下午获取的灾后高分辨率航空遥感图像对比高分辨率灾前卫星图像，开展了宝兴县城和五龙乡区域的房屋受损情况遥感监测（图 14-5 和图 14-6）。

本监测区范围内建筑物受损监测分析结果如下：

1）监测区范围内房屋建筑未发现明显倒塌现象。

2）宝兴县县城房屋损毁率 50% 左右，五龙乡房屋损毁率 10% 左右，主要表现为局部坍塌和屋顶塌陷，多为老旧民房和简易工棚。

3）靠近山体的部分房屋受崩塌和滚石威胁。

4. 邛崃市房屋建筑损毁遥感监测

利用 2013 年 4 月 20 日下午获取的邛崃部分市区高分辨率航空遥感影像，开展了邛崃市区房屋受损监测（图 14-7 和图 14-8）。

五龙乡
穆坪镇
图　例
损毁房层
0 0.1 0.2 0.4 0.6 0.8 公里

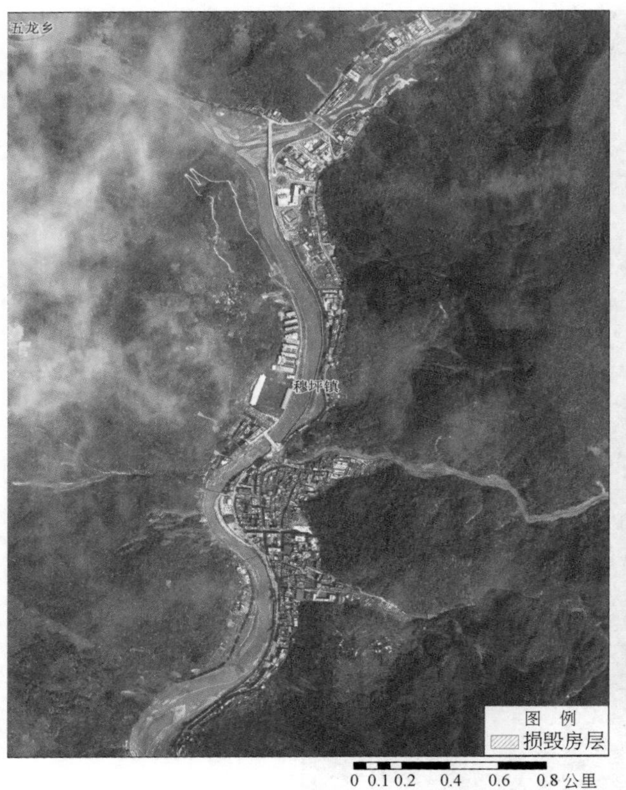

图 14-5　宝兴县县城房屋损毁航空遥感监测结果

N
五龙乡
图　例
损毁房层
0 0.05 0.1 0.2 0.3 0.4 公里

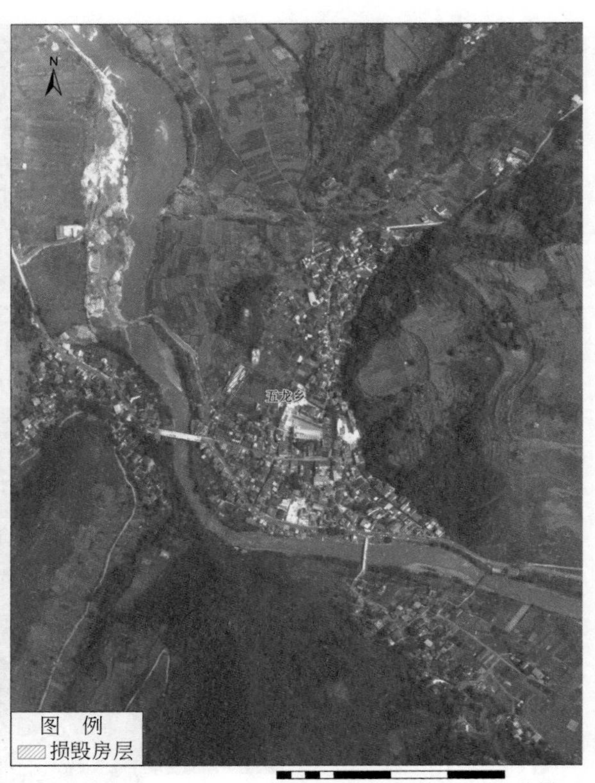

图 14-6　宝兴县五龙乡房屋损毁航空遥感监测结果

N
临邛镇
0 0.025 0.05 0.1 0.15 0.2 公里

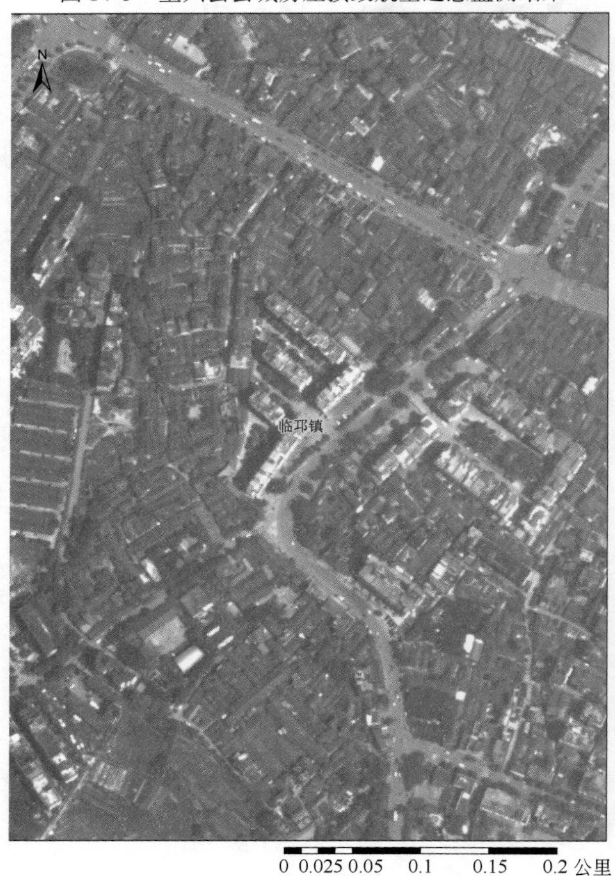

图 14-7　邛崃市区房屋损毁航空遥感监测局部（居民区）

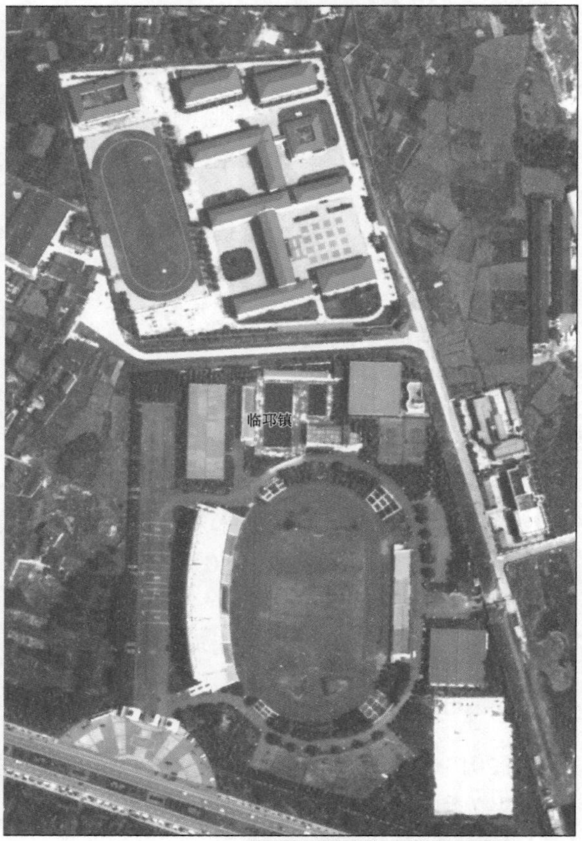

临邛镇
0 0.025 0.05 0.1 0.15 0.2 公里

图 14-8　邛崃市区房屋损毁航空遥感监测局部（体育场）

本监测区范围内建筑物受损监测分析结果如下：

根据影像判识和分析，市区范围内房屋状态良好，未发现明显倒塌现象。市区及近郊区域道路交通通畅，未发现堵塞状况。大型广场和体育场等未发现避难人群。

第三节 次生灾害分布遥感监测

芦山地震发生后，触发了一系列次生地质灾害，特别是崩塌、滑坡和碎屑流（简称崩滑流）以及堰塞湖等次生灾害，曾一度造成交通中断，致使救援受阻，个别地区成为救援“孤岛”。

1. 崩滑流灾害分布遥感监测

(1) 宝兴县城及周边地区震后崩滑流

利用2013年4月20日下午获取的灾后高分辨率航空遥感图像，对宝兴县城及周边地区震后崩滑流进行了监测与评估（表14-1和图14-9）。

表14-1 宝兴县城及周边地区震后崩滑流分布

序号	经度	纬度	面积（平方米）
1	102.845°E	30.4215°N	2867
2	102.839°E	30.4181°N	11072
3	102.844°E	30.4184°N	649
4	102.845°E	30.4182°N	444
5	102.846°E	30.4168°N	1935
6	102.847°E	30.4138°N	7843
7	102.848°E	30.4045°N	16812
8	102.848°E	30.4009°N	12161
9	102.828°E	30.4049°N	204
10	102.826°E	30.4034°N	176
11	102.825°E	30.3978°N	3038
12	102.824°E	30.3972°N	2245
13	102.826°E	30.3964°N	343
14	102.813°E	30.3876°N	3824
15	102.814°E	30.3883°N	297
16	102.812°E	30.3796°N	5156
17	102.810°E	30.3834°N	98
18	102.810°E	30.3838°N	64
19	102.812°E	30.3806°N	1890
20	102.809°E	30.3818°N	703
21	102.809°E	30.3821°N	628
22	102.810°E	30.3837°N	76
23	102.809°E	30.3831°N	95
24	102.812°E	30.3788°N	829
25	102.810°E	30.3837°N	65
26	102.809°E	30.3748°N	736

续表

序号	经度	纬度	面积（平方米）
27	102.808°E	30.3710°N	4707
28	102.807°E	30.3705°N	12218
29	102.808°E	30.3703°N	6622
30	102.809°E	30.3698°N	5290
31	102.807°E	30.3639°N	8233
32	102.820°E	30.3664°N	4832
33	102.809°E	30.3649°N	1160
34	102.808°E	30.3648°N	1209
35	102.802°E	30.3490°N	3624
36	102.802°E	30.3497°N	3218
37	102.809°E	30.3448°N	28563
38	102.825°E	30.3722°N	1557

图 14-9　宝兴县城及周边地区震后崩滑流和潜在滑坡遥感监测结果

分析结果如下：

1）宝兴县主城区穆坪镇东灵关河支流发生滑坡已堵塞或部分堵塞灵关河支流，一旦出现大或特大暴雨有形成堰塞湖的可能，对主城区构成严重威胁。

2）在宝兴县城及周边地区的山坡及灵关河岸坡处的滑坡碎屑流，它们对宝兴县城及灵关河道影响较小。

（2）宝兴县永富乡北部大型滑坡体监测

基于 2013 年 4 月 21 日宝兴县永富乡北部附近航空遥感数据，监测发现存在大型滑坡体，地理位置（30.5667°N，102.6422°E），影响附近道路，如图 14-10 所示。

2. 堰塞湖灾害分布遥感监测

（1）芦山县宝盛乡与龙门乡交界处堰塞湖监测

利用 2013 年 4 月 20 日下午获取的灾后高分辨率航空遥感图像，监测发现位于芦山县宝盛乡与龙门乡交界处（30.2692°N，103.0338°E）存在一处堰塞湖，如图 14-11 所示。

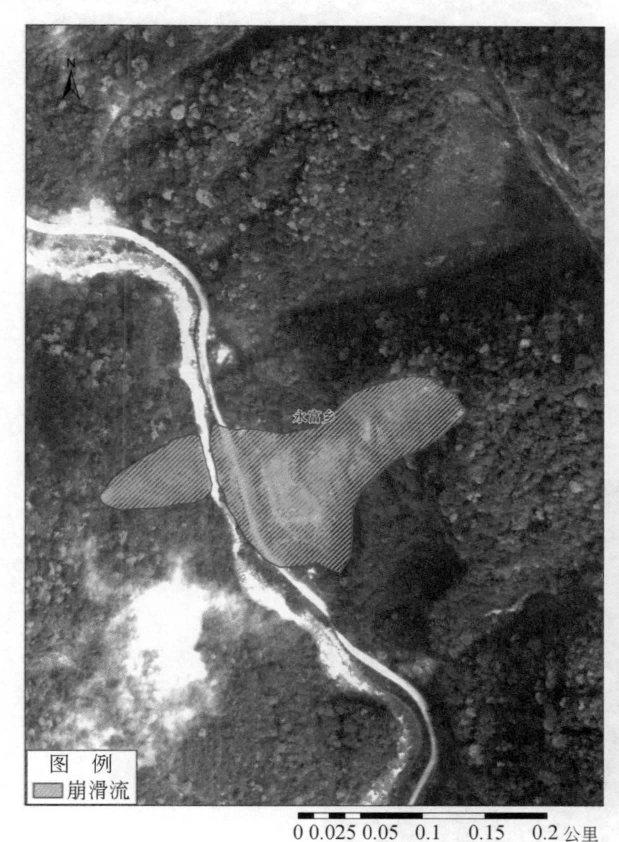

图 14-10　宝兴县永富乡北部大型滑坡遥感监测结果

图 14-11　芦山县宝盛乡与龙门乡交界处堰塞湖监测结果

该堰塞湖由河道西侧山体整体滑坡堵塞，坝体规模较大，坝体属于土石混合体，坝体较稳定，初步估算坝体高度约 20 米、体积约 10 万立方米，属于小型堰塞湖，估算库容小于 30 万立方米，风险较小，并随着自然溢流，可能会形成稳定的地震堰塞湖，尚需要地面调查工作确认处置方法。

（2）芦山县县城附近玉溪河支流河道堵塞监测

基于 2013 年 4 月 20 日下午的航空遥感影像，分析发现：四川芦山县玉溪河支流河道从建设路（30.149951°N，102.92177°E）到振兴路（30.16023°N，102.92169°E）之间的 1.74 公里长的河道中出现三处严重河岸崩塌、滑坡，造成河道堵塞（图 14-12 ~ 图 14-14）。

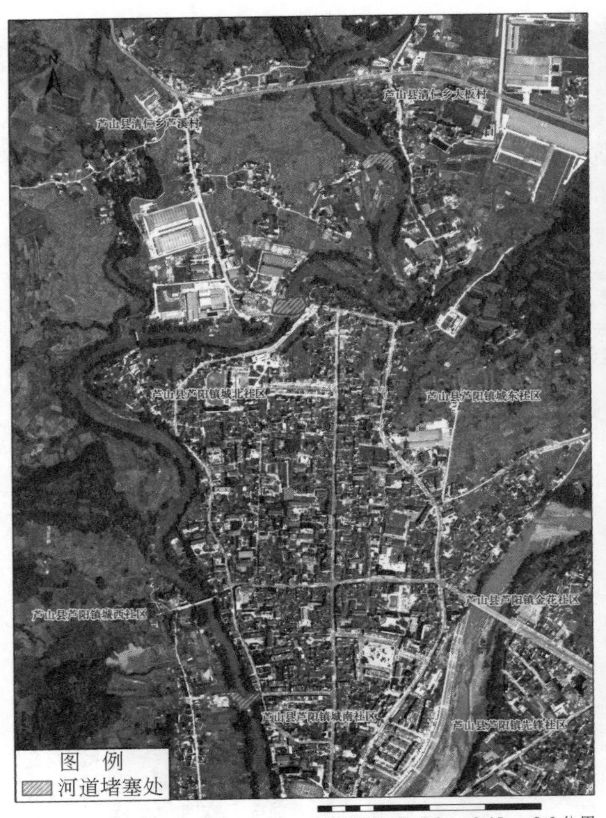

图 14-12　芦山县玉溪河支流中三处严重河道堵塞监测结果

图 14-13　芦山县玉溪河支流中一处严重河道堵塞监测结果局部放大

图 14-14　芦山县玉溪河支流中二处严重河道堵塞监测结果局部放大

这三个地点的地理位置分别为：

A 点：102.91936°E　30.153516°N；

B 点：102.920533°E　30.163365°N；

C 点：102.923092°E　30.167038°N。

第四节　基础设施受损遥感监测

1. 道路设施受损遥感监测

（1）芦山县太平镇与宝盛乡道路受损情况监测

利用 2013 年 4 月 20 日获取的 0.6 米分辨率航空遥感数据对芦山县太平镇与宝盛乡界内的道路受损情况进行了监测分析（图 14-15）。

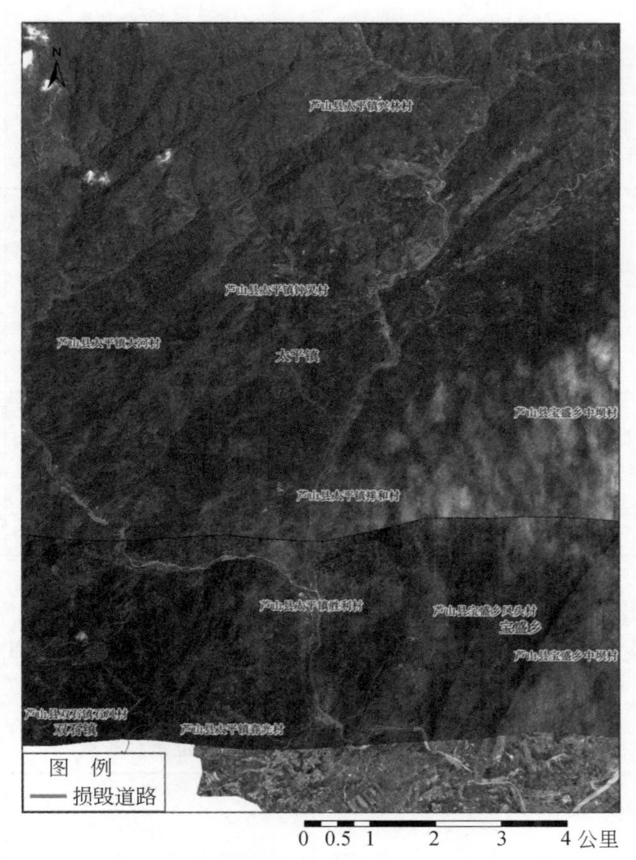

图 14-15　芦山县太平镇与宝盛乡道路受损情况监测结果

统计受损共有 27 处 3256 米，位置及受损长度如表 14-2 所示。

表 14-2　宝兴县芦山县北大河村及中林乡附近受损道路位置及长度

序号	经度	纬度	长度（米）
1	103.027°E	30.3136°N	109.91
2	103.026°E	30.3146°N	130.98
3	103.020°E	30.3148°N	300.09
4	103.014°E	30.3183°N	78.59

续表

序号	经度	纬度	长度（米）
5	103.000°E	30.3188°N	136.08
6	102.999°E	30.3220°N	105.02
7	103.011°E	30.3217°N	120.25
8	102.951°E	30.4078°N	77.80
9	102.947°E	30.4047°N	59.69
10	102.957°E	30.3532°N	321.64
11	102.960°E	30.3506°N	355.12
12	102.964°E	30.3489°N	169.06
13	102.981°E	30.3455°N	216.62
14	103.005°E	30.3782°N	190.73
15	103.004°E	30.3801°N	118.91
16	103.003°E	30.3841°N	56.29
17	103.005°E	30.3850°N	90.94
18	103.006°E	30.3859°N	113.98
19	103.007°E	30.3863°N	72.05
20	103.012°E	30.3896°N	87.22
21	103.016°E	30.3880°N	62.44
22	103.017°E	30.3884°N	23.97
23	103.020°E	30.3893°N	70.96
24	103.040°E	30.4027°N	96.98
25	103.040°E	30.4047°N	19.19
26	103.046°E	30.4059°N	22.85
27	103.076°E	30.3764°N	48.87

（2）宝兴县城及周边道路设施受损情况监测

基于2013年4月20日下午宝兴县城航空高分辨率遥感数据，监测发现20处道路由于次生地质灾害的发生导致堵塞受损情况，结果如图14-16和表14-3所示。

表14-3　宝兴县城及周边受损道路位置及长度

序号	经度	纬度	长度（米）
1	102.845°E	30.4215°N	111.16
2	102.845°E	30.4182°N	115.21
3	102.846°E	30.4168°N	127.39
4	102.848°E	30.4140°N	137.89
5	102.849°E	30.4120°N	135.20
6	102.840°E	30.4176°N	195.09
7	102.837°E	30.4136°N	86.35
8	102.828°E	30.4048°N	55.19
9	102.825°E	30.3975°N	55.97
10	102.826°E	30.3963°N	55.08

续表

序号	经度	纬度	长度（米）
11	102. 814°E	30. 3873°N	196. 00
12	102. 810°E	30. 3836°N	103. 95
13	102. 809°E	30. 3829°N	74. 77
14	102. 809°E	30. 3818°N	97. 36
15	102. 812°E	30. 3806°N	55. 98
16	102. 810°E	30. 3746°N	33. 06
17	102. 810°E	30. 3701°N	250. 67
18	102. 807°E	30. 3637°N	275. 14
19	102. 806°E	30. 3509°N	100. 73
20	102. 805°E	30. 3489°N	73. 35

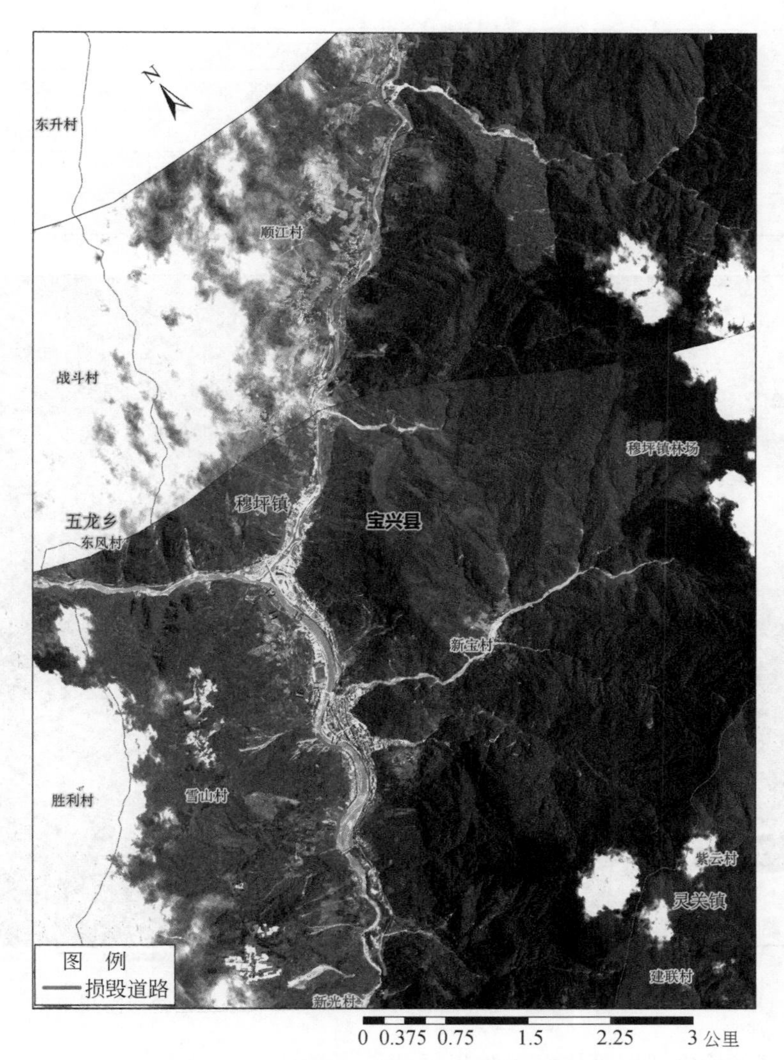

图 14-16　宝兴县城及周边道路设施受损遥感监测结果

2. 输电线路设施受损遥感监测

（1）芦山县、邛崃市交界区域输电线路设施受损监测

利用2013年4月20日高分辨率航空遥感影像进行解译，监测到在芦山县、邛崃市交界区域马家山、莲花山、吴香坪一线近6公里，有10处高压输电塔架连接中断，其中5处高压输电塔已倒落。10处高压输电塔架位置如表14-4所示，该区域示意图如图14-17所示。

表14-4　芦山县和邛崃市交界区域输电线路设施受损情况

序号	经度	纬度	受损情况
1	103.107°E	30.3154°N	塔架倒落，线路中断
2	103.109°E	30.3182°N	塔架倒落，线路中断
3	103.114°E	30.3287°N	线路中断
4	103.120°E	30.3296°N	线路中断
5	103.123°E	30.3301°N	线路中断
6	103.128°E	30.3343°N	塔架倒落，线路中断
7	103.129°E	30.3354°N	塔架倒落，线路中断
8	103.137°E	30.3426°N	线路中断
9	103.141°E	30.3471°N	线路中断
10	103.143°E	30.3482°N	塔架倒落，线路中断

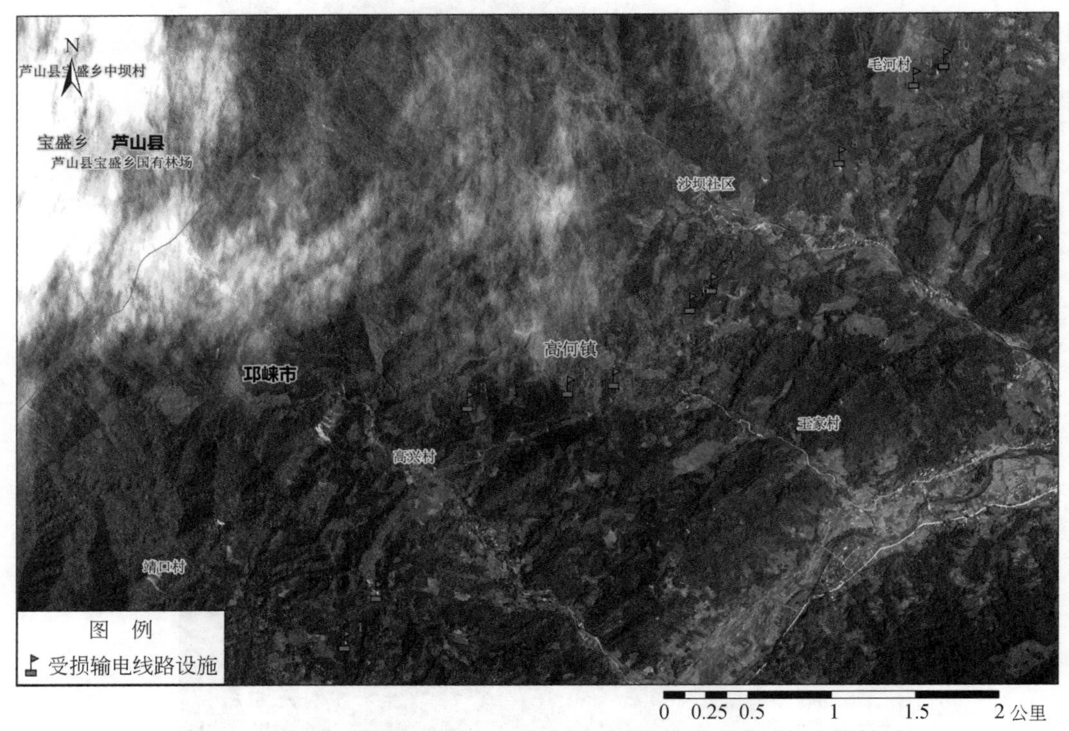

图14-17　宝兴、芦山、邛崃三县交界区域输电线路设施受损监测结果

（2）天全县东部区域输电线路设施受损监测

利用2013年4月20日高分辨率航空遥感影像进行解译，监测到在雅安市天全县东部近20公里输电线路毁损，有37处塔架连接中断，其中13处高压输电塔架已倒落，导致该地区电路中断。这37处塔架位置如表14-5所示，具体分布如图14-18所示。

表 14-5　天全县东部区域输电线路设施受损情况

序号	经度	纬度	受损情况
1	102. 848°E	30. 1766°N	线路中断
2	102. 849°E	30. 1719°N	线路中断
3	102. 849°E	30. 1672°N	线路中断
4	102. 849°E	30. 1641°N	线路中断
5	102. 849°E	30. 1611°N	塔架倒落，线路中断
6	102. 846°E	30. 1600°N	塔架倒落，线路中断
7	102. 841°E	30. 1480°N	塔架倒落，线路中断
8	102. 840°E	30. 1463°N	塔架倒落
9	102. 837°E	30. 1400°N	塔架倒落，线路中断
10	102. 835°E	30. 1353°N	塔架倒落，线路中断
11	102. 833°E	30. 1303°N	塔架倒落，线路中断
12	102. 822°E	30. 1262°N	塔架倒落，线路中断
13	102. 815°E	30. 1257°N	线路中断
14	102. 809°E	30. 1253°N	塔架倒落，线路中断
15	102. 807°E	30. 1225°N	线路中断
16	102. 804°E	30. 1202°N	线路中断
17	102. 802°E	30. 1180°N	塔架倒落，线路中断
18	102. 796°E	30. 1136°N	线路中断
19	102. 794°E	30. 1119°N	塔架倒落，线路中断
20	102. 791°E	30. 1094°N	线路中断
21	102. 789°E	30. 1082°N	塔架倒落，线路中断
22	102. 782°E	30. 1029°N	线路中断
23	102. 776°E	30. 1023°N	线路中断
24	102. 769°E	30. 1012°N	线路中断
25	102. 758°E	30. 1002°N	线路中断
26	102. 755°E	30. 1000°N	线路中断
27	102. 754°E	30. 1001°N	线路中断
28	102. 750°E	30. 1005°N	线路中断
29	102. 743°E	30. 1005°N	线路中断
30	102. 736°E	30. 1014°N	线路中断
31	102. 730°E	30. 0990°N	线路中断
32	102. 716°E	30. 0965°N	塔架倒落，线路中断
33	102. 710°E	30. 0975°N	线路中断
34	102. 706°E	30. 0975°N	线路中断
35	102. 698°E	30. 0984°N	线路中断
36	102. 693°E	30. 0958°N	线路中断
37	102. 690°E	30. 0955°N	塔架倒落，线路中断

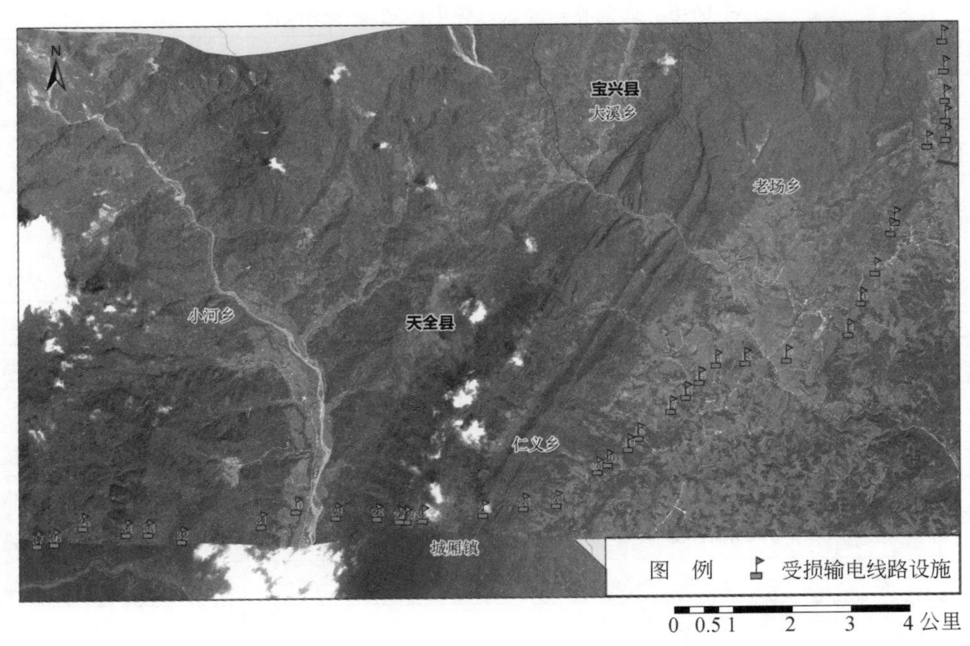

图 14-18　天全县东部区域输电线路设施受损监测结果

第五节　农田、林地受损遥感监测

1. 芦山县城周边区域农田、林地受损遥感监测

利用 2013 年 4 月 20 日上午获取的芦山县城高分辨率航空遥感影像，开展了地震灾害对农田、林地影响的监测（图 14-19）。

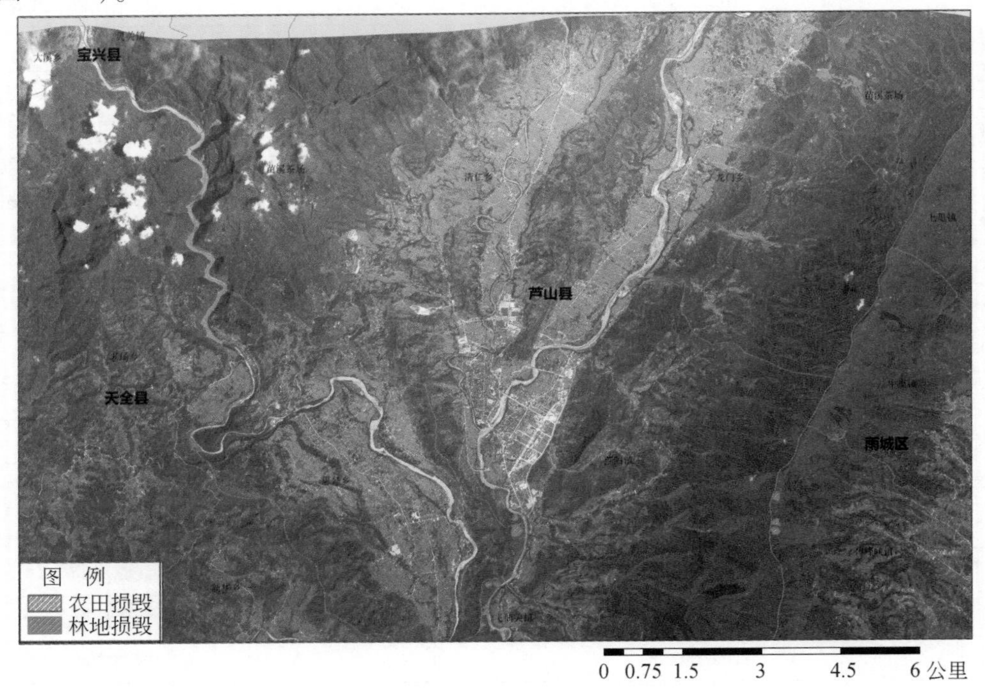

图 14-19　芦山县县城周边农田、林地受损遥感监测结果

分析结果如下：

1）芦山县城周边农田损毁约1.3公顷，林地损坏约30.9公顷。

2）山体滑坡、崩塌是引起农田损毁的主要原因，农田分布于河谷地带及低山平缓地区，因此地震引起的冬小麦、油菜等主要农作物产量的直接损失较小，但由于水保设施受到破坏，灾民外撤，后继田间管理缺乏，该地区秋粮生产会受到间接影响。

3）地震对芦山县城周边林地引起树木损毁主要原因是芦山县城东侧和西侧多为地形起伏较大的山地，地震引起的滑坡和崩塌现象较多。

2. 宝兴县城周边区域农田、林地受损遥感监测

利用2013年4月20日下午获取的宝兴县城高分辨率航空遥感影像，开展了地震灾害对农田、林地影响的监测（图14-20）。

图14-20 宝兴县县域周边农田、林地损毁受损遥感监测结果

分析结果如下：

1）宝兴县城周边农田、林地损毁较轻，其中农田损毁约2.2公顷，林地损坏约11.9公顷。

2）农田和林地损毁主要由山体滑坡、崩塌等次生灾害引起。

3）农田损毁会引起冬小麦、油菜等主要农作物产量直接损失，同时由于水保设施受到破坏，灾民外

撤，后继田间管理缺乏，该地区秋粮生产会受到间接影响。

4）对宝兴县城周边林地产生的影响主要为局地树木遭受损毁。

第六节　结论与建议

房屋等建筑群规划选址应避开崩塌、滑坡、泥石流等地质灾害发生点位和易发地段，避让活动断裂和地表破裂带。

加强灾区房屋建筑抗震设计，重建必须严格按照设防烈度进行设计、建造，达到相应抗震要求。

进一步加强对农民自建房防震监管和科学引导。引导民众自建房时根据设计部门的规划选好建房基地，深挖并夯实地基、打好圈梁，提高房屋质量。

第十五章　总 体 集 成

第一节　目标与准则

按照《芦山地震灾后恢复重建工作方案》确立的资源环境承载能力评价的工作任务，在总体集成过程中，以地质灾害为主控因子，以水土条件、生态环境、工程和水文地质为重要因子，以产业经济、城镇发展、基础设施为辅助因子，以灾损分析为参考因子，基于自然地理单元进行重建分区、基于行政单元（县域、乡镇、村域三级）进行发展路径与导向评估，不仅注重“防灾避险”在评价中的决定作用，而且注重“精细评价”在整个评价中的基础作用，还注重“资源环境与人口经济相均衡”的导向作用。

此次资源环境承载能力评价总体集成时遵循的具体准则如下：

1）自上而下调控与自下而上分析相结合。面向灾区资源环境承载力构成要素的复杂性与开放性特征，既考虑土地利用总体结构、区域间相互作用、城镇体系空间结构、产业涓滴与辐射效应等区域发展的客观规律，进行分区方案的总量控制与区域调控，又纳入基础分析得到的区域资源环境要素禀赋，充分把握分区结论的可行性与合理性。

2）刚性约束与柔性指导相结合。遵循国家级和省级主体功能区划方案与相关规定，严格执行国家关于防灾减灾、生态保护、粮食安全等各项法律法规，并本着“安全第一”的原则，对灾害危险性极高、生态价值极大或食物保障重要等区域实施“一票否决制”。同时，考虑灾后恢复重建现实需要，在产业重建、人口安置等方面给予一定的弹性空间，指导性地制定动态引导策略。

3）整体评价与精细评价相结合。围绕灾区重建规划的需求及灾区区域特点，在全域评价资源环境承载力的基础上，在对极重灾区和重灾区增加评价时，增加次生地质灾害评价的内容和精度，突出总体集成过程中地质灾害条件对国土空间开发利用的限制性。

4）灾前状态分析与灾后影响评估相结合。在考虑灾前水土资源状态、生态环境特征等要素的同时，结合灾损分析对灾后影响进行评估，对于灾后破坏程度较大的区域，进一步采取高分辨影像和实地考察比对分析，提高总体集成准确性。

第二节　重 建 分 区

一、分 区 方 法

基于基础评价、产业发展导向评价和辅助评价中得到的防灾避险安全性、生态保护重要性、人口和经济发展适宜性，将灾区划分为4种类型，即灾害避让区、生态保护区、农业发展区、人口集聚区。其划分方法如图15-1所示。

1. 灾害避让区

灾害避让区包括地震断裂活动带和滑坡、崩塌、泥石流等次生地质灾害易发多发地区。针对地震断层和活动断层、次生地质灾害类型的易发程度、发展变化趋势和影响范围等内容，按照全域整体评价、极重和重灾区的人口集聚区精细评价的精度，将地震地质条件适宜性最低级以及崩塌、滑坡、泥石流次

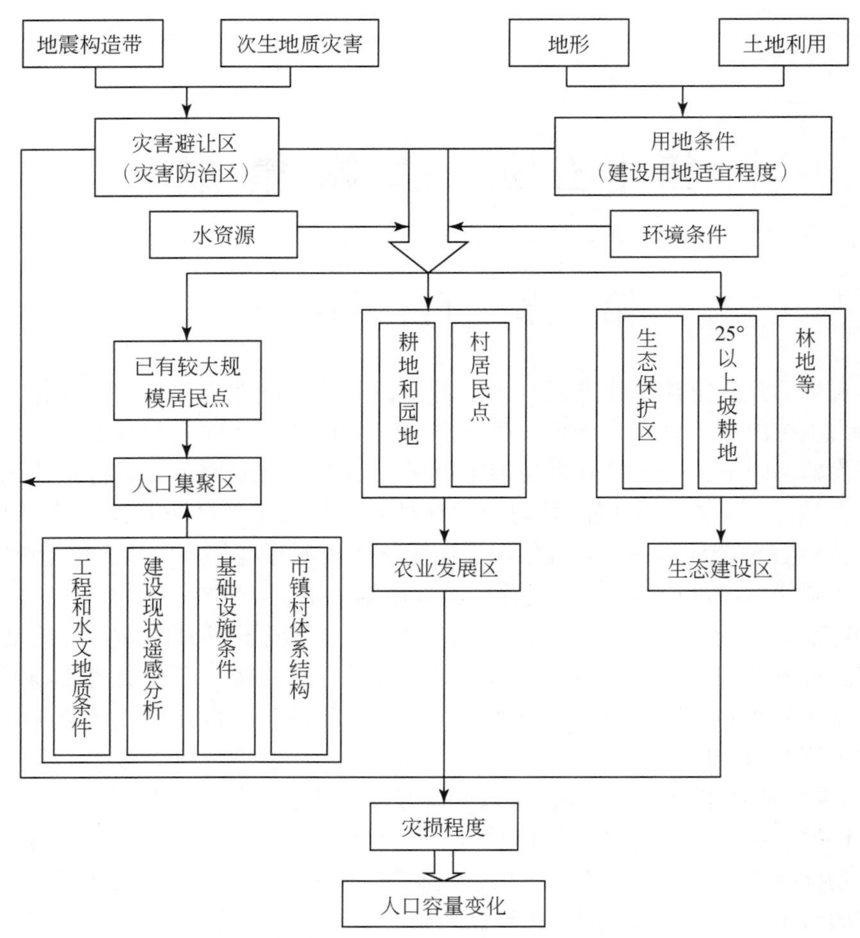

图 15-1　资源环境承载能力评价总体集成流程图

生地质灾害危险性最高级所涵盖地域范围划定为灾害避让区。

2. 生态保护区

生态保护区包括自然保护区、退耕还林地及其他生态保护重要性评价的重要区域（不包括分布在该区域中的城乡居民点建设用地和农业发展用地）。结合生态环境评价、旅游资源评价以及用地条件评价结果，将各级各类自然保护区、水源涵养区、森林公园、湿地公园、地质公园等法定保护区，通过25°以上坡耕地遴选的退耕还林地，生态保护重要性最高级、次高级的地域范围三类区域划定为生态保护区。

3. 农业发展区

农业发展区包括优质耕地、园地和农村居民点建设用地，是农村人口居住和从事农业生产活动的主要场所。通过耕地、园地建设条件以及乡村建设用地条件的全域整体评价，将扣除25°以上坡旱地的耕地、园地，避让地震地质条件适宜性最低级和次生地质灾害危险性最高级的农村居民点划定为农业发展区。

4. 人口集聚区

人口集聚区包括乡镇政府所在地、城区、大型产业园区等建设用地。通过用地条件评价得出建设用地条件适宜、较适宜、条件适宜的地块，扣除受到活动断裂和次生灾害影响严重的灾害避让区，结合现状遥感影响、灾损辅助分析、水资源条件、工程和水文地质条件的精细评价，提出城乡居民点选址的备选用地，然后进行产业支撑、人口分布、地理区位、基础设施以及市镇村体系结构等因素的综合分析，依次对位于极重灾区和重灾区的102个人口集聚区包进行综合判断，进一步确定人口集聚区的位置与范围，并按照综合条件和发展潜力将人口集聚区划分为扩大规模重建、缩减规模重建和原规模重建三种类型，提出了不同规模与类型城镇和乡村恢复重建的选择方案。

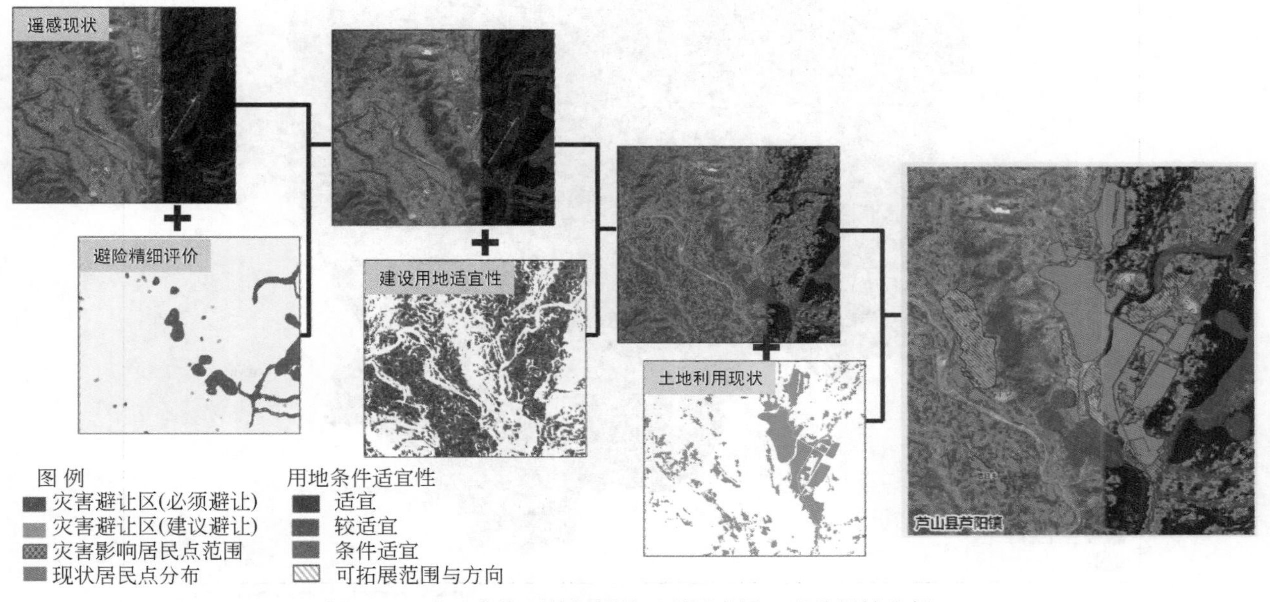

图15-2　人口集聚区精细评价过程示意图（以芦阳镇为例）

二、分 区 结 果

灾区21个县（市、区）的分区结果显示，生态保护区和农业发展区呈相对集中连片式分布，其中，生态保护区的面积最大，占全域土地面积的83.4%，农业发展区次之，占总体比重的14.4%。灾害避让区和人口集聚区的面积相对较小，分别占土地总面积的1.5%和0.7%，二者空间分布相对零散，灾害避让区相对密集区主要分布于芦山县中部和南部、宝兴县东南部，人口集聚区则在山前平原区和浅山区较为密集（图15-3）。

重建分区的区县单元统计如表15-1、图15-4所示，极重灾区芦山县灾害避让区、生态保护区、农业发展区和人口集聚区的面积依次为42.06平方公里、1039.39平方公里、103.75平方公里和6.21平方公里，其灾害避让区所占比重3.53%，为灾区各县（市、区）最高。重灾区方面，四类分区面积依次为216.87平方公里、7981.42平方公里、1091.87平方公里和95.98平方公里，重灾区范围内的人口集聚区占比达到1.02%，显著高于其他两个受灾类型区；其中雅安市主城区雨城区和名山区的面积分别为35.92平方公里和39.77平方公里，占重灾区人口集聚区总面积的近80%。

1. 灾害避让区

根据灾区内崩塌、滑坡和泥石流等定量分析结果，设定地震断层“避让带”宽度以及活动断层“禁建带”，共计256平方公里，其中极重灾区和重灾区按两侧各100米宽度设定避让带。在此基础上划分次生地质灾害的避让区，得到评价区极重灾区和重灾区（4县2区6乡镇）在灾后重建过程中的次生地质灾害安全避让边界。

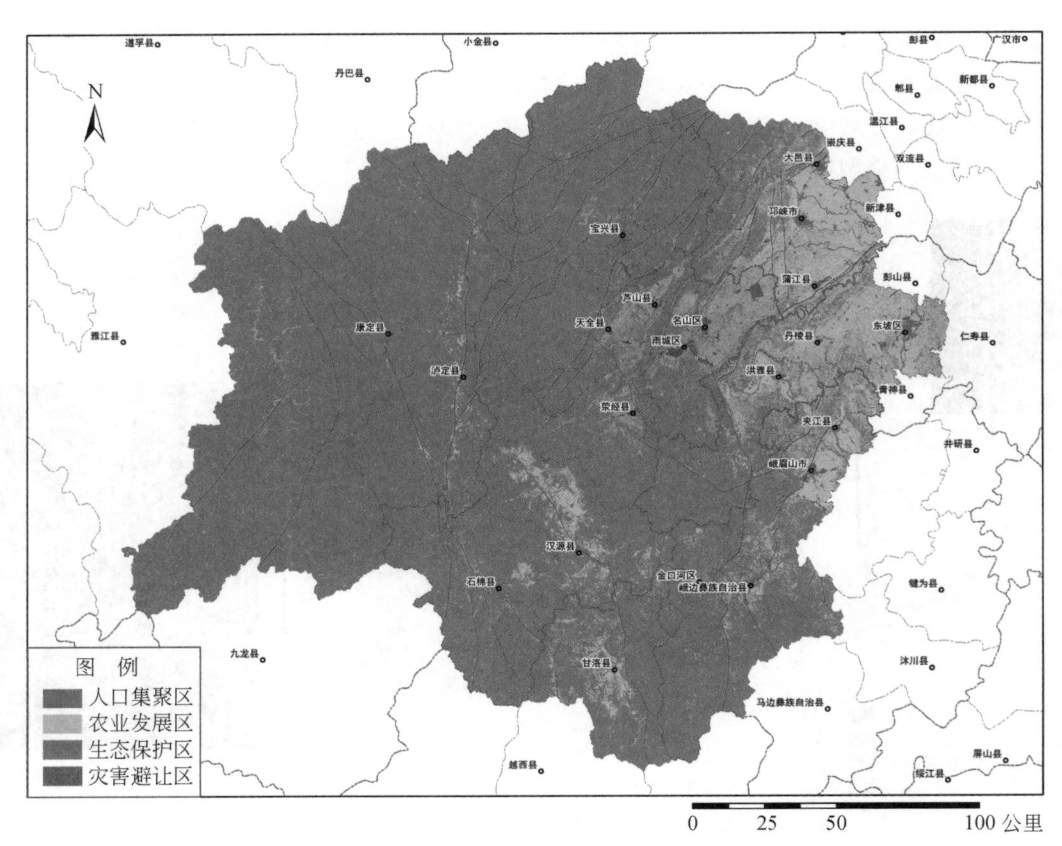

图 15-3 灾区 21 县（市、区）重建分区

表 15-1 重建分区方案统计（县区单元）

名称	灾害避让区		生态保护区		农业发展区		人口集聚区	
	面积（平方公里）	比重（%）	面积（平方公里）	比重（%）	面积（平方公里）	比重（%）	面积（平方公里）	比重（%）
芦山县(极重灾区)	**42.06**	**3.53**	**1039.39**	**87.24**	**103.75**	**8.71**	**6.21**	**0.52**
重灾区	**216.87**	**2.31**	**7981.42**	**85.03**	**1091.87**	**11.63**	**95.98**	**1.02**
雨城区	13.45	1.27	777.66	73.17	235.75	22.18	35.92	3.38
天全县	56.73	2.37	2170.25	90.79	156.51	6.55	6.98	0.29
名山区	8.23	1.33	175.00	28.30	395.39	63.94	39.77	6.43
荥经县	22.99	1.29	1620.68	91.21	125.72	7.08	7.50	0.42
宝兴县	100.13	3.22	2941.54	94.45	68.66	2.20	4.03	0.13
邛崃市 6 乡镇	15.33	3.62	296.28	70.01	109.83	25.95	1.78	0.42
一般灾区	**363.92**	**1.13**	**26674.21**	**82.80**	**4970.00**	**15.43**	**206.06**	**0.64**
邛崃市 18 乡镇	25.11	2.63	306.10	32.09	590.17	61.86	32.63	3.42
汉源县	12.32	0.56	1812.65	81.84	380.45	17.18	9.45	0.43
蒲江县	15.53	2.68	111.37	19.19	437.67	75.40	15.87	2.73
丹棱县	1.92	0.43	176.77	39.33	266.50	59.29	4.30	0.96
洪雅县	21.97	1.16	1454.61	76.63	414.40	21.83	7.17	0.38
金口河区	1.66	0.28	560.04	93.60	35.01	5.85	1.61	0.27
大邑县	28.75	2.24	790.53	61.56	430.88	33.55	34.03	2.65

续表

名称	灾害避让区		生态保护区		农业发展区		人口集聚区	
	面积（平方公里）	比重（%）	面积（平方公里）	比重（%）	面积（平方公里）	比重（%）	面积（平方公里）	比重（%）
石棉县	47.68	1.78	2545.85	95.04	81.69	3.05	3.48	0.13
泸定县	32.55	1.50	2056.56	95.01	71.80	3.32	3.64	0.17
夹江县	4.03	0.54	334.43	44.97	392.83	52.82	12.37	1.66
峨眉山市	21.56	1.82	757.85	64.13	374.57	31.70	27.68	2.34
甘洛县	17.27	0.80	1876.32	87.18	255.28	11.86	3.28	0.15
东坡区	0.76	0.06	319.12	23.87	974.64	72.91	42.33	3.17
峨边县	24.67	1.04	2192.35	92.03	162.23	6.81	2.99	0.13
康定县	108.15	0.93	11379.66	98.14	101.86	0.88	5.24	0.05

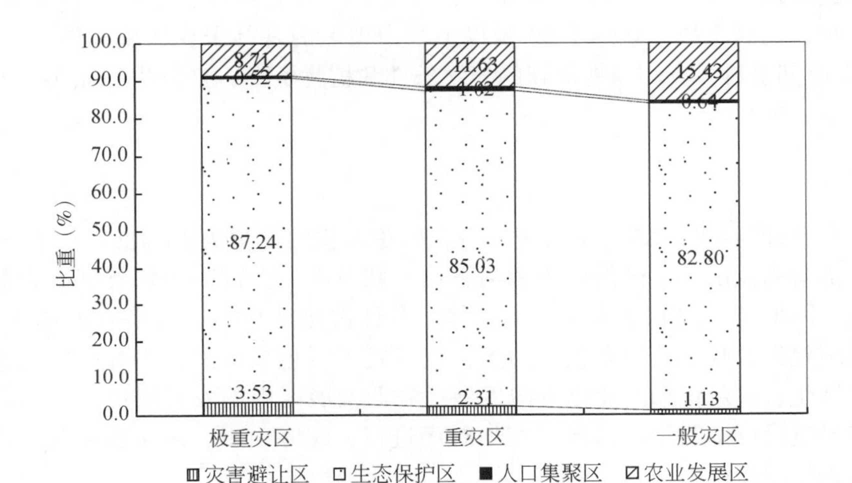

图 15-4　四类重建分区比重

表 15-2　灾害避让区分类统计

类型	极重灾区		重灾区		一般灾区	合计
	面积（平方公里）	人口（人）	面积（平方公里）	人口（人）	面积（平方公里）	面积（平方公里）
断裂构造避让带	24.35	6078	181.70	28537	50.00	256.05
崩塌滑坡	18.1		36.80		10.3	65.2
泥石流	13.20		35.20		2.4	50.8
总计	55.65		253.7		62.7	372.05

灾害避让区内，原则上禁止重建永久性居民住房。位于灾害避让区内的散居住户、村落居民点和城镇建成区，确因灾损严重需要重建时，应进行搬迁和避让。在开展综合治理、健全预警预防措施、确保灾害风险大幅降低后，可作为建设用地适度利用，主要可用于公共绿地、使用频率较低的公共设施等建设用地。同时，将安全避让同治理、预防相结合，结合灾害治理——如滑坡和崩塌治理等，以及预警预防——如泥石流等，增强灾区承载能力。

2. 生态保护区

生态保护区集中分布在宝兴县中、北部，芦山县北部，天全县与荥经县的西部、康定西部等地。自然区域主要沿邛崃山系—大相岭一线、夹金山—贡嘎山一线、大雪山一线分布。该区中有各级各类自然保护区面积6100平方公里，国家级森林公园面积3266平方公里。

表15-3　生态保护区分类统计

类型	极重灾区		重灾区		一般灾区		合计	
	面积（平方公里）	比重（%）	面积（平方公里）	比重（%）	面积（平方公里）	比重（%）	面积（平方公里）	比重（%）
自然保护区	0.00	0.00	982.84	10.96	5117.64	16.10	6100.48	14.60
退耕地	16.48	1.59	81.60	0.91	431.70	1.36	529.78	1.27
其他区域	1022.91	98.41	7899.82	88.13	26242.51	82.54	35165.24	84.14
总计	1039.39	100.00	8964.26	100.00	31791.85	100.00	41795.50	100.00

生态保护区中的自然保护区、生物多样性保护和水源涵养重要区域应以保护为主，土壤侵蚀敏感区、震后植被修复区和退耕地分布区域应高度重视生态修复。该区应以自然保护区和森林公园保护为重点，加强生物多样性保护，控制海拔1500～1200米以下浅山地区的森林采伐速度，加大坡耕地退耕的力度，25°以上坡地原则上全部退耕，利用当地优越的气候条件和植物资源，推进生态旅游以及生态效益和经济效益双收的林业经济发展。

3. 农业发展区

农业发展区面积合计为6492.85平方公里，占区域总面积的比重为15.18%（表15-4）。集中分布于东部山前平原，中部盆周低山丘陵区的平坝和河谷成片状分布，西部高山峡谷区有少量零散分布。按用地类型划分，耕地和园地是构成农业发展区的主体，合计占比近90%，具备良好的生态农业发展条件，应加大农业基础设施建设的政策扶持和投入力度，重点发展绿色农产品，培育推广先进农业生产组织模式，引导农业向区域化、特色化和产业化方向发展；农业发展区内的农村居民点受地震及次生地质灾害影响较小，村落布局建设可按照新农村建设规划有序进行；统筹山水、田园和村落整体布局，综合发展农业和乡村体验观光休闲产业。

表15-4　农业发展区分类统计

类型	极重灾区		重灾区		一般灾区		合计	
	面积（平方公里）	比重（%）	面积（平方公里）	比重（%）	面积（平方公里）	比重（%）	面积（平方公里）	比重（%）
耕地	115.59	85.54	965.07	68.49	3295.72	66.60	4376.38	67.41
园地	8.33	6.16	333.61	23.68	1083.53	21.90	1425.47	21.95
村落建设用地	11.22	8.30	110.41	7.84	569.37	11.51	691.00	10.64
总计	135.14	100	1409.10	100	4948.61	100	6492.84	100

4. 人口集聚区

灾区共有人口集聚区383个（街道办事处合并为城区计算）。其中，极重灾区和重灾区有人口集聚区102个，包括1个市区（雅安市区，含4个街道办事处）、38个镇区和60个乡驻地，总用地面积89.92平方公里，可容纳总人口70万人以上，占极重灾区和重灾区总人口的60%左右。根据灾害危险程度、用地条件、产业支撑能力等因素的综合分析，极重灾区和重灾区的人口集聚区划分为扩大规模重建、缩减规模重建和原规模重建三种类型。扩大规模重建类包括30个人口集聚区，用地面积为68.18平方公里，大多位于河谷坝区或山前丘陵与平原区，用地条件良好、具有较大的资源环境承载能力，通常都是县城和重点镇所在地，未来依然是县域人口集聚程度最高的区域。其中，作为宝兴县唯一的扩大规模重建类的人口集聚区，可考虑将宝兴县城部分功能疏解至灵关镇。异地重建类只有1个，即成雅新城（涉及3个乡镇），用地面积为20平方公里，按产城一体化模式发展，用于提高极重灾区和重灾区经济与人口持续发展能力。缩减规模重建类包括穆坪镇、双石镇、三合乡、永富乡4个，它们的用地条件差、面临的次生灾害风险高。遵循“避灾优先、安全第一”的原则，它们必须退让位处灾害避让区的现状城乡建设用地与居住人口，并且不再就地增加新的用地与人口。其他65个均属于原规模重建类，约占人口集聚区总个数的65%。该类型重建的重点是要调整用地布局，优化用地结构，腾退灾害避让区内的现状居民点与人口，就地选择环境安全、规模相当的区域进行原地安置（表15-5）。

表15-5 极重灾区、重灾区人口集聚区分类和用地规模统计

类型	极重灾区		重灾区		合计	
	个数（个）	用地（平方公里）	个数（个）	用地（平方公里）	个数（个）	用地（平方公里）
缩减规模	1	0.07	3	0.45	4	0.52
规模不变	6	1.09	59	8.25	65	9.34
扩大规模	2	4.28	28	63.90	30	68.18
总计	9	5.44	91	92.6	100	98.04

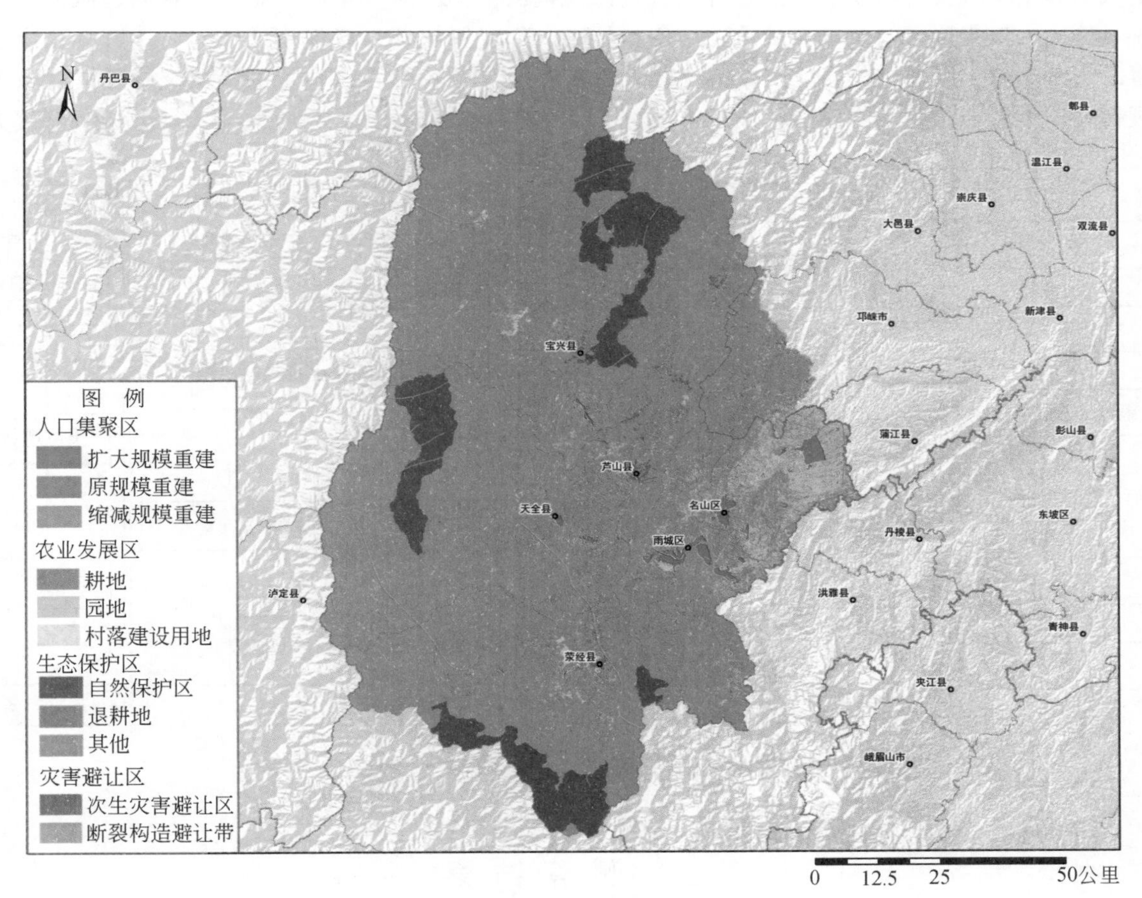

图15-5 极重灾区和重灾区重建分区图（细分方案）

按照“把最安全的土地用于人口居住”的考虑，突出安全第一的原则，在重建选址和确定重建范围时，坚持防灾避险优先。极重灾区和重灾区因地质灾害风险大、分布集中、影响区域广，避险任务比较艰巨。为此，宽敞坝区和谷地、山前平原等农田集中分布的区域，以及现状集约化程度较低的工业园区

用地，可考虑用地结构调整，把部分耕地和工业用地作为人口永久安置地。大约 22.43 平方公里（不包括雅安市中心城区城市规划扩建所需的 21.93 平方公里土地）的土地需要调整用地功能，转换为城镇居住用地，主要分布在名山区成雅新城（飞地园区）、芦山县城芦阳镇、宝兴县灵关镇、荥经县严道镇、天全县城厢镇。

第三节 可承载人口规模测算

一、测算方法

灾区可承载人口规模测算的测算流程如下（图 15-6）：①基于主体功能区划、成渝经济区规划、四川省总体发展战略等上位规划，并考虑土地利用结构、城镇空间结构、人口集疏等客观规律，对灾区发展定位和潜力进行功能预估。②测算灾害避让区对现状城镇居民点和乡村散居住户的影响范围，结合灾损分析确定，对地质灾害威胁面广、本次地震灾损程度深的城乡居民点，按照影响范围大小和建设用地标准评估超载人口规模。③以后备建设用地潜力评估为核心因子，以工程与水文地质条件、水资源条件、环境条件为辅助因子，测算乡镇政府所在地（或城区、大型产业园区）的人口容量。④判别乡镇政府所在地的人口容量是否具备本乡镇内部安置超载人口规模的能力，对乡镇内部难以安置的超载人口，进一步判别县区内人口集聚区的人口容量是否具备本县区内部安置超载人口规模的能力。⑤若县区内存在难以安置的超载人口，则通过跨县区安置将超载人口转移至具备较高人口容量的区域。⑥反馈区域可承载人口规模初步方案，按照总体战略和预估功能的目标要求，不断修正完善形成可承载人口规模最终方案。

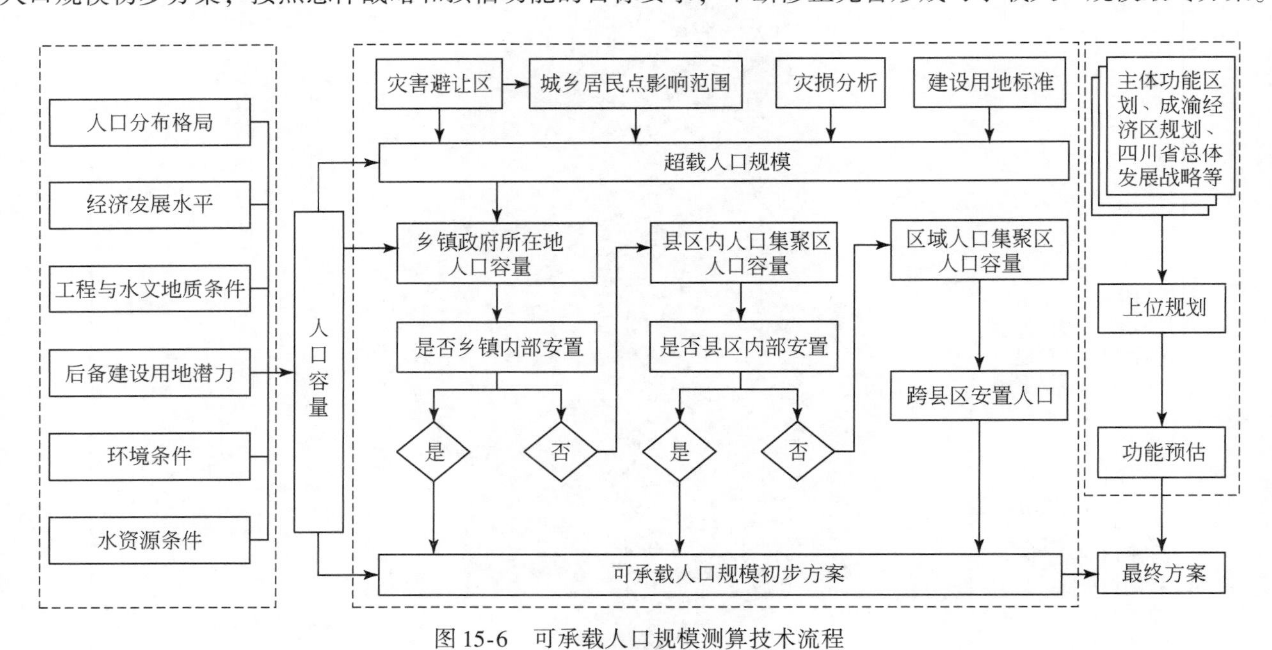

图 15-6 可承载人口规模测算技术流程

二、测算结果

芦山地震发生后，灾区资源环境承载能力有所下降，突出表现在避让地质灾害风险的压力显著增大。但整个灾区全域范围内尚未造成人口超载的状况，21 个县（市、区）资源环境条件总体上仍然具备承载全部受灾人口的能力，即 21 个县（市、区）具备承载 578.36 万人的资源环境承载能力。

灾区自然灾害多发、覆盖面积大，直接涉及农村 2 万左右的人口，需净减少乡镇驻地的人口 6800 人，防灾减灾任务艰巨，应远近结合、循序解决防灾减灾问题。重建的核心任务之一，是着力解决灾损严重又受地质灾害威胁严重人口的安全安置问题，一般应在重建中予以搬迁。而对受自然灾害威胁严重但此次受损不严重的人口，尊重自愿选择、结合今后相关发展规划实施逐步予以调整。

就地重建为主——以乡镇内部人口调整为主，异地搬迁为辅——以集中消化超载人口为辅。灾区范围内，因用地条件不良、自然生态重要性很高，属于我国资源环境承载能力总体偏低的区域，但人口密度和规模有限，有利于协调人地矛盾。地震加剧了自然灾害危险性，安全避让的要求使局部范围内必须进行人口分布的调整。总体来看：

1）通过乡镇范围内的微调、可解决大部分安全避让人口的安置问题。极重和重灾区 102 个乡镇中，本乡镇内部基本可以解决避让人口安置问题的 79 个。因此，“就地重建”——即在本乡镇范围内重建安置为主。绝大多数乡镇政府所在地依然是人口集聚的相对适宜地，各乡镇应就近解决避让问题，重点引导受灾害威胁的散居住户和小型村落向乡镇政府所在地适度集中。

2）通过对极重和重灾区乡镇政府所在地进行精细评价，有 65 个乡镇政府所在地在避险评价的基础上、应当进行必要的内部用地结构调整维持原有用地规模，在保障安全的前提下基本保持现有人口容量。对确有困难的集中居民点进行适当瘦身，共计 4 个乡镇政府所在地应适当缩小人口规模，其中宝兴县城穆坪镇是瘦身体量最大的一个镇。

3）30 个位于河谷坝区或山前丘陵与平原区、具有较大的资源环境承载能力的乡镇政府所在地和城区，可部分解决县内灾民合理安置问题。除雅安市中心城区外，增量规模最大的是成雅新城（飞地园区）、芦山县城芦阳镇和宝兴县灵关镇。山前缓坡丘陵和平原区域的中心城区、乡镇政府所在地，具有较大规模集聚人口的资源环境承载能力。此外，综合考虑城镇体系空间结构、地理区位和产业发展导向，选择资源环境承载能力比较大的雅安市名山区，作为灾区恢复重建中适于较大规模推进工业化和城镇化的重点区域。

4）鼓励、引导人口搬迁采取传递式的集聚过程，乡村散居灾民就近向乡镇政府所在地集中，乡镇政府所在地有条件的居民和企业向县城集中，县城有条件的人口和产业经济向成雅新城飞地园区迁移。鼓励芦阳镇、灵关镇等工业用地重组、集约和置换，提高适于居民点集中重建的现有建设用地高效利用。鼓励邛崃市重灾区人口有序向邛崃市区和成都平原适度集聚。

主要参考文献

巴仁基，王丽，宋志，等.2008. 泸定县牧场沟泥石流动力特性预测. 水文地质工程地质，(6)：75-84.

蔡安录，贾斌.2012. 荥经县龙苍沟地质灾害危险评估. 山西建筑，38（23）：54-55.

蔡红刚，裴向军，吴景华，等.2011. 强震抛射型崩塌滚石运动特征研究. 长春工程学院学报（自然科学版），12（3）：1-4.

陈桂华，徐锡伟，郑荣章，等.2008. 2008 年汶川 MS8.0 地震地表破裂变形定量分析-北川-映秀断裂地表破裂带. 地震地质，30（3）：723-738.

陈国栋.2008. 为民安康铸大爱——“5·12”四川汶川大地震芦山县地质灾害应急调查. 地质学刊，32（4）：348-349.

陈剑，杨志法，刘衢秋.2005. 滑坡的易滑度分区及概率预报模式. 岩石力学与工程学报，24（13）：2392-2396.

陈宁生，刘中港，谢万银.2003. 四川石棉 2003-08-28 泥石流灾害考察报告（摘要）. 山地学报，21（5）：639.

陈升，孟庆国，胡鞍钢.2009. 汶川地震受灾群众主要需求及相关特征实证研究. 学术界，(5)：17-29.

陈晓清，崔鹏，陈斌如，等.2006. 海螺沟 050811 特大泥石流灾害及减灾对策. 水土保持通报，26（3）：122-126.

陈燕飞，杜鹏飞，郑筱津，等.2006. 基于 GIS 的南宁市建设用地生态适宜性评价. 清华大学学报（自然科学版），46（6）：801-804.

陈永波，乔建平，樊晓一，等.2003. 四川省雅安市雨城区滑坡灾害成因调查（摘要）. 山地学报，21（5）：638.

陈越良.2013 年雅安市政府工作报告. http：//www.yaan.gov.cn/showxx.aspx？id=104258.

程礼来，吴俊峰.2011. 大渡河左岸小河沟泥石流特征及其危险性评估研究. 水土保持研究，18（1）：87-91.

程谦恭，胡厚田，彭建兵，等.1999. 剧冲式高速滑坡及滑坡坝演化过程分析. 中国地质灾害与防治学报，10（3）：28-36.

崔和瑞.2004. 基于循环经济理论的区域农业可持续发展模式研究. 农业现代化研究，25（2）：94-98.

崔晓飞，程磊，张建石.2011. 四川宝兴县观言组沟泥石流危险性分析. 长春工程学院学报（自然科学版），12（3）：68-71.

邓碧云，王亮清，陈剑文.2010. 四川雅安市干溪沟泥石流特征及综合治理研究. 安全与环境工程，17（2）：13-17.

邓辉.2007. 高精度卫星遥感技术在地质灾害调查与评价中的应用. 博士论文. 成都：成都理工大学.

邓静中，孙承烈，高泳源，等.1960. 中国农业区划方法论研究. 北京：科学出版社.

邓荣贵，张倬元.1995. 宝兴河流域地质灾害特征浅析. 成都理工学院学报，22（2）：57-63.

邓伟.2010. 山区资源环境承载力研究现状与关键问题. 地理研究，29（6）：959-969.

段永坤，赵跃.2009. 四川泸定县羊圈沟泥石流形成特征与防治效益分析. 中国水运，9（6）：178-179.

樊杰.2007. 我国主体功能区划的科学基础. 地理学报，62（4）：339-350.

樊杰.2009. 国家汶川地震灾后重建规划：资源环境承载能力评价. 北京：科学出版社.

樊杰.2010. 国家玉树地震灾后重建规划：资源环境承载能力评价. 北京：科学出版社.

方创琳，冯仁国，黄金川.2003. 三峡库区不同类型地区高效生态农业发展模式与效益分析. 自然资源学报，18（2）：228-234.

符文熹，聂德新，任光明，等.1998. 四川宝兴县大板桥滑坡坝的基本特征及成因机制分析. 地质灾害与环境保护，9（1）：11-16.

符文熹，任光明，王文，等.2000. 四川宝兴大板桥堵江滑坡作坝的可行性分析. 山地学报，18（s）：55-59.

付而康，王艺.2011. “竞争力导向”的中小旅游城市发展战略研究-以峨眉山市为例. 四川建筑，31（4）：7-10.

高姣姣.2010. 高精度无人机遥感地质灾害调查应用研究. 硕士论文. 北京：北京交通大学.

高翔.1988. 甘洛县的泥石流类型和防范措施. 水土保持通报，8（4）：35-43.

苟宗海，赵兵，吴山.2000. 四川大邑、崇州、汶川、都江堰毗邻地区的侏罗系. 成都理工学院学报，27（1）：31-39.

郭焕成，姚建衢，任国柱.1992. 中国农业类型划分的初步研究. 地理学报，47（6）：507-515.

国家环保部，中国科学院.2008. 全国生态功能区划.

国家减灾委专家委员会，民政部国家减灾中心.2013. 四川芦山“4·20”强烈地震灾害评估报告（内部资料）.

国务院.2010-12-21. 全国主体功能区规划.

黄润秋，李为乐 . 2008. “5・12” 汶川大地震触发地质灾害的发育分布规律研究 . 岩石力学与工程学报，27（12）：2585-2592.

黄润秋，李为乐 . 2009. 汶川大地震触发地质灾害的断层效应分析 . 工程地质学报，17（1）：19-28.

康俊杰，刘益珍，李广 . 2009. 四川省汉源县白树沟泥石流特征和危害性分析 . 资源环境与工程，23（4）：457-461.

兰恒星，王苓涓，周成虎 . 2002. 地理信息系统支持下的滑坡灾害分析模型研究 . 工程地质学报，76（1-2）：109-128.

兰恒星，伍法权，周成虎，等 . 2003. GIS 支持下的降雨性滑坡危险性空间分析预测 . 科学通报，48（5）：507-512.

李光诚 . 2010. 拦排结合在雅安石龙沟泥石流灾害防治工程中的应用 . 探矿工程（岩土钻掘工程），37（12）：68-70.

李国胜，郭兆成 . 2007. 自然地理格局对区域发展时空分异影响的评价方法 . 地理研究，26（1）：1-10.

李国祥，康景文 . 2008. 黄家沟泥石流的特征分析及其治理措施 . 工程勘察，（s1）：368-375.

李九一，李丽娟 . 2012. 中国水资源对区域社会经济发展的支撑能力 . 地理学报，67（3）：410-419.

李满意，司洪涛，魏燕珍，等 . 2012. 四川省泸定县银厂沟泥石流形成条件及危险性研究 . 长春工程学院学报（自然科学版），13（3）：67-69.

李三明，张艳涛，汤江红 . 2010. 泥石流特征值的计算与确定——以四川省石棉县出路沟泥石流为例 . 资源环境与工程，24（3）：297-300.

李文东 . 2009. 四川灾后重建中的产业优化重建 . 经济论坛，（5）：72-74.

李勇，黄润秋，周荣军，等 . 2009. 龙门山地震带的地质背景与汶川地震的地表破裂 . 工程地质学报，17（1）：3-18.

李渝生，王运生，裴向军，等 . 2013. 4・20 芦山地震的构造破裂与发震断层 . 成都理工大学学报（自然科学版），40（3）：242-249.

李忠生 . 2003. 国内外地震滑坡灾害研究综述 . 灾害学，18（4），64-70.

李滋睿，屈冬玉 . 2007. 现代农业发展模式与政策需求分析 . 农业经济问题，（9）：25-29.

李宗亮，魏伦武，杨全忠，等 . 2008. 四川泸定县冷碛镇黑沟泥石流发育特征与危害初探 . 沉积与特提斯地质，28（4）：88-92.

林伯融 . 2007. FLO-2D 模式应用於土石流灾害损失评估之研究——以松鹤部落为例 . 台中：朝阳科技大学硕士论文 .

林家彬 . 2008. 阪神大地震的灾后重建工作及其启示 . 城市发展研究，15（4）14-17.

刘凤民，张立海，刘海青，等 . 2006. 中国地震次生地质灾害危险性评价 . 地质力学学报，12（2）：127-131.

刘盛和，蒋芳，张擎 . 2007. 我国城市化发展的区域差异及发展对策 . 人口研究，31（3）：7-19.

刘盛和，邓羽，胡章 . 2010. 中国流动人口地域类型的划分方法及空间分布特征 . 地理学报，65（10）：1187-1197.

刘杰，易桂喜，张致伟，等 . 2013. 2013 年 4 月 20 日四川芦山 M7. 0 级地震介绍 . 地球物理学报，56（4）：1404-1407.

刘希林，赵源，倪化勇，等 . 2006. 四川泸定县“2005. 6. 30”群发性泥石流灾害调查与评价 . 灾害学，21（4）：58-65.

刘宇杰，李宗亮，宋志，等 . 2008. 泸定县孙家沟泥石流成因及防治对策探讨 . 地质灾害与环境保护，19（3）：15-19.

龙思胜，赵珠 . 2000. 鲜水河、龙门山和安宁河三大断裂交汇地区震源应力场特征 . 地震学报，22（5）：457-464.

鲁莎莎，关兴良，刘彦随，等 . 2013. 农业地域类型的识别及其演进特征——以 106 国道沿线典型样带区为例 . 地理科学进展，32（4）：637-648.

陆大道，樊杰，刘卫东，等 . 2011. 中国地域空间、功能及其发展 . 北京：中国大地出版社 .

倪化勇 . 2009. 四川庐定县城后山泥石流灾害及其风险防御 . 中国地质，36（1）：229-237.

倪化勇，巴仁基，刘宇杰 . 2010. 四川省石棉县地质灾害发生的雨量条件与气象预警（报）. 水土保持通报，30（6）：112-118.

倪化勇，李宗亮，巴仁基，等 . 2010. 四川泸定县泥石流灾害成因、特征与防治建议 . 工程地质学报，18（1）：91-99.

倪化勇，郑万模，巴仁基，等 . 2010. 基于水动力条件的矿山泥石流成因与特征——以石棉县后沟为例 . 山地学报，28（4）：470-477.

聂洪峰，祁生文，孙进忠 . 2002. 重庆市区域稳定性层次分析模糊综合评判 . 工程地质学报，10（4）：408-414.

牛全福，程维明，兰恒星，等 . 2011. 基于信息量模型的玉树地震次生地质灾害危险性评价 . 山地学报，29（2）：243-249.

牛彦博，胡卸文，罗刚，等 . 2013. 汉源二蛮山高速滑坡启程阶段孔隙水压力效应分析 . 工程地质学报，21（1）：69-75.

欧阳志云，徐卫华，王学志，等 . 2008. 汶川大地震对生态系统的影响 . 生态学报，28（12）：5801-5809.

彭贵康，康宁，李志强，等 . 2010. 青藏高原东坡一座世界上最滋润的城市——雅安市生态旅游气候资源研究 . 高原山地气象研究，30（1）：12-20.

祁生文，许强，刘春玲，等 . 2009. 汶川地震极重灾区地质背景及次生斜坡灾害空间发育规律 . 工程地质学报，17（1）：

39-49.
卿太明，孔纪名，孔祥东 . 2003. 徐山村滑坡成因分析与防治建议 . 中国水土保持，(12)：33-34.
人民交通出版社 . 2012. 中国公路里程地图册分册系列：西南地区公路里程地图册——四川省重庆市 . 北京：人民交通出版社 .
四川省发展和改革委员会 . 2013. 四川省主体功能区规划 .
四川省环保局 . 2006. 四川省生态功能区划 .
四川省林业厅 . 2000-2008. 雅安市各自然保护区总体规划 .
四川省人民政府 . 2011-10-28. 四川省“十二五”开发区发展规划 .
四川省人民政府 . 四川省人民政府办公厅关于印发四川省产业园区（产业集中发展区）产业发展规划指导意见（2009-2012 年）的通知 . http：//www. sc. gov. cn/10462/10464/10465/10574/2013/2/22/10248704. shtml.
宋志，李宗亮，铁永波 . 2010. 泸定县五里村泥石流危害特征分析及防治建议 . 地质灾害与环境保护，21（2）：11-14.
苏维词，滕建珍，陈祖权 . 2003. 长江三峡库区生态农业发展模式探讨 . 地理与地理信息科学，19（1）：83-86.
苏小琴，朱静，沈娜 . 2008. 四川省泸定县深家沟泥石流特征及危险度评价 . 中国地质灾害与防治学报，19（2）：27-31.
孙崇绍，蔡红卫 . 1997. 我国历史地震时滑坡崩塌的发育及分布特征 . 自然灾害学报，6（1）：25-30.
汤青，安祥生，徐勇 . 2010. 山西省后备建设用地潜力评价 . 经济地理，30（2）：294-298.
唐春根，李鑫 . 2007. 国内外农业产业化发展模式比较分析 . 世界农业，(2)：9-11.
唐文清，陈智梁，刘宇平，等 . 2005. 青藏高原东缘鲜水河断裂与龙门山断裂交会区现今的构造活动 . 地质通报，24（12）：1169-1172.
铁永波 . 2012. 基于流速衰减特征的泥石流冲出距离预测方法 . 山地学报，30（2）：216-221.
童立强，祁生文，刘春玲 . 2007. 喜马拉雅山东南地区地质灾害发育规律研究 . 工程地质学报，15（6）：721-729.
汪新芳，唐川，郑光 . 2007. 大渡河泸定一得妥段泥石流风险评价 . 水土保持研究，14（6）：96-99.
王成金，张岸 . 2012. 基于交通优势度的建设用地适宜性评价与实证——以玉树地震灾区为例 . 资源科学，34（9）：1688-1697.
王成喜，刘丽娜，任中山，等 . 2012. 三岔口泥石流形成条件及运动特征研究 . 甘肃水利水电技术，48（3）：25-29.
王春山，巴仁基，刘宇杰，等 . 2013. 四川省石棉县安顺场飞水岩沟泥石流综合评判及风险性分析 . 灾害学，28（1）：69-73.
王德平，王健平 . 2008. 地震灾后的就业援助 . 四川劳动保障，(7)：15.
王芳，魏渭望，吕晓菁 . 2012. 四川省汉源县长荣村小学滑坡治理方案设计研究 . 资源环境与工程，26（s）：61-69.
王福涛，周艺，王世新，等 . 2011. 基于多光谱遥感的青海玉树地震震害监测与评估，光谱学与光谱分析，31（4）：1047-1051.
王福涛，王世新，周艺，等 . 2011. 多光谱遥感在重大自然灾害评估中的应用与展望，光谱学与光谱分析，31（3）：577-582.
王全伟，阚泽忠，梁斌，等 . 2006. 四川盆地西部雅安地区陆相中-新生代地层划分及区域对比 . 四川地质学报，26（2）：65-69.
王世新，周艺，魏成阶，等 . 2008. 汶川地震重灾区堰塞湖次生灾害危险性遥感评价 . 遥感学报，12（6）：900-907.
王世新，周艺，魏成阶，等 . 2009. 重大自然灾害遥感预警、监测和评价 . 遥感学报，13（增刊）：364-372.
王治华 . 2012. 滑坡遥感 . 北京：科学出版社 .
王治农，洪琦林，隆家富 . 1982. 凉山州甘洛县利子依达沟暴发泥石流的情况 . 四川林业科技，(1)：62-64.
吴传钧，郭焕成 . 1994. 中国土地利用 . 北京：科学出版社 .
吴刚，苏瑞平 . 1998. 三峡库区移民安置区生态农业发展模式的研究 . 应用生态学报，9（6）：107-110.
夏建国，邓良基，李廷轩 . 2000. 雅安地区土地资源的特点及开发利用对策探讨 . 四川农业大学学报，18（1）：72-75.
谢高地，鲁春霞，甄林，等 . 2009. 区域空间功能分区的目标、进展与方法 . 地理研究，28（3）：561-570.
徐玖平，杨春燕 . 2008. 四川汶川特大地震灾后重建的产业集群调整分析 . 中国人口 . 资源与环境，18（6）：142-151.
徐俊名，张生仪，郭惠忠，等 . 1984. 四川雅安市陆王沟干澳沟泥石流治理 . 山地研究，2（2）：117-124.
徐卫华，欧阳志云，王学志，等 . 2008. 汶川地震重灾区生态保护重要性评价与对策 . 生态学报，28（12）：5820-5825.
徐锡伟，于贵华，马文涛 . 2002. 活断层地震地表破裂“避让带”宽度确定的依据与方法 . 地震地质，24（4）：470-483.
徐锡伟，陈桂华，于贵华，等 . 2013. 芦山地震发震构造及其与汶川地震关系讨论 . 地学前缘，20（3）：11-20.

徐勇，汤青，樊杰，等 . 2010. 主体功能区划可利用土地资源指标项及其算法 . 地理研究，29（7）：1223-1232.
徐勇，田均良，刘普灵，等 . 2005. 黄土高原坡耕地水土流失地形分异模拟 . 水土保持学报，19（5）：18-25.
薛波，李贤伟 . 2006. 雅安市生态旅游可持续发展问题与对策研究 . 四川林业科技，27（3）：83-87.
雅安地区计划委员会 . 1989. 雅安地区国土资源 . 成都：四川科学技术出版社 .
雅安市人民政府 . 2013-03. 雅安市城市总体规划（2013-2020）送审稿 .
雅安市人民政府 . 2010-04-16. 雅安市公路网规划（2010 年-2030 年）.
雅安市人民政府 . 2011-04-08. 雅安市国民经济和社会发展第十二个五年规划纲要 .
雅安市水务局 . 2011. 雅安市水务发展“十二五”规划报告 .
雅安市统计局 . 2011-06. 雅安市第六次人口普查数据 .
杨庆一 . 2009. 四川省天全县地质灾害现状分析 . 中国煤炭地质，21（5）：64-71.
姚建衢 . 1988. 农业地域类型划分的聚类分析 . 地理科学，8（2）：146-155.
姚建衢 . 1993. 农业地域类型研究 . 青岛：青岛出版社 .
殷跃平，张永双，等 . 2013. 汶川地震工程地质与地质灾害 . 北京：科学出版社 .
尹泽生 . 2006. 旅游资源详细调查实用指南 . 北京：中国标准出版社 .
尹泽生，宋关福 . 1995. 区域旅游资源评价基本原理 . 旅游学刊，10（5）：39-42.
张劲松 . 2008. 雅安市乡村旅游发展探析 . 安徽农业科学，36（4）：1526-1527.
张文忠 . 2008. 产业发展和规划的理论与实践 . 北京：科学出版社 .
张永双，雷伟志，石菊松，等 . 2008. 四川 5. 12 地震次生地质灾害的基本特征初析 . 地质力学学报，14（2）：109-116.
张占元，吴胜全 . 2011. 宝兴县硗碛乡和平沟泥石流形成机制的分析 . 中国新技术新产品，（09）：113-114.
中国地震局 . 1999. 中国地震烈度表（GB/T 17742-1999）. 北京：中国标准出版社 .
中国地震局 . 2005. 城市活动断层探测技术系统技术规程（JSGC-04）. 北京：地震出版社 .
中国地震局 . 2013. 四川省芦山“4. 20”7. 0 级强烈地震烈度图 . http：//www. cea. gov. cn/publish/dizhenj/ 464/478/ 20130425153642550719811/index. html.
中国科学院成都地理研究所泥石流研究室 . 1986. 川西滇北山区泥石流灾害防治试点研究 . 山地研究，4（1）：19-23.
中国科学院成都分院 . 2013-05. “4. 20”芦山地震灾区资源环境承载能力评价报告 .
中华人民共和国民政部 . 2012. 中华人民共和国行政区划简册 2009. 北京：中国地图出版社 .
钟敦伦，谢洪，李碱，等 . 1990. 四川省甘洛县泥石流 . 山地研究，8（2）：107-113.
周立三 . 1964. 试论农业区域的形成演变、内部结构及其区划体系 . 地理学报，30（1）：14-22.
周小军，崔鹏，葛永刚，等 . 2010. 崩滑体动力学机理分析及全过程速度计算——以四川省汉源县“8·6”大型崩塌滑坡为例 . 四川大学学报（工程科学版），42（s1）：125-131.
朱文全，陈廷方，蔡长发，等 . 2012. 泸定磨子沟泥石流特征分析及危险性评价 . 长春工程学院学报（自然科学版），13（4）：63-65.
住房和城乡建设部 . 2002. 建筑抗震设计规范（GB 50011-2001）. 北京：中国建筑工业出版社 .
左三胜，聂德新 . 2002. 邓池沟泥石流某些特征值研究 . 中国地质灾害与防治学报，13（4）：29-32.
Carrera A，Cardinali M，Detti R，et al. 1991. Techniques and statistical models in evaluating landslide hazard. Earth Surface Processes and Landforms，16：427-445.
Gao X L，Chen T，Fan J. 2011. Analysis of the population capacity in the reconstruction areas of 2008 Wenchuan Earthquake. Journal of Geographical Sciences，21（3）：521-538.
Lan H X，Zhou C H，Wang L J，et al. 2004. Landslide hazard spatial analysis and prediction using GIS in the Xiaojiang watershed，Yunnan，China. Engineering Geology，76（1-2）：109-128.
Leroi E. 1996. Landslide hazard risk maps at different scales，objectives，tools and developments. In，Proc VII Int. Symp. Landslides，Trondheim，1：35-52.
Niu Quanfu，Cheng Weiming，Liu Yong，et al. 2012. Risk assessment of secondary geological disasters induced by the Yushu Earthquake. Journal of Mountain Science，9：232-242.
O'Brien J S，Julien P Y. 1988. Laboratory analysis of mudflow properties. J. of Hyd. Eng.，ASCE，114（8）：877-887.
O'Brien J S，Julien P Y. 1985. Physical properties and mechanics of hyper concentrated sediment flows. Specialty Conf. on the Delineation of Landslides，Flash Floods and Debris Flow Hazards in Utah，Utah Water Research Lab.，Univ. of Utah at Logan，

Utah, 260-279.

Pandey A, Dabral P P, et al. 2008. Landslide hazard zonation using remote sensing and GIS: a case study of Dikrong river basin, Arunachal Pradesh, India. Environmental Geology, 54 (7): 1517-1529.

Priskin, J. 2001. Assessment of natural resources for nature-based tourism: the case of the Central Coast Region of Western Australia. Tourism Management, 22: 637-648.

Rodriguez C E, Bommer J J, et al. 1999. Earthquake-induced landslides: 1980-1997. Soil Dynamics and Earthquake Engineering, 18 (5): 325-346.

Saha A K, R P Gupta, et al. 2002. GIS-based landslide hazard zonation in the Bhagirathi (Ganga) Valley, Himalayas. International Journal of Remote Sensing, 23 (2): 357-369.

Saleh B, M Ai-Sheriadeh. 2000. Mapping of landslide hazard zones in Jordan using remote sensing and GIS. Journal of Urban Planning and Development, 126 (1): 1-17.

Temesgen B, M U Mohammed, et al. 2001. Natural hazard assessment using GIS and remote sensing methods, with particular reference to the landslides in the Wondogenet Area, Ethiopia. Physics and Chemistry of the Earth, 26 (9): 665-675.

Wachal D J, P F Hudak. 2000. Mapping landslide susceptibility in Travis County, Texas, USA. GeoJournal, 51 (3): 245-253.

Wang F, Zhou Y, Wang S, et al. 2010. Investigation and assessment of seismic geologic hazard triggered by the Yushu earthquake using geo-spatial information technology. Disaster Advances, (4): 143-147.

第二部分

表　册

阿坝
广元
绵阳
南充
德阳
甘孜
成都
遂宁
2013-4-20
(Ms=7.0)
资阳
眉山
雅安
内江
自贡
乐山
宜宾
凉山
泸州

表 2-1 芦山地震灾区分县基本情况一览表

名称	乡（镇、街道）数（个）	面积（平方公里）	户籍人口（人）	常住人口（人）	GDP（亿元）	地方公共财政收入（万元）	人口密度（人/平方公里）	城镇居民人均可支配收入（元）	农民人均纯收入（元）
芦山县	9	1260	120864	130321	22.47	6019	92	17959	6719
雨城区	22	1063	347105	5661536	100.39	15203	335	21967	8113
天全县	15	2390	154424	130321	33.33	10611	56	17873	6672
名山区	20	618	278266	5661536	42.83	11041	415	19177	7708
荥经县	21	1777	152038	130321	43.35	15302	83	19805	7725
宝兴县	9	3114	58729	5661536	17.89	10011	18	18942	7437
邛崃市	24	1377	656065	130321	128.99	70168	445	19724	9833
汉源县	40	2215	329622	5661536	41.50	37059	146	19518	6457
蒲江县	12	580	263527	130321	68.73	31961	413	18284	10135
丹棱县	7	449	163237	5661536	32.08	11796	316	17396	8332
洪雅县	15	1898	349631	130321	67.91	37418	158	18904	8156
金口河区	6	598	53063	5661536	23.87	345232	82	19849	5894
大邑县	20	1284	511975	130321	113.92	72889	391	19662	10406
石棉县	17	2679	124009	5661536	47.89	37213	46	18744	6797
泸定县	12	2165	87107	130321	11.46	18478	39	15983	4949
夹江县	22	744	351675	5661536	88.11	34119	455	21143	8817
峨眉山市	18	1182	433705	130321	146.54	103559	370	21342	9485
甘洛县	28	2152	220397	5661536	31.29	22316	91	17423	3965
东坡区	26	1337	864798	130321	229.66	75009	615	21209	8864
峨边县	19	2382	151002	5661536	25.75	23471	58	18172	3607
康定县	21	11595	112405	130321	39.02	42677	11	21670	5550
总计	383	42721	5783644	5661536	1356.98	1031552	128	20092	8158

注：本书中，综合评价的汇总面积数据经民政部门修正，单项评价的面积数据来自图中测算。

表2-2　芦山地震极重灾区、重灾区灾后恢复重建分区方案统计（乡镇单元）

名称	灾害避让区		生态建设区		农业发展区		人口集聚区	
	面积（平方公里）	比重（%）	面积（平方公里）	比重（%）	面积（平方公里）	比重（%）	面积（平方公里）	比重（%）
芦山县	**44**	**3.5**	**1100**	**87.3**	**110**	**8.7**	**6**	**0.5**
芦阳镇	4.45	11.78	22.84	60.42	7.27	19.25	3.23	8.55
飞仙关镇	0.34	0.66	42.49	81.51	9.21	17.68	0.08	0.15
双石镇	5.14	6.59	67.72	86.78	5.10	6.54	0.07	0.09
太平镇	8.81	4.58	174.01	90.45	9.41	4.89	0.16	0.08
大川镇	17.87	3.44	495.93	95.43	5.40	1.04	0.50	0.10
思延乡	0.56	2.39	9.49	40.17	12.79	54.14	0.78	3.30
清仁乡	1.52	2.96	33.38	64.83	15.79	30.66	0.80	1.55
龙门乡	0.52	0.57	65.67	71.19	25.71	27.87	0.34	0.37
宝盛乡	2.27	1.95	106.49	91.44	7.45	6.39	0.25	0.22
苗溪茶场	0.57	2.05	21.38	77.55	5.62	20.40	0.00	0.00
雨城区	**13.45**	**1.27**	**777.66**	**73.17**	**235.75**	**22.18**	**35.92**	**3.38**
雅安城区	0.09	0.76	5.34	45.08	1.54	12.98	4.88	41.18
北郊镇	0.92	1.43	33.23	51.89	24.99	39.02	4.90	7.66
草坝镇	0.22	0.50	12.22	27.90	24.36	55.65	6.98	15.95
合江镇	0.05	0.21	8.56	34.05	16.09	63.97	0.44	1.77
大兴镇	0.19	0.32	36.44	62.28	14.23	24.32	7.65	13.08
对岩镇	0.98	2.72	17.89	49.60	11.83	32.81	5.36	14.87
沙坪镇	0.24	0.50	43.12	88.42	5.32	10.91	0.08	0.17
中里镇	0.85	2.26	17.89	47.75	18.57	49.58	0.15	0.41
上里镇	1.35	1.99	52.08	76.97	13.76	20.33	0.48	0.71
严桥镇	0.03	0.03	80.54	88.31	10.55	11.56	0.08	0.09
晏场镇	0.07	0.07	90.12	89.17	10.73	10.61	0.14	0.14
多营镇	1.79	7.11	17.64	69.96	4.13	16.38	1.65	6.55
碧峰峡镇	3.12	4.87	44.15	68.82	16.69	26.01	0.20	0.31
南郊乡	0.15	0.37	28.13	69.67	9.61	23.81	2.48	6.14
八步乡	1.86	4.24	32.70	74.41	9.27	21.10	0.11	0.26
观化乡	0.09	0.14	54.04	86.00	8.67	13.80	0.04	0.06
孔坪乡	0.93	1.22	62.25	81.29	13.22	17.27	0.17	0.23
凤鸣乡	0.17	0.74	8.64	36.94	14.52	62.09	0.05	0.23
望鱼乡	0.34	0.25	132.69	94.26	7.68	5.45	0.05	0.04
天全县	**56.73**	**2.37**	**2170.25**	**90.79**	**156.51**	**6.55**	**6.98**	**0.29**
城厢镇	0.45	0.99	25.46	55.43	16.78	36.52	3.25	7.07
始阳镇	0.43	1.11	23.86	61.22	12.25	31.44	2.43	6.23
小河乡	11.53	2.33	475.38	96.12	7.50	1.52	0.14	0.03
思经乡	7.46	5.46	119.24	87.26	9.85	7.21	0.10	0.07
鱼泉乡	1.93	2.94	60.06	91.82	3.37	5.16	0.05	0.08

续表

名称	灾害避让区		生态建设区		农业发展区		人口集聚区	
	面积（平方公里）	比重（%）	面积（平方公里）	比重（%）	面积（平方公里）	比重（%）	面积（平方公里）	比重（%）
紫石乡	20.41	2.27	877.68	97.53	1.75	0.19	0.05	0.01
两路乡	7.88	2.46	310.62	96.90	1.99	0.62	0.08	0.02
大坪乡	0.08	0.42	11.54	59.95	7.55	39.21	0.08	0.43
乐英乡	0.04	0.15	15.43	59.85	10.15	39.37	0.16	0.63
多功乡	0.24	1.16	16.16	79.48	3.62	17.82	0.31	1.55
仁义乡	0.20	0.48	18.69	46.29	21.43	53.09	0.06	0.14
老场乡	1.40	1.75	61.11	76.58	17.22	21.58	0.07	0.09
新华乡	0.24	0.73	17.24	52.89	15.06	46.21	0.05	0.16
新场乡	0.86	1.37	48.95	77.86	13.02	20.71	0.04	0.06
兴业乡	3.60	3.35	88.83	82.63	14.97	13.92	0.11	0.10
名山区	**8.23**	**1.33**	**175.00**	**28.30**	**395.39**	**63.94**	**39.77**	**6.43**
蒙阳镇	0.17	0.53	9.40	28.97	15.58	48.00	7.30	22.50
百丈镇	0.01	0.03	5.11	13.81	16.61	44.88	15.28	41.28
车岭镇	0.06	0.12	16.25	34.10	31.02	65.11	0.31	0.66
永兴镇	0.02	0.06	9.23	26.98	22.63	66.14	2.34	6.83
马岭镇	1.57	4.30	13.30	36.45	21.47	58.88	0.13	0.37
新店镇	0.02	0.05	16.10	34.16	30.78	65.32	0.22	0.46
蒙顶山镇	0.08	0.32	9.04	33.92	12.28	46.09	5.24	19.67
黑竹镇	0.00	0.00	2.79	11.72	19.14	80.47	1.86	7.81
红星镇	0.00	0.00	3.43	12.38	20.00	72.10	4.31	15.53
城东乡	0.30	1.31	9.07	40.24	11.95	52.99	1.23	5.46
前进乡	0.03	0.08	10.28	30.51	23.20	68.86	0.19	0.55
中峰乡	1.13	2.53	17.46	39.23	25.82	58.02	0.10	0.22
联江乡	0.78	2.97	3.09	11.86	22.02	84.39	0.20	0.78
廖场乡	0.01	0.02	3.59	14.64	20.85	84.94	0.10	0.39
万古乡	0.00	0.02	4.95	20.11	19.46	79.04	0.21	0.83
红岩乡	0.20	0.95	7.21	34.79	13.18	63.64	0.13	0.63
双河乡	0.81	2.45	10.29	31.21	21.73	65.90	0.15	0.44
建山乡	2.18	6.44	18.63	55.01	12.88	38.03	0.17	0.52
解放乡	0.01	0.03	4.41	19.65	17.84	79.50	0.18	0.82
茅河乡	0.86	4.47	1.37	7.09	16.94	87.81	0.12	0.63
荥经县	**22.99**	**1.29**	**1620.68**	**91.21**	**125.72**	**7.08**	**7.50**	**0.42**
严道镇	0.63	4.37	6.42	44.60	3.07	21.31	4.28	29.72
花滩镇	0.89	1.52	47.90	81.59	9.49	16.16	0.42	0.72
六合乡	0.14	0.76	9.46	50.08	8.55	45.23	0.74	3.93
烈太乡	0.37	2.38	7.83	50.35	7.29	46.89	0.06	0.38
安靖乡	0.21	0.14	137.24	94.57	7.61	5.24	0.07	0.05
民建彝族乡	0.10	0.52	11.18	55.70	8.73	43.50	0.06	0.29
烈士乡	0.22	1.00	16.29	75.22	5.10	23.57	0.04	0.21
荥河乡	0.34	1.16	24.59	83.73	4.37	14.87	0.07	0.24
新建乡	6.72	3.50	182.13	94.89	3.08	1.60	0.02	0.01

续表

名称	灾害避让区		生态建设区		农业发展区		人口集聚区	
	面积（平方公里）	比重（%）	面积（平方公里）	比重（%）	面积（平方公里）	比重（%）	面积（平方公里）	比重（%）
泗坪乡	0.10	0.09	103.76	96.26	3.76	3.49	0.18	0.16
新庙乡	1.72	1.06	155.60	96.07	4.50	2.78	0.15	0.09
三合乡	3.69	1.16	310.09	97.71	3.51	1.11	0.05	0.02
大田坝乡	0.41	4.55	3.30	36.42	4.94	54.57	0.40	4.46
天凤乡	0.85	6.88	7.27	58.62	4.23	34.08	0.05	0.42
宝峰彝族乡	0.16	1.32	7.91	64.37	4.18	33.99	0.04	0.33
新添乡	2.02	3.89	40.40	77.75	9.37	18.04	0.17	0.32
附城乡	0.09	0.63	9.22	65.37	4.65	32.98	0.14	1.03
五宪乡	0.13	0.59	13.32	61.59	8.11	37.51	0.07	0.32
烟竹乡	1.37	3.36	34.42	84.17	5.07	12.39	0.03	0.08
青龙乡	1.03	1.95	46.67	87.96	5.06	9.54	0.29	0.55
龙苍沟镇	1.79	0.39	445.66	97.17	11.05	2.41	0.16	0.03
宝兴县	**100.13**	**3.22**	**2941.54**	**94.45**	**68.66**	**2.20**	**4.03**	**0.13**
穆坪镇	13.60	8.29	146.73	89.38	3.48	2.12	0.36	0.22
灵关镇	8.79	3.73	209.54	88.87	14.50	6.15	2.96	1.26
陇东镇	12.38	2.51	464.44	94.16	16.36	3.32	0.08	0.02
蜂桶寨乡	10.60	2.90	349.55	95.66	5.22	1.43	0.04	0.01
硗碛藏族乡	17.93	1.89	924.71	97.52	5.37	0.57	0.23	0.02
永富乡	27.28	4.11	630.80	95.13	5.00	0.75	0.04	0.01
明礼乡	3.01	2.54	112.34	94.65	3.27	2.76	0.06	0.05
五龙乡	3.87	5.25	61.68	83.66	8.04	10.90	0.14	0.19
大溪乡	2.66	5.12	41.75	80.35	7.43	14.29	0.13	0.24
邛崃市6乡镇	**15.33**	**3.62**	**296.28**	**70.01**	**109.83**	**25.95**	**1.78**	**0.42**
夹关镇	1.75	3.68	16.50	34.77	28.82	60.71	0.40	0.84
火井镇	3.60	5.49	37.37	56.99	23.87	36.40	0.73	1.11
高何镇	5.46	6.70	62.26	76.46	13.56	16.65	0.15	0.19
天台山镇	1.76	1.61	76.76	70.25	30.62	28.02	0.13	0.12
道佐乡	1.11	3.44	22.55	69.76	8.33	25.76	0.34	1.04
南宝乡	1.66	1.90	80.85	92.75	4.64	5.32	0.03	0.03

表 2-3　芦山地震极重灾区、重灾区地质灾害避让区面积与人口统计（乡镇单元）

名称	人口集聚区		其他		合计	
	避让面积（平方米）	避让人口（人）	避让面积（平方米）	避让人口（人）	避让面积（平方米）	避让人口（人）
芦山县	**216685**	**1345**	**896752**	**4733**	**1113438**	**6078**
芦阳镇	102369	550	259207	1004	361576	1554
飞仙关镇	3060	45	5028	39	8088	84
双石镇	11938	162	136353	1175	148291	1337
太平镇	14651	130	142452	1186	157103	1316
大川镇	49191	198	265303	1007	314494	1205
思延乡	0	0	16507	99	16507	99
清仁乡	3995	32	11170	25	15165	57
龙门乡	0	0	9752	61	9752	61
宝盛乡	31482	228	50980	136	82461	364
雨城区	**94476**	**578**	**630271**	**3579**	**724747**	**4157**
主城区	55826	425	38522	294	94348	719
北郊镇	24088	96	133178	519	157265	615
草坝镇	5435	32	41503	182	46938	214
合江镇	0	0	1925	16	1925	16
大兴镇	0	0	11625	74	11625	74
对岩镇	0	0	72785	368	72785	368
沙坪镇	0	0	10772	80	10772	80
中里镇	0	0	8150	58	8150	58
上里镇	0	0	17182	83	17182	83
严桥镇	0	0	5101	35	5101	35
晏场镇	0	0	9617	40	9617	40
多营镇	9127	25	78405	489	87531	514
碧峰峡镇	0	0	21044	129	21044	129
南郊乡	0	0	43963	282	43963	282
八步乡	0	0	53511	339	53511	339
观化乡	0	0	1170	9	1170	9
孔坪乡	0	0	50420	391	50420	391
凤鸣乡	0	0	10391	59	10391	59
望鱼乡	0	0	21006	132	21006	132
天全县	**7080**	**52**	**370516**	**2402**	**377596**	**2454**
城厢镇	0	0	38536	307	38536	307
始阳镇	0	0	3455	15	3455	15
小河乡	0	0	95755	852	95755	852
思经乡	0	0	45424	437	45424	437
鱼泉乡	0	0	2401	18	2401	18
紫石乡	0	0	34179	0	34179	0
两路乡	0	0	1840	12	1840	12

续表

名称	人口集聚区		其他		合计	
	避让面积（平方米）	避让人口（人）	避让面积（平方米）	避让人口（人）	避让面积（平方米）	避让人口（人）
大坪乡	0	0	847	7	847	7
乐英乡	0	0	1635	13	1635	13
多功乡	7080	52	19560	92	26640	144
仁义乡	0	0	8882	78	8882	78
老场乡	0	0	2359	10	2359	10
新华乡	0	0	10120	80	10120	80
新场乡	0	0	5970	35	5970	35
兴业乡	0	0	99553	445	99553	445
名山区	**34153**	**128**	**473377**	**1755**	**507530**	**1883**
蒙阳镇	0	0	9160	44	9160	44
百丈镇	6032	26	6035	21	12067	47
车岭镇	0	0	3402	12	3402	12
永兴镇	0	0	3785	17	3785	17
马岭镇	0	0	49215	256	49215	256
新店镇	0	0	1295	8	1295	8
蒙顶山镇	0	0	1662	13	1662	13
黑竹镇	0	0	0	0	0	0
红星镇	0	0	0	0	0	0
城东乡	0	0	11014	54	11014	54
前进乡	0	0	1848	10	1848	10
中峰乡	0	0	31874	139	31874	139
联江乡	0	0	30333	130	30333	130
廖场乡	0	0	0	0	0	0
万古乡	0	0	773	2	773	2
红岩乡	0	0	4190	18	4190	18
双河乡	0	0	24472	90	24472	90
建山乡	28120	102	232364	718	260485	820
解放乡	0	0	100	1	100	1
茅河乡	0	0	61854	222	61854	222
荥经县	**128739**	**1006**	**743406**	**5690**	**872146**	**6696**
严道镇	3436	32	28143	701	31579	733
花滩镇	4356	37	98318	847	102674	884
六合乡	0	0	7152	50	7152	50
烈太乡	0	0	6397	48	6397	48
安靖乡	0	0	8181	94	8181	94
民建彝族乡	1567	16	11500	74	13068	90
烈士乡	18411	141	31522	185	49933	326
荥河乡	0	0	28367	258	28367	258

续表

名称	人口集聚区		其他		合计	
	避让面积（平方米）	避让人口（人）	避让面积（平方米）	避让人口（人）	避让面积（平方米）	避让人口（人）
新建乡	0	0	27255	267	27255	267
泗坪乡	1408	10	2555	3	3963	13
新庙乡	3616	29	17647	140	21263	169
三合乡	7225	43	12949	55	20174	98
大田坝乡	42581	257	92906	263	135487	520
天凤乡	1123	11	15771	185	16893	196
宝峰彝族乡	0	0	2633	30	2633	30
新添乡	23912	208	257263	1983	281175	2191
附城乡	0	0	2460	14	2460	14
五宪乡	0	0	9070	91	9070	91
烟竹乡	0	0	12575	116	12575	116
青龙乡	13086	133	46761	74	59846	207
龙苍沟镇	8020	89	23980	211	32000	300
宝兴县	**737016**	**7050**	**1375989**	**3116**	**2113005**	**10166**
穆坪镇	656325	6637	861423	535	1517748	7172
灵关镇	46847	205	165126	737	211973	942
陇东镇	0	0	23776	126	23776	126
蜂桶寨乡	0	0	74617	406	74617	406
硗碛藏族乡	0	0	37459	135	37459	135
永富乡	395	2	39055	205	39450	207
明礼乡	23818	121	60556	210	84374	331
五龙乡	6967	56	94694	562	101661	618
大溪乡	2663	29	19285	199	21949	228
邛崃市6乡镇	**0**	**0**	**639412**	**3183**	**639412**	**3183**
夹关镇	0	0	107302	439	107302	439
火井镇	0	0	252136	1290	252136	1290
高何镇	0	0	84602	541	84602	541
天台山镇	0	0	82955	356	82955	356
道佐乡	0	0	61433	243	61433	243
南宝乡	0	0	50983	313	50983	313
总计	**1218149**	**10159**	**5129724**	**24456**	**6347873**	**34615**

表 2-4　芦山地震极重灾区、重灾区人口集聚区分类和可承载人口规模统计（乡镇单元）

名称	类型	亚类	现状人口（万人）	现状用地（平方公里）	现状人均用地（平方米/人）	承载面积（平方公里）	可承载人口（万人）
芦山县			**2.70**	**4.42**	**164**	**5.44**	**3.60**
芦阳镇	扩大规模重建	扩大规模	1.60	2.98	186	3.86	2.37
双石镇	缩减规模重建	缩减规模	0.11	0.08	74	0.07	0.10
思延乡	原规模重建	原地重建	0.09	0.14	153	0.14	0.09
飞仙关镇	原规模重建	就地调整	0.10	0.07	68	0.07	0.10
大川镇	原规模重建	布局调整	0.15	0.37	248	0.37	0.15
龙门乡	原规模重建	布局调整	0.17	0.20	115	0.20	0.17
太平镇	原规模重建	布局调整	0.13	0.15	113	0.15	0.13
宝盛乡	原规模重建	布局调整	0.11	0.15	138	0.17	0.14
清仁乡	原规模重建	布局调整	0.22	0.27	123	0.40	0.35
雨城区			**21.90**	**28.25**	**134**	**50.17**	**51.78**
雅安城区[①]	扩大规模重建	扩大规模	19.32	26.63	138	48.56	50.00
中里镇	扩大规模重建	扩大规模	0.28	0.15	55	0.15	0.28
碧峰峡镇	原规模重建	原地重建	0.19	0.20	104	0.20	0.19
八步乡	原规模重建	原地重建	0.14	0.11	81	0.11	0.14
对岩镇	原规模重建	原地重建	0.15	0.11	72	0.11	0.15
观化乡	原规模重建	原地重建	0.02	0.04	154	0.04	0.02
孔坪乡	原规模重建	原地重建	0.10	0.17	176	0.17	0.10
沙坪镇	原规模重建	原地重建	0.19	0.08	45	0.08	0.19
上里镇	原规模重建	原地重建	0.31	0.48	154	0.48	0.31
望鱼乡	原规模重建	原地重建	0.03	0.05	159	0.05	0.03
严桥镇	原规模重建	原地重建	0.13	0.08	63	0.08	0.13
晏场镇	原规模重建	原地重建	0.24	0.14	60	0.14	0.24
天全县			**6.00**	**5.93**	**101.23**	**7.47**	**7.28**
城厢镇	扩大规模重建	扩大规模	3.42	2.70	79	3.60	4.16
始阳镇	扩大规模重建	扩大规模	1.53	1.96	128	2.61	2.07
多功乡	原规模重建	就地调整	0.20	0.27	137	0.27	0.20
大坪乡	原规模重建	原地重建	0.05	0.08	179	0.08	0.05
老场乡	原规模重建	原地重建	0.06	0.07	124	0.07	0.06
乐英乡	原规模重建	原地重建	0.16	0.16	99	0.16	0.16
两路乡	原规模重建	原地重建	0.05	0.08	156	0.08	0.05
仁义乡	原规模重建	原地重建	0.05	0.06	108	0.06	0.05
思经乡	原规模重建	原地重建	0.09	0.10	102	0.10	0.09
小河乡	原规模重建	原地重建	0.17	0.14	87	0.14	0.17
新场乡	原规模重建	原地重建	0.06	0.04	71	0.04	0.06
新华乡	原规模重建	原地重建	0.05	0.05	113	0.05	0.05
兴业乡	原规模重建	原地重建	0.05	0.11	219	0.11	0.05
鱼泉乡	原规模重建	原地重建	0.05	0.05	100	0.05	0.05
紫石乡	原规模重建	原地重建	0.02	0.05	250	0.05	0.02

续表

名称	类型	亚类	现状人口（万人）	现状用地（平方公里）	现状人均用地（平方米/人）	承载面积（平方公里）	可承载人口（万人）
名山区			**2.35**	**4.21**	**55.84**	**22.53**	**16.61**
成雅新城[②]	扩大规模重建	扩大规模	1.09	2.05	188	20.00	15.00
车岭镇	扩大规模重建	扩大规模	0.27	0.31	117	0.31	0.27
解放乡	扩大规模重建	扩大规模	0.10	0.18	191	0.18	0.10
联江乡	扩大规模重建	扩大规模	0.08	0.20	252	0.20	0.08
廖场乡	扩大规模重建	扩大规模	0.05	0.10	186	0.10	0.05
茅河乡	扩大规模重建	扩大规模	0.04	0.12	302	0.12	0.04
万古乡	扩大规模重建	扩大规模	0.09	0.21	232	0.21	0.09
红岩乡	原规模重建	原地重建	0.07	0.13	190	0.13	0.07
建山乡	原规模重建	就地调整	0.05	0.13	275	0.13	0.05
马岭镇	原规模重建	原地重建	0.14	0.13	99	0.13	0.14
前进乡	原规模重建	原地重建	0.11	0.19	172	0.19	0.11
双河乡	原规模重建	原地重建	0.08	0.15	180	0.15	0.08
新店镇	原规模重建	原地重建	0.15	0.22	143	0.22	0.15
中峰乡	原规模重建	原地重建	0.05	0.10	207	0.10	0.05
荥经县			**5.08**	**6.18**	**82.24**	**7.20**	**5.95**
严道镇	扩大规模重建	扩大规模	3.00	3.19	106	4.24	3.87
三合乡	缩减规模重建	缩减规模	0.04	0.06	167	0.05	0.03
大田坝乡	原规模重建	布局调整	0.22	0.36	166	0.36	0.22
烈士乡	原规模重建	布局调整	0.05	0.06	130	0.06	0.05
新添乡	原规模重建	布局调整	0.10	0.11	115	0.11	0.10
龙苍沟镇	原规模重建	就地调整	0.13	0.12	91	0.12	0.13
民建彝族乡	原规模重建	就地调整	0.04	0.04	101	0.04	0.04
青龙乡	原规模重建	就地调整	0.24	0.24	98	0.24	0.24
泗坪乡	原规模重建	就地调整	0.09	0.14	146	0.14	0.09
新庙乡	原规模重建	就地调整	0.09	0.11	123	0.11	0.09
安靖乡	原规模重建	原地重建	0.03	0.07	265	0.07	0.03
宝峰彝族乡	原规模重建	原地重建	0.03	0.04	124	0.04	0.03
附城乡	原规模重建	原地重建	0.10	0.14	149	0.14	0.10
烈太乡	原规模重建	原地重建	0.02	0.06	260	0.06	0.02
六合乡	原规模重建	原地重建	0.28	0.74	268	0.74	0.28
花滩镇	原规模重建	原地重建	0.37	0.43	116	0.43	0.37
天凤乡	原规模重建	原地重建	0.05	0.05	101	0.05	0.05
五宪乡	原规模重建	原地重建	0.09	0.07	79	0.07	0.09
新建乡	原规模重建	原地重建	0.02	0.02	89	0.02	0.02
烟竹乡	原规模重建	原地重建	0.04	0.03	91	0.03	0.04
荥河乡	原规模重建	原地重建	0.07	0.07	107	0.07	0.07

续表

名称	类型	亚类	现状人口（万人）	现状用地（平方公里）	现状人均用地（平方米/人）	承载面积（平方公里）	可承载人口（万人）
宝兴县			**2.44**	**3.87**	**62.98**	**3.88**	**2.75**
灵关镇	扩大规模重建	扩大规模	0.95	2.17	228	2.84	1.92
穆坪镇	缩减规模重建	缩减规模	1.03	1.02	99	0.36	0.36
永富乡	缩减规模重建	缩减规模	0.02	0.04	193	0.04	0.02
大溪乡	原规模重建	布局调整	0.08	0.08	92	0.08	0.08
蜂桶寨乡	原规模重建	就地调整	0.03	0.04	152	0.04	0.03
硗碛藏族乡	原规模重建	就地调整	0.07	0.23	306	0.23	0.07
陇东镇	原规模重建	原地重建	0.10	0.08	81	0.08	0.10
明礼乡	原规模重建	原地重建	0.04	0.08	197	0.08	0.04
五龙乡	原规模重建	原地重建	0.12	0.14	124	0.14	0.12
邛崃市6乡镇			**1.48**	**1.51**	**97.75**	**1.71**	**1.65**
火井镇	扩大规模重建	扩大规模	0.39	0.49	128	0.66	0.52
天台山镇	扩大规模重建	扩大规模	0.19	0.10	54	0.14	0.22
道佐乡	原规模重建	原地重建	0.22	0.34	154	0.34	0.22
高何镇	原规模重建	原地重建	0.20	0.15	76	0.15	0.20
夹关镇	原规模重建	原地重建	0.47	0.40	85	0.40	0.47
南宝乡	原规模重建	原地重建	0.02	0.03	159	0.03	0.02

① 雅安城区涉及雨城区各街道办事处所辖城区，以及北郊镇、多营镇、大兴镇、草坝镇、永兴镇、蒙阳镇、蒙顶山镇、城东乡、南郊乡、凤鸣乡、合江镇11个乡镇。

② 成雅新城涉及名山区百丈镇、红星镇、黑竹镇3个乡镇。

表 2-5 芦山地震灾区震前地质灾害点及其危害统计（区县单元）

名称	崩塌灾害及其危害			滑坡灾害及其危害			泥石流灾害及其危害		
	数量（个）	威胁人口（人）	威胁财产（万元）	数量（个）	威胁人口（人）	威胁财产（万元）	数量（个）	威胁人口（人）	威胁财产（万元）
芦山县	7	105	383	52	2823	8251	1	80	500
雨城区	50	1358	7203	195	13109	28080	5	3348	2364
天全县	9	506	830	15	471	1890	8	879	1790
名山区	6	1115	2070	68	3264	16712	0	—	—
荥经县	32	4113	12500	113	18306	51698	17	4111	9269
宝兴县	32	1131	7898	78	3777	24401	28	2852	21534
邛崃市	68	750	3804	242	2502	13719	2	99	680
汉源县	35	1431	6587	334	18212	42152	43	4255	9724
蒲江县	27	130	875	198	4225	3670	0	—	—
丹棱县	6	59	967	69	2407	14831	0	—	—
洪雅县	8	107	1910	84	1587	7325	2	55	250
金河口区	22	888	3600	32	1067	3248	10	460	1186
大邑县	99	1012	3379	204	2168	6593	15	200	828
石棉县	18	158	1063	42	1408	3844	168	22675	147954
泸定县	31	836	3237	48	2501	4241	145	14746	36871
夹江县	25	424	1820	82	1344	3400	0	—	—
峨边彝族自治县	60	4437	11235	75	5366	7565	13	488	2368
甘洛县	19	2398	2732	80	8528	12365	44	5267	24854
东坡区	12	903	760	60	2055	7825	0	—	—
峨眉山市	27	535	2530	75	2548	15094	4	123	755
康定县	17	9795	33055	33	3268	38615	57	7652	58900

表2-6　芦山地震灾区震前震后地质灾害点统计（区县单元）

名称	崩塌		滑坡		泥石流		不稳定斜坡		四类灾害点	
	震前	震后	震前	震后	震前	震后	震前	震后	震前	震后
芦山县	7	194	52	121	1	17	18	100	78	432
雨城区	50	4	195	7	5	0	36	21	286	32
天全县	9	61	15	90	8	6	10	46	42	203
名山区	6	18	68	24	0	0	1	4	75	46
荥经县	32	0	113	0	17	0	92	0	254	0
宝兴县	32	112	78	74	28	11	25	54	163	251
邛崃市	68	53	242	66	2	2	50	36	362	157
汉源县	35	12	334	17	43	0	4	0	416	29
蒲江县	27	0	198	0	0	0	0	0	225	0
丹棱县	6	8	69	3	0	0	7	1	82	12
洪雅县	8	1	84	2	2	0	16	0	110	3
金河口	22	0	32	0	10	0	9	0	73	0
峨边县	60	4	75	2	13	0	30	0	178	6
大邑县	99	4	204	7	15	0	37	0	355	11
石棉县	18	0	42	13	168	0	28	3	256	16
泸定县	31	1	48	1	145	1	55	0	279	3
夹江县	25	0	82	0	0	0	30	0	137	0
峨眉山	27	2	75	2	4	0	2	0	108	4
甘洛县	19	0	80	1	44	0	13	0	156	1
东坡区	12	0	60	0	0	0	27	0	99	0
康定县	17	10	33	2	57	0	23	0	130	12
共计	610	484	2179	432	562	37	513	265	3864	1218

表 2-7 芦山地震灾区高危险性地质灾害点分析结果（乡镇单元）

灾区类型	名称	乡镇	总面积（平方公里）	大型			中型			小型			综合评价
				个数	面积（万平方米）	比重（%）	个数	面积（万平方米）	比重（%）	个数	面积（万平方米）	比重（%）	
极重灾区	芦山县	宝盛乡	116. 44	1	400. 00	3. 435	3	10. 00	0. 086	2	2. 73	0. 023	3. 545
		太平镇	192. 37	1	2. 00	0. 010	9	130. 40	0. 678	8	25. 50	0. 133	0. 821
		思延乡	23. 63	0	0. 00	0. 000	1	0. 40	0. 017	1	1. 50	0. 063	0. 080
		双石镇	78. 03	0	0. 00	0. 000	4	11. 80	0. 151	1	2. 00	0. 026	0. 177
		清仁乡	51. 49	0	0. 00	0. 000	2	3. 70	0. 072	2	12. 00	0. 233	0. 305
		苗溪茶场	27. 56	0	0. 00	0. 000	0	0. 00	0. 000	0	0. 00	0. 000	0. 000
		芦阳镇	37. 80	0	0. 00	0. 000	0	0. 00	0. 000	1	0. 40	0. 011	0. 011
		龙门乡	92. 23	0	0. 00	0. 000	0	0. 00	0. 000	4	12. 30	0. 133	0. 133
		飞仙关镇	52. 13	0	0. 00	0. 000	1	4. 00	0. 077	4	5. 10	0. 098	0. 175
		大川镇	519. 61	0	0. 00	0. 000	3	3. 80	0. 007	1	2. 00	0. 004	0. 011
重灾区	雨城区	上里镇	67. 65	1	18. 00	0. 266	0	0. 00	0. 000	0	0. 00	0. 000	0. 266
		八步乡	43. 95	0	0. 00	0. 000	0	0. 00	0. 000	0	0. 00	0. 000	0. 000
		北郊镇	75. 89	0	0. 00	0. 000	2	17. 00	0. 224	1	1. 80	0. 024	0. 248
		碧峰峡镇	64. 15	0	0. 00	0. 000	0	0. 00	0. 000	0	0. 00	0. 000	0. 000
		草坝镇	43. 77	0	0. 00	0. 000	0	0. 00	0. 000	0	0. 00	0. 000	0. 000
		大兴镇	58. 49	0	0. 00	0. 000	0	0. 00	0. 000	0	0. 00	0. 000	0. 000
		对岩镇	36. 06	0	0. 00	0. 000	0	0. 00	0. 000	0	0. 00	0. 000	0. 000
		多营镇	25. 22	0	0. 00	0. 000	0	0. 00	0. 000	0	0. 00	0. 000	0. 000
		凤鸣乡	23. 38	0	0. 00	0. 000	0	0. 00	0. 000	0	0. 00	0. 000	0. 000
		观化乡	62. 84	0	0. 00	0. 000	0	0. 00	0. 000	0	0. 00	0. 000	0. 000
		合江镇	25. 14	0	0. 00	0. 000	0	0. 00	0. 000	0	0. 00	0. 000	0. 000
		孔坪乡	76. 57	0	0. 00	0. 000	0	0. 00	0. 000	0	0. 00	0. 000	0. 000
		南郊乡	40. 37	0	0. 00	0. 000	0	0. 00	0. 000	0	0. 00	0. 000	0. 000
		沙坪镇	48. 76	0	0. 00	0. 000	0	0. 00	0. 000	0	0. 00	0. 000	0. 000
		望鱼乡	140. 75	0	0. 00	0. 000	0	0. 00	0. 000	0	0. 00	0. 000	0. 000
		严桥镇	91. 17	0	0. 00	0. 000	0	0. 00	0. 000	0	0. 00	0. 000	0. 000
		晏场镇	101. 04	0	0. 00	0. 000	0	0. 00	0. 000	0	0. 00	0. 000	0. 000
		中里镇	37. 45	0	0. 00	0. 000	0	0. 00	0. 000	0	0. 00	0. 000	0. 000
		老场乡	79. 81	1	15. 00	0. 188	1	1. 80	0. 023	1	1. 00	0. 013	0. 223
		思经乡	136. 69	1	4. 00	0. 029	1	10. 00	0. 073	4	2. 95	0. 022	0. 124
	天全县	两路乡	320. 81	1	9. 00	0. 028	1	1. 20	0. 004	1	1. 00	0. 003	0. 035
		紫石乡	900. 47	0	0. 00	0. 000	2	2. 40	0. 003	2	30. 60	0. 034	0. 037
		鱼泉乡	65. 44	0	0. 00	0. 000	0	0. 00	0. 000	1	0. 50	0. 008	0. 008
		兴业乡	107. 53	0	0. 00	0. 000	0	0. 00	0. 000	1	3. 00	0. 028	0. 028
		新华乡	32. 59	0	0. 00	0. 000	1	4. 00	0. 123	0	0. 00	0. 000	0. 123
		新场乡	62. 88	0	0. 00	0. 000	0	0. 00	0. 000	3	1. 70	0. 027	0. 027
		小河乡	494. 75	0	0. 00	0. 000	5	49. 68	0. 100	5	4. 35	0. 009	0. 109
		始阳镇	38. 98	0	0. 00	0. 000	1	2. 00	0. 051	1	0. 28	0. 007	0. 058

续表

灾区类型	名称	乡镇	总面积（平方公里）	大型			中型			小型			综合评价
				个数	面积（万平方米）	比重（%）	个数	面积（万平方米）	比重（%）	个数	面积（万平方米）	比重（%）	
重灾区	天全县	仁义乡	40.38	0	0.00	0.000	0	0.00	0.000	2	1.80	0.045	0.045
		乐英乡	25.78	0	0.00	0.000	0	0.00	0.000	2	1.30	0.050	0.050
		多功乡	20.34	0	0.00	0.000	0	0.00	0.000	3	1.40	0.069	0.069
		大坪乡	19.25	0	0.00	0.000	0	0.00	0.000	0	0.00	0.000	0.000
		城厢镇	45.95	0	0.00	0.000	3	3.40	0.074	1	0.60	0.013	0.087
	名山区	永兴镇	34.21	0	0.00	0.000	1	7.00	0.205	1	3.00	0.088	0.292
		蒙阳镇	32.45	0	0.00	0.000	1	5.00	0.154	0	0.00	0.000	0.154
		解放乡	22.43	0	0.00	0.000	1	2.04	0.091	0	0.00	0.000	0.091
		中峰乡	44.49	0	0.00	0.000	1	1.68	0.038	0	0.00	0.000	0.038
		车岭镇	47.63	0	0.00	0.000	1	0.42	0.009	2	2.15	0.045	0.054
		百丈镇	36.99	0	0.00	0.000	0	0.00	0.000	2	1.96	0.053	0.053
		城东乡	22.54	0	0.00	0.000	0	0.00	0.000	0	0.00	0.000	0.000
		黑竹镇	23.78	0	0.00	0.000	0	0.00	0.000	0	0.00	0.000	0.000
		红星镇	27.73	0	0.00	0.000	0	0.00	0.000	0	0.00	0.000	0.000
		红岩乡	20.70	0	0.00	0.000	0	0.00	0.000	2	4.60	0.222	0.222
		建山乡	33.85	0	0.00	0.000	0	0.00	0.000	0	0.00	0.000	0.000
		联江乡	26.08	0	0.00	0.000	0	0.00	0.000	0	0.00	0.000	0.000
		廖场乡	24.53	0	0.00	0.000	0	0.00	0.000	0	0.00	0.000	0.000
		马岭镇	36.45	0	0.00	0.000	0	0.00	0.000	0	0.00	0.000	0.000
		茅河乡	19.29	0	0.00	0.000	0	0.00	0.000	0	0.00	0.000	0.000
		蒙顶山镇	26.64	0	0.00	0.000	0	0.00	0.000	0	0.00	0.000	0.000
		前进乡	33.68	0	0.00	0.000	0	0.00	0.000	0	0.00	0.000	0.000
		双河乡	32.96	0	0.00	0.000	0	0.00	0.000	0	0.00	0.000	0.000
		万古乡	24.61	0	0.00	0.000	0	0.00	0.000	0	0.00	0.000	0.000
		新店镇	47.10	0	0.00	0.000	0	0.00	0.000	0	0.00	0.000	0.000
	荥经县	荥河乡	29.38	1	100.00	3.404	3	25.00	0.851	7	19.30	0.657	4.911
		安靖乡	145.17	0	0.00	0.000	1	4.00	0.028	0	0.00	0.000	0.028
		宝峰彝族乡	12.29	0	0.00	0.000	1	5.00	0.407	2	1.80	0.146	0.553
		大田坝乡	9.06	0	0.00	0.000	0	0.00	0.000	3	4.50	0.497	0.497
		附城乡	14.10	0	0.00	0.000	0	0.00	0.000	1	4.00	0.284	0.284
		花滩镇	58.73	0	0.00	0.000	4	44.00	0.749	7	62.80	1.069	1.819
		烈士乡	21.66	0	0.00	0.000	4	1.90	0.088	3	0.45	0.021	0.109
		烈太乡	15.55	0	0.00	0.000	3	38.00	2.443	2	2.30	0.148	2.591
		六合乡	18.90	0	0.00	0.000	1	3.50	0.185	7	11.10	0.587	0.772
		龙苍沟乡	458.74	0	0.00	0.000	1	10.00	0.022	4	9.60	0.021	0.043
		民建彝族乡	20.07	0	0.00	0.000	4	55.20	2.750	4	20.30	1.011	3.761
		青龙乡	53.07	0	0.00	0.000	4	20.50	0.386	2	3.00	0.057	0.443
		三合乡	317.57	0	0.00	0.000	1	80.00	0.252	3	13.00	0.041	0.293

续表

灾区类型	名称	乡镇	总面积（平方公里）	大型			中型			小型			综合评价
				个数	面积（万平方米）	比重（%）	个数	面积（万平方米）	比重（%）	个数	面积（万平方米）	比重（%）	
重灾区	荥经县	泗坪乡	107.83	0	0.00	0.000	0	0.00	0.000	3	2.20	0.020	0.020
		天凤乡	12.41	0	0.00	0.000	4	51.30	4.134	1	1.00	0.081	4.214
		五宪乡	21.63	0	0.00	0.000	0	0.00	0.000	1	3.00	0.139	0.139
		新建乡	192.03	0	0.00	0.000	0	0.00	0.000	2	2.60	0.014	0.014
		新庙乡	162.05	0	0.00	0.000	1	15.00	0.093	4	6.60	0.041	0.133
		新添乡	51.96	0	0.00	0.000	1	4.00	0.077	4	20.50	0.395	0.472
		烟竹乡	40.90	0	0.00	0.000	0	0.00	0.000	3	9.00	0.220	0.220
		严道镇	14.40	0	0.00	0.000	3	34.00	2.361	6	35.00	2.431	4.792
	宝兴县	五龙乡	73.74	2	87.00	1.180	1	5.00	0.068	0	0.00	0.000	1.248
		陇东镇	493.49	2	457.20	0.926	1	0.00	0.000	2	3.50	0.007	0.934
		蜂桶寨乡	365.42	1	54.00	0.148	1	25.00	0.068	5	2.24	0.006	0.222
		硗碛藏族乡	948.48	2	30.70	0.032	1	2.40	0.003	1	1.50	0.002	0.036
		永富乡	663.42	1	20.40	0.031	0	0.00	0.000	0	0.00	0.000	0.031
		大溪乡	51.97	0	0.00	0.000	0	0.00	0.000	0	0.00	0.000	0.000
		灵关镇	235.83	0	0.00	0.000	3	26.00	0.110	3	5.05	0.021	0.132
		明礼乡	118.73	0	0.00	0.000	0	0.00	0.000	1	0.40	0.003	0.003
		穆坪镇	164.20	0	0.00	0.000	4	48.00	0.292	7	23.42	0.143	0.435
	邛崃市	高何镇	81.40	0	0.00	0.000	2	14.30	0.176	0	0.00	0.000	0.176
		南宝乡	87.14	0	0.00	0.000	0	0.00	0.000	0	0.00	0.000	0.000
		天台山镇	109.23	0	0.00	0.000	0	0.00	0.000	0	0.00	0.000	0.000
		火井镇	65.54	0	0.00	0.000	0	0.00	0.000	2	18.60	0.284	0.284
		夹关镇	47.45	0	0.00	0.000	0	0.00	0.000	0	0.00	0.000	0.000
		道佐乡	32.31	0	0.00	0.000	0	0.00	0.000	0	0.00	0.000	0.000
一般灾区	邛崃市	平乐镇	79.26	0	0.00	0.000	1	8.87	0.112	0	0.00	0.000	0.112
		油榨乡	51.74	0	0.00	0.000	0	0.00	0.000	0	0.00	0.000	0.000
		水口镇	116.74	0	0.00	0.000	0	0.00	0.000	0	0.00	0.000	0.000
		大同乡	70.77	0	0.00	0.000	0	0.00	0.000	0	0.00	0.000	0.000
		茶园乡	31.79	0	0.00	0.000	0	0.00	0.000	0	0.00	0.000	0.000
		临邛镇	144.25	0	0.00	0.000	0	0.00	0.000	0	0.00	0.000	0.000
		孔明乡	26.11	0	0.00	0.000	0	0.00	0.000	0	0.00	0.000	0.000
		羊安镇	46.62	0	0.00	0.000	0	0.00	0.000	0	0.00	0.000	0.000
		牟礼镇	59.22	0	0.00	0.000	0	0.00	0.000	0	0.00	0.000	0.000
		桑园镇	37.04	0	0.00	0.000	0	0.00	0.000	0	0.00	0.000	0.000
		固驿镇	50.38	0	0.00	0.000	0	0.00	0.000	0	0.00	0.000	0.000
		冉义镇	36.66	0	0.00	0.000	0	0.00	0.000	0	0.00	0.000	0.000
		回龙镇	42.73	0	0.00	0.000	0	0.00	0.000	0	0.00	0.000	0.000
		高埂镇	25.75	0	0.00	0.000	0	0.00	0.000	0	0.00	0.000	0.000
		前进镇	25.66	0	0.00	0.000	0	0.00	0.000	0	0.00	0.000	0.000

续表

灾区类型	名称	乡镇	总面积（平方公里）	大型			中型			小型			综合评价
				个数	面积（万平方米）	比重（%）	个数	面积（万平方米）	比重（%）	个数	面积（万平方米）	比重（%）	
一般灾区	邛崃市	临济镇	37.56	0	0.00	0.000	0	0.00	0.000	0	0.00	0.000	0.000
		卧龙镇	34.11	0	0.00	0.000	0	0.00	0.000	0	0.00	0.000	0.000
		宝林镇	36.95	0	0.00	0.000	0	0.00	0.000	0	0.00	0.000	0.000
	汉源县	清溪镇	18.61	1	19.00	1.021	0	0.00	0.000	1	0.10	0.005	1.026
		顺河彝族乡	69.29	1	60.00	0.866	0	0.00	0.000	0	0.00	0.000	0.866
		马烈乡	120.58	1	12.00	0.100	0	0.00	0.000	0	0.00	0.000	0.100
		永利彝族乡	84.34	1	4.00	0.047	0	0.00	0.000	0	0.00	0.000	0.047
		安乐乡	20.32	0	0.00	0.000	0	0.00	0.000	1	1.00	0.049	0.049
		白岩乡	16.86	0	0.00	0.000	0	0.00	0.000	0	0.00	0.000	0.000
		大岭乡	25.59	0	0.00	0.000	0	0.00	0.000	0	0.00	0.000	0.000
		大树镇	28.13	0	0.00	0.000	0	0.00	0.000	0	0.00	0.000	0.000
		大田乡	24.69	0	0.00	0.000	0	0.00	0.000	0	0.00	0.000	0.000
		大堰乡	34.22	0	0.00	0.000	0	0.00	0.000	0	0.00	0.000	0.000
		富春乡	30.59	0	0.00	0.000	0	0.00	0.000	0	0.00	0.000	0.000
		富林镇	9.72	0	0.00	0.000	0	0.00	0.000	0	0.00	0.000	0.000
		富泉乡	29.73	0	0.00	0.000	0	0.00	0.000	0	0.00	0.000	0.000
		富乡乡	87.23	0	0.00	0.000	0	0.00	0.000	0	0.00	0.000	0.000
		富庄镇	51.24	0	0.00	0.000	0	0.00	0.000	0	0.00	0.000	0.000
		桂贤乡	52.17	0	0.00	0.000	0	0.00	0.000	0	0.00	0.000	0.000
		河南乡	148.40	0	0.00	0.000	0	0.00	0.000	0	0.00	0.000	0.000
		河西乡	27.88	0	0.00	0.000	0	0.00	0.000	1	0.10	0.004	0.004
		后域乡	48.88	0	0.00	0.000	0	0.00	0.000	0	0.00	0.000	0.000
		皇木镇	88.27	0	0.00	0.000	0	0.00	0.000	0	0.00	0.000	0.000
		建黎乡	44.31	0	0.00	0.000	0	0.00	0.000	0	0.00	0.000	0.000
		九襄镇	86.03	0	0.00	0.000	0	0.00	0.000	0	0.00	0.000	0.000
		梨园乡	60.70	0	0.00	0.000	0	0.00	0.000	0	0.00	0.000	0.000
		两河乡	65.11	0	0.00	0.000	0	0.00	0.000	0	0.00	0.000	0.000
		料林乡	38.60	0	0.00	0.000	0	0.00	0.000	0	0.00	0.000	0.000
		坭美彝族乡	66.37	0	0.00	0.000	0	0.00	0.000	0	0.00	0.000	0.000
		片马彝族乡	56.17	0	0.00	0.000	0	0.00	0.000	0	0.00	0.000	0.000
		前域乡	24.80	0	0.00	0.000	0	0.00	0.000	0	0.00	0.000	0.000
		青富乡	27.90	0	0.00	0.000	0	0.00	0.000	0	0.00	0.000	0.000
		三交乡	220.00	0	0.00	0.000	0	0.00	0.000	0	0.00	0.000	0.000
		晒经乡	29.29	0	0.00	0.000	0	0.00	0.000	0	0.00	0.000	0.000
		市荣乡	38.07	0	0.00	0.000	0	0.00	0.000	0	0.00	0.000	0.000
		双溪乡	67.43	0	0.00	0.000	1	35.00	0.519	0	0.00	0.000	0.519
		唐家乡	25.84	0	0.00	0.000	0	0.00	0.000	0	0.00	0.000	0.000
		万工乡	16.24	0	0.00	0.000	0	0.00	0.000	0	0.00	0.000	0.000

续表

灾区类型	名称	乡镇	总面积（平方公里）	大型			中型			小型			综合评价
				个数	面积（万平方米）	比重（%）	个数	面积（万平方米）	比重（%）	个数	面积（万平方米）	比重（%）	
一般灾区	汉源县	万里乡	100.25	0	0.00	0.000	0	0.00	0.000	0	0.00	0.000	0.000
		乌斯河镇	52.51	0	0.00	0.000	0	0.00	0.000	0	0.00	0.000	0.000
		西溪乡	38.75	0	0.00	0.000	0	0.00	0.000	0	0.00	0.000	0.000
		小堡藏族彝族乡	48.49	0	0.00	0.000	0	0.00	0.000	0	0.00	0.000	0.000
		宜东镇	92.22	0	0.00	0.000	0	0.00	0.000	0	0.00	0.000	0.000
	蒲江县	鹤山镇	110.27	0	0.00	0.000	0	0.00	0.000	1	0.40	0.004	0.004
		白云乡	37.35	0	0.00	0.000	0	0.00	0.000	0	0.00	0.000	0.000
		光明乡	22.56	0	0.00	0.000	0	0.00	0.000	0	0.00	0.000	0.000
		长秋乡	19.29	0	0.00	0.000	0	0.00	0.000	0	0.00	0.000	0.000
		成佳镇	40.41	0	0.00	0.000	0	0.00	0.000	0	0.00	0.000	0.000
		朝阳湖镇	29.25	0	0.00	0.000	0	0.00	0.000	0	0.00	0.000	0.000
		寿安镇	87.60	0	0.00	0.000	0	0.00	0.000	0	0.00	0.000	0.000
		大塘镇	29.74	0	0.00	0.000	0	0.00	0.000	0	0.00	0.000	0.000
		西来镇	78.93	0	0.00	0.000	0	0.00	0.000	0	0.00	0.000	0.000
		大兴镇	59.16	0	0.00	0.000	0	0.00	0.000	0	0.00	0.000	0.000
		甘溪镇	29.05	0	0.00	0.000	0	0.00	0.000	0	0.00	0.000	0.000
		复兴乡	36.37	0	0.00	0.000	0	0.00	0.000	0	0.00	0.000	0.000
	丹棱县	顺龙乡	56.98	0	0.00	0.000	1	1.50	0.026	1	0.80	0.014	0.040
		张场镇	97.72	0	0.00	0.000	0	0.00	0.000	0	0.00	0.000	0.000
		杨场镇	91.44	0	0.00	0.000	0	0.00	0.000	0	0.00	0.000	0.000
		双桥镇	87.90	0	0.00	0.000	0	0.00	0.000	0	0.00	0.000	0.000
		石桥乡	22.61	0	0.00	0.000	0	0.00	0.000	2	0.26	0.012	0.012
		仁美镇	32.21	0	0.00	0.000	0	0.00	0.000	0	0.00	0.000	0.000
		丹棱镇	60.33	0	0.00	0.000	0	0.00	0.000	0	0.00	0.000	0.000
	洪雅县	槽渔滩镇	82.96	0	0.00	0.000	1	8.00	0.096	2	0.20	0.002	0.099
		瓦屋山镇	694.35	0	0.00	0.000	2	4.80	0.007	0	0.00	0.000	0.007
		汉王乡	70.84	0	0.00	0.000	0	0.00	0.000	0	0.00	0.000	0.000
		柳江镇	159.87	0	0.00	0.000	0	0.00	0.000	1	1.00	0.006	0.006
		东岳镇	106.08	0	0.00	0.000	0	0.00	0.000	0	0.00	0.000	0.000
		中保镇	67.86	0	0.00	0.000	0	0.00	0.000	0	0.00	0.000	0.000
		花溪镇	83.03	0	0.00	0.000	0	0.00	0.000	0	0.00	0.000	0.000
		高庙镇	229.38	0	0.00	0.000	0	0.00	0.000	0	0.00	0.000	0.000
		止戈镇	44.67	0	0.00	0.000	0	0.00	0.000	0	0.00	0.000	0.000
		将军乡	54.48	0	0.00	0.000	0	0.00	0.000	0	0.00	0.000	0.000
		中山乡	40.12	0	0.00	0.000	0	0.00	0.000	0	0.00	0.000	0.000
		桃源乡	43.65	0	0.00	0.000	0	0.00	0.000	0	0.00	0.000	0.000
		三宝镇	37.87	0	0.00	0.000	0	0.00	0.000	0	0.00	0.000	0.000
		洪川镇	79.23	0	0.00	0.000	0	0.00	0.000	0	0.00	0.000	0.000
		余坪镇	103.12	0	0.00	0.000	0	0.00	0.000	0	0.00	0.000	0.000

续表

灾区类型	名称	乡镇	总面积（平方公里）	大型			中型			小型			综合评价
				个数	面积（万平方米）	比重（%）	个数	面积（万平方米）	比重（%）	个数	面积（万平方米）	比重（%）	
一般灾区	金口河区	和平彝族乡	42.21	0	0.00	0.000	1	9.80	0.232	0	0.00	0.000	0.232
		金河镇	143.12	0	0.00	0.000	1	1.60	0.011	1	0.04	0.000	0.011
		永和镇	77.16	0	0.00	0.000	0	0.00	0.000	0	0.00	0.000	0.000
		吉星乡	44.93	0	0.00	0.000	0	0.00	0.000	0	0.00	0.000	0.000
		永胜乡	122.53	0	0.00	0.000	0	0.00	0.000	1	10.00	0.082	0.082
		共安彝族乡	168.26	1	18.75	0.111	0	0.00	0.000	0	0.00	0.000	0.111
	大邑县	斜源镇	62.86	0	0.00	0.000	0	0.00	0.000	1	0.90	0.014	0.014
		出江镇	62.94	0	0.00	0.000	0	0.00	0.000	0	0.00	0.000	0.000
		花水湾镇	86.96	0	0.00	0.000	0	0.00	0.000	0	0.00	0.000	0.000
		西岭镇	412.50	0	0.00	0.000	0	0.00	0.000	0	0.00	0.000	0.000
		新场镇	36.42	0	0.00	0.000	0	0.00	0.000	0	0.00	0.000	0.000
		鹤鸣乡	48.81	0	0.00	0.000	0	0.00	0.000	0	0.00	0.000	0.000
		悦来镇	57.47	0	0.00	0.000	0	0.00	0.000	0	0.00	0.000	0.000
		雾山乡	51.61	0	0.00	0.000	0	0.00	0.000	0	0.00	0.000	0.000
		晋原镇	91.00	0	0.00	0.000	0	0.00	0.000	0	0.00	0.000	0.000
		金星乡	49.50	0	0.00	0.000	0	0.00	0.000	0	0.00	0.000	0.000
		王泗镇	64.73	0	0.00	0.000	0	0.00	0.000	0	0.00	0.000	0.000
		安仁镇	57.21	0	0.00	0.000	0	0.00	0.000	0	0.00	0.000	0.000
		董场镇	31.12	0	0.00	0.000	0	0.00	0.000	0	0.00	0.000	0.000
		韩场镇	20.75	0	0.00	0.000	0	0.00	0.000	0	0.00	0.000	0.000
		三岔镇	40.82	0	0.00	0.000	0	0.00	0.000	0	0.00	0.000	0.000
		上安镇	19.75	0	0.00	0.000	0	0.00	0.000	0	0.00	0.000	0.000
		苏家镇	20.45	0	0.00	0.000	0	0.00	0.000	0	0.00	0.000	0.000
		青霞镇	28.13	0	0.00	0.000	0	0.00	0.000	0	0.00	0.000	0.000
		沙渠镇	18.78	0	0.00	0.000	0	0.00	0.000	0	0.00	0.000	0.000
		蔡场镇	21.60	0	0.00	0.000	0	0.00	0.000	0	0.00	0.000	0.000
	石棉县	草科藏族乡	340.94	2	8350.00	24.491	0	0.00	0.000	0	0.00	0.000	24.491
		回隆彝族乡	220.39	2	508.00	2.305	1	2.00	0.009	2	2.30	0.010	2.324
		田湾彝族乡	148.82	1	200.00	1.344	1	10.00	0.067	0	0.00	0.000	1.411
		迎政乡	59.33	1	5.40	0.091	4	13.40	0.226	0	0.00	0.000	0.317
		新棉镇	131.70	6	6.60	0.050	2	4.20	0.032	4	9.00	0.068	0.150
		安顺彝族乡	211.87	0	0.00	0.000	1	5.00	0.024	1	1.00	0.005	0.028
		擦罗彝族乡	79.13	0	0.00	0.000	1	0.50	0.006	0	0.00	0.000	0.006
		丰乐乡	231.60	0	0.00	0.000	2	3.20	0.014	0	0.00	0.000	0.014
		栗子坪彝族乡	510.45	0	0.00	0.000	0	0.00	0.000	0	0.00	0.000	0.000
		美罗乡	52.80	0	0.00	0.000	1	4.00	0.076	0	0.00	0.000	0.076
		棉城街道办事处	27.36	0	0.00	0.000	0	0.00	0.000	0	0.00	0.000	0.000
		挖角彝族藏族乡	186.14	0	0.00	0.000	0	0.00	0.000	2	3.00	0.016	0.016

续表

灾区类型	名称	乡镇	总面积（平方公里）	大型			中型			小型			综合评价
				个数	面积（万平方米）	比重（%）	个数	面积（万平方米）	比重（%）	个数	面积（万平方米）	比重（%）	
一般灾区	石棉县	先锋藏族乡	93.61	0	0.00	0.000	1	1.60	0.017	3	9.00	0.096	0.113
		蟹螺藏族乡	203.24	0	0.00	0.000	2	7.20	0.035	0	0.00	0.000	0.035
		新民藏族彝族乡	87.12	0	0.00	0.000	1	15.00	0.172	1	2.00	0.023	0.195
		永和乡	75.23	0	0.00	0.000	2	6.50	0.086	0	0.00	0.000	0.086
		宰羊乡	21.39	0	0.00	0.000	0	0.00	0.000	0	0.00	0.000	0.000
	泸定县	冷碛镇	78.60	5	83.00	1.056	3	10.00	0.127	1	5.00	0.064	1.247
		泸桥镇	149.71	4	142.50	0.952	4	52.10	0.348	5	4.32	0.029	1.329
		岚安乡	57.99	3	35.00	0.604	0	0.00	0.000	0	0.00	0.000	0.604
		兴隆镇	104.27	5	40.00	0.384	2	2.70	0.026	0	0.00	0.000	0.410
		得妥乡	218.21	3	59.00	0.270	1	2.00	0.009	0	0.00	0.000	0.280
		田坝乡	225.21	3	45.00	0.200	0	0.00	0.000	0	0.00	0.000	0.200
		新兴乡	439.12	2	60.00	0.137	0	0.00	0.000	0	0.00	0.000	0.137
		德威乡	69.74	1	4.50	0.065	2	26.00	0.373	1	0.08	0.001	0.438
		磨西镇	313.01	2	10.00	0.032	3	11.00	0.035	3	8.00	0.026	0.093
		加郡乡	192.83	1	2.00	0.010	1	10.00	0.052	1	5.00	0.026	0.088
		杵坭乡	49.54	0	0.00	0.000	0	0.00	0.000	0	0.00	0.000	0.000
		国有林场	152.38	0	0.00	0.000	0	0.00	0.000	0	0.00	0.000	0.000
		烹坝乡	116.41	0	0.00	0.000	5	9.45	0.081	0	0.00	0.000	0.081
	夹江县	木城镇	31.24	0	0.00	0.000	0	0.00	0.000	0	0.00	0.000	0.000
		龙沱乡	17.16	0	0.00	0.000	0	0.00	0.000	0	0.00	0.000	0.000
		南安乡	31.49	0	0.00	0.000	0	0.00	0.000	0	0.00	0.000	0.000
		界牌镇	33.92	0	0.00	0.000	0	0.00	0.000	0	0.00	0.000	0.000
		华头镇	43.64	0	0.00	0.000	0	0.00	0.000	0	0.00	0.000	0.000
		歇马乡	52.92	0	0.00	0.000	0	0.00	0.000	0	0.00	0.000	0.000
		迎江乡	28.82	0	0.00	0.000	0	0.00	0.000	0	0.00	0.000	0.000
		漹城镇	40.62	0	0.00	0.000	0	0.00	0.000	0	0.00	0.000	0.000
		马村乡	28.33	0	0.00	0.000	0	0.00	0.000	0	0.00	0.000	0.000
		麻柳乡	45.89	0	0.00	0.000	0	0.00	0.000	0	0.00	0.000	0.000
		新场镇	33.28	0	0.00	0.000	0	0.00	0.000	0	0.00	0.000	0.000
		吴场镇	44.30	0	0.00	0.000	0	0.00	0.000	0	0.00	0.000	0.000
		黄土镇	47.34	0	0.00	0.000	0	0.00	0.000	0	0.00	0.000	0.000
		甘江镇	59.32	0	0.00	0.000	0	0.00	0.000	0	0.00	0.000	0.000
		中兴镇	30.23	0	0.00	0.000	0	0.00	0.000	0	0.00	0.000	0.000
		三洞镇	35.06	0	0.00	0.000	0	0.00	0.000	0	0.00	0.000	0.000
		甘霖镇	27.35	0	0.00	0.000	0	0.00	0.000	0	0.00	0.000	0.000
		顺河乡	21.94	0	0.00	0.000	0	0.00	0.000	0	0.00	0.000	0.000
		土门乡	25.64	0	0.00	0.000	0	0.00	0.000	0	0.00	0.000	0.000
		青州乡	27.14	0	0.00	0.000	0	0.00	0.000	0	0.00	0.000	0.000
		梧凤乡	19.42	0	0.00	0.000	0	0.00	0.000	0	0.00	0.000	0.000
		永青乡	17.98	0	0.00	0.000	0	0.00	0.000	0	0.00	0.000	0.000

续表

灾区类型	名称	乡镇	总面积（平方公里）	大型			中型			小型			综合评价
				个数	面积（万平方米）	比重（%）	个数	面积（万平方米）	比重（%）	个数	面积（万平方米）	比重（%）	
一般灾区	峨眉山市	大为镇	117.82	0	0.00	0.000	2	28.00	0.238	0	0.00	0.000	0.238
		龙池镇	189.53	0	0.00	0.000	1	25.00	0.132	1	0.80	0.004	0.136
		普兴乡	42.95	0	0.00	0.000	0	0.00	0.000	0	0.00	0.000	0.000
		川主乡	47.68	0	0.00	0.000	0	0.00	0.000	0	0.00	0.000	0.000
		绥山镇	54.96	0	0.00	0.000	0	0.00	0.000	0	0.00	0.000	0.000
		龙门乡	69.62	0	0.00	0.000	0	0.00	0.000	0	0.00	0.000	0.000
		高桥镇	75.86	0	0.00	0.000	0	0.00	0.000	0	0.00	0.000	0.000
		罗目镇	48.90	0	0.00	0.000	0	0.00	0.000	0	0.00	0.000	0.000
		双福镇	53.45	0	0.00	0.000	0	0.00	0.000	1	0.30	0.006	0.006
		九里镇	46.10	0	0.00	0.000	0	0.00	0.000	0	0.00	0.000	0.000
		黄湾乡	180.29	0	0.00	0.000	0	0.00	0.000	0	0.00	0.000	0.000
		沙溪乡	84.64	0	0.00	0.000	0	0.00	0.000	0	0.00	0.000	0.000
		乐都镇	30.34	0	0.00	0.000	0	0.00	0.000	1	0.04	0.001	0.001
		符溪镇	42.68	0	0.00	0.000	0	0.00	0.000	0	0.00	0.000	0.000
		峨山镇	13.55	0	0.00	0.000	0	0.00	0.000	0	0.00	0.000	0.000
		桂花桥镇	48.56	0	0.00	0.000	0	0.00	0.000	0	0.00	0.000	0.000
		胜利镇	19.18	0	0.00	0.000	0	0.00	0.000	0	0.00	0.000	0.000
		新平乡	14.80	0	0.00	0.000	0	0.00	0.000	0	0.00	0.000	0.000
	甘洛县	胜利乡	51.37	1	70.00	1.363	0	0.00	0.000	0	0.00	0.000	1.363
		玉田镇	46.26	1	50.00	1.081	0	0.00	0.000	0	0.00	0.000	1.081
		则拉乡	53.77	1	47.00	0.874	0	0.00	0.000	0	0.00	0.000	0.874
		海棠镇	107.15	1	50.00	0.467	3	28.00	0.261	2	2.00	0.019	0.747
		田坝镇	57.33	1	12.00	0.209	4	52.00	0.907	1	1.50	0.026	1.142
		两河乡	57.39	1	11.00	0.192	2	1.60	0.028	0	0.00	0.000	0.220
		里克乡	21.68	1	4.00	0.184	2	3.50	0.161	0	0.00	0.000	0.346
		黑马乡	49.20	1	8.00	0.163	0	0.00	0.000	0	0.00	0.000	0.163
		新市坝镇	207.82	3	29.50	0.142	3	67.00	0.322	1	3.50	0.017	0.481
		阿嘎乡	210.43	2	25.00	0.119	3	401.00	1.906	0	0.00	0.000	2.024
		阿尔乡	54.77	0	0.00	0.000	1	21.00	0.383	0	0.00	0.000	0.383
		阿兹觉乡	196.39	0	0.00	0.000	3	27.70	0.141	3	2.70	0.014	0.155
		波波乡	87.02	0	0.00	0.000	2	104.00	1.195	0	0.00	0.000	1.195
		嘎日乡	43.28	0	0.00	0.000	0	0.00	0.000	0	0.00	0.000	0.000
		吉米镇	67.71	0	0.00	0.000	1	12.50	0.185	1	2.10	0.031	0.216
		拉莫乡	112.22	0	0.00	0.000	0	0.00	0.000	0	0.00	0.000	0.000
		蓼坪乡	111.30	0	0.00	0.000	0	0.00	0.000	1	4.20	0.038	0.038
		尼尔觉乡	51.30	0	0.00	0.000	0	0.00	0.000	0	0.00	0.000	0.000
		坪坝乡	127.03	0	0.00	0.000	0	0.00	0.000	1	0.50	0.004	0.004
		普昌镇	33.65	0	0.00	0.000	2	12.00	0.357	1	0.14	0.004	0.361

续表

灾区类型	名称	乡镇	总面积（平方公里）	大型			中型			小型			综合评价
				个数	面积（万平方米）	比重（%）	个数	面积（万平方米）	比重（%）	个数	面积（万平方米）	比重（%）	
一般灾区	甘洛县	前进乡	28.27	0	0.00	0.000	1	20.00	0.707	0	0.00	0.000	0.707
		沙岱乡	45.71	0	0.00	0.000	0	0.00	0.000	1	1.80	0.039	0.039
		石海乡	30.30	0	0.00	0.000	0	0.00	0.000	0	0.00	0.000	0.000
		斯觉镇	24.78	0	0.00	0.000	0	0.00	0.000	1	8.00	0.323	0.323
		苏雄乡	34.27	0	0.00	0.000	2	11.40	0.333	2	8.90	0.260	0.592
		团结乡	81.67	0	0.00	0.000	1	2.20	0.027	0	0.00	0.000	0.027
		乌史大桥乡	120.89	0	0.00	0.000	0	0.00	0.000	0	0.00	0.000	0.000
		新茶乡	39.74	0	0.00	0.000	1	9.00	0.226	0	0.00	0.000	0.226
	东坡区	思濛镇	75.69	0	0.00	0.000	1	9.20	0.122	1	0.52	0.007	0.128
		金花乡	32.33	0	0.00	0.000	1	2.00	0.062	0	0.00	0.000	0.062
		白马镇	43.49	0	0.00	0.000	0	0.00	0.000	0	0.00	0.000	0.000
		崇礼镇	54.78	0	0.00	0.000	0	0.00	0.000	0	0.00	0.000	0.000
		崇仁镇	75.41	0	0.00	0.000	0	0.00	0.000	0	0.00	0.000	0.000
		大石桥街道办事处	20.88	0	0.00	0.000	0	0.00	0.000	0	0.00	0.000	0.000
		多悦镇	76.41	0	0.00	0.000	0	0.00	0.000	0	0.00	0.000	0.000
		复盛乡	29.57	0	0.00	0.000	0	0.00	0.000	0	0.00	0.000	0.000
		复兴乡	29.42	0	0.00	0.000	0	0.00	0.000	0	0.00	0.000	0.000
		富牛镇	54.34	0	0.00	0.000	0	0.00	0.000	1	0.10	0.002	0.002
		广济乡	65.90	0	0.00	0.000	0	0.00	0.000	0	0.00	0.000	0.000
		柳圣乡	22.69	0	0.00	0.000	0	0.00	0.000	0	0.00	0.000	0.000
		盘鳌乡	76.16	0	0.00	0.000	0	0.00	0.000	1	0.10	0.001	0.001
		彭山县飞地	5.26	0	0.00	0.000	0	0.00	0.000	0	0.00	0.000	0.000
		秦家镇	84.41	0	0.00	0.000	0	0.00	0.000	0	0.00	0.000	0.000
		三苏乡	85.36	0	0.00	0.000	0	0.00	0.000	0	0.00	0.000	0.000
		尚义镇	52.61	0	0.00	0.000	0	0.00	0.000	0	0.00	0.000	0.000
		松江镇	63.14	0	0.00	0.000	0	0.00	0.000	0	0.00	0.000	0.000
		苏祠街道办事处	10.93	0	0.00	0.000	0	0.00	0.000	0	0.00	0.000	0.000
		太和镇	40.23	0	0.00	0.000	0	0.00	0.000	0	0.00	0.000	0.000
		通惠街道办事处	14.82	0	0.00	0.000	0	0.00	0.000	0	0.00	0.000	0.000
		土地乡	35.37	0	0.00	0.000	0	0.00	0.000	0	0.00	0.000	0.000
		万胜镇	71.90	0	0.00	0.000	0	0.00	0.000	0	0.00	0.000	0.000
		象耳镇	18.32	0	0.00	0.000	0	0.00	0.000	0	0.00	0.000	0.000
		修文镇	95.70	0	0.00	0.000	0	0.00	0.000	0	0.00	0.000	0.000
		永寿镇	47.59	0	0.00	0.000	0	0.00	0.000	0	0.00	0.000	0.000
		悦兴镇	52.65	0	0.00	0.000	0	0.00	0.000	0	0.00	0.000	0.000
	峨边彝族自治县	沙坪镇	79.82	1	2.50	0.031	2	4.00	0.050	0	0.00	0.000	0.081
		共和乡	16.91	0	0.00	0.000	1	3.50	0.207	0	0.00	0.000	0.207
		宜坪乡	37.83	0	0.00	0.000	0	0.00	0.000	0	0.00	0.000	0.000

续表

灾区类型	名称	乡镇	总面积（平方公里）	大型			中型			小型			综合评价
				个数	面积（万平方米）	比重（%）	个数	面积（万平方米）	比重（%）	个数	面积（万平方米）	比重（%）	
一般灾区	峨边彝族自治县	新场乡	47.08	0	0.00	0.000	0	0.00	0.000	0	0.00	0.000	0.000
		毛坪镇	76.92	0	0.00	0.000	0	0.00	0.000	0	0.00	0.000	0.000
		杨河乡	41.85	0	0.00	0.000	0	0.00	0.000	1	0.40	0.010	0.010
		金岩乡	75.56	0	0.00	0.000	0	0.00	0.000	1	0.75	0.010	0.010
		新林镇	217.84	0	0.00	0.000	0	0.00	0.000	0	0.00	0.000	0.000
		红花乡	26.05	0	0.00	0.000	0	0.00	0.000	0	0.00	0.000	0.000
		白杨乡	82.25	0	0.00	0.000	0	0.00	0.000	0	0.00	0.000	0.000
		五渡镇	169.87	0	0.00	0.000	0	0.00	0.000	0	0.00	0.000	0.000
		勒乌乡	413.73	0	0.00	0.000	0	0.00	0.000	1	0.80	0.002	0.002
		大堡镇	90.43	0	0.00	0.000	0	0.00	0.000	0	0.00	0.000	0.000
		杨河乡	113.17	0	0.00	0.000	0	0.00	0.000	0	0.00	0.000	0.000
		万坪乡	232.41	0	0.00	0.000	0	0.00	0.000	0	0.00	0.000	0.000
		哈曲乡	143.28	0	0.00	0.000	0	0.00	0.000	0	0.00	0.000	0.000
		平等乡	191.77	0	0.00	0.000	0	0.00	0.000	0	0.00	0.000	0.000
		觉莫乡	123.84	0	0.00	0.000	0	0.00	0.000	0	0.00	0.000	0.000
		黑竹沟镇	200.74	0	0.00	0.000	0	0.00	0.000	0	0.00	0.000	0.000
	东坡区	姑咱镇	196.35	1	60.00	0.306	4	21.20	0.108	1	2.40	0.012	0.426
		捧塔乡	712.67	3	48.00	0.067	2	1.80	0.003	0	0.00	0.000	0.070
		麦崩乡	116.94	1	6.20	0.053	2	12.00	0.103	0	0.00	0.000	0.156
		新都桥镇	459.28	1	8.00	0.017	1	2.00	0.004	0	0.00	0.000	0.022
		炉城镇	817.88	3	12.00	0.015	9	26.18	0.032	1	0.75	0.001	0.048
		雅拉乡	705.53	2	5.50	0.008	1	3.00	0.004	0	0.00	0.000	0.012
		孔玉乡	1193.28	1	5.00	0.004	3	37.00	0.031	0	0.00	0.000	0.035
		呷巴乡	455.35	0	0.00	0.000	0	0.00	0.000	0	0.00	0.000	0.000
		贡嘎山乡	2149.96	0	0.00	0.000	0	0.00	0.000	0	0.00	0.000	0.000
		吉居乡	363.28	0	0.00	0.000	1	1.80	0.005	1	0.50	0.001	0.006
		甲根坝乡	255.55	0	0.00	0.000	0	0.00	0.000	0	0.00	0.000	0.000
		金汤乡	199.10	0	0.00	0.000	1	3.00	0.015	0	0.00	0.000	0.015
		朋布西乡	432.53	0	0.00	0.000	0	0.00	0.000	0	0.00	0.000	0.000
		普沙绒乡	670.02	0	0.00	0.000	0	0.00	0.000	0	0.00	0.000	0.000
		前溪乡	93.21	0	0.00	0.000	0	0.00	0.000	0	0.00	0.000	0.000
		三合乡	261.38	0	0.00	0.000	0	0.00	0.000	1	2.00	0.008	0.008
		沙德乡	839.67	0	0.00	0.000	0	0.00	0.000	0	0.00	0.000	0.000
		舍联乡	280.34	0	0.00	0.000	1	2.00	0.007	0	0.00	0.000	0.007
		时济乡	62.80	0	0.00	0.000	4	16.10	0.256	0	0.00	0.000	0.256
		塔公乡	845.94	0	0.00	0.000	0	0.00	0.000	0	0.00	0.000	0.000
		瓦泽乡	502.83	0	0.00	0.000	0	0.00	0.000	0	0.00	0.000	0.000

表 2-8 芦山地震极重灾区、重灾区震前与震后地质灾害点统计（乡镇单元）

类型	名称	乡镇	崩塌		滑坡		泥石流		不稳定斜坡		四类地质点	
			震前	震后	震前	震后	震前	震后	震前	震后	震前	震后
极重灾区	芦山县	宝盛乡	0	44	0	14	0	0	0	0	0	58
		大川镇	1	38	2	25	0	13	2	34	5	110
		飞仙关镇	1	4	14	0	0	0	6	10	21	14
		龙门乡	0	14	9	5	0	0	1	15	10	34
		芦阳镇	2	5	11	0	0	0	2	1	15	6
		苗溪茶场	0	0	0	0	0	0	0	0	0	0
		清仁乡	0	5	4	7	0	0	5	4	9	16
		双石镇	0	16	0	12	0	1	1	16	1	45
		思延乡	0	13	7	5	0	0	1	5	8	23
		太平镇	3	55	5	53	1	3	0	14	9	125
重灾区	雨城区	八步乡	4	1	21	1	0	0	1	0	26	2
		北郊镇	8	0	22	0	1	0	6	0	37	0
		碧峰峡镇	2	1	10	1	1	0	1	14	14	16
		草坝镇	0	0	14	0	0	0	1	0	15	0
		大兴镇	2	0	9	0	1	0	1	0	13	0
		对岩镇	0	0	10	2	0	0	3	1	13	3
		多营镇	1	2	4	0	1	0	0	2	6	4
		凤鸣乡	3	0	11	0	0	0	2	0	16	0
		观化乡	0	0	2	0	0	0	0	1	2	1
		合江镇	0	0	5	0	0	0		0	5	0
		孔坪乡	2	0	29	2	0	0	1	1	32	3
		南郊乡	0	0	3	0	0	0	0	1	3	1
		沙坪镇	0	0	8	0	0	0	0	0	8	0
		上里镇	1	0	1	1	0	0	1	0	3	1
		望鱼乡	1	0	0	0	0	0	1	0	2	0
		严桥镇	0	0	5	0	0	0	0	0	5	0
		晏场镇	2	0	2	0	0	0	3	0	7	0
		中里镇	5	0	7	0	0	0	6	0	18	0
	天全县	城厢镇	0	6	7	2	0	0	5	3	12	11
		大坪乡	0	1	0	4	0	1	0	3	0	9
		多功乡	0	3	0	9	0	1	0	3	0	16
		老场乡	0	0	0	9	0	1	0	4	0	14
		乐英乡	0	0	0	3	0	0	0	4	0	7
		两路乡	3	10	5	1	3	0	0	11	11	22
		仁义乡	0	3	0	15	0	0	0	7	0	25
		始阳镇	0	1	0	13	0	0	0	1	0	15
		思经乡	2	5	2	2	0	1	1	2	5	10
		小河乡	3	12	0	2	5	1	3	9	11	24
		新场乡	0	0	0	6	0	0	0	5	0	11

续表

类型	名称	乡镇	崩塌		滑坡		泥石流		不稳定斜坡		四类地质点	
			震前	震后	震前	震后	震前	震后	震前	震后	震前	震后
重灾区	天全县	新华乡	0	1	0	16	0	0	0	0	0	17
		兴业乡	0	4	0	8	0	1	1	1	1	14
		鱼泉乡	0	2	0	0	0	0	0	0	0	2
		紫石乡	1	13	1	0	0	0	0	3	2	16
	名山区	百丈镇	1	0	3	0	0	0	0	0	4	0
		车岭镇	0	6	3	2	0	0	0	1	3	9
		城东乡	0	0	4	0	0	0	0	0	4	0
		黑竹镇	0	0	0	0	0	0	0	0	0	0
		红星镇	0	0	1	0	0	0	0	0	1	0
		红岩乡	0	0	5	1	0	0	0	0	5	1
		建山乡	1	0	5	2	0	0	0	1	6	3
		解放乡	0	0	4	0	0	0	0	0	4	0
		联江乡	0	0	3	0	0	0	0	0	3	0
		廖场乡	0	0	1	0	0	0	0	0	1	0
		马岭镇	3	1	15	1	0	0	0	0	18	2
		茅河乡	0	0	1	0	0	0	0	0	1	0
		蒙顶山镇	0	1	1	3	0	0	1	0	2	4
		蒙阳镇	0	0	2	3	0	0	0	0	2	3
		前进乡	0	1	7	2	0	0	0	0	7	3
		双河乡	0	0	2	1	0	0	0	0	2	1
		万古乡	0	0	1	3	0	0	0	1	1	4
		新店镇	1	6	3	2	0	0	0	1	4	9
		永兴镇	0	3	6	3	0	0	0	0	6	6
		中峰乡	0	0	1	1	0	0	0	0	1	1
	荥经县	安靖乡	0	0	3	0	0	0	1	0	4	0
		宝峰彝族乡	0	0	0	0	0	0	3	0	3	0
		大田坝乡	0	0	7	0	0	0	1	0	8	0
		附城乡	0	0	2	0	0	0	6	0	8	0
		花滩镇	6	0	19	0	1	0	4	0	30	0
		烈士乡	4	0	2	0	0	0	3	0	9	0
		烈太乡	0	0	12	0	3	0	0	0	15	0
		六合乡	0	0	8	0	1	0	6	0	15	0
		龙苍沟乡	4	0	6	0	2	0	6	0	18	0
		民建彝族乡	4	0	2	0	0	0	5	0	11	0
		青龙乡	2	0	7	0	0	0	0	0	9	0
		三合乡	2	0	1	0	6	0	4	0	13	0
		泗坪乡	2	0	1	0	0	0	3	0	6	0
		天凤乡	0	0	2	0	2	0	3	0	7	0
		五宪乡	0	0	5	0	0	0	4	0	9	0

续表

类型	名称	乡镇	崩塌		滑坡		泥石流		不稳定斜坡		四类地质点	
			震前	震后	震前	震后	震前	震后	震前	震后	震前	震后
重灾区	荥经县	新建乡	0	0	6	0	1	0	0	0	7	0
		新庙乡	0	0	5	0	1	0	1	0	7	0
		新添乡	1	0	14	0	0	0	17	0	32	0
		烟竹乡	0	0	0	0	0	0	8	0	8	0
		严道镇	4	0	6	0	0	0	11	0	21	0
		荥河乡	3	0	5	0	0	0	6	0	14	0
	宝兴县	大溪乡	0	1	0	14	0	0	0	7	0	22
		蜂桶寨乡	7	9	13	1	4	0	13	4	37	14
		灵关镇	1	21	1	24	0	3	1	25	3	73
		陇东镇	1	7	7	2	1	0	0	2	9	11
		明礼乡	2	2	2	4	4	2	0	1	8	9
		穆坪镇	10	42	9	12	4	5	3	8	26	67
		硗碛藏族乡	5	0	28	1	8	0	2	0	43	1
		五龙乡	2	6	8	10	2	1	2	6	14	23
		永富乡	4	4	10	1	5	0	4	0	23	5
	邛崃市	高何镇	2	21	5	13	0	1	0	13	7	48
		南宝乡	9	12	19	7	0	1	2	4	30	24
		天台山镇	3	2	25	18	0	0	15	0	43	20
		火井镇	2	1	27	2	0	0	3	9	32	12
		夹关镇	0	2	5	4	1	0	2	1	8	7
		道佐乡	6	2	11	0	0	0	11	4	28	6

表 2-9 芦山地震灾区崩塌危险性评价结果（乡镇单元）

类型	名称	乡镇	极轻危险		轻度危险		中度危险		危险		极危险		综合评价
			面积（平方公里）	比重（%）	面积（平方公里）	比重（%）	面积（平方公里）	比重（%）	面积（平方公里）	比重（%）	面积（平方公里）	比重（%）	
极重灾区	芦山县	宝盛乡	11.89	10.21	56.7	48.68	15.98	13.72	20.29	17.42	11.62	9.98	2.7
		大川镇	322.74	62.1	181.01	34.83	9.39	1.81	6.56	1.26	0	0	1.4
		飞仙关镇	10.29	19.74	38.4	73.66	2.44	4.68	1	1.92	0	0	1.9
		龙门乡	54.92	59.54	24.86	26.95	8.28	8.98	3.32	3.6	0.86	0.93	1.6
		芦阳镇	19.52	51.64	14.96	39.58	2.64	6.98	0.68	1.8	0	0	1.6
		苗溪茶场	6.52	23.65	7.67	27.82	5.35	19.41	5.47	19.84	2.56	9.29	2.6
		清仁乡	17.6	34.17	9.09	17.65	8.67	16.83	13.99	27.17	2.15	4.17	2.5
		双石镇	18.14	23.24	46.56	59.66	10.05	12.88	2.45	3.14	0.84	1.08	2
		思延乡	18.37	77.74	4.87	20.61	0.39	1.65	0	0	0	0	1.2
		太平镇	46.89	24.37	119.54	62.13	17.17	8.92	7.84	4.07	0.97	0.5	1.9
重灾区	雨城区	八步乡	27.51	62.62	15.01	34.17	1.4	3.19	0.01	0.02	0	0	1.4
		北郊镇	36.98	48.72	34.35	45.25	3.99	5.26	0.59	0.78	0	0	1.6
		碧峰峡镇	26.44	41.22	26.6	41.47	7.42	11.57	3.69	5.75	0	0	1.8
		草坝镇	36.07	82.37	7.72	17.63	0	0	0	0	0	0	1.2
		大兴镇	51.47	87.98	7.03	12.02	0	0	0	0	0	0	1.1
		对岩镇	27.63	76.56	5.35	14.82	3.06	8.48	0.05	0.14	0	0	1.3
		多营镇	7.66	30.37	9.46	37.51	3.77	14.95	3.95	15.66	0.38	1.51	2.2
		凤鸣乡	18.29	78.2	5.1	21.8	0	0	0	0	0	0	1.2
		观化乡	48.37	76.97	12.8	20.37	1.67	2.66	0	0	0	0	1.3
		合江镇	23.72	94.39	1.41	5.61	0	0	0	0	0	0	1.1
		孔坪乡	52.88	69.05	22.35	29.19	1.35	1.76	0	0	0	0	1.3
		南郊乡	35.82	88.73	4.55	11.27	0	0	0	0	0	0	1.1
		沙坪镇	20.17	41.34	14.19	29.08	13.05	26.75	1.38	2.83	0	0	1.9
		上里镇	35.94	53.1	26.5	39.15	3.61	5.33	1.63	2.41	0	0	1.6
		望鱼乡	130.87	92.99	9.61	6.83	0.25	0.18	0	0	0	0	1.1
		严桥镇	90.44	99.17	0.76	0.83	0	0	0	0	0	0	1
		晏场镇	87.22	86.31	13.63	13.49	0.2	0.2	0	0	0	0	1.1
		中里镇	27.26	72.77	5.78	15.43	3.07	8.2	1.35	3.6	0	0	1.4
	天全县	城厢镇	30.8	67.06	15.13	32.94	0	0	0	0	0	0	1.3
		大坪乡	13.76	71.48	5.49	28.52	0	0	0	0	0	0	1.3
		多功乡	9.08	44.66	8.01	39.4	1.88	9.25	1.34	6.59	0.02	0.1	1.8
		老场乡	42.58	53.35	22.94	28.74	5.24	6.57	5.96	7.47	3.09	3.87	1.8
		乐英乡	23.7	91.97	2.05	7.95	0.02	0.08	0	0	0	0	1.1
		两路乡	303.57	94.69	17.01	5.31	0	0	0	0	0	0	1.1
		仁义乡	33.84	83.82	5.05	12.51	1.48	3.67	0	0	0	0	1.2
		始阳镇	32.82	84.22	6.15	15.78	0	0	0	0	0	0	1.2

续表

类型	名称	乡镇	极轻危险		轻度危险		中度危险		危险		极危险		综合评价
			面积（平方公里）	比重（%）	面积（平方公里）	比重（%）	面积（平方公里）	比重（%）	面积（平方公里）	比重（%）	面积（平方公里）	比重（%）	
重灾区	天全县	思经乡	117.23	85.79	19.41	14.21	0	0	0	0	0	0	1.1
		小河乡	350.37	70.84	143.5	29.02	0.69	0.14	0	0	0	0	1.3
		新场乡	53.94	85.78	8.44	13.42	0.5	0.8	0	0	0	0	1.2
		新华乡	29.74	91.25	2.85	8.75	0	0	0	0	0	0	1.1
		兴业乡	94.51	87.91	13	12.09	0	0	0	0	0	0	1.1
		鱼泉乡	62.57	95.64	2.85	4.36	0	0	0	0	0	0	1
		紫石乡	814	90.45	85.9	9.55	0	0	0	0	0	0	1.1
	名山区	百丈镇	36.98	100	0	0	0	0	0	0	0	0	1
		车岭镇	45.43	95.32	2.23	4.68	0	0	0	0	0	0	1
		城东乡	20.22	89.67	2.33	10.33	0	0	0	0	0	0	1.1
		黑竹镇	23.79	100	0	0	0	0	0	0	0	0	1
		红星镇	27.74	100	0	0	0	0	0	0	0	0	1
		红岩乡	20.73	100	0	0	0	0	0	0	0	0	1
		建山乡	25.25	74.59	8.6	25.41	0	0	0	0	0	0	1.3
		解放乡	22.47	100	0	0	0	0	0	0	0	0	1
		联江乡	26.1	100	0	0	0	0	0	0	0	0	1
		廖场乡	24.56	100	0	0	0	0	0	0	0	0	1
		马岭镇	34.76	95.34	1.7	4.66	0	0	0	0	0	0	1
		茅河乡	19.3	100	0	0	0	0	0	0	0	0	1
		蒙顶山镇	19.45	72.96	7.21	27.04	0	0	0	0	0	0	1.3
		蒙阳镇	32.08	98.89	0.36	1.11	0	0	0	0	0	0	1
		前进乡	32.35	96.05	1.33	3.95	0	0	0	0	0	0	1
		双河乡	31.98	97	0.99	3	0	0	0	0	0	0	1
		万古乡	24.61	100	0	0	0	0	0	0	0	0	1
		新店镇	47.14	100	0	0	0	0	0	0	0	0	1
		永兴镇	33.58	98.13	0.64	1.87	0	0	0	0	0	0	1
		中峰乡	44.17	99.24	0.34	0.76	0	0	0	0	0	0	1
	荥经县	安靖乡	134.12	92.43	10.54	7.26	0.45	0.31	0	0	0	0	1.1
		宝峰彝族乡	9.05	73.58	3.25	26.42	0	0	0	0	0	0	1.3
		大田坝乡	3.01	33.19	6.06	66.81	0	0	0	0	0	0	1.7
		附城乡	6.78	48.09	7.32	51.91	0	0	0	0	0	0	1.5
		花滩镇	28.13	47.9	29.91	50.93	0.69	1.17	0	0	0	0	1.5
		烈士乡	16.23	75	5.41	25	0	0	0	0	0	0	1.3
		烈太乡	3.78	24.31	11.75	75.56	0.02	0.13	0	0	0	0	1.8
		六合乡	15.95	84.44	2.94	15.56	0	0	0	0	0	0	1.2
		龙苍沟乡	433.91	94.6	24.79	5.4	0	0	0	0	0	0	1.1

续表

类型	名称	乡镇	极轻危险		轻度危险		中度危险		危险		极危险		综合评价
			面积（平方公里）	比重（%）	面积（平方公里）	比重（%）	面积（平方公里）	比重（%）	面积（平方公里）	比重（%）	面积（平方公里）	比重（%）	
重灾区	荥经县	民建彝族乡	12.07	60.17	7.99	39.83	0	0	0	0	0	0	1.4
		青龙乡	41.85	78.89	11.2	21.11	0	0	0	0	0	0	1.2
		三合乡	302.98	95.47	14.37	4.53	0	0	0	0	0	0	1
		泗坪乡	99.41	92.22	8.39	7.78	0	0	0	0	0	0	1.1
		天凤乡	8.56	69.03	3.84	30.97	0	0	0	0	0	0	1.3
		五宪乡	15.82	73.14	5.81	26.86	0	0	0	0	0	0	1.3
		新建乡	173.44	90.35	18.43	9.6	0.09	0.05	0	0	0	0	1.1
		新庙乡	152.2	93.99	9.74	6.01	0	0	0	0	0	0	1.1
		新添乡	19.15	36.86	32.8	63.14	0	0	0	0	0	0	1.6
		烟竹乡	36.26	88.68	4.63	11.32	0	0	0	0	0	0	1.1
		严道镇	6.41	44.51	7.99	55.49	0	0	0	0	0	0	1.6
		荥河乡	8.2	27.91	16	54.46	3.59	12.22	1.59	5.41	0	0	2
	宝兴县	大溪乡	20.21	38.9	27	51.96	3.17	6.1	1.58	3.04	0	0	1.7
		蜂桶寨乡	219.35	60.03	134.49	36.81	7.87	2.15	3.69	1.01	0	0	1.4
		灵关镇	64.12	27.19	128.58	54.53	21.65	9.18	18.61	7.89	2.82	1.2	2
		陇东镇	336.17	68.15	127.4	25.83	8.84	1.79	18	3.65	2.85	0.58	1.4
		明礼乡	72.62	61.19	45.93	38.7	0.13	0.11	0	0	0	0	1.4
		穆坪镇	22.85	13.92	97.25	59.24	14.72	8.97	13.41	8.17	15.92	9.7	2.4
		硗碛藏族乡	802.8	84.66	135.5	14.29	9.95	1.05	0	0	0	0	1.2
		五龙乡	12.09	16.4	26.87	36.44	11.24	15.24	12.73	17.26	10.81	14.66	2.8
		永富乡	460.69	69.47	198.15	29.88	1.32	0.2	2.03	0.31	0.95	0.14	1.3
	邛崃市	道佐乡	29.68	91.77	2.66	8.23	0	0	0	0	0	0	1.1
		高何镇	26.06	32	52.36	64.29	3.02	3.71	0	0	0	0	1.7
		火井镇	48.19	73.51	17.37	26.49	0	0	0	0	0	0	1.3
		夹关镇	42.46	89.45	5.01	10.55	0	0	0	0	0	0	1.1
		南宝乡	27.1	31.1	57.59	66.08	2.46	2.82	0	0	0	0	1.7
		天台山镇	72.01	65.91	28.17	25.78	8.42	7.71	0.66	0.6	0	0	1.4
一般灾区	邛崃市	宝林镇	36.99	100	0	0	0	0	0	0	0	0	1
		茶园乡	31.82	100	0	0	0	0	0	0	0	0	1
		大同乡	66.83	94.37	3.99	5.63	0	0	0	0	0	0	1.1
		高埂镇	25.76	100	0	0	0	0	0	0	0	0	1
		固驿镇	50.42	100	0	0	0	0	0	0	0	0	1
		回龙镇	42.77	100	0	0	0	0	0	0	0	0	1
		孔明乡	26.13	100	0	0	0	0	0	0	0	0	1
		临济镇	37.56	100	0	0	0	0	0	0	0	0	1
		临邛镇	144.37	100	0	0	0	0	0	0	0	0	1

续表

类型	名称	乡镇	极轻危险		轻度危险		中度危险		危险		极危险		综合评价
			面积（平方公里）	比重（%）	面积（平方公里）	比重（%）	面积（平方公里）	比重（%）	面积（平方公里）	比重（%）	面积（平方公里）	比重（%）	
一般灾区	邛崃市	牟礼镇	59.29	100	0	0	0	0	0	0	0	0	1
		平乐镇	75.15	94.78	4.14	5.22	0	0	0	0	0	0	1.1
		前进镇	25.66	100	0	0	0	0	0	0	0	0	1
		冉义镇	36.71	100	0	0	0	0	0	0	0	0	1
		桑园镇	37.05	100	0	0	0	0	0	0	0	0	1
		水口镇	101.51	86.92	15.28	13.08	0	0	0	0	0	0	1.1
		卧龙镇	34.14	100	0	0	0	0	0	0	0	0	1
		羊安镇	46.65	100	0	0	0	0	0	0	0	0	1
		油榨乡	43.36	83.74	8.42	16.26	0	0	0	0	0	0	1.2
	汉源县	安乐乡	20.31	100	0	0	0	0	0	0	0	0	1
		白岩乡	16.86	100	0	0	0	0	0	0	0	0	1
		大岭乡	24.83	97.03	0.76	2.97	0	0	0	0	0	0	1
		大树镇	28.11	100	0	0	0	0	0	0	0	0	1
		大田乡	24.22	98.14	0.46	1.86	0	0	0	0	0	0	1
		大堰乡	17.99	52.59	13.98	40.87	2.24	6.55	0	0	0	0	1.5
		富春乡	30.57	100	0	0	0	0	0	0	0	0	1
		富林镇	9.7	100	0	0	0	0	0	0	0	0	1
		富泉乡	19.96	67.21	4.33	14.58	2.66	8.96	2.75	9.26	0	0	1.6
		富乡乡	66.59	76.4	15.08	17.3	3.7	4.25	1.79	2.05	0	0	1.3
		富庄镇	28.13	54.95	23.06	45.05	0	0	0	0	0	0	1.5
		桂贤乡	51.98	99.65	0.18	0.35	0	0	0	0	0	0	1
		河南乡	147.7	99.59	0.61	0.41	0	0	0	0	0	0	1
		河西乡	23.55	84.53	4.31	15.47	0	0	0	0	0	0	1.2
		后域乡	31.17	63.81	17.68	36.19	0	0	0	0	0	0	1.4
		皇木镇	85.79	97.21	2.46	2.79	0	0	0	0	0	0	1
		建黎乡	42.33	95.57	1.96	4.43	0	0	0	0	0	0	1
		九襄镇	66.13	76.9	19.87	23.1	0	0	0	0	0	0	1.2
		梨园乡	49.2	81.13	9.62	15.86	1.82	3	0	0	0	0	1.2
		两河乡	49.22	75.62	11.73	18.02	4.14	6.36	0	0	0	0	1.3
		料林乡	38.6	100	0	0	0	0	0	0	0	0	1
		马烈乡	115.1	95.46	5.48	4.54	0	0	0	0	0	0	1
		坭美彝族乡	66.32	100	0	0	0	0	0	0	0	0	1
		片马彝族乡	55.85	99.41	0.33	0.59	0	0	0	0	0	0	1
		前域乡	14.51	58.53	10.28	41.47	0	0	0	0	0	0	1.4
		青富乡	26.17	93.87	1.71	6.13	0	0	0	0	0	0	1.1
		清溪镇	12.58	67.63	6.02	32.37	0	0	0	0	0	0	1.3

续表

类型	名称	乡镇	极轻危险		轻度危险		中度危险		危险		极危险		综合评价
			面积（平方公里）	比重（%）	面积（平方公里）	比重（%）	面积（平方公里）	比重（%）	面积（平方公里）	比重（%）	面积（平方公里）	比重（%）	
一般灾区	汉源县	三交乡	201.62	91.72	16.43	7.47	1.77	0.81	0	0	0	0	1.1
		晒经乡	28.89	98.7	0.38	1.3	0	0	0	0	0	0	1
		市荣乡	37.78	99.26	0.26	0.68	0.02	0.05	0	0	0	0	1
		双溪乡	65.42	97.06	1.98	2.94	0	0	0	0	0	0	1
		顺河彝族乡	66.55	96.03	2.75	3.97	0	0	0	0	0	0	1
		唐家乡	21.3	82.46	4.12	15.95	0.41	1.59	0	0	0	0	1.2
		万工乡	15.57	95.93	0.66	4.07	0	0	0	0	0	0	1
		万里乡	92.71	92.52	6.8	6.79	0.7	0.7	0	0	0	0	1.1
		乌斯河镇	51.34	97.77	1.17	2.23	0	0	0	0	0	0	1
		西溪乡	17.27	44.58	16.48	42.54	4.91	12.67	0.08	0.21	0	0	1.7
		小堡藏族彝族乡	48.49	100	0	0	0	0	0	0	0	0	1
		宜东镇	57.97	62.89	28.9	31.35	3.24	3.51	2.07	2.25	0	0	1.5
		永利彝族乡	81.35	96.45	2.99	3.55	0	0	0	0	0	0	1
	蒲江县	白云乡	35.21	94.19	2.17	5.81	0	0	0	0	0	0	1.1
		朝阳湖镇	29.27	100	0	0	0	0	0	0	0	0	1
		成佳镇	40.45	100	0	0	0	0	0	0	0	0	1
		大塘镇	29.77	100	0	0	0	0	0	0	0	0	1
		大兴镇	59.19	100	0	0	0	0	0	0	0	0	1
		复兴乡	36.38	100	0	0	0	0	0	0	0	0	1
		甘溪镇	29.07	100	0	0	0	0	0	0	0	0	1
		光明乡	22.16	98.18	0.41	1.82	0	0	0	0	0	0	1
		鹤山镇	109.68	99.37	0.69	0.63	0	0	0	0	0	0	1
		寿安镇	87.69	100	0	0	0	0	0	0	0	0	1
		西来镇	78.99	100	0	0	0	0	0	0	0	0	1
		长秋乡	19.3	100	0	0	0	0	0	0	0	0	1
	丹棱县	丹棱镇	59.07	97.85	1.3	2.15	0	0	0	0	0	0	1
		仁美镇	32.24	100	0	0	0	0	0	0	0	0	1
		石桥乡	14.9	65.87	7.72	34.13	0	0	0	0	0	0	1.3
		双桥镇	87.96	100	0	0	0	0	0	0	0	0	1
		顺龙乡	57.04	100	0	0	0	0	0	0	0	0	1
		杨场镇	91.51	100	0	0	0	0	0	0	0	0	1
		张场镇	89.86	91.91	7.91	8.09	0	0	0	0	0	0	1.1
	洪雅县	槽渔滩镇	74.26	89.49	8.72	10.51	0	0	0	0	0	0	1.1
		东岳镇	103.09	97.11	3.07	2.89	0	0	0	0	0	0	1
		高庙镇	224.7	97.92	4.78	2.08	0	0	0	0	0	0	1
		汉王乡	68.71	96.99	2.13	3.01	0	0	0	0	0	0	1

续表

类型	名称	乡镇	极轻危险		轻度危险		中度危险		危险		极危险		综合评价
			面积（平方公里）	比重（%）	面积（平方公里）	比重（%）	面积（平方公里）	比重（%）	面积（平方公里）	比重（%）	面积（平方公里）	比重（%）	
一般灾区	洪雅县	洪川镇	79.28	100	0	0	0	0	0	0	0	0	1
		花溪镇	77.84	93.73	5.21	6.27	0	0	0	0	0	0	1.1
		将军乡	54.51	100	0	0	0	0	0	0	0	0	1
		柳江镇	133.03	83.17	26.92	16.83	0	0	0	0	0	0	1.2
		三宝镇	37.89	100	0	0	0	0	0	0	0	0	1
		桃源乡	43.67	100	0	0	0	0	0	0	0	0	1
		瓦屋山镇	674.24	97.09	20.18	2.91	0.03	0	0	0	0	0	1
		余坪镇	103.18	100	0	0	0	0	0	0	0	0	1
		止戈镇	44.69	100	0	0	0	0	0	0	0	0	1
		中保镇	67.91	100	0	0	0	0	0	0	0	0	1
		中山乡	40.15	100	0	0	0	0	0	0	0	0	1
	金口河区	共安彝族乡	167.77	99.7	0.5	0.3	0	0	0	0	0	0	1
		和平彝族乡	42.22	100	0	0	0	0	0	0	0	0	1
		吉星乡	44.96	100	0	0	0	0	0	0	0	0	1
		金河镇	140.72	98.31	2.42	1.69	0	0	0	0	0	0	1
		永和镇	74.85	96.98	2.33	3.02	0	0	0	0	0	0	1
		永胜乡	120.6	98.38	1.98	1.62	0	0	0	0	0	0	1
	大邑县	安仁镇	57.26	100	0	0	0	0	0	0	0	0	1
		蔡场镇	21.61	100	0	0	0	0	0	0	0	0	1
		出江镇	55.66	88.39	7.31	11.61	0	0	0	0	0	0	1.1
		董场镇	31.17	100	0	0	0	0	0	0	0	0	1
		韩场镇	20.79	100	0	0	0	0	0	0	0	0	1
		鹤鸣乡	45.07	92.22	3.8	7.78	0	0	0	0	0	0	1.1
		花水湾镇	70.46	81	16.53	19	0	0	0	0	0	0	1.2
		金星乡	45.99	92.82	3.56	7.18	0	0	0	0	0	0	1.1
		晋原镇	91.07	100	0	0	0	0	0	0	0	0	1
		青霞镇	28.16	100	0	0	0	0	0	0	0	0	1
		三岔镇	40.86	100	0	0	0	0	0	0	0	0	1
		沙渠镇	18.8	100	0	0	0	0	0	0	0	0	1
		上安镇	19.77	100	0	0	0	0	0	0	0	0	1
		苏家镇	20.47	100	0	0	0	0	0	0	0	0	1
		王泗镇	64.76	100	0	0	0	0	0	0	0	0	1
		雾山乡	44.94	87.03	6.7	12.97	0	0	0	0	0	0	1.1
		西岭镇	342.77	83.07	65.89	15.97	2.32	0.56	1.66	0.4	0	0	1.2
		斜源镇	42.18	67.08	20.7	32.92	0	0	0	0	0	0	1.3
		新场镇	36.34	99.67	0.12	0.33	0	0	0	0	0	0	1
		悦来镇	55.91	97.23	1.59	2.77	0	0	0	0	0	0	1

续表

类型	名称	乡镇	极轻危险		轻度危险		中度危险		危险		极危险		综合评价
			面积（平方公里）	比重（%）	面积（平方公里）	比重（%）	面积（平方公里）	比重（%）	面积（平方公里）	比重（%）	面积（平方公里）	比重（%）	
一般灾区	石棉县	安顺彝族乡	208.05	98.28	3.65	1.72	0	0	0	0	0	0	1
		擦罗彝族乡	76.84	97.23	2.19	2.77	0	0	0	0	0	0	1
		草科藏族乡	336.04	98.69	4.01	1.18	0.2	0.06	0.26	0.08	0	0	1
		丰乐乡	229.16	99	2.31	1	0	0	0	0	0	0	1
		回隆彝族乡	218.58	99.24	1.67	0.76	0	0	0	0	0	0	1
		栗子坪彝族乡	507.17	99.44	2.87	0.56	0	0	0	0	0	0	1
		美罗乡	52.75	100	0	0	0	0	0	0	0	0	1
		棉城街道办事处	26.99	98.76	0.34	1.24	0	0	0	0	0	0	1
		田湾彝族乡	117.39	78.98	11.88	7.99	5.83	3.92	10.39	6.99	3.14	2.11	1.5
		挖角彝族藏族乡	174.14	93.64	11.1	5.97	0.4	0.22	0.29	0.16	0.03	0.02	1.1
		先锋藏族乡	91.25	97.58	2.26	2.42	0	0	0	0	0	0	1
		蟹螺藏族乡	201.86	99.42	1.17	0.58	0	0	0	0	0	0	1
		新棉镇	128.88	97.93	2.73	2.07	0	0	0	0	0	0	1
		新民藏族彝族乡	80.47	92.44	5.14	5.9	0.92	1.06	0.52	0.6	0	0	1.1
		迎政乡	59.27	100	0	0	0	0	0	0	0	0	1
		永和乡	75.02	99.79	0.16	0.21	0	0	0	0	0	0	1
		宰羊乡	21.38	100	0	0	0	0	0	0	0	0	1
	泸定县	杵坭乡	46.36	93.66	3.14	6.34	0	0	0	0	0	0	1.1
		得妥乡	179.48	82.34	17.3	7.94	7.56	3.47	10.08	4.62	3.55	1.63	1.4
		德威乡	56.56	81.21	7.37	10.58	1.95	2.8	2.79	4.01	0.98	1.41	1.3
		国有林场	149.4	98.17	2.78	1.83	0	0	0	0	0	0	1
		加郡乡	178.82	92.81	13.85	7.19	0	0	0	0	0	0	1.1
		岚安乡	56.88	98.17	1.06	1.83	0	0	0	0	0	0	1
		冷碛镇	43.34	55.2	28.94	36.86	2.84	3.62	3.38	4.3	0.02	0.03	1.6
		泸桥镇	115.23	77.04	15.54	10.39	7	4.68	10.73	7.17	1.07	0.72	1.4
		磨西镇	287.73	92.04	23.25	7.44	1.62	0.52	0	0	0	0	1.1
		烹坝乡	106.7	91.75	9.6	8.25	0	0	0	0	0	0	1.1
		田坝乡	205.71	91.44	16.42	7.3	2.05	0.91	0.78	0.35	0	0	1.1
		新兴乡	422.77	96.4	15.79	3.6	0	0	0	0	0	0	1
		兴隆镇	63.33	60.79	38.29	36.75	2.56	2.46	0	0	0	0	1.4
	夹江县	甘江镇	59.38	100	0	0	0	0	0	0	0	0	1
		甘霖镇	27.37	100	0	0	0	0	0	0	0	0	1
		华头镇	34.42	78.85	9.23	21.15	0	0	0	0	0	0	1.2
		黄土镇	47.39	100	0	0	0	0	0	0	0	0	1
		界牌镇	32.55	95.9	1.39	4.1	0	0	0	0	0	0	1
		龙沱乡	17.19	100	0	0	0	0	0	0	0	0	1
		麻柳乡	45.85	99.83	0.08	0.17	0	0	0	0	0	0	1

续表

类型	名称	乡镇	极轻危险		轻度危险		中度危险		危险		极危险		综合评价
			面积（平方公里）	比重（%）	面积（平方公里）	比重（%）	面积（平方公里）	比重（%）	面积（平方公里）	比重（%）	面积（平方公里）	比重（%）	
一般灾区	夹江县	马村乡	28.37	100	0	0	0	0	0	0	0	0	1
		木城镇	29.13	93.22	2.12	6.78	0	0	0	0	0	0	1.1
		南安乡	29.55	93.81	1.95	6.19	0	0	0	0	0	0	1.1
		青州乡	27.17	100	0	0	0	0	0	0	0	0	1
		三洞镇	35.11	100	0	0	0	0	0	0	0	0	1
		顺河乡	21.97	100	0	0	0	0	0	0	0	0	1
		土门乡	25.67	100	0	0	0	0	0	0	0	0	1
		吴场镇	44.33	100	0	0	0	0	0	0	0	0	1
		梧凤乡	19.44	100	0	0	0	0	0	0	0	0	1
		歇马乡	52.19	98.56	0.76	1.44	0	0	0	0	0	0	1
		新场镇	33.31	100	0	0	0	0	0	0	0	0	1
		漹城镇	39.38	96.85	1.28	3.15	0	0	0	0	0	0	1
		迎江乡	28.86	100	0	0	0	0	0	0	0	0	1
		永青乡	17.98	100	0	0	0	0	0	0	0	0	1
		中兴镇	30.26	100	0	0	0	0	0	0	0	0	1
	峨眉山市	川主乡	37.06	77.66	10.66	22.34	0	0	0	0	0	0	1.2
		大为镇	115.82	98.27	2.04	1.73	0	0	0	0	0	0	1
		峨山镇	13.57	100	0	0	0	0	0	0	0	0	1
		符溪镇	42.73	100	0	0	0	0	0	0	0	0	1
		高桥镇	72.14	95.06	3.75	4.94	0	0	0	0	0	0	1
		桂花桥镇	48.59	100	0	0	0	0	0	0	0	0	1
		黄湾乡	175.46	97.28	4.91	2.72	0	0	0	0	0	0	1
		九里镇	42.62	92.41	3.5	7.59	0	0	0	0	0	0	1.1
		乐都镇	27.68	91.2	2.67	8.8	0	0	0	0	0	0	1.1
		龙池镇	184.88	97.48	4.77	2.52	0	0	0	0	0	0	1
		龙门乡	69.65	100	0	0	0	0	0	0	0	0	1
		罗目镇	48.78	99.63	0.18	0.37	0	0	0	0	0	0	1
		普兴乡	38.3	89.13	4.67	10.87	0	0	0	0	0	0	1.1
		沙溪乡	72.1	85.1	12.62	14.9	0	0	0	0	0	0	1.1
		胜利镇	19.19	100	0	0	0	0	0	0	0	0	1
		双福镇	51.39	96.07	2.1	3.93	0	0	0	0	0	0	1
		绥山镇	50.65	92.11	4.34	7.89	0	0	0	0	0	0	1.1
		新平乡	14.82	100	0	0	0	0	0	0	0	0	1
	甘洛县	阿尔乡	54.76	100	0	0	0	0	0	0	0	0	1
		阿嘎乡	210.41	100	0	0	0	0	0	0	0	0	1
		阿兹觉乡	192.17	97.86	4.21	2.14	0	0	0	0	0	0	1
		波波乡	87.01	100	0	0	0	0	0	0	0	0	1

续表

类型	名称	乡镇	极轻危险		轻度危险		中度危险		危险		极危险		综合评价
			面积（平方公里）	比重（%）	面积（平方公里）	比重（%）	面积（平方公里）	比重（%）	面积（平方公里）	比重（%）	面积（平方公里）	比重（%）	
一般灾区	甘洛县	嘎日乡	43.28	100	0	0	0	0	0	0	0	0	1
		海棠镇	107.1	100	0	0	0	0	0	0	0	0	1
		黑马乡	47.53	96.64	1.65	3.36	0	0	0	0	0	0	1
		吉米镇	67.71	100	0	0	0	0	0	0	0	0	1
		拉莫乡	112.18	100	0	0	0	0	0	0	0	0	1
		里克乡	21.68	100	0	0	0	0	0	0	0	0	1
		两河乡	57.37	100	0	0	0	0	0	0	0	0	1
		蓼坪乡	111.23	100	0	0	0	0	0	0	0	0	1
		尼尔觉乡	51.28	100	0	0	0	0	0	0	0	0	1
		坪坝乡	126.99	100	0	0	0	0	0	0	0	0	1
		普昌镇	33.65	100	0	0	0	0	0	0	0	0	1
		前进乡	28.26	100	0	0	0	0	0	0	0	0	1
		沙岱乡	45.63	99.87	0.06	0.13	0	0	0	0	0	0	1
		胜利乡	51.35	100	0	0	0	0	0	0	0	0	1
		石海乡	30.3	100	0	0	0	0	0	0	0	0	1
		斯觉镇	24.76	100	0	0	0	0	0	0	0	0	1
		苏雄乡	34.26	100	0	0	0	0	0	0	0	0	1
		田坝镇	57.31	100	0	0	0	0	0	0	0	0	1
		团结乡	81.63	100	0	0	0	0	0	0	0	0	1
		乌史大桥乡	117.89	97.52	3	2.48	0	0	0	0	0	0	1
		新茶乡	39.72	100	0	0	0	0	0	0	0	0	1
		新市坝镇	207.79	100	0	0	0	0	0	0	0	0	1
		玉田镇	46.23	100	0	0	0	0	0	0	0	0	1
		则拉乡	53.76	100	0	0	0	0	0	0	0	0	1
	东坡区	白马镇	43.56	100	0	0	0	0	0	0	0	0	1
		崇礼镇	54.84	100	0	0	0	0	0	0	0	0	1
		崇仁镇	75.51	100	0	0	0	0	0	0	0	0	1
		大石桥街道办事处	20.89	100	0	0	0	0	0	0	0	0	1
		多悦镇	76.49	100	0	0	0	0	0	0	0	0	1
		复盛乡	29.61	100	0	0	0	0	0	0	0	0	1
		复兴乡	29.46	100	0	0	0	0	0	0	0	0	1
		富牛镇	54.42	100	0	0	0	0	0	0	0	0	1
		广济乡	64.83	98.32	1.11	1.68	0	0	0	0	0	0	1
		金花乡	32.38	100	0	0	0	0	0	0	0	0	1
		柳圣乡	22.72	100	0	0	0	0	0	0	0	0	1
		盘鳌乡	73.85	96.88	2.38	3.12	0	0	0	0	0	0	1
		彭山县飞地	5.27	100	0	0	0	0	0	0	0	0	1

续表

类型	名称	乡镇	极轻危险		轻度危险		中度危险		危险		极危险		综合评价
			面积（平方公里）	比重（%）	面积（平方公里）	比重（%）	面积（平方公里）	比重（%）	面积（平方公里）	比重（%）	面积（平方公里）	比重（%）	
一般灾区	东坡区	秦家镇	81.88	96.91	2.61	3.09	0	0	0	0	0	0	1
		三苏乡	85.47	100	0	0	0	0	0	0	0	0	1
		尚义镇	52.67	100	0	0	0	0	0	0	0	0	1
		思濛镇	75.78	100	0	0	0	0	0	0	0	0	1
		松江镇	63.2	100	0	0	0	0	0	0	0	0	1
		苏祠街道办事处	10.97	100	0	0	0	0	0	0	0	0	1
		太和镇	40.27	100	0	0	0	0	0	0	0	0	1
		通惠街道办事处	14.84	100	0	0	0	0	0	0	0	0	1
		土地乡	35.43	100	0	0	0	0	0	0	0	0	1
		万胜镇	64.75	89.97	7.22	10.03	0	0	0	0	0	0	1.1
		象耳镇	18.33	100	0	0	0	0	0	0	0	0	1
		修文镇	95.77	100	0	0	0	0	0	0	0	0	1
		永寿镇	47.67	100	0	0	0	0	0	0	0	0	1
		悦兴镇	52.72	100	0	0	0	0	0	0	0	0	1
	峨边彝族自治县	白杨乡	82.27	100	0	0	0	0	0	0	0	0	1
		大堡镇	90.47	100	0	0	0	0	0	0	0	0	1
		共和乡	16.91	100	0	0	0	0	0	0	0	0	1
		哈曲乡	143.32	100	0	0	0	0	0	0	0	0	1
		黑竹沟镇	200.74	100	0	0	0	0	0	0	0	0	1
		红花乡	26.07	100	0	0	0	0	0	0	0	0	1
		觉莫乡	123.71	99.86	0.17	0.14	0	0	0	0	0	0	1
		金岩乡	73.42	97.15	2.15	2.85	0	0	0	0	0	0	1
		勒乌乡	413.76	100	0	0	0	0	0	0	0	0	1
		毛坪镇	76.97	100	0	0	0	0	0	0	0	0	1
		平等乡	191.91	100	0	0	0	0	0	0	0	0	1
		沙坪镇	79.85	100	0	0	0	0	0	0	0	0	1
		万坪乡	232.51	100	0	0	0	0	0	0	0	0	1
		五渡镇	169.98	100	0	0	0	0	0	0	0	0	1
		新场乡	47.11	100	0	0	0	0	0	0	0	0	1
		新林镇	217.95	100	0	0	0	0	0	0	0	0	1
		杨村乡	41.85	100	0	0	0	0	0	0	0	0	1
		杨河乡	112.24	99.1	1.02	0.9	0	0	0	0	0	0	1
		宜坪乡	37.76	99.81	0.07	0.19	0	0	0	0	0	0	1
	康定县	呷巴乡	454.53	100	0	0	0	0	0	0	0	0	1
		贡嘎山乡	2138.74	99.65	7.54	0.35	0	0	0	0	0	0	1
		姑咱镇	181.16	92.37	14.97	7.63	0	0	0	0	0	0	1.1
		吉居乡	362.35	100	0	0	0	0	0	0	0	0	1

续表

类型	名称	乡镇	极轻危险		轻度危险		中度危险		危险		极危险		综合评价
			面积（平方公里）	比重（%）	面积（平方公里）	比重（%）	面积（平方公里）	比重（%）	面积（平方公里）	比重（%）	面积（平方公里）	比重（%）	
一般灾区	康定县	甲根坝乡	254.98	99.95	0.14	0.05	0	0	0	0	0	0	1
		金汤乡	173.64	87.27	25.32	12.73	0	0	0	0	0	0	1.1
		孔玉乡	1085.43	91.08	101.63	8.53	1.92	0.16	2.81	0.24	0	0	1.1
		炉城镇	787.92	96.47	18.22	2.23	6.22	0.76	3.76	0.46	0.66	0.08	1.1
		麦崩乡	103.19	88.32	10.06	8.61	3.18	2.72	0.41	0.35	0	0	1.2
		朋布西乡	431.69	100	0	0	0	0	0	0	0	0	1
		捧塔乡	632.29	88.79	79.79	11.21	0	0	0	0	0	0	1.1
		普沙绒乡	665.71	99.58	2.82	0.42	0	0	0	0	0	0	1
		前溪乡	89.88	96.52	3.24	3.48	0	0	0	0	0	0	1
		三合乡	212.99	81.55	44.18	16.92	1.56	0.6	2.44	0.93	0	0	1.2
		沙德乡	835.84	99.75	2.07	0.25	0	0	0	0	0	0	1
		舍联乡	251.66	89.87	26.81	9.57	1.55	0.55	0	0	0	0	1.1
		时济乡	57.31	91.35	5.43	8.65	0	0	0	0	0	0	1.1
		塔公乡	844.34	100	0	0	0	0	0	0	0	0	1
		瓦泽乡	501.96	100	0	0	0	0	0	0	0	0	1
		新都桥镇	458.36	100	0	0	0	0	0	0	0	0	1
		雅拉乡	695.4	98.71	9.07	1.29	0	0	0	0	0	0	1

表 2-10 芦山地震灾区滑坡危险性评价结果（乡镇单元）

类型	名称	乡镇	轻		较轻		中		重		极重	
			面积（平方公里）	比重（%）	面积（平方公里）	比重（%）	面积（平方公里）	比重（%）	面积（平方公里）	比重（%）	面积（平方公里）	比重（%）
极重灾区	芦山县	芦阳镇	0.0	0.0	0.0	0.0	2.1	5.6	30.7	81.0	5.1	13.4
		飞仙关镇	0.0	0.0	0.0	0.0	0.0	0.0	47.1	90.0	5.2	10.0
		双石镇	0.0	0.0	0.0	0.0	0.0	0.0	71.5	91.4	6.7	8.6
		太平镇	0.0	0.0	7.0	3.6	45.9	23.8	131.8	68.3	8.3	4.3
		大川镇	0.0	0.0	81.8	15.8	330.8	63.9	95.7	18.5	9.5	1.8
		思延乡	0.0	0.0	0.0	0.0	0.0	0.0	22.8	96.4	0.8	3.6
		清仁乡	0.0	0.0	0.0	0.0	0.2	0.4	34.9	67.6	16.5	31.9
		龙门乡	0.0	0.0	0.0	0.0	0.8	0.9	80.7	87.2	11.0	11.9
		宝盛乡	0.0	0.0	0.0	0.0	0.1	0.1	79.7	68.2	37.0	31.7
		苗溪茶场	0.0	0.0	0.0	0.0	0.0	0.0	20.5	74.0	7.2	26.0
重灾区	宝兴县	穆坪镇	0.0	0.0	8.0	4.9	29.9	18.2	101.9	61.9	24.8	15.1
		灵关镇	0.0	0.0	7.0	3.0	40.2	17.0	165.5	70.0	23.6	10.0
		陇东镇	0.8	0.2	105.2	21.3	324.3	65.6	63.9	12.9	0.0	0.0
		蜂桶寨乡	0.0	0.0	70.3	19.2	145.5	39.7	149.7	40.9	0.8	0.2
		硗碛乡	8.7	0.9	670.9	71.7	253.5	27.1	2.0	0.2	0.0	0.0
		永富乡	0.1	0.0	300.5	45.2	328.3	49.4	35.7	5.4	0.0	0.0
		明礼乡	0.9	0.7	18.9	15.9	53.6	45.0	43.3	36.4	2.3	1.9
		五龙乡	0.0	0.0	6.6	9.0	10.2	13.8	41.6	56.2	15.5	20.9
		大溪乡	0.0	0.0	3.8	7.3	13.4	25.8	31.9	61.3	3.0	5.7
	名山区	蒙阳镇	0.0	0.0	0.0	0.0	0.0	0.0	32.5	100.0	0.0	0.0
		百丈镇	0.0	0.0	0.0	0.0	31.9	85.8	5.3	14.2	0.0	0.0
		车岭镇	0.0	0.0	0.0	0.0	0.8	1.7	46.9	98.0	0.1	0.3
		永兴镇	0.0	0.0	0.0	0.0	12.2	35.6	22.1	64.4	0.0	0.0
		马岭镇	0.0	0.0	0.0	0.0	13.3	36.2	23.3	63.7	0.0	0.1
		新店镇	0.0	0.0	0.0	0.0	21.1	44.7	25.9	54.8	0.2	0.5
		蒙顶山镇	0.0	0.0	0.0	0.0	0.0	0.0	26.7	100.0	0.0	0.0
		黑竹镇	0.0	0.0	0.0	0.0	23.8	100.0	0.0	0.0	0.0	0.0
		红星镇	0.0	0.0	0.0	0.0	27.4	98.4	0.4	1.6	0.0	0.0
		城东乡	0.0	0.0	0.0	0.0	0.0	0.0	22.3	98.6	0.3	1.4
		前进乡	0.0	0.0	0.0	0.0	4.0	11.8	29.8	88.1	0.0	0.1
		中峰乡	0.0	0.0	0.0	0.0	22.5	50.3	22.0	49.2	0.2	0.5
		联江乡	0.0	0.0	0.0	0.0	25.6	97.8	0.6	2.2	0.0	0.0
		廖场乡	0.0	0.0	0.0	0.0	24.6	100.0	0.0	0.0	0.0	0.0
		万古乡	0.0	0.0	0.0	0.0	15.0	60.7	9.7	39.3	0.0	0.0
		红岩乡	0.0	0.0	0.0	0.0	1.5	7.3	19.2	92.5	0.0	0.2
		双河乡	0.0	0.0	0.0	0.0	1.4	4.3	31.6	95.6	0.0	0.1

续表

类型	名称	乡镇	轻		较轻		中		重		极重	
			面积（平方公里）	比重（%）	面积（平方公里）	比重（%）	面积（平方公里）	比重（%）	面积（平方公里）	比重（%）	面积（平方公里）	比重（%）
重灾区	名山区	建山乡	0.0	0.0	0.0	0.0	0.0	0.1	33.9	99.9	0.0	0.0
		解放乡	0.0	0.0	0.0	0.0	11.7	52.0	10.8	48.0	0.0	0.0
		茅河乡	0.0	0.0	0.0	0.0	19.3	100.0	0.0	0.0	0.0	0.0
	天全县	城厢镇	0.0	0.0	0.0	0.0	0.0	0.0	45.6	99.0	0.5	1.0
		始阳镇	0.0	0.0	0.0	0.0	0.0	0.0	38.8	99.3	0.3	0.7
		小河乡	5.2	1.1	138.0	27.8	226.7	45.8	125.1	25.2	0.5	0.1
		思经乡	0.6	0.4	44.5	32.5	53.7	39.2	38.1	27.8	0.1	0.1
		鱼泉乡	0.9	1.4	28.7	43.7	22.4	34.2	13.5	20.7	0.0	0.0
		紫石乡	29.3	3.3	467.7	51.9	310.4	34.4	94.0	10.4	0.0	0.0
		两路乡	5.3	1.7	150.9	47.0	115.8	36.1	49.2	15.3	0.0	0.0
		大坪乡	0.0	0.0	0.0	0.0	0.0	0.0	19.3	100.0	0.0	0.0
		乐英乡	0.0	0.0	0.0	0.0	0.0	0.0	25.1	97.0	0.8	3.0
		多功乡	0.0	0.0	0.0	0.0	0.0	0.0	18.8	92.3	1.6	7.7
		仁义乡	0.0	0.0	0.0	0.0	0.0	0.0	40.0	98.8	0.5	1.2
		老场乡	0.0	0.0	1.4	1.7	6.5	8.1	62.4	78.0	9.7	12.2
		新华乡	0.0	0.0	0.0	0.0	0.0	0.0	32.7	99.9	0.0	0.1
		新场乡	0.0	0.0	6.1	9.6	2.1	3.3	54.7	86.8	0.2	0.4
		兴业乡	0.0	0.0	25.6	23.8	45.9	42.6	36.1	33.5	0.1	0.1
	荥经县	严道镇	0.0	0.0	0.0	0.1	4.6	31.8	9.8	68.1	0.0	0.0
		花滩镇	0.0	0.0	8.5	14.5	22.5	38.2	27.9	47.3	0.0	0.0
		六合乡	0.0	0.0	0.0	0.0	10.9	57.4	8.0	42.6	0.0	0.0
		烈太乡	0.0	0.0	1.2	7.5	11.7	75.2	2.7	17.3	0.0	0.0
		安靖乡	0.0	0.0	53.8	37.0	65.2	44.8	26.5	18.2	0.1	0.1
		民建乡	0.0	0.0	2.1	10.4	16.8	83.3	1.3	6.3	0.0	0.0
		烈士乡	0.0	0.0	0.1	0.5	16.6	76.6	5.0	22.9	0.0	0.0
		荥河乡	0.0	0.0	7.3	24.9	9.0	30.7	13.1	44.4	0.0	0.0
		新建乡	0.6	0.3	57.0	29.6	109.4	56.8	25.5	13.3	0.0	0.0
		泗坪乡	0.0	0.0	30.7	28.4	36.0	33.3	41.3	38.2	0.0	0.0
		新庙乡	3.1	1.9	75.6	46.6	56.0	34.5	27.6	17.0	0.0	0.0
		三合乡	21.8	6.9	141.4	44.5	113.7	35.7	41.0	12.9	0.0	0.0
		大田坝乡	0.0	0.0	0.0	0.0	1.2	12.8	7.9	87.0	0.0	0.3
		天凤乡	0.0	0.0	3.8	30.7	5.8	46.9	2.8	22.4	0.0	0.0
		宝峰乡	0.0	0.0	5.7	46.5	6.1	49.3	0.5	4.3	0.0	0.0
		新添乡	0.0	0.0	1.5	2.8	16.7	32.1	33.9	65.1	0.0	0.0
		附城乡	0.0	0.0	0.0	0.0	1.7	12.3	12.2	86.2	0.2	1.5
		五宪乡	0.0	0.0	0.0	0.0	7.9	36.4	13.7	63.0	0.1	0.5

续表

类型	名称	乡镇	轻		较轻		中		重		极重	
			面积（平方公里）	比重（%）	面积（平方公里）	比重（%）	面积（平方公里）	比重（%）	面积（平方公里）	比重（%）	面积（平方公里）	比重（%）
重灾区	荥经县	烟竹乡	0.9	2.2	10.1	24.7	11.5	28.0	18.4	44.9	0.1	0.3
		青龙乡	0.0	0.0	20.0	37.6	16.2	30.5	17.0	31.9	0.0	0.0
		龙苍沟乡	30.9	6.7	281.8	61.3	107.2	23.3	39.8	8.7	0.1	0.0
	雨城区	北郊镇	0.0	0.0	0.0	0.0	10.3	13.5	63.6	83.6	2.2	2.9
		草坝镇	0.0	0.0	0.0	0.0	33.3	75.9	10.6	24.1	0.0	0.0
		合江镇	0.0	0.0	0.0	0.0	9.5	37.6	15.7	62.2	0.1	0.2
		大兴镇	0.0	0.0	0.0	0.0	15.5	26.4	43.0	73.2	0.2	0.4
		对岩镇	0.0	0.0	0.0	0.0	15.1	41.7	20.5	56.8	0.6	1.6
		沙坪镇	0.0	0.0	0.0	0.0	6.3	12.9	42.5	87.0	0.1	0.1
		中里镇	0.0	0.0	0.0	0.0	0.0	0.0	36.3	96.7	1.2	3.3
		上里镇	0.0	0.0	0.0	0.0	0.0	0.0	62.4	92.0	5.4	8.0
		严桥镇	0.0	0.0	0.0	0.0	0.0	0.0	91.2	99.8	0.2	0.2
		晏场镇	0.0	0.0	0.0	0.0	0.0	0.0	100.8	99.4	0.6	0.6
		多营镇	0.0	0.0	0.0	0.0	2.8	10.9	18.3	72.4	4.2	16.8
		碧峰峡镇	0.0	0.0	0.0	0.0	0.0	0.0	58.9	91.5	5.5	8.5
		南郊乡	0.0	0.0	0.0	0.0	10.9	26.9	29.2	72.0	0.4	1.0
		八步乡	0.0	0.0	0.0	0.0	8.3	18.8	34.9	79.3	0.9	2.0
		观化乡	0.0	0.0	0.0	0.0	19.2	30.5	43.8	69.4	0.0	0.0
		孔坪乡	0.0	0.0	0.0	0.0	0.0	0.0	76.4	99.5	0.4	0.5
		凤鸣乡	0.0	0.0	0.0	0.0	2.3	9.8	21.2	90.2	0.0	0.0
		望鱼乡	0.0	0.0	37.9	26.8	34.7	24.6	68.0	48.2	0.6	0.4
	邛崃市	夹关镇	0.0	0.0	0.0	0.0	15.6	32.8	31.5	66.1	0.5	1.1
		火井镇	0.0	0.0	0.0	0.0	0.0	0.0	62.4	94.9	3.4	5.1
		高何镇	0.0	0.0	0.0	0.0	0.0	0.0	69.7	85.3	12.0	14.7
		天台山镇	0.0	0.0	0.0	0.0	0.0	0.0	104.3	95.2	5.2	4.8
		道佐乡	0.0	0.0	0.0	0.0	4.0	12.2	26.5	81.8	1.9	5.9
		南宝乡	0.0	0.0	0.0	0.0	0.0	0.0	67.7	77.5	19.7	22.5

表2-11　芦山地震灾区汛期泥石流危险性评价结果（乡镇单元）

类型	名称	乡镇	轻度危险区		中度危险区		重度危险区		极重度危险区		综合评价
			面积（平方公里）	比重（%）	面积（平方公里）	比重（%）	面积（平方公里）	比重（%）	面积（平方公里）	比重（%）	
极重灾区	芦山县	苗溪茶场	0.33	1.20	16.27	59.00	9.54	34.58	1.44	5.22	极重
		清仁乡	7.14	13.87	21.94	42.62	20.32	39.47	2.08	4.05	极重
		双石镇	2.21	2.83	34.22	43.85	37.95	48.64	3.66	4.69	极重
		飞仙关镇	1.32	2.52	27.88	53.48	21.89	42.00	1.04	2.00	极重
		芦阳镇	3.53	9.33	18.56	49.10	14.64	38.73	1.07	2.84	极重
		宝盛乡	5.50	4.72	75.67	64.99	33.63	28.88	1.64	1.41	重
		龙门乡	13.10	14.21	51.60	55.94	26.19	28.40	1.34	1.45	重
		思延乡	2.12	8.97	19.13	80.96	2.22	9.39	0.16	0.69	重
		大川镇	111.95	21.67	374.94	72.59	29.54	5.72	0.07	0.01	重
		太平镇	11.61	6.03	139.65	72.60	40.44	21.02	0.66	0.34	重
重灾区	邛崃市	南宝乡	15.09	17.31	64.55	74.08	7.44	8.53	0.07	0.08	重
		高何镇	10.93	13.43	66.59	81.81	3.79	4.65	0.09	0.12	重
		天台山镇	36.98	33.85	67.91	62.16	4.35	3.98	0.01	0.01	中
		火井镇	27.65	42.19	36.83	56.20	1.03	1.57	0.03	0.04	中
		道佐乡	21.72	67.25	10.05	31.13	0.52	1.62	0.00	0.00	轻
		夹关镇	37.68	79.42	9.73	20.52	0.03	0.06	0.00	0.00	轻
	宝兴县	大溪乡	0.73	1.41	28.51	54.86	21.73	41.81	1.00	1.92	极重
		五龙乡	5.59	7.58	40.42	54.81	24.10	32.68	3.63	4.92	极重
		灵关镇	11.77	4.99	136.42	57.85	80.23	34.02	7.41	3.14	极重
		穆坪镇	7.74	4.71	55.76	33.96	86.54	52.71	14.14	8.61	极重
		明礼乡	21.53	18.13	85.87	72.32	11.05	9.31	0.28	0.24	重
		蜂桶寨乡	50.38	13.79	283.24	77.52	31.43	8.60	0.35	0.09	重
		陇东镇	241.97	49.03	240.51	48.74	11.00	2.23	0.00	0.00	中
		永富乡	485.16	73.13	175.23	26.41	3.05	0.46	0.00	0.00	轻
		硗碛藏族乡	805.17	86.40	124.20	13.33	2.50	0.27	0.00	0.00	轻
	名山区	建山乡	8.35	24.68	24.55	72.54	0.94	2.78	0.00	0.00	重
		红岩乡	4.51	21.77	14.81	71.52	1.33	6.41	0.06	0.31	重
		蒙顶山镇	4.70	17.63	20.89	78.41	1.05	3.93	0.01	0.03	重
		双河乡	10.60	32.16	20.93	63.51	1.41	4.26	0.02	0.07	中
		前进乡	12.41	36.87	19.51	57.95	1.69	5.02	0.06	0.17	中
		城东乡	6.96	30.89	14.87	65.95	0.66	2.93	0.05	0.24	中
		车岭镇	21.40	44.93	24.76	51.97	1.41	2.96	0.07	0.15	中
		蒙阳镇	12.16	37.48	19.85	61.16	0.44	1.34	0.00	0.01	中
		茅河乡	19.28	100.00	0.00	0.00	0.00	0.00	0.00	0.00	轻
		解放乡	19.02	84.78	3.26	14.52	0.16	0.70	0.00	0.00	轻
		万古乡	21.45	87.15	3.14	12.77	0.02	0.08	0.00	0.00	轻
		廖场乡	24.54	100.00	0.00	0.00	0.00	0.00	0.00	0.00	轻

续表

类型	名称	乡镇	轻度危险区		中度危险区		重度危险区		极重度危险区		综合评价
			面积（平方公里）	比重（%）	面积（平方公里）	比重（%）	面积（平方公里）	比重（%）	面积（平方公里）	比重（%）	
重灾区	名山区	联江乡	26.01	99.68	0.08	0.32	0.00	0.00	0.00	0.00	轻
		中峰乡	32.18	72.35	12.14	27.30	0.16	0.35	0.00	0.00	轻
		红星镇	27.41	98.86	0.27	0.96	0.05	0.18	0.00	0.00	轻
		黑竹镇	23.78	100.00	0.00	0.00	0.00	0.00	0.00	0.00	轻
		新店镇	33.84	71.85	12.74	27.05	0.52	1.10	0.00	0.00	轻
		马岭镇	19.59	53.73	15.77	43.25	1.10	3.02	0.00	0.00	轻
		永兴镇	20.07	58.66	13.92	40.70	0.22	0.64	0.00	0.00	轻
		百丈镇	35.24	95.26	1.74	4.70	0.01	0.03	0.00	0.00	轻
	天全县	老场乡	4.08	5.11	51.34	64.34	22.49	28.18	1.89	2.37	极重
		新场乡	8.03	12.78	47.19	75.06	7.34	11.67	0.31	0.49	重
		新华乡	2.02	6.20	25.51	78.27	4.94	15.16	0.12	0.37	重
		仁义乡	5.37	13.29	29.21	72.34	5.57	13.78	0.24	0.59	重
		多功乡	0.45	2.24	14.67	72.14	5.06	24.87	0.15	0.75	重
		乐英乡	2.88	11.18	18.82	72.99	3.69	14.32	0.39	1.52	重
		大坪乡	0.83	4.29	13.64	70.86	4.70	24.40	0.09	0.45	重
		思经乡	36.82	26.94	92.24	67.48	7.64	5.59	0.00	0.00	重
		小河乡	111.06	22.45	340.45	68.81	41.70	8.43	1.53	0.31	重
		始阳镇	4.35	11.15	30.55	78.37	4.00	10.25	0.09	0.23	重
		城厢镇	9.56	20.81	33.14	72.14	3.11	6.78	0.12	0.27	重
		兴业乡	37.91	35.26	63.45	59.00	6.09	5.66	0.09	0.08	中
		紫石乡	502.17	55.77	380.18	42.22	18.12	2.01	0.00	0.00	中
		鱼泉乡	23.45	35.84	38.34	58.60	3.64	5.56	0.00	0.00	中
		两路乡	259.41	80.86	59.33	18.49	2.08	0.65	0.00	0.00	轻
	荥经县	烟竹乡	9.26	22.63	28.73	70.25	2.62	6.41	0.29	0.71	重
		新添乡	13.67	26.31	35.18	67.71	2.97	5.72	0.13	0.26	重
		青龙乡	19.79	37.29	31.42	59.21	1.86	3.50	0.00	0.00	中
		五宪乡	10.10	46.68	10.94	50.56	0.60	2.77	0.00	0.00	中
		附城乡	5.69	40.35	7.70	54.60	0.71	5.06	0.00	0.00	中
		天凤乡	6.71	54.06	5.44	43.86	0.26	2.08	0.00	0.00	中
		大田坝乡	4.96	54.77	3.88	42.80	0.22	2.42	0.00	0.00	中
		新建乡	72.64	37.83	110.13	57.35	9.25	4.82	0.00	0.00	中
		安靖乡	79.10	54.49	63.87	44.00	2.20	1.51	0.00	0.00	中
		烈太乡	7.05	45.33	8.27	53.15	0.24	1.53	0.00	0.00	中
		六合乡	10.32	54.58	8.47	44.80	0.12	0.62	0.00	0.00	中
		花滩镇	31.76	54.09	26.02	44.31	0.94	1.60	0.00	0.00	中
		严道镇	6.80	47.25	7.27	50.47	0.33	2.28	0.00	0.00	中
		龙苍沟乡	341.99	74.55	111.07	24.21	5.68	1.24	0.00	0.00	轻

续表

类型	名称	乡镇	轻度危险区		中度危险区		重度危险区		极重度危险区		综合评价
			面积（平方公里）	比重（%）	面积（平方公里）	比重（%）	面积（平方公里）	比重（%）	面积（平方公里）	比重（%）	
重灾区	荥经县	宝峰彝族乡	7.36	59.82	4.85	39.42	0.09	0.76	0.00	0.00	轻
		三合乡	243.81	76.78	71.21	22.42	2.54	0.80	0.00	0.00	轻
		新庙乡	119.28	73.61	41.60	25.67	1.17	0.72	0.00	0.00	轻
		泗坪乡	65.78	61.00	41.05	38.07	1.01	0.93	0.00	0.00	轻
		荥河乡	17.85	60.78	11.11	37.82	0.41	1.40	0.00	0.00	轻
		烈士乡	14.13	65.23	7.24	33.44	0.29	1.33	0.00	0.00	轻
		民建彝族乡	14.81	73.79	5.19	25.86	0.07	0.36	0.00	0.00	轻
	雨城区	碧峰峡镇	1.35	2.11	44.42	69.25	17.69	27.58	0.68	1.06	极重
		孔坪乡	11.50	15.02	58.76	76.75	6.30	8.23	0.00	0.00	重
		观化乡	16.14	25.68	42.57	67.74	4.00	6.36	0.13	0.21	重
		八步乡	7.93	18.03	29.96	68.17	5.96	13.56	0.11	0.24	重
		南郊乡	10.81	26.77	26.39	65.38	3.13	7.75	0.04	0.10	重
		多营镇	2.94	11.67	12.95	51.33	8.98	35.61	0.35	1.38	重
		严桥镇	24.21	26.55	62.30	68.33	4.55	4.99	0.12	0.13	重
		上里镇	8.08	11.95	49.74	73.52	9.44	13.95	0.39	0.58	重
		中里镇	7.94	21.20	26.43	70.58	3.00	8.02	0.08	0.20	重
		沙坪镇	9.58	19.64	35.36	72.52	3.82	7.84	0.00	0.00	重
		北郊镇	17.44	22.97	49.42	65.12	8.76	11.54	0.27	0.36	重
		望鱼乡	60.45	42.95	75.06	53.33	5.23	3.71	0.00	0.00	中
		凤鸣乡	9.82	42.01	13.18	56.39	0.37	1.57	0.01	0.02	中
		晏场镇	47.53	47.03	49.50	48.99	4.02	3.97	0.00	0.00	中
		对岩镇	16.52	45.81	15.51	43.02	3.96	10.99	0.07	0.19	中
		大兴镇	22.15	37.86	32.73	55.96	3.50	5.98	0.11	0.19	中
		合江镇	12.45	49.53	11.05	43.96	1.59	6.32	0.05	0.19	中
		草坝镇	33.29	76.07	10.01	22.87	0.42	0.96	0.05	0.10	轻
一般灾区	大邑县	鹤鸣乡	27.23	55.79	20.70	42.39	0.89	1.82	0.00	0.00	中
		雾山乡	26.65	52.27	23.93	46.93	0.41	0.80	0.00	0.00	中
		斜源镇	25.23	40.14	36.16	57.53	1.47	2.33	0.00	0.00	中
		西岭镇	167.98	41.73	223.32	55.48	11.19	2.78	0.04	0.01	中
		花水湾镇	24.88	28.62	57.93	66.62	4.15	4.77	0.00	0.00	中
		出江镇	23.75	37.74	37.54	59.64	1.65	2.63	0.00	0.00	中
		王泗镇	63.27	97.75	1.44	2.23	0.01	0.01	0.00	0.00	轻
		新场镇	31.29	85.91	5.07	13.92	0.06	0.17	0.00	0.00	轻
		金星乡	35.10	74.45	11.98	25.41	0.07	0.15	0.00	0.00	轻
		蔡场镇	21.59	100.00	0.00	0.00	0.00	0.00	0.00	0.00	轻
		沙渠镇	17.07	100.00	0.00	0.00	0.00	0.00	0.00	0.00	轻
		青霞镇	23.33	88.41	3.03	11.48	0.03	0.11	0.00	0.00	轻

续表

类型	名称	乡镇	轻度危险区		中度危险区		重度危险区		极重度危险区		综合评价
			面积（平方公里）	比重（%）	面积（平方公里）	比重（%）	面积（平方公里）	比重（%）	面积（平方公里）	比重（%）	
一般灾区	大邑县	苏家镇	19.37	100.00	0.00	0.00	0.00	0.00	0.00	0.00	轻
		上安镇	19.75	100.00	0.00	0.00	0.00	0.00	0.00	0.00	轻
		三岔镇	40.81	100.00	0.00	0.00	0.00	0.00	0.00	0.00	轻
		韩场镇	19.89	100.00	0.00	0.00	0.00	0.00	0.00	0.00	轻
		董场镇	28.36	100.00	0.00	0.00	0.00	0.00	0.00	0.00	轻
		安仁镇	56.48	100.00	0.00	0.00	0.00	0.00	0.00	0.00	轻
		悦来镇	51.27	89.21	5.96	10.37	0.24	0.41	0.00	0.00	轻
		晋原镇	86.04	96.46	3.15	3.53	0.01	0.01	0.00	0.00	轻
	蒲江县	长秋乡	17.75	92.05	1.53	7.95	0.00	0.00	0.00	0.00	轻
		白云乡	21.99	58.89	14.92	39.94	0.44	1.17	0.00	0.00	轻
		光明乡	15.08	66.84	7.35	32.59	0.13	0.57	0.00	0.00	轻
		复兴乡	36.36	100.00	0.00	0.00	0.00	0.00	0.00	0.00	轻
		成佳镇	36.56	90.48	3.64	9.02	0.20	0.50	0.00	0.00	轻
		甘溪镇	29.05	100.00	0.00	0.00	0.00	0.00	0.00	0.00	轻
		大兴镇	59.16	100.00	0.00	0.00	0.00	0.00	0.00	0.00	轻
		西来镇	78.93	100.00	0.00	0.00	0.00	0.00	0.00	0.00	轻
		朝阳湖镇	26.48	90.53	2.74	9.36	0.03	0.11	0.00	0.00	轻
		寿安镇	87.24	99.59	0.36	0.41	0.00	0.00	0.00	0.00	轻
		大塘镇	29.75	100.00	0.00	0.00	0.00	0.00	0.00	0.00	轻
		鹤山镇	103.97	94.28	6.22	5.64	0.08	0.08	0.00	0.00	轻
	邛崃市	油榨乡	18.22	35.21	32.18	62.17	1.36	2.63	0.00	0.00	中
		水口镇	55.57	47.61	59.03	50.57	2.12	1.82	0.00	0.00	中
		孔明乡	24.63	94.32	1.44	5.53	0.04	0.15	0.00	0.00	轻
		大同乡	47.46	67.08	22.65	32.02	0.64	0.90	0.00	0.00	轻
		茶园乡	29.89	94.04	1.81	5.70	0.08	0.26	0.00	0.00	轻
		宝林镇	36.94	100.00	0.00	0.00	0.00	0.00	0.00	0.00	轻
		卧龙镇	34.11	100.00	0.00	0.00	0.00	0.00	0.00	0.00	轻
		临济镇	37.55	100.00	0.00	0.00	0.00	0.00	0.00	0.00	轻
		前进镇	25.66	100.00	0.00	0.00	0.00	0.00	0.00	0.00	轻
		高埂镇	25.75	100.00	0.00	0.00	0.00	0.00	0.00	0.00	轻
		回龙镇	38.18	99.19	0.31	0.81	0.00	0.00	0.00	0.00	轻
		冉义镇	36.14	100.00	0.00	0.00	0.00	0.00	0.00	0.00	轻
		固驿镇	50.37	100.00	0.00	0.00	0.00	0.00	0.00	0.00	轻
		平乐镇	59.27	74.79	18.54	23.39	1.44	1.82	0.00	0.00	轻
		桑园镇	37.04	99.99	0.01	0.01	0.00	0.00	0.00	0.00	轻
		牟礼镇	59.19	100.00	0.00	0.00	0.00	0.00	0.00	0.00	轻
		羊安镇	43.73	100.00	0.00	0.00	0.00	0.00	0.00	0.00	轻
		临邛镇	134.87	93.50	9.11	6.31	0.28	0.19	0.00	0.00	轻

续表

类型	名称	乡镇	轻度危险区		中度危险区		重度危险区		极重度危险区		综合评价
			面积（平方公里）	比重（%）	面积（平方公里）	比重（%）	面积（平方公里）	比重（%）	面积（平方公里）	比重（%）	
一般灾区	康定县	吉居乡	321.48	92.50	25.99	7.48	0.08	0.02	0.00	0.00	轻
		普沙绒乡	611.76	93.27	44.05	6.72	0.07	0.01	0.00	0.00	轻
		沙德乡	817.18	98.47	12.71	1.53	0.00	0.00	0.00	0.00	轻
		贡嘎山乡	2068.92	96.97	64.45	3.02	0.11	0.01	0.00	0.00	轻
		朋布西乡	417.37	97.18	12.11	2.82	0.00	0.00	0.00	0.00	轻
		甲根坝乡	252.64	98.86	2.90	1.14	0.00	0.00	0.00	0.00	轻
		呷巴乡	445.66	98.31	7.66	1.69	0.00	0.00	0.00	0.00	轻
		炉城镇	584.92	71.52	226.46	27.69	6.50	0.79	0.00	0.00	轻
		时济乡	56.74	90.35	6.05	9.64	0.01	0.02	0.00	0.00	轻
		姑咱镇	180.96	92.16	15.40	7.84	0.00	0.00	0.00	0.00	轻
		前溪乡	68.52	73.51	24.33	26.11	0.35	0.38	0.00	0.00	轻
		新都桥镇	444.01	98.86	5.13	1.14	0.00	0.00	0.00	0.00	轻
		瓦泽乡	488.05	97.06	14.78	2.94	0.00	0.00	0.00	0.00	轻
		麦崩乡	103.34	88.37	13.43	11.48	0.18	0.15	0.00	0.00	轻
		三合乡	228.66	87.49	32.70	12.51	0.01	0.00	0.00	0.00	轻
		舍联乡	249.09	88.85	30.77	10.98	0.49	0.17	0.00	0.00	轻
		雅拉乡	443.91	63.13	253.35	36.03	5.92	0.84	0.00	0.00	轻
		塔公乡	803.70	97.30	22.13	2.68	0.13	0.02	0.00	0.00	轻
		金汤乡	149.57	75.12	48.90	24.56	0.62	0.31	0.00	0.00	轻
		捧塔乡	637.03	90.51	66.36	9.43	0.42	0.06	0.00	0.00	轻
		孔玉乡	1046.85	88.84	130.30	11.06	1.23	0.10	0.00	0.00	轻
	泸定县	得妥乡	149.21	68.38	66.34	30.40	2.66	1.22	0.00	0.00	轻
		加郡乡	153.11	79.40	37.98	19.70	1.75	0.91	0.00	0.00	轻
		磨西镇	271.55	86.75	40.62	12.98	0.85	0.27	0.00	0.00	轻
		新兴乡	309.49	70.48	126.25	28.75	3.36	0.77	0.00	0.00	轻
		德威乡	52.73	75.61	16.68	23.92	0.33	0.47	0.00	0.00	轻
		国有林场	124.64	81.79	27.68	18.16	0.07	0.04	0.00	0.00	轻
		兴隆镇	79.13	75.88	24.82	23.80	0.33	0.31	0.00	0.00	轻
		杵坭乡	38.17	77.06	11.29	22.79	0.07	0.15	0.00	0.00	轻
		田坝乡	201.98	89.68	22.33	9.91	0.92	0.41	0.00	0.00	轻
		冷碛镇	71.43	90.88	7.13	9.07	0.04	0.05	0.00	0.00	轻
		泸桥镇	114.72	76.63	33.81	22.58	1.17	0.78	0.00	0.00	轻
		烹坝乡	113.07	97.14	3.33	2.86	0.00	0.00	0.00	0.00	轻
		岚安乡	47.72	82.29	10.17	17.53	0.10	0.18	0.00	0.00	轻
	峨边彝族自治县	黑竹沟镇	195.82	97.55	4.92	2.45	0.00	0.00	0.00	0.00	轻
		金岩乡	71.38	94.45	4.19	5.55	0.00	0.00	0.00	0.00	轻
		觉莫乡	118.58	95.75	5.27	4.25	0.00	0.00	0.00	0.00	轻
		红花乡	24.15	92.68	1.91	7.31	0.00	0.00	0.00	0.00	轻

续表

类型	名称	乡镇	轻度危险区		中度危险区		重度危险区		极重度危险区		综合评价
			面积（平方公里）	比重（%）	面积（平方公里）	比重（%）	面积（平方公里）	比重（%）	面积（平方公里）	比重（%）	
一般灾区	峨边彝族自治县	白杨乡	71.40	86.80	10.85	13.19	0.01	0.01	0.00	0.00	轻
		沙坪镇	74.60	93.46	5.21	6.52	0.01	0.02	0.00	0.00	轻
		毛坪镇	65.61	85.30	11.14	14.49	0.16	0.21	0.00	0.00	轻
		杨河乡	105.02	92.80	8.15	7.20	0.00	0.00	0.00	0.00	轻
		杨村乡	37.83	90.38	3.87	9.25	0.15	0.37	0.00	0.00	轻
		新林镇	194.91	90.43	20.60	9.56	0.03	0.01	0.00	0.00	轻
		新场乡	41.50	88.14	5.38	11.44	0.20	0.42	0.00	0.00	轻
		平等乡	161.11	88.49	20.90	11.48	0.04	0.02	0.00	0.00	轻
		宜坪乡	29.64	78.36	8.10	21.42	0.08	0.22	0.00	0.00	轻
		大堡镇	84.96	93.95	5.47	6.05	0.00	0.00	0.00	0.00	轻
		哈曲乡	136.25	95.10	7.02	4.90	0.00	0.00	0.00	0.00	轻
		勒乌乡	391.64	96.29	15.09	3.71	0.00	0.00	0.00	0.00	轻
		共和乡	11.25	66.51	5.54	32.75	0.12	0.74	0.00	0.00	轻
		五渡镇	111.64	68.36	50.20	30.74	1.46	0.90	0.00	0.00	轻
		万坪乡	213.06	94.72	11.87	5.28	0.00	0.00	0.00	0.00	轻
	峨眉山市	普兴乡	9.54	22.21	30.89	71.93	2.52	5.86	0.00	0.00	重
		黄湾乡	85.83	47.61	85.98	47.69	8.28	4.59	0.21	0.11	中
		川主乡	15.71	32.95	29.96	62.83	2.01	4.21	0.00	0.00	中
		龙池镇	104.81	55.30	79.89	42.15	4.84	2.55	0.00	0.00	中
		高桥镇	34.70	45.75	34.83	45.93	5.72	7.54	0.59	0.78	中
		新平乡	14.80	100.00	0.00	0.00	0.00	0.00	0.00	0.00	轻
		沙溪乡	68.74	85.29	11.61	14.41	0.25	0.31	0.00	0.00	轻
		龙门乡	53.30	78.33	14.29	21.00	0.46	0.68	0.00	0.00	轻
		胜利镇	19.18	100.00	0.00	0.00	0.00	0.00	0.00	0.00	轻
		大为镇	90.59	76.89	26.52	22.51	0.71	0.60	0.00	0.00	轻
		桂花桥镇	46.89	99.80	0.10	0.20	0.00	0.00	0.00	0.00	轻
		双福镇	34.08	63.78	17.92	33.52	1.44	2.70	0.00	0.00	轻
		峨山镇	12.72	93.82	0.83	6.11	0.01	0.06	0.00	0.00	轻
		符溪镇	40.24	99.88	0.05	0.12	0.00	0.00	0.00	0.00	轻
		乐都镇	23.61	87.64	3.30	12.26	0.03	0.10	0.00	0.00	轻
		九里镇	42.48	94.72	2.36	5.26	0.01	0.02	0.00	0.00	轻
		罗目镇	40.26	82.31	8.35	17.07	0.30	0.62	0.00	0.00	轻
		绥山镇	28.85	52.50	24.26	44.14	1.85	3.36	0.00	0.00	轻
	夹江县	龙沱乡	4.64	27.01	11.71	68.24	0.81	4.74	0.00	0.00	重
		麻柳乡	20.98	45.70	23.66	51.56	1.26	2.75	0.00	0.00	中
		南安乡	14.22	45.16	16.05	50.97	1.22	3.86	0.00	0.00	中
		华头镇	11.90	27.28	29.90	68.51	1.84	4.21	0.00	0.00	中

续表

类型	名称	乡镇	轻度危险区		中度危险区		重度危险区		极重度危险区		综合评价
			面积（平方公里）	比重（%）	面积（平方公里）	比重（%）	面积（平方公里）	比重（%）	面积（平方公里）	比重（%）	
一般灾区	夹江县	新场镇	31.32	99.49	0.14	0.44	0.02	0.07	0.00	0.00	轻
		歇马乡	32.26	60.98	19.69	37.20	0.96	1.82	0.00	0.00	轻
		迎江乡	23.36	81.09	5.42	18.81	0.03	0.10	0.00	0.00	轻
		永青乡	17.97	99.99	0.00	0.01	0.00	0.00	0.00	0.00	轻
		梧凤乡	18.36	100.00	0.00	0.00	0.00	0.00	0.00	0.00	轻
		青州乡	23.28	100.00	0.00	0.00	0.00	0.00	0.00	0.00	轻
		土门乡	25.55	99.62	0.10	0.38	0.00	0.00	0.00	0.00	轻
		马村乡	23.58	83.29	4.60	16.25	0.13	0.46	0.00	0.00	轻
		顺河乡	21.48	100.00	0.00	0.00	0.00	0.00	0.00	0.00	轻
		甘霖镇	26.40	97.70	0.62	2.30	0.00	0.00	0.00	0.00	轻
		木城镇	19.56	62.63	10.97	35.10	0.71	2.27	0.00	0.00	轻
		吴场镇	41.27	93.15	2.97	6.71	0.06	0.14	0.00	0.00	轻
		三洞镇	33.91	100.00	0.00	0.00	0.00	0.00	0.00	0.00	轻
		中兴镇	24.31	80.41	5.84	19.33	0.08	0.27	0.00	0.00	轻
		界牌镇	23.40	69.01	9.89	29.15	0.62	1.84	0.00	0.00	轻
		甘江镇	51.29	96.11	2.07	3.89	0.00	0.00	0.00	0.00	轻
		黄土镇	46.49	98.20	0.85	1.80	0.00	0.00	0.00	0.00	轻
		漹城镇	34.76	85.58	5.69	14.01	0.17	0.41	0.00	0.00	轻
	金口河区	永胜乡	103.08	84.13	19.09	15.58	0.35	0.29	0.00	0.00	轻
		吉星乡	39.31	87.49	5.42	12.06	0.20	0.45	0.00	0.00	轻
		共安彝族乡	154.11	91.59	14.01	8.33	0.14	0.08	0.00	0.00	轻
		和平彝族乡	36.25	85.88	5.90	13.99	0.06	0.14	0.00	0.00	轻
		金河镇	108.76	75.99	32.81	22.92	1.56	1.09	0.00	0.00	轻
		永和镇	64.53	83.62	12.47	16.17	0.17	0.22	0.00	0.00	轻
	甘洛县	苏雄乡	27.90	81.39	6.20	18.10	0.17	0.51	0.00	0.00	轻
		沙岱乡	40.77	89.19	4.94	10.81	0.00	0.00	0.00	0.00	轻
		黑马乡	43.21	87.81	5.99	12.17	0.01	0.02	0.00	0.00	轻
		乌史大桥乡	100.01	82.73	20.63	17.06	0.24	0.20	0.00	0.00	轻
		阿兹觉乡	170.23	86.68	25.98	13.23	0.18	0.09	0.00	0.00	轻
		蓼坪乡	95.23	90.26	10.21	9.68	0.07	0.06	0.00	0.00	轻
		坪坝乡	118.40	93.20	8.63	6.79	0.00	0.00	0.00	0.00	轻
		则拉乡	46.21	89.86	5.22	10.14	0.00	0.00	0.00	0.00	轻
		嘎日乡	40.03	95.76	1.77	4.24	0.00	0.00	0.00	0.00	轻
		团结乡	74.12	90.77	7.51	9.20	0.03	0.04	0.00	0.00	轻
		石海乡	29.86	98.52	0.45	1.48	0.00	0.00	0.00	0.00	轻
		阿尔乡	50.12	91.51	4.65	8.49	0.00	0.00	0.00	0.00	轻
		阿嘎乡	194.03	95.00	10.19	4.99	0.02	0.01	0.00	0.00	轻

续表

类型	名称	乡镇	轻度危险区		中度危险区		重度危险区		极重度危险区		综合评价
			面积（平方公里）	比重（%）	面积（平方公里）	比重（%）	面积（平方公里）	比重（%）	面积（平方公里）	比重（%）	
一般灾区	甘洛县	波波乡	80.56	92.58	6.46	7.42	0.00	0.00	0.00	0.00	轻
		拉莫乡	100.39	92.36	8.28	7.61	0.03	0.02	0.00	0.00	轻
		尼尔觉乡	47.34	93.95	3.05	6.05	0.00	0.00	0.00	0.00	轻
		里克乡	21.21	97.81	0.48	2.19	0.00	0.00	0.00	0.00	轻
		两河乡	54.41	94.82	2.97	5.18	0.00	0.00	0.00	0.00	轻
		新茶乡	37.49	94.32	2.26	5.68	0.00	0.00	0.00	0.00	轻
		胜利乡	46.07	89.69	5.28	10.29	0.01	0.03	0.00	0.00	轻
		前进乡	24.83	87.81	3.39	11.98	0.06	0.21	0.00	0.00	轻
		玉田镇	39.80	86.10	6.35	13.74	0.07	0.16	0.00	0.00	轻
		普昌镇	31.34	93.13	2.31	6.87	0.00	0.00	0.00	0.00	轻
		斯觉镇	24.37	98.38	0.40	1.62	0.00	0.00	0.00	0.00	轻
		吉米镇	63.55	93.86	4.16	6.14	0.00	0.00	0.00	0.00	轻
		海棠镇	89.08	83.14	17.72	16.54	0.34	0.32	0.00	0.00	轻
		田坝镇	53.95	94.10	3.36	5.86	0.02	0.04	0.00	0.00	轻
		新市坝镇	185.88	89.45	21.16	10.19	0.76	0.36	0.00	0.00	轻
	丹棱县	顺龙乡	25.06	43.99	31.03	54.48	0.87	1.53	0.00	0.00	中
		张场镇	35.85	36.68	57.27	58.60	4.60	4.71	0.01	0.01	中
		石桥乡	18.08	79.98	4.49	19.87	0.03	0.15	0.00	0.00	轻
		双桥镇	73.21	83.28	14.17	16.12	0.52	0.59	0.00	0.00	轻
		杨场镇	86.50	94.62	4.91	5.38	0.01	0.01	0.00	0.00	轻
		丹棱镇	58.86	97.56	1.43	2.37	0.04	0.07	0.00	0.00	轻
		仁美镇	29.07	90.25	3.12	9.70	0.02	0.06	0.00	0.00	轻
	东坡区	彭山县飞地	5.18	98.49	0.08	1.51	0.00	0.00	0.00	0.00	轻
		柳圣乡	20.40	100.00	0.00	0.00	0.00	0.00	0.00	0.00	轻
		金花乡	28.79	99.99	0.00	0.01	0.00	0.00	0.00	0.00	轻
		复兴乡	28.99	100.00	0.00	0.00	0.00	0.00	0.00	0.00	轻
		复盛乡	28.41	100.00	0.00	0.00	0.00	0.00	0.00	0.00	轻
		土地乡	31.32	100.00	0.00	0.00	0.00	0.00	0.00	0.00	轻
		盘鳌乡	63.65	83.58	12.38	16.26	0.12	0.16	0.00	0.00	轻
		广济乡	62.32	94.58	3.46	5.25	0.11	0.17	0.00	0.00	轻
		三苏乡	84.73	99.25	0.64	0.75	0.00	0.00	0.00	0.00	轻
		永寿镇	46.51	100.00	0.00	0.00	0.00	0.00	0.00	0.00	轻
		富牛镇	52.87	100.00	0.00	0.00	0.00	0.00	0.00	0.00	轻
		崇礼镇	54.75	100.00	0.00	0.00	0.00	0.00	0.00	0.00	轻
		松江镇	61.57	100.00	0.00	0.00	0.00	0.00	0.00	0.00	轻
		修文镇	95.57	99.86	0.13	0.14	0.00	0.00	0.00	0.00	轻
		思濛镇	70.94	99.99	0.01	0.01	0.00	0.00	0.00	0.00	轻

续表

类型	名称	乡镇	轻度危险区		中度危险区		重度危险区		极重度危险区		综合评价
			面积（平方公里）	比重（%）	面积（平方公里）	比重（%）	面积（平方公里）	比重（%）	面积（平方公里）	比重（%）	
一般灾区	东坡区	崇仁镇	73.96	98.08	1.45	1.92	0.00	0.00	0.00	0.00	轻
		万胜镇	65.94	91.69	5.86	8.15	0.11	0.16	0.00	0.00	轻
		秦家镇	81.57	96.65	2.79	3.30	0.04	0.04	0.00	0.00	轻
		多悦镇	71.39	98.98	0.74	1.02	0.00	0.00	0.00	0.00	轻
		尚义镇	52.61	100.00	0.00	0.00	0.00	0.00	0.00	0.00	轻
		悦兴镇	50.60	100.00	0.00	0.00	0.00	0.00	0.00	0.00	轻
		太和镇	38.63	100.00	0.00	0.00	0.00	0.00	0.00	0.00	轻
		象耳镇	18.32	100.00	0.00	0.00	0.00	0.00	0.00	0.00	轻
		白马镇	43.49	100.00	0.00	0.00	0.00	0.00	0.00	0.00	轻
		苏祠街道办事处	10.93	100.00	0.00	0.00	0.00	0.00	0.00	0.00	轻
		大石桥街道办事处	20.88	100.00	0.00	0.00	0.00	0.00	0.00	0.00	轻
		通惠街道办事处	14.82	100.00	0.00	0.00	0.00	0.00	0.00	0.00	轻
	洪雅县	汉王乡	13.20	18.63	51.59	72.83	5.67	8.00	0.38	0.54	重
		桃源乡	13.30	30.47	28.04	64.25	2.31	5.28	0.00	0.00	中
		瓦屋山镇	398.79	57.43	279.49	40.25	16.01	2.31	0.06	0.01	中
		高庙镇	105.33	45.92	115.69	50.43	8.36	3.65	0.00	0.00	中
		柳江镇	50.74	31.74	99.71	62.37	8.99	5.62	0.43	0.27	中
		槽渔滩镇	27.04	32.59	49.65	59.84	5.90	7.11	0.38	0.46	中
		花溪镇	47.56	57.28	33.12	39.89	2.22	2.68	0.12	0.15	中
		将军乡	37.77	69.34	15.40	28.28	1.30	2.38	0.00	0.00	轻
		中山乡	25.48	63.51	13.98	34.85	0.64	1.61	0.01	0.03	轻
		东岳镇	64.86	61.13	38.47	36.26	2.73	2.57	0.04	0.04	轻
		中保镇	44.38	65.40	21.86	32.22	1.54	2.27	0.08	0.11	轻
		余坪镇	95.78	92.88	7.27	7.05	0.07	0.07	0.00	0.00	轻
		洪川镇	66.30	83.69	12.82	16.19	0.10	0.13	0.00	0.00	轻
		三宝镇	28.69	75.76	8.83	23.32	0.35	0.92	0.00	0.00	轻
		止戈镇	33.15	74.21	11.06	24.76	0.46	1.03	0.00	0.00	轻
	汉源县	富乡乡	34.47	39.52	49.70	56.97	3.06	3.50	0.00	0.00	中
		两河乡	35.61	54.70	27.68	42.52	1.82	2.79	0.00	0.00	中
		顺河彝族乡	59.80	86.32	9.38	13.53	0.10	0.14	0.00	0.00	轻
		永利彝族乡	61.94	73.44	21.76	25.80	0.64	0.76	0.00	0.00	轻
		坭美彝族乡	61.01	91.93	5.36	8.07	0.00	0.00	0.00	0.00	轻
		片马彝族乡	50.79	90.40	5.39	9.60	0.00	0.00	0.00	0.00	轻
		小堡藏族彝族乡	41.59	85.76	6.87	14.17	0.03	0.07	0.00	0.00	轻
		料林乡	35.89	92.97	2.72	7.03	0.00	0.00	0.00	0.00	轻
		晒经乡	27.51	93.95	1.77	6.05	0.00	0.00	0.00	0.00	轻
		河南乡	124.82	84.11	23.06	15.54	0.52	0.35	0.00	0.00	轻

续表

类型	名称	乡镇	轻度危险区		中度危险区		重度危险区		极重度危险区		综合评价
			面积（平方公里）	比重（%）	面积（平方公里）	比重（%）	面积（平方公里）	比重（%）	面积（平方公里）	比重（%）	
一般灾区	汉源县	桂贤乡	49.72	95.31	2.45	4.69	0.00	0.00	0.00	0.00	轻
		青富乡	24.17	86.61	3.65	13.08	0.09	0.31	0.00	0.00	轻
		白岩乡	16.59	98.39	0.27	1.61	0.00	0.00	0.00	0.00	轻
		马烈乡	84.47	70.05	35.18	29.17	0.93	0.77	0.00	0.00	轻
		万里乡	81.01	80.81	18.93	18.88	0.31	0.31	0.00	0.00	轻
		安乐乡	19.32	95.07	1.00	4.93	0.00	0.00	0.00	0.00	轻
		万工乡	16.14	99.35	0.11	0.65	0.00	0.00	0.00	0.00	轻
		富泉乡	25.01	84.13	4.58	15.42	0.13	0.45	0.00	0.00	轻
		市荣乡	34.11	89.60	3.88	10.20	0.07	0.19	0.00	0.00	轻
		建黎乡	35.75	80.67	8.53	19.25	0.03	0.08	0.00	0.00	轻
		西溪乡	36.63	94.53	2.12	5.47	0.00	0.00	0.00	0.00	轻
		双溪乡	44.16	65.49	22.73	33.71	0.54	0.80	0.00	0.00	轻
		三交乡	132.54	60.25	83.81	38.10	3.65	1.66	0.00	0.00	轻
		梨园乡	38.41	63.28	20.93	34.47	1.37	2.25	0.00	0.00	轻
		大堰乡	32.01	93.55	2.21	6.45	0.00	0.00	0.00	0.00	轻
		后域乡	37.99	77.73	10.45	21.38	0.44	0.89	0.00	0.00	轻
		前域乡	22.79	91.88	2.01	8.12	0.00	0.00	0.00	0.00	轻
		大岭乡	22.59	88.24	3.01	11.74	0.00	0.02	0.00	0.00	轻
		河西乡	24.13	86.53	3.71	13.30	0.05	0.17	0.00	0.00	轻
		富春乡	24.61	80.48	5.93	19.40	0.04	0.12	0.00	0.00	轻
		唐家乡	24.26	93.90	1.51	5.83	0.07	0.27	0.00	0.00	轻
		大田乡	24.14	97.80	0.54	2.20	0.00	0.00	0.00	0.00	轻
		皇木镇	66.99	75.90	20.52	23.25	0.76	0.86	0.00	0.00	轻
		大树镇	26.30	93.49	1.83	6.51	0.00	0.00	0.00	0.00	轻
		清溪镇	18.12	97.31	0.50	2.69	0.00	0.00	0.00	0.00	轻
		富庄镇	48.66	94.98	2.57	5.02	0.00	0.00	0.00	0.00	轻
		宜东镇	86.85	94.18	5.37	5.82	0.00	0.00	0.00	0.00	轻
		乌斯河镇	35.89	68.35	16.45	31.33	0.17	0.32	0.00	0.00	轻
		九襄镇	69.90	81.25	15.94	18.53	0.19	0.22	0.00	0.00	轻
		富林镇	9.56	98.38	0.16	1.62	0.00	0.00	0.00	0.00	轻
	石棉县	擦罗彝族乡	20.20	25.53	54.10	68.37	4.82	6.10	0.00	0.00	重
		棉城街道办事处	8.09	29.56	17.51	64.02	1.76	6.43	0.00	0.00	中
		新棉镇	40.41	30.68	85.70	65.06	5.60	4.25	0.00	0.00	中
		新民藏族彝族乡	36.28	41.64	48.92	56.15	1.92	2.20	0.00	0.00	中
		宰羊乡	11.39	53.24	9.99	46.68	0.02	0.08	0.00	0.00	中
		迎政乡	27.20	45.86	31.06	52.36	1.05	1.78	0.00	0.00	中
		美罗乡	23.02	43.60	28.63	54.23	1.15	2.17	0.00	0.00	中

续表

类型	名称	乡镇	轻度危险区		中度危险区		重度危险区		极重度危险区		综合评价
			面积（平方公里）	比重（%）	面积（平方公里）	比重（%）	面积（平方公里）	比重（%）	面积（平方公里）	比重（%）	
一般灾区	芦山县	回隆彝族乡	91.66	41.59	121.12	54.96	7.60	3.45	0.00	0.00	中
		蟹螺藏族乡	97.12	49.41	97.66	49.69	1.76	0.90	0.00	0.00	中
		先锋藏族乡	40.69	43.57	50.68	54.27	2.01	2.16	0.00	0.00	中
		安顺彝族乡	82.41	39.58	119.45	57.36	6.37	3.06	0.00	0.00	中
		草科藏族乡	278.16	82.39	58.29	17.27	1.17	0.35	0.00	0.00	轻
		田湾彝族乡	103.67	69.66	44.27	29.74	0.88	0.59	0.00	0.00	轻
		挖角彝族藏族乡	135.34	72.71	49.12	26.39	1.67	0.90	0.00	0.00	轻
		丰乐乡	135.54	58.52	92.30	39.85	3.76	1.62	0.00	0.00	轻
		栗子坪彝族乡	346.31	68.85	150.09	29.84	6.59	1.31	0.00	0.00	轻
		永和乡	45.26	60.16	28.42	37.77	1.55	2.06	0.00	0.00	轻

表2-12　芦山地震灾区地质适宜性评价结果（乡镇单元）

类型	名称	乡镇	良好		中		较差		差		综合评价
			面积（平方公里）	比重（%）	面积（平方公里）	比重（%）	面积（平方公里）	比重（%）	面积（平方公里）	比重（%）	
极重灾区	芦山县	双石镇	0.0	0.0	0.0	0.0	0.0	0.0	76.5	100.0	差
		太平镇	0.0	0.0	0.0	0.0	25.7	13.7	162.5	86.3	差
		清仁乡	0.0	0.0	0.0	0.0	0.0	0.0	51.6	100.0	差
		龙门乡	0.0	0.0	0.0	0.0	0.0	0.0	92.0	100.0	差
		宝盛乡	0.0	0.0	0.0	0.0	2.4	2.1	114.1	97.9	差
		芦阳镇	0.0	0.0	0.0	0.0	0.0	0.0	37.8	100.0	较差
		飞仙关镇	0.0	0.0	0.0	0.0	0.0	0.0	52.2	100.0	较差
		思延乡	0.0	0.0	0.0	0.0	0.0	0.0	23.6	100.0	较差
		苗溪茶场	0.0	0.0	0.0	0.0	0.0	0.0	27.5	100.0	较差
		大川镇	0.0	0.0	41.0	8.0	389.5	76.2	80.6	15.8	中
重灾区	邛崃市	高何镇	0.0	0.0	0.0	0.0	0.7	0.9	78.9	99.1	差
		夹关镇	0.0	0.0	0.0	0.0	24.9	53.8	21.4	46.2	较差
		火井镇	0.0	0.0	0.0	0.0	40.1	62.4	24.2	37.6	较差
		天台山镇	0.0	0.0	0.0	0.0	4.8	4.4	104.4	95.6	较差
		道佐乡	0.0	0.0	0.0	0.0	25.5	80.0	6.4	20.0	中
		南宝乡	0.0	0.0	0.0	0.0	65.3	75.2	21.5	24.8	中
	宝兴县	大溪乡	0.0	0.0	0.0	0.0	2.3	4.5	48.1	95.5	差
		穆坪镇	0.0	0.0	0.0	0.0	110.6	68.6	50.7	31.4	较差
		灵关镇	0.0	0.0	0.0	0.0	54.5	23.5	177.3	76.5	较差
		蜂桶寨乡	0.0	0.0	0.0	0.0	313.8	87.5	44.8	12.5	中
		明礼乡	0.0	0.0	0.0	0.0	103.5	88.6	13.3	11.4	中
		五龙乡	0.0	0.0	0.0	0.0	59.8	82.7	12.6	17.3	中
		陇东镇	0.0	0.0	111.8	22.9	353.0	72.3	23.3	4.8	良好
		硗碛藏族乡	460.0	49.0	282.1	30.0	175.3	18.7	22.3	2.4	良好
		永富乡	32.6	5.0	302.7	46.5	279.2	42.8	37.1	5.7	良好
	名山区	建山乡	0.0	0.0	0.0	0.0	0.0	0.0	32.4	100.0	差
		蒙阳镇	0.0	0.0	0.0	0.0	12.2	37.8	20.1	62.2	较差
		马岭镇	0.0	0.0	0.0	0.0	27.6	77.7	7.9	22.3	较差
		蒙顶山镇	0.0	0.0	0.0	0.0	3.4	12.6	23.3	87.4	较差
		城东乡	0.0	0.0	0.0	0.0	3.0	13.3	19.4	86.7	较差
		中峰乡	0.0	0.0	0.0	0.0	14.2	32.6	29.4	67.4	较差
		万古乡	0.0	0.0	0.0	0.0	0.0	0.0	24.7	100.0	较差
		茅河乡	0.0	0.0	0.0	0.0	14.7	78.1	4.1	21.9	较差
		百丈镇	0.0	0.0	0.0	0.0	37.0	100.0	0.0	0.0	中
		车岭镇	0.0	0.0	0.0	0.0	45.4	95.4	2.2	4.6	中
		永兴镇	0.0	0.0	0.0	0.0	33.8	98.7	0.4	1.3	中
		新店镇	0.0	0.0	0.0	0.0	42.5	90.1	4.7	9.9	中

续表

类型	名称	乡镇	良好		中		较差		差		综合评价
			面积（平方公里）	比重（%）	面积（平方公里）	比重（%）	面积（平方公里）	比重（%）	面积（平方公里）	比重（%）	
重灾区	名山区	黑竹镇	0.0	0.0	0.0	0.0	23.8	100.0	0.0	0.0	中
		红星镇	0.0	0.0	0.0	0.0	27.7	100.0	0.0	0.0	中
		前进乡	0.0	0.0	0.0	0.0	32.0	95.2	1.6	4.8	中
		联江乡	0.0	0.0	0.0	0.0	21.6	84.3	4.0	15.7	中
		廖场乡	0.0	0.0	0.0	0.0	24.6	100.0	0.0	0.0	中
		红岩乡	0.0	0.0	0.0	0.0	17.9	86.9	2.7	13.1	中
		双河乡	0.0	0.0	0.0	0.0	25.3	77.7	7.3	22.3	中
		解放乡	0.0	0.0	0.0	0.0	22.4	100.0	0.0	0.0	中
	天全县	城厢镇	0.0	0.0	0.0	0.0	0.0	0.0	46.0	100.0	较差
		始阳镇	0.0	0.0	0.0	0.0	0.0	0.0	38.9	100.0	较差
		思经乡	0.0	0.0	0.0	0.0	42.7	32.4	89.1	67.6	较差
		鱼泉乡	0.0	0.0	0.0	0.0	29.6	46.3	34.3	53.7	较差
		大坪乡	0.0	0.0	0.0	0.0	0.0	0.0	19.2	100.0	较差
		乐英乡	0.0	0.0	0.0	0.0	0.0	0.0	25.8	100.0	较差
		多功乡	0.0	0.0	0.0	0.0	0.0	0.0	20.3	100.0	较差
		仁义乡	0.0	0.0	0.0	0.0	0.0	0.0	40.4	100.0	较差
		老场乡	0.0	0.0	0.0	0.0	0.4	0.5	78.8	99.5	较差
		新华乡	0.0	0.0	0.0	0.0	0.0	0.0	32.7	100.0	较差
		新场乡	0.0	0.0	0.0	0.0	1.0	1.6	61.4	98.4	较差
		兴业乡	0.0	0.0	0.0	0.0	29.0	27.5	76.4	72.5	较差
		小河乡	0.0	0.0	0.0	0.0	401.7	82.4	86.0	17.6	中
		紫石乡	0.0	0.0	80.7	9.1	750.1	84.5	56.8	6.4	良好
		两路乡	0.0	0.0	48.1	15.2	247.0	78.1	21.1	6.7	良好
	荥经县	严道镇	0.0	0.0	0.0	0.0	6.7	46.9	7.6	53.1	较差
		新建乡	0.0	0.0	0.0	0.0	130.7	69.7	56.8	30.3	较差
		大田坝乡	0.0	0.0	0.0	0.0	5.1	58.4	3.6	41.6	较差
		天凤乡	0.0	0.0	0.0	0.0	1.8	14.5	10.3	85.5	较差
		宝峰彝族乡	0.0	0.0	0.0	0.0	8.5	69.6	3.7	30.4	较差
		新添乡	0.0	0.0	0.0	0.0	16.3	31.9	34.9	68.1	较差
		烟竹乡	0.0	0.0	0.0	0.0	27.4	67.9	13.0	32.1	较差
		青龙乡	0.0	0.0	0.0	0.0	40.5	77.2	12.0	22.8	较差
		花滩镇	0.0	0.0	0.0	0.0	58.8	100.0	0.0	0.0	中
		六合乡	0.0	0.0	0.0	0.0	19.0	100.0	0.0	0.0	中
		烈太乡	0.0	0.0	0.0	0.0	15.4	100.0	0.0	0.0	中
		安靖乡	0.0	0.0	0.0	0.0	145.1	100.0	0.0	0.0	中
		民建彝族乡	0.0	0.0	0.0	0.0	20.1	100.0	0.0	0.0	中
		烈士乡	0.0	0.0	0.0	0.0	21.7	100.0	0.0	0.0	中

续表

类型	名称	乡镇	良好		中		较差		差		综合评价
			面积（平方公里）	比重（%）	面积（平方公里）	比重（%）	面积（平方公里）	比重（%）	面积（平方公里）	比重（%）	
重灾区	荥经县	荥河乡	0.0	0.0	0.0	0.0	29.5	100.0	0.0	0.0	中
		泗坪乡	0.0	0.0	0.0	0.0	107.8	100.0	0.0	0.0	中
		新庙乡	0.0	0.0	0.0	0.0	150.6	93.5	10.4	6.5	中
		附城乡	0.0	0.0	0.0	0.0	14.1	100.0	0.0	0.0	中
		五宪乡	0.0	0.0	0.0	0.0	21.6	100.0	0.0	0.0	中
		龙苍沟乡	0.0	0.0	0.0	0.0	446.1	97.4	11.7	2.6	中
		三合乡	0.0	0.0	103.7	32.9	195.2	61.9	16.2	5.2	良好
	雨城区	中里镇	0.0	0.0	0.0	0.0	0.0	0.0	37.0	100.0	差
		上里镇	0.0	0.0	0.0	0.0	0.0	0.0	66.8	100.0	差
		多营镇	0.0	0.0	0.0	0.0	0.0	0.0	24.8	100.0	差
		碧峰峡镇	0.0	0.0	0.0	0.0	0.0	0.0	62.2	100.0	差
		北郊镇	0.0	0.0	0.0	0.0	4.6	6.1	71.3	93.9	较差
		对岩镇	0.0	0.0	0.0	0.0	0.9	2.5	34.7	97.5	较差
		八步乡	0.0	0.0	0.0	0.0	2.5	5.7	40.6	94.3	较差
		草坝镇	0.0	0.0	0.0	0.0	43.9	100.0	0.0	0.0	中
		合江镇	0.0	0.0	0.0	0.0	25.1	100.0	0.0	0.0	中
		大兴镇	0.0	0.0	0.0	0.0	58.5	100.0	0.0	0.0	中
		沙坪镇	0.0	0.0	0.0	0.0	48.7	100.0	0.0	0.0	中
		严桥镇	0.0	0.0	0.0	0.0	91.2	100.0	0.0	0.0	中
		晏场镇	0.0	0.0	0.0	0.0	101.0	100.0	0.0	0.0	中
		南郊乡	0.0	0.0	0.0	0.0	36.5	90.4	3.9	9.6	中
		观化乡	0.0	0.0	0.0	0.0	59.7	95.1	3.1	4.9	中
		孔坪乡	0.0	0.0	0.0	0.0	76.5	100.0	0.0	0.0	中
		凤鸣乡	0.0	0.0	0.0	0.0	21.0	90.2	2.3	9.8	中
		望鱼乡	0.0	0.0	0.0	0.0	140.8	100.0	0.0	0.0	中
一般灾区	大邑县	出江镇	0.0	0.0	5.1	8.3	49.5	80.6	6.8	11.1	中
		晋原镇	0.0	0.0	47.6	54.0	34.4	39.0	6.2	7.0	良好
		悦来镇	0.0	0.0	46.4	81.4	8.9	15.6	1.7	3.1	良好
		安仁镇	57.0	100.0	0.0	0.0	0.0	0.0	0.0	0.0	良好
		花水湾镇	0.0	0.0	6.3	7.2	80.7	92.8	0.0	0.0	良好
		西岭镇	0.0	0.0	210.9	52.1	170.7	42.2	23.0	5.7	良好
		斜源镇	0.0	0.0	42.4	68.2	17.4	28.0	2.3	3.8	良好
		董场镇	31.0	100.0	0.0	0.0	0.0	0.0	0.0	0.0	良好
		韩场镇	20.6	100.0	0.0	0.0	0.0	0.0	0.0	0.0	良好
		三岔镇	16.0	39.4	24.7	60.6	0.0	0.0	0.0	0.0	良好
		上安镇	19.7	100.0	0.0	0.0	0.0	0.0	0.0	0.0	良好
		苏家镇	8.0	39.1	12.5	60.9	0.0	0.0	0.0	0.0	良好

续表

类型	名称	乡镇	良好		中		较差		差		综合评价
			面积（平方公里）	比重（%）	面积（平方公里）	比重（%）	面积（平方公里）	比重（%）	面积（平方公里）	比重（%）	
一般灾区	大邑县	青霞镇	0.0	0.0	23.5	85.2	3.5	12.7	0.6	2.1	良好
		沙渠镇	18.7	100.0	0.0	0.0	0.0	0.0	0.0	0.0	良好
		蔡场镇	21.6	100.0	0.0	0.0	0.0	0.0	0.0	0.0	良好
		雾山乡	0.0	0.0	50.4	97.8	1.2	2.2	0.0	0.0	良好
		金星乡	2.0	4.0	38.0	78.2	7.5	15.4	1.2	2.4	良好
		鹤鸣乡	0.0	0.0	44.8	91.9	3.9	8.1	0.0	0.0	良好
		新场镇	0.0	0.0	17.9	49.8	15.9	44.3	2.1	5.8	良好
		王泗镇	0.0	0.0	42.2	66.3	19.0	29.8	2.5	4.0	良好
	蒲江县	大塘镇	0.0	0.0	0.0	0.0	23.1	79.7	5.9	20.3	中
		朝阳湖镇	0.0	0.0	0.0	0.0	25.7	89.8	2.9	10.2	中
		甘溪镇	0.0	0.0	0.0	0.0	23.5	82.7	4.9	17.3	中
		成佳镇	0.0	0.0	0.0	0.0	36.0	89.6	4.2	10.4	中
		白云乡	0.0	0.0	0.0	0.0	30.4	83.7	5.9	16.3	中
		鹤山镇	0.0	0.0	39.6	36.7	59.9	55.6	8.3	7.7	良好
		寿安镇	0.0	0.0	60.9	71.6	19.2	22.6	4.9	5.8	良好
		西来镇	0.0	0.0	78.9	100.0	0.0	0.0	0.0	0.0	良好
		大兴镇	0.0	0.0	8.7	15.0	44.6	76.5	5.0	8.6	良好
		复兴乡	0.0	0.0	14.6	40.0	21.8	60.0	0.0	0.0	良好
		光明乡	0.0	0.0	1.8	8.2	19.5	87.4	1.0	4.4	良好
		长秋乡	0.0	0.0	13.3	69.3	5.9	30.5	0.0	0.1	良好
	邛崃市	油榨乡	0.0	0.0	0.0	0.0	28.1	56.8	21.4	43.2	较差
		平乐镇	0.0	0.0	0.0	0.0	69.6	89.0	8.6	11.0	中
		水口镇	0.0	0.0	0.0	0.0	100.2	87.4	14.4	12.6	中
		临济镇	0.0	0.0	0.0	0.0	34.8	93.6	2.4	6.4	中
		大同乡	0.0	0.0	0.0	0.0	59.7	86.8	9.1	13.2	中
		孔明乡	0.0	0.0	0.0	0.0	22.5	87.6	3.2	12.4	中
		临邛镇	0.0	0.0	93.6	65.3	43.8	30.5	5.9	4.1	良好
		羊安镇	26.5	57.1	18.4	39.7	1.3	2.7	0.2	0.4	良好
		牟礼镇	1.7	2.8	55.9	94.3	1.7	2.9	0.0	0.0	良好
		桑园镇	0.1	0.3	36.5	98.9	0.3	0.8	0.0	0.0	良好
		固驿镇	5.3	10.5	45.1	89.5	0.0	0.0	0.0	0.0	良好
		冉义镇	36.6	100.0	0.0	0.0	0.0	0.0	0.0	0.0	良好
		回龙镇	0.0	0.0	28.0	68.8	10.6	26.0	2.1	5.2	良好
		高埂镇	23.6	91.5	2.2	8.5	0.0	0.0	0.0	0.0	良好
		前进镇	7.7	29.7	18.1	70.3	0.0	0.0	0.0	0.0	良好
		卧龙镇	0.0	0.0	8.5	25.1	23.3	69.0	2.0	5.9	良好
		宝林镇	0.0	0.0	36.9	100.0	0.0	0.0	0.0	0.0	良好
		茶园乡	0.0	0.0	11.7	37.1	18.5	58.6	1.4	4.3	良好

续表

类型	名称	乡镇	良好		中		较差		差		综合评价
			面积（平方公里）	比重（%）	面积（平方公里）	比重（%）	面积（平方公里）	比重（%）	面积（平方公里）	比重（%）	
一般灾区	康定县	孔玉乡	1010.4	85.0	137.7	11.6	32.4	2.7	7.7	0.6	良好
		捧塔乡	241.1	34.2	344.1	48.9	102.7	14.6	16.3	2.3	良好
		金汤乡	13.0	6.6	124.1	63.2	52.0	26.5	7.2	3.7	良好
		塔公乡	665.6	79.4	122.4	14.6	40.0	4.8	10.3	1.2	良好
		雅拉乡	263.6	37.9	325.5	46.8	87.4	12.6	19.3	2.8	良好
		舍联乡	217.8	77.7	62.6	22.3	0.0	0.0	0.0	0.0	良好
		三合乡	10.2	3.9	189.5	73.2	51.2	19.8	7.9	3.1	良好
		麦崩乡	0.0	0.0	91.8	79.2	20.6	17.8	3.5	3.0	良好
		瓦泽乡	294.4	59.2	149.5	30.1	42.8	8.6	10.8	2.2	良好
		新都桥镇	458.8	100.0	0.0	0.0	0.0	0.0	0.0	0.0	良好
		前溪乡	0.0	0.0	64.8	70.3	23.8	25.8	3.5	3.8	良好
		姑咱镇	139.0	70.8	57.3	29.2	0.0	0.0	0.0	0.0	良好
		时济乡	0.0	0.0	52.7	84.3	8.6	13.7	1.3	2.0	良好
		炉城镇	305.0	37.6	423.4	52.1	72.0	8.9	11.6	1.4	良好
		呷巴乡	347.3	76.6	84.2	18.6	18.1	4.0	3.8	0.8	良好
		甲根坝乡	167.5	66.0	66.9	26.4	15.5	6.1	3.9	1.5	良好
		朋布西乡	369.5	85.7	48.7	11.3	9.8	2.3	3.0	0.7	良好
		贡嘎山乡	1803.9	84.3	252.3	11.8	67.7	3.2	16.5	0.8	良好
		沙德乡	737.8	88.3	69.3	8.3	22.4	2.7	5.9	0.7	良好
		普沙绒乡	613.1	92.0	36.8	5.5	13.7	2.1	3.1	0.5	良好
		吉居乡	356.2	98.4	4.4	1.2	1.1	0.3	0.4	0.1	良好
	泸定县	岚安乡	0.0	0.0	26.7	46.9	26.5	46.6	3.7	6.5	良好
		烹坝乡	16.4	14.1	100.0	85.9	0.0	0.0	0.0	0.0	良好
		泸桥镇	0.0	0.0	75.5	51.2	63.9	43.3	8.1	5.5	良好
		冷碛镇	0.0	0.0	36.7	47.5	35.9	46.5	4.6	5.9	良好
		田坝乡	0.0	0.0	209.7	93.4	12.1	5.4	2.7	1.2	良好
		杵坭乡	0.0	0.0	18.4	37.9	25.3	52.3	4.8	9.8	良好
		兴隆镇	0.0	0.0	101.0	96.9	3.2	3.1	0.0	0.0	良好
		国有林场	141.0	92.5	11.4	7.5	0.0	0.0	0.0	0.0	良好
		德威乡	0.0	0.0	38.0	55.6	25.5	37.4	4.8	7.0	良好
		新兴乡	104.2	23.9	266.8	61.2	55.5	12.7	9.2	2.1	良好
		磨西镇	158.9	51.0	124.5	39.9	24.2	7.8	4.1	1.3	良好
		加郡乡	0.0	0.0	187.2	97.0	5.7	3.0	0.0	0.0	良好
		得妥乡	42.0	19.5	117.7	54.6	46.6	21.6	9.2	4.3	良好
	峨边彝族自治县	万坪乡	138.3	60.0	71.1	30.8	18.2	7.9	3.0	1.3	良好
		五渡镇	40.0	24.0	95.5	57.3	25.7	15.4	5.5	3.3	良好
		共和乡	0.0	0.0	6.1	37.6	8.0	49.5	2.1	12.9	良好
		勒乌乡	412.6	99.8	0.6	0.2	0.0	0.0	0.0	0.0	良好

续表

类型	名称	乡镇	良好		中		较差		差		综合评价
			面积（平方公里）	比重（%）	面积（平方公里）	比重（%）	面积（平方公里）	比重（%）	面积（平方公里）	比重（%）	
一般灾区	峨边彝族自治县	哈曲乡	108.6	76.3	24.4	17.1	7.5	5.3	1.8	1.3	良好
		大堡镇	0.0	0.0	63.0	70.8	22.7	25.5	3.3	3.7	良好
		宜坪乡	0.0	0.0	25.9	69.5	9.7	25.9	1.7	4.6	良好
		平等乡	164.4	86.2	19.7	10.3	5.0	2.6	1.6	0.8	良好
		新场乡	0.0	0.0	44.9	95.5	2.1	4.5	0.0	0.0	良好
		新林镇	61.6	28.7	110.4	51.5	35.3	16.5	7.0	3.3	良好
		杨村乡	0.0	0.0	17.4	42.8	20.0	49.2	3.3	8.0	良好
		杨河乡	101.3	89.5	11.8	10.5	0.0	0.0	0.0	0.0	良好
		毛坪镇	34.2	44.5	42.2	54.9	0.4	0.6	0.0	0.0	良好
		沙坪镇	3.4	4.3	50.9	64.8	21.1	26.8	3.1	4.0	良好
		白杨乡	30.2	36.7	49.4	60.0	2.7	3.3	0.0	0.0	良好
		红花乡	0.0	0.0	23.2	89.4	2.5	9.7	0.3	1.0	良好
		觉莫乡	19.5	15.7	104.4	84.3	0.0	0.0	0.0	0.0	良好
		金岩乡	20.6	27.4	47.2	62.9	6.2	8.3	1.1	1.4	良好
		黑竹沟镇	198.3	98.8	2.5	1.2	0.0	0.0	0.0	0.0	良好
	峨眉山市	绥山镇	0.0	0.0	35.9	66.2	16.2	29.9	2.1	3.9	良好
		高桥镇	0.0	0.0	40.0	53.8	29.3	39.4	5.0	6.7	良好
		罗目镇	0.0	0.0	38.3	79.2	8.8	18.2	1.3	2.6	良好
		九里镇	0.0	0.0	46.0	100.0	0.0	0.0	0.0	0.0	良好
		龙池镇	0.0	0.0	95.4	51.0	82.9	44.3	8.8	4.7	良好
		乐都镇	0.0	0.0	21.6	72.9	7.2	24.2	0.9	2.9	良好
		符溪镇	14.6	34.1	28.1	65.9	0.0	0.0	0.0	0.0	良好
		峨山镇	0.0	0.0	6.8	51.6	5.4	40.9	1.0	7.5	良好
		双福镇	0.0	0.0	28.3	54.0	21.0	40.1	3.1	5.9	良好
		桂花桥镇	8.0	16.5	40.4	83.5	0.0	0.0	0.0	0.0	良好
		大为镇	0.0	0.0	66.6	57.3	44.5	38.3	5.2	4.5	良好
		胜利镇	0.0	0.0	17.9	93.4	1.3	6.6	0.0	0.0	良好
		龙门乡	7.6	11.1	42.8	62.3	15.7	22.9	2.6	3.7	良好
		川主乡	0.0	0.0	19.0	40.3	26.2	55.5	2.0	4.2	良好
		沙溪乡	0.0	0.0	84.3	99.9	0.1	0.1	0.0	0.0	良好
		新平乡	0.0	0.0	14.8	100.0	0.0	0.0	0.0	0.0	良好
		普兴乡	0.0	0.0	17.3	41.1	21.5	51.2	3.2	7.6	良好
		黄湾乡	0.0	0.0	103.6	58.1	67.0	37.5	7.8	4.4	良好
	夹江县	漹城镇	0.0	0.0	34.3	84.9	5.7	14.1	0.4	1.0	良好
		黄土镇	4.3	9.1	43.0	90.9	0.0	0.0	0.0	0.0	良好
		甘江镇	49.2	83.2	9.9	16.8	0.0	0.0	0.0	0.0	良好
		界牌镇	0.0	0.0	17.6	53.1	13.8	41.6	1.8	5.3	良好
		中兴镇	0.0	0.0	22.5	74.6	7.4	24.7	0.2	0.8	良好

续表

类型	名称	乡镇	良好		中		较差		差		综合评价
			面积（平方公里）	比重（%）	面积（平方公里）	比重（%）	面积（平方公里）	比重（%）	面积（平方公里）	比重（%）	
一般灾区	夹江县	三洞镇	35.1	100.0	0.0	0.0	0.0	0.0	0.0	0.0	良好
		吴场镇	10.3	23.2	34.0	76.8	0.0	0.0	0.0	0.0	良好
		木城镇	0.0	0.0	28.7	91.5	2.7	8.5	0.0	0.0	良好
		华头镇	0.0	0.0	16.4	37.7	25.8	59.5	1.2	2.8	良好
		甘霖镇	22.0	80.4	5.3	19.6	0.0	0.0	0.0	0.0	良好
		新场镇	30.9	92.6	2.5	7.4	0.0	0.0	0.0	0.0	良好
		顺河乡	6.8	31.2	15.0	68.8	0.0	0.0	0.0	0.0	良好
		马村乡	0.0	0.0	28.3	100.0	0.0	0.0	0.0	0.0	良好
		土门乡	15.3	59.5	10.4	40.5	0.0	0.0	0.0	0.0	良好
		青州乡	27.0	100.0	0.0	0.0	0.0	0.0	0.0	0.0	良好
		梧凤乡	19.3	100.0	0.0	0.0	0.0	0.0	0.0	0.0	良好
		永青乡	15.8	87.7	2.2	12.3	0.0	0.0	0.0	0.0	良好
		迎江乡	0.0	0.0	9.2	32.6	16.7	59.1	2.3	8.3	良好
		龙沱乡	0.0	0.0	6.4	38.1	9.8	57.9	0.7	4.0	良好
		南安乡	0.0	0.0	12.2	39.5	16.9	54.6	1.8	5.9	良好
		歇马乡	0.0	0.0	50.7	95.8	2.3	4.2	0.0	0.0	良好
		麻柳乡	0.0	0.0	31.6	69.1	14.1	30.9	0.0	0.0	良好
	金口河区	永和镇	0.0	0.0	77.2	100.0	0.0	0.0	0.0	0.0	良好
		金河镇	0.0	0.0	130.2	91.2	12.0	8.4	0.5	0.4	良好
		和平彝族乡	0.0	0.0	29.9	71.2	11.4	27.2	0.7	1.6	良好
		共安彝族乡	5.4	3.2	162.9	96.8	0.0	0.0	0.0	0.0	良好
		吉星乡	0.0	0.0	29.4	66.4	12.7	28.6	2.2	5.0	良好
		永胜乡	0.0	0.0	122.6	100.0	0.0	0.0	0.0	0.0	良好
	甘洛县	新市坝镇	64.7	31.3	121.0	58.5	18.0	8.7	3.0	1.5	良好
		田坝镇	1.3	2.3	55.9	97.7	0.0	0.0	0.0	0.0	良好
		海棠镇	0.4	0.4	84.0	79.2	19.1	18.0	2.7	2.5	良好
		吉米镇	34.8	52.0	24.1	35.9	6.7	10.0	1.4	2.1	良好
		斯觉镇	24.8	100.0	0.0	0.0	0.0	0.0	0.0	0.0	良好
		普昌镇	0.1	0.2	26.0	78.4	6.2	18.6	1.0	2.9	良好
		玉田镇	46.2	100.0	0.0	0.0	0.0	0.0	0.0	0.0	良好
		前进乡	0.0	0.0	27.8	98.2	0.5	1.8	0.0	0.0	良好
		胜利乡	0.0	0.0	51.4	100.0	0.0	0.0	0.0	0.0	良好
		新茶乡	0.0	0.0	39.8	100.0	0.0	0.0	0.0	0.0	良好
		两河乡	0.0	0.0	57.3	100.0	0.0	0.0	0.0	0.0	良好
		里克乡	20.8	95.6	1.0	4.4	0.0	0.0	0.0	0.0	良好
		尼尔觉乡	51.2	100.0	0.0	0.0	0.0	0.0	0.0	0.0	良好
		拉莫乡	112.1	100.0	0.0	0.0	0.0	0.0	0.0	0.0	良好
		波波乡	37.5	43.5	38.6	44.8	8.5	9.8	1.6	1.9	良好

续表

类型	名称	乡镇	良好		中		较差		差		综合评价
			面积（平方公里）	比重（%）	面积（平方公里）	比重（%）	面积（平方公里）	比重（%）	面积（平方公里）	比重（%）	
一般灾区	甘洛县	阿嘎乡	160.4	76.9	34.4	16.5	11.2	5.4	2.7	1.3	良好
		阿尔乡	2.1	3.9	42.2	78.1	8.2	15.1	1.5	2.8	良好
		石海乡	28.7	94.7	1.6	5.3	0.0	0.0	0.0	0.0	良好
		团结乡	33.2	40.7	48.5	59.3	0.0	0.0	0.0	0.0	良好
		嘎日乡	43.3	100.0	0.0	0.0	0.0	0.0	0.0	0.0	良好
		则拉乡	18.4	34.2	35.2	65.7	0.0	0.0	0.0	0.0	良好
		坪坝乡	0.0	0.0	127.1	100.0	0.0	0.0	0.0	0.0	良好
		蓼坪乡	34.9	31.8	52.6	47.9	19.7	17.9	2.6	2.4	良好
		阿兹觉乡	6.7	3.4	177.4	90.3	12.3	6.2	0.1	0.1	良好
		乌史大桥乡	0.0	0.0	120.8	100.0	0.0	0.0	0.0	0.0	良好
		黑马乡	0.0	0.0	13.8	28.7	30.7	63.8	3.6	7.5	良好
		沙岱乡	0.0	0.0	25.5	56.7	17.2	38.2	2.3	5.2	良好
		苏雄乡	0.0	0.0	16.3	48.4	14.6	43.5	2.7	8.1	良好
	丹棱县	张场镇	0.0	0.0	0.0	0.0	86.1	89.1	10.5	10.9	中
		顺龙乡	0.0	0.0	0.6	1.0	55.6	97.8	0.7	1.2	中
		仁美镇	0.0	0.0	31.2	97.1	0.9	2.9	0.0	0.0	良好
		丹棱镇	0.0	0.0	60.0	99.7	0.2	0.3	0.0	0.0	良好
		杨场镇	0.0	0.0	89.7	98.1	1.7	1.9	0.0	0.0	良好
		双桥镇	0.0	0.0	39.0	44.3	49.0	55.7	0.0	0.0	良好
		石桥乡	0.0	0.0	14.2	62.7	8.5	37.3	0.0	0.0	良好
	东坡区	通惠街道办事处	14.9	100.0	0.0	0.0	0.0	0.0	0.0	0.0	良好
		大石桥街道办事处	20.9	100.0	0.0	0.0	0.0	0.0	0.0	0.0	良好
		苏祠街道办事处	11.0	100.0	0.0	0.0	0.0	0.0	0.0	0.0	良好
		白马镇	43.5	100.0	0.0	0.0	0.0	0.0	0.0	0.0	良好
		象耳镇	18.3	100.0	0.0	0.0	0.0	0.0	0.0	0.0	良好
		太和镇	39.6	99.1	0.4	0.9	0.0	0.0	0.0	0.0	良好
		悦兴镇	20.9	40.1	23.6	45.3	6.5	12.5	1.1	2.1	良好
		尚义镇	41.7	79.2	10.9	20.8	0.0	0.0	0.0	0.0	良好
		多悦镇	6.5	8.5	69.6	91.4	0.1	0.1	0.0	0.0	良好
		秦家镇	35.4	41.9	49.1	58.1	0.0	0.0	0.0	0.0	良好
		万胜镇	6.4	8.9	65.6	91.1	0.0	0.0	0.0	0.0	良好
		崇仁镇	52.4	69.4	23.1	30.6	0.0	0.0	0.0	0.0	良好
		思濛镇	75.3	100.0	0.0	0.0	0.0	0.0	0.0	0.0	良好
		修文镇	94.5	98.7	1.3	1.3	0.0	0.0	0.0	0.0	良好
		松江镇	63.1	100.0	0.0	0.0	0.0	0.0	0.0	0.0	良好
		崇礼镇	54.8	100.0	0.0	0.0	0.0	0.0	0.0	0.0	良好
		富牛镇	54.2	100.0	0.0	0.0	0.0	0.0	0.0	0.0	良好
		永寿镇	47.4	100.0	0.0	0.0	0.0	0.0	0.0	0.0	良好

续表

类型	名称	乡镇	良好		中		较差		差		综合评价
			面积（平方公里）	比重（%）	面积（平方公里）	比重（%）	面积（平方公里）	比重（%）	面积（平方公里）	比重（%）	
一般灾区	东坡区	三苏乡	26.5	31.1	58.8	68.9	0.0	0.0	0.0	0.0	良好
		广济乡	0.0	0.0	65.9	100.0	0.0	0.0	0.0	0.0	良好
		盘鳌乡	0.0	0.0	73.3	96.2	2.9	3.8	0.0	0.0	良好
		土地乡	35.1	100.0	0.0	0.0	0.0	0.0	0.0	0.0	良好
		复盛乡	29.6	100.0	0.0	0.0	0.0	0.0	0.0	0.0	良好
		复兴乡	29.5	100.0	0.0	0.0	0.0	0.0	0.0	0.0	良好
		金花乡	32.0	100.0	0.0	0.0	0.0	0.0	0.0	0.0	良好
		柳圣乡	22.5	100.0	0.0	0.0	0.0	0.0	0.0	0.0	良好
		彭山县飞地	0.0	0.0	5.3	100.0	0.0	0.0	0.0	0.0	良好
	洪雅县	槽渔滩镇	0.0	0.0	0.0	0.0	55.3	68.0	26.0	32.0	较差
		汉王乡	0.0	0.0	0.0	0.0	50.8	73.3	18.5	26.7	较差
		花溪镇	0.0	0.0	0.0	0.0	70.6	86.1	11.4	13.9	中
		中保镇	0.0	0.0	0.0	0.0	67.9	100.0	0.0	0.0	中
		东岳镇	0.0	0.0	0.7	0.6	101.7	96.2	3.3	3.1	中
		柳江镇	0.0	0.0	0.0	0.0	151.6	95.5	7.2	4.5	中
		高庙镇	0.0	0.0	11.5	5.1	195.6	86.8	18.4	8.1	中
		中山乡	0.0	0.0	0.0	0.0	40.2	100.0	0.0	0.0	中
		止戈镇	0.0	0.0	2.6	5.8	42.0	94.2	0.0	0.0	良好
		三宝镇	0.0	0.0	37.9	100.0	0.0	0.0	0.0	0.0	良好
		洪川镇	0.0	0.0	53.1	67.1	26.1	32.9	0.0	0.0	良好
		余坪镇	0.0	0.0	89.7	87.2	11.9	11.6	1.2	1.2	良好
		瓦屋山镇	0.0	0.0	70.2	10.2	590.6	85.5	30.1	4.4	良好
		将军乡	0.0	0.0	47.9	88.0	6.6	12.0	0.0	0.0	良好
		桃源乡	0.0	0.0	2.2	5.0	41.5	95.0	0.0	0.0	良好
	汉源县	万工乡	0.0	0.0	0.0	0.0	12.0	77.5	3.5	22.5	较差
		富林镇	0.0	0.0	0.0	0.0	7.6	81.7	1.7	18.3	中
		九襄镇	0.0	0.0	0.0	0.0	86.0	100.0	0.0	0.0	中
		宜东镇	0.0	0.0	0.6	0.6	87.8	95.9	3.2	3.5	中
		富庄镇	0.0	0.0	0.0	0.0	47.4	93.7	3.2	6.3	中
		清溪镇	0.0	0.0	0.0	0.0	18.6	100.0	0.0	0.0	中
		大田乡	0.0	0.0	0.0	0.0	24.7	100.0	0.0	0.0	中
		唐家乡	0.0	0.0	0.0	0.0	25.9	100.0	0.0	0.0	中
		富春乡	0.0	0.0	0.0	0.0	30.6	100.0	0.0	0.0	中
		河西乡	0.0	0.0	0.1	0.5	23.7	87.0	3.4	12.5	中
		大岭乡	0.0	0.0	0.0	0.0	22.2	88.8	2.8	11.2	中
		前域乡	0.0	0.0	0.0	0.0	19.6	81.6	4.4	18.4	中
		大堰乡	0.0	0.0	0.0	0.0	30.5	90.6	3.2	9.4	中
		双溪乡	0.0	0.0	0.0	0.0	67.6	100.0	0.0	0.0	中

续表

类型	名称	乡镇	良好		中		较差		差		综合评价
			面积（平方公里）	比重（%）	面积（平方公里）	比重（%）	面积（平方公里）	比重（%）	面积（平方公里）	比重（%）	
一般灾区	汉源县	西溪乡	0.0	0.0	0.0	0.0	38.7	100.0	0.0	0.0	中
		建黎乡	0.0	0.0	0.0	0.0	44.3	100.0	0.0	0.0	中
		市荣乡	0.0	0.0	0.1	0.2	32.7	88.0	4.4	11.8	中
		富泉乡	0.0	0.0	0.0	0.0	29.7	100.0	0.0	0.0	中
		安乐乡	0.0	0.0	0.0	0.0	20.3	100.0	0.0	0.0	中
		万里乡	0.0	0.0	0.0	0.0	100.2	100.0	0.0	0.0	中
		马烈乡	0.0	0.0	0.0	0.0	120.5	100.0	0.0	0.0	中
		白岩乡	0.0	0.0	0.0	0.0	16.9	99.7	0.1	0.3	中
		乌斯河镇	0.0	0.0	52.6	100.0	0.0	0.0	0.0	0.0	良好
		大树镇	0.0	0.0	11.4	40.5	16.8	59.5	0.0	0.0	良好
		皇木镇	0.0	0.0	68.3	77.4	19.9	22.6	0.0	0.0	良好
		后域乡	0.0	0.0	6.9	14.2	40.7	83.4	1.2	2.4	良好
		两河乡	0.0	0.0	34.7	53.6	28.5	43.9	1.7	2.5	良好
		富乡乡	0.0	0.0	67.8	77.6	19.5	22.4	0.0	0.0	良好
		梨园乡	0.0	0.0	25.1	41.6	32.6	54.2	2.5	4.2	良好
		三交乡	0.0	0.0	197.0	89.6	22.9	10.4	0.0	0.0	良好
		青富乡	0.0	0.0	12.4	44.4	15.5	55.6	0.0	0.0	良好
		桂贤乡	0.0	0.0	5.2	10.1	42.7	82.9	3.6	7.0	良好
		河南乡	0.0	0.0	148.2	100.0	0.0	0.0	0.0	0.0	良好
		晒经乡	0.0	0.0	29.2	100.0	0.0	0.0	0.0	0.0	良好
		料林乡	0.0	0.0	26.0	67.4	12.6	32.6	0.0	0.0	良好
		小堡藏族彝族乡	0.0	0.0	48.6	100.0	0.0	0.0	0.0	0.0	良好
		片马彝族乡	0.0	0.0	12.4	22.3	40.3	72.6	2.8	5.1	良好
		坭美彝族乡	0.0	0.0	66.5	99.9	0.0	0.1	0.0	0.0	良好
		永利彝族乡	0.0	0.0	81.7	96.9	2.6	3.1	0.0	0.0	良好
		顺河彝族乡	0.0	0.0	39.5	57.0	29.3	42.3	0.4	0.6	良好
	石棉县	安顺彝族乡	8.1	3.9	125.8	60.5	64.9	31.2	9.3	4.5	良好
		先锋藏族乡	2.9	3.2	43.6	47.7	37.8	41.4	7.1	7.7	良好
		蟹螺藏族乡	17.7	8.9	131.4	65.7	43.6	21.8	7.4	3.7	良好
		永和乡	0.0	0.0	75.3	100.0	0.0	0.0	0.0	0.0	良好
		回隆彝族乡	0.0	0.0	154.6	71.1	55.5	25.5	7.4	3.4	良好
		擦罗彝族乡	0.0	0.0	50.8	65.5	22.6	29.1	4.2	5.5	良好
		栗子坪彝族乡	157.3	31.1	281.2	55.6	58.5	11.6	8.7	1.7	良好
		美罗乡	0.0	0.0	52.8	100.0	0.0	0.0	0.0	0.0	良好
		迎政乡	0.0	0.0	59.4	100.0	0.0	0.0	0.0	0.0	良好
		宰羊乡	0.0	0.0	21.3	100.0	0.0	0.0	0.0	0.0	良好
		丰乐乡	0.0	0.0	230.4	99.4	1.3	0.6	0.0	0.0	良好
		新民藏族彝族乡	0.0	0.0	25.7	30.6	50.3	59.9	8.0	9.5	良好
		挖角彝族藏族乡	0.0	0.0	185.3	99.5	0.9	0.5	0.0	0.0	良好
		田湾彝族乡	33.1	22.8	55.7	38.4	43.8	30.2	12.4	8.6	良好
		草科藏族乡	209.9	61.9	105.7	31.1	19.7	5.8	4.1	1.2	良好
		新棉镇	0.0	0.0	102.4	78.9	22.7	17.5	4.7	3.7	良好
		棉城街道办事处	0.0	0.0	16.1	59.0	10.2	37.3	1.0	3.7	良好

表2-13 芦山地震灾区次生地质灾害危险性评价结果（乡镇单元）

类型	名称	乡镇	轻		中		重		极重		综合评价
			面积（平方公里）	比重（%）	面积（平方公里）	比重（%）	面积（平方公里）	比重（%）	面积（平方公里）	比重（%）	
极重灾区	芦山县	双石镇	2.77	3.55	20.87	26.74	41.99	53.81	12.41	15.90	极重
		太平镇	36.76	19.11	90.42	47.00	43.84	22.79	21.34	11.09	极重
		大川镇	282.30	54.41	196.63	37.90	37.28	7.19	2.63	0.51	极重
		龙门乡	5.41	5.86	50.91	55.20	28.24	30.62	7.68	8.32	极重
		宝盛乡	9.00	7.73	45.38	38.97	49.84	42.80	12.21	10.49	极重
		芦阳镇	5.76	15.24	23.33	61.72	8.49	22.46	0.22	0.58	重
		飞仙关镇	12.61	24.20	28.78	55.21	10.47	20.09	0.26	0.50	重
		思延乡	6.06	25.64	12.55	53.11	4.58	19.40	0.44	1.85	重
		清仁乡	1.71	3.32	21.71	42.17	22.54	43.78	5.53	10.73	重
		苗溪茶场	0.61	2.19	11.60	42.08	12.32	44.66	3.05	11.06	重
重灾区	邛崃市	火井镇	34.58	52.76	27.61	42.14	3.34	5.10	0.00	0.00	重
		高何镇	16.92	20.78	44.91	55.16	17.80	21.87	1.78	2.18	重
		天台山镇	42.03	38.48	54.81	50.18	12.39	11.34	0.00	0.00	重
		道佐乡	18.09	56.01	12.63	39.12	1.57	4.87	0.00	0.00	重
		南宝乡	24.09	27.64	44.15	50.66	17.52	20.10	1.39	1.59	重
		夹关镇	38.25	80.61	8.50	17.92	0.70	1.47	0.00	0.00	中
	宝兴县	穆坪镇	31.85	19.40	96.84	58.98	31.68	19.30	3.81	2.32	极重
		灵关镇	44.19	18.74	124.60	52.83	56.91	24.13	10.13	4.30	极重
		陇东镇	402.44	81.55	85.49	17.32	5.51	1.12	0.04	0.01	重
		蜂桶寨乡	156.84	42.92	184.87	50.59	23.08	6.32	0.61	0.17	重
		明礼乡	39.02	32.86	73.55	61.94	6.17	5.20	0.00	0.00	重
		五龙乡	18.76	25.44	43.83	59.44	10.40	14.11	0.75	1.01	重
		大溪乡	5.18	9.96	23.27	44.77	20.82	40.07	2.70	5.20	重
		硗碛藏族乡	912.86	96.89	29.30	3.11	0.01	0.00	0.00	0.00	轻
		永富乡	609.42	91.86	53.72	8.10	0.31	0.05	0.00	0.00	轻
	名山区	蒙阳镇	24.92	76.79	6.65	20.49	0.88	2.71	0.00	0.01	中
		车岭镇	32.54	68.31	13.47	28.28	1.62	3.40	0.00	0.01	中
		永兴镇	28.09	82.11	5.54	16.20	0.58	1.68	0.00	0.00	中
		马岭镇	24.31	66.69	10.59	29.06	1.55	4.25	0.00	0.01	中
		新店镇	39.86	84.63	6.76	14.34	0.48	1.02	0.00	0.01	中
		蒙顶山镇	15.66	58.77	9.05	33.95	1.92	7.21	0.02	0.07	中
		城东乡	14.31	63.50	7.36	32.63	0.87	3.87	0.00	0.00	中
		前进乡	23.93	71.06	9.06	26.92	0.68	2.02	0.00	0.00	中
		中峰乡	34.55	77.67	9.09	20.43	0.85	1.90	0.00	0.00	中
		万古乡	21.82	88.65	2.64	10.71	0.16	0.64	0.00	0.00	中
		红岩乡	13.41	64.74	6.58	31.77	0.72	3.48	0.00	0.00	中
		建山乡	15.73	46.48	15.69	46.35	2.43	7.17	0.00	0.00	中

续表

类型	名称	乡镇	轻		中		重		极重		综合评价
			面积（平方公里）	比重（%）	面积（平方公里）	比重（%）	面积（平方公里）	比重（%）	面积（平方公里）	比重（%）	
重灾区	名山区	百丈镇	36.51	98.69	0.49	1.31	0.00	0.00	0.00	0.00	轻
		黑竹镇	23.78	100.0	0.00	0.00	0.00	0.00	0.00	0.00	轻
		红星镇	27.49	99.15	0.24	0.85	0.00	0.00	0.00	0.00	轻
		联江乡	25.43	97.48	0.65	2.50	0.01	0.02	0.00	0.00	轻
		廖场乡	24.51	99.92	0.02	0.08	0.00	0.00	0.00	0.00	轻
		双河乡	21.42	64.99	11.31	34.31	0.23	0.70	0.00	0.00	轻
		解放乡	21.50	95.85	0.93	4.15	0.00	0.00	0.00	0.00	轻
		茅河乡	19.28	100.0	0.00	0.00	0.00	0.00	0.00	0.00	轻
	天全县	城厢镇	10.44	22.71	19.68	42.83	14.22	30.95	1.61	3.51	重
		始阳镇	14.96	38.38	18.48	47.41	5.23	13.41	0.31	0.80	重
		大坪乡	4.37	22.70	10.64	55.26	4.22	21.90	0.03	0.13	重
		乐英乡	8.87	34.41	13.41	52.01	3.30	12.78	0.21	0.80	重
		多功乡	3.69	18.15	10.73	52.75	5.86	28.83	0.05	0.27	重
		仁义乡	13.03	32.25	19.80	49.03	7.15	17.71	0.41	1.01	重
		老场乡	12.53	15.70	36.67	45.95	27.11	33.97	3.50	4.38	重
		新华乡	10.85	33.30	17.84	54.74	3.88	11.91	0.02	0.05	重
		新场乡	14.68	23.35	38.55	61.32	9.30	14.80	0.33	0.53	重
		兴业乡	31.36	29.16	60.96	56.69	14.55	13.53	0.66	0.61	重
		小河乡	250.36	50.60	215.12	43.48	28.01	5.66	1.26	0.25	中
		思经乡	42.89	31.37	73.28	53.60	19.23	14.07	1.30	0.95	中
		鱼泉乡	31.86	48.69	27.89	42.63	5.33	8.14	0.36	0.54	中
		两路乡	170.73	53.22	147.65	46.02	2.44	0.76	0.00	0.00	中
		紫石乡	641.85	71.28	254.36	28.25	4.25	0.47	0.00	0.00	轻
	荥经县	天凤乡	2.96	23.81	5.60	45.11	3.20	25.82	0.65	5.26	重
		新添乡	8.03	15.45	30.44	58.59	13.14	25.28	0.35	0.68	重
		严道镇	6.69	46.48	6.20	43.06	1.50	10.44	0.00	0.02	中
		花滩镇	18.58	31.64	38.48	65.53	1.66	2.82	0.00	0.01	中
		六合乡	10.88	57.54	7.48	39.57	0.55	2.88	0.00	0.00	中
		烈太乡	5.02	32.28	7.75	49.84	2.77	17.84	0.01	0.04	中
		民建彝族乡	14.36	71.53	4.94	24.63	0.74	3.68	0.03	0.16	中
		烈士乡	6.98	32.23	11.74	54.20	2.93	13.52	0.01	0.04	中
		荥河乡	7.92	26.98	18.98	64.62	2.45	8.36	0.01	0.04	中
		泗坪乡	60.14	55.77	45.87	42.53	1.82	1.69	0.01	0.01	中
		大田坝乡	2.72	30.06	4.36	48.07	1.94	21.42	0.04	0.45	中
		宝峰彝族乡	5.09	41.41	6.67	54.23	0.52	4.25	0.01	0.11	中
		附城乡	6.16	43.64	6.87	48.70	1.08	7.65	0.00	0.00	中
		五宪乡	11.79	54.47	8.84	40.85	1.00	4.64	0.01	0.04	中

续表

类型	名称	乡镇	轻		中		重		极重		综合评价
			面积（平方公里）	比重（%）	面积（平方公里）	比重（%）	面积（平方公里）	比重（%）	面积（平方公里）	比重（%）	
重灾区	荥经县	烟竹乡	23.55	57.59	16.09	39.34	1.26	3.08	0.00	0.00	中
		青龙乡	30.58	57.62	20.64	38.89	1.85	3.49	0.00	0.00	中
		安靖乡	85.74	59.06	57.93	39.90	1.51	1.04	0.00	0.00	轻
		新建乡	108.96	56.74	81.52	42.45	1.55	0.81	0.00	0.00	轻
		新庙乡	114.32	70.55	46.49	28.69	1.23	0.76	0.00	0.00	轻
		三合乡	220.13	69.32	93.83	29.55	3.61	1.14	0.00	0.00	轻
		龙苍沟乡	359.89	78.45	97.73	21.30	1.11	0.24	0.00	0.00	轻
	雨城区	北郊镇	29.71	39.15	35.49	46.76	10.51	13.85	0.18	0.24	重
		对岩镇	15.10	41.88	15.96	44.25	5.00	13.87	0.00	0.00	重
		中里镇	15.20	40.58	17.33	46.26	4.81	12.85	0.12	0.31	重
		多营镇	5.03	19.93	16.76	66.46	3.43	13.60	0.00	0.01	重
		碧峰峡镇	17.40	27.12	33.50	52.22	12.19	19.00	1.06	1.66	重
		八步乡	6.31	14.34	28.45	64.72	9.07	20.65	0.13	0.29	重
		沙坪镇	19.54	40.08	27.19	55.78	2.01	4.13	0.01	0.02	中
		上里镇	27.04	39.97	35.53	52.52	5.09	7.52	0.00	0.00	中
		南郊乡	17.65	43.73	21.05	52.14	1.65	4.09	0.01	0.03	中
		观化乡	23.14	36.83	34.23	54.48	5.35	8.51	0.12	0.19	中
		孔坪乡	29.48	38.50	41.02	53.58	5.94	7.76	0.13	0.17	中
		凤鸣乡	14.43	61.73	8.10	34.64	0.85	3.64	0.00	0.00	中
		草坝镇	37.21	85.03	5.57	12.73	0.98	2.24	0.00	0.00	轻
		合江镇	18.57	73.91	6.22	24.76	0.34	1.33	0.00	0.00	轻
		大兴镇	38.75	66.25	18.64	31.88	1.10	1.88	0.00	0.00	轻
		严桥镇	63.51	69.65	27.24	29.88	0.43	0.47	0.00	0.00	轻
		晏场镇	69.95	69.22	30.41	30.10	0.69	0.68	0.00	0.00	轻
		望鱼乡	95.17	67.63	43.54	30.94	2.02	1.44	0.00	0.00	轻
一般灾区	大邑县	悦来镇	46.52	80.94	10.92	18.99	0.04	0.07	0.00	0.00	中
		出江镇	23.50	37.34	35.87	56.99	3.57	5.67	0.00	0.00	中
		花水湾镇	37.10	42.66	47.97	55.17	1.89	2.17	0.00	0.00	中
		西岭镇	311.75	76.37	90.61	22.20	5.85	1.43	0.00	0.00	中
		斜源镇	24.65	39.21	35.11	55.85	3.10	4.94	0.00	0.01	中
		雾山乡	38.00	74.15	13.18	25.72	0.06	0.13	0.00	0.00	中
		鹤鸣乡	32.81	67.20	15.98	32.73	0.03	0.06	0.00	0.00	中
		晋原镇	82.64	91.71	7.46	8.28	0.01	0.01	0.00	0.00	轻
		安仁镇	56.47	100.0	0.00	0.00	0.00	0.00	0.00	0.00	轻
		董场镇	29.80	100.0	0.00	0.00	0.00	0.00	0.00	0.00	轻
		韩场镇	20.05	100.0	0.00	0.00	0.00	0.00	0.00	0.00	轻
		三岔镇	40.81	100.0	0.00	0.00	0.00	0.00	0.00	0.00	轻

续表

类型	名称	乡镇	轻		中		重		极重		综合评价
			面积（平方公里）	比重（%）	面积（平方公里）	比重（%）	面积（平方公里）	比重（%）	面积（平方公里）	比重（%）	
一般灾区	大邑县	上安镇	19.75	100.0	0.00	0.00	0.00	0.00	0.00	0.00	轻
		苏家镇	19.95	100.0	0.00	0.00	0.00	0.00	0.00	0.00	轻
		青霞镇	24.86	91.48	2.32	8.52	0.00	0.00	0.00	0.00	轻
		沙渠镇	18.00	100.0	0.00	0.00	0.00	0.00	0.00	0.00	轻
		蔡场镇	21.59	100.0	0.00	0.00	0.00	0.00	0.00	0.00	轻
		金星乡	41.97	86.93	6.31	13.07	0.00	0.00	0.00	0.00	轻
		新场镇	29.86	81.97	6.54	17.94	0.03	0.09	0.00	0.00	轻
		王泗镇	63.40	97.94	1.33	2.06	0.00	0.00	0.00	0.00	轻
	蒲江县	白云乡	21.28	56.97	14.58	39.02	1.50	4.01	0.00	0.00	中
		鹤山镇	103.75	94.08	6.53	5.92	0.00	0.00	0.00	0.00	轻
		大塘镇	29.75	100.00	0.00	0.00	0.00	0.00	0.00	0.00	轻
		寿安镇	87.07	99.41	0.52	0.59	0.00	0.00	0.00	0.00	轻
		朝阳湖镇	27.13	92.77	2.12	7.23	0.00	0.00	0.00	0.00	轻
		西来镇	78.93	99.99	0.00	0.01	0.00	0.00	0.00	0.00	轻
		大兴镇	59.14	99.98	0.01	0.02	0.00	0.00	0.00	0.00	轻
		甘溪镇	29.05	100.0	0.00	0.00	0.00	0.00	0.00	0.00	轻
		成佳镇	36.59	90.54	3.56	8.82	0.26	0.64	0.00	0.00	轻
		复兴乡	36.36	99.99	0.00	0.01	0.00	0.00	0.00	0.00	轻
		光明乡	15.87	70.34	6.58	29.18	0.11	0.48	0.00	0.00	轻
		长秋乡	16.68	86.47	2.59	13.45	0.02	0.08	0.00	0.00	轻
	邛崃市	平乐镇	55.86	70.49	21.97	27.72	1.42	1.80	0.00	0.00	中
		水口镇	68.31	58.52	45.11	38.65	3.30	2.83	0.00	0.00	中
		油榨乡	30.85	59.61	19.40	37.48	1.50	2.91	0.00	0.00	中
		大同乡	45.60	64.44	23.88	33.75	1.28	1.80	0.00	0.00	中
		临邛镇	137.58	95.37	6.65	4.61	0.03	0.02	0.00	0.00	轻
		羊安镇	45.34	100.0	0.00	0.00	0.00	0.00	0.00	0.00	轻
		牟礼镇	59.18	100.0	0.00	0.00	0.00	0.00	0.00	0.00	轻
		桑园镇	37.03	99.96	0.02	0.04	0.00	0.00	0.00	0.00	轻
		固驿镇	50.37	100.0	0.00	0.00	0.00	0.00	0.00	0.00	轻
		冉义镇	36.61	100.0	0.00	0.00	0.00	0.00	0.00	0.00	轻
		回龙镇	39.94	98.31	0.69	1.69	0.00	0.00	0.00	0.00	轻
		高埂镇	25.75	100.0	0.00	0.00	0.00	0.00	0.00	0.00	轻
		前进镇	25.66	100.0	0.00	0.00	0.00	0.00	0.00	0.00	轻
		临济镇	37.04	98.65	0.51	1.35	0.00	0.00	0.00	0.00	轻
		卧龙镇	34.11	100.0	0.00	0.00	0.00	0.00	0.00	0.00	轻
		宝林镇	36.94	100.0	0.00	0.00	0.00	0.00	0.00	0.00	轻
		茶园乡	28.01	88.12	3.76	11.83	0.02	0.05	0.00	0.00	轻
		孔明乡	24.91	95.38	1.20	4.61	0.00	0.01	0.00	0.00	轻

续表

类型	名称	乡镇	轻		中		重		极重		综合评价
			面积（平方公里）	比重（%）	面积（平方公里）	比重（%）	面积（平方公里）	比重（%）	面积（平方公里）	比重（%）	
一般灾区	康定县	孔玉乡	1169.95	98.59	16.75	1.41	0.00	0.00	0.00	0.00	轻
		捧塔乡	694.73	97.98	14.00	1.97	0.34	0.05	0.00	0.00	轻
		金汤乡	185.89	93.37	13.17	6.61	0.04	0.02	0.00	0.00	轻
		塔公乡	838.28	100.00	0.00	0.00	0.00	0.00	0.00	0.00	轻
		雅拉乡	691.23	98.07	13.36	1.89	0.26	0.04	0.00	0.00	轻
		舍联乡	276.22	98.53	4.12	1.47	0.00	0.00	0.00	0.00	轻
		三合乡	243.00	92.97	18.32	7.01	0.06	0.02	0.00	0.00	轻
		麦崩乡	112.68	96.36	4.26	3.64	0.00	0.00	0.00	0.00	轻
		瓦泽乡	502.83	100.00	0.00	0.00	0.00	0.00	0.00	0.00	轻
		新都桥镇	455.61	100.00	0.00	0.00	0.00	0.00	0.00	0.00	轻
		前溪乡	93.11	99.89	0.10	0.11	0.00	0.00	0.00	0.00	轻
		姑咱镇	195.64	99.64	0.71	0.36	0.00	0.00	0.00	0.00	轻
		时济乡	61.82	98.43	0.99	1.57	0.00	0.00	0.00	0.00	轻
		炉城镇	809.95	99.03	7.87	0.96	0.06	0.01	0.00	0.00	轻
		呷巴乡	454.47	100.00	0.00	0.00	0.00	0.00	0.00	0.00	轻
		甲根坝乡	255.55	100.00	0.00	0.00	0.00	0.00	0.00	0.00	轻
		朋布西乡	431.45	99.99	0.05	0.01	0.00	0.00	0.00	0.00	轻
		贡嘎山乡	2140.83	99.97	0.63	0.03	0.00	0.00	0.00	0.00	轻
		沙德乡	835.45	100.00	0.00	0.00	0.00	0.00	0.00	0.00	轻
		普沙绒乡	662.03	99.48	3.48	0.52	0.00	0.00	0.00	0.00	轻
		吉居乡	356.73	99.84	0.58	0.16	0.00	0.00	0.00	0.00	轻
	泸定县	冷碛镇	54.34	69.14	24.11	30.67	0.15	0.19	0.00	0.00	中
		杵坭乡	40.29	81.35	8.83	17.82	0.41	0.83	0.00	0.00	中
		兴隆镇	72.13	69.17	30.08	28.85	2.07	1.98	0.00	0.00	中
		德威乡	55.76	79.96	13.76	19.72	0.22	0.32	0.00	0.00	中
		得妥乡	180.13	82.55	37.43	17.16	0.64	0.29	0.00	0.00	中
		岚安乡	56.29	97.06	1.70	2.94	0.00	0.00	0.00	0.00	轻
		烹坝乡	115.34	99.09	1.06	0.91	0.00	0.00	0.00	0.00	轻
		泸桥镇	137.71	91.99	11.95	7.98	0.05	0.03	0.00	0.00	轻
		田坝乡	219.31	97.37	5.63	2.50	0.29	0.13	0.00	0.00	轻
		国有林场	152.33	99.97	0.05	0.03	0.00	0.00	0.00	0.00	轻
		新兴乡	433.04	98.62	6.07	1.38	0.00	0.00	0.00	0.00	轻
		磨西镇	291.03	92.98	21.87	6.99	0.11	0.04	0.00	0.00	轻
		加郡乡	184.19	95.51	8.65	4.49	0.01	0.00	0.00	0.00	轻
	峨边彝族自治县	万坪乡	227.02	99.17	1.91	0.83	0.00	0.00	0.00	0.00	轻
		五渡镇	149.32	89.38	17.72	10.61	0.03	0.02	0.00	0.00	轻
		共和乡	11.30	66.79	5.51	32.58	0.11	0.64	0.00	0.00	轻
		勒乌乡	408.07	99.24	3.13	0.76	0.00	0.00	0.00	0.00	轻

续表

类型	名称	乡镇	轻		中		重		极重		综合评价
			面积（平方公里）	比重（%）	面积（平方公里）	比重（%）	面积（平方公里）	比重（%）	面积（平方公里）	比重（%）	
一般灾区	峨边彝族自治县	哈曲乡	141. 14	98. 51	2. 13	1. 49	0. 00	0. 00	0. 00	0. 00	轻
		大堡镇	81. 85	90. 52	8. 54	9. 44	0. 03	0. 03	0. 00	0. 00	轻
		宜坪乡	26. 94	71. 22	10. 89	28. 78	0. 00	0. 01	0. 00	0. 00	轻
		平等乡	187. 28	99. 56	0. 84	0. 44	0. 00	0. 00	0. 00	0. 00	轻
		新场乡	39. 43	83. 74	7. 62	16. 18	0. 04	0. 08	0. 00	0. 00	轻
		新林镇	203. 20	93. 74	13. 51	6. 23	0. 06	0. 03	0. 00	0. 00	轻
		杨村乡	34. 04	81. 33	7. 81	18. 66	0. 00	0. 01	0. 00	0. 00	轻
		杨河乡	110. 13	97. 32	3. 04	2. 68	0. 00	0. 00	0. 00	0. 00	轻
		毛坪镇	63. 30	82. 30	13. 45	17. 49	0. 16	0. 21	0. 00	0. 00	轻
		沙坪镇	73. 07	91. 54	6. 75	8. 46	0. 01	0. 01	0. 00	0. 00	轻
		白杨乡	76. 98	93. 60	5. 27	6. 40	0. 00	0. 00	0. 00	0. 00	轻
		红花乡	23. 32	89. 48	2. 74	10. 52	0. 00	0. 00	0. 00	0. 00	轻
		觉莫乡	116. 77	94. 28	7. 08	5. 72	0. 00	0. 00	0. 00	0. 00	轻
		金岩乡	65. 29	86. 39	10. 27	13. 58	0. 02	0. 02	0. 00	0. 00	轻
		黑竹沟镇	199. 66	99. 46	1. 08	0. 54	0. 00	0. 00	0. 00	0. 00	轻
	峨眉山市	绥山镇	41. 22	75. 01	13. 66	24. 86	0. 07	0. 13	0. 00	0. 00	轻
		高桥镇	56. 58	74. 60	18. 93	24. 96	0. 34	0. 45	0. 00	0. 00	轻
		罗目镇	36. 67	74. 98	11. 64	23. 80	0. 60	1. 22	0. 00	0. 00	轻
		九里镇	41. 06	90. 56	3. 87	8. 54	0. 41	0. 90	0. 00	0. 00	轻
		龙池镇	151. 45	79. 91	37. 76	19. 92	0. 32	0. 17	0. 00	0. 00	轻
		乐都镇	27. 32	95. 46	1. 30	4. 54	0. 00	0. 00	0. 00	0. 00	轻
		符溪镇	41. 68	99. 55	0. 19	0. 45	0. 00	0. 00	0. 00	0. 00	轻
		峨山镇	13. 47	99. 39	0. 08	0. 61	0. 00	0. 00	0. 00	0. 00	轻
		双福镇	48. 21	90. 20	5. 21	9. 74	0. 03	0. 06	0. 00	0. 00	轻
		桂花桥镇	47. 22	99. 85	0. 07	0. 15	0. 00	0. 00	0. 00	0. 00	轻
		大为镇	94. 49	80. 20	23. 04	19. 56	0. 29	0. 24	0. 00	0. 00	轻
		胜利镇	19. 18	100. 00	0. 00	0. 00	0. 00	0. 00	0. 00	0. 00	轻
		龙门乡	52. 41	75. 76	16. 37	23. 66	0. 40	0. 58	0. 00	0. 00	轻
		川主乡	28. 07	58. 86	19. 47	40. 84	0. 14	0. 30	0. 00	0. 00	轻
		沙溪乡	76. 04	91. 32	7. 22	8. 67	0. 02	0. 02	0. 00	0. 00	轻
		新平乡	14. 80	100. 00	0. 00	0. 00	0. 00	0. 00	0. 00	0. 00	轻
		普兴乡	29. 06	67. 67	13. 82	32. 19	0. 06	0. 14	0. 00	0. 00	轻
		黄湾乡	150. 26	83. 34	29. 97	16. 62	0. 06	0. 03	0. 00	0. 00	轻
	夹江县	漹城镇	39. 41	97. 03	1. 21	2. 97	0. 00	0. 00	0. 00	0. 00	轻
		黄土镇	47. 30	99. 92	0. 04	0. 08	0. 00	0. 00	0. 00	0. 00	轻
		甘江镇	56. 70	98. 80	0. 69	1. 20	0. 00	0. 00	0. 00	0. 00	轻
		界牌镇	29. 81	87. 91	4. 10	12. 09	0. 00	0. 00	0. 00	0. 00	轻
		中兴镇	29. 60	97. 88	0. 64	2. 12	0. 00	0. 00	0. 00	0. 00	轻

续表

类型	名称	乡镇	轻		中		重		极重		综合评价
			面积（平方公里）	比重（%）	面积（平方公里）	比重（%）	面积（平方公里）	比重（%）	面积（平方公里）	比重（%）	
一般灾区	夹江县	三洞镇	34.14	99.93	0.02	0.07	0.00	0.00	0.00	0.00	轻
		吴场镇	43.69	98.63	0.61	1.37	0.00	0.00	0.00	0.00	轻
		木城镇	27.06	86.63	4.14	13.26	0.03	0.11	0.00	0.00	轻
		华头镇	31.88	73.06	11.56	26.49	0.20	0.45	0.00	0.00	轻
		甘霖镇	27.16	100.00	0.00	0.00	0.00	0.00	0.00	0.00	轻
		新场镇	32.73	99.91	0.03	0.09	0.00	0.00	0.00	0.00	轻
		顺河乡	21.72	99.74	0.06	0.26	0.00	0.00	0.00	0.00	轻
		马村乡	27.42	96.82	0.90	3.18	0.00	0.00	0.00	0.00	轻
		土门乡	25.63	99.94	0.02	0.06	0.00	0.00	0.00	0.00	轻
		青州乡	25.88	100.00	0.00	0.00	0.00	0.00	0.00	0.00	轻
		梧凤乡	19.12	100.00	0.00	0.00	0.00	0.00	0.00	0.00	轻
		永青乡	17.96	99.90	0.02	0.10	0.00	0.00	0.00	0.00	轻
		迎江乡	28.03	97.28	0.78	2.72	0.00	0.00	0.00	0.00	轻
		龙沱乡	13.59	79.18	3.57	20.82	0.00	0.00	0.00	0.00	轻
		南安乡	27.38	86.95	4.11	13.05	0.00	0.00	0.00	0.00	轻
		歇马乡	42.81	80.90	10.04	18.97	0.07	0.13	0.00	0.00	轻
		麻柳乡	35.74	77.86	10.14	22.09	0.02	0.04	0.00	0.00	轻
	金口河区	永和镇	57.26	74.21	19.89	25.78	0.01	0.01	0.00	0.00	轻
		金河镇	109.13	76.25	33.59	23.47	0.41	0.29	0.00	0.00	轻
		和平彝族乡	33.50	79.36	8.71	20.64	0.00	0.00	0.00	0.00	轻
		共安彝族乡	162.96	96.85	5.30	3.15	0.00	0.00	0.00	0.00	轻
		吉星乡	38.63	85.99	6.29	14.01	0.00	0.00	0.00	0.00	轻
		永胜乡	108.44	88.50	13.96	11.40	0.12	0.10	0.00	0.00	轻
	甘洛县	田坝镇	47.49	82.84	9.81	17.11	0.03	0.06	0.00	0.00	中
		玉田镇	36.75	79.47	9.01	19.49	0.48	1.03	0.00	0.00	中
		前进乡	22.47	79.46	5.73	20.26	0.08	0.28	0.00	0.00	中
		胜利乡	39.95	77.77	11.33	22.06	0.09	0.17	0.00	0.00	中
		新茶乡	33.88	85.24	5.87	14.76	0.00	0.00	0.00	0.00	中
		团结乡	59.20	72.49	22.44	27.47	0.03	0.04	0.00	0.00	中
		则拉乡	41.70	78.60	11.17	21.05	0.18	0.35	0.00	0.00	中
		苏雄乡	18.56	54.15	14.92	43.52	0.80	2.33	0.00	0.00	中
		新市坝镇	189.27	91.08	18.44	8.87	0.10	0.05	0.00	0.00	轻
		海棠镇	91.55	85.45	15.49	14.45	0.11	0.10	0.00	0.00	轻
		吉米镇	65.85	97.26	1.85	2.74	0.00	0.00	0.00	0.00	轻
		斯觉镇	24.25	97.86	0.53	2.14	0.00	0.00	0.00	0.00	轻
		普昌镇	32.09	95.35	1.56	4.63	0.01	0.02	0.00	0.00	轻
		两河乡	56.57	98.58	0.81	1.42	0.00	0.00	0.00	0.00	轻
		里克乡	21.13	97.44	0.56	2.56	0.00	0.00	0.00	0.00	轻

续表

类型	名称	乡镇	轻		中		重		极重		综合评价
			面积（平方公里）	比重（%）	面积（平方公里）	比重（%）	面积（平方公里）	比重（%）	面积（平方公里）	比重（%）	
一般灾区	甘洛县	尼尔觉乡	49.91	98.06	0.99	1.94	0.00	0.00	0.00	0.00	轻
		拉莫乡	109.80	99.17	0.92	0.83	0.00	0.00	0.00	0.00	轻
		波波乡	86.66	99.60	0.35	0.40	0.00	0.00	0.00	0.00	轻
		阿嘎乡	206.09	99.01	2.06	0.99	0.00	0.00	0.00	0.00	轻
		阿尔乡	53.72	98.08	1.05	1.92	0.00	0.00	0.00	0.00	轻
		石海乡	29.38	96.95	0.93	3.05	0.00	0.00	0.00	0.00	轻
		嘎日乡	39.65	93.07	2.95	6.93	0.00	0.00	0.00	0.00	轻
		坪坝乡	125.45	98.75	1.58	1.25	0.00	0.00	0.00	0.00	轻
		蓼坪乡	106.55	96.96	3.34	3.04	0.00	0.00	0.00	0.00	轻
		阿兹觉乡	176.85	90.05	19.52	9.94	0.02	0.01	0.00	0.00	轻
		乌史大桥乡	116.36	96.26	4.52	3.74	0.00	0.00	0.00	0.00	轻
		黑马乡	43.54	88.49	5.66	11.51	0.00	0.00	0.00	0.00	轻
		沙岱乡	39.59	86.62	6.12	13.38	0.00	0.00	0.00	0.00	轻
	丹棱县	张场镇	55.86	57.16	37.44	38.31	4.43	4.53	0.00	0.00	中
		顺龙乡	32.89	57.73	23.26	40.83	0.82	1.44	0.00	0.00	中
		仁美镇	31.05	96.38	1.07	3.34	0.09	0.28	0.00	0.00	轻
		丹棱镇	58.46	96.90	1.87	3.10	0.00	0.00	0.00	0.00	轻
		杨场镇	90.79	99.30	0.64	0.70	0.00	0.00	0.00	0.00	轻
		双桥镇	72.77	82.78	14.67	16.69	0.47	0.53	0.00	0.00	轻
		石桥乡	14.52	64.21	7.97	35.23	0.13	0.56	0.00	0.00	轻
	东坡区	通惠街道办事处	14.82	100.00	0.00	0.00	0.00	0.00	0.00	0.00	轻
		大石桥街道办事处	20.88	100.00	0.00	0.00	0.00	0.00	0.00	0.00	轻
		苏祠街道办事处	10.93	100.00	0.00	0.00	0.00	0.00	0.00	0.00	轻
		白马镇	43.49	100.00	0.00	0.00	0.00	0.00	0.00	0.00	轻
		象耳镇	18.32	100.00	0.00	0.00	0.00	0.00	0.00	0.00	轻
		太和镇	39.14	100.00	0.00	0.00	0.00	0.00	0.00	0.00	轻
		悦兴镇	51.90	100.00	0.00	0.00	0.00	0.00	0.00	0.00	轻
		尚义镇	52.61	100.00	0.00	0.00	0.00	0.00	0.00	0.00	轻
		多悦镇	72.97	98.11	1.41	1.89	0.00	0.00	0.00	0.00	轻
		秦家镇	81.85	96.98	2.55	3.02	0.00	0.00	0.00	0.00	轻
		万胜镇	62.95	87.53	8.82	12.27	0.14	0.20	0.00	0.00	轻
		崇仁镇	75.36	99.93	0.05	0.07	0.00	0.00	0.00	0.00	轻
		思濛镇	73.61	100.00	0.00	0.00	0.00	0.00	0.00	0.00	轻
		修文镇	95.68	99.97	0.03	0.03	0.00	0.00	0.00	0.00	轻
		松江镇	62.85	100.00	0.00	0.00	0.00	0.00	0.00	0.00	轻
		崇礼镇	54.75	100.00	0.00	0.00	0.00	0.00	0.00	0.00	轻
		富牛镇	53.37	100.00	0.00	0.00	0.00	0.00	0.00	0.00	轻
		永寿镇	46.83	100.00	0.00	0.00	0.00	0.00	0.00	0.00	轻

续表

类型	名称	乡镇	轻		中		重		极重		综合评价
			面积（平方公里）	比重（%）	面积（平方公里）	比重（%）	面积（平方公里）	比重（%）	面积（平方公里）	比重（%）	
一般灾区	东坡区	三苏乡	85. 18	99. 78	0. 19	0. 22	0. 00	0. 00	0. 00	0. 00	轻
		广济乡	62. 16	94. 34	3. 73	5. 66	0. 00	0. 00	0. 00	0. 00	轻
		盘鳌乡	64. 53	84. 73	11. 63	15. 27	0. 00	0. 00	0. 00	0. 00	轻
		土地乡	33. 29	100. 00	0. 00	0. 00	0. 00	0. 00	0. 00	0. 00	轻
		复盛乡	29. 07	100. 00	0. 00	0. 00	0. 00	0. 00	0. 00	0. 00	轻
		复兴乡	29. 26	100. 00	0. 00	0. 00	0. 00	0. 00	0. 00	0. 00	轻
		金花乡	30. 64	99. 98	0. 01	0. 02	0. 00	0. 00	0. 00	0. 00	轻
		柳圣乡	21. 25	100. 00	0. 00	0. 00	0. 00	0. 00	0. 00	0. 00	轻
		彭山县飞地	5. 25	99. 82	0. 01	0. 18	0. 00	0. 00	0. 00	0. 00	轻
	洪雅县	止戈镇	40. 83	91. 38	3. 84	8. 60	0. 01	0. 01	0. 00	0. 00	轻
		三宝镇	36. 78	97. 11	1. 09	2. 89	0. 00	0. 00	0. 00	0. 00	轻
		花溪镇	63. 63	76. 64	19. 16	23. 07	0. 24	0. 29	0. 00	0. 00	轻
		洪川镇	77. 24	97. 49	1. 99	2. 51	0. 00	0. 00	0. 00	0. 00	轻
		余坪镇	102. 83	99. 72	0. 29	0. 28	0. 00	0. 00	0. 00	0. 00	轻
		槽渔滩镇	55. 92	67. 40	26. 56	32. 02	0. 49	0. 59	0. 00	0. 00	轻
		中保镇	56. 37	83. 07	11. 45	16. 87	0. 04	0. 06	0. 00	0. 00	轻
		东岳镇	87. 17	82. 16	18. 44	17. 38	0. 48	0. 45	0. 00	0. 00	轻
		柳江镇	89. 01	55. 68	66. 20	41. 41	4. 66	2. 91	0. 00	0. 00	轻
		高庙镇	176. 00	76. 73	51. 37	22. 40	2. 00	0. 87	0. 00	0. 00	轻
		瓦屋山镇	487. 53	70. 21	203. 48	29. 31	3. 30	0. 47	0. 03	0. 00	轻
		中山乡	35. 87	89. 42	4. 23	10. 54	0. 01	0. 03	0. 00	0. 00	轻
		将军乡	48. 87	89. 73	5. 60	10. 27	0. 00	0. 00	0. 00	0. 00	轻
		汉王乡	44. 61	62. 98	24. 94	35. 20	1. 29	1. 81	0. 00	0. 00	轻
		桃源乡	31. 07	71. 18	12. 53	28. 71	0. 05	0. 11	0. 00	0. 00	轻
	汉源县	富林镇	8. 49	87. 35	1. 23	12. 64	0. 00	0. 02	0. 00	0. 00	轻
		九襄镇	70. 31	81. 73	15. 56	18. 09	0. 16	0. 18	0. 00	0. 00	轻
		乌斯河镇	42. 38	80. 70	10. 13	19. 28	0. 01	0. 02	0. 00	0. 00	轻
		宜东镇	73. 15	79. 32	18. 78	20. 37	0. 29	0. 31	0. 00	0. 00	轻
		富庄镇	36. 49	71. 23	14. 20	27. 71	0. 54	1. 06	0. 00	0. 00	轻
		清溪镇	14. 92	80. 15	3. 63	19. 50	0. 07	0. 35	0. 00	0. 00	轻
		大树镇	27. 69	98. 43	0. 44	1. 57	0. 00	0. 00	0. 00	0. 00	轻
		皇木镇	69. 14	78. 33	19. 05	21. 58	0. 08	0. 09	0. 00	0. 00	轻
		大田乡	22. 23	90. 09	2. 43	9. 85	0. 02	0. 07	0. 00	0. 00	轻
		唐家乡	19. 87	76. 90	5. 83	22. 57	0. 14	0. 53	0. 00	0. 00	轻
		富春乡	29. 68	97. 05	0. 89	2. 91	0. 01	0. 04	0. 00	0. 00	轻
		河西乡	18. 57	66. 59	9. 22	33. 06	0. 10	0. 35	0. 00	0. 00	轻
		大岭乡	16. 00	62. 52	9. 58	37. 43	0. 01	0. 05	0. 00	0. 00	轻
		前域乡	14. 68	59. 18	10. 02	40. 39	0. 11	0. 43	0. 00	0. 00	轻

续表

类型	名称	乡镇	轻		中		重		极重		综合评价
			面积（平方公里）	比重（%）	面积（平方公里）	比重（%）	面积（平方公里）	比重（%）	面积（平方公里）	比重（%）	
一般灾区	汉源县	后域乡	32.53	66.56	16.04	32.81	0.30	0.62	0.00	0.00	轻
		大堰乡	20.75	60.63	12.21	35.69	1.26	3.67	0.00	0.00	轻
		两河乡	47.00	72.18	17.19	26.40	0.92	1.42	0.00	0.00	轻
		富乡乡	71.72	82.22	15.38	17.63	0.13	0.15	0.00	0.00	轻
		梨园乡	44.68	73.62	15.99	26.34	0.03	0.04	0.00	0.00	轻
		三交乡	204.88	93.13	14.84	6.74	0.29	0.13	0.00	0.00	轻
		双溪乡	58.57	86.87	8.78	13.01	0.08	0.12	0.00	0.00	轻
		西溪乡	26.11	67.39	12.61	32.54	0.03	0.07	0.00	0.00	轻
		建黎乡	36.23	81.77	7.93	17.90	0.15	0.34	0.00	0.00	轻
		市荣乡	35.37	92.91	2.70	7.08	0.00	0.01	0.00	0.00	轻
		富泉乡	20.24	68.06	9.35	31.45	0.15	0.50	0.00	0.00	轻
		万工乡	15.02	92.47	1.22	7.53	0.00	0.00	0.00	0.00	轻
		安乐乡	15.38	75.68	4.92	24.20	0.02	0.12	0.00	0.00	轻
		万里乡	72.28	72.10	27.97	27.89	0.01	0.01	0.00	0.00	轻
		马烈乡	91.04	75.50	29.53	24.49	0.01	0.01	0.00	0.00	轻
		白岩乡	11.86	70.38	4.99	29.61	0.00	0.01	0.00	0.00	轻
		青富乡	27.15	97.29	0.75	2.71	0.00	0.00	0.00	0.00	轻
		桂贤乡	50.11	96.05	2.06	3.95	0.00	0.00	0.00	0.00	轻
		河南乡	147.33	99.28	1.07	0.72	0.00	0.00	0.00	0.00	轻
		晒经乡	28.25	96.45	1.04	3.55	0.00	0.00	0.00	0.00	轻
		料林乡	37.26	96.51	1.35	3.49	0.00	0.00	0.00	0.00	轻
		小堡藏族彝族乡	48.04	99.07	0.45	0.93	0.00	0.00	0.00	0.00	轻
		片马彝族乡	48.09	85.60	8.02	14.28	0.07	0.13	0.00	0.00	轻
		坭美彝族乡	66.05	99.51	0.32	0.49	0.00	0.00	0.00	0.00	轻
		永利彝族乡	66.83	79.24	17.51	20.76	0.00	0.00	0.00	0.00	轻
		顺河彝族乡	63.05	91.02	6.22	8.98	0.00	0.00	0.00	0.00	轻
	石棉县	先锋藏族乡	54.94	58.79	34.36	36.77	4.15	4.44	0.00	0.00	中
		蟹螺藏族乡	140.46	69.95	58.67	29.22	1.65	0.82	0.00	0.00	中
		新民藏族彝族乡	41.57	47.72	43.37	49.78	2.18	2.50	0.00	0.00	中
		田湾彝族乡	105.06	70.59	41.55	27.92	2.22	1.49	0.00	0.00	中
		安顺彝族乡	170.25	80.79	39.21	18.61	1.28	0.61	0.00	0.00	轻
		永和乡	72.79	96.76	2.44	3.24	0.00	0.00	0.00	0.00	轻
		回隆彝族乡	200.92	91.17	19.21	8.72	0.26	0.12	0.00	0.00	轻
		擦罗彝族乡	65.76	83.11	12.78	16.15	0.59	0.74	0.00	0.00	轻
		栗子坪彝族乡	490.24	96.85	15.94	3.15	0.01	0.00	0.00	0.00	轻
		美罗乡	52.41	99.26	0.39	0.74	0.00	0.00	0.00	0.00	轻
		迎政乡	55.64	93.80	3.51	5.91	0.17	0.29	0.00	0.00	轻
		宰羊乡	20.49	95.75	0.91	4.25	0.00	0.00	0.00	0.00	轻
		丰乐乡	229.77	99.21	1.84	0.79	0.00	0.00	0.00	0.00	轻
		挖角彝族藏族乡	174.79	93.90	11.31	6.08	0.04	0.02	0.00	0.00	轻
		草科藏族乡	306.75	90.34	30.67	9.03	2.14	0.63	0.00	0.00	轻
		新棉镇	116.02	88.09	15.68	11.90	0.01	0.01	0.00	0.00	轻
		棉城街道办事处	22.99	84.05	4.36	15.95	0.00	0.00	0.00	0.00	轻

表2-14 芦山地震极重灾区、重灾区次生地质灾害避让等级划分

名称	乡镇	高度避让	中度避让	低度避让
芦山县	双石镇	石凤村，西川村，围塔村，双河村	—	—
	清仁乡	同盟村，仁加村，横溪村，大同村	芦溪村	大板村
	苗溪茶场	—	苗溪茶场	—
	宝盛乡	凤头村，玉溪村	国有林，中坝村	—
	思延乡	周村	铜头村	草坪村，清江村
	飞仙关镇	新庄村，飞仙村	朝阳村，三友村，凤凰村	—
	太平镇	胜利村	兴林村，大河村，钟灵村，祥和村，春光村	—
	龙门乡	—	青龙村，古城村，隆兴村，五星村，王家村	红星村
	大川镇	—	三江村，小河村，杨开村，快乐村	国有林
雨城区	多营镇	下坝村，大深村，陆王村，五云村	龙池村	四川农业大学农场，上坝村
	八步乡	枫木村，石缸村	石龙村，白云村，李家村，紫石村，金花村，八步村	国有林
	对岩镇	殷家村，顺渡村	龙岗村，彭家村，葫芦村，陇阳村	城后村，坎坡村，国有林，四川农业大学农场，青元村，对岩村，青江村
	北郊镇	大石村，桥楼村，白塔村	斗胆村，联坪村，沙溪村，新一村，蒙泉村，永兴村，七盘村，福坪村，席草村，红星村	金凤寺，峡口村，国有林，陇西村，丁家村，金鸡村，张碗村，福国村，金凤村
	孔坪乡	柏香村，新荣村	河坎村，余新村，新村村，八角村，李坝村，新民村，大田村，大竹村	国有林，关龙村，漆树村
	碧峰峡镇	—	八甲村，七老村，柏树村，三益村，名扬村，黄龙村，庙后村，碧峰村	后盐村，红牌村，国有林，大熊猫研究中心
	雨城区市区	—	沙湾村，蒙子村，姚桥村，土桥村	汉碑村
	凤鸣乡	—	大元村，桂花村	顶峰村，龙船村，柳良村，庆峰村，硝坝村
	沙坪镇	四方村	规划村，中坝村，毛楠村	大溪村，景春村，四岗村
	大兴镇	—	高家村，天宝村，寨坪村，龙溪村，周山村，简坝村，徐山村，范山村	穆家村，顺路村，前进村，大埝村，万坪村，九龙村
	合江镇	—	徐坪村，双合村，横岩村，太坪村	穆坪村，魏家村，塘坝村，蟠龙村，柏蜡村
	草坝镇	林口村	幸福村，河岗村，水口村，飞梁村	清溪村，广华村，香花村，石桥村，洪川村，均田村，栗子村，水津村，金沙村，草坝村，新时村，石坪村
	南郊乡	—	顺江村，澄清村，狮子村，太源村	水中村，南坝村，坪石村，柳阳村，龙洞村，余家村，昝村村，高山村，国有林
	上里镇	—	治安村，白马村	箭杆林村，国有林，五家村，共和村，庙坯村，七家村，四家村，六家村
	晏场镇	国有林	三合村	国有林，赵沟村，中心村，代河村，五里村，银杏村，晏场村，宝田村，三江村

续表

名称	乡镇	高度避让	中度避让	低度避让
雨城区	望鱼乡	—	塘口村，黄村村，陡滩村，望鱼村，罗坝村	国有林，三台村，国有林，溪口村，顺河村，兴隆村，曹万村，回龙村
	观化乡	—	观化村，杨家村	周沙村，袁家村，麻柳村，上横村，刘家村
	中里镇	—	郑湾村	国有林，复兴村，龙泉村，建新村，建强村，张沟村，中里村
	严桥镇	—	—	大里村，国有林，严桥村，凤凰村，团结村，后经村，许桥村，新和村，王家村，新祥村
天全县	多功乡	仁义村	多功村，半沟村	罗代村
	老场乡	老场乡国有	红岩村，大庙村，香林村，禾林村，六城村	老场村与红岩村争议，老场村与香林村争议，共和村，老场村，小落村，上坝村
	乐英乡	姜家坝村	盐店村，石家村，群山村，爱国村	安乐村，王家营村，幸福村
	新场乡	和平村，山后村	丁村村，岩下村，新立村，前阳村，民政村，新场乡国有，新场村，董家村，杨柳村	玉阳村，韩家村，志同村，泉水村，后阳村，结里村
	城厢镇	沙坝村	马溪村，梅子村，白石村，西城村，两岔村	龙尾村，黄铜村，十里村，北城村，东城村，向阳村
	兴业乡	—	马子村，兴业乡国有，峡口村，高桥村，罗李村，陈家村，罗家村，滥池村，甘云村	大深村，陇窝村，复兴村，白岩村，柑子村，铜厂村
	新华乡	—	下冷村，银坪村，铜山村，孝廉村，河下村，柏树村	新华村，落改村，永安村，河堰村
	小河乡	响水溪村	龙门村，关家村，曙光村，红星村，顺河村，沙湾村，沙坪村，武安村	小河乡国有，秋丰村
	仁义乡	—	岩峰村，石桥村，大田村，张家村，云顶村	永兴村，溪口村，程家村，李家村，桐林村
	大坪乡	—	徐家村，瓦坪村	大窝村，毛山村，任家村，大坪村
	始阳镇	—	荡村村，沙漩村，苏家村，九十村，秧田村	光荣村，切山村，新民村，兴中村，破磷村，新村村，乐坝村，柳家村
	思经乡	—	互助村，劳动村，民主村	太阳村，进步村，黍子村，思经村，百家村，小沟村，团结村，山坪村，大河村，马渡村，思经乡国有，新政村
	两路乡	—	—	两路口与水獭坪争议，新沟村，水獭坪村，两路口村，两路乡国有，长河坝村
	鱼泉乡	—	—	联合村，鱼泉村，干河村，鱼泉乡国有，青元村
	紫石乡	—	—	新地头村，小仁烟村，紫石关村，大仁烟村，紫石乡国有

续表

名称	乡镇	高度避让	中度避让	低度避让
名山区	红岩乡	—	青龙村	红岩村，肖碥村，金龙村，罗碥村
	前进乡	—	尖峰村，林泉村	清河村，桥楼村，两河村，苏山村，六坪村，双合村，凤凰村，南水村，新市村，泉水村
	蒙顶山镇	—	金花村，蒙山村，名雅村	槐溪村，梨花村，大弓村，水碾村，卫干村，槐树村，名凤村
	马岭镇	—	天目村	江坝村，新桥村，兰坝村，中岭村，山娇村，邓坪村，余沟村，石门村，康乐村，七星村
	建山乡	—	—	安吉村，飞水村，横山村，安乐村，止观村，见阳村
	车岭镇	—	五花村，姜山村	桥路村，天池村，几安村，悔沟村，金刚村，骑岗村，水月村，龙水村，石城村，中居村，石堰村，岱宗村
	永兴镇	—	笔山村，马头村	郑岩村，沿河村，瓦窑村，古房村，金桥村，江落村，化成村，箭道村，三岔村，大堂村，青江村，双墙村
	蒙阳镇	—	关口村	箭竹村，律沟村，安坪村，同心村，蒙阳镇社区，河坪村，德福村，上瓦村，紫霞村，贯坪村，中瓦村，周坪村，德光村，栓马村
	新店镇	—	—	安桥村，石桥村，新坝村，长春村，大坪村，三星村，阳坪村，新星村，新店镇社区，白马村，红光村，古城村，兴安村，山河村，大同村，中坝村，南林村
	解放乡	—	—	瓦子村，高岗村，银木村，文昌村，月岗村，吴岗村
	城东乡	—	—	官田村，余光村，长坪村，双溪村，徐沟村，平桥村，五里村
	万古乡	—	—	沙河村，高河村，红草村，高山坡村，钟滩村，九间楼村，莫家村，新庙坪村
	双河乡	—	—	金鼓村，长沙村，扎营村，骑龙村，延源村，六合村，云台村，金狮村
	中峰乡	—	—	河口村，秦场村，下坝村，朱场村，甘溪村，乡四包村，一颗印村，海棠村，寺岗村，大冲村，桂花村，三江村
	百丈镇	—	—	石栗村，蔡坪村，鞍山村，王家村，曹公村，朱坝村，叶山村，肖坪村，千尺村，百丈镇社区，涌泉村，凉江村，百家村，天宫村

续表

名称	乡镇	高度避让	中度避让	低度避让
名山区	廖场乡	—	—	万坝村，廖场村，新场村，藕塘村，桂芳村，观音村
	联江乡	—	—	续元村，凉水村，藕花村，孙道村，合江村，紫萝村，土墩村，九龙村，万安村
	茅河乡	—	—	白鹤村，临溪村，龙兴村，茅河村，万山村，香水村
	红星镇	—	—	华光村，天王村，余坝村，太平村，罗湾村，龚店村，白墙村，上马村
	黑竹镇	—	—	王山村，莲花村，白腊村，鹤林村，黑竹关村，冯山村，双田村
荥经县	严道镇	唐家村，同心村，蔬菜村，黄家村，新南村	—	青华村，荥经县县城，青仁村
	烈太乡	太平村	虎岗村，东升村，堡子村，共和村	
	新添乡	龙鱼村	黄禄村，石家村，下坝村，新添村，太阳村，山河村，上坝村	庙岗村
	天凤乡	凤槐村	石泉村	建设村，聚民村
	花滩镇	青杠村，石桥村，米溪村	幸福村，大理村，光和村，齐心村，花滩村	花滩社区，临江村，团结村
	大田坝乡	同乐村	民福村，凤鸣村	新文村
	荥河乡	周家村	楠木村	红星村
	烈士乡	新立村，冯家村	—	课子村，烈士村，王家村
	附城乡	—	南村坝村，烟溪沟村	南罗坝村
	六合乡	—	富林村，水池村，上虎村	古城村，星星村，宝积村
	民建彝族乡	竹阳村	顺河村	大坪村，金鱼村，塔子山茶厂，建乐村
	五宪乡	—	坪阳村，豆子山村	毛坪村，热溪沟村
	烟竹乡	—	双红村，莲花村	烟竹乡林场，凤凰村
	宝峰彝族乡	—	莲池村	田坝村，杏家村
	青龙乡	—	—	复兴村，沙坝河村，桂花村，青龙乡林场，柏香村
	安靖乡	—	民治村	安靖乡林场，靖口村，长胜村，民建村，顺江村，安乐村，楠坝村，崃麓村
	泗坪乡	—	民主村	泗坪乡林场，断机村，民胜村，桥溪村
	三合乡	—	楠林村	三合乡林场，建政村，双林村，保民村
	龙苍沟乡	—	经河村，杨湾村	万年村，快乐村，发展村，鱼泉村，泡草湾伐木场，岗上村，龙苍沟乡林场，珙桐观光园，天生桥观光园
	新庙乡	—	新建村	常富村，新庙乡林场，德义村
	新建乡	—	工业村	新建乡林场，和平村，河林村，紫炉村

续表

名称	乡镇	高度避让	中度避让	低度避让
宝兴县	穆坪镇	苟山村，穆坪镇林场，顺江村，新宝村，雪山村，新光村	新民村	—
	五龙乡	东风村，战斗村，五龙乡社区，胜利村	五龙乡林场，东升村，团结村	—
	大溪乡	烟溪口村，罗家坝村	大溪塇村，曹家坝村	大溪乡林场
	灵关镇	后山村，上坝村，大渔村，中坝村，新场村，钟灵村，磨刀村，建联村，安坪村，河口村	灵关镇林场，大沟村，灵关镇社区，紫云村	—
	明礼乡	—	百礼村，庄子村	明礼乡林场，联合村
	蜂桶寨乡	—	顺山村，青坪村，新华村，新康村，民和村，光明村	蜂桶寨乡林场，盐井坪村，和平村
	陇东镇	—	先锋村，星火村，青江村	老场村，自兴村，向兴村，陇东镇林场，新江村，陇东镇社区，崇兴村，苏村村
	永富乡	永富乡社区	永和村	永富乡林场，若壁村，中岗村
	硗碛藏族乡	—	勒乐村	嘎日村，泽根村，硗碛乡林场，咎落村，夹拉村，硗碛乡社区
邛崃市	天台山镇	紫荆村	三角社区，凤乐村，马坪村，冯坝村，杨田村，天井村，土溪村	清水村，纪红村
	南宝乡	—	龙洞村，金甲村，大胡村，茶板村	常乐村，秋园村，金花村
	火井镇	—	状元村，银台山村，三河村，兴福村，双童村	高场社区，凤场村，夜合村，雅鹏村，纸坊村
	道佐乡	鼎锅村	砖桥村，张店村，寨沟村	万福村，沿江社区，皮坝村
	高何镇	—	靖口村，银杏村，毛河村，沙坝社区，王家村，高兴村	何场村
	夹关镇	—	龚店村	雕虎村，福田村，二龙村，王店社区，草池村，拴马村，渔坝村，临江社区，熊营村，韩坪村

表 2-15 芦山地震灾区地形高程分级评价结果（区县单元）

名称	总面积（公顷）	<800 米		800～1200 米		1200～1600 米		1600～2000 米		2000～2500 米		2500～3000 米		>3000 米	
		面积（公顷）	比重（%）	面积（公顷）	比重（%）	面积（公顷）	比重（%）	面积（公顷）	比重（%）	面积（公顷）	比重（%）	面积（公顷）	比重（%）	面积（公顷）	比重（%）
极重灾区（芦山县）	**119081**	**9881.4**	**8.3**	**19127.5**	**16.1**	**32036.2**	**26.9**	**19970.8**	**16.8**	**14538.1**	**12.2**	**11078.1**	**9.3**	**12448.9**	**10.5**
重灾区	**938249**	**113730.9**	**12.1**	**139729.9**	**14.9**	**136656.6**	**14.6**	**118336.2**	**12.6**	**139634.6**	**14.9**	**115349.7**	**12.3**	**174811**	**18.6**
雨城区	106223.4	27080.4	25.5	46352.2	43.6	27214.1	25.6	4784.7	4.5	759.6	0.7	32.3	0	0	0
天全县	238995.9	10492.9	4.4	34644	14.5	35033.6	14.7	38160	16	47978.4	20.1	36911.2	15.4	35775.9	15
名山区	61751.6	52876	85.6	8508.2	13.8	367.4	0.6	0	0	0	0	0	0	0	0
荥经县	177659.2	3025.3	1.7	29316.6	16.5	44226.7	24.9	42954.3	24.2	36934.1	20.8	17271.3	9.7	3931	2.2
宝兴县	311347.7	427.6	0.1	9069	2.9	21473.3	6.9	30211.1	9.7	53927.7	17.3	61134.9	19.6	135104.1	43.4
邛崃市6乡镇	42271.2	19828.8	46.9	11840	28	8341.5	19.7	2226.1	5.3	34.8	0.1	0	0	0	0
一般灾区	**3220564.5**	**574393.3**	**17.8**	**194475.5**	**6**	**226866.7**	**7**	**267110.6**	**8.3**	**364258.3**	**11.3**	**288496.9**	**9**	**1304963.1**	**40.5**
邛崃市其他乡镇	95384.3	86010.6	90.2	6689.1	7	1967.8	2.1	714.8	0.7	1.9	0	0	0	0	0
汉源县	221488.5	5137.9	2.3	21647.1	9.8	34582.3	15.6	51017.8	23	63042.1	28.5	35635.6	16.1	10425.8	4.7
蒲江县	58042.4	56683.4	97.7	1359	2.3	0	0	0	0	0	0	0	0	0	0
丹棱县	44948.2	39303.1	87.4	5645.1	12.6	0	0	0	0	0	0	0	0	0	0
洪雅县	189819.3	69509.9	36.6	31325.5	16.5	29322.7	15.4	20584.2	10.8	27775.7	14.6	11057.2	5.8	244.2	0.1
金口河区	59831.6	2862.9	4.8	6216.8	10.4	10990	18.4	14949.5	25	16853	28.2	7258.8	12.1	700.6	1.2
大邑县	128297	58308	45.4	20060.2	15.6	13585.9	10.6	9261.3	7.2	8904	6.9	6557.9	5.1	11619.7	9.1
石棉县	267808	240.8	0.1	15454	5.8	28618	10.7	41013	15.3	59493.6	22.2	55840.1	20.9	67148.4	25.1
泸定县	216452.7	0	0	1666.2	0.8	13754.1	6.4	21422.8	9.9	37227.1	17.2	37741	17.4	104641.6	48.3
夹江县	74344.3	66382.9	89.3	7480.4	10.1	481	0.6	0	0	0	0	0	0	0	0
峨眉山市	118147.2	44218.4	37.4	34179.4	28.9	19292.5	16.3	10906.7	9.2	8152.5	6.9	1350.7	1.1	47	0
甘洛县	215188.6	730.7	0.3	9200.3	4.3	28971.6	13.5	44310.9	20.6	64675.7	30.1	39485.6	18.3	27813.8	12.9
东坡区	133606.3	133001.4	99.5	604.9	0.5	0	0	0	0	0	0	0	0	0	0
峨边彝族自治县	238190.1	12003.2	5	32947.5	13.8	42561.9	17.9	43160.3	18.1	49065.2	20.6	37071.5	15.6	21380.6	9
康定县	1159016	0	0	0	0	2738.8	0.2	9769.5	0.8	29067.8	2.5	56498.5	4.9	1060941.4	91.5

表2-16 芦山地震灾区地形坡度分级评价结果（区县单元）

名称	总面积（公顷）	<5°		5°~8°		8°~15°		15°~25°		>25°	
		面积（公顷）	比重（%）	面积（公顷）	比重（%）	面积（公顷）	比重（%）	面积（公顷）	比重（%）	面积（公顷）	比重（%）
极重灾区（芦山县）	**119081**	**3591.4**	**3**	**4393.5**	**3.7**	**14735.6**	**12.4**	**29406.5**	**24.7**	**66953.9**	**56.2**
重灾区	**938249**	**47552.2**	**5.1**	**44795.7**	**4.8**	**129358.6**	**13.8**	**228910.9**	**24.4**	**487631.7**	**52**
雨城区	106223.4	10079.7	9.5	9500.7	8.9	26187.7	24.7	33995.1	32	26460.2	24.9
天全县	238995.9	5362.8	2.2	7244.6	3	26556.6	11.1	54826.8	22.9	145005.2	60.7
名山区	61751.6	19547.5	31.7	12045.6	19.5	16349.9	26.5	9964.6	16.1	3844	6.2
荥经县	177659.2	5515.7	3.1	7139	4	26593.9	15	50262	28.3	88148.6	49.6
宝兴县	311347.7	3247	1	4949.9	1.6	23337.2	7.5	66735.5	21.4	213078.1	68.4
邛崃市6乡镇	42271.2	3799.7	9	3915.9	9.3	10333.2	24.4	13126.9	31.1	11095.6	26.2
一般灾区	**3220564.5**	**249709.3**	**7.8**	**218860.2**	**6.8**	**481067.7**	**14.9**	**704201.1**	**21.9**	**1566726.3**	**48.6**
邛崃市其他乡镇	95384.3	36126.5	37.9	20773.7	21.8	22088.3	23.2	11380.3	11.9	5015.5	5.3
汉源县	221488.5	8011.2	3.6	8798.6	4	28813.4	13	55379.9	25	120485.5	54.4
浦江县	58042.4	22658.3	39	13733.9	23.7	14285.1	24.6	5726.7	9.9	1638.2	2.8
丹棱县	44948.2	10970.7	24.4	9058.1	20.2	13923.4	31	8062.3	17.9	2933.7	6.5
洪雅县	189819.3	23863.8	12.6	18990	10	40420.5	21.3	48014.6	25.3	58530.4	30.8
金口河区	59831.6	1189.7	2	1594.8	2.7	5866	9.8	12783.4	21.4	38397.8	64.2
大邑县	128297	21610.7	16.8	15281	11.9	22632.3	17.6	26077.9	20.3	42695	33.3
石棉县	267808	4003.2	1.5	5545.9	2.1	21224.4	7.9	51820.4	19.3	185214.2	69.2
泸定县	216452.7	3627.2	1.7	4676.2	2.2	16535.4	7.6	38872.9	18	152741	70.6
夹江县	74344.3	17400.6	23.4	14042.7	18.9	22264.6	29.9	14197.4	19.1	6439	8.7
峨眉山市	118147.2	14615.2	12.4	12662.3	10.7	26289.4	22.3	31251	26.5	33329.3	28.2
甘洛县	215188.6	4140.6	1.9	6522.9	3	27247.4	12.7	56111.8	26.1	121165.9	56.3
东坡区	133606.3	42724.9	32	34649.7	25.9	41501.7	31.1	12226.2	9.2	2503.9	1.9
峨边彝族自治县	238190.1	5803.5	2.4	8463.7	3.6	32836.3	13.8	64360.6	27	126726	53.2
康定县	1159016	32963.2	2.8	44066.7	3.8	145139.4	12.5	267935.7	23.1	668911	57.7

表2-17 芦山地震极重灾区、重灾区土地利用现状（行政村单元）

名称	总面积（公顷）	耕地（公顷）	园地（公顷）	林地（公顷）	草地（公顷）	居民点及工矿用地（公顷）	交通运输用地（公顷）	水域与水利设施用地（公顷）	冰川及永久积雪（公顷）	未利用地（公顷）
极重灾区	**119081.0**	**10623.5**	**871.8**	**103303.1**	**562.8**	**1831.0**	**116.2**	**1569.8**	**155.8**	**46.9**
重灾区	**2767739.3**	**228611.5**	**92419.5**	**2121582.5**	**164455.5**	**55347.8**	**4881.4**	**30536.5**	**0.0**	**69904.5**
芦山县	**119081.0**	**10623.5**	**871.8**	**103303.1**	**562.8**	**1831.0**	**116.2**	**1569.8**	**155.8**	**46.9**
芦阳镇	**3780.0**	**912.1**	**21.3**	**2364.6**	**0.3**	**372.6**	**24.4**	**84.8**	**0.0**	**0.0**
城北社区	123.1	22.5	0.0	4.8	0.0	88.2	1.9	5.7	0.0	0.0
城西社区	254.0	133.0	1.1	92.1	0.1	15.1	0.0	12.6	0.0	0.0
城南社区	31.0	0.0	0.0	0.0	0.0	28.1	0.0	3.0	0.0	0.0
先锋社区	434.4	98.7	0.8	184.4	0.0	127.7	13.0	9.8	0.0	0.0
城东社区	74.8	47.3	9.3	9.7	0.2	3.2	0.1	5.0	0.0	0.0
金花社区	379.3	101.3	4.1	183.8	0.0	53.5	7.9	28.8	0.0	0.0
黎明村	1520.3	310.0	1.4	1154.7	0.0	38.6	1.6	14.0	0.0	0.0
火炬村	963.2	199.3	4.6	735.1	0.0	18.2	0.0	5.9	0.0	0.0
飞仙关镇	**5212.7**	**819.2**	**75.1**	**3971.9**	**5.5**	**175.5**	**17.5**	**147.8**	**0.0**	**0.2**
朝阳村	1647.4	238.8	11.8	1332.2	0.0	31.7	3.2	29.6	0.0	0.1
新庄村	922.0	117.2	15.9	716.8	4.8	41.1	3.0	23.3	0.0	0.1
三友村	929.7	193.3	4.8	661.9	0.1	30.6	2.4	36.7	0.0	0.0
飞仙村	670.5	111.0	36.3	445.4	0.0	35.4	6.7	35.6	0.0	0.0
凤凰村	1043.1	158.8	6.4	815.6	0.6	36.7	2.4	22.6	0.0	0.0
双石镇	**7802.8**	**610.8**	**5.9**	**7049.9**	**0.0**	**98.9**	**0.0**	**36.9**	**0.0**	**0.4**
双河村	1825.9	138.2	0.4	1629.6	0.0	44.7	0.0	12.9	0.0	0.0
围塔村	754.6	160.9	0.7	582.4	0.0	10.6	0.0	0.1	0.0	0.0
石凤村	2815.2	176.6	2.3	2605.9	0.0	23.3	0.0	7.1	0.0	0.0
西川村	2407.0	135.0	2.6	2231.9	0.0	20.3	0.0	16.8	0.0	0.4
太平镇	**19238.5**	**1384.3**	**4.0**	**17420.9**	**79.9**	**158.2**	**1.9**	**182.7**	**0.0**	**6.6**
春光村	1530.6	236.1	1.3	1264.5	0.0	24.8	1.2	2.8	0.0	0.0
祥和村	539.8	175.6	0.0	338.5	0.0	14.2	0.0	11.5	0.0	0.0
兴林村	5862.0	183.7	0.8	5518.4	76.8	19.3	0.0	60.4	0.0	2.5
胜利村	708.7	223.1	0.7	438.5	0.0	32.5	0.8	12.9	0.0	0.3
钟灵村	2947.9	310.3	0.9	2571.7	3.1	43.0	0.0	18.9	0.0	0.2
大河村	7649.5	255.6	0.3	7289.3	0.0	24.4	0.0	76.3	0.0	3.7
大川镇	**51932.0**	**716.0**	**158.3**	**49773.3**	**433.5**	**151.3**	**32.6**	**477.0**	**155.8**	**34.3**
快乐村	3492.0	147.4	8.2	3260.1	0.0	31.0	7.3	38.0	0.0	0.0
杨开村	6346.5	126.1	2.0	6073.5	0.0	21.8	0.0	114.1	0.0	9.0
三江村	4700.6	12.3	4.2	4360.6	255.2	6.8	0.0	45.4	0.0	16.2
小河村	7211.6	430.0	143.9	6342.4	70.6	89.9	25.2	108.7	0.0	1.0
国有林场	30181.2	0.2	0.0	29736.8	107.7	1.8	0.0	170.8	155.8	8.1
思延乡	**2362.6**	**1283.4**	**11.0**	**776.5**	**3.1**	**188.8**	**4.5**	**95.2**	**0.0**	**0.0**
清江村	520.3	310.1	2.4	161.5	0.1	32.1	0.0	14.1	0.0	0.0

续表

名称	总面积（公顷）	耕地（公顷）	园地（公顷）	林地（公顷）	草地（公顷）	居民点及工矿用地（公顷）	交通运输用地（公顷）	水域与水利设施用地（公顷）	冰川及永久积雪（公顷）	未利用地（公顷）
草坪村	317.3	230.0	2.5	24.9	0.6	48.6	0.0	10.8	0.0	0.0
铜头村	941.8	435.9	2.5	382.6	2.4	69.3	3.7	45.4	0.0	0.0
周村	583.1	307.4	3.7	207.5	0.0	38.9	0.8	24.9	0.0	0.0
清仁乡	**5149.3**	**1552.2**	**24.5**	**3274.9**	**15.6**	**205.5**	**9.0**	**67.2**	**0.0**	**0.3**
仁加村	1387.5	286.6	0.4	1038.6	7.0	36.9	1.8	15.9	0.0	0.3
大同村	1018.3	256.4	10.2	718.4	0.0	25.4	0.0	8.0	0.0	0.0
芦溪村	659.5	414.9	9.5	178.7	0.0	44.2	1.8	10.4	0.0	0.0
同盟村	798.9	183.2	0.3	575.2	7.6	16.4	0.0	16.2	0.0	0.0
横溪村	938.8	212.8	1.1	685.0	1.1	28.9	1.1	8.8	0.0	0.0
大板村	346.4	198.2	3.1	79.0	0.0	53.8	4.3	7.9	0.0	0.0
龙门乡	**9220.8**	**2341.8**	**92.3**	**6207.6**	**3.8**	**320.7**	**14.6**	**239.6**	**0.0**	**0.4**
青龙村	1965.8	591.4	5.2	1264.8	1.6	63.4	0.0	39.4	0.0	0.0
王家村	1753.6	272.0	12.5	1364.6	0.6	57.6	2.9	43.3	0.0	0.0
五星村	662.8	371.0	11.7	175.0	0.0	51.0	0.0	54.2	0.0	0.0
红星村	682.3	346.1	19.0	236.2	0.0	57.6	2.7	20.3	0.0	0.4
隆兴村	1523.7	293.1	22.1	1122.2	0.4	41.8	2.3	41.8	0.0	0.0
古城村	2632.5	468.3	21.8	2044.8	1.1	49.3	6.7	40.6	0.0	0.0
宝盛乡	**11625.9**	**814.7**	**93.6**	**10397.4**	**12.4**	**92.0**	**5.8**	**205.5**	**0.0**	**4.5**
玉溪村	1204.7	217.3	91.1	828.9	10.8	19.2	2.7	34.7	0.0	0.0
凤头村	2516.6	218.0	0.2	2235.5	0.0	24.4	3.1	35.0	0.0	0.4
中坝村	4936.9	379.4	2.3	4377.7	1.6	48.4	0.0	123.4	0.0	4.1
国有林场	2967.6	0.0	0.0	2955.3	0.0	0.0	0.0	12.4	0.0	0.0
芦山县苗溪茶场	2756.4	189.1	385.7	2066.2	8.7	67.4	6.0	33.1	0.0	0.2
雨城区	**106223.4**	**18425.9**	**4754.5**	**74824.5**	**203.8**	**5355.7**	**410.0**	**2235.4**	**0.0**	**13.5**
城区	1185.4	103.8	21.3	405.3	0.9	518.3	32.5	102.4	0.0	0.9
蒙子村	205.8	50.9	1.3	110.0	0.8	36.0	5.4	1.2	0.0	0.0
姚桥村	245.9	9.9	1.4	77.6	0.0	109.8	8.9	37.6	0.0	0.9
汉碑村	277.3	43.0	8.1	124.0	0.1	94.9	4.4	2.7	0.0	0.0
土桥村	255.2	0.0	1.7	54.9	0.0	160.2	7.4	31.0	0.0	0.0
沙湾村	201.2	0.0	8.8	38.8	0.0	117.4	6.3	29.9	0.0	0.0
北郊镇	**6404.7**	**2019.6**	**467.3**	**3024.5**	**23.0**	**637.6**	**88.5**	**144.4**	**0.0**	**0.0**
金鸡村	219.5	100.9	3.1	89.5	0.0	13.9	11.0	1.1	0.0	0.0
金凤村	172.6	96.2	2.5	62.9	0.0	9.5	0.1	1.4	0.0	0.0
福国村	269.7	153.3	2.3	84.7	0.0	22.3	1.8	5.3	0.0	0.0
白塔村	160.0	68.2	0.0	39.9	0.0	45.1	2.6	4.2	0.0	0.0
大石村	487.1	168.6	31.9	260.7	0.0	25.2	0.0	0.8	0.0	0.0
七盘村	822.6	52.7	167.6	583.3	2.5	15.6	0.0	0.9	0.0	0.0
联坪村	179.9	126.5	4.3	31.6	0.0	15.8	0.0	1.8	0.0	0.0

续表

名称	总面积（公顷）	耕地（公顷）	园地（公顷）	林地（公顷）	草地（公顷）	居民点及工矿用地（公顷）	交通运输用地（公顷）	水域与水利设施用地（公顷）	冰川及永久积雪（公顷）	未利用地（公顷）
新一村	210.0	0.8	19.5	59.6	0.0	83.5	8.2	38.4	0.0	0.0
桥楼村	283.7	125.7	1.6	128.8	0.0	16.7	8.1	2.8	0.0	0.0
红星村	246.1	59.9	14.9	85.3	0.8	63.6	8.5	13.0	0.0	0.0
斗胆村	359.5	20.0	8.1	179.3	5.8	94.2	19.7	32.4	0.0	0.0
沙溪村	191.5	24.1	1.3	44.9	0.1	104.4	3.8	12.9	0.0	0.0
丁家村	274.2	56.5	14.4	186.1	1.7	9.5	0.0	6.1	0.0	0.0
福坪村	308.5	113.2	29.9	151.1	0.0	13.8	0.0	0.6	0.0	0.0
峡口村	444.3	25.7	2.5	390.4	8.4	6.8	1.9	8.5	0.0	0.0
永兴村	274.6	126.8	30.1	101.4	0.9	15.2	0.0	0.2	0.0	0.0
蒙泉村	388.0	141.5	53.1	167.9	0.0	23.6	1.8	0.1	0.0	0.0
席草村	414.8	270.9	5.4	110.8	0.0	19.2	8.5	0.0	0.0	0.0
张碗村	365.1	199.9	28.3	106.2	1.7	16.3	9.6	3.2	0.0	0.0
陇西村	220.6	86.1	3.0	96.1	1.0	20.7	3.0	10.7	0.0	0.0
国有林	88.0	0.0	43.6	42.5	0.0	1.8	0.0	0.1	0.0	0.0
金凤寺	24.6	2.1	0.0	21.7	0.0	0.8	0.0	0.0	0.0	0.0
草坝镇	**4375.0**	**1875.6**	**656.7**	**799.3**	**0.0**	**583.8**	**70.1**	**389.5**	**0.0**	**0.0**
草坝村	248.3	71.8	70.7	1.2	0.0	80.9	10.0	13.7	0.0	0.0
新时村	102.0	30.4	12.4	0.0	0.0	50.4	5.1	3.6	0.0	0.0
河岗村	165.6	52.5	14.9	9.7	0.0	31.0	2.8	54.6	0.0	0.0
幸福村	280.9	57.5	93.4	75.3	0.0	35.0	14.4	5.2	0.0	0.0
林口村	231.4	90.6	41.4	44.9	0.0	42.6	7.2	4.7	0.0	0.0
石坪村	236.1	17.2	65.7	107.9	0.0	39.7	0.9	4.6	0.0	0.0
水口村	363.4	30.5	53.9	106.6	0.0	16.0	10.4	145.9	0.0	0.0
栗子村	388.4	176.0	93.7	67.5	0.0	24.0	3.2	24.0	0.0	0.0
均田村	333.2	215.1	26.1	58.7	0.0	21.7	4.9	6.7	0.0	0.0
水津村	255.7	98.4	13.4	20.5	0.0	48.2	2.2	73.0	0.0	0.0
金沙村	138.4	43.5	18.4	1.5	0.0	49.8	0.9	24.3	0.0	0.0
香花村	280.6	183.6	23.3	43.4	0.0	24.4	0.0	5.9	0.0	0.0
广华村	256.8	196.5	2.9	29.2	0.0	25.9	0.0	2.4	0.0	0.0
飞梁村	195.4	122.1	15.0	25.7	0.0	29.1	0.0	3.5	0.0	0.0
清溪村	233.8	134.6	16.2	61.2	0.0	17.4	0.0	4.5	0.0	0.0
石桥村	304.8	145.4	32.7	92.6	0.0	20.0	8.0	6.1	0.0	0.0
洪川村	360.3	209.9	62.6	53.3	0.0	27.6	0.0	7.0	0.0	0.0
合江镇	**2509.5**	**759.8**	**781.5**	**802.4**	**0.2**	**114.8**	**0.0**	**50.9**	**0.0**	**0.0**
柏蜡村	252.6	128.8	44.1	63.6	0.0	15.4	0.0	0.8	0.0	0.0
太坪村	345.5	139.3	54.3	124.2	0.0	15.8	0.0	11.9	0.0	0.0
蟠龙村	247.6	47.2	78.6	109.3	0.0	7.8	0.0	4.7	0.0	0.0
塘坝村	188.1	141.8	16.8	10.2	0.0	18.1	0.0	1.1	0.0	0.0

续表

名称	总面积（公顷）	耕地（公顷）	园地（公顷）	林地（公顷）	草地（公顷）	居民点及工矿用地（公顷）	交通运输用地（公顷）	水域与水利设施用地（公顷）	冰川及永久积雪（公顷）	未利用地（公顷）
魏家村	265.2	72.0	143.6	28.0	0.0	12.9	0.0	8.7	0.0	0.0
徐坪村	228.9	61.3	122.1	26.8	0.2	13.9	0.0	4.6	0.0	0.0
穆坪村	215.0	93.9	59.4	53.8	0.0	7.1	0.0	1.0	0.0	0.0
双合村	375.2	37.8	170.1	143.2	0.0	14.6	0.0	9.6	0.0	0.0
横岩村	391.4	37.8	92.5	243.3	0.0	9.3	0.0	8.5	0.0	0.0
大兴镇	**5845.5**	**1218.2**	**480.6**	**3252.7**	**2.6**	**505.5**	**4.1**	**381.9**	**0.0**	**0.0**
高家村	189.6	71.5	0.4	63.5	0.0	15.2	1.5	37.4	0.0	0.0
天宝村	403.3	124.5	15.7	245.9	0.0	17.0	0.0	0.1	0.0	0.0
顺路村	210.6	50.9	1.6	7.7	0.0	118.0	1.4	31.0	0.0	0.0
穆家村	223.3	78.9	4.2	0.4	0.0	63.1	0.0	76.7	0.0	0.0
前进村	283.9	161.8	8.8	4.5	0.0	78.4	1.1	29.3	0.0	0.0
寨坪村	326.7	109.5	9.1	193.9	0.2	13.2	0.0	0.7	0.0	0.0
大埝村	706.7	116.6	27.4	510.2	0.0	47.3	0.0	5.1	0.0	0.0
龙溪村	695.7	169.8	24.9	374.4	0.0	53.9	0.0	72.7	0.0	0.0
范山村	492.9	60.9	89.2	296.1	0.0	13.0	0.0	33.7	0.0	0.0
徐山村	656.5	69.3	84.0	434.4	0.0	33.0	0.0	35.8	0.0	0.0
简坝村	447.5	92.5	94.4	216.3	0.0	23.5	0.0	20.8	0.0	0.0
万坪村	385.9	46.1	74.7	230.4	2.4	9.2	0.0	23.0	0.0	0.0
九龙村	370.7	39.3	10.6	313.5	0.0	7.3	0.0	0.1	0.0	0.0
周山村	452.4	26.6	35.5	361.5	0.0	13.3	0.0	15.4	0.0	0.0
对岩镇	**3605.9**	**868.7**	**341.2**	**1629.6**	**6.8**	**547.6**	**37.7**	**174.2**	**0.0**	**0.1**
对岩村	241.2	93.2	1.7	94.5	4.4	26.3	7.8	13.4	0.0	0.0
坎坡村	364.2	128.7	18.6	164.9	0.4	18.4	9.9	23.4	0.0	0.0
彭家村	224.0	57.6	3.3	139.2	0.2	12.7	0.0	10.9	0.0	0.0
殷家村	692.1	86.0	2.4	558.4	0.0	18.4	0.0	26.9	0.0	0.0
葫芦村	486.9	170.4	19.9	249.9	0.6	28.7	7.5	10.0	0.0	0.0
陇阳村	471.4	157.8	21.6	274.6	0.0	15.0	0.0	2.3	0.0	0.0
龙岗村	212.3	72.7	9.3	55.1	0.4	57.2	6.2	11.4	0.0	0.0
顺渡村	136.8	67.1	3.7	13.3	0.1	20.4	3.6	28.6	0.0	0.0
青江村	130.9	1.6	93.8	20.8	0.0	13.7	0.2	0.9	0.0	0.0
青元村	214.6	3.1	144.4	35.4	0.0	26.0	0.5	5.1	0.0	0.1
城后村	390.6	5.8	17.0	18.1	0.7	305.5	2.1	41.3	0.0	0.0
国有林	5.5	0.0	0.0	5.5	0.0	0.0	0.0	0.0	0.0	0.0
四川农业大学农场	35.4	24.6	5.6	0.0	0.0	5.2	0.0	0.0	0.0	0.0
沙坪镇	**4876.4**	**487.6**	**10.6**	**4215.8**	**6.3**	**86.6**	**1.3**	**68.3**	**0.0**	**0.0**
四方村	368.8	34.7	4.2	294.6	0.4	8.5	0.0	26.4	0.0	0.0
景春村	576.3	65.0	0.3	480.4	0.0	18.7	1.3	10.6	0.0	0.0

续表

名称	总面积（公顷）	耕地（公顷）	园地（公顷）	林地（公顷）	草地（公顷）	居民点及工矿用地（公顷）	交通运输用地（公顷）	水域与水利设施用地（公顷）	冰川及永久积雪（公顷）	未利用地（公顷）
大溪村	1004.3	94.6	0.2	898.3	0.6	8.8	0.0	1.7	0.0	0.0
四岗村	784.7	59.7	1.2	702.6	0.0	18.9	0.0	2.3	0.0	0.0
毛楠村	704.9	78.5	0.4	605.1	0.1	14.1	0.0	6.7	0.0	0.0
规划村	533.5	81.9	2.7	419.4	4.3	10.5	0.0	14.7	0.0	0.0
中坝村	904.0	73.2	1.6	815.3	0.9	7.1	0.0	5.9	0.0	0.0
中里镇	**3745.9**	**1395.3**	**330.8**	**1805.9**	**4.5**	**184.6**	**0.0**	**24.7**	**0.0**	**0.0**
龙泉村	561.4	231.8	30.4	255.1	0.0	39.2	0.0	4.9	0.0	0.0
复兴村	235.0	137.3	45.0	33.6	0.0	18.5	0.0	0.6	0.0	0.0
建强村	263.7	126.8	67.5	37.4	0.0	30.8	0.0	1.2	0.0	0.0
郑湾村	705.6	323.3	6.6	344.3	0.0	25.6	0.0	5.7	0.0	0.0
建新村	483.5	238.9	10.3	212.4	0.7	18.6	0.0	2.6	0.0	0.0
张沟村	230.6	138.6	33.1	42.3	0.0	15.4	0.0	1.2	0.0	0.0
中里村	885.1	198.6	120.8	517.2	3.7	36.4	0.0	8.4	0.0	0.0
国有林	381.0	0.0	17.3	363.7	0.0	0.0	0.0	0.0	0.0	0.0
上里镇	**6761.9**	**1234.5**	**75.9**	**5209.3**	**11.6**	**207.1**	**0.2**	**23.2**	**0.0**	**0.0**
五家村	266.6	9.4	2.5	227.9	0.0	22.9	0.2	3.6	0.0	0.0
四家村	608.9	172.0	27.6	353.1	9.6	39.3	0.0	7.3	0.0	0.0
六家村	323.5	177.6	14.5	101.3	0.0	27.0	0.0	3.2	0.0	0.0
七家村	554.4	163.4	0.2	376.3	0.0	14.4	0.0	0.0	0.0	0.0
庙坯村	522.2	129.1	11.6	367.5	0.0	14.1	0.0	0.0	0.0	0.0
共和村	717.9	266.8	8.6	414.8	0.0	23.8	0.0	3.9	0.0	0.0
治安村	1046.5	154.2	5.1	853.8	0.0	29.5	0.0	3.9	0.0	0.0
箭杆林村	1292.8	135.5	0.0	1145.9	0.0	11.3	0.0	0.0	0.0	0.0
白马村	1147.5	26.5	5.8	1087.2	2.0	24.8	0.0	1.3	0.0	0.0
国有林	281.5	0.0	0.0	281.5	0.0	0.0	0.0	0.0	0.0	0.0
严桥镇	**9110.7**	**807.4**	**95.4**	**7971.5**	**0.0**	**183.9**	**0.0**	**46.5**	**0.0**	**6.1**
严桥村	715.9	48.5	22.7	624.6	0.0	14.9	0.0	5.3	0.0	0.0
团结村	528.8	89.1	11.9	410.3	0.0	15.6	0.0	1.8	0.0	0.0
大里村	2124.5	77.9	16.1	1983.3	0.0	36.7	0.0	4.4	0.0	6.1
新和村	758.4	115.0	6.5	610.5	0.0	22.4	0.0	3.9	0.0	0.0
许桥村	820.1	165.1	24.9	593.5	0.0	27.4	0.0	9.2	0.0	0.0
新祥村	472.6	145.8	8.0	288.3	0.0	25.6	0.0	4.9	0.0	0.0
王家村	325.2	54.3	0.7	251.7	0.0	16.9	0.0	1.6	0.0	0.0
凤凰村	508.4	78.4	4.5	412.2	0.0	11.3	0.0	1.9	0.0	0.0
后经村	1944.6	33.1	0.1	1885.3	0.0	13.0	0.0	13.0	0.0	0.0
国有林	912.3	0.0	0.0	911.7	0.0	0.1	0.0	0.5	0.0	0.0
晏场镇	**10086.9**	**578.8**	**300.2**	**8875.5**	**18.7**	**227.0**	**0.0**	**84.7**	**0.0**	**2.0**
赵沟村	883.2	77.4	29.7	742.7	0.0	31.2	0.0	2.1	0.0	0.0

续表

名称	总面积（公顷）	耕地（公顷）	园地（公顷）	林地（公顷）	草地（公顷）	居民点及工矿用地（公顷）	交通运输用地（公顷）	水域与水利设施用地（公顷）	冰川及永久积雪（公顷）	未利用地（公顷）
中心村	405.4	55.4	78.3	247.4	0.0	19.2	0.0	5.2	0.0	0.0
五里村	279.0	58.7	45.4	148.3	0.0	24.2	0.0	2.3	0.0	0.0
银杏村	466.8	58.9	14.7	365.6	0.1	20.0	0.0	7.6	0.0	0.0
三江村	1130.4	101.0	23.1	952.8	0.3	32.0	0.0	19.2	0.0	2.0
晏场村	1373.0	97.5	70.7	1156.4	0.0	39.2	0.0	9.3	0.0	0.0
宝田村	1326.8	56.5	18.8	1205.6	17.7	24.7	0.0	3.6	0.0	0.0
代河村	1399.3	61.5	11.4	1280.5	0.0	30.7	0.0	15.1	0.0	0.0
三合村	1377.8	12.0	8.1	1331.9	0.5	5.9	0.0	19.3	0.0	0.0
国有林	1336.6	0.0	0.0	1336.6	0.0	0.0	0.0	0.0	0.0	0.0
国有林	108.8	0.0	0.0	107.8	0.0	0.0	0.0	1.0	0.0	0.0
多营镇	**2521.7**	**318.7**	**160.2**	**1734.3**	**2.2**	**200.0**	**17.5**	**87.1**	**0.0**	**1.8**
上坝村	301.2	18.5	26.2	122.4	0.0	97.7	4.8	31.5	0.0	0.2
下坝村	225.9	40.9	35.4	77.5	0.0	58.0	1.8	12.2	0.0	0.0
陆王村	322.1	101.1	9.2	188.8	0.1	10.3	4.0	8.5	0.0	0.0
五云村	325.7	65.2	35.8	206.1	0.2	12.8	1.0	4.5	0.0	0.0
大深村	798.8	29.6	46.1	672.3	1.8	16.8	5.9	25.2	0.0	1.1
龙池村	534.7	50.6	7.5	467.1	0.0	3.8	0.0	5.2	0.0	0.4
四川农业大学农场	13.5	12.9	0.0	0.0	0.0	0.6	0.0	0.0	0.0	0.0
碧峰峡镇	**6415.4**	**1209.0**	**408.2**	**4506.6**	**12.1**	**217.1**	**4.1**	**57.3**	**0.0**	**1.0**
八甲村	381.5	208.2	27.0	126.9	2.1	15.6	0.0	1.8	0.0	0.0
七老村	528.7	181.3	24.3	305.0	0.0	16.2	0.0	1.9	0.0	0.0
柏树村	380.8	203.1	19.8	136.3	0.3	20.4	0.0	0.9	0.0	0.0
三益村	664.0	217.6	11.9	378.1	1.4	45.7	0.0	9.2	0.0	0.0
名扬村	743.8	196.4	49.1	471.2	3.5	22.3	0.0	1.3	0.0	0.0
黄龙村	479.4	37.1	31.0	371.0	0.7	13.7	2.1	23.3	0.0	0.4
碧峰村	708.6	52.7	4.9	613.5	0.5	27.9	0.0	9.3	0.0	0.1
庙后村	414.0	85.9	6.0	293.0	2.2	21.4	1.9	3.0	0.0	0.6
红牌村	468.2	4.7	114.2	335.3	0.8	12.6	0.0	0.5	0.0	0.0
后盐村	632.5	22.1	119.9	470.5	0.1	15.6	0.0	4.3	0.0	0.0
国有林	940.8	0.0	0.0	940.5	0.0	0.0	0.0	0.3	0.0	0.0
大熊猫研究中心	73.0	0.0	0.0	65.4	0.4	5.7	0.0	1.6	0.0	0.0
南郊乡	**4037.7**	**836.6**	**105.1**	**2586.2**	**2.0**	**353.5**	**5.5**	**148.8**	**0.0**	**0.0**
坪石村	170.2	79.9	12.4	37.4	0.1	24.3	1.6	14.5	0.0	0.0
柳阳村	331.8	163.2	28.4	121.0	0.1	12.9	0.0	6.2	0.0	0.0
昝村村	639.2	187.2	9.4	424.0	0.0	16.3	0.0	2.3	0.0	0.0
狮子村	420.3	114.2	3.0	261.0	1.3	29.2	1.6	10.0	0.0	0.0
高山村	458.9	39.6	1.8	398.4	0.2	9.1	2.0	7.8	0.0	0.0

续表

名称	总面积（公顷）	耕地（公顷）	园地（公顷）	林地（公顷）	草地（公顷）	居民点及工矿用地（公顷）	交通运输用地（公顷）	水域与水利设施用地（公顷）	冰川及永久积雪（公顷）	未利用地（公顷）
太源村	307.6	20.5	0.8	270.3	0.3	4.3	0.0	11.4	0.0	0.0
余家村	291.7	61.5	10.2	197.9	0.0	10.8	0.0	11.3	0.0	0.0
龙洞村	190.3	42.0	3.5	136.7	0.0	5.4	0.0	2.7	0.0	0.0
澄清村	380.6	65.3	5.8	276.1	0.0	20.9	0.0	12.5	0.0	0.0
南坝村	245.8	62.6	23.1	118.5	0.0	31.3	0.0	10.4	0.0	0.0
水中村	78.8	0.7	0.0	0.7	0.0	48.6	0.0	28.8	0.0	0.0
顺江村	184.4	0.0	6.7	6.2	0.0	140.3	0.3	30.9	0.0	0.0
国有林	338.0	0.0	0.0	338.0	0.0	0.0	0.0	0.0	0.0	0.0
八步乡	**4394.8**	**914.9**	**27.8**	**3234.1**	**13.1**	**126.4**	**49.1**	**28.8**	**0.0**	**0.5**
枫木村	227.0	90.4	1.3	100.7	0.1	14.2	15.7	4.6	0.0	0.0
石龙村	305.8	116.6	0.0	167.3	0.0	21.9	0.0	0.0	0.0	0.0
白云村	336.0	94.3	0.2	231.3	0.0	10.3	0.0	0.0	0.0	0.0
李家村	680.4	229.6	17.1	419.3	0.0	13.8	0.0	0.0	0.0	0.5
金花村	816.6	77.4	0.1	712.6	12.9	12.5	0.0	1.0	0.0	0.0
八步村	506.6	116.7	7.2	352.1	0.0	17.4	5.2	7.9	0.0	0.0
石缸村	315.3	48.9	0.6	244.7	0.0	8.5	9.3	3.4	0.0	0.0
紫石村	728.3	141.0	1.4	527.4	0.0	27.8	18.9	11.9	0.0	0.0
国有林	250.1	0.0	0.0	250.1	0.0	0.0	0.0	0.0	0.0	0.0
国有林	228.8	0.0	0.0	228.7	0.0	0.1	0.0	0.0	0.0	0.0
观化镇	**6283.6**	**908.0**	**9.1**	**5158.5**	**4.5**	**114.1**	**43.8**	**45.5**	**0.0**	**0.0**
观化村	968.6	185.9	2.2	742.1	1.2	18.4	10.7	8.0	0.0	0.0
袁家村	494.6	69.9	0.0	398.5	0.0	16.0	5.9	4.3	0.0	0.0
周沙村	1707.6	204.5	4.8	1462.2	1.1	11.9	6.9	16.2	0.0	0.0
杨家村	698.3	124.9	2.0	548.0	0.8	16.7	0.0	5.9	0.0	0.0
刘家村	837.1	140.9	0.1	670.8	0.0	21.1	0.0	4.3	0.0	0.0
上横村	870.1	72.0	0.1	749.5	0.3	24.3	20.3	3.6	0.0	0.0
麻柳村	707.2	109.9	0.0	587.3	1.1	5.7	0.0	3.1	0.0	0.0
孔坪乡	**7656.8**	**1236.3**	**76.0**	**5935.3**	**5.2**	**261.4**	**9.0**	**133.2**	**0.0**	**0.4**
柏香村	845.1	154.7	0.8	654.3	1.3	21.0	2.3	10.6	0.0	0.0
新村村	284.0	39.3	1.2	181.8	0.7	34.0	3.1	23.9	0.0	0.0
余新村	255.3	46.8	10.0	177.6	0.0	7.7	2.0	11.3	0.0	0.0
关龙村	569.6	100.1	0.0	424.0	0.1	32.6	0.0	12.6	0.0	0.0
河坎村	821.7	64.5	3.6	695.5	0.0	44.6	0.0	13.1	0.0	0.4
新荣村	181.7	24.1	1.7	96.9	0.0	37.7	0.0	21.3	0.0	0.0
李坝村	366.5	96.8	0.3	242.1	0.0	17.5	0.0	9.9	0.0	0.0
漆树村	613.2	122.0	1.1	472.8	0.0	11.5	0.0	5.8	0.0	0.0
八角村	615.7	125.8	2.0	465.1	0.0	13.7	0.0	9.1	0.0	0.0
新民村	935.0	160.5	2.9	742.1	3.0	19.5	1.6	5.5	0.0	0.0

续表

名称	总面积（公顷）	耕地（公顷）	园地（公顷）	林地（公顷）	草地（公顷）	居民点及工矿用地（公顷）	交通运输用地（公顷）	水域与水利设施用地（公顷）	冰川及永久积雪（公顷）	未利用地（公顷）
大竹村	562.5	128.9	0.4	420.0	0.0	10.2	0.0	3.0	0.0	0.0
大田村	1100.5	172.8	27.3	881.7	0.0	11.6	0.0	7.1	0.0	0.0
国有林	506.1	0.0	24.7	481.5	0.0	0.0	0.0	0.0	0.0	0.0
凤鸣乡	**2338.3**	**1033.4**	**300.9**	**766.1**	**3.4**	**150.7**	**44.5**	**39.4**	**0.0**	**0.0**
龙船村	206.4	92.8	2.3	81.2	0.5	15.8	8.2	5.5	0.0	0.0
大元村	360.6	171.0	48.0	113.3	0.8	22.9	3.7	1.0	0.0	0.0
柳良村	347.4	156.1	24.9	119.6	0.7	33.5	9.6	2.9	0.0	0.0
硝坝村	335.3	168.5	27.4	101.6	0.1	20.3	13.8	3.5	0.0	0.0
顶峰村	395.9	166.7	100.2	93.4	0.0	18.5	1.1	16.0	0.0	0.0
庆峰村	324.2	141.4	38.9	112.6	1.3	19.0	8.0	2.8	0.0	0.0
桂花村	368.6	136.7	59.1	144.4	0.0	20.7	0.0	7.7	0.0	0.0
望鱼乡	**14067.3**	**619.8**	**105.6**	**12911.7**	**87.0**	**135.6**	**2.3**	**204.6**	**0.0**	**0.6**
望鱼村	476.2	48.8	0.0	385.0	1.2	12.9	0.0	28.0	0.0	0.3
罗坝村	968.3	21.8	5.7	906.3	10.3	12.5	0.1	11.5	0.0	0.0
回龙村	564.1	34.6	8.4	478.4	9.5	10.8	1.6	20.9	0.0	0.0
曹万村	1205.9	76.4	22.3	1032.5	49.4	13.8	0.0	11.7	0.0	0.0
兴隆村	903.9	25.6	2.0	834.7	13.4	5.8	0.6	21.9	0.0	0.0
顺河村	762.3	47.5	2.3	682.4	1.2	14.7	0.0	14.2	0.0	0.0
黄村村	629.2	38.6	0.5	556.3	0.3	8.8	0.0	24.6	0.0	0.0
三台村	660.0	81.6	42.7	508.0	0.0	13.1	0.0	14.6	0.0	0.0
陡滩村	737.8	91.6	4.3	611.2	0.7	13.1	0.0	16.6	0.0	0.3
塘口村	1415.0	91.4	3.3	1297.6	1.0	13.2	0.0	8.6	0.0	0.0
溪口村	1717.6	62.0	1.6	1616.0	0.1	12.4	0.0	25.5	0.0	0.0
国有林	3530.5	0.1	0.0	3519.6	0.0	4.3	0.0	6.4	0.0	0.0
国有林	496.5	0.0	12.6	483.7	0.0	0.2	0.0	0.0	0.0	0.0
天全县	**238995.9**	**15533.8**	**974.0**	**198635.2**	**3517.0**	**2387.6**	**141.0**	**1947.0**	**0.0**	**15860.4**
城厢镇	**4594.0**	**1715.7**	**42.7**	**2242.3**	**63.9**	**404.4**	**9.6**	**115.3**	**0.0**	**0.0**
北城村	140.8	22.0	0.0	66.2	0.3	48.2	0.0	4.1	0.0	0.0
东城村	80.0	25.0	0.0	6.5	0.0	47.3	0.0	1.3	0.0	0.0
西城村	242.0	13.6	0.0	201.0	0.4	18.5	0.4	8.2	0.0	0.0
黄铜村	588.5	98.4	0.2	469.3	9.4	11.1	0.0	0.0	0.0	0.0
白石村	374.0	236.1	3.5	115.5	4.8	13.3	0.0	0.8	0.0	0.0
十里村	235.1	184.3	0.0	37.8	0.0	9.4	0.0	3.6	0.0	0.0
沙坝村	236.4	74.6	0.0	116.2	1.1	15.6	0.0	28.9	0.0	0.0
向阳村	355.5	70.7	0.0	70.7	0.1	177.4	1.3	35.4	0.0	0.0
梅子村	593.0	138.6	12.8	363.7	44.7	18.9	3.7	10.7	0.0	0.0
龙尾村	784.4	268.9	25.3	440.9	2.6	20.3	4.1	22.4	0.0	0.0
马溪村	413.8	230.6	0.5	171.8	0.0	10.9	0.0	0.0	0.0	0.0

续表

名称	总面积（公顷）	耕地（公顷）	园地（公顷）	林地（公顷）	草地（公顷）	居民点及工矿用地（公顷）	交通运输用地（公顷）	水域与水利设施用地（公顷）	冰川及永久积雪（公顷）	未利用地（公顷）
两岔村	550.4	353.0	0.5	182.9	0.6	13.5	0.0	0.0	0.0	0.0
始阳镇	**3897.4**	**1077.4**	**42.9**	**1854.4**	**255.9**	**441.8**	**30.1**	**194.7**	**0.0**	**0.0**
新村村	189.8	72.7	0.1	19.3	0.0	76.7	6.3	14.8	0.0	0.0
兴中村	169.2	37.1	1.3	18.1	0.0	84.3	4.6	23.7	0.0	0.0
新民村	189.3	84.9	0.0	9.3	0.0	76.2	5.2	13.8	0.0	0.0
光荣村	229.6	74.0	3.2	128.0	0.0	19.7	1.0	3.8	0.0	0.0
荡村村	241.4	119.9	0.0	99.4	10.1	12.1	0.0	0.0	0.0	0.0
破磷村	195.0	38.0	0.0	118.8	0.0	19.6	0.1	18.6	0.0	0.0
乐坝村	359.1	145.4	4.8	134.4	0.0	32.0	0.0	42.5	0.0	0.0
切山村	439.9	93.2	14.7	283.2	0.0	25.8	7.3	15.7	0.0	0.0
沙漩村	180.3	49.5	0.0	79.0	0.0	37.4	2.1	12.3	0.0	0.0
秧田村	346.9	149.7	0.0	141.1	0.0	22.7	0.0	33.3	0.0	0.0
柳家村	399.0	58.2	17.0	263.5	48.2	12.1	0.0	0.0	0.0	0.0
苏家村	363.9	72.3	0.5	137.8	131.1	13.1	2.7	6.3	0.0	0.0
九十村	594.0	82.5	1.3	422.6	66.6	10.2	0.9	9.8	0.0	0.0
小河乡	**49455.3**	**645.5**	**145.9**	**45917.8**	**366.6**	**183.3**	**13.6**	**301.8**	**0.0**	**1880.8**
小河乡国有	33034.1	0.0	0.0	30866.3	210.5	4.6	0.0	71.9	0.0	1880.8
秋丰村	1014.6	112.4	21.8	839.7	3.6	19.1	0.0	17.9	0.0	0.0
顺河村	554.4	86.3	0.7	403.5	12.5	16.5	0.0	34.8	0.0	0.0
曙光村	1390.4	162.6	0.0	1211.1	0.0	12.3	0.0	4.6	0.0	0.0
关家村	1266.4	110.2	0.0	1127.7	8.4	11.0	0.0	8.9	0.0	0.0
龙门村	5003.8	8.2	0.0	4959.9	0.0	9.0	0.0	26.8	0.0	0.0
沙坪村	531.5	85.2	0.0	357.9	0.0	53.5	2.9	32.1	0.0	0.0
响水溪村	443.8	28.9	0.1	332.5	60.2	14.9	2.1	5.1	0.0	0.0
武安村	756.7	35.9	26.4	653.8	4.8	11.1	0.0	24.9	0.0	0.0
红星村	1914.6	4.5	95.0	1734.0	47.6	7.9	4.8	20.9	0.0	0.0
沙湾村	3544.9	11.5	1.9	3431.6	18.9	23.3	3.8	53.8	0.0	0.0
思经乡	**13664.0**	**1028.3**	**165.9**	**12029.8**	**214.7**	**109.7**	**5.4**	**107.4**	**0.0**	**2.9**
思经乡国有	2396.8	0.0	52.6	2260.7	83.5	0.0	0.0	0.0	0.0	0.0
思经村	429.9	102.2	12.5	282.9	0.0	19.7	2.4	10.1	0.0	0.0
民主村	443.0	101.5	7.5	297.8	0.0	10.8	2.9	22.5	0.0	0.0
新政村	1038.5	77.9	9.1	943.7	0.0	5.1	0.0	2.7	0.0	0.0
马渡村	1467.3	108.8	55.4	1289.0	0.0	9.1	0.0	2.3	0.0	2.7
百家村	189.8	87.2	0.0	96.1	0.0	6.6	0.0	0.0	0.0	0.0
进步村	272.3	78.4	0.0	181.3	0.0	12.7	0.0	0.0	0.0	0.0
团结村	257.8	76.1	0.4	155.6	0.0	12.8	0.0	12.9	0.0	0.0
大河村	505.6	110.3	1.6	375.5	0.3	6.6	0.0	11.3	0.0	0.0
互助村	319.3	10.7	0.0	304.4	0.0	2.7	0.0	1.4	0.0	0.2

续表

名称	总面积（公顷）	耕地（公顷）	园地（公顷）	林地（公顷）	草地（公顷）	居民点及工矿用地（公顷）	交通运输用地（公顷）	水域与水利设施用地（公顷）	冰川及永久积雪（公顷）	未利用地（公顷）
劳动村	313.0	36.7	0.0	259.7	0.0	6.9	0.0	9.6	0.0	0.0
黍子村	624.1	71.3	0.2	528.0	18.2	5.4	0.0	0.9	0.0	0.0
太阳村	501.1	63.8	0.0	387.1	46.6	3.6	0.0	0.0	0.0	0.0
山坪村	3560.2	55.8	21.0	3388.8	66.1	4.8	0.0	23.6	0.0	0.0
小沟村	1345.3	47.5	5.5	1279.3	0.0	2.9	0.0	10.1	0.0	0.0
鱼泉乡	**6541.8**	**398.1**	**25.9**	**5760.6**	**214.4**	**68.2**	**0.0**	**73.3**	**0.0**	**1.3**
鱼泉乡国有	2602.9	3.6	9.8	2589.5	0.0	0.0	0.0	0.0	0.0	0.0
干河村	1003.5	138.1	1.7	761.7	57.1	20.0	0.0	24.4	0.0	0.6
青元村	1614.8	141.2	7.4	1405.1	13.1	19.7	0.0	27.5	0.0	0.7
鱼泉村	238.1	19.2	5.9	99.5	101.9	8.1	0.0	3.5	0.0	0.0
联合村	1082.5	95.9	1.2	904.9	42.3	20.4	0.0	17.9	0.0	0.0
紫石乡	**89951.7**	**99.0**	**57.8**	**73688.8**	**1359.0**	**200.0**	**29.9**	**599.1**	**0.0**	**13917.9**
紫石乡国有	68857.9	1.0	3.2	53142.7	1298.8	129.8	7.4	357.0	0.0	13917.9
紫石关村	2600.3	41.4	1.2	2461.5	19.8	29.8	5.2	41.4	0.0	0.0
新地头村	1532.1	15.1	0.0	1469.1	0.0	9.3	4.0	34.6	0.0	0.0
小仁烟村	14469.1	21.9	53.1	14193.8	40.4	25.3	8.2	126.5	0.0	0.0
大仁烟村	2492.3	19.7	0.2	2421.8	0.0	5.9	5.2	39.6	0.0	0.0
两路乡	**32041.2**	**63.4**	**139.8**	**31534.8**	**83.3**	**35.5**	**34.8**	**92.2**	**0.0**	**57.4**
两路乡国有	22909.6	14.1	0.0	22770.8	64.0	2.7	8.7	9.6	0.0	39.6
两路口与水獭坪争议	39.9	0.0	0.0	39.3	0.0	0.0	0.0	0.5	0.0	0.0
新沟村	3120.6	17.0	57.0	2978.3	0.0	14.3	11.2	25.1	0.0	17.8
两路口村	2254.3	18.0	46.3	2154.5	0.0	10.5	7.9	16.9	0.0	0.0
长河坝村	1354.6	13.1	36.5	1268.2	19.3	5.4	0.0	12.2	0.0	0.0
水獭坪村	2362.3	1.1	0.0	2323.6	0.0	2.6	7.0	27.8	0.0	0.0
大坪乡	**1924.4**	**804.0**	**2.1**	**973.6**	**48.6**	**76.3**	**4.2**	**15.7**	**0.0**	**0.0**
大坪村	181.7	73.2	0.1	81.5	0.0	21.8	3.1	2.0	0.0	0.0
毛山村	349.5	162.2	0.9	139.1	28.4	17.5	0.0	1.4	0.0	0.0
大窝村	478.4	163.5	0.8	272.1	13.5	18.1	0.0	10.3	0.0	0.0
徐家村	456.6	254.4	0.0	186.4	6.7	9.2	0.0	0.0	0.0	0.0
瓦坪村	352.8	113.2	0.2	233.7	0.0	5.5	0.0	0.2	0.0	0.0
任家村	105.3	37.5	0.0	60.7	0.0	4.2	1.1	1.8	0.0	0.0
乐英乡	**2578.2**	**1009.4**	**20.6**	**1099.7**	**233.5**	**123.0**	**3.9**	**88.2**	**0.0**	**0.0**
安乐村	461.0	238.7	0.9	110.6	36.0	37.0	3.8	34.0	0.0	0.0
爱国村	422.8	109.3	0.0	232.4	68.3	12.1	0.0	0.6	0.0	0.0
幸福村	299.5	63.6	3.3	151.6	73.2	7.8	0.0	0.0	0.0	0.0
王家营村	237.8	90.5	0.0	104.2	39.4	3.7	0.0	0.0	0.0	0.0
姜家坝村	427.5	74.0	0.0	322.2	8.9	11.2	0.0	11.2	0.0	0.0

续表

名称	总面积（公顷）	耕地（公顷）	园地（公顷）	林地（公顷）	草地（公顷）	居民点及工矿用地（公顷）	交通运输用地（公顷）	水域与水利设施用地（公顷）	冰川及永久积雪（公顷）	未利用地（公顷）
盐店村	206.2	127.9	3.3	40.5	2.9	22.1	0.1	9.4	0.0	0.0
石家村	156.3	90.9	8.0	45.2	2.7	9.5	0.0	0.0	0.0	0.0
群山村	367.1	214.5	5.1	93.0	2.0	19.5	0.0	33.0	0.0	0.0
多功乡	**2033.6**	**441.7**	**14.0**	**1419.0**	**2.9**	**63.5**	**4.1**	**88.4**	**0.0**	**0.0**
多功村	530.2	131.2	4.2	320.5	0.8	37.5	4.1	31.9	0.0	0.0
半沟村	431.2	142.5	0.9	280.0	0.3	7.6	0.0	0.0	0.0	0.0
罗代村	356.7	109.2	8.9	211.8	1.8	9.7	0.0	15.4	0.0	0.0
仁义村	715.4	58.8	0.0	606.8	0.0	8.7	0.0	41.1	0.0	0.0
仁义乡	**4037.3**	**2131.1**	**19.7**	**1741.1**	**10.9**	**122.0**	**0.3**	**12.2**	**0.0**	**0.0**
永兴村	309.8	234.2	0.0	53.3	0.0	18.8	0.0	3.5	0.0	0.0
程家村	227.0	183.5	0.0	31.8	0.0	11.4	0.3	0.0	0.0	0.0
石桥村	542.1	339.3	0.0	183.9	0.0	14.3	0.0	4.6	0.0	0.0
岩峰村	1098.5	309.7	19.1	740.7	7.9	18.0	0.0	3.0	0.0	0.0
溪口村	473.3	169.1	0.0	294.7	0.0	9.3	0.0	0.2	0.0	0.0
李家村	189.1	151.3	0.0	27.9	0.0	10.0	0.0	0.0	0.0	0.0
大田村	319.5	212.4	0.0	94.4	2.4	10.3	0.0	0.0	0.0	0.0
张家村	280.3	167.9	0.5	100.4	0.0	10.7	0.0	0.8	0.0	0.0
云顶村	197.4	133.5	0.0	56.9	0.0	7.1	0.0	0.0	0.0	0.0
桐林村	400.3	230.3	0.0	157.2	0.6	12.1	0.0	0.1	0.0	0.0
老场乡	**7980.1**	**1642.1**	**159.4**	**5622.8**	**394.9**	**109.5**	**0.0**	**51.4**	**0.0**	**0.0**
老场乡国有	1864.8	0.0	116.1	1402.0	317.2	5.6	0.0	24.0	0.0	0.0
老场村与香林村争议	5.4	1.6	0.0	3.9	0.0	0.0	0.0	0.0	0.0	0.0
老场村与红岩村争议	23.0	8.0	0.0	14.9	0.0	0.0	0.0	0.0	0.0	0.0
老场村	185.8	117.0	0.0	59.6	0.0	7.3	0.0	1.8	0.0	0.0
上坝村	168.0	132.8	0.1	20.5	0.0	12.5	0.0	2.1	0.0	0.0
六城村	662.4	169.1	7.2	466.7	0.0	13.3	0.0	6.1	0.0	0.0
大庙村	2020.2	84.5	34.6	1897.3	0.0	3.8	0.0	0.1	0.0	0.0
红岩村	899.6	178.7	1.3	699.9	0.0	16.9	0.0	2.8	0.0	0.0
小落村	401.4	199.7	0.0	189.6	0.4	9.6	0.0	2.1	0.0	0.0
共和村	666.8	308.8	0.0	281.5	57.4	17.9	0.0	1.2	0.0	0.0
香林村	733.4	232.1	0.0	485.1	0.4	7.9	0.0	8.0	0.0	0.0
禾林村	349.3	209.9	0.1	101.9	19.4	14.8	0.0	3.2	0.0	0.0
新华乡	**3259.0**	**1565.4**	**22.4**	**1457.5**	**79.3**	**92.1**	**0.0**	**42.4**	**0.0**	**0.0**
永安村	229.6	131.4	6.2	72.1	0.0	12.6	0.0	7.3	0.0	0.0
落改村	218.5	120.0	3.2	82.4	4.7	8.1	0.0	0.0	0.0	0.0
新华村	576.9	274.0	1.6	233.1	55.6	10.9	0.0	1.8	0.0	0.0

续表

名称	总面积（公顷）	耕地（公顷）	园地（公顷）	林地（公顷）	草地（公顷）	居民点及工矿用地（公顷）	交通运输用地（公顷）	水域与水利设施用地（公顷）	冰川及永久积雪（公顷）	未利用地（公顷）
河堰村	258.0	135.4	9.3	90.7	0.4	10.9	0.0	11.3	0.0	0.0
孝廉村	283.0	144.7	1.0	109.4	14.2	9.4	0.0	4.1	0.0	0.0
下冷村	299.7	86.1	0.0	199.4	3.1	3.6	0.0	7.4	0.0	0.0
银坪村	353.1	192.1	0.0	148.1	0.0	12.8	0.0	0.0	0.0	0.0
河下村	324.0	137.3	0.3	172.8	0.0	7.0	0.0	6.6	0.0	0.0
柏树村	321.0	164.7	0.7	147.9	0.5	7.2	0.0	0.0	0.0	0.0
铜山村	395.3	179.5	0.0	201.7	0.7	9.6	0.0	3.8	0.0	0.0
新场乡	**6287.0**	**1289.5**	**58.3**	**4632.4**	**49.1**	**157.4**	**5.0**	**95.4**	**0.0**	**0.0**
新场乡国有	1239.8	0.0	0.0	1239.0	0.0	0.9	0.0	0.0	0.0	0.0
新场村	180.8	62.1	0.3	82.7	0.0	12.9	2.6	20.1	0.0	0.0
韩家村	66.7	37.8	0.1	22.9	0.0	5.6	0.0	0.1	0.0	0.0
董家村	222.1	80.8	0.0	127.9	0.0	13.4	0.0	0.0	0.0	0.0
山后村	270.1	57.3	1.7	194.7	9.1	7.0	0.0	0.3	0.0	0.0
丁村村	636.0	186.0	3.0	392.6	4.4	32.5	0.0	17.5	0.0	0.0
结里村	199.6	51.1	0.0	109.9	0.0	11.0	2.4	25.2	0.0	0.0
玉阳村	122.0	48.3	1.2	50.9	0.3	7.5	0.0	13.8	0.0	0.0
新立村	119.5	81.8	0.2	28.2	0.0	6.3	0.0	2.8	0.0	0.0
志同村	198.9	49.3	0.0	141.9	0.0	7.1	0.0	0.7	0.0	0.0
和平村	170.5	92.6	1.5	65.5	0.0	8.9	0.0	2.1	0.0	0.0
前阳村	166.7	87.8	0.0	56.2	0.0	11.8	0.0	10.8	0.0	0.0
杨柳村	343.7	187.8	1.2	146.1	0.0	6.6	0.0	2.0	0.0	0.0
岩下村	266.1	47.4	16.7	191.5	3.8	6.7	0.0	0.0	0.0	0.0
后阳村	536.3	98.5	25.7	403.2	4.0	4.9	0.0	0.0	0.0	0.0
泉水村	1333.7	27.4	6.6	1270.3	24.6	4.7	0.0	0.0	0.0	0.0
民政村	214.7	93.4	0.0	109.0	2.9	9.5	0.0	0.0	0.0	0.0
兴业乡	**10750.9**	**1623.3**	**56.8**	**8660.6**	**139.8**	**201.0**	**0.0**	**69.4**	**0.0**	**0.0**
兴业乡国有	4396.4	18.9	0.0	4360.5	15.9	0.7	0.0	0.3	0.0	0.0
峡口村	452.2	55.8	10.9	342.3	0.0	29.4	0.0	13.8	0.0	0.0
陇窝村	484.8	121.1	3.7	335.5	0.0	14.5	0.0	10.0	0.0	0.0
大深村	252.1	103.1	2.8	131.9	0.0	14.0	0.0	0.3	0.0	0.0
马子村	216.0	108.2	7.5	86.7	0.0	13.6	0.0	0.0	0.0	0.0
罗家村	336.4	63.1	0.1	246.1	1.0	15.3	0.0	10.8	0.0	0.0
罗李村	767.8	141.3	0.0	597.9	3.5	13.6	0.0	11.6	0.0	0.0
甘云村	698.9	156.9	11.2	510.8	2.7	17.0	0.0	0.2	0.0	0.0
陈家村	515.0	138.0	4.8	303.0	45.6	16.4	0.0	7.3	0.0	0.0
滥池村	223.9	113.7	4.4	91.8	1.6	10.0	0.0	2.4	0.0	0.0
柑子村	797.9	186.8	0.0	573.9	6.2	27.2	0.0	3.9	0.0	0.0
白岩村	426.0	79.7	4.1	316.8	21.3	4.1	0.0	0.0	0.0	0.0

续表

名称	总面积（公顷）	耕地（公顷）	园地（公顷）	林地（公顷）	草地（公顷）	居民点及工矿用地（公顷）	交通运输用地（公顷）	水域与水利设施用地（公顷）	冰川及永久积雪（公顷）	未利用地（公顷）
复兴村	335.5	74.8	0.6	242.4	12.7	4.9	0.0	0.0	0.0	0.0
铜厂村	459.3	104.6	3.8	315.3	26.6	9.0	0.0	0.0	0.0	0.0
高桥村	388.7	157.3	2.9	205.6	2.8	11.4	0.0	8.9	0.0	0.0
名山区	**61751.6**	**19554.1**	**18524.4**	**15942.9**	**13.0**	**5899.0**	**464.6**	**1346.7**	**0.0**	**6.8**
蒙阳镇	**3245.7**	**1145.9**	**499.8**	**916.6**	**0.5**	**566.3**	**61.2**	**55.4**	**0.0**	**0.0**
蒙阳镇社区	266.6	0.0	0.0	0.0	0.0	218.9	33.7	14.0	0.0	0.0
同心村	31.2	7.5	9.6	8.9	0.0	4.3	0.5	0.3	0.0	0.0
紫霞村	7.7	5.2	0.4	1.3	0.0	0.8	0.0	0.0	0.0	0.0
德光村	128.6	60.2	6.9	17.2	0.0	39.9	3.6	0.8	0.0	0.0
德福村	230.9	59.0	15.3	84.5	0.0	63.0	4.9	4.1	0.0	0.0
河坪村	139.6	39.6	34.3	50.2	0.0	13.1	0.0	2.4	0.0	0.0
关口村	395.3	102.9	96.3	177.6	0.0	17.9	0.0	0.6	0.0	0.0
箭竹村	130.8	49.6	30.8	27.2	0.0	22.6	0.0	0.5	0.0	0.0
贯坪村	287.6	91.0	64.7	49.6	0.0	67.9	9.3	5.1	0.0	0.0
栓马村	227.1	96.2	33.0	71.0	0.5	16.9	2.8	6.8	0.0	0.0
中瓦村	218.2	103.6	31.3	59.5	0.0	19.5	0.0	4.3	0.0	0.0
安坪村	208.2	82.5	45.8	54.3	0.0	16.8	6.5	2.3	0.0	0.0
周坪村	270.0	121.6	29.2	92.8	0.0	20.2	0.0	6.3	0.0	0.0
上瓦村	454.5	225.8	45.9	152.0	0.0	25.7	0.0	5.1	0.0	0.0
律沟村	249.4	101.3	56.0	70.5	0.0	18.7	0.0	2.9	0.0	0.0
百丈镇	**3700.3**	**856.9**	**1761.8**	**345.0**	**0.0**	**434.4**	**21.4**	**280.8**	**0.0**	**0.0**
百丈镇社区	314.8	15.2	1.9	0.5	0.0	94.2	3.8	199.1	0.0	0.0
千尺村	123.1	20.8	40.0	10.3	0.0	44.3	1.3	6.3	0.0	0.0
朱坝村	257.0	61.7	106.6	53.9	0.0	17.7	2.8	14.2	0.0	0.0
石栗村	211.3	65.7	117.9	10.9	0.0	16.2	0.0	0.6	0.0	0.0
曹公村	179.9	52.2	90.1	8.4	0.0	22.6	3.0	3.6	0.0	0.0
王家村	317.3	89.2	168.6	8.2	0.0	33.6	3.7	14.1	0.0	0.0
叶山村	440.3	114.3	274.9	12.4	0.0	32.9	0.0	5.8	0.0	0.0
肖坪村	382.1	88.5	217.7	41.2	0.0	29.2	0.0	5.5	0.0	0.0
涌泉村	370.2	78.8	203.2	38.6	0.0	36.0	1.2	12.5	0.0	0.0
百家村	203.3	36.1	87.8	43.4	0.0	25.5	2.5	8.0	0.0	0.0
天宫村	190.7	41.6	109.0	12.6	0.0	24.5	1.7	1.4	0.0	0.0
凉江村	172.3	33.5	83.1	38.2	0.0	12.5	1.3	3.7	0.0	0.0
鞍山村	229.8	70.3	116.1	25.7	0.0	17.2	0.0	0.6	0.0	0.0
蔡坪村	308.2	89.0	144.9	40.9	0.0	28.0	0.0	5.3	0.0	0.0
车岭镇	**4760.4**	**1712.9**	**1008.7**	**1477.7**	**0.7**	**449.0**	**7.5**	**103.3**	**0.0**	**0.5**
水月村	133.5	60.1	17.5	5.6	0.0	42.3	2.2	5.7	0.0	0.0
几安村	437.1	226.2	59.4	93.1	0.0	47.9	0.3	10.3	0.0	0.0

续表

名称	总面积（公顷）	耕地（公顷）	园地（公顷）	林地（公顷）	草地（公顷）	居民点及工矿用地（公顷）	交通运输用地（公顷）	水域与水利设施用地（公顷）	冰川及永久积雪（公顷）	未利用地（公顷）
天池村	266.7	158.5	19.8	52.8	0.0	28.9	0.0	6.8	0.0	0.0
金刚村	253.0	155.6	27.7	30.2	0.0	32.2	0.0	7.3	0.0	0.0
悔沟村	350.9	129.9	52.9	116.7	0.7	30.6	0.0	20.2	0.0	0.0
中居村	290.9	195.0	17.9	19.0	0.0	48.8	1.2	9.0	0.0	0.0
岱宗村	275.7	169.8	33.5	26.9	0.0	38.3	0.0	7.2	0.0	0.0
石堰村	616.1	95.7	172.8	309.0	0.0	28.6	0.0	9.9	0.0	0.0
姜山村	380.2	2.5	72.8	292.1	0.0	11.3	0.0	1.4	0.0	0.0
龙水村	862.3	56.2	404.9	350.3	0.0	33.7	0.0	17.3	0.0	0.0
骑岗村	245.7	164.4	11.2	28.7	0.0	33.9	2.1	5.3	0.0	0.0
五花村	287.6	118.1	68.0	72.8	0.0	28.0	0.0	0.1	0.0	0.5
石城村	150.4	103.1	3.1	14.4	0.0	26.4	1.8	1.5	0.0	0.0
桥路村	210.4	77.6	47.0	66.2	0.0	18.1	0.0	1.5	0.0	0.0
永兴镇	**3421.9**	**1488.6**	**688.6**	**763.8**	**0.0**	**349.7**	**13.6**	**117.6**	**0.0**	**0.0**
双墙村	440.7	119.6	184.8	76.8	0.0	40.1	0.0	19.4	0.0	0.0
三岔村	378.3	225.9	47.4	55.0	0.0	34.1	1.8	14.2	0.0	0.0
青江村	145.5	52.3	29.7	4.4	0.0	45.4	2.7	11.0	0.0	0.0
大堂村	334.9	106.4	124.7	72.3	0.0	29.4	0.0	2.1	0.0	0.0
箭道村	296.8	158.6	43.7	43.0	0.0	33.5	0.8	17.3	0.0	0.0
化成村	272.5	137.9	39.7	57.3	0.0	31.8	2.7	3.1	0.0	0.0
江落村	359.9	160.4	37.1	112.9	0.0	31.1	1.5	16.8	0.0	0.0
瓦窑村	190.7	96.4	12.4	58.2	0.0	18.7	2.2	2.8	0.0	0.0
古房村	135.9	67.6	13.5	44.4	0.0	7.9	0.0	2.4	0.0	0.0
马头村	129.3	66.9	18.0	25.1	0.0	17.1	0.9	1.4	0.0	0.0
金桥村	84.6	46.9	11.2	14.7	0.0	10.3	0.0	1.4	0.0	0.0
沿河村	188.0	42.8	24.0	89.4	0.0	10.0	0.0	21.8	0.0	0.0
笔山村	174.6	88.5	33.7	23.9	0.0	24.9	1.0	2.7	0.0	0.0
郑岩村	290.1	118.5	68.8	86.3	0.0	15.4	0.0	1.2	0.0	0.0
马岭镇	**3626.6**	**747.5**	**1262.6**	**1281.8**	**2.7**	**242.9**	**4.7**	**84.2**	**0.0**	**0.0**
中岭村	69.4	7.2	45.8	0.5	0.0	15.3	0.4	0.2	0.0	0.0
山娇村	341.4	78.2	152.6	75.2	0.5	26.9	1.2	6.7	0.0	0.0
江坝村	298.0	40.4	159.8	64.6	0.0	24.8	0.0	8.5	0.0	0.0
石门村	392.8	100.3	66.4	188.6	1.5	24.4	0.1	11.4	0.0	0.0
康乐村	574.2	162.5	171.1	191.4	0.7	37.6	0.0	10.9	0.0	0.0
余沟村	274.4	104.7	34.5	105.5	0.0	23.0	0.0	6.8	0.0	0.0
七星村	489.9	77.2	77.5	310.7	0.0	12.1	0.0	12.4	0.0	0.0
天目村	334.4	84.6	46.4	177.8	0.0	15.6	0.0	10.1	0.0	0.0
邓坪村	334.9	24.1	215.5	67.1	0.0	22.3	0.0	5.8	0.0	0.0
兰坝村	291.0	31.1	175.3	52.5	0.0	22.7	2.6	6.8	0.0	0.0

续表

名称	总面积（公顷）	耕地（公顷）	园地（公顷）	林地（公顷）	草地（公顷）	居民点及工矿用地（公顷）	交通运输用地（公顷）	水域与水利设施用地（公顷）	冰川及永久积雪（公顷）	未利用地（公顷）
新桥村	226.3	37.2	117.8	48.0	0.0	18.1	0.5	4.7	0.0	0.0
新店镇	**4712.2**	**1667.6**	**1108.7**	**1414.7**	**2.4**	**345.6**	**68.4**	**104.3**	**0.0**	**0.4**
新店镇社区	24.5	0.0	0.2	0.0	0.0	21.8	2.4	0.0	0.0	0.0
三星村	216.0	48.1	111.5	17.9	0.0	22.6	10.5	5.3	0.0	0.0
石桥村	307.7	152.3	90.5	31.0	0.0	22.8	5.0	6.1	0.0	0.1
新坝村	239.0	40.2	149.0	20.2	0.0	25.7	2.2	1.7	0.0	0.0
安桥村	367.1	40.3	211.4	68.8	0.0	38.1	2.4	6.0	0.0	0.0
大坪村	238.7	126.0	23.2	66.6	0.0	16.7	3.8	2.4	0.0	0.0
阳坪村	341.6	144.3	44.1	121.1	0.0	25.6	4.9	1.7	0.0	0.0
白马村	437.2	102.2	43.4	272.6	1.1	14.9	0.0	3.0	0.0	0.0
长春村	264.1	132.5	64.2	33.5	0.0	25.0	4.6	4.3	0.0	0.0
新星村	124.5	40.3	60.9	5.7	0.3	7.5	6.1	3.4	0.0	0.3
古城村	272.8	90.8	50.3	95.9	0.7	18.0	14.4	2.7	0.0	0.0
兴安村	228.0	80.2	59.1	60.5	0.0	20.1	6.7	1.4	0.0	0.0
红光村	418.6	154.7	112.3	58.5	0.3	31.9	5.3	55.5	0.0	0.0
山河村	263.6	103.2	27.4	112.5	0.0	17.4	0.0	3.0	0.0	0.0
中坝村	480.7	150.5	45.8	266.0	0.0	13.7	0.0	4.6	0.0	0.0
大同村	238.2	130.5	6.4	87.8	0.0	12.5	0.0	1.1	0.0	0.0
南林村	250.0	131.4	9.0	96.1	0.0	11.4	0.0	2.1	0.0	0.0
蒙顶山镇	**2665.1**	**818.3**	**419.6**	**847.5**	**0.8**	**492.4**	**47.6**	**38.4**	**0.0**	**0.5**
名雅村	367.7	108.1	98.7	138.6	0.0	19.5	0.0	2.7	0.0	0.0
蒙山村	532.8	104.4	127.6	279.9	0.1	16.7	4.0	0.0	0.0	0.0
金花村	290.1	58.1	98.3	117.4	0.0	13.6	2.3	0.4	0.0	0.0
卫干村	254.6	57.8	13.2	12.9	0.0	160.9	3.6	6.2	0.0	0.0
槐树村	157.5	84.3	11.5	36.1	0.2	15.3	0.3	9.8	0.0	0.0
梨花村	258.2	89.7	8.5	56.6	0.0	91.2	7.4	4.8	0.0	0.0
水碾村	243.9	98.5	31.3	71.2	0.0	27.4	12.6	2.8	0.0	0.1
大弓村	184.8	70.9	1.6	27.8	0.0	70.8	7.2	6.5	0.0	0.0
槐溪村	261.9	86.3	10.6	83.3	0.5	70.5	5.8	4.6	0.0	0.4
名凤村	113.7	60.1	18.2	23.7	0.0	6.6	4.5	0.5	0.0	0.0
黑竹镇	**2372.3**	**723.3**	**1114.7**	**223.8**	**0.1**	**265.2**	**13.0**	**32.0**	**0.0**	**0.2**
黑竹关村	507.2	162.2	205.3	37.9	0.0	85.0	9.0	7.8	0.0	0.0
鹤林村	526.1	178.2	229.7	69.1	0.1	41.6	0.0	7.3	0.0	0.2
莲花村	294.2	80.9	149.8	33.3	0.0	27.0	1.8	1.5	0.0	0.0
王山村	430.6	113.2	238.4	41.9	0.0	33.4	0.0	3.7	0.0	0.0
白腊村	358.4	129.9	172.1	3.9	0.0	44.0	2.2	6.4	0.0	0.0
冯山村	255.7	58.8	119.3	37.8	0.0	34.4	0.0	5.3	0.0	0.0
红星镇	**2774.3**	**528.7**	**1596.6**	**280.3**	**0.5**	**269.5**	**46.8**	**49.0**	**0.0**	**2.9**

续表

名称	总面积（公顷）	耕地（公顷）	园地（公顷）	林地（公顷）	草地（公顷）	居民点及工矿用地（公顷）	交通运输用地（公顷）	水域与水利设施用地（公顷）	冰川及永久积雪（公顷）	未利用地（公顷）
太平村	450.8	60.7	262.4	40.3	0.5	58.8	15.6	12.4	0.0	0.1
余坝村	280.1	46.6	160.1	18.8	0.0	43.0	10.9	0.8	0.0	0.0
罗湾村	192.7	27.4	125.1	11.8	0.0	16.7	0.0	11.6	0.0	0.0
白墙村	432.9	63.6	277.0	57.1	0.0	29.0	0.0	5.9	0.0	0.2
上马村	397.2	209.1	111.5	31.7	0.0	35.0	3.3	6.6	0.0	0.0
龚店村	400.5	25.6	278.1	50.9	0.0	33.3	5.0	4.9	0.0	2.6
天王村	413.6	58.6	244.5	64.6	0.0	37.9	5.8	2.3	0.0	0.0
华光村	206.5	37.1	137.8	5.2	0.0	15.7	6.2	4.6	0.0	0.0
城东乡	**2254.8**	**657.3**	**462.6**	**861.4**	**2.1**	**209.2**	**27.7**	**34.2**	**0.0**	**0.3**
平桥村	217.9	58.9	50.3	40.8	0.0	61.7	0.9	5.2	0.0	0.0
余光村	295.5	90.7	87.6	87.9	0.0	23.2	1.8	4.2	0.0	0.0
官田村	311.0	58.3	75.0	153.3	1.4	18.0	0.0	5.0	0.0	0.0
徐沟村	372.2	5.5	82.5	274.9	0.7	4.9	0.0	3.6	0.0	0.2
五里村	282.8	100.7	50.2	82.0	0.0	41.0	4.9	4.1	0.0	0.0
长坪村	283.0	122.5	36.7	86.5	0.0	24.1	9.8	3.5	0.0	0.0
双溪村	216.0	69.2	49.4	77.0	0.0	13.3	2.0	5.1	0.0	0.0
双田村	276.4	151.6	30.9	59.0	0.0	23.1	8.3	3.4	0.0	0.1
前进乡	**3366.0**	**1496.2**	**541.6**	**925.3**	**0.6**	**324.5**	**9.0**	**68.6**	**0.0**	**0.2**
六坪村	306.5	127.7	76.8	56.3	0.0	43.9	1.0	0.9	0.0	0.0
苏山村	109.5	69.3	9.4	16.6	0.0	14.2	0.0	0.0	0.0	0.0
清河村	283.9	172.0	23.2	39.6	0.0	41.9	3.1	3.9	0.0	0.2
桥楼村	143.5	87.3	3.8	24.3	0.0	23.6	2.8	1.7	0.0	0.0
两河村	157.1	76.8	24.6	24.0	0.0	25.9	2.2	3.7	0.0	0.0
双合村	230.7	77.0	100.6	30.4	0.0	19.4	0.0	3.2	0.0	0.0
南水村	384.5	223.7	40.5	74.7	0.0	39.7	0.0	5.8	0.0	0.0
新市村	293.6	212.8	5.9	39.0	0.6	27.9	0.0	7.3	0.0	0.0
林泉村	204.7	112.8	25.5	45.6	0.0	15.1	0.0	5.6	0.0	0.0
尖峰村	550.9	72.6	130.7	319.7	0.0	22.0	0.0	5.9	0.0	0.0
泉水村	295.5	116.9	49.5	95.3	0.0	18.1	0.0	15.7	0.0	0.0
凤凰村	405.7	147.2	51.0	159.7	0.0	32.8	0.0	15.0	0.0	0.0
中峰乡	**4441.0**	**1263.7**	**1120.2**	**1619.4**	**0.0**	**315.5**	**54.6**	**67.7**	**0.0**	**0.0**
寺岗村	383.4	88.2	103.1	150.7	0.0	31.5	5.6	4.2	0.0	0.0
大冲村	432.7	43.7	229.1	95.7	0.0	39.6	15.4	9.2	0.0	0.0
桂花村	219.7	33.3	117.4	53.9	0.0	13.6	0.0	1.4	0.0	0.0
四包村	339.2	99.5	12.3	200.1	0.0	20.0	0.0	7.3	0.0	0.0
一颗印村	335.1	58.0	148.5	84.4	0.0	35.9	6.3	1.9	0.0	0.0
三江村	315.0	70.4	130.7	64.8	0.0	29.3	14.0	5.7	0.0	0.0
下坝村	299.9	86.7	22.5	168.9	0.0	15.8	0.0	6.0	0.0	0.0

续表

名称	总面积（公顷）	耕地（公顷）	园地（公顷）	林地（公顷）	草地（公顷）	居民点及工矿用地（公顷）	交通运输用地（公顷）	水域与水利设施用地（公顷）	冰川及永久积雪（公顷）	未利用地（公顷）
甘溪村	538.3	221.9	88.0	184.6	0.0	38.5	0.8	4.5	0.0	0.0
河口村	487.0	294.6	13.0	149.0	0.0	26.7	0.0	3.6	0.0	0.0
秦场村	470.4	154.2	58.5	217.3	0.0	28.2	0.0	12.2	0.0	0.0
朱场村	342.4	87.5	41.6	191.0	0.0	17.0	0.0	5.1	0.0	0.0
海棠村	278.1	25.4	155.3	58.9	0.0	19.5	12.4	6.5	0.0	0.0
联江乡	**2600.7**	**605.4**	**1423.7**	**271.7**	**0.2**	**251.4**	**10.4**	**37.7**	**0.0**	**0.3**
合江村	334.8	70.6	186.2	31.9	0.0	42.9	0.0	3.2	0.0	0.0
土墩村	350.8	40.0	215.2	59.2	0.0	32.5	0.0	3.8	0.0	0.0
九龙村	289.1	19.4	163.6	76.2	0.0	22.5	0.0	6.9	0.0	0.3
万安村	195.3	30.3	103.4	38.0	0.0	17.2	0.0	6.4	0.0	0.0
紫萝村	204.3	47.6	86.9	46.1	0.0	20.8	0.0	2.9	0.0	0.0
孙道村	334.0	102.9	181.3	2.9	0.2	36.6	5.7	4.5	0.0	0.0
续元村	313.7	107.0	168.1	3.7	0.0	30.7	1.3	3.1	0.0	0.0
凉水村	228.9	81.1	122.6	3.1	0.0	20.2	0.0	2.0	0.0	0.0
藕花村	349.8	106.5	196.3	10.6	0.0	28.1	3.3	5.0	0.0	0.0
廖场乡	**2445.2**	**791.8**	**1092.1**	**306.5**	**0.2**	**205.7**	**21.2**	**27.8**	**0.0**	**0.0**
万坝村	488.8	138.1	233.5	62.9	0.0	41.0	6.9	6.3	0.0	0.0
藕塘村	570.6	178.4	247.7	93.6	0.1	42.8	2.9	5.0	0.0	0.0
廖场村	337.4	103.4	164.7	29.9	0.1	35.4	0.3	3.5	0.0	0.0
观音村	445.2	196.3	171.8	20.0	0.0	41.5	8.2	7.4	0.0	0.0
新场村	366.2	106.2	167.5	58.1	0.0	30.9	1.4	2.1	0.0	0.0
桂芳村	237.1	69.3	106.8	41.8	0.0	14.1	1.6	3.5	0.0	0.0
万古乡	**2461.6**	**1380.7**	**372.8**	**443.0**	**0.0**	**223.7**	**16.6**	**24.9**	**0.0**	**0.0**
红草村	485.8	231.3	116.1	75.9	0.0	50.6	6.1	5.7	0.0	0.0
九间楼村	193.4	88.4	39.2	45.8	0.0	17.6	1.2	1.1	0.0	0.0
莫家村	243.7	144.3	26.1	54.3	0.0	17.5	1.0	0.5	0.0	0.0
新庙坪村	333.6	230.6	12.0	61.0	0.0	27.3	0.0	2.8	0.0	0.0
钟滩村	292.9	161.9	50.4	50.5	0.0	27.5	0.0	2.5	0.0	0.0
高山坡村	373.3	222.3	61.9	45.4	0.0	36.9	2.4	4.4	0.0	0.0
沙河村	324.8	188.4	32.0	71.0	0.0	26.0	3.0	4.5	0.0	0.0
高河村	214.2	113.4	35.1	39.2	0.0	20.3	2.9	3.3	0.0	0.0
红岩乡	**2066.1**	**495.6**	**703.4**	**657.4**	**0.0**	**138.6**	**0.0**	**71.0**	**0.0**	**0.1**
罗碥村	198.1	48.2	91.7	25.9	0.0	14.7	0.0	17.6	0.0	0.0
红岩村	419.6	160.6	139.9	77.1	0.0	33.1	0.0	8.8	0.0	0.0
肖碥村	251.1	166.0	30.2	20.9	0.0	24.4	0.0	9.6	0.0	0.0
金龙村	319.2	73.5	117.1	74.1	0.0	34.7	0.0	19.7	0.0	0.1
青龙村	878.1	47.3	324.4	459.3	0.0	31.8	0.0	15.3	0.0	0.0
双河乡	**3291.2**	**675.7**	**1361.4**	**984.9**	**1.3**	**207.7**	**9.7**	**50.5**	**0.0**	**0.0**

续表

名称	总面积（公顷）	耕地（公顷）	园地（公顷）	林地（公顷）	草地（公顷）	居民点及工矿用地（公顷）	交通运输用地（公顷）	水域与水利设施用地（公顷）	冰川及永久积雪（公顷）	未利用地（公顷）
长沙村	554.2	22.5	304.5	199.9	0.0	17.9	3.3	6.2	0.0	0.0
扎营村	412.8	38.3	250.0	72.0	0.0	40.4	2.6	9.6	0.0	0.0
金鼓村	558.5	55.8	305.6	154.8	0.0	33.5	0.0	8.8	0.0	0.0
骑龙村	234.5	149.6	35.6	22.9	0.0	24.3	0.0	2.0	0.0	0.0
云台村	633.4	48.5	304.5	238.4	0.0	32.8	1.6	7.7	0.0	0.0
六合村	252.8	96.1	83.7	33.2	0.0	32.3	2.3	5.2	0.0	0.0
金狮村	323.4	70.7	72.5	162.6	1.3	11.1	0.0	5.3	0.0	0.0
延源村	321.5	194.2	5.0	101.2	0.0	15.5	0.0	5.7	0.0	0.0
建山乡	**3384.8**	**1056.8**	**238.2**	**1844.5**	**0.0**	**219.8**	**1.4**	**23.3**	**0.0**	**0.8**
见阳村	568.0	209.9	52.3	257.5	0.0	42.7	0.0	5.7	0.0	0.0
止观村	671.7	186.9	61.9	382.7	0.0	38.4	0.0	1.8	0.0	0.0
安乐村	387.2	146.6	13.9	186.2	0.0	35.3	1.4	3.8	0.0	0.0
横山村	553.7	164.7	23.7	325.4	0.0	35.6	0.0	4.3	0.0	0.0
飞水村	561.3	198.4	37.6	289.9	0.0	31.1	0.0	4.3	0.0	0.0
安吉村	642.8	150.3	48.9	402.9	0.0	36.7	0.0	3.3	0.0	0.7
解放乡	**2244.2**	**338.5**	**1296.6**	**372.6**	**0.8**	**167.8**	**21.9**	**46.1**	**0.0**	**0.0**
吴岗村	476.8	37.4	334.2	59.0	0.0	34.3	0.0	11.9	0.0	0.0
月岗村	441.2	91.1	194.9	104.5	0.0	41.5	7.0	2.2	0.0	0.0
银木村	354.8	50.1	237.2	9.1	0.0	28.2	11.0	19.4	0.0	0.0
文昌村	228.5	67.4	93.9	34.8	0.8	18.7	3.9	8.9	0.0	0.0
高岗村	398.2	48.3	223.4	103.8	0.0	20.6	0.0	2.1	0.0	0.0
瓦子村	344.6	44.2	213.1	61.4	0.0	24.4	0.0	1.5	0.0	0.0
茅河乡	**1917.2**	**1102.7**	**450.8**	**105.0**	**0.0**	**220.3**	**7.8**	**30.1**	**0.0**	**0.6**
茅河村	252.2	73.7	123.6	9.9	0.0	39.0	2.3	3.8	0.0	0.0
白鹤村	324.6	162.2	102.4	13.8	0.0	37.7	1.8	6.5	0.0	0.2
临溪村	227.4	82.6	95.4	7.0	0.0	36.4	0.8	5.3	0.0	0.0
龙兴村	344.9	192.8	79.5	33.9	0.0	29.4	0.5	8.7	0.0	0.0
香水村	237.7	147.7	42.2	14.5	0.0	28.0	2.4	2.7	0.0	0.1
万山村	530.4	443.7	7.6	25.8	0.0	49.8	0.0	3.1	0.0	0.3
荥经县	**177659.2**	**11776.6**	**2120.1**	**158107.5**	**1318.9**	**2198.1**	**346.7**	**1732.5**	**0.0**	**58.7**
严道镇	**1439.7**	**362.5**	**60.6**	**549.1**	**3.5**	**369.2**	**11.3**	**83.0**	**0.0**	**0.5**
荥经县县城	326.7	6.7	0.0	0.0	0.0	291.2	6.6	22.2	0.0	0.0
青仁村	170.6	113.9	14.9	24.3	0.0	10.2	4.3	3.1	0.0	0.0
同心村	54.5	10.8	29.9	2.7	0.0	2.4	0.1	8.7	0.0	0.0
新南村	61.4	42.4	0.5	12.6	0.0	4.7	0.3	0.9	0.0	0.0
蔬菜村	76.9	30.0	2.0	31.3	0.4	2.5	0.0	10.7	0.0	0.0
黄家村	143.8	36.0	2.4	84.7	1.0	11.0	0.0	8.7	0.0	0.0
青华村	92.6	28.2	1.6	4.0	0.0	38.8	0.0	19.4	0.0	0.5

续表

名称	总面积（公顷）	耕地（公顷）	园地（公顷）	林地（公顷）	草地（公顷）	居民点及工矿用地（公顷）	交通运输用地（公顷）	水域与水利设施用地（公顷）	冰川及永久积雪（公顷）	未利用地（公顷）
唐家村	513.1	94.5	9.4	389.5	2.1	8.3	0.0	9.3	0.0	0.0
花滩镇	**5871.2**	**807.0**	**232.4**	**4561.2**	**15.1**	**164.7**	**9.2**	**79.8**	**0.0**	**1.8**
花滩社区	25.5	0.7	0.0	0.0	0.0	23.9	1.0	0.0	0.0	0.0
花滩村	207.0	65.9	26.3	55.6	0.6	22.8	4.0	31.1	0.0	0.6
幸福村	628.1	134.3	79.6	375.0	0.0	25.6	1.0	12.8	0.0	0.0
青杠村	285.2	61.4	56.1	148.7	0.2	5.7	0.0	13.2	0.0	0.0
临江村	186.0	42.6	16.2	107.7	0.4	6.0	3.2	9.7	0.0	0.2
光和村	756.5	151.1	0.5	581.7	4.0	18.6	0.0	0.6	0.0	0.0
大理村	345.7	72.5	0.0	262.9	0.0	9.4	0.0	0.3	0.0	0.4
米溪村	125.5	70.5	5.7	34.0	0.0	12.8	0.0	2.5	0.0	0.0
石桥村	172.1	40.0	3.5	115.7	0.0	11.1	0.0	1.7	0.0	0.1
齐心村	1133.8	113.4	1.9	986.7	5.7	22.1	0.0	3.8	0.0	0.3
团结村	2005.9	54.6	42.7	1893.2	4.4	6.8	0.0	4.1	0.0	0.1
六合乡	**1889.8**	**781.3**	**62.7**	**793.1**	**0.2**	**195.7**	**7.0**	**49.8**	**0.0**	**0.0**
古城村	124.9	73.9	0.7	8.9	0.0	29.6	3.0	8.6	0.0	0.0
上虎村	216.9	164.1	5.6	34.3	0.0	12.6	0.0	0.3	0.0	0.0
宝积村	464.3	153.4	6.3	292.0	0.0	12.6	0.0	0.1	0.0	0.0
星星村	276.9	122.5	1.6	34.3	0.2	97.6	0.3	20.4	0.0	0.0
水池村	344.6	75.4	8.1	217.2	0.0	27.6	1.7	14.6	0.0	0.0
富林村	462.3	191.9	40.4	206.4	0.0	15.7	2.0	5.9	0.0	0.0
烈太乡	**1555.2**	**694.9**	**123.3**	**595.8**	**0.9**	**101.9**	**0.0**	**38.4**	**0.0**	**0.0**
堡子村	268.1	156.7	43.0	41.3	0.3	18.5	0.0	8.3	0.0	0.0
太平村	315.3	165.6	60.3	55.0	0.0	29.0	0.0	5.4	0.0	0.0
共和村	140.0	75.8	2.0	7.6	0.0	39.1	0.0	15.5	0.0	0.0
东升村	151.6	98.8	11.0	26.5	0.4	7.5	0.0	7.4	0.0	0.0
虎岗村	680.2	197.9	7.0	465.4	0.3	7.8	0.0	1.8	0.0	0.0
安靖乡	**14512.3**	**585.2**	**217.3**	**13331.4**	**180.2**	**78.3**	**1.2**	**116.7**	**0.0**	**2.0**
靖口村	375.7	67.4	105.7	184.5	0.0	5.8	1.2	10.9	0.0	0.1
民治村	406.6	160.5	60.4	168.6	0.0	9.6	0.0	7.5	0.0	0.0
长胜村	1379.5	90.7	29.3	1237.1	0.0	5.7	0.0	16.6	0.0	0.0
民建村	518.0	63.8	21.8	400.4	0.0	21.1	0.0	10.5	0.0	0.4
顺江村	1391.1	81.4	0.0	1264.1	25.5	7.5	0.0	12.4	0.0	0.3
安乐村	545.6	79.9	0.0	449.0	0.2	8.9	0.0	7.6	0.0	0.0
楠坝村	678.8	31.3	0.0	634.1	0.0	6.3	0.0	7.0	0.0	0.0
崃麓村	517.3	10.2	0.0	478.2	4.5	13.2	0.0	11.1	0.0	0.0
安靖乡林场	8699.7	0.0	0.0	8515.3	150.0	0.2	0.0	33.0	0.0	1.2
民建彝族乡	**2006.7**	**374.8**	**498.2**	**1037.8**	**1.9**	**59.4**	**5.4**	**29.2**	**0.0**	**0.1**
大坪村	620.3	69.1	51.9	483.4	0.0	13.3	0.0	2.5	0.0	0.1

续表

名称	总面积（公顷）	耕地（公顷）	园地（公顷）	林地（公顷）	草地（公顷）	居民点及工矿用地（公顷）	交通运输用地（公顷）	水域与水利设施用地（公顷）	冰川及永久积雪（公顷）	未利用地（公顷）
金鱼村	355.9	75.1	27.0	246.7	0.0	5.7	0.0	1.4	0.0	0.0
竹阳村	118.4	51.5	3.8	44.7	0.4	6.1	0.0	12.0	0.0	0.0
顺河村	205.8	88.2	3.3	83.1	0.0	14.3	5.4	11.4	0.0	0.0
建乐村	577.3	90.4	284.3	179.9	1.5	19.3	0.0	1.9	0.0	0.0
塔子山茶厂	128.9	0.5	127.8	0.0	0.0	0.6	0.0	0.0	0.0	0.0
烈士乡	**2165.1**	**419.1**	**115.1**	**1539.9**	**1.4**	**59.1**	**3.3**	**26.4**	**0.0**	**0.8**
新立村	292.6	76.3	27.6	172.8	0.0	8.3	0.0	7.5	0.0	0.0
烈士村	403.9	97.5	28.9	269.8	0.0	7.7	0.0	0.0	0.0	0.0
冯家村	246.8	58.9	13.7	145.0	0.0	13.3	3.3	12.6	0.0	0.1
王家村	205.6	86.3	11.5	92.1	1.1	8.7	0.0	5.6	0.0	0.2
课子村	1016.2	100.1	33.4	860.1	0.3	21.0	0.0	0.7	0.0	0.6
荥河乡	**2937.1**	**427.3**	**38.6**	**2339.0**	**1.6**	**67.9**	**10.3**	**51.6**	**0.0**	**0.7**
楠木村	635.7	125.3	22.3	447.6	0.0	27.0	2.3	10.6	0.0	0.6
周家村	374.1	71.9	10.4	251.7	1.2	17.1	2.1	19.6	0.0	0.1
红星村	1927.3	230.1	5.8	1639.8	0.4	23.8	5.9	21.4	0.0	0.0
新建乡	**19194.9**	**397.5**	**0.2**	**18592.2**	**54.9**	**31.6**	**0.0**	**118.4**	**0.0**	**0.1**
工业村	829.2	85.8	0.2	717.2	5.2	8.6	0.0	12.3	0.0	0.0
紫炉村	2466.4	112.4	0.0	2329.8	15.7	8.1	0.0	0.3	0.0	0.0
河林村	3944.9	136.5	0.0	3753.6	22.7	8.2	0.0	23.8	0.0	0.1
和平村	7919.1	62.8	0.0	7772.3	2.3	6.0	0.0	75.6	0.0	0.0
新建乡林场	4035.4	0.0	0.0	4019.3	8.9	0.8	0.0	6.4	0.0	0.0
泗坪乡	**10778.8**	**433.4**	**3.7**	**10111.4**	**5.1**	**62.4**	**35.4**	**125.1**	**0.0**	**2.3**
民主村	1475.5	81.0	0.3	1346.2	0.8	19.6	3.1	22.9	0.0	1.6
断机村	1223.3	111.7	0.5	1055.5	0.0	15.7	3.4	36.5	0.0	0.1
民胜村	1085.9	179.8	2.9	858.5	0.0	11.8	2.1	30.9	0.0	0.0
桥溪村	1408.1	55.4	0.0	1300.1	4.3	13.1	9.5	25.4	0.0	0.4
泗坪乡林场	5586.0	5.4	0.0	5551.2	0.0	2.3	17.3	9.5	0.0	0.3
新庙乡	**16196.6**	**526.4**	**47.6**	**15208.4**	**279.4**	**40.1**	**7.6**	**78.6**	**0.0**	**8.6**
常富村	3780.0	171.4	3.9	3514.9	20.7	18.4	2.7	46.7	0.0	1.3
新建村	594.7	122.3	8.0	435.3	2.2	12.4	1.4	13.1	0.0	0.0
德义村	3788.5	232.7	35.7	3406.2	93.6	9.2	0.0	10.6	0.0	0.5
新庙乡林场	8033.4	0.0	0.0	7851.9	163.0	0.1	3.5	8.1	0.0	6.7
三合乡	**31727.5**	**458.4**	**28.2**	**30274.0**	**473.1**	**212.3**	**9.8**	**249.5**	**0.0**	**22.1**
保民村	3011.8	120.5	6.5	2803.4	43.6	9.3	0.0	28.0	0.0	0.5
楠林村	1287.4	169.4	2.1	1040.3	22.0	25.8	1.8	21.7	0.0	4.2
建政村	1745.3	115.8	0.2	1548.7	27.2	8.9	0.0	40.4	0.0	4.1
双林村	12962.2	52.7	19.4	12591.9	87.5	67.2	8.0	124.8	0.0	10.7
三合乡林场	12720.7	0.0	0.0	12289.6	292.7	101.2	0.0	34.6	0.0	2.5

续表

名称	总面积（公顷）	耕地（公顷）	园地（公顷）	林地（公顷）	草地（公顷）	居民点及工矿用地（公顷）	交通运输用地（公顷）	水域与水利设施用地（公顷）	冰川及永久积雪（公顷）	未利用地（公顷）
大田坝乡	**906.1**	**523.5**	**12.8**	**208.3**	**0.1**	**93.8**	**4.4**	**62.3**	**0.0**	**0.9**
新文村	244.6	135.6	1.6	9.5	0.1	53.2	4.1	40.5	0.0	0.0
同乐村	144.8	89.1	4.9	32.8	0.0	10.8	0.0	7.3	0.0	0.0
民福村	294.9	152.8	1.1	125.9	0.0	12.8	0.3	2.1	0.0	0.0
凤鸣村	221.8	146.0	5.3	40.2	0.0	17.1	0.0	12.4	0.0	0.9
天凤乡	**1240.8**	**408.0**	**53.3**	**694.0**	**16.1**	**34.8**	**5.1**	**29.4**	**0.0**	**0.2**
聚民村	264.2	142.5	1.3	91.9	0.3	11.6	1.7	14.8	0.0	0.2
凤槐村	225.2	78.8	11.7	110.7	0.0	6.9	3.4	13.8	0.0	0.0
建设村	417.9	102.7	30.1	258.3	15.7	10.4	0.0	0.6	0.0	0.0
石泉村	333.5	84.1	10.2	233.2	0.0	5.8	0.0	0.2	0.0	0.0
宝峰彝族乡	**1229.2**	**311.4**	**89.1**	**785.0**	**0.0**	**37.2**	**0.0**	**5.7**	**0.0**	**0.7**
田坝村	378.8	105.2	20.3	236.9	0.0	14.5	0.0	1.1	0.0	0.7
莲池村	305.8	130.6	46.9	111.5	0.0	14.2	0.0	2.6	0.0	0.0
杏家村	544.6	75.7	21.9	436.5	0.0	8.5	0.0	2.0	0.0	0.0
新添乡	**5195.4**	**1087.8**	**47.3**	**3769.8**	**14.4**	**141.8**	**6.1**	**127.3**	**0.0**	**0.8**
上坝村	394.6	176.6	1.0	150.8	0.2	50.5	2.1	13.4	0.0	0.0
下坝村	302.3	122.2	1.9	120.0	0.4	26.1	3.2	28.5	0.0	0.1
新添村	327.8	114.5	9.9	174.6	2.8	6.2	0.0	19.9	0.0	0.0
太阳村	768.7	148.2	20.1	588.9	0.0	8.0	0.0	3.5	0.0	0.0
石家村	598.2	103.9	0.2	449.6	6.0	12.5	0.0	25.4	0.0	0.7
黄禄村	1296.5	77.5	4.9	1207.5	0.6	4.2	0.0	1.7	0.0	0.0
龙鱼村	367.4	74.4	8.4	265.3	0.0	5.6	0.0	13.7	0.0	0.0
山河村	977.7	270.4	0.9	651.0	4.5	28.9	0.9	21.2	0.0	0.0
庙岗村	162.2	0.0	0.0	162.2	0.0	0.0	0.0	0.0	0.0	0.0
附城乡	**1410.3**	**387.0**	**40.8**	**804.5**	**0.6**	**96.5**	**35.8**	**43.6**	**0.0**	**1.6**
南罗坝村	263.9	118.7	26.1	32.5	0.0	60.7	9.9	15.5	0.0	0.5
南村坝村	214.1	84.0	12.9	78.1	0.1	13.2	14.9	10.8	0.0	0.1
烟溪沟村	932.3	184.3	1.9	693.9	0.4	22.6	10.9	17.3	0.0	1.0
五宪乡	**2162.8**	**650.2**	**192.2**	**1220.2**	**0.0**	**58.0**	**3.3**	**37.7**	**0.0**	**1.2**
豆子山村	258.3	178.8	22.5	33.6	0.0	13.4	2.8	7.1	0.0	0.0
坪阳村	296.0	163.2	15.2	72.1	0.0	22.5	0.4	21.5	0.0	1.2
毛坪村	354.1	172.9	18.5	144.5	0.0	13.4	0.1	4.5	0.0	0.1
热溪沟村	1254.4	135.3	136.0	970.0	0.0	8.6	0.0	4.5	0.0	0.0
烟竹乡	**4087.6**	**500.8**	**25.2**	**3477.0**	**0.1**	**44.5**	**17.0**	**22.8**	**0.0**	**0.3**
莲花村	352.9	184.4	16.8	107.7	0.1	21.1	17.0	5.6	0.0	0.3
双红村	929.4	223.5	5.3	679.2	0.0	16.5	0.0	4.9	0.0	0.0
凤凰村	984.9	92.9	3.1	871.6	0.0	6.9	0.0	10.4	0.0	0.0
烟竹乡林场	1820.5	0.0	0.0	1818.5	0.0	0.0	0.0	1.9	0.0	0.0

续表

名称	总面积（公顷）	耕地（公顷）	园地（公顷）	林地（公顷）	草地（公顷）	居民点及工矿用地（公顷）	交通运输用地（公顷）	水域与水利设施用地（公顷）	冰川及永久积雪（公顷）	未利用地（公顷）
青龙乡	**5306.3**	**548.6**	**50.2**	**4505.7**	**1.2**	**92.6**	**80.8**	**20.2**	**0.0**	**6.9**
柏香村	409.2	124.8	40.8	198.9	0.0	29.4	12.8	2.5	0.0	0.0
桂花村	768.5	166.6	6.8	543.8	0.5	25.6	20.9	4.2	0.0	0.0
沙坝河村	1313.0	120.5	0.5	1146.8	0.0	16.5	14.8	8.3	0.0	5.5
复兴村	1851.9	136.7	2.2	1652.4	0.7	21.1	32.3	5.2	0.0	1.4
青龙乡林场	963.8	0.0	0.0	963.8	0.0	0.0	0.0	0.0	0.0	0.0
龙苍沟乡	**45845.7**	**1091.4**	**181.1**	**43709.6**	**269.1**	**156.5**	**93.7**	**337.0**	**0.0**	**7.3**
快乐村	1513.0	201.7	48.8	1169.8	39.4	16.9	6.8	28.9	0.0	0.7
经河村	2357.8	281.5	74.1	1928.4	10.9	23.6	7.8	29.5	0.0	2.1
万年村	1891.0	302.0	5.4	1476.3	11.9	20.3	40.6	31.1	0.0	3.4
发展村	7211.6	246.5	52.6	6752.1	50.5	38.7	2.3	68.4	0.0	0.5
杨湾村	1344.5	28.6	0.3	1221.7	18.1	20.5	36.3	19.0	0.0	0.0
鱼泉村	1510.4	16.1	0.0	1459.5	1.6	21.4	0.0	11.8	0.0	0.0
岗上村	2440.4	14.4	0.0	2383.2	14.9	13.7	0.0	14.2	0.0	0.0
龙苍沟乡林场	15198.4	0.0	0.0	14971.0	121.7	0.9	0.0	104.1	0.0	0.6
泡草湾伐木场	6382.0	0.5	0.0	6380.7	0.2	0.5	0.0	0.0	0.0	0.0
珙桐观光园	4931.9	0.0	0.0	4902.1	0.0	0.0	0.0	29.8	0.0	0.0
天生桥观光园	1064.7	0.0	0.0	1064.7	0.0	0.0	0.0	0.0	0.0	0.0
宝兴县	**311347.7**	**5624.9**	**3607.6**	**240468.4**	**49764.9**	**1737.4**	**215.0**	**2567.4**	**0.0**	**7362.1**
穆坪镇	**16417.0**	**505.4**	**195.2**	**14464.1**	**741.2**	**183.2**	**17.5**	**159.1**	**0.0**	**151.3**
新宝村	1544.8	36.2	31.1	1302.2	1.7	111.9	1.2	46.8	0.0	13.6
新光村	5080.2	38.6	21.5	4795.9	41.0	13.6	5.3	71.4	0.0	92.9
雪山村	827.1	48.4	19.5	690.3	56.3	4.9	0.0	5.1	0.0	2.5
顺江村	2020.7	205.2	45.8	1669.2	6.6	32.3	6.4	22.1	0.0	33.1
苟山村	910.9	69.5	20.0	739.7	50.9	11.5	3.3	8.4	0.0	7.6
新民村	2103.6	107.3	57.3	1351.1	570.7	8.9	1.3	5.4	0.0	1.6
穆坪镇林场	3929.8	0.0	0.0	3915.8	14.0	0.0	0.0	0.0	0.0	0.0
灵关镇	**23578.9**	**1169.9**	**657.5**	**20958.6**	**114.0**	**417.7**	**14.7**	**222.9**	**0.0**	**23.5**
灵关镇社区	77.5	0.0	0.0	0.0	0.0	77.5	0.0	0.0	0.0	0.0
钟灵村	623.1	69.8	17.8	471.5	1.4	33.3	1.1	28.1	0.0	0.2
大沟村	2133.8	140.3	69.6	1901.2	0.2	10.6	0.0	11.4	0.0	0.4
河口村	1748.5	127.4	105.9	1426.3	8.9	26.1	0.3	51.8	0.0	1.9
新场村	730.5	110.0	85.0	467.5	2.8	43.2	0.0	22.0	0.0	0.0
磨刀村	1133.1	117.5	16.1	950.0	1.5	19.3	3.5	24.8	0.0	0.4
大渔村	922.0	98.8	47.8	692.6	57.1	25.7	0.0	0.0	0.0	0.0
中坝村	341.5	65.2	16.2	202.1	9.2	46.0	1.0	1.9	0.0	0.0
上坝村	207.7	23.0	7.4	82.8	0.0	76.9	2.7	14.9	0.0	0.0
后山村	279.2	41.7	79.0	150.3	0.0	8.2	0.0	0.0	0.0	0.1

续表

名称	总面积（公顷）	耕地（公顷）	园地（公顷）	林地（公顷）	草地（公顷）	居民点及工矿用地（公顷）	交通运输用地（公顷）	水域与水利设施用地（公顷）	冰川及永久积雪（公顷）	未利用地（公顷）
建联村	2043.6	112.5	38.6	1841.1	0.6	25.8	6.2	17.9	0.0	0.9
安坪村	1075.3	118.7	110.9	829.9	2.2	12.1	0.0	0.1	0.0	1.3
紫云村	6650.9	144.9	63.2	6376.1	30.1	12.9	0.0	20.7	0.0	2.9
灵关镇林场	5612.1	0.0	0.0	5567.3	0.0	0.0	0.0	29.4	0.0	15.4
陇东镇	**49313.0**	**833.9**	**1164.2**	**38073.1**	**6515.9**	**176.2**	**34.1**	**315.8**	**0.0**	**2199.8**
陇东镇社区	3.9	0.0	0.0	0.0	0.0	3.9	0.0	0.0	0.0	0.0
老场村	5088.3	55.4	3.1	4886.8	33.4	56.8	4.4	39.3	0.0	9.1
苏村村	417.1	72.8	2.6	313.4	11.5	7.0	3.1	5.6	0.0	1.1
青江村	952.0	106.6	142.5	658.8	22.7	11.4	3.9	5.3	0.0	0.7
星火村	1468.2	75.3	2.1	1203.1	165.8	6.1	0.0	8.6	0.0	7.2
向兴村	448.1	111.3	11.8	288.5	9.5	23.4	0.0	3.7	0.0	0.0
自兴村	595.8	60.7	6.9	498.9	17.0	6.8	0.0	5.1	0.0	0.4
先锋村	449.0	103.6	21.5	249.3	54.2	12.0	3.0	3.9	0.0	1.5
新江村	1924.0	134.4	83.9	1553.7	107.0	21.8	2.2	18.8	0.0	2.3
崇兴村	4571.6	113.8	743.1	3535.6	103.1	16.4	4.7	34.9	0.0	19.9
陇东镇林场	33395.0	0.0	146.6	24884.9	5991.8	10.7	12.7	190.6	0.0	2157.7
蜂桶寨乡	**36540.8**	**595.7**	**193.8**	**33334.2**	**1748.1**	**217.4**	**32.9**	**321.4**	**0.0**	**97.4**
盐井坪村	3133.5	15.3	23.3	2618.3	280.1	108.7	13.4	30.6	0.0	43.9
顺山村	981.2	75.7	29.8	857.9	0.2	9.5	0.0	7.1	0.0	1.1
青坪村	738.3	61.6	37.1	610.1	3.2	9.3	0.0	12.0	0.0	4.9
和平村	782.0	53.3	17.0	689.4	0.5	10.9	0.0	10.4	0.0	0.5
新华村	1613.5	59.4	19.7	1477.7	0.4	26.4	4.9	18.7	0.0	6.3
光明村	824.5	90.5	6.0	696.3	1.0	10.2	3.9	11.0	0.0	5.7
新康村	974.3	80.5	9.6	734.8	143.1	5.4	0.0	0.9	0.0	0.0
民和村	1232.5	88.9	19.5	1079.8	13.1	10.6	1.1	17.6	0.0	1.7
蜂桶寨乡林场	26261.0	70.5	31.8	24569.9	1306.5	26.5	9.5	213.1	0.0	33.3
硗碛藏族乡	**94770.3**	**661.3**	**21.6**	**61660.0**	**29642.6**	**454.7**	**80.4**	**942.8**	**0.0**	**1306.8**
硗碛乡社区	22.2	0.0	0.0	0.0	0.0	21.9	0.0	0.2	0.0	0.0
夹拉村	9081.8	150.5	2.3	7809.0	934.3	74.8	18.5	73.2	0.0	19.2
咎落村	1869.3	74.8	0.0	1270.4	15.4	28.4	9.0	432.5	0.0	38.9
嘎日村	3501.5	261.1	11.8	2730.5	423.9	33.6	8.4	12.2	0.0	20.1
泽根村	2528.5	72.3	0.1	2080.4	273.8	30.7	11.6	19.8	0.0	39.7
勒乐村	1174.6	86.5	0.4	969.8	72.9	18.9	5.2	5.3	0.0	15.4
硗碛乡林场	76592.3	16.0	7.0	46799.9	27922.4	246.4	27.7	399.5	0.0	1173.4
永富乡	**66290.6**	**213.0**	**419.2**	**51286.2**	**10434.3**	**73.8**	**16.9**	**368.7**	**0.0**	**3478.6**
永富乡社区	3.8	0.0	0.0	0.0	0.0	3.7	0.1	0.0	0.0	0.0
若壁村	3562.1	69.7	7.6	3326.3	107.4	13.0	4.7	31.3	0.0	2.1
永和村	3634.0	76.8	2.9	3451.3	13.5	36.8	3.1	45.2	0.0	4.4

续表

名称	总面积（公顷）	耕地（公顷）	园地（公顷）	林地（公顷）	草地（公顷）	居民点及工矿用地（公顷）	交通运输用地（公顷）	水域与水利设施用地（公顷）	冰川及永久积雪（公顷）	未利用地（公顷）
中岗村	4949.4	60.0	393.8	4051.1	337.6	14.7	4.2	44.6	0.0	43.5
永富乡林场	54141.4	6.5	14.9	40457.5	9975.9	5.7	4.8	247.6	0.0	3428.6
明礼乡	**11868.8**	**347.2**	**93.1**	**11105.3**	**120.3**	**67.5**	**6.2**	**115.2**	**0.0**	**13.8**
百礼村	1421.3	112.2	3.8	1279.4	0.0	14.6	4.0	7.4	0.0	0.0
庄子村	2189.9	195.3	28.0	1883.8	2.6	41.0	2.2	35.3	0.0	1.7
联合村	1423.5	39.7	61.4	1240.5	19.7	7.7	0.0	46.0	0.0	8.5
明礼乡林场	6834.1	0.0	0.0	6701.6	98.0	4.4	0.0	26.5	0.0	3.6
五龙乡	**7372.5**	**919.6**	**360.8**	**5390.2**	**438.9**	**104.3**	**12.3**	**58.1**	**0.0**	**88.3**
五龙乡社区	10.8	0.4	0.0	0.0	0.0	10.4	0.0	0.0	0.0	0.0
东风村	1509.1	282.4	155.1	680.7	241.3	32.9	8.1	46.4	0.0	62.3
战斗村	717.4	127.0	81.1	439.0	57.9	11.8	0.0	0.0	0.0	0.7
东升村	1373.2	164.7	47.6	1076.6	70.0	14.3	0.0	0.0	0.0	0.0
团结村	1021.3	194.2	46.8	729.1	12.6	22.5	4.3	11.7	0.0	0.3
胜利村	2027.9	151.0	30.2	1767.9	41.3	12.5	0.0	0.0	0.0	25.0
五龙乡林场	712.7	0.0	0.0	697.0	15.7	0.0	0.0	0.0	0.0	0.0
大溪乡	**5195.8**	**379.0**	**502.1**	**4196.6**	**9.6**	**42.5**	**0.0**	**63.5**	**0.0**	**2.6**
罗家坝村	767.3	149.1	47.1	514.7	2.1	15.0	0.0	39.2	0.0	0.0
烟溪口村	792.8	100.0	103.7	562.1	2.2	15.6	0.0	9.2	0.0	0.2
曹家坝村	1352.8	89.3	209.8	1033.5	2.6	7.1	0.0	9.8	0.0	0.6
大溪塝村	1407.5	40.6	141.6	1210.8	2.8	4.7	0.0	5.3	0.0	1.8
大溪乡林场	875.5	0.0	0.0	875.5	0.0	0.0	0.0	0.0	0.0	0.0
邛崃市	**42271.2**	**8829.2**	**1663.4**	**29612.5**	**2.6**	**1497.4**	**95.3**	**570.8**	**0.0**	**0.0**
夹关镇	**4736.5**	**1792.8**	**849.5**	**1578.2**	**2.4**	**380.3**	**41.2**	**92.1**	**0.0**	**0.0**
临江社区	207.4	67.2	42.4	41.0	0.0	42.2	2.9	11.8	0.0	0.0
王店社区	357.6	229.3	16.9	56.3	0.1	33.7	3.6	17.8	0.0	0.0
草池村	340.0	262.7	26.6	14.1	1.0	29.3	0.0	6.3	0.0	0.0
二龙村	447.3	153.7	3.6	250.1	0.0	33.3	1.7	4.9	0.0	0.0
福田村	289.0	152.2	9.2	91.5	0.0	28.1	0.0	8.0	0.0	0.0
拴马村	450.4	163.9	112.1	129.7	0.0	31.8	8.2	4.7	0.0	0.0
韩坪村	435.3	121.7	180.7	88.5	0.0	30.5	12.9	1.0	0.0	0.0
熊营村	317.7	79.1	127.5	87.0	0.1	21.5	0.0	2.5	0.0	0.0
渔坝村	791.5	195.4	154.7	387.5	0.9	40.7	0.0	12.3	0.0	0.0
龚店村	463.8	122.3	146.7	115.1	0.0	51.1	12.0	16.7	0.0	0.0
雕虎村	636.3	245.3	29.2	317.5	0.3	37.9	0.0	6.1	0.0	0.0
火井镇	**6556.6**	**1986.9**	**232.2**	**3841.3**	**0.0**	**368.3**	**11.6**	**116.4**	**0.0**	**0.0**
高场社区	297.3	124.8	18.0	89.5	0.0	49.0	3.6	12.4	0.0	0.0
银台山村	594.1	334.4	32.4	158.3	0.0	46.8	2.3	19.9	0.0	0.0
夜合村	594.2	144.3	32.6	370.2	0.0	28.3	1.9	16.9	0.0	0.0

续表

名称	总面积（公顷）	耕地（公顷）	园地（公顷）	林地（公顷）	草地（公顷）	居民点及工矿用地（公顷）	交通运输用地（公顷）	水域与水利设施用地（公顷）	冰川及永久积雪（公顷）	未利用地（公顷）
状元村	847.7	249.8	23.1	503.8	0.0	51.1	3.8	16.2	0.0	0.0
双童村	855.7	201.9	82.2	522.4	0.0	38.8	0.0	10.3	0.0	0.0
三河村	738.2	149.8	0.8	531.3	0.0	40.9	0.0	15.4	0.0	0.0
兴福村	823.2	228.9	18.9	526.4	0.0	36.3	0.0	12.7	0.0	0.0
纸坊村	729.6	297.1	20.0	383.0	0.0	28.4	0.0	1.2	0.0	0.0
雅鹏村	412.2	149.1	2.6	227.8	0.0	23.9	0.0	8.8	0.0	0.0
凤扬村	664.4	106.8	1.7	528.6	0.0	24.7	0.0	2.6	0.0	0.0
高何镇	**8133.7**	**1387.6**	**19.8**	**6407.2**	**0.0**	**185.4**	**14.8**	**119.0**	**0.0**	**0.0**
沙坝社区	1121.6	250.6	4.6	810.0	0.0	34.0	5.3	17.0	0.0	0.0
靖口村	2644.5	304.2	7.7	2258.1	0.0	39.6	0.3	34.6	0.0	0.0
高兴村	854.3	125.6	1.3	689.9	0.0	21.5	2.0	14.0	0.0	0.0
王家村	781.5	202.8	1.8	530.7	0.0	26.7	3.9	15.6	0.0	0.0
毛河村	1333.3	227.3	1.4	1050.3	0.0	28.4	1.9	23.9	0.0	0.0
何场村	493.0	153.2	3.0	304.1	0.0	24.5	1.3	6.9	0.0	0.0
银杏村	905.4	123.9	0.0	764.0	0.0	10.7	0.0	6.8	0.0	0.0
天台山镇	**10914.1**	**2621.2**	**260.1**	**7543.1**	**0.2**	**320.1**	**22.6**	**146.8**	**0.0**	**0.0**
三角社区	762.3	296.7	40.7	355.9	0.0	37.3	4.0	27.6	0.0	0.0
马坪村	3047.6	173.5	79.1	2715.4	0.2	48.1	0.0	31.3	0.0	0.0
纪红村	648.9	271.9	11.0	343.8	0.0	20.4	0.0	1.8	0.0	0.0
凤乐村	881.0	254.3	46.2	519.8	0.0	39.5	4.8	16.4	0.0	0.0
清水村	737.4	293.8	6.7	394.9	0.0	34.4	1.8	5.8	0.0	0.0
杨田村	954.9	274.0	16.2	617.8	0.0	32.2	2.3	12.2	0.0	0.0
天井村	1651.4	357.1	9.9	1232.3	0.0	31.7	0.0	20.4	0.0	0.0
土溪村	384.5	135.6	27.4	199.1	0.0	16.9	0.0	5.4	0.0	0.0
冯坝村	1148.2	352.3	11.9	720.0	0.0	41.1	3.6	19.4	0.0	0.0
紫荆村	698.0	211.9	11.0	444.1	0.0	18.5	6.1	6.4	0.0	0.0
道佐乡	3232.1	672.6	135.0	2208.0	0.0	166.6	5.1	44.9	0.0	0.0
沿江社区	278.9	65.9	17.4	150.9	0.0	37.4	1.3	5.9	0.0	0.0
皮坝村	438.9	106.5	31.3	264.1	0.0	20.7	1.8	14.4	0.0	0.0
砖桥村	389.6	75.1	52.5	221.9	0.0	22.0	2.0	16.0	0.0	0.0
寨沟村	568.2	105.7	19.3	403.8	0.0	33.9	0.0	5.5	0.0	0.0
鼎锅村	334.6	115.1	4.1	197.1	0.0	18.3	0.0	0.1	0.0	0.0
张店村	472.6	32.0	0.5	429.3	0.0	10.7	0.0	0.0	0.0	0.0
万福村	749.4	172.3	9.8	540.8	0.0	23.5	0.0	3.0	0.0	0.0
南宝乡	8698.2	368.1	166.8	8034.7	0.0	76.8	0.0	51.7	0.0	0.0
茶板村	1220.6	33.0	12.4	1162.3	0.0	10.4	0.0	2.6	0.0	0.0
金甲村	1216.3	42.9	0.6	1150.7	0.0	14.5	0.0	7.6	0.0	0.0
常乐村	751.0	34.2	1.2	709.4	0.0	6.1	0.0	0.1	0.0	0.0
大胡村	1789.9	56.9	0.0	1699.0	0.0	13.5	0.0	20.5	0.0	0.0
秋园村	2627.7	56.2	9.6	2530.2	0.0	12.8	0.0	18.8	0.0	0.0
龙洞村	824.0	57.4	13.9	741.2	0.0	9.5	0.0	2.0	0.0	0.0
金花村	268.7	87.5	129.1	42.0	0.0	10.0	0.0	0.1	0.0	0.0

表 2-18 芦山地震一般灾区土地利用现状（乡镇单元）

名称	总面积（公顷）	耕地（公顷）	园地（公顷）	林地（公顷）	草地（公顷）	居民点及工矿用地（公顷）	交通运输用地（公顷）	水域与水利设施用地（公顷）	冰川及永久积雪（公顷）	未利用地（公顷）
一般灾区	**3219421.7**	**376344.8**	**109481.9**	**2080196.8**	**230815.9**	**88073.3**	**7139.1**	**56751.7**	**30818.3**	**239799.9**
邛崃县	**95221.4**	**42904.6**	**8344.7**	**26420.8**	**22.2**	**12759.9**	**494.4**	**4274.8**	**0.0**	**0.0**
临邛镇	14435.0	6963.8	549.5	2730.9	0.0	3385.0	113.4	692.3	0.0	0.0
羊安镇	4656.4	2941.1	67.6	35.9	0.0	1133.8	26.9	451.1	0.0	0.0
牟礼镇	5922.5	3634.6	704.6	11.1	0.0	1016.4	19.4	536.3	0.0	0.0
桑园镇	3691.7	2544.5	40.9	109.4	0.0	733.4	44.5	219.0	0.0	0.0
平乐镇	7930.1	2113.1	588.3	4240.9	6.8	731.7	58.1	191.3	0.0	0.0
水口镇	11673.9	2702.4	396.8	7977.9	0.0	348.7	21.4	226.7	0.0	0.0
固驿镇	5030.3	2774.0	1016.1	145.9	3.0	722.9	19.7	348.7	0.0	0.0
冉义镇	3652.9	2558.0	13.9	11.1	0.0	715.5	5.2	349.1	0.0	0.0
回龙镇	4244.4	1963.1	624.1	892.3	0.1	443.3	31.7	289.8	0.0	0.0
高埂镇	2572.8	1914.0	89.3	6.8	0.0	413.3	12.4	136.9	0.0	0.0
前进镇	2562.8	2007.3	27.4	0.1	0.0	428.7	17.9	81.3	0.0	0.0
临济镇	3741.6	1012.2	1747.9	427.2	0.0	437.6	27.2	89.5	0.0	0.0
卧龙镇	3398.5	1549.8	742.6	416.2	0.1	557.8	23.6	108.4	0.0	0.0
宝林镇	3682.7	2244.2	337.6	360.9	0.0	475.3	1.7	263.0	0.0	0.0
茶园乡	3169.0	1320.5	222.0	1260.7	12.2	290.4	8.5	54.7	0.0	0.0
油榨乡	5176.3	1460.7	224.4	3162.7	0.0	191.9	8.8	127.9	0.0	0.0
大同乡	7068.0	1933.1	657.0	3954.0	0.0	432.8	19.7	71.5	0.0	0.0
孔明乡	2612.6	1268.0	295.0	676.6	0.0	301.2	34.2	37.5	0.0	0.0
汉源县	**221380.8**	**37576.2**	**8309.3**	**154761.0**	**6425.5**	**4728.6**	**483.0**	**8148.1**	**0.0**	**949.1**
汉源县城	662.7	133.1	0.4	0.0	52.6	470.9	4.2	1.0	0.0	0.5
富林镇	971.6	219.1	63.5	38.2	4.7	61.3	5.2	578.0	0.0	1.5
九襄镇	8599.9	2792.4	317.0	4788.3	57.6	500.6	66.6	64.0	0.0	13.3
乌斯河镇	5241.5	862.3	115.3	3559.6	336.4	147.6	54.4	112.2	0.0	53.6
宜东镇	9215.7	2644.5	533.3	5590.4	81.3	210.3	8.2	136.0	0.0	11.7
富庄镇	5121.1	1616.4	788.7	2405.9	6.9	133.2	12.2	156.7	0.0	1.0
清溪镇	1860.4	544.0	241.8	932.3	30.4	83.8	9.6	18.0	0.0	0.5
大树镇	2811.9	599.5	62.6	612.2	108.6	39.9	12.5	1374.0	0.0	2.6
皇木镇	8825.1	1185.1	192.5	6659.6	603.2	128.3	6.2	27.3	0.0	22.9
大田乡	2467.4	1084.6	854.1	263.8	3.7	182.0	6.8	70.7	0.0	1.8
唐家乡	2583.3	1009.3	200.6	863.3	157.6	207.8	36.3	92.8	0.0	15.8
富春乡	3057.5	889.6	73.3	1829.3	102.7	133.9	14.3	4.3	0.0	10.0
河西乡	2786.6	1189.7	110.4	1219.9	79.9	149.4	0.0	26.0	0.0	11.3
大岭乡	2557.7	899.0	137.0	1302.6	111.3	85.8	0.0	19.4	0.0	2.7
前域乡	2478.3	1078.1	116.9	1106.8	6.0	126.2	0.0	40.0	0.0	4.2
后域乡	4885.6	974.5	27.4	3783.3	3.2	62.2	0.0	33.6	0.0	1.3
大堰乡	3419.8	747.8	734.8	1748.9	1.6	121.5	7.4	57.3	0.0	0.5

续表

名称	总面积（公顷）	耕地（公顷）	园地（公顷）	林地（公顷）	草地（公顷）	居民点及工矿用地（公顷）	交通运输用地（公顷）	水域与水利设施用地（公顷）	冰川及永久积雪（公顷）	未利用地（公顷）
两河乡	6506.5	632.7	300.5	5393.2	0.6	79.1	0.0	95.7	0.0	4.8
富乡乡	8716.9	743.7	167.0	7585.6	1.0	67.7	0.0	142.9	0.0	9.0
梨园乡	6065.3	321.1	1324.5	4292.4	3.7	91.6	0.0	28.8	0.0	3.2
三交乡	21964.7	1264.5	61.0	20269.9	66.4	95.9	0.0	109.5	0.0	97.4
双溪乡	6740.4	859.2	448.0	4980.5	176.8	134.7	23.1	68.1	0.0	49.9
西溪乡	3873.2	1144.0	154.9	2189.3	304.3	60.5	0.0	15.9	0.0	4.2
建黎乡	4429.3	618.8	236.0	3062.8	378.3	74.5	13.0	32.6	0.0	13.3
市荣乡	3142.6	1023.9	39.8	941.4	95.1	59.0	14.6	951.6	0.0	17.4
富泉乡	2971.5	647.0	171.0	1351.7	510.6	79.9	11.2	171.7	0.0	28.6
万工乡	1623.8	412.2	58.3	496.4	39.1	40.4	9.3	559.1	0.0	9.1
安乐乡	2031.5	750.4	92.1	1048.3	29.4	90.1	5.2	13.0	0.0	2.9
万里乡	10022.6	573.0	24.8	8589.9	632.3	78.0	7.5	31.9	0.0	85.2
马烈乡	12047.9	653.2	7.6	10833.2	359.7	81.7	0.0	19.7	0.0	92.8
白岩乡	1685.9	1066.0	84.5	356.5	60.1	93.0	5.5	9.4	0.0	10.8
青富乡	2788.8	225.1	46.1	1280.2	153.2	26.8	42.0	897.4	0.0	118.1
桂贤乡	5215.8	1679.3	38.4	2562.2	154.3	173.6	14.4	574.3	0.0	19.3
河南乡	14814.1	791.8	85.8	13729.1	85.6	37.7	0.0	75.6	0.0	8.4
晒经乡	2927.7	746.0	23.0	1950.0	136.5	71.7	0.0	0.0	0.0	0.3
料林乡	3858.8	1124.2	66.8	2531.4	24.7	95.8	0.0	3.1	0.0	12.8
小堡藏族彝族乡	4846.5	271.5	36.2	3502.2	156.1	25.2	47.7	763.1	0.0	44.6
片马彝族乡	5603.6	1270.6	10.3	3881.1	197.7	102.2	0.0	141.6	0.0	0.1
坭美彝族乡	6623.5	1101.7	1.4	5151.2	281.3	60.8	0.0	27.1	0.0	0.0
永利彝族乡	8411.8	899.6	85.0	6520.5	721.9	85.7	8.1	58.7	0.0	32.4
顺河彝族乡	6922.4	287.7	176.8	5557.5	109.2	78.2	37.6	545.9	0.0	129.4
浦江县	**57984.7**	**27434.4**	**12678.6**	**8809.6**	**131.5**	**6805.8**	**369.4**	**1750.5**	**0.0**	**4.8**
鹤山镇	11036.4	4556.5	2783.3	1479.2	15.2	1867.6	104.7	229.4	0.0	0.6
大塘镇	2968.1	1655.1	425.6	321.8	21.7	454.0	16.4	73.5	0.0	0.0
寿安镇	8760.2	5013.0	1626.6	457.0	12.1	1173.8	101.3	376.0	0.0	0.5
朝阳湖镇	2927.2	1002.2	736.5	723.4	2.7	358.7	24.1	79.6	0.0	0.0
西来镇	7886.9	5118.1	1135.5	443.9	18.9	776.3	32.4	361.7	0.0	0.0
大兴镇	5920.1	3160.8	1320.0	683.4	35.3	600.9	22.4	97.3	0.0	0.1
甘溪镇	2897.3	1469.6	601.5	282.8	15.6	437.4	13.7	76.7	0.0	0.0
成佳镇	4032.9	1048.8	1434.6	989.8	0.6	323.7	29.0	206.4	0.0	0.0
复兴乡	3631.8	2001.6	613.9	537.2	5.8	358.0	15.1	100.2	0.0	0.0
光明乡	2257.4	598.1	639.2	814.1	0.4	156.1	10.3	35.9	0.0	3.3
白云乡	3735.4	860.1	812.5	1742.6	2.6	222.4	0.0	94.9	0.0	0.3
长秋乡	1930.9	950.6	549.5	334.4	0.8	76.7	0.0	18.8	0.0	0.0
丹棱县	**44933.1**	**12207.2**	**12378.5**	**15758.1**	**26.5**	**2803.6**	**531.7**	**1224.5**	**0.0**	**3.1**

续表

名称	总面积（公顷）	耕地（公顷）	园地（公顷）	林地（公顷）	草地（公顷）	居民点及工矿用地（公顷）	交通运输用地（公顷）	水域与水利设施用地（公顷）	冰川及永久积雪（公顷）	未利用地（公顷）
丹陵县飞地	0.6	0.6	0.0	0.0	0.0	0.0	0.0	0.0	0.0	0.0
仁美镇	3223.7	1324.8	932.7	571.4	4.1	276.5	44.1	69.2	0.0	0.9
丹棱镇	6038.1	542.2	3607.3	817.5	15.4	747.5	114.0	194.0	0.0	0.3
杨场镇	9151.1	3810.7	1609.5	2660.2	2.5	632.1	102.9	333.1	0.0	0.1
双桥镇	8795.5	2280.8	2831.3	2779.7	2.0	511.8	81.4	308.5	0.0	0.0
张场镇	9767.2	2376.6	1264.7	5474.4	2.2	367.6	100.7	181.0	0.0	0.0
石桥乡	2262.4	136.4	1144.0	812.2	0.0	102.6	27.0	39.9	0.0	0.3
顺龙乡	5694.6	1735.1	988.9	2642.7	0.3	165.5	61.6	98.9	0.0	1.5
洪雅县	**189759.9**	**30218.6**	**6058.3**	**140597.2**	**161.0**	**6895.9**	**223.8**	**5603.1**	**0.0**	**2.1**
止戈镇	4469.9	2055.2	623.1	1003.4	5.0	598.9	12.2	172.0	0.0	0.0
三宝镇	3789.2	1307.6	176.4	1759.3	0.1	282.1	3.4	260.1	0.0	0.3
花溪镇	8303.4	2084.3	88.1	5669.8	0.0	264.7	11.6	184.8	0.0	0.0
洪川镇	7927.9	3624.3	254.6	2659.6	8.6	1058.6	55.4	266.8	0.0	0.0
余坪镇	10320.0	5624.0	540.2	2502.8	0.5	933.1	16.3	703.1	0.0	0.0
槽渔滩镇	8291.9	1309.6	518.4	5462.7	3.3	386.3	17.5	594.1	0.0	0.0
中保镇	6789.1	2540.2	324.5	2798.9	14.2	489.8	19.0	602.4	0.0	0.1
东岳镇	10613.0	3445.4	496.1	5729.0	4.9	583.9	16.0	337.6	0.0	0.0
柳江镇	15983.2	1639.9	298.3	13345.7	0.2	456.7	5.8	235.0	0.0	1.6
高庙镇	22946.9	1212.3	136.8	21114.6	0.0	339.6	25.8	117.8	0.0	0.0
瓦屋山镇	69413.1	337.6	33.5	67271.6	0.0	266.4	24.4	1479.7	0.0	0.0
中山乡	4014.0	1850.4	589.8	1145.8	0.8	384.0	0.0	43.2	0.0	0.0
将军乡	5451.2	1746.5	376.8	2251.1	123.0	548.5	16.4	388.9	0.0	0.0
汉王乡	7079.4	1117.7	1458.0	4069.8	0.4	235.2	0.0	198.1	0.0	0.1
桃源乡	4367.7	323.5	143.6	3813.1	0.0	68.1	0.0	19.4	0.0	0.0
洪雅县飞地	2.4	0.7	0.7	0.9	0.0	0.0	0.0	0.0	0.0	0.0
金口河区	**59827.3**	**4788.3**	**753.7**	**51341.6**	**1057.5**	**697.0**	**65.1**	**631.8**	**0.0**	**492.4**
永和镇	7714.3	539.9	42.2	6304.0	40.3	246.2	21.0	150.9	0.0	369.9
金河镇	14315.5	804.4	102.3	12888.5	210.3	123.0	17.1	134.8	0.0	34.9
和平彝族乡	4222.4	1046.5	141.6	2646.5	123.7	132.7	8.0	110.8	0.0	12.5
共安彝族乡	16827.0	609.1	83.0	15792.3	137.5	62.1	1.0	78.9	0.0	63.0
吉星乡	4495.0	731.3	35.1	3524.0	85.5	61.9	5.8	46.6	0.0	4.9
永胜乡	12253.2	1057.0	349.5	10186.4	460.2	71.0	12.1	109.8	0.0	7.2
大邑县	**128252.9**	**34178.6**	**4349.1**	**71323.0**	**3364.3**	**11629.2**	**537.2**	**2538.5**	**179.4**	**153.8**
晋原镇	9094.9	3666.6	292.9	2258.4	0.0	2495.5	97.8	282.2	0.0	1.5
王泗镇	6474.3	3892.3	146.7	929.5	0.0	1323.7	61.5	120.7	0.0	0.0
新场镇	3638.3	1605.8	164.7	1169.2	0.7	479.7	47.3	170.5	0.0	0.4
悦来镇	5751.4	2076.2	231.9	2863.6	0.0	432.6	21.0	124.7	0.0	1.3
安仁镇	5707.1	4000.9	32.6	16.0	0.0	1234.2	56.6	366.8	0.0	0.0

续表

名称	总面积（公顷）	耕地（公顷）	园地（公顷）	林地（公顷）	草地（公顷）	居民点及工矿用地（公顷）	交通运输用地（公顷）	水域与水利设施用地（公顷）	冰川及永久积雪（公顷）	未利用地（公顷）
出江镇	6289.7	1218.0	690.8	3929.6	0.0	255.1	25.4	168.8	0.0	2.0
花水湾镇	8695.3	438.7	366.9	7499.2	0.8	278.7	14.1	95.0	0.0	2.0
西岭镇	41233.6	420.2	468.1	35488.9	3344.0	1036.3	32.2	181.5	179.4	83.0
斜源镇	6289.3	648.3	529.1	4836.2	1.2	189.7	15.2	61.4	0.0	8.2
董场镇	3098.8	2342.9	38.5	4.7	0.0	558.7	25.2	128.8	0.0	0.0
韩场镇	2064.2	1616.1	14.8	0.0	0.0	354.7	19.2	59.4	0.0	0.0
三岔镇	4077.5	3144.2	57.6	10.8	0.0	679.4	19.7	165.8	0.0	0.0
上安镇	1970.6	1598.8	9.3	4.4	0.0	326.0	4.6	27.5	0.0	0.0
苏家镇	2041.1	1430.7	17.5	5.5	0.0	409.6	17.1	160.8	0.0	0.0
青霞镇	2806.0	756.0	68.1	1773.9	0.0	164.4	8.8	34.9	0.0	0.0
沙渠镇	1872.0	1075.5	25.1	19.8	0.7	494.5	39.8	216.7	0.0	0.0
蔡场镇	2161.8	1743.8	15.4	1.0	0.0	345.2	15.5	40.9	0.0	0.0
雾山乡	5159.8	384.0	476.3	4058.7	16.8	145.8	0.0	28.0	0.0	50.3
金星乡	4942.6	971.6	469.5	3250.5	0.0	186.4	6.1	55.2	0.0	3.4
鹤鸣乡	4884.5	1148.3	233.5	3202.9	0.0	239.0	10.2	49.0	0.0	1.7
石棉县	**267734.1**	**8318.5**	**2323.2**	**214440.1**	**21981.7**	**2606.8**	**350.5**	**4406.6**	**11185.4**	**2121.4**
新棉镇	15893.3	461.4	354.6	12786.3	994.8	775.3	61.0	428.2	0.0	31.6
安顺乡	21159.3	1049.8	191.3	16520.4	1757.5	235.0	0.0	306.2	979.0	120.0
先锋乡	9349.8	750.2	101.5	6934.9	1149.4	163.8	0.6	169.2	0.0	80.2
蟹螺乡	20285.7	678.9	28.5	17748.7	540.7	82.5	0.0	134.5	854.4	217.5
永和乡	7518.0	593.8	89.0	6169.7	181.7	51.5	21.8	384.3	0.0	26.3
回隆乡	22014.0	496.9	249.7	19522.9	996.5	456.6	43.1	216.3	0.0	31.8
擦罗乡	7905.9	348.7	135.3	7153.4	70.7	72.4	30.3	74.9	0.0	20.2
栗子坪乡	50963.9	271.6	79.8	43311.1	3769.2	88.8	114.4	423.0	2473.1	433.0
美罗乡	5276.6	644.5	221.8	4023.0	252.2	89.7	0.9	40.4	0.0	4.1
迎政乡	5928.6	563.1	182.3	4658.7	225.0	116.6	9.1	147.7	0.0	26.1
宰羊乡	2138.0	357.9	188.0	921.7	206.3	56.5	15.9	316.5	0.0	75.1
丰乐乡	23144.8	383.7	36.6	20178.3	1649.2	80.3	17.5	659.7	0.0	139.6
新民乡	8703.4	684.4	265.7	6964.2	244.8	129.7	0.0	346.5	0.0	68.2
挖角乡	18588.8	220.1	71.0	15481.8	2142.3	91.1	29.9	404.0	0.0	148.5
田湾乡	14837.7	397.8	126.8	10212.3	1172.4	49.5	6.0	126.2	2589.8	156.9
草科乡	34026.4	415.8	1.3	21852.7	6629.0	67.4	0.0	228.9	4289.1	542.3
泸定县	**216411.9**	**6777.2**	**2182.5**	**141928.5**	**12438.3**	**1297.5**	**148.4**	**2573.5**	**12679.8**	**36386.3**
泸桥镇	14950.7	721.5	244.3	12935.6	308.9	249.9	38.7	394.0	0.0	57.7
冷碛镇	6214.8	637.0	122.4	5112.6	76.4	141.8	32.4	53.5	0.0	38.6
兴隆镇	10411.7	1168.9	307.8	8644.5	0.4	135.4	7.0	94.2	0.0	53.5
磨西镇	31261.7	460.4	27.3	14467.1	1494.2	171.5	0.9	183.2	5584.6	8872.3
岚安乡	5790.2	630.8	33.7	4932.5	56.4	46.4	0.0	19.2	0.0	71.3

续表

名称	总面积（公顷）	耕地（公顷）	园地（公顷）	林地（公顷）	草地（公顷）	居民点及工矿用地（公顷）	交通运输用地（公顷）	水域与水利设施用地（公顷）	冰川及永久积雪（公顷）	未利用地（公顷）
烹坝乡	11628.4	289.6	161.8	7926.9	464.1	64.9	13.2	240.9	179.8	2287.2
田坝乡	22496.2	383.8	170.7	16930.4	1706.7	79.3	2.2	194.5	468.2	2560.5
杵坭乡	4948.8	323.3	239.6	4072.1	141.4	53.0	0.1	112.6	0.0	6.7
加郡乡	13729.4	492.0	145.8	12908.8	2.6	68.3	12.8	91.2	0.0	7.8
德威乡	6966.8	414.5	209.0	5841.2	318.4	69.8	0.0	106.9	0.0	6.9
新兴乡	42374.6	634.1	12.7	21048.6	4463.2	92.9	0.7	574.7	4410.9	11136.7
得妥乡	21780.2	612.8	495.0	16507.7	2172.8	116.5	19.4	351.0	348.0	1156.9
国有林场	23858.5	8.7	12.4	10600.5	1232.6	7.7	20.8	157.5	1688.3	10130.1
夹江县	**74290.6**	**24669.9**	**9279.1**	**28625.9**	**88.9**	**7562.1**	**540.5**	**3522.1**	**0.0**	**2.1**
漹城镇	4055.5	1334.3	119.0	1036.1	2.3	1202.7	47.0	314.1	0.0	0.0
黄土镇	4746.3	2293.5	80.4	1481.0	12.7	674.1	63.3	141.2	0.0	0.0
甘江镇	5908.6	2771.6	413.4	1346.0	5.3	705.0	47.2	619.9	0.0	0.3
界牌镇	3391.2	540.7	1286.6	911.6	3.8	430.8	41.7	174.4	0.0	1.5
中兴镇	3024.9	1373.6	72.6	1237.4	3.7	283.1	12.2	42.3	0.0	0.0
三洞镇	3495.7	1370.0	498.9	1134.9	0.1	321.0	37.5	133.3	0.0	0.0
吴场镇	4437.0	1587.6	597.6	1636.3	20.6	396.5	39.2	159.1	0.0	0.1
木城镇	3084.7	840.4	313.7	1393.1	2.1	292.4	15.9	227.1	0.0	0.0
华头镇	4377.3	656.9	636.5	2857.6	1.6	161.6	0.0	63.1	0.0	0.0
甘霖镇	2740.6	1397.8	69.8	739.7	0.0	392.8	42.3	98.1	0.0	0.0
新场镇	3366.5	1377.0	368.6	1005.0	0.7	440.7	73.8	100.6	0.0	0.0
顺河乡	2193.4	896.6	258.2	451.5	1.1	177.1	9.5	399.3	0.0	0.0
马村乡	2841.5	863.8	145.1	1394.3	2.1	304.3	32.3	99.5	0.0	0.1
土门乡	2563.2	1297.9	191.2	599.9	0.4	374.6	19.9	79.2	0.0	0.0
青州乡	2702.7	1085.9	492.6	820.3	0.1	209.6	19.8	74.3	0.0	0.0
梧凤乡	1936.8	676.8	601.6	437.4	0.0	135.9	16.9	68.2	0.0	0.0
永青乡	1797.3	851.3	159.4	575.6	4.6	164.2	1.8	40.4	0.0	0.0
迎江乡	2883.9	903.8	412.7	1028.4	6.1	256.1	14.8	262.1	0.0	0.0
龙沱乡	1715.7	143.4	675.8	791.8	0.2	91.6	0.0	12.8	0.0	0.1
南安乡	3148.6	365.4	1081.9	1180.1	14.2	275.5	0.3	231.1	0.0	0.0
歇马乡	5294.9	1170.2	647.0	3162.9	5.2	159.3	4.9	145.4	0.0	0.0
麻柳乡	4584.4	871.4	156.6	3404.9	1.8	113.0	0.0	36.6	0.0	0.0
峨眉山市	**118099.2**	**27622.9**	**8887.9**	**71313.2**	**76.0**	**7839.9**	**496.8**	**1807.7**	**0.0**	**54.8**
峨眉山市飞地	1.6	1.5	0.0	0.1	0.0	0.0	0.0	0.0	0.0	0.0
绥山镇	5499.9	1199.4	1398.4	1528.8	2.8	1204.7	53.2	110.3	0.0	2.2
高桥镇	7590.5	1229.1	332.5	5609.8	38.1	265.7	16.1	95.3	0.0	3.9
罗目镇	4893.4	1746.4	108.5	2491.1	0.3	474.6	12.0	59.8	0.0	0.6
九里镇	4605.3	1677.8	308.3	1974.2	3.1	525.0	26.1	88.9	0.0	2.0
龙池镇	18963.0	3805.9	301.1	14204.2	4.3	435.2	13.6	194.6	0.0	4.2

续表

名称	总面积（公顷）	耕地（公顷）	园地（公顷）	林地（公顷）	草地（公顷）	居民点及工矿用地（公顷）	交通运输用地（公顷）	水域与水利设施用地（公顷）	冰川及永久积雪（公顷）	未利用地（公顷）
乐都镇	3015.0	923.2	192.7	1327.1	9.3	498.0	23.8	40.9	0.0	0.0
符溪镇	4262.2	2453.9	176.0	870.9	0.0	570.9	29.2	161.4	0.0	0.0
峨山镇	1356.2	673.6	73.5	46.4	1.0	469.9	18.8	73.1	0.0	0.0
双福镇	5349.0	2381.6	976.8	1314.5	1.0	526.8	34.3	104.1	0.0	9.8
桂花桥镇	4849.5	2866.4	435.1	611.4	0.9	764.0	71.4	100.3	0.0	0.0
大为镇	11786.7	2629.1	155.6	8665.0	4.8	236.3	14.4	69.8	0.0	11.7
胜利镇	1919.1	800.8	150.1	100.9	0.1	722.0	69.2	76.0	0.0	0.0
龙门乡	6961.0	2361.2	79.0	4000.3	7.8	174.9	5.0	331.2	0.0	1.6
川主乡	4771.1	241.4	970.5	3384.3	0.0	116.9	10.1	47.1	0.0	0.9
沙溪乡	8457.2	815.7	221.9	7300.8	1.4	97.3	0.0	18.8	0.0	1.3
新平乡	1481.6	1181.5	10.5	10.9	0.0	232.7	8.7	37.2	0.0	0.0
普兴乡	4297.6	394.7	2081.7	1620.9	0.9	153.3	0.0	36.5	0.0	9.6
黄湾乡	18039.3	240.0	915.9	16251.5	0.2	371.7	90.9	162.1	0.0	7.0
甘洛县	**215116.9**	**29278.4**	**2634.3**	**133451.4**	**44019.6**	**2864.0**	**265.8**	**1682.0**	**0.0**	**921.3**
新市坝镇	20779.3	3870.0	234.5	12368.7	3333.0	686.8	61.4	168.8	0.0	56.1
田坝镇	5731.1	2178.0	284.6	2404.7	555.4	247.2	9.2	42.5	0.0	9.6
海棠镇	10701.9	1088.3	21.7	7242.8	2167.8	75.9	18.3	52.5	0.0	34.7
吉米镇	6770.3	557.3	70.5	3916.2	2030.1	75.5	6.1	47.2	0.0	67.5
斯觉镇	2477.0	1111.7	6.7	1083.0	183.4	72.2	4.9	14.9	0.0	0.3
普昌镇	3364.5	1222.5	27.2	1364.7	566.0	135.4	4.6	40.6	0.0	3.6
玉田镇	4623.8	1229.3	132.6	2496.6	549.6	118.1	33.2	58.5	0.0	5.9
前进乡	2826.3	634.7	46.4	1096.3	934.6	88.2	1.4	21.0	0.0	3.7
胜利乡	5135.7	1285.8	108.4	2524.3	992.8	91.9	5.4	11.4	0.0	115.7
新茶乡	3971.8	687.8	132.6	2246.9	820.5	48.2	6.6	24.2	0.0	5.1
两河乡	5735.1	904.7	57.1	3049.6	1634.6	53.9	1.6	18.5	0.0	15.0
里克乡	2167.8	1112.8	7.5	823.0	150.5	55.7	0.0	14.8	0.0	3.5
尼尔觉乡	5125.4	843.7	21.4	3753.2	419.8	50.8	0.0	29.9	0.0	6.7
拉莫乡	11206.2	485.6	38.0	7616.1	2984.2	24.1	0.0	52.6	0.0	5.7
波波乡	8700.8	254.2	19.3	5946.5	2269.3	33.1	0.0	22.5	0.0	155.9
阿嘎乡	21022.5	592.9	117.0	14359.4	5743.2	53.8	0.0	144.8	0.0	11.4
阿尔乡	5476.5	935.6	29.2	3164.9	1204.1	96.3	0.0	33.0	0.0	13.4
石海乡	3029.8	874.3	8.0	1529.8	462.7	87.9	23.0	31.6	0.0	12.6
团结乡	8163.3	1483.0	184.6	5626.4	715.7	105.7	0.0	46.0	0.0	1.8
嘎日乡	4321.8	1280.1	102.1	1979.5	796.9	82.1	0.0	51.2	0.0	29.8
则拉乡	5368.9	601.4	119.4	2369.3	2120.0	50.2	15.9	41.1	0.0	51.6
坪坝乡	12682.4	1702.6	55.5	5871.5	4962.5	80.8	0.0	8.8	0.0	0.6
蓼坪乡	11110.0	1160.6	132.3	6310.6	3352.7	68.2	2.8	46.5	0.0	36.3
阿兹觉乡	19637.0	592.5	62.6	17209.9	1327.6	97.3	39.5	208.4	0.0	99.1

续表

名称	总面积（公顷）	耕地（公顷）	园地（公顷）	林地（公顷）	草地（公顷）	居民点及工矿用地（公顷）	交通运输用地（公顷）	水域与水利设施用地（公顷）	冰川及永久积雪（公顷）	未利用地（公顷）
乌史大桥乡	12081.8	761.9	232.2	10159.4	644.2	65.2	7.5	169.7	0.0	41.8
黑马乡	4910.9	640.6	117.4	3067.6	644.7	111.6	18.5	239.0	0.0	71.7
沙岱乡	4567.9	594.8	132.6	2706.1	1066.4	53.3	0.0	3.4	0.0	11.2
苏雄乡	3426.7	591.6	132.9	1164.7	1387.3	54.7	5.9	38.7	0.0	51.0
东坡区	**133469.2**	**58854.5**	**27665.5**	**20416.0**	**366.5**	**15435.6**	**1459.5**	**9238.6**	**0.0**	**33.0**
通惠街道办事处	1483.0	437.5	42.0	18.5	0.6	841.5	27.3	115.5	0.0	0.0
大石桥街道办事处	2089.3	524.9	27.6	14.3	4.8	1323.3	17.8	165.9	0.0	10.7
苏祠街道办事处	1094.2	166.8	11.5	27.4	0.0	603.6	1.0	283.0	0.0	0.8
白马镇	4352.9	1638.7	1889.6	69.1	4.1	392.6	55.7	302.5	0.0	0.7
象耳镇	1833.3	907.5	165.5	80.6	17.6	382.0	76.6	194.8	0.0	8.7
太和镇	4013.4	2315.4	77.4	158.8	3.4	695.2	80.9	682.2	0.0	0.0
悦兴镇	5258.7	3691.5	280.3	307.4	3.5	613.4	82.2	280.4	0.0	0.0
尚义镇	5265.4	2990.5	1110.6	166.8	2.2	590.1	47.6	357.0	0.0	0.5
多悦镇	7617.8	3522.9	1506.9	1424.4	36.8	575.4	94.4	456.4	0.0	0.7
秦家镇	8447.4	2687.5	3536.5	984.4	29.8	563.8	97.4	547.5	0.0	0.5
万胜镇	7196.1	2036.6	2338.9	1933.3	27.7	519.9	46.9	289.2	0.0	3.7
崇仁镇	7547.3	3118.7	773.9	2547.0	45.7	648.5	100.5	313.0	0.0	0.0
思濛镇	7551.5	4533.7	539.9	1047.4	5.7	737.7	93.7	593.3	0.0	0.0
修文镇	9577.2	4867.5	1523.6	1631.4	9.2	1108.9	61.6	374.0	0.0	0.8
松江镇	6314.8	3240.1	314.7	819.6	20.7	1029.9	136.4	752.7	0.0	0.6
崇礼镇	5481.7	2605.3	1065.0	593.3	11.1	731.4	37.9	437.7	0.0	0.0
富牛镇	5427.2	3080.1	480.0	821.3	7.6	488.0	40.8	509.3	0.0	0.0
永寿镇	4754.5	2985.9	32.3	82.7	19.2	896.5	48.2	688.6	0.0	1.2
三苏乡	8543.0	2887.4	3053.5	1435.4	23.3	651.3	98.6	392.1	0.0	1.5
广济乡	6595.2	672.9	4231.8	1109.1	10.8	347.5	48.7	173.7	0.0	0.7
盘鳌乡	7622.2	1653.8	2708.8	2521.2	20.6	382.0	43.6	290.7	0.0	1.5
土地乡	3506.7	1820.7	657.4	378.6	11.5	207.5	22.3	408.8	0.0	0.0
复盛乡	2956.2	1745.4	346.4	485.3	28.7	213.8	26.1	110.5	0.0	0.0
复兴乡	2942.1	1740.7	226.7	370.5	8.5	402.7	30.1	162.6	0.0	0.3
金花乡	3217.2	1581.0	343.7	772.6	2.4	288.8	27.3	201.5	0.0	0.0
柳圣乡	2256.7	1228.1	239.8	478.3	1.5	173.2	11.5	124.2	0.0	0.0
彭山县飞地	524.3	173.6	141.2	137.2	9.7	27.1	4.2	31.3	0.0	0.0
峨边彝族自治县	**238100.0**	**22526.8**	**1249.1**	**201361.3**	**7869.8**	**1726.0**	**128.7**	**2653.3**	**0.0**	**585.0**
沙坪镇	7985.8	2239.4	642.9	4232.6	57.4	415.6	18.3	347.3	0.0	32.2
大堡镇	9045.9	1523.8	74.6	6754.3	397.1	122.0	6.4	142.2	0.0	25.5
毛坪镇	7697.0	2605.2	54.4	4573.3	50.5	138.6	0.8	271.5	0.0	2.6
五渡镇	16970.1	3182.4	23.1	12964.5	150.6	143.8	0.7	481.2	0.0	23.7

续表

名称	总面积（公顷）	耕地（公顷）	园地（公顷）	林地（公顷）	草地（公顷）	居民点及工矿用地（公顷）	交通运输用地（公顷）	水域与水利设施用地（公顷）	冰川及永久积雪（公顷）	未利用地（公顷）
新林镇	21785.1	2435.6	122.8	18496.7	438.9	150.1	1.9	119.8	0.0	19.3
黑竹沟镇	20075.6	398.4	1.4	19172.2	248.3	50.8	3.5	152.5	0.0	48.5
宜坪乡	2606.0	755.9	1.7	1758.9	14.0	49.9	8.9	12.7	0.0	4.0
宜坪乡	3784.4	950.8	7.2	2319.7	304.9	92.6	14.9	76.8	0.0	17.5
杨村乡	4186.1	866.0	24.7	3085.9	69.2	58.7	13.1	54.9	0.0	13.6
白杨乡	8228.3	551.3	0.4	7262.1	346.3	28.1	0.0	32.0	0.0	8.1
觉莫乡	12386.7	382.9	20.8	11655.8	176.1	18.9	1.4	113.8	0.0	16.9
万坪乡	23218.5	641.5	4.3	21557.1	840.8	36.7	0.0	116.9	0.0	21.1
杨河乡	11324.1	1089.9	123.1	9659.3	359.3	26.5	0.0	58.2	0.0	7.7
共和乡	1692.2	729.9	0.3	695.6	13.8	74.0	4.4	159.7	0.0	14.5
新场乡	4709.9	976.1	106.6	3402.9	45.8	92.6	10.2	68.9	0.0	6.8
平等乡	19160.1	1517.8	36.1	17058.8	329.5	55.1	0.0	112.4	0.0	50.3
哈曲乡	14331.0	171.3	4.7	13341.5	639.7	25.8	10.7	100.8	0.0	36.4
金岩乡	7557.9	854.7	0.0	6268.3	151.5	65.5	9.3	85.1	0.0	123.5
勒乌乡	41355.3	653.7	0.0	37101.7	3235.9	80.4	24.3	146.6	0.0	112.7
康定县	**1158836.0**	**8987.7**	**2386.8**	**799647.9**	**132786.6**	**2421.4**	**1044.4**	**6696.6**	**6773.8**	**198090.8**
炉城镇	81644.1	181.6	59.3	59924.4	740.8	438.2	84.4	274.3	3203.4	16737.7
姑咱镇	19601.1	112.8	183.0	14255.9	61.9	159.6	21.7	151.5	0.0	4654.9
新都桥镇	45780.6	1315.6	0.0	28832.0	13946.4	220.6	79.6	579.2	0.0	807.1
雅拉乡	70447.6	326.2	22.6	46078.2	3600.2	72.9	28.6	498.4	0.1	19820.4
时济乡	6264.6	196.7	125.5	5589.5	82.7	44.1	4.6	122.9	0.0	98.7
前溪乡	9302.5	53.6	434.6	6498.0	71.8	33.3	0.0	52.6	0.0	2158.5
舍联乡	28002.6	62.6	130.3	22855.9	932.7	54.4	49.2	232.8	0.0	3684.8
麦崩乡	11680.2	154.1	461.7	10078.9	59.5	37.0	6.8	103.0	0.0	779.2
三合乡	26101.0	369.1	120.6	20807.3	1059.6	70.2	27.1	99.3	0.0	3547.8
金汤乡	19885.9	302.0	204.2	16442.7	387.3	77.6	7.3	31.1	0.0	2433.6
捧塔乡	71162.6	112.1	354.6	32743.8	6586.6	80.9	15.6	119.0	0.0	31149.9
沙德乡	83749.5	407.2	0.4	67828.5	5372.7	76.7	31.7	421.9	0.0	9610.4
贡嘎山乡	214464.6	428.2	0.0	162739.3	2387.3	162.6	44.9	874.3	1023.5	46804.4
普沙绒乡	66784.3	371.9	10.4	44943.5	153.9	47.0	0.0	490.4	0.0	20767.2
吉居乡	36148.6	330.9	3.7	27204.0	1357.8	24.4	0.0	242.4	1079.6	5905.7
瓦泽乡	50195.6	1204.4	39.4	24588.4	21044.9	226.2	482.2	351.4	0.0	2258.8
呷巴乡	45437.2	1045.8	0.0	22568.0	18983.5	99.1	22.0	332.8	0.0	2386.1
甲根坝乡	25510.1	785.4	0.2	19460.1	4614.7	71.9	13.0	95.8	0.0	469.0
朋布西乡	43162.1	691.7	1.4	34017.2	5631.0	72.2	26.4	525.6	0.0	2196.5
塔公乡	84366.3	22.2	0.0	32363.0	44558.8	227.1	27.8	668.2	832.4	5666.9
孔玉乡	119144.8	513.6	234.9	99829.2	1152.5	125.4	71.4	429.8	634.8	16153.2

表 2-19　芦山地震极重灾区、重灾区适宜建设用地分级评价结果（行政村单元）

名称	土地总面积（公顷）	适宜建设用地总面积（公顷）	适宜类		较适宜类		条件适宜类		适建指数（%）
			面积（公顷）	比重（%）	面积（公顷）	比重（%）	面积（公顷）	比重（%）	
极重灾区	**119081.0**	**7137.6**	**1664.2**	**23.3**	**1742.4**	**24.4**	**3731.0**	**52.3**	**6.0**
重灾区	**938249.0**	**65757.9**	**21480.8**	**32.7**	**15872.5**	**24.1**	**28404.6**	**43.2**	**7.0**
芦山县	**119081.0**	**7137.6**	**1664.2**	**23.3**	**1742.4**	**24.4**	**3731.0**	**52.3**	**6.0**
芦阳镇	**3780.0**	**823.7**	**181.8**	**22.1**	**192.3**	**23.3**	**449.7**	**54.6**	**21.8**
城北社区	123.1	83.7	22.0	26.3	20.7	24.7	41.0	49.0	68.0
城西社区	254.0	60.5	9.3	15.3	12.9	21.4	38.3	63.3	23.8
城南社区	31.0	19.2	3.7	19.1	4.0	21.0	11.5	59.9	61.8
先锋社区	434.4	187.8	52.7	28.1	51.4	27.4	83.7	44.5	43.2
城东社区	74.8	33.0	6.6	19.9	7.2	21.8	19.2	58.3	44.1
金花社区	379.3	134.3	41.3	30.7	34.9	26.0	58.1	43.3	35.4
黎明村	1520.3	196.5	30.5	15.5	39.9	20.3	126.1	64.2	12.9
火炬村	963.2	108.7	15.8	14.5	21.1	19.4	71.8	66.1	11.3
飞仙关镇	**5212.7**	**538.4**	**104.9**	**19.5**	**124.0**	**23.0**	**309.5**	**57.5**	**10.3**
朝阳村	1647.4	127.5	23.9	18.8	25.7	20.2	77.9	61.1	7.7
新庄村	922.0	96.8	24.3	25.1	25.2	26.1	47.3	48.9	10.5
三友村	929.7	114.8	17.9	15.6	24.5	21.3	72.4	63.0	12.3
飞仙村	670.5	85.9	18.2	21.2	23.0	26.8	44.7	52.1	12.8
凤凰村	1043.1	113.4	20.6	18.2	25.6	22.6	67.2	59.3	10.9
双石镇	**7802.8**	**316.1**	**60.2**	**19.0**	**73.2**	**23.1**	**182.7**	**57.8**	**4.1**
双河村	1825.9	80.8	14.2	17.6	17.2	21.2	49.4	61.2	4.4
围塔村	754.6	126.7	32.5	25.7	35.6	28.1	58.6	46.2	16.8
石凤村	2815.2	67.7	9.0	13.2	13.5	19.9	45.3	66.9	2.4
西川村	2407.0	40.8	4.5	11.1	6.9	16.9	29.4	72.0	1.7
太平镇	**19238.5**	**473.9**	**62.6**	**13.2**	**82.0**	**17.3**	**329.2**	**69.5**	**2.5**
春光村	1530.6	80.6	9.6	12.0	14.0	17.4	56.9	70.7	5.3
祥和村	539.8	69.5	9.7	14.0	9.9	14.3	49.9	71.7	12.9
兴林村	5862.0	45.2	4.2	9.2	7.6	16.7	33.5	74.1	0.8
胜利村	708.7	98.1	16.4	16.8	20.4	20.7	61.3	62.5	13.8
钟灵村	2947.9	95.5	12.9	13.5	17.0	17.8	65.7	68.7	3.2
大河村	7649.5	84.9	9.8	11.5	13.2	15.5	62.0	73.0	1.1
大川镇	**51932.0**	**313.8**	**75.0**	**23.9**	**67.6**	**21.5**	**171.2**	**54.6**	**0.6**
快乐村	3492.0	56.7	9.1	16.1	12.8	22.5	34.9	61.4	1.6
杨开村	6346.5	31.8	6.9	21.8	7.6	23.9	17.3	54.3	0.5
三江村	4700.6	15.6	2.5	16.2	2.9	18.4	10.2	65.5	0.3
小河村	7211.6	208.3	56.2	27.0	44.1	21.2	108.0	51.8	2.9
国有林场	30181.2	1.4	0.3	17.7	0.2	15.4	0.9	66.9	0.0
思延乡	**2362.6**	**1051.9**	**275.0**	**26.1**	**284.6**	**27.1**	**492.3**	**46.8**	**44.5**
清江村	520.3	231.5	65.4	28.3	60.1	25.9	106.0	45.8	44.5

续表

名称	土地总面积（公顷）	适宜建设用地总面积（公顷）	适宜类		较适宜类		条件适宜类		适建指数（%）
			面积（公顷）	比重（%）	面积（公顷）	比重（%）	面积（公顷）	比重（%）	
草坪村	317.3	243.4	71.8	29.5	72.6	29.8	99.0	40.7	76.7
铜头村	941.8	371.8	96.0	25.8	105.6	28.4	170.2	45.8	39.5
周村	583.1	205.2	41.8	20.4	46.3	22.6	117.1	57.1	35.2
清仁乡	**5149.3**	**1153.5**	**238.2**	**20.6**	**274.9**	**23.8**	**640.4**	**55.5**	**22.4**
仁加村	1387.5	202.5	46.4	22.9	52.8	26.1	103.2	51.0	14.6
大同村	1018.3	194.0	40.9	21.1	44.7	23.0	108.4	55.9	19.1
芦溪村	659.5	304.0	52.3	17.2	71.0	23.3	180.7	59.4	46.1
同盟村	798.9	108.9	18.2	16.7	22.4	20.5	68.3	62.7	13.6
横溪村	938.8	171.2	39.4	23.0	42.4	24.8	89.3	52.2	18.2
大板村	346.4	172.9	40.9	23.7	41.6	24.1	90.4	52.3	49.9
龙门乡	9220.8	1949.6	546.7	28.0	523.6	26.9	879.4	45.1	21.1
青龙村	1965.8	424.8	132.5	31.2	108.3	25.5	184.0	43.3	21.6
王家村	1753.6	259.4	67.0	25.8	72.7	28.0	119.7	46.2	14.8
五星村	662.8	291.6	70.2	24.1	77.6	26.6	143.9	49.3	44.0
红星村	682.3	349.7	110.9	31.7	104.1	29.8	134.8	38.5	51.3
隆兴村	1523.7	242.2	74.9	30.9	63.1	26.1	104.2	43.0	15.9
古城村	2632.5	381.8	91.2	23.9	97.9	25.6	192.8	50.5	14.5
宝盛乡	**11625.9**	**400.3**	**104.7**	**26.2**	**96.9**	**24.2**	**198.6**	**49.6**	**3.4**
玉溪村	1204.7	66.3	9.8	14.8	11.5	17.3	45.0	67.8	5.5
凤头村	2516.6	110.3	24.4	22.1	27.9	25.3	58.0	52.5	4.4
中坝村	4936.9	223.6	70.5	31.5	57.5	25.7	95.6	42.8	4.5
国有林场	2967.6	0.0	0.0		0.0		0.0		0.0
芦山县苗溪茶场	2756.4	116.4	15.1	13.0	23.3	20.0	78.0	67.0	4.2
雨城区	**106223.4**	**16794.4**	**5527.6**	**32.9**	**4046.3**	**24.1**	**7220.5**	**43.0**	**15.8**
城区	**1185.4**	**572.3**	**294.6**	**51.5**	**149.9**	**26.2**	**127.9**	**22.3**	**48.3**
蒙子村	205.8	71.6	17.5	24.4	17.4	24.2	36.8	51.4	34.8
姚桥村	245.9	127.4	80.5	63.2	31.7	24.8	15.2	11.9	51.8
汉碑村	277.3	112.6	53.3	47.3	25.6	22.7	33.7	30.0	40.6
土桥村	255.2	159.5	94.4	59.2	44.2	27.7	20.9	13.1	62.5
沙湾村	201.2	101.2	48.9	48.3	31.1	30.8	21.2	20.9	50.3
北郊镇	**6404.7**	**1753.6**	**432.0**	**24.6**	**408.1**	**23.3**	**913.4**	**52.1**	**27.4**
金鸡村	219.5	67.9	10.6	15.6	14.9	21.9	42.4	62.5	30.9
金凤村	172.6	48.8	9.3	19.1	10.4	21.4	29.1	59.5	28.3
福国村	269.7	120.7	30.2	25.0	31.4	26.0	59.2	49.0	44.8
白塔村	160.0	87.3	25.9	29.7	20.5	23.5	40.9	46.8	54.6
大石村	487.1	109.4	13.3	12.2	22.8	20.8	73.4	67.0	22.5
七盘村	822.6	30.8	2.0	6.6	4.6	14.9	24.2	78.5	3.7

续表

名称	土地总面积（公顷）	适宜建设用地总面积（公顷）	适宜类		较适宜类		条件适宜类		适建指数（%）
			面积（公顷）	比重（%）	面积（公顷）	比重（%）	面积（公顷）	比重（%）	
联坪村	179.9	113.8	33.5	29.4	32.4	28.5	47.9	42.1	63.2
新一村	210.0	73.2	32.0	43.7	18.5	25.3	22.8	31.1	34.9
桥楼村	283.7	96.0	20.9	21.7	22.1	23.0	53.1	55.3	33.9
红星村	246.1	113.1	39.3	34.7	29.9	26.5	43.9	38.8	46.0
斗胆村	359.5	118.6	44.9	37.9	34.4	29.0	39.3	33.1	33.0
沙溪村	191.5	114.6	55.0	48.0	31.3	27.3	28.3	24.7	59.9
丁家村	274.2	36.2	8.4	23.1	7.7	21.1	20.2	55.7	13.2
福坪村	308.5	59.6	7.1	12.0	12.7	21.3	39.8	66.8	19.3
峡口村	444.3	15.8	3.7	23.3	3.7	23.7	8.4	53.0	3.6
永兴村	274.6	66.5	5.6	8.4	11.2	16.8	49.7	74.8	24.2
蒙泉村	388.0	107.7	17.1	15.9	23.7	22.0	66.8	62.1	27.8
席草村	414.8	178.2	27.1	15.2	32.7	18.3	118.5	66.5	43.0
张碗村	365.1	124.2	22.3	18.0	26.2	21.1	75.7	61.0	34.0
陇西村	220.6	68.7	23.4	34.1	16.7	24.3	28.6	41.7	31.2
国有林	88.0	0.6	0.0	0.0	0.0	4.5	0.6	95.5	0.7
金凤寺	24.6	1.5	0.3	21.1	0.4	29.5	0.7	49.4	5.9
草坝镇	**4375.0**	**2346.5**	**1266.4**	**54.0**	**607.8**	**25.9**	**472.3**	**20.1**	**53.6**
草坝村	248.3	162.4	126.6	78.0	26.1	16.1	9.6	5.9	65.4
新时村	102.0	85.9	69.6	81.0	14.2	16.5	2.1	2.5	84.3
河岗村	165.6	84.5	64.9	76.8	12.4	14.6	7.2	8.6	51.0
幸福村	280.9	101.0	64.5	63.9	19.3	19.1	17.2	17.0	36.0
林口村	231.4	125.8	46.0	36.6	34.3	27.3	45.5	36.2	54.4
石坪村	236.1	52.2	27.8	53.3	10.8	20.6	13.6	26.0	22.1
水口村	363.4	45.6	19.8	43.4	11.2	24.5	14.6	32.1	12.6
栗子村	388.4	183.5	88.5	48.2	56.5	30.8	38.5	21.0	47.3
均田村	333.2	238.7	118.9	49.8	71.4	29.9	48.5	20.3	71.6
水津村	255.7	137.1	100.5	73.3	20.8	15.1	15.8	11.5	53.6
金沙村	138.4	93.9	75.4	80.3	14.3	15.3	4.2	4.4	67.9
香花村	280.6	199.8	92.1	46.1	63.1	31.6	44.6	22.3	71.2
广华村	256.8	220.2	121.4	55.1	65.6	29.8	33.2	15.1	85.7
飞梁村	195.4	116.7	37.2	31.9	34.1	29.2	45.4	38.9	59.7
清溪村	233.8	117.8	43.0	36.5	34.0	28.8	40.8	34.7	50.4
石桥村	304.8	146.2	54.4	37.2	42.9	29.4	48.9	33.4	48.0
洪川村	360.3	235.3	115.5	49.1	77.2	32.8	42.6	18.1	65.3
合江镇	**2509.5**	**747.4**	**285.4**	**38.2**	**207.8**	**27.8**	**254.3**	**34.0**	**29.8**
柏蜡村	252.6	137.3	68.3	49.8	38.2	27.8	30.8	22.4	54.3
太坪村	345.5	133.9	37.9	28.3	38.2	28.5	57.9	43.2	38.8

续表

名称	土地总面积（公顷）	适宜建设用地总面积（公顷）	适宜类		较适宜类		条件适宜类		适建指数（%）
			面积（公顷）	比重（%）	面积（公顷）	比重（%）	面积（公顷）	比重（%）	
蟠龙村	247.6	45.3	14.3	31.5	12.8	28.2	18.2	40.3	18.3
塘坝村	188.1	150.8	68.2	45.2	47.5	31.5	35.2	23.3	80.2
魏家村	265.2	82.4	39.3	47.7	24.8	30.1	18.3	22.2	31.1
徐坪村	228.9	55.2	14.6	26.4	13.1	23.7	27.5	49.9	24.1
穆坪村	215.0	82.5	28.0	33.9	19.4	23.6	35.1	42.5	38.4
双合村	375.2	35.5	11.7	32.8	8.8	24.7	15.1	42.5	9.5
横岩村	391.4	24.4	3.2	13.3	5.0	20.6	16.2	66.2	6.2
大兴镇	**5845.5**	**1322.1**	**688.4**	**52.1**	**253.9**	**19.2**	**379.9**	**28.7**	**22.6**
高家村	189.6	59.1	19.0	32.1	15.0	25.3	25.1	42.5	31.2
天宝村	403.3	87.6	12.2	13.9	19.0	21.7	56.3	64.3	21.7
顺路村	210.6	162.0	102.9	63.5	37.5	23.1	21.7	13.4	76.9
穆家村	223.3	142.0	120.9	85.2	19.9	14.0	1.2	0.8	63.6
前进村	283.9	236.3	178.7	75.6	37.8	16.0	19.8	8.4	83.2
寨坪村	326.7	74.2	25.0	33.6	15.8	21.3	33.4	45.1	22.7
大埝村	706.7	86.7	37.2	42.9	15.1	17.4	34.4	39.7	12.3
龙溪村	695.7	193.4	123.2	63.7	39.1	20.2	31.0	16.1	27.8
范山村	492.9	57.5	8.4	14.6	9.4	16.4	39.7	69.0	11.7
徐山村	656.5	75.3	19.8	26.4	15.6	20.8	39.8	52.9	11.5
简坝村	447.5	73.1	22.6	30.9	15.3	20.9	35.3	48.2	16.3
万坪村	385.9	39.3	16.0	40.8	9.6	24.4	13.7	34.8	10.2
九龙村	370.7	24.1	1.7	7.0	3.5	14.7	18.9	78.3	6.5
周山村	452.4	11.5	0.7	5.8	1.3	11.2	9.5	82.9	2.5
对岩镇	**3605.9**	**1013.3**	**330.2**	**32.6**	**254.0**	**25.1**	**429.0**	**42.3**	**28.1**
对岩村	241.2	103.0	31.8	30.8	28.7	27.8	42.6	41.3	42.7
坎坡村	364.2	116.8	40.9	35.0	28.0	24.0	47.9	41.0	32.1
彭家村	224.0	32.2	4.8	14.9	6.4	19.7	21.1	65.4	14.4
殷家村	692.1	31.2	3.3	10.7	3.3	10.7	24.5	78.6	4.5
葫芦村	486.9	143.2	39.6	27.6	36.5	25.5	67.1	46.9	29.4
陇阳村	471.4	92.3	15.0	16.2	19.6	21.2	57.8	62.6	19.6
龙岗村	212.3	84.6	24.3	28.7	19.0	22.5	41.3	48.8	39.8
顺渡村	136.8	64.6	25.4	39.3	15.2	23.5	24.0	37.1	47.2
青江村	130.9	9.6	1.2	12.9	2.9	30.4	5.4	56.8	7.3
青元村	214.6	24.4	5.9	24.0	6.1	25.1	12.4	50.9	11.4
城后村	390.6	282.2	117.4	41.6	82.7	29.3	82.0	29.1	72.2
国有林	5.5	0.0	0.0		0.0		0.0		0.0
四川农业大学农场	35.4	29.2	20.7	71.0	5.6	19.2	2.9	9.8	82.5
沙坪镇	**4876.4**	**252.6**	**26.7**	**10.6**	**43.8**	**17.3**	**182.1**	**72.1**	**5.2**

续表

名称	土地总面积（公顷）	适宜建设用地总面积（公顷）	适宜类		较适宜类		条件适宜类		适建指数（%）
			面积（公顷）	比重（%）	面积（公顷）	比重（%）	面积（公顷）	比重（%）	
四方村	368.8	24.7	5.7	23.2	5.0	20.0	14.1	56.8	6.7
景春村	576.3	50.2	8.4	16.8	11.2	22.2	30.6	61.0	8.7
大溪村	1004.3	38.6	1.2	3.0	5.4	13.9	32.1	83.1	3.8
四岗村	784.7	26.2	1.1	4.1	3.0	11.3	22.2	84.6	3.3
毛楠村	704.9	38.0	1.2	3.3	4.8	12.5	32.0	84.2	5.4
规划村	533.5	38.4	4.9	12.8	7.8	20.2	25.8	67.0	7.2
中坝村	904.0	36.4	4.2	11.5	6.8	18.7	25.4	69.8	4.0
中里镇	**3745.9**	**1334.7**	**420.3**	**31.5**	**368.0**	**27.6**	**546.3**	**40.9**	**35.6**
龙泉村	561.4	242.6	118.9	49.0	64.8	26.7	58.8	24.3	43.2
复兴村	235.0	145.6	47.1	32.3	43.7	30.0	54.8	37.6	61.9
建强村	263.7	144.9	46.1	31.9	45.3	31.3	53.4	36.9	54.9
郑湾村	705.6	287.5	63.2	22.0	71.8	25.0	152.5	53.0	40.8
建新村	483.5	205.4	47.7	23.2	52.6	25.6	105.0	51.2	42.5
张沟村	230.6	142.1	41.0	28.9	41.9	29.5	59.1	41.6	61.6
中里村	885.1	166.7	56.2	33.7	47.9	28.7	62.6	37.6	18.8
国有林	381.0	0.0	0.0		0.0		0.0		0.0
上里镇	**6761.9**	**1115.0**	**386.0**	**34.6**	**300.1**	**26.9**	**428.9**	**38.5**	**16.5**
五家村	266.6	27.0	8.8	32.7	7.1	26.4	11.1	40.9	10.1
四家村	608.9	200.8	85.0	42.4	57.8	28.8	57.9	28.8	33.0
六家村	323.5	201.0	105.8	52.6	58.9	29.3	36.4	18.1	62.1
七家村	554.4	144.6	35.6	24.6	37.5	25.9	71.5	49.5	26.1
庙坯村	522.2	116.3	31.4	27.0	33.3	28.7	51.5	44.3	22.3
共和村	717.9	223.1	77.2	34.6	59.1	26.5	86.8	38.9	31.1
治安村	1046.5	121.5	31.7	26.1	30.5	25.1	59.3	48.8	11.6
箭杆林村	1292.8	64.1	8.2	12.8	12.7	19.9	43.2	67.4	5.0
白马村	1147.5	16.6	2.3	13.6	3.2	19.1	11.2	67.3	1.4
国有林	281.5	0.0	0.0		0.0		0.0		0.0
严桥镇	**9110.7**	**773.0**	**209.4**	**27.1**	**196.2**	**25.4**	**367.4**	**47.5**	**8.5**
严桥村	715.9	58.5	25.3	43.3	16.0	27.4	17.1	29.3	8.2
团结村	528.8	84.8	22.5	26.5	22.7	26.7	39.6	46.7	16.0
大里村	2124.5	75.7	14.0	18.4	15.9	21.0	45.9	60.5	3.6
新和村	758.4	110.1	34.0	30.9	27.9	25.4	48.1	43.7	14.5
许桥村	820.1	160.4	44.3	27.6	43.0	26.8	73.2	45.6	19.6
新祥村	472.6	125.9	30.8	24.4	31.4	25.0	63.7	50.6	26.6
王家村	325.2	57.0	14.3	25.1	14.0	24.5	28.7	50.3	17.5
凤凰村	508.4	67.2	16.3	24.2	18.2	27.1	32.7	48.7	13.2
后经村	1944.6	33.2	7.9	23.7	7.0	21.0	18.3	55.2	1.7

续表

名称	土地总面积（公顷）	适宜建设用地总面积（公顷）	适宜类		较适宜类		条件适宜类		适建指数（%）
			面积（公顷）	比重（%）	面积（公顷）	比重（%）	面积（公顷）	比重（%）	
国有林	912.3	0.1	0.0	0.0	0.1	56.7	0.0	43.3	0.0
晏场镇	**10086.9**	**586.0**	**144.8**	**24.7**	**142.9**	**24.4**	**298.3**	**50.9**	**5.8**
赵沟村	883.2	80.9	15.7	19.4	19.2	23.8	46.1	56.9	9.2
中心村	405.4	55.7	12.1	21.6	13.3	23.9	30.4	54.5	13.7
五里村	279.0	64.0	16.7	26.1	16.3	25.4	31.0	48.5	22.9
银杏村	466.8	51.7	9.9	19.2	10.8	21.0	30.9	59.8	11.1
三江村	1130.4	96.3	22.2	23.1	22.2	23.0	51.9	53.9	8.5
晏场村	1373.0	98.8	23.4	23.6	25.1	25.4	50.4	51.0	7.2
宝田村	1326.8	58.2	21.8	37.4	14.4	24.8	22.0	37.8	4.4
代河村	1399.3	73.6	22.5	30.6	20.5	27.8	30.6	41.6	5.3
三合村	1377.8	6.7	0.6	8.9	1.1	15.8	5.0	75.3	0.5
国有林	1336.6	0.0	0.0		0.0		0.0		0.0
国有林	108.8	0.0	0.0		0.0		0.0		0.0
多营镇	**2521.7**	**326.2**	**93.0**	**28.5**	**78.8**	**24.2**	**154.4**	**47.3**	**12.9**
上坝村	301.2	102.7	40.8	39.7	27.7	27.0	34.2	33.3	34.1
下坝村	225.9	75.9	23.1	30.4	20.5	27.1	32.3	42.5	33.6
陆王村	322.1	61.4	8.7	14.1	11.8	19.1	41.0	66.7	19.1
五云村	325.7	41.4	7.0	17.0	7.8	19.0	26.5	64.0	12.7
大深村	798.8	18.1	4.4	24.5	4.1	22.9	9.5	52.6	2.3
龙池村	534.7	13.3	1.6	12.1	3.0	22.3	8.7	65.6	2.5
四川农业大学农场	13.5	13.4	7.4	54.7	3.9	28.9	2.2	16.4	99.7
碧峰峡镇	**6415.4**	**947.1**	**198.9**	**21.0**	**224.4**	**23.7**	**523.8**	**55.3**	**14.8**
八甲村	381.5	196.6	56.4	28.7	52.8	26.9	87.4	44.5	51.5
七老村	528.7	128.6	25.9	20.1	29.0	22.5	73.7	57.3	24.3
柏树村	380.8	165.0	39.1	23.7	38.7	23.5	87.2	52.9	43.3
三益村	664.0	180.9	38.6	21.4	46.1	25.5	96.2	53.2	27.2
名扬村	743.8	121.7	15.9	13.1	23.7	19.5	82.1	67.4	16.4
黄龙村	479.4	32.6	6.1	18.6	7.5	22.9	19.1	58.5	6.8
碧峰村	708.6	36.8	4.8	13.1	7.5	20.3	24.5	66.6	5.2
庙后村	414.0	56.7	8.3	14.6	12.1	21.3	36.3	64.1	13.7
红牌村	468.2	7.4	1.2	16.1	1.6	21.1	4.6	62.7	1.6
后盐村	632.5	15.9	1.9	12.0	4.0	25.1	10.0	62.9	2.5
国有林	940.8	0.0	0.0		0.0		0.0		0.0
大熊猫研究中心	73.0	4.9	0.8	16.4	1.5	31.2	2.6	52.3	6.8
南郊乡	**4037.7**	**774.7**	**255.1**	**32.9**	**194.5**	**25.1**	**325.1**	**42.0**	**19.2**
坪石村	170.2	56.8	32.0	56.3	8.6	15.2	16.2	28.4	33.4
柳阳村	331.8	80.3	13.1	16.3	17.8	22.2	49.4	61.5	24.2

续表

名称	土地总面积（公顷）	适宜建设用地总面积（公顷）	适宜类		较适宜类		条件适宜类		适建指数（%）
			面积（公顷）	比重（%）	面积（公顷）	比重（%）	面积（公顷）	比重（%）	
昝村村	639.2	128.2	27.5	21.4	31.8	24.8	68.9	53.7	20.1
狮子村	420.3	87.3	24.3	27.9	20.9	23.9	42.1	48.2	20.8
高山村	458.9	11.1	0.3	2.6	1.5	13.2	9.3	84.2	2.4
太源村	307.6	7.2	1.2	17.3	1.1	15.3	4.9	67.4	2.3
余家村	291.7	61.2	18.4	30.1	19.1	31.3	23.6	38.6	21.0
龙洞村	190.3	41.7	12.2	29.3	13.9	33.3	15.6	37.4	21.9
澄清村	380.6	77.4	24.8	32.0	20.9	27.0	31.7	41.0	20.3
南坝村	245.8	46.5	17.6	37.8	9.1	19.5	19.8	42.6	18.9
水中村	78.8	48.2	29.1	60.4	11.4	23.6	7.7	15.9	61.1
顺江村	184.4	128.8	54.6	42.4	38.3	29.8	35.9	27.9	69.8
国有林	338.0	0.0	0.0	0.0	0.0	0.0	0.0	100.0	0.0
八步乡	**4394.8**	**520.3**	**78.5**	**15.1**	**101.9**	**19.6**	**339.8**	**65.3**	**11.8**
枫木村	227.0	68.4	10.5	15.3	12.9	18.8	45.1	65.9	30.1
石龙村	305.8	43.1	4.0	9.3	8.8	20.4	30.3	70.4	14.1
白云村	336.0	37.1	3.1	8.3	5.2	14.1	28.8	77.6	11.0
李家村	680.4	93.6	9.7	10.4	14.9	16.0	69.0	73.7	13.8
金花村	816.6	41.2	5.2	12.5	6.7	16.2	29.4	71.3	5.0
八步村	506.6	69.0	9.9	14.4	13.2	19.2	45.9	66.5	13.6
石缸村	315.3	44.8	8.8	19.7	10.3	22.9	25.7	57.4	14.2
紫石村	728.3	123.1	27.4	22.3	30.0	24.3	65.7	53.4	16.9
国有林	250.1	0.0	0.0		0.0		0.0		0.0
国有林	228.8	0.0	0.0		0.0		0.0		0.0
观化镇	**6283.6**	**433.8**	**57.2**	**13.2**	**86.9**	**20.0**	**289.7**	**66.8**	**6.9**
观化村	968.6	75.9	6.9	9.1	14.2	18.7	54.7	72.1	7.8
袁家村	494.6	41.3	6.6	16.0	7.4	17.9	27.3	66.1	8.3
周沙村	1707.6	82.2	10.3	12.5	15.7	19.1	56.2	68.4	4.8
杨家村	698.3	61.6	8.2	13.3	12.5	20.2	41.0	66.5	8.8
刘家村	837.1	103.0	18.4	17.9	25.2	24.5	59.4	57.7	12.3
上横村	870.1	44.3	4.3	9.7	7.8	17.6	32.2	72.7	5.1
麻柳村	707.2	25.6	2.5	9.8	4.1	16.1	18.9	74.0	3.6
孔坪乡	**7656.8**	**679.6**	**96.3**	**14.2**	**122.1**	**18.0**	**461.1**	**67.8**	**8.9**
柏香村	845.1	57.8	3.7	6.3	6.8	11.8	47.4	81.9	6.8
新村村	284.0	43.0	6.6	15.4	9.2	21.3	27.2	63.3	15.1
余新村	255.3	18.9	0.7	3.4	1.6	8.5	16.6	88.1	7.4
关龙村	569.6	78.0	15.9	20.4	16.6	21.3	45.4	58.2	13.7
河坎村	821.7	55.5	11.8	21.3	10.8	19.4	32.9	59.3	6.8
新荣村	181.7	37.3	8.2	21.9	8.0	21.3	21.2	56.7	20.6

续表

名称	土地总面积（公顷）	适宜建设用地总面积（公顷）	适宜类		较适宜类		条件适宜类		适建指数（%）
			面积（公顷）	比重（%）	面积（公顷）	比重（%）	面积（公顷）	比重（%）	
李坝村	366.5	52.7	6.9	13.2	10.7	20.3	35.0	66.5	14.4
漆树村	613.2	53.3	7.4	13.8	8.5	15.9	37.5	70.3	8.7
八角村	615.7	70.3	11.3	16.1	14.5	20.6	44.5	63.3	11.4
新民村	935.0	75.8	10.5	13.9	13.6	18.0	51.6	68.1	8.1
大竹村	562.5	60.7	6.6	10.8	10.4	17.2	43.7	72.0	10.8
大田村	1100.5	76.2	6.7	8.8	11.4	15.0	58.1	76.2	6.9
国有林	506.1	0.0	0.0	0.0	0.0	0.0	0.0	0.0	0.0
凤鸣乡	**2338.3**	**924.1**	**207.7**	**22.5**	**232.4**	**25.1**	**484.1**	**52.4**	**39.5**
龙船村	206.4	98.4	28.2	28.7	24.3	24.7	45.9	46.6	47.7
大元村	360.6	157.0	31.2	19.9	39.4	25.1	86.3	55.0	43.5
柳良村	347.4	123.3	18.4	14.9	28.2	22.9	76.8	62.2	35.5
硝坝村	335.3	156.5	32.3	20.6	39.6	25.3	84.7	54.1	46.7
顶峰村	395.9	138.6	31.9	23.0	33.5	24.1	73.2	52.8	35.0
庆峰村	324.2	136.1	36.6	26.9	37.2	27.3	62.3	45.7	42.0
桂花村	368.6	114.2	29.1	25.5	30.2	26.4	54.9	48.1	31.0
望鱼乡	**14067.3**	**372.0**	**56.5**	**15.2**	**72.8**	**19.6**	**242.8**	**65.3**	**2.6**
望鱼村	476.2	31.7	5.8	18.4	7.1	22.2	18.9	59.4	6.7
罗坝村	968.3	31.6	10.6	33.5	6.4	20.3	14.6	46.2	3.3
回龙村	564.1	37.2	8.5	22.9	9.4	25.4	19.2	51.7	6.6
曹万村	1205.9	27.4	3.0	11.0	4.4	16.1	20.0	72.9	2.3
兴隆村	903.9	6.1	0.7	11.0	1.0	17.2	4.4	71.8	0.7
顺河村	762.3	33.2	2.7	8.0	4.7	14.2	25.9	77.8	4.4
黄村村	629.2	26.1	4.3	16.6	6.6	25.1	15.2	58.3	4.2
三台村	660.0	48.8	4.2	8.5	7.5	15.3	37.1	76.2	7.4
陡滩村	737.8	40.2	2.1	5.3	4.7	11.7	33.4	83.0	5.4
塘口村	1415.0	58.4	8.4	14.3	13.4	22.9	36.7	62.8	4.1
溪口村	1717.6	30.3	6.1	20.0	7.2	23.8	17.0	56.2	1.8
国有林	3530.5	0.9	0.1	13.9	0.4	47.1	0.3	38.9	0.0
国有林	496.5	0.1	0.0	0.0	0.0	0.0	0.1	100.0	0.0
天全县	**238995.9**	**10411.8**	**2013.2**	**19.3**	**2368.4**	**22.7**	**6030.2**	**57.9**	**4.4**
城厢镇	**4594.0**	**1345.5**	**284.9**	**21.2**	**315.0**	**23.4**	**745.5**	**55.4**	**29.3**
北城村	140.8	54.1	14.9	27.6	14.4	26.6	24.7	45.7	38.4
东城村	80.0	70.6	26.9	38.1	20.4	28.9	23.3	32.9	88.3
西城村	242.0	12.3	3.3	26.8	2.9	23.9	6.1	49.3	5.1
黄铜村	588.5	55.7	11.2	20.1	12.8	22.9	31.7	57.0	9.5
白石村	374.0	149.0	22.3	15.0	32.8	22.0	93.9	63.0	39.9
十里村	235.1	159.7	28.6	17.9	38.8	24.3	92.3	57.8	67.9

续表

名称	土地总面积（公顷）	适宜建设用地总面积（公顷）	适宜类		较适宜类		条件适宜类		适建指数（%）
			面积（公顷）	比重（%）	面积（公顷）	比重（%）	面积（公顷）	比重（%）	
沙坝村	236.4	58.6	11.0	18.8	15.3	26.1	32.3	55.1	24.8
向阳村	355.5	231.7	90.9	39.2	71.6	30.9	69.3	29.9	65.2
梅子村	593.0	84.3	9.7	11.5	15.8	18.7	58.8	69.8	14.2
龙尾村	784.4	159.1	22.6	14.2	30.4	19.1	106.1	66.7	20.3
马溪村	413.8	131.8	20.4	15.5	27.0	20.5	84.4	64.0	31.9
两岔村	550.4	178.5	22.9	12.9	32.8	18.4	122.7	68.8	32.4
始阳镇	**3897.4**	**1120.3**	**267.5**	**23.9**	**285.1**	**25.4**	**567.7**	**50.7**	**28.7**
新村村	189.8	132.8	39.1	29.4	42.3	31.9	51.4	38.7	70.0
兴中村	169.2	118.7	37.4	31.5	35.8	30.2	45.6	38.4	70.2
新民村	189.3	147.7	45.7	30.9	41.5	28.1	60.5	40.9	78.1
光荣村	229.6	81.3	22.3	27.4	23.0	28.3	36.1	44.3	35.4
荡村村	241.4	60.5	8.3	13.7	13.0	21.6	39.1	64.7	25.1
破磷村	195.0	35.0	6.9	19.6	7.9	22.6	20.3	57.8	18.0
乐坝村	359.1	137.8	35.2	25.5	36.8	26.7	65.8	47.8	38.4
切山村	439.9	94.0	26.0	27.7	24.4	25.9	43.6	46.4	21.4
沙漩村	180.3	47.8	10.6	22.2	12.2	25.5	25.0	52.3	26.5
秧田村	346.9	88.5	15.7	17.8	17.7	20.0	55.0	62.2	25.5
柳家村	399.0	41.4	4.8	11.5	5.7	13.7	31.0	74.8	10.4
苏家村	363.9	85.7	11.1	13.0	15.8	18.5	58.7	68.5	23.6
九十村	594.0	48.9	4.4	9.1	8.9	18.2	35.6	72.7	8.2
小河乡	**49455.3**	**439.1**	**93.1**	**21.2**	**101.9**	**23.2**	**244.1**	**55.6**	**0.9**
小河乡国有	33034.1	0.6	0.0	0.0	0.1	8.7	0.5	91.3	0.0
秋丰村	1014.6	75.5	13.8	18.3	18.1	23.9	43.6	57.7	7.4
顺河村	554.4	70.5	13.0	18.5	15.6	22.1	41.9	59.4	12.7
曙光村	1390.4	73.0	14.4	19.7	17.2	23.5	41.4	56.7	5.2
关家村	1266.4	56.5	10.8	19.0	11.5	20.3	34.3	60.6	4.5
龙门村	5003.8	5.5	0.9	16.8	1.4	25.9	3.2	57.3	0.1
沙坪村	531.5	79.0	26.2	33.2	19.6	24.8	33.2	42.0	14.9
响水溪村	443.8	20.8	2.6	12.3	4.2	20.1	14.1	67.6	4.7
武安村	756.7	17.0	4.5	26.2	5.5	32.5	7.0	41.3	2.2
红星村	1914.6	27.7	3.8	13.6	6.0	21.8	17.9	64.6	1.4
沙湾村	3544.9	13.1	3.1	23.7	2.8	21.5	7.2	54.7	0.4
思经乡	**13664.0**	**438.5**	**65.8**	**15.0**	**84.6**	**19.3**	**288.1**	**65.7**	**3.2**
思经乡国有	2396.8	16.3	2.4	14.9	3.0	18.2	10.9	66.9	0.7
思经村	429.9	64.3	14.0	21.7	15.4	23.9	35.0	54.4	15.0
民主村	443.0	57.7	9.3	16.1	11.8	20.4	36.7	63.6	13.0
新政村	1038.5	20.0	1.5	7.4	3.0	15.0	15.5	77.6	1.9

续表

名称	土地总面积（公顷）	适宜建设用地总面积（公顷）	适宜类		较适宜类		条件适宜类		适建指数（%）
			面积（公顷）	比重（%）	面积（公顷）	比重（%）	面积（公顷）	比重（%）	
马渡村	1467.3	36.0	4.3	11.9	5.3	14.6	26.4	73.5	2.5
百家村	189.8	48.3	7.3	15.1	9.0	18.5	32.1	66.4	25.5
进步村	272.3	39.6	2.7	6.8	6.6	16.6	30.3	76.5	14.6
团结村	257.8	45.7	13.4	29.3	11.8	25.8	20.5	44.9	17.7
大河村	505.6	33.2	3.9	11.7	6.4	19.4	22.9	68.9	6.6
互助村	319.3	2.4	0.4	15.7	0.4	17.1	1.6	67.2	0.7
劳动村	313.0	7.9	0.9	11.0	1.2	14.7	5.9	74.3	2.5
黍子村	624.1	24.4	2.1	8.7	3.3	13.5	19.0	77.8	3.9
太阳村	501.1	16.0	0.7	4.3	2.6	16.2	12.7	79.5	3.2
山坪村	3560.2	17.6	1.9	10.7	3.5	20.0	12.2	69.4	0.5
小沟村	1345.3	9.0	1.2	13.3	1.5	16.9	6.3	69.7	0.7
鱼泉乡	**6541.8**	**227.1**	**39.5**	**17.4**	**47.9**	**21.1**	**139.7**	**61.5**	**3.5**
鱼泉乡国有	2602.9	0.1	0.0	0.0	0.0	4.3	0.1	95.7	0.0
干河村	1003.5	91.8	17.9	19.4	20.1	21.9	53.8	58.6	9.1
青元村	1614.8	64.8	10.9	16.8	14.3	22.0	39.6	61.1	4.0
鱼泉村	238.1	25.0	3.9	15.7	4.2	16.9	16.8	67.3	10.5
联合村	1082.5	45.4	6.8	14.9	9.3	20.5	29.3	64.6	4.2
紫石乡	**89951.7**	**161.9**	**36.7**	**22.7**	**31.5**	**19.4**	**93.8**	**57.9**	**0.2**
紫石乡国有	68857.9	73.7	7.8	10.5	11.0	14.9	55.0	74.6	0.1
紫石关村	2600.3	34.3	7.1	20.8	8.6	25.0	18.6	54.2	1.3
新地头村	1532.1	12.0	4.4	37.0	2.7	22.7	4.8	40.3	0.8
小仁烟村	14469.1	34.7	16.1	46.5	7.9	22.8	10.7	30.8	0.2
大仁烟村	2492.3	7.2	1.3	17.4	1.3	17.4	4.7	65.1	0.3
两路乡	**32041.2**	**36.9**	**3.8**	**10.2**	**8.7**	**23.6**	**24.4**	**66.2**	**0.1**
两路乡国有	22909.6	6.2	0.8	13.4	1.1	17.8	4.3	68.8	0.0
两路口与水獭坪争议	39.9	0.0	0.0	0.0	0.0	0.0	0.0	0.0	0.0
新沟村	3120.6	12.4	1.5	11.9	4.0	32.0	6.9	56.0	0.4
两路口村	2254.3	9.2	0.6	6.5	1.9	20.6	6.7	72.8	0.4
长河坝村	1354.6	7.6	0.7	9.2	1.4	18.2	5.6	72.6	0.6
水獭坪村	2362.3	1.5	0.1	9.6	0.4	23.6	1.0	66.8	0.1
大坪乡	**1924.4**	**425.4**	**70.9**	**16.7**	**93.0**	**21.9**	**261.5**	**61.5**	**22.1**
大坪村	181.7	58.1	13.6	23.4	13.1	22.6	31.4	54.0	32.0
毛山村	349.5	131.3	29.2	22.3	33.2	25.3	68.8	52.4	37.6
大窝村	478.4	73.6	7.7	10.5	13.3	18.1	52.6	71.5	15.4
徐家村	456.6	89.5	9.9	11.1	18.4	20.5	61.3	68.4	19.6
瓦坪村	352.8	51.0	6.9	13.5	10.7	21.0	33.4	65.5	14.4
任家村	105.3	22.0	3.6	16.3	4.3	19.7	14.1	64.0	20.9

续表

名称	土地总面积（公顷）	适宜建设用地总面积（公顷）	适宜类		较适宜类		条件适宜类		适建指数（%）
			面积（公顷）	比重（%）	面积（公顷）	比重（%）	面积（公顷）	比重（%）	
乐英乡	**2578.2**	**693.0**	**130.5**	**18.8**	**156.0**	**22.5**	**406.4**	**58.6**	**26.9**
安乐村	461.0	179.1	40.3	22.5	41.6	23.2	97.2	54.3	38.8
爱国村	422.8	92.9	14.9	16.0	23.1	24.9	54.9	59.1	22.0
幸福村	299.5	60.3	6.0	9.9	11.2	18.6	43.0	71.4	20.1
王家营村	237.8	58.3	8.5	14.5	11.7	20.2	38.1	65.3	24.5
姜家坝村	427.5	53.5	9.3	17.3	11.1	20.7	33.1	62.0	12.5
盐店村	206.2	83.1	19.8	23.8	21.0	25.3	42.3	50.9	40.3
石家村	156.3	43.1	6.6	15.3	8.4	19.5	28.1	65.2	27.6
群山村	367.1	122.7	25.2	20.5	27.8	22.7	69.6	56.8	33.4
多功乡	2033.6	205.7	41.1	20.0	45.0	21.9	119.6	58.1	10.1
多功村	530.2	82.3	17.7	21.5	20.1	24.4	44.5	54.1	15.5
半沟村	431.2	35.6	2.7	7.6	5.3	14.9	27.6	77.6	8.3
罗代村	356.7	48.9	11.9	24.2	11.2	23.0	25.8	52.8	13.7
仁义村	715.4	38.8	8.9	22.8	8.4	21.7	21.6	55.5	5.4
仁义乡	**4037.3**	**1567.2**	**309.3**	**19.7**	**383.2**	**24.5**	**874.6**	**55.8**	**38.8**
永兴村	309.8	212.9	44.6	20.9	57.3	26.9	111.0	52.1	68.7
程家村	227.0	164.9	39.2	23.8	42.4	25.7	83.2	50.5	72.6
石桥村	542.1	244.5	49.6	20.3	58.5	23.9	136.3	55.8	45.1
岩峰村	1098.5	195.9	36.0	18.4	47.0	24.0	112.8	57.6	17.8
溪口村	473.3	120.2	20.1	16.7	29.6	24.6	70.5	58.6	25.4
李家村	189.1	136.7	30.5	22.3	35.1	25.7	71.0	51.9	72.3
大田村	319.5	139.3	26.4	19.0	32.6	23.4	80.2	57.6	43.6
张家村	280.3	135.7	26.9	19.8	31.9	23.5	76.9	56.7	48.4
云顶村	197.4	95.6	17.0	17.7	22.3	23.3	56.3	58.9	48.4
桐林村	400.3	121.5	18.9	15.6	26.3	21.6	76.3	62.8	30.4
老场乡	**7980.1**	**1327.8**	**273.8**	**20.6**	**306.6**	**23.1**	**747.3**	**56.3**	**16.6**
老场乡国有	1864.8	154.1	25.9	16.8	32.3	21.0	95.9	62.2	8.3
老场村与香林村争议	5.4	0.7	0.1	17.0	0.2	37.1	0.3	45.9	12.4
老场村与红岩村争议	23.0	3.0	0.3	11.3	0.7	23.8	2.0	64.9	13.3
老场村	185.8	77.9	15.5	20.0	16.8	21.5	45.5	58.5	41.9
上坝村	168.0	125.5	32.7	26.1	33.2	26.4	59.6	47.5	74.7
六城村	662.4	130.1	32.7	25.2	32.8	25.3	64.5	49.6	19.6
大庙村	2020.2	30.0	3.7	12.3	6.1	20.5	20.1	67.2	1.5
红岩村	899.6	127.2	34.0	26.8	30.5	24.0	62.6	49.2	14.1
小落村	401.4	127.0	21.2	16.7	27.0	21.2	78.9	62.1	31.6
共和村	666.8	252.1	49.6	19.7	52.7	20.9	149.8	59.4	37.8
香林村	733.4	133.3	22.9	17.1	29.3	22.0	81.2	60.9	18.2

续表

名称	土地总面积（公顷）	适宜建设用地总面积（公顷）	适宜类		较适宜类		条件适宜类		适建指数（%）
			面积（公顷）	比重（%）	面积（公顷）	比重（%）	面积（公顷）	比重（%）	
禾林村	349.3	166.9	35.1	21.0	45.0	26.9	86.9	52.0	47.8
新华乡	**3259.0**	**964.9**	**167.6**	**17.4**	**214.3**	**22.2**	**583.1**	**60.4**	**29.6**
永安村	229.6	105.6	28.9	27.4	26.5	25.1	50.1	47.5	46.0
落改村	218.5	76.2	18.8	24.6	19.4	25.5	38.0	49.9	34.9
新华村	576.9	219.5	31.6	14.4	47.7	21.7	140.2	63.9	38.1
河堰村	258.0	76.0	14.7	19.3	18.2	24.0	43.1	56.7	29.5
孝廉村	283.0	82.5	11.6	14.0	16.7	20.3	54.2	65.7	29.1
下冷村	299.7	42.2	6.8	16.1	10.1	23.8	25.3	60.1	14.1
银坪村	353.1	129.7	20.4	15.7	29.2	22.5	80.0	61.7	36.7
河下村	324.0	80.8	14.4	17.8	17.8	22.1	48.6	60.2	24.9
柏树村	321.0	66.4	7.5	11.2	11.2	16.9	47.7	71.8	20.7
铜山村	395.3	86.1	13.0	15.1	17.4	20.2	55.8	64.8	21.8
新场乡	**6287.0**	**694.7**	**125.5**	**18.1**	**154.1**	**22.2**	**415.2**	**59.8**	**11.1**
新场乡国有	1239.8	0.2	0.2	77.3	0.0	16.4	0.0	6.3	0.0
新场村	180.8	43.5	10.8	24.9	12.1	27.8	20.6	47.4	24.1
韩家村	66.7	29.1	7.9	27.0	6.9	23.6	14.4	49.4	43.7
董家村	222.1	72.6	17.9	24.6	19.1	26.3	35.6	49.1	32.7
山后村	270.1	36.1	5.4	15.0	8.2	22.6	22.5	62.3	13.4
丁村村	636.0	129.4	26.3	20.3	31.4	24.3	71.7	55.4	20.4
结里村	199.6	52.7	14.8	28.1	16.1	30.5	21.8	41.4	26.4
玉阳村	122.0	14.7	2.8	19.1	3.7	25.0	8.2	55.9	12.1
新立村	119.5	40.6	4.9	12.0	6.7	16.4	29.1	71.6	34.0
志同村	198.9	18.2	1.4	7.8	3.0	16.4	13.8	75.8	9.1
和平村	170.5	36.2	4.4	12.1	5.1	14.1	26.7	73.8	21.2
前阳村	166.7	45.6	8.1	17.7	10.2	22.4	27.3	59.9	27.4
杨柳村	343.7	64.7	7.9	12.3	11.7	18.1	45.0	69.6	18.8
岩下村	266.1	19.0	2.3	12.3	3.1	16.2	13.6	71.5	7.1
后阳村	536.3	30.8	3.8	12.5	4.6	14.9	22.4	72.6	5.7
泉水村	1333.7	14.4	1.9	12.9	1.9	13.5	10.6	73.6	1.1
民政村	214.7	46.6	4.6	9.9	10.3	22.0	31.7	68.1	21.7
兴业乡	**10750.9**	**763.8**	**103.2**	**13.5**	**141.4**	**18.5**	**519.2**	**68.0**	**7.1**
兴业乡国有	4396.4	3.3	0.2	7.4	0.4	11.4	2.7	81.2	0.1
峡口村	452.2	42.0	8.5	20.3	8.9	21.2	24.5	58.4	9.3
陇窝村	484.8	51.0	9.0	17.6	9.7	19.0	32.3	63.4	10.5
大深村	252.1	27.3	1.8	6.6	4.4	16.0	21.1	77.4	10.8
马子村	216.0	39.2	4.1	10.4	6.4	16.4	28.8	73.3	18.2
罗家村	336.4	22.9	3.1	13.5	4.3	18.7	15.5	67.8	6.8

续表

名称	土地总面积（公顷）	适宜建设用地总面积（公顷）	适宜类		较适宜类		条件适宜类		适建指数（%）
			面积（公顷）	比重（%）	面积（公顷）	比重（%）	面积（公顷）	比重（%）	
罗李村	767.8	54.0	6.0	11.1	8.7	16.0	39.3	72.9	7.0
甘云村	698.9	55.9	3.4	6.1	6.8	12.2	45.6	81.7	8.0
陈家村	515.0	89.3	9.4	10.5	13.5	15.1	66.4	74.4	17.3
滥池村	223.9	92.7	17.5	18.9	22.2	23.9	53.0	57.2	41.4
柑子村	797.9	97.6	11.4	11.7	18.9	19.4	67.3	69.0	12.2
白岩村	426.0	29.0	2.7	9.4	4.4	15.3	21.8	75.3	6.8
复兴村	335.5	43.3	5.1	11.7	8.7	20.0	29.6	68.4	12.9
铜厂村	459.3	69.5	13.5	19.5	15.4	22.1	40.6	58.4	15.1
高桥村	388.7	46.8	7.5	16.0	8.9	19.0	30.4	65.0	12.0
名山区	**61751.6**	**22285.6**	**9774.2**	**43.9**	**5755.1**	**25.8**	**6756.3**	**30.3**	**36.1**
蒙阳镇	**3245.7**	**1477.7**	**566.4**	**38.3**	**377.3**	**25.5**	**534.0**	**36.1**	**45.5**
蒙阳镇社区	266.6	245.9	146.2	59.4	63.0	25.6	36.7	14.9	92.2
同心村	31.2	12.1	6.2	51.0	3.0	24.6	3.0	24.5	38.9
紫霞村	7.7	5.7	4.0	70.1	0.9	15.2	0.8	14.6	73.3
德光村	128.6	97.4	44.9	46.1	27.8	28.5	24.7	25.4	75.7
德福村	230.9	103.3	35.8	34.7	26.4	25.5	41.1	39.8	44.7
河坪村	139.6	46.1	13.7	29.7	12.7	27.5	19.8	42.9	33.0
关口村	395.3	66.4	9.6	14.5	12.4	18.7	44.3	66.8	16.8
箭竹村	130.8	58.0	22.5	38.9	15.7	27.1	19.7	33.9	44.3
贯坪村	287.6	148.6	76.6	51.5	33.0	22.2	39.0	26.2	51.7
栓马村	227.1	106.4	30.9	29.1	32.0	30.1	43.4	40.8	46.9
中瓦村	218.2	85.8	21.8	25.4	22.9	26.7	41.1	47.9	39.3
安坪村	208.2	85.5	29.1	34.1	23.6	27.6	32.8	38.3	41.1
周坪村	270.0	127.5	59.3	46.5	32.6	25.6	35.6	27.9	47.2
上瓦村	454.5	201.7	43.8	21.7	52.3	25.9	105.6	52.3	44.4
律沟村	249.4	87.5	22.0	25.1	19.1	21.8	46.4	53.1	35.1
百丈镇	**3700.3**	**1253.7**	**689.3**	**55.0**	**331.0**	**26.4**	**233.4**	**18.6**	**33.9**
百丈镇社区	314.8	92.8	29.3	31.6	25.0	27.0	38.5	41.5	29.5
千尺村	123.1	62.7	37.1	59.2	14.5	23.1	11.1	17.7	50.9
朱坝村	257.0	72.1	30.9	42.8	18.7	26.0	22.5	31.2	28.1
石栗村	211.3	81.2	38.7	47.7	26.1	32.1	16.4	20.2	38.4
曹公村	179.9	76.2	47.9	62.9	18.2	23.9	10.0	13.2	42.4
王家村	317.3	125.1	75.2	60.1	33.4	26.7	16.5	13.2	39.4
叶山村	440.3	147.2	100.6	68.3	34.9	23.7	11.8	8.0	33.4
肖坪村	382.1	117.4	72.8	62.0	31.3	26.7	13.3	11.3	30.7
涌泉村	370.2	114.8	66.5	58.0	30.8	26.8	17.4	15.2	31.0
百家村	203.3	56.1	22.7	40.4	14.5	25.8	19.0	33.8	27.6

续表

名称	土地总面积（公顷）	适宜建设用地总面积（公顷）	适宜类		较适宜类		条件适宜类		适建指数（%）
			面积（公顷）	比重（%）	面积（公顷）	比重（%）	面积（公顷）	比重（%）	
天宫村	190.7	64.1	33.5	52.3	19.4	30.3	11.2	17.5	33.6
凉江村	172.3	43.8	19.5	44.5	12.3	28.1	12.0	27.4	25.4
鞍山村	229.8	85.9	47.6	55.4	24.0	28.0	14.3	16.6	37.4
蔡坪村	308.2	114.3	67.1	58.7	27.8	24.3	19.4	17.0	37.1
车岭镇	**4760.4**	**1895.6**	**681.0**	**35.9**	**547.8**	**28.9**	**666.8**	**35.2**	**39.8**
水月村	133.5	98.0	43.8	44.7	31.1	31.7	23.2	23.6	73.4
几安村	437.1	253.4	99.3	39.2	71.0	28.0	83.1	32.8	58.0
天池村	266.7	161.3	62.3	38.6	42.7	26.5	56.4	34.9	60.5
金刚村	253.0	168.2	66.8	39.7	49.4	29.4	52.0	30.9	66.5
悔沟村	350.9	129.6	38.3	29.6	35.1	27.1	56.1	43.3	36.9
中居村	290.9	232.8	91.9	39.5	74.9	32.2	66.0	28.4	80.0
岱宗村	275.7	197.1	69.7	35.4	61.1	31.0	66.2	33.6	71.5
石堰村	616.1	110.1	42.2	38.3	31.4	28.5	36.5	33.2	17.9
姜山村	380.2	6.7	1.0	15.2	1.2	17.3	4.5	67.4	1.8
龙水村	862.3	75.8	26.9	35.5	24.0	31.7	24.9	32.8	8.8
骑岗村	245.7	176.6	53.5	30.3	48.6	27.5	74.5	42.2	71.9
五花村	287.6	97.9	18.7	19.1	21.9	22.4	57.3	58.5	34.0
石城村	150.4	117.9	44.0	37.3	37.0	31.4	36.9	31.3	78.4
桥路村	210.4	70.3	22.7	32.3	18.5	26.3	29.1	41.4	33.4
永兴镇	**3421.9**	**1629.8**	**754.5**	**46.3**	**408.4**	**25.1**	**466.9**	**28.6**	**47.6**
双墙村	440.7	158.1	109.2	69.1	33.9	21.4	15.0	9.5	35.9
三岔村	378.3	253.2	157.3	62.1	60.5	23.9	35.5	14.0	66.9
青江村	145.5	99.2	61.4	61.9	27.3	27.5	10.5	10.6	68.2
大堂村	334.9	123.2	58.4	47.4	33.9	27.5	30.8	25.0	36.8
箭道村	296.8	172.2	102.1	59.3	38.7	22.5	31.4	18.2	58.0
化成村	272.5	143.3	55.2	38.5	36.6	25.5	51.5	36.0	52.6
江落村	359.9	153.0	57.8	37.8	38.5	25.2	56.7	37.1	42.5
瓦窑村	190.7	96.7	28.0	28.9	22.0	22.8	46.7	48.3	50.7
古房村	135.9	62.0	15.2	24.5	14.7	23.7	32.2	51.8	45.7
马头村	129.3	70.5	17.2	24.4	18.9	26.9	34.3	48.7	54.5
金桥村	84.6	52.7	15.0	28.5	16.2	30.8	21.5	40.7	62.3
沿河村	188.0	30.3	7.3	24.2	6.4	21.0	16.6	54.8	16.1
笔山村	174.6	100.7	33.6	33.3	28.7	28.5	38.4	38.2	57.7
郑岩村	290.1	114.6	36.7	32.0	32.1	28.0	45.7	39.9	39.5
马岭镇	**3626.6**	**751.6**	**212.7**	**28.3**	**190.1**	**25.3**	**348.9**	**46.4**	**20.7**
中岭村	69.4	19.9	6.1	30.9	6.5	32.8	7.2	36.2	28.6
山娇村	341.4	95.3	39.8	41.8	25.2	26.4	30.3	31.8	27.9

续表

名称	土地总面积（公顷）	适宜建设用地总面积（公顷）	适宜类		较适宜类		条件适宜类		适建指数（%）
			面积（公顷）	比重（%）	面积（公顷）	比重（%）	面积（公顷）	比重（%）	
江坝村	298.0	53.6	19.4	36.1	15.2	28.4	19.1	35.5	18.0
石门村	392.8	101.8	33.4	32.9	26.8	26.4	41.5	40.8	25.9
康乐村	574.2	131.5	25.1	19.1	25.6	19.5	80.8	61.4	22.9
余沟村	274.4	102.6	22.4	21.8	26.4	25.7	53.9	52.5	37.4
七星村	489.9	45.3	5.2	11.5	10.8	23.8	29.3	64.7	9.3
天目村	334.4	61.3	9.0	14.7	14.7	24.0	37.6	61.3	18.3
邓坪村	334.9	40.2	13.7	34.2	10.2	25.4	16.2	40.4	12.0
兰坝村	291.0	52.5	24.3	46.3	14.2	27.1	13.9	26.6	18.0
新桥村	226.3	47.6	14.1	29.7	14.4	30.2	19.1	40.1	21.0
新店镇	**4712.2**	**1842.2**	**719.0**	**39.0**	**525.1**	**28.5**	**598.0**	**32.5**	**39.1**
新店镇社区	24.5	23.6	7.8	33.3	8.3	35.1	7.5	31.6	96.3
三星村	216.0	80.4	36.6	45.4	25.8	32.1	18.0	22.4	37.2
石桥村	307.7	173.0	74.3	42.9	51.5	29.7	47.2	27.3	56.2
新坝村	239.0	67.6	38.4	56.8	17.4	25.7	11.8	17.5	28.3
安桥村	367.1	78.3	37.1	47.4	24.9	31.9	16.3	20.8	21.3
大坪村	238.7	135.5	63.7	47.0	40.4	29.8	31.4	23.2	56.8
阳坪村	341.6	155.6	58.2	37.4	44.8	28.8	52.6	33.8	45.5
白马村	437.2	71.4	18.3	25.7	19.2	27.0	33.8	47.4	16.3
长春村	264.1	152.2	62.2	40.8	43.4	28.5	46.7	30.7	57.6
新星村	124.5	54.2	23.7	43.7	17.3	32.0	13.2	24.3	43.5
古城村	272.8	122.5	59.3	48.4	36.9	30.1	26.3	21.5	44.9
兴安村	228.0	99.7	52.8	53.0	27.3	27.4	19.6	19.6	43.7
红光村	418.6	179.0	70.3	39.3	54.7	30.6	54.0	30.2	42.8
山河村	263.6	90.4	24.3	26.9	24.7	27.4	41.3	45.7	34.3
中坝村	480.7	123.4	35.8	29.0	28.1	22.7	59.6	48.3	25.7
大同村	238.2	112.2	25.3	22.5	27.6	24.6	59.4	52.9	47.1
南林村	250.0	123.3	31.1	25.2	32.8	26.6	59.4	48.2	49.3
蒙顶山镇	**2665.1**	**1080.8**	**392.9**	**36.4**	**279.6**	**25.9**	**408.3**	**37.8**	**40.6**
名雅村	367.7	67.6	10.2	15.0	14.1	20.9	43.3	64.0	18.4
蒙山村	532.8	55.7	4.9	8.8	9.8	17.6	41.0	73.7	10.5
金花村	290.1	39.4	4.2	10.6	5.6	14.2	29.7	75.3	13.6
卫干村	254.6	219.3	111.7	50.9	67.8	30.9	39.8	18.2	86.1
槐树村	157.5	88.2	27.7	31.4	24.2	27.4	36.3	41.2	56.0
梨花村	258.2	160.4	76.6	47.7	38.7	24.1	45.2	28.2	62.1
水碾村	243.9	112.5	24.0	21.3	29.2	25.9	59.3	52.7	46.1
大弓村	184.8	134.1	64.1	47.8	32.6	24.3	37.4	27.9	72.6
槐溪村	261.9	140.8	53.5	38.0	40.3	28.6	47.0	33.4	53.8

续表

名称	土地总面积（公顷）	适宜建设用地总面积（公顷）	适宜类		较适宜类		条件适宜类		适建指数（%）
			面积（公顷）	比重（%）	面积（公顷）	比重（%）	面积（公顷）	比重（%）	
名凤村	113.7	62.7	16.2	25.8	17.3	27.7	29.2	46.6	55.2
黑竹镇	**2372.3**	**998.6**	**695.2**	**69.6**	**226.0**	**22.6**	**77.4**	**7.8**	**42.1**
黑竹关村	507.2	255.4	174.2	68.2	60.1	23.5	21.1	8.3	50.3
鹤林村	526.1	217.9	129.7	59.5	60.1	27.6	28.1	12.9	41.4
莲花村	294.2	109.7	83.2	75.8	21.5	19.6	5.0	4.6	37.3
王山村	430.6	146.5	101.7	69.4	35.9	24.5	9.0	6.2	34.0
白腊村	358.4	176.0	147.7	83.9	23.7	13.5	4.6	2.6	49.1
冯山村	255.7	93.1	58.8	63.2	24.7	26.5	9.6	10.3	36.4
红星镇	**2774.3**	**847.8**	**503.8**	**59.4**	**225.3**	**26.6**	**118.7**	**14.0**	**30.6**
太平村	450.8	133.5	75.5	56.6	34.3	25.7	23.7	17.8	29.6
余坝村	280.1	100.4	66.7	66.5	25.6	25.5	8.1	8.0	35.8
罗湾村	192.7	43.6	20.6	47.2	13.3	30.5	9.7	22.2	22.6
白墙村	432.9	91.3	53.5	58.6	27.0	29.6	10.7	11.8	21.1
上马村	397.2	242.3	136.7	56.4	65.1	26.9	40.5	16.7	61.0
龚店村	400.5	75.5	44.2	58.5	17.1	22.7	14.2	18.8	18.9
天王村	413.6	102.2	70.1	68.6	25.9	25.3	6.2	6.1	24.7
华光村	206.5	59.0	36.5	61.8	17.0	28.9	5.5	9.3	28.6
城东乡	**2254.8**	**672.6**	**195.4**	**29.1**	**156.1**	**23.2**	**321.0**	**47.7**	**29.8**
平桥村	217.9	99.4	34.4	34.6	24.7	24.8	40.4	40.6	45.6
余光村	295.5	85.7	18.1	21.1	21.0	24.5	46.6	54.4	29.0
官田村	311.0	54.7	22.5	41.1	11.8	21.5	20.5	37.4	17.6
徐沟村	372.2	3.6	0.8	21.1	0.7	18.0	2.2	61.0	1.0
五里村	282.8	120.9	54.7	45.2	28.0	23.2	38.2	31.6	42.8
长坪村	283.0	108.2	19.3	17.8	22.9	21.2	66.1	61.0	38.2
双溪村	216.0	59.9	10.9	18.1	11.8	19.7	37.2	62.1	27.7
双田村	276.4	140.0	34.8	24.9	35.3	25.2	69.9	49.9	50.6
前进乡	**3366.0**	**1508.4**	**454.6**	**30.1**	**392.0**	**26.0**	**661.8**	**43.9**	**44.8**
六坪村	306.5	141.3	41.3	29.2	36.0	25.4	64.1	45.3	46.1
苏山村	109.5	73.1	20.0	27.4	19.8	27.1	33.3	45.6	66.8
清河村	283.9	199.9	60.3	30.2	61.0	30.5	78.6	39.3	70.4
桥楼村	143.5	110.8	41.9	37.8	35.6	32.1	33.3	30.1	77.2
两河村	157.1	96.0	34.2	35.6	28.7	29.9	33.1	34.5	61.1
双合村	230.7	83.4	24.2	29.0	21.4	25.7	37.8	45.3	36.2
南水村	384.5	208.3	61.8	29.7	46.8	22.5	99.7	47.9	54.2
新市村	293.6	207.2	78.9	38.1	50.4	24.3	77.9	37.6	70.6
林泉村	204.7	82.7	16.6	20.1	18.4	22.2	47.7	57.7	40.4
尖峰村	550.9	58.7	9.1	15.5	14.3	24.3	35.3	60.2	10.7

续表

名称	土地总面积（公顷）	适宜建设用地总面积（公顷）	适宜类		较适宜类		条件适宜类		适建指数（%）
			面积（公顷）	比重（%）	面积（公顷）	比重（%）	面积（公顷）	比重（%）	
泉水村	295.5	98.0	22.9	23.3	22.7	23.2	52.4	53.5	33.2
凤凰村	405.7	149.0	43.3	29.1	37.1	24.9	68.5	46.0	36.7
中峰乡	**4441.0**	**1249.9**	**412.0**	**33.0**	**322.8**	**25.8**	**515.0**	**41.2**	**28.1**
寺岗村	383.4	93.7	28.8	30.7	26.4	28.2	38.6	41.2	24.4
大冲村	432.7	85.6	32.9	38.5	23.0	26.8	29.7	34.7	19.8
桂花村	219.7	39.5	10.3	26.2	9.8	24.9	19.3	48.8	18.0
四包村	339.2	85.9	22.9	26.7	24.4	28.4	38.6	44.9	25.3
一颗印村	335.1	83.1	32.4	38.9	19.5	23.4	31.3	37.6	24.8
三江村	315.0	101.4	42.1	41.5	30.0	29.6	29.3	28.9	32.2
下坝村	299.9	82.4	22.8	27.7	21.7	26.3	37.9	46.0	27.5
甘溪村	538.3	179.2	54.2	30.2	45.3	25.3	79.7	44.5	33.3
河口村	487.0	213.2	66.5	31.2	49.8	23.4	96.9	45.5	43.8
秦场村	470.4	154.4	53.1	34.4	40.1	26.0	61.2	39.7	32.8
朱场村	342.4	79.9	22.5	28.2	19.4	24.3	37.9	47.5	23.3
海棠村	278.1	51.6	23.4	45.5	13.5	26.2	14.6	28.4	18.5
联江乡	**2600.7**	**842.1**	**545.8**	**64.8**	**192.8**	**22.9**	**103.5**	**12.3**	**32.4**
合江村	334.8	112.5	80.6	71.7	23.1	20.5	8.8	7.8	33.6
土墩村	350.8	68.2	40.8	59.8	15.6	23.0	11.8	17.2	19.4
九龙村	289.1	38.3	16.8	43.9	9.4	24.6	12.1	31.5	13.2
万安村	195.3	43.3	19.0	43.9	10.3	23.7	14.0	32.3	22.2
紫萝村	204.3	56.7	25.7	45.4	12.1	21.3	18.9	33.3	27.7
孙道村	334.0	145.2	101.0	69.6	32.6	22.4	11.6	8.0	43.5
续元村	313.7	138.9	99.1	71.4	31.8	22.9	8.0	5.8	44.3
凉水村	228.9	101.3	68.5	67.6	24.6	24.3	8.2	8.1	44.3
藕花村	349.8	137.7	94.2	68.4	33.2	24.1	10.3	7.5	39.4
廖场乡	**2445.2**	**1002.0**	**553.3**	**55.2**	**278.0**	**27.7**	**170.7**	**17.0**	**41.0**
万坝村	488.8	180.7	88.1	48.8	52.9	29.3	39.7	21.9	37.0
藕塘村	570.6	223.1	139.4	62.5	58.0	26.0	25.6	11.5	39.1
廖场村	337.4	139.2	88.4	63.5	35.7	25.7	15.1	10.8	41.2
观音村	445.2	244.8	139.0	56.8	72.6	29.6	33.3	13.6	55.0
新场村	366.2	136.2	68.5	50.3	37.4	27.4	30.3	22.3	37.2
桂芳村	237.1	78.1	30.0	38.4	21.4	27.4	26.7	34.2	32.9
万古乡	**2461.6**	**1471.8**	**668.1**	**45.4**	**417.7**	**28.4**	**386.0**	**26.2**	**59.8**
红草村	485.8	264.7	129.0	48.7	72.9	27.5	62.8	23.7	54.5
九间楼村	193.4	92.6	40.7	44.0	24.1	26.0	27.8	30.0	47.9
莫家村	243.7	127.0	57.6	45.3	32.2	25.3	37.2	29.3	52.1
新庙坪村	333.6	230.6	99.6	43.2	66.2	28.7	64.7	28.1	69.1

续表

名称	土地总面积（公顷）	适宜建设用地总面积（公顷）	适宜类		较适宜类		条件适宜类		适建指数（%）
			面积（公顷）	比重（%）	面积（公顷）	比重（%）	面积（公顷）	比重（%）	
钟滩村	292.9	179.0	86.9	48.5	51.8	28.9	40.4	22.5	61.1
高山坡村	373.3	246.4	115.4	46.8	72.6	29.5	58.3	23.7	66.0
沙河村	324.8	201.8	80.6	39.9	59.9	29.7	61.3	30.4	62.1
高河村	214.2	129.7	58.3	44.9	38.0	29.3	33.4	25.8	60.6
红岩乡	**2066.1**	**504.9**	**162.0**	**32.1**	**124.6**	**24.7**	**218.3**	**43.2**	**24.4**
罗碥村	198.1	46.6	13.2	28.3	12.0	25.7	21.5	46.0	23.5
红岩村	419.6	164.3	50.0	30.5	41.4	25.2	72.8	44.3	39.2
肖碥村	251.1	163.1	64.6	39.6	38.4	23.5	60.1	36.9	64.9
金龙村	319.2	87.2	28.2	32.3	22.5	25.7	36.5	41.9	27.3
青龙村	878.1	43.7	6.0	13.7	10.3	23.7	27.3	62.6	5.0
双河乡	**3291.2**	**655.4**	**194.0**	**29.6**	**171.8**	**26.2**	**289.6**	**44.2**	**19.9**
长沙村	554.2	31.2	10.8	34.5	7.4	23.8	13.0	41.7	5.6
扎营村	412.8	63.5	18.3	28.8	16.3	25.7	28.9	45.5	15.4
金鼓村	558.5	58.2	17.9	30.8	16.4	28.2	23.8	41.0	10.4
骑龙村	234.5	154.1	61.1	39.7	44.3	28.7	48.7	31.6	65.7
云台村	633.4	65.0	22.8	35.0	15.8	24.3	26.4	40.6	10.3
六合村	252.8	117.8	32.8	27.8	35.4	30.0	49.7	42.2	46.6
金狮村	323.4	47.6	8.3	17.5	12.3	25.9	27.0	56.7	14.7
延源村	321.5	118.1	22.0	18.6	23.9	20.3	72.2	61.1	36.7
建山乡	**3384.8**	**769.0**	**145.1**	**18.9**	**173.2**	**22.5**	**450.7**	**58.6**	**22.7**
见阳村	568.0	150.0	32.8	21.9	36.8	24.5	80.4	53.6	26.4
止观村	671.7	111.5	18.7	16.7	22.4	20.1	70.5	63.2	16.6
安乐村	387.2	123.8	27.4	22.1	28.0	22.6	68.5	55.3	32.0
横山村	553.7	120.8	20.1	16.6	27.2	22.5	73.5	60.8	21.8
飞水村	561.3	162.6	31.9	19.6	37.8	23.3	92.9	57.1	29.0
安吉村	642.8	100.2	14.2	14.2	21.0	21.0	65.0	64.8	15.6
解放乡	**2244.2**	**498.2**	**253.1**	**50.8**	**137.7**	**27.6**	**107.4**	**21.6**	**22.2**
吴岗村	476.8	69.0	34.1	49.4	19.2	27.8	15.8	22.9	14.5
月岗村	441.2	136.8	74.2	54.2	39.9	29.2	22.7	16.6	31.0
银木村	354.8	88.4	52.3	59.2	23.6	26.7	12.5	14.1	24.9
文昌村	228.5	85.4	43.3	50.8	22.3	26.1	19.7	23.1	37.4
高岗村	398.2	54.1	21.5	39.8	16.0	29.6	16.6	30.6	13.6
瓦子村	344.6	64.5	27.7	42.9	16.7	25.9	20.2	31.2	18.7
茅河乡	**1917.2**	**1333.6**	**975.9**	**73.2**	**277.7**	**20.8**	**80.0**	**6.0**	**69.6**
茅河村	252.2	114.9	81.9	71.3	26.1	22.7	6.9	6.0	45.5
白鹤村	324.6	203.3	152.8	75.2	40.5	19.9	10.0	4.9	62.6
临溪村	227.4	119.6	99.1	82.9	17.0	14.2	3.5	2.9	52.6

续表

名称	土地总面积（公顷）	适宜建设用地总面积（公顷）	适宜类		较适宜类		条件适宜类		适建指数（%）
			面积（公顷）	比重（%）	面积（公顷）	比重（%）	面积（公顷）	比重（%）	
龙兴村	344.9	221.7	157.0	70.8	46.5	21.0	18.2	8.2	64.3
香水村	237.7	179.1	134.0	74.9	36.7	20.5	8.3	4.6	75.3
万山村	530.4	495.1	351.1	70.9	110.9	22.4	33.1	6.7	93.4
荥经县	**177659.2**	**7142.6**	**1720.6**	**24.1**	**1561.0**	**21.9**	**3861.1**	**54.1**	**4.0**
严道镇	**1439.7**	**596.1**	**287.9**	**48.3**	**162.4**	**27.2**	**145.8**	**24.5**	**41.4**
荥经县县城	326.7	295.3	162.7	55.1	84.2	28.5	48.4	16.4	90.4
青仁村	170.6	110.4	44.6	40.4	33.4	30.2	32.4	29.3	64.7
同心村	54.5	8.5	3.0	35.3	2.1	24.2	3.5	40.5	15.7
新南村	61.4	28.2	6.2	22.1	9.5	33.6	12.5	44.3	45.9
蔬菜村	76.9	24.9	15.4	61.8	4.9	19.8	4.6	18.3	32.4
黄家村	143.8	24.6	9.4	38.1	6.6	26.9	8.6	35.0	17.1
青华村	92.6	65.5	40.8	62.3	14.5	22.1	10.2	15.6	70.7
唐家村	513.1	38.6	5.8	15.0	7.2	18.6	25.6	66.4	7.5
花滩镇	**5871.2**	**426.0**	**71.1**	**16.7**	**85.1**	**20.0**	**269.8**	**63.3**	**7.3**
花滩社区	25.5	23.7	9.1	38.4	9.5	39.9	5.2	21.8	93.0
花滩村	207.0	54.8	22.2	40.5	14.6	26.7	18.0	32.9	26.5
幸福村	628.1	49.2	9.6	19.6	7.2	14.7	32.3	65.8	7.8
青杠村	285.2	21.5	3.2	15.0	2.9	13.4	15.4	71.5	7.5
临江村	186.0	10.8	1.4	13.3	1.4	12.7	8.0	74.1	5.8
光和村	756.5	69.3	8.6	12.4	13.8	20.0	46.9	67.7	9.2
大理村	345.7	40.4	3.5	8.8	8.7	21.6	28.2	69.7	11.7
米溪村	125.5	44.4	3.6	8.0	7.6	17.1	33.2	74.8	35.4
石桥村	172.1	23.0	1.7	7.4	4.7	20.3	16.6	72.2	13.4
齐心村	1133.8	65.7	6.6	10.0	10.9	16.5	48.3	73.5	5.8
团结村	2005.9	23.1	1.5	6.7	3.8	16.5	17.7	76.8	1.2
六合乡	**1889.8**	**587.2**	**184.3**	**31.4**	**126.6**	**21.6**	**276.3**	**47.1**	**31.1**
古城村	124.9	91.1	29.1	32.0	26.7	29.3	35.3	38.7	72.9
上虎村	216.9	100.5	12.9	12.8	18.4	18.3	69.2	68.9	46.4
宝积村	464.3	81.0	8.9	11.0	13.2	16.3	58.8	72.6	17.4
星星村	276.9	162.5	82.4	50.7	34.4	21.2	45.7	28.1	58.7
水池村	344.6	58.4	29.5	50.5	12.9	22.2	16.0	27.4	16.9
富林村	462.3	93.7	21.5	23.0	20.9	22.3	51.3	54.8	20.3
烈太乡	**1555.2**	**372.6**	**119.9**	**32.2**	**83.3**	**22.3**	**169.4**	**45.5**	**24.0**
堡子村	268.1	71.9	23.1	32.1	17.4	24.1	31.5	43.8	26.8
太平村	315.3	118.4	38.0	32.1	28.2	23.8	52.1	44.0	37.5
共和村	140.0	92.7	45.4	48.9	20.6	22.3	26.7	28.8	66.2
东升村	151.6	38.9	9.4	24.2	9.3	24.0	20.2	51.9	25.6

续表

名称	土地总面积（公顷）	适宜建设用地总面积（公顷）	适宜类		较适宜类		条件适宜类		适建指数（%）
			面积（公顷）	比重（%）	面积（公顷）	比重（%）	面积（公顷）	比重（%）	
虎岗村	680.2	50.6	4.0	8.0	7.7	15.2	38.9	76.8	7.4
安靖乡	**14512.3**	**283.1**	**59.7**	**21.1**	**58.8**	**20.8**	**164.6**	**58.1**	**2.0**
靖口村	375.7	36.9	9.5	25.7	7.6	20.5	19.9	53.9	9.8
民治村	406.6	57.7	7.8	13.5	8.6	14.9	41.3	71.5	14.2
长胜村	1379.5	33.3	7.1	21.2	7.8	23.3	18.5	55.5	2.4
民建村	518.0	41.5	15.3	36.7	9.3	22.5	16.9	40.8	8.0
顺江村	1391.1	33.3	6.5	19.4	7.5	22.6	19.3	58.0	2.4
安乐村	545.6	47.2	8.1	17.2	10.7	22.6	28.4	60.2	8.7
楠坝村	678.8	19.9	2.8	14.3	4.2	21.0	12.9	64.7	2.9
崃麓村	517.3	13.1	2.7	20.8	3.1	23.4	7.3	55.8	2.5
安靖乡林场	8699.7	0.0	0.0		0.0		0.0		0.0
民建彝族乡	**2006.7**	**248.0**	**39.4**	**15.9**	**56.7**	**22.9**	**152.0**	**61.3**	**12.4**
大坪村	620.3	46.6	8.3	17.7	11.1	23.8	27.2	58.4	7.5
金鱼村	355.9	53.6	7.8	14.5	12.4	23.1	33.5	62.4	15.1
竹阳村	118.4	26.7	5.6	21.0	6.0	22.5	15.1	56.5	22.5
顺河村	205.8	55.0	8.4	15.4	12.5	22.7	34.1	62.0	26.7
建乐村	577.3	65.2	9.2	14.1	14.4	22.1	41.6	63.8	11.3
塔子山茶厂	128.9	0.9	0.1	13.7	0.3	31.7	0.5	54.5	0.7
烈士乡	**2165.1**	**216.1**	**27.7**	**12.8**	**41.1**	**19.0**	**147.3**	**68.2**	**10.0**
新立村	292.6	33.2	2.2	6.7	5.2	15.6	25.8	77.7	11.4
烈士村	403.9	53.0	5.4	10.2	10.9	20.6	36.7	69.2	13.1
冯家村	246.8	28.5	2.7	9.4	5.2	18.3	20.6	72.3	11.5
王家村	205.6	41.3	8.8	21.3	7.5	18.1	25.0	60.5	20.1
课子村	1016.2	60.0	8.6	14.3	12.3	20.4	39.2	65.3	5.9
荥河乡	**2937.1**	**216.3**	**24.5**	**11.3**	**41.8**	**19.3**	**150.0**	**69.3**	**7.4**
楠木村	635.7	74.9	8.8	11.8	16.0	21.3	50.1	66.9	11.8
周家村	374.1	26.6	3.5	13.1	6.4	24.1	16.7	62.7	7.1
红星村	1927.3	114.9	12.2	10.6	19.5	16.9	83.2	72.5	6.0
新建乡	**19194.9**	**192.7**	**31.9**	**16.5**	**42.5**	**22.0**	**118.4**	**61.4**	**1.0**
工业村	829.2	34.4	6.1	17.6	8.5	24.7	19.9	57.7	4.2
紫炉村	2466.4	55.2	9.6	17.4	13.1	23.8	32.4	58.7	2.2
河林村	3944.9	70.2	9.9	14.1	13.8	19.7	46.5	66.3	1.8
和平村	7919.1	31.2	5.9	19.0	6.9	21.9	18.5	59.1	0.4
新建乡林场	4035.4	1.6	0.3	20.3	0.2	10.3	1.1	69.4	0.0
泗坪乡	**10778.8**	**218.1**	**37.6**	**17.3**	**45.3**	**20.8**	**135.1**	**62.0**	**2.0**
民主村	1475.5	47.4	7.7	16.2	10.2	21.6	29.5	62.2	3.2
断机村	1223.3	68.4	11.0	16.0	15.5	22.7	41.9	61.3	5.6

续表

名称	土地总面积（公顷）	适宜建设用地总面积（公顷）	适宜类		较适宜类		条件适宜类		适建指数（%）
			面积（公顷）	比重（%）	面积（公顷）	比重（%）	面积（公顷）	比重（%）	
民胜村	1085.9	60.1	10.4	17.4	10.9	18.1	38.8	64.6	5.5
桥溪村	1408.1	32.4	6.8	21.1	6.5	20.0	19.1	58.9	2.3
泗坪乡林场	5586.0	9.8	1.7	17.6	2.2	22.9	5.8	59.6	0.2
新庙乡	**16196.6**	**270.8**	**35.9**	**13.3**	**53.3**	**19.7**	**181.7**	**67.1**	**1.7**
常富村	3780.0	76.6	13.8	18.0	18.3	23.9	44.4	58.0	2.0
新建村	594.7	61.2	8.3	13.5	12.5	20.5	40.4	66.0	10.3
德义村	3788.5	107.0	10.9	10.2	17.5	16.4	78.5	73.4	2.8
新庙乡林场	8033.4	26.1	2.9	11.2	4.8	18.6	18.3	70.2	0.3
三合乡	**31727.5**	**196.2**	**33.6**	**17.1**	**39.0**	**19.9**	**123.6**	**63.0**	**0.6**
保民村	3011.8	39.0	4.2	10.7	5.3	13.6	29.5	75.6	1.3
楠林村	1287.4	60.9	12.2	20.1	14.7	24.2	33.9	55.7	4.7
建政村	1745.3	54.9	11.4	20.8	11.9	21.6	31.6	57.5	3.1
双林村	12962.2	29.8	4.7	15.6	4.9	16.4	20.3	68.0	0.2
三合乡林场	12720.7	11.6	1.0	8.8	2.2	19.4	8.3	71.8	0.1
大田坝乡	**906.1**	**391.5**	**123.7**	**31.6**	**93.1**	**23.8**	**174.6**	**44.6**	**43.2**
新文村	244.6	166.0	74.3	44.8	46.9	28.3	44.8	27.0	67.8
同乐村	144.8	58.5	12.4	21.1	13.6	23.3	32.5	55.6	40.4
民福村	294.9	85.0	14.8	17.4	17.5	20.6	52.7	62.0	28.8
凤鸣村	221.8	82.0	22.3	27.1	15.1	18.4	44.6	54.4	37.0
天凤乡	**1240.8**	**243.7**	**30.5**	**12.5**	**48.4**	**19.8**	**164.8**	**67.6**	**19.6**
聚民村	264.2	89.2	14.0	15.7	16.0	18.0	59.1	66.3	33.8
凤槐村	225.2	15.2	0.7	4.3	1.8	12.0	12.8	83.7	6.8
建设村	417.9	86.8	8.5	9.8	21.2	24.5	57.0	65.7	20.8
石泉村	333.5	52.5	7.3	14.0	9.3	17.7	35.9	68.3	15.7
宝峰彝族乡	**1229.2**	**248.0**	**33.3**	**13.4**	**57.6**	**23.2**	**157.0**	**63.3**	**20.2**
田坝村	378.8	90.5	13.6	15.0	22.7	25.0	54.3	59.9	23.9
莲池村	305.8	91.7	11.5	12.6	19.9	21.7	60.3	65.7	30.0
杏家村	544.6	65.7	8.2	12.5	15.0	22.9	42.5	64.7	12.1
新添乡	**5195.4**	**563.0**	**157.0**	**27.9**	**118.9**	**21.1**	**287.1**	**51.0**	**10.8**
上坝村	394.6	122.5	41.7	34.1	24.7	20.2	56.0	45.7	31.0
下坝村	302.3	54.9	18.5	33.6	10.0	18.1	26.5	48.2	18.2
新添村	327.8	56.7	14.8	26.1	11.8	20.9	30.0	53.0	17.3
太阳村	768.7	38.1	1.9	5.0	4.6	12.0	31.6	83.0	4.9
石家村	598.2	63.6	14.2	22.3	13.4	21.1	36.0	56.6	10.6
黄禄村	1296.5	23.9	2.9	12.3	5.1	21.4	15.8	66.3	1.8
龙鱼村	367.4	36.4	8.6	23.6	7.0	19.2	20.8	57.2	9.9
山河村	977.7	167.1	54.4	32.6	42.3	25.3	70.3	42.1	17.1

续表

名称	土地总面积（公顷）	适宜建设用地总面积（公顷）	适宜类		较适宜类		条件适宜类		适建指数（%）
			面积（公顷）	比重（%）	面积（公顷）	比重（%）	面积（公顷）	比重（%）	
庙岗村	162.2	0.0	0.0		0.0		0.0		0.0
附城乡	**1410.3**	**314.8**	**110.9**	**35.2**	**80.7**	**25.6**	**123.2**	**39.1**	**22.3**
南罗坝村	263.9	159.9	78.4	49.0	44.6	27.9	37.0	23.1	60.6
南村坝村	214.1	61.7	18.7	30.4	17.5	28.3	25.5	41.3	28.8
烟溪沟村	932.3	93.2	13.8	14.8	18.6	20.0	60.7	65.2	10.0
五宪乡	**2162.8**	**416.4**	**110.8**	**26.6**	**95.3**	**22.9**	**210.2**	**50.5**	**19.3**
豆子山村	258.3	98.9	15.2	15.4	20.3	20.5	63.5	64.1	38.3
坪阳村	296.0	133.6	54.7	40.9	32.8	24.5	46.2	34.6	45.1
毛坪村	354.1	140.9	36.0	25.6	35.3	25.1	69.6	49.4	39.8
热溪沟村	1254.4	43.0	5.0	11.6	6.9	16.1	31.1	72.3	3.4
烟竹乡	**4087.6**	**284.9**	**43.1**	**15.1**	**56.9**	**20.0**	**184.9**	**64.9**	**7.0**
莲花村	352.9	105.6	20.6	19.5	20.5	19.4	64.5	61.1	29.9
双红村	929.4	142.1	18.2	12.8	30.0	21.1	93.8	66.0	15.3
凤凰村	984.9	37.2	4.3	11.5	6.3	17.0	26.6	71.5	3.8
烟竹乡林场	1820.5	0.0	0.0		0.0		0.0		0.0
青龙乡	**5306.3**	**313.5**	**55.7**	**17.8**	**62.6**	**20.0**	**195.3**	**62.3**	**5.9**
柏香村	409.2	91.7	20.0	21.8	19.5	21.3	52.2	56.9	22.4
桂花村	768.5	103.8	20.4	19.6	21.6	20.9	61.8	59.5	13.5
沙坝河村	1313.0	47.5	7.3	15.5	10.1	21.3	30.0	63.2	3.6
复兴村	1851.9	70.5	8.0	11.3	11.3	16.0	51.3	72.7	3.8
青龙乡林场	963.8	0.0	0.0		0.0		0.0		0.0
龙苍沟乡	**45845.7**	**543.7**	**102.0**	**18.8**	**111.7**	**20.5**	**330.0**	**60.7**	**1.2**
快乐村	1513.0	101.2	22.0	21.8	19.0	18.8	60.1	59.4	6.7
经河村	2357.8	116.8	33.1	28.3	27.5	23.5	56.3	48.2	5.0
万年村	1891.0	106.2	5.7	5.4	14.3	13.5	86.2	81.1	5.6
发展村	7211.6	161.5	33.0	20.4	39.2	24.3	89.4	55.3	2.2
杨湾村	1344.5	31.4	3.7	11.9	5.9	18.7	21.8	69.4	2.3
鱼泉村	1510.4	10.7	0.9	8.4	1.9	17.4	7.9	74.2	0.7
岗上村	2440.4	12.7	2.6	20.3	3.3	26.2	6.8	53.5	0.5
龙苍沟乡林场	15198.4	1.9	0.2	13.2	0.3	14.7	1.4	72.1	0.0
泡草湾伐木场	6382.0	1.2	0.8	63.2	0.3	21.5	0.2	15.3	0.0
珙桐观光园	4931.9	0.0	0.0		0.0		0.0		0.0
天生桥观光园	1064.7	0.0	0.0		0.0		0.0		0.0
宝兴县	**311347.7**	**2046.4**	**366.0**	**17.9**	**410.2**	**20.0**	**1270.2**	**62.1**	**0.7**
穆坪镇	**16417.0**	**193.2**	**29.4**	**15.2**	**34.3**	**17.8**	**129.5**	**67.0**	**1.2**
新宝村	1544.8	59.8	14.8	24.8	12.6	21.2	32.3	54.1	3.9
新光村	5080.2	21.1	3.0	14.3	3.8	17.8	14.3	67.9	0.4

续表

名称	土地总面积（公顷）	适宜建设用地总面积（公顷）	适宜类		较适宜类		条件适宜类		适建指数（%）
			面积（公顷）	比重（%）	面积（公顷）	比重（%）	面积（公顷）	比重（%）	
雪山村	827.1	10.3	0.5	4.9	0.8	7.3	9.1	87.8	1.2
顺江村	2020.7	37.2	5.1	13.7	7.5	20.2	24.6	66.1	1.8
苟山村	910.9	10.5	1.4	13.2	1.6	14.9	7.6	71.9	1.2
新民村	2103.6	54.3	4.5	8.4	8.1	14.9	41.7	76.7	2.6
穆坪镇林场	3929.8	0.0	0.0		0.0		0.0		0.0
灵关镇	**23578.9**	**669.5**	**179.4**	**26.8**	**155.5**	**23.2**	**334.6**	**50.0**	**2.8**
灵关镇社区	77.5	76.0	36.0	47.4	26.1	34.3	13.9	18.3	98.1
钟灵村	623.1	63.2	23.0	36.5	15.2	24.0	25.0	39.5	10.1
大沟村	2133.8	37.6	5.8	15.5	6.8	18.2	24.9	66.3	1.8
河口村	1748.5	53.5	9.5	17.7	11.5	21.4	32.6	60.9	3.1
新场村	730.5	53.6	9.2	17.2	9.6	17.9	34.8	64.9	7.3
磨刀村	1133.1	42.0	8.7	20.6	8.2	19.5	25.2	59.9	3.7
大渔村	922.0	64.3	9.5	14.8	12.3	19.2	42.5	66.0	7.0
中坝村	341.5	67.3	24.1	35.8	16.5	24.5	26.8	39.8	19.7
上坝村	207.7	83.7	41.1	49.1	26.8	32.0	15.8	18.9	40.3
后山村	279.2	11.0	0.7	6.3	1.5	13.9	8.8	79.8	4.0
建联村	2043.6	32.3	4.0	12.3	7.1	22.1	21.2	65.6	1.6
安坪村	1075.3	35.5	3.1	8.7	5.9	16.6	26.5	74.7	3.3
紫云村	6650.9	49.3	4.7	9.6	7.9	16.0	36.7	74.4	0.7
灵关镇林场	5612.1	0.1	0.0	0.0	0.1	100.0	0.0	0.0	0.0
陇东镇	**49313.0**	**198.3**	**27.2**	**13.7**	**33.3**	**16.8**	**137.8**	**69.5**	**0.4**
陇东镇社区	3.9	1.4	0.6	42.0	0.2	11.1	0.7	46.8	35.4
老场村	5088.3	19.8	4.2	21.1	4.7	23.6	11.0	55.3	0.4
苏村村	417.1	5.6	0.4	6.4	0.6	11.2	4.6	82.4	1.3
青江村	952.0	10.4	0.6	6.1	0.8	7.5	9.0	86.5	1.1
星火村	1468.2	22.0	4.2	19.0	5.0	22.5	12.9	58.5	1.5
向兴村	448.1	32.4	2.4	7.4	4.9	15.3	25.1	77.4	7.2
自兴村	595.8	8.9	1.9	21.3	1.6	17.6	5.5	61.1	1.5
先锋村	449.0	10.5	0.2	2.3	1.0	9.4	9.3	88.3	2.3
新江村	1924.0	36.0	6.5	17.9	6.7	18.6	22.9	63.5	1.9
崇兴村	4571.6	46.8	5.5	11.7	7.1	15.2	34.2	73.1	1.0
陇东镇林场	33395.0	4.2	0.8	18.2	0.8	18.6	2.7	63.2	0.0
蜂桶寨乡	**36540.8**	**149.8**	**20.3**	**13.5**	**26.9**	**18.0**	**102.7**	**68.5**	**0.4**
盐井坪村	3133.5	10.4	1.7	16.0	2.4	23.5	6.3	60.5	0.3
顺山村	981.2	14.6	1.7	11.5	2.8	19.4	10.1	69.1	1.5
青坪村	738.3	9.0	1.2	13.6	1.7	19.1	6.1	67.3	1.2
和平村	782.0	17.4	2.2	12.5	3.2	18.6	12.0	68.8	2.2

续表

名称	土地总面积（公顷）	适宜建设用地总面积（公顷）	适宜类		较适宜类		条件适宜类		适建指数（%）
			面积（公顷）	比重（%）	面积（公顷）	比重（%）	面积（公顷）	比重（%）	
新华村	1613.5	32.4	9.1	28.0	6.6	20.3	16.8	51.7	2.0
光明村	824.5	16.3	1.1	6.9	3.5	21.2	11.7	71.9	2.0
新康村	974.3	14.5	0.3	2.3	1.2	8.0	13.0	89.7	1.5
民和村	1232.5	12.9	0.6	4.5	2.0	15.2	10.3	80.3	1.0
蜂桶寨乡林场	26261.0	22.3	2.4	10.8	3.5	15.7	16.4	73.6	0.1
硗碛藏族乡	**94770.3**	**283.8**	**35.6**	**12.6**	**54.9**	**19.4**	**193.2**	**68.1**	**0.3**
硗碛乡社区	22.2	16.5	4.4	26.6	4.2	25.7	7.9	47.7	74.7
夹拉村	9081.8	65.5	8.0	12.2	9.6	14.7	47.8	73.1	0.7
咎落村	1869.3	36.6	4.6	12.6	9.4	25.7	22.6	61.7	2.0
嘎日村	3501.5	82.9	9.9	11.9	15.1	18.2	58.0	69.9	2.4
泽根村	2528.5	36.8	4.5	12.3	8.5	23.2	23.8	64.6	1.5
勒乐村	1174.6	27.5	2.6	9.6	5.3	19.1	19.6	71.3	2.3
硗碛乡林场	76592.3	17.9	1.6	8.9	2.8	15.8	13.5	75.4	0.0
永富乡	**66290.6**	**66.1**	**7.8**	**11.9**	**12.2**	**18.5**	**46.0**	**69.6**	**0.1**
永富乡社区	3.8	2.4	0.3	13.9	0.5	20.9	1.6	65.2	63.3
若壁村	3562.1	13.5	1.8	13.1	1.5	10.8	10.3	76.1	0.4
永和村	3634.0	23.3	2.4	10.5	4.7	20.1	16.1	69.4	0.6
中岗村	4949.4	21.7	2.8	12.9	4.9	22.4	14.0	64.7	0.4
永富乡林场	54141.4	5.3	0.5	9.3	0.8	14.4	4.0	76.3	0.0
明礼乡	**11868.8**	**156.7**	**21.2**	**13.5**	**34.0**	**21.7**	**101.5**	**64.7**	**1.3**
百礼村	1421.3	23.2	2.4	10.3	4.4	19.1	16.4	70.6	1.6
庄子村	2189.9	101.5	13.1	12.9	21.3	21.0	67.1	66.1	4.6
联合村	1423.5	25.7	5.4	21.0	7.6	29.5	12.7	49.5	1.8
明礼乡林场	6834.1	6.3	0.4	5.9	0.7	11.1	5.2	83.0	0.1
五龙乡	**7372.5**	**203.8**	**30.9**	**15.2**	**36.2**	**17.8**	**136.7**	**67.1**	**2.8**
五龙乡社区	10.8	8.6	2.1	23.8	1.8	20.4	4.8	55.9	79.7
东风村	1509.1	86.6	20.5	23.7	20.5	23.6	45.6	52.7	5.7
战斗村	717.4	24.3	1.6	6.4	3.5	14.4	19.2	79.2	3.4
东升村	1373.2	30.1	1.7	5.7	3.0	9.9	25.4	84.4	2.2
团结村	1021.3	33.0	4.8	14.5	6.3	19.0	21.9	66.5	3.2
胜利村	2027.9	21.3	0.3	1.3	1.3	5.9	19.7	92.8	1.0
五龙乡林场	712.7	0.0	0.0		0.0		0.0		0.0
大溪乡	**5195.8**	**125.2**	**3333.0**	**2663.2**	**2637.3**	**2107.3**	**4407.6**	**3521.8**	**2.4**
罗家坝村	767.3	36.3	2.0	5.5	5.4	14.9	28.9	79.6	4.7
烟溪口村	792.8	22.8	2.1	9.2	3.4	15.0	17.3	75.9	2.9
曹家坝村	1352.8	43.8	6.1	14.0	9.3	21.2	28.4	64.8	3.2
大溪塝村	1407.5	22.3	4.0	17.8	4.6	20.8	13.7	61.4	1.6

续表

名称	土地总面积（公顷）	适宜建设用地总面积（公顷）	适宜类		较适宜类		条件适宜类		适建指数（%）
			面积（公顷）	比重（%）	面积（公顷）	比重（%）	面积（公顷）	比重（%）	
大溪乡林场	875.5	0.0	0.0		0.0		0.0		0.0
邛崃市	**42271.2**	**7077.0**	**2079.1**	**29.4**	**1731.6**	**24.5**	**3266.3**	**46.2**	**16.7**
夹关镇	**4736.5**	**1921.5**	**734.1**	**38.2**	**535.2**	**27.9**	**652.2**	**33.9**	**40.6**
临江社区	207.4	104.9	50.2	47.9	29.3	27.9	25.4	24.2	50.6
王店社区	357.6	246.8	108.5	44.0	68.7	27.9	69.5	28.2	69.0
草池村	340.0	274.4	113.6	41.4	75.6	27.6	85.1	31.0	80.7
二龙村	447.3	147.2	39.0	26.5	39.3	26.7	68.9	46.8	32.9
福田村	289.0	159.5	52.4	32.9	40.5	25.4	66.6	41.7	55.2
拴马村	450.4	181.5	73.4	40.4	54.3	29.9	53.8	29.7	40.3
韩坪村	435.3	140.1	68.4	48.8	40.1	28.6	31.7	22.6	32.2
熊营村	317.7	79.2	24.0	30.3	24.1	30.4	31.1	39.3	24.9
渔坝村	791.5	194.7	68.0	34.9	53.7	27.6	73.0	37.5	24.6
龚店村	463.8	168.3	75.4	44.8	45.2	26.9	47.7	28.3	36.3
雕虎村	636.3	225.0	61.1	27.2	64.4	28.6	99.5	44.2	35.4
火井镇	**6556.6**	**1738.0**	**570.3**	**32.8**	**420.6**	**24.2**	**747.1**	**43.0**	**26.5**
高场社区	297.3	155.6	81.9	52.6	39.2	25.2	34.5	22.2	52.3
银台山村	594.1	330.8	150.9	45.6	80.7	24.4	99.2	30.0	55.7
夜合村	594.2	115.6	41.3	35.8	33.9	29.3	40.4	34.9	19.5
状元村	847.7	204.2	83.4	40.8	47.2	23.1	73.6	36.1	24.1
双童村	855.7	160.9	49.8	30.9	35.0	21.8	76.1	47.3	18.8
三河村	738.2	123.8	26.8	21.6	28.8	23.2	68.3	55.2	16.8
兴福村	823.2	177.9	34.0	19.1	37.5	21.1	106.4	59.8	21.6
纸坊村	729.6	267.6	61.4	22.9	72.2	27.0	134.1	50.1	36.7
雅鹏村	412.2	139.1	34.2	24.6	35.4	25.5	69.5	50.0	33.7
凤场村	664.4	62.4	6.6	10.7	10.7	17.2	45.0	72.2	9.4
高何镇	**8133.7**	**882.2**	**265.5**	**30.1**	**208.6**	**23.6**	**408.1**	**46.3**	**10.8**
沙坝社区	1121.6	198.7	73.5	37.0	50.8	25.6	74.4	37.5	17.7
靖口村	2644.5	150.1	26.1	17.4	34.6	23.0	89.4	59.6	5.7
高兴村	854.3	81.4	18.0	22.1	16.3	20.1	47.1	57.9	9.5
王家村	781.5	120.8	39.5	32.7	27.7	23.0	53.5	44.3	15.5
毛河村	1333.3	170.7	51.4	30.1	45.8	26.8	73.5	43.1	12.8
何场村	493.0	124.0	53.1	42.8	26.7	21.6	44.2	35.6	25.1
银杏村	905.4	36.5	4.0	10.9	6.6	18.1	25.9	71.0	4.0
天台山镇	**10914.1**	**1851.6**	**359.0**	**19.4**	**412.5**	**22.3**	**1080.1**	**58.3**	**17.0**
三角社区	762.3	253.6	66.2	26.1	61.0	24.0	126.5	49.9	33.3
马坪村	3047.6	100.0	12.3	12.3	17.6	17.6	70.1	70.1	3.3
纪红村	648.9	212.1	41.4	19.5	52.9	24.9	117.8	55.6	32.7

续表

名称	土地总面积（公顷）	适宜建设用地总面积（公顷）	适宜类		较适宜类		条件适宜类		适建指数（%）
			面积（公顷）	比重（%）	面积（公顷）	比重（%）	面积（公顷）	比重（%）	
凤乐村	881.0	194.3	47.0	24.2	45.5	23.4	101.8	52.4	22.1
清水村	737.4	230.0	35.9	15.6	55.2	24.0	138.8	60.3	31.2
杨田村	954.9	161.7	26.4	16.3	32.1	19.8	103.2	63.8	16.9
天井村	1651.4	238.5	42.9	18.0	53.9	22.6	141.7	59.4	14.4
土溪村	384.5	86.3	13.9	16.1	17.0	19.7	55.4	64.2	22.4
冯坝村	1148.2	221.5	41.8	18.9	45.5	20.6	134.2	60.6	19.3
紫荆村	698.0	153.6	31.1	20.3	31.8	20.7	90.6	59.0	22.0
道佐乡	**3232.1**	**550.6**	**133.0**	**24.2**	**130.3**	**23.7**	**287.4**	**52.2**	**17.0**
沿江社区	278.9	81.5	27.6	33.9	19.1	23.5	34.8	42.6	29.2
皮坝村	438.9	98.2	32.7	33.3	26.7	27.2	38.8	39.5	22.4
砖桥村	389.6	82.5	28.2	34.2	25.4	30.9	28.8	34.9	21.2
寨沟村	568.2	80.6	16.7	20.8	15.0	18.6	48.9	60.6	14.2
鼎锅村	334.6	72.1	10.7	14.9	14.6	20.3	46.8	64.9	21.5
张店村	472.6	25.0	4.9	19.5	4.8	19.3	15.3	61.3	5.3
万福村	749.4	110.7	12.1	10.9	24.5	22.2	74.0	66.9	14.8
南宝乡	**8698.2**	**133.1**	**17.4**	**13.1**	**24.5**	**18.4**	**91.3**	**68.5**	**1.5**
茶板村	1220.6	11.4	1.3	11.7	2.0	17.5	8.1	70.7	0.9
金甲村	1216.3	10.6	0.9	8.6	1.6	14.8	8.1	76.6	0.9
常乐村	751.0	11.3	1.3	11.3	1.8	15.7	8.3	73.0	1.5
大胡村	1789.9	20.8	1.6	7.5	3.6	17.1	15.7	75.4	1.2
秋园村	2627.7	22.7	3.5	15.4	4.5	20.0	14.6	64.5	0.9
龙洞村	824.0	31.3	5.4	17.4	6.9	22.1	18.9	60.5	3.8
金花村	268.7	25.0	3.4	13.4	4.1	16.5	17.5	70.1	9.3

表2-20 芦山地震一般灾区适宜建设用地分级评价结果（乡镇单元）

名称	土地总面积（公顷）	适宜建设用地总面积（公顷）	适宜类		较适宜类		条件适宜类		适建指数（%）
			面积（公顷）	比重（%）	面积（公顷）	比重（%）	面积（公顷）	比重（%）	
一般灾区	**3220564.5**	**344854.8**	**133321.2**	**38.7**	**92717.3**	**26.9**	**118816.3**	**34.5**	**10.7**
邛崃市	**95384.3**	**51942.4**	**26683.1**	**51.4**	**14179.8**	**27.3**	**11079.5**	**21.3**	**54.5**
临邛镇	14436.2	10028.8	6140.3	61.2	2490.8	24.8	1397.6	13.9	69.5
羊安镇	4663.3	3921.3	1656.9	42.3	1198.8	30.6	1065.6	27.2	84.1
牟礼镇	5926.3	4525.7	1985.9	43.9	1403.9	31.0	1135.9	25.1	76.4
桑园镇	3707.6	3279.1	2351.1	71.7	722.0	22.0	206.1	6.3	88.4
平乐镇	7928.7	2493.1	1176.3	47.2	658.7	26.4	658.1	26.4	31.4
水口镇	11678.6	2097.8	493.9	23.5	510.5	24.3	1093.4	52.1	18.0
固驿镇	5042.5	3438.1	1614.4	47.0	1052.0	30.6	771.7	22.4	68.2
冉义镇	3668.1	3263.9	1914.9	58.7	943.6	28.9	405.4	12.4	89.0
回龙镇	4268.3	2183.4	773.9	35.4	656.2	30.1	753.3	34.5	51.2
高埂镇	2578.5	2289.8	1077.2	47.0	708.2	30.9	504.4	22.0	88.8
前进镇	2567.3	2422.5	1512.3	62.4	635.8	26.2	274.4	11.3	94.4
临济镇	3757.2	1426.4	835.1	58.5	394.0	27.6	197.3	13.8	38.0
卧龙镇	3414.8	2105.6	1405.4	66.7	542.7	25.8	157.5	7.5	61.7
宝林镇	3697.5	2695.9	1505.8	55.9	779.5	28.9	410.6	15.2	72.9
茶园乡	3181.0	1383.1	567.0	41.0	374.1	27.0	442.0	32.0	43.5
油榨乡	5175.9	1279.7	444.6	34.7	329.9	25.8	505.1	39.5	24.7
大同乡	7080.4	1571.9	309.3	19.7	362.0	23.0	900.6	57.3	22.2
孔明乡	2612.1	1536.4	918.8	59.8	417.2	27.2	200.5	13.0	58.8
汉源县	**221488.5**	**16732.7**	**2850.0**	**17.0**	**3387.7**	**20.2**	**10495.1**	**62.7**	**7.6**
汉源县城	662.5	367.6	27.9	7.6	58.3	15.9	281.4	76.6	55.5
富林镇	972.6	114.2	13.6	11.9	19.9	17.4	80.7	70.7	11.7
九襄镇	8599.9	1981.0	622.2	31.4	535.3	27.0	823.5	41.6	23.0
乌斯河镇	5250.3	288.7	29.8	10.3	49.4	17.1	209.5	72.6	5.5
宜东镇	9215.5	1138.1	172.1	15.1	222.1	19.5	743.9	65.4	12.3
富庄镇	5120.7	659.6	95.5	14.5	116.2	17.6	447.9	67.9	12.9
清溪镇	1860.9	283.4	49.8	17.6	68.2	24.1	165.4	58.4	15.2
大树镇	2812.0	120.8	13.8	11.4	17.7	14.6	89.4	74.0	4.3
皇木镇	8826.7	1033.2	195.6	18.9	233.0	22.6	604.6	58.5	11.7
大田乡	2467.2	823.9	260.0	31.6	190.0	23.1	374.0	45.4	33.4
唐家乡	2582.4	773.2	214.1	27.7	199.9	25.8	359.2	46.5	29.9
富春乡	3057.8	559.3	153.3	27.4	148.2	26.5	257.8	46.1	18.3
河西乡	2785.9	400.1	59.7	14.9	77.1	19.3	263.4	65.8	14.4
大岭乡	2557.2	404.6	35.2	8.7	64.8	16.0	304.6	75.3	15.8
前域乡	2478.0	353.2	59.6	16.9	57.5	16.3	236.0	66.8	14.3
后域乡	4886.5	280.9	29.9	10.7	46.5	16.6	204.5	72.8	5.7

续表

名称	土地总面积（公顷）	适宜建设用地总面积（公顷）	适宜类		较适宜类		条件适宜类		适建指数（%）
			面积（公顷）	比重（%）	面积（公顷）	比重（%）	面积（公顷）	比重（%）	
大堰乡	3420.8	321.4	39.0	12.1	64.2	20.0	218.1	67.9	9.4
两河乡	6506.5	145.6	19.2	13.2	23.6	16.2	102.9	70.7	2.2
富乡乡	8717.6	117.7	12.5	10.6	17.0	14.5	88.1	74.9	1.3
梨园乡	6065.3	131.2	18.2	13.9	26.9	20.5	86.0	65.6	2.2
三交乡	21983.2	445.6	48.1	10.8	81.0	18.2	316.5	71.0	2.0
双溪乡	6740.2	626.4	100.7	16.1	148.3	23.7	377.4	60.2	9.3
西溪乡	3873.3	307.3	19.5	6.4	39.3	12.8	248.5	80.9	7.9
建黎乡	4429.1	316.7	28.2	8.9	50.1	15.8	238.5	75.3	7.2
市荣乡	3143.8	411.0	26.2	6.4	62.8	15.3	321.9	78.3	13.1
富泉乡	2970.7	235.2	39.5	16.8	46.2	19.7	149.4	63.5	7.9
万工乡	1623.6	125.0	17.0	13.6	22.1	17.6	86.0	68.8	7.7
安乐乡	2031.8	234.2	26.7	11.4	43.5	18.6	164.0	70.0	11.5
万里乡	10022.9	306.5	47.6	15.5	59.2	19.3	199.7	65.2	3.1
马烈乡	12057.2	234.7	33.5	14.3	47.8	20.4	153.5	65.4	1.9
白岩乡	1684.9	355.1	33.9	9.6	61.7	17.4	259.4	73.1	21.1
青富乡	2789.4	78.1	7.9	10.1	12.1	15.5	58.1	74.4	2.8
桂贤乡	5214.9	754.2	80.1	10.6	127.6	16.9	546.6	72.5	14.5
河南乡	14831.9	215.6	28.2	13.1	41.4	19.2	146.1	67.7	1.5
晒经乡	2927.4	301.2	29.5	9.8	56.9	18.9	214.8	71.3	10.3
料林乡	3859.8	276.1	21.8	7.9	41.9	15.2	212.4	76.9	7.2
小堡藏族彝族乡	4845.6	85.7	14.4	16.8	17.8	20.8	53.5	62.4	1.8
片马彝族乡	5616.2	199.9	15.1	7.5	28.7	14.3	156.2	78.1	3.6
埿美彝族乡	6634.8	574.6	63.8	11.1	99.7	17.4	411.0	71.5	8.7
永利彝族乡	8433.4	307.1	42.7	13.9	58.0	18.9	206.4	67.2	3.6
顺河彝族乡	6928.3	44.8	4.8	10.7	5.8	12.9	34.2	76.4	0.6
浦江县	**58042.4**	**31877.0**	**14862.3**	**46.6**	**8912.2**	**28.0**	**8102.5**	**25.4**	**54.9**
鹤山镇	11035.1	5891.0	2186.2	37.1	1748.7	29.7	1956.1	33.2	53.4
大塘镇	2976.0	2118.6	1361.3	64.3	543.0	25.6	214.3	10.1	71.2
寿安镇	8770.1	5839.8	2175.4	37.3	1752.1	30.0	1912.3	32.7	66.6
朝阳湖镇	2926.4	1172.5	414.0	35.3	321.5	27.4	437.1	37.3	40.1
西来镇	7899.5	5776.8	2717.2	47.0	1737.5	30.1	1322.1	22.9	73.1
大兴镇	5920.1	3762.4	2293.5	61.0	1010.3	26.9	458.6	12.2	63.6
甘溪镇	2907.7	1912.9	1262.6	66.0	478.5	25.0	171.9	9.0	65.8
成佳镇	4046.2	1283.4	736.9	57.4	319.3	24.9	227.1	17.7	31.7
复兴乡	3637.4	2333.6	1415.0	60.6	610.5	26.2	308.1	13.2	64.2
光明乡	2258.1	487.4	100.8	20.7	116.3	23.9	270.3	55.4	21.6
白云乡	3735.8	691.4	114.4	16.6	150.6	21.8	426.3	61.7	18.5

续表

名称	土地总面积（公顷）	适宜建设用地总面积（公顷）	适宜类		较适宜类		条件适宜类		适建指数（%）
			面积（公顷）	比重（%）	面积（公顷）	比重（%）	面积（公顷）	比重（%）	
长秋乡	1929.8	607.2	85.0	14.0	123.9	20.4	398.3	65.6	31.5
丹棱县	**44948.2**	**12781.2**	**4644.0**	**36.3**	**3620.2**	**28.3**	**4516.9**	**35.3**	**28.4**
仁美镇	3223.1	1500.1	610.6	40.7	455.7	30.4	433.8	28.9	46.5
丹棱镇	6038.6	1252.2	621.3	49.6	375.4	30.0	255.5	20.4	20.7
杨场镇	9152.3	4269.3	1810.5	42.4	1291.6	30.3	1167.2	27.3	46.6
双桥镇	8795.3	2369.3	795.3	33.6	672.9	28.4	901.1	38.0	26.9
张场镇	9774.9	2034.6	606.0	29.8	539.0	26.5	889.6	43.7	20.8
石桥乡	2263.1	151.0	27.5	18.2	33.1	21.9	90.4	59.9	6.7
顺龙乡	5700.8	1204.6	172.7	14.3	252.4	21.0	779.4	64.7	21.1
洪雅县	**189819.3**	**31390.5**	**13660.9**	**43.5**	**8100.6**	**25.8**	**9629.0**	**30.7**	**16.5**
止戈镇	4468.2	2467.7	1461.4	59.2	550.1	22.3	456.2	18.5	55.2
三宝镇	3786.9	1357.8	560.8	41.3	354.2	26.1	442.8	32.6	35.9
花溪镇	8306.4	1934.6	766.3	39.6	486.0	25.1	682.3	35.3	23.3
洪川镇	7927.8	4362.5	1902.5	43.6	1208.2	27.7	1251.8	28.7	55.0
余坪镇	10319.9	6322.1	3327.3	52.6	1715.5	27.1	1279.2	20.2	61.3
槽渔滩镇	8298.2	1441.5	622.0	43.2	393.0	27.3	426.4	29.6	17.4
中保镇	6790.3	2653.1	1325.4	50.0	641.1	24.2	686.5	25.9	39.1
东岳镇	10613.5	3310.7	1041.9	31.5	887.2	26.8	1381.6	41.7	31.2
柳江镇	15992.1	1105.8	296.5	26.8	218.8	19.8	590.5	53.4	6.9
高庙镇	22947.6	934.8	207.9	22.2	231.8	24.8	495.1	53.0	4.1
瓦屋山镇	69447.2	318.8	53.7	16.8	70.3	22.0	194.9	61.1	0.5
中山乡	4013.7	2021.1	870.1	43.1	580.9	28.7	570.2	28.2	50.4
将军乡	5454.8	2117.6	1049.2	49.5	531.2	25.1	537.2	25.4	38.8
汉王乡	7087.1	860.7	149.8	17.4	195.9	22.8	515.0	59.8	12.1
桃源乡	4365.6	181.6	26.1	14.4	36.3	20.0	119.2	65.7	4.2
金口河区	**59831.6**	**1614.1**	**279.6**	**17.3**	**317.8**	**19.7**	**1016.7**	**63.0**	**2.7**
永和镇	7717.5	253.9	48.6	19.2	53.1	20.9	152.2	59.9	3.3
金河镇	14315.5	120.8	11.9	9.8	16.1	13.3	92.9	76.9	0.8
和平彝族乡	4222.7	191.8	27.8	14.5	33.9	17.7	130.2	67.9	4.5
共安彝族乡	16827.3	100.4	13.2	13.1	18.9	18.9	68.3	68.0	0.6
吉星乡	4493.6	259.4	32.9	12.7	53.3	20.5	173.2	66.8	5.8
永胜乡	12254.9	687.8	145.2	21.1	142.7	20.7	399.9	58.1	5.6
大邑县	**128297.0**	**39337.5**	**17613.0**	**44.8**	**11254.9**	**28.6**	**10469.6**	**26.6**	**30.7**
晋原镇	9102.4	5401.1	2266.5	42.0	1532.6	28.4	1602.0	29.7	59.3
王泗镇	6477.5	5031.4	2350.7	46.7	1503.6	29.9	1177.2	23.4	77.7
新场镇	3646.0	1826.2	838.0	45.9	523.9	28.7	464.3	25.4	50.1
悦来镇	5751.8	1896.6	604.0	31.8	500.2	26.4	792.3	41.8	33.0

续表

名称	土地总面积（公顷）	适宜建设用地总面积（公顷）	适宜类		较适宜类		条件适宜类		适建指数（%）
			面积（公顷）	比重（%）	面积（公顷）	比重（%）	面积（公顷）	比重（%）	
安仁镇	5712.4	5193.3	2677.4	51.6	1582.6	30.5	933.3	18.0	90.9
出江镇	6298.3	749.6	166.9	22.3	165.6	22.1	417.1	55.6	11.9
花水湾镇	8699.1	352.0	73.7	20.9	84.0	23.9	194.2	55.2	4.0
西岭镇	41217.7	491.5	90.9	18.5	101.0	20.5	299.7	61.0	1.2
斜源镇	6288.1	279.2	37.8	13.5	48.3	17.3	193.0	69.1	4.4
董场镇	3096.2	2837.7	1277.5	45.0	864.2	30.5	696.0	24.5	91.7
韩场镇	2075.8	1908.2	835.9	43.8	574.3	30.1	498.0	26.1	91.9
三岔镇	4085.8	3805.8	2320.3	61.0	1023.8	26.9	461.7	12.1	93.1
上安镇	1977.1	1918.1	1058.1	55.2	569.6	29.7	290.4	15.1	97.0
苏家镇	2040.0	1832.6	980.0	53.5	557.7	30.4	294.9	16.1	89.8
青霞镇	2808.9	712.9	220.5	30.9	190.8	26.8	301.6	42.3	25.4
沙渠镇	1878.6	1451.3	511.6	35.3	434.0	29.9	505.6	34.8	77.3
蔡场镇	2161.8	2051.7	982.1	47.9	632.7	30.8	436.9	21.3	94.9
雾山乡	5159.0	194.1	25.0	12.9	39.3	20.2	129.8	66.9	3.8
金星乡	4937.5	571.9	97.9	17.1	125.9	22.0	348.1	60.9	11.6
鹤鸣乡	4882.8	831.9	198.0	23.8	200.5	24.1	433.4	52.1	17.0
石棉县	**267808.0**	**4913.3**	**718.1**	**14.6**	**945.1**	**19.2**	**3250.1**	**66.1**	**1.8**
新棉镇	15891.5	559.2	135.0	24.1	135.2	24.2	289.0	51.7	3.5
安顺彝族乡	21152.0	425.8	68.7	16.1	81.9	19.2	275.2	64.6	2.0
先锋藏族乡	9349.7	257.6	35.5	13.8	46.7	18.1	175.4	68.1	2.8
蟹螺藏族乡	20282.1	228.1	28.2	12.4	43.9	19.2	156.0	68.4	1.1
永和乡	7517.6	274.5	35.9	13.1	51.9	18.9	186.8	68.0	3.7
回隆彝族乡	22024.1	697.1	99.7	14.3	130.3	18.7	467.1	67.0	3.2
擦罗彝族乡	7907.1	136.1	16.1	11.9	23.5	17.3	96.4	70.8	1.7
栗子坪彝族乡	50980.0	452.4	59.2	13.1	79.4	17.5	313.8	69.4	0.9
美罗乡	5277.7	464.2	63.4	13.7	95.4	20.6	305.4	65.8	8.8
迎政乡	5929.7	317.1	33.9	10.7	57.3	18.1	225.9	71.2	5.3
宰羊乡	2138.4	177.3	21.0	11.8	33.6	18.9	122.7	69.2	8.3
丰乐乡	23143.2	126.4	13.2	10.4	22.1	17.4	91.2	72.1	0.5
新民藏族彝族乡	8703.8	172.3	15.6	9.1	27.8	16.1	128.9	74.8	2.0
挖角彝族藏族乡	18597.1	356.1	54.8	15.4	71.3	20.0	230.0	64.6	1.9
田湾彝族乡	14866.1	131.4	15.0	11.4	19.2	14.6	97.3	74.0	0.9
草科藏族乡	34048.0	137.9	23.1	16.7	25.7	18.7	89.1	64.6	0.4
泸定县	**216452.7**	**3317.7**	**762.5**	**23.0**	**847.8**	**25.6**	**1707.3**	**51.5**	**1.5**
泸桥镇	14956.9	380.8	76.3	20.0	80.2	21.1	224.2	58.9	2.5
冷碛镇	7852.2	294.0	64.6	22.0	65.1	22.2	164.3	55.9	3.7
兴隆镇	10418.4	321.1	66.5	20.7	75.8	23.6	178.8	55.7	3.1

续表

名称	土地总面积（公顷）	适宜建设用地总面积（公顷）	适宜类		较适宜类		条件适宜类		适建指数（%）
			面积（公顷）	比重（%）	面积（公顷）	比重（%）	面积（公顷）	比重（%）	
磨西镇	31264.0	212.0	51.0	24.1	57.7	27.2	103.3	48.7	0.7
岚安乡	5793.0	387.2	87.2	22.5	105.3	27.2	194.7	50.3	6.7
烹坝乡	11627.5	144.5	39.2	27.1	35.7	24.7	69.6	48.2	1.2
田坝乡	22496.0	161.3	30.7	19.0	38.7	24.0	92.0	57.0	0.7
杵坭乡	4948.3	173.7	34.9	20.1	41.7	24.0	97.1	55.9	3.5
加郡乡	19264.0	244.7	46.2	18.9	58.8	24.0	139.7	57.1	1.3
德威乡	6967.2	189.7	32.8	17.3	44.5	23.4	112.4	59.3	2.7
新兴乡	43854.7	466.6	156.7	33.6	156.5	33.5	153.5	32.9	1.1
得妥乡	21794.4	337.6	76.1	22.5	87.2	25.8	174.3	51.6	1.5
国有林场	15216.4	4.4	0.4	8.2	0.7	16.8	3.3	75.1	0.0
夹江县	**74344.3**	**27994.5**	**10997.4**	**39.3**	**7809.8**	**27.9**	**9187.4**	**32.8**	**37.7**
漹城镇	4066.1	2325.4	1024.4	44.1	660.3	28.4	640.7	27.6	57.2
黄土镇	4738.2	2845.7	1234.2	43.4	835.5	29.4	776.0	27.3	60.1
甘江镇	5931.8	3242.9	1600.0	49.3	900.5	27.8	742.4	22.9	54.7
界牌镇	3394.2	903.2	428.8	47.5	249.3	27.6	225.1	24.9	26.6
中兴镇	3025.1	1455.2	425.3	29.2	404.2	27.8	625.7	43.0	48.1
三洞镇	3507.0	1568.2	576.7	36.8	458.2	29.2	533.3	34.0	44.7
吴场镇	4432.4	1779.3	580.6	32.6	510.2	28.7	688.6	38.7	40.1
木城镇	3127.3	947.7	515.4	54.4	209.9	22.1	222.4	23.5	30.3
华头镇	4367.0	367.4	54.6	14.9	70.0	19.1	242.7	66.1	8.4
甘霖镇	2737.3	1745.5	877.9	50.3	498.8	28.6	368.7	21.1	63.8
新场镇	3329.6	1751.8	747.4	42.7	525.6	30.0	478.8	27.3	52.6
顺河乡	2195.1	1012.4	452.1	44.7	289.9	28.6	270.4	26.7	46.1
马村乡	2836.0	915.4	243.1	26.6	233.9	25.6	438.4	47.9	32.3
土门乡	2567.8	1587.2	593.1	37.4	484.6	30.5	509.5	32.1	61.8
青州乡	2711.1	1151.1	366.1	31.8	337.5	29.3	447.4	38.9	42.5
梧凤乡	1940.1	736.3	249.3	33.9	218.7	29.7	268.4	36.4	38.0
永青乡	1799.6	927.7	293.4	31.6	266.8	28.8	367.5	39.6	51.5
迎江乡	2883.2	1040.6	381.8	36.7	294.1	28.3	364.7	35.0	36.1
龙沱乡	1717.0	109.9	12.7	11.6	20.4	18.6	76.8	69.9	6.4
南安乡	3151.2	444.9	137.3	30.9	116.6	26.2	191.0	42.9	14.1
歇马乡	5294.9	740.4	151.0	20.4	152.7	20.6	436.6	59.0	14.0
麻柳乡	4592.6	396.5	52.1	13.1	72.1	18.2	272.3	68.7	8.6
峨眉山市	**118147.2**	**26372.6**	**9984.5**	**37.9**	**7251.3**	**27.5**	**9136.9**	**34.6**	**22.3**
绥山镇	5500.1	2022.8	766.5	37.9	588.8	29.1	667.5	33.0	36.8
高桥镇	7590.6	980.5	292.4	29.8	258.3	26.3	429.8	43.8	12.9
罗目镇	4891.7	1810.6	823.1	45.5	512.1	28.3	475.4	26.3	37.0

续表

名称	土地总面积（公顷）	适宜建设用地总面积（公顷）	适宜类		较适宜类		条件适宜类		适建指数（%）
			面积（公顷）	比重（%）	面积（公顷）	比重（%）	面积（公顷）	比重（%）	
九里镇	4611.8	1965.3	948.2	48.2	554.0	28.2	463.2	23.6	42.6
龙池镇	18962.1	2042.9	372.4	18.2	435.4	21.3	1235.1	60.5	10.8
乐都镇	3026.6	1226.0	476.9	38.9	364.8	29.8	384.3	31.3	40.5
符溪镇	4269.3	2792.4	1005.9	36.0	821.9	29.4	964.5	34.5	65.4
峨山镇	1357.6	1085.6	523.0	48.2	330.8	30.5	231.8	21.4	80.0
双福镇	5347.6	2578.4	1151.7	44.7	736.4	28.6	690.3	26.8	48.2
桂花桥镇	4857.1	3542.7	1576.0	44.5	1067.8	30.1	898.9	25.4	72.9
大为镇	11786.0	1147.1	153.9	13.4	222.2	19.4	771.0	67.2	9.7
胜利镇	1919.4	1508.6	719.6	47.7	454.4	30.1	334.6	22.2	78.6
龙门乡	6965.8	990.4	136.8	13.8	193.4	19.5	660.2	66.7	14.2
川主乡	4772.4	159.5	35.9	22.5	37.5	23.5	86.1	54.0	3.3
沙溪乡	8469.7	443.1	68.5	15.5	96.2	21.7	278.4	62.8	5.2
新平乡	1482.0	1410.8	767.0	54.4	411.4	29.2	232.3	16.5	95.2
普兴乡	4297.6	236.1	29.1	12.3	46.8	19.8	160.2	67.8	5.5
黄湾乡	18039.5	429.8	137.7	32.0	119.0	27.7	173.1	40.3	2.4
甘洛县	**215188.6**	**16934.8**	**1941.3**	**11.5**	**3027.8**	**17.9**	**11965.6**	**70.7**	**7.9**
新市坝镇	20780.1	2196.0	240.8	11.0	384.3	17.5	1570.8	71.5	10.6
田坝镇	5732.3	910.3	89.6	9.8	140.0	15.4	680.6	74.8	15.9
海棠镇	10707.8	928.8	123.9	13.3	182.7	19.7	622.2	67.0	8.7
吉米镇	6769.4	309.1	35.0	11.3	53.3	17.3	220.7	71.4	4.6
斯觉镇	2477.8	778.6	91.7	11.8	155.3	20.0	531.6	68.3	31.4
普昌镇	3364.8	679.5	75.4	11.1	132.6	19.5	471.5	69.4	20.2
玉田镇	4623.6	368.6	23.2	6.3	52.8	14.3	292.6	79.4	8.0
前进乡	2826.3	445.4	59.2	13.3	89.4	20.1	296.7	66.6	15.8
胜利乡	5135.1	518.6	55.5	10.7	82.9	16.0	380.2	73.3	10.1
新茶乡	3973.7	261.7	20.8	8.0	36.3	13.9	204.5	78.2	6.6
两河乡	5736.3	657.9	65.8	10.0	103.3	15.7	488.7	74.3	11.5
里克乡	2168.1	521.9	48.0	9.2	91.3	17.5	382.6	73.3	24.1
尼尔觉乡	5125.2	338.7	32.9	9.7	56.2	16.6	249.6	73.7	6.6
拉莫乡	11207.9	391.2	30.4	7.8	56.7	14.5	304.1	77.7	3.5
波波乡	8700.5	359.7	47.1	13.1	69.5	19.3	243.1	67.6	4.1
阿嘎乡	21038.1	395.2	41.6	10.5	61.7	15.6	291.9	73.9	1.9
阿尔乡	5477.3	673.1	91.3	13.6	141.3	21.0	440.5	65.4	12.3
石海乡	3029.0	589.2	80.7	13.7	109.9	18.7	398.6	67.6	19.5
团结乡	8162.1	461.1	32.5	7.0	62.1	13.5	366.5	79.5	5.6
嘎日乡	4319.8	699.2	71.2	10.2	119.8	17.1	508.1	72.7	16.2
则拉乡	5374.5	268.4	18.8	7.0	36.2	13.5	213.4	79.5	5.0

续表

名称	土地总面积（公顷）	适宜建设用地总面积（公顷）	适宜类		较适宜类		条件适宜类		适建指数（%）
			面积（公顷）	比重（%）	面积（公顷）	比重（%）	面积（公顷）	比重（%）	
坪坝乡	12696.5	1936.9	292.6	15.1	389.9	20.1	1254.4	64.8	15.3
蓼坪乡	11122.6	821.9	105.9	12.9	165.6	20.2	550.3	67.0	7.4
阿兹觉乡	19637.9	177.5	28.5	16.1	37.2	20.9	111.9	63.0	0.9
乌史大桥乡	12087.7	241.8	32.2	13.3	47.9	19.8	161.7	66.9	2.0
黑马乡	4917.9	336.7	46.9	13.9	69.7	20.7	220.1	65.4	6.8
沙岱乡	4569.3	391.3	36.8	9.4	62.2	15.9	292.4	74.7	8.6
苏雄乡	3426.7	276.5	22.7	8.2	37.7	13.6	216.1	78.2	8.1
东坡区	**133606.3**	**70277.2**	**27048.0**	**38.5**	**21273.6**	**30.3**	**21955.6**	**31.2**	**52.6**
通惠街道办事处	1484.2	1244.8	495.0	39.8	392.6	31.5	357.2	28.7	83.9
大石桥街道办事处	2090.2	1790.6	708.0	39.5	550.1	30.7	532.5	29.7	85.7
苏祠街道办事处	1095.1	739.7	300.6	40.6	227.7	30.8	211.3	28.6	67.5
白马镇	4356.0	2028.1	950.1	46.8	620.8	30.6	457.2	22.5	46.6
象耳镇	1834.3	1301.1	592.2	45.5	406.4	31.2	302.4	23.2	70.9
太和镇	4020.4	2924.7	1108.7	37.9	917.5	31.4	898.5	30.7	72.7
悦兴镇	5262.3	4210.8	1731.2	41.1	1324.1	31.4	1155.6	27.4	80.0
尚义镇	5267.1	3566.7	1778.5	49.9	1096.7	30.7	691.5	19.4	67.7
多悦镇	7637.5	3757.6	1295.2	34.5	1108.4	29.5	1353.9	36.0	49.2
秦家镇	8449.8	3006.1	1110.1	36.9	902.7	30.0	993.3	33.0	35.6
万胜镇	7197.1	2204.4	798.2	36.2	637.0	28.9	769.2	34.9	30.6
崇仁镇	7548.6	3435.9	1009.5	29.4	990.4	28.8	1436.1	41.8	45.5
思濛镇	7569.9	4881.8	1655.2	33.9	1482.2	30.4	1744.4	35.7	64.5
修文镇	9579.6	5593.2	1968.0	35.2	1669.7	29.9	1955.5	35.0	58.4
松江镇	6318.5	4138.1	1715.7	41.5	1268.8	30.7	1153.6	27.9	65.5
崇礼镇	5483.9	3232.1	1346.9	41.7	1005.5	31.1	879.7	27.2	58.9
富牛镇	5438.1	3391.5	1129.7	33.3	1026.1	30.3	1235.8	36.4	62.4
永寿镇	4763.5	3876.9	2041.8	52.7	1205.1	31.1	630.0	16.3	81.4
三苏乡	8543.5	3407.8	1332.9	39.1	1041.1	30.6	1033.8	30.3	39.9
广济乡	6594.0	984.5	438.5	44.5	287.5	29.2	258.5	26.3	14.9
盘鳌乡	7623.3	1509.1	359.0	23.8	380.6	25.2	769.5	51.0	19.8
土地乡	3520.2	1978.4	715.9	36.2	614.4	31.1	648.2	32.8	56.2
复盛乡	2961.3	1773.4	532.1	30.0	517.9	29.2	723.4	40.8	59.9
复兴乡	2945.2	2108.2	919.3	43.6	658.5	31.2	530.4	25.2	71.6
金花乡	3230.5	1709.7	537.9	31.5	501.6	29.3	670.2	39.2	52.9
柳圣乡	2266.4	1317.0	441.5	33.5	396.7	30.1	478.9	36.4	58.1
彭山县飞地	525.9	165.4	36.3	22.0	43.6	26.4	85.4	51.7	31.4
峨边彝族自治县	**238190.1**	**8398.0**	**1079.3**	**12.9**	**1572.7**	**18.7**	**5746.0**	**68.4**	**3.5**
沙坪镇	7983.5	1079.5	125.9	11.7	201.4	18.7	752.2	69.7	13.5

续表

名称	土地总面积（公顷）	适宜建设用地总面积（公顷）	适宜类		较适宜类		条件适宜类		适建指数（%）
			面积（公顷）	比重（%）	面积（公顷）	比重（%）	面积（公顷）	比重（%）	
大堡镇	9045.5	702.9	96.0	13.7	136.8	19.5	470.1	66.9	7.8
毛坪镇	7699.3	840.7	94.7	11.3	153.6	18.3	592.3	70.5	10.9
五渡镇	16979.8	1182.7	184.4	15.6	241.3	20.4	757.0	64.0	7.0
新林镇	21793.6	942.6	107.2	11.4	171.1	18.1	664.3	70.5	4.3
黑竹沟镇	20073.1	184.1	29.9	16.2	38.0	20.6	116.3	63.1	0.9
宜坪乡	2604.8	276.6	40.0	14.4	50.5	18.3	186.1	67.3	10.6
宜坪乡	3786.1	343.6	51.4	15.0	68.4	19.9	223.8	65.1	9.1
杨村乡	4186.1	188.4	26.5	14.1	33.1	17.5	128.9	68.4	4.5
白杨乡	8228.7	171.0	16.3	9.5	28.9	16.9	125.8	73.6	2.1
觉莫乡	12386.8	52.8	6.2	11.7	8.4	15.9	38.2	72.4	0.4
万坪乡	23245.0	274.0	42.5	15.5	54.0	19.7	177.5	64.8	1.2
杨河乡	11325.3	343.7	37.5	10.9	57.4	16.7	248.7	72.4	3.0
共和乡	1691.8	172.5	17.9	10.4	29.3	17.0	125.3	72.6	10.2
新场乡	4710.0	421.6	58.6	13.9	82.8	19.6	280.3	66.5	9.0
平等乡	19184.1	520.8	68.1	13.1	104.6	20.1	348.2	66.9	2.7
哈曲乡	14332.8	36.9	4.1	11.2	7.4	20.1	25.3	68.7	0.3
金岩乡	7557.0	174.4	20.8	11.9	28.2	16.2	125.4	71.9	2.3
勒乌乡	41377.0	489.2	51.3	10.5	77.8	15.9	360.2	73.6	1.2
康定县	**1159016.0**	**971.4**	**197.2**	**20.3**	**216.0**	**22.2**	**558.2**	**57.5**	**0.1**
炉城镇	81676.4	26.0	5.1	19.5	6.0	23.2	14.9	57.3	0.0
姑咱镇	19612.8	104.6	28.0	26.8	25.2	24.1	51.4	49.1	0.5
新都桥镇	45803.6	0.0	0.0	—	0.0	—	0.0	—	0.0
雅拉乡	70441.2	0.0	0.0	—	0.0	—	0.0	—	0.0
时济乡	6274.2	117.7	27.8	23.6	31.2	26.5	58.8	49.9	1.9
前溪乡	9311.3	44.7	10.8	24.2	9.1	20.3	24.8	55.5	0.5
舍联乡	28003.0	42.7	11.1	25.9	10.2	23.9	21.4	50.2	0.2
麦崩乡	11685.9	69.1	10.2	14.8	12.9	18.7	46.0	66.5	0.6
三合乡	26113.3	81.6	12.0	14.7	18.1	22.1	51.5	63.1	0.3
金汤乡	19894.1	92.2	11.5	12.4	19.1	20.7	61.6	66.8	0.5
捧塔乡	71144.2	60.8	8.4	13.9	11.6	19.2	40.7	67.0	0.1
沙德乡	83738.7	0.0	0.0	—	0.0	—	0.0	—	0.0
贡嘎山乡	214596.9	1.2	0.1	9.7	0.4	29.0	0.8	61.3	0.0
普沙绒乡	66806.2	7.6	2.3	30.4	2.0	25.7	3.4	44.0	0.0
吉居乡	36184.0	176.7	41.8	23.6	41.0	23.2	94.0	53.2	0.5
瓦泽乡	50193.8	0.0	0.0	—	0.0	—	0.0	—	0.0
呷巴乡	45442.8	0.0	0.0	—	0.0	—	0.0	—	0.0
甲根坝乡	25513.2	0.0	0.0	—	0.0	—	0.0	—	0.0
朋布西乡	43151.5	0.0	0.0	—	0.0	—	0.0	—	0.0
塔公乡	84334.4	0.0	0.0	—	0.0	—	0.0	—	0.0
孔玉乡	119094.3	146.3	28.1	19.2	29.2	20.0	89.0	60.8	0.1

表 2-21 芦山地震灾区重建水资源适宜性评价结果（乡镇单元）

名称	资源条件			工程基础			供水条件	综合指标	分级评价结果
	人均水资源量	过境水资源	资源条件综合	蓄水工程	渠系建设	工程基础综合			
芦山县	—	—	—	—	—	—	—	—	—
芦阳镇	5	5	5	2	2	2	4	3.8	较好
飞仙关镇	5	5	5	1	1	1	4	3.6	一般
双石镇	5	0	5	1	1	1	4	3.6	一般
太平镇	5	0	5	1	1	1	3	3	一般
大川镇	5	5	5	2	1	1.4	2	2.48	较差
思延乡	4	5	5	1	1	1	5	4.2	较好
清仁乡	5	5	5	1	3	2.2	4	3.84	较好
龙门乡	5	5	5	1	4	2.8	4	3.96	较好
宝盛乡	5	5	5	1	1	1	3	3	一般
苗溪茶场	5	5	5	1	1	1	3	3	一般
雨城区	—	—	—	—	—	—	—	—	—
雨城区市区	4	5	5	1	1	1	5	4.2	较好
北郊镇	3	5	5	1	2	1.6	4	3.72	较好
草坝镇	4	5	5	4	1	2.2	5	4.44	好
合江镇	5	0	5	3	1	1.8	5	4.36	较好
大兴镇	5	5	5	1	1	1	4	3.6	一般
对岩镇	3	5	5	1	1	1	4	3.6	一般
沙坪镇	5	5	5	1	1	1	3	3	一般
中里镇	5	0	5	1	1	1	4	3.6	一般
上里镇	5	0	5	3	1	1.8	4	3.76	较好
严桥镇	5	0	5	1	1	1	4	3.6	一般
晏场镇	5	5	5	1	1	1	4	3.6	一般
多营镇	5	5	5	1	1	1	4	3.6	一般
碧峰峡镇	5	4	5	1	1	1	4	3.6	一般
南郊乡	3	5	5	1	1	1	4	3.6	一般
八步乡	5	4	5	1	1	1	3	3	一般
观化乡	5	4	5	1	1	1	3	3	一般
孔坪乡	5	5	5	1	1	1	3	3	一般
凤鸣乡	5	0	5	1	1	1	4	3.6	一般
望鱼乡	5	5	5	1	1	1	3	3	一般
天全县	—	—	—	—	—	—	—	—	—
城厢镇	4	5	5	2	2	2	4	3.8	较好
始阳镇	4	5	5	2	2	2	4	3.8	较好
小河乡	5	5	5	1	2	1.6	3	3.12	一般
思经乡	5	0	5	1	1	1	3	3	一般
鱼泉乡	5	0	5	1	1	1	3	3	一般

续表

名称	资源条件			工程基础			供水条件	综合指标	分级评价结果
	人均水资源量	过境水资源	资源条件综合	蓄水工程	渠系建设	工程基础综合			
紫石乡	5	5	5	1	1	1	2	2.4	较差
两路乡	5	5	5	1	1	1	2	2.4	较差
大坪乡	5	0	5	2	1	1.4	3	3.08	一般
乐英乡	4	5	5	1	1	1	4	3.6	一般
多功乡	5	5	5	1	1	1	4	3.6	一般
仁义乡	5	4	5	1	3	2.2	4	3.84	较好
老场乡	5	5	5	2	1	1.4	4	3.68	较好
新华乡	5	5	5	1	1	1	5	4.2	较好
新场乡	5	5	5	1	1	1	3	3	一般
兴业乡	5	5	5	1	1	1	3	3	一般
名山区	—	—	—	—	—	—	—	—	—
蒙阳镇	3	4	4	1	1	1	5	4	较好
百丈镇	4	4	4	3	3	3	5	4.4	较好
车岭镇	4	4	4	2	2	2	5	4.2	较好
永兴镇	4	4	4	2	2	2	5	4.2	较好
马岭镇	4	5	5	5	1	2.6	4	3.92	较好
新店镇	4	4	4	3	3	3	5	4.4	较好
蒙顶山镇	4	0	4	1	1	1	4	3.4	一般
黑竹镇	4	4	4	1	2	1.6	5	4.12	较好
红星镇	4	5	5	4	1	2.2	5	4.44	好
城东乡	4	4	4	2	2	2	5	4.2	较好
前进乡	4	4	4	2	1	1.4	5	4.08	较好
中峰乡	5	4	5	3	2	2.4	4	3.88	较好
联江乡	4	5	5	3	2	2.4	5	4.48	好
廖场乡	4	4	4	2	2	2	5	4.2	较好
万古乡	4	4	4	2	3	2.6	5	4.32	较好
红岩乡	5	0	5	1	1	1	5	4.2	较好
双河乡	4	0	4	3	1	1.8	4	3.56	一般
建山乡	5	4	5	1	3	2.2	3	3.24	一般
解放乡	4	4	4	4	2	2.8	5	4.36	较好
茅河乡	4	5	5	1	1	1	5	4.2	较好
荥经县	—	—	—	—	—	—	—	—	—
严道镇	2	5	5	1	1	1	5	4.2	较好
花滩镇	5	5	5	1	1	1	4	3.6	一般
六合乡	4	5	5	1	2	1.6	4	3.72	较好
烈太乡	5	5	5	1	1	1	4	3.6	一般
安靖乡	5	4	5	1	3	2.2	3	3.24	一般

续表

名称	资源条件			工程基础			供水条件	综合指标	分级评价结果
	人均水资源量	过境水资源	资源条件综合	蓄水工程	渠系建设	工程基础综合			
民建彝族乡	5	5	5	1	2	1.6	3	3.12	一般
烈士乡	5	5	5	1	2	1.6	3	3.12	一般
荥河乡	5	5	5	1	1	1	4	3.6	一般
新建乡	5	4	5	1	2	1.6	2	2.52	较差
泗坪乡	5	5	5	1	2	1.6	3	3.12	一般
新庙乡	5	5	5	1	3	2.2	2	2.64	较差
三合乡	5	5	5	1	1	1	3	3	一般
大田坝乡	4	5	5	1	1	1	4	3.6	一般
天凤乡	5	5	5	1	1	1	2	2.4	较差
宝峰彝族乡	5	4	5	1	1	1	1	1.8	差
新添乡	5	5	5	1	1	1	3	3	一般
附城乡	5	4	5	1	2	1.6	4	3.72	较好
五宪乡	5	4	5	1	2	1.6	3	3.12	一般
烟竹乡	5	4	5	1	2	1.6	2	2.52	较差
青龙乡	5	4	5	1	1	1	3	3	一般
龙苍沟乡	5	4	5	2	3	2.6	3	3.32	一般
宝兴县	—	—	—	—	—	—	—	—	—
穆坪镇	5	5	5	2	1	1.4	2	2.48	较差
灵关镇	5	5	5	1	2	1.6	3	3.12	一般
陇东镇	5	5	5	2	1	1.4	2	2.48	较差
蜂桶寨乡	5	5	5	2	1	1.4	2	2.48	较差
硗碛藏族乡	5	5	5	3	1	1.8	2	2.56	较差
永富乡	5	5	5	1	1	1	2	2.4	较差
明礼乡	5	0	5	1	1	1	3	3	一般
五龙乡	5	5	5	1	1	1	3	3	一般
大溪乡	5	0	5	1	1	1	4	3.6	一般
邛崃市	—	—	—	—	—	—	—	—	—
临邛镇	2	5	5	4	4	4	5	4.8	好
羊安镇	3	5	5	3	4	3.6	5	4.72	好
牟礼镇	3	5	5	3	5	4.2	5	4.84	好
桑园镇	2	4	4	3	4	3.6	5	4.52	好
平乐镇	3	5	5	1	3	2.2	5	4.44	好
夹关镇	3	5	5	3	3	3	5	4.6	好
火井镇	4	0	4	1	1	1	4	3.4	一般
水口镇	4	5	5	2	1	1.4	4	3.68	较好
固驿镇	3	5	5	3	4	3.6	5	4.72	好
冉义镇	3	4	4	3	4	3.6	5	4.52	好

续表

名称	资源条件			工程基础			供水条件	综合指标	分级评价结果
	人均水资源量	过境水资源	资源条件综合	蓄水工程	渠系建设	工程基础综合			
回龙镇	3	5	5	4	3	3.4	5	4.68	好
高埂镇	3	5	5	1	4	2.8	5	4.56	好
前进镇	3	4	4	2	3	2.6	5	4.32	较好
高何镇	5	4	5	1	2	1.6	4	3.72	较好
临济镇	3	4	4	2	3	2.6	5	4.32	较好
卧龙镇	2	4	4	2	3	2.6	5	4.32	较好
天台山镇	3	5	5	3	3	3	4	4	较好
宝林镇	3	5	5	4	3	3.4	5	4.68	好
茶园乡	3	4	4	3	2	2.4	5	4.28	较好
道佐乡	3	5	5	3	1	1.8	4	3.76	较好
油榨乡	3	4	4	1	1	1	4	3.4	一般
南宝乡	5	5	5	1	1	1	3	3	一般
大同乡	4	0	4	2	1	1.4	4	3.48	一般
孔明乡	3	5	5	1	1	1	5	4.2	较好
汉源县	—	—	—	—	—	—	—	—	—
汉源城区	3	5	5	2	1	1.4	4	3.68	较好
富林镇	1	5	5	3	1	1.8	5	4.36	较好
九襄镇	3	5	5	1	2	1.6	3	3.12	一般
乌斯河镇	5	5	5	2	1	1.4	3	3.08	一般
宜东镇	5	5	5	1	1	1	2	2.4	较差
富庄镇	4	5	5	1	2	1.6	3	3.12	一般
清溪镇	4	0	4	1	1	1	3	2.8	较差
大树镇	4	5	5	3	1	1.8	4	3.76	较好
皇木镇	5	5	5	1	1	1	3	3	一般
大田乡	3	5	5	1	2	1.6	4	3.72	较好
唐家乡	3	5	5	2	2	2	4	3.8	较好
富春乡	4	5	5	1	1	1	4	3.6	一般
河西乡	5	5	5	1	1	1	3	3	一般
大岭乡	4	5	5	2	1	1.4	2	2.48	较差
前域乡	4	5	5	1	1	1	4	3.6	一般
后域乡	5	4	5	1	1	1	3	3	一般
大堰乡	5	5	5	2	1	1.4	3	3.08	一般
两河乡	5	4	5	1	1	1	3	3	一般
富乡乡	5	0	5	1	1	1	2	2.4	较差
梨园乡	5	0	5	1	1	1	3	3	一般
三交乡	5	5	5	1	1	1	2	2.4	较差
双溪乡	5	4	5	1	1	1	3	3	一般

续表

名称	资源条件			工程基础			供水条件	综合指标	分级评价结果
	人均水资源量	过境水资源	资源条件综合	蓄水工程	渠系建设	工程基础综合			
西溪乡	5	0	5	1	1	1	3	3	一般
建黎乡	5	4	5	1	1	1	3	3	一般
市荣乡	4	5	5	3	1	1.8	4	3.76	较好
富泉乡	4	5	5	2	1	1.4	3	3.08	一般
万工乡	4	5	5	3	1	1.8	4	3.76	较好
安乐乡	4	4	4	1	2	1.6	3	2.92	一般
万里乡	5	4	5	1	2	1.6	3	3.12	一般
马烈乡	5	4	5	1	2	1.6	3	3.12	一般
白岩乡	3	4	4	3	1	1.8	3	2.96	一般
青富乡	5	5	5	3	1	1.8	4	3.76	较好
桂贤乡	4	5	5	3	1	1.8	4	3.76	较好
河南乡	5	4	5	1	3	2.2	2	2.64	较差
晒经乡	5	4	5	1	3	2.2	1	2.04	较差
料林乡	5	4	5	2	3	2.6	3	3.32	一般
小堡藏族彝族乡	5	5	5	3	1	1.8	4	3.76	较好
片马彝族乡	5	5	5	2	1	1.4	3	3.08	一般
垙美彝族乡	5	4	5	1	1	1	3	3	一般
永利彝族乡	5	5	5	1	1	1	2	2.4	较差
顺河彝族乡	5	5	5	3	1	1.8	2	2.56	较差
蒲江县	—	—	—	—	—	—	—	—	—
鹤山镇	3	5	5	5	4	4.4	5	4.88	好
大塘镇	3	4	4	1	2	1.6	5	4.12	较好
寿安镇	3	5	5	3	4	3.6	5	4.72	好
朝阳湖镇	4	5	5	3	2	2.4	5	4.48	好
西来镇	3	4	4	3	3	3	5	4.4	较好
大兴镇	3	5	5	3	3	3	5	4.6	好
甘溪镇	3	5	5	2	2	2	5	4.4	较好
成佳镇	4	5	5	3	3	3	5	4.6	好
复兴乡	3	4	4	1	2	1.6	5	4.12	较好
光明乡	3	5	5	3	1	1.8	5	4.36	较好
白云乡	4	0	4	4	1	2.2	4	3.64	较好
长秋乡	3	0	3	2	1	1.4	4	3.28	一般
丹棱县	—	—	—	—	—	—	—	—	—
仁美镇	4	4	4	3	2	2.4	5	4.28	较好
丹棱镇	4	4	4	5	3	3.8	5	4.56	好
杨场镇	5	4	5	5	2	3.2	5	4.64	好
双桥镇	4	4	4	5	3	3.8	5	4.56	好

续表

名称	资源条件			工程基础			供水条件	综合指标	分级评价结果
	人均水资源量	过境水资源	资源条件综合	蓄水工程	渠系建设	工程基础综合			
张场镇	5	4	5	5	3	3.8	4	4.16	较好
石桥乡	4	0	4	3	1	1.8	3	2.96	一般
顺龙乡	4	4	4	5	1	2.6	3	3.12	一般
洪雅县	—	—	—	—	—	—	—	—	—
止戈镇	5	5	5	1	4	2.8	5	4.56	好
三宝镇	5	5	5	1	2	1.6	5	4.32	较好
花溪镇	5	4	5	2	2	2	4	3.8	较好
洪川镇	4	5	5	3	4	3.6	5	4.72	好
余坪镇	5	5	5	4	4	4	5	4.8	好
槽渔滩镇	5	5	5	3	1	1.8	4	3.76	较好
中保镇	5	5	5	4	4	4	5	4.8	好
东岳镇	5	5	5	1	4	2.8	5	4.56	好
柳江镇	5	4	5	2	3	2.6	4	3.92	较好
高庙镇	5	5	5	1	2	1.6	3	3.12	一般
瓦屋山镇	5	5	5	3	1	1.8	3	3.16	一般
中山乡	5	4	5	4	3	3.4	5	4.68	好
将军乡	5	5	5	2	3	2.6	5	4.52	好
汉王乡	5	4	5	4	2	2.8	4	3.96	较好
桃源乡	5	0	5	1	1	1	4	3.6	一般
金口河区	—	—	—	—	—	—	—	—	—
永和镇	5	5	5	1	1	1	2	2.4	较差
金河镇	5	5	5	1	1	1	3	3	一般
和平彝族乡	5	5	5	1	1	1	3	3	一般
共安彝族乡	5	5	5	1	1	1	2	2.4	较差
吉星乡	5	5	5	1	1	1	2	2.4	较差
永胜乡	5	0	5	1	1	1	3	3	一般
大邑县	—	—	—	—	—	—	—	—	—
晋原镇	1	4	4	4	4	4	5	4.6	好
王泗镇	3	4	4	3	3	3	5	4.4	较好
新场镇	3	4	4	2	2	2	5	4.2	较好
悦来镇	3	4	4	3	2	2.4	5	4.28	较好
安仁镇	3	4	4	3	4	3.6	5	4.52	好
出江镇	4	4	4	1	1	1	4	3.4	一般
花水湾镇	5	4	5	1	1	1	2	2.4	较差
西岭镇	5	5	5	2	1	1.4	3	3.08	一般
斜源镇	5	0	5	1	1	1	4	3.6	一般
董场镇	3	5	5	2	3	2.6	5	4.52	好

续表

名称	资源条件			工程基础			供水条件	综合指标	分级评价结果
	人均水资源量	过境水资源	资源条件综合	蓄水工程	渠系建设	工程基础综合			
韩场镇	3	4	4	2	4	3.2	5	4.44	好
三岔镇	3	4	4	4	4	4	5	4.6	好
上安镇	3	4	4	1	3	2.2	5	4.24	较好
苏家镇	3	4	4	1	3	2.2	5	4.24	较好
青霞镇	4	4	4	2	2	2	5	4.2	较好
沙渠镇	4	5	5	2	3	2.6	5	4.52	好
蔡场镇	3	4	4	2	3	2.6	5	4.32	较好
雾山乡	5	0	5	1	1	1	3	3	一般
金星乡	4	0	4	2	1	1.4	4	3.48	一般
鹤鸣乡	5	4	5	3	2	2.4	4	3.88	较好
石棉县	—	—	—	—	—	—	—	—	—
新棉镇	5	5	5	2	1	1.4	3	3.08	一般
安顺彝族乡	5	5	5	1	3	2.2	2	2.64	较差
先锋藏族乡	5	5	5	3	2	2.4	2	2.68	较差
蟹螺藏族乡	5	5	5	1	1	1	3	3	一般
永和乡	5	5	5	2	1	1.4	3	3.08	一般
回隆彝族乡	5	5	5	1	3	2.2	3	3.24	一般
擦罗彝族乡	5	5	5	2	1	1.4	2	2.48	较差
栗子坪彝族乡	5	5	5	2	2	2	3	3.2	一般
美罗乡	5	4	5	1	1	1	2	2.4	较差
迎政乡	5	5	5	2	1	1.4	3	3.08	一般
宰羊乡	5	5	5	3	1	1.8	3	3.16	一般
丰乐乡	5	5	5	3	2	2.4	3	3.28	一般
新民藏族彝族乡	5	5	5	3	1	1.8	3	3.16	一般
挖角彝族藏族乡	5	5	5	3	1	1.8	3	3.16	一般
田湾彝族乡	5	5	5	1	1	1	2	2.4	较差
草科藏族乡	5	5	5	1	2	1.6	2	2.52	较差
泸定县	—	—	—	—	—	—	—	—	—
泸桥镇	5	5	5	1	1	1	3	3	一般
冷碛镇	5	5	5	1	1	1	3	3	一般
兴隆镇	5	5	5	1	1	1	2	2.4	较差
磨西镇	5	4	5	1	1	1	2	2.4	较差
岚安乡	5	5	5	1	1	1	3	3	一般
烹坝乡	5	5	5	1	2	1.6	2	2.52	较差
田坝乡	5	5	5	1	3	2.2	3	3.24	一般
杵坭乡	5	5	5	1	1	1	2	2.4	较差
加郡乡	5	5	5	1	2	1.6	3	3.12	一般

续表

名称	资源条件			工程基础			供水条件	综合指标	分级评价结果
	人均水资源量	过境水资源	资源条件综合	蓄水工程	渠系建设	工程基础综合			
德威乡	5	4	5	1	1	1	2	2. 4	较差
新兴乡	5	4	5	1	2	1. 6	2	2. 52	较差
得妥乡	5	5	5	1	2	1. 6	3	3. 12	一般
国有林场	5	0	5	1	1	1	2	2. 4	较差
夹江县	—	—	—	—	—	—	—	—	—
漹城镇	1	5	5	2	3	2. 6	5	4. 52	好
黄土镇	3	4	4	3	3	3	5	4. 4	较好
甘江镇	3	5	5	3	3	3	5	4. 6	好
界牌镇	4	5	5	3	3	3	5	4. 6	好
中兴镇	3	0	3	4	1	2. 2	5	4. 04	较好
三洞镇	3	4	4	3	1	1. 8	5	4. 16	较好
吴场镇	3	4	4	4	3	3. 4	5	4. 48	好
木城镇	2	5	5	1	3	2. 2	4	3. 84	较好
华头镇	4	0	4	1	1	1	4	3. 4	一般
甘霖镇	2	4	4	3	3	3	5	4. 4	较好
新场镇	2	4	4	3	1	1. 8	5	4. 16	较好
顺河乡	3	5	5	1	1	1	5	4. 2	较好
马村乡	4	4	4	2	2	2	5	4. 2	较好
土门乡	2	4	4	4	1	2. 2	5	4. 24	较好
青州乡	3	4	4	1	1	1	5	4	较好
梧凤乡	3	4	4	3	1	1. 8	5	4. 16	较好
永青乡	2	4	4	4	1	2. 2	5	4. 24	较好
迎江乡	2	4	4	3	1	1. 8	5	4. 16	较好
龙沱乡	4	0	4	1	1	1	4	3. 4	一般
南安乡	3	5	5	2	1	1. 4	4	3. 68	较好
歇马乡	3	4	4	1	1	1	4	3. 4	一般
麻柳乡	4	0	4	1	1	1	4	3. 4	一般
峨眉山市	—	—	—	—	—	—	—	—	—
绥山镇	3	4	4	2	2	2	4	3. 6	一般
高桥镇	4	4	4	2	1	1. 4	4	3. 48	一般
罗目镇	4	4	4	1	2	1. 6	4	3. 52	一般
九里镇	4	4	4	1	3	2. 2	5	4. 24	较好
龙池镇	5	4	5	3	1	1. 8	3	3. 16	一般
乐都镇	4	4	4	1	1	1	4	3. 4	一般
符溪镇	3	4	4	1	4	2. 8	5	4. 36	较好
峨山镇	2	4	4	2	2	2	5	4. 2	较好
双福镇	4	4	4	2	3	2. 6	5	4. 32	较好

续表

名称	资源条件			工程基础			供水条件	综合指标	分级评价结果
	人均水资源量	过境水资源	资源条件综合	蓄水工程	渠系建设	工程基础综合			
桂花桥镇	3	4	4	3	4	3.6	5	4.52	好
大为镇	5	4	5	1	2	1.6	4	3.72	较好
胜利镇	3	4	4	3	3	3	5	4.4	较好
龙门乡	5	5	5	2	1	1.4	3	3.08	一般
川主乡	5	0	5	1	1	1	3	3	一般
沙溪乡	5	0	5	1	1	1	3	3	一般
新平乡	3	4	4	1	3	2.2	5	4.24	较好
普兴乡	5	0	5	1	1	1	4	3.6	一般
黄湾乡	5	4	5	1	1	1	3	3	一般
甘洛县	—	—	—	—	—	—	—	—	—
新市坝镇	5	5	5	1	1	1	3	3	一般
田坝镇	5	0	5	1	1	1	4	3.6	一般
海棠镇	5	0	5	1	1	1	3	3	一般
吉米镇	5	0	5	1	1	1	2	2.4	较差
斯觉镇	5	4	5	1	1	1	3	3	一般
普昌镇	5	4	5	1	1	1	3	3	一般
玉田镇	5	5	5	1	1	1	3	3	一般
前进乡	5	5	5	1	1	1	3	3	一般
胜利乡	5	0	5	1	1	1	1	1.8	差
新茶乡	5	0	5	1	1	1	3	3	一般
两河乡	5	0	5	1	1	1	2	2.4	较差
里克乡	5	0	5	1	1	1	3	3	一般
尼尔觉乡	5	0	5	1	1	1	2	2.4	较差
拉莫乡	5	4	5	1	1	1	2	2.4	较差
波波乡	5	4	5	1	1	1	3	3	一般
阿嘎乡	5	0	5	1	1	1	2	2.4	较差
阿尔乡	5	4	5	1	1	1	3	3	一般
石海乡	5	4	5	2	1	1.4	3	3.08	一般
团结乡	5	0	5	1	1	1	3	3	一般
嘎日乡	5	5	5	1	1	1	2	2.4	较差
则拉乡	5	5	5	1	1	1	4	3.6	一般
坪坝乡	5	4	5	1	1	1	3	3	一般
蓼坪乡	5	5	5	1	1	1	3	3	一般
阿兹觉乡	5	5	5	1	1	1	2	2.4	较差
乌史大桥乡	5	5	5	1	1	1	2	2.4	较差
黑马乡	5	5	5	2	1	1.4	1	1.88	差
沙岱乡	5	0	5	1	1	1	3	3	一般

续表

名称	资源条件			工程基础			供水条件	综合指标	分级评价结果
	人均水资源量	过境水资源	资源条件综合	蓄水工程	渠系建设	工程基础综合			
苏雄乡	5	5	5	1	1	1	3	3	一般
东坡区	—	—	—	—	—	—	—	—	—
通惠街道办事处	1	5	5	3	2	2.4	5	4.48	好
大石桥街道办事处	1	5	5	1	3	2.2	5	4.44	好
苏祠街道办事处	1	5	5	1	1	1	5	4.2	较好
白马镇	2	5	5	3	4	3.6	5	4.72	好
象耳镇	2	4	4	3	3	3	5	4.4	较好
太和镇	2	5	5	4	4	4	5	4.8	好
悦兴镇	2	5	5	3	5	4.2	5	4.84	好
尚义镇	2	5	5	2	5	3.8	5	4.76	好
多悦镇	2	5	5	4	4	4	5	4.8	好
秦家镇	2	4	4	4	4	4	5	4.6	好
万胜镇	2	4	4	4	4	4	4	4	较好
崇仁镇	3	4	4	4	3	3.4	5	4.48	好
思濛镇	2	4	4	4	4	4	5	4.6	好
修文镇	2	5	5	5	5	5	5	5	好
松江镇	2	5	5	5	4	4.4	5	4.88	好
崇礼镇	2	5	5	3	4	3.6	5	4.72	好
富牛镇	2	5	5	4	4	4	5	4.8	好
永寿镇	3	5	5	3	5	4.2	5	4.84	好
三苏乡	2	5	5	5	3	3.8	5	4.76	好
广济乡	3	4	4	4	3	3.4	5	4.48	好
盘鳌乡	3	4	4	5	3	3.8	4	3.96	较好
土地乡	2	5	5	4	3	3.4	5	4.68	好
复盛乡	2	5	5	3	3	3	5	4.6	好
复兴乡	2	4	4	3	3	3	5	4.4	较好
金花乡	2	4	4	3	3	3	5	4.4	较好
柳圣乡	2	4	4	4	3	3.4	5	4.48	好
彭山县飞地	2	4	4	3	1	1.8	5	4.16	较好
峨边彝族自治县	—	—	—	—	—	—	—	—	—
沙坪镇	5	5	5	2	1	1.4	4	3.68	较好
大堡镇	5	5	5	1	1	1	3	3	一般
毛坪镇	5	5	5	1	1	1	4	3.6	一般
五渡镇	5	5	5	1	1	1	4	3.6	一般
新林镇	5	0	5	1	1	1	3	3	一般
黑竹沟镇	5	5	5	1	1	1	3	3	一般
红花乡	5	5	5	1	1	1	1	1.8	差

续表

名称	资源条件			工程基础			供水条件	综合指标	分级评价结果
	人均水资源量	过境水资源	资源条件综合	蓄水工程	渠系建设	工程基础综合			
宜坪乡	5	5	5	1	1	1	3	3	一般
杨村乡	5	5	5	1	1	1	3	3	一般
白杨乡	5	0	5	1	1	1	3	3	一般
觉莫乡	5	5	5	1	1	1	2	2.4	较差
万坪乡	5	0	5	1	1	1	3	3	一般
杨河乡	5	0	5	1	1	1	3	3	一般
共和乡	5	5	5	1	1	1	4	3.6	一般
新场乡	5	5	5	1	1	1	2	2.4	较差
平等乡	5	0	5	1	1	1	2	2.4	较差
哈曲乡	5	5	5	1	1	1	3	3	一般
金岩乡	5	5	5	1	1	1	2	2.4	较差
勒乌乡	5	5	5	2	1	1.4	2	2.48	较差
康定县	—	—	—	—	—	—	—	—	—
炉城镇	5	5	5	3	2	2.4	2	2.68	较差
姑咱镇	5	5	5	2	1	1.4	2	2.48	较差
新都桥镇	5	5	5	1	1	1	4	3.6	一般
雅拉乡	5	5	5	1	1	1	3	3	一般
时济乡	5	5	5	1	1	1	3	3	一般
前溪乡	5	5	5	1	1	1	3	3	一般
舍联乡	5	5	5	1	1	1	2	2.4	较差
麦崩乡	5	5	5	1	1	1	3	3	一般
三合乡	5	5	5	1	1	1	2	2.4	较差
金汤乡	5	5	5	2	1	1.4	2	2.48	较差
捧塔乡	5	5	5	1	1	1	2	2.4	较差
沙德乡	5	5	5	1	1	1	3	3	一般
贡嘎山乡	5	5	5	2	2	2	3	3.2	一般
普沙绒乡	5	5	5	1	1	1	2	2.4	较差
吉居乡	5	5	5	1	1	1	3	3	一般
瓦泽乡	5	5	5	1	1	1	4	3.6	一般
呷巴乡	5	5	5	1	1	1	4	3.6	一般
甲根坝乡	5	5	5	1	1	1	4	3.6	一般
朋布西乡	5	5	5	1	1	1	3	3	一般
塔公乡	5	5	5	1	1	1	4	3.6	一般
孔玉乡	5	5	5	1	1	1	2	2.4	较差

表2-22 芦山地震灾区退耕地面积统计（乡镇单元）

名称	退耕地面积（公顷）	占耕地面积比重（%）	占旱地面积比重（%）	农业人口（人）
极重灾区	**1648.13**	**15.51**	**22.47**	**89820**
芦山县	**1648.13**	**15.51**	**22.47**	**89820**
芦阳镇	101.99	11.08	17.75	3268
飞仙关镇	115.89	14.00	21.37	10511
双石镇	129.27	21.10	26.35	8422
太平镇	474.49	34.31	35.74	11588
大川镇	276.95	38.75	38.75	5535
思延乡	100.68	7.81	16.03	10687
清仁乡	107.20	6.95	10.83	12757
龙门乡	117.10	5.01	9.17	20607
宝盛乡	194.51	23.85	30.15	6445
苗溪茶场	30.06	16.33	20.66	0
重灾区	**8160.64**	**10.25**	**19.94**	**767615**
雨城区	**1093.37**	**5.94**	**11.34**	**181089**
雨城区市区	6.86	6.31	10.10	0
北郊镇	154.28	7.66	12.34	18335①
草坝镇	32.66	1.76	3.72	18994
合江镇	9.99	1.30	1.61	8058
大兴镇	35.88	2.95	11.01	17484
对岩镇	57.16	6.61	13.96	9445
沙坪镇	27.54	5.65	17.91	5236
中里镇	28.41	2.03	3.91	12417
上里镇	71.67	5.91	9.41	11261
严桥镇	21.11	2.64	4.28	10407
晏场镇	15.38	2.62	8.98	9595
多营镇	48.91	15.20	24.78	2729
碧峰峡镇	86.61	7.11	11.11	9900
南郊乡	77.58	9.32	16.84	9845
八步乡	78.62	8.65	21.50	8978
观化乡	129.35	14.29	28.22	4935
孔坪乡	97.21	7.83	19.86	9941
凤鸣乡	36.66	3.52	5.64	6780
望鱼乡	77.49	12.52	20.24	6749
天全县	1944.19	12.54	20.06	124455
城厢镇	135.00	7.82	12.87	16266
始阳镇	66.80	6.22	12.63	18619
小河乡	115.11	17.83	34.53	9309
思经乡	255.06	24.88	32.10	10468
鱼泉乡	102.94	25.76	26.10	2577

续表

名称	退耕地面积（公顷）	占耕地面积比重（%）	占旱地面积比重（%）	农业人口（人）
紫石乡	41.00	41.84	42.99	2428
两路乡	30.84	49.10	49.10	1899
大坪乡	114.76	14.47	22.42	5245
乐英乡	110.94	10.91	19.77	9107
多功乡	117.54	26.46	35.47	4570
仁义乡	113.19	5.36	10.08	10246
老场乡	121.97	7.51	12.09	7303
新华乡	153.59	9.84	12.85	6796
新场乡	193.38	15.04	24.48	11606
兴业乡	272.08	16.65	29.88	8016
名山区	327.07	1.67	4.96	241118
蒙阳镇	15.29	1.34	2.72	11104
百丈镇	0.43	0.05	1.32	17547
车岭镇	34.49	2.01	5.11	20515
永兴镇	29.62	2.00	6.17	19118
马岭镇	16.16	2.17	5.49	11339
新店镇	19.55	1.17	3.65	20016
蒙顶山镇	25.28	3.14	5.72	8663
红星镇	0.52	0.10	0.29	12901
城东乡	12.16	1.82	4.18	7794
前进乡	17.46	1.16	2.44	15060
中峰乡	47.69	3.74	6.03	13279
万古乡	9.12	0.67	3.05	9864
红岩乡	4.26	0.86	5.19	6452
双河乡	15.72	2.29	5.55	11015
建山乡	79.31	7.55	11.92	7066
荥经县	**1920.91**	**16.32**	**25.72**	**108607**
严道镇	36.92	10.32	17.18	2300
花滩镇	135.26	17.00	30.30	10708
六合乡	82.79	10.69	16.14	9387
烈太乡	158.80	22.98	32.72	6028
安靖乡	95.73	16.22	24.15	4882
民建彝族乡	37.88	10.10	20.05	4648
烈士乡	50.56	12.01	19.75	3704
荥河乡	61.68	14.41	26.22	5706
新建乡	91.04	22.87	29.28	2752
泗坪乡	94.52	21.86	31.79	3873
新庙乡	125.62	23.91	31.63	2772
三合乡	156.63	34.36	38.18	2408

续表

名称	退耕地面积（公顷）	占耕地面积比重（%）	占旱地面积比重（%）	农业人口（人）
大田坝乡	58.64	11.08	18.02	5579
天凤乡	38.05	9.43	20.93	3257
宝峰彝族乡	6.25	1.99	8.83	3169
新添乡	198.42	18.28	27.07	10129
附城乡	30.32	7.75	14.12	4996
五宪乡	74.80	11.34	19.24	5573
烟竹乡	45.17	8.99	16.51	3360
青龙乡	105.72	19.21	26.60	6034
龙苍沟乡	236.12	21.71	32.26	7342
宝兴县	2451.00	43.75	46.95	46207
穆坪镇	298.67	59.39	59.56	4566
灵关镇	403.17	34.42	43.68	14541
陇东镇	388.06	47.00	47.51	5045
蜂桶寨乡	308.74	52.30	52.30	4571
硗碛藏族乡	251.75	38.76	38.76	4934
永富乡	112.67	52.43	52.43	1787
明礼乡	108.68	31.34	31.34	1621
五龙乡	463.03	50.24	52.35	5636
大溪乡	116.23	30.65	39.59	3506
邛崃市	**424.11**	**4.81**	**18.42**	**66139**
夹关镇	6.86	0.39	4.07	13922
火井镇	39.61	1.99	20.98	16641
高何镇	149.07	10.74	25.75	10248
天台山镇	44.39	1.70	9.53	13904
道佐乡	56.64	8.55	10.60	6779
南宝乡	127.53	34.12	34.82	4645
一般灾区	**43169.56**	**11.55**	**27.13**	**3148042**
邛崃市	**217.27**	**0.51**	**7.01**	**344315**
临邛镇	9.30	0.13	1.81	42306
平乐镇	40.31	1.92	8.13	20309
水口镇	92.95	3.46	11.76	20817
固驿镇	0.09	0.00	0.07	22736
回龙镇	5.65	0.29	1.51	15639
临济镇	0.35	0.03	1.08	10514
茶园乡	2.17	0.17	2.12	8444
油榨乡	37.62	2.60	15.25	11231
大同乡	28.75	1.50	7.39	14928
孔明乡	0.09	0.01	1.39	7060

续表

名称	退耕地面积（公顷）	占耕地面积比重（%）	占旱地面积比重（%）	农业人口（人）
汉源县	**10884.67**	**28.93**	**37.04**	**296120**
汉源城区	36.75	27.01	27.01	–
市荣乡	260.88	25.24	25.70	14915[②]
富林镇	27.89	12.43	21.72	9816
九襄镇	521.23	18.62	37.70	38738
乌斯河镇	345.23	39.86	48.68	7886
宜东镇	640.24	24.17	28.62	16030
富庄镇	281.90	17.41	24.89	10244
清溪镇	147.33	27.19	28.75	4713
大树镇	313.78	53.31	59.93	5983
皇木镇	152.03	12.85	12.85	7181
大田乡	72.71	6.81	16.08	12275
唐家乡	131.26	13.02	30.14	15009
富春乡	191.64	21.36	36.24	8170
河西乡	363.21	30.58	40.37	9688
大岭乡	183.56	20.60	31.26	5620
前域乡	257.84	23.57	36.02	7446
后域乡	309.44	31.92	43.26	4248
大堰乡	229.95	30.86	40.14	7469
两河乡	226.56	35.87	49.14	3782
富乡乡	361.65	48.70	60.32	3102
梨园乡	103.90	32.09	33.88	4362
三交乡	405.34	32.03	32.06	4934
双溪乡	78.88	9.13	19.24	6801
西溪乡	455.64	40.04	45.70	4056
建黎乡	208.58	33.86	33.86	4121
富泉乡	238.29	37.31	46.41	6570
万工乡	158.80	37.44	45.72	3248
安乐乡	264.18	35.41	46.93	8361
万里乡	208.41	36.45	36.50	4832
马烈乡	289.02	44.29	46.49	6151
白岩乡	291.19	27.34	35.50	7711
青富乡	95.99	42.34	50.50	1961
桂贤乡	343.14	20.56	25.76	8051
河南乡	290.85	36.25	50.34	6073
晒经乡	195.46	26.05	30.62	4398
料林乡	420.02	37.10	45.18	6659
小堡藏族彝族乡	125.10	44.02	54.52	2387
片马彝族乡	780.11	60.87	62.30	5413
坭美彝族乡	259.57	23.45	23.45	2578

续表

名称	退耕地面积（公顷）	占耕地面积比重（%）	占旱地面积比重（%）	农业人口（人）
永利彝族乡	427.06	47.34	47.34	3389
顺河彝族乡	190.08	65.57	69.99	1749
浦江县	**35.96**	**0.13**	**4.33**	**190384**
鹤山镇	9.12	0.20	6.97	48932
寿安镇	0.87	0.02	1.44	42635
朝阳湖镇	0.61	0.06	14.00	7781
西来镇	0.09	0.00	0.08	21674
成佳镇	0.52	0.05	2.60	9019
光明乡	11.64	1.97	16.01	5640
白云乡	7.91	0.94	17.47	5740
长秋乡	5.21	0.55	6.73	4256
丹棱县	**159.41**	**1.31**	**4.85**	**127527**
仁美镇	4.43	0.34	1.44	14309
丹棱镇	2.26	0.42	1.84	20658
杨场镇	3.74	0.10	0.48	28821
双桥镇	28.75	1.27	4.02	29677
张场镇	72.36	3.05	8.94	21030
石桥乡	2.61	1.88	9.97	3968
顺龙乡	45.26	2.60	8.60	9064
洪雅县	**507.16**	**1.69**	**6.12**	**253491**
止戈镇	10.86	0.53	2.95	9738
三宝镇	9.90	0.75	2.39	14549
花溪镇	36.83	1.76	6.38	15116
洪川镇	13.12	0.36	1.07	25697
余坪镇	10.25	0.18	0.87	38398
槽渔滩镇	17.46	1.35	8.58	15996
中保镇	24.85	0.97	4.11	21006
东岳镇	46.13	1.37	5.09	25624
柳江镇	153.76	9.37	18.46	16078
高庙镇	52.47	4.33	17.80	13737
瓦屋山镇	33.36	9.91	18.67	13139
中山乡	17.63	0.96	2.92	14787
将军乡	18.07	1.07	3.85	14017
汉王乡	28.49	2.56	10.55	11247
桃源乡	33.97	10.53	22.64	4362
金口河区	**2483.31**	**52.12**	**53.12**	**37686**
永和镇	325.42	61.14	61.14	6968
金河镇	562.58	69.85	69.86	7561
和平彝族乡	684.11	65.66	69.02	8505

续表

名称	退耕地面积（公顷）	占耕地面积比重（%）	占旱地面积比重（%）	农业人口（人）
共安彝族乡	384.32	63.09	63.37	5686
吉星乡	246.28	33.76	35.53	4049
永胜乡	280.60	26.80	26.80	4917
大邑县	**1368.14**	**4.04**	**16.58**	**307912**
晋原镇	90.09	2.48	7.51	40579
王泗镇	9.73	0.25	3.63	48718
新场镇	63.59	3.97	14.16	17778
悦来镇	122.75	5.98	9.67	17807
出江镇	208.14	17.06	18.85	11907
花水湾镇	95.39	21.81	21.81	4579
西岭镇	149.25	35.90	35.90	6055
斜源镇	162.36	25.15	26.05	4976
青霞镇	18.94	2.53	5.99	1974
雾山乡	117.02	30.01	30.24	2390
金星乡	163.23	16.85	20.69	7095
鹤鸣乡	167.66	14.74	16.87	12037
石棉县	**3125.47**	**44.02**	**58.51**	**84257**
新棉镇	164.19	41.82	68.18	5370
安顺彝族乡	502.73	50.08	54.49	7367
先锋藏族乡	318.56	52.56	68.39	6395
蟹螺藏族乡	314.22	48.02	52.66	3882
永和乡	146.29	29.37	47.81	5217
回隆彝族乡	117.80	24.38	28.73	6863
擦罗彝族乡	121.10	41.43	44.94	4294
栗子坪彝族乡	87.39	32.88	32.88	5599
美罗乡	45.96	8.74	39.51	8495
迎政乡	89.74	18.72	45.41	6713
宰羊乡	62.55	23.11	54.63	5213
丰乐乡	197.46	97.85	162.71	3102
新民藏族彝族乡	338.45	69.24	76.17	6683
挖角彝族藏族乡	123.97	60.96	75.78	3286
田湾彝族乡	245.50	74.94	80.10	3169
草科藏族乡	249.58	61.35	62.36	2609
泸定县	**2141.47**	**31.75**	**45.65**	**67033**
泸桥镇	209.45	29.22	44.57	10572
冷碛镇	213.44	33.27	39.18	6169
兴隆镇	576.31	49.35	54.12	8738
磨西镇	223.96	48.64	58.66	4742
岚安乡	106.42	16.83	22.12	2925

续表

名称	退耕地面积（公顷）	占耕地面积比重（%）	占旱地面积比重（%）	农业人口（人）
烹坝乡	84.00	29.62	63.08	4535
田坝乡	123.27	32.29	50.82	4779
杵坭乡	61.24	18.98	31.97	3132
加郡乡	150.64	31.04	43.32	4293
德威乡	92.34	22.38	57.49	4700
新兴乡	67.93	10.80	35.61	5037
得妥乡	232.47	38.02	48.16	7411
夹江县	**472.32**	**1.92**	**5.70**	**271813**
漹城镇	39.96	2.98	7.41	25274
黄土镇	2.00	0.09	0.70	19576
甘江镇	19.29	0.70	1.50	32689
界牌镇	1.56	0.30	1.98	12939
中兴镇	15.55	1.14	1.84	12410
三洞镇	1.04	0.08	0.57	11908
吴场镇	7.73	0.49	1.77	13261
木城镇	33.62	4.00	10.46	14517
华头镇	80.70	12.21	27.39	10093
甘霖镇	0.43	0.03	0.26	13974
新场镇	0.61	0.04	0.14	9846
顺河乡	0.78	0.09	0.17	10219
马村乡	35.27	4.14	6.78	11701
土门乡	0.52	0.04	0.21	9451
青州乡	2.00	0.18	1.13	8005
梧凤乡	0.35	0.05	0.38	6658
永青乡	0.96	0.11	0.51	5282
迎江乡	11.64	1.28	2.21	10408
龙沱乡	21.98	15.32	15.71	5703
南安乡	20.15	5.39	6.94	9021
歇马乡	86.09	7.39	19.18	12176
麻柳乡	90.09	10.30	26.43	6702
峨眉山市	**2820.29**	**10.25**	**21.57**	**247083**
绥山镇	88.00	7.32	15.14	13263
高桥镇	134.22	10.92	16.71	13132
罗目镇	113.11	6.49	17.16	18813
九里镇	61.85	3.60	16.34	17992
龙池镇	745.36	19.73	21.48	21555
乐都镇	30.49	3.32	15.84	10384
符溪镇	2.69	0.11	0.93	19735
双福镇	64.11	2.73	9.96	21044

续表

名称	退耕地面积（公顷）	占耕地面积比重（%）	占旱地面积比重（%）	农业人口（人）
桂花桥镇	0.61	0.02	0.34	27960
大为镇	666.83	25.31	28.03	12373
胜利镇	0.09	0.01	0.09	8014
龙门乡	604.63	25.52	31.02	9473
川主乡	58.38	24.44	32.73	6362
沙溪乡	156.63	19.11	20.27	4794
普兴乡	80.44	20.78	22.29	12559
黄湾乡	12.86	5.61	20.96	13321
甘洛县	**8348.89**	**28.52**	**30.97**	**203993**
新市坝镇	942.38	24.42	26.67	32184
田坝镇	568.14	26.13	26.79	18614
海棠镇	250.02	23.03	23.03	4922
吉米镇	255.75	45.95	45.95	6190
斯觉镇	70.89	6.36	9.38	7010
普昌镇	212.92	17.41	23.39	12738
玉田镇	399.09	32.19	35.00	7531
前进乡	135.61	21.34	24.93	7512
胜利乡	369.81	28.87	29.94	6784
新茶乡	292.15	42.23	42.23	3668
两河乡	267.13	29.89	29.92	2776
里克乡	215.53	19.40	22.91	6489
尼尔觉乡	317.08	37.34	44.53	5834
拉莫乡	185.47	37.82	37.82	2372
波波乡	45.96	18.21	18.21	3058
阿嘎乡	282.51	47.37	47.37	4790
阿尔乡	125.62	13.33	21.84	11812
石海乡	133.96	15.14	18.35	8625
团结乡	513.33	34.87	35.71	7665
嘎日乡	351.05	27.52	29.50	9218
则拉乡	291.02	48.30	48.30	3698
坪坝乡	323.34	19.07	19.08	5186
蓼坪乡	293.71	25.30	25.78	5220
阿兹觉乡	373.55	63.09	64.51	3578
乌史大桥乡	375.72	49.08	51.59	3951
黑马乡	278.42	43.40	43.59	4585
沙岱乡	193.20	32.68	32.70	3419
苏雄乡	285.55	48.19	48.32	4564
东坡区	**142.64**	**0.24**	**1.10**	**521251**
通惠街道办事处	0.09	0.02	0.21	—

续表

名称	退耕地面积（公顷）	占耕地面积比重（%）	占旱地面积比重（%）	农业人口（人）
苏祠街道办事处	0.35	0.21	0.21	—
太和镇	6.86	0.30	0.74	10471
悦兴镇	0.43	0.01	0.12	16087
多悦镇	18.68	0.53	4.00	33815
秦家镇	13.20	0.49	3.46	32621
万胜镇	17.11	0.84	4.57	23911
崇仁镇	8.43	0.27	0.79	22006
思濛镇	14.42	0.32	1.29	37444
修文镇	5.99	0.12	0.38	39026
松江镇	4.69	0.14	0.55	26966
崇礼镇	4.17	0.16	0.80	20240
富牛镇	2.08	0.07	0.31	19052
永寿镇	2.26	0.08	0.51	40575
三苏乡	0.69	0.02	0.12	34204
广济乡	4.69	0.70	5.30	20640
盘鳌乡	28.06	1.69	5.28	18024
土地乡	0.52	0.03	0.17	13233
复盛乡	5.56	0.32	0.90	14435
复兴乡	0.26	0.01	0.22	21613
金花乡	2.69	0.17	0.61	16438
柳圣乡	0.61	0.05	0.19	14175
彭山县飞地	0.78	0.44	2.03	—
峨边彝族自治县	**8380.16**	**37.20**	**39.91**	**122363**
沙坪镇	573.96	25.62	31.67	16941
大堡镇	450.00	29.55	32.63	11142
毛坪镇	892.95	34.31	36.11	10868
五渡镇	1071.91	33.79	35.70	8557
新林镇	836.84	34.30	38.27	13757
黑竹沟镇	165.40	41.88	41.88	3337
宜坪乡	226.30	29.80	32.18	3918
宜坪乡	396.74	41.58	42.57	7266
杨村乡	474.15	55.20	60.15	5309
白杨乡	258.53	46.87	46.87	3198
觉莫乡	268.52	69.85	69.90	2006
万坪乡	266.96	41.78	41.78	2725
杨河乡	490.91	44.73	44.73	3768
共和乡	332.02	45.47	46.00	4293
新场乡	262.35	26.91	28.16	5603
平等乡	530.18	34.91	40.38	5216

续表

名称	退耕地面积（公顷）	占耕地面积比重（%）	占旱地面积比重（%）	农业人口（人）
哈曲乡	96.78	55.70	55.70	2312
金岩乡	497.17	57.97	57.97	7241
勒乌乡	288.50	44.14	44.14	4906
康定县	**2082.40**	**23.19**	**23.20**	**72814**
炉城镇	42.13	23.01	23.04	4930
姑咱镇	18.85	17.03	17.03	2986
新都桥镇	117.10	8.91	8.91	5090
雅拉乡	138.73	42.33	42.33	3264
时济乡	85.22	43.22	43.22	3200
前溪乡	29.10	54.21	54.21	2037
舍联乡	9.03	14.38	14.38	2362
麦崩乡	42.31	27.44	27.44	2691
三合乡	63.85	17.27	17.28	2886
金汤乡	78.27	25.76	25.76	3538
捧塔乡	19.11	17.57	17.57	2760
沙德乡	143.34	35.13	35.13	3317
贡嘎山乡	161.76	38.17	38.17	3025
普沙绒乡	226.13	60.82	60.82	2457
吉居乡	148.46	44.69	44.81	2071
瓦泽乡	270.43	22.55	22.55	4384
呷巴乡	100.25	9.58	9.58	3934
甲根坝乡	116.15	14.86	14.86	2594
朋布西乡	160.54	23.18	23.18	2820
塔公乡	8.51	37.69	37.69	8730
孔玉乡	103.12	20.07	20.07	3738

注：①含雨城辖区5村农业人口，②含汉源城区农业人口。

表2-23 芦山地震极重灾区、重灾区退耕地面积统计（行政村单元）

区域	退耕地面积（公顷）	占耕地面积比重（%）	占旱地面积比重（%）	人口数（人）
极重灾区	**1648.91**	**15.52**	**22.48**	**120863**
芦山县	**1648.91**	**15.52**	**22.48**	**120863**
芦阳镇	**102.33**	**11.13**	**17.86**	**28492**
城北社区	0.69	2.94	5.88	6178
城西社区	29.36	21.81	26.47	3882
城南社区	0.00	0.00	0.00	3516
先锋社区	9.99	9.86	17.83	5172
城东社区	2.52	4.92	7.36	2686
金花社区	4.69	4.70	8.65	4103
黎明村	30.32	9.82	18.22	2128
火炬村	24.76	12.36	17.76	827
飞仙关镇	**115.71**	**13.94**	**21.32**	**11400**
朝阳村	38.74	15.97	25.43	2616
新庄村	14.59	12.09	19.47	2558
三友村	30.67	15.62	23.18	2032
飞仙村	17.98	15.74	23.10	2428
凤凰村	13.73	8.80	13.03	1766
双石镇	**129.61**	**21.15**	**26.41**	**8756**
双河村	25.45	18.54	19.21	3639
围塔村	7.91	4.91	15.96	1094
石凤村	48.21	27.18	28.06	2304
西川村	48.04	35.02	35.09	1719
太平镇	**474.49**	**34.31**	**35.75**	**12533**
春光村	64.55	27.07	29.10	2117
祥和村	33.88	19.58	21.16	2032
兴林村	100.16	54.46	54.46	948
胜利村	63.33	28.43	31.92	3349
钟灵村	116.32	37.55	37.71	2253
大河村	96.25	37.76	37.79	1834
大川镇	**276.95**	**38.75**	**38.75**	**6383**
快乐村	53.51	36.30	36.30	1622
杨开村	63.24	50.45	50.45	990
三江村	4.86	40.00	40.00	1665
小河村	155.15	36.12	36.12	2106
大川镇国有林场	0.17	100.00	100.00	—
思延乡	**101.21**	**7.85**	**16.12**	**11135**
清江村	31.80	10.09	20.32	2290
草坪村	1.39	0.61	4.20	2994
铜头村	29.80	6.83	14.10	3760

续表

区域	退耕地面积（公顷）	占耕地面积比重（%）	占旱地面积比重（%）	人口数（人）
延乡周村	38.22	12.31	16.83	2091
清仁乡	**107.29**	**6.97**	**10.85**	**13528**
仁加村	35.44	12.62	18.29	2980
大同村	11.81	4.65	8.21	1897
芦溪村	11.47	2.78	4.79	3291
同盟村	16.68	9.07	10.90	1061
横溪村	17.20	8.13	15.48	2429
大板村	14.68	7.47	9.92	1870
龙门乡	**117.28**	**5.02**	**9.18**	**21775**
青龙村	32.06	5.39	9.42	5213
王家村	7.21	2.64	6.95	3924
五星村	25.71	7.01	13.52	3768
红星村	7.91	2.30	4.14	2848
隆兴村	17.81	6.19	11.46	2123
古城村	26.58	5.66	8.98	3899
宝盛乡	**194.59**	**23.86**	**30.16**	**6861**
玉溪村	75.40	34.50	39.87	1634
凤头村	45.00	20.69	26.12	1748
中坝村	74.19	19.55	26.14	3479
宝盛乡国有林场	0.00	0.00	0.00	—
苗溪茶场	29.45	15.99	20.20	—
重灾区	**8160.03**	**10.25**	**19.94**	**1071559**
雨城区	**1093.45**	**5.94**	**11.34**	**347105**
雨城区市区	**7.21**	**6.52**	**10.34**	**129128**
蒙子村	0.96	1.95	3.83	—
姚桥村	0.00	0.00	0.00	—
汉碑村	6.08	13.54	20.47	—
土桥村	0.00	0.00	0.00	—
沙湾村	0.17	8.33	8.33	—
北郊镇	**153.85**	**7.63**	**12.31**	**23037**
金鸡村	15.12	14.82	19.75	728
金凤村	18.59	19.53	21.34	601
福国村	7.73	5.14	11.37	1487
白塔村	4.17	5.68	6.61	1107
大石村	11.47	6.97	13.02	950
七盘村	3.82	6.98	14.29	501
联坪村	5.73	4.58	9.19	1078
新一村	0.09	3.03	3.70	2086
桥楼村	7.30	5.93	12.28	1055

续表

区域	退耕地面积（公顷）	占耕地面积比重（%）	占旱地面积比重（%）	人口数（人）
红星村	1. 39	2. 09	3. 11	1982
斗胆村	1. 30	6. 05	7. 21	2041
沙溪村	2. 43	8. 41	9. 43	1371
丁家村	5. 56	10. 29	21. 92	861
福坪村	5. 99	5. 42	11. 29	764
峡口村	5. 30	20. 07	25. 85	421
永兴村	9. 82	8. 28	18. 96	1037
蒙泉村	4. 43	3. 13	8. 92	1223
席草村	14. 16	5. 24	7. 28	1215
张碗村	17. 29	8. 74	9. 93	1204
陇西村	12. 16	14. 11	20. 83	1325
国有林	0. 00	0. 00	0. 00	—
金凤寺	0. 00	0. 00	0. 00	—
草坝镇	**32. 75**	**1. 76**	**3. 72**	**23846**
草坝村	0. 00	0. 00	0. 00	4248
新时村	0. 00	0. 00	0. 00	1514
河岗村	0. 00	0. 00	0. 00	1305
幸福村	0. 00	0. 00	0. 00	1113
林口村	0. 35	0. 39	0. 54	1004
石坪村	0. 00	0. 00	0. 00	646
水口村	0. 17	0. 58	1. 54	1331
栗子村	2. 43	1. 38	3. 26	1700
均田村	0. 00	0. 00	0. 00	1305
水津村	0. 00	0. 00	0. 00	1893
金沙村	0. 00	0. 00	0. 00	1284
香花村	1. 13	0. 61	1. 18	1025
广华村	0. 00	0. 00	0. 00	1309
飞梁村	11. 64	10. 26	15. 09	1370
清溪村	12. 60	9. 73	14. 80	802
石桥村	4. 43	3. 13	6. 25	796
洪川村	0. 00	0. 00	0. 00	1201
合江镇	**9. 90**	**1. 29**	**1. 60**	**8648**
柏蜡村	0. 00	0. 00	0. 00	996
太坪村	0. 09	0. 06	0. 07	1292
蟠龙村	0. 69	1. 47	2. 11	643
塘坝村	1. 30	0. 96	1. 07	907
魏家村	0. 09	0. 11	0. 14	888
徐坪村	0. 78	1. 19	1. 50	1136
穆坪村	0. 87	0. 96	1. 25	823

续表

区域	退耕地面积（公顷）	占耕地面积比重（%）	占旱地面积比重（%）	人口数（人）
双合村	3.39	9.31	11.05	1319
横岩村	2.69	7.60	24.41	644
大兴镇	**35.96**	**2.96**	**11.03**	**20924**
高家村	0.52	0.78	4.48	1041
天宝村	2.78	2.11	7.41	1084
顺路村	0.00	0.00	0.00	2133
穆家村	0.00	0.00	0.00	2682
前进村	0.00	0.00	0.00	4443
寨坪村	6.25	5.33	19.83	987
大埝村	5.82	4.93	25.09	1053
龙溪村	3.13	1.83	6.88	2794
范山村	0.00	0.00	0.00	723
徐山村	1.30	1.94	7.14	940
简坝村	9.30	10.23	17.20	1058
万坪村	2.26	5.02	8.33	823
九龙村	0.78	2.00	3.95	393
周山村	3.82	14.06	26.04	770
对岩镇	**57.25**	**6.61**	**13.96**	**15092**
对岩村	1.30	1.42	3.87	1597
坎坡村	3.91	2.97	5.74	1694
彭家村	5.82	9.54	21.82	493
殷家村	12.42	15.26	42.06	959
葫芦村	5.99	3.42	9.44	2020
陇阳村	10.34	6.47	13.74	867
龙岗村	9.82	12.94	16.45	1805
顺渡村	5.30	8.83	21.48	1367
青江村	0.35	25.00	25.00	1617
青元村	0.96	16.92	16.92	1686
城后村	0.96	14.10	14.86	987
国有林	0.09	12.50	12.50	—
四川农业大学农场	0.00	0.00	0.00	—
沙坪镇	**27.54**	**5.64**	**17.87**	**5813**
四方村	3.13	9.30	11.69	597
景春村	0.43	0.65	2.84	1890
大溪村	4.17	4.55	28.92	594
四岗村	5.99	10.06	23.23	785
毛楠村	2.87	3.60	13.31	767
规划村	2.78	3.36	14.81	747
中坝村	8.17	10.90	25.90	433

续表

区域	退耕地面积（公顷）	占耕地面积比重（%）	占旱地面积比重（%）	人口数（人）
中里镇	**28.41**	**2.03**	**3.92**	**13259**
龙泉村	4.60	1.97	3.21	2993
复兴村	0.00	0.00	0.00	1101
建强村	0.69	0.57	1.84	1787
郑湾村	3.82	1.18	2.46	2209
建新村	5.13	2.21	3.45	958
张沟村	0.00	0.00	0.00	1154
中里村	14.16	6.85	10.30	3057
国有林	0.00	0.00	0.00	—
上里镇	**71.67**	**5.94**	**9.43**	**12312**
五家村	0.17	1.94	3.64	1100
四家村	1.39	0.83	1.63	2640
六家村	0.09	0.05	0.11	2071
七家村	5.39	3.49	6.45	1534
庙坯村	4.69	3.73	6.43	914
共和村	13.64	5.30	9.22	1504
治安村	17.37	11.47	13.17	1223
箭杆林村	22.85	17.23	17.23	626
白马村	6.08	26.22	26.52	700
国有林	0.00	0.00	0.00	—
严桥镇	**20.85**	**2.62**	**4.24**	**11107**
严桥村	0.35	0.74	2.30	1555
团结村	1.48	1.63	2.89	1309
大里村	3.74	5.05	6.53	1628
新和村	2.08	1.88	3.89	1144
许桥村	3.47	2.14	3.37	2009
新祥村	5.47	3.84	5.06	1250
王家村	0.96	1.66	4.47	774
凤凰村	1.39	1.80	2.88	716
后经村	1.91	5.70	5.70	722
国有林	0.00	0.00	0.00	0
晏场镇	**15.64**	**2.65**	**9.04**	**10220**
赵沟村	0.35	0.47	2.47	1295
中心村	0.43	0.68	3.03	814
五里村	0.17	0.29	3.51	1001
银杏村	3.04	5.07	20.35	850
三江村	0.96	0.92	3.16	1345
晏场村	2.00	2.08	5.99	2061
宝田村	2.95	4.66	8.13	1371

续表

区域	退耕地面积（公顷）	占耕地面积比重（%）	占旱地面积比重（%）	人口数（人）
代河村	1.48	2.66	11.89	1235
三合村	4.26	34.51	34.51	248
国有林	0.00	0.00	0.00	—
国有林	0.00	0.00	0.00	—
多营镇	**49.08**	**15.21**	**24.77**	**8194**
上坝村	1.91	7.80	9.95	3421
下坝村	2.52	6.09	9.01	2110
陆王村	6.43	6.20	11.92	719
五云村	4.26	6.82	15.46	903
大深村	8.95	30.12	48.13	913
龙池村	25.02	48.81	49.15	128
四川农业大学农场	0.00	0.00	0.00	—
碧峰峡镇	**86.61**	**7.08**	**11.06**	**10408**
八甲村	1.82	0.87	1.90	1617
七老村	13.20	7.66	11.59	1181
柏树村	7.04	3.51	5.91	1381
三益村	10.60	4.55	7.02	2101
名扬村	20.76	10.52	15.15	1183
黄龙村	3.39	8.63	12.26	677
碧峰村	10.69	19.40	20.33	735
庙后村	12.51	14.53	21.95	586
红牌村	1.65	31.15	31.15	443
后盐村	4.95	20.96	21.03	504
国有林	0.00	0.00	0.00	—
大熊猫研究中心	0.00	0.00	0.00	—
南郊乡	**77.32**	**9.31**	**16.83**	**13943**
坪石村	10.86	13.66	17.61	1834
柳阳村	20.07	12.72	20.75	980
昝村村	16.33	8.76	16.35	1279
狮子村	4.43	3.77	8.84	2190
高山村	9.12	22.93	43.93	509
太源村	2.78	14.88	43.84	265
余家村	1.30	2.04	5.14	1068
龙洞村	0.43	1.06	2.44	482
澄清村	0.87	1.35	2.32	1572
南坝村	11.12	18.31	26.18	464
水中村	0.00	0.00	0.00	1782
顺江村	0.00	0.00	0.00	1518
国有林	0.00	0.00	0.00	—

续表

区域	退耕地面积（公顷）	占耕地面积比重（%）	占旱地面积比重（%）	人口数（人）
八步乡	**78.18**	**8.59**	**21.36**	**10000**
枫木村	5.39	5.97	15.31	1753
石龙村	11.21	10.33	32.66	612
白云村	12.51	13.43	22.64	424
李家村	32.75	14.77	24.90	925
金花村	3.56	4.18	12.85	701
八步村	8.17	6.93	15.93	1738
石缸村	0.17	0.34	2.50	756
紫石村	4.43	3.11	18.61	3091
国有林	0.00	0.00	0.00	—
国有林	0.00	0.00	0.00	—
观化乡	**129.70**	**14.34**	**28.29**	**5494**
观化村	27.80	15.21	35.28	971
袁家村	9.90	13.15	26.09	1089
周沙村	37.79	18.81	31.07	870
杨家村	17.20	14.56	23.35	817
刘家村	6.25	4.21	9.77	633
上横村	12.68	17.76	29.86	902
麻柳村	18.07	16.79	45.32	212
孔坪乡	**97.38**	**7.85**	**19.90**	**10774**
柏香村	9.73	6.27	21.87	927
新村村	1.65	3.97	8.96	1234
余新村	2.35	5.06	11.34	663
关龙村	1.65	1.64	12.67	1163
河坎村	8.95	13.88	25.18	1600
新荣村	1.74	6.97	19.42	772
李坝村	3.21	3.29	15.81	1304
漆树村	14.94	12.52	20.43	581
八角村	14.68	11.72	17.28	520
新民村	16.94	10.58	31.97	944
大竹村	9.03	6.87	20.00	524
大田村	12.51	7.20	17.48	542
国有林	0.00	0.00	0.00	—
凤鸣乡	**36.66**	**3.51**	**5.63**	**7744**
龙船村	0.69	0.72	1.17	837
大元村	1.74	1.01	1.56	1710
柳良村	11.38	7.45	11.32	1202
硝坝村	4.78	2.84	4.95	968
顶峰村	11.55	6.70	11.00	1129

续表

区域	退耕地面积（公顷）	占耕地面积比重（%）	占旱地面积比重（%）	人口数（人）
庆峰村	1.22	0.86	1.52	1014
桂花村	5.30	3.79	5.41	884
望鱼乡	**77.49**	**12.53**	**20.26**	**7162**
望鱼村	6.17	12.93	16.44	808
罗坝村	1.22	5.98	11.48	509
回龙村	2.35	6.96	14.14	660
曹万村	22.67	29.76	35.70	432
兴隆村	7.04	27.83	34.76	356
顺河村	3.65	7.59	10.55	919
黄村村	3.30	8.54	17.43	479
三台村	4.08	5.03	9.79	866
陡滩村	9.64	10.32	24.13	688
塘口村	7.99	8.97	13.92	802
溪口村	9.38	14.52	22.64	643
国有林	0.00	0.00	0.00	—
国有林	0.00	0.00	0.00	—
天全县	**1943.32**	**12.54**	**20.05**	**154424**
城厢镇	**135.00**	**7.81**	**12.85**	**36323**
北城村	2.26	9.06	17.93	1409
东城村	0.00	0.00	0.00	7393
西城村	7.38	55.56	70.83	8955
黄铜村	9.38	9.76	23.38	1542
白石村	29.02	12.43	16.95	837
十里村	1.65	0.90	1.37	790
沙坝村	3.56	4.99	17.98	1265
向阳村	0.52	0.68	1.56	10505
梅子村	11.29	8.08	16.95	736
龙尾村	14.07	5.20	9.61	1103
马溪村	20.50	8.73	12.11	829
两岔村	35.36	9.91	13.63	959
始阳镇	**66.46**	**6.17**	**12.55**	**21692**
新村村	0.26	0.33	0.84	3500
兴中村	0.17	0.46	0.59	3778
新民村	0.69	0.77	3.72	3302
光荣村	0.43	0.60	1.30	1023
荡村村	19.63	16.10	17.71	955
破磷村	2.69	6.70	20.95	943
乐坝村	4.69	3.25	6.40	1967
切山村	3.74	4.08	6.99	2188

续表

区域	退耕地面积（公顷）	占耕地面积比重（%）	占旱地面积比重（%）	人口数（人）
沙漩村	1.39	3.05	18.60	1219
秧田村	15.72	11.15	22.26	1281
柳家村	5.47	9.21	21.95	460
苏家村	5.73	8.15	33.00	468
九十村	5.82	7.04	12.69	608
小河乡	**115.02**	**17.82**	**34.51**	**10356**
秋丰村	8.08	7.02	24.41	2151
顺河村	3.21	3.56	10.48	1076
曙光村	43.35	26.90	46.77	1180
关家村	18.33	17.15	35.28	949
龙门村	2.26	28.57	30.59	399
沙坪村	14.86	17.47	24.82	2250
响水溪村	3.04	11.15	27.13	676
武安村	10.42	28.64	33.71	759
红星村	2.69	58.49	58.49	336
沙湾村	8.77	80.16	80.16	580
小河乡国有	0.00	0.00	0.00	—
思经乡	**254.71**	**24.83**	**32.05**	**11244**
思经村	10.86	10.55	14.83	1887
民主村	9.21	8.45	15.14	1278
新政村	23.19	30.69	36.98	656
马渡村	25.54	22.70	31.82	837
百家村	7.82	9.17	16.85	839
进步村	7.91	11.22	19.96	792
团结村	19.37	27.16	34.57	1097
大河村	37.70	33.00	38.82	1204
互助村	5.91	59.13	59.13	468
劳动村	17.46	48.55	51.41	471
黍子村	16.94	22.23	23.24	502
太阳村	28.32	48.15	48.15	342
山坪村	21.98	39.04	39.66	549
小沟村	22.50	47.44	47.44	322
思经乡国有	0.00	0.00	0.00	—
鱼泉乡	**103.12**	**25.78**	**26.13**	**2751**
干河村	25.02	18.27	18.40	859
青元村	40.48	28.87	28.89	723
鱼泉村	5.04	23.29	24.37	487
联合村	29.54	31.05	32.17	682
鱼泉乡国有	3.04	50.00	50.00	—

续表

区域	退耕地面积（公顷）	占耕地面积比重（%）	占旱地面积比重（%）	人口数（人）
紫石乡	**41.00**	**41.84**	**42.99**	**2593**
紫石乡国有	0.96	110.00	110.00	0
紫石关村	14.16	33.89	36.14	1018
新地头村	4.52	29.71	29.71	276
小仁烟村	9.99	47.72	47.72	536
大仁烟村	11.38	59.28	59.28	763
两路乡	**30.84**	**49.10**	**49.10**	**2103**
新沟村	7.47	43.43	43.43	802
两路口村	8.25	48.47	48.47	835
长河坝村	4.69	34.84	34.84	361
水獭坪村	0.43	41.67	41.67	105
两路乡国有	9.99	70.99	70.99	—
两路口与水獭坪争议	0.00	0.00	0.00	—
大坪乡	**114.50**	**14.45**	**22.29**	**5591**
大坪村	4.43	6.12	13.56	1204
毛山村	10.08	6.29	13.89	1348
大窝村	23.11	14.86	21.37	1323
徐家村	60.29	24.11	28.87	746
瓦坪村	13.38	11.78	18.69	564
任家村	3.21	7.94	16.23	406
乐英乡	**111.46**	**10.98**	**19.92**	**9686**
安乐村	20.50	8.57	15.66	3196
爱国村	5.73	5.33	9.84	751
幸福村	4.00	5.75	6.55	518
王家营村	8.51	9.12	18.85	623
姜家坝村	6.95	9.45	30.65	1302
盐店村	23.72	19.42	36.50	1680
石家村	10.16	11.03	18.75	232
群山村	31.88	14.66	26.08	1384
多功乡	**118.41**	**26.70**	**35.74**	**4747**
多功村	27.97	21.89	31.60	2558
半沟村	50.39	34.48	38.64	359
罗代村	34.40	30.96	45.47	1045
仁义村	5.65	9.66	15.37	785
仁义乡	**112.59**	**5.33**	**10.04**	**11036**
永兴村	0.87	0.37	0.73	1671
程家村	0.09	0.05	0.14	1275
石桥村	12.08	3.64	6.19	1020
岩峰村	45.17	15.01	26.38	1733

续表

区域	退耕地面积（公顷）	占耕地面积比重（%）	占旱地面积比重（%）	人口数（人）
溪口村	11.38	7.05	13.06	855
李家村	0.35	0.23	0.48	893
大田村	11.64	5.46	9.57	932
张家村	1.91	1.14	2.31	1024
云顶村	3.65	2.65	4.99	748
桐林村	25.45	10.97	18.34	885
老场乡	**121.62**	**7.51**	**12.09**	**7781**
老场村	6.78	5.72	9.56	940
上坝村	1.04	0.77	2.57	1398
六城村	13.47	8.32	20.00	836
大庙村	19.37	22.69	30.89	246
红岩村	12.34	7.26	12.03	1117
小落村	13.64	6.74	10.39	740
共和村	10.08	3.27	5.05	850
香林村	30.58	13.31	16.59	505
禾林村	13.20	6.66	9.56	1149
老场乡国有	0.00	0.00	0.00	—
老场村与香林村争议	0.09	2.56	3.13	—
老场村与红岩村争议	1.04	14.29	18.18	—
新华乡	**153.42**	**9.84**	**12.84**	**7212**
永安村	7.21	5.49	8.68	1117
落改村	17.81	15.08	19.21	742
新华村	9.21	3.48	4.75	823
河堰村	17.63	13.05	17.02	922
孝廉村	16.94	11.75	12.94	657
下冷村	15.98	18.31	23.00	233
银坪村	9.47	4.89	7.04	785
河下村	10.86	7.50	10.94	512
柏树村	25.02	15.68	17.51	610
铜山村	23.28	12.87	16.15	811
新场乡	**191.64**	**14.88**	**24.19**	**12636**
新场村	8.08	12.79	23.60	1761
韩家村	2.35	6.03	9.15	981
董家村	3.13	4.13	7.55	901
山后村	5.30	9.33	9.76	594
丁村村	19.81	10.47	18.54	1482
结里村	1.22	2.41	8.75	1255
玉阳村	20.68	41.32	62.30	508
新立村	4.86	5.99	13.37	467

续表

区域	退耕地面积（公顷）	占耕地面积比重（%）	占旱地面积比重（%）	人口数（人）
志同村	5. 65	11. 65	19. 46	388
和平村	15. 20	16. 70	23. 84	794
前阳村	13. 12	14. 56	28. 93	1324
杨柳村	47. 69	25. 95	32. 03	814
岩下村	7. 47	16. 32	27. 13	341
后阳村	14. 77	14. 66	25. 91	442
泉水村	13. 03	46. 30	46. 30	76
民政村	9. 30	9. 89	20. 00	508
新场乡国有	0. 00	0. 00	0. 00	—
兴业乡	273. 56	16. 72	29. 99	8673
峡口村	14. 16	24. 47	28. 45	1342
陇窝村	31. 62	24. 95	44. 72	961
大深村	20. 15	20. 02	33. 53	415
马子村	26. 41	22. 87	30. 71	417
罗家村	10. 69	16. 53	35. 86	606
罗李村	34. 31	24. 43	27. 97	543
甘云村	17. 29	11. 05	22. 74	614
陈家村	16. 07	11. 92	24. 80	706
滥池村	1. 48	1. 26	4. 00	576
柑子村	17. 72	9. 21	25. 19	1020
白岩村	21. 46	28. 10	44. 34	183
复兴村	9. 03	11. 67	19. 62	312
铜厂村	5. 13	4. 74	15. 09	280
高桥村	39. 09	25. 25	36. 89	698
兴业乡国有	8. 95	71. 03	85. 12	—
名山区	**327. 33**	**1. 68**	**4. 97**	**278266**
蒙阳镇	**15. 29**	**1. 34**	**2. 72**	**34761**
蒙阳镇社区	0. 00	0. 00	0. 00	22781
同心村	0. 00	0. 00	0. 00	233
紫霞村	0. 00	0. 00	0. 00	458
德光村	0. 00	0. 00	0. 00	1050
德福村	1. 30	2. 23	3. 92	1155
河坪村	0. 00	0. 00	0. 00	665
关口村	6. 78	7. 18	10. 64	855
箭竹村	0. 69	1. 50	7. 21	792
贯坪村	0. 00	0. 00	0. 00	1518
栓马村	0. 09	0. 09	0. 14	626
中瓦村	2. 95	2. 86	5. 49	889
安坪村	0. 52	0. 63	2. 82	826

续表

区域	退耕地面积（公顷）	占耕地面积比重（%）	占旱地面积比重（%）	人口数（人）
周坪村	0.35	0.29	0.77	854
上瓦村	2.08	0.91	1.36	1145
律沟村	0.52	0.51	1.08	914
百丈镇	**0.52**	**0.06**	**1.58**	**19544**
百丈镇社区	0.09	1.08	5.88	2315
千尺村	0.09	0.35	2.00	1498
朱坝村	0.00	0.00	0.00	1125
石栗村	0.00	0.00	0.00	875
曹公村	0.00	0.00	0.00	1334
王家村	0.00	0.00	0.00	1731
叶山村	0.00	0.00	0.00	1454
肖坪村	0.00	0.00	0.00	1400
涌泉村	0.00	0.00	0.00	1684
百家村	0.35	1.02	6.78	1110
天宫村	0.00	0.00	0.00	838
凉江村	0.00	0.00	0.00	1568
鞍山村	0.00	0.00	0.00	1088
蔡坪村	0.00	0.00	0.00	1524
车岭镇	**34.49**	**2.01**	**5.11**	**21292**
水月村	0.00	0.00	0.00	2147
几安村	2.17	0.96	3.24	2678
天池村	3.91	2.54	7.29	1409
金刚村	2.52	1.64	4.74	1573
悔沟村	4.00	2.96	6.01	1027
中居村	0.09	0.05	0.10	2248
岱宗村	0.09	0.05	0.11	1629
石堰村	2.00	2.12	9.27	1518
姜山村	0.43	18.52	22.73	234
龙水村	1.91	2.99	11.22	2158
骑岗村	0.69	0.41	0.94	1418
五花村	8.25	7.18	15.08	1389
石城村	1.39	1.38	3.29	1210
桥路村	7.04	9.63	21.09	654
永兴镇	**29.28**	**1.97**	**6.08**	**19961**
双墙村	0.00	0.00	0.00	2399
三岔村	2.26	1.04	7.01	2258
青江村	0.00	0.00	0.00	2194
大堂村	0.00	0.00	0.00	1762
箭道村	6.78	4.25	28.89	2129

续表

区域	退耕地面积（公顷）	占耕地面积比重（%）	占旱地面积比重（%）	人口数（人）
化成村	3.65	2.73	6.17	1999
江落村	4.60	2.85	5.49	1899
瓦窑村	0.35	0.38	0.72	930
古房村	0.09	0.12	0.24	670
马头村	1.56	2.34	4.26	808
金桥村	0.87	1.95	4.03	478
沿河村	5.82	12.91	16.88	405
笔山村	0.96	1.10	2.13	1133
郑岩村	2.35	1.99	7.18	897
马岭镇	**16.16**	**2.17**	**5.51**	**11792**
中岭村	0.00	0.00	0.00	1195
山娇村	0.26	0.34	2.42	1457
江坝村	0.00	0.00	0.00	1427
石门村	1.04	1.02	1.94	1082
康乐村	3.82	2.42	5.66	1186
余沟村	0.26	0.24	0.39	1067
七星村	3.21	4.19	7.54	414
天目村	7.30	8.51	21.76	506
邓坪村	0.26	0.99	3.45	1385
兰坝村	0.00	0.00	0.00	1129
新桥村	0.00	0.00	0.00	944
新店镇	**19.46**	**1.17**	**3.65**	**21102**
新店镇社区	0.00	0.00	0.00	361
三星村	0.00	0.00	0.00	1219
石桥村	0.00	0.00	0.00	1499
新坝村	0.00	0.00	0.00	1129
安桥村	0.00	0.00	0.00	1904
大坪村	0.78	0.64	3.54	903
阳坪村	2.52	1.67	5.79	1407
白马村	4.95	4.80	16.38	1114
长春村	0.09	0.07	1.39	1716
新星村	0.00	0.00	0.00	1869
古城村	0.09	0.10	0.76	1218
兴安村	0.35	0.41	1.57	1108
红光村	0.00	0.00	0.00	1882
山河村	4.95	5.10	10.65	1078
中坝村	4.00	2.73	5.38	1240
大同村	1.74	1.38	2.15	803
南林村	0.00	0.00	0.00	652

续表

区域	退耕地面积（公顷）	占耕地面积比重（%）	占旱地面积比重（%）	人口数（人）
蒙顶山镇	**25.54**	**3.18**	**5.80**	**12659**
名雅村	5.99	5.52	14.05	1048
蒙山村	8.51	8.54	16.09	910
金花村	2.52	4.34	5.72	714
卫干村	0.00	0.00	0.00	1759
槐树村	0.43	0.53	1.12	1158
梨花村	3.30	3.70	4.94	2513
水碾村	1.13	1.16	1.95	1647
大弓村	1.30	1.88	2.82	950
槐溪村	1.65	2.05	4.69	1577
名凤村	0.69	1.17	1.97	383
黑竹镇	**0.00**	**0.00**	**0.00**	**11466**
黑竹关村	0.00	0.00	0.00	3363
鹤林村	0.00	0.00	0.00	1997
莲花村	0.00	0.00	0.00	1312
王山村	0.00	0.00	0.00	1520
白腊村	0.00	0.00	0.00	2360
冯山村	0.00	0.00	0.00	914
红星镇	**0.52**	**0.10**	**0.29**	**13394**
太平村	0.00	0.00	0.00	2941
余坝村	0.00	0.00	0.00	1332
罗湾村	0.00	0.00	0.00	830
白墙村	0.17	0.26	4.55	1651
上马村	0.35	0.18	0.20	1991
龚店村	0.00	0.00	0.00	1879
天王村	0.00	0.00	0.00	2006
华光村	0.00	0.00	0.00	764
城东乡	**12.16**	**1.81**	**4.16**	**8131**
平桥村	0.00	0.00	0.00	1891
余光村	1.22	1.24	2.17	992
官田村	2.26	3.76	8.33	878
徐沟村	2.00	36.51	50.00	249
五里村	1.56	1.58	5.14	1504
长坪村	0.78	0.63	1.29	881
双溪村	2.17	2.98	6.07	599
双田村	2.17	1.48	4.48	1137
前进乡	**17.46**	**1.16**	**2.44**	**15579**
六坪村	0.61	0.47	1.57	2482
苏山村	0.35	0.50	1.25	508

续表

区域	退耕地面积（公顷）	占耕地面积比重（%）	占旱地面积比重（%）	人口数（人）
清河村	0.52	0.32	0.75	1602
桥楼村	0.00	0.00	0.00	1068
两河村	0.00	0.00	0.00	1148
双合村	0.17	0.22	0.64	1291
南水村	1.65	0.76	1.51	1770
新市村	0.87	0.41	0.67	1462
林泉村	2.61	2.21	3.63	798
尖峰村	4.86	6.53	10.69	1055
泉水村	4.60	3.87	6.43	824
凤凰村	1.22	0.79	1.96	1571
中峰乡	**47.69**	**3.74**	**6.03**	**13656**
寺岗村	2.95	3.35	5.17	1509
大冲村	0.26	0.63	2.48	1578
桂花村	0.00	0.00	0.00	778
四包村	3.04	2.99	6.08	968
一颗印村	0.87	1.51	5.75	1169
三江村	0.17	0.22	1.21	1409
下坝村	1.82	2.15	3.49	735
甘溪村	14.07	6.07	7.50	1603
河口村	18.59	6.52	7.66	1219
秦场村	1.65	1.06	1.71	1138
朱场村	4.26	4.91	8.93	737
海棠村	0.00	0.00	0.00	813
联江乡	**0.00**	**0.00**	**0.00**	**11104**
合江村	0.00	0.00	0.00	1694
土墩村	0.00	0.00	0.00	1532
九龙村	0.00	0.00	0.00	1228
万安村	0.00	0.00	0.00	823
紫萝村	0.00	0.00	0.00	929
孙道村	0.00	0.00	0.00	1358
续元村	0.00	0.00	0.00	1217
凉水村	0.00	0.00	0.00	983
藕花村	0.00	0.00	0.00	1340
廖场乡	**0.00**	**0.00**	**0.00**	**10895**
万坝村	0.00	0.00	0.00	2060
藕塘村	0.00	0.00	0.00	2419
廖场村	0.00	0.00	0.00	1912
观音村	0.00	0.00	0.00	2401
新场村	0.00	0.00	0.00	1246

续表

区域	退耕地面积（公顷）	占耕地面积比重（%）	占旱地面积比重（%）	人口数（人）
桂芳村	0.00	0.00	0.00	857
万古乡	**9.38**	**0.69**	**3.14**	**10119**
红草村	2.26	1.02	13.83	2169
九间楼村	0.09	0.10	2.33	804
莫家村	3.21	2.37	6.89	990
新庙坪村	0.69	0.30	2.44	1408
钟滩村	0.35	0.22	2.37	1156
高山坡村	0.00	0.00	0.00	1631
沙河村	2.08	1.14	1.70	1119
高河村	0.69	0.65	1.40	842
红岩乡	**4.26**	**0.86**	**5.14**	**6619**
罗碥村	1.22	2.85	7.95	1092
红岩村	0.09	0.05	0.43	1543
肖碥村	0.00	0.00	0.00	1379
金龙村	0.69	0.84	3.11	1760
青龙村	2.26	4.68	14.77	845
双河乡	**15.98**	**2.33**	**5.61**	**11310**
长沙村	0.26	1.00	2.94	1711
扎营村	0.78	2.04	3.14	2132
金鼓村	4.08	7.05	22.49	1548
骑龙村	1.04	0.69	3.15	1076
云台村	1.39	2.82	5.42	1866
六合村	0.52	0.55	1.15	1694
金狮村	6.78	8.67	10.26	351
延源村	1.13	0.59	1.80	932
建山乡	**79.14**	**7.53**	**11.90**	**7270**
见阳村	13.55	6.49	10.18	1688
止观村	20.85	11.58	21.33	1125
安乐村	9.38	6.16	9.90	1396
横山村	13.29	8.32	11.48	1058
飞水村	9.30	4.69	7.88	1084
安吉村	12.77	8.38	12.07	919
解放乡	**0.00**	**0.00**	**0.00**	**9270**
吴岗村	0.00	0.00	0.00	1866
月岗村	0.00	0.00	0.00	2173
银木村	0.00	0.00	0.00	1654
文昌村	0.00	0.00	0.00	818
高岗村	0.00	0.00	0.00	1269
瓦子村	0.00	0.00	0.00	1490

续表

区域	退耕地面积（公顷）	占耕地面积比重（%）	占旱地面积比重（%）	人口数（人）
茅河乡	0.00	0.00	0.00	8342
茅河村	0.00	0.00	0.00	1510
白鹤村	0.00	0.00	0.00	1567
临溪村	0.00	0.00	0.00	1346
龙兴村	0.00	0.00	0.00	1266
香水村	0.00	0.00	0.00	871
万山村	0.00	0.00	0.00	1782
荥经县	**1921.17**	**16.32**	**25.72**	**152038**
严道镇	**36.83**	**10.37**	**17.26**	**37453**
荥经县县城	0.00	0.00	0.00	22771
青仁村	1.82	1.66	4.01	3903
同心村	1.04	13.48	16.44	3327
新南村	3.82	9.89	12.57	1916
蔬菜村	0.61	2.33	6.09	2965
黄家村	4.08	11.44	12.21	859
青华村	0.00	0.00	0.00	1368
唐家村	25.45	27.62	36.04	344
花滩镇	**135.00**	**16.93**	**30.15**	**12101**
花滩社区	0.26	6.38	13.04	811
花滩村	11.03	17.33	34.70	3883
幸福村	27.45	21.84	32.95	1585
青杠村	15.98	26.40	33.27	386
临江村	15.20	35.64	46.05	701
光和村	33.19	22.46	31.57	1233
大理村	11.29	15.48	28.70	332
米溪村	4.26	6.04	13.69	902
石桥村	3.21	7.52	20.56	904
齐心村	7.04	6.30	23.68	966
团结村	6.08	11.01	21.21	398
六合乡	**82.44**	**10.60**	**16.00**	**10000**
古城村	1.74	2.46	6.99	1701
上虎村	10.42	6.36	8.11	857
宝积村	18.59	11.76	19.21	803
星星村	9.99	8.52	12.53	3190
水池村	13.38	17.87	21.30	2128
富林村	28.32	14.65	23.14	1321
烈太乡	**158.63**	**23.02**	**32.77**	**6661**
堡子村	38.48	25.14	35.44	1747
太平村	24.15	14.65	24.36	1953

续表

区域	退耕地面积（公顷）	占耕地面积比重（%）	占旱地面积比重（%）	人口数（人）
共和村	6.08	7.81	17.41	1503
东升村	26.15	27.04	37.39	913
虎岗村	63.76	32.42	37.16	545
安靖乡	**95.91**	**16.22**	**24.14**	**5246**
靖口村	7.38	10.42	16.83	643
民治村	27.80	17.86	27.05	1170
长胜村	20.76	23.34	28.28	350
民建村	11.03	15.26	22.64	714
顺江村	14.59	18.38	28.19	858
安乐村	9.21	11.28	19.89	808
楠坝村	2.61	8.36	11.32	438
崃麓村	2.52	22.31	34.12	265
安靖乡林场	0.00	0.00	0.00	—
民建彝族乡	**38.22**	**10.22**	**20.27**	**4824**
大坪村	3.65	5.32	11.67	608
金鱼村	1.91	2.56	7.72	814
竹阳村	9.82	19.15	33.43	605
顺河村	11.38	13.11	24.58	1316
建乐村	11.47	12.41	20.31	1481
子山茶厂	0.00	0.00	0.00	—
烈士乡	**50.47**	**12.04**	**19.80**	**4301**
新立村	6.25	7.93	13.64	917
烈士村	9.21	10.08	16.49	630
冯家村	11.73	19.94	32.37	927
王家村	16.33	18.93	25.27	731
课子村	6.95	6.69	13.29	1096
荥河乡	**61.42**	**14.33**	**26.12**	**6135**
楠木村	15.64	12.43	21.48	2214
周家村	17.11	23.65	45.08	1679
红星村	28.67	12.44	23.04	2242
新建乡	**91.04**	**22.85**	**29.27**	**2892**
工业村	19.11	21.24	35.60	881
紫炉村	30.49	27.53	34.04	775
河林村	24.67	18.11	23.20	887
和平村	16.77	27.30	27.30	349
新建乡林场	0.00	0.00	0.00	—
泗坪乡	**94.69**	**21.87**	**31.80**	**4521**
民主村	21.20	26.70	35.52	1279
断机村	15.12	13.41	21.97	1091

续表

区域	退耕地面积（公顷）	占耕地面积比重（%）	占旱地面积比重（%）	人口数（人）
民胜村	44.57	25.20	36.33	1235
桥溪村	10.60	18.18	25.79	916
泗坪乡林场	3.21	56.92	57.81	—
新庙乡	**125.53**	**23.89**	**31.60**	**2916**
常富村	41.61	24.28	33.61	1238
新建村	14.68	11.89	17.79	902
德义村	69.24	30.02	36.26	776
新庙乡林场	0.00	0.00	0.00	—
三合乡	**156.63**	**34.35**	**38.17**	**2515**
保民村	44.48	37.10	43.61	556
楠林村	62.98	37.37	43.08	1059
建政村	34.31	29.74	30.50	645
双林村	14.86	28.45	29.95	255
三合乡林场	0.00	0.00	0.00	—
大田坝乡	**58.81**	**11.11**	**18.07**	**5918**
新文村	1.91	1.39	5.71	3193
同乐村	4.60	4.77	10.39	811
民福村	23.46	16.06	22.13	828
凤鸣村	28.84	19.31	20.34	1086
天凤乡	**38.14**	**9.49**	**21.17**	**3428**
聚民村	9.47	6.45	14.48	1127
凤槐村	19.29	24.69	44.58	689
建设村	3.74	3.75	11.98	884
石泉村	5.65	7.31	14.01	728
宝峰彝族乡	**6.08**	**1.92**	**8.37**	**3323**
田坝村	3.39	3.48	15.23	965
莲池村	2.17	1.52	6.51	1618
杏家村	0.52	0.68	3.06	740
新添乡	**198.76**	**18.32**	**27.15**	**10766**
上坝村	25.28	14.38	21.67	2400
下坝村	23.37	19.74	28.29	1778
新添村	17.11	15.34	20.06	1091
太阳村	28.84	19.64	27.08	648
石家村	13.73	12.95	19.87	1045
黄禄村	18.50	23.69	34.52	312
龙鱼村	17.55	23.68	37.00	657
山河村	54.38	19.84	31.83	965
庙岗村	0.00	0.00	0.00	1870
附城乡	**30.23**	**7.70**	**14.01**	**5422**

续表

区域	退耕地面积（公顷）	占耕地面积比重（%）	占旱地面积比重（%）	人口数（人）
南罗坝村	5.39	4.57	9.19	3639
南村坝村	10.16	11.71	22.54	853
烟溪沟村	14.68	7.81	13.10	930
五宪乡	**75.32**	**11.42**	**19.36**	**5914**
豆子山村	22.76	12.66	17.14	1345
坪阳村	18.42	10.96	26.67	2281
毛坪村	4.00	2.25	4.64	1701
热溪沟村	30.14	22.52	29.84	587
烟竹乡	**44.91**	**8.94**	**16.39**	**3533**
莲花村	25.28	14.07	21.10	2049
双红村	8.77	3.88	7.29	1139
凤凰村	10.86	11.24	31.97	345
烟竹乡林场	0.00	0.00	0.00	—
青龙乡	**105.98**	**19.32**	**26.77**	**6451**
柏香村	13.20	10.66	17.06	1900
桂花村	25.11	14.79	24.29	2221
沙坝河村	38.40	32.40	37.27	1076
复兴村	29.28	21.45	26.12	1254
青龙乡林场	0.00	0.00	0.00	—
龙苍沟乡	**236.12**	**21.71**	**32.26**	**7718**
快乐村	46.74	22.26	34.31	1045
经河村	91.65	33.23	47.27	1960
万年村	51.60	17.34	23.98	937
发展村	42.74	17.40	27.21	1449
杨湾村	1.74	6.35	19.61	1299
鱼泉村	1.39	8.79	9.14	655
岗上村	0.26	1.74	5.36	373
龙苍沟乡林场	0.00	0.00	0.00	—
泡草湾伐木场	0.00	0.00	0.00	—
观光园	0.00	0.00	0.00	—
观光园	0.00	0.00	0.00	—
宝兴县	**2450.65**	**43.74**	**46.94**	**58729**
穆坪镇	**298.58**	**59.36**	**59.54**	**12237**
新宝村	18.33	51.34	51.34	9152
新光村	18.16	46.44	48.05	946
雪山村	27.36	57.17	57.17	346
顺江村	128.57	62.42	62.47	1199
苟山村	48.82	71.14	71.14	303
新民村	57.34	54.23	54.23	291

续表

区域	退耕地面积（公顷）	占耕地面积比重（%）	占旱地面积比重（%）	人口数（人）
穆坪镇林场	0.00	0.00	0.00	—
灵关镇	**402.74**	**34.39**	**43.64**	**17102**
灵关镇社区	0.00	0.00	0.00	3137
钟灵村	11.81	16.85	23.99	1995
大沟村	56.03	39.77	55.13	840
河口村	41.87	32.79	45.77	1481
新场村	36.57	33.07	45.91	1562
磨刀村	48.82	42.03	46.41	1163
大渔村	45.00	45.00	51.29	1183
中坝村	12.34	18.71	25.63	1223
上坝村	8.17	35.47	37.75	1243
后山村	12.86	31.03	46.25	606
建联村	46.04	41.37	51.56	1289
安坪村	34.66	29.60	41.01	702
紫云村	48.56	33.29	35.86	678
灵关镇林场	0.00	0.00	0.00	—
陇东镇	**388.06**	**47.00**	**47.51**	**5502**
陇东镇社区	0.26	100.00	100.00	—
老场村	29.19	52.17	58.23	1183
苏村村	41.96	59.19	61.37	436
青江村	52.56	49.15	49.15	547
星火村	40.74	56.17	56.57	403
向兴村	47.69	43.13	43.13	782
自兴村	39.70	65.47	65.47	348
先锋村	51.95	50.51	50.51	555
新江村	60.12	45.74	45.74	773
崇兴村	23.89	21.04	21.04	475
陇东镇林场	0.00	0.00	0.00	—
蜂桶寨乡	**308.74**	**52.30**	**52.30**	**4915**
盐井坪村	12.34	80.68	80.68	1472
顺山村	40.66	54.23	54.23	624
青坪村	37.79	61.10	61.10	612
和平村	18.33	34.36	34.36	365
新华村	25.63	43.38	43.38	553
光明村	51.43	58.50	58.50	529
新康村	32.23	40.11	40.11	291
民和村	50.04	57.37	57.37	469
蜂桶寨乡林场	40.31	57.28	57.28	—
硗碛藏族乡	**251.75**	**38.76**	**38.76**	**5487**

续表

区域	退耕地面积（公顷）	占耕地面积比重（%）	占旱地面积比重（%）	人口数（人）
硗碛乡社区	0.17	50.00	50.00	0
夹拉村	69.50	45.69	45.69	1451
咎落村	26.06	34.52	34.52	1226
嘎日村	89.91	34.92	34.92	1099
泽根村	19.63	30.13	30.13	1024
勒乐村	36.40	43.06	43.06	687
硗碛乡林场	10.08	70.30	70.30	—
永富乡	**112.67**	**52.43**	**52.43**	**1923**
永富乡社区	0.09	25.00	25.00	—
若壁村	43.61	61.44	61.44	600
永和村	33.36	43.84	43.84	559
中岗村	31.71	52.29	52.29	764
永富乡林场	3.91	56.96	56.96	—
明礼乡	**108.59**	**31.30**	**31.30**	**1726**
百礼村	53.17	47.96	47.96	498
庄子村	45.09	22.89	22.89	902
联合村	10.34	26.44	26.44	326
明礼乡林场	0.00	0.00	0.00	—
五龙乡	**463.20**	**50.27**	**52.38**	**6159**
五龙乡社区	0.00	0.00	0.00	—
东风村	140.56	49.69	55.37	2838
战斗村	57.94	45.59	46.84	809
东升村	67.76	41.16	41.16	614
团结村	114.15	58.79	60.14	1081
胜利村	82.79	54.49	54.49	817
五龙乡林场	0.00	0.00	0.00	—
大溪乡	**116.32**	**30.67**	**39.60**	**3678**
罗家坝村	52.90	35.37	43.19	1602
烟溪口村	44.04	43.71	54.63	1227
曹家坝村	14.59	16.41	27.05	519
大溪塝村	4.78	11.96	13.03	330
大溪乡林场	0.00	0.00	0.00	—
邛崃市	**424.11**	**4.81**	**18.42**	**80997**
夹关镇	**6.86**	**0.39**	**4.08**	**18866**
临江社区	0.00	0.00	0.00	4002
王店社区	0.00	0.00	0.00	1755
草池村	0.00	0.00	0.00	1756
二龙村	0.00	0.00	0.00	1247
福田村	0.00	0.00	0.00	858

续表

区域	退耕地面积（公顷）	占耕地面积比重（%）	占旱地面积比重（%）	人口数（人）
拴马村	0.00	0.00	0.00	1275
韩坪村	0.00	0.00	0.00	1257
熊营村	0.00	0.00	0.00	912
渔坝村	1.48	0.76	21.25	2447
龚店村	0.00	0.00	0.00	2025
雕虎村	5.39	2.23	6.64	1332
火井镇	**39.70**	**2.00**	**21.04**	**20348**
高场社区	4.69	3.83	55.10	3715
银台山村	1.30	0.39	5.77	3011
夜合村	12.77	8.83	45.79	1689
状元村	8.69	3.49	14.62	2777
双童村	5.73	2.85	25.88	2168
三河村	1.04	0.69	18.46	2083
兴福村	0.61	0.27	14.89	1172
纸坊村	2.87	0.95	13.64	1494
雅鹏村	0.26	0.17	3.06	1190
凤场村	1.74	1.59	19.61	1049
高何镇	**148.90**	**10.71**	**25.69**	**12606**
沙坝社区	14.77	5.90	18.22	2600
靖口村	44.83	14.64	30.60	2098
高兴村	7.30	5.85	16.77	1316
王家村	21.46	10.54	18.71	2119
毛河村	13.90	6.20	20.67	2011
何场村	11.29	7.03	24.34	1679
银杏村	35.36	29.22	44.10	783
天台山镇	**44.22**	**1.69**	**9.49**	**15813**
三角社区	1.39	0.47	29.09	1976
马坪村	3.39	1.97	17.26	1455
纪红村	0.35	0.13	4.44	951
凤乐村	0.52	0.20	5.36	1886
清水村	0.09	0.03	1.05	1351
杨田村	10.42	3.90	11.94	2241
天井村	16.68	4.67	10.24	1956
土溪村	3.65	2.73	7.28	904
冯坝村	0.87	0.24	5.10	1926
紫荆村	6.86	3.16	6.98	1167
道佐乡	**56.55**	**8.54**	**10.60**	**8719**
沿江社区	3.21	4.91	6.31	3183
皮坝村	2.95	2.75	4.64	1284

续表

区域	退耕地面积（公顷）	占耕地面积比重（%）	占旱地面积比重（%）	人口数（人）
砖桥村	1.48	1.98	10.56	1128
寨沟村	11.12	10.66	11.11	632
鼎锅村	15.29	13.49	13.87	645
张店村	3.30	10.58	10.61	657
万福村	19.20	11.58	11.73	1190
南宝乡	**127.88**	**34.17**	**34.88**	**4645**
茶板村	14.33	43.88	43.88	656
金甲村	21.72	47.98	49.02	1002
常乐村	9.12	27.42	28.53	368
大胡村	18.16	32.25	34.43	709
秋园村	16.85	25.76	25.76	670
龙洞村	12.42	19.67	20.25	758
金花村	35.27	45.11	45.11	482

表2-24　芦山地震灾区生态保护重要性评价结果（乡镇单元）

类型	名称	乡镇	生物多样性重要性	水源涵养重要性	土壤侵蚀重要性	震后植被破坏程度	生态保护重要性
极重灾区	芦山县	芦阳镇	不重要	重要	中度敏感	中等影响	重要
		飞仙关镇	不重要	重要	中度敏感	中等影响	重要
		双石镇	不重要	重要	中度敏感	中等影响	重要
		太平镇	重要	重要	重度敏感	中等影响	重要
		大川镇	重要	重要	极敏感	轻微影响	极重要
		思延乡	不重要	重要	中度敏感	中等影响	重要
		清仁乡	不重要	重要	重度敏感	中等影响	重要
		龙门乡	不重要	重要	重度敏感	中等影响	重要
		宝盛乡	中等重要	重要	中度敏感	中等影响	重要
		苗溪茶场	不重要	重要	重度敏感	中等影响	重要
重灾区	雨城区	城区	不重要	重要	重度敏感	中等影响	重要
		北郊镇	不重要	重要	重度敏感	中等影响	重要
		草坝镇	不重要	不重要	轻度敏感	轻微影响	不重要
		合江镇	不重要	不重要	轻度敏感	轻微影响	不重要
		大兴镇	中等重要	中等重要	中度敏感	轻微影响	中等重要
		对岩镇	不重要	中等重要	重度敏感	中等影响	重要
		沙坪镇	不重要	重要	中度敏感	轻微影响	重要
		中里镇	中等重要	不重要	中度敏感	中等影响	中等重要
		上里镇	不重要	重要	中度敏感	中等影响	重要
		严桥镇	不重要	重要	轻度敏感	轻微影响	重要
		晏场镇	不重要	重要	轻度敏感	轻微影响	重要
		多营镇	不重要	重要	重度敏感	中等影响	重要
		碧峰峡镇	不重要	重要	中度敏感	中等影响	重要
		南郊乡	中等重要	中等重要	中度敏感	轻微影响	中等重要
		八步乡	不重要	中等重要	重度敏感	轻微影响	重要
		观化乡	不重要	重要	中度敏感	轻微影响	重要
		孔坪乡	不重要	重要	中度敏感	轻微影响	重要
		凤鸣乡	中等重要	不重要	中度敏感	轻微影响	中等重要
		望鱼乡	中等重要	重要	轻度敏感	轻微影响	重要
	天全县	城厢镇	不重要	重要	中度敏感	中等影响	重要
		始阳镇	不重要	重要	重度敏感	中等影响	重要
		小河乡	重要	极重要	中度敏感	轻微影响	极重要
		思经乡	中等重要	重要	中度敏感	轻微影响	重要
		鱼泉乡	中等重要	重要	中度敏感	轻微影响	重要
		紫石乡	极重要	极重要	极敏感	轻微影响	极重要
		两路乡	极重要	极重要	中度敏感	轻微影响	极重要
		大坪乡	不重要	重要	重度敏感	中等影响	重要
		乐英乡	不重要	重要	重度敏感	中等影响	重要

续表

类型	名称	乡镇	生物多样性重要性	水源涵养重要性	土壤侵蚀重要性	震后植被破坏程度	生态保护重要性
重灾区	天全县	多功乡	不重要	重要	重度敏感	中等影响	重要
		仁义乡	不重要	重要	中度敏感	中等影响	重要
		老场乡	中等重要	重要	中度敏感	中等影响	重要
		新华乡	不重要	重要	重度敏感	中等影响	重要
		新场乡	不重要	重要	重度敏感	中等影响	重要
		兴业乡	不重要	重要	重度敏感	轻微影响	重要
	名山区	蒙阳镇	中等重要	不重要	中度敏感	轻微影响	中等重要
		百丈镇	不重要	不重要	不敏感	轻微影响	不重要
		车岭镇	不重要	不重要	不敏感	轻微影响	不重要
		永兴镇	不重要	不重要	不敏感	轻微影响	不重要
		马岭镇	不重要	不重要	不敏感	轻微影响	不重要
		新店镇	不重要	不重要	不敏感	轻微影响	不重要
		蒙顶山镇	不重要	不重要	重度敏感	中等影响	重要
		黑竹镇	不重要	不重要	不敏感	轻微影响	不重要
		红星镇	不重要	不重要	不敏感	轻微影响	不重要
		城东乡	中等重要	不重要	中度敏感	中等影响	中等重要
		前进乡	不重要	不重要	不敏感	轻微影响	不重要
		中峰乡	不重要	不重要	不敏感	轻微影响	不重要
		联江乡	不重要	不重要	不敏感	轻微影响	不重要
		廖场乡	不重要	不重要	不敏感	轻微影响	不重要
		万古乡	中等重要	不重要	中度敏感	中等影响	中等重要
		红岩乡	不重要	不重要	不敏感	轻微影响	不重要
		双河乡	不重要	不重要	不敏感	轻微影响	不重要
		建山乡	中等重要	不重要	中度敏感	中等影响	中等重要
		解放乡	不重要	不重要	不敏感	轻微影响	不重要
		茅河乡	不重要	不重要	不敏感	轻微影响	不重要
	荥经县	严道镇	不重要	重要	重度敏感	轻微影响	重要
		花滩镇	不重要	重要	重度敏感	轻微影响	重要
		六合乡	不重要	重要	极敏感	轻微影响	极重要
		烈太乡	不重要	重要	极敏感	轻微影响	极重要
		安靖乡	重要	重要	中度敏感	轻微影响	重要
		民建彝族乡	不重要	重要	重度敏感	轻微影响	重要
		烈士乡	不重要	重要	重度敏感	轻微影响	重要
		荥河乡	不重要	重要	中度敏感	轻微影响	重要
		新建乡	重要	重要	轻度敏感	轻微影响	重要
		泗坪乡	重要	重要	中度敏感	轻微影响	重要
		新庙乡	极重要	重要	轻度敏感	轻微影响	极重要
		三合乡	极重要	极重要	中度敏感	轻微影响	极重要

续表

类型	名称	乡镇	生物多样性重要性	水源涵养重要性	土壤侵蚀重要性	震后植被破坏程度	生态保护重要性
重灾区	荥经县	大田坝乡	不重要	重要	极敏感	轻微影响	极重要
		天凤乡	不重要	重要	重度敏感	轻微影响	重要
		宝峰彝族乡	不重要	重要	重度敏感	轻微影响	重要
		新添乡	不重要	重要	极敏感	轻微影响	极重要
		附城乡	不重要	重要	重度敏感	轻微影响	重要
		五宪乡	不重要	重要	重度敏感	轻微影响	重要
		烟竹乡	中等重要	重要	极敏感	轻微影响	极重要
		青龙乡	中等重要	重要	中度敏感	轻微影响	重要
		龙苍沟乡	极重要	极重要	中度敏感	轻微影响	极重要
	宝兴县	穆坪镇	极重要	极重要	中度敏感	轻微影响	极重要
		灵关镇	极重要	重要	中度敏感	中等影响	极重要
		陇东镇	重要	极重要	极敏感	轻微影响	极重要
		蜂桶寨乡	极重要	极重要	重度敏感	轻微影响	极重要
		硗碛藏族乡	极重要	极重要	极敏感	无影响	极重要
		永富乡	极重要	极重要	极敏感	无影响	极重要
		明礼乡	重要	极重要	中度敏感	轻微影响	极重要
		五龙乡	重要	极重要	重度敏感	轻微影响	极重要
		大溪乡	中等重要	重要	中度敏感	中等影响	重要
	邛崃市	夹关镇	不重要	不重要	不敏感	轻微影响	不重要
		火井镇	中等重要	中等重要	中度敏感	轻微影响	中等重要
		高何镇	不重要	重要	中度敏感	中等影响	重要
		天台山镇	中等重要	不重要	中度敏感	中等影响	中等重要
		道佐乡	中等重要	不重要	中度敏感	轻微影响	中等重要
		南宝乡	不重要	重要	中度敏感	轻微影响	重要
一般灾区	邛崃市	临邛镇	不重要	不重要	不敏感	轻微影响	不重要
		羊安镇	不重要	不重要	不敏感	无影响	不重要
		牟礼镇	不重要	不重要	不敏感	无影响	不重要
		桑园镇	不重要	不重要	不敏感	轻微影响	不重要
		平乐镇	中等重要	中等重要	中度敏感	轻微影响	中等重要
		水口镇	中等重要	中等重要	中度敏感	轻微影响	中等重要
		固驿镇	不重要	不重要	不敏感	无影响	不重要
		冉义镇	不重要	不重要	不敏感	无影响	不重要
		回龙镇	不重要	不重要	不敏感	无影响	不重要
		高埂镇	不重要	不重要	不敏感	无影响	不重要
		前进镇	不重要	不重要	不敏感	无影响	不重要
		临济镇	不重要	不重要	不敏感	轻微影响	不重要
		卧龙镇	不重要	不重要	不敏感	轻微影响	不重要
		宝林镇	不重要	不重要	不敏感	轻微影响	不重要

续表

类型	名称	乡镇	生物多样性重要性	水源涵养重要性	土壤侵蚀重要性	震后植被破坏程度	生态保护重要性
一般灾区	邛崃市	茶园乡	中等重要	不重要	中度敏感	轻微影响	中等重要
		油榨乡	中等重要	中等重要	中度敏感	轻微影响	中等重要
		大同乡	中等重要	不重要	中度敏感	轻微影响	中等重要
		孔明乡	不重要	不重要	不敏感	轻微影响	不重要
	汉源县	富林镇	不重要	中等重要	重度敏感	轻微影响	重要
		九襄镇	中等重要	重要	中度敏感	轻微影响	重要
		乌斯河镇	不重要	中等重要	极敏感	轻微影响	极重要
		宜东镇	重要	重要	极敏感	轻微影响	极重要
		富庄镇	不重要	中等重要	极敏感	轻微影响	极重要
		清溪镇	中等重要	中等重要	中度敏感	轻微影响	中等重要
		大树镇	不重要	中等重要	极敏感	轻微影响	极重要
		皇木镇	重要	重要	重度敏感	轻微影响	重要
		大田乡	中等重要	中等重要	中度敏感	轻微影响	中等重要
		唐家乡	中等重要	中等重要	极敏感	轻微影响	极重要
		富春乡	中等重要	中等重要	重度敏感	轻微影响	重要
		河西乡	中等重要	中等重要	极敏感	轻微影响	极重要
		大岭乡	中等重要	中等重要	极敏感	轻微影响	极重要
		前域乡	中等重要	中等重要	极敏感	轻微影响	极重要
		后域乡	重要	极重要	中度敏感	轻微影响	极重要
		大堰乡	中等重要	中等重要	中度敏感	轻微影响	中等重要
		两河乡	重要	极重要	中度敏感	轻微影响	极重要
		富乡乡	极重要	极重要	中度敏感	轻微影响	极重要
		梨园乡	重要	极重要	中度敏感	轻微影响	极重要
		三交乡	中等重要	极重要	重度敏感	轻微影响	极重要
		双溪乡	重要	重要	中度敏感	轻微影响	重要
		西溪乡	中等重要	中等重要	极敏感	轻微影响	极重要
		建黎乡	中等重要	中等重要	中度敏感	轻微影响	中等重要
		市荣乡	中等重要	中等重要	极敏感	轻微影响	极重要
		富泉乡	中等重要	中等重要	极敏感	轻微影响	极重要
		万工乡	不重要	中等重要	极敏感	轻微影响	极重要
		安乐乡	不重要	中等重要	极敏感	轻微影响	极重要
		万里乡	重要	重要	重度敏感	轻微影响	重要
		马烈乡	重要	极重要	极敏感	轻微影响	极重要
		白岩乡	不重要	中等重要	极敏感	轻微影响	极重要
		青富乡	不重要	中等重要	极敏感	轻微影响	极重要
		桂贤乡	不重要	中等重要	极敏感	轻微影响	极重要
		河南乡	极重要	极重要	重度敏感	轻微影响	极重要
		晒经乡	不重要	中等重要	极敏感	轻微影响	极重要

续表

类型	名称	乡镇	生物多样性重要性	水源涵养重要性	土壤侵蚀重要性	震后植被破坏程度	生态保护重要性
一般灾区	汉源县	料林乡	不重要	中等重要	极敏感	轻微影响	极重要
		小堡藏族彝族乡	不重要	中等重要	极敏感	轻微影响	极重要
		片马彝族乡	中等重要	中等重要	极敏感	轻微影响	极重要
		坭美彝族乡	中等重要	中等重要	轻度敏感	轻微影响	中等重要
		永利彝族乡	重要	重要	重度敏感	轻微影响	重要
		顺河彝族乡	中等重要	中等重要	重度敏感	轻微影响	重要
	蒲江县	鹤山镇	不重要	不重要	不敏感	轻微影响	不重要
		大塘镇	不重要	不重要	不敏感	轻微影响	不重要
		寿安镇	不重要	不重要	不敏感	无影响	不重要
		朝阳湖镇	不重要	不重要	不敏感	轻微影响	不重要
		西来镇	不重要	不重要	不敏感	轻微影响	不重要
		大兴镇	不重要	不重要	不敏感	轻微影响	不重要
		甘溪镇	不重要	不重要	不敏感	轻微影响	不重要
		成佳镇	不重要	不重要	不敏感	轻微影响	不重要
		复兴乡	不重要	不重要	不敏感	轻微影响	不重要
		光明乡	中等重要	不重要	中度敏感	轻微影响	中等重要
		白云乡	中等重要	不重要	中度敏感	轻微影响	中等重要
		长秋乡	不重要	不重要	不敏感	无影响	不重要
	丹棱县	仁美镇	不重要	不重要	不敏感	轻微影响	不重要
		丹棱镇	不重要	不重要	不敏感	轻微影响	不重要
		杨场镇	不重要	不重要	不敏感	轻微影响	不重要
		双桥镇	不重要	不重要	不敏感	轻微影响	不重要
		张场镇	中等重要	不重要	中度敏感	轻微影响	中等重要
		石桥乡	中等重要	不重要	中度敏感	轻微影响	中等重要
		顺龙乡	中等重要	不重要	中度敏感	轻微影响	中等重要
	洪雅县	止戈镇	不重要	不重要	不敏感	轻微影响	不重要
		三宝镇	不重要	不重要	不敏感	轻微影响	不重要
		花溪镇	不重要	不重要	轻度敏感	轻微影响	不重要
		洪川镇	不重要	不重要	不敏感	轻微影响	不重要
		余坪镇	不重要	不重要	不敏感	轻微影响	不重要
		槽渔滩镇	不重要	重要	轻度敏感	轻微影响	重要
		中保镇	不重要	不重要	不敏感	轻微影响	不重要
		东岳镇	不重要	不重要	轻度敏感	轻微影响	不重要
		柳江镇	不重要	重要	中度敏感	轻微影响	重要
		高庙镇	重要	极重要	中度敏感	轻微影响	极重要
		瓦屋山镇	极重要	极重要	中度敏感	轻微影响	极重要
		中山乡	不重要	不重要	不敏感	轻微影响	不重要
		将军乡	不重要	不重要	不敏感	轻微影响	不重要
		汉王乡	不重要	不重要	轻度敏感	轻微影响	不重要
		桃源乡	不重要	不重要	轻度敏感	轻微影响	不重要

续表

类型	名称	乡镇	生物多样性重要性	水源涵养重要性	土壤侵蚀重要性	震后植被破坏程度	生态保护重要性
一般灾区	金口河区	永和镇	中等重要	重要	中度敏感	轻微影响	重要
		金河镇	重要	极重要	重度敏感	轻微影响	极重要
		和平彝族乡	不重要	中等重要	重度敏感	轻微影响	重要
		共安彝族乡	极重要	重要	中度敏感	轻微影响	极重要
		吉星乡	不重要	中等重要	重度敏感	无影响	重要
		永胜乡	重要	极重要	中度敏感	轻微影响	极重要
	大邑县	晋原镇	中等重要	不重要	中度敏感	无影响	中等重要
		王泗镇	不重要	不重要	不敏感	无影响	不重要
		新场镇	不重要	不重要	中度敏感	无影响	中等重要
		悦来镇	中等重要	不重要	中度敏感	无影响	中等重要
		安仁镇	不重要	不重要	不敏感	无影响	不重要
		出江镇	不重要	中等重要	极敏感	轻微影响	极重要
		花水湾镇	中等重要	重要	极敏感	轻微影响	极重要
		西岭镇	重要	重要	极敏感	轻微影响	极重要
		斜源镇	不重要	重要	极敏感	无影响	极重要
		董场镇	不重要	不重要	不敏感	无影响	不重要
		韩场镇	不重要	不重要	不敏感	无影响	不重要
		三岔镇	不重要	不重要	不敏感	无影响	不重要
		上安镇	不重要	不重要	不敏感	无影响	不重要
		苏家镇	不重要	不重要	不敏感	无影响	不重要
		青霞镇	不重要	不重要	中度敏感	无影响	中等重要
		沙渠镇	不重要	不重要	不敏感	无影响	不重要
		蔡场镇	不重要	不重要	不敏感	无影响	不重要
		雾山乡	不重要	重要	极敏感	无影响	极重要
		金星乡	不重要	不重要	重度敏感	无影响	重要
		鹤鸣乡	不重要	中等重要	重度敏感	无影响	重要
	石棉县	棉城街道办事处	中等重要	中等重要	重度敏感	轻微影响	重要
		新棉镇	重要	极重要	中度敏感	轻微影响	极重要
		安顺彝族乡	重要	极重要	中度敏感	无影响	极重要
		先锋藏族乡	重要	极重要	中度敏感	无影响	极重要
		蟹螺藏族乡	重要	极重要	中度敏感	无影响	极重要
		永和乡	重要	极重要	中度敏感	轻微影响	极重要
		回隆彝族乡	极重要	极重要	中度敏感	无影响	极重要
		擦罗彝族乡	重要	极重要	中度敏感	无影响	极重要
		栗子坪彝族乡	极重要	极重要	中度敏感	无影响	极重要
		美罗乡	重要	极重要	重度敏感	轻微影响	极重要
		迎政乡	重要	极重要	重度敏感	轻微影响	极重要
		宰羊乡	不重要	中等重要	极敏感	轻微影响	极重要

续表

类型	名称	乡镇	生物多样性重要性	水源涵养重要性	土壤侵蚀重要性	震后植被破坏程度	生态保护重要性
一般灾区	石棉县	丰乐乡	极重要	极重要	中度敏感	轻微影响	极重要
		新民藏族彝族乡	重要	极重要	中度敏感	无影响	极重要
		挖角彝族藏族乡	极重要	极重要	轻度敏感	轻微影响	极重要
		田湾彝族乡	极重要	极重要	中度敏感	无影响	极重要
		草科藏族乡	极重要	极重要	极敏感	无影响	极重要
	泸定县	泸桥镇	极重要	极重要	中度敏感	轻微影响	极重要
		冷碛镇	重要	极重要	重度敏感	轻微影响	极重要
		兴隆镇	中等重要	极重要	重度敏感	轻微影响	极重要
		磨西镇	极重要	极重要	极敏感	无影响	极重要
		岚安乡	极重要	极重要	中度敏感	无影响	极重要
		烹坝乡	极重要	极重要	极敏感	无影响	极重要
		田坝乡	极重要	极重要	极敏感	无影响	极重要
		杵坭乡	重要	极重要	中度敏感	无影响	极重要
		加郡乡	极重要	极重要	中度敏感	轻微影响	极重要
		德威乡	重要	极重要	中度敏感	无影响	极重要
		新兴乡	极重要	极重要	极敏感	无影响	极重要
		得妥乡	极重要	极重要	中度敏感	无影响	极重要
		国有林场	极重要	重要	极敏感	无影响	极重要
	夹江县	漹城镇	不重要	不重要	不敏感	无影响	不重要
		黄土镇	不重要	不重要	不敏感	无影响	不重要
		甘江镇	不重要	不重要	不敏感	无影响	不重要
		界牌镇	中等重要	不重要	中度敏感	无影响	中等重要
		中兴镇	不重要	不重要	不敏感	无影响	不重要
		三洞镇	不重要	不重要	不敏感	无影响	不重要
		吴场镇	不重要	不重要	不敏感	无影响	不重要
		木城镇	不重要	不重要	不敏感	轻微影响	不重要
		华头镇	不重要	不重要	中度敏感	轻微影响	中等重要
		甘霖镇	不重要	不重要	不敏感	无影响	不重要
		新场镇	不重要	不重要	不敏感	无影响	不重要
		顺河乡	不重要	不重要	不敏感	无影响	不重要
		马村乡	不重要	不重要	不敏感	无影响	不重要
		土门乡	不重要	不重要	不敏感	无影响	不重要
		青州乡	不重要	不重要	不敏感	无影响	不重要
		梧凤乡	不重要	不重要	不敏感	无影响	不重要
		永青乡	不重要	不重要	不敏感	无影响	不重要
		迎江乡	不重要	不重要	不敏感	轻微影响	不重要
		龙沱乡	中等重要	不重要	中度敏感	轻微影响	中等重要
		南安乡	中等重要	不重要	中度敏感	轻微影响	中等重要
		歇马乡	中等重要	不重要	中度敏感	轻微影响	中等重要
		麻柳乡	不重要	不重要	中度敏感	轻微影响	中等重要

续表

类型	名称	乡镇	生物多样性重要性	水源涵养重要性	土壤侵蚀重要性	震后植被破坏程度	生态保护重要性
一般灾区	峨眉山市	绥山镇	中等重要	不重要	中度敏感	无影响	中等重要
		高桥镇	不重要	不重要	极敏感	无影响	极重要
		罗目镇	中等重要	不重要	中度敏感	无影响	中等重要
		九里镇	中等重要	不重要	中度敏感	无影响	中等重要
		龙池镇	中等重要	重要	重度敏感	轻微影响	重要
		乐都镇	中等重要	不重要	中度敏感	无影响	中等重要
		符溪镇	不重要	不重要	不敏感	无影响	不重要
		峨山镇	不重要	不重要	轻度敏感	无影响	不重要
		双福镇	中等重要	不重要	中度敏感	无影响	中等重要
		桂花桥镇	不重要	不重要	不敏感	无影响	不重要
		大为镇	中等重要	不重要	重度敏感	轻微影响	重要
		胜利镇	不重要	不重要	不敏感	无影响	不重要
		龙门乡	不重要	不重要	重度敏感	无影响	不重要
		川主乡	不重要	不重要	轻度敏感	轻微影响	不重要
		沙溪乡	中等重要	不重要	中度敏感	无影响	中等重要
		新平乡	不重要	不重要	不敏感	无影响	不重要
		普兴乡	不重要	不重要	重度敏感	轻微影响	重要
		黄湾乡	中等重要	极重要	重度敏感	轻微影响	极重要
	甘洛县	新市坝镇	极重要	极重要	极敏感	无影响	极重要
		田坝镇	中等重要	重要	极敏感	无影响	极重要
		海棠镇	重要	重要	中度敏感	无影响	重要
		吉米镇	极重要	重要	中度敏感	无影响	极重要
		斯觉镇	不重要	中等重要	重度敏感	无影响	重要
		普昌镇	重要	重要	极敏感	无影响	极重要
		玉田镇	中等重要	中等重要	极敏感	无影响	极重要
		前进乡	中等重要	重要	极敏感	无影响	极重要
		胜利乡	中等重要	重要	重度敏感	无影响	重要
		新茶乡	不重要	重要	中度敏感	无影响	重要
		两河乡	中等重要	重要	轻度敏感	轻微影响	重要
		里克乡	不重要	中等重要	极敏感	无影响	极重要
		尼尔觉乡	中等重要	重要	重度敏感	无影响	重要
		拉莫乡	极重要	极重要	中度敏感	无影响	极重要
		波波乡	极重要	极重要	中度敏感	无影响	极重要
		阿嘎乡	极重要	极重要	中度敏感	无影响	极重要
		阿尔乡	重要	重要	重度敏感	无影响	重要
		石海乡	不重要	中等重要	重度敏感	无影响	重要
		团结乡	重要	重要	中度敏感	无影响	重要
		嘎日乡	中等重要	中等重要	极敏感	无影响	极重要

续表

类型	名称	乡镇	生物多样性重要性	水源涵养重要性	土壤侵蚀重要性	震后植被破坏程度	生态保护重要性
一般灾区	甘洛县	则拉乡	重要	重要	重度敏感	无影响	重要
		坪坝乡	中等重要	中等重要	轻度敏感	轻微影响	中等重要
		蓼坪乡	重要	重要	中度敏感	无影响	重要
		阿兹觉乡	极重要	极重要	重度敏感	轻微影响	极重要
		乌史大桥乡	中等重要	重要	中度敏感	轻微影响	重要
		黑马乡	中等重要	中等重要	极敏感	轻微影响	极重要
		沙岱乡	中等重要	重要	重度敏感	轻微影响	重要
		苏雄乡	中等重要	中等重要	极敏感	无影响	极重要
	东坡区	通惠街道办事处	不重要	不重要	不敏感	无影响	不重要
		大石桥街道办事处	不重要	不重要	不敏感	无影响	不重要
		苏祠街道办事处	不重要	不重要	不敏感	无影响	不重要
		白马镇	不重要	不重要	不敏感	无影响	不重要
		象耳镇	不重要	不重要	不敏感	无影响	不重要
		太和镇	不重要	不重要	不敏感	无影响	不重要
		悦兴镇	不重要	不重要	不敏感	无影响	不重要
		尚义镇	不重要	不重要	不敏感	无影响	不重要
		多悦镇	不重要	不重要	轻度敏感	无影响	不重要
		秦家镇	不重要	不重要	轻度敏感	无影响	不重要
		万胜镇	不重要	不重要	轻度敏感	轻微影响	不重要
		崇仁镇	不重要	不重要	不敏感	无影响	不重要
		思濛镇	不重要	不重要	不敏感	无影响	不重要
		修文镇	不重要	不重要	不敏感	无影响	不重要
		松江镇	不重要	不重要	不敏感	无影响	不重要
		崇礼镇	不重要	不重要	不敏感	无影响	不重要
		富牛镇	不重要	不重要	不敏感	无影响	不重要
		永寿镇	不重要	不重要	不敏感	无影响	不重要
		三苏乡	不重要	不重要	不敏感	无影响	不重要
		广济乡	不重要	不重要	轻度敏感	轻微影响	不重要
		盘鳌乡	中等重要	不重要	中度敏感	无影响	中等重要
		土地乡	不重要	不重要	不敏感	无影响	不重要
		复盛乡	不重要	不重要	不敏感	无影响	不重要
		复兴乡	不重要	不重要	不敏感	无影响	不重要
		金花乡	不重要	不重要	不敏感	无影响	不重要
		柳圣乡	不重要	不重要	不敏感	无影响	不重要
		彭山县飞地	不重要	不重要	不敏感	无影响	不重要
	峨边彝族自治县	大堡镇	中等重要	重要	重度敏感	无影响	重要
		毛坪镇	中等重要	不重要	重度敏感	无影响	重要
		五渡镇	不重要	不重要	重度敏感	无影响	重要

续表

类型	名称	乡镇	生物多样性重要性	水源涵养重要性	土壤侵蚀重要性	震后植被破坏程度	生态保护重要性
一般灾区	峨边彝族自治县	新林镇	极重要	极重要	重度敏感	无影响	极重要
		黑竹沟镇	极重要	极重要	重度敏感	无影响	极重要
		沙坪镇	不重要	不重要	极敏感	无影响	极重要
		宜坪乡	不重要	中等重要	重度敏感	无影响	重要
		红花乡	不重要	中等重要	重度敏感	无影响	重要
		杨村乡	不重要	中等重要	重度敏感	无影响	重要
		白杨乡	中等重要	中等重要	重度敏感	无影响	重要
		觉莫乡	极重要	重要	重度敏感	无影响	极重要
		万坪乡	极重要	极重要	重度敏感	无影响	极重要
		新场乡	不重要	不重要	重度敏感	无影响	重要
		杨河乡	重要	中等重要	重度敏感	无影响	重要
		共和乡	不重要	不重要	重度敏感	无影响	重要
		平等乡	中等重要	重要	极敏感	无影响	极重要
		哈曲乡	极重要	极重要	中度敏感	无影响	极重要
		金岩乡	中等重要	中等重要	重度敏感	无影响	中等重要
		勒乌乡	极重要	极重要	中度敏感	无影响	极重要
	康定县	炉城镇	极重要	极重要	极敏感	无影响	极重要
		姑咱镇	重要	极重要	极敏感	无影响	极重要
		新都桥镇	中等重要	中等重要	轻度敏感	无影响	中等重要
		雅拉乡	中等重要	重要	重度敏感	无影响	重要
		时济乡	极重要	极重要	中度敏感	无影响	极重要
		前溪乡	极重要	极重要	极敏感	无影响	极重要
		舍联乡	重要	极重要	重度敏感	无影响	极重要
		麦崩乡	极重要	极重要	极敏感	无影响	极重要
		三合乡	极重要	极重要	极敏感	无影响	极重要
		金汤乡	极重要	极重要	极敏感	无影响	极重要
		捧塔乡	极重要	极重要	极敏感	无影响	极重要
		沙德乡	中等重要	重要	中度敏感	无影响	重要
		贡嘎山乡	极重要	中等重要	极敏感	无影响	极重要
		普沙绒乡	中等重要	重要	中度敏感	无影响	重要
		吉居乡	中等重要	重要	中度敏感	无影响	重要
		瓦泽乡	中等重要	中等重要	轻度敏感	无影响	中等重要
		呷巴乡	中等重要	中等重要	轻度敏感	无影响	中等重要
		甲根坝乡	中等重要	中等重要	轻度敏感	无影响	中等重要
		朋布西乡	中等重要	重要	中度敏感	无影响	重要
		塔公乡	中等重要	中等重要	轻度敏感	无影响	中等重要
		孔玉乡	极重要	极重要	重度敏感	无影响	极重要

表 2-25 芦山地震灾区人口统计结果（乡镇单元）

名称	面积（平方公里）	户籍总人口（人）	户籍人口密度（人/平方公里）	非农业人口（人）	常住总人口（人）	常住人口密度（人/平方公里）	人口城镇化水平（%）	净迁移率（%）	外来人口占常住人口比重（%）	外出人口占户籍人口比重（%）
芦山县	**1191.44**	**120864**	**101.46**	**31044**	**129142**	**91.51**	**37.15**	**-10.00**	**2.48**	**20.51**
芦阳镇	37.80	28492	753.74	25224	28218	746.49	89.62	1.25	11.50	3.06
飞仙关镇	52.13	11400	218.69	889	9629	184.72	43.74	-17.17	2.75	34.02
双石镇	78.03	8756	112.22	334	7253	92.95	41.54	-19.30	1.90	21.80
太平镇	192.39	12533	65.14	945	11006	57.21	42.94	-15.53	4.70	23.59
大川镇	519.70	6383	12.28	848	6029	11.60	26.09	-6.52	0.63	25.16
思延乡	23.63	11135	471.30	448	9455	400.19	0.00	-18.35	5.16	26.83
清仁乡	51.49	13528	262.71	771	12198	236.88	13.83	-9.26	8.82	23.67
龙门乡	92.24	21775	236.06	1168	19713	213.71	0.00	-11.33	7.95	26.06
宝盛乡	116.46	6862	58.92	417	5526	47.45	0.00	-18.19	2.30	24.80
雨城区	**1062.80**	**347105**	**326.66**	**166016**	**238900**	**334.56**	**58.76**	**1.20**	**12.70**	**10.37**
北郊镇	75.90	78866	1039.05	60531	86037	1133.52	81.19	10.92	18.24	3.13
草坝镇	43.78	23846	544.71	4852	22401	511.70	29.61	-4.13	1.88	15.68
合江镇	25.15	8648	343.89	590	7929	315.30	10.42	-8.20	2.13	14.22
大兴镇	58.50	20924	357.67	3440	19206	328.30	21.24	-6.13	1.83	25.95
对岩镇	36.06	88391	2451.27	78946	113850	3157.31	93.90	16.39	27.50	2.98
沙坪镇	48.77	5813	119.20	577	3834	78.62	32.52	-50.78	6.68	22.83
中里镇	37.46	13259	353.96	842	11547	308.25	23.06	-15.16	2.88	17.16
上里镇	67.67	12312	181.95	1051	10207	150.84	30.36	-22.65	3.36	14.59
严桥镇	91.19	11107	121.80	700	9474	103.89	13.96	-18.05	1.84	16.79
晏场镇	101.07	10220	101.12	625	7294	72.17	20.17	-39.64	2.87	24.29
多营镇	25.22	8194	324.94	5465	7861	311.73	67.49	-3.82	6.73	10.78
碧峰峡镇	64.15	10408	162.23	508	8538	133.08	20.19	-21.19	7.39	6.68
南郊乡	40.38	13943	345.32	4098	14120	349.70	27.00	-3.40	8.10	18.14
八步乡	43.95	10000	227.54	1022	8049	183.15	0.00	-21.85	5.23	23.81
观化乡	62.84	5494	87.43	559	4214	67.06	0.00	-32.13	4.08	3.02
孔坪乡	76.58	10774	140.69	833	8603	112.34	0.00	-26.57	5.51	21.59
凤鸣乡	23.38	7744	331.18	964	6856	293.20	0.00	-11.00	3.92	4.76
望鱼乡	140.76	7162	50.88	413	5552	39.44	0.00	-30.10	4.81	19.49
天全县	**2390.51**	**154424**	**64.60**	**29969**	**154084**	**56.12**	**39.49**	**-13.25**	**3.66**	**22.96**
城厢镇	45.94	36323	790.66	20057	39361	856.79	85.52	9.32	20.69	14.60
始阳镇	38.97	21692	556.58	3073	19251	493.94	66.79	-10.56	10.38	20.62
小河乡	494.56	10356	20.94	1047	9754	19.72	66.25	-8.70	11.19	30.62
思经乡	136.64	11244	82.29	776	8495	62.17	0.00	-30.88	6.63	25.51
鱼泉乡	65.42	2751	42.05	174	2109	32.24	0.00	-29.68	12.33	23.52
紫石乡	899.90	2593	2.88	165	3035	3.37	0.00	19.87	34.43	25.95

续表

名称	面积（平方公里）	户籍总人口（人）	户籍人口密度（人/平方公里）	非农业人口（人）	常住总人口（人）	常住人口密度（人/平方公里）	人口城镇化水平（%）	净迁移率（%）	外来人口占常住人口比重（%）	外出人口占户籍人口比重（%）
两路乡	320.57	2103	6.56	204	1773	5.53	0.00	-12.30	12.63	23.78
大坪乡	19.24	5591	290.53	346	4199	218.19	0.00	-31.53	8.88	32.07
乐英乡	25.78	9686	375.68	579	7550	292.83	0.00	-23.88	7.71	24.78
多功乡	20.34	4747	233.43	177	3965	194.97	0.00	-18.59	5.52	27.60
仁义乡	40.37	11036	273.35	790	7537	186.68	0.00	-42.44	5.84	16.34
老场乡	79.80	7781	97.50	478	6049	75.80	0.00	-25.31	5.41	43.50
新华乡	32.59	7212	221.29	416	5272	161.76	0.00	-36.32	7.47	31.79
新场乡	62.87	12636	200.98	1030	9242	147.00	0.00	-35.91	5.18	22.06
兴业乡	107.51	8673	80.67	657	6560	61.02	0.00	-28.52	15.91	23.58
名山区	**618.40**	**278266**	**450.12**	**37148**	**278266**	**414.75**	**20.33**	**-6.42**	**2.06**	**18.33**
蒙阳镇	32.46	34761	1070.97	23657	36126	1113.03	74.90	1.75	16.63	17.51
百丈镇	37.01	19544	528.06	1997	18307	494.64	33.19	-0.33	7.61	8.26
车岭镇	47.65	21292	446.86	777	18973	398.19	15.74	-12.41	2.08	31.94
永兴镇	34.22	19961	583.32	843	18005	526.16	10.96	-7.99	2.68	12.40
马岭镇	36.47	11792	323.30	453	10705	293.50	10.10	-10.37	3.07	15.69
新店镇	47.12	21102	447.81	1086	19191	407.25	1.67	-8.35	1.54	18.01
蒙顶山镇	26.65	12659	474.99	3996	12589	472.37	39.79	0.53	8.70	22.41
黑竹镇	23.79	11466	482.00	568	10302	433.07	3.89	-7.61	3.14	20.54
红星镇	27.74	13394	482.78	493	12322	444.14	21.94	-5.86	2.73	12.32
城东乡	22.55	8131	360.60	337	8390	372.09	53.92	8.30	15.46	18.32
前进乡	33.69	15579	462.38	519	13563	402.54	0.00	-12.64	1.11	22.47
中峰乡	44.50	13656	306.86	377	12550	282.01	0.00	-5.36	2.49	11.83
联江乡	26.09	11104	425.53	360	10153	389.09	0.00	-7.97	2.89	25.00
廖场乡	24.54	10895	443.89	251	9303	379.03	0.00	-11.79	4.11	25.24
万古乡	24.62	10119	411.07	255	8884	360.90	0.00	-8.54	3.67	25.51
红岩乡	20.71	6619	319.60	167	5613	271.02	0.00	-17.30	3.87	15.08
双河乡	32.98	11310	342.98	295	9980	302.65	0.00	-10.55	4.98	12.39
建山乡	33.86	7270	214.71	204	5806	171.47	0.00	-25.18	2.93	16.04
解放乡	22.44	9270	413.06	256	8465	377.19	0.00	-6.60	2.43	20.50
茅河乡	19.30	8342	432.30	257	7257	376.07	0.00	-9.60	2.27	16.18
荥经县	**1776.92**	**152038**	**85.57**	**43431**	**153569**	**83.26**	**39.35**	**-1.85**	**5.01**	**18.78**
严道镇	14.40	37453	2601.42	35153	40461	2810.35	96.78	10.61	22.92	11.25
花滩镇	58.71	12101	206.11	1393	10619	180.86	55.04	-10.99	13.00	16.30
龙苍沟镇	458.67	7718	16.83	376	8972	19.56	0.00	16.37	36.10	36.73
六合乡	18.90	10000	529.14	613	9783	517.66	53.18	2.79	16.08	27.14
烈太乡	15.55	6661	428.30	633	6699	430.74	0.00	-0.19	12.15	3.32

续表

名称	面积（平方公里）	户籍总人口（人）	户籍人口密度（人/平方公里）	非农业人口（人）	常住总人口（人）	常住人口密度（人/平方公里）	人口城镇化水平（%）	净迁移率（%）	外来人口占常住人口比重（%）	外出人口占户籍人口比重（%）
安靖乡	145.13	5246	36.15	364	4412	30.40	0.00	-13.17	7.05	18.17
民建彝族乡	20.07	4824	240.39	176	4112	204.91	0.00	-18.29	9.17	43.62
烈士乡	21.65	4301	198.65	597	4382	202.39	0.00	-3.79	9.08	19.46
荥河乡	29.37	6135	208.88	429	5652	192.43	0.00	-13.64	10.77	23.24
新建乡	191.95	2892	15.07	140	2323	12.10	0.00	-24.41	7.15	20.19
泗坪乡	107.79	4521	41.94	648	4245	39.38	0.00	-7.35	8.36	17.98
新庙乡	161.97	2916	18.00	144	2773	17.12	0.00	-6.20	4.26	15.64
三合乡	317.36	2515	7.92	107	2502	7.88	0.00	-4.12	6.47	17.02
大田坝乡	9.06	5918	653.12	339	5578	615.60	72.28	-4.61	17.14	34.83
天凤乡	12.41	3428	276.26	171	2815	226.86	0.00	-21.31	1.39	27.10
宝峰彝族乡	12.29	3323	270.34	154	1733	140.99	0.00	-96.54	3.87	7.40
新添乡	51.95	10766	207.22	637	9536	183.54	0.00	-13.34	3.57	24.92
附城乡	14.10	5422	384.44	426	5935	420.82	67.11	3.18	20.19	22.76
五宪乡	21.63	5914	273.44	341	5711	264.05	0.00	-4.85	6.76	6.22
烟竹乡	40.90	3533	86.39	173	3007	73.53	0.00	-17.46	10.84	4.95
青龙乡	53.06	6451	121.57	417	6705	126.36	0.00	3.73	7.98	20.14
宝兴县	**3114.40**	**58729**	**18.86**	**12522**	**58605**	**18.00**	**27.90**	**-4.36**	**2.85**	**15.54**
穆坪镇	164.17	12237	74.54	7671	12690	77.30	74.77	4.06	15.73	16.56
灵关镇	235.79	17102	72.53	2561	16644	70.59	29.97	-2.81	4.96	19.13
陇东镇	493.26	5502	11.15	457	5420	10.99	21.46	-3.89	6.86	7.63
蜂桶寨乡	365.41	4915	13.45	344	4703	12.87	0.00	-3.72	6.25	11.80
硗碛藏族乡	948.25	5487	5.79	553	4563	4.81	0.00	-18.21	1.34	20.17
永富乡	663.13	1923	2.90	136	1642	2.48	0.00	-17.90	8.89	7.54
明礼乡	118.69	1726	14.54	105	1379	11.62	0.00	-23.57	7.83	19.24
五龙乡	73.73	6159	83.54	523	5735	77.79	0.00	-5.30	2.89	8.62
大溪乡	51.96	3678	70.79	172	3284	63.20	0.00	-10.69	3.17	19.39
邛崃市	**1377.25**	**656065**	**476.55**	**245611**	**615300**	**444.91**	**31.02**	**-7.60**	**2.65**	**18.50**
临邛镇	144.35	164898	1142.34	122592	185430	1284.57	73.54	8.85	12.51	18.50
羊安镇	46.67	41832	896.30	14017	39847	853.77	57.95	-3.85	8.16	18.50
牟礼镇	59.28	53669	905.30	9863	42538	717.54	0.00	-26.92	2.21	18.50
桑园镇	37.07	28328	764.17	4128	24749	667.62	13.86	-14.66	3.68	18.50
平乐镇	79.30	36339	458.23	16030	30937	390.11	25.36	-17.23	6.09	18.50
夹关镇	47.47	18866	397.39	4944	17374	365.96	0.00	-9.54	1.73	18.50
火井镇	65.57	20348	310.34	3707	16731	255.17	0.00	-19.68	2.80	18.50
水口镇	116.80	23036	197.23	2219	19524	167.16	9.70	-17.72	2.75	18.50
固驿镇	50.42	32626	647.03	9890	29496	584.96	23.08	-12.53	2.53	18.50

续表

名称	面积（平方公里）	户籍总人口（人）	户籍人口密度（人/平方公里）	非农业人口（人）	常住总人口（人）	常住人口密度（人/平方公里）	人口城镇化水平（%）	净迁移率（%）	外来人口占常住人口比重（%）	外出人口占户籍人口比重（%）
冉义镇	36.69	30597	833.85	5687	25093	683.85	7.92	-18.67	1.06	18.50
回龙镇	42.77	21577	504.47	5938	20616	482.00	11.33	-4.76	2.33	18.50
高埂镇	25.77	20901	810.97	5216	19993	775.74	10.86	-6.60	10.98	18.50
前进镇	25.68	18320	713.40	5960	19105	743.96	21.79	7.18	13.79	18.50
高何镇	81.43	12606	154.81	2358	9381	115.21	0.00	-32.34	2.20	18.50
临济镇	37.58	17421	463.54	6907	15203	404.52	0.00	-14.00	3.53	18.50
卧龙镇	34.13	15963	467.72	7259	14207	416.27	0.00	-13.80	3.15	18.50
天台山镇	109.27	15813	144.72	1909	12433	113.78	0.00	-27.16	3.84	18.50
宝林镇	36.98	14431	390.28	1580	13300	359.70	0.00	-7.53	4.22	18.50
茶园乡	31.81	13145	413.22	4701	11859	372.79	0.00	-11.75	1.11	18.50
道佐乡	32.32	8719	269.76	1940	7080	219.05	0.00	-22.94	8.50	18.50
油榨乡	51.76	14296	276.18	3065	10822	209.06	0.00	-32.46	2.95	18.50
南宝乡	87.17	4645	53.29	0	3546	40.68	0.00	-31.08	2.65	18.50
大同乡	70.81	16938	239.20	2010	13130	185.42	0.00	-28.87	2.34	18.50
孔明乡	26.13	10751	411.51	3691	10359	396.50	0.00	-3.76	1.73	18.50
汉源县	**2214.89**	**329622**	**148.83**	**33502**	**343839**	**146.47**	**16.62**	**0.48**	**2.65**	**14.80**
富林镇	9.72	27015	2780.52	17199	28827	2967.02	92.76	10.82	14.16	14.80
九襄镇	86.00	45822	532.82	7084	53380	620.70	26.86	16.81	20.98	14.80
乌斯河镇	52.51	8736	166.38	850	8647	164.69	21.30	-1.64	10.29	14.80
宜东镇	92.16	16795	182.24	765	15969	173.28	25.20	-6.56	2.20	14.80
富庄镇	51.21	10525	205.52	281	9710	189.61	13.72	-7.86	7.86	14.80
清溪镇	18.60	5186	278.76	473	4885	262.58	33.78	-5.38	4.69	14.80
大树镇	28.12	6866	244.17	883	5363	190.72	40.70	2.39	8.67	14.80
皇木镇	88.26	7415	84.01	234	6847	77.58	26.35	-8.66	3.64	14.80
大田乡	24.67	12800	518.75	525	13142	532.61	0.00	5.08	16.22	14.80
唐家乡	25.83	15835	612.96	826	15425	597.09	0.00	-0.53	14.13	14.80
富春乡	30.58	8406	274.93	236	8234	269.30	0.00	0.11	0.86	14.80
河西乡	27.87	10085	361.91	397	9756	350.10	0.00	-2.75	4.22	14.80
大岭乡	25.58	5733	224.14	113	4779	186.84	0.00	-23.69	3.58	14.80
前域乡	24.78	7577	305.73	131	10386	419.08	0.00	-0.38	6.87	14.80
后域乡	48.86	4312	88.26	64	3680	75.32	0.00	-16.44	2.26	14.80
大堰乡	34.20	7644	223.52	175	7798	228.02	0.00	0.14	0.82	14.80
两河乡	65.07	3865	59.40	83	3283	50.46	0.00	-21.41	2.92	14.80
富乡乡	87.17	3188	36.57	86	2928	33.59	0.00	-11.58	1.06	14.80
梨园乡	60.65	4465	73.61	103	4282	70.60	0.00	-7.61	0.86	14.80
三交乡	219.83	5022	22.85	88	4589	20.88	0.00	-11.05	1.90	14.80

续表

名称	面积（平方公里）	户籍总人口（人）	户籍人口密度（人/平方公里）	非农业人口（人）	常住总人口（人）	常住人口密度（人/平方公里）	人口城镇化水平（%）	净迁移率（%）	外来人口占常住人口比重（%）	外出人口占户籍人口比重（%）
双溪乡	67.40	7046	104.53	245	6964	103.32	0.00	0.47	6.25	14.80
西溪乡	38.73	4154	107.25	98	3789	97.82	0.00	-10.27	3.11	14.80
建黎乡	44.29	4223	95.34	102	4200	94.82	0.00	0.07	2.57	14.80
市荣乡	38.05	15334	402.96	419	13708	360.23	0.00	14.63	16.67	14.80
富泉乡	29.72	6744	226.95	174	6326	212.89	0.00	-1.45	7.45	14.80
万工乡	16.24	3441	211.91	193	3454	212.71	0.00	-0.14	1.39	14.80
安乐乡	20.32	8574	422.05	213	7959	391.78	0.00	-8.04	1.46	14.80
万里乡	100.23	4918	49.07	86	4147	41.38	0.00	-16.86	7.52	14.80
马烈乡	120.57	6270	52.00	119	6074	50.38	0.00	-5.55	0.91	14.80
白岩乡	16.86	7870	466.82	159	7145	423.82	0.00	-7.87	4.98	14.80
青富乡	27.89	2072	74.30	111	1640	58.81	0.00	-8.60	8.29	14.80
桂贤乡	52.16	8297	159.07	246	9152	175.46	0.00	4.69	5.06	14.80
河南乡	148.32	6194	41.76	121	5436	36.65	0.00	-6.88	5.98	14.80
晒经乡	29.28	4505	153.88	107	4057	138.57	0.00	-5.64	7.05	14.80
料林乡	38.59	6764	175.29	105	5581	144.63	0.00	-11.07	1.94	14.80
小堡藏族彝族乡	48.47	2550	52.61	163	2226	45.93	0.00	-7.50	22.10	14.80
片马彝族乡	56.16	5498	97.90	85	4364	77.70	0.00	-24.89	8.62	14.80
坭美彝族乡	66.35	2613	39.38	35	1805	27.21	0.00	-45.76	21.88	14.80
永利彝族乡	84.35	3448	40.88	59	3034	35.97	0.00	-15.10	3.16	14.80
顺河彝族乡	69.28	1815	26.20	66	1437	20.74	0.00	-26.37	1.32	14.80
蒲江县	**580.44**	**263527**	**454.23**	**73143**	**265191**	**412.72**	**30.50**	**-10.60**	**2.41**	**5.55**
鹤山镇	110.37	82705	749.37	33773	83775	759.07	68.96	-1.20	10.62	5.55
大塘镇	29.76	15072	506.50	3741	12435	417.88	9.43	-22.11	5.52	5.55
寿安镇	87.69	54287	619.10	11652	47858	545.78	29.51	-13.41	2.62	5.55
朝阳湖镇	29.27	10472	357.74	2691	9122	311.62	0.00	-12.76	4.41	5.55
西来镇	79.00	30388	384.68	8714	26767	338.84	0.00	-12.96	2.60	5.55
大兴镇	59.20	18816	317.83	3522	16350	276.17	0.00	-13.93	5.57	5.55
甘溪镇	29.07	11325	389.61	2620	9277	319.15	0.00	-20.70	3.26	5.55
成佳镇	40.44	10984	271.61	1965	9762	241.40	0.00	-11.32	2.55	5.55
复兴乡	36.39	13776	378.54	4399	11720	322.04	0.00	-18.40	3.63	5.55
光明乡	22.57	5640	249.84	0	4253	188.40	0.00	-32.73	7.05	5.55
白云乡	37.38	5740	153.57	0	4703	125.83	0.00	-20.99	3.32	5.55
长秋乡	19.31	4322	223.83	66	3540	183.33	0.00	-21.16	3.73	5.55
丹棱县	**449.49**	**163237**	**363.32**	**35710**	**164197**	**315.81**	**43.85**	**-13.03**	**1.92**	**31.70**
仁美镇	32.24	18497	573.78	4188	14090	437.07	40.78	-30.52	2.31	46.49
丹棱镇	60.38	41798	692.23	21140	42778	708.46	66.76	8.04	11.93	24.58

续表

名称	面积（平方公里）	户籍总人口（人）	户籍人口密度（人/平方公里）	非农业人口（人）	常住总人口（人）	常住人口密度（人/平方公里）	人口城镇化水平（%）	净迁移率（%）	外来人口占常住人口比重（%）	外出人口占户籍人口比重（%）
杨场镇	91.51	32023	349.93	3202	26596	290.63	32.72	-18.90	2.78	31.11
双桥镇	87.96	32972	374.87	3295	26650	302.99	39.46	-23.12	2.83	28.83
张场镇	97.77	24394	249.51	3364	20675	211.47	42.20	-18.74	1.77	32.15
石桥乡	22.62	4215	186.31	247	3761	166.24	0.00	-15.82	3.48	34.69
顺龙乡	57.01	9338	163.78	274	7403	129.85	0.00	-26.69	2.35	43.96
洪雅县	**1898.18**	**349631**	**184.25**	**96140**	**348041**	**158.16**	**30.04**	**-15.73**	**1.96**	**36.03**
止戈镇	44.70	22342	499.83	12604	17945	401.46	22.68	-21.25	4.26	27.47
三宝镇	37.89	16896	445.90	2347	13133	346.59	15.80	-26.76	2.02	46.77
花溪镇	83.06	17112	206.01	1996	15055	181.25	31.84	-20.38	3.08	66.16
洪川镇	79.28	73534	927.52	47837	75800	956.10	67.44	4.61	17.81	28.32
余坪镇	103.20	42550	412.30	4152	31382	304.08	17.81	-34.09	1.73	34.31
槽渔滩镇	82.99	20219	243.63	4223	16895	203.58	37.96	-19.33	2.88	25.98
中保镇	67.89	24298	357.89	3292	17700	260.71	33.62	-36.36	8.36	37.81
东岳镇	106.13	27144	255.76	1520	21847	205.85	4.61	-22.85	1.56	42.93
柳江镇	159.93	19742	123.44	3664	16723	104.57	26.22	-18.83	5.11	39.16
高庙镇	229.47	17431	75.96	3694	15682	68.34	18.09	-10.62	5.41	38.60
瓦屋山镇	694.44	16923	24.37	3784	14861	21.40	13.05	-14.35	5.28	27.63
中山乡	40.14	15264	380.26	477	12518	311.85	0.00	-20.59	1.77	24.21
将军乡	54.51	20139	369.44	6122	17797	326.47	0.00	-12.60	5.92	38.61
汉王乡	70.87	11523	162.59	276	9113	128.59	0.00	-23.75	1.40	56.81
桃源乡	43.68	4514	103.35	152	3766	86.22	0.00	-26.77	4.17	42.84
金口河区	**598.33**	**53063**	**88.71**	**15377**	**53060**	**82.16**	**39.64**	**-9.27**	**7.82**	**32.45**
永和镇	77.18	18201	235.84	11233	19205	248.85	74.33	2.33	21.36	33.62
金河镇	143.16	9364	65.41	1803	7097	49.58	15.91	-28.67	4.68	34.44
和平彝族乡	42.22	9548	226.13	1043	10294	243.79	39.63	4.13	16.50	28.83
共安彝族乡	168.27	6773	40.25	1087	5187	30.83	0.00	-19.30	5.48	30.33
吉星乡	44.95	4141	92.12	92	3334	74.17	0.00	-34.70	5.13	28.88
永胜乡	122.55	5036	41.09	119	4040	32.97	0.00	-30.64	10.17	37.19
大邑县	**1284.21**	**511975**	**398.83**	**204063**	**518612**	**391.06**	**35.03**	**-2.89**	**6.49**	**16.15**
晋原镇	91.07	126713	1391.36	86134	152872	1678.60	87.49	15.62	23.28	16.15
悦来镇	57.51	23465	407.98	5658	22778	396.04	34.21	-3.18	6.16	16.15
安仁镇	57.26	58211	1016.59	27055	50548	882.76	16.57	-16.80	5.00	16.15
出江镇	62.98	14659	232.77	2752	12519	198.79	7.50	-20.43	5.26	16.15
花水湾镇	87.00	8537	98.13	3958	7189	82.63	21.89	-20.78	12.24	16.15
西岭镇	412.64	6055	14.67	0	5422	13.14	28.05	-11.29	18.24	16.15
斜源镇	62.89	7901	125.62	2925	5051	80.31	0.00	-39.54	6.41	16.15

续表

名称	面积（平方公里）	户籍总人口（人）	户籍人口密度（人/平方公里）	非农业人口（人）	常住总人口（人）	常住人口密度（人/平方公里）	人口城镇化水平（%）	净迁移率（%）	外来人口占常住人口比重（%）	外出人口占户籍人口比重（%）
董场镇	31.15	28026	899.63	17879	25557	820.38	3.27	-10.29	7.24	16.15
韩场镇	20.78	17845	858.93	6327	16780	807.67	21.86	-8.04	13.08	16.15
三岔镇	40.85	33721	825.39	6426	32164	787.27	0.00	-5.71	3.18	16.15
上安镇	19.77	15710	794.73	1000	13893	702.81	12.45	-14.32	4.41	16.15
苏家镇	20.46	19939	974.38	6676	18172	888.03	0.00	-7.87	2.93	16.15
青霞镇	28.15	8324	295.66	6350	7302	259.36	0.00	-12.04	7.31	16.15
沙渠镇	18.80	17339	922.15	4330	15930	847.21	53.26	-8.90	9.76	16.15
蔡场镇	21.62	19868	919.03	8949	17103	791.13	0.00	-16.72	11.48	16.15
雾山乡	51.65	4233	81.96	1843	3599	69.68	0.00	-20.23	4.17	16.15
金星乡	49.54	8973	181.13	1878	7979	161.06	0.00	-15.20	4.25	16.15
鹤鸣乡	48.85	12100	247.72	63	12140	248.54	0.00	-1.05	3.14	16.15
新场镇	36.45	23987	658.09	6209	22762	624.48	0.00	-18.81	5.78	16.15
王泗镇	64.77	56369	870.23	7651	52439	809.56	13.79	-3.41	5.72	16.15
石棉县	**2678.73**	**124009**	**46.29**	**39752**	**122760**	**46.14**	**31.91**	**1.41**	**6.68**	**4.70**
新棉镇	158.93	36805	231.57	31435	42586	267.95	92.60	13.19	21.18	9.43
安顺彝族乡	211.67	9172	43.33	1805	8762	41.39	0.00	-0.65	8.59	2.86
先锋藏族乡	93.51	6719	71.85	324	6531	69.84	0.00	-1.30	7.93	1.44
蟹螺藏族乡	203.03	4057	19.98	175	3566	17.56	0.00	-14.11	9.62	2.14
永和乡	75.18	5516	73.37	299	4739	63.03	0.00	-14.73	6.98	0.96
回隆彝族乡	220.24	9841	44.68	2978	8777	39.85	0.00	-7.13	11.46	7.09
擦罗彝族乡	79.06	4479	56.65	185	4207	53.21	0.00	-6.20	11.20	3.37
栗子坪彝族乡	510.02	5707	11.19	108	5207	10.21	0.00	-1.21	7.01	1.68
美罗乡	52.77	9142	173.25	647	8484	160.78	0.00	-4.60	6.25	3.04
迎政乡	59.29	7153	120.65	440	6228	105.05	0.00	-11.59	11.19	1.41
宰羊乡	21.38	5559	260.01	346	4886	228.53	0.00	-8.76	5.98	2.05
丰乐乡	231.45	3326	14.37	224	2686	11.61	0.00	-26.28	6.92	3.52
新民藏族彝族乡	87.04	7084	81.39	401	7314	84.03	0.00	1.89	5.44	0.86
挖角彝族藏族乡	185.97	3400	18.28	114	4130	22.21	0.00	23.27	33.46	3.74
田湾彝族乡	148.65	3302	22.21	133	3054	20.54	0.00	-7.47	6.19	1.97
草科藏族乡	340.53	2747	8.07	138	2443	7.17	0.00	-8.56	9.74	2.04
泸定县	**2164.58**	**87107**	**40.24**	**20074**	**86872**	**38.52**	**30.61**	**-2.14**	**9.23**	**6.61**
岚安乡	57.93	3017	52.08	92	2265	39.10	0.00	-31.43	3.71	9.58
烹坝乡	116.29	4673	40.19	138	4053	34.85	0.00	-12.44	8.88	7.62
泸桥镇	149.56	22850	152.78	12278	25300	169.16	69.47	13.51	28.29	2.97
冷碛镇	78.52	8607	109.61	2438	8121	103.42	51.55	-4.54	17.51	7.20
田坝乡	224.97	4973	22.11	194	4498	19.99	21.19	-4.14	13.05	7.48

续表

名称	面积（平方公里）	户籍总人口（人）	户籍人口密度（人/平方公里）	非农业人口（人）	常住总人口（人）	常住人口密度（人/平方公里）	人口城镇化水平（%）	净迁移率（%）	外来人口占常住人口比重（%）	外出人口占户籍人口比重（%）
杵坭乡	49.49	3249	65.65	117	2801	56.60	0.00	-17.46	9.89	9.54
兴隆镇	104.18	10052	96.49	1314	9181	88.13	1.05	-8.91	8.11	5.47
德威乡	69.67	4886	70.13	186	4072	58.45	0.00	-23.28	6.93	9.82
新兴乡	438.57	5391	12.29	354	4838	11.03	0.00	-5.66	7.73	10.39
磨西镇	312.62	7100	22.71	2358	7390	23.64	36.77	5.90	18.40	11.13
加郡乡	192.65	4439	23.04	146	3858	20.03	0.00	-11.17	10.11	7.43
得妥乡	217.97	7870	36.11	459	7009	32.16	0.00	-12.95	3.10	5.37
夹江县	**743.67**	**351675**	**473.14**	**79862**	**351669**	**454.97**	**25.19**	**-3.48**	**2.40**	**21.96**
漹城镇	40.66	73742	1813.67	48468	78417	1928.65	75.73	7.45	13.41	15.64
黄土镇	47.38	22690	478.85	3114	22365	472.00	30.78	-0.80	7.05	28.81
甘江镇	59.38	37394	629.72	4705	35756	602.14	18.30	-4.96	3.82	24.00
界牌镇	33.95	18379	541.42	5440	17165	505.66	12.44	-5.82	6.40	28.52
中兴镇	30.26	13139	434.23	729	11113	367.27	17.77	-17.85	2.44	21.49
三洞镇	35.10	13226	376.81	1318	12907	367.72	3.10	-0.22	1.81	22.49
吴场镇	44.34	14355	323.76	1094	13244	298.70	2.70	-7.50	2.23	21.39
木城镇	31.26	17328	554.33	2811	14816	473.97	6.82	-17.22	2.29	22.10
华头镇	43.67	11046	252.94	953	10213	233.87	10.13	-9.66	2.85	24.61
甘霖镇	27.38	15829	578.14	1855	15810	577.45	8.02	0.11	5.36	22.62
新场镇	33.32	12442	373.46	2596	11657	349.89	36.42	1.85	8.70	23.14
顺河乡	21.96	11300	514.61	1081	10964	499.31	0.00	-2.53	2.17	20.85
马村乡	28.35	12507	441.09	806	11124	392.32	0.00	-13.19	2.59	22.34
土门乡	25.67	10143	395.14	692	10363	403.71	0.00	1.40	6.81	22.86
青州乡	27.17	8490	312.48	485	8636	317.85	0.00	-2.91	3.42	22.98
梧凤乡	19.44	7152	367.95	494	6439	331.26	0.00	-12.49	3.82	22.29
永青乡	17.99	5450	302.88	168	4990	277.32	0.00	-9.02	1.78	24.33
迎江乡	28.84	11353	393.66	945	10373	359.68	0.00	-9.91	2.43	20.84
龙沱乡	17.17	5964	347.27	261	5848	340.51	0.00	-3.11	1.85	21.56
南安乡	31.51	10084	320.02	1063	9684	307.32	0.00	-8.56	8.24	20.83
歇马乡	52.95	12736	240.54	560	10975	207.28	0.00	-16.29	1.60	25.05
麻柳乡	45.92	6926	150.83	224	5487	119.49	0.00	-25.84	1.33	25.58
峨眉山市	**1181.68**	**433705**	**367.18**	**186622**	**434211**	**369.87**	**50.42**	**0.61**	**7.00**	**27.57**
绥山镇	55.00	113901	2070.95	100638	130034	2364.28	92.32	13.82	25.18	28.60
高桥镇	75.91	16355	215.46	3223	13868	182.70	24.26	-18.94	6.51	27.57
罗目镇	48.93	23928	488.98	5115	23331	476.78	29.92	-2.96	7.94	27.37
九里镇	46.14	27155	588.56	9163	25203	546.25	77.69	-9.96	9.30	27.91
龙池镇	189.63	27214	143.51	5659	24467	129.02	26.22	-13.88	5.04	27.95

续表

名称	面积（平方公里）	户籍总人口（人）	户籍人口密度（人/平方公里）	非农业人口（人）	常住总人口（人）	常住人口密度（人/平方公里）	人口城镇化水平（%）	净迁移率（%）	外来人口占常住人口比重（%）	外出人口占户籍人口比重（%）
乐都镇	30.36	14466	476.45	4082	11951	393.62	38.67	−21.54	7.16	27.71
符溪镇	42.72	30415	711.91	10680	30361	710.64	22.71	3.32	14.39	33.53
峨山镇	13.56	11926	879.35	5993	12857	948.00	51.22	7.96	24.15	27.35
双福镇	53.49	25213	471.36	4169	24286	454.03	20.89	−3.41	5.49	31.47
桂花桥镇	48.60	42930	883.26	14970	44208	909.56	37.13	−2.91	12.80	31.03
大为镇	117.87	13310	112.92	937	11961	101.48	11.94	−15.51	3.39	27.84
胜利镇	19.19	21289	1109.32	13275	22282	1161.06	47.34	9.43	28.87	26.39
龙门乡	69.66	9797	140.63	324	7594	109.01	0.00	−31.71	4.73	2.77
川主乡	47.71	6981	146.32	619	6023	126.24	0.00	−15.16	2.42	2.72
沙溪乡	84.70	5054	59.67	260	4014	47.39	0.00	−29.50	2.39	2.77
新平乡	14.82	11325	764.36	949	9754	658.33	0.00	−13.75	3.24	27.06
普兴乡	42.98	13102	304.86	543	10604	246.73	0.00	−24.59	2.61	27.60
黄湾乡	180.39	19344	107.23	6023	24270	134.54	51.08	19.76	34.16	28.18
甘洛县	**2152.18**	**220397**	**102.42**	**16404**	**220397**	**90.65**	**19.63**	**−10.61**	**2.51**	**14.05**
新市坝镇	207.80	44355	213.45	12171	52671	253.47	52.72	17.88	28.99	14.00
田坝镇	57.31	19905	347.31	1291	15643	272.95	24.16	−27.53	2.90	14.45
海棠镇	107.09	5188	48.45	266	4036	37.69	34.61	−25.30	5.23	13.99
吉米镇	67.70	6377	94.19	187	4995	73.78	24.70	−19.32	3.10	14.00
斯觉镇	24.77	7241	292.32	231	5912	238.67	17.02	−20.09	7.10	14.00
普昌镇	33.65	13080	388.76	342	13863	412.03	12.15	10.39	18.89	14.00
玉田镇	46.24	7800	168.69	269	6404	138.50	22.31	−23.75	3.08	14.00
前进乡	28.26	7644	270.46	132	6102	215.90	0.00	−23.42	1.57	14.00
胜利乡	51.36	6852	133.42	68	5187	101.00	0.00	−31.48	5.07	14.00
新茶乡	39.72	3726	93.81	58	2601	65.49	0.00	−42.98	5.34	14.01
两河乡	57.37	2825	49.24	49	1669	29.09	0.00	−72.26	3.24	14.02
里克乡	21.68	6551	302.19	62	5304	244.67	0.00	−19.33	7.41	14.00
尼尔觉乡	51.28	5890	114.86	56	4617	90.03	0.00	−31.41	4.72	14.01
拉莫乡	112.19	2400	21.39	28	1785	15.91	0.00	−31.09	8.85	15.25
波波乡	87.01	3106	35.70	48	1575	18.10	0.00	−81.90	4.70	13.97
阿嘎乡	210.41	4829	22.95	39	3621	17.21	0.00	−21.07	4.09	14.00
阿尔乡	54.77	11893	217.16	81	9807	179.07	0.00	−17.35	4.31	14.00
石海乡	30.30	8742	288.53	117	8036	265.22	0.00	−4.50	5.46	14.00
团结乡	81.63	7860	96.28	195	5499	67.36	0.00	−35.68	9.77	13.99
嘎日乡	43.27	9267	214.18	49	7697	177.89	0.00	−18.73	3.90	14.00
则拉乡	53.75	3770	70.14	72	3004	55.89	0.00	−21.90	2.13	14.01
坪坝乡	126.97	5276	41.55	90	3312	26.08	0.00	−58.42	7.10	14.01

续表

名称	面积（平方公里）	户籍总人口（人）	户籍人口密度（人/平方公里）	非农业人口（人）	常住总人口（人）	常住人口密度（人/平方公里）	人口城镇化水平（%）	净迁移率（%）	外来人口占常住人口比重（%）	外出人口占户籍人口比重（%）
蓼坪乡	111.24	5323	47.85	103	3687	33.14	0.00	-45.19	9.30	14.00
阿兹觉乡	196.38	3738	19.03	160	3465	17.64	0.00	-8.86	2.91	13.99
乌史大桥乡	120.89	4002	33.10	51	3641	30.12	0.00	-9.45	1.65	13.99
黑马乡	49.19	4665	94.84	80	4467	90.81	0.00	-3.27	7.81	14.00
沙岱乡	45.70	3453	75.56	34	2685	58.76	0.00	-26.22	5.88	13.99
苏雄乡	34.27	4639	135.37	75	3815	111.33	0.00	-22.73	12.37	13.99
东坡区	**1336.87**	**864798**	**647.31**	**343547**	**855000**	**614.76**	**42.29**	**-3.70**	**5.52**	**35.73**
通惠街道办事处	14.84	41655	2807.62	41653	69006	4651.13	100.00	39.58	51.11	35.73
大石桥街道办事处	20.90	53873	2577.24	53870	71341	3412.89	100.00	30.46	44.52	35.73
苏祠街道办事处	10.95	82821	7565.17	82821	100332	9164.69	100.00	16.92	53.19	35.73
白马镇	43.54	18361	421.67	2978	15510	356.19	37.03	-15.84	2.86	35.73
象耳镇	18.34	16177	882.04	11701	11624	633.79	46.87	-36.21	8.69	35.73
太和镇	40.28	36820	914.13	26349	31735	787.89	29.56	-13.10	5.80	35.73
悦兴镇	52.71	28879	547.89	12792	24147	458.12	15.76	-17.41	5.59	35.73
尚义镇	52.67	46581	884.36	20170	38801	736.66	8.29	-17.11	1.72	35.73
多悦镇	76.50	36342	475.07	2527	32611	426.30	22.27	-11.87	7.64	35.73
秦家镇	84.49	34200	404.76	1579	30124	356.52	8.64	-13.60	1.63	35.73
万胜镇	71.97	26920	374.04	3009	24499	340.40	35.10	-9.75	6.98	35.73
崇仁镇	75.49	30129	399.11	8123	27597	365.57	45.72	-12.89	5.97	35.73
思濛镇	75.78	42740	564.04	5296	40024	528.19	31.60	-5.33	5.39	35.73
修文镇	95.80	44165	461.03	5139	39152	408.70	12.58	-10.02	3.41	35.73
松江镇	63.21	38516	609.31	11550	34082	539.17	28.04	-12.57	5.64	35.73
崇礼镇	54.85	43651	795.82	23411	35729	651.39	19.86	-15.93	3.32	35.73
富牛镇	54.41	27943	513.52	8891	25657	471.51	29.91	-3.94	12.65	35.73
永寿镇	47.66	52281	1097.07	11706	42935	900.95	14.65	-21.31	4.65	35.73
三苏乡	85.44	35409	414.42	1205	27784	325.18	0.00	-25.85	2.08	35.73
广济乡	65.96	21637	328.05	997	18362	278.40	0.00	-15.60	2.02	35.73
盘鳌乡	76.23	18695	245.24	671	14262	187.08	0.00	-28.13	2.86	35.73
土地乡	35.42	15814	446.47	2581	11851	334.58	0.00	-35.35	1.49	35.73
复盛乡	29.61	15612	527.24	1177	11674	394.25	0.00	-31.44	4.99	35.73
复兴乡	29.46	23095	783.88	1482	18086	613.87	0.00	-29.42	1.98	35.73
金花乡	32.38	17584	543.10	1146	13982	431.85	0.00	-24.70	1.92	35.73
柳圣乡	22.72	14898	655.80	723	10946	481.84	0.00	-36.45	1.05	35.73
峨边彝族自治县	**2382.27**	**151002**	**63.41**	**28639**	**139500**	**58.44**	**25.75**	**-5.52**	**3.79**	**21.56**
万坪乡	232.50	2823	12.14	98	2264	9.74	0.00	-16.43	6.63	28.34
五渡镇	170.00	10061	59.18	1504	8385	49.32	12.62	-19.58	6.85	27.83

续表

名称	面积（平方公里）	户籍总人口（人）	户籍人口密度（人/平方公里）	非农业人口（人）	常住总人口（人）	常住人口密度（人/平方公里）	人口城镇化水平（%）	净迁移率（%）	外来人口占常住人口比重（%）	外出人口占户籍人口比重（%）
共和乡	16.92	4547	268.69	254	4014	237.20	0.00	−12.46	3.29	24.19
勒乌乡	413.77	5432	13.13	526	4933	11.92	0.00	−3.34	5.37	27.61
哈曲乡	143.31	2515	17.55	203	2329	16.25	0.00	−1.76	4.34	35.79
大堡镇	90.46	12213	135.01	1071	10560	116.74	3.47	−11.20	7.65	22.93
宜坪乡	37.84	7540	199.24	274	5717	151.07	0.00	−24.31	3.50	22.55
平等乡	191.92	5466	28.48	250	4632	24.14	0.00	−16.43	4.77	27.44
新场乡	47.10	5868	124.59	265	5556	117.96	0.00	−10.10	4.77	29.82
新林镇	217.95	14395	66.05	638	12949	59.41	18.81	−7.51	2.59	19.45
杨村乡	41.86	5664	135.30	355	5446	130.10	0.00	−5.12	5.01	29.13
杨河乡	113.24	3892	34.37	124	3488	30.80	0.00	−9.83	4.24	28.26
毛坪镇	76.97	11765	152.85	897	10268	133.40	13.83	−14.43	5.73	23.80
沙坪镇	79.86	37765	472.90	20824	40083	501.92	75.18	9.38	24.17	8.89
白杨乡	82.28	3322	40.37	124	2636	32.04	0.00	−19.99	2.12	30.10
红花乡	26.06	4227	162.20	309	3569	136.95	0.00	−21.13	4.51	37.85
觉莫乡	123.87	2164	17.47	158	2025	16.35	0.00	−6.12	6.17	36.97
金岩乡	75.58	7442	98.46	201	6570	86.93	0.00	−7.44	3.50	20.16
黑竹沟镇	200.76	3901	19.43	564	3786	18.86	11.33	3.67	16.96	28.20
康定县	**11595.06**	**112405**	**9.69**	**39591**	**130321**	**11.22**	**46.44**	**12.85**	**21.80**	**3.71**
孔玉乡	1191.78	3929	3.30	191	5399	4.53	0.00	29.58	43.82	4.53
捧塔乡	712.09	2807	3.94	47	3698	5.19	0.00	22.55	35.78	3.24
金汤乡	198.93	3673	18.46	135	3089	15.53	0.00	−16.25	8.81	3.27
塔公乡	844.29	8912	10.56	182	8984	10.64	0.00	1.86	9.26	3.31
雅拉乡	704.49	3518	4.99	254	3893	5.53	45.26	15.80	28.46	3.61
舍联乡	280.03	2362	8.43	0	3396	12.13	0.00	34.45	46.38	3.22
三合乡	261.16	2957	11.32	71	2894	11.08	0.00	−1.04	7.53	3.21
麦崩乡	116.84	2691	23.03	0	2593	22.19	0.00	−2.93	24.87	3.08
瓦泽乡	501.96	4410	8.79	26	4043	8.05	0.00	−6.38	6.08	2.95
新都桥镇	458.36	6641	14.49	1551	7681	16.76	35.41	3.37	15.83	3.73
前溪乡	93.13	2037	21.87	0	1844	19.80	0.00	−9.71	7.81	3.29
姑咱镇	196.13	7435	37.91	4449	18649	95.08	83.40	57.09	70.34	7.06
时济乡	62.74	3200	51.01	0	2330	37.14	0.00	−33.48	23.61	3.59
炉城镇	816.74	36969	45.26	32039	41399	50.69	97.59	8.78	27.74	3.68
呷巴乡	454.53	4261	9.37	327	3755	8.26	0.00	−13.10	2.48	2.96
甲根坝乡	255.11	2598	10.18	4	2537	9.94	0.00	−0.55	4.34	3.31
朋布西乡	431.71	2825	6.54	5	2942	6.81	0.00	1.43	7.95	3.29
贡嘎山乡	2146.26	3111	1.45	86	2981	1.39	0.00	−1.48	2.08	3.05
沙德乡	837.94	3476	4.15	159	3538	4.22	0.00	4.66	10.18	3.25
普沙绒乡	668.48	2518	3.77	61	2370	3.55	0.00	−0.72	4.39	3.14
吉居乡	362.36	2075	5.73	4	2127	5.87	0.00	−0.52	1.69	3.23

表2-26 芦山地震灾区基础设施支撑能力评价结果（区县单元）

名称	交通设施支撑能力	水利设施支撑能力	能源设施支撑能力	基础设施支撑能力
极重灾区	**0.149942**	**0.430451**	**0.594551**	**0.294972**
重灾区	**0.168842**	**0.362866**	**0.552594**	**0.2844**
一般灾区	**0.19455**	**0.307371**	**0.486787**	**0.275545**
芦山县	0.149942	0.430451	0.594551	0.294972
雨城区	0.361687	0.47137	0.688682	0.449023
天全县	0.10767	0.318354	0.628296	0.253933
名山区	0.513341	0.414353	0.539956	0.498867
荥经县	0.197585	0.304908	0.574267	0.294385
宝兴县	0.042163	0.387284	0.436919	0.190149
邛崃市	0.563832	0.306648	0.5498	0.509564
汉源县	0.185647	0.389138	0.593771	0.307971
浦江县	0.667918	0.428249	0.4341	0.573216
丹棱县	0.55238	0.446545	0.518148	0.524366
洪雅县	0.328242	0.325702	0.6165	0.385385
金口河区	0.141769	0.4284	0.675522	0.305846
大邑县	0.433559	0.169706	0.591614	0.412321
石棉县	0.128444	0.470073	0.595489	0.290183
泸定县	0.066642	0.301194	0.572322	0.214689
夹江县	0.599846	0.547846	0.65465	0.600378
峨眉山市	0.394751	0.442716	0.6991	0.465196
甘洛县	0.128566	0.228937	0.569521	0.236831
东坡区	0.724488	0.382723	0.472422	0.605731
峨边彝族自治县	0.130392	0.265673	0.550813	0.241515
康定县	0.031012	0.236836	0.322111	0.130398
灾区21县（区）	**0.18843**	**0.32436**	**0.50632**	**0.2791**

表 2-27　芦山地震灾区基础设施支撑能力评价结果（乡镇单元）

名称	交通设施支撑能力	水利设施支撑能力	能源设施支撑能力	基础设施支撑能力
芦山县	**0.149942**	**0.430451**	**0.594551**	**0.294972**
宝盛乡	0.319119	0.183757	0.63977	0.404862
大川镇	0.218291	0.073554	0.497763	0.373317
飞仙关镇	0.462114	0.320042	0.743952	0.608395
龙门乡	0.402996	0.279421	0.729405	0.448047
芦阳镇	0.462698	0.327114	0.717877	0.616231
苗溪茶场	0.403457	0.219769	0.803605	0.555019
清仁乡	0.406518	0.25398	0.74693	0.523905
双石镇	0.311526	0.157518	0.682714	0.402606
思延乡	0.539115	0.406812	0.771331	0.703199
太平镇	0.277406	0.120691	0.573503	0.451786
雨城区	**0.361687**	**0.47137**	**0.688682**	**0.449023**
八步乡	0.440225	0.326341	0.718023	0.503826
北郊镇	0.548897	0.476898	0.75104	0.562287
碧峰峡镇	0.424299	0.33283	0.678098	0.446209
草坝镇	0.604909	0.584671	0.69995	0.571771
大兴镇	0.553523	0.651579	0.411033	0.401109
对岩镇	0.550835	0.45592	0.78399	0.601116
多营镇	0.483303	0.335682	0.811807	0.597949
凤鸣乡	0.582108	0.534675	0.726983	0.581609
观化乡	0.429722	0.331479	0.690108	0.464006
合江镇	0.529797	0.496513	0.627426	0.532458
孔坪乡	0.442488	0.338281	0.681657	0.515971
南郊乡	0.500981	0.385715	0.735239	0.612438
沙坪镇	0.429001	0.310014	0.731365	0.483604
上里镇	0.398869	0.32469	0.627874	0.392618
望鱼乡	0.374511	0.269365	0.691064	0.372904
严桥镇	0.402033	0.323482	0.628931	0.410796
晏场镇	0.35291	0.266716	0.634114	0.330644
雨城区市区	0.649214	0.610336	0.758808	0.655447
中里镇	0.438713	0.395956	0.622734	0.383812
天全县	**0.10767**	**0.318354**	**0.628296**	**0.253933**
城厢镇	0.431522	0.285347	0.802263	0.498786
大坪乡	0.471502	0.330002	0.790938	0.575811
多功乡	0.481047	0.325892	0.79447	0.631726
老场乡	0.37911	0.20373	0.763867	0.51902
乐英乡	0.509948	0.37735	0.823898	0.593815
两路乡	0.220663	0.076001	0.62488	0.250761
仁义乡	0.411981	0.264692	0.746855	0.51784

续表

名称	交通设施支撑能力	水利设施支撑能力	能源设施支撑能力	基础设施支撑能力
始阳镇	0.497052	0.363052	0.828211	0.567525
思经乡	0.28968	0.151293	0.653798	0.339998
小河乡	0.212053	0.06501	0.592289	0.272578
新场乡	0.42166	0.283077	0.768812	0.489582
新华乡	0.482838	0.348473	0.751026	0.616854
兴业乡	0.368802	0.229331	0.72873	0.426504
鱼泉乡	0.30548	0.17922	0.644261	0.344918
紫石乡	0.190026	0.040912	0.569835	0.25762
名山区	**0.513341**	**0.414353**	**0.539956**	**0.498867**
百丈镇	0.522709	0.568663	0.482091	0.425507
车岭镇	0.446525	0.436749	0.535201	0.387241
城东乡	0.485888	0.486629	0.603008	0.366412
黑竹镇	0.527665	0.604532	0.45618	0.369268
红星镇	0.527279	0.565855	0.474391	0.464625
红岩乡	0.48361	0.461558	0.579698	0.454618
建山乡	0.436684	0.405696	0.598526	0.367581
解放乡	0.524848	0.547701	0.516146	0.464581
联江乡	0.525077	0.573423	0.451207	0.453476
廖场乡	0.525644	0.585416	0.485152	0.387295
马岭镇	0.469642	0.481095	0.444404	0.460016
茅河乡	0.520774	0.603567	0.426923	0.365485
蒙顶山镇	0.541408	0.518342	0.693235	0.458894
蒙阳镇	0.532751	0.550253	0.624864	0.388132
双河乡	0.442681	0.429978	0.501078	0.422057
万古乡	0.494522	0.505819	0.583364	0.371473
新店镇	0.513184	0.536498	0.54938	0.406441
永兴镇	0.540892	0.541365	0.635326	0.445948
中峰乡	0.497633	0.50704	0.560934	0.405965
前进乡	0.295035	0.178158	0.675365	0.264647
荥经县	**0.197585**	**0.304908**	**0.574267**	**0.294385**
安靖乡	0.296305	0.202454	0.556653	0.317391
宝峰彝族乡	0.40626	0.287824	0.727433	0.439839
大田坝乡	0.48995	0.414191	0.758104	0.448653
附城乡	0.440319	0.404006	0.644596	0.345149
花滩镇	0.359526	0.245088	0.656961	0.405272
烈士乡	0.378408	0.251466	0.68174	0.455671
烈太乡	0.427002	0.321265	0.747659	0.423363
六合乡	0.429271	0.354261	0.681037	0.402862
龙苍沟乡	0.277476	0.209964	0.54834	0.209387

续表

名称	交通设施支撑能力	水利设施支撑能力	能源设施支撑能力	基础设施支撑能力
民建彝族乡	0.416218	0.300754	0.725217	0.454629
青龙乡	0.39285	0.307559	0.652095	0.390053
三合乡	0.232025	0.113113	0.516353	0.304527
泗坪乡	0.293821	0.186139	0.568638	0.341641
天凤乡	0.445784	0.324557	0.770712	0.482666
五宪乡	0.396373	0.33116	0.638831	0.349853
新建乡	0.263	0.146086	0.581429	0.294746
新庙乡	0.248189	0.146318	0.508939	0.292977
新添乡	0.429544	0.314902	0.729345	0.473946
烟竹乡	0.327903	0.247213	0.61476	0.283196
严道镇	0.482398	0.419858	0.706721	0.446613
荥河乡	0.367722	0.229604	0.680953	0.468973
宝兴县	**0.042163**	**0.387284**	**0.436919**	**0.190149**
大溪乡	0.309895	0.140774	0.699167	0.426499
蜂桶寨乡	0.218307	0.054239	0.474808	0.454192
灵关镇	0.28606	0.107188	0.661212	0.447553
陇东镇	0.17023	0.027879	0.48506	0.282122
明礼乡	0.215048	0.052891	0.546616	0.368775
穆坪镇	0.280429	0.065217	0.631133	0.575341
硗碛藏族乡	0.15514	0.028843	0.301425	0.387701
五龙乡	0.289819	0.079622	0.610911	0.59848
永富乡	0.157767	0.022325	0.386889	0.334477
邛崃市	**0.563832**	**0.306648**	**0.5498**	**0.509564**
宝林镇	0.600641	0.707913	0.516323	0.363391
茶园乡	0.535382	0.618028	0.623718	0.199127
大同乡	0.451864	0.480349	0.62045	0.19754
道佐乡	0.449045	0.459481	0.506412	0.359741
高埂镇	0.64758	0.803798	0.519308	0.307226
高何镇	0.360774	0.291592	0.607533	0.32203
固驿镇	0.617415	0.747947	0.489914	0.353197
回龙镇	0.660494	0.809988	0.469269	0.403654
火井镇	0.403923	0.404799	0.541505	0.263797
夹关镇	0.498174	0.514858	0.537826	0.408286
孔明乡	0.595579	0.706318	0.521884	0.336932
临济镇	0.551172	0.637125	0.494598	0.350412
临邛镇	0.606504	0.714442	0.558475	0.330718
牟礼镇	0.668465	0.837499	0.465651	0.364039
南宝乡	0.301427	0.210655	0.562835	0.313486
平乐镇	0.504773	0.559911	0.517705	0.326173

续表

名称	交通设施支撑能力	水利设施支撑能力	能源设施支撑能力	基础设施支撑能力
前进镇	0. 627319	0. 761815	0. 565348	0. 286231
冉义镇	0. 633853	0. 810243	0. 52069	0. 218012
桑园镇	0. 624897	0. 767522	0. 589421	0. 23312
水口镇	0. 415497	0. 420278	0. 583377	0. 233218
天台山镇	0. 423602	0. 383644	0. 606684	0. 360143
卧龙镇	0. 60417	0. 734116	0. 487176	0. 331281
羊安镇	0. 672128	0. 854837	0. 497958	0. 298119
油榨乡	0. 394692	0. 398427	0. 563637	0. 214711
汉源县	**0. 185647**	**0. 389138**	**0. 593771**	**0. 307971**
安乐乡	0. 376314	0. 231542	0. 675224	0. 512817
白岩乡	0. 429419	0. 289801	0. 692802	0. 586447
大岭乡	0. 36399	0. 241134	0. 60364	0. 491699
大树镇	0. 471908	0. 340579	0. 646607	0. 691142
大田乡	0. 385866	0. 348982	0. 530385	0. 35271
大堰乡	0. 280391	0. 194153	0. 485689	0. 333866
富春乡	0. 356999	0. 254853	0. 592441	0. 42923
富林镇	0. 530148	0. 423804	0. 675565	0. 705088
富泉乡	0. 408325	0. 261619	0. 674996	0. 583217
富乡乡	0. 22314	0. 103923	0. 494291	0. 30959
富庄镇	0. 311338	0. 238968	0. 514451	0. 325643
桂贤乡	0. 392747	0. 247913	0. 694357	0. 526287
汉源城区	0. 475795	0. 350659	0. 644515	0. 682282
河南乡	0. 29337	0. 163871	0. 603893	0. 372018
河西乡	0. 387764	0. 248141	0. 64604	0. 547433
后域乡	0. 29794	0. 170278	0. 565043	0. 413338
皇木镇	0. 317301	0. 178648	0. 693592	0. 356748
建黎乡	0. 265417	0. 198967	0. 52009	0. 210305
九襄镇	0. 336192	0. 259983	0. 536399	0. 365323
梨园乡	0. 226789	0. 120679	0. 477468	0. 294331
两河乡	0. 255957	0. 136199	0. 52302	0. 347826
料林乡	0. 368016	0. 22134	0. 655646	0. 521133
马烈乡	0. 26344	0. 137363	0. 609974	0. 295729
坭美彝族乡	0. 300637	0. 18517	0. 628576	0. 318978
片马彝族乡	0. 321675	0. 165371	0. 697125	0. 413581
前域乡	0. 325888	0. 238594	0. 52134	0. 391137
青富乡	0. 441044	0. 300904	0. 638803	0. 662373
清溪镇	0. 321069	0. 272482	0. 547975	0. 240521
三交乡	0. 223778	0. 087229	0. 510362	0. 34714
晒经乡	0. 373257	0. 225611	0. 658384	0. 530732

续表

名称	交通设施支撑能力	水利设施支撑能力	能源设施支撑能力	基础设施支撑能力
市荣乡	0.444945	0.30206	0.654389	0.662977
双溪乡	0.287703	0.220369	0.543008	0.234934
顺河彝族乡	0.344767	0.164177	0.733717	0.499101
唐家乡	0.439662	0.341654	0.65066	0.523847
万工乡	0.445019	0.29587	0.705708	0.633566
万里乡	0.284485	0.166975	0.59707	0.325154
乌斯河镇	0.356222	0.174872	0.777525	0.478211
西溪乡	0.264717	0.179777	0.502627	0.282164
小堡藏族彝族乡	0.393797	0.242544	0.678014	0.563905
宜东镇	0.248524	0.152465	0.472694	0.312754
永利彝族乡	0.297627	0.142875	0.697404	0.362208
浦江县	**0.667918**	**0.428249**	**0.4341**	**0.573216**
白云乡	0.500533	0.517341	0.433117	0.517432
朝阳湖镇	0.582397	0.64392	0.432464	0.547281
成佳镇	0.537844	0.594057	0.424798	0.481386
大塘镇	0.568744	0.694226	0.441453	0.319707
大兴镇	0.537603	0.445457	0.727378	0.624107
复兴乡	0.575401	0.699781	0.440566	0.336526
甘溪镇	0.542795	0.6499	0.439682	0.324903
光明乡	0.539797	0.56682	0.452971	0.545911
鹤山镇	0.592979	0.682375	0.431506	0.486485
寿安镇	0.630406	0.769231	0.440611	0.40365
西来镇	0.57901	0.692059	0.444204	0.374641
长秋乡	0.523882	0.600133	0.417589	0.401735
丹棱县	**0.55238**	**0.446545**	**0.518148**	**0.524366**
丹棱镇	0.607127	0.681599	0.519445	0.471558
仁美镇	0.603034	0.66839	0.562622	0.44712
石桥乡	0.513997	0.523118	0.466971	0.53292
双桥镇	0.522275	0.543061	0.510744	0.471181
顺龙乡	0.456676	0.445829	0.462927	0.482542
杨场镇	0.584078	0.643607	0.591031	0.398833
张场镇	0.431971	0.421158	0.486045	0.410172
洪雅县	**0.328242**	**0.325702**	**0.6165**	**0.385385**
槽渔滩镇	0.476383	0.406819	0.64521	0.515963
东岳镇	0.4666	0.457661	0.597696	0.362953
高庙镇	0.32791	0.236814	0.650587	0.278342
汉王乡	0.461609	0.418918	0.577441	0.47455
洪川镇	0.570432	0.606096	0.6	0.433973
花溪镇	0.416853	0.385935	0.612464	0.31431

续表

名称	交通设施支撑能力	水利设施支撑能力	能源设施支撑能力	基础设施支撑能力
将军乡	0.526259	0.550234	0.628893	0.350888
柳江镇	0.360163	0.306993	0.631253	0.248677
三宝镇	0.548536	0.564235	0.647215	0.401124
桃源乡	0.389364	0.337498	0.649321	0.284444
瓦屋山镇	0.274235	0.170017	0.604932	0.255863
余坪镇	0.59367	0.621935	0.647738	0.455166
止戈镇	0.529833	0.551205	0.591793	0.404922
中保镇	0.510399	0.491281	0.613367	0.464908
中山乡	0.492455	0.500133	0.529196	0.432678
金口河区	**0.141769**	**0.4284**	**0.675522**	**0.305846**
共安彝族乡	0.270969	0.116053	0.656871	0.349588
和平彝族乡	0.359445	0.176524	0.726514	0.542095
吉星乡	0.374274	0.199609	0.731912	0.541357
金河镇	0.311659	0.13964	0.666867	0.47251
永和镇	0.319867	0.139007	0.716877	0.465346
永胜乡	0.295464	0.149277	0.648736	0.380113
大邑县	**0.433559**	**0.169706**	**0.591614**	**0.412321**
安仁镇	0.635123	0.815379	0.586	0.1436
蔡场镇	0.646021	0.846491	0.542162	0.14858
出江镇	0.392179	0.389225	0.640762	0.152386
董场镇	0.661333	0.868449	0.58372	0.117383
韩场镇	0.642596	0.839599	0.514984	0.17888
鹤鸣乡	0.406861	0.427082	0.63034	0.122752
花水湾镇	0.329901	0.275023	0.628741	0.196324
金星乡	0.423162	0.462954	0.630964	0.096008
晋原镇	0.6091	0.751857	0.675682	0.114574
青霞镇	0.544673	0.653653	0.655662	0.106631
三岔镇	0.607243	0.75317	0.5989	0.178186
沙渠镇	0.66921	0.888657	0.54925	0.130274
上安镇	0.59877	0.745384	0.558511	0.199105
苏家镇	0.635057	0.797794	0.64522	0.136844
王泗镇	0.616689	0.755608	0.642567	0.174352
雾山乡	0.293922	0.262751	0.596805	0.08467
西岭镇	0.224535	0.12105	0.52644	0.233628
斜源镇	0.318688	0.286763	0.614096	0.119117
新场镇	0.545385	0.635729	0.641282	0.178482
悦来镇	0.518966	0.608497	0.653401	0.115973
石棉县	**0.128444**	**0.470073**	**0.595489**	**0.290183**
安顺彝族乡	0.294918	0.13115	0.571829	0.508821

续表

名称	交通设施支撑能力	水利设施支撑能力	能源设施支撑能力	基础设施支撑能力
擦罗彝族乡	0.3632	0.194696	0.653495	0.578477
草科藏族乡	0.213543	0.042539	0.547601	0.391907
丰乐乡	0.282453	0.129354	0.587845	0.435795
回隆彝族乡	0.316844	0.179837	0.650573	0.395325
栗子坪彝族乡	0.275683	0.144454	0.560811	0.384645
美罗乡	0.336697	0.182771	0.669227	0.465885
田湾彝族乡	0.241769	0.068077	0.54662	0.456907
挖角彝族藏族乡	0.28257	0.105934	0.59793	0.498407
先锋藏族乡	0.32148	0.128683	0.603536	0.616241
蟹螺藏族乡	0.275054	0.09271	0.590394	0.506201
新棉镇	0.380741	0.187233	0.675266	0.667946
新民藏族彝族乡	0.318286	0.125303	0.607765	0.606253
迎政乡	0.355107	0.183559	0.668242	0.55743
永和乡	0.360532	0.200599	0.679709	0.522244
宰羊乡	0.412654	0.268002	0.71562	0.543444
泸定县	**0.066642**	**0.301194**	**0.572322**	**0.214689**
杵坭乡	0.268772	0.110302	0.643904	0.367175
得妥乡	0.231462	0.074732	0.526085	0.407029
德威乡	0.253246	0.093956	0.610015	0.372893
国有林场	0.145303	0.017991	0.471641	0.201297
加郡乡	0.239542	0.079964	0.551222	0.407155
岚安乡	0.265197	0.071117	0.696503	0.417872
冷碛镇	0.284105	0.132659	0.649937	0.373261
泸桥镇	0.279832	0.100734	0.708775	0.388868
磨西镇	0.167797	0.040765	0.484459	0.231637
烹坝乡	0.265293	0.064371	0.706465	0.426198
田坝乡	0.221423	0.066844	0.636738	0.268752
新兴乡	0.169457	0.048085	0.531602	0.1712
兴隆镇	0.264607	0.110729	0.609439	0.38166
夹江县	**0.599846**	**0.547846**	**0.65465**	**0.600378**
甘江镇	0.729528	0.698235	0.700842	0.852011
甘霖镇	0.727715	0.725557	0.67215	0.790125
华头镇	0.420478	0.373115	0.640088	0.34202
黄土镇	0.673597	0.676024	0.676091	0.663978
界牌镇	0.668079	0.636171	0.716563	0.713464
龙沱乡	0.482602	0.42493	0.658399	0.477977
麻柳乡	0.381518	0.339792	0.619644	0.268238
马村乡	0.594494	0.610825	0.63328	0.506639
木城镇	0.554081	0.534914	0.667464	0.496329

续表

名称	交通设施支撑能力	水利设施支撑能力	能源设施支撑能力	基础设施支撑能力
南安乡	0.579186	0.534317	0.698782	0.592253
青州乡	0.650099	0.684185	0.628943	0.568907
三洞镇	0.659399	0.754567	0.614688	0.41857
顺河乡	0.723209	0.694691	0.698253	0.831643
土门乡	0.624554	0.652965	0.64825	0.515771
吴场镇	0.597261	0.655188	0.606356	0.414609
梧凤乡	0.637472	0.700434	0.61134	0.474938
歇马乡	0.425657	0.402974	0.611396	0.306874
新场镇	0.671769	0.684291	0.660681	0.645546
湡城镇	0.683349	0.659539	0.698	0.740558
迎江乡	0.636929	0.644048	0.681706	0.571178
永青乡	0.625306	0.718185	0.597491	0.374682
中兴镇	0.584994	0.60348	0.638468	0.476251
峨眉山市	**0.394751**	**0.442716**	**0.6991**	**0.465196**
川主乡	0.424167	0.351945	0.686025	0.378203
大为镇	0.325962	0.199313	0.637648	0.394423
峨山镇	0.666118	0.68604	0.758996	0.511842
符溪镇	0.724645	0.726502	0.721065	0.721426
高桥镇	0.439557	0.37744	0.693669	0.371223
桂花桥镇	0.708169	0.717124	0.761021	0.627002
黄湾乡	0.377416	0.285925	0.67826	0.35052
九里镇	0.595836	0.542842	0.793648	0.555185
乐都镇	0.628785	0.556581	0.809513	0.663699
龙池镇	0.347907	0.252642	0.637844	0.344013
龙门乡	0.385127	0.260203	0.703662	0.441695
罗目镇	0.552857	0.514971	0.747233	0.470739
普兴乡	0.476586	0.414732	0.696316	0.441015
沙溪乡	0.423182	0.325619	0.756371	0.381817
胜利镇	0.725265	0.762601	0.742505	0.595251
双福镇	0.658609	0.654586	0.722568	0.604996
绥山镇	0.570038	0.545395	0.715426	0.497518
新平乡	0.722275	0.74558	0.720185	0.652877
甘洛县	**0.128566**	**0.228937**	**0.569521**	**0.236831**
阿尔乡	0.209253	0.110336	0.539811	0.176032
阿嘎乡	0.133996	0.065571	0.350549	0.122465
阿兹觉乡	0.278198	0.10831	0.696703	0.369621
波波乡	0.17098	0.081254	0.467577	0.143709
嘎日乡	0.252649	0.155667	0.548752	0.247981
海棠镇	0.234745	0.141982	0.595857	0.152235

续表

名称	交通设施支撑能力	水利设施支撑能力	能源设施支撑能力	基础设施支撑能力
黑马乡	0.32888	0.138708	0.740951	0.48583
吉米镇	0.162779	0.089799	0.413736	0.130756
拉莫乡	0.1527	0.086601	0.383401	0.120454
里克乡	0.260877	0.172536	0.546703	0.240173
两河乡	0.255672	0.157492	0.603139	0.20221
蓼坪乡	0.221358	0.122218	0.549533	0.190606
尼尔觉乡	0.202399	0.118318	0.467067	0.189958
坪坝乡	0.262742	0.171253	0.580309	0.220085
普昌镇	0.25791	0.156563	0.597368	0.223031
前进乡	0.478565	0.466136	0.57165	0.423198
沙岱乡	0.28174	0.142217	0.66707	0.314238
胜利乡	0.269468	0.164673	0.62129	0.231196
石海乡	0.244187	0.169945	0.512557	0.198826
斯觉镇	0.239677	0.17626	0.482118	0.187996
苏雄乡	0.295583	0.161688	0.671231	0.3203
田坝镇	0.292676	0.201061	0.658973	0.200504
团结乡	0.256121	0.151342	0.644648	0.181431
乌史大桥乡	0.323756	0.137485	0.745597	0.461306
新茶乡	0.259223	0.167887	0.649025	0.143186
新市坝镇	0.247581	0.130717	0.611267	0.234944
玉田镇	0.274527	0.173463	0.604631	0.246775
则拉乡	0.238197	0.134795	0.569009	0.217124
东坡区	**0.724488**	**0.382723**	**0.472422**	**0.605731**
白马镇	0.659017	0.832521	0.476319	0.320811
崇礼镇	0.623154	0.749646	0.457482	0.410445
崇仁镇	0.606751	0.702302	0.580667	0.346404
大石桥街道办事处	0.638602	0.774505	0.446815	0.421456
多悦镇	0.579418	0.71847	0.384627	0.356967
复盛乡	0.575403	0.715888	0.408962	0.321781
复兴乡	0.604354	0.710551	0.510176	0.380712
富牛镇	0.573745	0.697812	0.385645	0.39098
广济乡	0.581923	0.653437	0.480462	0.469635
金花乡	0.550113	0.668017	0.462929	0.28452
柳圣乡	0.542344	0.645552	0.461017	0.315043
盘鳌乡	0.49845	0.550333	0.427105	0.41492
彭山县飞地	0.613279	0.752637	0.433095	0.395875
秦家镇	0.563189	0.678445	0.424221	0.356801
三苏乡	0.607329	0.709744	0.524595	0.383141
尚义镇	0.610255	0.77688	0.418496	0.302211

续表

名称	交通设施支撑能力	水利设施支撑能力	能源设施支撑能力	基础设施支撑能力
思濛镇	0. 679015	0. 801913	0. 60184	0. 386635
松江镇	0. 697241	0. 824257	0. 572444	0. 439817
苏祠街道办事处	0. 650358	0. 77271	0. 455974	0. 475865
太和镇	0. 653104	0. 804539	0. 399493	0. 451245
通惠街道办事处	0. 687754	0. 838259	0. 510731	0. 412447
土地乡	0. 569724	0. 710772	0. 330969	0. 38613
万胜镇	0. 548627	0. 619244	0. 44701	0. 43935
象耳镇	0. 710134	0. 894096	0. 489838	0. 378008
修文镇	0. 627739	0. 752767	0. 53538	0. 344947
永寿镇	0. 648415	0. 756841	0. 527309	0. 445697
悦兴镇	0. 630035	0. 799655	0. 394344	0. 355933
峨边彝族自治县	**0. 130392**	**0. 265673**	**0. 550813**	**0. 241515**
白杨乡	0. 237717	0. 110979	0. 588499	0. 267839
大堡镇	0. 302381	0. 160334	0. 67067	0. 360363
共和乡	0. 376994	0. 233283	0. 680199	0. 504572
哈曲乡	0. 195491	0. 094005	0. 495148	0. 200542
黑竹沟镇	0. 200509	0. 087372	0. 538914	0. 201269
觉莫乡	0. 255585	0. 107846	0. 62151	0. 332457
金岩乡	0. 229462	0. 109438	0. 562453	0. 256707
勒乌乡	0. 183489	0. 084877	0. 470127	0. 192566
毛坪镇	0. 34652	0. 221661	0. 640322	0. 428041
平等乡	0. 203952	0. 128564	0. 480266	0. 153761
沙坪镇	0. 391153	0. 243449	0. 695102	0. 531293
万坪乡	0. 17812	0. 086329	0. 482874	0. 149145
五渡镇	0. 322367	0. 236022	0. 588002	0. 315167
新场乡	0. 371008	0. 224255	0. 697255	0. 484773
新林镇	0. 240961	0. 128169	0. 552276	0. 268611
杨村乡	0. 341194	0. 165279	0. 699949	0. 510362
杨河乡	0. 237752	0. 135401	0. 527774	0. 2554
宜坪乡	0. 366127	0. 195932	0. 72587	0. 517279
红花乡	0. 372467	0. 184413	0. 735253	0. 572023
康定县	**0. 031012**	**0. 236836**	**0. 322111**	**0. 130398**
呷巴乡	0. 122332	0. 05171	0. 314155	0. 142537
贡嘎山乡	0. 10136	0. 009226	0. 263763	0. 215356
姑咱镇	0. 25286	0. 04734	0. 688417	0. 433041
吉居乡	0. 072114	0. 009812	0. 029586	0. 302035
甲根坝乡	0. 115351	0. 033822	0. 2899	0. 185351
金汤乡	0. 185357	0. 027288	0. 501218	0. 344514
孔玉乡	0. 162118	0. 03107	0. 417829	0. 299127

续表

名称	交通设施支撑能力	水利设施支撑能力	能源设施支撑能力	基础设施支撑能力
炉城镇	0. 175827	0. 044269	0. 532266	0. 213891
麦崩乡	0. 234862	0. 048656	0. 623897	0. 405333
朋布西乡	0. 098475	0. 029776	0. 210834	0. 191962
捧塔乡	0. 142544	0. 019311	0. 36208	0. 293024
普沙绒乡	0. 066021	0. 006763	0. 052991	0. 257378
前溪乡	0. 227263	0. 043728	0. 651498	0. 355022
三合乡	0. 21374	0. 035443	0. 569624	0. 393564
沙德乡	0. 077698	0. 016004	0. 150826	0. 18959
舍联乡	0. 220787	0. 044002	0. 59039	0. 380551
时济乡	0. 293475	0. 073051	0. 744772	0. 5056
塔公乡	0. 104538	0. 048262	0. 207614	0. 170276
瓦泽乡	0. 127868	0. 067796	0. 326667	0. 109451
新都桥镇	0. 113131	0. 057378	0. 219291	0. 174146
雅拉乡	0. 162487	0. 048029	0. 448666	0. 219285

表2-28 芦山地震灾区旅游资源开发适宜性结果汇总表

适宜等级	乡镇数量与比例	乡镇名称	开发导向
旅游发展极适宜区	共有58个乡镇，占乡镇总数的15.46%	三宝镇、安顺彝族乡、栗子坪彝族乡、槽渔滩镇、柳江镇、金汤乡、芦阳镇、孔玉乡、青州乡、城厢镇、始阳镇、乐英乡、田湾彝族乡、花溪镇、濡城镇、塔公乡、通惠街道办事处、上里镇、严道镇、花水湾镇、鹤鸣乡、天台山镇、安仁镇、平乐镇、南郊乡、多功乡、烈太乡、清溪镇、九襄镇、宝盛乡、陇东镇、安靖乡、三合乡、泸桥镇、普沙绒乡、呷巴乡、瓦屋山镇、新兴乡、国有林场、龙苍沟乡、绥山镇、黑竹沟镇、蜂桶寨乡、紫石乡、炉城镇、北郊镇、西岭镇、建黎乡、贡嘎山乡、永胜乡、桂花桥镇、雅拉乡、磨西镇、碧峰峡镇、永利彝族乡、罗目镇、乌史大桥乡、硗碛藏族乡	芦山地震灾区的区域旅游集散中心和旅游城镇
旅游发展很适宜区	共有45个乡镇，占乡镇总数的11.78%	大坪乡、新华乡、晒经乡、大田坝乡、白岩乡、棉城街道办事处、河西乡、大岭乡、市荣乡、富泉乡、青富乡、符溪镇、龙门乡、富林镇、料林乡、天凤乡、六合乡、杨场镇、富庄镇、龙池镇、小堡藏族彝族乡、乌斯河镇、新都桥镇、中峰乡、百丈镇、川主乡、富春乡、金花乡、胜利镇、峨山镇、临邛镇、穆坪镇、光明乡、甘江镇、丹棱镇、永寿镇、广济乡、朝阳湖镇、白云乡、木城镇、双石镇、大川镇、高庙镇、新场镇、蒙顶山镇	芦山地震灾区重要的旅游发展支撑区域之一
旅游发展较适宜区	共有138个乡镇，占乡镇总数的36.39%	清仁乡、两路乡、鱼泉乡、斜源镇、新庙乡、后域乡、三交乡、马烈乡、坭美彝族乡、梨园乡、河南乡、止戈镇、中保镇、草科藏族乡、片马彝族乡、两河乡、大田乡、泗坪乡、富乡乡、宜东镇、飞仙关镇、荥河乡、苗溪茶场、大堰乡、金河镇、阿兹觉乡、中山乡、蓼坪乡、姑咱镇、朋布西乡、万坪乡、觉莫乡、宜坪乡、勒乌乡、五渡镇、海棠镇、黑马乡、洪川镇、麦崩乡、余坪镇、甲根坝乡、时济乡、大树镇、新场乡、大溪乡、兴隆镇、烹坝乡、德威乡、草坝镇、大兴镇、八步乡、岚安乡、孔坪乡、田坝乡、上安镇、蔡场镇、出江镇、老场乡、思经乡、新场乡、新建乡、永和乡、前域乡、悦来镇、兴业乡、蟹螺藏族乡、万里乡、唐家乡、先锋藏族乡、新民藏族彝族乡、丰乐乡、顺河彝族乡、民建彝族乡、新添乡、大为镇、桃源乡、烈士乡、万工乡、吉星乡、阿尔乡、普昌镇、新棉镇、白杨乡、杨村乡、将军乡、石海乡、毛坪镇、则拉乡、五宪乡、附城乡、回隆彝族乡、冷碛镇、杵坭乡、西溪乡、共安彝族乡、瓦泽乡、前溪乡、对岩镇、晏场镇、五龙乡、凤鸣乡、沙坪镇、仁义乡、烟竹乡、双溪乡、美罗乡、迎政乡、青龙乡、桂贤乡、双福镇、黄湾乡、高桥镇、苏家镇、乐都镇、宰羊乡、安乐乡、宝峰彝族乡、新平乡、沙溪乡、玉田镇、和平彝族乡、花滩镇、九里镇、红花乡、皇木镇、挖角彝族藏族乡、张场镇、普兴乡、共和乡、擦罗彝族乡、小河乡、苏雄乡、永和镇、金岩乡、多营镇、观化乡、哈曲乡	扬长避短，根据自身的旅游开发条件，开发差异化的旅游产品
旅游发展一般适宜区	共有81个乡镇，占乡镇总数的21.2%	太平镇、马岭镇、车岭镇、黄土镇、界牌镇、三洞镇、歇马乡、象耳镇、复兴乡、大石桥街道办事处、高埂镇、土门乡、羊安镇、宝林镇、冉义镇、夹关镇、茶园乡、彭山县飞地、龙门乡、道佐乡、王泗镇、雾山乡、韩场镇、汉王乡、吴场镇、迎江乡、马村乡、麻柳乡、永青乡、顺河乡、华头镇、中兴镇、固驿镇、前进镇、晋原镇、沙渠镇、东岳镇、金星乡、里克乡、波波乡、团结乡、沙岱乡、坪坝乡、拉莫乡、尼尔觉乡、斯觉镇、嘎日乡、吉米镇、新市坝镇、吉居乡、舍联乡、田坝镇、三合乡、捧塔乡、阿嘎乡、沙坪镇、平等乡、胜利乡、沙德乡、新林镇、大堡镇、两河乡、永富乡、灵关镇、杨河乡、新茶乡、明礼乡、加郡乡、得妥乡、前进乡、严桥镇、望鱼乡、合江镇、甘霖镇、中里镇、梧凤乡、南安乡、思延乡、青霞镇、三岔镇、董场镇	作为旅游发展的后备区域与带动区域

续表

适宜等级	乡镇数量与比例	乡镇名称	开发导向
旅游发展不太适宜区	共有60个乡镇，占乡镇总数的15.97%	解放乡、新店镇、黑竹镇、红岩乡、万古乡、建山乡、茅河乡、大兴镇、大塘镇、多悦镇、白马镇、崇礼镇、富牛镇、尚义镇、柳圣乡、盘鳌乡、土地乡、蒙阳镇、城东乡、西来镇、双桥镇、甘溪镇、复兴乡、廖场乡、秦家镇、复盛乡、苏祠街道办事处、寿安镇、石桥乡、成佳镇、鹤山镇、崇仁镇、思濛镇、松江镇、太和镇、修文镇、悦兴镇、火井镇、水口镇、南宝乡、回龙镇、牟礼镇、红星镇、永兴镇、联江乡、双河乡、前进乡、顺龙乡、仁美镇、长秋乡、新场镇、万胜镇、三苏乡、高何镇、桑园镇、临济镇、大同乡、油榨乡、卧龙镇、孔明乡、龙沱乡	目前不太适宜发展旅游业

表 2-29　芦山地震极重灾区、重灾区旅游资源开发适宜性评价结果（乡镇单元）

类型	名称	旅游产业基础	旅游环境背景	旅游区位状况	旅游资源价值	旅游资源开发适宜性
极重灾区	芦山县					
	芦阳镇	薄弱区	差区	很好区	一般区	极适宜区
	大川镇	薄弱区	差区	很好区	贫乏区	很适宜区
	双石镇	一般区	极好区	一般区	很丰富区	很适宜区
	飞仙关镇	一般区	极好区	一般区	贫乏区	适宜区
	太平镇	薄弱区	一般区	极好区	一般区	一般适宜区
	宝盛乡	薄弱区	差区	很好区	贫乏区	极适宜区
	清仁乡	一般区	极好区	差区	贫乏区	适宜区
	苗溪茶场	一般区	极好区	一般区	贫乏区	适宜区
	龙门乡	薄弱区	差区	很好区	贫乏区	一般适宜区
	思延乡	好区	极好区	差区	贫乏区	一般适宜区
重灾区	雨城区					
	上里镇	一般区	极好区	一般区	贫乏区	极适宜区
	北郊镇	好区	极好区	差区	贫乏区	极适宜区
	碧峰峡镇	好区	极好区	一般区	一般区	极适宜区
	草坝镇	好区	极好区	一般区	贫乏区	适宜区
	大兴镇	好区	极好区	差区	贫乏区	适宜区
	对岩镇	很好区	极好区	差区	贫乏区	适宜区
	多营镇	极好区	极好区	一般区	贫乏区	适宜区
	沙坪镇	好区	极好区	差区	贫乏区	适宜区
	晏场镇	很好区	极好区	差区	一般区	适宜区
	合江镇	一般区	极好区	差区	丰富区	一般适宜区
	严桥镇	一般区	极好区	差区	贫乏区	一般适宜区
	中里镇	一般区	极好区	差区	极丰富区	一般适宜区
	南郊乡	很好区	极好区	差区	很丰富区	极适宜区
	凤鸣乡	很好区	极好区	差区	贫乏区	适宜区
	观化乡	很好区	极好区	差区	很丰富区	适宜区
	八步乡	好区	极好区	差区	贫乏区	适宜区
	孔坪乡	好区	极好区	差区	很丰富区	适宜区
	望鱼乡	一般区	极好区	差区	贫乏区	一般适宜区
	天全县					
	城厢镇	一般区	差区	极好区	一般区	极适宜区
	始阳镇	一般区	极好区	一般区	贫乏区	极适宜区
	大坪乡	很好区	极好区	好区	贫乏区	很适宜区
	多功乡	很好区	极好区	差区	贫乏区	极适宜区
	乐英乡	一般区	极好区	好区	丰富区	极适宜区
	紫石乡	一般区	极好区	好区	贫乏区	极适宜区
	新华乡	很好区	极好区	差区	贫乏区	很适宜区
	老场乡	一般区	极好区	一般区	一般区	适宜区
	两路乡	薄弱区	差区	极好区	很丰富区	适宜区

续表

类型	名称	旅游产业基础	旅游环境背景	旅游区位状况	旅游资源价值	旅游资源开发适宜性
重灾区	仁义乡	好区	极好区	一般区	贫乏区	适宜区
	思经乡	一般区	极好区	一般区	贫乏区	适宜区
	小河乡	一般区	极好区	一般区	贫乏区	适宜区
	新场乡	一般区	极好区	很好区	丰富区	适宜区
	兴业乡	一般区	极好区	好区	很丰富区	适宜区
	鱼泉乡	薄弱区	很好区	好区	贫乏区	适宜区
	名山区					
	蒙顶山镇	一般区	差区	极好区	一般区	极适宜区
	百丈镇	薄弱区	很好区	好区	贫乏区	很适宜区
	车岭镇	很好区	极好区	差区	贫乏区	一般适宜区
	马岭镇	很好区	很好区	一般区	贫乏区	一般适宜区
	黑竹镇	薄弱区	很好区	好区	贫乏区	不太适宜区
	红星镇	很好区	很好区	好区	丰富区	不太适宜区
	蒙阳镇	一般区	差区	极好区	一般区	不太适宜区
	新店镇	薄弱区	很好区	好区	贫乏区	不太适宜区
	永兴镇	很好区	很好区	一般区	贫乏区	不太适宜区
	中峰乡	薄弱区	很好区	好区	贫乏区	很适宜区
	红岩乡	薄弱区	很好区	好区	很丰富区	不太适宜区
	建山乡	薄弱区	很好区	好区	贫乏区	不太适宜区
	解放乡	薄弱区	很好区	好区	很丰富区	不太适宜区
	联江乡	很好区	很好区	一般区	贫乏区	不太适宜区
	廖场乡	薄弱区	很好区	好区	贫乏区	不太适宜区
	茅河乡	薄弱区	很好区	好区	丰富区	不太适宜区
	前进乡	很好区	很好区	一般区	贫乏区	不太适宜区
	双河乡	很好区	很好区	一般区	丰富区	不太适宜区
	万古乡	薄弱区	很好区	好区	贫乏区	不太适宜区
	城东乡	一般区	差区	极好区	极丰富区	不太适宜区
	荥经县					
	严道镇	好区	极好区	差区	一般区	极适宜区
	花滩镇	一般区	差区	极好区	很丰富区	适宜区
	安靖乡	薄弱区	很好区	好区	贫乏区	极适宜区
	烈太乡	很好区	很好区	好区	很丰富区	极适宜区
	龙苍沟乡	薄弱区	很好区	好区	贫乏区	极适宜区
	三合乡	薄弱区	很好区	好区	丰富区	极适宜区
	六合乡	很好区	很好区	好区	贫乏区	很适宜区
	大田坝乡	很好区	很好区	一般区	一般区	很适宜区
	天凤乡	很好区	很好区	一般区	贫乏区	很适宜区
	附城乡	一般区	差区	极好区	丰富区	适宜区
	烈士乡	一般区	差区	极好区	很丰富区	适宜区
	宝峰彝族乡	好区	极好区	差区	贫乏区	适宜区

续表

类型	名称	旅游产业基础	旅游环境背景	旅游区位状况	旅游资源价值	旅游资源开发适宜性
重灾区	民建彝族乡	一般区	差区	极好区	贫乏区	适宜区
	青龙乡	好区	极好区	差区	贫乏区	适宜区
	泗坪乡	薄弱区	很好区	好区	一般区	适宜区
	五宪乡	薄弱区	很好区	好区	一般区	适宜区
	新建乡	一般区	差区	极好区	贫乏区	适宜区
	新庙乡	薄弱区	很好区	好区	贫乏区	适宜区
	新添乡	一般区	差区	极好区	贫乏区	适宜区
	烟竹乡	好区	极好区	一般区	丰富区	适宜区
	荥河乡	薄弱区	很好区	好区	贫乏区	适宜区
	宝兴县					
	陇东镇	薄弱区	一般区	极好区	贫乏区	极适宜区
	穆坪镇	一般区	极好区	一般区	贫乏区	很适宜区
	灵关镇	薄弱区	一般区	极好区	贫乏区	一般适宜区
	硗碛藏族乡	薄弱区	一般区	极好区	一般区	极适宜区
	蜂桶寨乡	薄弱区	差区	很好区	贫乏区	极适宜区
	大溪乡	薄弱区	差区	极好区	丰富区	适宜区
	五龙乡	薄弱区	差区	极好区	很丰富区	适宜区
	明礼乡	薄弱区	一般区	好区	贫乏区	一般适宜区
	永富乡	薄弱区	一般区	好区	贫乏区	一般适宜区
	邛崃市					
	天台山镇	好区	极好区	一般区	一般区	极适宜区
	夹关镇	很好区	极好区	差区	一般区	一般适宜区
	高何镇	好区	极好区	差区	贫乏区	不太适宜区
	火井镇	一般区	差区	极好区	贫乏区	不太适宜区
	道佐乡	好区	极好区	一般区	丰富区	一般适宜区
	南宝乡	一般区	差区	极好区	贫乏区	不太适宜区

第三部分
图　集

阿坝
广元
绵阳
南充
德阳
甘孜
成都
遂宁
2013-4-20
Ms 7.0
资阳
眉山
雅安
内江
自贡
乐山
宜宾
凉山
泸州

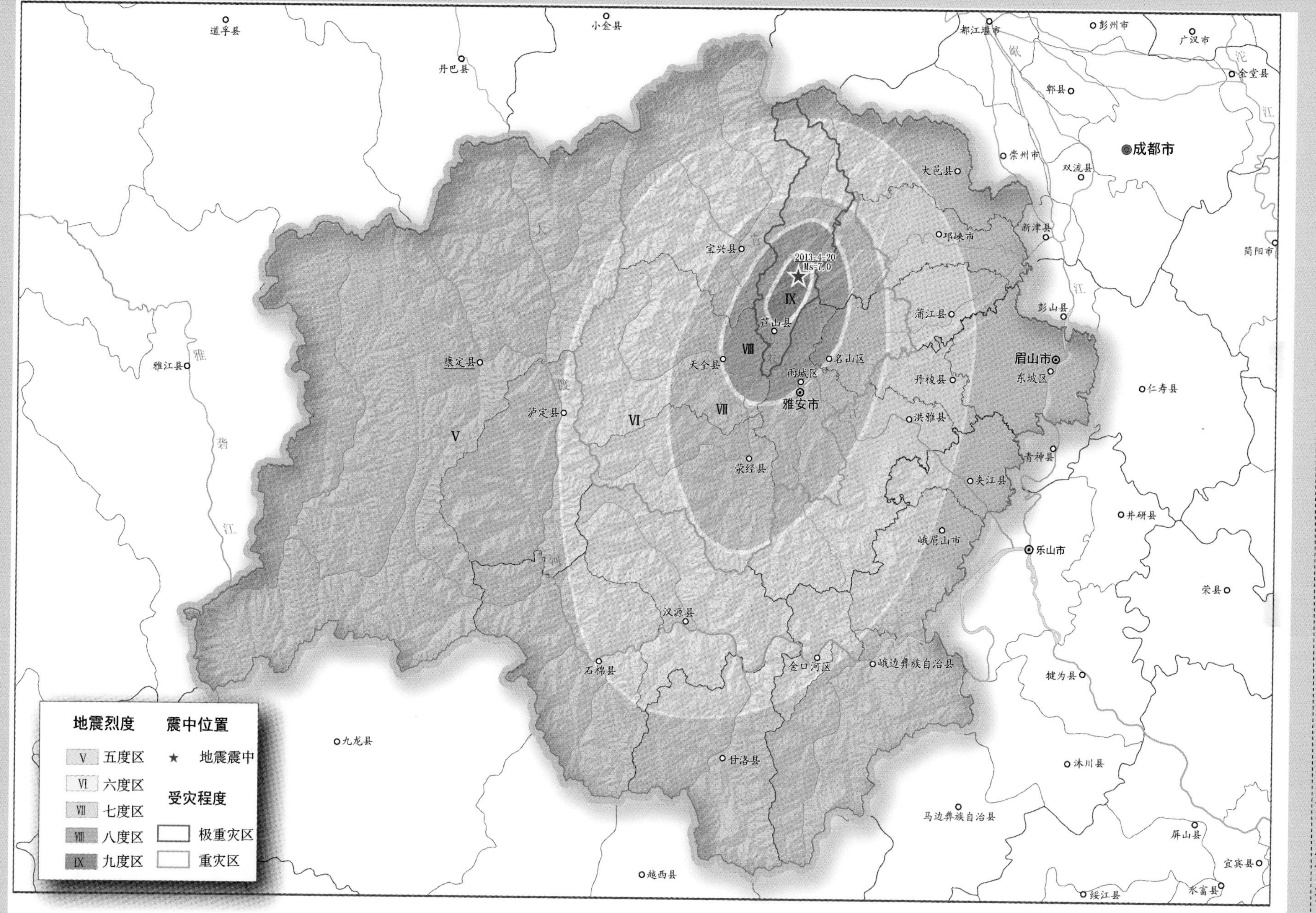

图 3-1 芦山地震烈度和震中位置

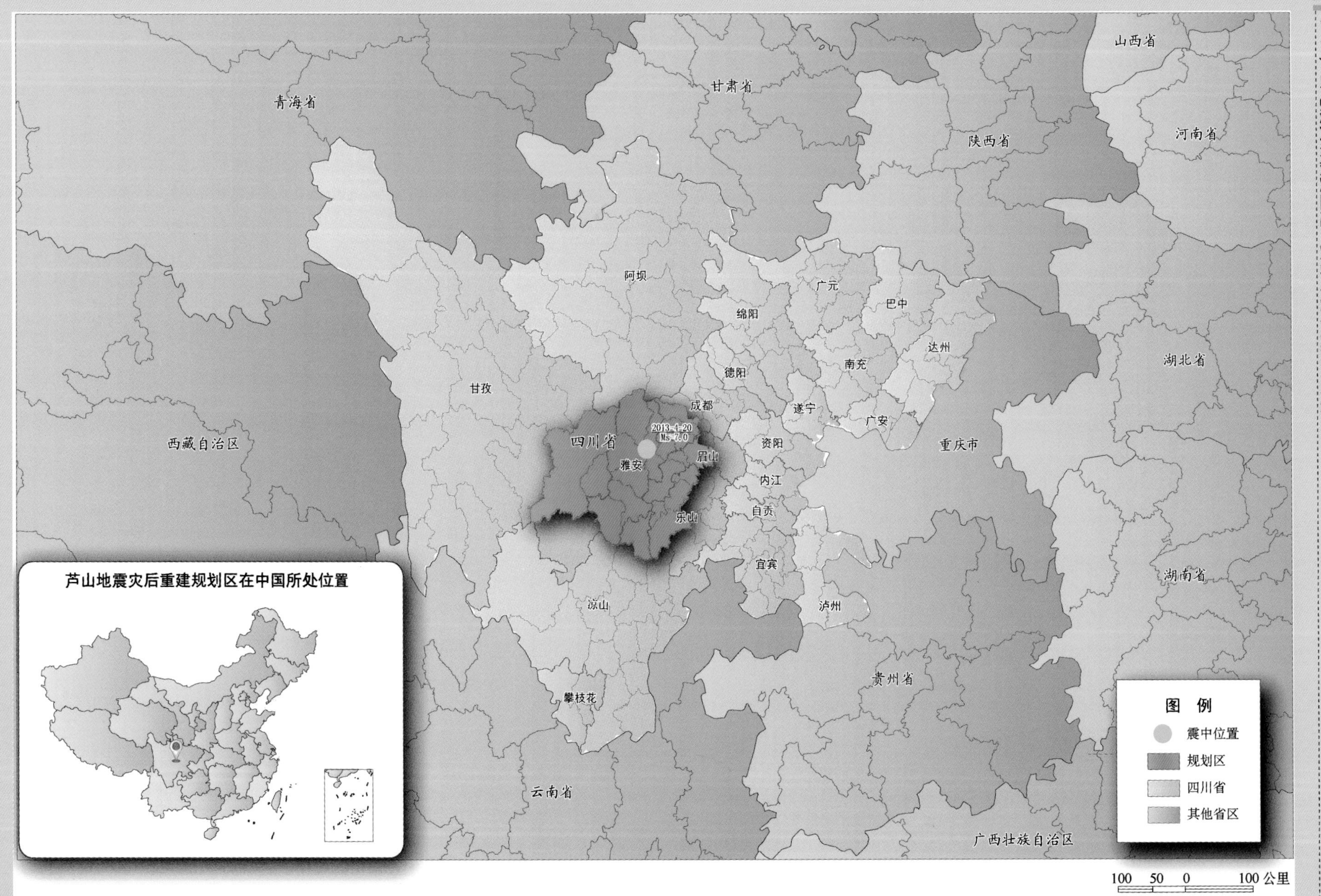
山西省
青海省
甘肃省
陕西省
河南省
阿坝
广元
巴中
绵阳
达州
湖北省
南充
德阳
甘孜
成都
遂宁
广安
2013-4-20
Ms=7.0
四川省
资阳
重庆市
西藏自治区
雅安
眉山
内江
自贡
乐山
宜宾
湖南省
芦山地震灾后重建规划区在中国所处位置
凉山
泸州
贵州省
攀枝花
图例
震中位置
规划区
四川省
其他省区
云南省
广西壮族自治区
100 50 0 100公里

图 3-2 规划区位置图

成都市
大邑县
宝兴县
2013-4-20
Ms=7.0
邛崃市
蒲江县
芦山县
天全县
康定县
名山区
东坡区
丹棱县
雨城区
泸定县
洪雅县
荥经县
夹江县
峨眉山市
汉源县
石棉县
金河口区
峨边彝族自治县
甘洛县
25 12.5 0 25公里

图 3-3　规划区概貌

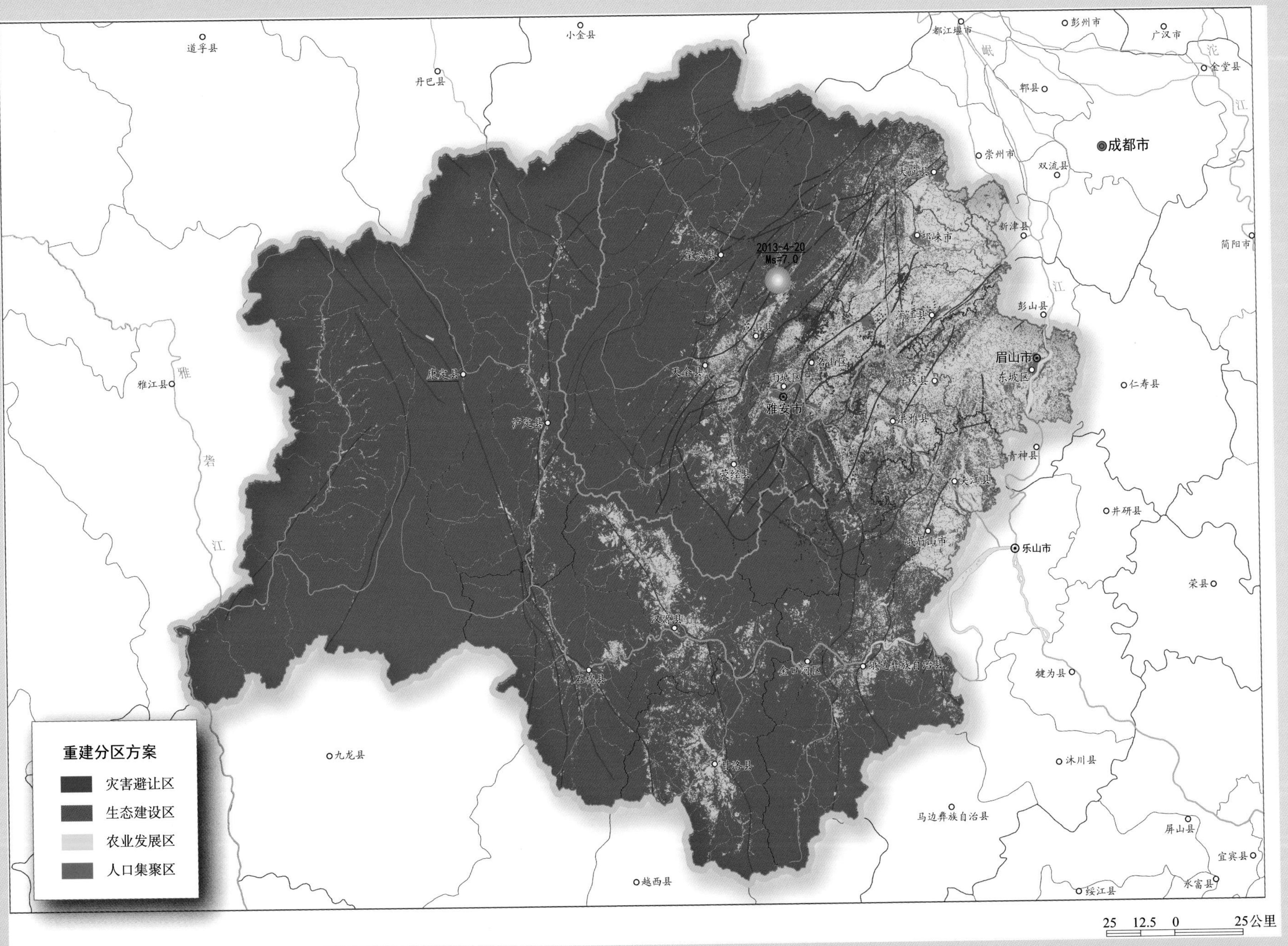
重建分区方案
灾害避让区
生态建设区
农业发展区
人口集聚区
25 12.5 0 25公里
成都市
眉山市
乐山市
雅安市
2013-4-20
Ms=7.0

图 3-4 分区方案

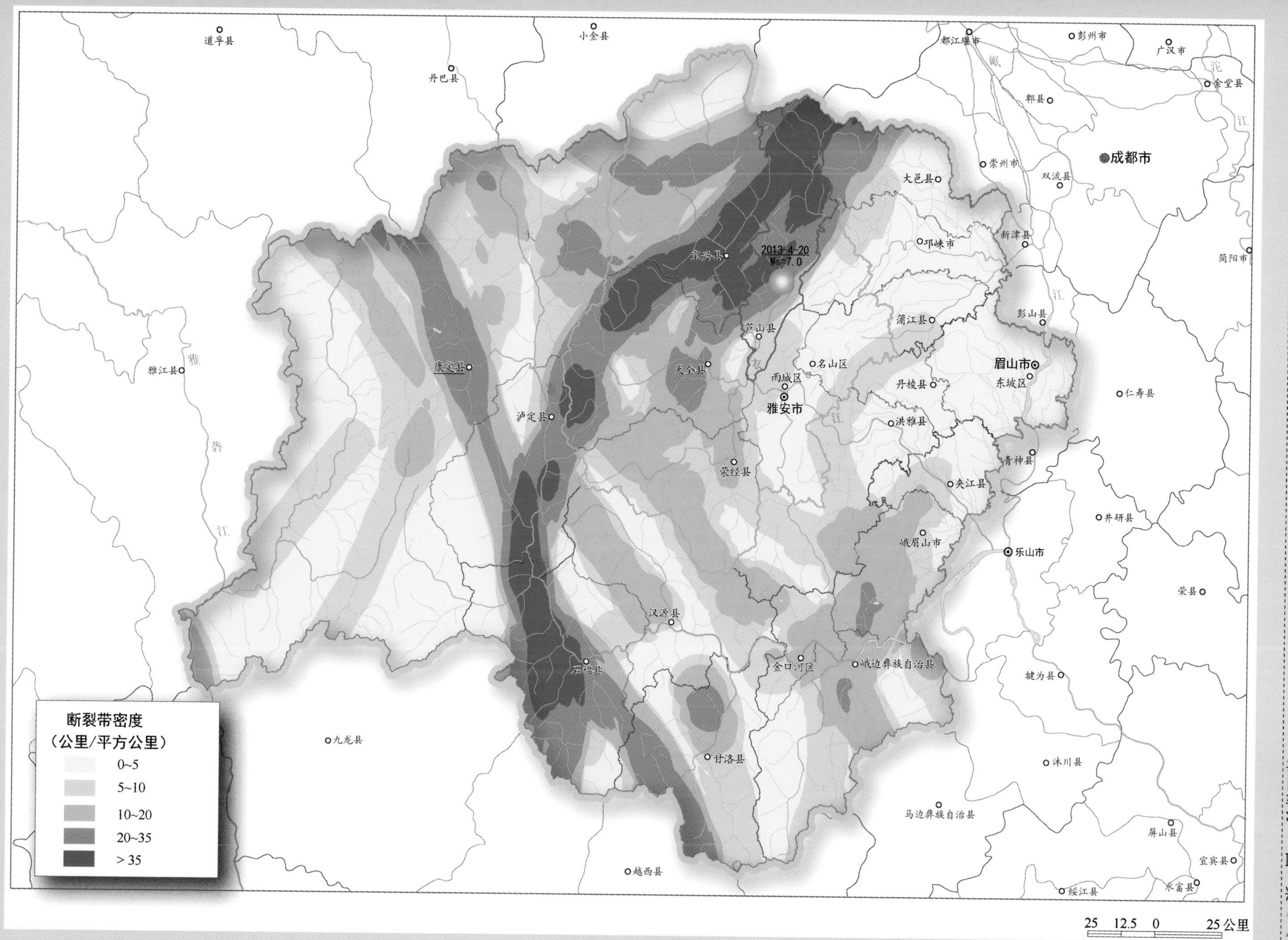
道孚县
小金县
丹巴县
都江堰市
彭州市
广汉市
金堂县
郫县
成都市
崇州市
双流县
大邑县
新津县
邛崃市
简阳市
宝兴县
2013-4-20
Ms=7.0
芦山县
蒲江县
彭山县
雅江县
康定县
天全县
名山区
雨城区
雅安市
眉山市
东坡区
丹棱县
仁寿县
泸定县
洪雅县
荥经县
青神县
夹江县
井研县
峨眉山市
乐山市
荣县
汉源县
石棉县
金口河区
峨边彝族自治县
犍为县
九龙县
甘洛县
沐川县
马边彝族自治县
屏山县
宜宾县
越西县
绥江县
水富县
断裂带密度
（公里/平方公里）
0~5
5~10
10~20
20~35
>35
25 12.5 0 25公里

图 3-5　断裂带密度

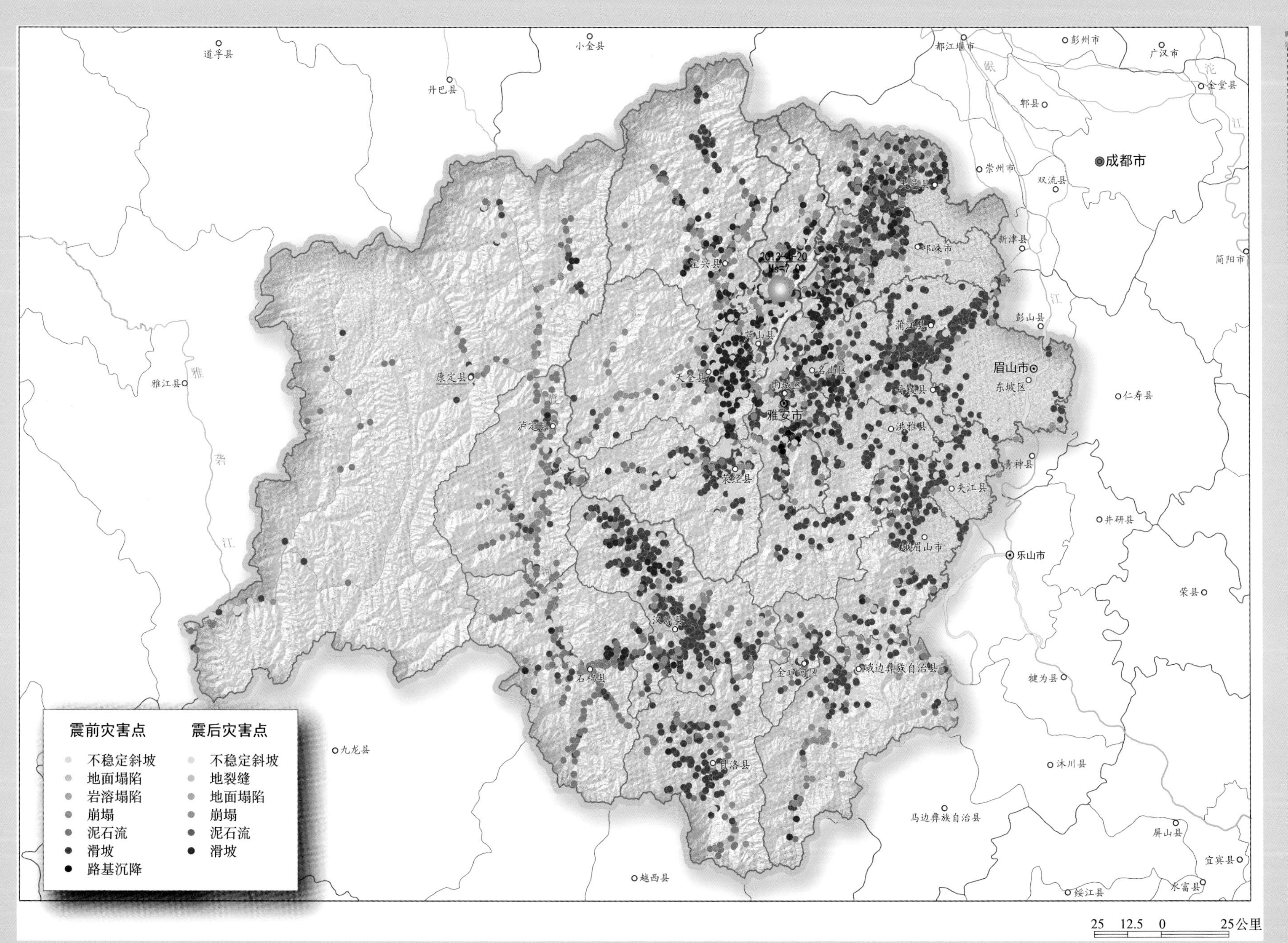

图 3-6 震前震后灾害点分布

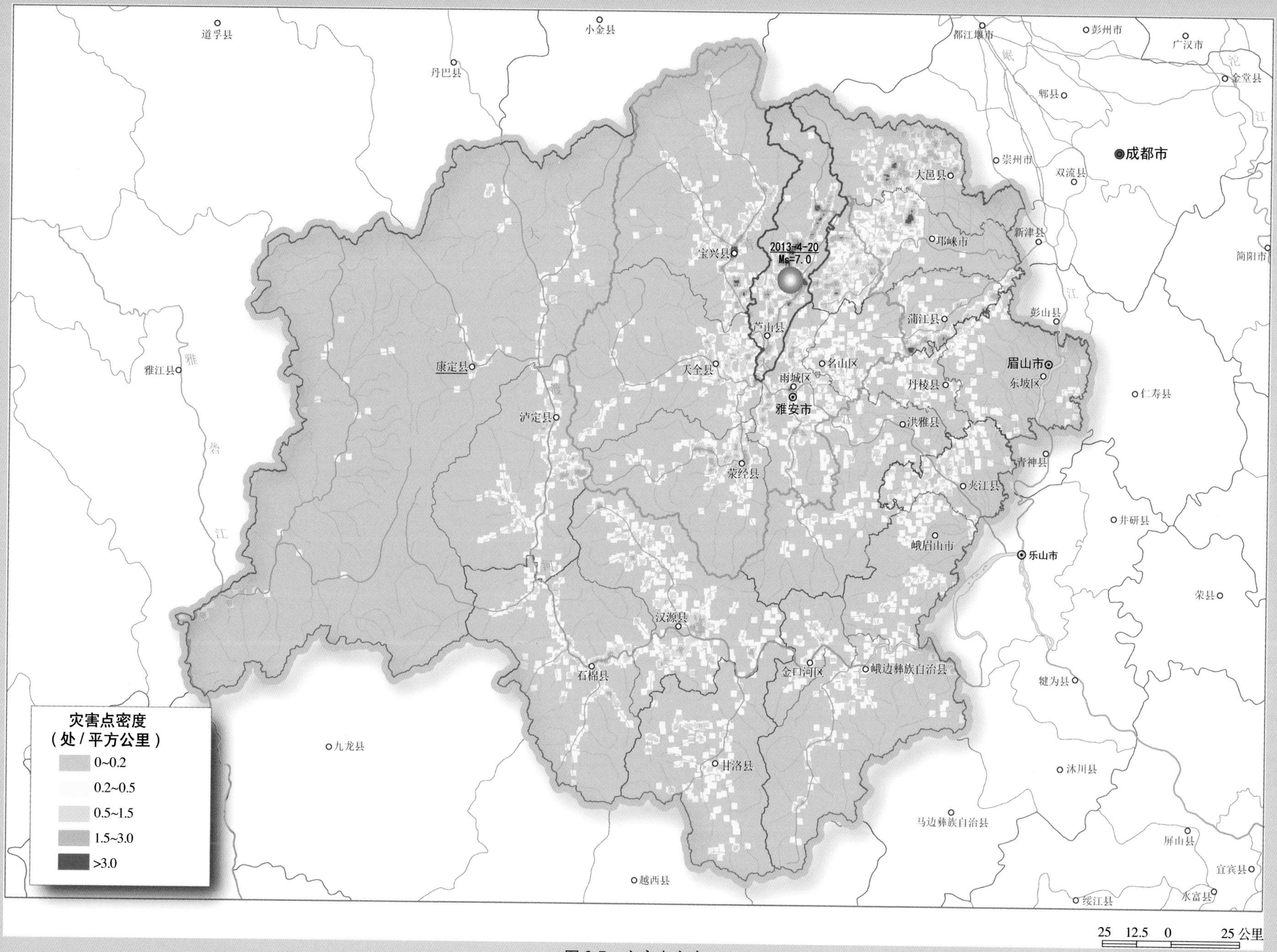
灾害点密度
（处 / 平方公里）
0~0.2
0.2~0.5
0.5~1.5
1.5~3.0
>3.0
2013-4-20
Ms=7.0
成都市
雅安市
眉山市
乐山市
道孚县
小金县
丹巴县
都江堰市
彭州市
广汉市
金堂县
郫县
崇州市
双流县
大邑县
新津县
简阳市
邛崃市
宝兴县
芦山县
彭山县
蒲江县
康定县
雅江县
天全县
名山区
雨城区
东坡区
丹棱县
仁寿县
泸定县
洪雅县
荥经县
青神县
夹江县
井研县
峨眉山市
汉源县
荣县
石棉县
金口河区
峨边彝族自治县
犍为县
九龙县
甘洛县
沐川县
马边彝族自治县
屏山县
宜宾县
越西县
绥江县
水富县
25 12.5 0 25 公里

图 3-7 灾害点密度

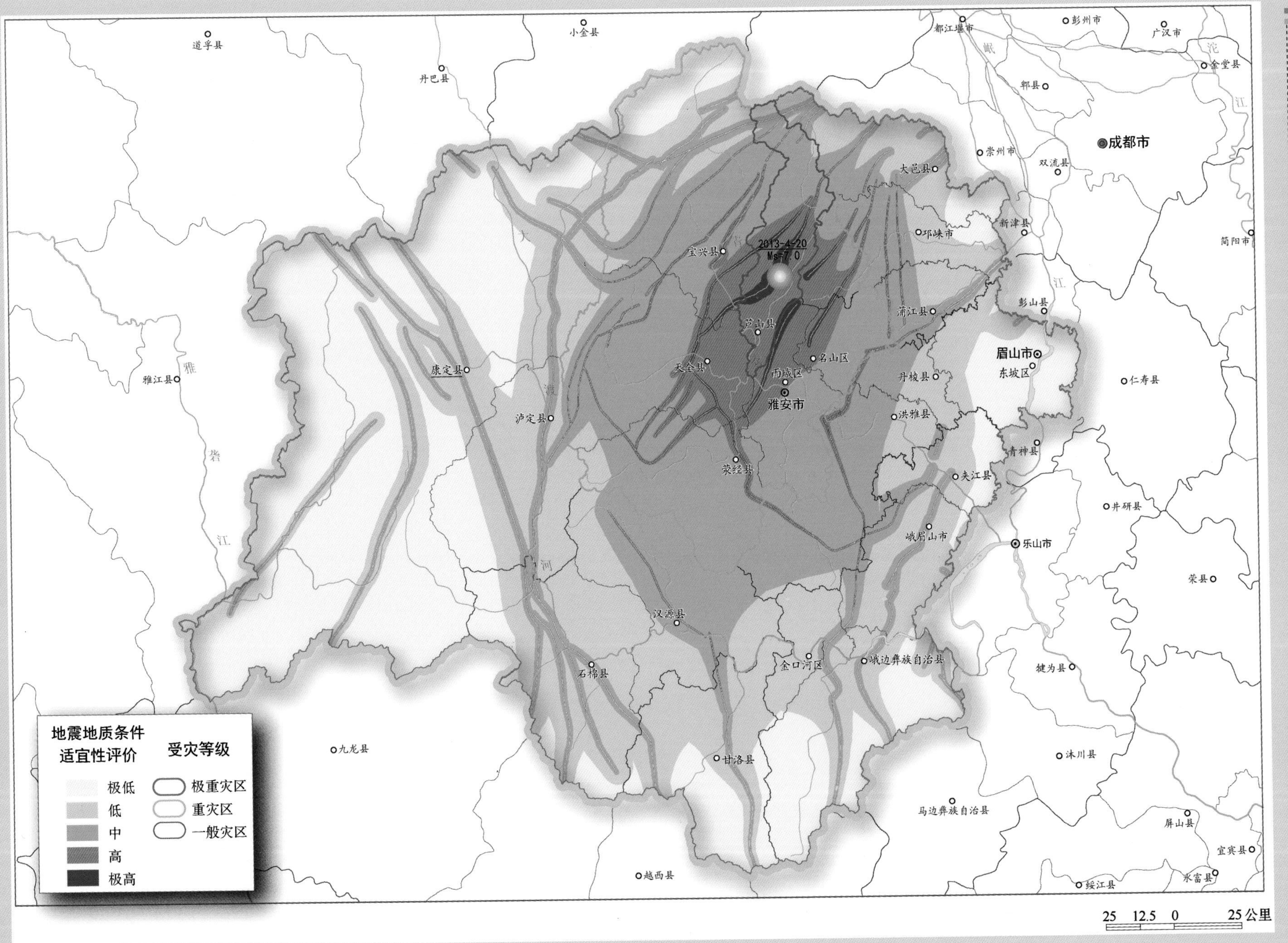
地震地质条件适宜性评价
极低
低
中
高
极高
受灾等级
极重灾区
重灾区
一般灾区
25 12.5 0 25公里
成都市
眉山市
东坡区
乐山市
雅安市
雨城区
名山区
芦山县
天全县
宝兴县
荥经县
汉源县
石棉县
泸定县
康定县
金口河区
甘洛县
峨边彝族自治县
峨眉山市
夹江县
洪雅县
丹棱县
蒲江县
邛崃市
大邑县
新津县
彭山县
青神县
仁寿县
井研县
荣县
犍为县
沐川县
屏山县
宜宾县
水富县
绥江县
马边彝族自治县
越西县
九龙县
雅江县
道孚县
丹巴县
小金县
都江堰市
崇州市
郫县
彭州市
广汉市
金堂县
双流县
简阳市
2013-4-20
Ms=7.0

图 3-8 地震地质评价

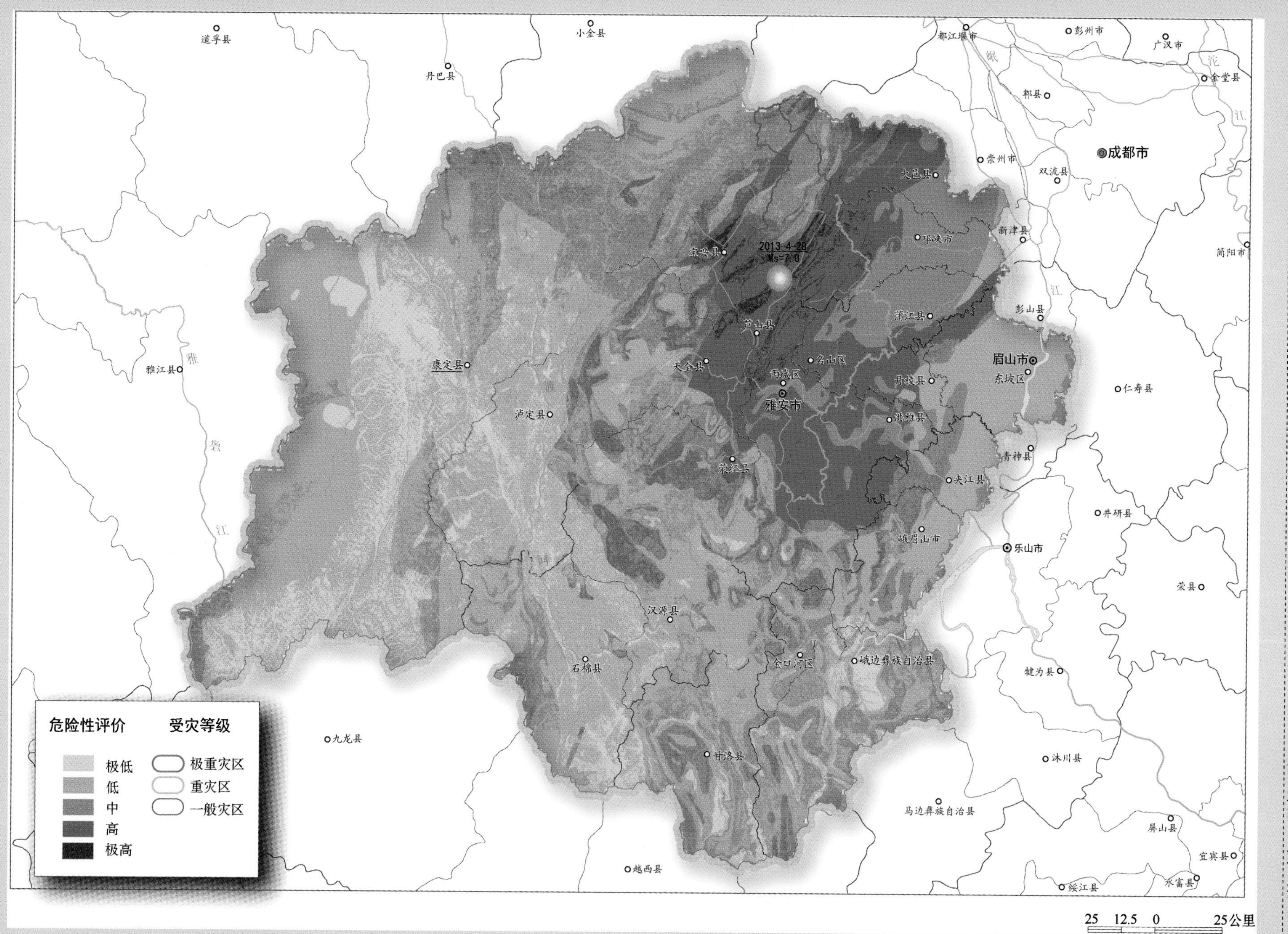

图 3-9　滑坡灾害危险性评价

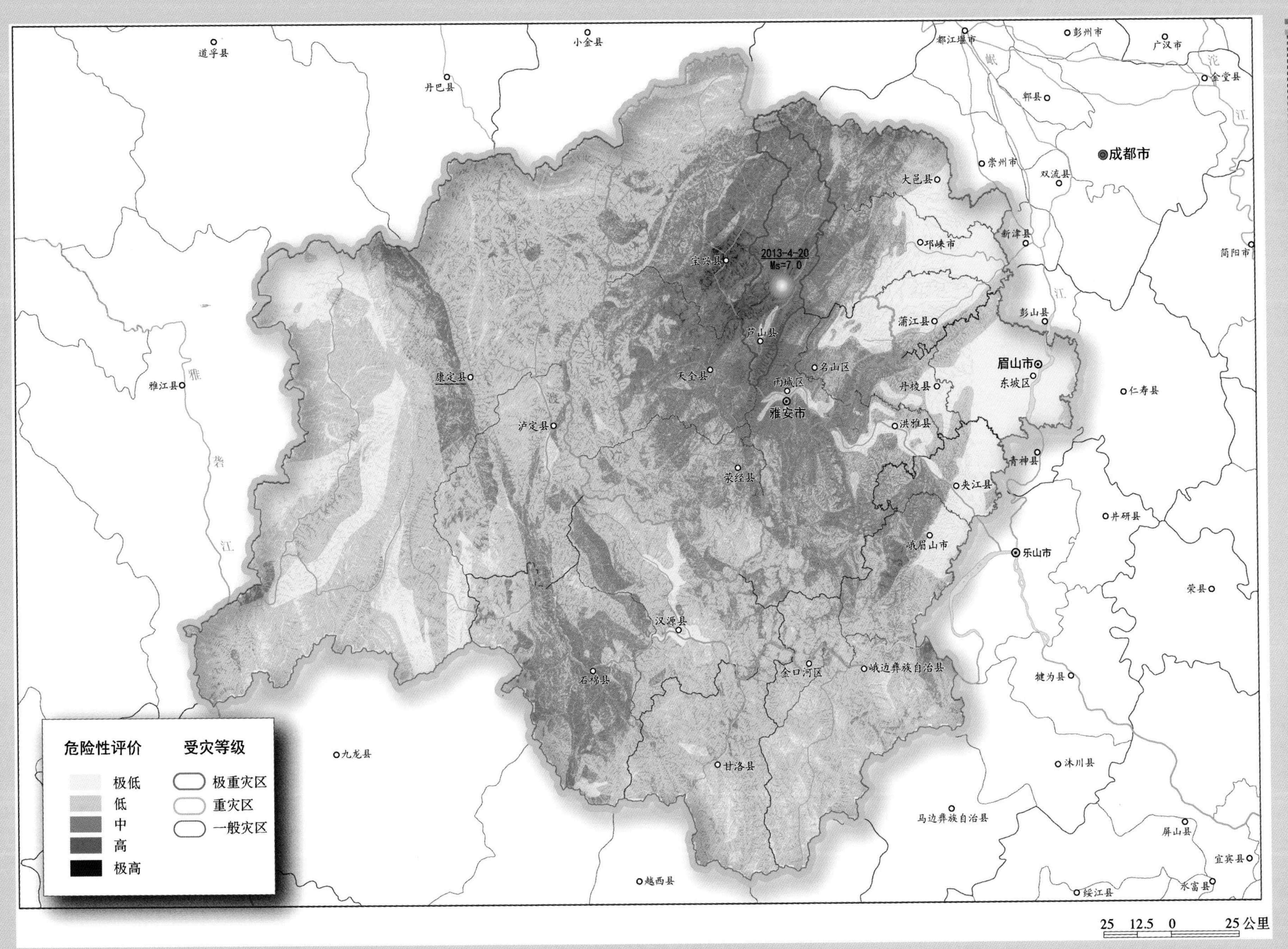

图 3-10 泥石流灾害危险性评价

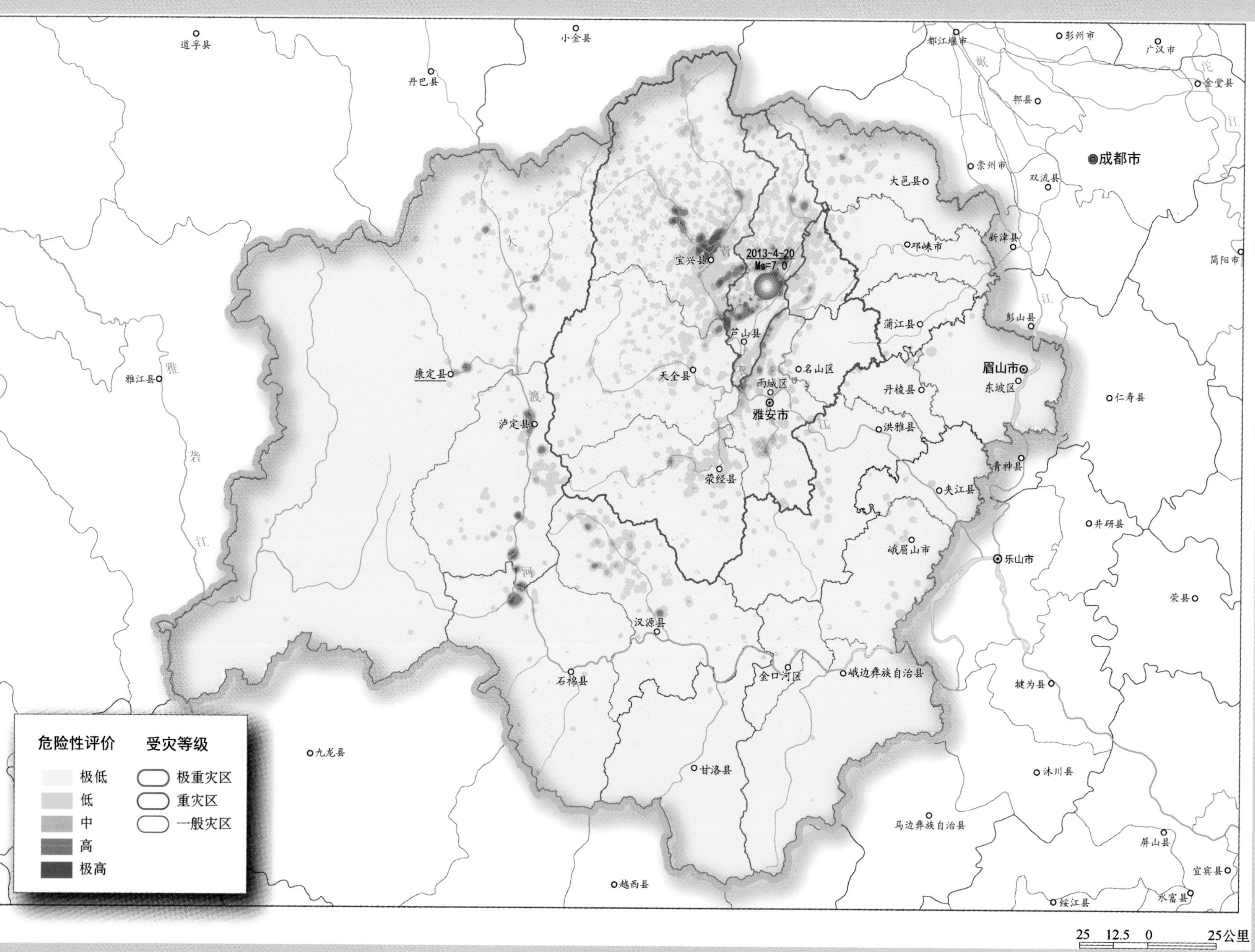

图 3-11　崩塌灾害危险性评价

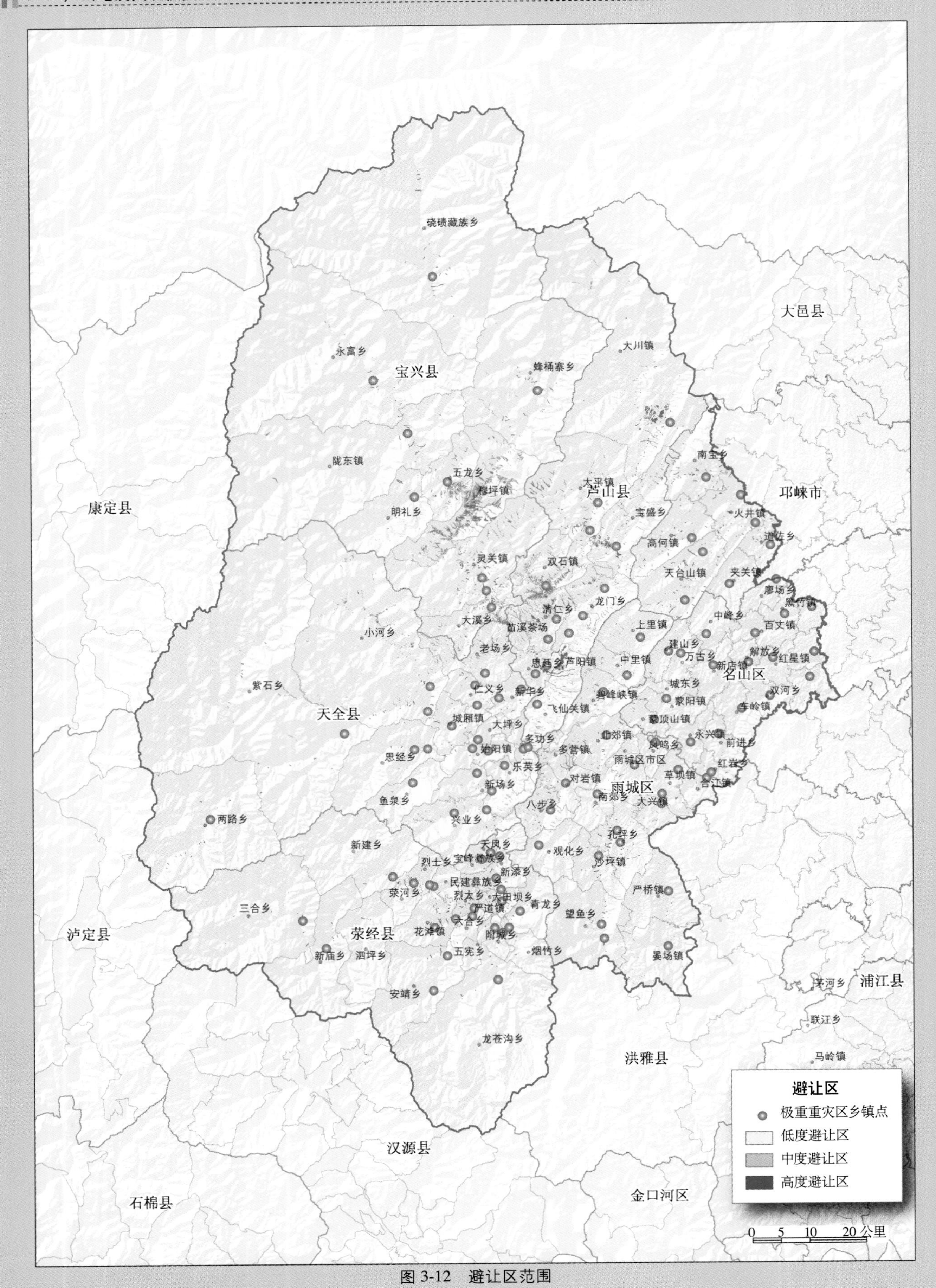
硗碛藏族乡
大邑县
永富乡
宝兴县
蜂桶寨乡
大川镇
陇东镇
五龙乡
南宝乡
康定县
明礼乡
芦山县
太平镇
邛崃市
宝盛乡
火井镇
高何镇
道佐乡
灵关镇
双石镇
天台山镇
夹关镇
廖场乡
黑竹镇
龙门乡
清仁乡
大溪乡
中峰乡
苗溪茶场
上里镇
百丈镇
小河乡
建山乡
老场乡
解放乡
思延乡
芦阳镇
中里镇
万古乡
红星镇
新店镇
紫石乡
名山区
城东乡
仁义乡
双河乡
新华乡
碧峰峡镇
蒙阳镇
飞仙关镇
车岭镇
天全县
城厢镇
大坪乡
蒙顶山镇
北郊镇
永兴镇
多功乡
凤鸣乡
前进乡
始阳镇
多营镇
思经乡
雨城区市区
乐英乡
红岩乡
草坝镇
对岩镇
新场乡
雨城区
合江镇
南郊乡
鱼泉乡
大兴镇
八步乡
兴业乡
两路乡
孔坪乡
新建乡
天凤乡
观化乡
烈士乡
宝峰彝族乡
沙坪镇
新添乡
民建彝族乡
荥河乡
严桥镇
烈太乡
大田坝乡
青龙乡
三合乡
严道镇
望鱼乡
六合乡
泸定县
荥经县
花滩镇
附城乡
新庙乡
泗坪乡
五宪乡
烟竹乡
晏场镇
安靖乡
浦江县
联江乡
龙苍沟乡
洪雅县
马岭镇
避让区
极重重灾区乡镇点
低度避让区
中度避让区
高度避让区
汉源县
石棉县
金口河区
0 5 10 20 公里

图 3-12　避让区范围

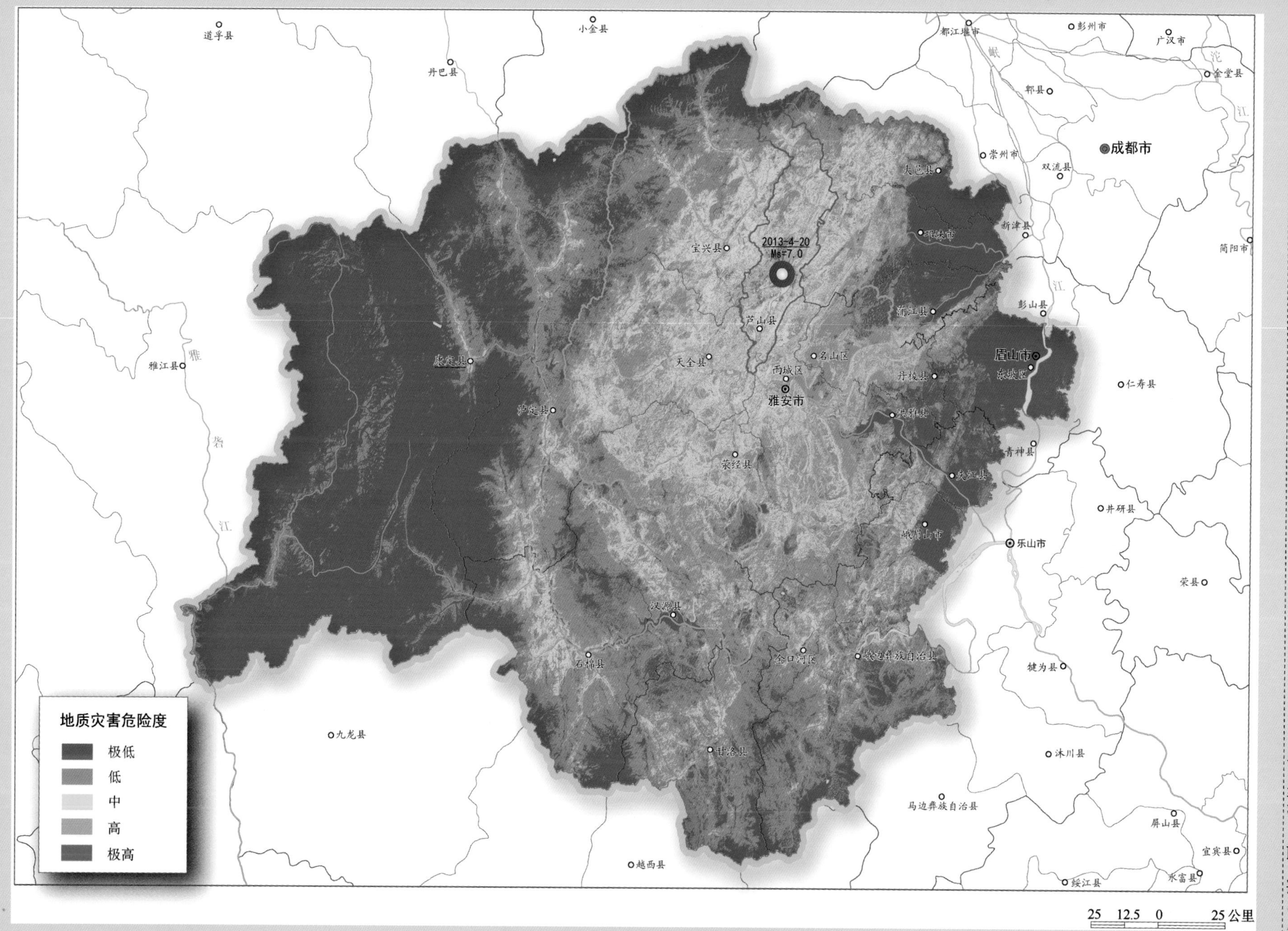

图 3-13　地质灾害危险度（自然单元）

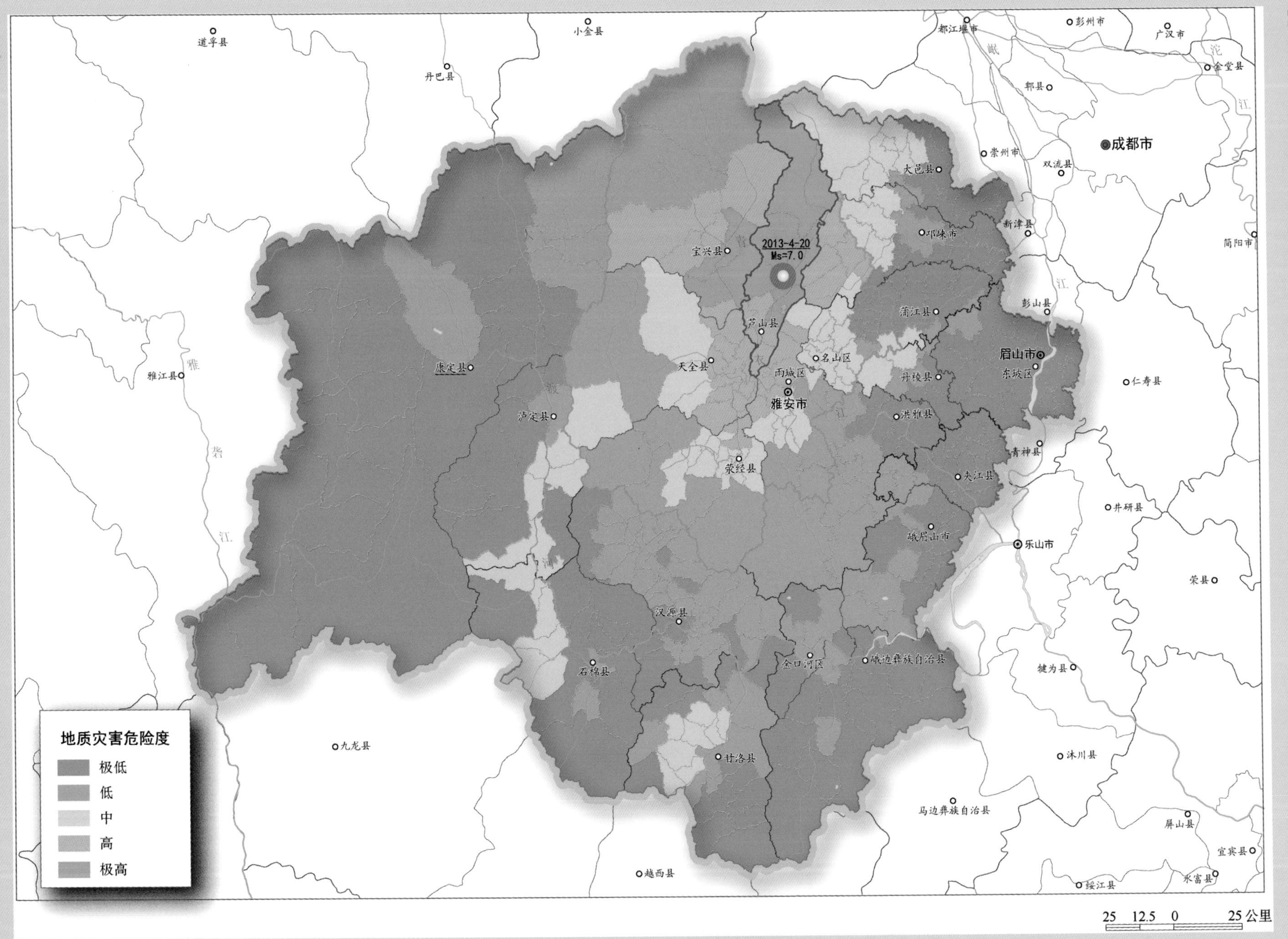

图 3-14　地质灾害危险度（行政单元）

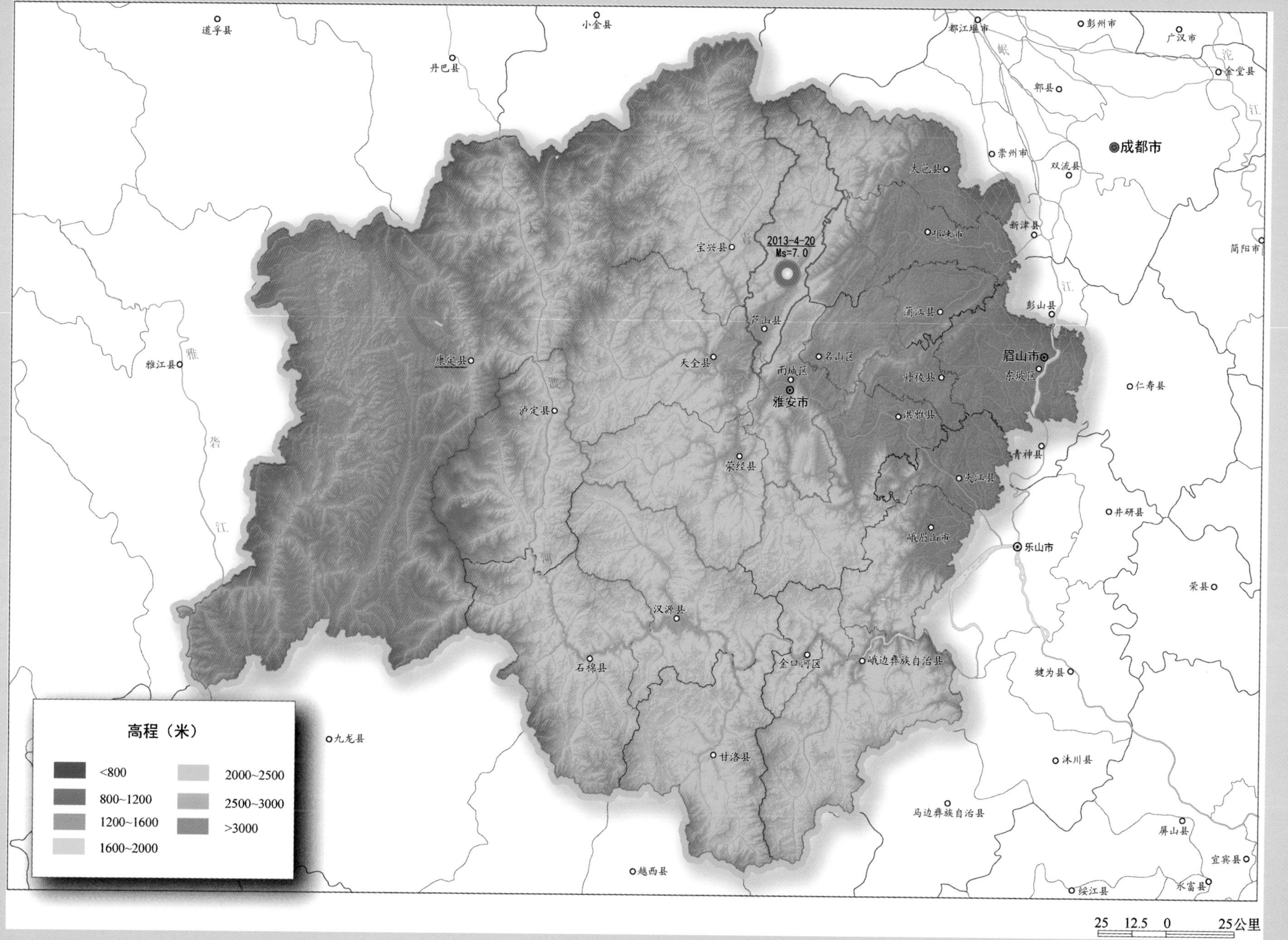
道孚县
小金县
丹巴县
都江堰市
彭州市
广汉市
金堂县
郫县
崇州市
成都市
双流县
大邑县
邛崃市
新津县
简阳市
宝兴县
2013-4-20
Ms=7.0
芦山县
蒲江县
彭山县
雅江县
康定县
天全县
名山区
雨城区
雅安市
眉山市
东坡区
丹棱县
仁寿县
泸定县
洪雅县
青神县
荥经县
夹江县
井研县
峨眉山市
乐山市
荣县
汉源县
石棉县
金口河区
峨边彝族自治县
犍为县
九龙县
甘洛县
沐川县
马边彝族自治县
屏山县
越西县
宜宾县
绥江县
水富县
高程（米）
<800
800~1200
1200~1600
1600~2000
2000~2500
2500~3000
>3000
25 12.5 0 25公里

图 3-15 高程分布

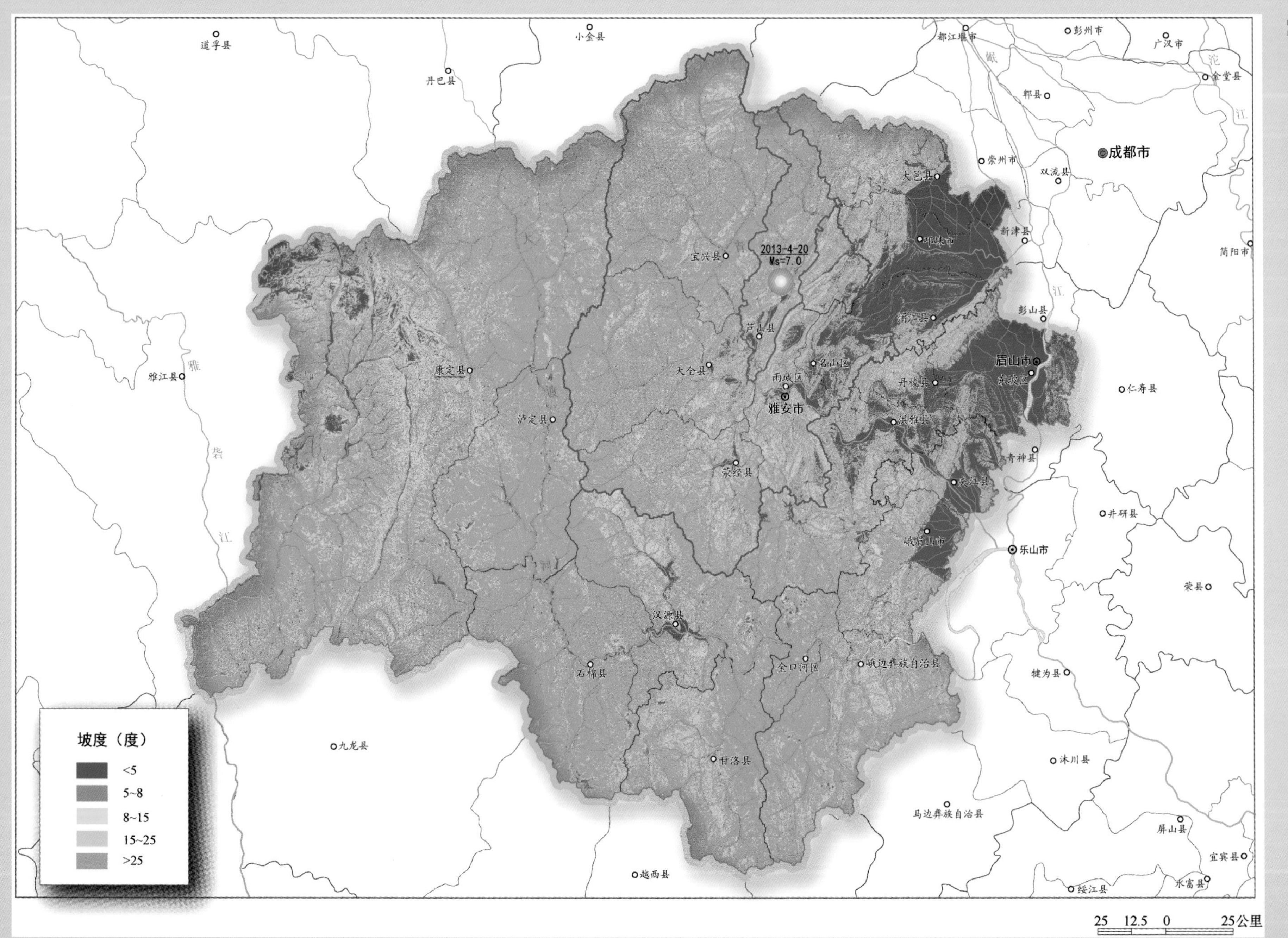
坡度（度）
<5
5~8
8~15
15~25
>25
25　12.5　0　25公里
2013-4-20
Ms=7.0
成都市
雅安市
乐山市
眉山市
东坡区
芦山县
宝兴县
天全县
荥经县
名山区
雨城区
丹棱县
洪雅县
青神县
夹江县
峨眉山市
蒲江县
邛崃市
大邑县
崇州市
双流县
新津县
彭山县
郫县
金堂县
都江堰市
彭州市
广汉市
简阳市
汉源县
石棉县
泸定县
康定县
九龙县
甘洛县
金口河区
峨边彝族自治县
马边彝族自治县
越西县
小金县
丹巴县
道孚县
雅江县
仁寿县
井研县
犍为县
沐川县
屏山县
宜宾县
荣县
绥江县
永富县

图 3-16　坡度分布

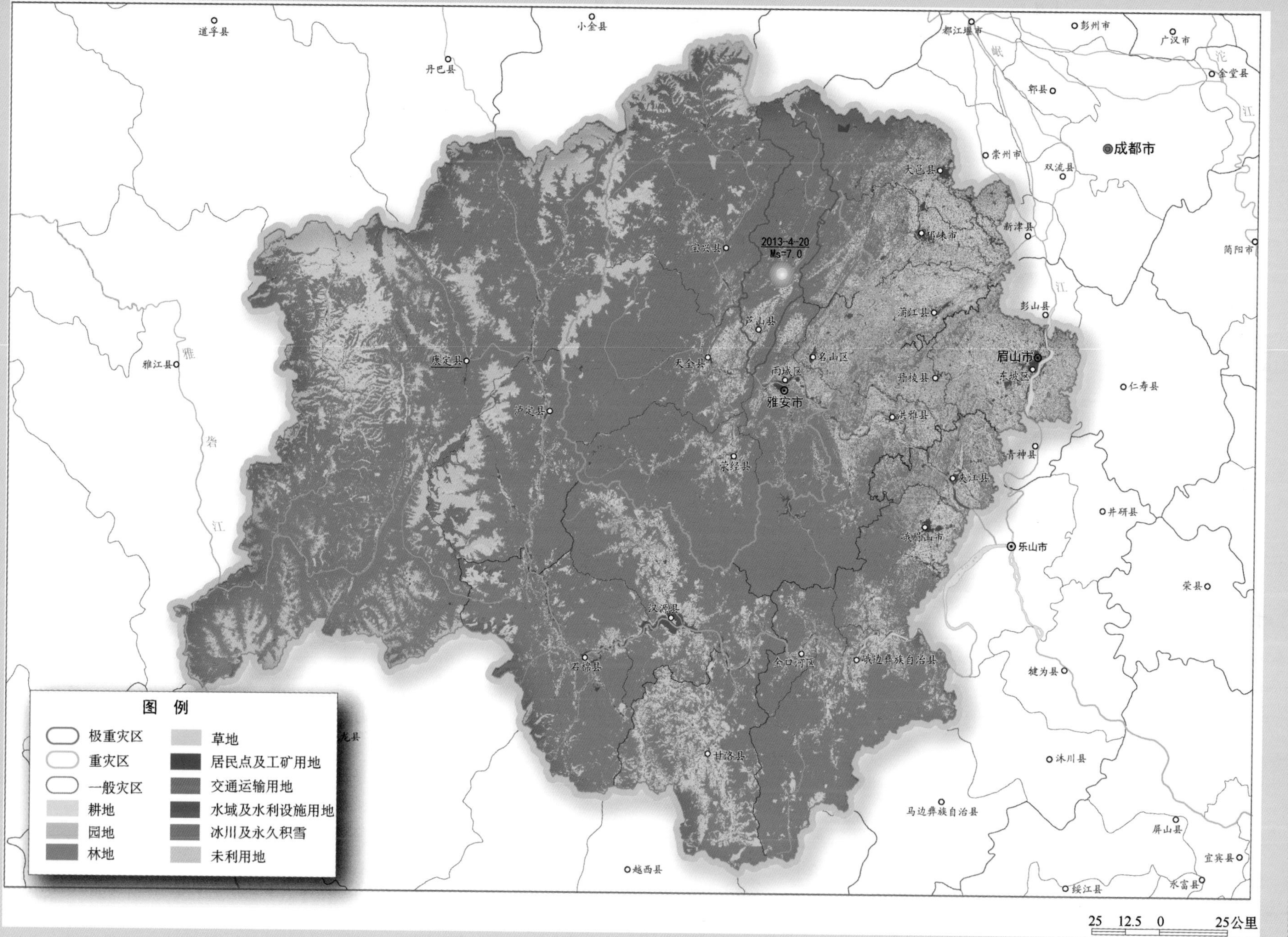
图例
极重灾区
重灾区
一般灾区
耕地
园地
林地
草地
居民点及工矿用地
交通运输用地
水域及水利设施用地
冰川及永久积雪
未利用地
成都市
眉山市
乐山市
雅安市
2013-4-20
Ms=7.0
25 12.5 0 25公里

图 3-17　土地利用现状

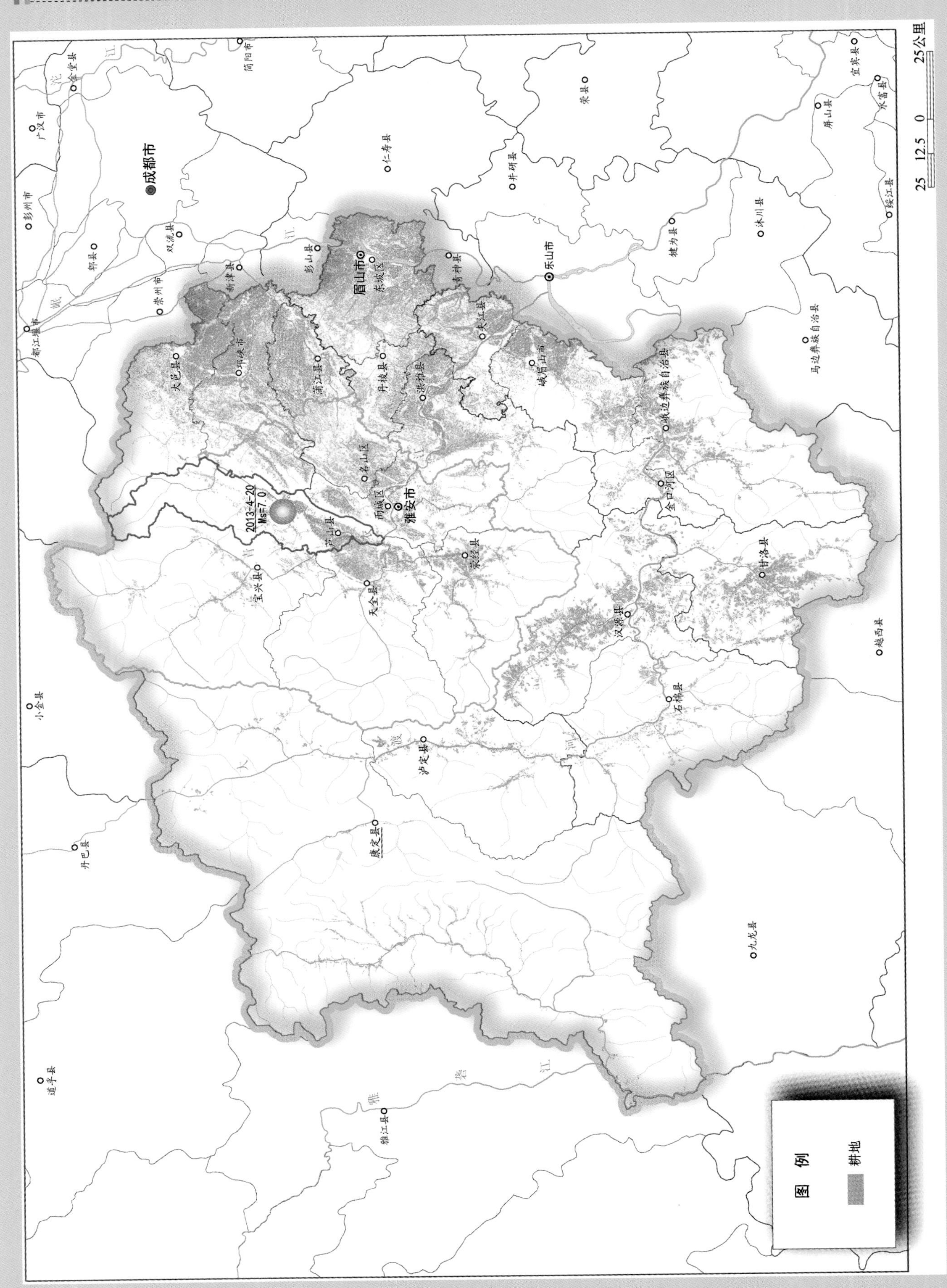
25公里
25 12.5 0
成都市
眉山市
东坡区
乐山市
雅安市
雨城区
名山区
芦山县
天全县
宝兴县
荥经县
汉源县
石棉县
泸定县
康定县
2013-4-20
Ms=7.0
图例
耕地

图 3-18　耕地分布

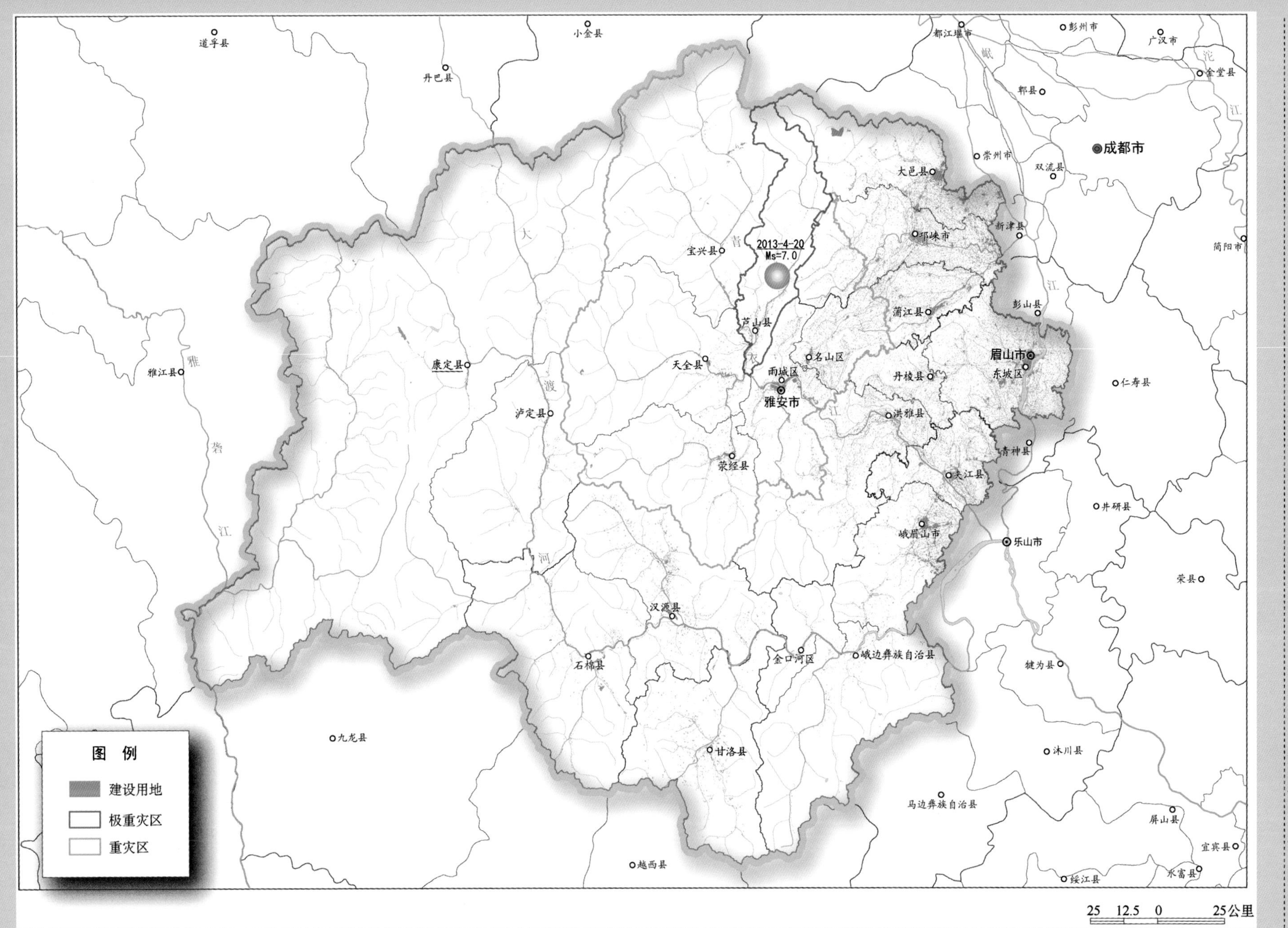
成都市
眉山市
东坡区
乐山市
雅安市
雨城区
名山区
芦山县
宝兴县
天全县
荥经县
汉源县
石棉县
泸定县
康定县
九龙县
雅江县
道孚县
丹巴县
小金县
甘洛县
金口河区
峨边彝族自治县
马边彝族自治县
峨眉山市
夹江县
洪雅县
丹棱县
蒲江县
邛崃市
大邑县
崇州市
新津县
彭山县
青神县
井研县
仁寿县
犍为县
沐川县
屏山县
宜宾县
水富县
绥江县
荣县
简阳市
双流县
郫县
彭州市
广汉市
金堂县
都江堰市
越西县
2013-4-20
Ms=7.0
图　例
建设用地
极重灾区
重灾区
25　12.5　0　25公里

图 3-19　建设用地分布

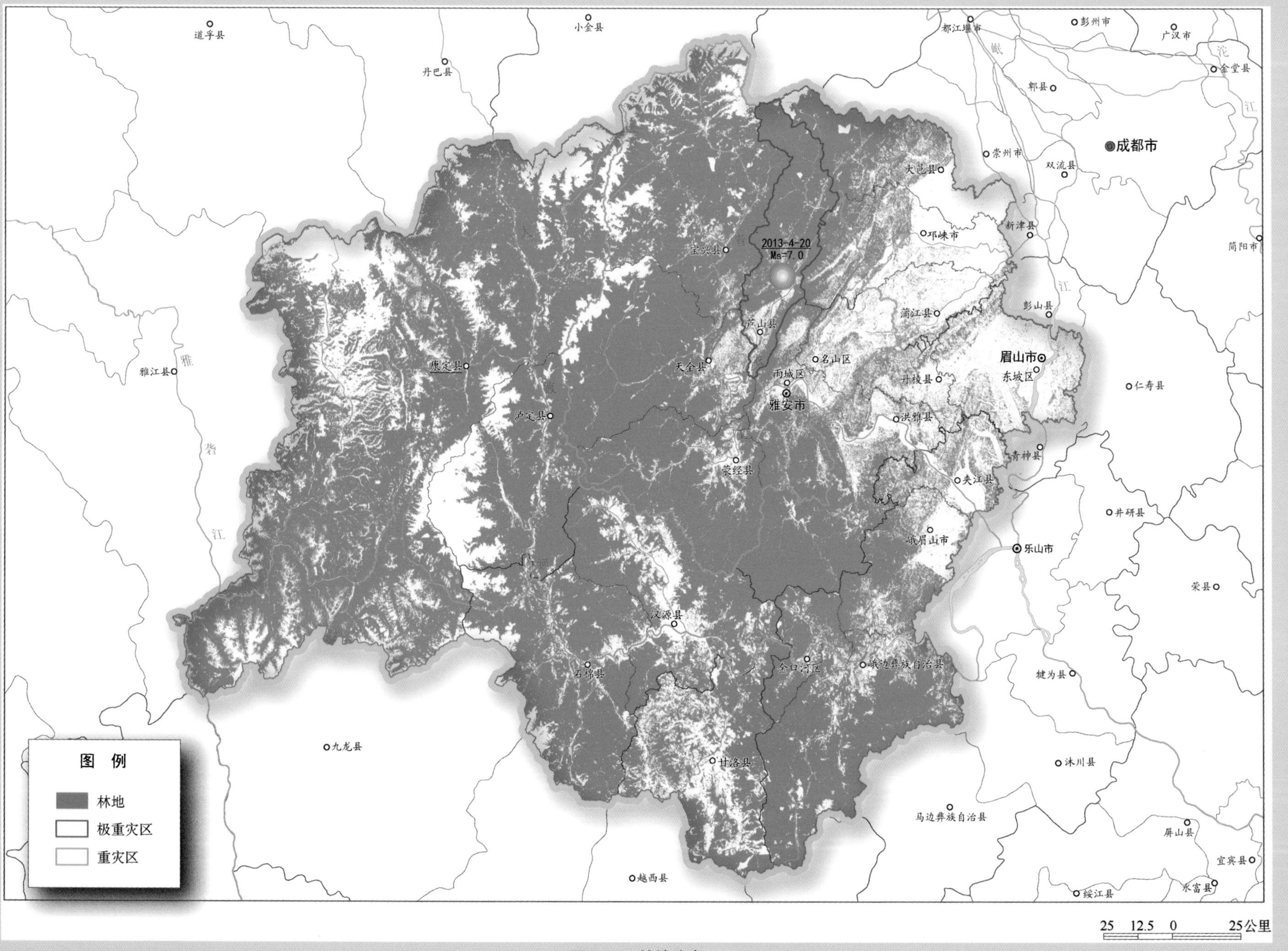
图例
林地
极重灾区
重灾区
25 12.5 0 25公里
成都市
眉山市
东坡区
雅安市
雨城区
名山区
芦山县
天全县
宝兴县
荥经县
汉源县
石棉县
乐山市
峨眉山市
夹江县
洪雅县
丹棱县
蒲江县
邛崃市
大邑县
新津县
彭山县
青神县
金口河区
峨边彝族自治县
甘洛县
康定县
泸定县
九龙县
越西县
2013-4-20
Ms=7.0

图 3-20　林地分布

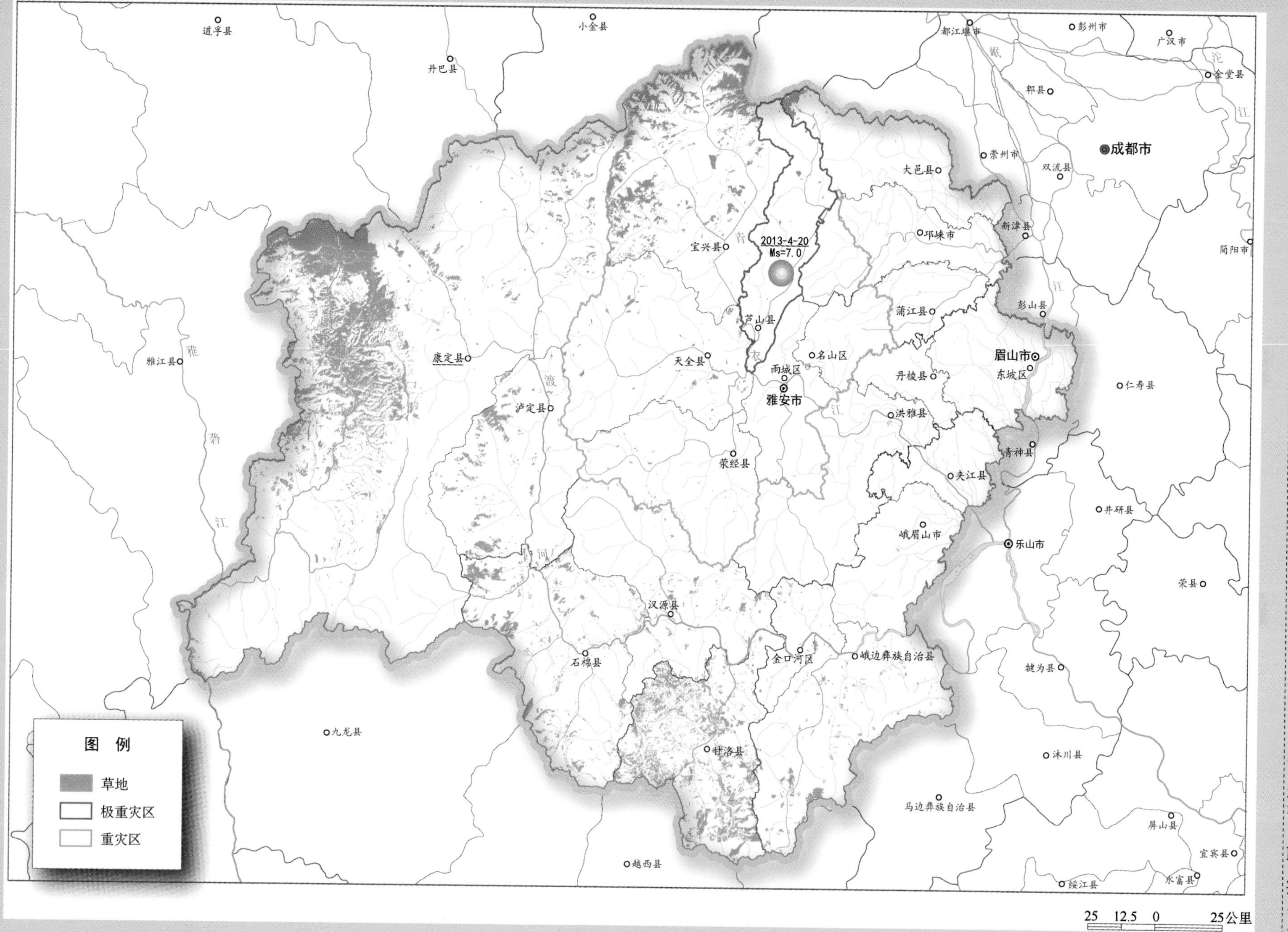

道孚县
丹巴县
小金县
都江堰市
彭州市
广汉市
金堂县
郫县
成都市
崇州市
双流县
大邑县
新津县
简阳市
宝兴县
2013-4-20
Ms=7.0
邛崃市
彭山县
蒲江县
芦山县
雅江县
康定县
天全县
名山区
雨城区
雅安市
眉山市
东坡区
丹棱县
仁寿县
泸定县
洪雅县
青神县
荥经县
夹江县
井研县
峨眉山市
乐山市
荣县
汉源县
金口河区
峨边彝族自治县
石棉县
犍为县
九龙县
甘洛县
沐川县
马边彝族自治县
屏山县
宜宾县
越西县
绥江县
水富县
图 例
草地
极重灾区
重灾区
25 12.5 0 25公里

图 3-21　草地分布

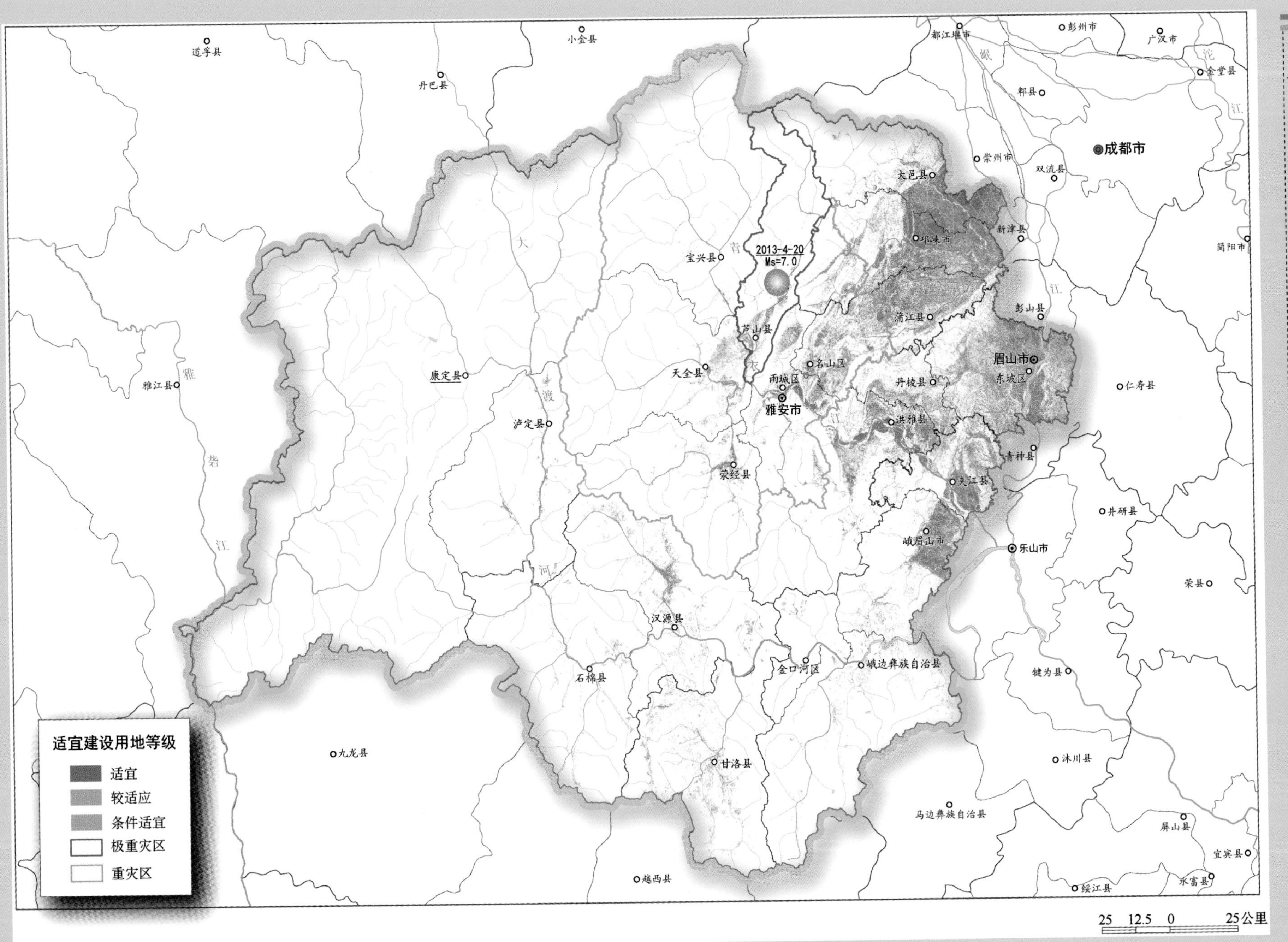

图 3-22　建设用地条件评价（自然单元）

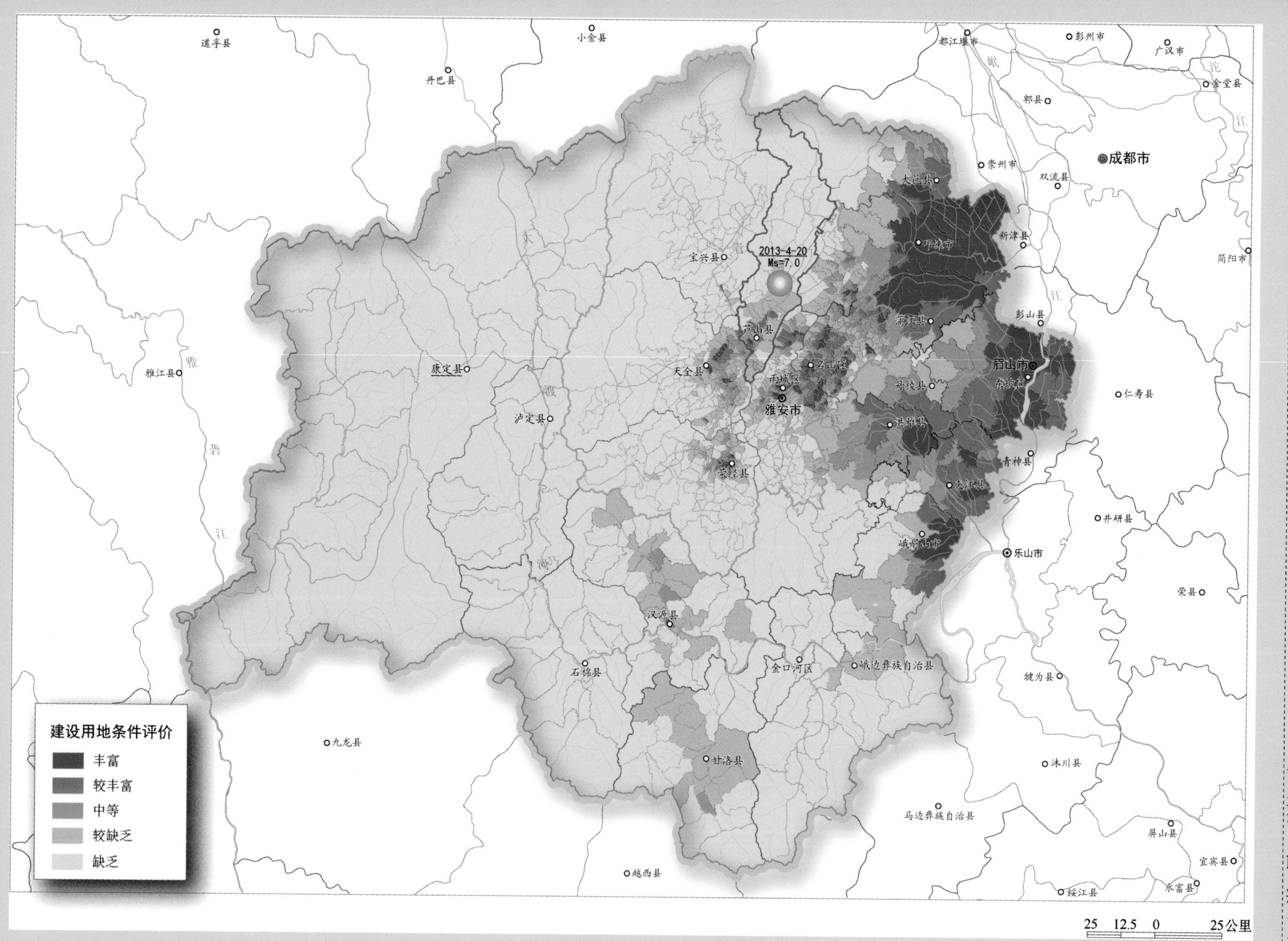

图 3-23　建设用地条件评价（行政单元）

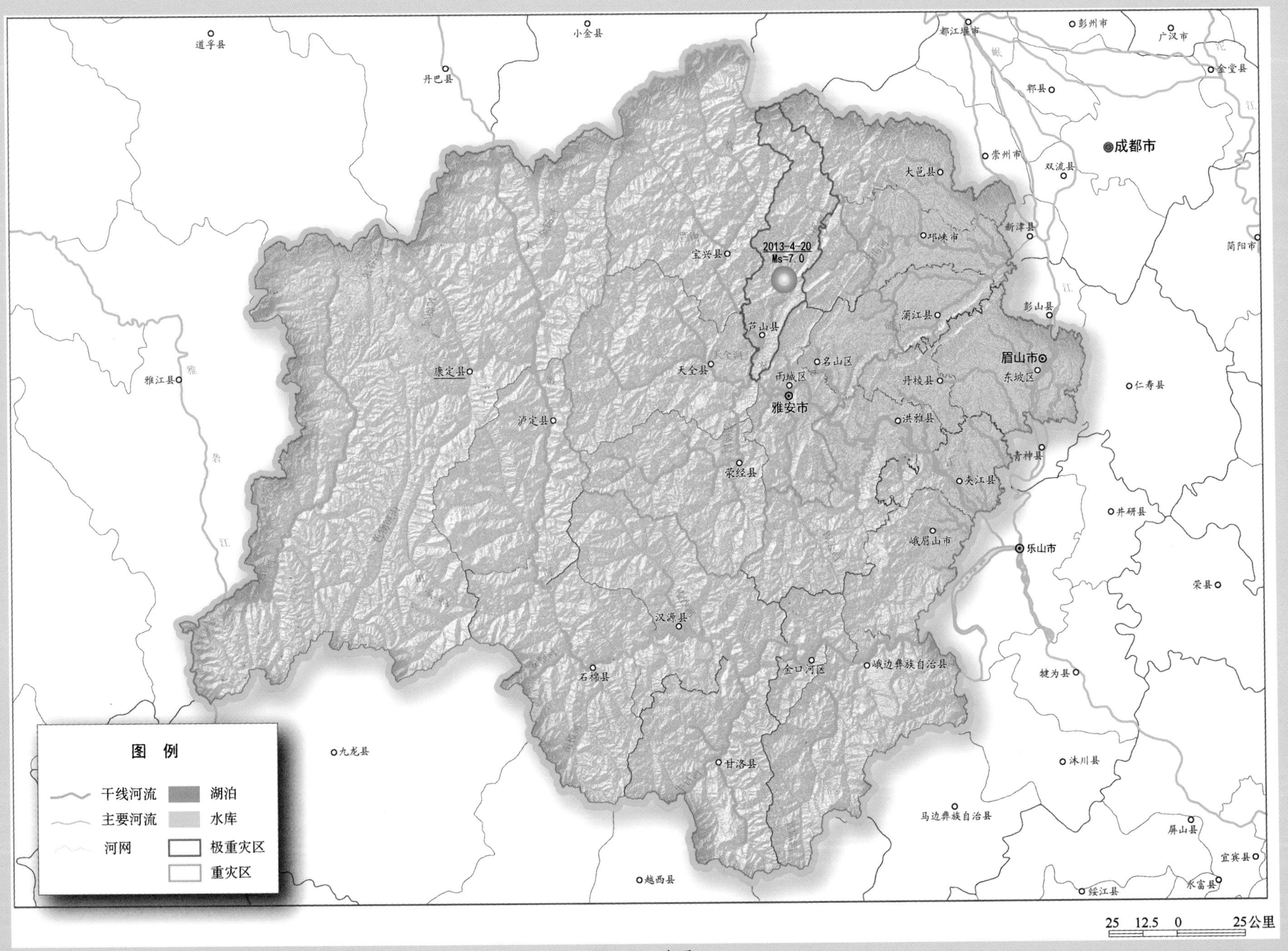

道孚县
小金县
丹巴县
都江堰市
彭州市
广汉市
金堂县
郫县
成都市
崇州市
双流县
大邑县
新津县
邛崃市
简阳市
2013-4-20
Ms=7.0
宝兴县
彭山县
蒲江县
芦山县
眉山市
东坡区
名山区
雨城区
雅安市
天全县
康定县
雅江县
仁寿县
丹棱县
洪雅县
泸定县
青神县
荥经县
夹江县
井研县
峨眉山市
乐山市
荣县
汉源县
金口河区
峨边彝族自治县
石棉县
犍为县
九龙县
甘洛县
沐川县
马边彝族自治县
屏山县
宜宾县
越西县
绥江县
水富县
图例
干线河流
主要河流
河网
湖泊
水库
极重灾区
重灾区
25 12.5 0 25公里

图 3-24　水系

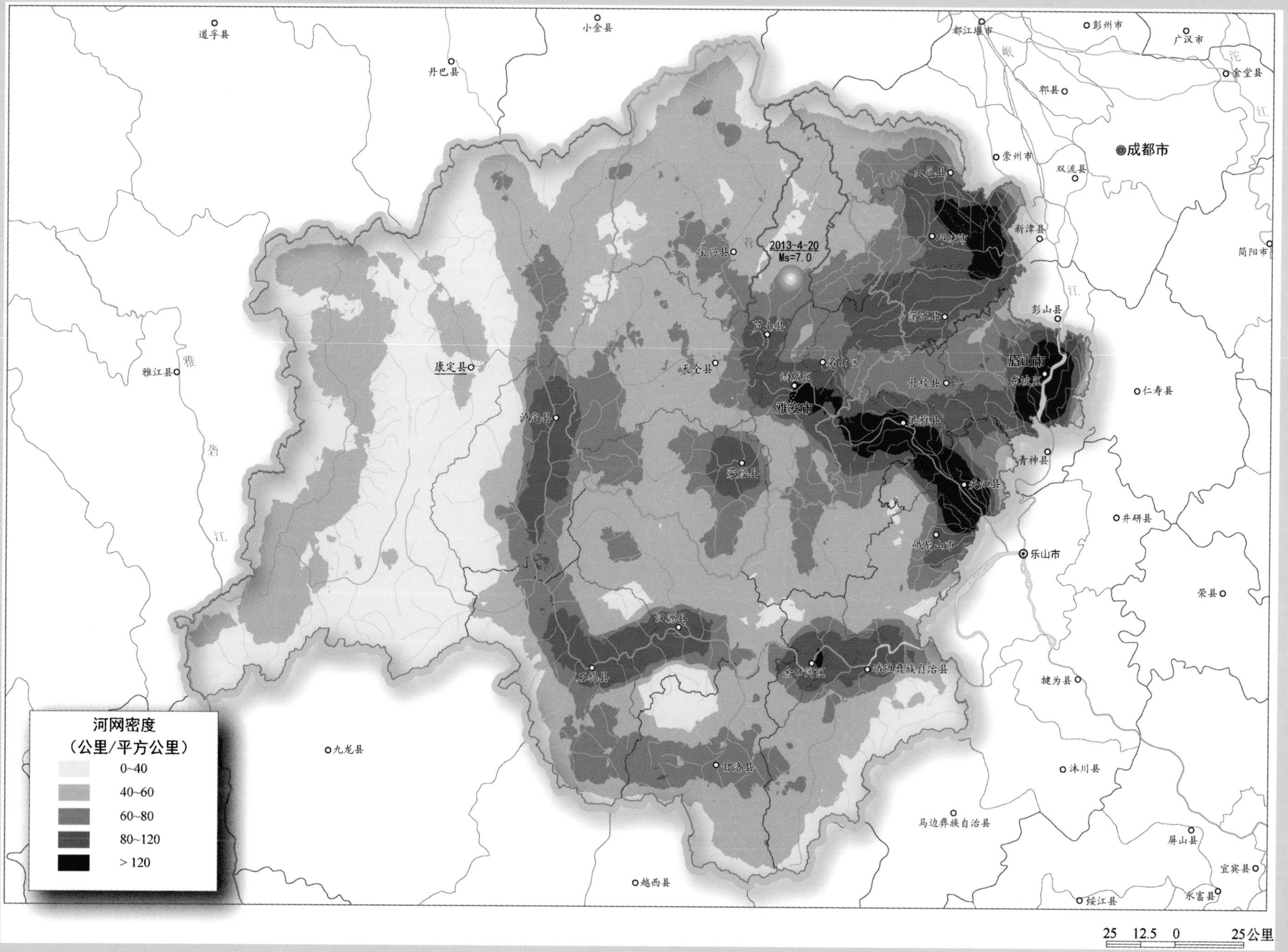

河网密度
（公里/平方公里）
0~40
40~60
60~80
80~120
> 120
成都市
乐山市
眉山市
东坡区
雅安市
雨城区
名山区
芦山县
宝兴县
天全县
荥经县
汉源县
石棉县
泸定县
康定县
九龙县
丹巴县
小金县
道孚县
雅江县
越西县
甘洛县
金口河区
峨边彝族自治县
马边彝族自治县
峨眉山市
夹江县
洪雅县
丹棱县
蒲江县
邛崃市
大邑县
崇州市
新津县
双流县
郫县
都江堰市
彭州市
广汉市
金堂县
简阳市
彭山县
青神县
仁寿县
井研县
荣县
犍为县
沐川县
屏山县
宜宾县
水富县
绥江县
2013-4-20
Ms=7.0
25 12.5 0 25公里

图 3-25 河网密度

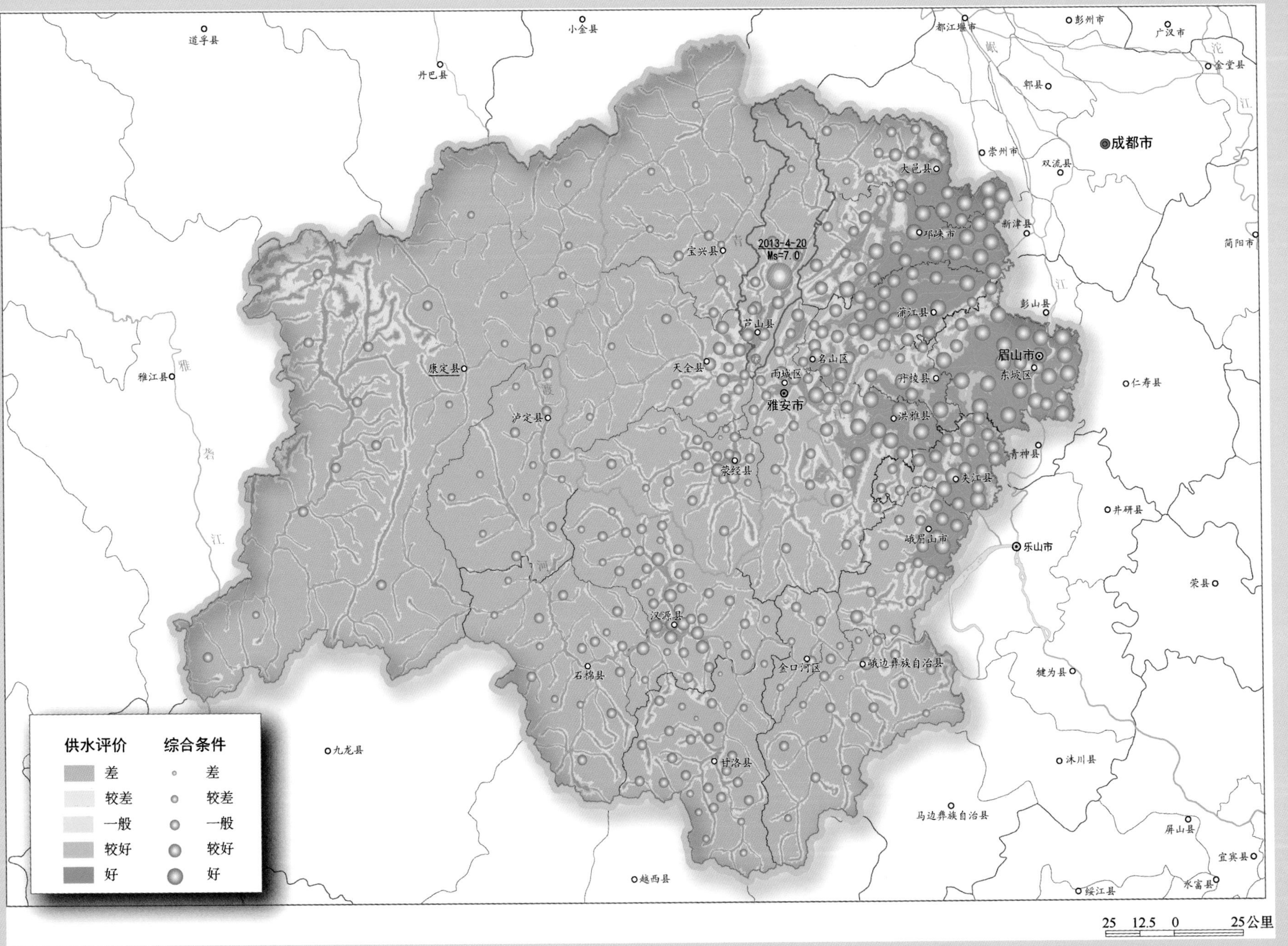
成都市
眉山市
乐山市
雅安市
2013-4-20
Ms=7.0
芦山县
宝兴县
天全县
名山区
雨城区
荥经县
汉源县
石棉县
泸定县
康定县
大邑县
邛崃市
蒲江县
丹棱县
洪雅县
东坡区
夹江县
峨眉山市
金口河区
峨边彝族自治县
甘洛县
供水评价
差
较差
一般
较好
好
综合条件
差
较差
一般
较好
好
25 12.5 0 25公里

图 3-26　供水条件评价

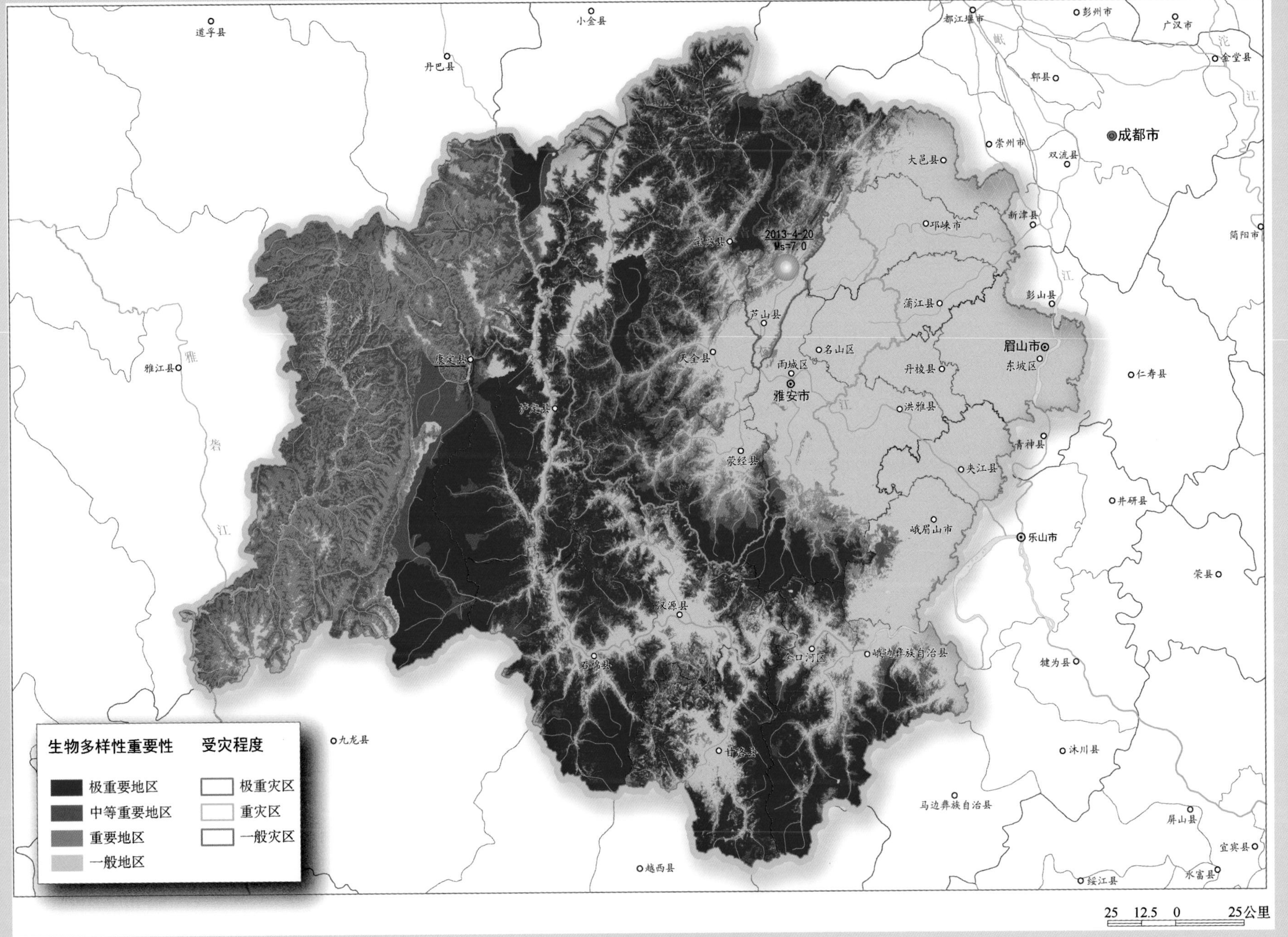

图 3-27 生物多样性重要性评价

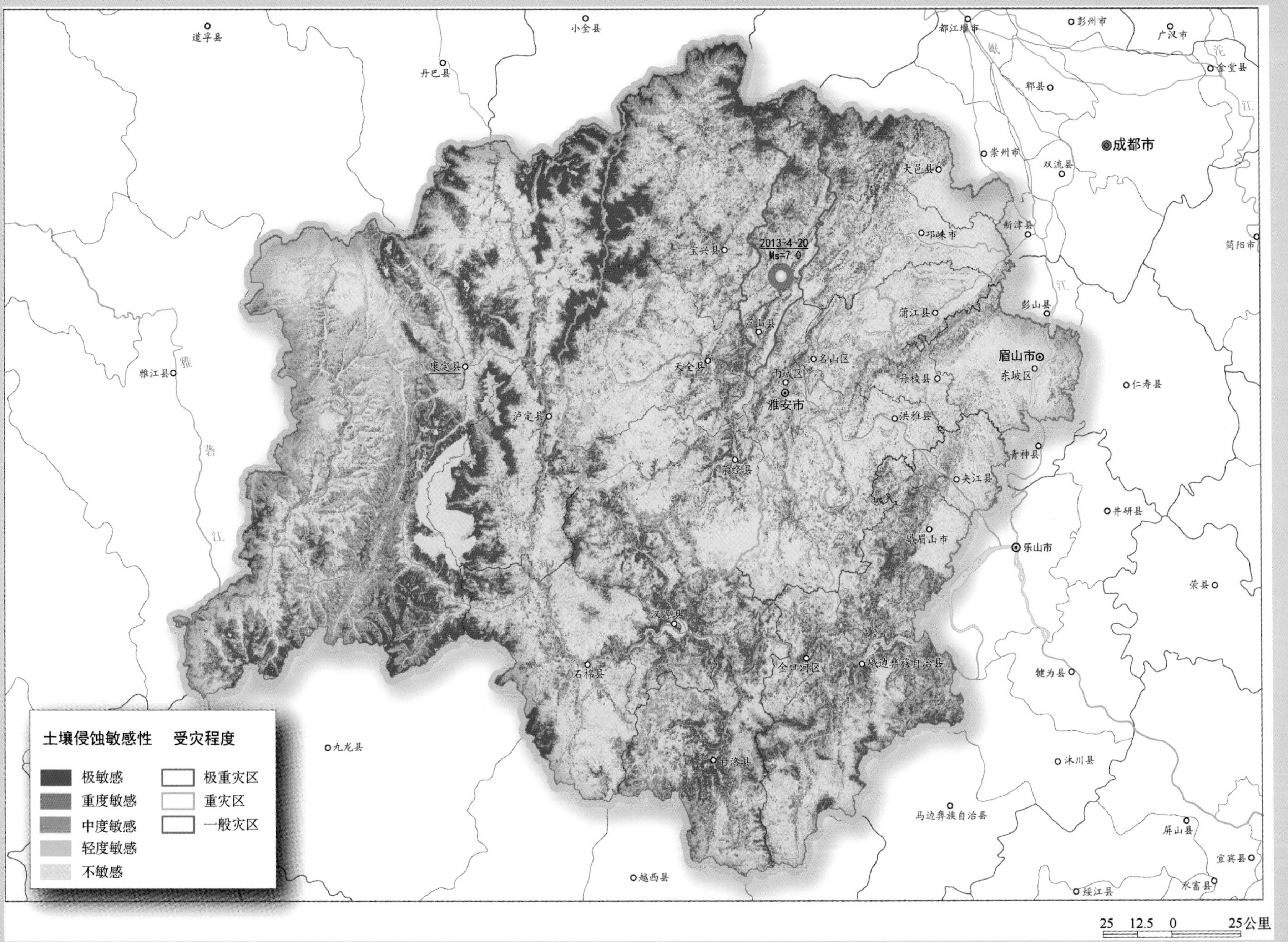

图 3-28　土壤侵蚀敏感性评价

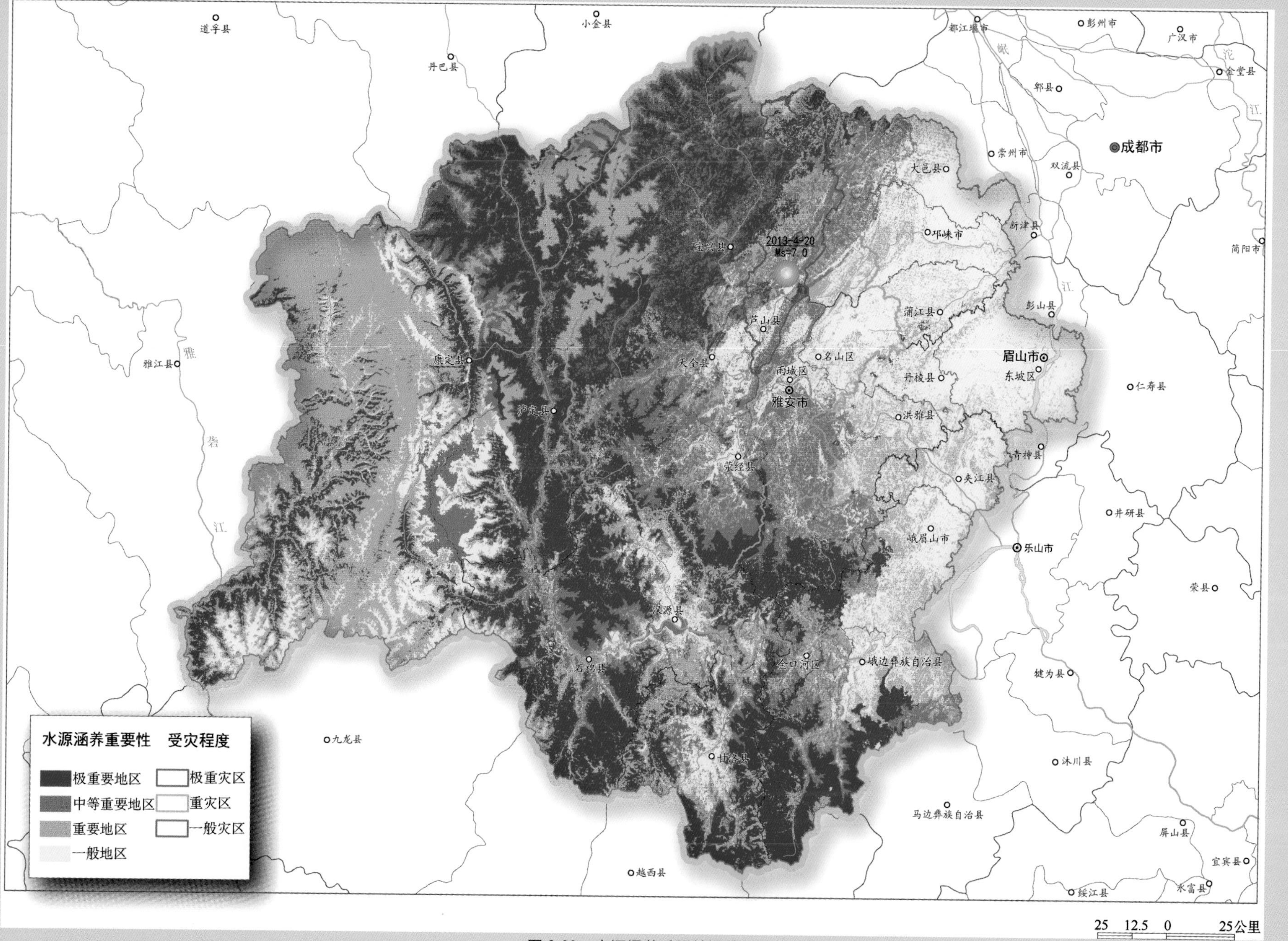

图 3-29 水源涵养重要性评价

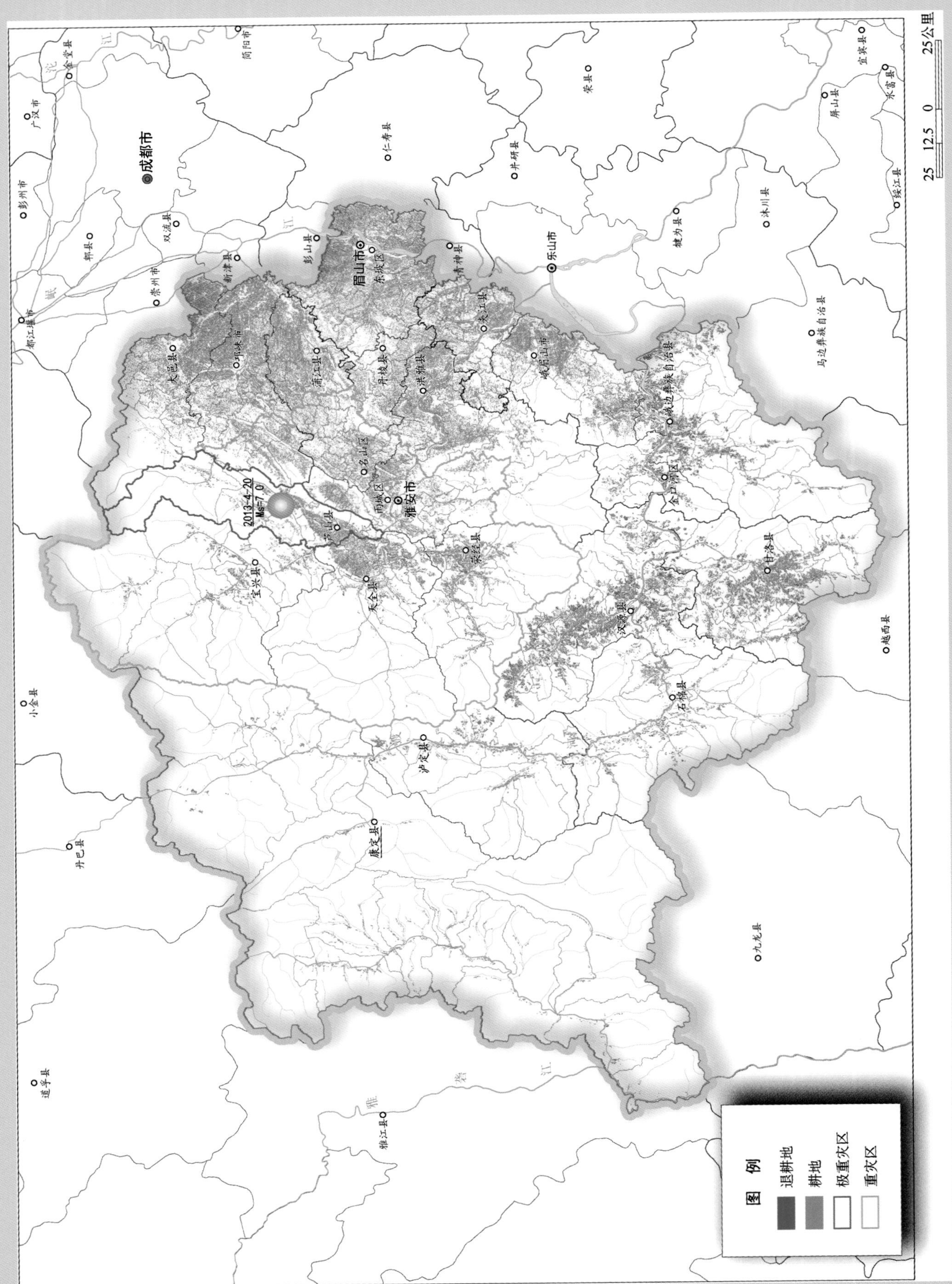

图 3-30 退耕地分布

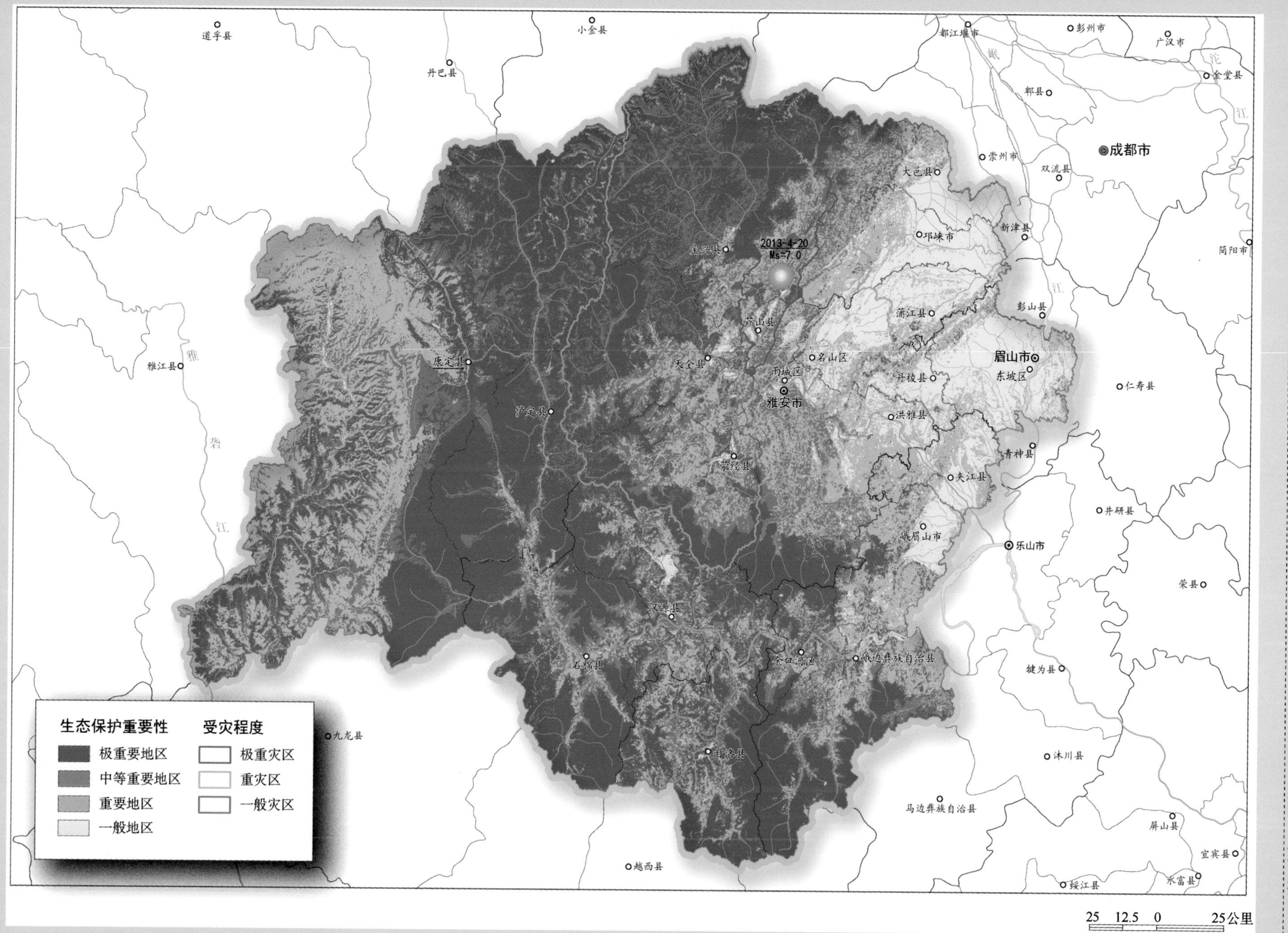

图 3-31 生态保护重要性评价

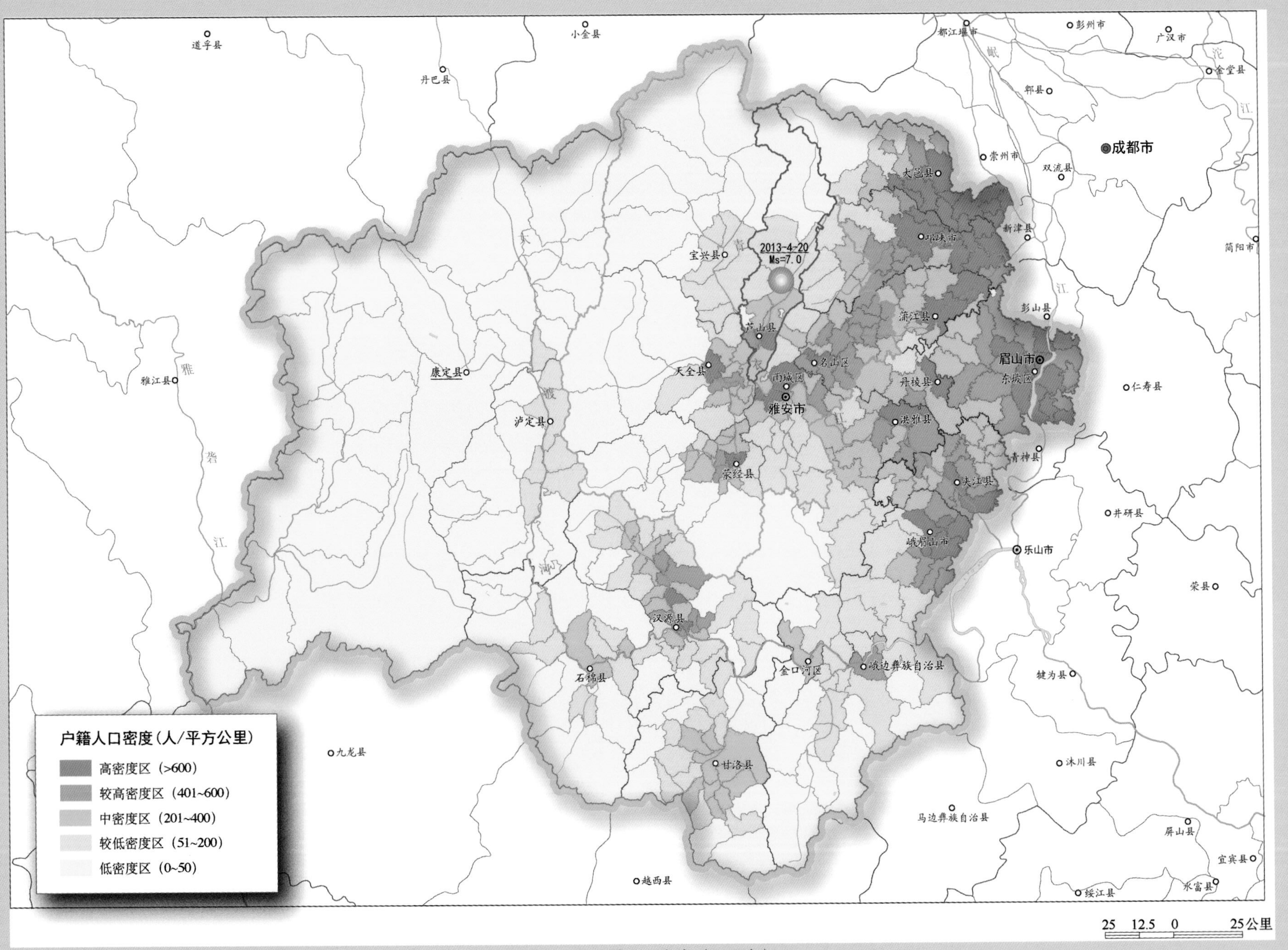

图 3-32　分乡镇人口密度（2012 年）

道孚县
小金县
丹巴县
都江堰市
彭州市
广汉市
金堂县
郫县
崇州市
成都市
双流县
大邑县
邛崃市
新津县
简阳市
宝兴县
2013-4-20
Ms=7.0
彭山县
芦山县
蒲江县
雅江县
康定县
天全县
名山区
雨城区
眉山市
东坡区
丹棱县
雅安市
仁寿县
泸定县
洪雅县
荥经县
青神县
夹江县
井研县
峨眉山市
乐山市
荣县
汉源县
金口河区
峨边彝族自治县
石棉县
犍为县
城镇体系人口(人)
<0.2万
0.2万~1万
1万~5万
5万~10万
>10万
九龙县
甘洛县
沐川县
马边彝族自治县
屏山县
宜宾县
越西县
绥江县
水富县
25 12.5 0 25公里

图 3-33 乡镇人口规模

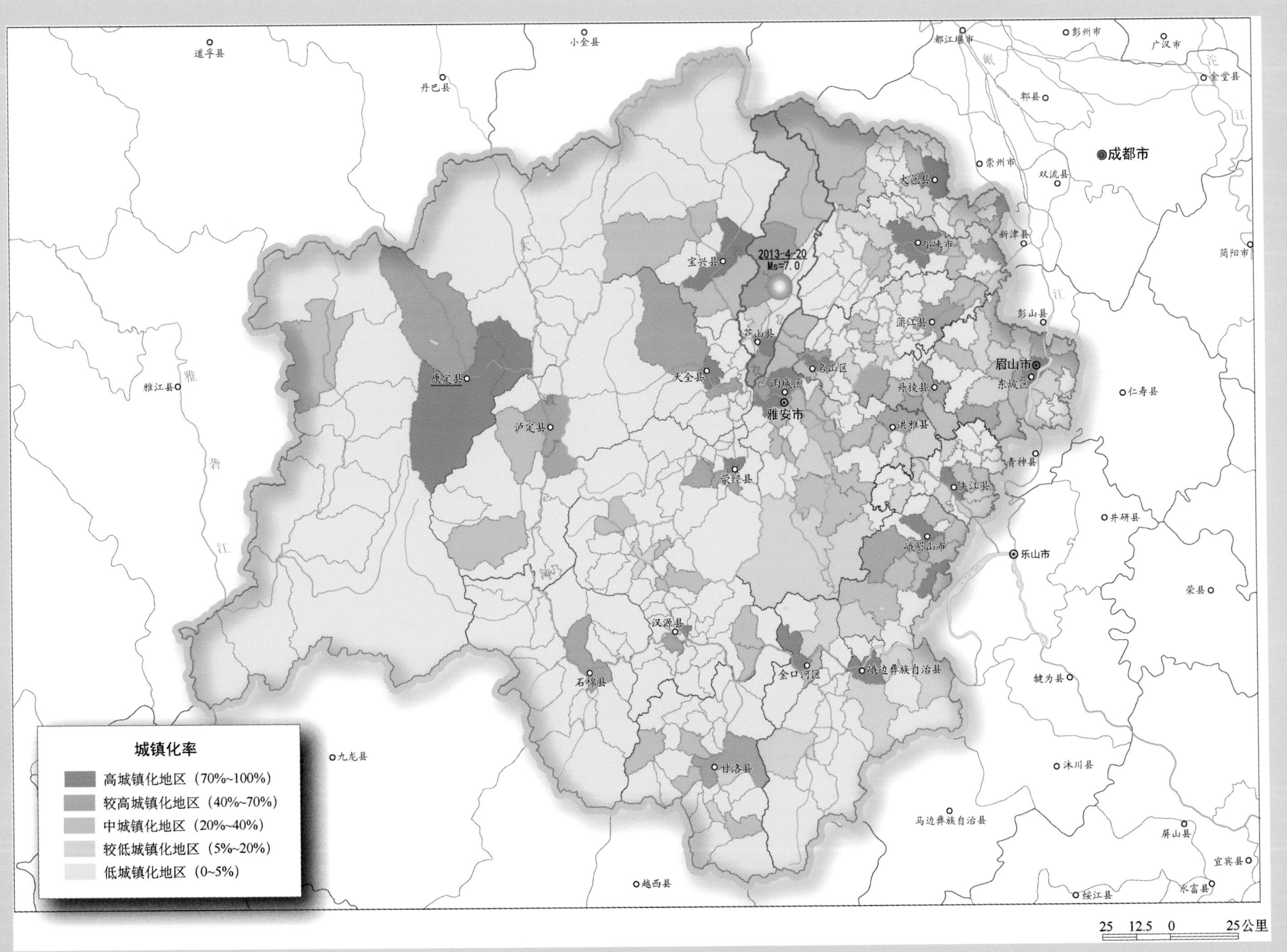

图 3-34　乡镇城镇化水平分布（2010 年）

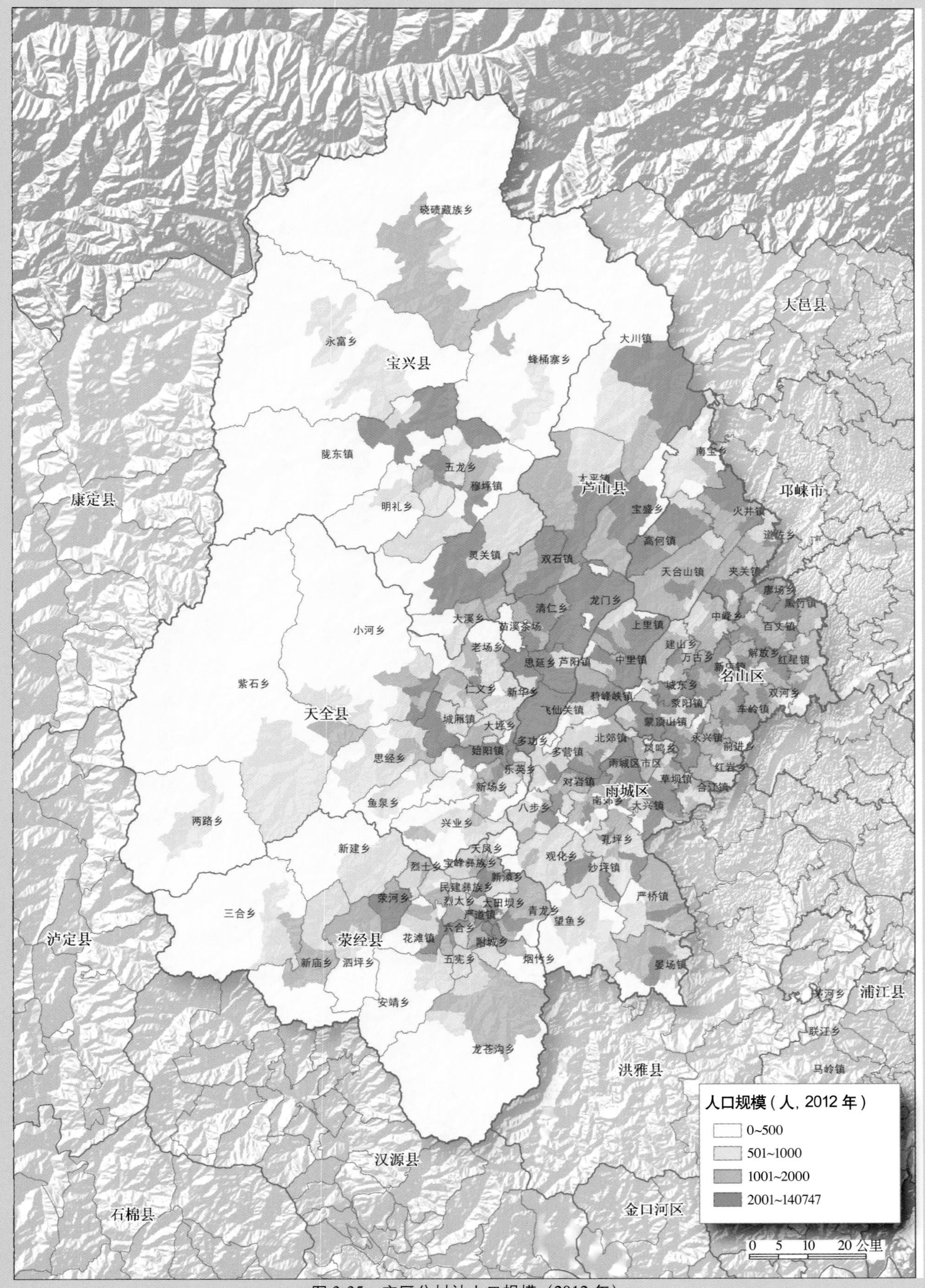

图 3-35　灾区分村社人口规模（2012 年）

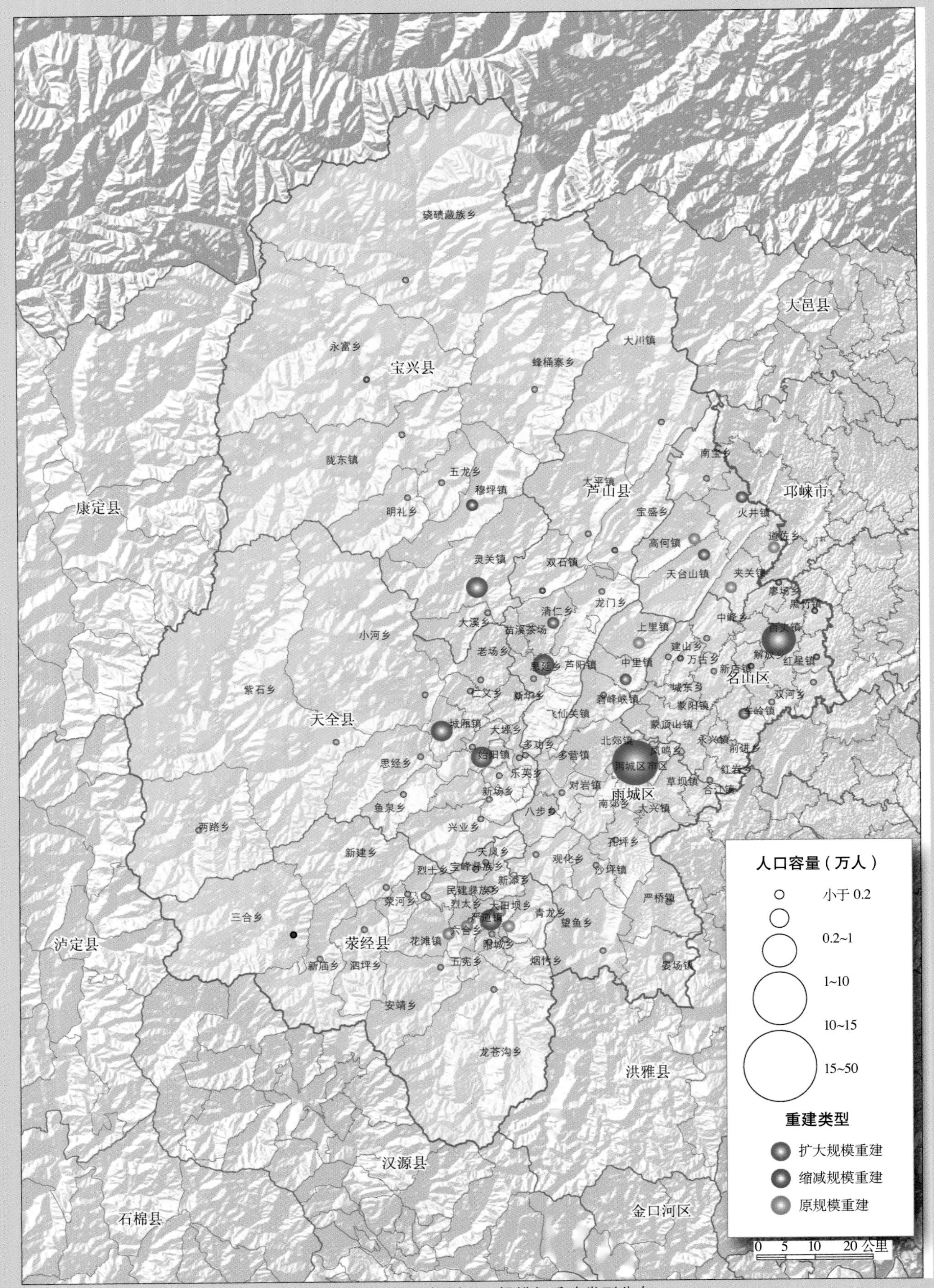

图 3-36　重灾区规划人口规模与重建类型分布

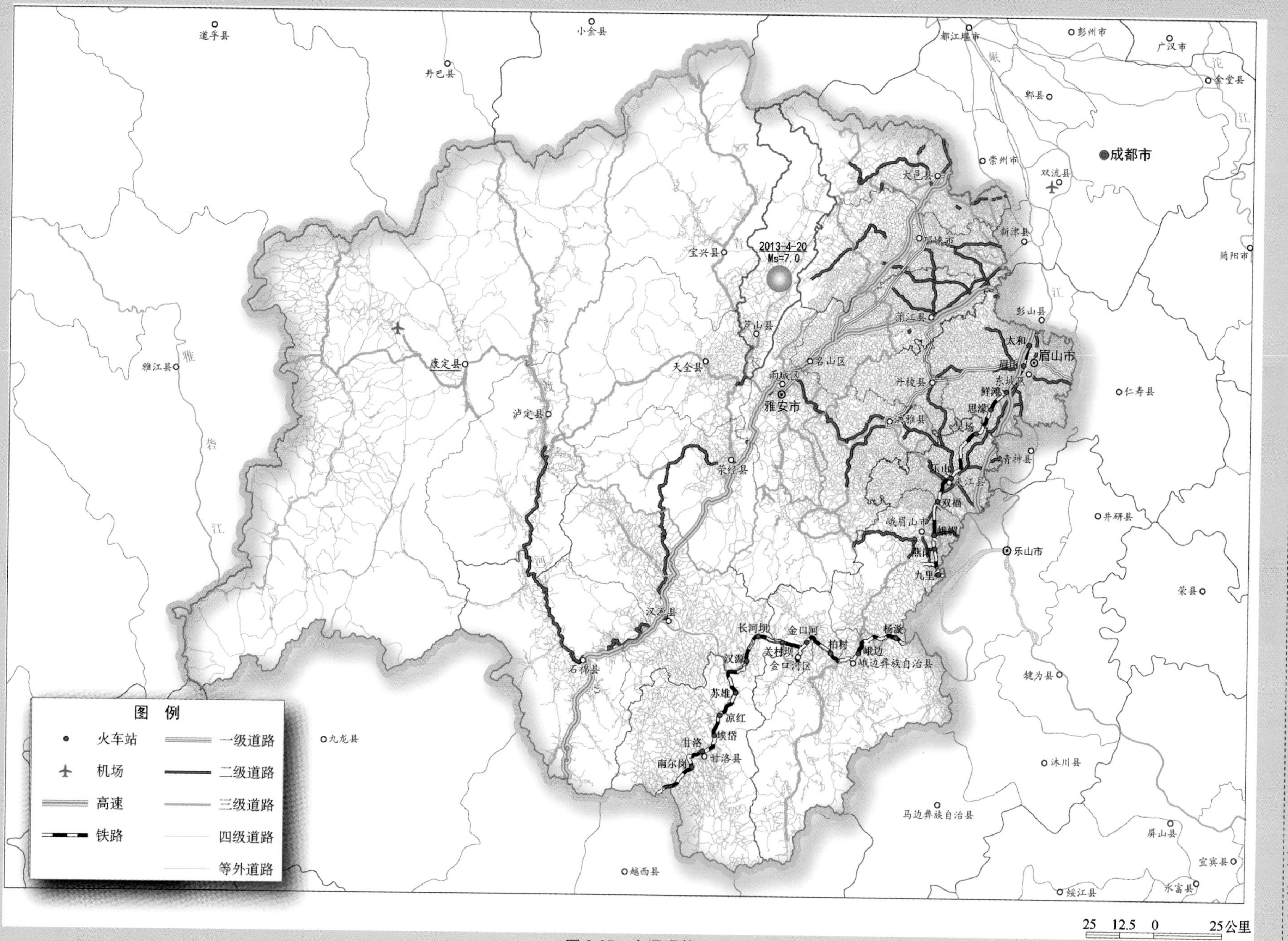

道孚县
小金县
丹巴县
都江堰市
彭州市
广汉市
金堂县
郫县
成都市
崇州市
双流县
大邑县
新津县
邛崃市
简阳市
宝兴县
2013-4-20
Ms=7.0
蒲江县
彭山县
芦山县
太和
眉山市
雅江县
康定县
天全县
名山区
雨城区
雅安市
丹棱县
东坡区
仁寿县
泸定县
鲜滩
思濛
洪雅县
夹江县
青神县
荥经县
双桥
峨眉山市
井研县
乐山市
九里
荣县
汉源县
长河坝
金口河
杨漩
柏村
峨边
关村坝
金口河区
峨边彝族自治县
石棉县
汉源
犍为县
苏雄
凉红
九龙县
埃岱
甘洛
甘洛县
南尔岗
沐川县
马边彝族自治县
屏山县
宜宾县
越西县
绥江县
水富县
图例
火车站
机场
高速
铁路
一级道路
二级道路
三级道路
四级道路
等外道路
25 12.5 0 25公里

图 3-37　交通现状

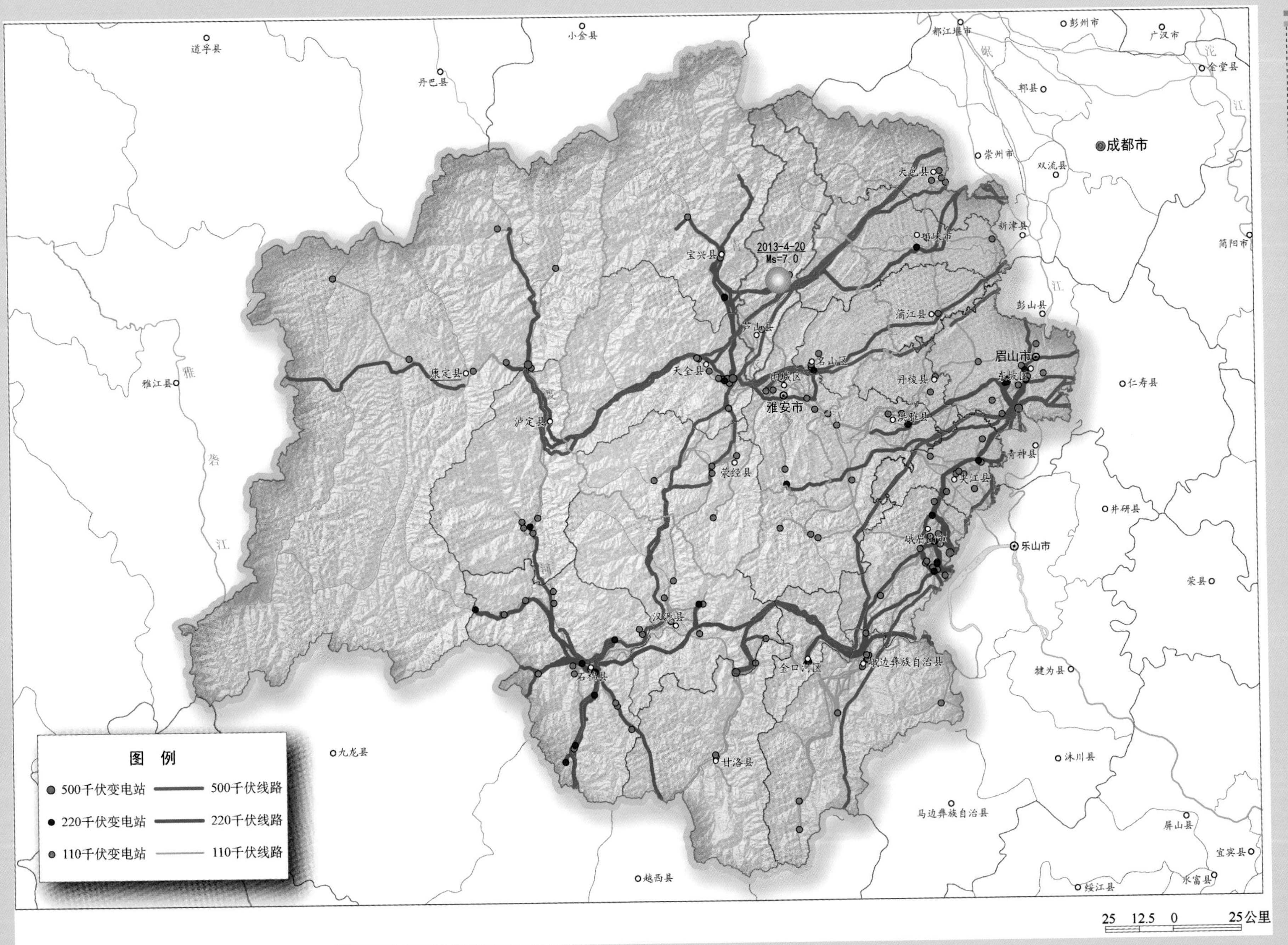
图例
500千伏变电站
220千伏变电站
110千伏变电站
500千伏线路
220千伏线路
110千伏线路
25 12.5 0 25公里
2013-4-20
Ms=7.0
成都市
眉山市
乐山市
雅安市
宝兴县
芦山县
天全县
泸定县
康定县
石棉县
汉源县
甘洛县
荥经县
名山区
雨城区
洪雅县
丹棱县
蒲江县
邛崃市
大邑县
新津县
彭山县
东坡区
青神县
夹江县
峨眉山市
峨边彝族自治县
金口河区
马边彝族自治县
沐川县
犍为县
井研县
仁寿县
荣县
宜宾县
屏山县
绥江县
永富县
双流县
郫县
彭州市
广汉市
金堂县
简阳市
崇州市
都江堰市
小金县
丹巴县
道孚县
雅江县
九龙县
越西县

图 3-38　电网分布

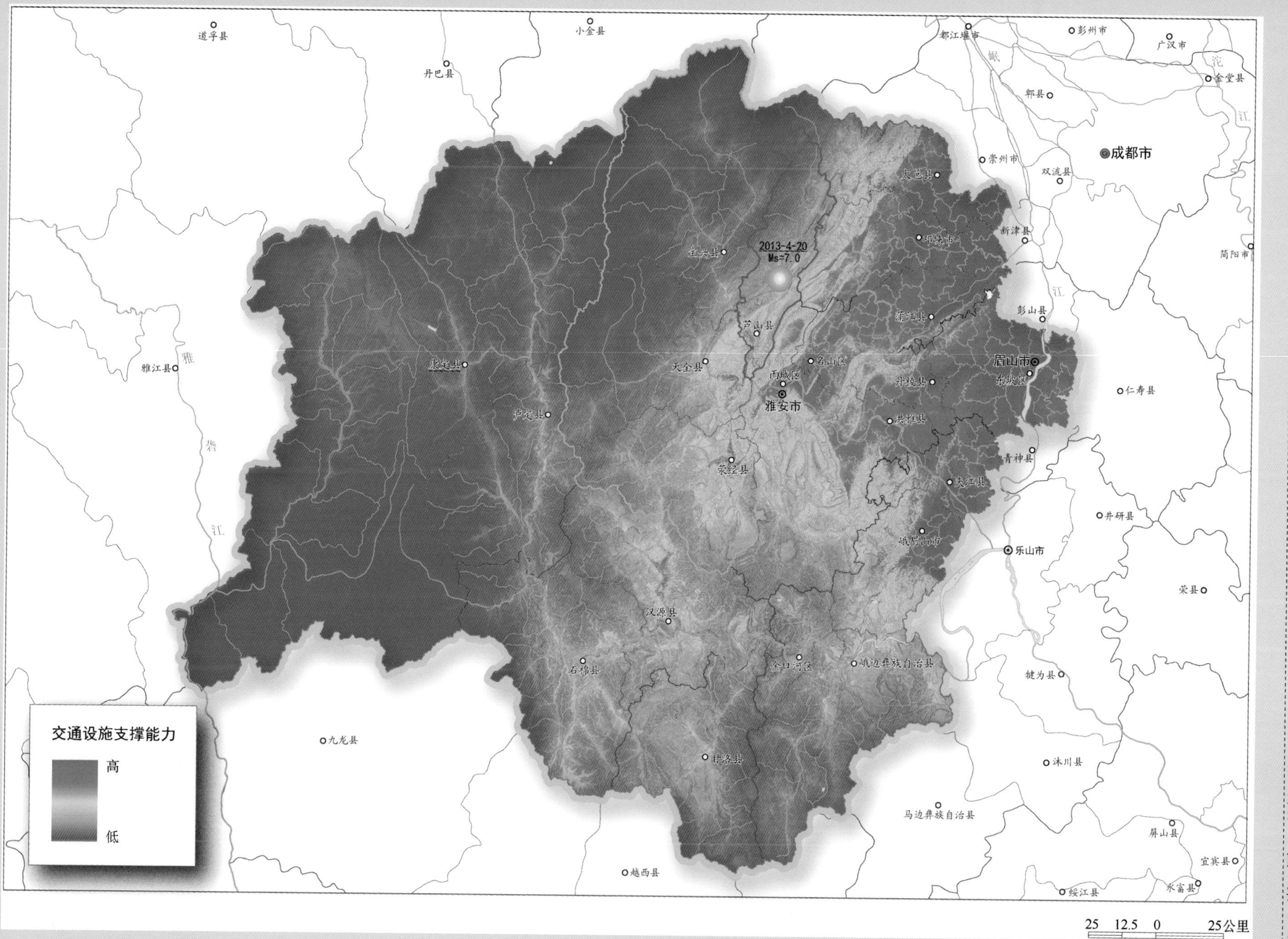

图 3-39　交通设施支撑能力评价

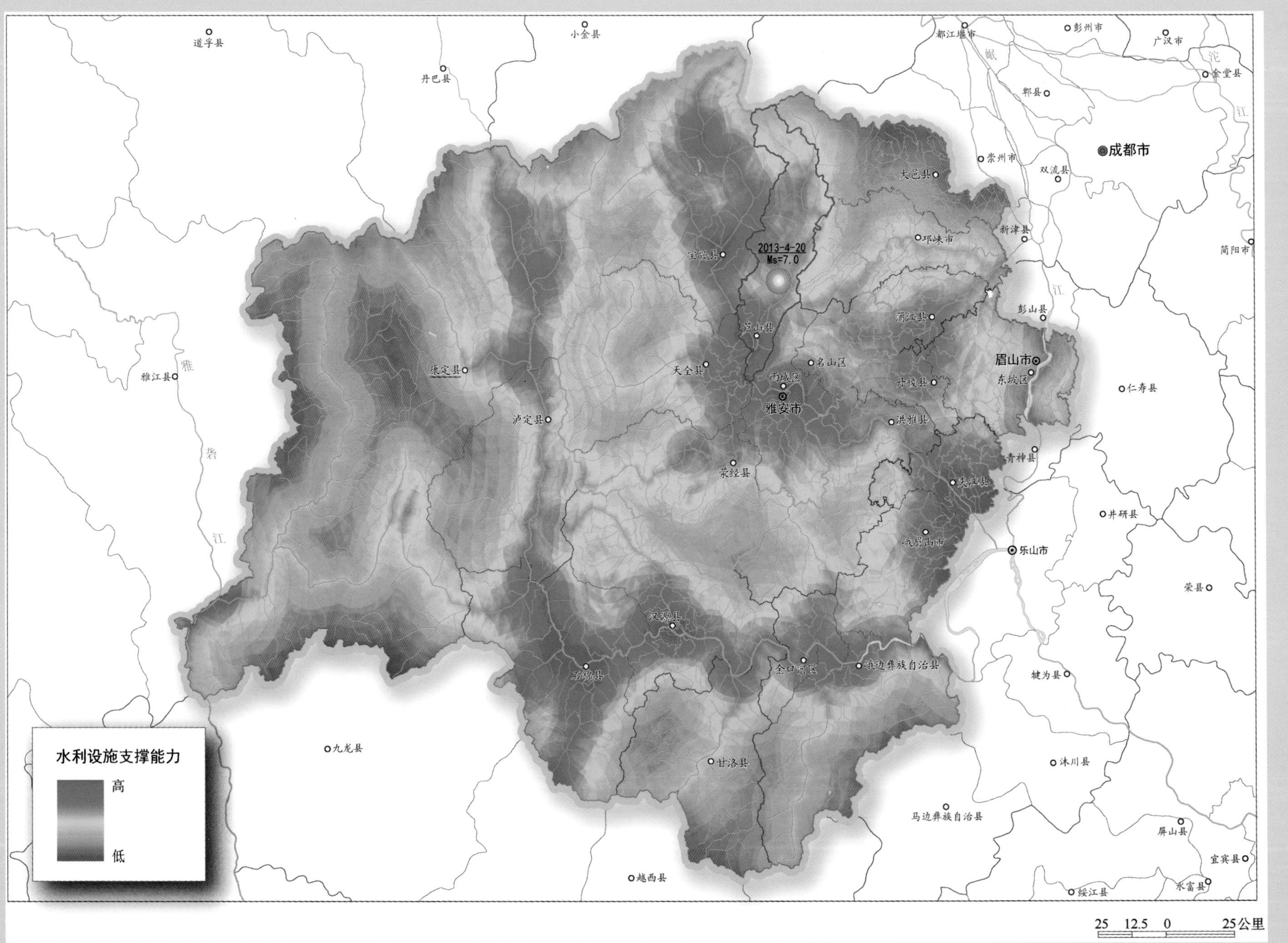

图 3-40　水利设施支撑能力评价

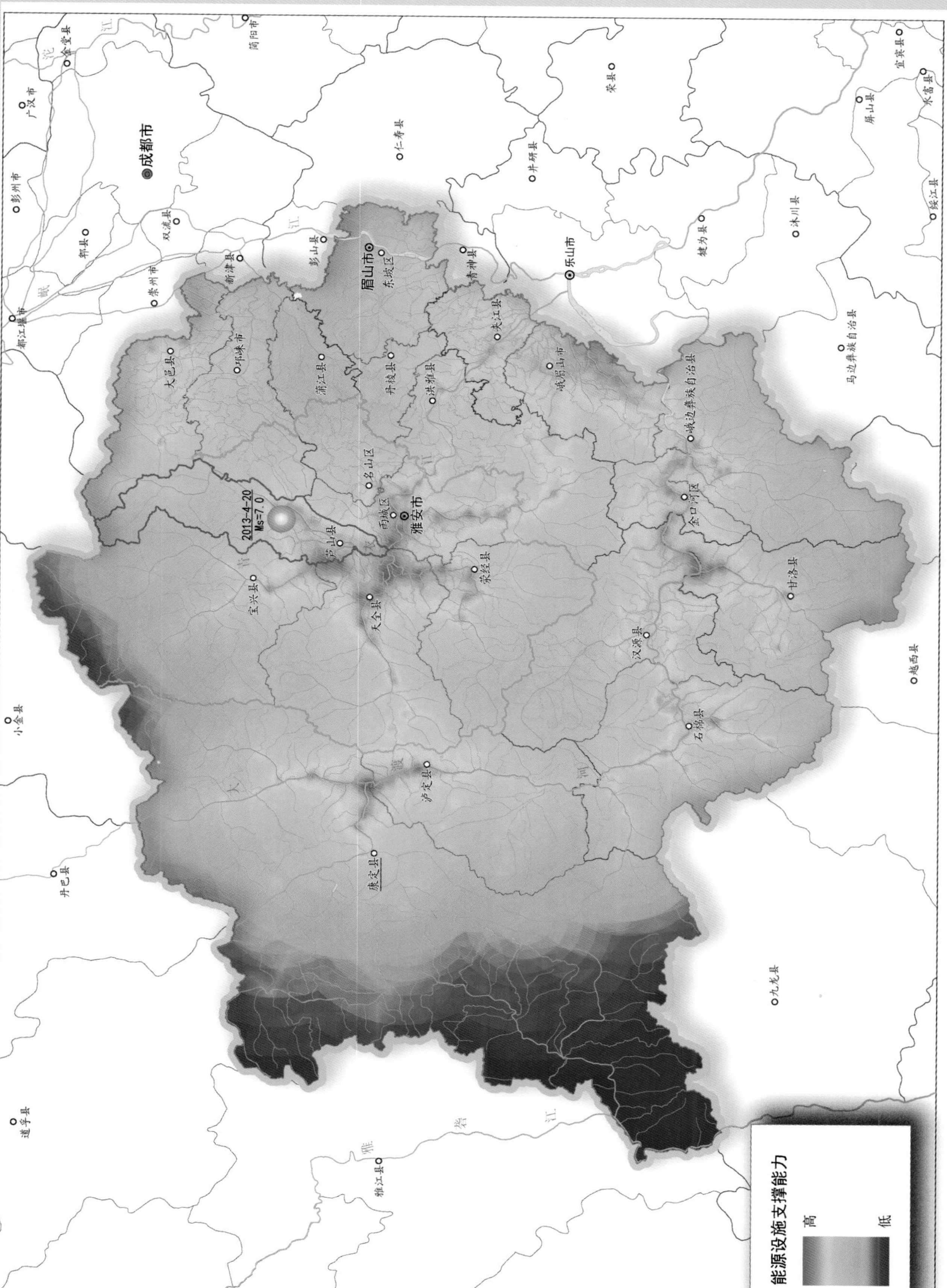

图 3-41 能源设施支撑能力评价

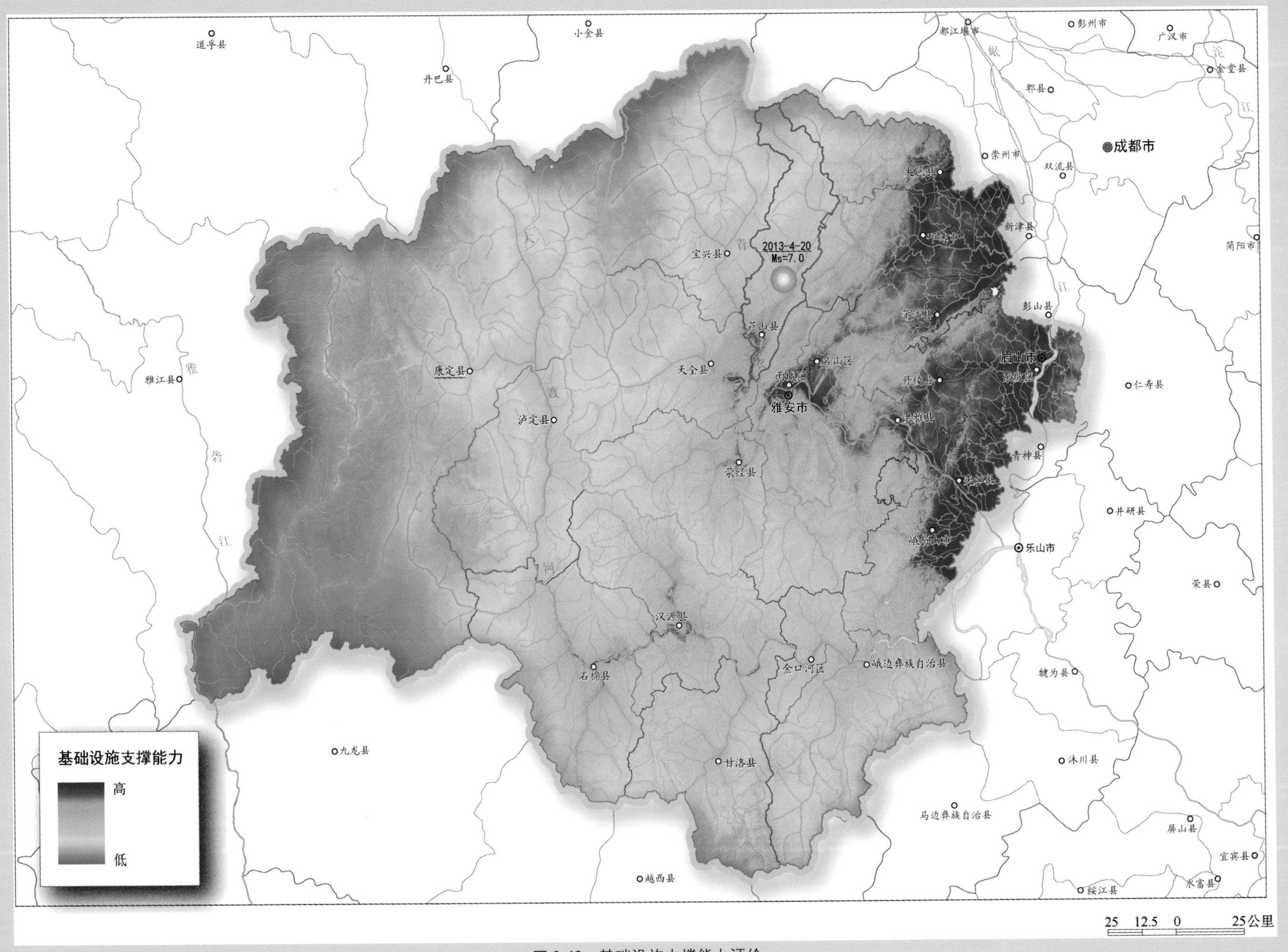

图 3-42 基础设施支撑能力评价

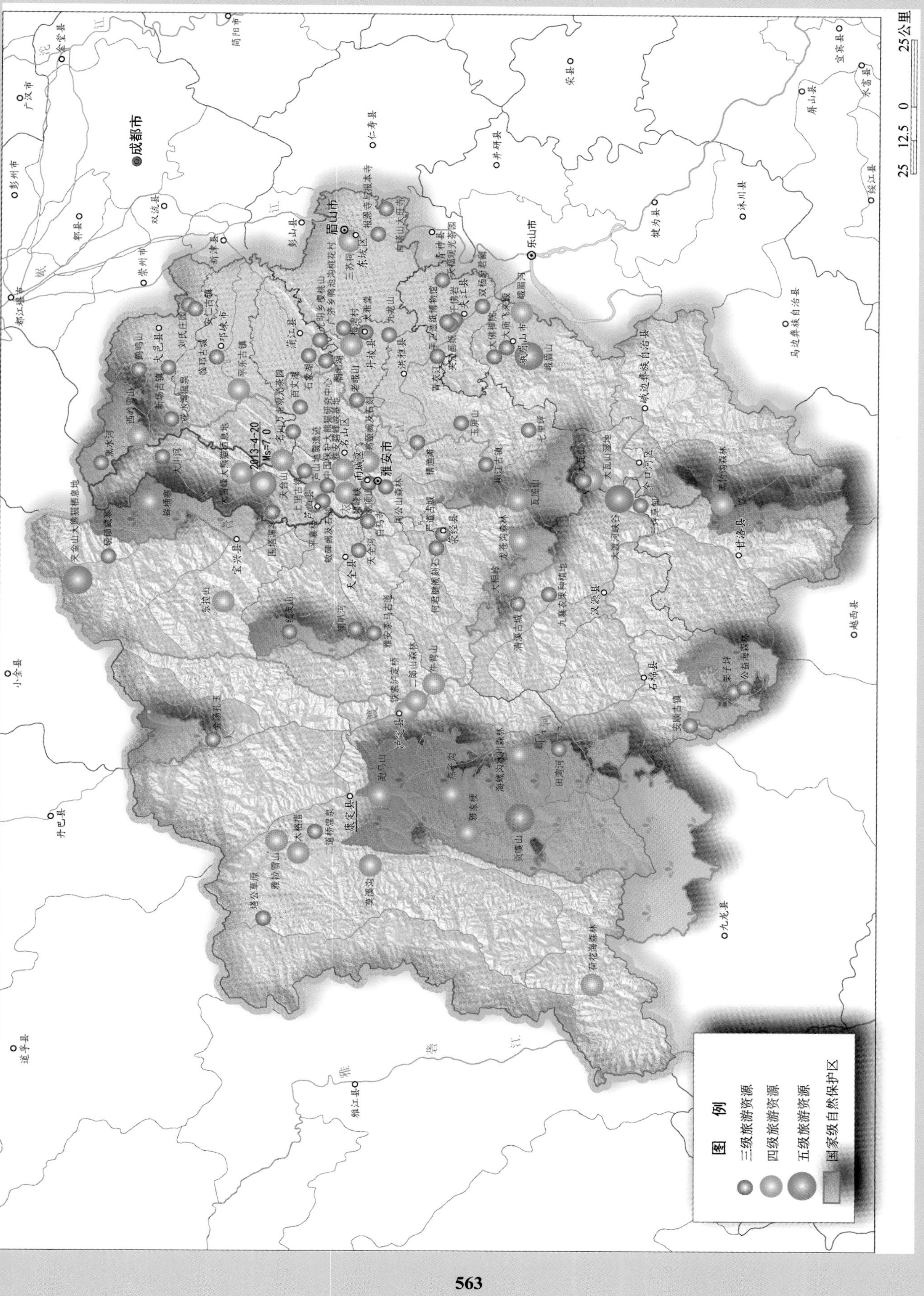

图例
三级旅游资源
四级旅游资源
五级旅游资源
国家级自然保护区

图 3-43 优良旅游资源分布

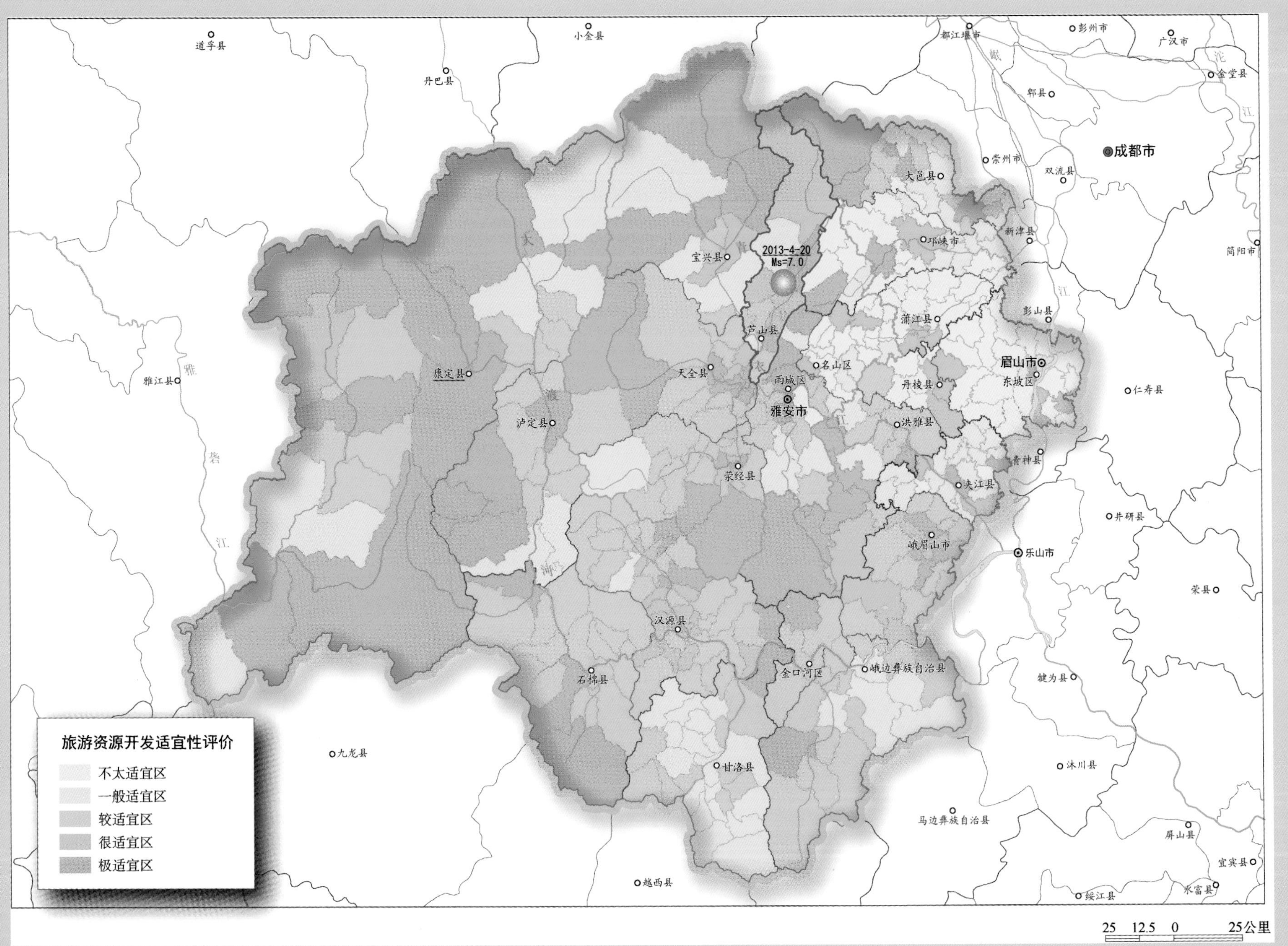

图 3-44 旅游资源开发适宜性评价

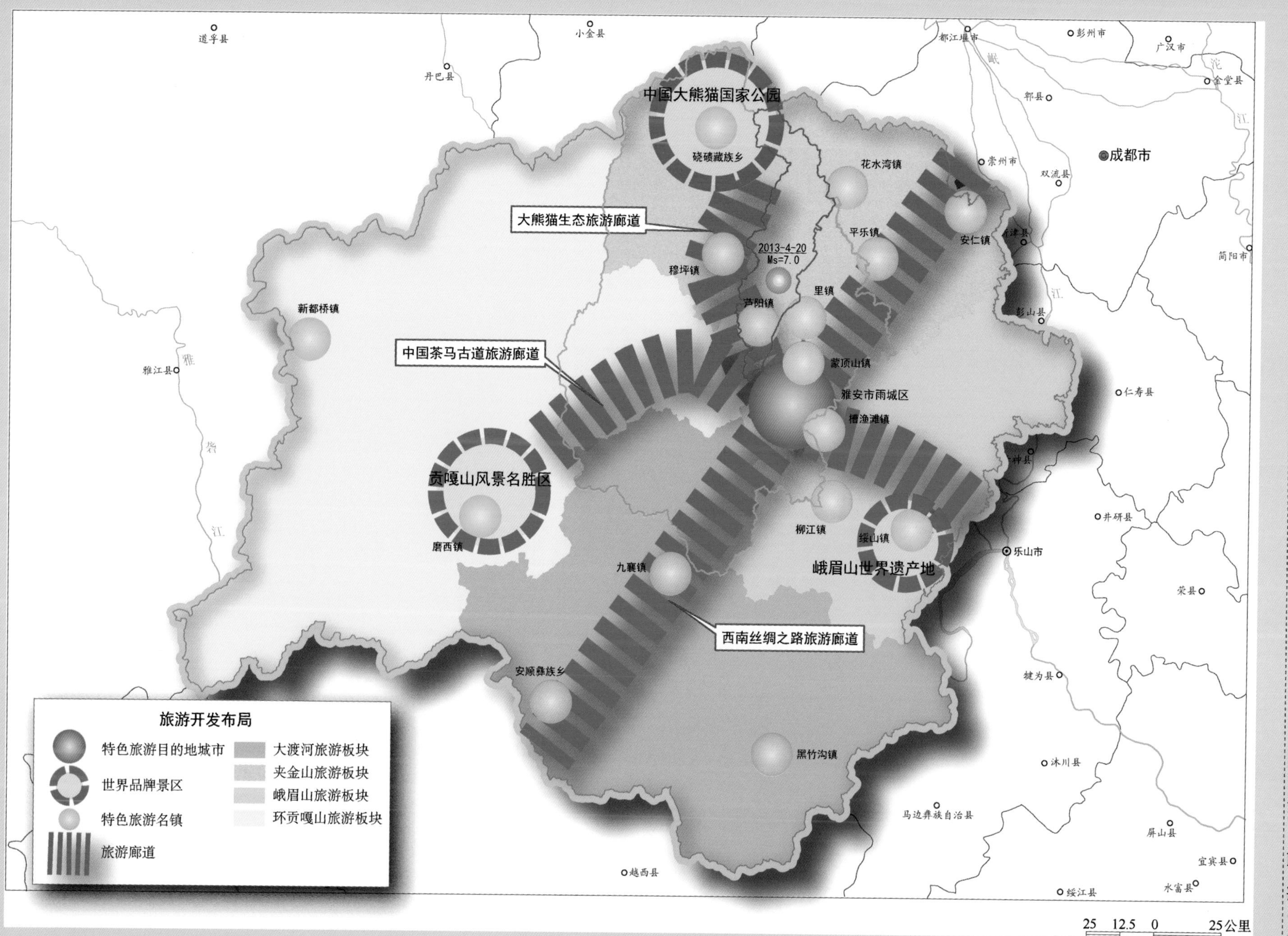

图 3-45　旅游开发布局示意图

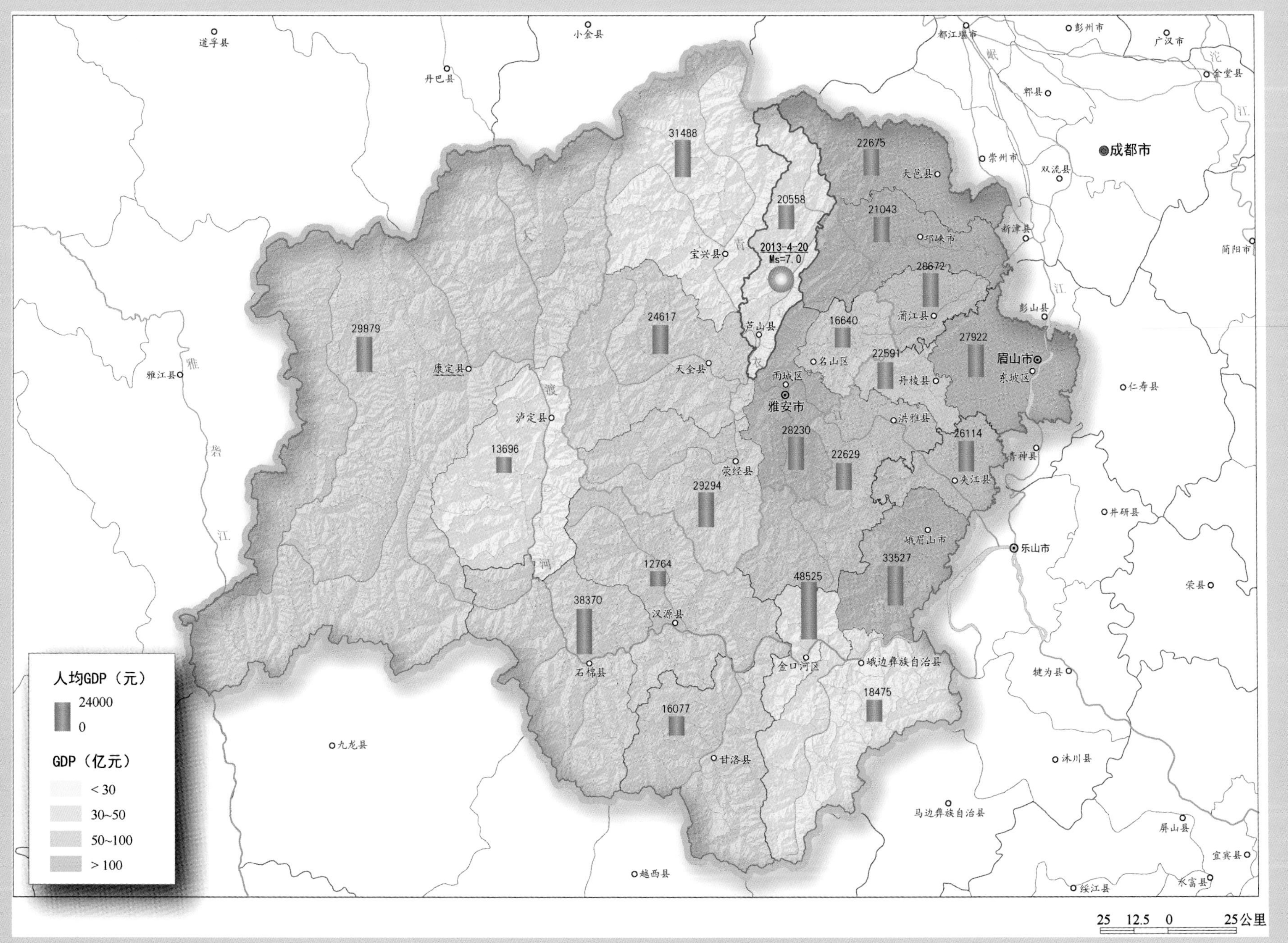

图 3-46　区县 GDP 和人均 GDP 分布

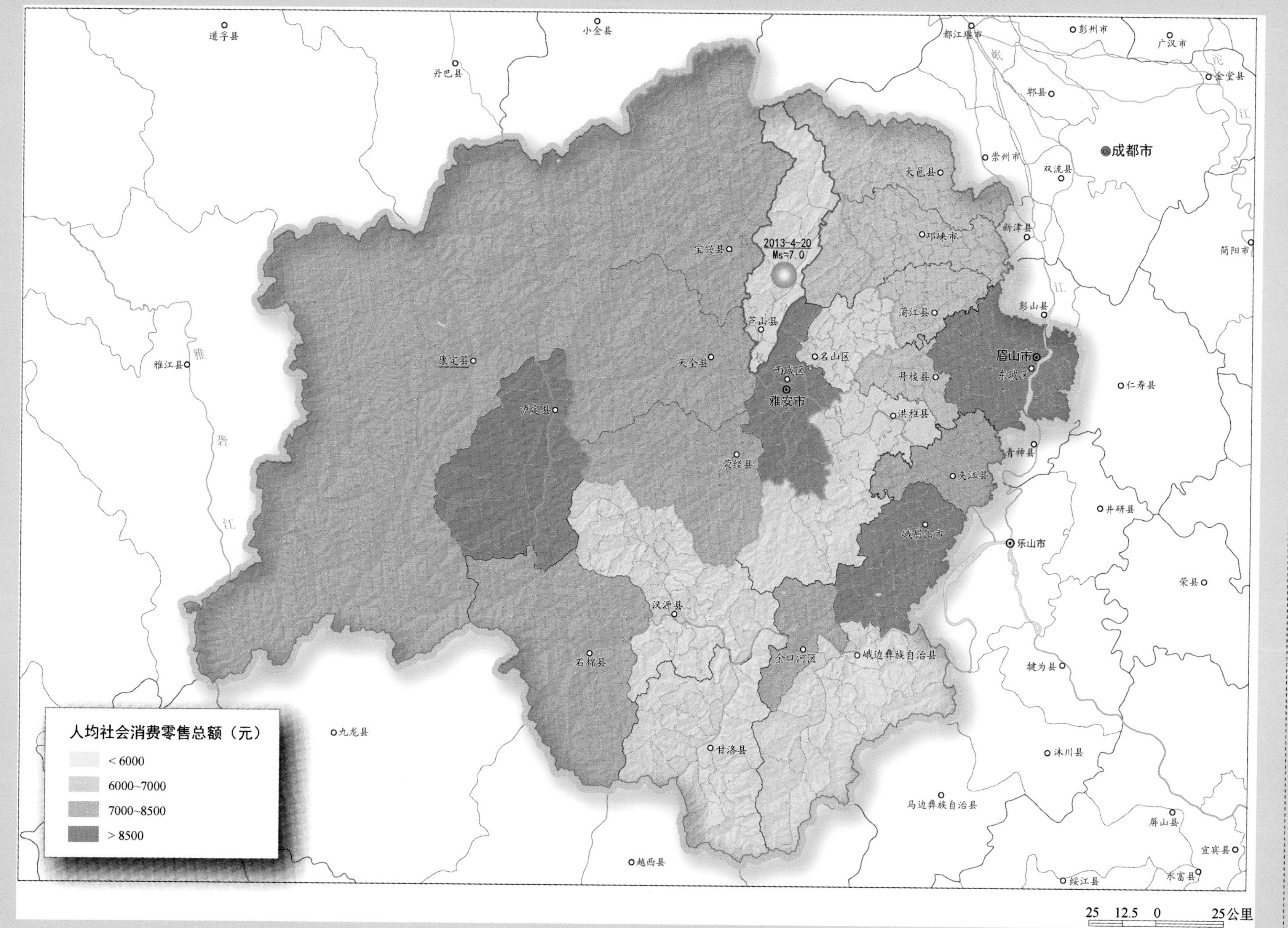

图 3-47　人均社会消费品总额

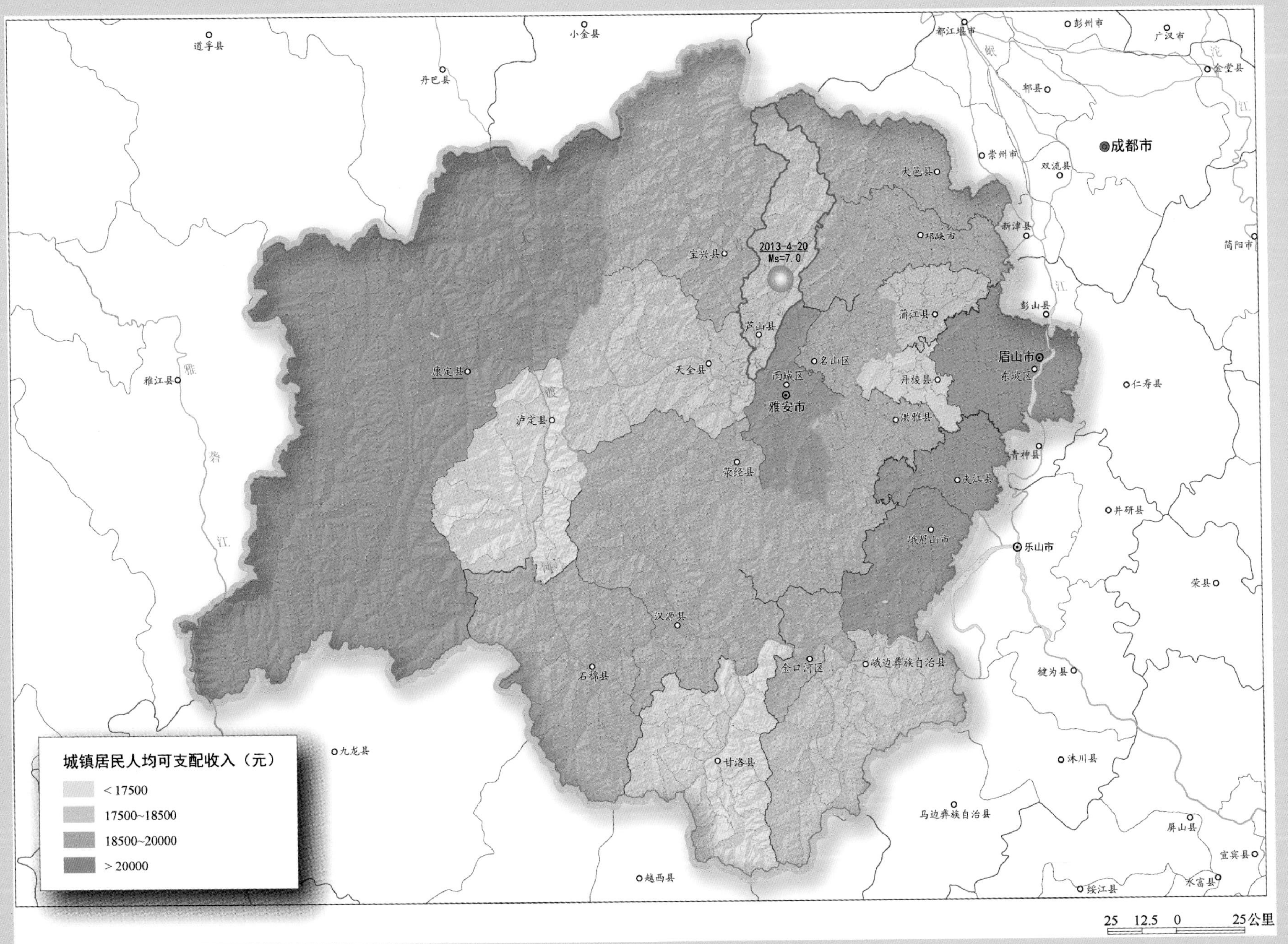

图 3-48 城镇居民人均可支配收入

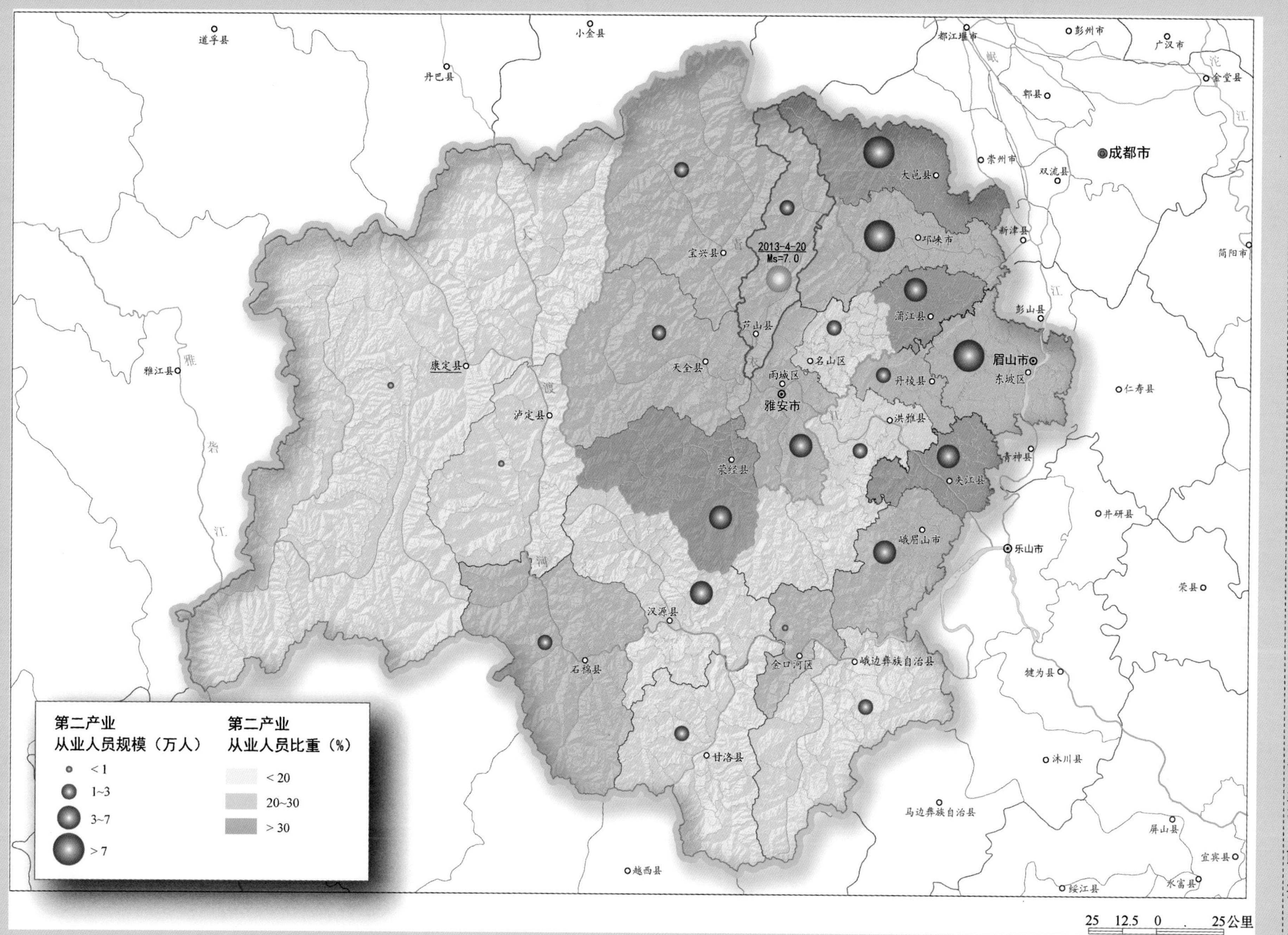

图 3-49　第二产业从业人员规模和比重

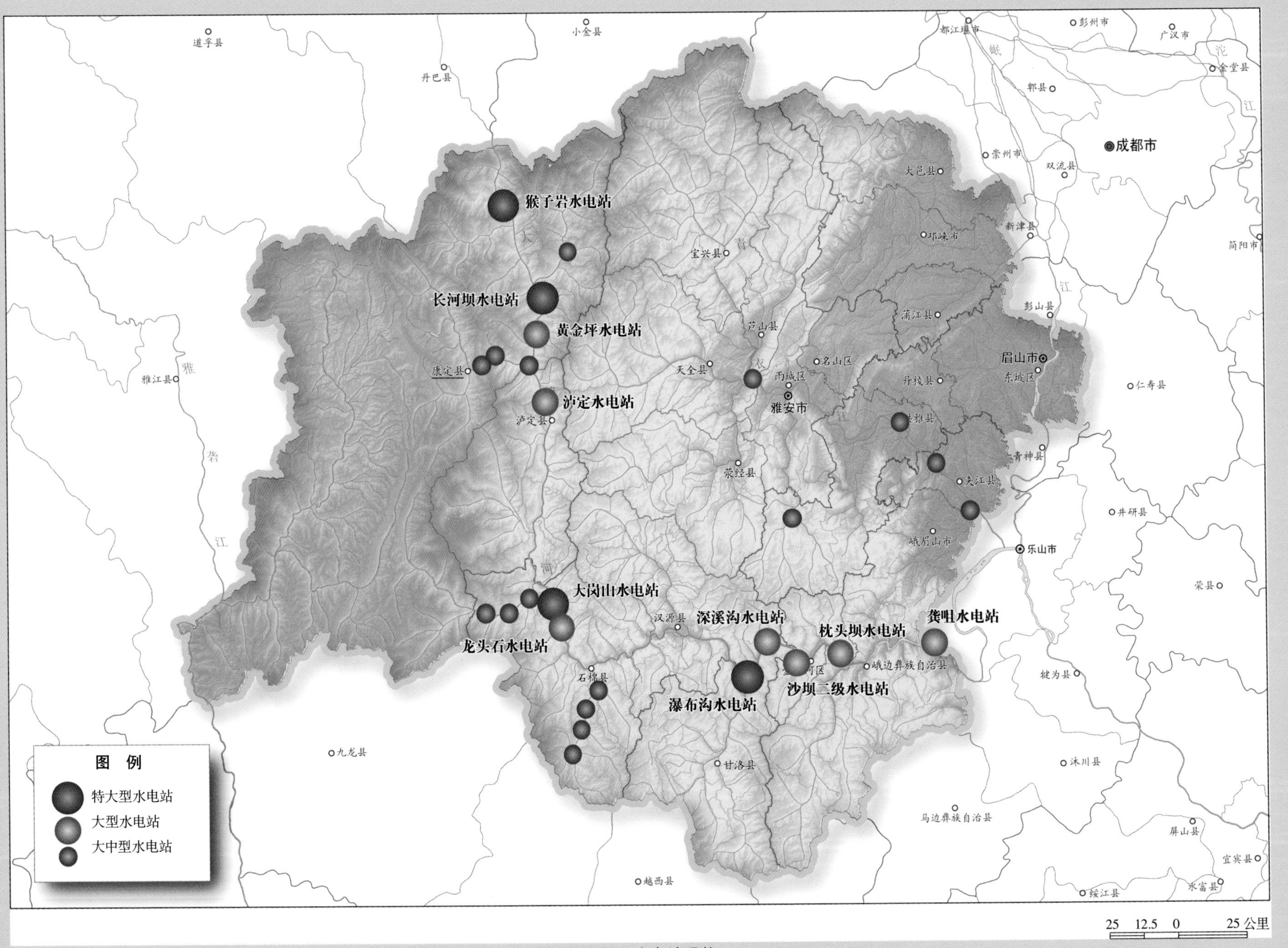
成都市
雅安市
眉山市
乐山市
猴子岩水电站
长河坝水电站
黄金坪水电站
泸定水电站
大岗山水电站
龙头石水电站
深溪沟水电站
瀑布沟水电站
沙坝二级水电站
枕头坝水电站
龚咀水电站
图 例
特大型水电站
大型水电站
大中型水电站
25 12.5 0 25公里

图 3-50 水电站现状

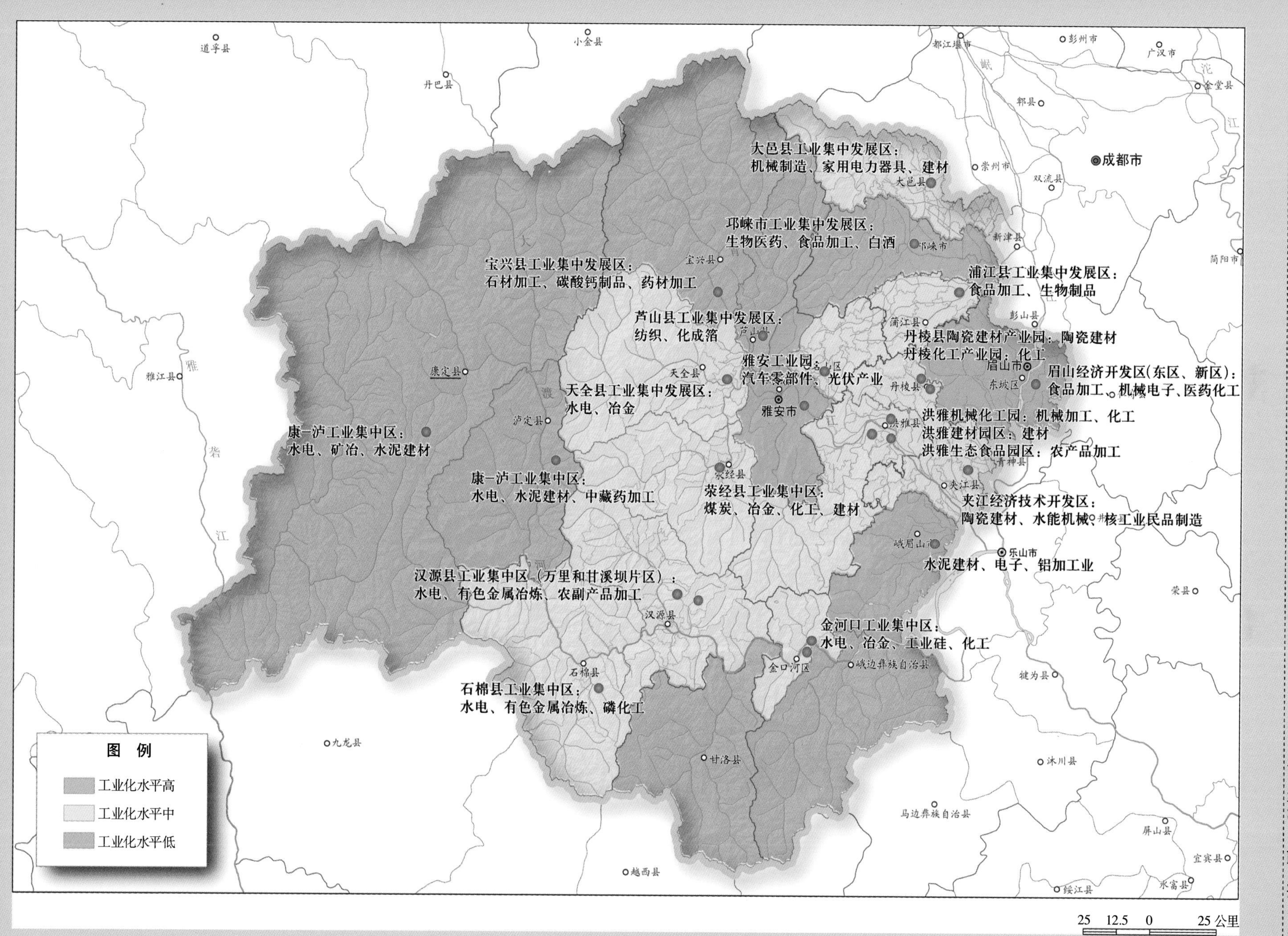

大邑县工业集中发展区：机械制造、家用电力器具、建材
邛崃市工业集中发展区：生物医药、食品加工、白酒
宝兴县工业集中发展区：石材加工、碳酸钙制品、药材加工
浦江县工业集中发展区：食品加工、生物制品
芦山县工业集中发展区：纺织、化成箔
丹棱县陶瓷建材产业园：陶瓷建材
丹棱化工产业园：化工
雅安工业园：汽车零部件、光伏产业
眉山经济开发区(东区、新区)：食品加工、机械电子、医药化工
天全县工业集中发展区：水电、冶金
洪雅机械化工园：机械加工、化工
洪雅建材园区：建材
洪雅生态食品园区：农产品加工
康-泸工业集中区：水电、矿冶、水泥建材
康-泸工业集中区：水电、水泥建材、中藏药加工
荥经县工业集中区：煤炭、冶金、化工、建材
夹江经济技术开发区：陶瓷建材、水能机械、核工业民品制造
水泥建材、电子、铝加工业
汉源县工业集中区（万里和甘溪坝片区）：水电、有色金属冶炼、农副产品加工
金河口工业集中区：水电、冶金、工业硅、化工
石棉县工业集中区：水电、有色金属冶炼、磷化工
成都市
雅安市
眉山市
乐山市
图　例
工业化水平高
工业化水平中
工业化水平低
25　12.5　0　25 公里

图 3-51　工业园区现状

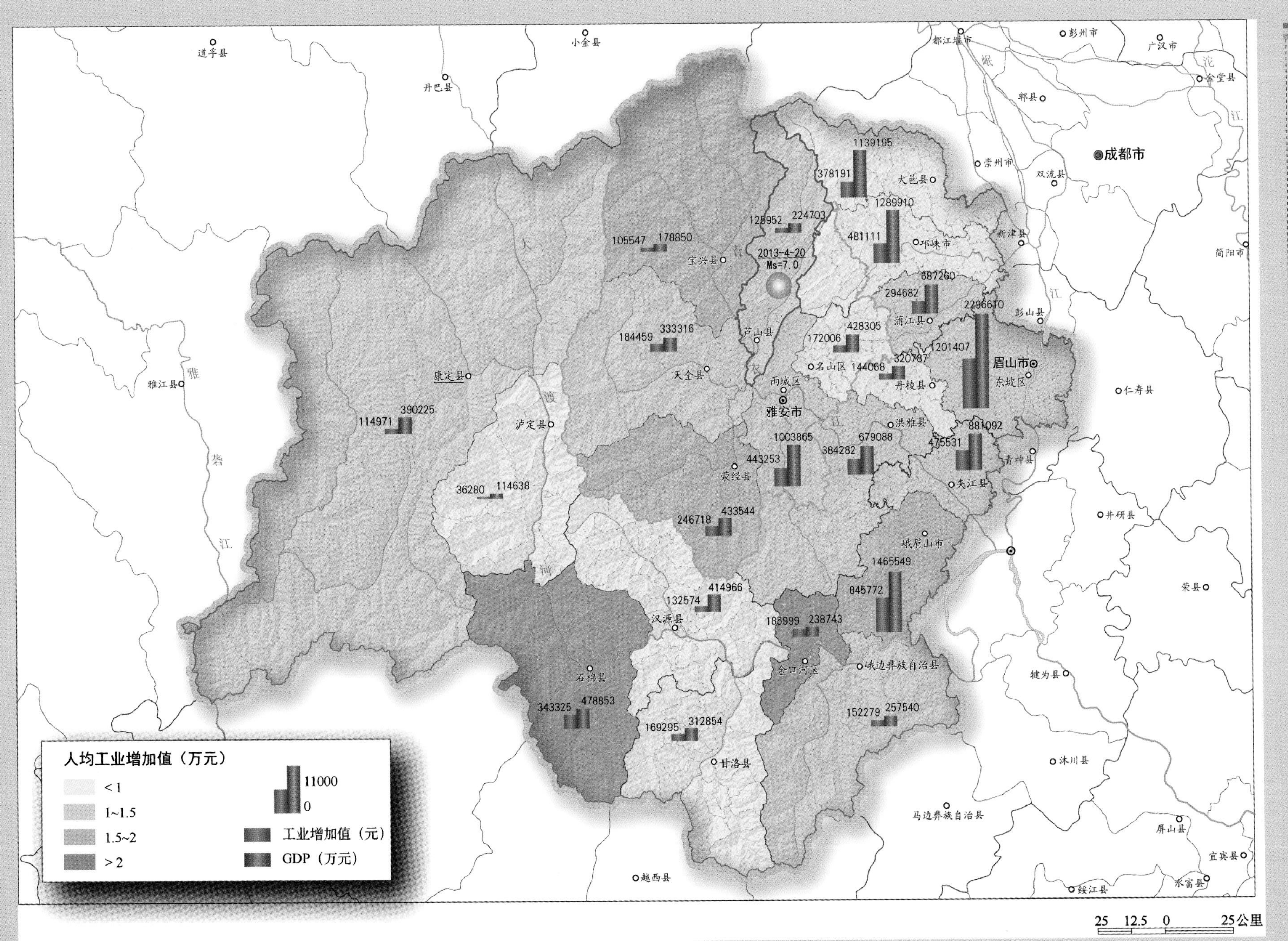

图 3-52 工业增加值分布

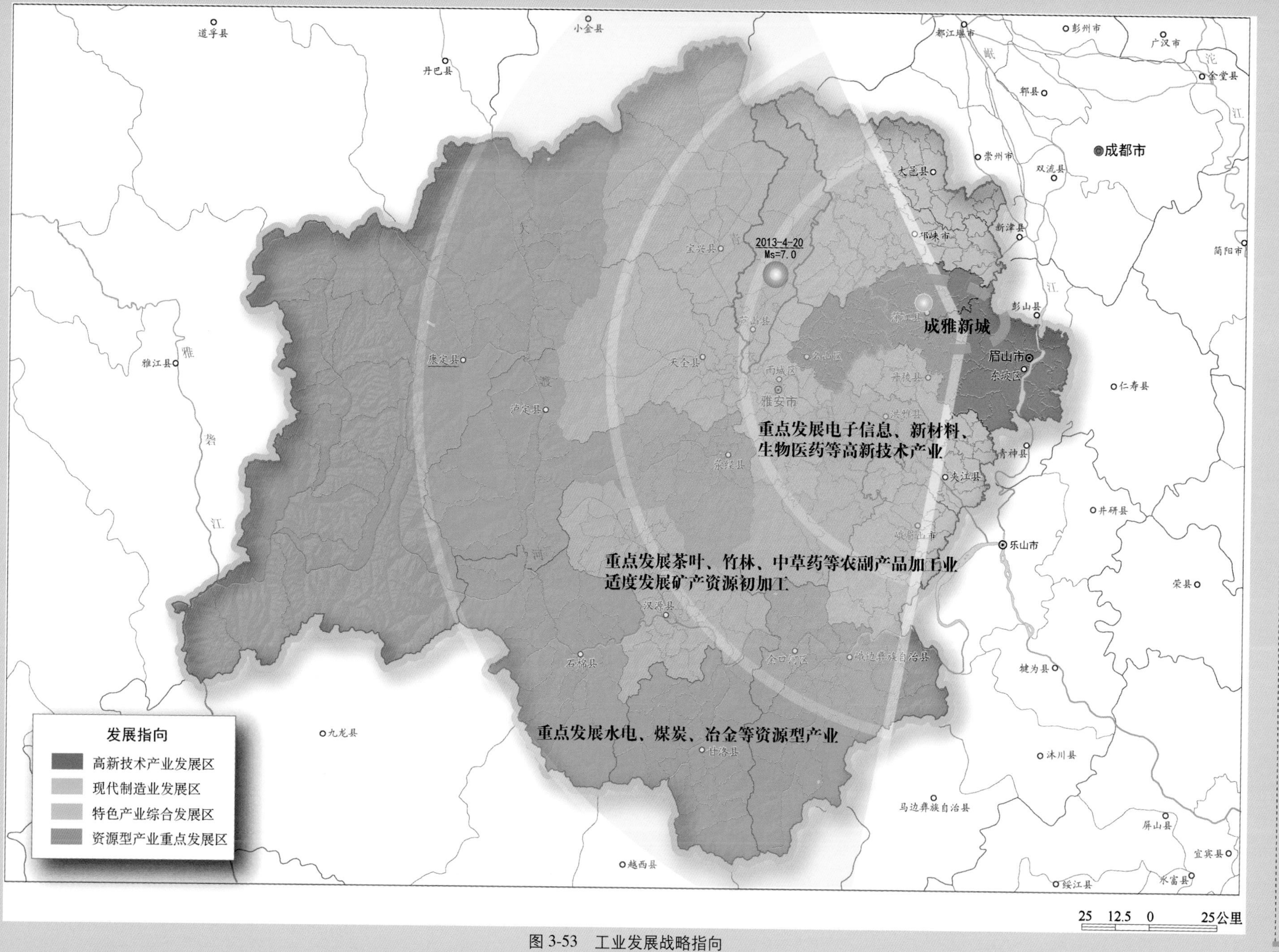

图 3-53 工业发展战略指向

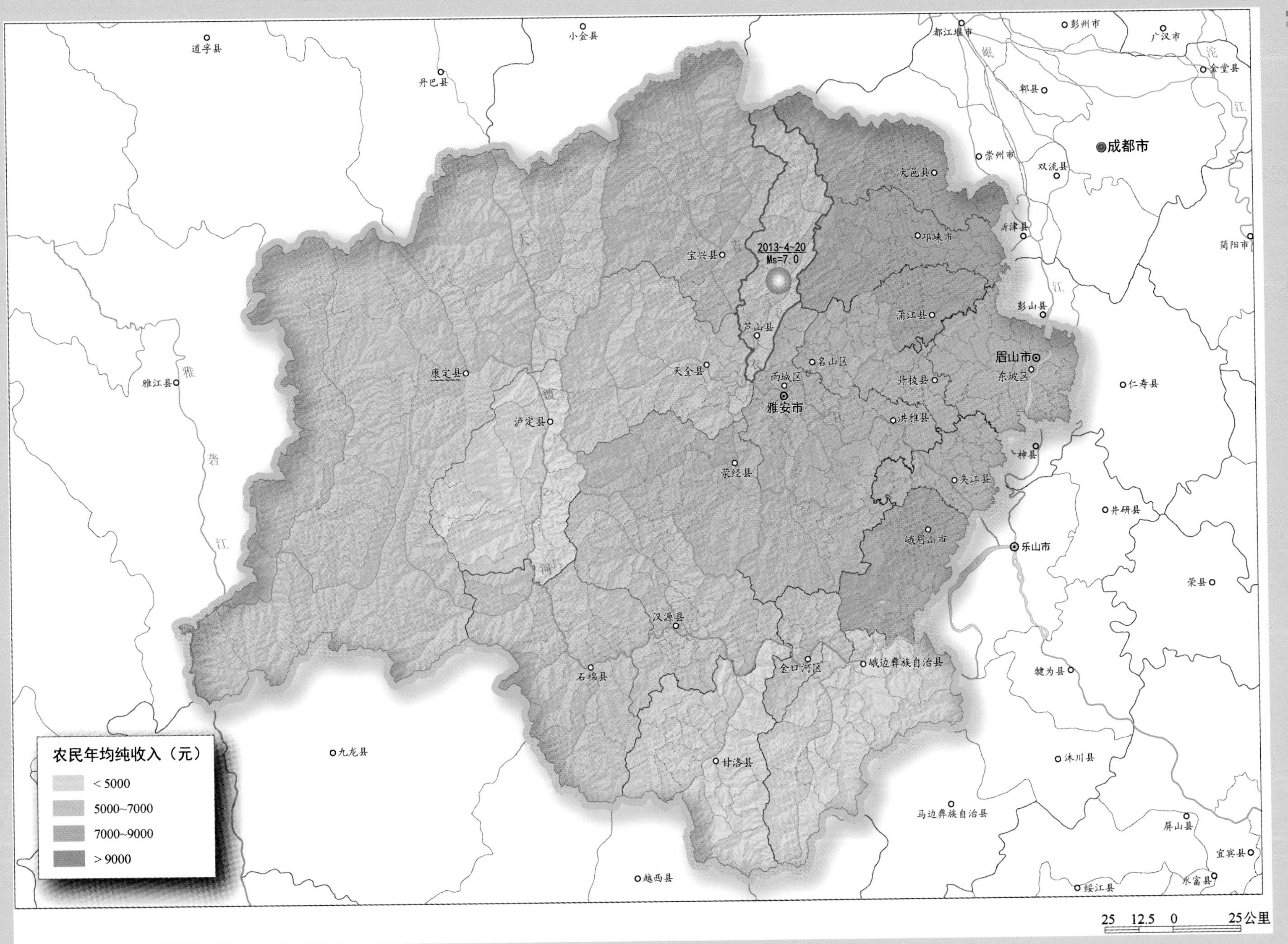

图 3-54　农民年均纯收入

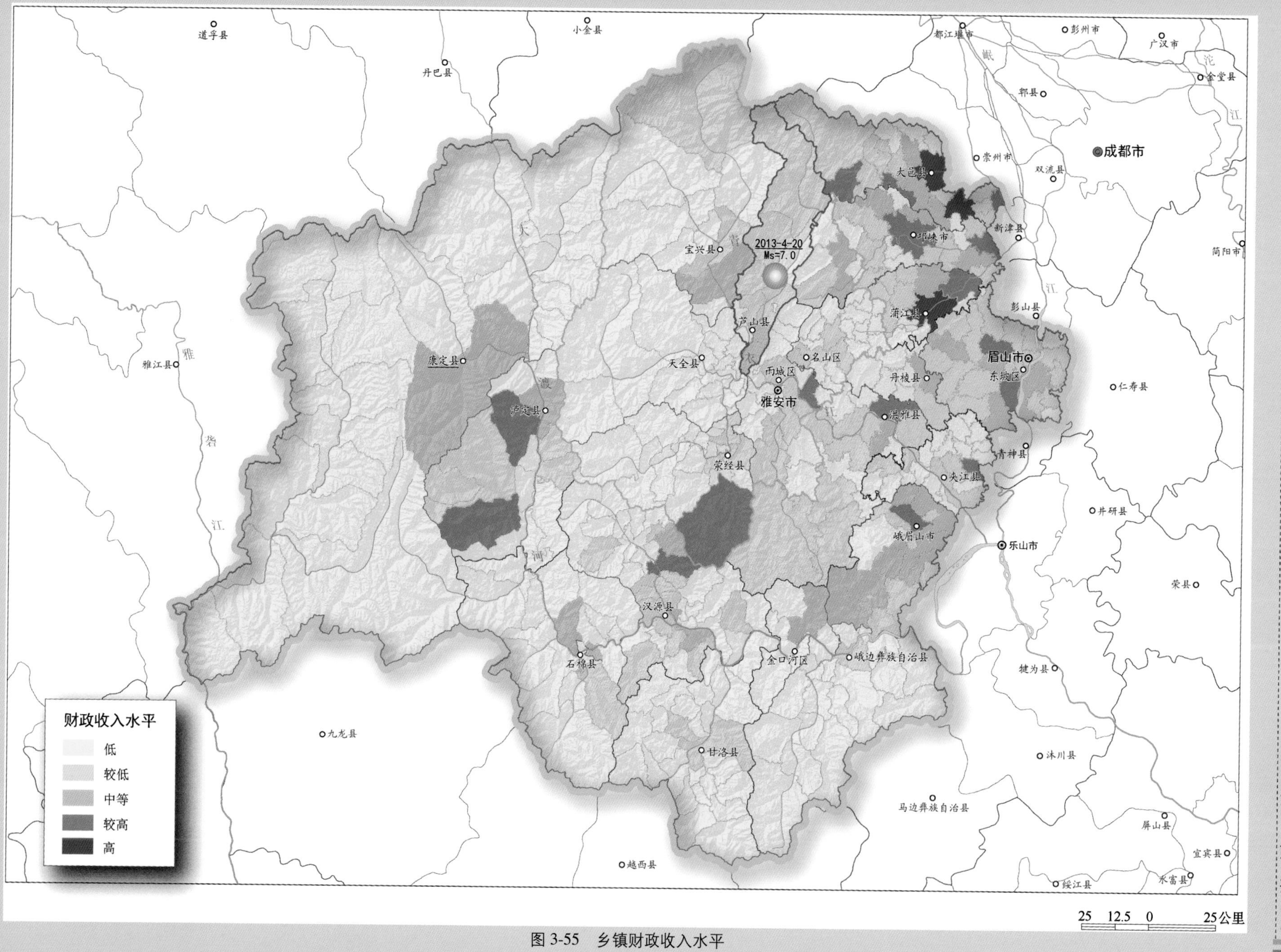

图 3-55　乡镇财政收入水平

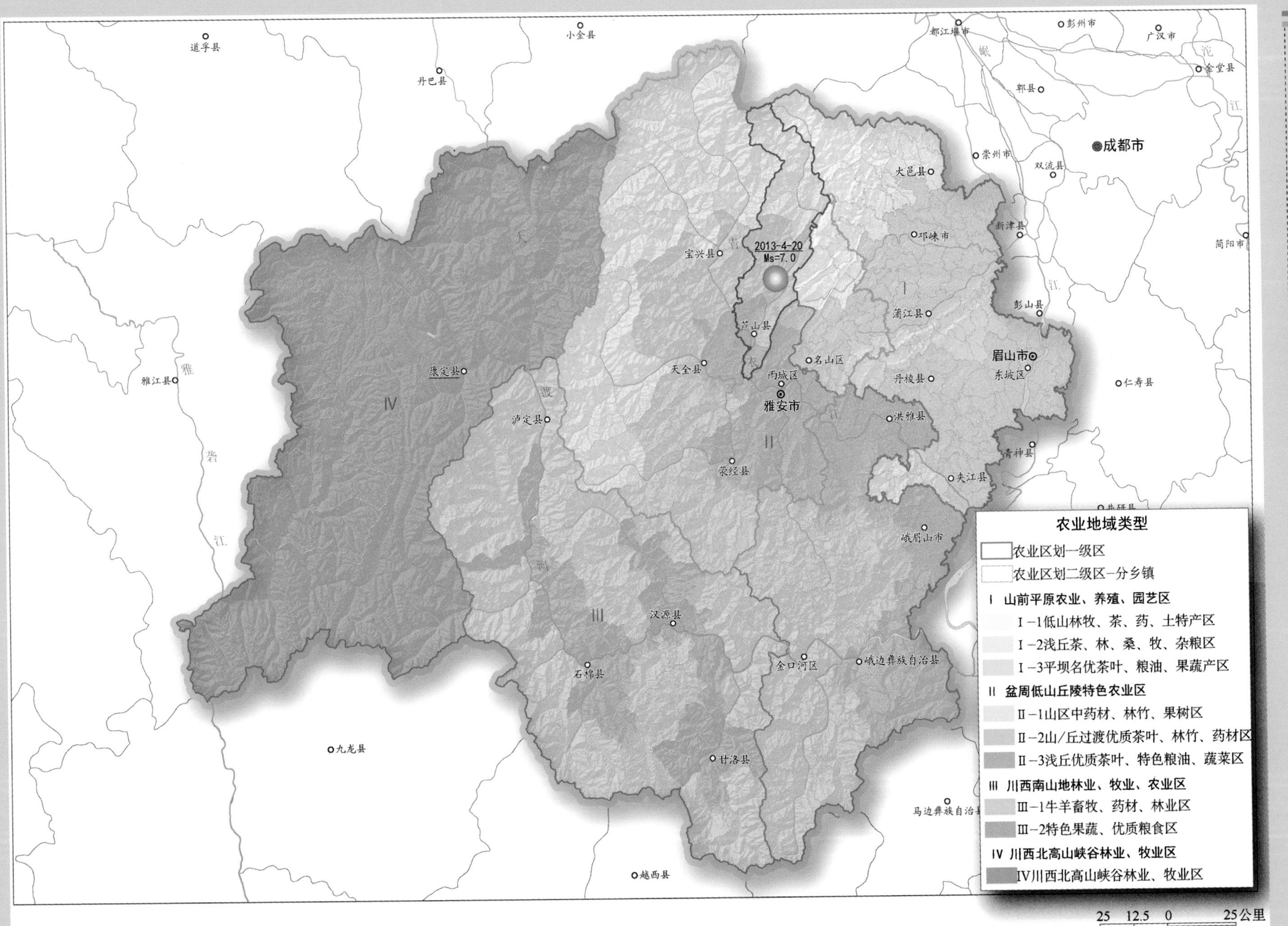

图 3-56 农业地域类型分布图

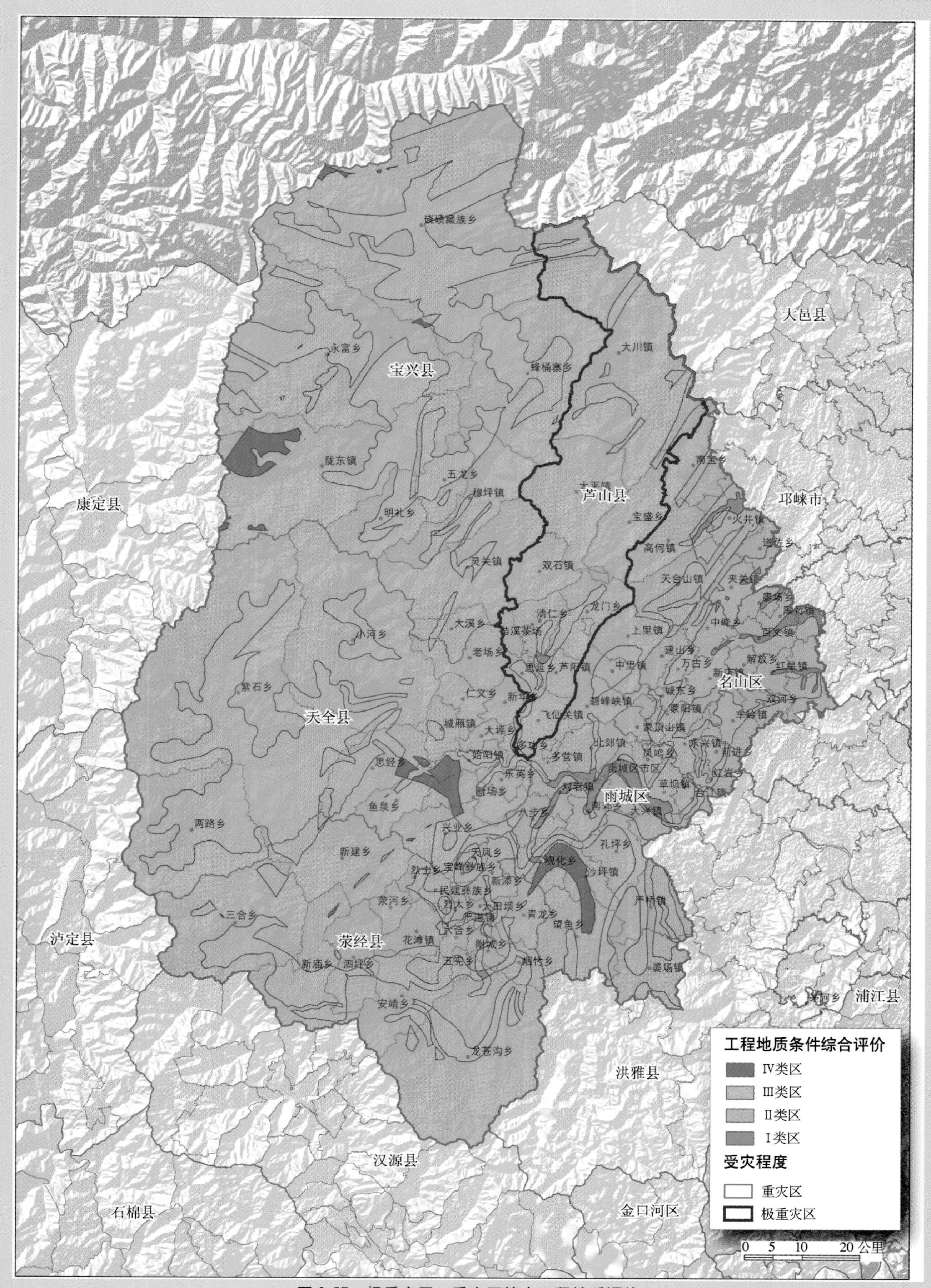

图 3-57 极重灾区、重灾区综合工程地质评价

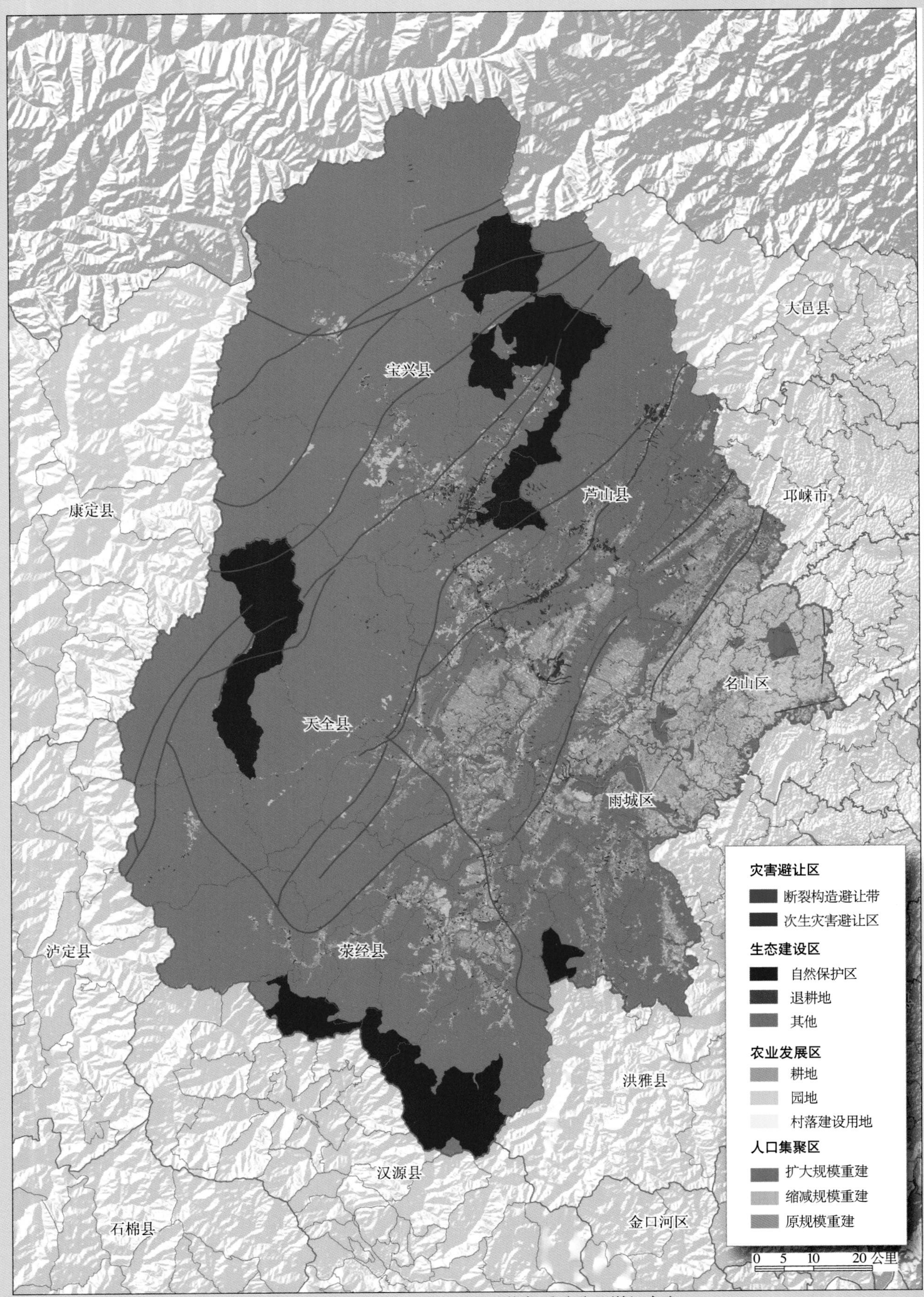

图 3-58 极重灾区、重灾区灾后恢复重建分区详细方案

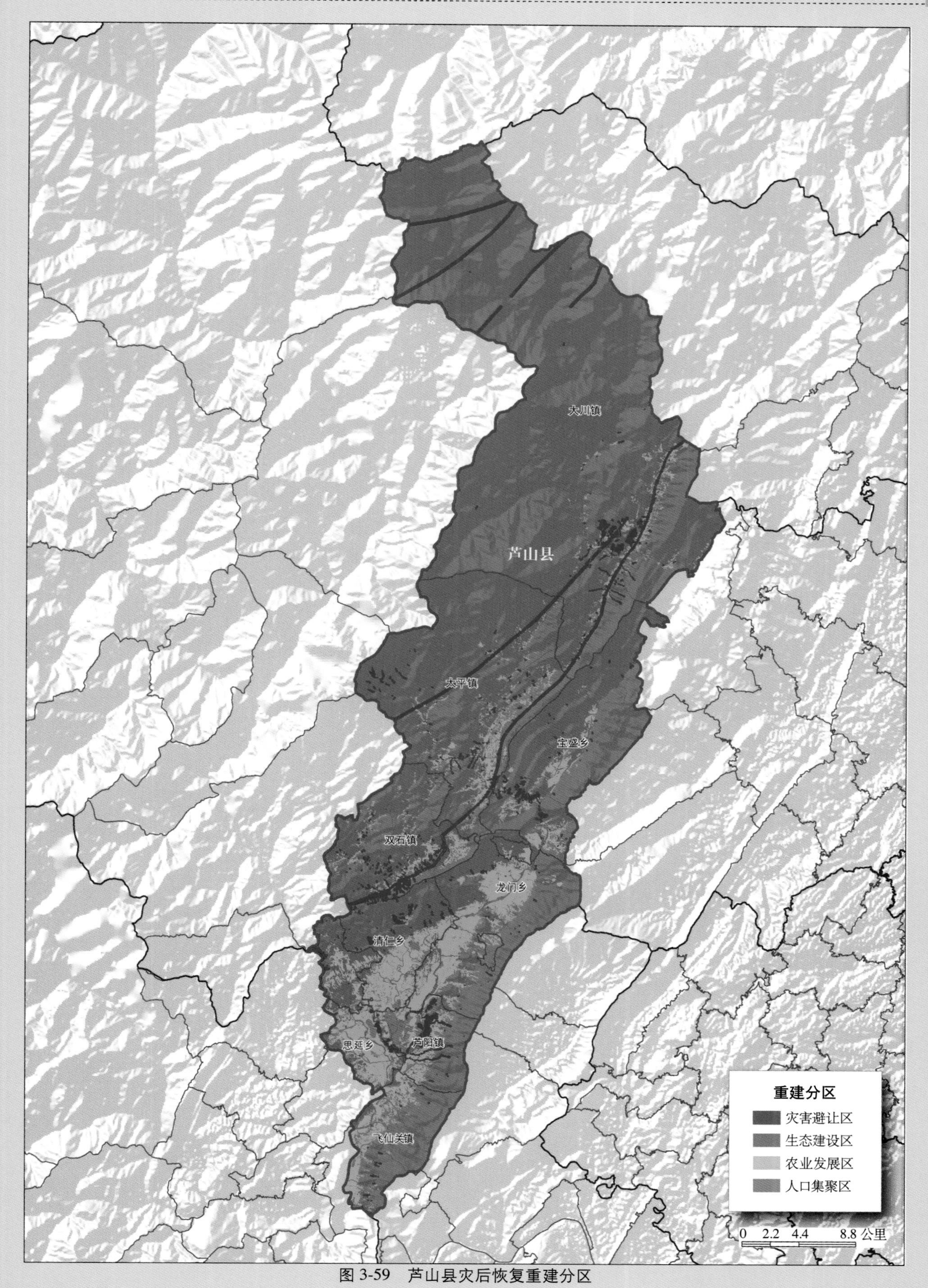

图 3-59　芦山县灾后恢复重建分区

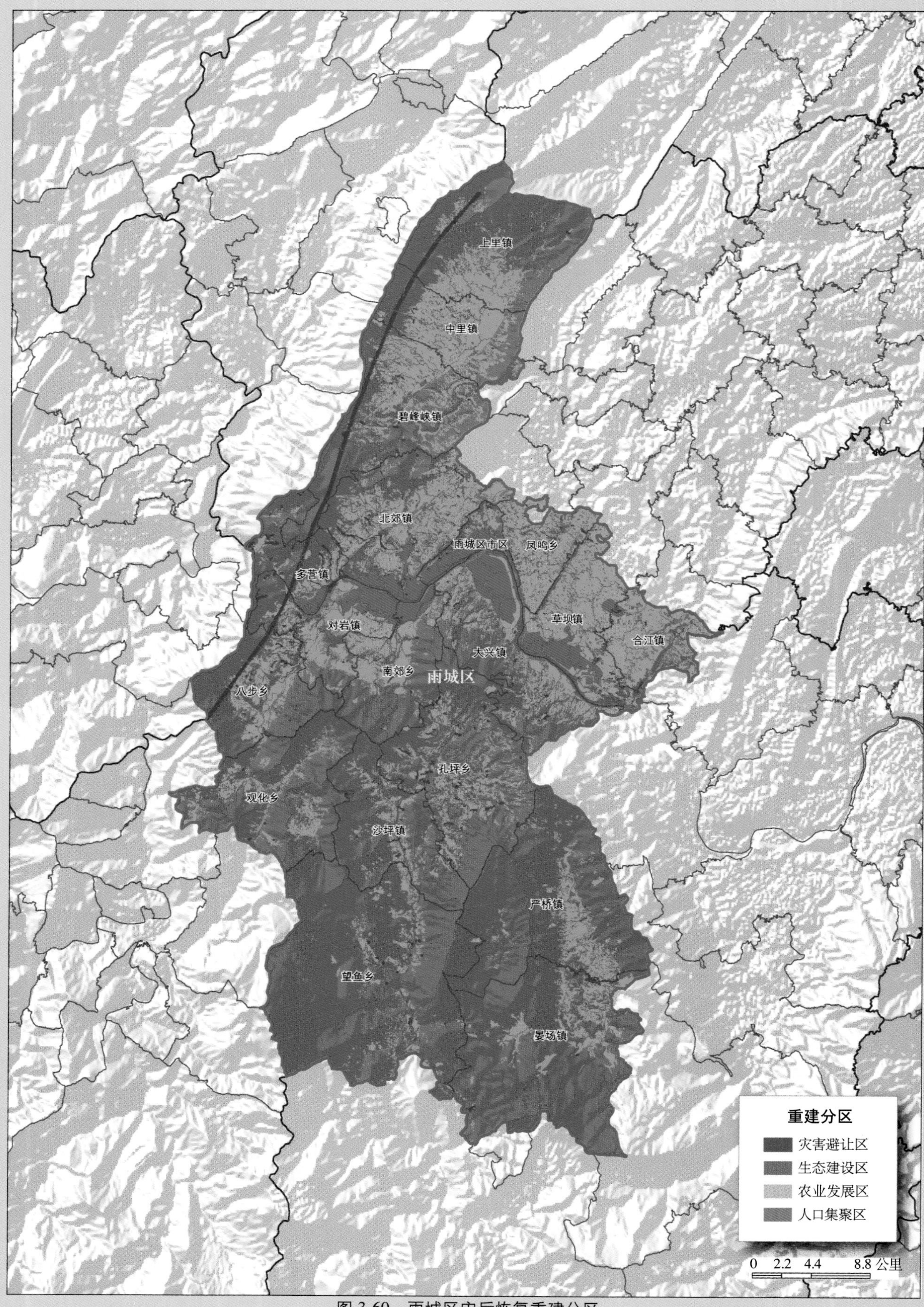

图 3-60　雨城区灾后恢复重建分区

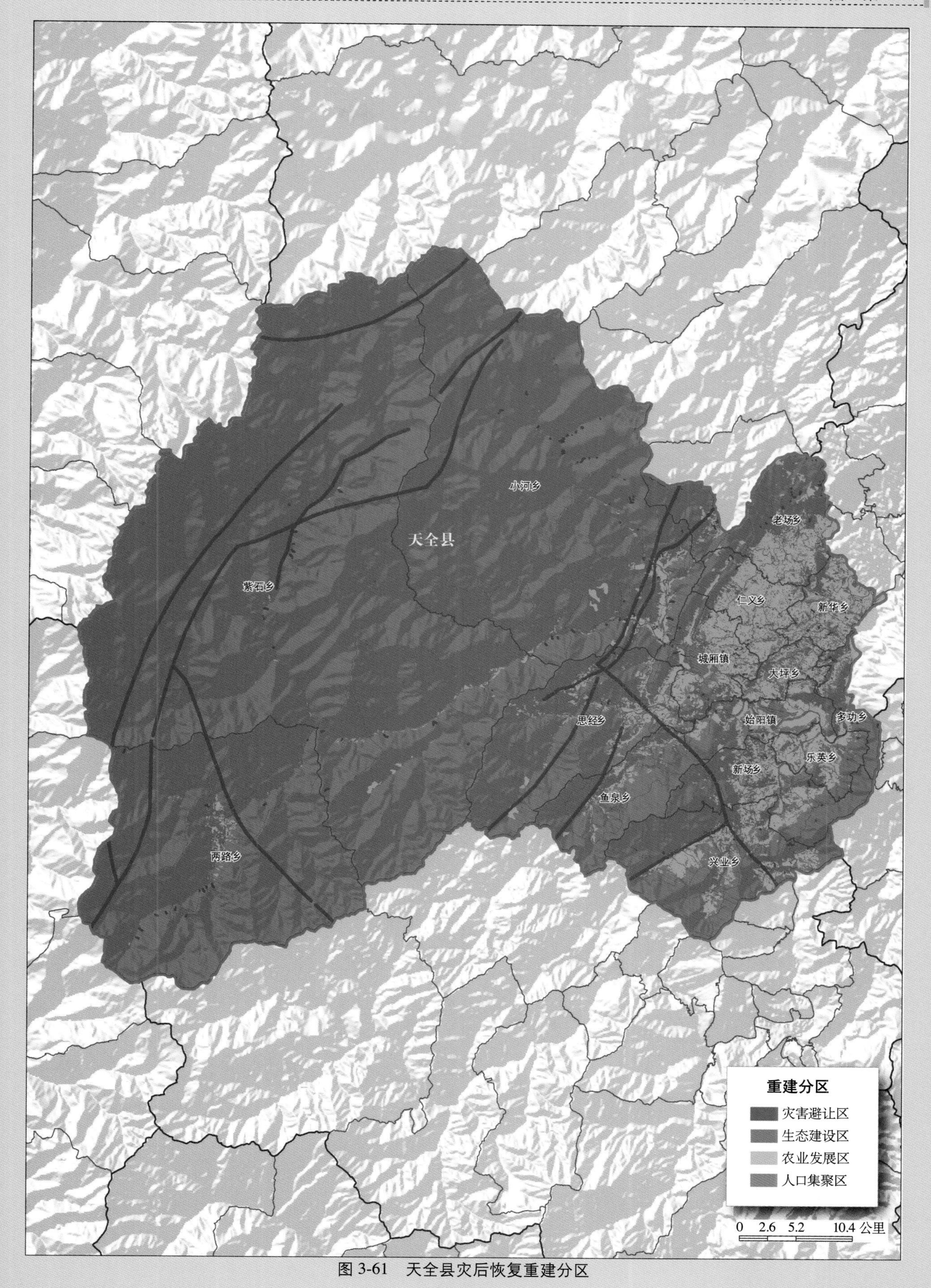

图 3-61　天全县灾后恢复重建分区

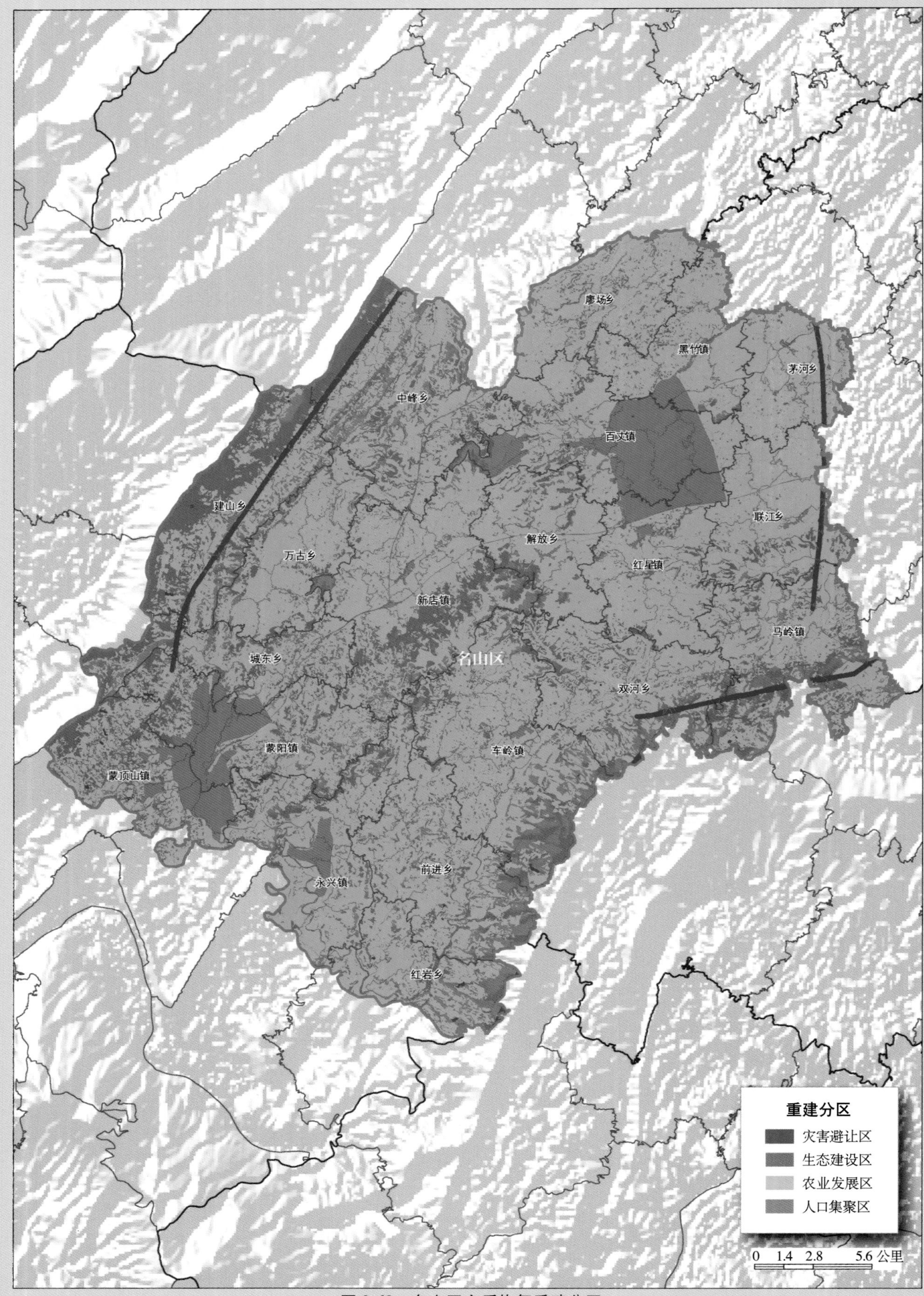

图 3-62　名山区灾后恢复重建分区

图 3-63　荥经县灾后恢复重建分区

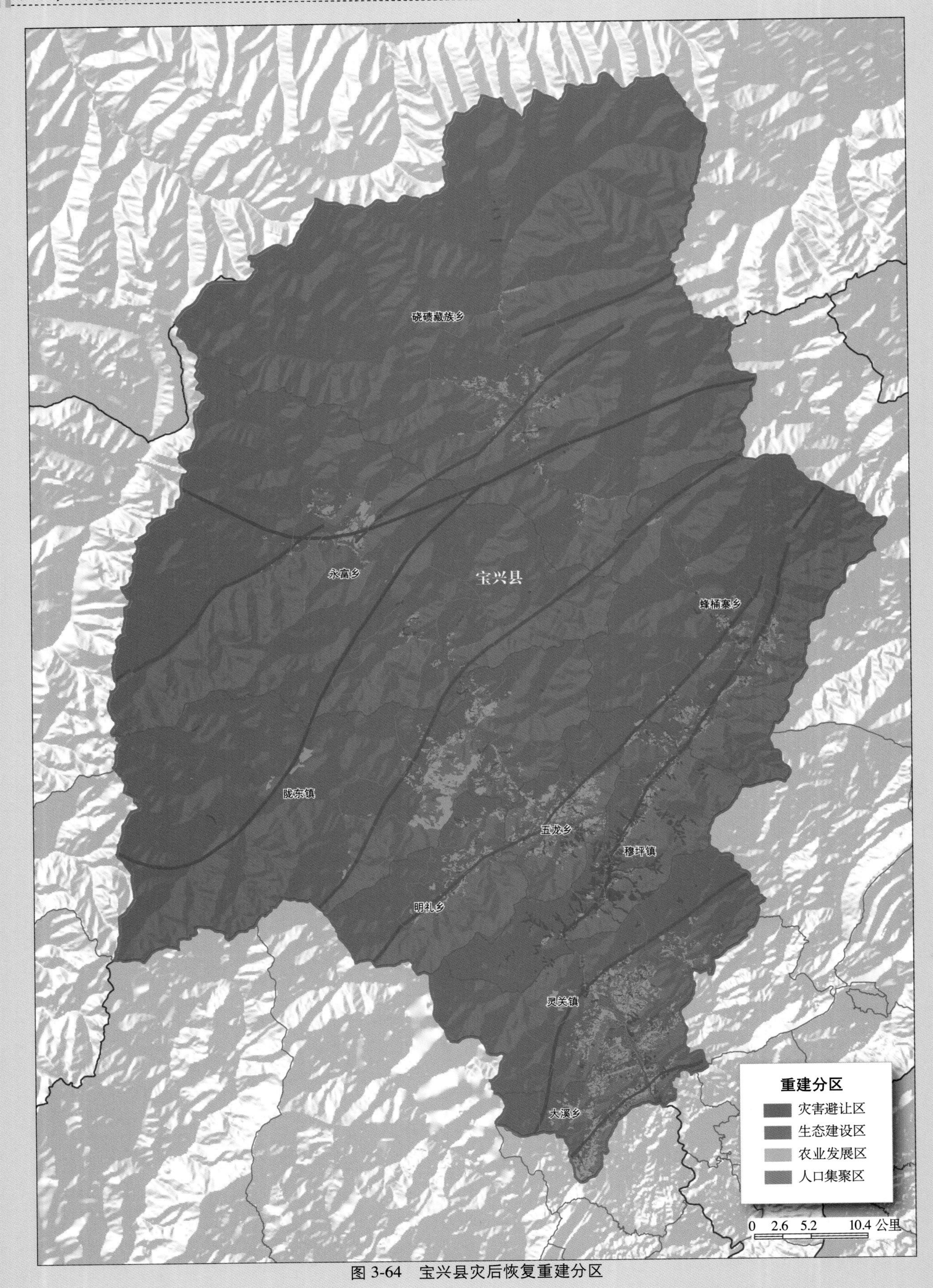

图 3-64 宝兴县灾后恢复重建分区

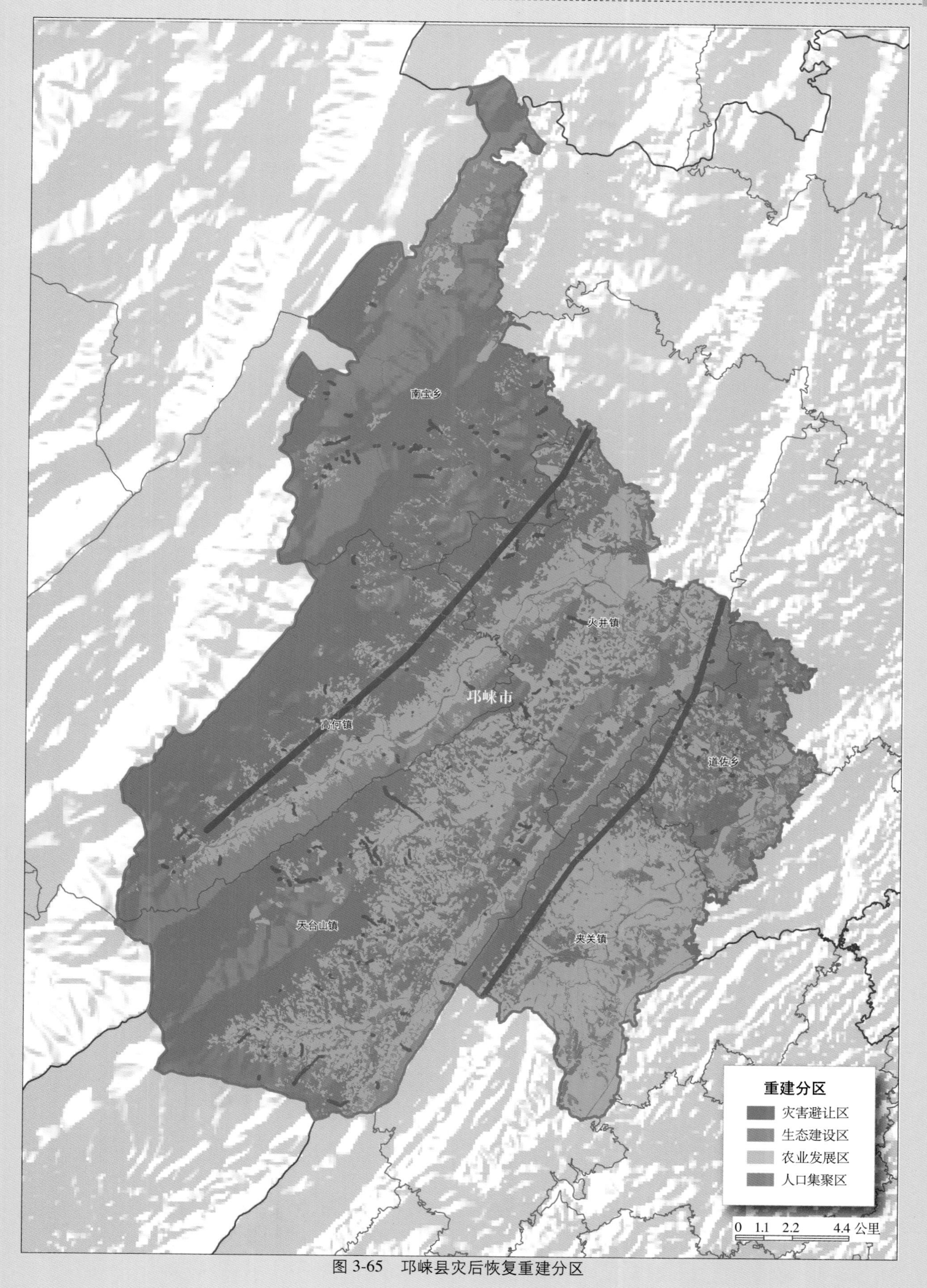

图 3-65　邛崃县灾后恢复重建分区

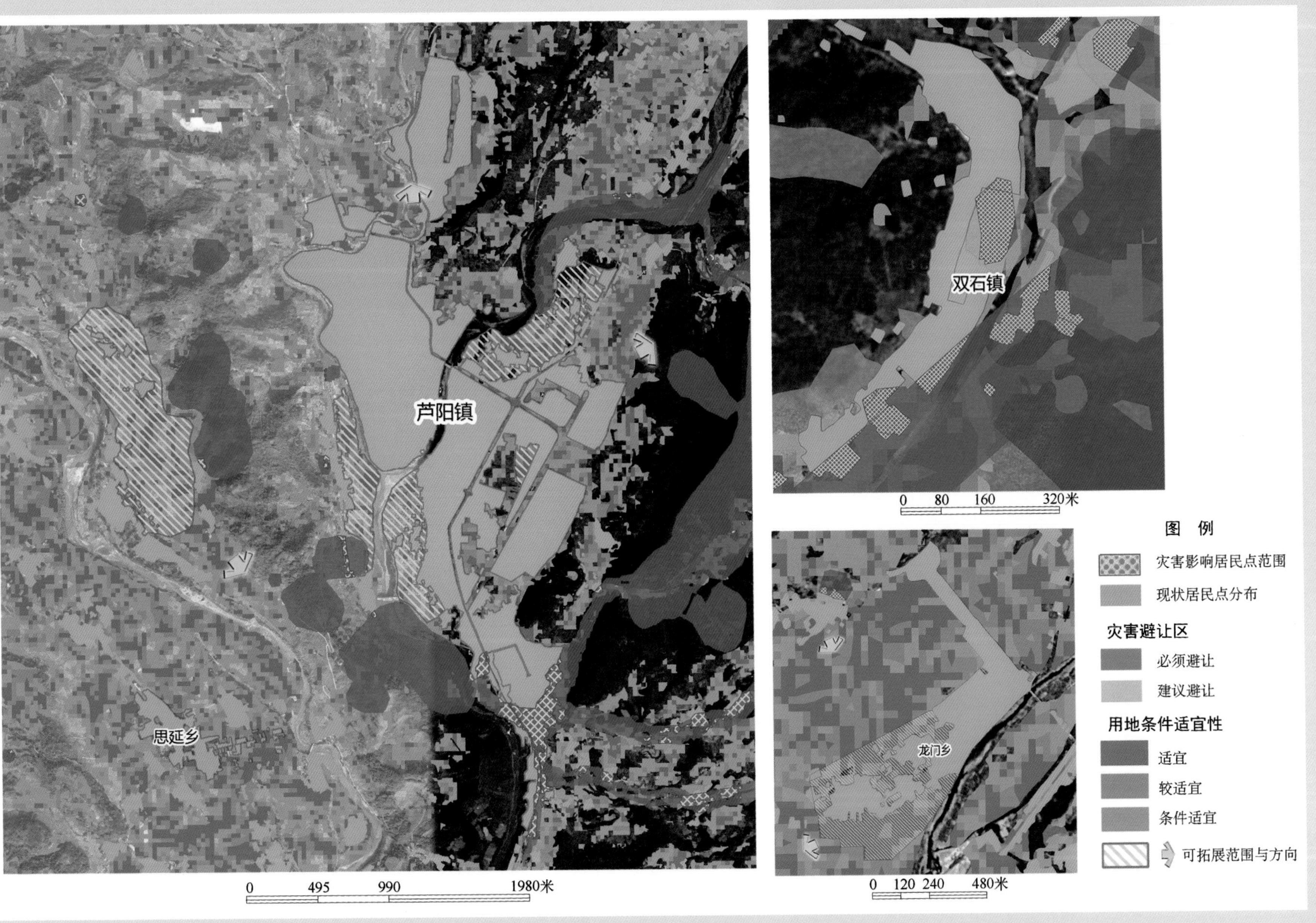

图 3-66 芦山县人口集聚区精细评价图（一）

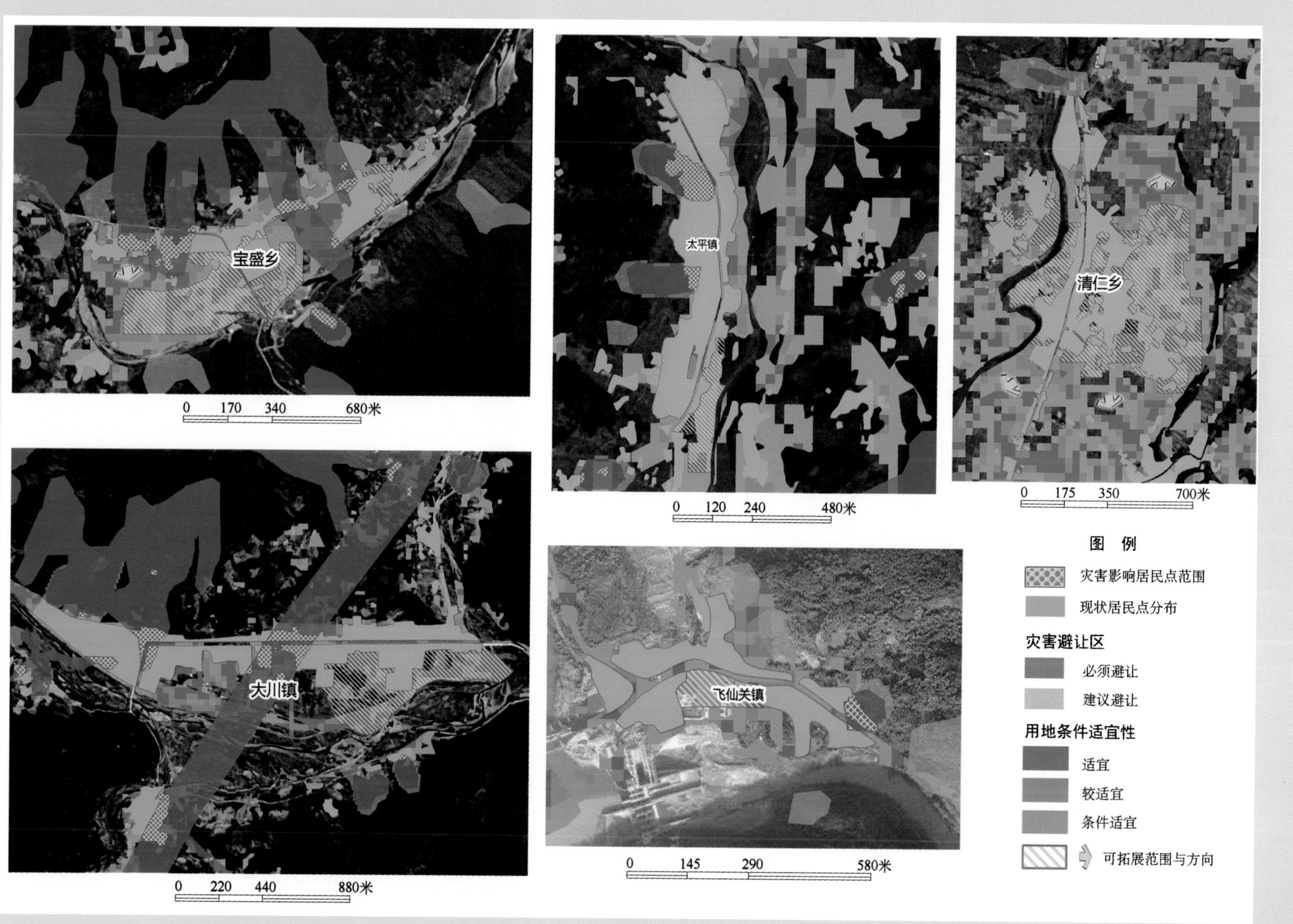

图 3-67　芦山县人口集聚区精细评价图（二）

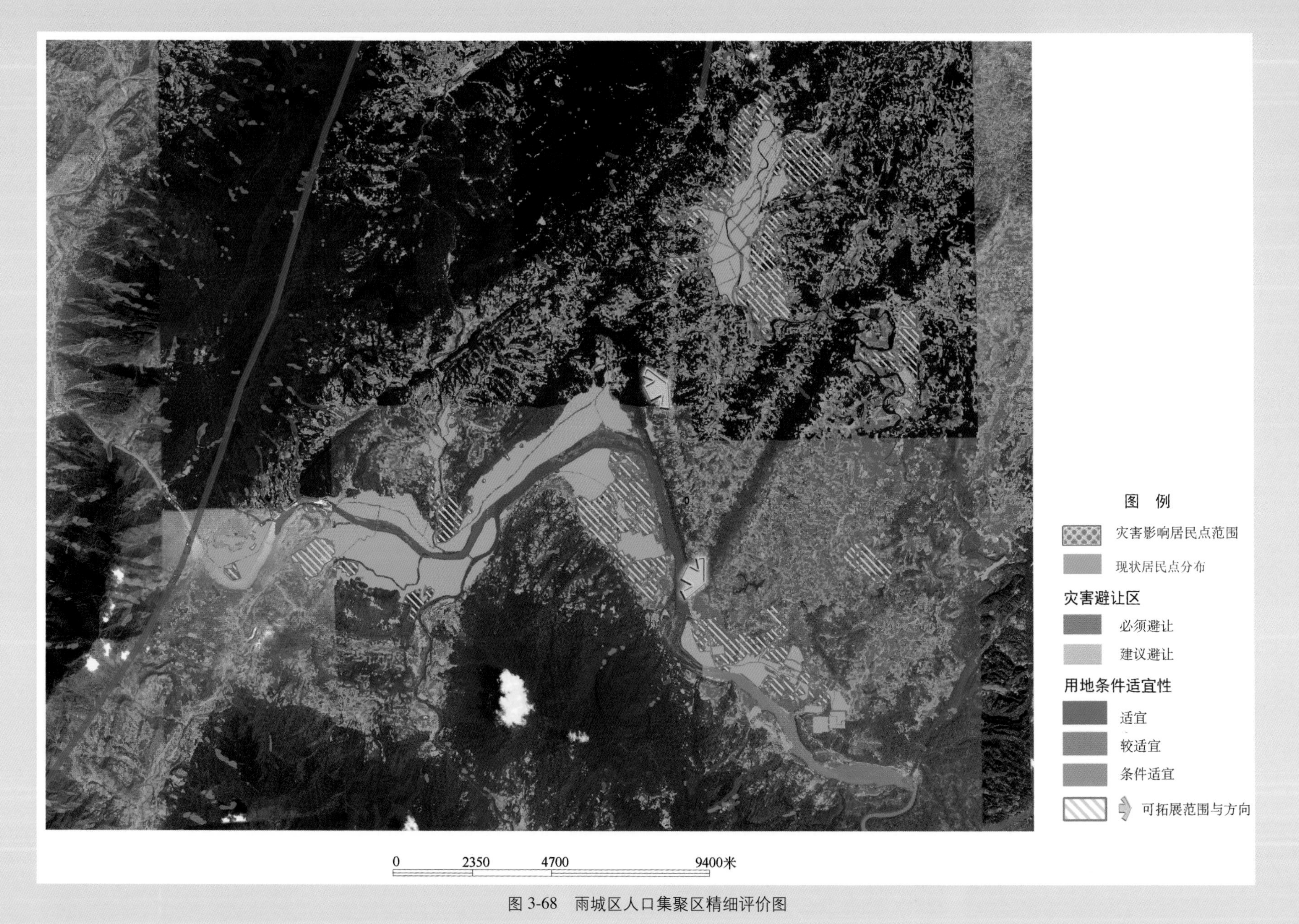

图 3-68　雨城区人口集聚区精细评价图

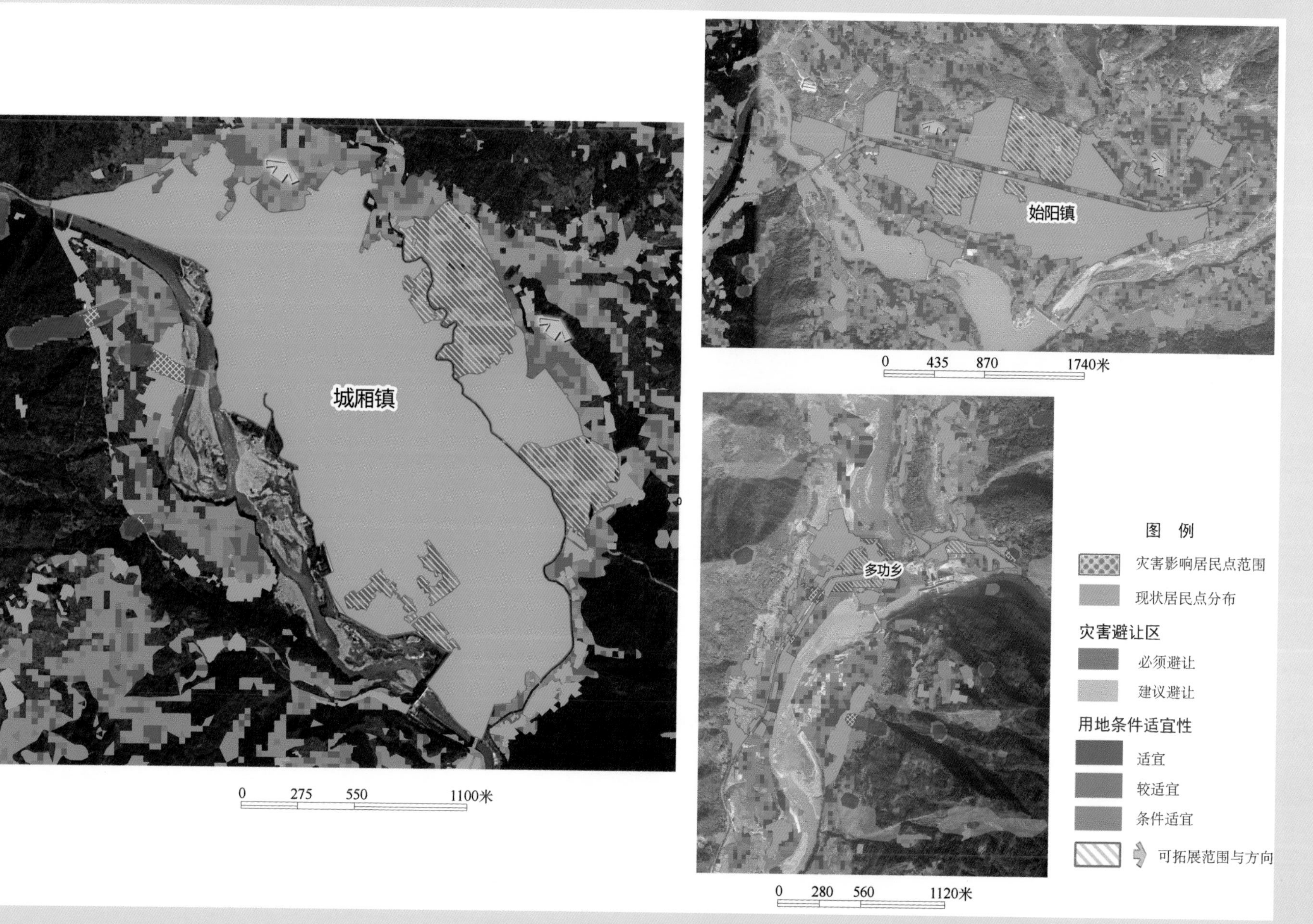

图 3-69 天全县人口集聚区精细评价图

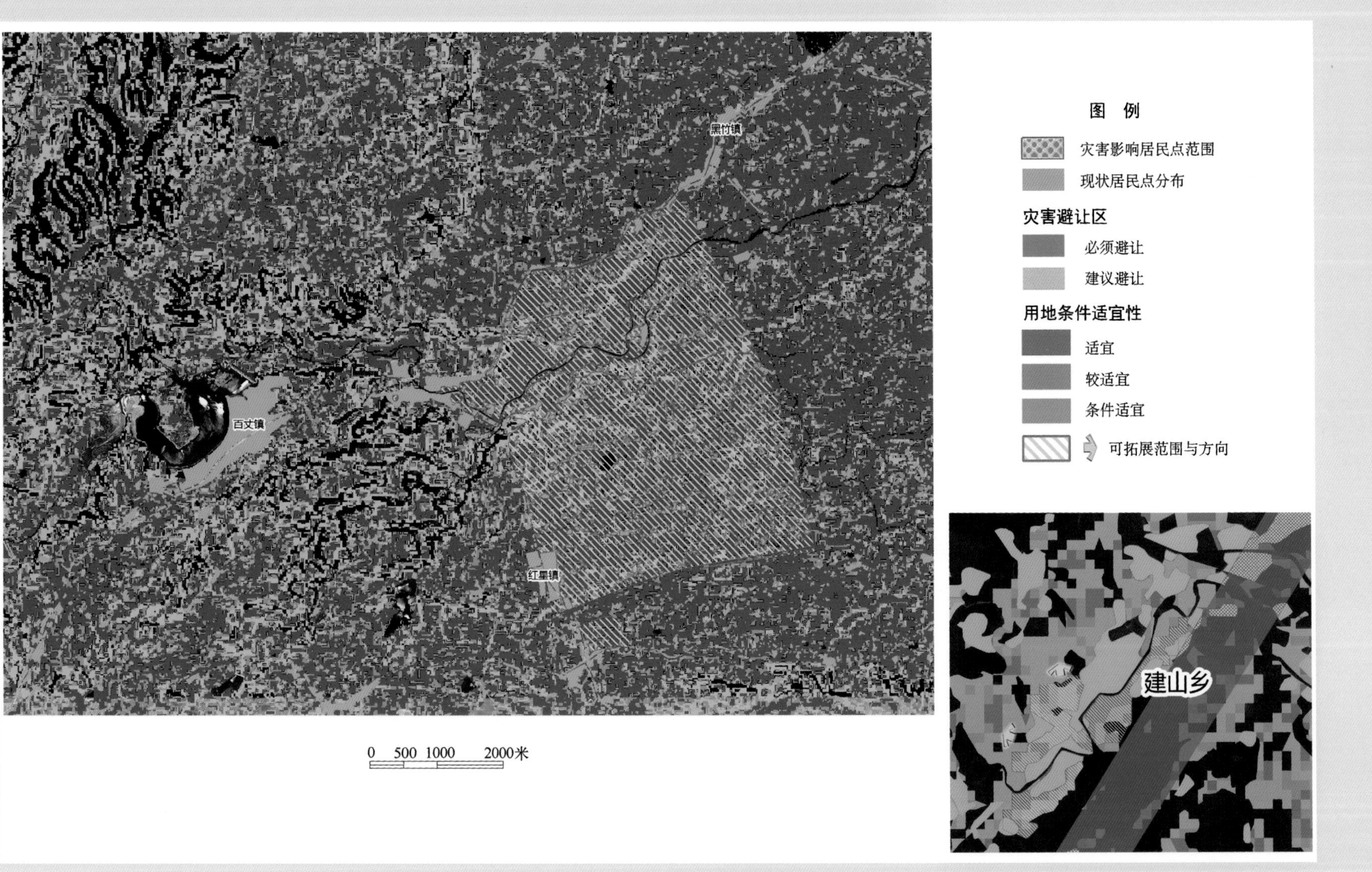

图 3-70　名山区人口集聚区精细评价图

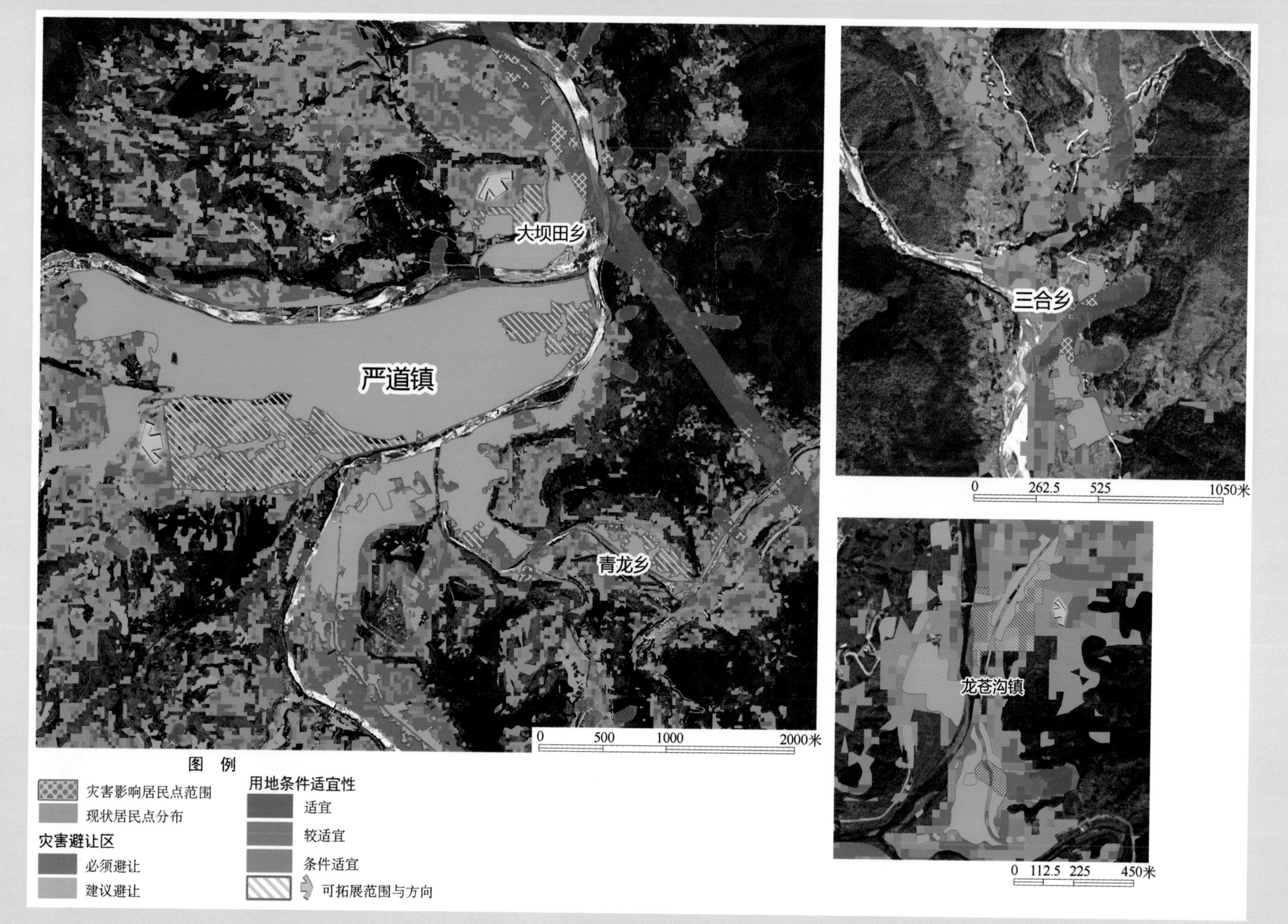

图 3-71　荥经县人口集聚区精细评价图（一）

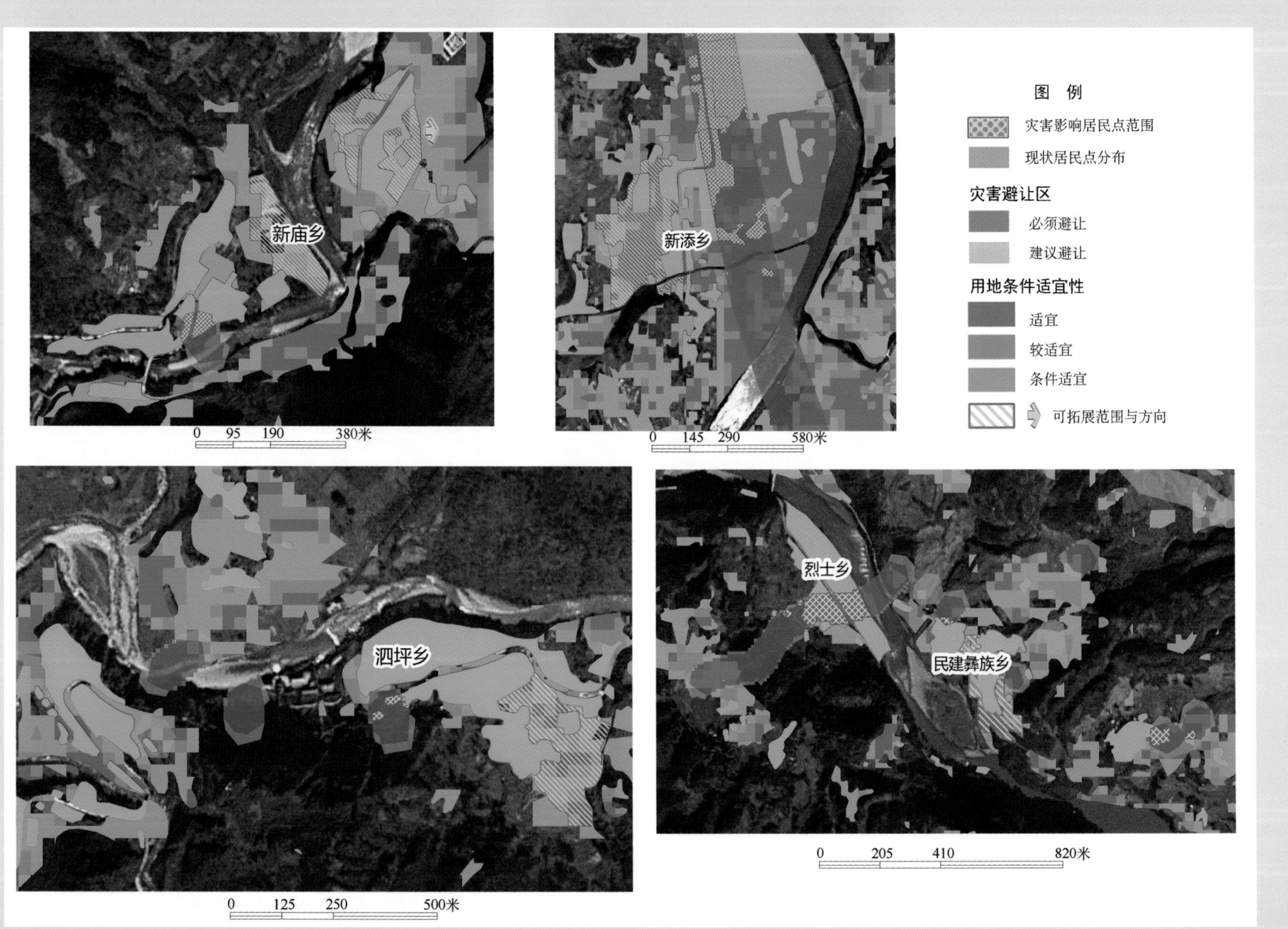

图 3-72　荥经县人口集聚区精细评价图（二）

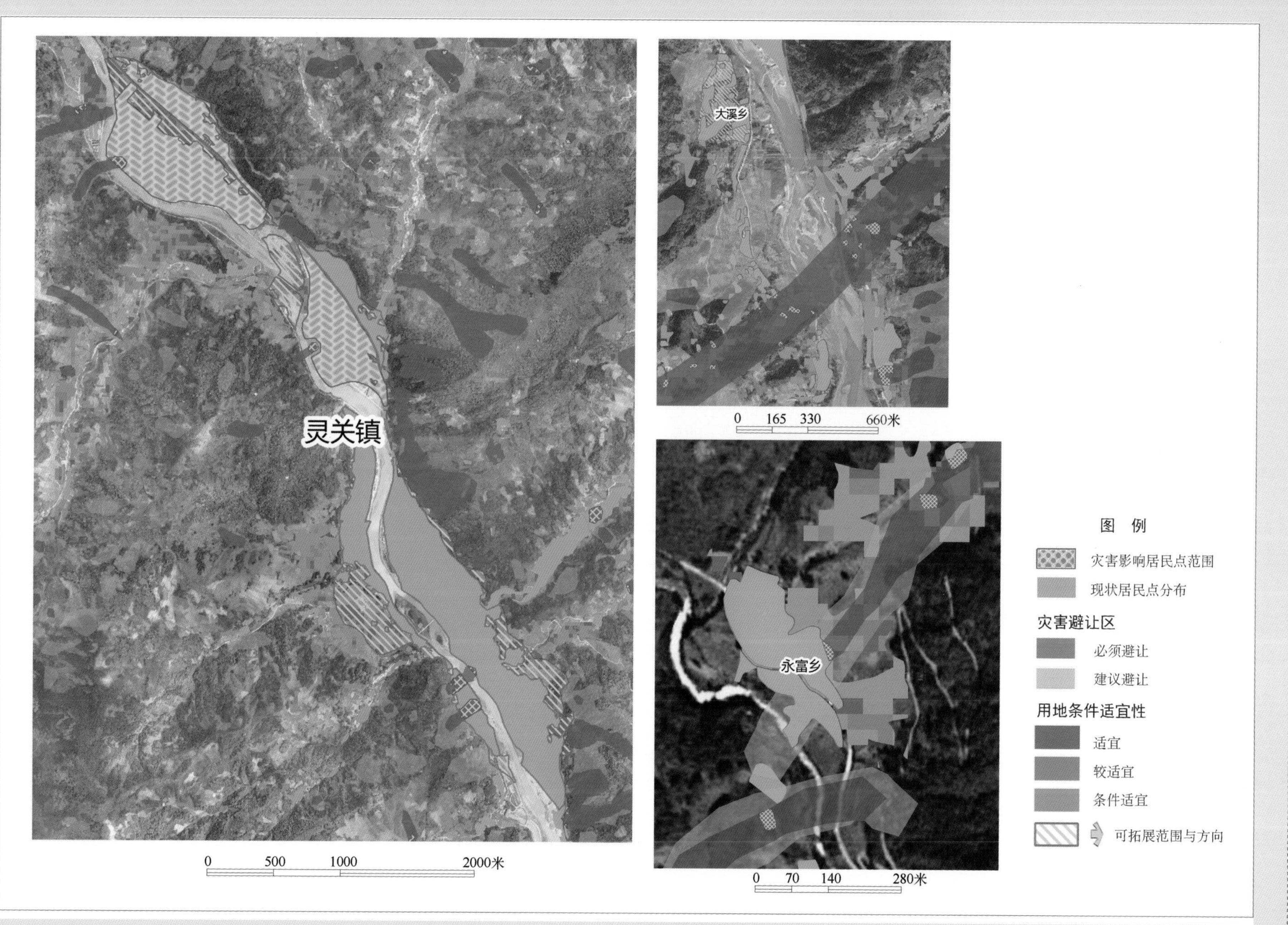

图 3-73　宝兴县人口集聚区精细评价图（一）

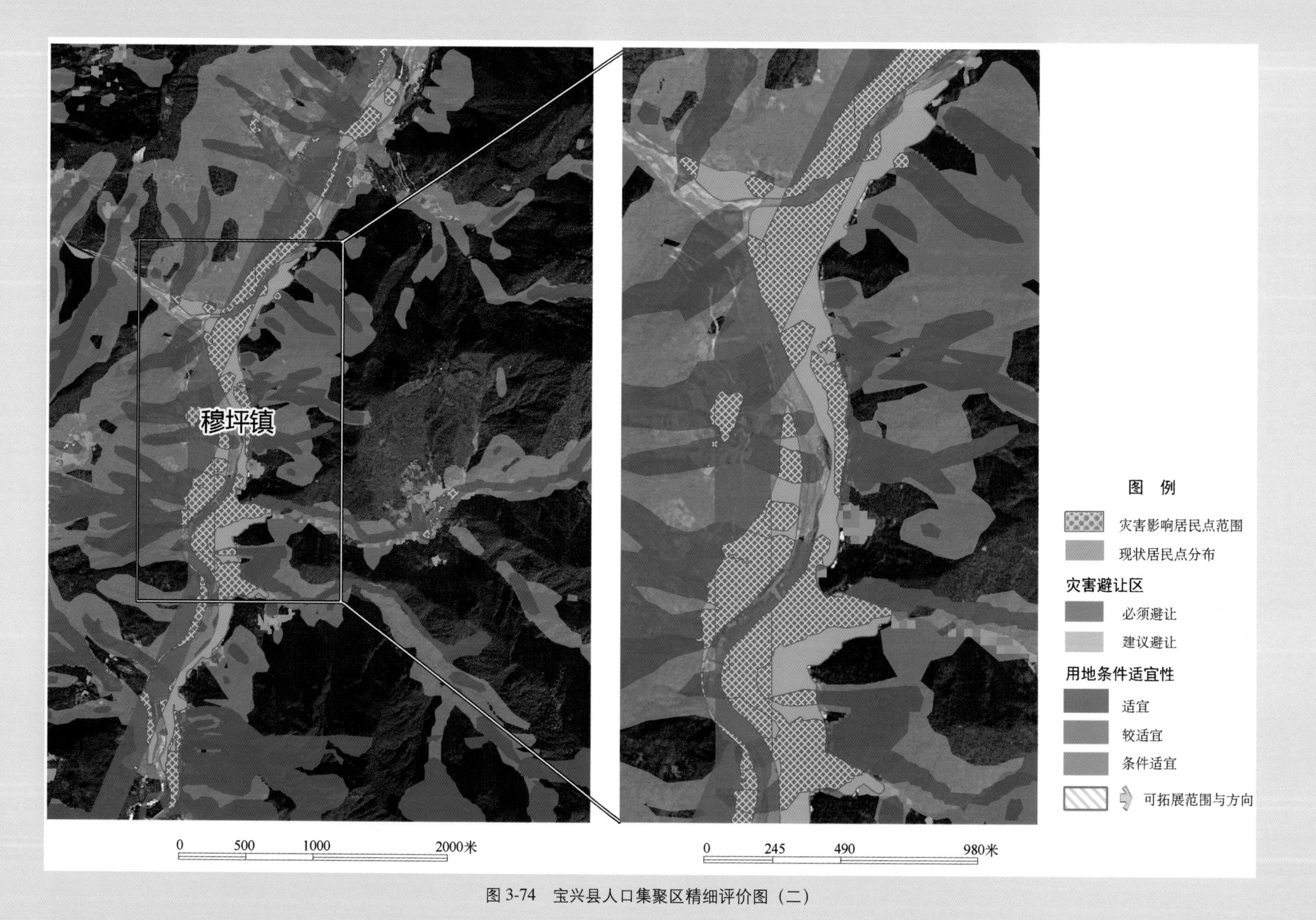

图 3-74 宝兴县人口集聚区精细评价图（二）

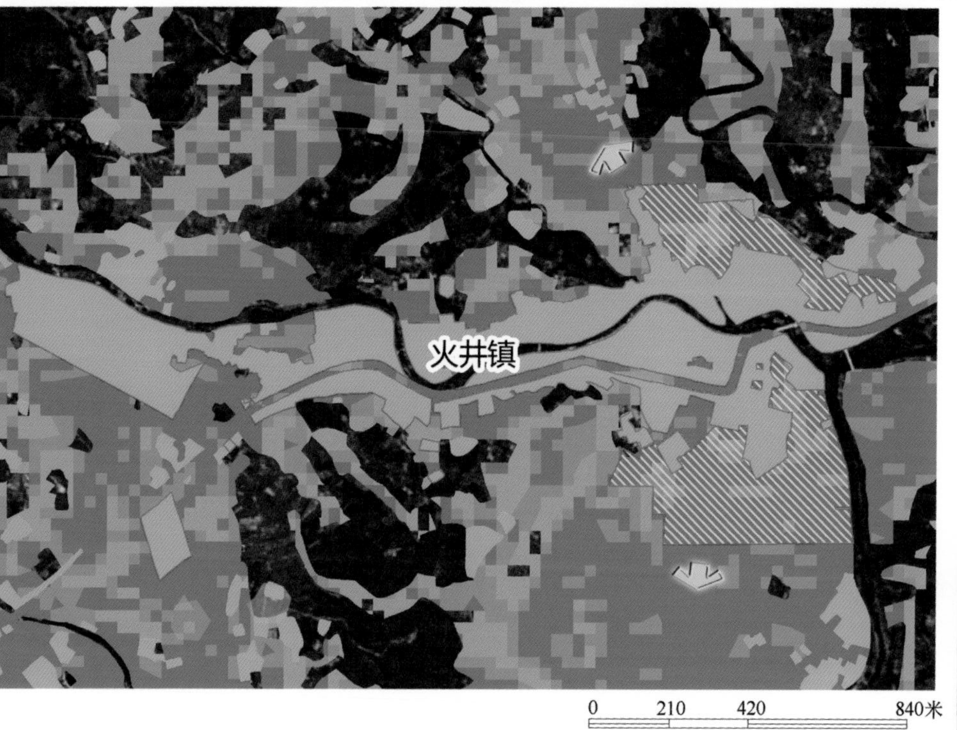

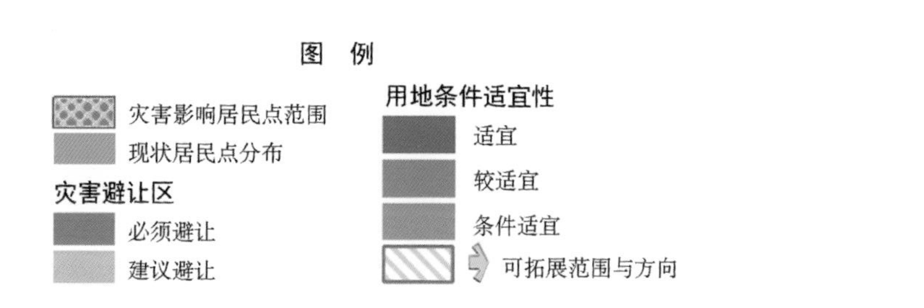

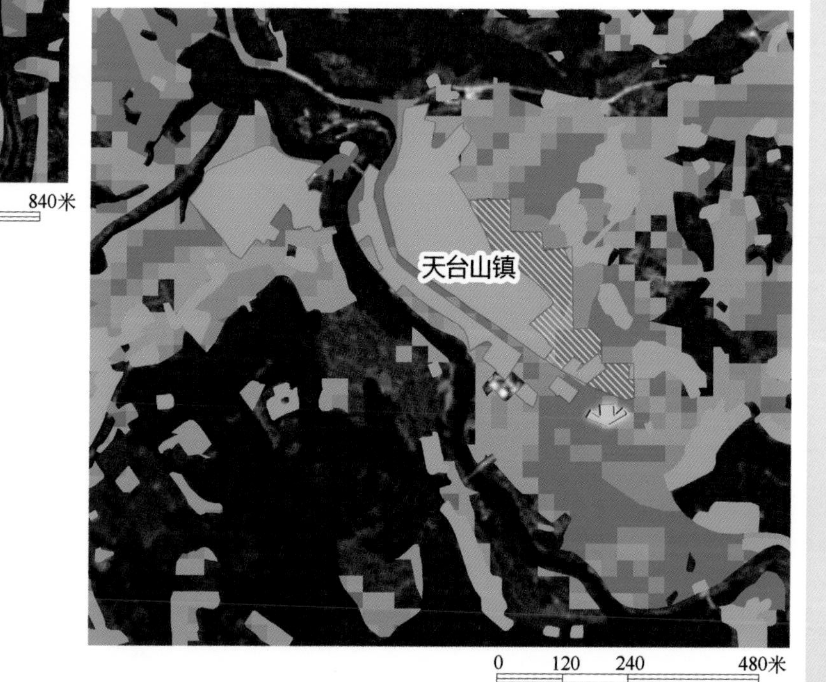

图 3-75　邛崃市人口集聚区精细评价图

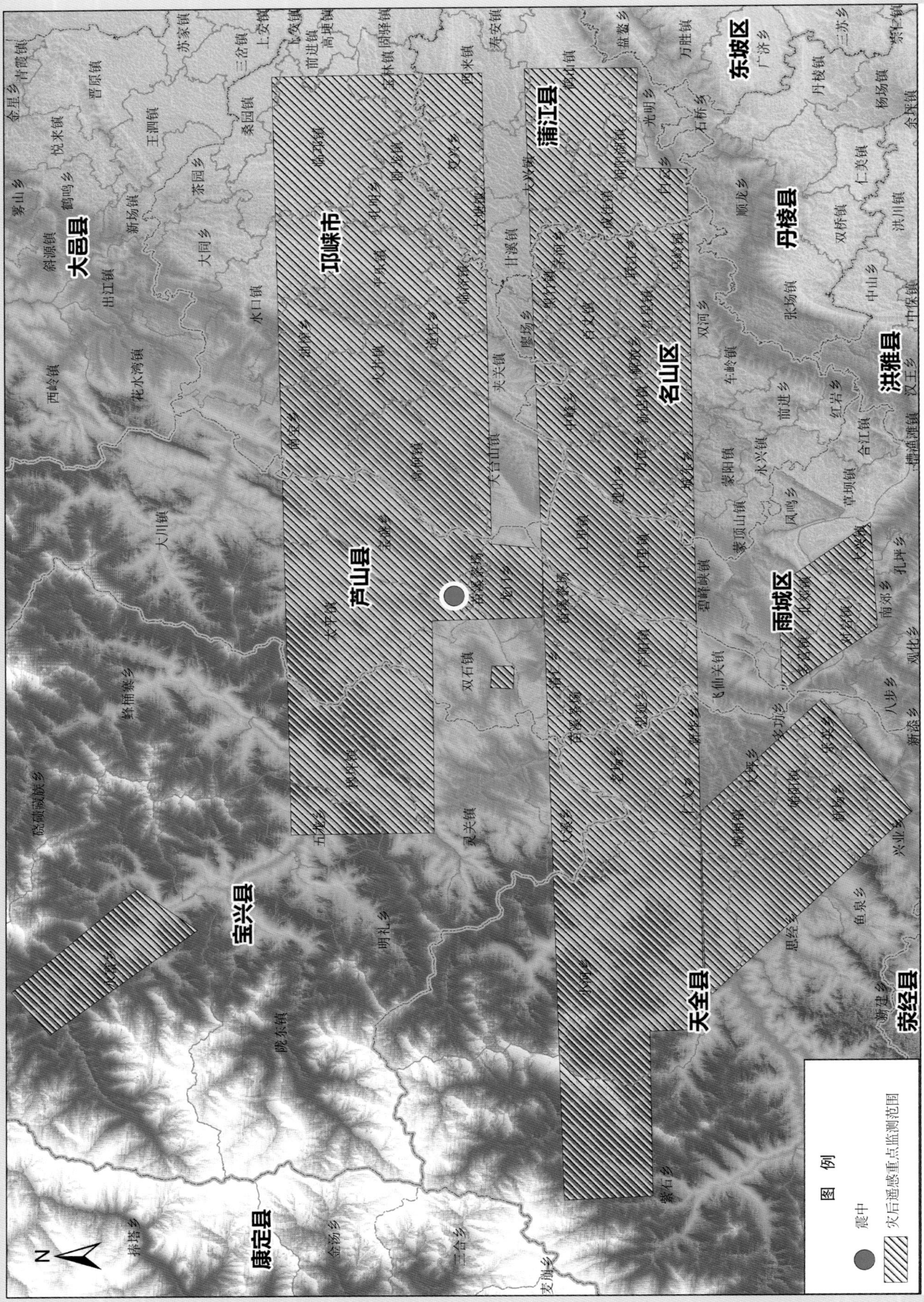

图 3-76　芦山地震灾后航空高分辨率遥感重点监测范围

图 3-77　芦山地震芦山县城遥感监测（2013 年 4 月 20 日）

图 3-78　芦山地震宝兴县城遥感监测（2013 年 4 月 20 日）

图 3-79　芦山地震雨城区遥感监测（2013 年 4 月 20 日）

图 3-80　芦山地震天全县县城遥感监测（2013 年 4 月 20 日）

咨 询 报 告

中国科学院专家关于雅安芦山地震灾后恢复重建的若干建议

我国在应对地震灾害、开展灾后重建方面，已经取得了举世瞩目的成效。雅安芦山地震灾后重建，一方面要充分借鉴已有经验，另一方面也应充分考虑雅安芦山自然灾害与资源环境特点，以及发展基础和地理区位等因素，尽早科学谋划。中国科学院地理科学与资源研究所参与国家汶川地震、玉树地震、舟曲泥石流灾后重建规划工作的专家建议：要立足近期避次生地质灾害之险、着眼长远谋可持续发展之计，把灾民永久安置选址同城乡居民点布局优化结合起来，把人口分布格局调整同产业结构重塑结合起来，把灾区恢复重建的当务之急同生态文明建设的长远需求结合起来，在新一届党中央和国务院领导下，创新重建思路，编制科学规划，再造美好家园。

一、灾区综合承载能力偏弱，恢复重建选址任务比较艰巨

雅安芦山地震对城乡住房的破坏面广、量大，恢复重建的核心任务之一是选择长远的灾民安置地。在国家和四川省主体功能区规划中，灾区被划分为资源环境承载力弱的区域，人类生产生活的自然条件比较差，长期以来社会经济发展水平偏低。地震灾害进一步加剧了当地的人地矛盾。因此，合理选择灾区重建位置、范围、规模，是比较复杂和困难的。

1）地震灾区地表崎岖，地形条件较复杂。芦山地震灾区地处青藏高原与四川盆地过渡地带，位于龙门山断裂带南段。地势自西北向东南倾斜，地表崎岖，山地多，平坝地少。地形坡度25°以上的陡坡地占土地总面积的比重达49.28%，高于四川省全省平均水平；地形坡度在5°以下的平缓地仅占土地总面积的4.91%，远低于全省平均水平。地形破碎，平坝地有限，且多分布于南部。

2）人均可利用土地资源少，人地矛盾突出。2012年芦山县总人口为12.01万人，人口密度为101人/平方公里。人均耕地面积为0.86亩，低于全省1.11亩/人的平均水平。灾区45.35%的耕地坡度在15°以上，农业发展条件较差。全县后备适宜建设用地面积较缺乏，人均0.26亩，是全省平均水平的89.05%。

3）生态环境脆弱，次生地质灾害易发，重建选址难度较大。灾区地表土层较薄，土壤侵蚀强度大，生态环境极其脆弱。龙门山断裂带地震频发，滑坡、崩塌、不稳定斜坡、泥石流等次生地质灾害隐患点密布，发生可能性高。重灾区与南部建设条件较好的区域空间重叠程度高，增加了重建选址的难度。

4）灾区社会经济发展基础不强，灾后恢复重建能力不足。芦山县2011年城镇居民人均可支配收入15513元，远低于全国23979元的平均水平；农村居民人均纯收入为5899元，是全国平均水平的85%；震前的财政自给率极低，仅为12%。地震及次生灾害对基础设施、工厂厂房及农业生产条件等的破坏比较严重，灾后恢复重建的资金需求量大、建设难度高，灾区自身难以完成灾后重建任务。

二、尽早启动灾区重建条件评价工作，加紧新编重建总体规划和修订原有专项规划

从汶川、玉树、舟曲灾后恢复重建规划编制的经验看，深入、细致、系统地开展灾区资源环境承载能力评价工作，为恢复重建规划提供了良好的科学依据。为了有效应对时间短、任务急的工作特点，有必要尽早部署、启动灾区重建条件评价工作，借重建契机谋长远发展，以避险和县以下乡（镇）、村居民点布局调整为重点内容，以灾区县域扶贫、生态资源利用新模式为主线，统一开展国土空间开发格局优化调整，中央和地方结合编制重建总体方案，修订调整相关专项规划。

1）以重建选址为目标开展资源环境承载能力评价。以专家队伍为主体，开展灾区资源环境承载能力评价工作，给出重建条件评价的区划方案，指导和约束灾区重建规划和重建工作，杜绝忽视次生灾害风险。应以滑坡、崩塌、泥石流为主的次生地质灾害隐患点排查为主要工作内容，科学摸清次生地质灾害的分布、发生风险、避险范围，在此基础上综合考虑自然地理条件、生态环境保护、地质构造以及人口经济分布和基础设施状况等因素，提出适宜重建的位置和地域范围。

2）“省市为主、中央协调”的方式编制灾区恢复重建总体规划。四川省在灾后重建方面积累了很多经验，本次总体规划的编制形式可以采取“省市为主、中央指导”的方式。总体规划重点解决以下问题：一是在落实地域主体功能区的要求下，编制的重建条件评价分区方案，本着集中与分散安置相结合的原则，确定县以下乡镇及村居民点调整方案。二是制定灾害防治的系统方案，做好预警、避让、整治相结合，增强灾区抗灾防灾的综合能力。三是确定生态屏障建设、生物多样性保护、生态资源合理利用的目标、模式和政策，完善生态经济发展、生态补偿的体制机制；四是提出山区城镇化和山区特色经济发展的基本思路和总体布局方案，探索建立扶贫与区域可持续发展相互促进的新型扶贫模式。

3）依据重建总体规划修订调整相关专项规划。以恢复重建为契机，按照灾后重建总体规划的要求，修订调整已有的城镇与乡村居民点规划、土地利用规划、基础设施建设布局等相关规划。重点考虑新城镇建设和村镇体系布局的调整和区域特色经济发展布局、土地整治和生态屏障建设的实施方案、基础设施和基本公共服务设施建设规划等。做好规划之间的衔接，完善实施规划的各类配套措施。

三、扶持绿色经济发展，创新可持续的救灾扶贫致富新模式

1）近期优先扶持能够大量吸纳就业的产业经济，安置灾区居民就业。重点扶持当地基础较好的轻纺工业和农产品深加工工业，充分吸纳灾区居民就业，确保社会稳定。一是大力扶持一批具有较强影响力的纺织企业恢复生产，优先安排重灾区居民就业。二是借助茶文化发源地和优质茶产业基地优势，着力打造茶叶品牌，做大茶产业，稳定灾区茶农收入。三是依托优良的林竹资源条件，大力发展林竹产业，增加灾区农民收入。四是在受灾相对较轻的地区，加快引导和扶植中草药种植业和中药制剂、中药饮品等深加工企业的发展，通过规模化生产、企业化经营，促进中草药种植和深加工产业的发展。

2）立足生态和文化资源优势，把文化生态旅游产业逐步打造为富民的经济支柱。芦山和宝兴气候湿润，空气清新，环境宜人，是四季观光及生态休闲避暑度假的旅游胜地；同时，历史文化遗存众多，是汉蜀文化、茶马官道、红色文化、藏乡文化集聚区。产业恢复重建要立足生态优势和文化底蕴，借助外力，大力发展生态文化旅游产业，建设宜居家园。一是要发挥大川河、飞仙茶马官道、龙门洞、铁坪山、空石林、蜂桶寨、夹金山景区、东拉山景区、神木垒等生态优势，发展以高端休闲度假和观光体验游，打造川西原生态旅游休闲度假基地。二是挖掘蜀汉三国文化、茶马古道、根雕文化、藏乡文化、熊猫文化、红色文化等特色文化资源，将文化产业与新型城镇化相结合，推进历史文化旅游业和创意产业发展。

3）以生态保护为前提，优化调整水电、建材等重工业布局，增加资源开发类产业为灾区恢复重建的贡献程度。一是要优化石材、水泥等企业布局，将零星散落分布企业向园区集中，减少对生态和环境的

影响。二是整合水电企业，控制水电企业的布局和扩张，确保生态功能的发挥。三是鼓励和引导优势企业通过技术改造，扩大生产规模，强化产品研发，培育自主品牌，提高企业市场竞争力；四是要调整税收政策，提高资源开发类产业税收给当地留成比例。积极探索生态补偿新机制和新模式，把灾区作为建立水资源和矿产资源开发合理可行的生态成本及生态补偿核算标准与实施的试点区域，在重建中尝试将资源开发生态补偿责任与当地灾后生态重建工作挂起钩来。

4）实现特色、绿色农业的规模化生产经营，通过“绿色利润”还民提高农民收入。一是瞄准打造农副产品加工产业链的需求，以绿色产品为主导，规模化发展茶叶、林竹、魔芋、林下绿色养殖业等特色优势产业，培育支持龙头企业，大力推进特色农业、林果业、畜产品开发的产业化进程，打造有机绿色食品品牌，从发展生态农业经济中进一步拓宽农户可持续生计的渠道。二是以林业建设和经营管理为抓手，挖掘生态建设与保护的就业岗位，在进一步核定退耕还林面积和位置、加大退耕还林工程的投入力度的同时，结合重点生态工程实施，为生态保护区的农民提供就业机会，试点引进当地部分灾民加入到林业保护队伍中，成为“生态工人”的生态扶贫模式。

5）把产业对口援助作为救灾合作的重点，扶持灾区产业转型和可持续发展。尽快建立产业对口援助与合作机制，以共建产业园区、产业合作项目和技术培训等为重点，大力扶持灾区的林竹和茶产业、纺织服装行业、电子信息产业、文化旅游产业、生态旅游业和商贸服务业的发展，通过对口援助加快产业恢复和重建，为灾区居民提供充分就业机会，促进灾区产业转型升级。

四、适度推进人口集聚，通过城镇化和新农村建设重塑灾区新面貌

1）适度引导人口集聚，探索山区城镇化和城乡统筹发展新路径。分散居住在山区的灾民往往是山地地质灾害受灾较严重的群体，山地生产生活的自然本底条件不佳，给着眼长远发展的恢复重建带来一定困难。因此，一是要加强评估，适当优化灾区的人口分布，合理引导自然环境较差、发展潜力较弱的乡村人口适度向城镇集聚，合理引导规模较小的居民点向中心城镇集聚。二是要增强条件较好的城镇综合承载能力和集聚功能，显著提升县城和中心城镇基础设施和市政配套建设水平，研究适当扩大县城和中心城镇规模的可能性与合理性，打造具有集聚能力和辐射能力的城镇，引导农民进城。三是集中规划建设产业集聚区，引导产业向园区集中；协调好产业园区和城镇布局的空间关系，实现工业化和城镇化的良性互动；特别重视“企业+基地+农户”的城乡网络化布局，发挥中心城镇、园区对农业基地、乡村农户的带动、服务功能，形成以产业联系和服务联系为基础的新型城乡统筹发展格局。

2）可考虑就地城镇化和异地城镇化两个途径并举，提高城镇化水平。雅安城镇化水平低，灾区又因山地多，丘陵平坝少，次生灾害危险性大，综合承载城镇化的能力有限。利用恢复重建的机遇推进城镇化，应该考虑就地城镇化和异地城镇化两个途径。一方面，以当地承载能力为基础，合理优化城镇布局。雅安市148个乡镇中，有138个沿河谷分布。近年来雅安市的现代交通运输设施大多沿河布局，进一步强化了这种城镇分布态势，形成了沿青衣江、大渡河及其支流呈扇形发散，沿河羽状分布的格局。恢复重建应认真审视河谷地带城镇区位和合理规模，其中，距震中30公里以内青衣江上游的宝胜河、宝兴河两条支流的河谷地带，应作为城镇布局调整的重点研究和规划区域。另一方面，根据雅安市的城市发展规划的调整，以及结合成渝经济区区域规划的实施，创造条件提高雅安雨城区、成渝城市群队灾区人口的吸纳和承接能力。

3）结合新农村建设和扶贫整村推进，建设特色宜居村庄。在灾后重建中，应积极推进、重点建设产业特色突出、人居环境优美、文化特色显著的特色村庄建设。将特色村建设与整村推进扶贫项目相结合，发展特色产业，改善农村环境。同时，整合各项资金，将部分居住在受灾严重、自然灾害易发地区的分散住户适当向特色村庄集中安置。

4）跨越式提升灾区基础设施和公共服务水平，促进灾区经济社会可持续发展。一是构建以自救为主、联网互助、外援支撑的综合防灾减灾体系。合理配置公共避难场所和应急水源、备用电源与应急移

动通信系统，并根据平灾结合的原则，部署医疗卫生等公共资源。结合灾区的实际情况，应依托主干公路，形成集交通、电力能源、供水、通信等为一体的生命救援通道。通过生命线通道实现联网互助系统、外援支撑系统与自救系统的良好结合。二是把生产生活环境改善作为重点，统一规划、整合资源、集中投入，实施水、电、路、气、房和优美环境"六到农家"工程。三是把教育卫生服务体系建设作为灾后重建的重要内容，优先恢复灾区校舍、医院等公共服务设施；结合灾后重建，充分考虑灾区地形复杂，人口居住分散的特点，优化空间布局，提高设施标准，改善农村教育和医疗卫生服务条件。

5）把灾后农村劳动力培训作为一项重要工程，提高劳动力再就业和转移能力。将农村劳动力技能培训作为灾后重建后续工作的重要内容之一，加强劳动力技能培训，提高农村劳动力职业技能和非农就业能力，加大向非农产业的转移力度；同时，通过就业、求学、劳务输出等方式，鼓励有条件的灾区以外的发达地区适当接纳部分灾区人口。

五、汶川到芦山一系列地质灾害给我们的重要警示，亟须组织开展青藏高原边缘地带及近邻山区防灾减灾的系统调研和整体规划

1）青藏高原边缘地带和近邻山区重大地质灾害频发，给人民生命财产造成极大损失。该区域处于我国一级阶梯向二级阶梯的过渡区域，是我国面波震级大于5.0级地震的高发区，也是崩塌、滑坡、泥石流等地质灾害的密集分布区。过去十年中，7级以上地震就发生了5起，包括2008年汶川8.0级地震、2001年若羌8.1级地震、2013年芦山7.0级地震、2010年玉树7.1级地震和2008年于田7.3级地震。此外，还有2010年舟曲泥石流等重大地质灾害，给灾区人民生命和财产造成极大损失，成为举国上下为之牵肠挂肚的大事。

2）青藏高原边缘地带和近邻山区的生态和社会经济特点，使其局地灾害往往具有很大的影响面。该区域是具有重要的生态功能的区域，还是我国相对贫困集聚的区域。该区域社会经济发展的主要指标几乎完全处于全国平均水平之下，农民人均纯收入都不高于4000元，城镇居民可支配收入不超过15000元，人均GDP仅相当于全国1/3～2/3的水平，人均地方性财政一般性收入仅相当于全国1/10～3/10的水平。这种发展状况，一方面往往由于建筑物建设标准偏低、城乡住房选址有偏差，一旦地质灾害发生，就很容易造成较大损失；另一方面恢复重建的能力较差，一旦形成灾损，对国家和外援的依赖性就很强。所以，局部受灾，往往牵连全国，加之少数民族众多，社会、经济、生态的影响面都非常广。

3）以往我国的相关规划没有给予该区域防灾减灾问题足够重视，更缺少超前的预案部署。在我国以往的重大规划中，往往没有把青藏高原边缘地带和近邻山区地质灾害的防灾减灾问题放在突出的位置。如《全国主体功能区规划》强调了区域的生态重要性和脆弱性，没有突出特定区域灾害属性；再如《中共中央国务院关于加快四川云南甘肃青海省藏区经济社会发展的意见》（中发〔2010〕5号）的总体要求中，提出"以改善民生为出发点和落脚点，以保护生态环境为基本前提，以基础设施建设为切入点，以转变经济发展方式为着力点，以改革开放为动力，以科技进步和人才培养为支撑，以维护民族团结和社会稳定为保障"，防灾减灾也没有予以强调。最近国务院批复的一系列集中连片贫困区的区域发展和扶贫攻坚规划，也存在同样的问题。防灾减灾在以往各类重大规划中只是内容之一、而非贯穿规划始终的主线。

4）超前开展全区域资源环境承载力评价和防灾减灾整体规划设计，防范于未然，将损失减少到最低程度。重大地质灾害给我们一个重要警示，应该高度重视青藏高原边缘地带和近邻山区的防灾减灾问题，并将其作为各类规划中成为出发点和落脚点。一是尽快开展这个区域地质灾害问题和资源环境条件的摸底、调查，完成具有较高精度的资源环境承载能力评价图，作为一切建设和规划的科学依据。汶川、玉树、舟曲等都是重建时，才开始进行资源环境承载力评价，确定城乡建设合理的选址方案。现在看来，这项工作应当超前做，提早完成数据采集和数据库建设、基础图件和分析图库建设，有利长远也便于应急。二是尽快开展这个区域防灾减灾的整体规划，可以比照日本本岛、美国西海岸等地震高发区域，把

防灾减灾作为日常性、持续性的问题研制系统应对方案，从单体建筑物标准（如采取轻型建筑材料）到城镇集中居民点建设规范，从日常监测预警体系建立到发生灾害时公共安全避难或临时安置场所的布局，防范于未然，最大限度建设灾害发生时产生的生命损失。三是尽快研究该区域长远可持续发展战略，从人口迁移策略、国土空间开发格局、特色生态经济体系等，到加快小康社会建设的生态补偿机制、资源税留成政策等体制机制设计，形成与防灾减灾整体规划相协调的城乡与区域发展规划导则、专项规划和部门规划导则，用于指导和约束各类相关规划。

报告起草人：

樊杰　金凤君　张文忠　徐勇　陈田　刘慧　汤青　严茂超

2013 年 4 月 22 日

中国科学院专家关于创新地震灾区援建方式和机制的建议

芦山地震灾区社会经济发展水平不高，地方政府和老百姓的经济能力有限，灾后恢复重建的资金需求量大、建设难度不小，客观需要国家、兄弟省市对灾区进行必要的援建。综合考虑以往灾后重建援建方式和效果、芦山地震灾区发展潜力和受灾特点，以及四川省连续受灾的现实，中国科学院地理科学与资源研究所曾参与汶川地震、玉树地震、舟曲泥石流灾后重建规划工作的专家建议：以增强当地造血功能和持续发展能力为宗旨，积极创新援建方式和体制机制，形成全方位、多途径的援建格局。

一、立足灾区优势产业，以建立资源产业和生态经济的扶持政策与长效机制作为中央政府有关部门援建的突破口，提高资源开发和生态建设对当地经济的贡献率

1）做大生态文化旅游业，以旅游资源入股，助推当地经济收入持续增长。国家有关部门应建立扶持当地文化旅游业发展的投资政策、产业政策，做大生态文化旅游产业。在旅游资源开发利用中，可以采取以旅游资源入股参与开发的新模式，把旅游资源和特殊文化技能等转化成股本，进行股份合作制经营，无论投资和经营主体是谁，拥有旅游资源和文化资源的集体与农户都能从旅游发展受益中获得持续、增长的效益。

2）进一步退耕还林，种地人转为林业工人，全面经营林业和林下经济增加收入。国家有关部门应进一步加大退耕还林工程规模和林业建设投入力度，尤其是加大水土保持林和水源涵养林的面积。结合人工抚育和管护，以及发展林下经济的劳力需求，实现部分退耕农户特别是灾民向林业工人的转化，建立专项扶持基金，鼓励林业工人从护林养林及林下种养殖经济中获得稳定收入。

3）把资源开发类产业收入尽可能多的留给灾区，提高能源和矿业为灾区恢复重建的贡献程度。灾区拥有丰富的矿产资源和水能资源，且已形成了一定的开发基础。建议合理调整矿产资源有偿使用收入中央和地方的分配比例关系，适当提高资源税、资源费，完善计征方式，提高资源开发收益向地方倾斜的比例；允许水电移民以征地补偿费和安置费用入股、对当地实施优惠电价、建立移民发展基金、改革水电价格形成机制等方式，提高水电开发对当地经济的带动作用。

4）把芦山等重灾区县纳入主体功能区规划国家级生态重点建设区，探索和应用生态补偿的新机制。在主体功能区规划中，芦山等重灾县尚未纳入国家级生态建设区，建议借此次机会予以调整，享受相应政策。可将灾区作为探索生态补偿新机制试点区域，建立水资源和矿产资源开发合理可行的生态成本及生态补偿核算标准与实施的试验示范，在重建中尝试将资源开发生态补偿责任与当地灾后生态重建工作挂钩。

二、着眼异地工业化和城镇化，把在雅安市区或成渝经济区建设飞地型产业园区和城镇安置点作为四川省援建的战略重点，加快地震灾区缓解人地矛盾压力和实现建成小康社会目标的步伐

1）省政府牵头、骨干企业和地方政府配合，合力落实灾区异地创建产业园区。以落实《成渝经济区区域规划》为依托，充分发挥临近成都、雅安市区的区位优势，选择具有发展潜力的恢复重建企业，通过“政府协商、市场运作、优势互补、利益共享”的原则，在骨干企业和地方政府配合下，开辟灾区异地产业园区。

2）结合异地园区建设，集中安置灾民就业和居住，形成产-城互动的居民点。结合异地园区的建设，近期可以通过就近集中建设板房、租用当地校舍和职工宿舍等方式，先作为过渡住所安置灾民；长期可

建设安置永久住房、配套建设公共服务设施，形成工作在园区、生活在社区、具有一定规模的灾民安置点。

三、以提高灾民就业能力和迁移规模为目标，把灾民技能培训和吸纳灾民就业作为东部发达省份援建的长期任务，率先缩小沿海发达地区同内陆灾区发展水平的差距

1）建立东部发达省份对灾区人力资源培训的配额指标，形成职业教育帮扶的长效机制。采用配额指标的方式，建立东部发达省份同灾区县“手拉手”结对子。要有三个方面的配额指标，一是每年发达省份在灾区县职业教育招生的指标；二是每年发达省（市）派教师援助灾区县职业教育的指标；三是每年发达省（市）提供给灾区县职业教育毕业生1年实习期的指标，为灾民提高就业能力、开辟就业渠道做出实质性贡献。

2）建立东部发达省份吸纳灾区劳动力就业上学移民的激励机制，扩大异地就业、求学、迁移、劳务输出的规模。要在财税体制、土地使用制度、绩效考核体系上进行创新和尝试，建立激励机制，提高东部发达省份接纳灾区人口的积极性。探索把常住人口作为分配依据来调整各级政府之间的财政分配关系，解决吸纳灾区人口的地方政府因人口增加所需的公共支出增加问题；对吸纳灾区人口较多的城市补助建设资金，做好城市基础设施扩容和公共服务提升；增加灾区人口流入地区的居住用地，实行地区之间人地“挂钩”政策；把鼓励吸纳灾区人口以提高区域经济-人口分布协调度设定为考核发达地区的一个指标。

3）鼓励东部发达省份采取多种援助措施，为灾民转移就业搭建平台。东部发达省份的政府，有责任积极搭建就业平台，采取集中招聘、分散招聘、专场招聘、异地招聘、深入灾区招聘、网上招聘等切实有效形式，把就业援助工作落到实处。根据受灾失业人员的需求和援助对象的自身条件，为灾区各类失业人员提供就业岗位。

4）针对我国欠发达地区重大灾害频发的特点，为健全灾后恢复重建援建的长效机制，建议国家设立赈灾援建专项基金，逐步转变由省市对口援建灾区的方式。

报告起草人：
樊　杰　孙　威　陈　东　徐　勇　高晓路　张文忠　李佳洺

2013年4月27日

中国科学院专家关于芦山地震灾区次生地质灾害评估及对策建议

2013 年 4 月 20 日 08 点 02 分四川雅安芦山县发生 7.0 级强震。该地震与汶川“5·12”地震的震源机制类似，属于逆冲型浅源地震，破坏力强。

“5·12”汶川大地震的教训表明，除了地震本身的影响，大量的人员伤亡是由于次生灾害，特别是次生地质灾害造成的。因此在芦山地震的黄金救援期间内，快速评估震区次生地质灾害的高风险区域，确定受影响居民点和生命线工程等的位置，可以为救援、安置和今后的重建提供科学依据，避免进一步的人员伤亡和财产损失。

地震发生当天，中国科学院地理科学与资源研究所的科技人员迅速收集了震区地形、地质、构造断层分布、地震烈度分布、历史灾害、降雨以及卫星影像等资料，在分析震区地质灾害防范形势的基础上，着重考虑强震和降雨的影响，开展了震区次生地质灾害危险性评价工作，对震区在叠加地震力和降雨影响下的次生地质灾害的空间分布和发展趋势进行分析和预测，快速评估了次生地质灾害可能对人员生命安全、交通设施、村落等影响范围和破坏风险，提出了重点监测防范区域，为灾害救援与重建过程中次生地质灾害的防范提出对策建议。

一、震区次生地质灾害防范形势分析

震区严峻的次生地质灾害防范形势主要体现在以下三个方面：

1）震区山高、坡陡、谷深，地形条件复杂。震区地处青藏高原东部边缘、龙门山断裂带，地形自西北向东南倾斜，大部分地区被河流切割成山地。震区海拔高差可达 4000 米，山区半数以上地形坡度超过 30°（如宝兴县）。地形破碎，交通不便，大大增加了地质灾害发生的可能性和救援难度。

2）地震烈度大，震区地质条件进一步恶化。“5·12”地震已经对本区造成了严重的影响，本次地震震中地带烈度达到破坏性较强的九级。多次强烈地震造成震区山体松动，地质条件进一步恶化，大量松散物质产生使得灾害体抗剪强度大大降低，极易触发次生地质灾害。

3）降雨叠加，次生地质灾害风险加剧。震区为降雨丰富区域，据中央气象台预计，21 日夜间至 24 日，芦山地震灾区多阵雨天气，未来几日阴雨天气将进一步持续。研究表明，强震后地质灾害的降雨触发阈值将显著降低，导致芦山震区次生地质灾害风险加剧，并进一步增加救援难度。

二、强震与降雨作用下震区次生地质灾害空间分布与危险性评估

分别对地震力和降雨触发条件下震区次生地质灾害危险性的空间分布进行了评估，得到综合考虑强震和降雨二者共同作用下震区次生地质灾害危险性的空间分布，圈定了高危区域。

1. 地震力触发下震区次生地质灾害空间分布

针对芦山震区地形地质条件和本次地震峰值加速度等实测数据，采用 Newmark 动力模型和斜坡极限平衡模型，对芦山地震动力作用下的山体动力位移进行了定量的计算，分析了地震动力作用下山体斜坡物质松散程度现状，进行了地震力触发下斜坡稳定性的分析，对地震动力触发次生地质灾害的发生概率进行了评估（图 1）。评估显示，从芦山县到宝兴县之间的双石镇、太平镇、穆坪镇、宝盛乡、灵关镇、中坝乡等区域由于地震触发的次生地质灾害危险性等级为高，局部地区极高。

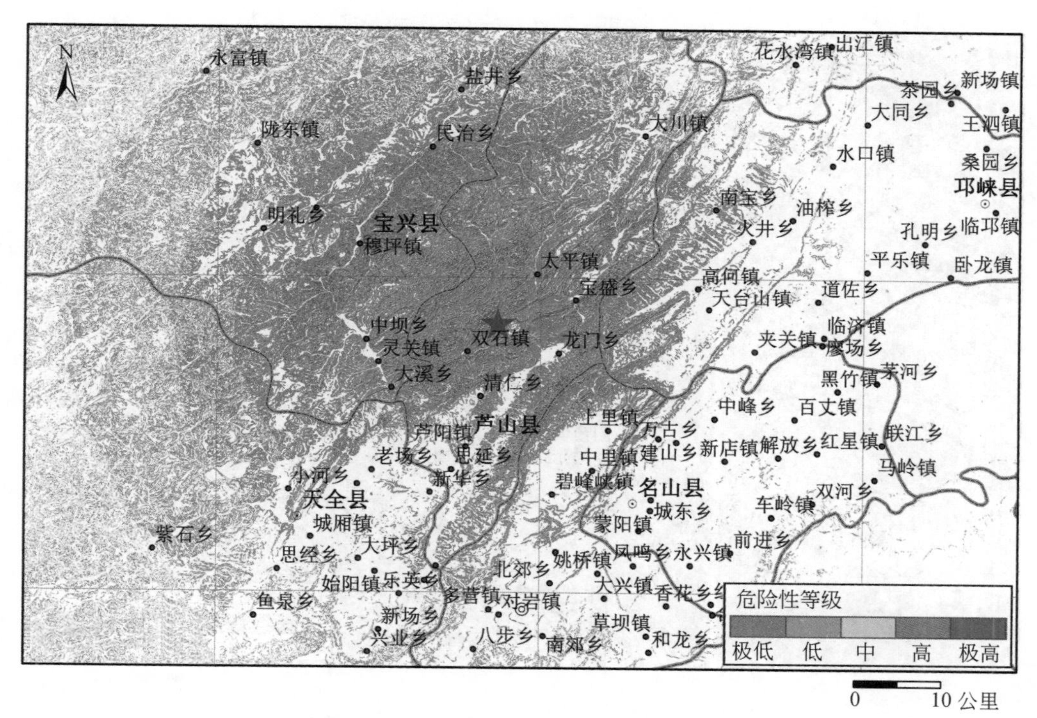

图 1　地震力触发下震区次生地质灾害危险性空间分布

2. 不同降雨触发下震区次生地质灾害空间分布及趋势分析

根据地质构造、地形地貌和触发条件等因素分析出震区次生地质灾害的关键致灾因子，建立了震区次生地质灾害危险性评价模型，对不同降雨触发条件下的次生地质灾害空间分布进行分析，并进行了等级划分，确定了不同降雨条件下的高危区域（图 2）。研究表明，雅安地区日降雨量达到 50 毫米可能触发约 35% 的滑坡，日降雨量达到 100 毫米可能触发约 60% 的滑坡。考虑到未来几天雅安地区的阴雨天气，对三种降雨情况下的震区次生地质灾害危险性进行了评价，分别为：①小雨（20 毫米/天），②中雨（50 毫米/天），③暴雨（100 毫米/天）。

从图 2 可以看出，位于震区西北侧的宝兴县及其附属乡镇的次生地质灾害对于降雨因素更为敏感，危险性等级高，需要重点防范。随着降雨强度的增加，受威胁的区域显著扩大。芦山县北侧的太平镇、宝胜乡等区域也受到次生地质灾害的严重威胁。

3. 地震与降雨共同作用下震区次生地质灾害空间分布

将地震力触发下和降雨触发下震区次生地质灾害的评价结果参数进行归一化处理，同时考虑不同降雨情况的发生概率，得到地震和降雨共同作用下震区次生地质灾害危险性综合评估结果图（图 3）。对处于各危险等级的居民点（村）进行了详细的统计（表 1）。

评估显示，震区受到严重次生地质灾害的区域（高、极高）超过 1500 平方公里，主要集中在宝兴县和芦山县的北半侧境内。

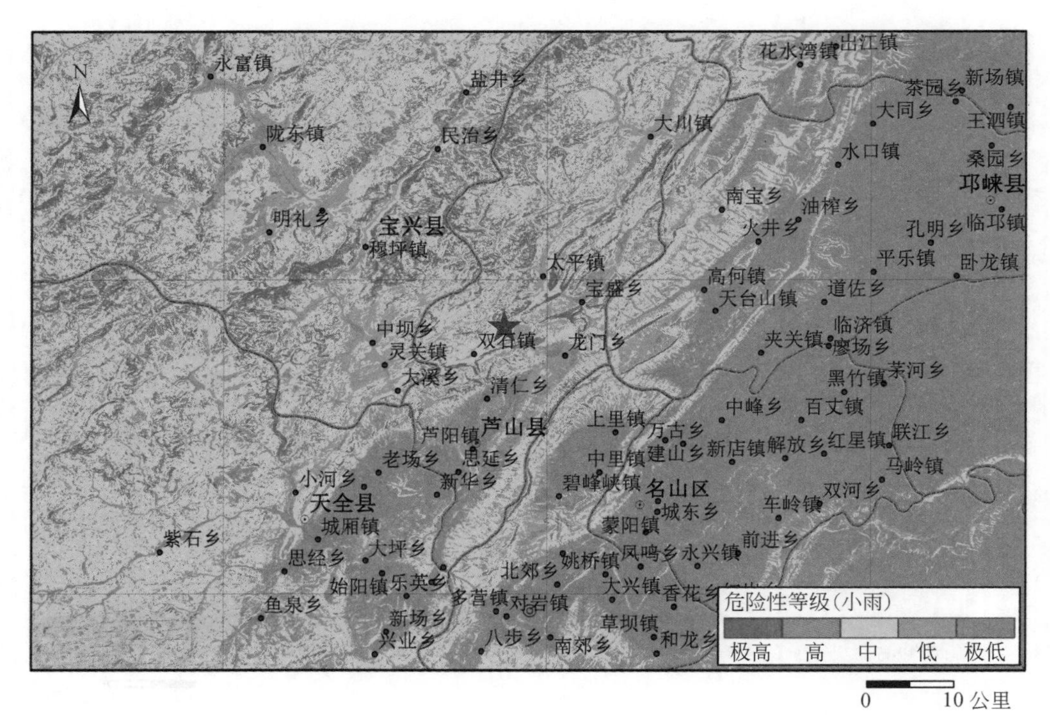

a. 小雨触发

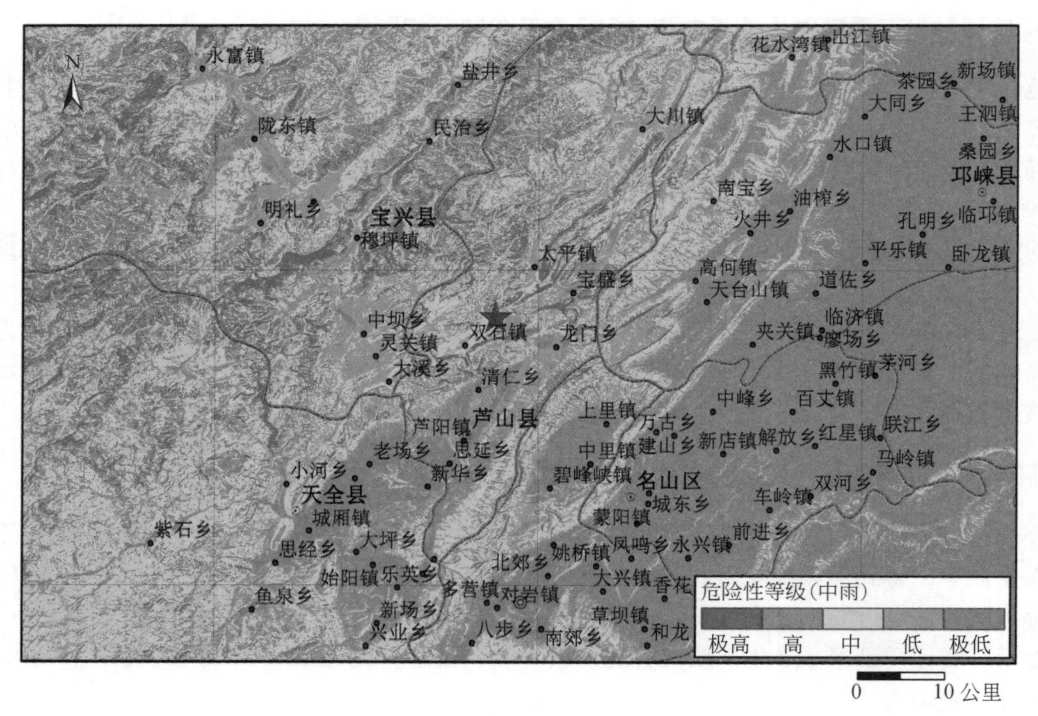

b. 中雨触发条件

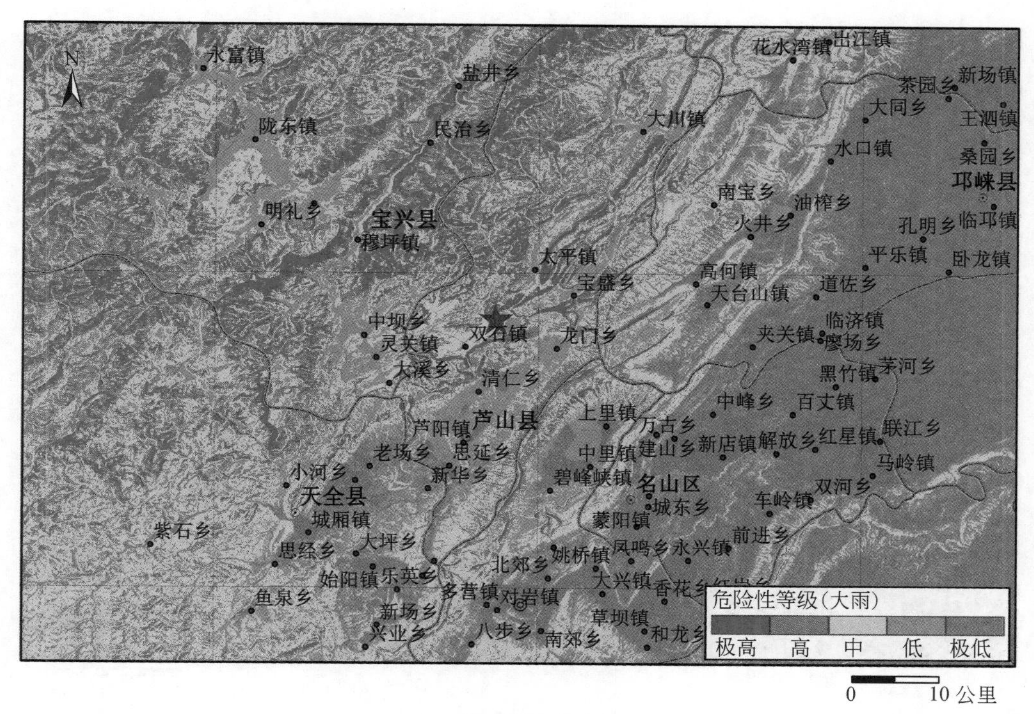

c. 暴雨触发条件

图 2　不同降雨条件下震区次生地质灾害危险性空间分布

表 1　处于危险等级的居民点（村）

危险性	面积（平方公里）	影响居民点（村）
极高	298.19	长河坪、大佛岩、购山、红石子、坪头、太平镇
高	1251.67	么堂子、扎角坪、关林沟、杂顶山、新店子、天街寺、马桑坪、老华溪、岩脚下、平基口、生姜坪
中	1313.77	穿洞子电站、洞口上、白茶坪、白铜尖子、大池山、盐井坪、健康村、黄沙坪、老熊桥、普生岗防火站、小鱼溪、大池沟、马路山、大坪上、地瓜坪、雅斯德、四人同、万担坪、棕树坪、向阳坪、小葫椒、昂州煤矿、国需山、花板糟、柏春坪、赤竹坪、大沟、黄店子、老场电站、许家湾、六家寨、铁炉头、桃子坪、灯杆坪、硫铁矿电站、横山岗电站、杨磨房、骆井溪、科落坪、大路井、山坪、蜂桶寨、百里、道子上、木坪子、龙池口、接官坪、门坎山、小茶园、张家山、挡巴沟、干海子、九里岗、门坎山、宋家坪、黄家窝、中岗电站、两河口电站、侯安坪、马家林、梨儿坪、大通桥、西岭镇、马桑坝、两河口、沙湾头
低	4463.44	其他
极低	9171.57	

三、对策及建议

1）震区次生地质灾害引发严重伤亡可能性大，亟须加强风险评估和隐患排查。此次地震诱发的次生地质灾害造成大范围破坏的可能性高，有可能引发较重大伤亡。需要快速评估次生地质灾害对潜在的人员生命安全、交通设施、村落等影响范围和破坏风险，圈定重点的监测防范区域，迅速排查并采取有效措施预防次生地质灾害造成的新的人员伤亡和财产损失。同时应密切监控余震可能造成的新的次生地质灾害。

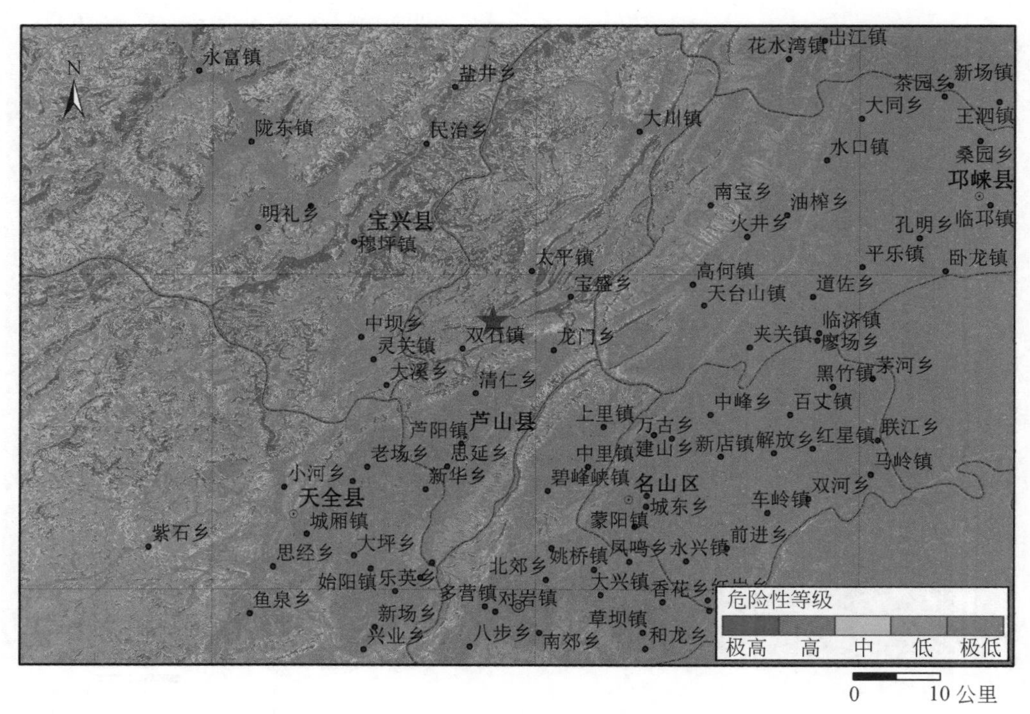

图 3　芦山震区次生地质灾害危险性综合评估图

2）强震和降雨叠加导致次生地质灾害加剧，加强动态监测预警和应急防范。由于芦山震区特殊的地质、地形地貌特征，在强烈地震和今后阴雨天气共同作用下，震后次生地质灾害会进一步加剧，亟须开展相关的应急防范工作。在灾害救援和重建过程中，应着重考虑降雨因素的影响，灾害治理工程中要做好导水排水工作。加强降雨预报和地质灾害预警与防范协调工作，密切注意气象部门的降雨预报，根据预报结果对相应的高危险区域及时预警，特别是加强夜间的预警和防范。

3）圈定高危区域，集中重点防范和局部积极避让相结合，做好应急救援预案。位于震中西北侧的宝兴县和芦山县北侧是次生地质灾害影响严重的地区，需要进行重点防范。进一步确定次生地质灾害高风险的具体区域，灾民安置和灾区重建应避让次生地质灾害高危区域，远离陡峭沟谷、强风化和构造破碎等不稳定斜坡区域。并对高风险区内居民点分布和道路受损情况进行预测评估，制定地震诱发次生灾害预警和快速救援预案。

4）震区次生地质灾害以崩塌、滚石为主，对生命线工程威胁大，建议加强针对性预警防范和避让措施，同时密切监测大规模滑坡、泥石流隐患。震区的厚状灰岩和灰岩砂岩互层的地质条件决定了次生地质灾害的主要类型为崩塌和巨型滚石为主，这些灾害发生频率高，严重威胁震区的交通等生命线工程。在降雨等因素叠加的情况下不排除大型滑坡和泥石流发生的风险。建议对高危隐患区域进行 24 小时监测，同时做好紧急避让和有效撤离等预防措施。

报告起草人：

兰恒星　周成虎　高　星　王治华　李郎平　杨志华　伍宇明

2013 年 4 月 21 日

中国科学院专家关于多途径统筹做好地震灾区群众过渡性安置工作的建议

随着芦山地震救灾重建工作的推进，解决灾区群众从应急居住的帐篷中迁出后、下一步如何过渡安置的问题成为当务之急。借鉴国外灾民过渡安置的做法、结合汶川和玉树等灾后重建的经验，中国科学院地理科学与资源研究所专家建议：以安全、适用、节约为原则，通过政府提供多种途径，采取群众自主自愿选择方式，统筹做好下一步灾区群众的过渡性安置问题。

一、发放“过渡性住房安置费”，方便灾民自主选择过渡方式

根据芦山地震受灾范围、灾损程度、地理位置等特点分析，灾民自主选择过渡居住方式的空间比较大。建议：

一是核准需要安置的灾民数量，制定人均安置住房面积标准和安置费发放标准，按照2～3年重建周期，向需安置的每户灾民家庭发放安置费，为每个灾民提供公平的经济保障以及符合个人实际的选择自由。应该明确的是，芦山地震政府赈灾解决灾民过渡性安置的主体形态是发放安置费，补充形式是政府设法提供的多种形式过渡住所。

二是制定差异化过渡住所收费标准和补贴标准。原则上，政府提供过渡性住房按照重建周期收取费用，政府投资高的过渡性住所收费标准高，异地租房在面积标准内超出安置费标准的房租部分由所在地政府予以补贴。利用经济杠杆，使个人努力与收益挂钩，避免浪费；同时明确政府过渡房是出租形式，这有利于对过渡住房的爱护，也便于未来回收再利用。

三是尽快登记灾民自主选择过渡方式。积极鼓励异地投亲靠友、就地或异地租住民房，减轻政府集中安置灾民的压力。摸清选择政府提供过渡房的需求规模和方式，为政府建设过渡住房提供依据。

四是严格禁止灾损调查中被列为危房，以及受次生灾害威胁区域的房屋作为过渡住所出租。

二、政府主要采取以下四种方式，为灾民提供过渡住所

一是采用集装箱、竹屋、纸屋建设过渡房。灾区用地紧张，必须集约节约使用过渡房用地，鼓励多层建筑；过渡房建设为临时住所，在满足基本生活条件的同时，必须注重建筑造价的节约，鼓励就地取材；尽可能方便快速建成又利于往后的回收利用。建议：①采用集装箱建设多层过渡住房；在日本大地震中曾采用集装箱组合建设三层住所，我国在南极的首个内陆科考站营地以及塞外中石油的野外勘探作业营地也同样用集装箱建房。②利用低成本、可回收再利用的纸质材料建设公共临时建筑，如汶川重建中曾成功用纸质材料建设3幢房屋、9个教室、占地500多平方米的小学。单体小型建筑基础部分用以垫高的塑料啤酒箱，纸管材料国内有厂商可以满足要求，如汶川当时使用的是双流盛达纸管厂的纸管，且建筑材料较轻不需要大型起重设备，人力即可完成。③利用芦山县丰富的竹子作为建筑材料，建造类似云南竹楼的过渡性安置房。④部分采用活动板房进行安置。

二是充分利用现有公共建筑、改造为过渡性居住场所。在恢复重建期间，大型公共建筑可以考虑改为过渡性住所，如体育馆、展览馆等。通过专业建筑设计人员对建筑进行评估和改造，将市政设施接入到公共建筑，完善居民生活所需的供水等基本生活条件，这在技术上是可行的。

三是政府有偿征用宾馆、单位招待所、闲置住房等，用作过渡性住房。尽管政府有偿租用的代价肯定比灾民从政府手中取得这类过渡住房所交的租金要大，但也不失为一种节约有效的方式。作为紧急时期且是过渡形式的需要，政府可以统一部署征用宾馆和单位招待所及未开盘的楼盘等，用于安置住房。据资料显示，汶川地震时安县新县城花荄镇当时有20%左右可以使用的闲置住房。

四是结合企业、学校异地过渡或重建进行异地安置。一些学校、企业、园区在重建过程中将异地过渡甚至未来异地重建选址，可以通过就近集中建设板房、租用当地校舍和职工宿舍等方式安置。

三、过渡安置应与重建工作统筹部署，推进灾后重建与可持续发展的协调统一

一是尽可能少采用传统的活动板房。汶川震灾发生 6 个月，共建成 67.7 万套活动板房。这些板房容积率低、需要大片的空地，板房材料不易回收再利用、浪费严重，使用混凝土垫层造成耕地资源破坏、保温材料聚苯乙烯日后带来生态问题等，应尽可能少建传统活动板房。

二是注重灾后对过渡住房的再利用。如一些成本较高的木结构建筑和竹楼在集中规划时、就应结合未来生态旅游规划线路的设计，可以作为今后旅游服务设施。预制活动房主要采用安装式和箱式等，近年来出现了很多其他形式的创造，如多层集装箱式、Loft 式、房车式等，便于充分的回收利用。在再利用方面，可回收活动房用于国际救灾援助等。

三是结合重建规划、搞好过渡安置点的布局。根据芦山地震特点，可采用就近小集中（在乡村居民点附近集中建设小规模的过渡性安置点）、适当大集中（在县城和条件好的中心镇集中建设安置点）相结合的方式，布置过渡性住房安置区。即使在集中安置的县城、中心镇，也鼓励采用多种方式安置，减少集中建设安置区的规模。特别对临时安置点使用混凝土垫层的区域，一定要同重建规划相结合，在已有或未来作为建成区用地的区域选址，减少对土地资源的浪费。

四是鼓励灾民在重建规划中划为可以重建区域范围内尽早启动自建房屋，一次性解决过渡性住房和永久住房问题。为此，将安置费和未来重建补助费可以一次发放。

五是政府要对当地住房租金进行管控，避免乘机哄抬物价。

六是将援建政策和鼓励异地过渡安置政策相结合，鼓励异地过渡安置，特别是鼓励通过异地过渡安置逐步解决永久移民的问题，缓解灾区人地关系紧张的矛盾。

报告起草人：
樊　杰　高晓路　张文忠　李佳洺　孙　威

2013 年 4 月 27 日

中国科学院专家关于芦山震区亟须密切监控次生地质灾害的居民点和交通路段分布的报告

在四川芦山地震发生的当天，中国科学院地理科学与资源研究所科技人员对地震诱发次生地质灾害进行了快速评估，认为震区次生地质灾害引发严重伤亡可能性大，在救援期和安置期需要科学评估次生地质灾害的影响范围和破坏风险，准确圈定重点的监测防控区域。

根据气象预报，今后震区的阴雨天气延续，甚至可能有中到大雨，大型滑坡和高位快速泥石流发生的风险较大。由于在震区参与救援的人员众多，这些人员往往深入到比较危险的区域进行救援，因此受到伤害的风险极大。在地震救援期间内，已经发生了多起滑坡泥石流灾害造成救援人员伤亡的事件，同时灾民的安置等也需要避让危险区域。因此亟须确定需要进行密切监控的受崩塌滑坡、泥石流等次生地质灾害严重影响的高危居民点和路段位置。

本报告采用更为详细和准确的居民点和交通数据，在评估大型滑坡崩塌和泥石流危险性和影响范围以及震区震后遥感影像解译验证的基础上，圈定了需要一级和二级密切监控的居民点和道路路段的准确位置（图1～图4），并给出了详细的经纬度坐标等重要信息（表1～表4），供地震灾区救援和灾民安置等工作参考。

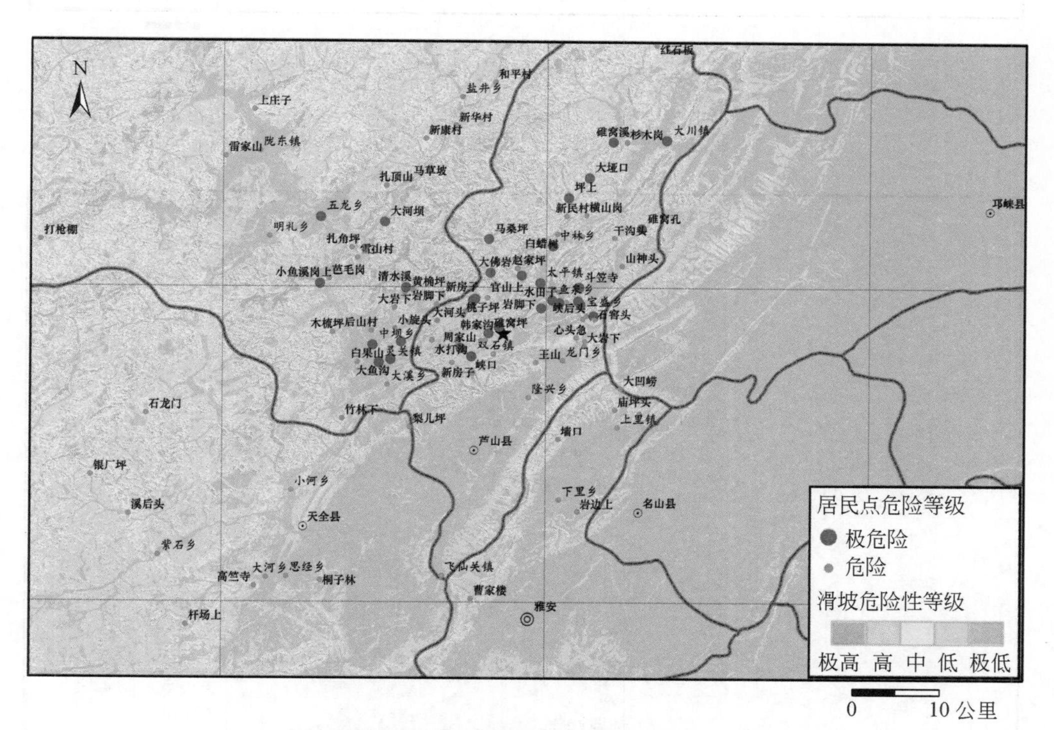

图1　需要密切监控崩塌滑坡的居民点分布图

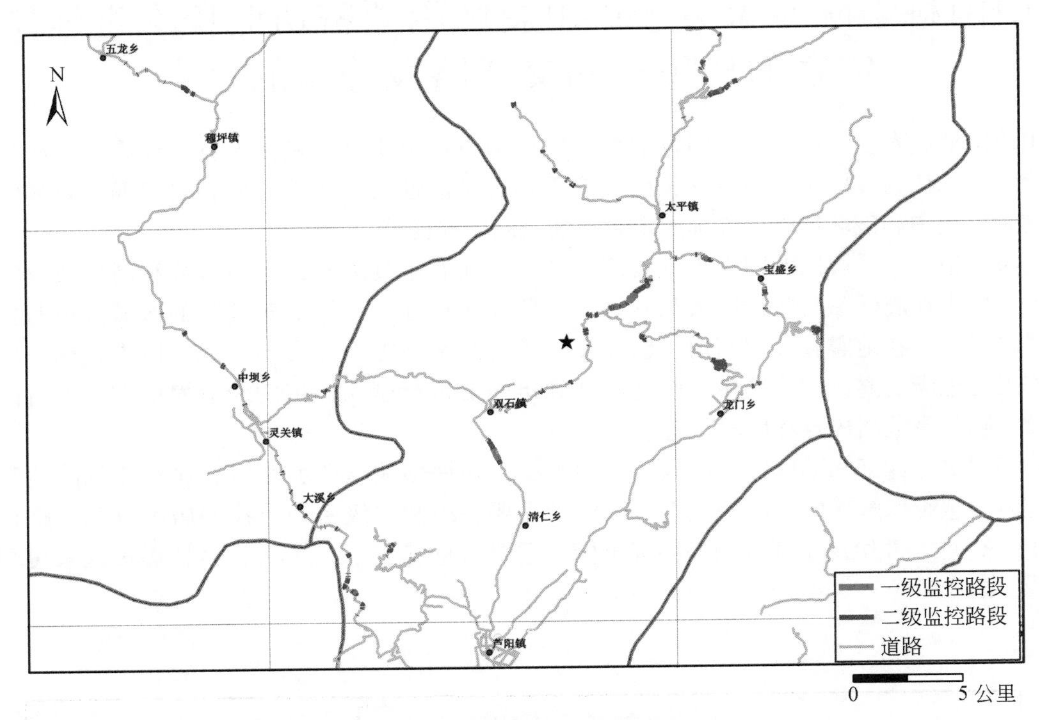

图 2 需要密切监控崩塌滑坡的交通路段分布图

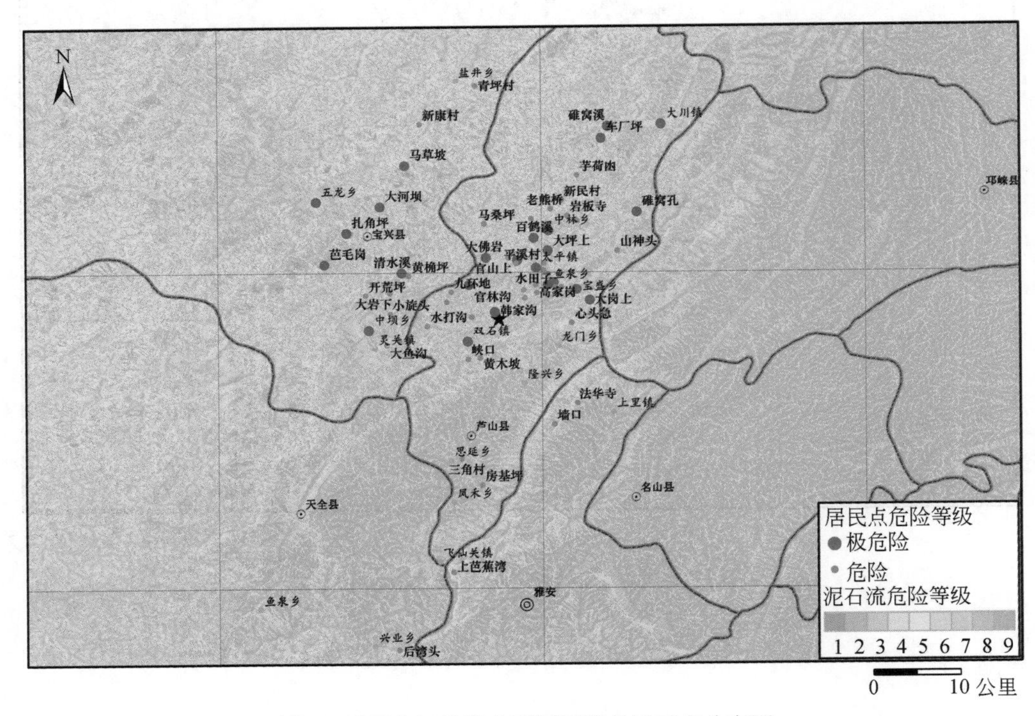

图 3 需要密切监控大型泥石流的居民点分布图

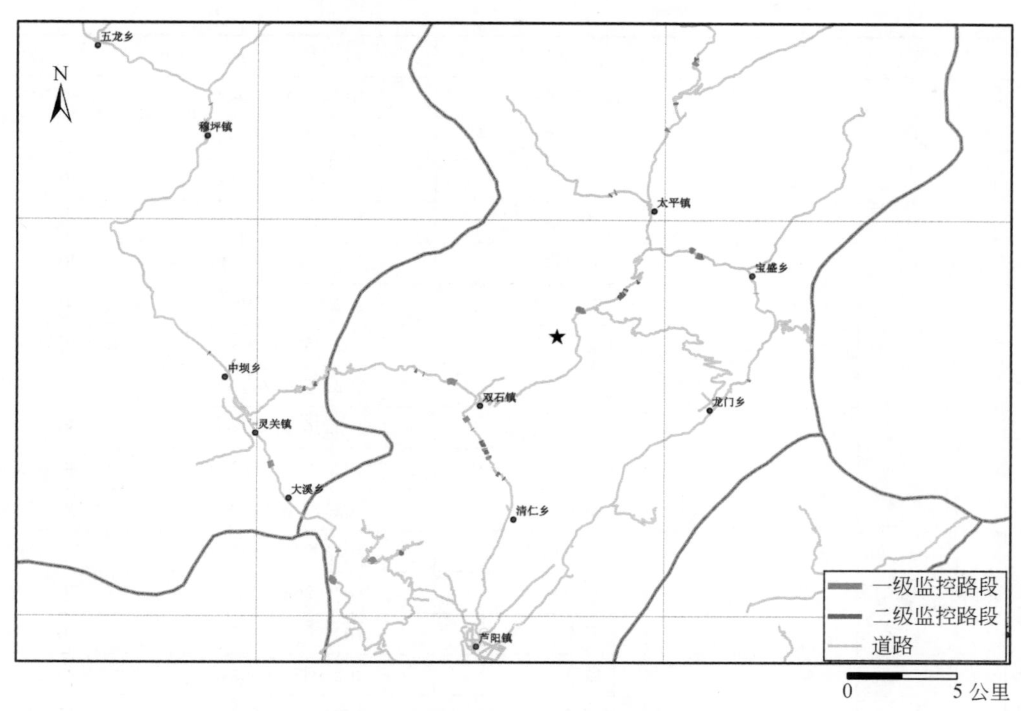

图 4　需要密切监控大型泥石流的交通路段分布图

表 1　需要密切监控崩塌滑坡的居民点准确位置表

监控级别	县（区）	最近镇（乡）	居民点	经度（°E）	纬度（°N）
1 级	芦山县	双石镇	双石镇镇场	102. 92341785700	30. 25959660830
			韩家沟	102. 95151291800	30. 29094693150
			官林沟	102. 92502994700	30. 31972470480
			山坡上	102. 92712899900	30. 32102546040
			碓窝坪	102. 94094099900	30. 28421250590
			周家山	102. 91249174300	30. 26833267050
		中林乡	中林乡乡场	103. 00696780300	30. 37741218430
			坪上	103. 02286421400	30. 42953834060
			碓窝孔	103. 09825937100	30. 39682198200
			大垭口	103. 04434147300	30. 45021358720
			马桑坪	102. 94090156500	30. 38506552190
		宝盛乡	宝盛乡乡场	103. 03570280700	30. 31478813930
			大岗上	103. 04915100600	30. 30316356210
			鸦伏岩	103. 03293041700	30. 31901265590
			斗笠寺	103. 03401085900	30. 33331025480
		太平镇	太平镇镇场	102. 99407372500	30. 33807198030
			大佛岩	102. 94271090400	30. 34867735800
			官山上	102. 97476887400	30. 34592205620
		鱼泉乡	鱼泉乡乡场	103. 00623069400	30. 31980067820
			岩脚下	102. 99491586400	30. 31142470610

续表

监控级别	县（区）	最近镇（乡）	居民点	经度（°E）	纬度（°N）
1级	芦山县	鱼泉乡	水田子	103.01373122600	30.31717207800
		大川镇	大川镇镇场	103.12350909400	30.49025331550
			碓窝溪	103.06863113000	30.48817032340
	宝兴县	灵关镇	灵关镇镇场	102.82822010100	30.25300610660
			大鱼沟	102.84002421200	30.25619193430
		中坝乡	中坝乡乡场	102.82156630800	30.27156465450
			寨子头	102.85074179800	30.27499880300
			清水溪	102.85554264200	30.33273548190
		五龙乡	五龙乡乡场	102.76767092300	30.40860257130
			大河坝	102.83353847300	30.40324661800
			小鱼溪岗上	102.76703180000	30.33680409520
2级	芦山县	双石镇	双石镇镇场	102.923417857	30.2595966083
			东墙岩	102.930815717	30.2922361201
			毛家沟	102.932692380	30.2758544711
			白春坪	102.937220868	30.2765810301
			峡口	102.924005852	30.2413641320
			龙打沟	102.916910022	30.3078324941
			楠木坪	102.945658645	30.2615253941
			新房子	102.903226831	30.2524444278
			野猪池	102.909048789	30.2741006209
			水打沟	102.881956111	30.2762915891
			大河头	102.887413666	30.2973483257
			岩脚下	102.886873197	30.3150318388
			桃子坪	102.914363236	30.3029363067
			新房子	102.893130477	30.3245196947
		中林乡	中林乡乡场	103.006967803	30.3774121843
			新民村	103.020202405	30.4099950322
			干沟头	103.069950474	30.3859513912
			白蜡树	103.010852263	30.3902796799
			高墩子	103.036348634	30.3878749750
			横山岗	103.040759999	30.4108518925
		龙门乡	龙门乡乡场	103.016763402	30.2551285132
			王山	102.989366969	30.2530480186
			寺基坪	103.039595049	30.2758411744
			心头急	103.030588471	30.2794622706
			大岩下	103.039114255	30.2707810870
		宝盛乡	宝盛乡乡场	103.035702807	30.3147881393
			石窖头	103.050010792	30.2992934033
			山神头	103.077985190	30.3559804823

续表

监控级别	县（区）	最近镇（乡）	居民点	经度（°E）	纬度（°N）
2级	芦山县	宝盛乡	大河边	103.037295650	30.2995505391
			峡后头	103.041087421	30.3026329273
		鱼泉乡	鱼泉乡乡场	103.006230694	30.3198006782
			杨家湾	103.006661285	30.3314246243
			石子岩	103.020037948	30.3172282046
			天开寺	103.012197570	30.3281768983
		大川镇	太平镇镇场	103.123509094	30.4902533155
			红石板	103.112068245	30.5931119001
			杉木岗	103.082129220	30.4876631513
			李子树槽	103.096216601	30.4976608205
		太平镇	太平镇镇场	102.994073725	30.3380719803
			石窖头	102.939152081	30.3218644707
			赵家坪	102.970164452	30.3532433335
		隆兴乡	隆兴乡乡场	102.981885875	30.2159771978
			墙口	103.012422006	30.1716347540
		飞仙关镇	飞仙关镇场	102.893530281	30.0276901578
			曹家楼	102.923553254	30.0031975283
	宝兴县	中坝乡	中坝乡乡场	102.821566308	30.2715646545
			表竹坪	102.854183487	30.3273166637
			盐井窝	102.857902003	30.2955408695
			大岩下	102.843427366	30.3110728655
			木梳坪	102.779957063	30.2846760873
			旋口上	102.844964952	30.2842596485
			小旋头	102.844015492	30.2891548096
			后山村	102.819728958	30.2864345703
			黄桷坪	102.862802240	30.3298152188
		五龙乡	五龙乡乡场	102.767670923	30.4086025713
			扎顶山	102.834668715	30.4414185718
			马草坡	102.858982434	30.4478722880
			芭毛岗	102.776032374	30.3419655487
			扎角坪	102.799165626	30.3750973567
			雪山村	102.805013517	30.3642885064
		盐井乡	盐井乡乡场	102.912277849	30.5372711801
			新华村	102.905941150	30.5056772537
			和平村	102.946010134	30.5530623981
			新康村	102.874777792	30.4913246977
		硗碛藏族乡	硗碛藏族乡场	102.746024833	30.7013579599
			铜槽子工棚	102.537377755	30.7475649446
			大分水	102.840333930	30.7003426955

续表

监控级别	县（区）	最近镇（乡）	居民点	经度（°E）	纬度（°N）
2级	宝兴县	硗碛藏族乡	长偏桥	102.654586000	30.7417320111
		灵关镇	灵关镇镇场	102.828220101	30.2530061066
			白果山	102.805451351	30.2529692581
			大鱼沟村	102.852978664	30.2613025632
		大溪乡	大溪乡乡场	102.836341846	30.2292900966
			梨儿坪	102.859490047	30.1846575485
			竹林下	102.790052627	30.1935553884
		陇东镇	陇东镇镇场	102.704372043	30.4777359357
			雷家山	102.668751120	30.4721237820
			上庄子	102.698031353	30.5229551194
		明礼乡	明礼乡乡场	102.714459517	30.3874122430
			打枪棚	102.478775423	30.3827949618
	天全县	紫石乡	紫石乡乡场	102.600745833	30.0488011644
			银厂坪	102.530790164	30.1325482530
			老房基	102.533622492	29.9481901387
			杆场上	102.629823575	29.9757935770
			新店子	102.431138556	30.1150794981
			溪后头	102.570115631	30.0916432209
			石龙门	102.587610309	30.1985559920
		大河乡	大河乡乡场	102.712128168	30.0255705665
			高竺寺	102.699877766	30.0163281088
		思经乡	思经乡乡场	102.733101121	30.0266411028
			桐子林	102.768140960	30.0226150429
		小河乡	小河乡乡场	102.737682910	30.1166805117
			龙洞子	102.756054785	30.1262195634
	雨城区	上里镇	上里镇镇场	103.073691454	30.1846984527
			花生基	103.096406771	30.1988453346
			大凹崂	103.076862290	30.2252484339
			庙坪头	103.071145718	30.2032872850
		下里乡	下里乡乡场	103.013536131	30.1071646391
			岩边上	103.032665432	30.0949638225

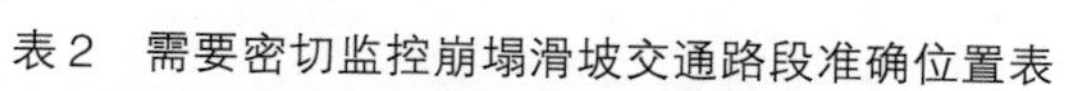

表2 需要密切监控崩塌滑坡交通路段准确位置表

监控级别	路段	起始经度（°E）	起始纬度（°N）	结束经度（°E）	结束纬度（°N）	长度（米）
1级	G318	102.699728	30.092467	102.699600	30.092431	12.95
	S210	102.865389	30.180842	102.865597	30.180768	21.57
	S210	102.867861	30.179845	102.868588	30.179130	108.02
		102.924581	30.240922	102.924538	30.241016	11.15
		102.926131	30.237904	102.927645	30.234361	529.57
	S210	102.814998	30.275404	102.815289	30.275204	35.83
		102.985788	30.305671	102.985681	30.305520	19.85
		102.983228	30.303167	102.982846	30.302631	70.03
		102.980934	30.300143	102.980727	30.300051	22.41
		102.989371	30.307903	102.982490	30.302046	631.77
		102.980330	30.299884	102.980075	30.299802	26.21
		102.979957	30.299725	102.978384	30.299042	176.18
		102.974200	30.298048	102.973868	30.297937	34.34
		102.977631	30.298754	102.974539	30.298154	257.34
		102.937566	30.257989	102.937768	30.258181	29.13
		102.935472	30.257175	102.935668	30.257241	20.33
		102.965006	30.295489	102.964890	30.295218	10.37
		102.965481	30.295142	102.965796	30.294986	35.19
		102.963752	30.288155	102.963718	30.288427	30.89
		102.956807	30.352425	102.956630	30.352659	31.38
	S210	102.867342	30.454674	102.867402	30.454846	19.87
		102.878439	30.469834	102.878243	30.469880	19.50
	S210	102.878165	30.467618	102.876651	30.464232	45.50
	S210	102.890196	30.479071	102.890420	30.479265	30.47
		102.841296	30.621766	102.841505	30.621749	557.89
		102.841963	30.620979	102.842191	30.621202	33.40
	芦邛路	103.034468	30.265893	103.034370	30.265718	21.61
	芦邛路	103.037374	30.302781	103.037210	30.303482	79.38
	芦邛路	103.000731	30.318699	103.000870	30.318674	13.63
	芦邛路	103.012215	30.319416	103.013667	30.318321	188.75
	芦邛路	103.020447	30.389453	103.019295	30.388761	138.50
	芦邛路	103.016584	30.388078	103.016289	30.388017	29.37
2级	G108	102.627721	29.732351	270570.441505	29.731731	71.39
		102.416529	29.813852	250216.145623	29.814517	134.93
		102.516205	29.788748	260229.442899	29.785495	230.18
	石门沟大桥	102.761273	29.808562	283643.073083	29.808412	17.28
	G108	102.760945	29.811335	283638.691204	29.808562	309.55
	G318	102.343338	29.882144	243567.566620	29.881706	184.11
	G318	102.350584	29.879882	244128.291355	29.879343	64.58

续表

监控级别	路段	起始经度（°E）	起始纬度（°N）	结束经度（°E）	结束纬度（°N）	长度（米）
2级	二郎山隧道	102. 303427	29. 853345	239508. 717227	29. 853386	17. 89
	二郎山隧道	102. 296580	29. 851766	238869. 260299	29. 851869	44. 98
	G318	102. 394748	29. 946922	248431. 661331	29. 947361	134. 79
	G318	102. 429200	29. 966765	251889. 191342	29. 966402	55. 06
	G318	102. 446855	29. 996200	253668. 567668	29. 995438	97. 66
		102. 609773	29. 944530	269270. 483809	29. 944519	35. 81
		102. 705252	29. 980526	278576. 461826	29. 979913	73. 06
		102. 638560	29. 980331	271869. 132233	29. 978899	229. 53
		102. 798952	29. 934484	287368. 877667	29. 933507	220. 11
	G318	102. 459778	30. 009333	254973. 087194	30. 009283	12. 16
	G318	102. 597498	30. 041753	268360. 364803	30. 042025	32. 62
	G318	102. 770513	30. 028668	285003. 843294	30. 029489	91. 41
	G318	102. 789087	30. 020861	286741. 000693	30. 021809	113. 30
		102. 762235	30. 014987	284120. 132701	30. 013712	152. 37
	G318	102. 701796	30. 092539	278212. 817890	30. 092022	323. 15
		102. 709172	30. 155117	279361. 857848	30. 155230	15. 02
	S210	102. 847837	30. 212504	292878. 291345	30. 212192	46. 24
	S210	102. 848264	30. 212086	292908. 291280	30. 211880	30. 47
	S210	102. 848555	30. 211801	292932. 987099	30. 211623	26. 29
	S210	102. 836737	30. 237240	291829. 983797	30. 237141	11. 05
	S210	102. 838770	30. 230645	292025. 514700	30. 230171	54. 16
	S210	102. 839154	30. 229497	292054. 827919	30. 229292	23. 88
	S210	102. 842346	30. 222374	292363. 785917	30. 222037	44. 40
	S210	102. 843817	30. 217138	292481. 066423	30. 216985	19. 90
	S210	102. 856116	30. 207434	293655. 458506	30. 207492	21. 51
	S210	102. 860704	30. 206794	294138. 762160	30. 206349	81. 22
	S210	102. 861855	30. 206030	294195. 664520	30. 205951	14. 40
	S210	102. 865674	30. 196170	294596. 300001	30. 194462	201. 87
	S210	102. 865698	30. 187743	294513. 491461	30. 187472	30. 14
	S210	102. 865574	30. 186388	294429. 341462	30. 183561	273. 20
	S210	102. 864635	30. 183073	294383. 913853	30. 181338	204. 22
	S210	102. 866916	30. 180326	294693. 323858	30. 179927	87. 94
	S210	102. 868588	30. 179130	294781. 467935	30. 178319	96. 06
	S210	102. 870771	30. 174898	295045. 980435	30. 173962	129. 30
	S210	102. 871506	30. 173494	295041. 137766	30. 173222	31. 14
	S210	102. 871377	30. 173060	295010. 236021	30. 172612	54. 21
	S210	102. 869192	30. 170215	294807. 262016	30. 170078	17. 61
		102. 892215	30. 192946	297092. 360090	30. 192815	18. 81
		102. 884611	30. 199922	296298. 110350	30. 199383	64. 80
		102. 883250	30. 199260	296218. 345729	30. 199330	14. 65

续表

监控级别	路段	起始经度（°E）	起始纬度（°N）	结束经度（°E）	结束纬度（°N）	长度（米）
2级		102. 882551	30. 196530	296194. 644770	30. 198039	198. 69
		102. 881314	30. 194822	296052. 717780	30. 194944	22. 27
		102. 923040	30. 243108	300140. 778056	30. 243236	17. 24
		102. 924538	30. 241016	300198. 291310	30. 242568	197. 02
		102. 925493	30. 239213	300294. 265266	30. 240922	209. 87
		102. 927645	30. 234361	300576. 309241	30. 234354	232. 61
	S210	102. 799553	30. 289699	288408. 581365	30. 288552	135. 79
	S210	102. 814611	30. 275665	289820. 670332	30. 275404	47. 16
	S210	102. 815289	30. 275204	289900. 841305	30. 274706	77. 08
	S210	102. 824015	30. 259114	290660. 774200	30. 258907	24. 20
	S210	102. 790282	30. 297992	287495. 168150	30. 297756	26. 53
	S210	102. 799401	30. 290070	288365. 364493	30. 289699	43. 94
		102. 858171	30. 264679	293945. 982707	30. 264511	19. 51
		102. 856212	30. 264367	293781. 526995	30. 264267	80. 62
		102. 857254	30. 263850	293850. 695866	30. 263916	13. 90
		102. 987830	30. 291743	306541. 436476	30. 291714	12. 52
		102. 987157	30. 285608	306383. 738355	30. 286994	228. 62
		102. 988162	30. 284521	306457. 758884	30. 284873	75. 62
		102. 990229	30. 310148	306684. 459912	30. 310138	99. 78
		102. 989131	30. 309391	305275. 870662	30. 298313	1469. 84
		102. 974539	30. 298154	305126. 342741	30. 297707	71. 97
		102. 937469	30. 257939	301578. 291274	30. 257989	11. 00
		102. 936065	30. 257342	301453. 666117	30. 257452	24. 23
		102. 930875	30. 254634	300939. 535556	30. 254800	21. 68
		102. 935668	30. 257241	301375. 110576	30. 257175	127. 42
		102. 965796	30. 294986	304428. 291362	30. 294863	63. 17
		102. 967384	30. 295020	304651. 718912	30. 295498	154. 49
		102. 964890	30. 295218	304337. 107747	30. 295151	104. 53
		102. 965013	30. 282183	304272. 495348	30. 282323	16. 30
		102. 963718	30. 288427	304158. 056506	30. 288155	272. 24
		102. 957230	30. 266727	303574. 717989	30. 267112	96. 47
		102. 945493	30. 263380	302311. 789496	30. 263092	174. 11
		102. 622838	30. 407138	271707. 363048	30. 406352	113. 68
		102. 641368	30. 412636	273472. 543176	30. 411830	158. 34
		102. 625946	30. 406174	271706. 974019	30. 406350	255. 20
	两永线	102. 776804	30. 403374	286399. 374121	30. 403610	36. 27
	两永线	102. 781562	30. 398745	286846. 336243	30. 398647	26. 96
	两河口街	102. 814255	30. 379669	289974. 165533	30. 379793	13. 93
	两永线	102. 802237	30. 391205	288984. 090741	30. 390403	537. 14
	两永线	102. 784959	30. 400425	287187. 106343	30. 400415	14. 15

续表

监控级别	路段	起始经度（°E）	起始纬度（°N）	结束经度（°E）	结束纬度（°N）	长度（米）
2级	两永线	102. 785612	30. 400353	287242. 603868	30. 400397	21. 90
	两永线	102. 792511	30. 395216	287894. 842870	30. 395302	23. 07
		102. 935543	30. 383477	301601. 757084	30. 385126	194. 88
		102. 958716	30. 350684	303839. 856796	30. 350263	116. 56
		102. 977834	30. 343913	305614. 667831	30. 343786	16. 22
		102. 947152	30. 364008	302693. 920431	30. 365258	142. 75
		102. 952343	30. 356008	303131. 473164	30. 357420	177. 58
		102. 869096	30. 478607	295471. 171820	30. 478988	49. 20
		102. 870035	30. 476141	295506. 674385	30. 476321	34. 63
	S210	102. 870251	30. 458450	295605. 071855	30. 459163	117. 80
	S210	102. 852565	30. 441922	293808. 291361	30. 442093	29. 91
	S210	102. 867402	30. 454846	295230. 980263	30. 454674	620. 37
	S210	102. 883317	30. 473615	296816. 842283	30. 473792	23. 22
	S210	102. 883158	30. 473274	296801. 458112	30. 473546	32. 64
	S210	102. 883835	30. 474097	296868. 291268	30. 474162	14. 92
	S210	102. 883441	30. 473792	296838. 291337	30. 473984	30. 04
		102. 873709	30. 471263	295851. 975673	30. 471365	27. 89
		102. 878243	30. 469880	296259. 302012	30. 470048	55. 66
	S210	102. 878468	30. 468470	296297. 421138	30. 467618	100. 88
	S210	102. 878143	30. 467255	296278. 012727	30. 466064	130. 02
	S210	102. 877600	30. 465287	296219. 756644	30. 465062	30. 84
	S210	102. 876651	30. 464232	296081. 546802	30. 462646	191. 06
	S210	102. 894456	30. 485493	297858. 967072	30. 484182	210. 14
	S210	102. 890977	30. 479873	297584. 873092	30. 480468	72. 77
	S210	102. 889913	30. 478825	297463. 448844	30. 478957	20. 56
	S210	102. 889135	30. 478242	297408. 291290	30. 478467	43. 08
	S210	102. 888629	30. 477963	297348. 291309	30. 478099	28. 68
	S210	102. 887895	30. 477410	297318. 291328	30. 477934	88. 54
		102. 733081	30. 510386	282514. 304598	30. 510721	76. 74
		102. 731310	30. 508513	282316. 826637	30. 507284	208. 26
		102. 943305	30. 547307	302706. 812423	30. 546494	90. 52
		102. 942593	30. 545832	301543. 769913	30. 530194	1560. 95
		102. 913123	30. 524462	299815. 833319	30. 524431	45. 37
	S210	102. 913676	30. 526986	299836. 645831	30. 526123	318. 92
	S210	102. 912783	30. 529441	299718. 946542	30. 532225	320. 97
	S210	102. 884421	30. 561737	297147. 453002	30. 560427	155. 77
	S210	102. 913420	30. 524297	299770. 721515	30. 524462	34. 03
	S210	102. 913076	30. 519845	299756. 429520	30. 519949	11. 51
		102. 848498	30. 637496	293760. 720846	30. 637507	47. 62
		102. 850040	30. 635076	294587. 711175	30. 632716	660. 70

续表

监控级别	路段	起始经度（°E）	起始纬度（°N）	结束经度（°E）	结束纬度（°N）	长度（米）
2级		102.843197	30.624498	292986.540743	30.617237	2197.62
	S210	102.869344	30.601026	295756.183851	30.600560	58.41
	雅碧路	103.013605	30.075228	308565.891952	30.075121	26.64
	芦邛路	103.034370	30.265718	310863.991471	30.265359	59.54
	芦邛路	103.032524	30.264485	310638.291324	30.264361	91.39
	芦邛路	103.034547	30.266311	310917.996110	30.265893	47.39
	芦邛路	103.036712	30.307130	311212.767464	30.307258	14.20
	芦邛路	103.037048	30.305853	311249.081836	30.305341	229.92
	芦邛路	103.037491	30.296931	311268.291356	30.297378	49.76
	芦邛路	103.008877	30.320296	308624.476911	30.320267	63.18
	芦邛路	103.011873	30.320149	308862.822474	30.319945	26.91
	芦邛路	103.000557	30.318720	307775.002604	30.318699	16.92
	芦邛路	103.000870	30.318674	307831.120937	30.318638	43.18
	芦邛路	103.014608	30.318081	309162.160976	30.318024	56.71
	芦邛路	103.013667	30.318321	309105.821955	30.318090	91.67
		103.009205	30.286149	308512.840233	30.286682	63.38
		103.016548	30.275471	309519.484456	30.272900	1453.15
		103.018684	30.271593	309503.899333	30.271377	285.75
		103.057048	30.288424	313109.957925	30.288420	74.69
		103.058755	30.286925	313193.251241	30.287892	537.24
		103.020005	30.412219	309135.880253	30.391676	562.86
	芦邛路	103.004582	30.378428	308270.523240	30.378078	39.98
	芦邛路	103.026669	30.393403	309808.015594	30.389453	513.34
	芦邛路	103.019295	30.388761	309274.639768	30.387036	477.27
	芦邛路	103.004261	30.382102	308237.572657	30.381942	17.80
	芦邛路	103.080688	30.441867	315703.444824	30.441526	38.72
	芦邛路	103.070348	30.428537	314673.643910	30.428396	15.99
		103.185931	30.549578	325980.738743	30.550024	52.37
		103.187253	30.547514	326028.291282	30.547598	103.03
	S210	102.748209	30.718623	284384.397249	30.718354	31.60
	S210	102.742066	30.698747	283681.455392	30.696901	220.21
	S210	102.747164	30.676948	284277.194236	30.674204	214.48
	S210	102.747515	30.735169	284323.606279	30.734095	123.94
	S210	102.748316	30.71835	284383.2	30.717	150.39
	S210	102.748399	30.67406	284434.8	30.67122	235.98
	S210	102.750077	30.67112	284434.8	30.67122	18.35
		102.750058	30.67193	284429.1	30.67238	53.13
	S210	102.719406	30.83425	281874.2	30.82825	146.95
	S210	102.720046	30.82565	281930.7	30.82587	27
	S210	102.733093	30.83584	283201.4	30.8353	61.56

续表

监控级别	路段	起始经度（°E）	起始纬度（°N）	结束经度（°E）	结束纬度（°N）	长度（米）
2 级	S210	102. 732049	30. 82965	283089. 9	30. 82825	164. 05
	S210	102. 732149	30. 82625	283015. 3	30. 82533	124. 96
	S210	102. 73641	30. 82801	283463. 4	30. 82648	1764. 96
	S210	102. 727175	30. 80282	282543. 8	30. 80337	61. 49
	S210	102. 727725	30. 78252	282529. 6	30. 78413	184. 82
	S210	102. 743992	30. 83584	284363. 8	30. 83685	183. 12
	S210	102. 697916	30. 8417	279846. 8	30. 84257	96. 11
	S210	102. 702927	30. 84172	280465. 5	30. 83987	240. 51
	S210	102. 719498	30. 85126	281893. 6	30. 85462	386. 05
	S210	102. 721344	30. 84552	282095. 9	30. 84546	522. 79
	S210	102. 720082	30. 84275	281937. 4	30. 84219	318. 5
	S210	102. 725233	30. 84903	282474. 3	30. 84893	13. 55
	S210	102. 726898	30. 84694	282632. 3	30. 84656	49. 72
	S210	102. 728298	30. 84403	282757. 7	30. 84396	11. 17
	S210	102. 729346	30. 8432	282987. 9	30. 84006	241. 84
	S210	102. 732472	30. 83776	283191	30. 83585	235. 58
	S210	102. 694972	30. 84599	279573	30. 84544	61. 64
	S210	102. 693565	30. 84152	279419. 7	30. 8408	388. 68

表3　需要密切监控大型泥石流的居民点位置表

监控级别	县（区）	最近镇（乡）	居民点	经度（°E）	纬度（°N）
1级	宝兴县	五龙乡	五龙乡乡场	102.7676709230	30.4086025713
			芭毛岗	102.7760323740	30.3419655487
			大河坝	102.8335384730	30.4032466180
			马草坡	102.8589824340	30.4478722880
			扎角坪	102.7991656260	30.3750973567
		中坝乡	中坝乡乡场	102.8215663080	30.2715646545
			清水溪	102.8555426420	30.3327354819
	芦山县	宝盛乡	宝盛乡乡场	103.0357028070	30.3147881393
			大岗上	103.0491510060	30.3031635621
		大川镇	大川镇乡场	103.1235090940	30.4902533155
			车厂坪	103.0616332670	30.4756594073
			碓窝溪	103.0686311300	30.4881703234
		双石镇	双石镇乡场	102.9234178570	30.2595966083
			官林沟	102.9250299470	30.3197247048
			韩家沟	102.9515129180	30.2909469315
		太平镇	太平镇乡场	102.9940737250	30.3380719803
			大佛岩	102.9427109040	30.3486773580
			官山上	102.9747688740	30.3459220562
		鱼泉乡	鱼泉乡乡场	103.0062306940	30.3198006782
			田坝头	103.0120585500	30.3223972434
		中林乡	中林乡乡场	103.0069678030	30.3774121843
			百鹤溪	102.9917883210	30.3695180353
			大坪上	103.0062180950	30.3561946567
			碓窝孔	103.0982593710	30.3968219820
2级	宝兴县	灵关镇	灵关镇乡场	102.8282201	30.25300611
			大鱼沟	102.8400242	30.25619193
			大鱼沟村	102.8529787	30.26130256
		盐井乡	盐井乡乡场	102.9122778	30.53727118
			青坪村	102.932474	30.53230292
			新华村	102.9059412	30.50567725
			新康村	102.8747778	30.4913247
		中坝乡	中坝乡乡场	102.8215663	30.27156465
			大岩下	102.8434274	30.31107287
			红石子湾	102.8264455	30.32090115
			黄桷坪	102.8628022	30.32981522
			开荒坪	102.8185104	30.30890745
			小旋头	102.8440155	30.28915481
	芦山县	宝盛乡	宝盛乡乡场	103.0357028	30.31478814
			山神头	103.0779852	30.35598048
		凤禾乡	凤禾乡乡场	102.9083082	30.08999914

续表

监控级别	县（区）	最近镇（乡）	居民点	经度（°E）	纬度（°N）
2级	芦山县		房基坪	102.9380683	30.10789271
		龙门乡	龙门乡乡场	103.0167634	30.25512851
			心头急	103.0305885	30.27946227
		双石镇	双石镇乡场	102.9234179	30.25959661
			桦槁林	102.9277668	30.28580642
			黄木坡	102.9362983	30.2426036
			九环地	102.9066258	30.31231912
			蕨芨坪	102.9018353	30.30161735
			山坡上	102.927129	30.32102546
			水打沟	102.8819561	30.27629159
			峡口	102.9240059	30.24136413
		思延乡	思延乡	102.9058732	30.1334666
			三角村	102.9169856	30.13540462
		太平镇	太平镇乡场	102.9940737	30.33807198
			花莲村	103.0014938	30.33551546
			花田岗	103.002204	30.34307764
			平溪村	102.9736184	30.34267989
			平溪口	102.9656606	30.34881777
			石窖头	102.9391521	30.32186447
			赵家坪	102.9701645	30.35324333
		鱼泉乡	鱼泉乡乡场	103.0062307	30.31980068
			高家岗	102.9941243	30.32021145
			石子岩	103.0200379	30.3172282
			水田子	103.0137312	30.31717208
			铁匠沟	102.9813876	30.31427382
			围塔路	102.98256	30.30584527
			岩脚下	102.9949159	30.31142471
			杨家湾	103.0066613	30.33142462
		中林乡	中林乡乡场	103.0069678	30.37741218
			高域子	103.0363486	30.38787498
			老熊桥	103.0091192	30.40088578
			马桑坪	102.9409016	30.38506552
			磨刀溪	102.9893235	30.39025057
			新民村	103.0202024	30.40999503
			岩板寺	103.0262493	30.3933933
			芋荷凼	103.0364069	30.43727144
		隆兴乡	隆兴乡乡场	102.9818859	30.2159772
			墙口	103.012422	30.17163475
		飞仙关镇	飞仙关镇乡场	102.8935303	30.02769016
			上芭蕉湾	102.9075656	30.01659993

续表

监控级别	县（区）	最近镇（乡）	居民点	经度（°E）	纬度（°N）
2级	天全县	兴业乡	兴业乡乡场	102.8264677	29.93858764
			后湾头	102.8512245	29.93454907
		鱼泉乡	鱼泉乡乡场	102.7088665	29.97811171
			茨竹湾	102.6753603	29.91709909
	雨城区	上里镇	上里镇乡场	103.0736915	30.18469845
			法华寺	103.0360473	30.19426091

表4　需要密切监控大型泥石流交通路段位置表

监控级别	路段	起始经度（°E）	起始纬度（°N）	结束经度（°E）	结束纬度（°N）	长度（米）
	S210	102.8386	30.23149	102.839364	30.228902	297.27
	S210	102.8667	30.1937	102.866807	30.193239	53.14
	S210	102.8647	30.18316	102.866022	30.180626	388.66
		102.8814	30.18899	102.880116	30.189224	266.71
		102.9197	30.24807	102.918445	30.249843	228.73
		102.9267	30.23631	102.926511	30.236862	65.3
		102.9284	30.23258	102.928118	30.233496	106.72
		102.9146	30.26432	102.91109	30.264716	366.73
		102.9649	30.2945	102.967302	30.295011	376.64
		102.6426	30.41062	102.641812	30.41184	166.74
		102.6439	30.40982	102.643081	30.410039	81.06
		102.6456	30.4083	102.645235	30.408996	83.72
1级		102.98	30.34505	102.979358	30.344806	69.58
		102.8689	30.47718	102.86873	30.478349	150.35
	S210	102.858	30.44598	102.85919	30.447843	237.48
	S210	102.8992	30.50024	102.900223	30.501142	139.19
	S210	102.8934	30.48231	102.894028	30.484043	203
	S210	102.888	30.47754	102.890371	30.479223	296.55
		102.9353	30.5354	102.9358	30.535858	76.78
	S210	102.9135	30.52755	102.912615	30.529857	269.64
	芦邛路	103.0375	30.30247	103.03742	30.302635	18.92
	芦邛路	103.0102	30.32034	103.011878	30.320144	188.6
	芦邛路	103.0128	30.31864	103.01531	30.318091	261.05
		103.0116	30.39808	103.012929	30.399316	188.29
	芦邛路	103.0013	30.37122	103.000779	30.370373	109.55
	G318	102.411248	29.811271	102.411168	29.811100	20.45
	S210	102.866494	30.194163	102.866532	30.194057	12.31
	S210	102.864662	30.183125	102.864378	30.182309	95.19
		102.891875	30.193154	102.892610	30.193320	161.59
		102.919596	30.248150	102.919050	30.248954	103.41
		102.921634	30.244707	102.921433	30.244932	31.64
		102.925432	30.239312	102.925042	30.240118	97.14
2级		102.926206	30.237700	102.925490	30.239218	182.31
		102.927455	30.234694	102.926794	30.236196	178.98
		102.928437	30.232477	102.928036	30.233670	139.10
		102.932312	30.226008	102.931581	30.226418	85.78
		102.934756	30.224033	102.934215	30.224455	70.11
	S210	102.813383	30.276777	102.813707	30.276465	46.51
		102.857627	30.263947	102.856688	30.264125	103.63

续表

监控级别	路段	起始经度（°E）	起始纬度（°N）	结束经度（°E）	结束纬度（°N）	长度（米）
2级		102.852548	30.261801	102.852680	30.261835	94.78
		102.898663	30.269502	102.898043	30.269728	66.99
		102.901499	30.268074	102.901323	30.268157	19.36
		102.989224	30.307697	102.988624	30.307307	81.86
		102.984212	30.304372	102.984018	30.303732	74.93
		102.983111	30.302364	102.983119	30.301978	129.49
		102.983053	30.301919	102.982134	30.301904	282.94
		102.965481	30.295142	102.966423	30.294863	98.36
		102.641763	30.411902	102.640800	30.413449	198.69
		102.625989	30.406183	102.625058	30.405975	93.02
	两河口街	102.814006	30.381203	102.813864	30.381480	33.64
		102.978010	30.344061	102.977588	30.343456	80.50
	S210	102.878439	30.469834	102.877878	30.469940	55.37
	S210	102.893790	30.483189	102.894016	30.484004	93.00
	S210	102.890196	30.479071	102.890420	30.479265	30.47
		102.731328	30.508531	102.731322	30.508790	73.59
		102.944630	30.540766	102.944434	30.540638	23.97
		102.848498	30.637496	102.848002	30.637507	47.62
		102.843158	30.624314	102.843930	30.623638	38.82
		102.843179	30.623355	102.842112	30.623247	74.15
		102.843275	30.622572	102.843451	30.622756	26.43
		102.841339	30.621638	102.841336	30.621799	62.53
		102.841658	30.620353	102.842154	30.621173	135.83
		102.841645	30.617105	102.841991	30.617111	33.40
	芦邛路	103.034547	30.266165	103.034370	30.265718	52.75
	芦邛路	103.014608	30.318081	103.015542	30.318186	97.14
		103.012849	30.400618	103.012742	30.401429	101.65
	芦邛路	103.004293	30.382625	103.004266	30.381813	90.20
	S210	102.720698	30.841848	102.719838	30.842334	108.25

报告起草人：

兰恒星　周成虎　马　廷　刘洪江　杨志华　李郎平　伍宇明　孟云闪

2013年4月23日

工 作 日 记

2013 年 4 月 20 日　星期六　所里启动咨询建议工作

上午，四川发生雅安芦山地震。下午 4 点，地理资源所所长刘毅召集学术骨干紧急会议，部署应急工作。近期将以抗震救灾为主题为中央政府提供咨询建议，并安排由樊杰研究员牵头，提前准备重建规划需要的基础性工作，围绕恢复重建的重大问题进行研究，形成咨询报告。5 点，樊杰召集院区域可持续发展分析与模拟重点实验室的部分学术骨干开会，商讨咨询报告起草事宜。按照商讨结果，每人分工起草部分内容，第二天中午 12 点前提交咨询报告。由樊杰汇总和修订后，争取第二天下午 6 点前提交所办。

2013 年 4 月 21 日　星期日　完成灾后恢复重建首篇咨询报告

大家按时完成了咨询报告，报告题目是："中国科学院专家关于雅安芦山地震灾后恢复重建的若干建议"。参加咨询报告的人员有：樊杰、金凤君、张文忠、徐勇、陈田、刘慧、汤青、严茂超。咨询报告共分 5 个部分，包括：对灾区承载力的总体判断、对未来重建规划重点的建议、提出了绿色经济发展的重建方向和适度人口集聚的城镇化与新农村建设协同推进的思路，等等。（补记：该报告被中办刊物采纳，其中关于异地园区建设、生态旅游发展、资源开发类产业收益更多留给地方等重要建议，在后来的规划和政策设计中得到采纳。）

2013 年 4 月 24 日　星期三　国家发展和改革委员会预部署承载力评价工作

今天，樊杰接到国家发展和改革委员会西部司干部的电话，转达委领导指示，希望尽早着手芦山灾区资源环境承载能力评价工作，为恢复重建总体规划研制服务。樊杰立即向所领导当面汇报，并短信给院资源环境局范蔚茗局长汇报："范局，真让您昨天说着了。刚才国家发展和改革委员会电话，在上报国务院的雅安重建工作方案中，承载力评价依然写的是由我院牵头，他们建议别等国务院批复，先干起活来，以免后期紧张。我先向您和刘毅所长汇报，小队伍先准备着，等国家工作方案部署后，再扩大队伍，可能还需要其他研究所配合。"范局长回信："好，需要局里协调的请告知。"刘毅所长随即向丁仲礼副院长汇报了此事，丁副院长指示，组建队伍，保持和相关部门联系，圆满完成任务。（补记：后来拿到国家发展和改革委员会起草的《芦山地震恢复重建工作方案》上报稿，重建工作方案的上报日期是 4 月 24 日）。

2013 年 4 月 25 日　星期四　所内启动与工作方案讨论

基于以往汶川地震、玉树地震、舟曲泥石流等重大灾后资源环境承载能力评价的实践经验，为争取宝贵时间，我所决定在国家芦山地震灾后恢复重建规划工作方案出台之前，提前启动芦山地震灾后资源环境承载能力评价工作。

上午 10 点到 12 点，樊杰研究员紧急召集经济地理、地图学、地理信息系统、次生地质灾害、水资源、自然地理等研究团队代表近30人，召开所内启动与工作方案讨论会。首先，樊杰研究指出此次评价是重建综合条件评价，应围绕就地和异地重建选址、就地安置和外迁人口数量、重建目标和功能分区等目标进行。随后，樊杰研究员详细介绍了评价工作的总体思路和专题分工设想，他建议从地震构造带避让区、次生灾害影响区、不确定因素影响、生态保护格局等评价入手，进行水土条件全域总体评价，得到建设用地初选地，并基于此委托地质所进行工程和水文地质条件的精细评价；在社会经济评价方面，分别从旅游、人口与居民点、工业与服务业、农业、基础设施体系等要素，评价发展现状、灾损情况、规模情景以及空间布局调整方案。

最后，对照次生灾害评价组初步评估的地震烈度图，各位专家就评价范围进行了热烈的讨论，最终按照地震影响强度明确将17个区县作为先期评价范围——雅安市8个县（市、区），分别是雨城区、名山县、荥经县、汉源县、石棉县、天全县、芦山县、宝兴县；成都市5个县（市、区），分别是崇州市、大邑县、邛崃市、新津县、蒲江县；甘孜藏族自治州的康定县和泸定县，眉山市的丹棱县和洪雅县。

会议结束后，总体组根据评价范围迅速确立初步工作方案、整理相关社会经济基础数据，并及时分发给了项目组成员。自此，国家芦山地震灾后资源环境承载能力评价任务全面启动。

2013年4月26日　星期五　前期评价范围变更

今天已经进入了评价的第二天，针对国家地震局发布了新地震伤亡情况统计（截至25日12时共造成196人死亡，11470人受伤）的同时，还发布了芦山“4·20”7.0级强烈地震烈度图。该图与次生灾害评价组初步评估的烈度图对比，整体较为吻合，但东北部成都所辖崇州市、新津县不在影响范围内；西部甘孜州泸定县、康定县仅边缘部分受Ⅵ度影响；南部乐山市金口河区、凉山州甘洛县边缘、峨眉山市边缘受Ⅵ度影响。在樊杰、兰恒星、徐勇等研究员讨论后，考虑到避免数据收集因范围变更的反复，还是将评价区范围由17个区县增加到了21个，即在原来基础上增加乐山市金口河区、峨眉山市、夹江县以及凉山州甘洛县，项目组基于此范围进行前期评价。

2013年4月27日　星期六　中办约稿及前期数据协调与对接

中办向中国科学院约稿，要求24小时内就创新援建体制机制、搞好过渡性安置等问题提交专题咨询建议。所里安排由樊杰组织有关人员研讨、起草。

为满足前期评价需要，今天项目组向我所地球系统科学数据共享平台和资源环境科学数据中心申请了2000年与2005年灾区21个区县（初定）的土地利用现状数据、全国及西南典型区域山地灾害（泥石流、滑坡）空间分布数据集、四川省泥石流流域数据、全国泥石流灾害事件数据（1949-2008）、四川1∶100万泥石流空间分布及其危险度区划数据、四川省乡镇界线数据、长江上游1∶25万道路交通分布数据、长江上游1∶25万水系分布数据、全国1∶25万流域分级数据、全国1∶100万二级流域分区等数据集。数据申请过程中得到了各相关部门与专家的大力支持，特别是王英杰研究员、徐新良研究员等专家，充分考虑此次应急评价项目组对数据的迫切需求，加班加点、竭尽所能的提供着基础数据支撑。截至今晚22时，已经收集到涵盖灾区社会经济、自然条件、基础地理等各方面的空间数据和统计数据约2.5G。

2013年4月28日　星期日　单项评价思路研讨

为进行此次芦山地震灾后重建资源环境承载能力评价，我所从人力、物力、财力等方面大力支持，并为项目组安排了固定的科技救灾会议室。今天下午两点半项目组成员就各单项评价组的研究思路进行研讨，参会者包含次生灾害组、总体与土地评价组、水资源组、生态组、产业组、人口与居民点组、基础设施组、旅游组以及制图与数据组负责人与工作人员约40人，围绕评价方案专家们进行了热烈的讨论。

自然地理条件评价方面，兰恒星研究员代表次生灾害组在对灾区地质灾害特点简要描述后，对次生灾害单项评价的重点与技术方案进行介绍，评价主要围绕次生灾害危险性分级评价、不同诱发因素情景下次生灾害发生的范围与强度分布和不同类型次生灾害的治理建议进行。徐勇研究员和汤青博士介绍了土地评价组从地形条件、土地资源条件分析测算建设用地规模并确定重建区的初选备用地。李丽娟研究员、李九一博士则提出从县域尺度的水资源丰度评价、基于自然地理单元的居民点供水条件评价来支撑灾区水资源承载力评价内容。王传胜副研究员介绍了通过生态敏感性评价和生态重要性评价入手评价灾区生态格局，樊杰研究员在此基础上建议紧密围绕灾损评估，划分出生态修复区、重点生态建设区、退耕还林区以及直接水源涵养区等。

社会经济评价方面，刘盛和研究员拟通过指标体系系统评价，将居民点划分为可拓展区、规模不变区、规模缩减区、不宜建设区等四个类型。产业组张文忠研究员则介绍了瞄准分乡镇产业类型以及分产业园区发展类型导向划分进行产业评估的技术路线，樊杰研究员表示产业组还应在异地办园区发展方向和导则制定上做针对性评估。旅游组代表钟林生副研究员表示将从旅游资源赋存、区位条件、旅游产业基础以及环境容量 4 个维度评价灾区旅游资源开发适宜性。基础设施组金凤君研究员阐述了交通和能源两方面进行基础设施支撑能力评估的技术路线，并展示了十分丰富的前期研究成果。王英杰研究员代表数据与制图组介绍了人口数据的协调情况，并表态全力支持后期评价成果的规范化出图。

最后，评价组对已有数据进行了共享交换，并对各自待补充的数据进行汇总，形成了芦山地震灾后资源环境承载能力评价数据清单。

单项评价研讨现场

2013 年 4 月 29 日　星期一　向四川芦山地震灾区捐款活动

今天我所号召大家向地震灾区进行爱心捐助，在捐助现场，地理资源所广大职工、学生、离退休老干部、流动科技人员积极响应，迅速行动，踊跃捐款。据所党委统计，全所共 585 人参与捐款活动，共募集善款 76829 元，捐款于 28 日下午交到中国科学院京区党委，用于帮助灾区人民及灾后重建。评价项目组的各个成员也纷纷奉献自己的爱心，为帮助灾区人民尽快战胜灾害，克服困难，重建家园贡献自己的力量。

2013 年 4 月 30 日　星期二　5 篇咨询报告被国家采纳

今天得到中办反馈的消息，由项目组主动提交和应中办约稿提交的 5 篇咨询建议报告，得到中央领导的批示或被中办采纳。分别是樊杰研究员主持编制的“关于雅安芦山地震灾后恢复重建的若干建议”、“关于创新地震灾区援建方式和机制的建议”、“关于多途径统筹做好地震灾区群众过渡性安置工作的建议”，以及兰恒星研究员主持编制的“关于芦山震区亟须密切监控次生地质灾害的居民点和交通路段分布的报告”、“关于芦山地震灾区次生地质灾害评估及对策建议”。项目组前期应急研究的成果被及时应用于芦山地震抗震救灾工作中。（补记：两篇报告得到习近平总书记批示。）

2013年5月2日　星期四　院办公厅要求提供初步研究结论

接院办公厅李主任电话，要求依据初步研究，对芦山地震灾后恢复重建提出建议，供院领导参考。项目组当天围绕“把‘避险’作为重建规划和重建工作的第一准则，立足生态经济赈灾富民的功能定位，采取灾民长久安置同居民点布局调整相结合的方式，创新援建体制机制，科学编制重建规划”，提出若干具体建议，并就“以芦山灾后重建为契机，研究和建立我国防灾减灾的长远对策体系”提出了建议：汶川到芦山一系列地质灾害给我们的重要警示，亟须组织开展青藏高原边缘地带及近邻山区防灾减灾的系统调研和整体规划。针对我国欠发达地区重大灾害频发的特点，为健全灾后恢复重建援建的长效机制，建议国家设立赈灾援建专项基金，逐步转变由省市对口援建灾区的方式。

2013年5月4日　星期六　国家拟定芦山地震灾后恢复重建工作方案

今天拿到国家拟定的《芦山地震灾后恢复重建工作方案》，方案明确要求：“资源环境承载能力评价。根据对水土资源、生态重要性、生态系统脆弱性、自然灾害危险性、环境容量、经济发展水平等的综合评价，确定可承载的人口总规模，提出适宜人口居住和城乡居民点建设的范围以及产业发展导向。由中国科学院牵头，有关部门参加，5月20日前完成。”参加部门包括：地震局、国土资源部、环境保护部、住房和城乡建设部、气象局、四川省等。

当天，项目组负责人樊杰向院国土处翟处长邮件汇报整体工作开展情况：“今天中午，国家发展和改革委员会穆虹副主任让费司长电话催问我们承载力评价进展，徐绍史主任将于7号正式开会部署工作，为不耽误时间，转发来国务院批复的《芦山地震灾后恢复重建工作方案》，让我们先执行着。①方案中关于专项评估第3项“资源环境承载能力评价”由中国科学院牵头，有关部门参加，5月20日前完成。②我们上月24日按照发展和改革委员会电话要求，已开始所内组建队伍开展工作。如果院里安排由我们牵头，需要院内专业配合。③7号国务院会议部署后，需要召集有关部委联络人会议，对他们提出资料和和专项评估的需求。④明天准备赴成都调研，评价初步结果出来后再到灾区实地考察。⑤院里能否有经费支持？汇报完毕！”

2013年5月5日　星期日　赴成都进行省直部门座谈

针对评价工作任务重、时间紧的实际情况，项目组决定在国务院部署重建工作方案之前，先期到成都开展调研，了解重建思路，搜集基础资料。今天上午十点，刘毅所长、首席科学家樊杰研究员以及张文忠、刘盛和、钟林生、王传胜等专家组一行8人出发前往成都。

下午两点调研组一抵达成都双流机场就直奔会场。座谈会受到四川省直部门的高度重视，会议由四川省发展和改革委员会副主任雷开平主持，省国土厅、省建设厅、省人设厅、省民政厅等各部门副厅长出席。座谈会议针对以下主要内容进行了热烈交流：①芦山地震受灾概况；②重建规划有关内容：恢复重建的总体思路，对灾区人口容量的基本认识（就地安置的能力、外迁的初步打算），土地利用状况和土地规划需要调整的主要内容，产业重建的基本考虑和重大举措，城乡住房规划的主要内容和城乡居民点调整的想法，防灾减灾和生态环境保护方面的部署，公共服务设施和基础设施未来建设的目标和主要内容；③对资源环境承载能力评价的建议和需求。最后，各省直部门纷纷表态全力配合此次评价工作，尽最大努力提供评价资料清单中的相关数据。

省直部门座谈会现场

2013年5月6日 星期一 重点部门专题座谈与基础数据收集

今天早上8点，专家组分头行动，与国土厅、建设厅、发展和改革委员会、旅游局、能源局等重点部门进行了专题座谈与基础数据收集。在四川省发展和改革委员会的全力配合下，截至今天下午四点，调研组从省测绘局、省国土厅、省水利厅、省环保厅、省统计局、省公安厅、省交通厅等10余个部门收集到了各类数据资料近15G，资料涵盖了灾区的自然、社会、经济、灾情等各个方面，为正在开展的资源环境承载能力评价提供了夯实的数据基础。晚上11点，调研组从成都返回北京，为期两天的第一阶段调研结束。

2013年5月7日 星期二 范围再次变更

根据四川省提供的"芦山'4·20'7.0级强烈地震各烈度区面积、人口、县乡数量数据统计表"，评价范围再次作出调整。受地震影响的区县总数仍为21个，但增加了东坡区、峨边彝族自治县两区县，去掉了成都市的崇州市和新津县。最终项目组确定的评价范围为雅安市的芦山县、雨城区、名山区、荥经县、汉源县、石棉县、天全县和宝兴县，成都市的大邑县、邛崃市、蒲江县，眉山市的东坡区、丹棱县、洪雅县，乐山市的金口河区、夹江县、峨眉山市、峨边彝族自治县，甘孜藏族自治州的泸定县、康定县，以及凉山彝族自治州的甘洛县。这一变化，项目组又不得不增加两个区县的评价工作量。

当天，丁院长来电话询问工作进展。樊杰向院资环局冯局长短信汇报："冯局好！丁院长中午电话，询问承载力评价进展，并要求同局里联系尽快组织院内队伍。现在需要局里帮助协调的：①地质所进行地震灾害和断裂带避让、工程和水文地质分析；②遥感所进行遥感灾损分析；③生态中心进行生态和环境质量评价；④成都方面请相关专家。初步计划建议：明天下午召开全体会议，进一步明确任务和工作路线。13日上班前完成单项指标评价，14～16日现场考察并集成，17～18号室内集成并形成报告，19号组织参加单位讨论和征求意见、修改报告，20号上交报告。此外，国务院开完会后，即可召集参加单位联系人，布置工作和提出资料需求，资料要求1天内提供、部委的专项评估报告要求16号提供。明天下午的会议和部委联系人会议请局里主持，19号征求意见会请丁院长主持。汇报完毕，可否，请指示！"（补记：该项工作因国务院迟迟未发正式方案、并推迟工作部署会议，而暂时未能实施。）

2013年5月8日 星期三 再赴四川收集基础数据

下午5点钟，项目组汤青博士与陈小良博士出发前往成都和雅安市收集土地利用和地质灾害排查数据。雅安市政府、特别是市国土局积极配合，不但全力提供数据支持，而且准时有序地安排了两位工作人员的调研行程。

2013年5月9日　星期四　应急研究成果被及时应用于抗震救灾

应急研究成果被及时应用于抗震救灾工作中。截至5月8日院反馈信息，11份报告中被中办刊物采用6份，获得党和国家领导人批示4份，其中2份得到习近平总书记的批示，具体是兰恒星研究员牵头完成的关于次生地质灾害的评估及对策建议、樊杰研究员牵头完成的关于灾区援建方式和机制的建议。在国家有难的紧急时刻，我所以科技国家队的责任和担当，再次发挥了科技支撑的作用，为芦山地震抗震救灾工作作出了应有的贡献。

2013年5月13日　星期一　兰恒星研究员到灾区实地考察

次生灾害评价组负责人兰恒星研究员带队到灾区调研，分别对芦阳镇、宝盛乡、灵关镇等极重灾区进行实地考察，这是项目组成员第一次与地震重灾区“零距离”接触。

芦山县地震灾后实景

2013年5月16日　星期四　国务院召开芦山地震灾后恢复重建指导协调小组第一次全体会议

今天上午，中国科学院副院长丁仲礼和科技促进发展局副局长冯仁国参加了国务院芦山地震灾后恢复重建指导协调小组第一次全体会议，接受该项工作部署。随即正式成立了中国科学院芦山地震灾后恢复重建“资源环境承载能力评价”项目组，由地理科学与资源研究所、地质与地球物理研究所、遥感与数字地球研究所、生态环境研究中心近60名科技工作者组成，项目组组长、首席科学家继续由地理资源所研究员，汶川、玉树地震灾区资源环境承载能力评价项目组组长樊杰担任。（补记：后增加成都山地灾害与环境研究所为项目组成员单位）

下午两点，冯仁国副局长赶赴我所，向项目组传达了上午的会议精神，并要求项目组按照国家要求在最短的时间内高质量完成任务，于5月20日向灾后恢复重建指导协调小组提交评价报告。之后，项目组内部进行了初步方案交流，就目前单项评价初步结果进行衔接。会议持续了近五个小时。会后，大家又马不停蹄地投入工作状态，已是凌晨时分，工作室仍然灯火通明。

2013 年 5 月 17 日 星期五 樊杰研究员赴芦山县考察

上午 8 点，樊杰研究员带领 2 名研究人员飞赴雅安灾区开展紧急调研。此行的目的一方面是了解灾区灾民安置、灾后重建等最新进展，另一方面是获取灾区的最新数据。雅安市人民政府高度重视此次调研，安排了市国土资源局副局长全程陪同调研。

下午 1 点，调研组一行 3 人抵达雅安市雨城区，在听取副局长对灾区最新情况介绍后，赶往芦山县城。在芦山县抗震救灾指挥部我们听取了芦山县负责同志的关于灾情、重建思路等方面的介绍，并搜集了截至 5 月 17 号芦山县地质灾害排查点、临时避险安置点、学校安置点数据。听取介绍后，我们对芦山县城、龙门乡、思延乡等地的灾损状况、建设用地条件和灾民安置等情况进行了实地调研，原定的宝盛乡实地考察，由于路遇崩塌险情被迫取消。

晚上 6 点，回到雨城区，同雅安市分管副市长及发展和改革委员会、国土局、环保局的负责同志进行了座谈，并就灾后重建工作交换了意见。

在芦山县调研

去往宝盛乡途中遭遇崩塌险情

2013 年 5 月 18 日　星期六　樊杰研究员赴宝兴县考察

上午 7 点，调研组从雨城区出发前往宝兴县。

上午 9 点，抵达宝兴县灵关镇。在宝兴县县长的陪同下，调研组重点围绕城镇重建与居民点选址、次生灾害防治、社会经济发展、交通基础设施等主题，对灵关镇和穆坪镇进行了实地考察。并在宝兴县抗震救灾指挥部，听取了县长对宝兴县灾情、灾民安置、次生灾害威胁等方面的介绍。

下午 1 点，调研组与宝兴县委书记、县长及相关部门负责人进行座谈，并就宝兴县的灾后重建思路与我们进行了交流，并搜集了宝兴县地质灾害点及预警示意图等资料。

晚上 6 点，调研组一行 3 人飞回北京。22 点回到所里，开始整理调研资料、照片，用于明天上午 9 点的项目组工作会。

宝兴县城穆坪镇考察

宝兴县穆坪镇崩塌滚石击穿民房

2013 年 5 月 19 日 星期日 不眠之夜

按照国务院工作部署，明天即是向国家发展和改革委员会提交资源环境承载能力评价初步报告的时间节点。上午，樊杰研究员召集项目组成员在 2204 办公室开会，听取了各专项评价组负责人对专项评价情况的介绍，并对欠缺部分进行了集中讨论，要求大家务必高质量按时完成任务。会议结束后，各专项评价组立即投入到紧张的评价工作中，按照项目组的要求和反馈意见加班加点将各自报告进行了修改和完善。从下午至晚上，修改后的各专项评价报告陆续传送到总体评价组，总体组按照最新的专项评价结果对综合评价结果、附表等进行相应的修改，并对文本进行了重新编撰和排版，这项工作一直持续到了第二天凌晨。虽然工作很辛苦，但看着最后排好版的成果，大家还是感到很欣慰。

2013 年 5 月 20 日 星期一 按时提交初稿

今天是国务院、国家发展和改革委员会要求提交初步报告的最后期限，经过了一个不眠之夜之后，大家的精神仍然处于高度紧张之中。为了能够圆满完成任务，樊杰研究员在今天上午又对排好版的初步报告从头至尾进行了详细审阅，项目组全体成员在 2204 办公室整体待命，随时针对樊老师提出的问题进行修改完善。中午时分，初步报告终于拿出去打印，至下午 2 点初步报告打印装订完毕，并于下午送交到了国家发展和改革委员会，按时初步完成了国务院部署给我们的任务。

2013 年 5 月 21 日 星期二 讨论进一步评价工作

在向国家发展和改革委员会提交了初步报告之后，项目组成员紧张的心情稍稍放缓了一些。但提交的报告只是初步的一个成果，更深入更详细的评价仍需进一步进行，因此，项目组全体成员一刻也不敢停歇。下午，项目组全体成员开会讨论了项目下一步的评价工作，樊杰研究员要求各专项评价组一定要深入做实，按照要求对极重灾区、重灾区进行精细评价，对一般灾区进行全域评价，并要求评价组在一周内完成并提交显示评价结果的文本、表册和图集。紧张的评价工作继续进行！

2013 年 5 月 22 日 星期三 提高评价精度

为了使评价结果能够更好的应用于灾区重建规划之中，今天上午，次生灾害评价组专门召开了一次评价精度讨论会。兰恒星研究员认为从评价实用性和现实出发，对极重灾区、重灾区全域进行精细评价是必要的。这样，较之前讨论的只对极重灾区、重灾区的重点镇进行精细评价，工作量就增加了很多，无疑也加大了工作难度。但次生灾害组全体成员不畏艰难，加班加点，几乎熬战了一个通宵，终于于第二日凌晨完成了对极重灾区、重灾区的精细评价工作。

2013 年 5 月 24 日 星期五 极重灾区、重灾区重建分区试划方案出炉

今早，经过三天的“熬战”，各个基础评价组将极重灾区和重灾区的地震地质条件适宜性、次生地质灾害、用地条件、水资源、生态环境等结果汇总。随后，樊杰研究员、陈田研究员、徐勇研究员、刘盛和研究员、王传胜副研究员等专家来到工作室，就重建分区方案进行试划讨论。激烈的讨论一直持续到晚上九点，专家们餐饭从简、放弃休息，对 102 各乡镇集成评价的初步结果依次耐心细致地审阅。最终，极重灾区、重灾区四类重建分区试划的地图数据完成，而技术组则马不停蹄，继续加班绘制专题地图、统计分区数据表。

2013 年 5 月 26 日　星期日　评价区全域重建分区方案产生

至今晚十一点半左右，评价区全域 21 个县（市、区）的重建分区方案经过反复讨论与完善终于完成。各位专家长出一口气，悬在众人心中的巨石终于落地。

2013 年 5 月 27 日　星期一　丁仲礼副院长主持召开协调工作会

上午 9：00 在中国科学院院机关 709 会议室，丁仲礼副院长主持召开芦山地震灾后恢复重建资源环境承载力评价工作专题协调会，中国科学院成都分院王学定书记传达了四川省发展和改革委员会的通知精神，成都山地所刘劭权研究员、地理资源所樊杰研究员分别汇报了成都山地所工作组、地理资源所工作组关于芦山地震灾后恢复重建资源环境承载力评价工作的主要结论。经过讨论，丁仲礼副院长作了会议总结，成都山地所工作组、地理资源所工作组进行芦山地震灾后恢复重建资源环境承载力评价工作的数据来源、评价方法等基本一致，评价工作的主要结论是一致的。地理资源所工作组的工作更为细致，中国科学院以地理资源所工作组的报告上报国家发展改革委。形成会议纪要。参加会议的有：丁仲礼（副院长）、王学定（成都分院党组书记）、冯仁国（副局长）、樊杰（地理资源所研究员）、文安邦（成都山地所副所长）、江晓波（成都分院处长）、刘劭权（成都山地所研究员）。

2013 年 5 月 28 日　星期二　系列评价成果报重建协调小组

经过 24 小时不间断的工作，项目组对各个专题评价的结果进行了统稿和排版，终于如期完成了庐山地震资源环境承载能力评价的系列评价成果——总报告、技术报告（包括基础评价、产业发展导向评价和辅助评价等三类共 12 个专项评价报告，共计约 20 万字）、评价图集（包括资源环境条件和社会经济发展的分布图、分析图和评价结果图，共计 80 幅）。下午两点打印完毕后，秘书呈送中国科学院科技促进发展局（筹），中国科学院随即发文并将系列评价成果报重建协调小组。

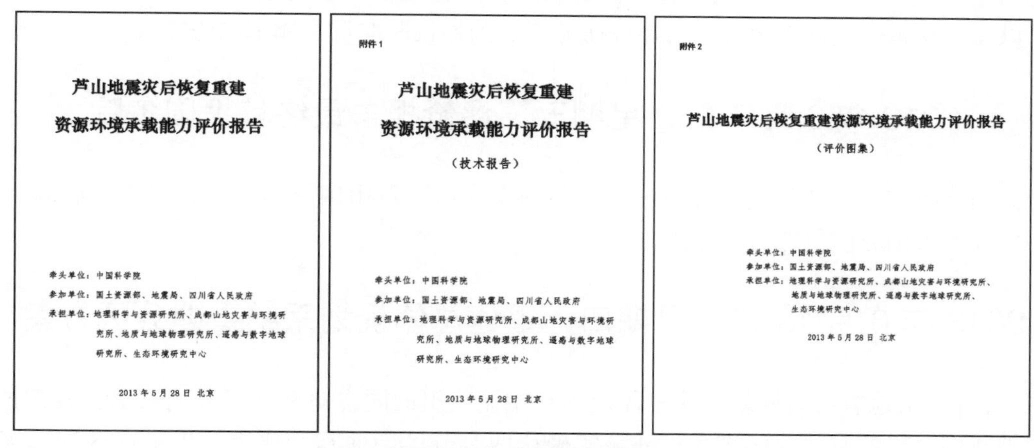

芦山地震灾后恢复重建
资源环境承载能力评价报告

牵头单位：中国科学院
参加单位：国土资源部、地震局、四川省人民政府
承担单位：地理科学与资源研究所、成都山地灾害与环境研究所、地质与地球物理研究所、遥感与数字地球研究所、生态环境研究中心

2013 年 5 月 28 日 北京

附件 1

芦山地震灾后恢复重建
资源环境承载能力评价报告
（技术报告）

牵头单位：中国科学院
参加单位：国土资源部、地震局、四川省人民政府
承担单位：地理科学与资源研究所、成都山地灾害与环境研究所、地质与地球物理研究所、遥感与数字地球研究所、生态环境研究中心

2013 年 5 月 28 日 北京

附件 2

芦山地震灾后恢复重建资源环境承载能力评价报告
（评价图集）

牵头单位：中国科学院
参加单位：国土资源部、地震局、四川省人民政府
承担单位：地理科学与资源研究所、成都山地灾害与环境研究所、地质与地球物理研究所、遥感与数字地球研究所、生态环境研究中心

2013 年 5 月 28 日 北京

向重建协调小组提交的系列成果封面

2013 年 6 月 4 日　星期二　芦山地震协调小组第二次会议

国务院芦山地震灾后恢复重建指导协调小组在国家发展和改革委员会召开第二次全体会议，审议地质灾害排查及危险性评估报告、住房及建筑物受损鉴定报告、资源环境承载能力评价报告，讨论修改芦

山地震灾后恢复重建体制机制创新实施方案。

会议由发展和改革委员会副主任、国务院芦山地震灾后恢复重建指导协调小组副组长穆虹主持，财政部、民政部、住房城乡建设部、交通运输部等近30个部委相关领导，以及四川省副省长王宁、省政府副秘书长范波等四川省人民政府领导出席。我院丁仲礼副院长、冯仁国副局长、樊杰研究员作为资源环境承载能力评价报告委托单位出席。

会上，樊杰研究员代表评价组进行了简要汇报。汇报完毕后，对评价结果进行了审议，并针对宝兴县城、成雅新城选址等焦点问题进行了热烈讨论。最后，穆虹副组长代表重建指导协调小组宣布原则通过中国科学院承担的资源环境承载能力评价工作，并建议评价报告进一步修改完善后报国务院。

国务院芦山地震协调小组第二次会议现场

2013年6月5日　星期三　丁仲礼副院长亲自指导评价报告修订

为更好落实6月4日协调小组第二次会议审议指导意见，丁仲礼副院长、冯仁国副局长于今日9点到地理所2321会议室亲自参与评价报告的修订和完善。出席讨论修订会的还有地理所的樊杰研究员、徐勇研究员等，以及合作单位成都山地灾害与环境研究所的刘邵权研究员、熊东红研究员。

2013年6月7日　星期五　评价报告最终稿报国务院

经过两天的修改完善，评价报告最终定稿，印刷完毕后交付中国科学院科技促进发展局（筹）并再次将系列评价成果报国务院重建协调小组。

2013年6月13日　星期四　重建总体规划采纳重建分区方案

今天下午，《芦山地震灾后恢复重建总体规划》编制小组的同志向樊杰研究员来电，告知拟在重建总体规划中采纳我们提出的重建分区方案，并核实确认四类分区的面积和比重。极重灾区和重灾区重建分区的四类区分别是人口集聚区、农业发展区、生态保护区和灾害避让区，面积分别为100平方公里、1209平方公里、9135平方公里和262平方公里，其比重依次为0.93%、11.29%、85.33%和2.45%。

2013年6月20日　星期四　重建总体规划（征求意见稿）产生

今天，《芦山地震灾后恢复重建总体规划（征求意见稿）》编制完成，开始征求有关部门意见。中国科学院由樊杰研究员起草对征求意见稿评议草稿。

2013 年 6 月 21 日　星期五　重建总体规划专家咨询会

今天上午九点，《芦山地震灾后恢复重建总体规划（征求意见稿）》的专家咨询会在国家发展和改革委员会南楼 408 会议室举办。咨询会由发展和改革委员会副主任、国务院芦山地震灾后恢复重建指导协调小组副组长穆虹主持，到会的专家包括中国科学院孙鸿烈院士、陆大道院士、四川省政协原副主席谢洪、国家发展改革委宏观院常务副院长王一鸣、北京师范大学常务副校长史培军、清华大学建筑学院谭纵波教授、国土资源部应急中心总工程师殷跃平、中咨公司区域环境部主任郭建斌、成都理工大学环境与土木工程学院院长许强等，承载力评价首席科学家樊杰研究员也受邀参加。会上，樊杰研究员就重建总体规划征求意见稿的重建分区、空间结构、城乡基础建设、产业结构调整等内容提出了具体建议。

2013 年 7 月 6 日　星期六　重建总体规划正式发布

2013 年 7 月 6 日，国务院发布《关于印发芦山地震灾后恢复重建总体规划的通知》（国发〔2013〕26 号），批准实施《芦山地震灾后恢复重建总体规划》。在重建总体规划中，由中国科学院牵头完成的资源环境承载能力评价结果被采纳。至此，中国科学院承担的芦山地震灾后重建资源环境承载能力评价工作圆满完成。

资料清单与部门座谈要点

一、资 料 清 单

评价区范围：共21个县（市、区），分别是雅安市的芦山县、雨城区、名山区、荥经县、汉源县、石棉县、天全县和宝兴县，成都市的大邑县、邛崃市、蒲江县，眉山市的东坡区、丹棱县、洪雅县，乐山市的金口河区、夹江县、峨眉山市、峨边彝族自治县，甘孜藏族自治州的泸定县、康定县，以及凉山彝族自治州的甘洛县。

四川省国土厅

1）评价区各县（市、区）第二次全国土地调查数据；

2）评价区各县（市、区）县-乡镇-行政村三级行政区划（包括区县界、乡镇界、村行政界及其行政区代码）；

3）评价区各县（市、区）土地利用总体规划文本、图件；

4）评价区各县（市、区）详细地质图；

5）评价区各县（市、区）震前（历史）、震后次生地质灾害点、隐患点；泥石流沟分布；震后地质灾害排查数据；

6）评价区各县（市、区）有关地质灾害防治报告；

7）评价区各县（市、区）分乡镇耕地面积、耕地受损面积；

8）评价区各县（市、区）灾区土壤类型、植被类型；

9）评价区各县（市、区）地貌类型分布图。

四川省测绘局

10）评价区各县（市、区）1∶5万全要素数字地形图；

11）评价区各县（市、区）城区1∶1万DEM；

12）评价区各县（市、区）最新遥感影像数据。

四川省地震局

13）评价区各县（市、区）灾区发震断裂，构造断裂带分布；

14）四川省历史4级以上地震记录；

15）芦山地震强震记录（数字化烈度图、峰值地面加速度（PGA）、动力加速度最大值时间序列）。

四川省水利厅

16）评价区各县（市、区）水系数据；

17）都江堰灌区受灾县供用水分县统计资料；

18）评价区各县（市、区）水资源数量多年平均值，以及最近一年的工业、农业、生活用水量统计数据；

19）评价区各县（市、区）分乡镇或分县供用水统计数据；

20）评价区各县（市、区）各乡镇的水利设施情况，包括各等级河流里程、水库水量及容量、灌溉设施等；

21）四川省（及雅安市）水利十二五规划，尤其包括水库设施现状与规划。

四川省环保厅

22）评价区各县（市、区）自然保护区矢量图形数据（含核心区、缓冲区和实验区）；

23）评价区各县（市、区）植被毁损资料（实地调研）；

24）评价区各县（市、区）重要水源地分布图（矢量数据）；

25）四川省生态功能区划（图件为矢量数据）；

26）评价区各县（市、区）范围区划指标评价图（各类敏感性评价、各类重要性评价，矢量图或者高精度栅格图）；

27）评价区各县（市、区）环境质量报告。

四川省林业局

28）评价区各县（市、区）近年退耕还林基本情况的分区县、分乡镇统计数据；

29）评价区各县（市、区）自然保护区重要保护生物指示物种及保护级别与数量；

30）评价区各县（市、区）森林公园、自然保护区矢量图形数据（含核心区、缓冲区和实验区）。

四川省气象局

31）评价区各县（市、区）历史至今各个降雨站点的小时降雨数据；

32）评价区各县（市、区）山洪地质灾害点分布图（矢量数据）；

四川省经信委

33）评价区各县（市、区）分县分行业工业受损情况，企业名录。

四川省发展和改革委员会

34）四川省主体功能区规划单项评价结果、规划文本和规划图件数据（矢量，shap 格式）；

35）评价区各县（市、区）十二五规划和近 5 年政府工作报告；

36）评价区各县（市、区）主要产业园现状（产值、面积、分布、就业人数、主要行业）；

37）评价区各县（市、区）主要行业（水电行业、矿产资源型行业（煤炭、铅锌矿、水泥建材、冶金等）、轻工制造业（农副产品加工业、纺织业等）的灾损情况；

38）雅安市产业园区十二五发展规划；

39）成都市工业发展布局规划纲要。

四川省能源局

40）四川省、雅安市两级能源工业十二五发展规划；

41）四川省、雅安市的能源供应结构以及 2012 年一次能源品种的本地供应量、消费量；不同能源在本地供应量中的比重；

42）雅安市水电站的基本情况（具体包括水电站的清单、分布的经纬度、建设时间、坝高、正常蓄水位、正常蓄水位下库容、大坝的质量（抗震能力）、装机容量、年发电量、电力销售方式（直供或上网）；

43）评价区各县（市、区）大中型水电站的位置、库容、主要功能；

44）评价区各县（市、区）不同能源品种的资源禀赋情况；

45）评价区各县（市、区）主要煤矿的分布及其产量；

46）西南油气田北干线的走向图及容量；

47）评价区各县（市、区）水电基地建设的可行性报告（尤其是关于当地地质灾害对水电站的影响评估部分）；

48）四川省电力工业十二五及中长期发展规划，包括电源规划和电网规划。

四川省统计局

49）评价区各县（市、区）分乡镇人口数据含详细属性（2012 年总人口、户数、性别、年龄、民族人口、受教育程度、迁移人口、城镇人口、户籍人口等）；

50）评价区各县（市、区）分行政村六普人口数；

51）评价区各县（市、区）乡镇经济社会基本情况（2010）；

52）评价区各县（市、区）2012 年统计年鉴。

国家统计局四川调查总队

53）评价区各县（市、区）分乡镇收入、消费数据（城镇居民可支配收入、农民人均纯收入等）。

四川省公安局

54）评价区各县（市、区）2011 年/ 2012 年分乡镇户籍人口、农业人口。

四川省人社厅

55）评价区各县（市、区）2011 年/ 2012 年外出人口数据。

四川省民政厅

56）评价区各县（市、区）分乡镇死亡、受伤人口数；

57）评价区各县（市、区）分乡镇房屋受损统计数据；

58）评价区各县（市、区）分乡镇公共服务设施（教育、医疗、交通等）受损统计数据。

四川省教育厅

59）评价区各县（市、区）中小学的位置（所属乡镇）、规模、数量；

四川省卫生厅

60）评价区各县（市、区）医院的位置（所属乡镇）、规模、数量、灾损情况；

61）评价区各县（市、区）分乡镇公共服务机构受损统计数据。

四川省建设厅

62）评价区各县（市、区）最新城市总体规划、新农村建设规划；

63）评价区各县（市、区）分乡镇房屋受损统计数据。

四川省旅游局

64）四川省及评价区各县（市、区）两级旅游总体规划、旅游专项规划；

65）评价区各县（市、区）近 5 年旅游接待、创汇情况（2012 年月接待及创汇情况）；

66）评价区各县（市、区）已有的旅游景区规划；

67）评价区各地市、县（市、区）两级旅游业“十二五”规划；

68）评价区各县（市、区）接待能力（酒店数量、床位数量、从业人员）；

69）评价区各县（市、区）世界遗产地、自然保护区、森林公园、湿地公园、风景名胜区、文保单位、历史名镇、地质公园、水利风景区、农业旅游示范点名录，及申报材料；

70）评价区各县（市、区）旅游景区、服务设施与基础设施受损情况。

四川省交通厅

71）评价区各县（市、区）现状道路网数据；

72）评价区各县（市、区）交通规划及图件；

73）四川省、雅安市综合交通规划/公路网十二五规划；

74）评价区各县（市、区）各乡镇的道路规模、行政等级、技术等级、通车里程、交通量。

四川电网公司

75）四川电网500千伏/220千伏/110千伏的线路分布图、换流站/变电站分布图，评价区各县（市、区）高等级变电站的经纬度（110千伏以上）；

76）雅安市电网公司电力工业十二五及中长期发展规划，包括电源规划和电网规划。

四川省通信管理局

77）四川省、雅安市通信十二五规划；

78）评价区各县（市、区）各乡镇通信设施支撑能力，包括地上和地下光纤规模、布局等。

二、部门座谈要点

发展和改革委员会：①芦山地震受灾概况；②恢复重建的总体思路，对灾区人口容量的基本认识（就地安置的能力、外迁的初步打算）；③工农业重建的基本考虑和重大举措；④公共服务设施和基础设施未来建设的目标和主要内容；⑤对资源环境承载能力评价的建议和需求。

国土资源厅：①土地利用状况和土地规划需要调整的主要内容；②重建中防灾减灾方面的部署；③对资源环境承载能力评价的建议和需求。

住房和城乡建设厅：①芦山地震住房和居民点受灾情况；②对灾区人口容量的基本认识（就地安置的能力、外迁的初步打算）；③灾区推进城镇化的打算；④城乡住房规划的主要内容和城乡居民点调整的想法；⑤对资源环境承载能力评价的建议和需求。

旅游局：①灾区旅游资源和旅游业发展情况；②灾区旅游业在全省旅游发展中的战略地位和前景；③旅游业重建的基本考虑和重大举措；④对资源环境承载能力评价的建议和需求。

环境保护厅：①灾区生态特点和环境状况；②灾区的生态功能区规划的要点；③重建中生态环境保护方面的部署；④对资源环境承载能力评价的建议和需求。

媒体报道

中文简体 | 中文繁体 | 邮箱 | 搜索 本网站搜索 搜索

中华人民共和国中央人民政府

The Central People's Government of the People's Republic of China

网站首页 | 今日中国 | 中国概况 | 法律法规 | 公文公报 | 政务互动 | 政府建设 | 工作动态 | 人事任免 | 新闻发布

当前位置： 首页>> 工作动态>> 部门信息

中科院牵头承担芦山重建资源环境承载能力评价工作

中央政府门户网站 www.gov.cn 2013年05月21日 13时16分 来源：中科院网站

【字体：大 中 小】【E-mail推荐 发送 】 打印本页 关闭窗口

按照国务院工作部署，中国科学院在芦山地震灾后恢复重建工作中，牵头承担资源环境承载能力评价工作。这是中科院按照国务院部署牵头完成汶川、玉树、舟曲灾后重建“资源环境承载能力评价”任务后，第4次连续承担评价工作。前3次的评价成果均被国家编制的灾后重建规划所采纳，受到国务院高度肯定，在灾后重建中发挥了重要作用。

5月16日，中科院副院长丁仲礼和科技促进发展局（筹）有关负责人参加了国务院芦山地震灾后恢复重建工作指导协调小组会议，接受了该项工作部署。当天下午，中科院正式成立了芦山地震灾后恢复重建“资源环境承载能力评价”项目组，由地理科学与资源研究所、地质与地球物理研究所、遥感与数字地球研究所、生态环境研究中心近60名科技人员组成。项目组组长、首席科学家由地理资源所研究员，汶川、玉树地震灾区资源环境承载能力评价项目组组长樊杰担任。

根据《芦山地震灾后恢复重建工作方案》的要求，资源环境承载能力评价是重建规划编制工作的基础，主要任务是“根据对水土资源、生态重要性、生态系统脆弱性、自然灾害危险性、环境容量、经济发展水平等的综合评价，确定可承载的人口总规模，提出适宜人口居住和城乡居民点建设的范围以及产业发展导向”。中科院芦山地震灾后恢复重建“资源环境承载能力评价”项目组将按照国家要求，在最短时间内高质量完成任务。

四川芦山地震灾害发生后，中科院地理科学与资源研究所科技人员主动、积极地投身科技救灾工作中，第一时间将应急研究成果形成11份咨询建议报告，上报国家有关部门，其中4份获得党和国家领导人批示，2份得到习近平总书记的批示。在开展应急研究的同时，地理科学与资源研究所根据承担完成汶川地震、玉树地震灾后重建资源环境承载力评价等任务的经验和体会，认真思考、准备灾后重建工作，于4月24日启动开展芦山地震灾后重建资源环境承载力评价工作，该所承担的国家科技基础条件平台——地球系统科学数据共享平台提供了数据支撑，相关学科领域科技人员已多次赴灾区实地考察、搜集资料，为承担国家任务提前做了准备。

来源：http：//www. gov. cn/gzdt/2013-05/21/content_2407700. htm

人民网 >> 时政 >> 滚动新闻

中科院牵头承担芦山重建资源环境承载能力评价工作

2013年05月21日13:16　来源：中国政府网　手机看新闻

打印　网摘　纠错　商城　分享　推荐　人民微博　关注　字号

按照国务院工作部署，中国科学院在芦山地震灾后恢复重建工作中，牵头承担资源环境承载能力评价工作。这是中科院按照国务院部署牵头完成汶川、玉树、舟曲灾后重建"资源环境承载能力评价"任务后，第4次连续承担评价工作。前3次的评价成果均被国家编制的灾后重建规划所采纳，受到国务院高度肯定，在灾后重建中发挥了重要作用。

5月16日，中科院副院长丁仲礼和科技促进发展局（筹）有关负责人参加了国务院芦山地震灾后恢复重建工作指导协调小组会议，接受了该项工作部署。当天下午，中科院正式成立了芦山地震灾后恢复重建"资源环境承载能力评价"项目组，由地理科学与资源研究所、地质与地球物理研究所、遥感与数字地球研究所、生态环境研究中心近60名科技人员组成。项目组组长、首席科学家由地理资源所研究员，汶川、玉树地震灾区资源环境承载能力评价项目组组长樊杰担任。

根据《芦山地震灾后恢复重建工作方案》的要求，资源环境承载能力评价是重建规划编制工作的基础，主要任务是"根据对水土资源、生态重要性、生态系统脆弱性、自然灾害危险性、环境容量、经济发展水平等的综合评价，确定可承载的人口总规模，提出适宜人口居住和城乡居民点建设的范围以及产业发展导向"。中科院芦山地震灾后恢复重建"资源环境承载能力评价"项目组将按照国家要求，在最短时间内高质量完成任务。

来源：http://politics.people.com.cn/n/2013/0521/c70731-21559410.html

新华网
WWW.NEWS.CN

新华新闻　新华时政 > 正文

中科院开展芦山灾后重建资源环境承载能力评价工作

2013年05月21日 16:00:52
来源：新华网　【字号：大 中 小】【打印】【纠错】

新华网北京5月21日电（记者吴晶晶）记者21日从中科院获悉，按照国务院工作部署，中科院正在开展芦山震后资源环境承载能力评价工作，为科学编制灾后恢复重建规划打好基础。

根据《芦山地震灾后恢复重建工作方案》要求，资源环境承载能力评价是重建规划编制工作的基础，主要任务是"根据对水土资源、生态重要性、生态系统脆弱性、自然灾害危险性、环境容量、经济发展水平等的综合评价，确定可承载的人口总规模，提出适宜人口居住和城乡居民点建设的范围以及产业发展导向"。

目前，中科院已正式成立了芦山地震灾后恢复重建资源环境承载能力评价项目组，由地理科学与资源所、地质与地球物理所、遥感与数字地球所、生态环境研究中心近60名科技人员组成，争取在最短时间内高质量完成任务。

芦山地震发生后，中科院地理科学与资源研究所科技人员积极投身科技救灾，并着手准备开展灾后资源环境承载力评价工作。该所承担的国家科技基础条件平台——地球系统科学数据共享平台提供了数据支撑，相关学科领域科技人员已多次赴灾区实地考察、搜集资料。

来源：http://news.xinhuanet.com/politics/2013-05/21/c_115852699.htm

中科院开展芦山灾后重建资源环境承载能力评价

本报北京5月21日电　记者齐芳从中国科学院获悉，按照国务院工作部署，中国科学院在芦山地震灾后恢复重建工作中，牵头承担资源环境承载能力评价工作。目前，已成立由60名科技人员组成的芦山地震灾后恢复重建"资源环境承载能力评价"项目组，这是中科院按照国务院部署牵头完成汶川、玉树、舟曲灾后重建"资源环境承载能力评价"任务后，第4次连续承担评价工作。

资源环境承载能力评价是重建规划编制工作的基础，其主要任务是"根据对水土资源、生态重要性、生态系统脆弱性、自然灾害危险性、环境容量、经济发展水平等的综合评价，确定可承载的人口总规模，提出适宜人口居住和城乡居民点建设的范围以及产业发展导向"。

来源：光明日报

中科院承担芦山重建资源环境承载能力评价

科技日报北京5月21日电（记者张晶）记者从中科院获悉，按照国务院工作部署，中科院在芦山地震灾后恢复重建工作中，牵头承担资源环境承载能力评价工作。此前，中科院曾先后牵头完成了汶川、玉树、舟曲灾后重建资源环境承载能力评价任务，评价成果均被国家编制的灾后重建规划所采纳，在灾后重建中发挥了重要作用。

根据《芦山地震灾后恢复重建工作方案》要求，资源环境承载能力评价是重建规划编制工作的基础，主要任务是"根据对水土资源、生态重要性、生态系统脆弱性、自然灾害危险性、环境容量、经济发展水平等的综合评价，确定可承载的人口总规模，提出适宜人口居住和城乡居民点建设的范围以及产业发展导向"。

目前，中科院已正式成立了芦山地震灾后恢复重建资源环境承载能力评价项目组，由地理科学与资源所、地质与地球物理所、遥感与数字地球所、生态环境研究中心近60名科技人员组成。项目组组长、首席科学家由中科院地理资源所研究员樊杰担任。

来源：科技日报

中央政府门户网站：评估灾情 编制规划 制订政策
——芦山地震灾后重建前期准备工作稳步推进

新华社北京5月17日电（记者江国成）国务院总理李克强15日主持召开国务院常务会议，研究进一步部署四川芦山地震灾后过渡性安置并适时启动恢复重建工作。据国家发展和改革委员会17日介绍，5月16日，经国务院批准成立的国务院芦山地震灾后恢复重建指导协调小组召开第一次全体会议，按照国务院常务会议要求，对芦山地震灾后恢复重建前期工作进行了全面部署。

科学评估灾情排查防治地质灾害

灾损评估工作是编制灾后恢复重建规划的前提和基础。民政部、地震局已组织国家减灾委专家委员会和民政部国家减灾中心开展灾损评估工作，通过统计分析、实地调查、解译遥感信息、会商研判等方式，经充分论证后形成评估报告。有关部门将按照国务院常务会议精神，按照严谨的程序，采取科学的手段，及时、全面、准确地完成评估工作，为灾后重建规划编制提供可靠依据。

据发展改革委介绍，芦山地震灾区地处川西地震多发区，境内地质构造复杂。强震过后，山体结构不稳，表层土质和岩石疏松，地质灾害点多面广。国土资源部和四川省组织专业地勘单位已经排查地质灾害隐患点8196处，对1345个临时安置区及过渡安置点开展地质灾害危险性评估工作，对899处已建重大地质灾害治理工程进行复查复核，及时启动防灾预案，组织开展防范地质灾害应急演练。国土资源部将会同四川省进一步组织力量，加强地质灾害隐患排查和地质灾害危险性评估，研究重大地质灾害隐患点的治理方案，保障好临时安置点安全，并为永久性居住区、居住点建设提供依据。

这次芦山地震，城乡住房特别是老旧房屋受损严重。地震发生后，住房城乡建设部及时派出专家赶赴现场，对住房、建筑物受损情况进行应急鉴定，受损建筑物的鉴定分类也是恢复重建的重要依据。

开展资源环境承载力评价加强城乡布局规划研究

资源环境承载能力评价是科学编制灾后恢复重建规划的重要基础性工作。芦山地震灾区山大沟深，地质条件极为复杂，芦山、宝兴等县山地约占总面积的94%，丘陵平坝仅占6%，在有限的空间里进行灾后重建是一个难题。

中国科学院将牵头组织有关部门和专家在科学评估和论证的基础上，确定当地的环境容量和承载人口规模，科学考虑人口分布，对采取何种重建模式提出意见和建议。所有灾后恢复重建项目特别是城乡居民住房的选址，必须坚决避开地质灾害风险地区，确保人民生命财产安全。

为做好城镇规划工作，完善城镇功能，并结合新型城镇化、新农村建设要求，优化城乡建设布局，住房城乡建设部将会同四川省研究提出城乡布局规划方案。目前芦山、宝兴、天全三个县城已经落实规划设计单位。

科学编制灾后恢复重建规划制订国家支持政策

芦山地震灾后恢复重建总体规划由国家发展和改革委员会牵头，四川省、有关部门参加。专项规划由四川省根据总体规划，结合灾区恢复重建实际组织编制，有关部门予以指导。

发展改革委表示，灾后恢复重建规划的编制和实施是一项复杂的系统工程，四川省作为规划编制和实施的主体，将充分借鉴汶川和玉树灾后恢复重建的成功经验，注重研究芦山灾后恢复重建的特点，以科学发展观为指导，创新体制机制，充分依靠和发挥灾区干部群众自力更生、艰苦奋斗的积极性，在社会各界的支持下，努力将恢复重建工作做实做好做出水平。

据了解，《芦山地震灾后恢复重建总体规划》计划于6月底完成，专项规划计划于7月20日前编制完成。

有关部门正在积极制定支持灾后恢复重建的财政、税费、金融、土地、产业、就业和社会保障等各项政策措施，加强创新体制机制研究，全力支持灾区恢复重建。

来源：http：//www. gov. cn/jrzg/2013-05/17/content_ 2404943. htm

科技日报：要更深刻地了解这片土地
——从汶川到芦山资源环境承载力评价的反思

编者按 在芦山地震的废墟上，将开展城镇乡村的重建。这片曾经的家园将再一次托起芦山的未来。汶川、舟曲、玉树，我们从中能够看到芦山重建的步伐，但仍要继续追问：怎样才能足够深入地了解承载我们生活的这片土地，从而科学规划这片土地和这片土地上人们未来的生活。痛彻而理性的反思将成为我们以后面对灾害与灾后重建的重要基石。

芦山地震灾后恢复重建资源环境承载能力评价工作再次落到中国科学院肩上。在工作开展之初，当记者就这一问题进行采访时，很多参与这项工作的专家并不愿多谈，他们不断强调，“所有结论都只是根据手头上现有的数据做出的判断，请不要擅自公开。”

“这种审慎是可以理解的。”中国科学院地理科学与资源研究所（简称地理资源所）研究员樊杰，先后四次承担灾后资源环境承载能力评价工作，并在其中三次担任项目组组长。他指出，汶川、玉树、舟曲、芦山，四次大的自然灾害，四次重建规划，四次的历练让资源环境承载能力评价的技术路线已经非常成熟。但是，能拿到什么样的数据和资料，对受灾区域了解的程度，以及相关政策和措施，都深刻影响着承载力评价的结果。樊杰对记者说：“虽然每次大灾的情况各异，但都同样面临这些问题。频发的灾害让我们必须思考，解决这些问题的思路在哪里，让承载力评价更加精准的途径又在哪里?”

数据问题始终困扰着我们

资源环境承载能力评价是重建规划编制工作的基础，主要任务是“根据对水土资源、生态重要性、生态系统脆弱性、自然灾害危险性、环境容量、经济发展水平等的综合评价，确定可承载的人口总规模，提出适宜人口居住和城乡居民点建设的范围以及产业发展导向”。

“评价灾区的资源环境承载力，首先要对当地的资源环境状况、灾损情况有一个感性的认识。但是，每当重大灾害发生之后，救灾是第一阶段的核心任务，承载力评价项目组专家不可能在第一时间进入灾区。”樊杰告诉记者，目前，遥感和电视影像是弥补这一缺陷的主要手段。

在芦山地震发生当天，中国科学院遥感与数字地球研究所（简称遥感地球所）紧急派出遥感飞机，获取灾区高分辨率航空遥感影像。承载力评价项目组专家则通过地震灾情的电视报道，关注灾区山体、房屋、街道等的受损情况。

“通过航空遥感，我们能够及时得到灾区的影像。但是，遥感本身存在技术难点——它能拍到‘显性’的灾情，但拍不到‘隐性’的灾情。”樊杰举例说，倒塌的房屋、地表上大的裂缝、倾倒的树木、山体滑坡，这些遥感是可以拍到的。但如果房屋受损却没有倒，山体松动却没有滑动，遥感影像则反映不出“内部”实际的灾损情况。

在芦山地震后，“屹立的废墟”中隐藏着种种危险，潜伏着多种次生灾害。震后十天，通过遥感影像和电视画面，结合灾区过去的基本资料，项目组对灾区情况只能有一个基本认知，形成一些初步的判断。

遥感地球所研究员、承载能力评价项目组成员王世新认为，数据精度、空间信息—人文数据的结合，是承载力评价数据处理与分析中面临的最大问题。“依托卫星、遥感技术，我们现在已经拥有丰富的地球信息数据源，这些数据完全能够满足普通地理信息分析的需要。但在灾后恢复重建资源环境承载能力评价中，这些数据根本不够用。”王世新解释道，承载力评价不仅需要大致了解灾区的受损状况，还需要分析获得避让区、灾害易发生点、不同地块的危险性等等相关信息；不仅需要了解地表直接反映的特征信息，还需要分析土地承载的更深的信息，如人口、产值，等等；不仅需要了解灾区山体、水系等自然状况的变化，还要把村落、工厂等社会经济信息落实到每个点上。只有这样，才能准确评价每个小地块的状况。“对于高精度、高复合性的数据要求，遥感数据还满足不了。”王世新说。

樊杰提醒记者注意，受灾地区往往是山区，往往是欠发达地区，城市化、工业化进程缓慢。受此限制，灾区缺少基础性材料的积累。“在发达地区，每个村的边界都很清楚。工程地质图、人口分布图等，涉及未来灾害点详查资料的精度相对较高。但在欠发达地区，具有较高精度的地形图、详细的国土资源和社会经济数据都非常欠缺。”

“四次承载力评价，数据问题始终困扰着我们。”樊杰说。

承载力评价总是处于应急状态

芦山地震后的第三天，地理资源所得到消息，很有可能再次承担灾后恢复重建资源环境承载能力评价工作，研究工作随即展开。

樊杰对记者说：“当时，我们并没有得到正式的工作部署。一些保密数据，如大比例尺地形图等等，我们根本拿不到，但是我们不能等。如果等到所有数据都齐了再做，那就来不及了。我们只能根据已有的数据积累和灾区不断传来的数据，反复运行程序，反复处理数据，实时修正评价结果。”

5 月 16 日，国务院芦山地震灾后恢复重建指导协调小组召开第一次全体会议，中国科学院灾后恢复重建资源环境承载能力评价项目组正式成立，项目组由地理资源所、成都山地所、地质与地球物理研究所、遥感地球所、生态环境研究中心等 80 多名科技人员组成。会议要求，相关工作承担单位必须在 5 月 20 日提交报告。中国科学院副院长丁仲礼提了一个要求：在一两天内，拿到评价所需的所有涉密数据。

“按照正常申请程序，4 天之内拿不到数据，我们也就不可能按时提交高质量的报告。”樊杰告诉记者，“从汶川、舟曲、玉树，到此次芦山，涉密都是通过应急机制拿到的。”

事实上，整个恢复重建工作全部都处于应急状态。在恢复重建工作方案启动之后，包括确定规划范围、灾损评估、承载能力评价等在内的“两评估一评价”工作在同步进行，这些工作密切相关。作为承载力评价项目组组长，樊杰最为关注的是，重建规划的范围。在工作部署上，规划范围与承载力评价工作同步进行，要求同时提交报告。在规划范围结果相对成熟以前，项目组得不到这方面的信息。面对这种状况，项目组只能扩大承载力评价的地域范围，把可能的区域都纳入进去，避免个别区域落在最终确定的规划范围之外。在得到最终规划范围之后，再把范围之外的区域去掉。

樊杰指出，每次灾情发生后，项目组都面临同样的状况，扩大评价范围，实时修正评价结果。他非常感慨，“在短短不到两月的时间，项目组的工作量不亚于承担大项目三年的工作量”。

要对承载力评价进行前瞻性部署

“四次承载力评价，项目组专家都是夜以继日地干，为决策做支撑。但是，精神代替不了科学。”樊杰指出，现在科学重建的导向越来越明确，国家对承载力评价的要求也越来越高。要让评价过程更加有序，评价结果更加精细化，单靠应急响应是不够的。他认为，更重要的是对承载力评价工作进行前瞻性部署。

近些年，在我国第一阶梯和第二阶梯交错的地带，灾害频发。樊杰建议，我国应当针对这一地带进行资源环境承载能力全面评估，要做到应对灾害所需的精度和深度。要把人口、经济、基础设施、村镇边界等社会经济指标落实到具体位置上，而不是简单的统计数据。开展必要的地理信息调查，完成承载力评价所需要的水土等资源数据、地质和次生灾害数据、生态环境数据的建库工作，“如果灾害再次来临，我们就能及时更新灾情导致的变化，能够更加有效地救灾，更加科学地指导灾后重建。”樊杰说。

王世新指出，从技术上讲，通过遥感获取空间数据的难度并不大。但是对第一、二阶梯交错地带这么大范围进行承载力评估，庞大的工作量不容小视。“每十年，我国都要做一次人口普查。想想看，这需要动员多少人力和物力。要把人口、经济、灾害损失等信息落实到精细尺度的空间上，就需要投入大量的人力进行实地勘测。”在王世新看来，没有多部门的协调、配合，这项工作恐怕难以成形。

“灾后重建是特殊时间、特殊地点提出的一个可持续发展的特殊命题。从解决可持续发展的角度来看，学科建构要走综合、交叉的道路。”樊杰提出三大结合——把天上和地下结合起来，如遥感和地质勘查；把地球系统科学和与未来规划相关的工程科学结合起来；把自然科学和政策科学结合起来。他认为，只有这样，承载力评价才能更加科学、精准，也才能在灾区形成可持续发展的格局。

“所有承载力评价的工作经验都是中国人以血的代价，以几代人物质财富的积累换来的。四次重建规划，四次承载力评价，让资源环境承载能力的概念逐步渗透到各个部门、各级地方领导的心中，并且已经纳入政府工作程序；依据承载力实现区域经济社会与自然协调发展的思维方式也逐步进入决策过程。科学发展观不再是一个高度哲学化和抽象的理念，而成为指导我国社会经济发展的杠杆。这才是四次承载力评价最根本的价值所在。”樊杰说。

来源:《科技日报》2013-07-14 第1版

中国科学院网站：中国科学院完成芦山地震灾后恢复重建资源环境承载能力评价工作

7月15日，中国政府网公布了国务院日前发布的《芦山地震灾后恢复重建总体规划》（以下简称《芦山规划》)。在《芦山规划》中，由中国科学院牵头完成的资源环境承载能力评价结果被采纳。至此，中国科学院承担的芦山地震灾后重建资源环境承载能力评价工作顺利完成。

资源环境承载能力评价是重建规划编制工作的基础。按照国务院工作部署，由中国科学院牵头，国土资源部、国家地震局和四川省政府参加。承载力评价以地质灾害为主控因子，以水土条件、生态环境、工程和水文地质为重要因子，以产业经济、城镇发展、基础设施为辅助因子，以灾损状况为参考因子，按照21个灾区县、2区4县6乡镇极重和重灾区，以及极重和重灾区中集中居住和产业用地三个尺度，分别采用不同精度进行单项指标和综合指标评价，将芦山灾区划分为人口集聚区、农业发展区、生态建设区、灾害避让区等四种重建类型，确定可承载的人口总规模，提出适宜人口居住和城乡居民点建设的位置、范围以及产业发展导向。评价成果有技术报告、图集和表册。其中，技术报告包括基础评价、产业发展导向评价和辅助评价等三类共12个专项评价报告；图集包括资源环境条件和社会经济发展的分布图、分析图和评价结果图，共计80幅。

4月24日，中国科学院启动该项工作。5月16日，中国科学院副院长丁仲礼参加国务院芦山地震灾后恢复重建工作指导协调小组会议，正式接受工作任务。当天下午，成立了中国科学院芦山地震灾后恢复重建“资源环境承载能力评价”项目组。项目组由地理科学与资源研究所、成都山地灾害与环境研究所、地质与地球物理研究所、遥感与数字地球研究所、生态环境研究中心近80名科技工作者组成，地理资源所樊杰研究员担任项目组组长和首席科学家。按照国务院工作方案的要求，项目组于5月20日按时提交评价报告初稿。6月4日，国务院芦山地震灾后恢复重建工作指导协调小组听取评价结果汇报，审议通过评价报告。

芦山地震灾后重建资源环境承载力评价工作，是继中国科学院按照国务院部署牵头完成汶川、玉树、舟曲灾后重建资源环境承载能力评价任务后，第4次承担该项工作。前3次的评价成果也都被国家编制的灾后恢复重建规划所采纳，受到国务院高度肯定，在灾后恢复重建中发挥了重要作用。

来源：http：//www. cas. cn/xw/yxdt/201307/t20130716_ 3899888. shtml

后 记

一

4 月 20 日中午，碰到北京大学一位同行教授。他见面就说："你的事来了，又该上岗了。" 似乎一个品牌、一种效应，也是一种信任、一种责任真的成形了、固化了—— 承担重大自然灾害发生后恢复重建的一项科学性、基础性工作：资源环境承载能力评价。

已经是第四次承担灾后恢复重建资源环境承载能力评价工作了：汶川、玉树、舟曲、芦山。

每次同样的方式：国务院部署灾后重建工作方案中明确要求，编制灾区恢复重建总体规划必须开展"两评估一评价" 工作，其中，"一评价" 就是资源环境承载能力评价，这是规划和重建工作的基础，也是基础性工作中科学性更强一些的工作。

每次几乎同样的任务："根据对水土资源、生态重要性、生态系统脆弱性、自然灾害危险性、环境容量、经济发展水平等的综合评价，确定可承载的人口总规模，提出适宜人口居住和城乡居民点建设的范围以及产业发展导向"，可见资源环境承载能力评价在编制总体规划中的意义是很重要的。

每次面临着大体相同的难度：时间紧迫，灾区情况不熟，评价对象区的范围不确定，基础数据和资料获取难度很大，实地考察危险性依然不小，灾区地方政府期盼的压力很大，中断正在进行的工作往往招致委托方的不满，等等。此外，技术方法越来越成熟所获得的精力节余，却被杂七碎八越来越多的"新因素、新机制" 所耗损。

还有，每次几乎同样的队伍——这是最值得骄傲的团队，也是在 3 次重建承载能力评价出版专著之后、最值得在这次后记中大书特书的一群人，以及这群人最值得感谢和致敬的工作精神和他们的成果质量。无论碰到外界怎样的问题、无论正值自身怎样的困境，中国科学院有这么一支队伍，当国家发生重大自然灾害后，他们第一时间就做好了思想准备，他们立刻就投入到对自然灾害特征、救灾和重建关键科学问题、援建与可持续发展的重大政策的研究之中，每次在正式承担资源环境承载能力评价工作之前，就已经有咨询建议等成果提交。当承载能力评价工作启动之后，他们深入灾区不畏艰险，他们苦口婆心搜集资料，他们不计成本也不计报酬，…… 似乎没有多少可歌可泣的壮举，只有兢兢业业、专心致志，以一种高度负责的精神、一种科学工作者应有的品德和素质、一种科学研究工作应有的态度和作风，每天都把评价工作真实地往前推进一步，始终在默默地、静静地工作着，心存一个目标：按时、高质量完成国家交给的任务。

4 次灾后重建资源环境承载能力评价工作，都是这个团队在承担并圆满地完成着。尽管抗震救灾、恢复重建有各种门类和层次的表彰，至今，还没有一项荣誉性称号授予这个集体。作为项目首席科学家，我能体会到也能够客观评价这个团队每位科研人员的用心、态度、过程和结果；作为长期从事国土空间规划和区域发展战略的学者，我清楚地知道这项工作的价值——不仅对于灾后重建，而且对于促进我国规划决策的科学化进程的意义。

正因为此，我把最诚挚的谢意首先送给和我合作的团队。也值此之际，我代表这个团队，衷心感谢中国科学院副院长丁仲礼院士，他不仅是 4 次灾后恢复重建中国科学院资源环境承载能力评价的领导小组组长，也亲自担任了舟曲承载力评价首席科学家。在芦山地震灾后，国务院正式将承载能力评价任务再次交给中国科学院牵头、并已经在咨询建议方面取得重大进展之时，丁仲礼院士支持这个集体申报中国科学院2013年度杰出科技成就奖（集体），以表彰该集体在公益事业中所取得的业绩。

无论能否获得2013年中国科学院度杰出科技成就奖（集体）的殊荣，这都是一个值得表扬的集体——尽管这个集体连续4次的实际表现都表明并非图名图利。为此，我在这份后记中，将报奖的推荐书作为核心内容，既是对这个集体工作的总结汇报，也是对每位参与工作者的肯定与感谢！

二

该研究集体是以我院资源环境科学领域相关专业学者组成的团队。五年来，在汶川、玉树、舟曲、芦山发生重大自然灾害后，领衔承担了国务院部署的“资源环境承载能力评价”任务，为灾后科学重建提供依据。研究集体将研究的长期积累与重建的应急需求相结合，将资源环境科学技术与产业发展城乡布局相结合，将基础性分析评价和政策性咨询建议相结合，在时间紧任务重的情况下，不畏艰险，顽强拼搏，建立并不断完善资源环境承载能力评价的理论方法，4次评价成果均被国家重建规划所采纳，包括2份由习近平总书记批示的咨询报告在内的政策建议为重建体制机制设计提供了参考依据。目前，资源环境承载能力评价理论方法越来越得到广泛应用，为推动我国规划决策科学化进程、推进可持续发展和生态文明建设做出了突出贡献。

1. 科学技术成就与贡献

1）建构了国土开发利用适宜性理论基础与评价技术。针对我国资源环境条件综合评估技术缺失问题和灾后重建的紧迫需要，基于地域功能形成原理解决了区域承载能力综合评估中承载对象不确定的科学难题，构建国土开发利用适宜程度单项评估和集成评价技术，填补了我国在资源环境条件定量化和综合评价的空白。

2）改进了人口合理容量测算方法。通过拓展空间结构、国土开发强度和空间相互作用综合分析技术体系，创新性地提出并运用了国土开发利用强度计算方法，改进测算人口合理容量方法，显著提升了人口容量测算的合理性与准确程度、丰富了人口容量测算结果的政策内涵。

3）创建了适于灾后重建特殊需要的资源环境承载能力评价集成技术。构建了遥感监测和地质调研快捷提取、分析和处理灾损数据的方法，建立了预估堰塞湖等不确定因素作用的时空情景模型，创建了适于灾后重建需要的承载能力评价应急集成技术和应急制图技术，在4次灾后恢复重建中得到成功应用。

4）创新了灾区基于承载能力评价平台的规划方案优选路径。建立了不同空间尺度采取不同精度评估、不同建设方略对应不同布局方案的承载能力综合评价流程，创建了以承载能力评价为平台的灾区重建分区和城乡居民点选址方案的优化匹配方法，有效地提升了承载能力综合评估结果的可操作性与应用能力。

2. 科学发现、技术发明与技术创新要点

1）提出区域承载力与地域功能存在紧密关联、区域承载力指标受制于地域功能指向的学术思想，通过地域功能预估解决区域承载对象不确定的科学难题。

2）构建国土空间开发利用适宜程度评估指标体系，提出资源、生态、环境、灾害、产业经济、人口城镇、基础设施等单项评价指标的算法、关键要素的指标阈值及综合集成方法。

3）综合运用经典的国土空间利用结构分析模拟方法，研发确定功能地域单元位置、范围和边界的技术。

4）依托“生态-生产-生活”空间结构前沿研究成果，提出国土开发强度测算方法，修订人口合理容量测算方法。

5）综合运用天上遥感、地面地学考察和计算机分析模拟的方法，有效地解决了应急条件下灾损、次生地质灾害等数据获取的技术难点。

6）建立灾情不确定性因素的预估模型方法，使承载力静态评估转换为动态评估，更加客观地揭示承载力变化的趋势。

7）研发灾后重建不同精度适宜区评估和界定技术，首次把不同规划精度需求的承载能力评价设计在一套完整的技术流程中，增强不同层级规划的准确程度。

8）研制重建布局方案与资源环境承载能力评价优化匹配的方法，提升了承载力评价支撑布局规划多方案的机动能力和针对性。

3. 科学技术水平与影响

1）同国内外同类研究相比，该团队在提高资源环境承载能力综合准确程度和集成应用能力方面具有先进性，在区域尺度的资源环境承载力综合评估和在灾后应急评估的技术集成方面填补了国内外空白，在国土空间开发利用适宜程度评估和人口合理容量测算等关键技术方法方面处于领先水平。

2）在4次重大灾后恢复重建中的应用价值突出。按照国务院工作部署要求，承载力评价目标是解决灾区就地和异地重建选址、重建人口用地规模和外迁人口数量、重建产业导向等关键问题。由于中国科学院汶川承载力评价成果在国家级重大规划首次成功应用，国务院在玉树、舟曲和芦山灾后重建中连续将承载力评价任务交给中国科学院团队承担，这成为重灾之后中央政府部署中国科学院的唯一一项工作，评价结果被灾后重建规划采纳。其间被中办、国办采纳的重建政策咨询报告30份，有领导人批示的报告13份，两份报告得到习近平总书记批示，并要求国务院制定具体工作方案予以落实，救灾重建成为我院在同一主题下通过政策建议体现思想库功能最集中、最具实效的领域。

国务院评价："资源环境承载能力评价，内容全面，基础扎实，方法科学，工作严谨"，"既是编制灾后重建规划的基础依据，也是开展灾后重建的基本前提"。

主要应用部门评价：重建规划牵头单位国家发展和改革委员会肯定要点包括："①应急情形下承载力评价的集成方法及其结论；②基于承载力特征和空间结构进行重建分区的技术路线和分区方案；③结合遥感、实测和计算机技术开展的精细评估、不确定性评估方法以及城乡居民点选址方案；④根据承载力变化趋势和区域发展潜力等多因素建构人口合理容量测算模型及测算结果。"

国内权威机构评价：中国国际工程咨询公司、中国城市规划设计研究院认为："承载力评价在客观认识地域空间开发利用条件、协调多种功能空间开发利用关系、形成地域保护和开发空间结构及总体布局方案、促进资源环境和社会经济协调发展方面具有基础性和创新性的贡献"。

据不完全统计，汶川灾区按照承载能力评价确定的重建分区、城乡选址和人口规模方案，仅四川省2008～2011年总投资额达8378.5亿元。玉树和舟曲按照承载力确定的布局方案，截至2012年总投资额也分别达到272亿元和43.6亿元。重建成效表明承载能力评价工作和结果是科学合理的，化解了灾区恢复重建中的公共安全风险，得到中央和地方政府、灾区民众，以及国内外同行的肯定。樊杰、崔鹏、王世新、周艺等主要成员获得全国和省部级抗震救灾、恢复重建先进个人称号。

3）资源环境承载能力评价理论方法已在逾百项不同类型国土空间规划中得到整体或部分应用，中国城市规划设计研究院评价："资源环境承载力评估技术越来越成为国土空间规划和城市区域规划最重要的、最有效的科技支撑方法之一。"

4）促进我国区域发展方式向可持续发展、生态文明建设的转变。国家发展和改革委员会认为："资源环境承载能力评价逐步被各级政府要求作为科学依据和必须开展的基础性工作，承载力评价的广泛使用，为推动了决策科学化进程、实现社会经济与资源环境协调发展，发挥了积极作用。"符合生态文明建设的根本要求。

4. 论文论著与专利情况

2008年以来，研究团队在4次重大灾后重建中，被中办国办采纳的政策咨询建议30份，其中，习近平总书记批示2份，其他党和国家领导人批示11份，为中央政府编制的灾区恢复重建规划提供评价成果

4套，温家宝总理、回良玉副总理、张高丽副总理、汪洋副总理等听取汇报或书面批示；将出版专著4部（含图集、评估表册），发表论文180余篇。

5. 推荐结论

该团队长期致力于资源环境科学创新，近5年来连续承担并圆满完成了中央政府部署中国科学院牵头的汶川、玉树、舟曲、芦山灾后恢复重建资源环境承载能力评价任务，在满足国家重大而紧迫的灾后科学重建需求方面、在履行科学院思想库职能方面，科技贡献突出，公益作用显著，成为该学科领域的骨干和引领团队。特推荐该集体作为中国科学院杰出科技成就奖（集体）候选人。

三

这次工作，同前3次最大的不同点之一，是直接得到灾区政府和专业人员的大力支持。和我直接有工作往来，并通过我对项目有重大帮助的雅安市委、市政府和市国土资源局地方领导。还有一位，就是带我们穿越“生命线”的司机罗师傅，他玩笑说，应该给他发一个英勇奖，从地震第一天开始他就多次穿梭在这条生命线上，是雅安市国土局驾驶车辆走210国道最多的司机之一。我们在这里致敬了！

要特别表扬项目秘书周侃博士生。应该说，4次灾后重建资源环境承载能力评价项目都是请年轻人担任项目秘书的，他们都是胜任的。周侃的学术能力、在项目中的科研贡献，以及更多的“外交”“内务”的打理，得到了项目组中每个老师的高度肯定。有责任心和有学术能力的年轻人不断涌现，使我们深感这项事业是可持续发展的。同时我们都相信，这些应急经历对年轻人的成长也是有极大帮助的。

承担芦山承载能力评价工作的单位有：中国科学院地理科学与资源研究所、成都山地灾害与环境研究所、地质与地球物理研究所、遥感与数字地球研究所、生态环境研究中心。给予本次评价工作大力支持的单位有：四川省发展和改革委员会、雅安市人民政府、雅安市国土资源局等。为本次评价提供重要数据资料的单位有：国土资源部、国家地震局、民政部、四川省测绘局、四川省统计局、四川省民政局、雅安市国土局等。

本专著的主要执笔人如下：

研究内容	主要执笔人
第一章　综合评价	樊杰、陈田、周侃
第二章　基本情况	周侃
第三章　地震地质条件适宜性评价	兰恒星、刘洪江
第四章　次生地质灾害评价	兰恒星、刘洪江、杨志华、李郎平、伍宇明、孟云闪
第五章　工程和水文地质条件评价	祁生文
第六章　用地条件评价	徐勇、汤青、刘艳华、孙晓一
第七章　水资源适宜性评价	李丽娟、李九一
第八章　生态环境评价	王传胜、徐卫华、马俊改
第九章　人口和居民点分布评价	刘盛和
第十章　基础设施支撑能力评价	金凤君、王姣娥、马丽、焦敬娟
第十一章　旅游资源开发适宜性评价	钟林生、王婧、李晓娟
第十二章　工业布局导向评价	张文忠、孙威、李佳洺
第十三章　农业地域类型划分	徐勇、闫梅
第十四章　灾损遥感监测	王世新、周艺、王福涛
第十五章　总体集成	樊杰、陈田、周侃

续表

研究内容	主要执笔人
图集	王英杰、冯险峰、严虹、崔璟
咨询报告	樊杰、兰恒星、周成虎等
工作日记	周侃
媒体报道	吴晶晶、齐芳、张晶、江国成等

再次向抗震救灾、恢复重建第一线的人们表示敬意！祝愿在不远的将来，灾区将变为幸福的乐园、美丽的家园！

芦山地震灾后恢复重建资源环境承载能力评价组长 首席科学家

樊　杰

2013 年 6 月 1 日

补　记

2013 年 7 月 3 日，我第一次来到汶川灾区。中午 11 时 30 分，默默地站立在北川老县城“深切缅怀‘5·12’特大地震遇难同胞”纪念碑前。眼里充满着泪水，心里很沉很痛……

樊　杰

2013 年 8 月 13 日